# 注册化工工程师执业资格考试
# 公共基础考试复习教程

（第3版）

## 编委会

# 序 言

执业资格注册制度为我国工程技术人员个人的执业资格确立了符合国际惯例的规格、标准及严格的认证程序，它的建立和实施，必将进一步推动人才社会化、市场化和国际化的进程，为我国市场经济的可持续发展提供更加规范的人才保障。执业资格考试是资格认证程序的核心环节。执业资格考试严格按照相应的考试大纲执行。

全国勘察设计注册工程师执业资格考试大纲是在建设部执业资格注册中心的领导下，根据我国建设行业的具体情况以及与国际接轨的要求制定的。该考试大纲由专业考试大纲和基础考试大纲两个部分组成，前者规定了对申请者专业能力的测试标准，后者则体现了对申请者工程科学背景的要求。

在执业资格考试中设立基础考试程序是基于下述两个方面的考虑。

(1)执业工程师的工程科学背景要求是从行业的角度对从业者提出的要求，它并不完全等同于工科院校的基础和专业基础教育的要求，执业资格基础考试并不是工科高校基础教学考试的简单重复。

(2)执业资格考试是一种按照独立标准进行的公平认证程序，它原则上不受申请者的学历、学位、职务等传统条件的严格限制。因此，申请者的工程基础教育背景差异甚大，有必要在统一的标准下进行检验。

所以，对于基础考试，申请者不可消极应考。正确的做法应当是根据自身的具体情况，按照基础考试大纲的内容进行系统的学习与准备，切实地充实、强化自身的工程科学基础，从容应对考试。

鉴于申请者的教育背景、毕业年限、工作性质、工作岗位及工作经历等诸多因素的影响，基础考试大纲的内容对申请者而言或欠缺或遗忘的情况是普遍存在的，所以为申请者提供适当的考试辅导是必要的、有益的。

天津大学出版社近年来组织出版的“勘察设计注册工程师基础考试”系列辅导教程，按照基础考试大纲的要求，全面地综合了各门基础课的主要内容，恰当地把握了其广度和深度，准确地体现了对我国执业资格注册制度及其认证程序的正确理解和对基础考试大纲条目的深入分析，为应考者提供了重要的学习资料。相信这一系列辅导教程能够为申请者的学习与考试准备提供切实的帮助。热切希望今后能够出版更多的分册，以帮助不同专业的申请者。

全国勘察设计注册工程师基础考试专家组组长　林孔元

# 前言

《注册化工工程师执业资格考试公共基础考试复习教程》自首次出版以来，已经过了15个春秋，它曾被无数准备迎接考试的专业人士选用阅读，并借助它通过了执业资格考试，进入专业的工作领域，施展专业的才能。今天这本书在原有第2版的基础上经过认真修订而形成了第3版。这里既凝聚了作者的辛勤汗水，也广泛汲取了众多读者的宝贵意见和建议，是出版社、作者和读者共同努力的结果。

天津大学出版社十分关注全国勘察设计注册工程师执业资格考试基础考试的进展情况。早在20年前，当我们得知将要举行全国勘察设计注册工程师执业资格考试的时候，就一直密切关注和跟踪考试的进程。当各类考试大纲公布，广大考生积极应考时，我们先后推出了近10种基础考试的复习教程，为广大考生提供了必备的复习资料，受到了广大读者的欢迎。正如全国勘察设计注册工程师基础考试专家组组长林孔元教授所评价的："天津大学出版社近年来组织出版的'勘察设计注册工程师基础考试'系列辅导教程，按照基础考试大纲的要求，全面地综合了各门基础课的主要内容，恰当地把握了其广度和深度，准确地体现了对我国执业资格注册制度及其认证程序的正确理解和对基础考试大纲条目的深入分析，为应考者提供了重要的学习资料。"

本次修订的《注册化工工程师执业资格考试公共基础考试复习教程(第3版)》涵盖了11门基础科目，包括数学、物理学、化学、理论力学、材料力学、流体力学、电工电子技术、信号与信息技术、计算机技术、工程经济、法律法规。为此，我们邀请了同济大学、天津大学、西南交通大学等各学科领域的专家，以考试大纲为基本依据，以突出基本理论、加强基本训练、提高应试能力为原则，对原书进行了全面的修改、补充、压缩和完善，并顺应阅读习惯的变化，增加了网络阅读内容，主要改动包括以下三部分。

1. 对原书，即纸媒部分压缩篇幅，去其赘述，留其精华。在考试大纲的基础上做到完整性与简捷性相统一，与现有各门教材相比，文字量高度浓缩，提高了复习的有效性。

2. 在网络平台上提供三套用于考前冲刺练习的“模拟试卷”。模拟试卷的形式与考题一致，各科的比例与考题匹配，以最接近真实的形态，供考生在复习的最后阶段冲刺练习。

3. 在网络平台上增设近年的考试题，对全部考题均给出了正确答案，对较复杂的考题给出了解析过程。以使考生了解并把握试题的整体水平和难易程度。

修改后的《复习教程》，内容紧扣考试大纲，体例适合考试需要，全书力求准确体现“掌握、熟悉、了解”三个不同层次的需要。其中，考试大纲明示了每一科目的具体内容，这是考试和复习的依据；复习指导点明了此科目的特点、重点、难点，并针对注册考试的要求，提示应试者如何复习、如何答题；复习内容阐述了考试大纲要求的全部内容，使应试者建立完整的知识体系，准确掌握重点内容和重要公式；仿真习题编排了与考试题型完全相同的习题，供应试者熟练运用解题技巧，提高应试水平；习题答案给出了全部仿真习题的答案，帮助应试者检验复习效果，对有一定难度又具有共性的习题，还提供了解题思路，以帮助应试者掌握解题技巧。除上以外，在出版社网络平台上提供与考题匹配的“模拟试卷”和近几年的考试题，方便考生随时随地阅读。

本书共分 3 篇 11 部分，其中数学部分由同济大学邱柏驺、何迎晖编写，物理学部分由天津大学孟湛祥编写，化学部分由天津大学刘华姬编写，理论力学部分由同济大学徐妙新、方明霞编写，材料力学部分由同济大学周润玉编写，流体力学部分由西南交通大学禹华谦编写，电工电子技术部分和信号与信息技术部分由天津大学路志英编写，计算机技术部分由天津大学王温君编写，工程经济部分由天津大学郑立群编写，法律法规部分由天津大学李长燕编写。

本书在组织、编写和出版过程中，得到了许多专家、教授和同行们的大力支持和热心帮助。在此，对他们所付出的辛勤劳动表示衷心的感谢！

对于本书存在的问题，欢迎广大专家、同行及读者批评指正。

编者

2020 年 5 月

# 目 录

# 工程科学基础

# 1

# 数学

## 考试大纲

1.1 空间解析几何

向量的线性运算；向量的数量积、向量积及混合积；两向量垂直、平行的条件；直线方程；平面方程；平面与平面、直线与直线、平面与直线之间的位置关系；点到平面、直线的距离；球面、母线平行于坐标轴的柱面、旋转轴为坐标轴的旋转曲面的方程；常用的二次曲面方程；空间曲线在坐标面上的投影曲线方程。

1.2 微分学

函数的有界性、单调性、周期性和奇偶性；数列极限与函数极限的定义及其性质；无穷小和无穷大的概念及其关系；无穷小的性质及无穷小的比较；极限的四则运算；函数连续的概念；函数的间断点及其类型；导数与微分的概念；导数的几何意义和物理意义；平面曲线的切线和法线；导数和微分的四则运算；高阶导数；微分中值定理；洛必达法则；空间曲线的切线及法平面；曲面的切平面及法线；函数单调性的判别；函数的极值；函数曲线的凹凸性、拐点；偏导数与全微分的概念；二阶偏导数；多元函数的极值和条件极值；多元函数的最大值、最小值及其简单应用。

1.3 积分学

原函数与不定积分的概念；不定积分的基本性质；基本积分公式；定积分的基本概念和性质（包括定积分中值定理）；积分上限的函数及其导数；牛顿—莱布尼茨公式；不定积分和定积分的换元积分法与分部积分法；有理函数、三角函数的有理式和简单无理函数的积分；广义积分；二重积分与三重积分的概念、性质、计算和应用；两类曲线积分的概念、性质和计算；求平面图形的面积、平面曲线的弧长和旋转体的体积。

1.4 无穷级数

数项级数的敛散性概念；收敛级数的和；级数的基本性质与级数收敛的必要条件；几何级数与 $p$ 级数及其收敛性；正项级数敛散性的判别法；任意项级数的绝对收敛与条件收敛；幂级数及其收敛半径、收敛区间和收敛域；幂级数的和函数；函数的泰勒级数展开；函数的傅里叶系数与傅里叶级数。

1.5 常微分方程

常微分方程的基本概念；变量可分离的微分方程；齐次微分方程；一阶线性微分方程；全微分

方程;可降阶的高阶微分方程;线性微分方程解的性质及解的结构定理;二阶常系数齐次线性微分方程。

1.6 线性代数

行列式的性质及计算;行列式按行展开定理的应用;矩阵的运算;逆矩阵的概念、性质及求法;矩阵的初等变换和初等矩阵;矩阵的秩;等价矩阵的概念和性质;向量的线性表示;向量组的线性相关和线性无关;线性方程组有解的判定;线性方程组求解;矩阵的特征值和特征向量的概念与性质;相似矩阵的概念和性质;矩阵的相似对角化;二次型及其矩阵表示;合同矩阵的概念和性质;二次型的秩;惯性定理;二次型及其矩阵的正定性。

1.7 概率与数理统计

随机事件与样本空间;事件的关系与运算;概率的基本性质;古典型概率;条件概率;概率的基本公式;事件的独立性;独立重复试验;随机变量;随机变量的分布函数;离散型随机变量的概率分布;连续型随机变量的概率密度;常见随机变量的分布;随机变量的数学期望、方差、标准差及其性质;随机变量函数的数学期望;矩、协方差、相关系数及其性质;总体;个体;简单随机样本;统计量;样本均值;样本方差和样本矩;$\chi^2$ 分布;$t$ 分布;$F$ 分布;点估计的概念;估计量与估计值;矩估计法;最大似然估计法;估计量的评选标准;区间估计的概念;单个正态总体的均值和方差的区间估计;两个正态总体的均值差和方差比的区间估计;显著性检验;单个正态总体的均值和方差的假设检验。

## 复习指导

全国勘察设计注册工程师执业资格考试中有关数学的试题覆盖高等学校本科教学中高等数学、线性代数、概率论与数理统计三门课程的内容,试题的形式为“四选一”的单项选择题,试题的要求是测试对上述三门课程基本内容理解和掌握的水平. 虽然试题的题型单一,但涉及的内容可以是基本概念、基本理论、基本方法和运算技能以及有关知识的应用. 因此,复习时最重要的一点是应该按考试大纲的要求,掌握好“三基”,这是备考的最基本的方法;同时,也应注意灵活运用所学过的知识,掌握一些解选择题的技巧. 下面的例题及解答,就是对以上建议的具体说明.

**【例 1-1】** 设函数

$$f(x)=\begin{cases}ax+b, & x\leqslant 1,\\ x^2, & x>1\end{cases}$$

在 $x=1$ 处连续且可导,则(　　).

(A)$a=0,b=1$　　(B)$a=1,b=0$　　(C)$a=2,b=-1$　　(D)$a=-1,b=2$

**解:**$f(1^-)=a+b,f(1^+)=1,f(1)=a+b$.

欲使 $f(x)$ 在 $x=1$ 处连续,应有 $f(1^-)=f(1^+)=f(1)$,即 $a+b=1$.

又 $f'_-(1)=\lim\limits_{x\to1^-}\dfrac{f(x)-f(1)}{x-1}=\lim\limits_{x\to1^-}\dfrac{ax+b-(a+b)}{x-1}=a$,

$$f'_+(1)=\lim_{x\to1^+}\frac{f(x)-f(1)}{x-1}=\lim_{x\to1^+}\frac{x^2-(a+b)}{x-1}=\lim_{x\to1^+}\frac{x^2-1}{x-1}=2.$$

欲使 $f(x)$ 在 $x=1$ 处可导,应有 $f'_-(1)=f'_+(1)$,即 $a=2$. 从而 $b=-1$,故应选(C).

本题也可通过直接验证来解,显然(A)、(B)、(D)都不满足可导性,故选(C). 本题着重测试基本概念——函数的连续性与可导性.

**【例 1-2】** 已知$f'(x)=\frac{1}{x(1+2\ln x)}$,且$f(1)=1$,则$f(x)$等于(　　).

(A)$\ln(1+2\ln x)+1$　　(B)$\frac{1}{2}\ln(1+2\ln x)+1$

(C)$\frac{1}{2}\ln(1+2\ln x)+\frac{1}{2}$　　(D)$2\ln(1+2\ln x)+1$

**解:**$f(x)=\int\frac{dx}{x(1+2\ln x)}=\int\frac{d\ln x}{1+2\ln x}=\frac{1}{2}\int\frac{d(1+2\ln x)}{1+2\ln x}=\frac{1}{2}\ln(1+2\ln x)+C$,将$f(1)=1$代入上式,得$C=1$,故选(B).

本题也可以不用积分,而通过求导来解答,解法如下.

因为$[\ln(1+2\ln x)]'=\frac{1}{1+2\ln x}\cdot\frac{2}{x}=2f'(x)$,故排除(A)、(D);又由$f(1)=1$排除(C),故选(B).

本题着重测试基本方法和运算技能——积分法或微分法.

**【例 1-3】** 设非齐次线性微分方程$y'+P(x)y=Q(x)$有两个不同的解$y_1(x)$与$y_2(x)$,$C$为任意常数,则该方程的通解是(　　).

(A)$C[y_1(x)-y_2(x)]$　　(B)$y_1(x)+C[y_1(x)-y_2(x)]$

(C)$C[y_1(x)+y_2(x)]$　　(D)$y_1(x)+C[y_1(x)+y_2(x)]$

**解:**$y_1(x)-y_2(x)$是对应的齐次方程$y'+P(x)y=0$的解,从而由线性微分方程解的性质定理知$C[y_1(x)-y_2(x)]$是齐次方程的通解,再由线性非齐次方程解的结构定理知$y_1(x)+C[y_1(x)-y_2(x)]$是原方程的通解,故选(B).

本题着重测试线性微分方程解的性质及解的结构.

**【例 1-4】** 对级数$\sum_{n=1}^{\infty}(-1)^{n-1}\frac{1}{n^{p-2}}$,下列结论正确的是(　　).

(A)当$p\leqslant 2$时该级数收敛　　(B)当$p>3$时该级数发散

(C)当$2<p\leqslant 3$时该级数条件收敛　　(D)当$2<p\leqslant 3$时该级数绝对收敛

**解:**当$p-2>0$即$p>2$时,级数$\sum_{n=1}^{\infty}(-1)^{n-1}\frac{1}{n^{p-2}}$收敛,当$p-2\leqslant 1$即$p\leqslant 3$时,级数$\sum_{n=1}^{\infty}(-1)^{n-1}\frac{1}{n^{p-2}}$发散,故当$2<p\leqslant 3$时,级数$\sum_{n=1}^{\infty}(-1)^{n-1}\frac{1}{n^{p-2}}$条件收敛,故选(C).

本题测试交错级数及$p$级数的收敛判别法,任意项级数的绝对收敛与条件收敛.

**【例 1-5】** 设$\boldsymbol{A}$是一个$n$阶方阵,已知$|\boldsymbol{A}|=2$,则$|-2\boldsymbol{A}|$等于(　　).

(A)$(-2)^{n+1}$　　(B)$(-1)^n2^{n+1}$　　(C)$-2^{n+1}$　　(D)$-2^2$

**解:**按照矩阵中行列式运算的性质

$$|-2\boldsymbol{A}|=(-2)^n|\boldsymbol{A}|=(-1)^n2^{n+1},$$

故应选(B).

本题测试矩阵运算的性质.这里要防止出现下列常见错误:$|-2\boldsymbol{A}|=(-2)|\boldsymbol{A}|=-2^2$,出现这种错误的原因是混淆了矩阵运算性质与行列式运算性质之间的差异.

**【例 1-6】** 设连续型随机变量$X$的分布函数

$$F(x)=\begin{cases}0, & x<0,\\ kx^2, & 0\leqslant x<1,\\ 1, & x\geqslant 1,\end{cases}$$

则 $k$ 等于(  ).

(A)3　　(B)2　　(C)4　　(D)1

**解:**由于连续型随机变量的分布函数是连续函数,因此由 $F(x)$ 在 $x=1$ 处连续得到 $F(1^-)=F(1)$,即 $k=1$. 故应选(D).

本题也可以通过先求 $X$ 的概率密度来解题. 由于 $X$ 的概率密度

$$p(x)=F'(x)=\begin{cases}2kx, & 0<x<1,\\ 0, & 其他.\end{cases}$$

因此,由 $\int_{-\infty}^{+\infty}p(x)\mathrm{d}x=1$ 解得

$$\int_0^1 2kx\mathrm{d}x=k=1.$$

本题测试连续型随机变量分布函数的性质. 由于对任意一个随机变量,分布函数右连续总是满足的,因此分布函数在任意一点处连续等价于左连续,这为具体计算提供了方便.

# 复习内容

## 1.1 空间解析几何

要求:①理解向量的概念及其表示,掌握向量的线性运算、数量积、向量积及混合积,了解两个向量垂直、平行的条件,掌握单位向量、方向余弦、向量的坐标表达式以及用坐标表达式进行向量运算的方法;

②掌握平面的方程和直线的方程及其求法,会利用平面、直线之间的位置关系解决有关问题;

③了解常用二次曲面的方程及其图形,会求以坐标轴为旋转轴的旋转曲面方程及母线平行于坐标轴的柱面方程,了解空间曲线的参数方程和一般方程以及空间曲线在坐标面上的投影曲线方程。

### 1.1.1 向量代数

**1. 向量及其线性运算**

既有大小又有方向的量,如位移、速度、力等这类量,称为向量. 向量 $\boldsymbol{a}$ 的大小称为向量 $\boldsymbol{a}$ 的模,记作 $|\boldsymbol{a}|$.

向量的加减法、向量与数的乘法统称向量的线性运算.

向量 $\boldsymbol{a}$ 与向量 $\boldsymbol{b}$ 的和 $\boldsymbol{a}+\boldsymbol{b}$ 是一个向量 $\boldsymbol{c}$,利用平行四边形法则或三角形法则可得向量 $\boldsymbol{c}$,如图 1.1-1、图 1.1-2 所示.

向量 $\boldsymbol{a}$ 与实数 $\lambda$ 的积记作 $\lambda\boldsymbol{a}$,它是一个向量,它的模

$$|\lambda\boldsymbol{a}|=|\lambda||\boldsymbol{a}|,$$

它的方向当 $\lambda>0$ 时,与向量 $\boldsymbol{a}$ 相同;当 $\lambda<0$ 时,与向量 $\boldsymbol{a}$ 相反.

由向量与数的乘积的定义,可得以下定理.

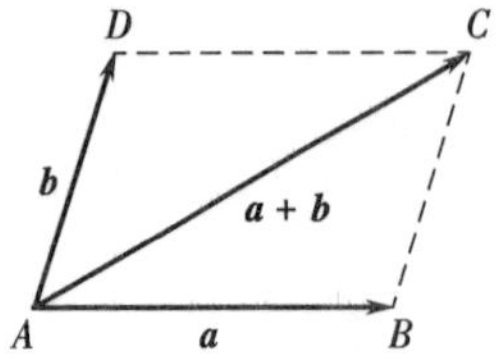


图 1.1-1

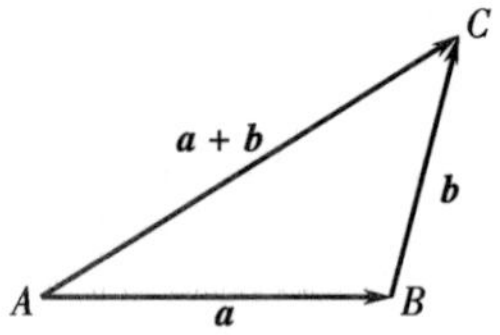


图 1.1-2

**定理** 设向量 $\boldsymbol{a}\neq\boldsymbol{0}$,那么向量 $\boldsymbol{b}$ 与向量 $\boldsymbol{a}$ 平行的充分必要条件是:存在唯一的实数 $\lambda$,使 $\boldsymbol{b}=\lambda\boldsymbol{a}$.

**2. 向量的坐标**

设有空间直角坐标系 $O-xyz$,$\boldsymbol{i}$、$\boldsymbol{j}$、$\boldsymbol{k}$ 分别表示沿 $x$、$y$、$z$ 轴正向的单位向量,$\boldsymbol{a}=\overrightarrow{M_1M_2}$是以 $M_1(x_1,y_1,z_1)$为起点,$M_2(x_2,y_2,z_2)$为终点的向量,则向量 $\boldsymbol{a}$ 可表示为

$$\boldsymbol{a}=\overrightarrow{M_1M_2}=(x_2-x_1)\boldsymbol{i}+(y_2-y_1)\boldsymbol{j}+(z_2-z_1)\boldsymbol{k},$$

或

$$\boldsymbol{a}=(x_2-x_1,y_2-y_1,z_2-z_1),$$

其中 $x_2-x_1,y_2-y_1,z_2-z_1$ 称为向量 $\boldsymbol{a}$ 的坐标.

非零向量 $\boldsymbol{a}$ 与三条坐标轴正向的夹角 $\alpha$、$\beta$、$\gamma$ 称为它的方向角. 向量的模、方向角与坐标之间有如下关系:

$$a_x=|\boldsymbol{a}|\cos\alpha,a_y=|\boldsymbol{a}|\cos\beta,a_z=|\boldsymbol{a}|\cos\gamma,$$

其中 $\cos\alpha$、$\cos\beta$、$\cos\gamma$ 称为向量 $\boldsymbol{a}$ 的方向余弦.

**3. 数量积　向量积　混合积**

设向量 $\boldsymbol{a}$ 和向量 $\boldsymbol{b}$ 的夹角为 $\theta(0\leqslant\theta\leqslant\pi)$,向量 $\boldsymbol{a}$ 和向量 $\boldsymbol{b}$ 的数量积为一个数量,记作 $\boldsymbol{a}\cdot\boldsymbol{b}$,其大小为$|\boldsymbol{a}||\boldsymbol{b}|\cos\theta$,即

$$\boldsymbol{a}\cdot\boldsymbol{b}=|\boldsymbol{a}||\boldsymbol{b}|\cos\theta.$$

由数量积的定义可知,向量 $\boldsymbol{a}$ 与向量 $\boldsymbol{b}$ 垂直的充分必要条件是 $\boldsymbol{a}\cdot\boldsymbol{b}=0$.

向量 $\boldsymbol{a}$ 和向量 $\boldsymbol{b}$ 的向量积为一个向量 $\boldsymbol{c}$,记作 $\boldsymbol{a}\times\boldsymbol{b}$,即 $\boldsymbol{c}=\boldsymbol{a}\times\boldsymbol{b}$,$\boldsymbol{c}$ 的模

$$|\boldsymbol{c}|=|\boldsymbol{a}\times\boldsymbol{b}|=|\boldsymbol{a}||\boldsymbol{b}|\sin\theta,$$

$\boldsymbol{c}$ 的方向垂直于由 $\boldsymbol{a}$ 与 $\boldsymbol{b}$ 所决定的平面,$\boldsymbol{c}$ 的指向按右手法则确定.

设向量 $\boldsymbol{a}=(a_x,a_y,a_z)$,$\boldsymbol{b}=(b_x,b_y,b_z)$,则

$$\boldsymbol{a}\cdot\boldsymbol{b}=a_xb_x+a_yb_y+a_zb_z,$$

$$\boldsymbol{a}\times\boldsymbol{b}=(a_yb_z-a_zb_y,a_zb_x-a_xb_z,a_xb_y-a_yb_x),$$

或

$$\boldsymbol{a}\times\boldsymbol{b}=\begin{vmatrix}\boldsymbol{i}&\boldsymbol{j}&\boldsymbol{k}\\a_x&a_y&a_z\\b_x&b_y&b_z\end{vmatrix}.$$

由向量积的定义可知,向量 $\boldsymbol{a}$ 与向量 $\boldsymbol{b}$ 平行的充分必要条件是 $\boldsymbol{a}\times\boldsymbol{b}=\boldsymbol{0}$.

三个向量 $\boldsymbol{a}$、$\boldsymbol{b}$ 和 $\boldsymbol{c}$ 的混合积是一个数量,这个数量通过先作向量积 $\boldsymbol{a}\times\boldsymbol{b}$,再作数量积$(\boldsymbol{a}\times\boldsymbol{b})\cdot\boldsymbol{c}$ 得到,混合积记作$[\boldsymbol{a}\ \boldsymbol{b}\ \boldsymbol{c}]$,即

$$[\boldsymbol{a}\ \boldsymbol{b}\ \boldsymbol{c}]=(\boldsymbol{a}\times\boldsymbol{b})\cdot\boldsymbol{c}.$$

设 $\boldsymbol{a}=(a_x,a_y,a_z)$,$\boldsymbol{b}=(b_x,b_y,b_z)$,$\boldsymbol{c}=(c_x,c_y,c_z)$,则

$$[\boldsymbol{a}\ \boldsymbol{b}\ \boldsymbol{c}]=\begin{vmatrix} a_x & a_y & a_z \\ b_x & b_y & b_z \\ c_x & c_y & c_z \end{vmatrix}.$$

向量的混合积$[\boldsymbol{a}\ \boldsymbol{b}\ \boldsymbol{c}]$有下述几何意义：$[\boldsymbol{a}\ \boldsymbol{b}\ \boldsymbol{c}]$是这样一个数，它的绝对值表示以向量$\boldsymbol{a}$、$\boldsymbol{b}$、$\boldsymbol{c}$为棱的平行六面体的体积，它的符号由向量$\boldsymbol{a}$、$\boldsymbol{b}$、$\boldsymbol{c}$组成右手系还是左手系来确定，前者为正，后者为负.

**【例 1.1-1】** 已知两点$M_1(2,2,\sqrt{2})$和$M_2(1,3,0)$，计算向量$\overrightarrow{M_1M_2}$的模、方向余弦和方向角.

**解：**$\overrightarrow{M_1M_2}=(1-2,3-2,0-\sqrt{2})=(-1,1,-\sqrt{2})$,

$$|\overrightarrow{M_1M_2}|=\sqrt{(-1)^2+1^2+(-\sqrt{2})^2}=2,$$

$$\cos\alpha=-\frac{1}{2},\cos\beta=\frac{1}{2},\cos\gamma=-\frac{\sqrt{2}}{2},$$

$$\alpha=\frac{2\pi}{3},\beta=\frac{\pi}{3},\gamma=\frac{3\pi}{4}.$$

**【例 1.1-2】** 设质量为 100 kg 的物体从点$M_1(3,1,8)$沿直线移动到点$M_2(1,4,2)$，计算重力做的功(长度单位为 m，重力方向为$z$轴负方向).

**解：**重力$\boldsymbol{P}=(0,0,-mg)=(0,0,-980)$,

位移向量$\overrightarrow{M_1M_2}=(-2,3,-6)$.

按数量积的物理意义，重力做的功$W$即为向量$\boldsymbol{P}$和向量$\overrightarrow{M_1M_2}$的数量积，故

$$W=\boldsymbol{P}\cdot\overrightarrow{M_1M_2}=(-980)\times(-6)=5\ 880\ (\text{J}).$$

**【例 1.1-3】** 设向量$\boldsymbol{a}=(-2,4,4)$，$\boldsymbol{b}=(0,6,3)$，则$\boldsymbol{a}$与$\boldsymbol{b}$的夹角为(　　).

(A)$\arccos\frac{1}{\sqrt{6}}$　　(B)$\arccos\frac{2}{\sqrt{6}}$　　(C)$\arccos\frac{2}{\sqrt{5}}$　　(D)$\arcsin\frac{2}{\sqrt{5}}$

**解：**$\boldsymbol{a}\cdot\boldsymbol{b}=0+24+12=36$,

$$|\boldsymbol{a}|=\sqrt{(-2)^2+4^2+4^2}=6,$$

$$|\boldsymbol{b}|=\sqrt{0+6^2+3^2}=3\sqrt{5},$$

$$\cos\theta=\frac{\boldsymbol{a}\cdot\boldsymbol{b}}{|\boldsymbol{a}||\boldsymbol{b}|}=\frac{36}{6\times3\sqrt{5}}=\frac{2}{\sqrt{5}},$$

故应选(C).

**【例 1.1-4】** 设$\boldsymbol{a}$，$\boldsymbol{b}$均为向量，下列命题中错误的是(　　).

(A)$\boldsymbol{a}/\!/\boldsymbol{b}$的充分必要条件是存在实数$\lambda$，使$\boldsymbol{b}=\lambda\boldsymbol{a}$

(B)$\boldsymbol{a}/\!/\boldsymbol{b}$的充分必要条件是$\boldsymbol{a}\times\boldsymbol{b}=\boldsymbol{0}$

(C)$\boldsymbol{a}\perp\boldsymbol{b}$的充分必要条件是$\boldsymbol{a}\cdot\boldsymbol{b}=0$

(D)$\boldsymbol{a}\perp\boldsymbol{b}$的充分必要条件是$(\boldsymbol{a}+\boldsymbol{b})\cdot(\boldsymbol{a}-\boldsymbol{b})=|\boldsymbol{a}|^2-|\boldsymbol{b}|^2$

**解：**命题(A)、(B)、(C)都是正确的，而等式

$$(\boldsymbol{a}+\boldsymbol{b})\cdot(\boldsymbol{a}-\boldsymbol{b})=|\boldsymbol{a}|^2-|\boldsymbol{b}|^2,$$

根据向量的数量积的运算规律，对一般的向量$\boldsymbol{a}$、$\boldsymbol{b}$均成立，因此这个等式不能成为向量$\boldsymbol{a}\perp\boldsymbol{b}$的充分必要条件，故应选(D).

**【例 1.1-5】** 已知三角形 $ABC$ 的顶点是 $A(1,2,3)$,$B(3,4,5)$ 和 $C(2,4,7)$,求三角形 $ABC$ 的面积.

**解:**根据向量积的定义,可知三角形 $ABC$ 的面积

$$S_{\triangle ABC}=\frac{1}{2}|\overrightarrow{AB}||\overrightarrow{AC}|\sin\angle A=\frac{1}{2}|\overrightarrow{AB}\times\overrightarrow{AC}|.$$

而 $\overrightarrow{AB}=(2,2,2)$,$\overrightarrow{AC}=(1,2,4)$,

故 $$\overrightarrow{AB}\times\overrightarrow{AC}=\begin{vmatrix}\boldsymbol{i}&\boldsymbol{j}&\boldsymbol{k}\\2&2&2\\1&2&4\end{vmatrix}=4\boldsymbol{i}-6\boldsymbol{j}+2\boldsymbol{k},$$

$$S_{\triangle ABC}=\frac{1}{2}|4\boldsymbol{i}-6\boldsymbol{j}+2\boldsymbol{k}|=\frac{1}{2}\sqrt{4^2+(-6)^2+2^2}=\sqrt{14}.$$

**【例 1.1-6】** 已知不在一个平面上的四个点:$A(x_1,y_1,z_1)$、$B(x_2,y_2,z_2)$、$C(x_3,y_3,z_3)$、$D(x_4,y_4,z_4)$,求四面体 $ABCD$ 的体积.

**解:**四面体 $ABCD$ 的体积 $V$ 等于以向量$\overrightarrow{AB}$、$\overrightarrow{AC}$和$\overrightarrow{AD}$为棱的平行六面体的体积的六分之一,由混合积的几何意义知,六面体的体积等于$[\overrightarrow{AB}\ \overrightarrow{AC}\ \overrightarrow{AD}]$的绝对值,故

$$V=\pm\frac{1}{6}\begin{vmatrix}x_2-x_1&y_2-y_1&z_2-z_1\\x_3-x_1&y_3-y_1&z_3-z_1\\x_4-x_1&y_4-y_1&z_4-z_1\end{vmatrix}.$$

上式中符号的选择与行列式的值的符号一致.

### 1.1.2 平面

**1. 平面的方程**

设平面 $\Pi$ 过点 $M_0(x_0,y_0,z_0)$,它的一个法向量 $\boldsymbol{n}=(A,B,C)$,则平面 $\Pi$ 的方程为

$$A(x-x_0)+B(y-y_0)+C(z-z_0)=0,$$

此方程称为平面的点法式方程.

平面的一般方程为

$$Ax+By+Cz+D=0,$$

$\boldsymbol{n}=(A,B,C)$为该平面的法向量.

设一个平面与 $x$、$y$、$z$ 轴分别交于 $P(a,0,0)$,$Q(0,b,0)$和 $R(0,0,c)$三点(其中 $a\neq0,b\neq0,c\neq0$),则该平面的方程为

$$\frac{x}{a}+\frac{y}{b}+\frac{z}{c}=1,$$

此方程称为平面的截距式方程,$a$、$b$、$c$ 分别为平面在 $x$、$y$、$z$ 轴上的截距.

**2. 两个平面的夹角**

两个平面的法向量的夹角称为两个平面的夹角(通常指锐角). 设有平面 $\Pi_1:A_1x+B_1y+C_1z+D_1=0$ 和平面 $\Pi_2:A_2x+B_2y+C_2z+D_2=0$,则 $\Pi_1$ 和 $\Pi_2$ 的夹角 $\theta$ 由下式确定:

$$\cos\theta=\frac{|\boldsymbol{n}_1\cdot\boldsymbol{n}_2|}{|\boldsymbol{n}_1||\boldsymbol{n}_2|}=\frac{|A_1A_2+B_1B_2+C_1C_2|}{\sqrt{A_1^2+B_1^2+C_1^2}\sqrt{A_2^2+B_2^2+C_2^2}}.$$

由此可得:

$\Pi_1$ 与 $\Pi_2$ 垂直相当于 $A_1A_2+B_1B_2+C_1C_2=0$,

$\Pi_1$ 与 $\Pi_2$ 平行相当于 $\dfrac{A_1}{A_2}=\dfrac{B_1}{B_2}=\dfrac{C_1}{C_2}$.

**3. 点到平面的距离**

空间一点 $P_0(x_0,y_0,z_0)$ 到平面

$$Ax+By+Cz+D=0$$

的距离由下式计算:

$$d=\frac{|Ax_0+By_0+Cz_0+D|}{\sqrt{A^2+B^2+C^2}}.$$

**【例 1.1-7】** 平行于 $x$ 轴且经过点(4,0,-2)和点(2,1,1)的平面的方程是(　　).

(A)$x-4y+2z=0$　(B)$3x+2z-8=0$　(C)$3y-z-2=0$　(D)$3y+z-4=0$

**解:**由平面平行于 $x$ 轴知,平面方程中 $x$ 的系数为0,故(A)、(B)不正确.由平面经过两个已知点易知(C)满足,应选(C).

**【例 1.1-8】** 求过三点 $M_1(2,-1,4)$,$M_2(-1,3,-2)$和 $M_3(0,2,3)$的平面的方程.

**解:**先找出平面的法向量 $\boldsymbol{n}$,可取$\overrightarrow{M_1M_2}=(-3,4,-6)$与$\overrightarrow{M_1M_3}=(-2,3,-1)$的向量积为 $\boldsymbol{n}$,即

$$\boldsymbol{n}=\overrightarrow{M_1M_2}\times\overrightarrow{M_1M_3}=\begin{vmatrix}\boldsymbol{i} & \boldsymbol{j} & \boldsymbol{k}\\ -3 & 4 & -6\\ -2 & 3 & -1\end{vmatrix}=14\boldsymbol{i}+9\boldsymbol{j}-\boldsymbol{k},$$

由平面的点法式方程得所求平面方程为

$$14(x-2)+9(y+1)-(z-4)=0,$$

即 $$14x+9y-z-15=0.$$

**【例 1.1-9】** 求两个平面 $x-y+2z-6=0$ 和 $2x+y+z-5=0$ 的夹角.

**解:**因为

$$\cos\theta=\frac{|1\times2+(-1)\times1+2\times1|}{\sqrt{1^2+(-1)^2+2^2}\sqrt{2^2+1^2+1^2}}=\frac{1}{2},$$

故所求夹角 $\theta=\dfrac{\pi}{3}$.

## 1.1.3 直线

**1. 空间直线的方程**

设空间直线 $L$ 是平面 $\Pi_1:A_1x+B_1y+C_1z+D_1=0$ 和平面 $\Pi_2:A_2x+B_2y+C_2z+D_2=0$ 的交线,则直线 $L$ 的一般方程为

$$\begin{cases}A_1x+B_1y+C_1z+D_1=0,\\ A_2x+B_2y+C_2z+D_2=0.\end{cases}$$

设直线 $L$ 过点 $M_0(x_0,y_0,z_0)$,它的一个方向向量为 $\boldsymbol{s}=(m,n,p)$,则直线 $L$ 的对称式方程为

$$\frac{x-x_0}{m}=\frac{y-y_0}{n}=\frac{z-z_0}{p},$$

直线 $L$ 的参数式方程为

$$\begin{cases} x = x_0 + mt, \\ y = y_0 + nt, \\ z = z_0 + pt. \end{cases}$$

**2. 两条直线的夹角**

两条直线的方向向量的夹角叫作两条直线的夹角(通常指锐角). 设直线 $L_1$:

$$\frac{x-x_1}{m_1} = \frac{y-y_1}{n_1} = \frac{z-z_1}{p_1}$$

和直线 $L_2$:

$$\frac{x-x_2}{m_2} = \frac{y-y_2}{n_2} = \frac{z-z_2}{p_2},$$

则 $L_1$ 和 $L_2$ 的夹角 $\varphi$ 可由下式确定:

$$\cos\varphi = \frac{|\boldsymbol{s}_1 \cdot \boldsymbol{s}_2|}{|\boldsymbol{s}_1||\boldsymbol{s}_2|} = \frac{|m_1m_2 + n_1n_2 + p_1p_2|}{\sqrt{m_1^2 + n_1^2 + p_1^2}\sqrt{m_2^2 + n_2^2 + p_2^2}}.$$

由此可得:

$L_1$ 和 $L_2$ 垂直相当于 $m_1m_2 + n_1n_2 + p_1p_2 = 0$,

$L_1$ 和 $L_2$ 平行相当于 $\dfrac{m_1}{m_2} = \dfrac{n_1}{n_2} = \dfrac{p_1}{p_2}$.

**3. 直线与平面的夹角**

直线和它在平面上的投影的夹角 $\varphi$ 称为直线与平面的夹角,通常规定 $0 \leqslant \varphi \leqslant \dfrac{\pi}{2}$. 设直线的方程是

$$\frac{x-x_0}{m} = \frac{y-y_0}{n} = \frac{z-z_0}{p},$$

平面的方程是

$$Ax + By + Cz + D = 0,$$

则直线与平面的夹角 $\varphi$ 由下式确定:

$$\sin\varphi = \frac{|Am + Bn + Cp|}{\sqrt{A^2 + B^2 + C^2}\sqrt{m^2 + n^2 + p^2}}.$$

由此可得:

直线与平面垂直相当于 $\dfrac{A}{m} = \dfrac{B}{n} = \dfrac{C}{p}$,

直线与平面平行或直线在平面上相当于 $Am + Bn + Cp = 0$.

**4. 点到直线的距离**

设 $M_0$ 是直线 $L$ 外一点,$M$ 是直线 $L$ 上任意一点,且直线 $L$ 的方向向量为 $\boldsymbol{s}$,则由向量积的几何意义知 $|\overrightarrow{M_0M} \times \boldsymbol{s}|$ 表示以 $\overrightarrow{M_0M}$、$\boldsymbol{s}$ 为邻边的平行四边形的面积,而 $\dfrac{|\overrightarrow{M_0M} \times \boldsymbol{s}|}{|\boldsymbol{s}|}$ 表示以 $|\boldsymbol{s}|$ 为边长的该平行四边形的高,即点 $M_0$ 到直线 $L$ 的距离 $d$,

$$d = \frac{|\overrightarrow{M_0M} \times \boldsymbol{s}|}{|\boldsymbol{s}|}.$$

【例 1.1-10】 求过两点 $M_1(3,-2,1)$ 和 $M_2(-1,0,2)$ 的直线的方程.

**解:**取 $\overrightarrow{M_1M_2}=(-4,2,1)$ 为直线的方向向量,由直线的对称式方程得所求直线方程为

$$\frac{x-3}{-4}=\frac{y+2}{2}=\frac{z-1}{1}.$$

【例 1.1-11】 求直线 $L_1:\frac{x-1}{1}=\frac{y}{-4}=\frac{z+3}{1}$ 和直线 $L_2:\frac{x}{2}=\frac{y+2}{-2}=\frac{z}{-1}$ 的夹角.

**解:**直线 $L_1$ 和 $L_2$ 的方向向量依次为 $\boldsymbol{s}_1=(1,-4,1)$,$\boldsymbol{s}_2=(2,-2,-1)$. 设直线 $L_1$ 和 $L_2$ 的夹角为 $\varphi$,则

$$\cos\varphi=\frac{|1\times2+(-4)(-2)+1\times(-1)|}{\sqrt{1^2+(-4)^2+1^2}\sqrt{2^2+(-2)^2+(-1)^2}}=\frac{\sqrt{2}}{2},$$

所以 $\varphi=\frac{\pi}{4}$.

【例 1.1-12】 直线 $L:2x=5y=z-1$ 与平面 $\Pi:4x-2z=5$ 的位置关系是(  ).

(A)直线 $L$ 与平面 $\Pi$ 平行　　(B)直线 $L$ 与平面 $\Pi$ 垂直

(C)直线 $L$ 在平面 $\Pi$ 上　　(D)直线 $L$ 与平面 $\Pi$ 相交,但不垂直

**解:**直线 $L$ 的方程可改写为

$$\frac{x}{\frac{5}{2}}=\frac{y}{1}=\frac{z-1}{5},$$

由此可得直线 $L$ 的方向向量 $\boldsymbol{s}=\left(\frac{5}{2},1,5\right)$. 平面 $\Pi$ 的法向量 $\boldsymbol{n}=(4,0,-2)$.

$$\boldsymbol{s}\cdot\boldsymbol{n}=4\times\frac{5}{2}+0\times1-2\times5=0,$$

故直线与平面平行或直线在平面上. 又 $L$ 上一点$(0,0,1)$不在平面 $\Pi$ 上,故选(A).

【例 1.1-13】 求点 $P(3,-1,2)$ 到直线 $L:\begin{cases}x+y-z+1=0,\\2x-y+z-4=0\end{cases}$ 的距离.

**解:**直线 $L$ 的方向向量

$$\boldsymbol{s}=\begin{vmatrix}\boldsymbol{i}&\boldsymbol{j}&\boldsymbol{k}\\1&1&-1\\2&-1&1\end{vmatrix}=(0,-3,-3),$$

在直线 $L$ 上取点 $M(1,-2,0)$,则由点到直线的距离公式得

$$d=\frac{|\overrightarrow{PM}\times\boldsymbol{s}|}{|\boldsymbol{s}|}=\frac{\sqrt{(-3)^2+(-6)^2+6^2}}{\sqrt{(-3)^2+(-3)^2}}=\frac{3}{2}\sqrt{2}.$$

## 1.1.4 柱面　旋转曲面　二次曲面

### 1. 柱面

平行于定直线并沿定曲线 $C$ 移动的直线 $L$ 形成的轨迹叫作柱面,定曲线 $C$ 叫作柱面的准线,动直线 $L$ 叫作柱面的母线. 例如,以 $xOy$ 平面上的圆 $x^2+y^2=R^2$ 为准线,平行于 $z$ 轴的直线为母线的圆柱面

$$x^2+y^2=R^2,$$

以 $xOy$ 平面上的抛物线 $y^2=2x$ 为准线,平行于 $z$ 轴的直线为母线的抛物柱面

$$y^2=2x.$$

在空间直角坐标系中,如果曲面方程 $F(x,y,z)=0$ 中缺少某个变量,那么该方程一般表示一个柱面. 例如,方程 $F(x,y)=0$ 一般表示一个母线平行于 $z$ 轴的柱面,方程 $G(x,z)=0$ 和 $H(y,z)=0$ 依次表示一个母线平行于 $y$ 轴、$x$ 轴的柱面. 以下三个方程

$$\frac{x^2}{a^2}+\frac{y^2}{b^2}=1,$$

$$\frac{x^2}{a^2}-\frac{y^2}{b^2}=1,$$

$$x^2=ay$$

依次表示母线平行于 $z$ 轴的椭圆柱面、双曲柱面、抛物柱面.

**2. 旋转曲面**

一条平面曲线绕其所在平面上的一条直线旋转一周所形成的曲面叫作旋转曲面,旋转曲线和定直线依次叫作旋转曲面的母线和轴. 例如,顶点在坐标原点 $O$,旋转轴为 $z$ 轴,半顶角为 $\alpha$ 的圆锥面

$$z^2=a^2(x^2+y^2),(a=\cot\alpha).$$

已知旋转曲面的母线 $C$ 的方程为

$$\begin{cases}f(y,z)=0,\\x=0,\end{cases}$$

旋转轴为 $z$ 轴,只要将母线的方程 $f(y,z)=0$ 中的 $y$ 换成 $\pm\sqrt{x^2+y^2}$,便得曲线 $C$ 绕 $z$ 轴旋转所形成的旋转曲面的方程,即

$$f(\pm\sqrt{x^2+y^2},z)=0.$$

同理,曲线 $C$ 绕 $y$ 轴旋转所形成的旋转曲面的方程为

$$f(y,\pm\sqrt{x^2+z^2})=0.$$

**3. 二次曲面**

三元二次方程所表示的曲面叫作二次曲面. 例如:

球面 $(x-x_0)^2+(y-y_0)^2+(z-z_0)^2=R^2$,

圆锥面 $\dfrac{x^2}{a^2}+\dfrac{y^2}{a^2}=z^2$,

椭圆锥面 $\dfrac{x^2}{a^2}+\dfrac{y^2}{b^2}=z^2,(a\neq b)$,

椭球面 $\dfrac{x^2}{a^2}+\dfrac{y^2}{b^2}+\dfrac{z^2}{c^2}=1$,

椭圆抛物面 $\dfrac{x^2}{a^2}+\dfrac{y^2}{b^2}=z,\dfrac{x^2}{a^2}+\dfrac{y^2}{b^2}=-z$,

双曲抛物面 $\dfrac{x^2}{a^2}-\dfrac{y^2}{b^2}=z$,

单叶双曲面 $\dfrac{x^2}{a^2}+\dfrac{y^2}{b^2}-\dfrac{z^2}{c^2}=1$,

双叶双曲面 $\frac{x^2}{a^2}-\frac{y^2}{b^2}-\frac{z^2}{c^2}=1.$

注意:以上方程是二次曲面的标准方程,还应知道它们的各种变形.

**【例 1.1-14】** 方程 $z^2-x^2-y^2=0$ 所表示的曲面是( ).

(A)单叶双曲面 (B)双叶双曲面 (C)旋转双曲面 (D)圆锥面

**解:**在顶点位于原点、旋转轴为 $z$ 轴的圆锥面方程中,令 $a=1$,即为所给方程,故选(D).

**【例 1.1-15】** 下列结论中,错误的是( ).

(A)$z+2x^2+y^2=0$ 表示椭圆抛物面 (B)$x^2+2y^2=1+3z^2$ 表示双叶双曲面

(C)$x^2+y^2-(z-1)^2=0$ 表示圆锥面 (D)$y^2=5x$ 表示抛物柱面

**解:**(B)中的方程,即

$$x^2+2y^2-3z^2=1,$$

表示单叶双曲面,故结论(B)是错误的,应选(B).

**【例 1.1-16】** 将双曲线 $C$:

$$\begin{cases}4x^2-9y^2=36,\\ z=0\end{cases}$$

绕 $x$ 轴旋转一周所形成的旋转曲面的方程是( ).

(A)$4(x^2+z^2)-9y^2=36$ (B)$4x^2-9(y^2+z^2)=36$

(C)$4x^2-9y^2=36$ (D)$4(x^2+y^2)-9z^2=36$

**解:**双曲线 $C$ 绕 $x$ 轴旋转,只需将 $C$ 的方程中的 $y$ 换成 $\pm\sqrt{y^2+z^2}$,故应选(B).

### 1.1.5 空间曲线

**1. 空间曲线的方程**

空间曲线可以看作两个曲面的交线. 若空间曲线 $C$ 是曲面

$$F(x,y,z)=0 \text{ 和 } G(x,y,z)=0$$

的交线,则 $C$ 的方程可用下述方程组表示:

$$\begin{cases}F(x,y,z)=0,\\ G(x,y,z)=0,\end{cases}$$

此方程组称为空间曲线 $C$ 的一般方程.

若将空间曲线 $C$ 上动点的坐标 $x$、$y$、$z$ 表示为参数 $t$ 的函数,即

$$\begin{cases}x=x(t),\\ y=y(t),\\ z=z(t),\end{cases}$$

此方程组称为空间曲线 $C$ 的参数方程.

例如,参数方程

$$\begin{cases}x=a\cos\theta,\\ y=a\sin\theta,\\ z=b\theta\end{cases}$$

表示的空间曲线是螺旋线.

**2. 空间曲线在坐标面上的投影**

设空间曲线 $C$ 的一般方程为

$$\begin{cases}F(x,y,z)=0,\\G(x,y,z)=0.\end{cases}$$

以上方程组消去变量 $z$ 所得的方程

$$H(x,y)=0$$

表示母线平行于 $z$ 轴,且包含曲线 $C$ 的柱面. 以曲线 $C$ 为准线、母线平行于 $z$ 轴的柱面称为曲线 $C$ 关于 $xOy$ 面的投影柱面,投影柱面与 $xOy$ 面的交线称为曲线 $C$ 在 $xOy$ 面上的投影. 因此,方程 $H(x,y)=0$ 必定包含投影柱面,而方程

$$\begin{cases}H(x,y)=0,\\z=0\end{cases}$$

表示的曲线必定包含空间曲线 $C$ 在 $xOy$ 面上的投影.

**【例 1.1-17】** 设一个立体由上半球面 $z=\sqrt{4-x^2-y^2}$ 和锥面 $z=\sqrt{3(x^2+y^2)}$ 所围成(图 1.1-3),求它在 $xOy$ 面上的投影.

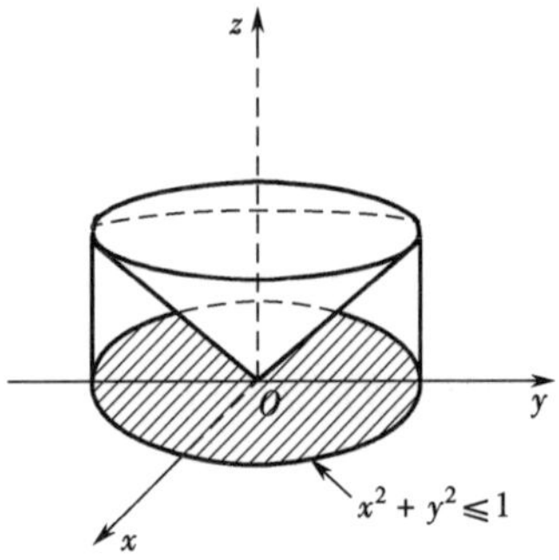


图 1.1-3

**解:**上半球面和锥面的交线 $C$ 为

$$\begin{cases}z=\sqrt{4-x^2-y^2},\\z=\sqrt{3(x^2+y^2)}.\end{cases}$$

以上方程组消去 $z$ 得到

$$x^2+y^2=1.$$

这恰好是交线 $C$ 在 $xOy$ 面上的投影柱面,交线 $C$ 在 $xOy$ 面上的投影曲线为

$$\begin{cases}x^2+y^2=1,\\z=0.\end{cases}$$

从而该立体在 $xOy$ 面上的投影为 $\{(x,y,0)\mid x^2+y^2\leqslant 1\}$.

## 1.2 微分学

要求:①理解函数的有界性、单调性、周期性和奇偶性的概念,并会具体判定;

②理解极限的概念,掌握极限的有理运算法则,会用变量代换求某些简单复合函数的极限;

③了解极限的性质和两个极限存在准则,会用两个重要极限求极限;

④了解无穷小、无穷大、高阶无穷小和等价无穷小的概念,会用等价无穷小求极限;

⑤理解函数在一点连续和在一个区间上连续的概念,了解函数间断点的概念,会判别函数间断点的类型,了解初等函数的连续性和闭区间上连续函数的性质;

⑥理解导数的概念及几何意义、物理意义,掌握导数的四则运算法则和复合函数的求导法则,掌握基本初等函数的导数公式;

⑦理解函数微分的概念以及函数可导与可微的关系,了解微分的概念中所包含的局部线性化思想,了解函数微分的运算法则和一阶微分形式的不变性;

⑧了解高阶导数的概念,掌握初等函数一阶、二阶导数的求法,会求隐函数、由参数方程确定的函数的一阶导数及比较简单的二阶导数;

⑨理解罗尔定理和拉格朗日定理,会用洛必达法则求不定式的极限;

⑩理解函数的极值概念，掌握用导数判定函数的单调性和求极值的方法，会用导数判断曲线的凹凸性，会求曲线的拐点；

⑪理解二元函数偏导数与全微分的概念，了解全微分存在的必要条件与充分条件；

⑫掌握复合函数一阶偏导数的求法，会求复合函数的二阶偏导数，会求隐函数的一阶偏导数；

⑬了解曲线的切线和法平面以及曲面的切平面和法线等概念，并会求它们的方程；

⑭理解多元函数的极值概念，掌握多元函数在某点取得极值的必要条件，了解多元函数在某点取得极值的充分条件，会求多元函数的极值和条件极值，会求多元函数的最大值、最小值并掌握其简单应用。

### 1.2.1 函数与极限

**1. 函数的几个特性**

函数的特性：有界性、单调性、周期性和奇偶性。（略）

**2. 函数的极限**

(1) 函数极限的概念　无穷小与无穷大

函数的极限可按自变量的变化趋向 $x \to x_0$ 与 $x \to \infty$ 分成以下两种：

当 $x \to x_0$ 时，$f(x)$ 无限趋近于常数 $A$，称 $f(x)$ 当 $x \to x_0$ 时的极限为 $A$，记成 $\lim\limits_{x \to x_0} f(x) = A$ 或 $f(x) \to A(x \to x_0)$；

当 $x \to \infty$ 时，$f(x)$ 无限趋近于常数 $A$，称 $f(x)$ 当 $x \to \infty$ 时的极限为 $A$，记成 $\lim\limits_{x \to \infty} f(x) = A$ 或 $f(x) \to A(x \to \infty)$.

函数的极限有如下性质.

**定理 1**（函数极限的唯一性）　如果极限 $\lim\limits_{x \to x_0} f(x)$ 存在，那么这个极限唯一.

**定理 2**（函数极限的局部有界性）　如果 $\lim\limits_{x \to x_0} f(x) = A$，那么存在常数 $M > 0$ 和 $\delta > 0$，使得当 $0 < |x - x_0| < \delta$ 时，有 $|f(x)| \leqslant M$.

**定理 3**（函数极限的局部保号性）　如果 $\lim\limits_{x \to x_0} f(x) = A$，而且 $A > 0$（或 $A < 0$），那么存在常数 $\delta > 0$，使得当 $0 < |x - x_0| < \delta$ 时，有 $f(x) > 0$（或 $f(x) < 0$）.

**定理 4**（函数极限与数列极限的关系）　如果极限 $\lim\limits_{x \to x_0} f(x)$ 存在，$\{x_n\}$ 为在函数 $f(x)$ 的定义域内任一收敛于 $x_0$ 的数列，且满足 $x_n \neq x_0 (n = 1, 2, 3, \cdots)$，那么相应的函数值数列 $\{f(x_n)\}$ 必收敛，且 $\lim\limits_{n \to \infty} f(x_n) = \lim\limits_{x \to x_0} f(x)$.

当 $x \to \infty$ 时，函数极限的性质只需按照上述性质相应地作一些修改，便可得出.

在函数极限的定义中，若 $f(x)$ 当 $x \to x_0$（或 $x \to \infty$）时的极限 $A = 0$，则称 $f(x)$ 为当 $x \to x_0$（或 $x \to \infty$）时的无穷小；若当 $x \to x_0$（或 $x \to \infty$）时，$f(x)$ 的绝对值 $|f(x)|$ 无限大，则称 $f(x)$ 为当 $x \to x_0$（或 $x \to \infty$）时的无穷大，记成 $\lim\limits_{x \to x_0} f(x) \to \infty$（或 $\lim\limits_{x \to \infty} f(x) \to \infty$）.

无穷小与函数的极限有如下关系.

**定理**　在自变量的同一变化过程 $x \to x_0$（或 $x \to \infty$）中，函数 $f(x)$ 具有极限 $A$ 的充分必要条件是 $f(x) = A + \alpha$，其中 $\alpha$ 是无穷小.

无穷小与无穷大，有如下关系.

**定理** 在自变量的同一变化过程中,如果 $f(x)$ 为无穷大,则 $\frac{1}{f(x)}$ 为无穷小;反之,如果 $f(x)$ 为无穷小,且 $f(x)\neq 0$,则 $\frac{1}{f(x)}$ 为无穷大.

(2)左、右极限

若当 $x\to x_0^-$ 时,$f(x)$ 无限趋近于常数 $A$,则称 $f(x)$ 当 $x\to x_0$ 时的左极限为 $A$,记成 $\lim\limits_{x\to x_0^-} f(x)=A$ 或 $f(x_0^-)=A$.

类似地,有 $f(x)$ 当 $x\to x_0$ 时的右极限,记成 $\lim\limits_{x\to x_0^+} f(x)$ 或 $f(x_0^+)$,还有 $\lim\limits_{x\to+\infty} f(x)$,$\lim\limits_{x\to-\infty} f(x)$.

函数 $f(x)$ 当 $x\to x_0$(或 $x\to\infty$)时的极限存在的充分必要条件是函数的左、右极限均存在且相等,即

$$f(x_0^-)=f(x_0^+)\left(\text{或}\lim_{x\to+\infty} f(x)=\lim_{x\to-\infty} f(x)\right).$$

(3)极限运算法则

关于函数极限的运算法则,有以下几个定理。

**定理 1** 有限个无穷小的和也是无穷小.

**定理 2** 有界函数与无穷小的乘积是无穷小.

**定理 3 (极限的四则运算法则)**

若 $\lim f(x)=A,\lim g(x)=B$,则

①$\lim[f(x)\pm g(x)]=\lim f(x)\pm\lim g(x)$;

②$\lim[f(x)\cdot g(x)]=\lim f(x)\cdot\lim g(x)$;

③$\lim\frac{f(x)}{g(x)}=\frac{\lim f(x)}{\lim g(x)}$(当 $\lim g(x)=B\neq 0$ 时).

注意:上述记号"lim"下面的自变量变化过程可以是 $x\to x_0,x\to\infty,x\to x_0^-,x\to x_0^+,x\to-\infty,x\to+\infty$,但等号两端出现的必须是同一种.

**定理 4** 如果 $\varphi(x)\geqslant\psi(x)$,而 $\lim\varphi(x)=a,\lim\psi(x)=b$,那么 $a\geqslant b$.

注意:上述记号"lim"下面是同一自变量的变化过程.

**定理 5 (复合函数的极限运算法则)** 设函数 $y=f[g(x)]$ 由函数 $y=f(u)$ 与函数 $u=g(x)$ 复合而成,$f[g(x)]$ 在点 $x_0$ 的某去心邻域内有意义,若 $\lim\limits_{x\to x_0} g(x)=u_0$,$\lim\limits_{u\to u_0} f(u)=A$,且存在 $\delta_0>0$,当 $x\in\mathring{U}(x_0,\delta_0)$ 时,有 $g(x)\neq u_0$,则

$$\lim_{x\to x_0} f[g(x)]=\lim_{u\to u_0} f(u)=A.$$

**3. 极限存在准则和两个重要极限**

(1)夹逼准则和极限 $\lim\limits_{x\to 0}\frac{\sin x}{x}=1$

**准则Ⅰ** (数列情形)若数列 $\{x_n,y_n\}$ 及 $\{z_n\}$ 满足条件:$y_n\leqslant x_n\leqslant z_n(n=1,2,3,\cdots)$ 且 $\lim\limits_{n\to\infty} y_n=\lim\limits_{n\to\infty} z_n=a$,则数列 $\{x_n\}$ 的极限存在且 $\lim\limits_{n\to\infty} x_n=a$.

**准则Ⅰ′** (函数情形)若函数 $f(x)$,$g(x)$ 及 $h(x)$ 满足条件:

①当 $0<|x-x_0|<\delta$(或 $|x|>M$)时,有 $g(x)\leqslant f(x)\leqslant h(x)$;

② $\lim\limits_{\substack{x\to x_0\\(x\to\infty)}} g(x)=\lim\limits_{\substack{x\to x_0\\(x\to\infty)}} h(x)=A$,

则 $\lim\limits_{\substack{x\to x_0\\(x\to\infty)}} f(x)$ 存在，且 $\lim\limits_{\substack{x\to x_0\\(x\to\infty)}} f(x)=A$.

利用准则Ⅰ′，可得一个重要极限

$$\lim_{x\to 0}\frac{\sin x}{x}=1.$$

(2)单调有界准则和极限 $\lim\limits_{x\to\infty}\left(1+\frac{1}{x}\right)^{x}=\mathrm{e}$

**准则Ⅱ** 单调有界的数列(或函数)必有极限.

利用准则Ⅱ，可得另一个重要极限

$$\lim_{n\to\infty}\left(1+\frac{1}{n}\right)^{n}=\mathrm{e}$$

或 $$\lim_{x\to\infty}\left(1+\frac{1}{x}\right)^{x}=\mathrm{e},\ \lim_{z\to 0}(1+z)^{\frac{1}{z}}=\mathrm{e}.$$

其中 e 是一个无理数，e = 2.718 28…….

**4. 无穷小的比较**

设 $\alpha$ 及 $\beta$ 都是在同一个自变量变化过程中的无穷小，且 $\alpha\neq 0$，$\lim\frac{\beta}{\alpha}$ 也是在这个变化过程中的极限.

①若 $\lim\frac{\beta}{\alpha}=0$，就称 $\beta$ 是比 $\alpha$ 高阶的无穷小，记作 $\beta=o(\alpha)$，并称 $\alpha$ 是比 $\beta$ 低阶的无穷小.

②若 $\lim\frac{\beta}{\alpha}=C\neq 0$，就称 $\beta$ 是与 $\alpha$ 同阶的无穷小.

③若 $\lim\frac{\beta}{\alpha}=1$，就称 $\beta$ 是与 $\alpha$ 等价的无穷小，记作 $\alpha\sim\beta$.

等价无穷小有以下性质.

若 $\alpha\sim\alpha'$，$\beta\sim\beta'$，且 $\lim\frac{\beta'}{\alpha'}$ 存在，则

$$\lim\frac{\beta}{\alpha}=\lim\frac{\beta'}{\alpha'}.$$

当 $x\to 0$ 时，有以下常用的等价无穷小：

$$x\sim\sin x\sim\tan x,\ 1-\cos x\sim\frac{1}{2}x^2,$$

$$\ln(1+x)\sim x,\ \mathrm{e}^x-1\sim x,\ \sqrt[n]{1+x}-1\sim\frac{1}{n}x.$$

**【例 1.2-1】** 求 $\lim\limits_{x\to 2}\frac{x^3-1}{x^2-5x+3}$.

**解**：$\lim\limits_{x\to 2}\frac{x^3-1}{x^2-5x+3}=\frac{\lim\limits_{x\to 2}(x^3-1)}{\lim\limits_{x\to 2}(x^2-5x+3)}=\frac{\lim\limits_{x\to 2}x^3-\lim\limits_{x\to 2}1}{\lim\limits_{x\to 2}x^2-5\lim\limits_{x\to 2}x+\lim\limits_{x\to 2}3}=\frac{2^3-1}{2^2-5\times 2+3}=-\frac{7}{3}$.

一般地，对有理分式函数

$$F(x)=\frac{P(x)}{Q(x)},$$

其中 $P(x)$、$Q(x)$ 是多项式,若 $\lim\limits_{x\to x_0} Q(x)=Q(x_0)\neq 0$,则

$$\lim_{x\to x_0} F(x)=\lim_{x\to x_0}\frac{P(x)}{Q(x)}=\frac{\lim\limits_{x\to x_0}P(x)}{\lim\limits_{x\to x_0}Q(x)}=\frac{P(x_0)}{Q(x_0)}=F(x_0).$$

注意:若 $Q(x_0)=0$,则商的极限运算法则不能应用,需特殊考虑.

**【例 1.2-2】** 求 $\lim\limits_{x\to 3}\dfrac{x-3}{x^2-9}$.

**解:** $\lim\limits_{x\to 3}\dfrac{x-3}{x^2-9}=\lim\limits_{x\to 3}\dfrac{1}{x+3}=\dfrac{1}{6}$.

**【例 1.2-3】** 求 $\lim\limits_{x\to 1}\dfrac{2x-3}{x^2-5x+4}$.

**解:** $\lim\limits_{x\to 1}\dfrac{x^2-5x+4}{2x-3}=0$,

故 $$\lim_{x\to 1}\frac{2x-3}{x^2-5x+4}\to\infty.$$

**【例 1.2-4】** 求 $\lim\limits_{x\to\infty}\dfrac{3x^3+4x^2+2}{7x^3+5x^2-3}$.

**解:** $\lim\limits_{x\to\infty}\dfrac{3x^3+4x^2+2}{7x^3+5x^2-3}=\lim\limits_{x\to\infty}\dfrac{3+\dfrac{4}{x}+\dfrac{2}{x^3}}{7+\dfrac{5}{x}-\dfrac{3}{x^3}}=\dfrac{3}{7}$.

**【例 1.2-5】** $\lim\limits_{x\to\infty}\dfrac{\sin x}{x}$等于(　　).

(A)1　　(B)0　　(C)不存在且不是∞　　(D)∞

**解:** 由于 $\lim\limits_{x\to\infty}\dfrac{1}{x}=0$, $|\sin x|\leqslant 1$,按照"有界函数与无穷小的乘积是无穷小",故应选(B),注意不要与极限 $\lim\limits_{x\to 0}\dfrac{\sin x}{x}=1$ 相混淆.

**【例 1.2-6】** 求 $\lim\limits_{x\to 0}\dfrac{1-\cos x}{x^2}$.

**解:** $\lim\limits_{x\to 0}\dfrac{1-\cos x}{x^2}=\lim\limits_{x\to 0}\dfrac{2\sin^2\dfrac{x}{2}}{x^2}=\dfrac{1}{2}\lim\limits_{x\to 0}\dfrac{\sin^2\dfrac{x}{2}}{\left(\dfrac{x}{2}\right)^2}=\dfrac{1}{2}\lim\limits_{x\to 0}\left(\dfrac{\sin\dfrac{x}{2}}{\dfrac{x}{2}}\right)^2=\dfrac{1}{2}$.

**【例 1.2-7】** 求 $\lim\limits_{x\to\infty}\left(1-\dfrac{1}{x}\right)^x$.

**解:** 令 $x=-t$,则当 $x\to\infty$ 时,$t\to\infty$. 于是

$$\lim_{x\to\infty}\left(1-\frac{1}{x}\right)^x=\lim_{t\to\infty}\left(1+\frac{1}{t}\right)^{-t}=\frac{1}{\lim\limits_{t\to\infty}\left(1+\dfrac{1}{t}\right)^t}=\frac{1}{e}.$$

**【例 1.2-8】** 求 $\lim\limits_{x\to\infty}\left(\dfrac{1+x}{x}\right)^{2x}$.

**解**：$\lim\limits_{x\to\infty}\left(\frac{1+x}{x}\right)^{2x}=\lim\limits_{x\to\infty}\left[\left(1+\frac{1}{x}\right)^{x}\right]^{2}=e^{2}$.

**【例 1.2-9】** 求$\lim\limits_{x\to 0}\frac{\tan 2x}{\sin 5x}$.

**解**：当 $x\to 0$ 时，$\tan 2x\sim 2x$，$\sin 5x\sim 5x$，所以

$$\lim_{x\to 0}\frac{\tan 2x}{\sin 5x}=\lim_{x\to 0}\frac{2x}{5x}=\frac{2}{5}.$$

**【例 1.2-10】** 求$\lim\limits_{x\to 0}\frac{(1+x^{2})^{\frac{1}{3}}-1}{\cos x-1}$.

**解**：当 $x\to 0$ 时，$(1+x^{2})^{\frac{1}{3}}-1\sim\frac{1}{3}x^{2}$，$\cos x-1\sim-\frac{1}{2}x^{2}$，所以

$$\lim_{x\to 0}\frac{(1+x^{2})^{\frac{1}{3}}-1}{\cos x-1}=\lim_{x\to 0}\frac{\frac{1}{3}x^{2}}{-\frac{1}{2}x^{2}}=-\frac{2}{3}.$$

**【例 1.2-11】** 设 $f(x)=2^{x}+3^{x}-2$，则当 $x\to 0$ 时，有（ ）.

(A) $f(x)$ 与 $x$ 是等价无穷小　　(B) $f(x)$ 是与 $x$ 同阶但非等价的无穷小

(C) $f(x)$ 是比 $x$ 高阶的无穷小　　(D) $f(x)$ 是比 $x$ 低阶的无穷小

**解**：因为$\lim\limits_{x\to 0}f(x)=\lim\limits_{x\to 0}(2^{x}+3^{x}-2)=0$，

$$\lim_{x\to 0}\frac{f(x)}{x}=\lim_{x\to 0}\frac{2^{x}+3^{x}-2}{x}=\lim_{x\to 0}\frac{2^{x}-1}{x}+\lim_{x\to 0}\frac{3^{x}-1}{x}=\ln 2+\ln 3=\ln 6\neq 1,$$

所以应选(B).

**【例 1.2-12】** 当 $x\to 0$ 时，$\tan x-\sin x$ 是 $x^{3}$ 的（ ）.

(A) 高阶无穷小　　(B) 低阶无穷小

(C) 同阶但非等价无穷小　　(D) 等价无穷小

**解**：$\lim\limits_{x\to 0}\frac{\tan x-\sin x}{x^{3}}=\lim\limits_{x\to 0}\left(\frac{\tan x}{x}\cdot\frac{1-\cos x}{x^{2}}\right)=1\times\frac{1}{2}=\frac{1}{2}$，

所以应选(C).

**【例 1.2-13】** 极限$\lim\limits_{x\to\frac{\pi}{2}}(1+\cos x)^{2\sec x}$的值等于（ ）.

(A) $e$　　(B) $e^{2}$　　(C) $e^{-1}$　　(D) $e^{-2}$

**解**：$\lim\limits_{x\to\frac{\pi}{2}}(1+\cos x)^{2\sec x}\xlongequal{\cos x=t}\lim\limits_{t\to 0}(1+t)^{\frac{2}{t}}=e^{2}$，

所以应选(B).

## 1.2.2 连续

**1. 函数的连续性与间断点**

(1) 函数的连续性

设 $f(x)$ 在 $x_0$ 的某个邻域内有定义，在此前提下：

若$\lim\limits_{x\to x_0}f(x)=f(x_0)$，则称 $f(x)$ 在 $x_0$ 连续；

若$\lim\limits_{x\to x_0^-}f(x)=f(x_0)$，则称 $f(x)$ 在 $x_0$ 左连续；

若$\lim\limits_{x \to x_0^+} f(x) = f(x_0)$，则称$f(x)$在$x_0$右连续.

若函数$f(x)$在区间$I$上每一点都连续，则称$f(x)$在该区间上连续. 特别地，当$I = [a, b]$时，$f(x)$在$[a, b]$上连续是指$f(x)$在$(a, b)$内每一点都连续，且在$a$处右连续，在$b$处左连续.

(2) 函数的间断点

由函数在一点连续的定义可知，函数$f(x)$在一点$x_0$处连续的条件是：

①$f(x_0)$有定义；②$\lim\limits_{x \to x_0} f(x)$存在；③$\lim\limits_{x \to x_0} f(x) = f(x_0)$.

若上述条件中任何一条不满足，则$f(x)$在$x_0$处就不连续，不连续的点称为函数的间断点. 间断点分成以下两类.

第一类间断点：$x_0$是$f(x)$的间断点，但$f(x_0^-)$及$f(x_0^+)$均存在.

第二类间断点：不是第一类间断点的间断点.

在第一类间断点中，若$\lim\limits_{x \to x_0^-} f(x)$、$\lim\limits_{x \to x_0^+} f(x)$均存在但不相等，则称这种间断点为跳跃间断点；若$f(x_0^-)$、$f(x_0^+)$均存在而且相等，则称这种间断点为可去间断点.

**2. 初等函数的连续性**

(1) 基本初等函数和初等函数

幂函数、指数函数、对数函数、三角函数和反三角函数统称基本初等函数.

由常数和基本初等函数经过有限次的四则运算和有限次的复合步骤所构成并可用一个式子表示的函数，称为初等函数.

(2) 初等函数的连续性

一切初等函数在其定义区间内都是连续的，这里的“定义区间”指包含在定义域内的区间.

**3. 闭区间上连续函数的性质**

设函数$f(x)$在闭区间$[a, b]$上连续，则：

①$f(x)$在$[a, b]$上有界(有界性定理)；

②$f(x)$在$[a, b]$上必有最大值和最小值(最大值最小值定理)；

③当$f(a)f(b) < 0$时，在$(a, b)$内至少有一点$\xi$，使得$f(\xi) = 0$(零点定理)；

④对介于$f(a) = A$及$f(b) = B$之间的任一数值$C$，在$(a, b)$内至少有一点$\xi$，使得$f(\xi) = C$(介值定理).

**【例 1.2-14】** 设函数

$$f(x) = \begin{cases} ax^2 + b, & x \leqslant 0, \\ \dfrac{\sin ax}{x}, & x > 0 \end{cases}$$

在$x = 0$处连续，则常数$a(\neq 0)$与$b$应满足何种关系？

**解：**$f(x)$在$x = 0$处连续的充要条件为

$$\lim_{x \to 0^-} f(x) = \lim_{x \to 0^+} f(x) = f(0).$$

$$\lim_{x \to 0^-} f(x) = \lim_{x \to 0^-} (ax^2 + b) = b, \lim_{x \to 0^+} f(x) = \lim_{x \to 0^+} \frac{\sin ax}{x} = a \lim_{x \to 0^+} \frac{\sin ax}{ax} = a, f(0) = b.$$

故应有$a = b$.

【例 1.2-15】 $x=0$ 是函数 $\arctan\frac{1}{x}$ 的(　　).

(A)第二类间断点　(B)可去间断点　(C)跳跃间断点　(D)连续点

**解**:因为

$$\lim_{x\to 0^-}\arctan\frac{1}{x}=-\frac{\pi}{2},\lim_{x\to 0^+}\arctan\frac{1}{x}=\frac{\pi}{2},$$

$f(0^-)\neq f(0^+)$,故应选(C).

【例 1.2-16】 设 $f(x)=\begin{cases}e^{-\frac{1}{x}}, & x\neq 0,\\ 0, & x=0,\end{cases}$ 则 $f(x)$ 在点 $x=0$ 处(　　).

(A)连续　(B)左连续,且不连续

(C)右连续,且不连续　(D)既不左连续,也不右连续

**解**: $\lim\limits_{x\to 0^-}f(x)=\lim\limits_{x\to 0^-}e^{-\frac{1}{x}}\to+\infty$,

$$\lim_{x\to 0^+}f(x)=\lim_{x\to 0^+}e^{-\frac{1}{x}}=0,$$

$$f(0)=0=f(0^+),$$

故应选(C).

【例 1.2-17】 函数 $f(x)=\dfrac{1}{\ln(x-1)}$ 的连续区间是(　　).

(A) $[1,2)\cup(2,+\infty)$　(B) $(1,2)\cup(2,+\infty)$

(C) $(1,+\infty)$　(D) $[1,+\infty)$

**解**: $f(x)=\dfrac{1}{\ln(x-1)}$ 的定义域为: $x-1>0,x-1\neq 1$,即 $(1,2)\cup(2,+\infty)$.

$(1,2)$ 及 $(2,+\infty)$ 均为 $f(x)$ 的定义区间,又 $f(x)$ 为初等函数,故应选(B).

【例 1.2-18】 方程 $x-\cos x-1=0$ 在下列区间内至少有一个实根的区间是(　　).

(A) $(-\infty,0)$　(B) $(0,\pi)$　(C) $(\pi,4)$　(D) $(4,+\infty)$

**解**:记 $f(x)=x-\cos x-1$,则 $f(0)=-2<0$, $f(\pi)=\pi>0$,又 $f(x)$ 在 $[0,\pi]$ 上连续,由零点定理知,应选(B).

## 1.2.3 导数

**1. 导数的概念**

(1)导数的定义

设函数 $f(x)$ 在 $x_0$ 的某邻域内有定义,若极限

$$\lim_{\Delta x\to 0}\frac{\Delta y}{\Delta x}=\lim_{\Delta x\to 0}\frac{f(x_0+\Delta x)-f(x_0)}{\Delta x}$$

存在,则称函数 $f(x)$ 在 $x_0$ 处可导,并称此极限为 $f(x)$ 在 $x_0$ 处的导数,记成 $y'\big|_{x=x_0}$、$\dfrac{dy}{dx}\Big|_{x=x_0}$ 或 $f'(x_0)$.

若 $f(x)$ 在区间 $I$ 内处处可导,则对每一个 $x\in I$,都对应一个导数值,这就构成了一个新函数,这个函数叫作函数 $f(x)$ 的导函数(也简称导数),记作 $y'$、$\dfrac{dy}{dx}$ 或 $f'(x)$.

(2)导数的几何意义和物理意义

函数$f(x)$在$x_0$处的导数$f'(x_0)$,在几何上表示曲线$y=f(x)$在点$(x_0,f(x_0))$处的切线的斜率. 由此可知曲线$y=f(x)$在点$(x_0,f(x_0))$处的切线方程为

$$y-y_0=f'(x_0)(x-x_0),$$

其中$y_0=f(x_0)$. 若$f'(x_0)\neq 0$,则曲线$y=f(x)$在点$(x_0,f(x_0))$处的法线方程为

$$y-y_0=-\frac{1}{f'(x_0)}(x-x_0).$$

导数是一个描述函数变化率的概念,对于函数$y=f(x)$,$\frac{\Delta y}{\Delta x}=\frac{f(x_0+\Delta x)-f(x_0)}{\Delta x}$表示函数在$[x_0,x_0+\Delta x]$上的平均变化率,而导数$f'(x_0)=\lim\limits_{\Delta x\to 0}\frac{\Delta y}{\Delta x}$表示函数在点$x_0$处的瞬时变化率.

在物理学中,速度、加速度、角速度、线密度、电流强度、功率等都是函数变化率的实例,它们都可用导数来描述.

(3)函数的可导性与连续性的关系

若函数$y=f(x)$在$x_0$处可导,则函数$f(x)$在$x_0$处必定连续. 反之,若函数$y=f(x)$在$x_0$处连续,则函数$f(x)$在$x_0$处不一定可导. 例如,函数$y=\sqrt{x^2}$在$(-\infty,+\infty)$内处处连续,但函数$y=\sqrt{x^2}$在$x_0=0$处不可导.

**2. 基本求导公式(略)**

**3. 求导法则**

(1)函数的和、差、积、商的求导法则

设$u=u(x)$,$v=v(x)$均可导,则:

①$(u\pm v)'=u'\pm v'$;

②$(Cu)'=Cu'$($C$是常数);

③$(uv)'=u'v+uv'$;

④$\left(\frac{u}{v}\right)'=\frac{u'v-uv'}{v^2}$.

(2)反函数的求导法则

若$x=\varphi(y)$在区间$I_y$内单调、可导且$\varphi'(y)\neq 0$,则它的反函数$y=f(x)$在对应的区间$I_x$内也可导,且

$$\frac{dy}{dx}=\frac{1}{\frac{dx}{dy}}\text{或}f'(x)=\frac{1}{\varphi'(y)}.$$

(3)复合函数的求导法则

设$y=f(u)$,$u=\varphi(x)$均可导,则复合函数$y=f[\varphi(x)]$也可导,且

$$\frac{dy}{dx}=\frac{dy}{du}\cdot\frac{du}{dx}\text{或}y'(x)=f'(u)\cdot\varphi'(x).$$

(4)隐函数的求导法则

设由方程$F(x,y)=0$确定一个隐函数$y=y(x)$,$F_x$、$F_y$连续且$F_y\neq 0$,则隐函数$y=y(x)$可导,且

$$\frac{dy}{dx}=-\frac{F_x}{F_y}.$$

注意:关于记号 $F_x$、$F_y$ 参阅偏导数的概念及求法.

(5)由参数方程所确定的函数的求导法则

若函数 $y=y(x)$ 由参数方程

$$\begin{cases}x=\varphi(t),\\y=\psi(t)\end{cases}$$

所确定,且 $x=\varphi(t)$,$y=\psi(t)$ 都可导,$\varphi'(t)\neq 0$,则

$$\frac{dy}{dx}=\frac{\frac{dy}{dt}}{\frac{dx}{dt}}=\frac{\psi'(t)}{\varphi'(t)}.$$

**4. 高阶导数**

(1)高阶导数的概念

若函数 $y=f(x)$ 的导函数 $y'=f'(x)$ 仍可导,则 $y'=f'(x)$ 的导数叫作函数 $y=f(x)$ 的二阶导数,记作 $y''$、$\frac{d^2y}{dx^2}$ 或 $f''(x)$.

类似地,有 $y=f(x)$ 的三阶导数 $y'''$,四阶导数 $y^{(4)}$,…….

一般地,$y=f(x)$ 的 $n-1$ 阶导数 $y^{(n-1)}$ 的导数叫作 $f(x)$ 的 $n$ 阶导数,记作 $y^{(n)}$、$\frac{d^ny}{dx^n}$ 或 $f^{(n)}(x)$. 例如:

$$(e^x)^{(n)}=e^x,$$

$$(\sin x)^{(n)}=\sin\left(x+n\cdot\frac{\pi}{2}\right).$$

(2)高阶导数的求导法则

若 $u=u(x)$ 及 $v=v(x)$ 都在点 $x$ 处有 $n$ 阶导数,则

$$(u\pm v)^{(n)}=u^{(n)}\pm v^{(n)},$$

$$(uv)^{(n)}=\sum_{k=0}^{n}C_n^k u^{(n-k)}v^{(k)},$$

其中后一个公式称为莱布尼茨公式.

若函数 $y=y(x)$ 由参数方程

$$\begin{cases}x=\varphi(t),\\y=\psi(t)\end{cases}$$

所确定,且 $x=\varphi(t)$,$y=\psi(t)$ 都二阶可导,$\varphi'(t)\neq 0$,则

$$\frac{d^2y}{dx^2}=\frac{d}{dx}\left(\frac{dy}{dx}\right)=\frac{d}{dt}\left[\frac{\psi'(t)}{\varphi'(t)}\right]\cdot\frac{dt}{dx}$$

$$=\frac{\psi''(t)\cdot\varphi'(t)-\psi'(t)\cdot\varphi''(t)}{\varphi'^2(t)}\cdot\frac{1}{\varphi'(t)}$$

$$=\frac{\psi''(t)\varphi'(t)-\psi'(t)\varphi''(t)}{\varphi'^3(t)}.$$

**【例 1.2-19】** $y=e^x(\sin x+\cos x)$,求 $y'$.

**解**：$y'=(e^x)'(\sin x+\cos x)+e^x(\sin x+\cos x)'$

$=e^x(\sin x+\cos x)+e^x(\cos x-\sin x)=2e^x\cos x.$

**【例 1.2-20】** $y=\ln\sin x$，求$\dfrac{dy}{dx}$.

**解**：$\dfrac{dy}{dx}=(\ln\sin x)'=\dfrac{1}{\sin x}(\sin x)'=\dfrac{\cos x}{\sin x}=\cot x.$

**【例 1.2-21】** $y=e^{\sin\frac{1}{x}}$，求 $y'$.

**解**：$y'=(e^{\sin\frac{1}{x}})'=e^{\sin\frac{1}{x}}\left(\sin\dfrac{1}{x}\right)'=e^{\sin\frac{1}{x}}\cos\dfrac{1}{x}\left(\dfrac{1}{x}\right)'=-\dfrac{1}{x^2}e^{\sin\frac{1}{x}}\cdot\cos\dfrac{1}{x}.$

**【例 1.2-22】** 求由方程 $x-y+\dfrac{1}{2}\sin y=0$ 所确定的隐函数 $y=y(x)$ 的导数.

**解**：方法 1. 按复合函数求导法，注意 $y$ 是 $x$ 的函数，方程两边对 $x$ 求导，得

$$1-\frac{dy}{dx}+\frac{1}{2}\cos y\cdot\frac{dy}{dx}=0,\frac{dy}{dx}=\frac{2}{2-\cos y}.$$

方法 2. 按隐函数求导公式，得

$$F(x,y)=x-y+\frac{1}{2}\sin y,F_x=1,F_y=-1+\frac{1}{2}\cos y,$$

于是 $$\frac{dy}{dx}=-\frac{F_x}{F_y}=-\frac{1}{-1+\frac{1}{2}\cos y}=\frac{2}{2-\cos y}.$$

**【例 1.2-23】** 设$f(x)=(x-a)\varphi(x)$，其中 $\varphi(x)$ 在 $x=a$ 处连续，则$f'(a)$等于(　　).

(A)$a\varphi(a)$　　(B)$-a\varphi(a)$　　(C)$-\varphi(a)$　　(D)$\varphi(a)$

**解**：$f'(a)=\lim\limits_{x\to a}\dfrac{f(x)-f(a)}{x-a}=\lim\limits_{x\to a}\dfrac{(x-a)\varphi(x)-0}{x-a}=\varphi(a)$，

其中最后一个等式利用了 $\varphi(x)$ 在 $x=a$ 处连续的条件，故应选(D).

**【例 1.2-24】** 求 $y=\sqrt{\dfrac{(x-1)(x-2)}{(x-3)(x-4)}}$ 的导数.

**解**：两边取对数，得

$$\ln y=\frac{1}{2}[\ln(x-1)+\ln(x-2)-\ln(x-3)-\ln(x-4)].$$

上式两边对 $x$ 求导，得

$$\frac{1}{y}\cdot y'=\frac{1}{2}\left(\frac{1}{x-1}+\frac{1}{x-2}-\frac{1}{x-3}-\frac{1}{x-4}\right),$$

于是 $$y'=\frac{y}{2}\left(\frac{1}{x-1}+\frac{1}{x-2}-\frac{1}{x-3}-\frac{1}{x-4}\right).$$

### 1.2.4 微分及其应用

**1. 微分的概念**

设函数 $y=f(x)$ 在某区间 $I$ 内有定义，$x_0\in I$，$x_0+\Delta x\in I$. 若函数的增量

$$\Delta y=f(x_0+\Delta x)-f(x_0)=A\Delta x+o(\Delta x),$$

其中 $A$ 是不依赖于 $\Delta x$ 的常数，则称 $y=f(x)$ 在点 $x_0$ 可微分，$A\Delta x$ 叫作 $y=f(x)$ 在点 $x_0$ 对应于

自变量增量 $\Delta x$ 的微分,记作 $\mathrm{d}y$,即

$$\mathrm{d}y = A\Delta x.$$

函数 $y=f(x)$ 在点 $x$ 的微分称为函数 $y=f(x)$ 的微分,记作 $\mathrm{d}y$ 或 $\mathrm{d}f(x)$.

函数 $y=f(x)$ 在点 $x_0$ 可微分的充要条件是 $f(x)$ 在点 $x_0$ 可导,且当 $f(x)$ 在点 $x_0$ 可导时,其微分一定是 $\mathrm{d}y=f'(x_0)\Delta x$,

函数的微分是 $\mathrm{d}y=f'(x)\Delta x$ 或 $\mathrm{d}y=f'(x)\mathrm{d}x$.

**2. 基本微分公式与微分法则**

(1)基本微分公式(略)

(2)函数和、差、积、商的微分法则

设函数 $u=u(x)$, $v=v(x)$ 均可微,则:

①$\mathrm{d}(u\pm v)=\mathrm{d}u\pm \mathrm{d}v$;

②$\mathrm{d}(Cu)=C\mathrm{d}u$;

③$\mathrm{d}(uv)=v\mathrm{d}u+u\mathrm{d}v$;

④$\mathrm{d}\left(\frac{u}{v}\right)=\frac{v\mathrm{d}u-u\mathrm{d}v}{v^2}$.

(3)复合函数的微分法则

设 $y=f(u)$, $u=\varphi(x)$ 均可微,则 $y=f[\varphi(x)]$ 也可微,且

$$\mathrm{d}y=f'(u)\mathrm{d}u=f'(u)\cdot\varphi'(x)\mathrm{d}x.$$

**【例 1.2-25】** 函数 $y=x^3e^{2x}$ 在 $x=1$ 处的微分是( ).

(A)$5e^2\mathrm{d}x$ (B)$2e^2\mathrm{d}x$ (C)$3e^2\mathrm{d}x$ (D)$e^2\mathrm{d}x$

**解:** $\mathrm{d}y=(x^3e^{2x})'\mathrm{d}x=(3x^2e^{2x}+2x^3e^{2x})\mathrm{d}x$,

$$\mathrm{d}y|_{x=1}=5e^2\mathrm{d}x,$$

故应选(A).

## 1.2.5 中值定理与导数的应用

**1. 中值定理**

(1)罗尔定理

若函数 $f(x)$ 在闭区间 $[a,b]$ 上连续,在开区间 $(a,b)$ 内可导,且 $f(a)=f(b)$,则至少有一点 $\xi\in(a,b)$,使得 $f'(\xi)=0$.

(2)拉格朗日中值定理

若函数 $f(x)$ 在闭区间 $[a,b]$ 上连续,在开区间 $(a,b)$ 内可导,则至少有一点 $\xi\in(a,b)$,使得下式成立:

$$f(b)-f(a)=f'(\xi)(b-a).$$

**2. 求未定式的值的方法——洛必达法则**

(1)未定式 $\frac{0}{0}$ 与 $\frac{\infty}{\infty}$ 的情形

关于 $\frac{0}{0}$ 的情形.

设:①当 $x\to a$(或 $x\to\infty$)时, $f(x)\to 0$ 且 $F(x)\to 0$;

②在点 $a$ 的某去心邻域内(或当 $|x|>N$ 时), $f'(x)$ 及 $F'(x)$ 都存在且 $F'(x)\neq 0$;

③ $\lim\limits_{\substack{x\to a\\(x\to\infty)}}\dfrac{f'(x)}{F'(x)}$存在(或为无穷大),

则
$$\lim_{\substack{x\to a\\(x\to\infty)}}\frac{f(x)}{F(x)}=\lim_{\substack{x\to a\\(x\to\infty)}}\frac{f'(x)}{F'(x)}.$$

若 $\lim\limits_{\substack{x\to a\\(x\to\infty)}}\dfrac{f'(x)}{F'(x)}$仍属$\dfrac{0}{0}$型,且$f'(x)$、$F'(x)$满足上述三个条件,则可继续运用洛必达法则,即
$$\lim_{\substack{x\to a\\(x\to\infty)}}\frac{f(x)}{F(x)}=\lim_{\substack{x\to a\\(x\to\infty)}}\frac{f'(x)}{F'(x)}=\lim_{\substack{x\to a\\(x\to\infty)}}\frac{f''(x)}{F''(x)}.$$

对于$\dfrac{\infty}{\infty}$型,也有相应的洛必达法则,这里不再赘述.

(2)其他形式未定式的情形

其他尚有$0\cdot\infty$、$\infty-\infty$、$0^0$、$1^\infty$、$\infty^0$型未定式,它们均可通过变形化成$\dfrac{0}{0}$或$\dfrac{\infty}{\infty}$的情形. 如$0\cdot\infty$型可变形成$\dfrac{0}{\frac{1}{\infty}}$或$\dfrac{\infty}{\frac{1}{0}}$,$\infty-\infty$型通过通分变形,$0^0$、$1^\infty$、$\infty^0$通过取对数变形.

**3. 函数性态的判定**

(1)函数单调性的判定

**定理** 设函数$y=f(x)$在$[a,b]$上连续,在$(a,b)$内可导:

①如果在$(a,b)$内$f'(x)>0$,那么函数$y=f(x)$在$[a,b]$上单调增大;

②如果在$(a,b)$内$f'(x)<0$,那么函数$y=f(x)$在$[a,b]$上单调减小.

以上判别法,可简单地用表1.2-1表示.

**表1.2-1 用导数的符号判定单调性**

| $x$ | 区间$I$ | 区间$I$ |
|---|---|---|
| $f'(x)$ | + | − |
| $f(x)$ | ↗ | ↘ |

(2)函数极值的判定

**定义** 设函数$f(x)$在$x_0$的某邻域$U(x_0)$内有定义,如果对于去心邻域$\mathring{U}(x_0)$内的任一$x$,有
$$f(x)<f(x_0)\ (\text{或}f(x)>f(x_0)),$$
那么就称$f(x_0)$是函数$f(x)$的一个极大值(或极小值).

函数的极大值与极小值统称函数的极值,使函数取得极值的点称为极值点.

判定函数取得极值的必要条件有以下定理.

**定理1** (必要条件)设函数$f(x)$在点$x_0$处可导,且在$x_0$处取得极值,则$f'(x_0)=0$.

通常称函数的导数等于零的点为函数的驻点. 定理1就是说,可导函数的极值点必定是函数的驻点. 但反过来,函数的驻点却不一定是函数的极值点.

判定函数取得极值的充分条件有以下两个定理.

**定理2** （第一充分条件）设函数$f(x)$在$x_0$处连续，且在$x_0$的某去心邻域$\mathring{U}(x_0,\delta)$内可导：

①若$x\in(x_0-\delta,x_0)$时，$f'(x)>0$，而$x\in(x_0,x_0+\delta)$时，$f'(x)<0$，则$f(x)$在$x_0$处取得极大值；

②若$x\in(x_0-\delta,x_0)$时，$f'(x)<0$，而$x\in(x_0,x_0+\delta)$时，$f'(x)>0$，则$f(x)$在$x_0$处取得极小值；

③若$x\in\mathring{U}(x_0,\delta)$时，$f'(x)$的符号保持不变，则$f(x)$在$x_0$处没有极值.

**定理3** （第二充分条件）设函数$f(x)$在$x_0$处具有二阶导数，且$f'(x_0)=0$，$f''(x_0)\neq0$，则：

①当$f''(x_0)<0$时，函数$f(x)$在$x_0$处取得极大值；

②当$f''(x_0)>0$时，函数$f(x)$在$x_0$处取得极小值.

定理2是利用一阶导数的符号判定函数的极值，可简单地用表1.2-2表示.

定理3是利用二阶导数的符号判定函数的极值，可简单地用表1.2-3表示.

**表1.2-2 用一阶导数判定极值**

| $x$ | $x_0$左侧 | $x_0$ | $x_0$右侧 |
|---|---|---|---|
| $f'(x)$<br>$f(x)$ | − | 0<br>极小值 | + |
| $f'(x)$<br>$f(x)$ | + | 0<br>极大值 | − |

**表1.2-3 用二阶导数判定极值**

| $x$ | $x_0$ | $x_0$ |
|---|---|---|
| $f'(x)$ | 0 | 0 |
| $f''(x)$ | − | + |
| $f(x)$ | 极大值 | 极小值 |

(3)曲线凹、凸性及其拐点的判定

**定理** （曲线凹、凸性的判定定理）设$f(x)$在$[a,b]$上连续，在$(a,b)$内具有一阶和二阶导数：

①若在$(a,b)$内$f''(x)>0$，则$f(x)$在$[a,b]$上的图形是凹的；

②若在$(a,b)$内$f''(x)<0$，则$f(x)$在$[a,b]$上的图形是凸的.

以上判别法，可简单地用表1.2-4表示.

**表1.2-4 用二阶导数判定曲线的凹、凸性**

| $x$ | 区间$I$ | 区间$I$ |
|---|---|---|
| $f''(x)$ | + | − |
| $y=f(x)$的图形 | 凹 | 凸 |

连续曲线$y=f(x)$上凹弧与凸弧的分界点称为该曲线的拐点. 若$f''(x_0)=0$或$f''(x_0)$不存在，而$f''(x)$在$x_0$的左、右两侧邻近异号，则点$(x_0,f(x_0))$就是曲线的一个拐点.

**注意：**曲线的拐点$(x_0,f(x_0))$是曲线上的点，不要误以为$x_0$是曲线的拐点，$x_0$只是拐点的横坐标.

**【例1.2-26】** 求$\lim\limits_{x\to0}\dfrac{x-\sin x}{x^3}$.

**解：**属$\dfrac{0}{0}$型，运用洛必达法则，得

$$\lim_{x\to 0}\frac{x-\sin x}{x^3}=\lim_{x\to 0}\frac{1-\cos x}{3x^2}=\lim_{x\to 0}\frac{\sin x}{6x}=\frac{1}{6}.$$

**【例 1.2-27】** 求 $\lim\limits_{x\to+\infty}\frac{\ln x}{x^n}(n>0)$.

**解:**属$\frac{\infty}{\infty}$型,运用洛必达法则,得

$$\lim_{x\to+\infty}\frac{\ln x}{x^n}=\lim_{x\to+\infty}\frac{\frac{1}{x}}{nx^{n-1}}=\lim_{x\to+\infty}\frac{1}{nx^n}=0.$$

**【例 1.2-28】** 求 $\lim\limits_{x\to+0}x^n\ln x(n>0)$.

**解:**属 $0\cdot\infty$ 型,通过变形化为$\frac{\infty}{\infty}$型,然后运用洛必达法则,得

$$\lim_{x\to+0}x^n\ln x=\lim_{x\to+0}\frac{\ln x}{\frac{1}{x^n}}=\lim_{x\to+0}\frac{\frac{1}{x}}{-nx^{-n-1}}=\lim_{x\to+0}\left(-\frac{x^n}{n}\right)=0.$$

**【例 1.2-29】** 下列命题中,正确的是(　　).

(A)单调函数的导函数必定为单调函数

(B)设$f'(x)$为单调函数,则$f(x)$也为单调函数

(C)设$f(x)$在$(a,b)$内只有一个驻点 $x_0$,则 $x_0$ 必为$f(x)$的极值点

(D)设$f(x)$在$(a,b)$内可导且只有一个极值点 $x_0$,则$f'(x_0)=0$

**解:**可导函数的极值点必定是函数的驻点,故选(D).

**【例 1.2-30】** 若$f(x)$在$(a,b)$内满足$f'(x)<0,f''(x)>0$,则曲线 $y=f(x)$在$(a,b)$内是(　　).

(A)单调上升且是凹的　　(B)单调下降且是凹的

(C)单调上升且是凸的　　(D)单调下降且是凸的

**解:**由$f'(x)<0$及函数单调性的判定法,知曲线是单调下降的.

又由$f''(x)>0$及曲线凹、凸性的判定法,知曲线是凹的,故选(B).

**【例 1.2-31】** 设$\lim\limits_{x\to a}\frac{f(x)-f(a)}{(x-a)^2}=1$,则$f(x)$在 $x=a$ 处(　　).

(A)导数存在,但$f'(a)\neq 0$　　(B)取得极大值

(C)取得极小值　　(D)导数不存在

**解:**由假设知$f(x)-f(a)=(x-a)^2+o((x-a)^2)$,由此可得$f(x)$在 $x=a$ 处取得极小值,且导数存在,$f'(a)=0$,故选(C).

## 1.2.6 偏导数 全微分

**1. 偏导数**

(1)偏导数的概念

函数 $z=f(x,y)$对 $x$、$y$ 的偏导数依次记作$\frac{\partial z}{\partial x}$(或$f_x(x,y)$),$\frac{\partial z}{\partial y}$(或$f_y(x,y)$),它们的定义如下:

$$\frac{\partial z}{\partial x}=\lim_{\Delta x\to 0}\frac{f(x+\Delta x,y)-f(x,y)}{\Delta x},$$

$$\frac{\partial z}{\partial y}=\lim_{\Delta y\to 0}\frac{f(x,y+\Delta y)-f(x,y)}{\Delta y}.$$

类似地，可以定义三元函数$f(x,y,z)$的偏导数$f_x(x,y,z)$、$f_y(x,y,z)$、$f_z(x,y,z)$等.

按定义，偏导数的求法仍属一元函数微分法的问题.

(2)多元复合函数的求导法则

设$u=\varphi(x,y)$、$v=\psi(x,y)$均具有偏导数，而$z=f(u,v)$具有连续偏导数，则复合函数$z=f[\varphi(x,y),\psi(x,y)]$的偏导数存在，且

$$\frac{\partial z}{\partial x}=\frac{\partial z}{\partial u}\cdot\frac{\partial u}{\partial x}+\frac{\partial z}{\partial v}\cdot\frac{\partial v}{\partial x},$$

$$\frac{\partial z}{\partial y}=\frac{\partial z}{\partial u}\cdot\frac{\partial u}{\partial y}+\frac{\partial z}{\partial v}\cdot\frac{\partial v}{\partial y}.$$

掌握多元复合函数的求导法则的关键是弄清函数的复合结构，哪些是中间变量，哪些是自变量. 为直观地显示变量之间的复合结构，可用结构图(或称树形图)(图 1.2-1)来表示因变量$z$经过中间变量$u$、$v$通向自变量$x$、$y$的各条途径.

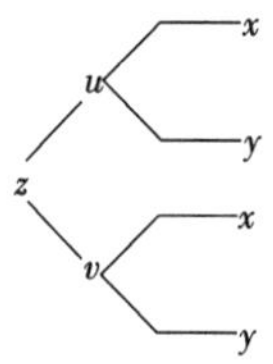

图 1.2-1

(3)隐函数的求导法则

由方程$F(x,y,z)=0$确定一个隐函数$z=f(x,y)$，函数$F(x,y,z)$具有连续偏导数且$F_z\neq 0$，则有

$$\frac{\partial z}{\partial x}=-\frac{F_x}{F_z},\frac{\partial z}{\partial y}=-\frac{F_y}{F_z}.$$

(4)高阶偏导数

二阶及二阶以上的偏导数统称高阶偏导数，如$z=f(x,y)$的二阶偏导数按求导次序不同有下列 4 个：

$$\frac{\partial}{\partial x}\left(\frac{\partial z}{\partial x}\right)=\frac{\partial^2 z}{\partial x^2}=f_{xx}(x,y),\frac{\partial}{\partial y}\left(\frac{\partial z}{\partial x}\right)=\frac{\partial^2 z}{\partial x\partial y}=f_{xy}(x,y),$$

$$\frac{\partial}{\partial x}\left(\frac{\partial z}{\partial y}\right)=\frac{\partial^2 z}{\partial y\partial x}=f_{yx}(x,y),\frac{\partial}{\partial y}\left(\frac{\partial z}{\partial y}\right)=\frac{\partial^2 z}{\partial y^2}=f_{yy}(x,y).$$

$\frac{\partial^2 z}{\partial x\partial y}$与$\frac{\partial^2 z}{\partial y\partial x}$称为二阶混合偏导数，当这两个二阶混合偏导数均连续时，有

$$\frac{\partial^2 z}{\partial x\partial y}=\frac{\partial^2 z}{\partial y\partial x}.$$

**2. 全微分**

(1)全微分的概念

若函数$z=f(x,y)$的全增量

$$\Delta z=f(x+\Delta x,y+\Delta y)-f(x,y)=A\Delta x+B\Delta y+o(\rho),$$

其中$A,B$仅与$x,y$有关，而$\rho=\sqrt{(\Delta x)^2+(\Delta y)^2}$，则称函数$z=f(x,y)$在点$(x,y)$可微分，并称$A\Delta x+B\Delta y$为函数$z=f(x,y)$在点$(x,y)$的全微分，记作$\mathrm{d}z$，即

$$\mathrm{d}z=A\Delta x+B\Delta y.$$

(2)函数可微分的条件

若函数 $z=f(x,y)$ 在点 $(x,y)$ 可微分,则偏导数 $\frac{\partial z}{\partial x},\frac{\partial z}{\partial y}$ 必定存在,且全微分

$$dz=\frac{\partial z}{\partial x}\Delta x+\frac{\partial z}{\partial y}\Delta y.$$

函数可微分的充分条件是函数具有连续偏导数.

习惯上,记 $\Delta x=dx,\Delta y=dy$,故

$$dz=\frac{\partial z}{\partial x}dx+\frac{\partial z}{\partial y}dy.$$

**3. 偏导数的应用**

(1)空间曲线的切线与法平面

空间曲线 $\Gamma$:

$$\begin{cases}x=\varphi(t),\\ y=\psi(t),\\ z=\omega(t)\end{cases}$$

在对应参数 $t=t_0$ 的点 $(x_0,y_0,z_0)$ 处的切线方程为

$$\frac{x-x_0}{\varphi'(t_0)}=\frac{y-y_0}{\psi'(t_0)}=\frac{z-z_0}{\omega'(t_0)},$$

法平面方程为

$$\varphi'(t_0)(x-x_0)+\psi'(t_0)(y-y_0)+\omega'(t_0)(z-z_0)=0.$$

(2)曲面的切平面与法线

曲面 $\Sigma:F(x,y,z)=0$ 在其上一点 $M(x_0,y_0,z_0)$ 处的切平面方程为

$$F_x(x_0,y_0,z_0)(x-x_0)+F_y(x_0,y_0,z_0)(y-y_0)+F_z(x_0,y_0,z_0)(z-z_0)=0,$$

法线方程为

$$\frac{x-x_0}{F_x(x_0,y_0,z_0)}=\frac{y-y_0}{F_y(x_0,y_0,z_0)}=\frac{z-z_0}{F_z(x_0,y_0,z_0)}.$$

(3)多元函数的极值

**定义** 设函数 $z=f(x,y)$ 的定义域为 $D$,$P_0(x_0,y_0)$ 为 $D$ 的内点.若存在 $P_0$ 的某个邻域 $U(P_0)\subset D$,使得对于该邻域内异于 $P_0$ 的任何点 $P(x,y)$ 都有

$$f(x,y)<f(x_0,y_0),$$

则称函数 $f(x,y)$ 在点 $(x_0,y_0)$ 有极大值 $f(x_0,y_0)$,点 $(x_0,y_0)$ 称为函数 $f(x,y)$ 的极大值点;若对于该邻域内异于 $P_0$ 的任何点 $P(x,y)$ 都有

$$f(x,y)>f(x_0,y_0),$$

则称函数 $f(x,y)$ 在点 $(x_0,y_0)$ 有极小值 $f(x_0,y_0)$,点 $(x_0,y_0)$ 称为函数 $f(x,y)$ 的极小值点.极大值、极小值统称极值,使得函数取得极值的点称为极值点.

判定多元函数取得极值的必要条件、充分条件有以下定理.

**定理1** (必要条件)设 $z=f(x,y)$ 在点 $(x_0,y_0)$ 具有偏导数,则它在点 $(x_0,y_0)$ 取得极值的必要条件是

$$f_x(x_0,y_0)=0,f_y(x_0,y_0)=0.$$

**定理 2** （充分条件）设 $z=f(x,y)$ 在点 $(x_0,y_0)$ 的某邻域内具有二阶连续偏导数，且

$$f_x(x_0,y_0)=f_y(x_0,y_0)=0, f_{xx}(x_0,y_0)=A, f_{xy}(x_0,y_0)=B, f_{yy}(x_0,y_0)=C,$$

则有：

①当 $AC-B^2>0$ 时，具有极值 $f(x_0,y_0)$，且当 $A<0$ 时，$f(x_0,y_0)$ 为极大值，当 $A>0$ 时，$f(x_0,y_0)$ 为极小值；

②当 $AC-B^2<0$ 时，$f(x_0,y_0)$ 不是极值.

(4) 条件极值

对函数的自变量具有约束条件的极值问题，称为条件极值问题. 对于有些条件极值问题，可以利用约束条件将问题化为无条件极值问题；一般地，则采用拉格朗日乘数法求解.

拉格朗日乘数法：要求函数 $z=f(x,y)$ 在约束条件 $\varphi(x,y)=0$ 下的可能极值点，可先作拉格朗日函数

$$F(x,y)=f(x,y)+\lambda\varphi(x,y),$$

其中 $\lambda$ 为参数；再解方程组

$$\begin{cases} F_x(x,y)=f_x(x,y)+\lambda\varphi_x(x,y)=0, \\ F_y(x,y)=f_y(x,y)+\lambda\varphi_y(x,y)=0, \\ \varphi(x,y)=0 \end{cases}$$

得到 $x$、$y$ 及 $\lambda$，这样得到的 $(x,y)$ 就是函数 $f(x,y)$ 在约束条件 $\varphi(x,y)=0$ 下的可能极值点.

拉格朗日乘数法可推广到自变量多于两个、约束条件多于一个的情形.

(5) 多元函数的最大值和最小值

设函数 $f(x,y)$ 在有界闭区域 $D$ 上连续、在 $D$ 内可微分且只有有限个驻点. 求 $f(x,y)$ 在 $D$ 上的最大值、最小值的一般方法是：

①求 $f(x,y)$ 在 $D$ 内的一切驻点，并计算函数在这些驻点处的函数值；

②求函数 $f(x,y)$ 在 $D$ 的边界上的最大值、最小值；

③对①、②中所得的函数值进行比较，其中最大的就是最大值，最小的就是最小值.

在实际问题中往往可根据问题的性质知道，函数的最大（小）值一定在 $D$ 的内部取得，而函数在 $D$ 内只有一个驻点，则可以肯定该驻点处的函数值就是函数 $f(x,y)$ 在 $D$ 上的最大（小）值.

**【例 1.2-32】** 设 $z=x^3y^2-3xy^3-xy+1$，求 $\frac{\partial^2 z}{\partial x^2}, \frac{\partial^2 z}{\partial y\partial x}$.

**解：** $\frac{\partial z}{\partial x}=3x^2y^2-3y^3-y, \frac{\partial z}{\partial y}=2x^3y-9xy^2-x,$

$$\frac{\partial^2 z}{\partial x^2}=6xy^2, \frac{\partial^2 z}{\partial y\partial x}=6x^2y-9y^2-1.$$

**【例 1.2-33】** 设 $z=x^2\sin y+e^y\ln x$，求 $dz$.

**解：** $\frac{\partial z}{\partial x}=2x\sin y+\frac{1}{x}e^y, \frac{\partial z}{\partial y}=x^2\cos y+e^y\ln x,$

$$dz=\left(2x\sin y+\frac{1}{x}e^y\right)dx+(x^2\cos y+e^y\ln x)dy.$$

**【例 1.2-34】** 设 $z=e^{x-2y}, x=\sin t, y=t^3$，求 $\frac{dz}{dt}$.

**解**：$\frac{dz}{dt}=\frac{\partial z}{\partial x}\cdot\frac{dx}{dt}+\frac{\partial z}{\partial y}\cdot\frac{dy}{dt}=e^{x-2y}\cdot\cos t-2e^{x-2y}\cdot 3t^2=e^{\sin t-2t^3}(\cos t-6t^2)$.

**【例 1.2-35】** 设 $z=e^u\sin v, u=xy, v=x+y$，求$\frac{\partial z}{\partial x},\frac{\partial z}{\partial y}$.

**解**：$\frac{\partial z}{\partial x}=\frac{\partial z}{\partial u}\frac{\partial u}{\partial x}+\frac{\partial z}{\partial v}\frac{\partial v}{\partial x}=e^u\sin v\cdot y+e^u\cos v\cdot 1=e^{xy}[y\sin(x+y)+\cos(x+y)]$,

$$\frac{\partial z}{\partial y}=\frac{\partial z}{\partial u}\frac{\partial u}{\partial y}+\frac{\partial z}{\partial v}\frac{\partial v}{\partial y}=e^u\sin v\cdot x+e^u\cos v\cdot 1=e^{xy}[x\sin(x+y)+\cos(x+y)].$$

**【例 1.2-36】** 设 $x^2+y^2+z^2-4z=0$，求$\frac{\partial z}{\partial x},\frac{\partial z}{\partial y}$.

**解**：设 $F(x,y,z)=x^2+y^2+z^2-4z$，则 $F_x=2x, F_y=2y, F_z=2z-4$. 由隐函数求导法，得

$$\frac{\partial z}{\partial x}=-\frac{F_x}{F_z}=\frac{x}{2-z},\frac{\partial z}{\partial y}=-\frac{F_y}{F_z}=\frac{y}{2-z}.$$

**【例 1.2-37】** 求曲线 $x=t, y=t^2, z=t^3$ 在点(1,1,1)处的切线及法平面方程.

**解**：因$x'_t=1, y'_t=2t, z'_t=3t^2$，点(1,1,1)所对应的参数 $t=1$，故曲线的切向量 $\boldsymbol{\tau}=(1,2,3)$. 于是，切线方程为

$$\frac{x-1}{1}=\frac{y-1}{2}=\frac{z-1}{3},$$

法平面方程为

$$(x-1)+2(y-1)+3(z-1)=0,$$

即 $\quad x+2y+3z-6=0.$

**【例 1.2-38】** 球面 $x^2+y^2+z^2=14$ 在点(1,2,3)处的切平面方程是(　　).

(A) $(x-1)+2(y-2)-(z-3)=0$　(B) $(x+1)+2(y+2)+3(z+3)=0$

(C) $(x-1)+2(y-2)+3(z-3)=0$　(D) $(x+1)+2(y+2)-(z+3)=0$

**解**：$F(x,y,z)=x^2+y^2+z^2-14$，曲面的法向量 $\boldsymbol{n}=(F_x,F_y,F_z)=(2x,2y,2z)$，$\boldsymbol{n}|_{(1,2,3)}=(2,4,6)$，故曲面在点(1,2,3)处的切平面方程是(C).

**【例 1.2-39】** 曲面 $z=x^2-y^2$ 在点$(\sqrt{2},-1,1)$处的法线方程是(　　).

(A) $\frac{x-\sqrt{2}}{2\sqrt{2}}=\frac{y+1}{-2}=\frac{z-1}{-1}$　(B) $\frac{x-\sqrt{2}}{2\sqrt{2}}=\frac{y+1}{-2}=\frac{z-1}{1}$

(C) $\frac{x-\sqrt{2}}{2\sqrt{2}}=\frac{y+1}{2}=\frac{z-1}{-1}$　(D) $\frac{x-\sqrt{2}}{2\sqrt{2}}=\frac{y+1}{2}=\frac{z-1}{1}$

**解**：设 $F(x,y,z)=x^2-y^2-z$，则

$$F_x=2x, F_y=-2y, F_z=-1.$$

曲面在点$(\sqrt{2},-1,1)$处的法向量 $\boldsymbol{s}=(2\sqrt{2},2,-1)$，故选(C).

**【例 1.2-40】** 求函数 $f(x,y)=x^3-y^3+3x^2+3y^2-9x$ 的极值.

**解**：(1)先求驻点：

$$\begin{cases}f_x=3x^2+6x-9=0,\\ f_y=-3y^2+6y=0,\end{cases}$$

解得驻点(1,0)，(1,2)，(-3,0)，(-3,2).

(2)然后求二阶偏导数:$f_{xx}=6x+6$,$f_{xy}=0$,$f_{yy}=-6y+6$,在点(1,0)处,$AC-B^2=12\times6>0$,又$A>0$,故有极小值$f(1,0)=-5$;在点(1,2)处,$AC-B^2=12\times(-6)<0$,故$f(1,2)$不是极值;在点(-3,0)处,$AC-B^2=-12\times6<0$,故$f(-3,0)$不是极值;在点(-3,2)处,$AC-B^2=-12\times(-6)>0$,又$A<0$,故有极大值$f(-3,2)=31$.

## 1.3 积分学

要求:①理解定积分的概念和几何意义,了解定积分的性质和积分中值定理,掌握积分上限的函数及其导数和牛顿—莱布尼茨公式;

②理解原函数与不定积分的概念及性质,掌握不定积分的基本公式以及求不定积分、定积分的换元法与分部积分法,掌握有理函数、三角函数的有理式和简单无理函数的积分,了解奇、偶函数在关于原点对称的区间上的定积分的性质;

③了解两类广义积分及其收敛性的概念;

④理解二重积分的概念,掌握二重积分的计算方法,了解三重积分的概念,会计算简单的三重积分,了解三重积分的性质;

⑤理解两类曲线积分的概念,了解两类曲线积分的性质,会计算两类曲线积分;

⑥会求平面图形的面积、平面曲线的弧长和旋转体的体积,会利用重积分建立某些简单的几何量、物理量的积分表达式.

### 1.3.1 不定积分与定积分

**1. 不定积分、定积分的概念与性质**

(1)不定积分的概念与性质

若在区间$I$内,$F'(x)=f(x)$,则称函数$F(x)$为函数$f(x)$在区间$I$内的原函数,函数$f(x)$的带有任意常数项的原函数$F(x)+C$称为函数$f(x)$在区间$I$内的不定积分,记作$\int f(x)\mathrm{d}x$,即

$$\int f(x)\mathrm{d}x=F(x)+C.$$

不定积分具有如下性质:

① $\int[f(x)\pm g(x)]\mathrm{d}x=\int f(x)\mathrm{d}x\pm\int g(x)\mathrm{d}x$;

② $\int kf(x)\mathrm{d}x=k\int f(x)\mathrm{d}x$($k$是非零常数).

(2)定积分的概念与性质

设函数$f(x)$在$[a,b]$上有界,将$[a,b]$任意划分成$n$个小区间

$$[x_0,x_1],[x_1,x_2],\cdots,[x_{n-1},x_n]\quad(x_0=a,x_n=b),$$

任取$\xi_i\in[x_{i-1},x_i](i=1,\cdots,n)$,记$\lambda=\max\{\Delta x_1,\cdots,\Delta x_n\}$.若极限

$$\lim_{\lambda\to0}\sum_{i=1}^{n}f(\xi_i)\Delta x_i$$

总存在(即极限不依赖于对$[a,b]$的分法与$\xi_i$的取法),则称函数$f(x)$在$[a,b]$上可积,并称上述极限为$f(x)$在$[a,b]$上的定积分,记作$\int_a^b f(x)\mathrm{d}x$,即

$$\int_a^b f(x)\,dx = \lim_{\lambda\to 0}\sum_{i=1}^{n} f(\xi_i)\Delta x_i.$$

在$[a,b]$上$f(x)\geqslant 0$时,定积分$\int_a^b f(x)\,dx$在几何上表示由曲线$y=f(x)$、两条直线$x=a$和$x=b$与$x$轴所围成的曲边梯形的面积.

定积分具有如下性质:

①$\int_a^b [f(x)\pm g(x)]\,dx = \int_a^b f(x)\,dx \pm \int_a^b g(x)\,dx$;

②$\int_a^b kf(x)\,dx = k\int_a^b f(x)\,dx$($k$为常数);

③$\int_a^b f(x)\,dx = \int_a^c f(x)\,dx + \int_c^b f(x)\,dx$;

④$\int_a^b dx = b-a$;

⑤若在区间$[a,b]$上,$f(x)\leqslant g(x)$,则

$$\int_a^b f(x)\,dx \leqslant \int_a^b g(x)\,dx \quad (a<b);$$

⑥$\left|\int_a^b f(x)\,dx\right| \leqslant \int_a^b |f(x)|\,dx \quad (a<b)$;

⑦设$M$、$m$分别是$f(x)$在$[a,b]$上的最大值、最小值,则$m(b-a)\leqslant \int_a^b f(x)\,dx \leqslant M(b-a)$ $(a<b)$;

⑧(定积分中值定理)设$f(x)$在闭区间$[a,b]$上连续,则存在$\xi\in[a,b]$使得

$$\int_a^b f(x)\,dx = f(\xi)(b-a).$$

**2. 微积分基本公式(牛顿—莱布尼茨公式)**

设$f(x)$在$[a,b]$上连续,$x\in[a,b]$,则称$\int_a^x f(t)\,dt$为上限函数.

记$F(x)=\int_a^x f(t)\,dt, x\in[a,b]$,则$F'(x)=f(x)$,即$F(x)$是$f(x)$的一个原函数. 这表明连续函数$f(x)$的原函数一定存在,且可表示为$\int_a^x f(t)\,dt$.

一般地,有

$$\frac{d}{dx}\int_a^{\varphi(x)} f(t)\,dt = f[\varphi(x)]\varphi'(x).$$

由以上结果,可得微积分基本公式.

若在$[a,b]$上有$F'(x)=f(x)$,则

$$\int_a^b f(x)\,dx = F(x)\Big|_a^b = F(b)-F(a).$$

**3. 积分法**

1)基本积分表(略)

2)换元积分法

对不定积分,有第一类换元法和第二类换元法.

(1)第一类换元法

设函数$f(u)$有原函数,$u=\varphi(x)$可导,则有

$$\int f[\varphi(x)]\varphi'(x)\,\mathrm{d}x \xlongequal{\text{令 }\varphi(x)=u} \left[\int f(u)\,\mathrm{d}u\right]_{u=\varphi(x)}.$$

第一类换元法也叫凑微分法,能够熟练地凑微分,是求不定积分的重要技巧之一.

(2)第二类换元法

设$x=\psi(t)$是单调的可导函数,且$\psi'(t)\neq 0$,又设$f[\psi(t)]\psi'(t)$有原函数,则有

$$\int f(x)\,\mathrm{d}x \xlongequal{\text{令 }x=\psi(t)} \left[\int f[\psi(t)]\psi'(t)\,\mathrm{d}t\right]_{t=\psi^{-1}(x)},$$

其中$t=\psi^{-1}(x)$是$x=\psi(t)$的反函数.

第二类换元法常用的代换有三角代换、倒代换. 如果被积函数含有$\sqrt{a^2-x^2}$,$\sqrt{x^2+a^2}$,$\sqrt{x^2-a^2}$,可以依次作代换$x=a\sin t$,$x=a\tan t$,$x=a\sec t$来化去根式,即

$$\sqrt{a^2-x^2} \xlongequal{x=a\sin t} a\cos t,$$

$$\sqrt{x^2+a^2} \xlongequal{x=a\tan t} a\sec t,$$

$$\sqrt{x^2-a^2} \xlongequal{x=a\sec t} a\tan t,$$

以上各式中,均假设$a>0$.

倒代换主要用于消去被积函数的分母中的变量因子$x$.

(3)定积分换元法

对定积分,有定积分换元法.

假设函数$f(x)$在区间$[a,b]$上连续,函数$x=\varphi(t)$满足条件:

①$\varphi(\alpha)=a$,$\varphi(\beta)=b$;

②$\varphi(t)$在$[\alpha,\beta]$(或$[\beta,\alpha]$)上具有连续导数,且其值域$R_\varphi\subset[a,b]$,则有

$$\int_a^b f(x)\,\mathrm{d}x \xlongequal{x=\varphi(t)} \int_\alpha^\beta f[\varphi(t)]\varphi'(t)\,\mathrm{d}t.$$

利用定积分换元法,可得奇、偶函数在关于原点对称的区间上的积分的下述性质.

**性质1** 若$f(x)$在$[-a,a]$上连续且为偶函数,则

$$\int_{-a}^a f(x)\,\mathrm{d}x = 2\int_0^a f(x)\,\mathrm{d}x.$$

**性质2** 若$f(x)$在$[-a,a]$上连续且为奇函数,则

$$\int_{-a}^a f(x)\,\mathrm{d}x = 0.$$

利用定积分换元法,可得下面的重要公式:

$$\int_0^{\frac{\pi}{2}}\sin^n x\,\mathrm{d}x = \int_0^{\frac{\pi}{2}}\cos^n x\,\mathrm{d}x = \begin{cases} \dfrac{(n-1)!!}{n!!}, & n\text{ 为大于 1 的正奇数}, \\ \dfrac{(n-1)!!}{n!!}\cdot\dfrac{\pi}{2}, & n\text{ 为正偶数}. \end{cases}$$

3)分部积分法

对不定积分,有

$$\int u(x)\,\mathrm{d}v(x) = u(x)v(x) - \int v(x)\,\mathrm{d}u(x).$$

对定积分,有

$$\int_a^b u(x)\mathrm{d}v(x) = [u(x)v(x)]_a^b - \int_a^b v(x)\mathrm{d}u(x).$$

如果求积分 $\int u(x)v'(x)\mathrm{d}x$ 有困难,而求积分 $\int u'(x)v(x)\mathrm{d}x$ 比较容易,那么利用分部积分公式就能起到使积分化难为易的作用.

4)有理函数、三角函数的有理式和简单无理函数的积分

有理函数是具有如下形式的函数:

$$\frac{P(x)}{Q(x)} = \frac{a_0x^n + a_1x^{n-1} + \cdots + a_{n-1}x + a_n}{b_0x^m + b_1x^{m-1} + \cdots + b_{m-1}x + b_m},$$

其中 $a_0 \neq 0, b_0 \neq 0$. 当 $n < m$ 时,称为真分式;当 $n \geqslant m$ 时,称为假分式. 假分式可化成一个多项式与一个真分式之和.

有理函数积分的关键步骤是将真分式分解成部分分式之和.

三角函数的有理式通过诱导公式都可化成 $\sin x$、$\cos x$ 的有理式,记作 $R(\sin x, \cos x)$. 作变换 $u = \tan\frac{x}{2}$,则

$$\sin x = \frac{2\tan\frac{x}{2}}{1 + \tan^2\frac{x}{2}} = \frac{2u}{1 + u^2},$$

$$\cos x = \frac{1 - \tan^2\frac{x}{2}}{1 + \tan^2\frac{x}{2}} = \frac{1 - u^2}{1 + u^2},$$

$$\mathrm{d}x = \frac{2}{1 + u^2}\mathrm{d}u,$$

从而 $$\int R(\sin x, \cos x)\mathrm{d}x = \int R\left(\frac{2u}{1 + u^2}, \frac{1 - u^2}{1 + u^2}\right)\frac{2}{1 + u^2}\mathrm{d}u.$$

对于被积函数为 $R(x, \sqrt[n]{ax + b})$ 及 $R\left(x, \sqrt[n]{\frac{ax + b}{cx + h}}\right)$ 这两类函数的积分(其中 $R(x,u)$ 表示 $x$、$u$ 的有理函数),可分别作变换:令 $\sqrt[n]{ax + b} = u$ 及 $\sqrt[n]{\frac{ax + b}{cx + h}} = u$,去掉根号,原积分就化为有理函数的积分.

**【例 1.3-1】** 求 $\int 2\cos 2x\mathrm{d}x$.

**解:**令 $2x = u$,得

$$\int 2\cos 2x\mathrm{d}x = \int \cos 2x\mathrm{d}(2x) = \int \cos u\mathrm{d}u = \sin u + C = \sin 2x + C,$$

或

$$\int 2\cos 2x\mathrm{d}x = \int \cos 2x\mathrm{d}(2x) = \sin 2x + C.$$

**【例 1.3-2】** 求 $\int \frac{1}{3 + 2x}\mathrm{d}x$.

**解**：$\int \frac{1}{3+2x}\mathrm{d}x = \int \frac{1}{3+2x}\cdot\frac{1}{2}\mathrm{d}(3+2x) = \frac{1}{2}\ln|3+2x| + C.$

一般地，

$$\int f(ax+b)\mathrm{d}x = \int \frac{1}{a}f(ax+b)\mathrm{d}(ax+b) = \frac{1}{a}\left[\int f(u)\mathrm{d}u\right]_{u=ax+b}(a\neq 0).$$

**【例 1.3-3】** 求 $\int 2x\mathrm{e}^{x^2}\mathrm{d}x.$

**解**：$\int 2x\mathrm{e}^{x^2}\mathrm{d}x = \int \mathrm{e}^{x^2}\mathrm{d}(x^2) = \mathrm{e}^{x^2} + C.$

**【例 1.3-4】** 求 $\int \tan x\mathrm{d}x.$

**解**：$\int \tan x\mathrm{d}x = \int \frac{\sin x}{\cos x}\mathrm{d}x = -\int \frac{\mathrm{d}(\cos x)}{\cos x} = -\ln|\cos x| + C.$

**【例 1.3-5】** 求 $\int \sqrt{a^2-x^2}\mathrm{d}x(a>0).$

**解**：令 $x=a\sin t$，则 $\mathrm{d}x=a\cos t\mathrm{d}t$，于是

$$\begin{aligned}\int \sqrt{a^2-x^2}\mathrm{d}x &= \int a\cos t\cdot a\cos t\mathrm{d}t = a^2\int \cos^2 t\mathrm{d}t \\ &= a^2\int \frac{1+\cos 2t}{2}\mathrm{d}t = \frac{a^2}{2}\left(t+\frac{1}{2}\sin 2t\right)+C.\end{aligned}$$

由 $x=a\sin t$，得

$$t=\arcsin\frac{x}{a},\cos t=\sqrt{1-\sin^2 t}=\sqrt{1-\left(\frac{x}{a}\right)^2}=\frac{\sqrt{a^2-x^2}}{a},$$

$$\int \sqrt{a^2-x^2}\mathrm{d}x = \frac{a^2}{2}\arcsin\frac{x}{a}+\frac{1}{2}x\sqrt{a^2-x^2}+C.$$

**【例 1.3-6】** 求 $\int \frac{\mathrm{d}x}{\sqrt{x^2+a^2}}(a>0).$

**解**：令 $x=a\tan t$，则 $\mathrm{d}x=a\sec^2 t\mathrm{d}t$，于是

$$\int \frac{\mathrm{d}x}{\sqrt{x^2+a^2}} = \int \frac{a\sec^2 t}{a\sec t}\mathrm{d}t = \int \sec t\mathrm{d}t = \ln|\sec t+\tan t| + C.$$

由 $\tan t=\frac{x}{a}$，得 $\sec t=\frac{\sqrt{x^2+a^2}}{a}$，由于 $\sec t+\tan t>0$，故

$$\int \frac{\mathrm{d}x}{\sqrt{x^2+a^2}} = \ln\left(\frac{x}{a}+\frac{\sqrt{x^2+a^2}}{a}\right)+C = \ln(x+\sqrt{x^2+a^2})+C_1,$$

其中 $C_1=C-\ln a$.

**【例 1.3-7】** 求 $\int x\ln x\mathrm{d}x.$

**解**：设 $u=\ln x,\mathrm{d}v=x\mathrm{d}x$，则 $\mathrm{d}u=\frac{\mathrm{d}x}{x},v=\frac{x^2}{2}$. 利用分部积分公式，得

$$\int x\ln x\mathrm{d}x = \frac{x^2}{2}\ln x-\frac{1}{2}\int x\mathrm{d}x = \frac{x^2}{2}\ln x-\frac{x^2}{4}+C.$$

【例 1.3-8】 计算$\int_0^{\frac{\pi}{2}}\cos^5 x\sin x\mathrm{d}x$.

解:设 $\cos x=t$,则 $\mathrm{d}t=-\sin x\mathrm{d}x$,当 $x=0$ 时,$t=1$;当 $x=\frac{\pi}{2}$时,$t=0$. 于是

$$\int_0^{\frac{\pi}{2}}\cos^5 x\sin x\mathrm{d}x=-\int_1^0 t^5\mathrm{d}t=\int_0^1 t^5\mathrm{d}t=\left[\frac{t^6}{6}\right]_0^1=\frac{1}{6}.$$

【例 1.3-9】 计算$\int_0^{\frac{1}{2}}\arcsin x\mathrm{d}x$.

解:设 $u=\arcsin x,\mathrm{d}v=\mathrm{d}x$,则 $\mathrm{d}u=\frac{\mathrm{d}x}{\sqrt{1-x^2}},v=x$. 代入分部积分公式,得

$$\int_0^{\frac{1}{2}}\arcsin x\mathrm{d}x=[x\arcsin x]_0^{\frac{1}{2}}-\int_0^{\frac{1}{2}}\frac{x}{\sqrt{1-x^2}}\mathrm{d}x=\frac{1}{2}\cdot\frac{\pi}{6}+\frac{1}{2}\int_0^{\frac{1}{2}}(1-x^2)^{-\frac{1}{2}}\mathrm{d}(1-x^2)$$

$$=\frac{\pi}{12}+[\sqrt{1-x^2}]_0^{\frac{1}{2}}=\frac{\pi}{12}+\frac{\sqrt{3}}{2}-1.$$

【例 1.3-10】 计算$\int_0^4\frac{x+2}{\sqrt{2x+1}}\mathrm{d}x$.

解:设 $\sqrt{2x+1}=t$,则 $x=\frac{t^2-1}{2},\mathrm{d}x=t\mathrm{d}t$,当 $x=0$ 时,$t=1$;当 $x=4$ 时,$t=3$. 于是

$$\int_0^4\frac{x+2}{\sqrt{2x+1}}\mathrm{d}x=\int_1^3\frac{\frac{t^2-1}{2}+2}{t}t\mathrm{d}t=\frac{1}{2}\int_1^3(t^2+3)\mathrm{d}t=\frac{1}{2}\left[\frac{t^3}{3}+3t\right]_1^3=\frac{22}{3}.$$

【例 1.3-11】 $\lim\limits_{x\to0}\frac{\int_0^x\sin t^2\mathrm{d}t}{x^3}$ 等于(　　).

(A)$\frac{1}{4}$　　(B)$\frac{1}{3}$　　(C)$\frac{1}{2}$　　(D)1

解:利用洛必达法则及积分上限函数的导数公式,得

$$\lim_{x\to0}\frac{\int_0^x\sin t^2\mathrm{d}t}{x^3}=\lim_{x\to0}\frac{\sin x^2}{3x^2}=\frac{1}{3},$$

故选(B).

【例 1.3-12】 设 $I=\int_0^1\frac{x^4}{\sqrt{1+x}}\mathrm{d}x$,则 $I$ 的大致范围为(　　).

(A)$0\leqslant I\leqslant\frac{\sqrt{2}}{10}$　　(B)$\frac{\sqrt{2}}{10}\leqslant I\leqslant\frac{1}{5}$　　(C)$\frac{1}{5}<I<1$　　(D)$I\geqslant1$

解:因为$\frac{1}{\sqrt{2}}x^4\leqslant\frac{x^4}{\sqrt{1+x}}\leqslant x^4(0\leqslant x\leqslant1)$,所以

$$\frac{\sqrt{2}}{10}=\int_0^1\frac{1}{\sqrt{2}}x^4\mathrm{d}x\leqslant\int_0^1\frac{x^4}{\sqrt{1+x}}\mathrm{d}x\leqslant\int_0^1 x^4\mathrm{d}x=\frac{1}{5},$$

故选(B).

【例1.3-13】 下列等式中,错误的是(　　).

(A) $\int_{-a}^{a} f(x)\mathrm{d}x = 2\int_{0}^{a} f(x)\mathrm{d}x$,其中$f(x)$在$[-a,a](a>0)$上连续

(B) $\int_{0}^{\frac{\pi}{2}} \sin^{10}x\mathrm{d}x = \int_{0}^{\frac{\pi}{2}} \cos^{10}x\mathrm{d}x$

(C) $\int_{-\pi}^{\pi} \sin 5x\cos 7x\mathrm{d}x = 0$

(D) $\int_{0}^{\pi} \sin^{9}x\mathrm{d}x = 2\int_{0}^{\frac{\pi}{2}} \sin^{9}x\mathrm{d}x$

**解:**(B)、(C)、(D)三个等式都是正确的.事实上我们有以下更一般的结论:

$$\int_{0}^{\frac{\pi}{2}} \sin^{n}x\mathrm{d}x = \int_{0}^{\frac{\pi}{2}} \cos^{n}x\mathrm{d}x(n = 1,2,3,\cdots),$$

$$\int_{-\pi}^{\pi} \sin mx\cos nx\mathrm{d}x = 0(m,n = 1,2,3,\cdots),$$

$$\int_{0}^{\pi} \sin^{n}x\mathrm{d}x = 2\int_{0}^{\frac{\pi}{2}} \sin^{n}x\mathrm{d}x(n = 1,2,3,\cdots).$$

而等式(A)当$f(x)$为偶函数时成立,一般情形下未必成立,故选(A).

### 1.3.2 广义积分

**1.无穷限的广义积分**

若极限

$$\lim_{t\to+\infty}\int_{a}^{t} f(x)\mathrm{d}x$$

存在,则称此极限为$f(x)$在$[a,+\infty]$上的广义积分,记作$\int_{a}^{+\infty} f(x)\mathrm{d}x$,即

$$\int_{a}^{+\infty} f(x)\mathrm{d}x = \lim_{t\to+\infty}\int_{a}^{t} f(x)\mathrm{d}x.$$

这时,称广义积分$\int_{a}^{+\infty} f(x)\mathrm{d}x$收敛;若上述极限不存在,则称广义积分$\int_{a}^{+\infty} f(x)\mathrm{d}x$不收敛或发散.

类似地,定义广义积分

$$\int_{-\infty}^{b} f(x)\mathrm{d}x = \lim_{t\to-\infty}\int_{t}^{b} f(x)\mathrm{d}x.$$

当且仅当广义积分

$$\int_{-\infty}^{0} f(x)\mathrm{d}x \text{ 与} \int_{0}^{+\infty} f(x)\mathrm{d}x$$

都收敛时,定义广义积分

$$\int_{-\infty}^{+\infty} f(x)\mathrm{d}x = \int_{-\infty}^{0} f(x)\mathrm{d}x + \int_{0}^{+\infty} f(x)\mathrm{d}x.$$

由定义,易知广义积分$\int_{a}^{+\infty} \frac{\mathrm{d}x}{x^{p}}(a>0)$当$p>1$时收敛,当$p\leqslant1$时发散.

**2.无界函数的广义积分**

若$f(x)$在$(a,b]$上连续,而在点$a$的右邻域内无界,极限

$$\lim_{t\to a^+}\int_t^b f(x)\,\mathrm{d}x$$

存在,则称此极限为$f(x)$在$(a,b]$上的广义积分,记作$\int_a^b f(x)\,\mathrm{d}x$,即

$$\int_a^b f(x)\,\mathrm{d}x = \lim_{t\to a^+}\int_t^b f(x)\,\mathrm{d}x,$$

这时,称广义积分$\int_a^b f(x)\,\mathrm{d}x$收敛.

若$f(x)$在$[a,b)$上连续,而在点$b$的左邻域内无界,类似地定义广义积分

$$\int_a^b f(x)\,\mathrm{d}x = \lim_{t\to b^-}\int_a^t f(x)\,\mathrm{d}x.$$

由定义,易知广义积分$\int_a^b \frac{\mathrm{d}x}{(x-a)^q}$当$q<1$时收敛,当$q\geqslant 1$时发散.

**【例 1.3-14】** 计算$\int_{-\infty}^{+\infty}\frac{\mathrm{d}x}{1+x^2}$.

**解:** $\int_{-\infty}^{0}\frac{\mathrm{d}x}{1+x^2} = \lim\limits_{t\to-\infty}\int_t^0\frac{\mathrm{d}x}{1+x^2} = \lim\limits_{t\to-\infty}[\arctan x]_t^0 = 0-\left(-\frac{\pi}{2}\right) = \frac{\pi}{2}$,

$$\int_0^{+\infty}\frac{\mathrm{d}x}{1+x^2} = \lim_{t\to+\infty}\int_0^t\frac{\mathrm{d}x}{1+x^2} = \lim_{t\to+\infty}[\arctan x]_0^t = \frac{\pi}{2}-0 = \frac{\pi}{2},$$

于是

$$\int_{-\infty}^{+\infty}\frac{\mathrm{d}x}{1+x^2} = \int_{-\infty}^{0}\frac{\mathrm{d}x}{1+x^2} + \int_0^{+\infty}\frac{\mathrm{d}x}{1+x^2} = \frac{\pi}{2}+\frac{\pi}{2} = \pi.$$

**【例 1.3-15】** 计算$\int_0^a\frac{\mathrm{d}x}{\sqrt{a^2-x^2}}(a>0)$.

**解:** 因为$\lim\limits_{x\to a^-}\frac{1}{\sqrt{a^2-x^2}} = +\infty$,所以所求积分属无界函数的广义积分. 按定义

$$\int_0^a\frac{\mathrm{d}x}{\sqrt{a^2-x^2}} = \lim_{t\to a^-}\int_0^t\frac{\mathrm{d}x}{\sqrt{a^2-x^2}} = \lim_{t\to a^-}\left[\arcsin\frac{x}{a}\right]_0^t = \lim_{t\to a^-}\left(\arcsin\frac{t}{a}-0\right) = \arcsin 1 = \frac{\pi}{2}.$$

**【例 1.3-16】** 广义积分$I = \int_0^1\frac{\mathrm{d}x}{\sqrt{1-x^2}}$等于(　　).

(A)$\frac{\pi}{2}$　　(B)$\frac{\pi}{3}$　　(C)$\frac{\pi}{4}$　　(D)$\infty$

**解:** $\int_0^1\frac{\mathrm{d}x}{\sqrt{1-x^2}} = \arcsin x\Big|_0^1 = \frac{\pi}{2}$,故选(A).

**【例 1.3-17】** 广义积分$I = \int_0^1\frac{x\mathrm{d}x}{\sqrt{1-x^2}}$等于(　　).

(A)$\frac{1}{2}$　　(B)$-\frac{1}{2}$　　(C)1　　(D)$-1$

**解:** $\int_0^1\frac{x\mathrm{d}x}{\sqrt{1-x^2}} = -\frac{1}{2}\int_0^1\frac{\mathrm{d}(1-x^2)}{\sqrt{1-x^2}} = -\sqrt{1-x^2}\Big|_0^1 = 1$,故选(C).

**【例 1.3-18】** 下列广义积分中收敛的是(　　).

(A) $\int_{e}^{+\infty}\frac{\ln x}{x}dx$　(B) $\int_{e}^{+\infty}\frac{dx}{x\ln x}$　(C) $\int_{e}^{+\infty}\frac{dx}{x(\ln x)^{2}}$　(D) $\int_{e}^{+\infty}\frac{dx}{x\sqrt{\ln x}}$

**解:** $\int_{e}^{+\infty}\frac{dx}{x(\ln x)^{2}}=\int_{e}^{+\infty}\frac{d\ln x}{(\ln x)^{2}}=-\frac{1}{\ln x}\Big|_{e}^{+\infty}=-\lim\limits_{x\to+\infty}\frac{1}{\ln x}+1=0+1=1$,
易知其他三个积分发散,故选(C).

**【例 1.3-19】** 设 $I=\int_{0}^{+\infty}e^{-2x}dx$,则 $I$ 的值为(　　).

(A) $-1$　(B) $-\frac{1}{2}$　(C) $\frac{1}{2}$　(D) $+\infty$

**解:** $I=\int_{0}^{+\infty}e^{-2x}dx=-\frac{1}{2}e^{-2x}\Big|_{0}^{+\infty}=\frac{1}{2}$,故选(C).

## 1.3.3 定积分的应用

**1. 平面图形的面积**

(1) 直角坐标情形

设平面图形由曲线 $y=f(x)$, $y=g(x)$ ($f(x)\geqslant g(x)$) 和直线 $x=a$, $x=b$ 所围成(图 1.3-1),则其面积

$$A=\int_{a}^{b}[f(x)-g(x)]dx.$$

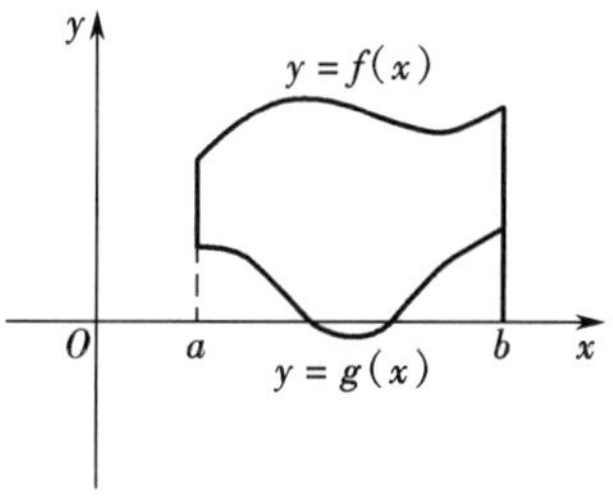


图 1.3-1

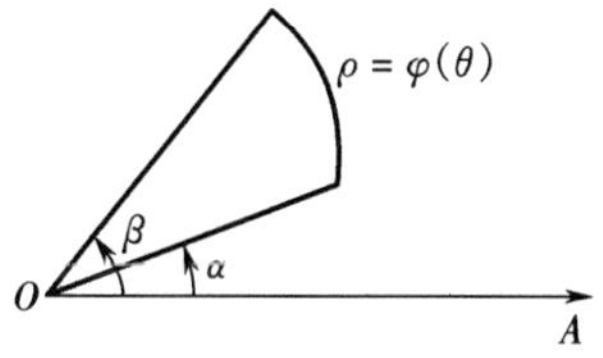


图 1.3-2

(2) 极坐标情形

设平面图形由曲线 $\rho=\varphi(\theta)$ 及射线 $\theta=\alpha$, $\theta=\beta$ 所围成(图 1.3-2),则其面积

$$A=\frac{1}{2}\int_{\alpha}^{\beta}[\varphi(\theta)]^{2}d\theta.$$

**2. 旋转体的体积**

设旋转体由曲线 $y=f(x)$ 与直线 $x=a$, $x=b$ 及 $x$ 轴所围成的平面图形绕 $x$ 轴旋转一周而成(图 1.3-3),则其体积

$$V=\int_{a}^{b}\pi[f(x)]^{2}dx.$$

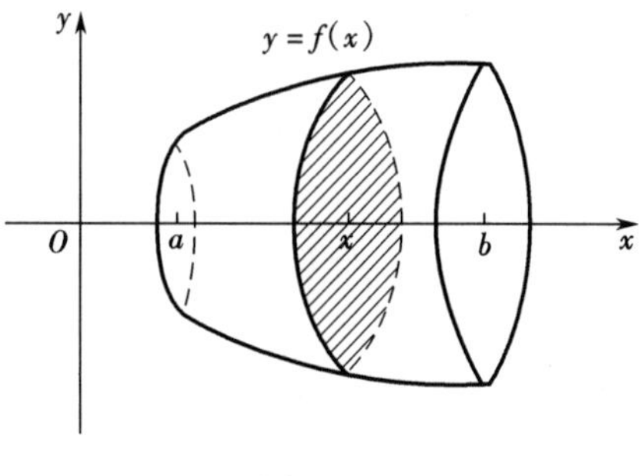


图 1.3-3

**3. 平面曲线的弧长**

(1) 直角坐标情形

设曲线的方程为 $y=f(x)$ ($a\leqslant x\leqslant b$), $f(x)$ 在

$[a,b]$上具有一阶连续导数,则其弧长

$$s=\int_a^b\sqrt{1+y'^2}\,dx.$$

(2)参数方程情形

设曲线的参数方程为 $x=\varphi(t)$, $y=\psi(t)$ $(\alpha\leqslant t\leqslant\beta)$, $\varphi(t)$, $\psi(t)$在$[\alpha,\beta]$上具有连续导数,则其弧长

$$s=\int_\alpha^\beta\sqrt{[\varphi'(t)]^2+[\psi'(t)]^2}\,dt.$$

(3)极坐标情形

设曲线的极坐标方程为 $\rho=\rho(\theta)$ $(\alpha\leqslant\theta\leqslant\beta)$, $\rho(\theta)$在$[\alpha,\beta]$上具有连续导数,则其弧长

$$s=\int_\alpha^\beta\sqrt{[\rho(\theta)]^2+[\rho'(\theta)]^2}\,d\theta.$$

**【例 1.3-20】** 计算由两条抛物线 $y^2=x$, $y=x^2$ 所围成的图形的面积.

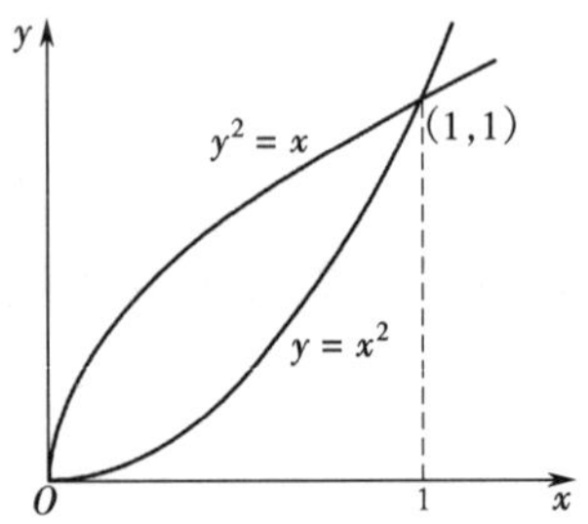

图 1.3-4

**解:**两条抛物线所围成的图形如图 1.3-4 所示,$x$ 的变化区间为$[0,1]$,所求面积为

$$A=\int_0^1(\sqrt{x}-x^2)\,dx=\left[\frac{2}{3}x^{\frac{3}{2}}-\frac{x^3}{3}\right]_0^1=\frac{1}{3}.$$

**【例 1.3-21】** 由椭圆$\frac{x^2}{a^2}+\frac{y^2}{b^2}=1$ 所围成的图形绕 $x$ 轴旋转而成的旋转椭球体的体积为(　　).

(A)$\frac{4}{3}\pi ab$　　(B)$\frac{2}{3}\pi ab^2$　　(C)$\frac{4}{3}\pi ab^2$　　(D)$\frac{4}{3}\pi a^2b$

**解:**这个旋转体也可看作是由半个椭圆

$$y=\frac{b}{a}\sqrt{a^2-x^2}$$

及 $x$ 轴围成的图形绕 $x$ 轴旋转而成. $x$ 的变化区间为$[-a,a]$,所求体积为

$$V=\int_{-a}^a\pi\frac{b^2}{a^2}(a^2-x^2)\,dx=\frac{\pi b^2}{a^2}\left[a^2x-\frac{x^3}{3}\right]_{-a}^a=\frac{4}{3}\pi ab^2,$$

故应选(C).

**【例 1.3-22】** 求悬链线 $y=c\operatorname{ch}\frac{x}{c}$介于 $x=-b$ 与 $x=b$ 之间的一段弧的长度.

**解:**$x$ 的变化区间为$[-b,b]$, $y'=\operatorname{sh}\frac{x}{c}$,从而所求弧长为

$$s=\int_{-b}^b\sqrt{1+y'^2}\,dx=\int_{-b}^b\operatorname{ch}\frac{x}{c}\,dx=c\left[\operatorname{sh}\frac{x}{c}\right]_{-b}^b=2c\operatorname{sh}\frac{b}{c}.$$

**【例 1.3-23】** 计算摆线 $x=a(\theta-\sin\theta)$, $y=a(1-\cos\theta)$的一拱$(0\leqslant\theta\leqslant2\pi)$(图 1.3-5)的长度.

**解:**$\theta$ 的变化区间为$[0,2\pi]$, $x'(\theta)=a(1-\cos\theta)$, $y'(\theta)=a\sin\theta$,所以弧长为

$$s=\int_0^{2\pi}\sqrt{a^2(1-\cos\theta)^2+a^2\sin^2\theta}\,d\theta=\int_0^{2\pi}2a\sin\frac{\theta}{2}\,d\theta=2a\left[-2\cos\frac{\theta}{2}\right]_0^{2\pi}=8a.$$

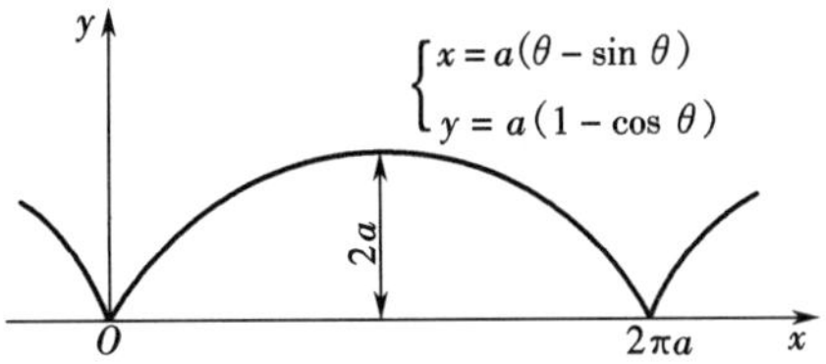


图 1.3-5

## 1.3.4 重积分

**1. 重积分的概念与性质**

(1)二重积分的概念与性质

设$f(x,y)$在平面有界闭区域$D$上有界,将闭区域$D$任意划分成$n$个小闭区域

$$\Delta\sigma_1,\Delta\sigma_2,\cdots,\Delta\sigma_n,$$

任取点$(\xi_i,\eta_i)\in\Delta\sigma_i(i=1,2,\cdots,n)$. 记小区域$\Delta\sigma_i$的直径为$d_i$,$\lambda=\max\{d_1,d_2,\cdots,d_n\}$.

若极限

$$\lim_{\lambda\to0}\sum_{i=1}^{n}f(\xi_i,\eta_i)\Delta\sigma_i$$

总存在,则称此极限为函数$f(x,y)$在有界闭区域$D$上的二重积分,记成$\iint\limits_D f(x,y)\mathrm{d}\sigma$,即

$$\iint\limits_D f(x,y)\mathrm{d}\sigma=\lim_{\lambda\to0}\sum_{i=1}^{n}f(\xi_i,\eta_i)\Delta\sigma_i.$$

当$f(x,y)\geqslant0,(x,y)\in D$时,二重积分$\iint\limits_D f(x,y)\mathrm{d}\sigma$在几何上表示以曲面$z=f(x,y)$为顶、闭区域$D$为底的曲顶柱体的体积.

二重积分具有如下性质:

① $\iint\limits_D[f(x,y)\pm g(x,y)]\mathrm{d}\sigma=\iint\limits_D f(x,y)\mathrm{d}\sigma\pm\iint\limits_D g(x,y)\mathrm{d}\sigma$;

② $\iint\limits_D kf(x,y)\mathrm{d}\sigma=k\iint\limits_D f(x,y)\mathrm{d}\sigma$($k$为常数);

③ $\iint\limits_D f(x,y)\mathrm{d}\sigma=\iint\limits_{D_1}f(x,y)\mathrm{d}\sigma+\iint\limits_{D_2}f(x,y)\mathrm{d}\sigma$,

其中$D=D_1\cup D_2$,且$D_1\cap D_2$无内点;

④ $\iint\limits_D 1\mathrm{d}\sigma=\iint\limits_D\mathrm{d}\sigma=\sigma$,

其中$\sigma$为$D$的面积;

⑤ 若在$D$上,$f(x,y)\leqslant g(x,y)$,则

$$\iint\limits_D f(x,y)\mathrm{d}\sigma\leqslant\iint\limits_D g(x,y)\mathrm{d}\sigma;$$

⑥ $\left|\iint\limits_D f(x,y)\mathrm{d}\sigma\right|\leqslant\iint\limits_D|f(x,y)|\mathrm{d}\sigma$;

⑦ 设$M,m$分别是$f(x,y)$在$D$上的最大值、最小值,$\sigma$是$D$的面积,则

$$m\sigma \leqslant \iint_D f(x,y)\,d\sigma \leqslant M\sigma;$$

⑧ 设$f(x,y)$在闭区域$D$上连续，$\sigma$是$D$的面积，则存在点$(\xi,\eta)\in D$，使得

$$\iint_D f(x,y)\,d\sigma = f(\xi,\eta)\sigma.$$

(2)三重积分的概念与性质

设$f(x,y,z)$在空间有界闭区域$\Omega$上有界，与二重积分的定义类似地有$f(x,y,z)$在$\Omega$上的三重积分的定义，即

$$\iiint_\Omega f(x,y,z)\,dv = \lim_{\lambda\to 0}\sum_{i=1}^{n} f(\xi_i,\eta_i,\zeta_i)\Delta v_i.$$

若$f(x,y,z)$表示某物体在点$(x,y,z)$处的密度，$\Omega$表示该物体占有的空间区域，则三重积分$\iiint_\Omega f(x,y,z)\,dv$就表示该物体的质量$M$，即

$$M = \iiint_\Omega f(x,y,z)\,dv.$$

三重积分具有与二重积分类似的性质.

**2. 重积分的计算法**

1)二重积分的计算法

(1)利用直角坐标

在直角坐标下，二重积分也可表示成$\iint_D f(x,y)\,dxdy$. 若积分区域$D$(图1.3-6)可表示成

$$D=\{(x,y)\mid \varphi_1(x)\leqslant y\leqslant \varphi_2(x),x\in[a,b]\},$$

则二重积分可化成先对$y$、后对$x$的二次积分，即

$$\iint_D f(x,y)\,dxdy = \int_a^b\left[\int_{\varphi_1(x)}^{\varphi_2(x)} f(x,y)\,dy\right]dx,$$

或记成

$$\iint_D f(x,y)\,dxdy = \int_a^b dx\int_{\varphi_1(x)}^{\varphi_2(x)} f(x,y)\,dy.$$

若积分区域$D$(图1.3-7)可表示成

$$D=\{(x,y)\mid \psi_1(y)\leqslant x\leqslant \psi_2(y),y\in[c,d]\},$$

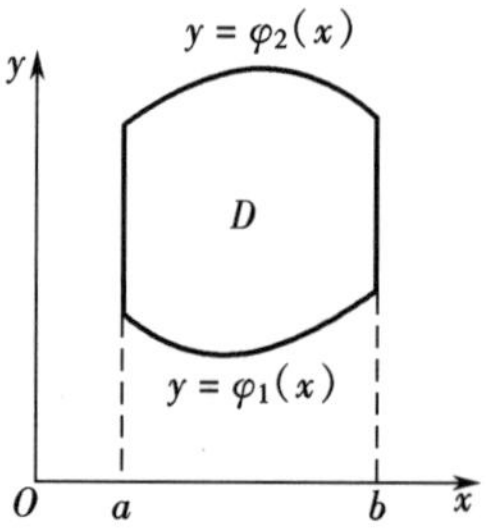


图1.3-6

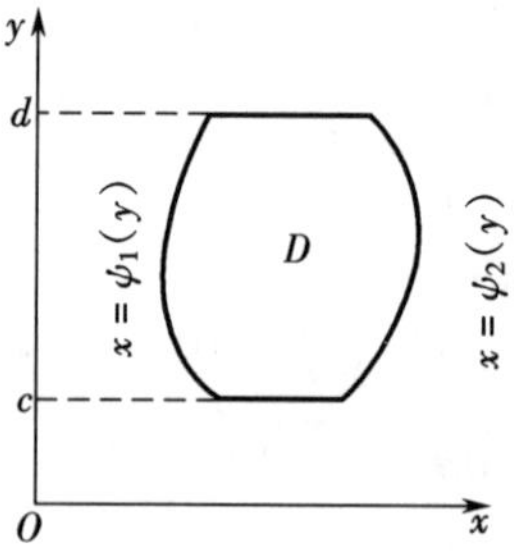


图1.3-7

则二重积分可化成先对$x$、后对$y$的二次积分，即

$$\iint_D f(x,y)\,dxdy = \int_c^d dy\int_{\psi_1(y)}^{\psi_2(y)} f(x,y)\,dx.$$

图 1.3-6 所示的积分区域称为 $X$ – 型区域，图 1.3-7 所示的积分区域称为 $Y$ – 型区域. 若积分区域既是 $X$ – 型的，也是 $Y$ – 型的，则二重积分可表示成两个不同次序的二次积分，于是有

$$\int_a^b dx\int_{\varphi_1(x)}^{\varphi_2(x)} f(x,y)\,dy = \int_c^d dy\int_{\psi_1(y)}^{\psi_2(y)} f(x,y)\,dx.$$

(2)利用极坐标

有些二重积分，积分区域 $D$ 的边界曲线用极坐标方程来表示比较方便，且被积函数用极坐标 $\rho,\theta$ 表达比较简单. 这时，就可以考虑利用极坐标来计算二重积分.

直角坐标和极坐标的关系是

$$x=\rho\cos\theta,\ y=\rho\sin\theta.$$

积分的变换公式是

$$\iint_D f(x,y)\,dxdy = \iint_D f(\rho\cos\theta,\rho\sin\theta)\rho\,d\rho\,d\theta.$$

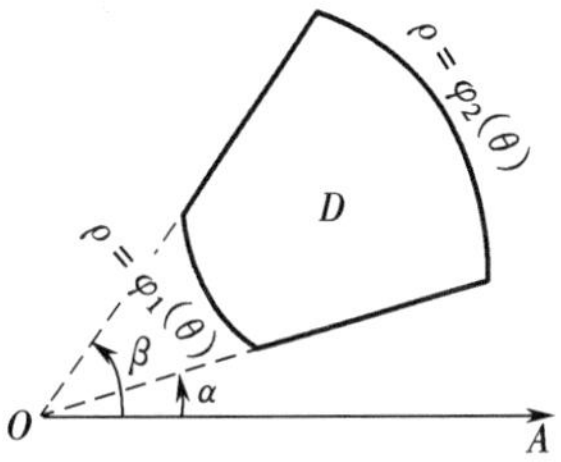

图 1.3-8

若积分区域 $D$(图 1.3-8)可表示成

$$D=\{(\rho,\theta)\mid\varphi_1(\theta)\leqslant\rho\leqslant\varphi_2(\theta),\theta\in[\alpha,\beta]\},$$

则二重积分可化成先对 $\rho$、后对 $\theta$ 的二次积分，即

$$\iint_D f(\rho\cos\theta,\rho\sin\theta)\rho\,d\rho\,d\theta = \int_\alpha^\beta d\theta\int_{\varphi_1(\theta)}^{\varphi_2(\theta)} f(\rho\cos\theta,\rho\sin\theta)\rho\,d\rho,$$

特别，当 $\varphi_1(\theta)\equiv 0,\varphi_2(\theta)=\varphi(\theta)$ 时，有

$$\iint_D f(\rho\cos\theta,\rho\sin\theta)\rho\,d\rho\,d\theta = \int_\alpha^\beta d\theta\int_0^{\varphi(\theta)} f(\rho\cos\theta,\rho\sin\theta)\rho\,d\rho.$$

2)三重积分的计算法

在直角坐标下，三重积分可表示成 $\iiint_\Omega f(x,y,z)\,dxdydz$. 若空间闭区域 $\Omega$ 可表示成

$$\Omega=\{(x,y,z)\mid z_1(x,y)\leqslant z\leqslant z_2(x,y),(x,y)\in D\},$$

则三重积分可化成先对 $z$ 的积分，然后再在 $D$ 上作二重积分，即

$$\iiint_\Omega f(x,y,z)\,dxdydz = \iint_D\left[\int_{z_1(x,y)}^{z_2(x,y)} f(x,y,z)\,dz\right]dxdy.$$

对二重积分再化为二次积分，从而三重积分化为三次积分计算.

若空间闭区域 $\Omega$ 可表示成

$$\Omega=\{(x,y,z)\mid(x,y)\in D_z,c_1\leqslant z\leqslant c_2\},$$

则三重积分可化为先计算一个二重积分、再计算一个定积分，即

$$\iiint_\Omega f(x,y,z)\,dxdydz = \int_{c_1}^{c_2} dz\iint_{D_z} f(x,y,z)\,dxdy.$$

**【例 1.3-24】** 计算 $\iint_D xy\,d\sigma$，其中 $D$ 是由抛物线 $y^2=x$ 及直线 $y=x-2$ 所围成的闭区域.

**解:** 两曲线的交点是$(1,-1)$和$(4,2)$，积分区域 $D$(图 1.3-9)可表示成

$$D=\{(x,y)\mid y^2\leqslant x\leqslant y+2,y\in[-1,2]\}.$$

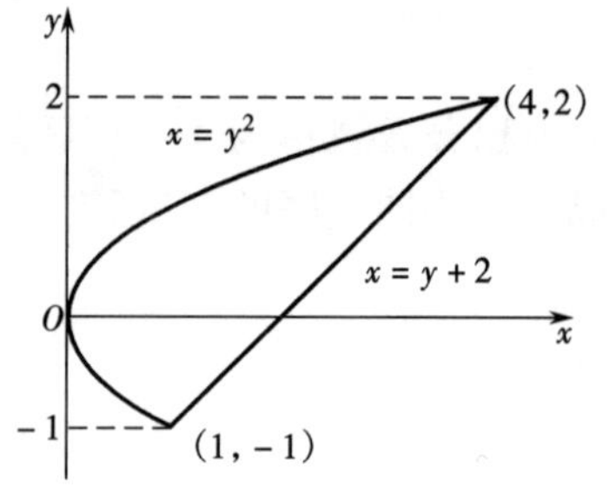


图 1.3-9

从而

$$\iint_D xy\mathrm{d}\sigma = \int_{-1}^{2}\left[\int_{y^2}^{y+2} xy\mathrm{d}x\right]\mathrm{d}y = \int_{-1}^{2}\left[\frac{x^2}{2}y\right]_{y^2}^{y+2}\mathrm{d}y$$
$$= \frac{1}{2}\int_{-1}^{2}[y(y+2)^2 - y^5]\mathrm{d}y$$
$$= \frac{1}{2}\left[\frac{y^4}{4} + \frac{4}{3}y^3 + 2y^2 - \frac{y^6}{6}\right]_{-1}^{2} = 5\frac{5}{8}.$$

**【例 1.3-25】** 计算 $\iint_D 3x^2y^2\mathrm{d}\sigma$,其中 $D$ 是由 $x$ 轴,$y$ 轴和抛物线 $y=1-x^2$ 所围成的在第一象限内的闭区域.

**解:**抛物线 $y=1-x^2$ 与 $x$ 轴和 $y$ 轴的交点依次为 $(1,0)$ 及 $(0,1)$,积分区域 $D$(图 1.3-10)可表示成

$$D=\{(x,y)\mid 0\leqslant y\leqslant 1-x^2, x\in[0,1]\}.$$

从而

$$\iint_D 3x^2y^2\mathrm{d}\sigma = \int_0^1\left[\int_0^{1-x^2} 3x^2y^2\mathrm{d}y\right]\mathrm{d}x$$
$$= \int_0^1 [x^2y^3]_0^{1-x^2}\mathrm{d}x$$
$$= \int_0^1 x^2(1-x^2)^3\mathrm{d}x = \frac{16}{315}.$$

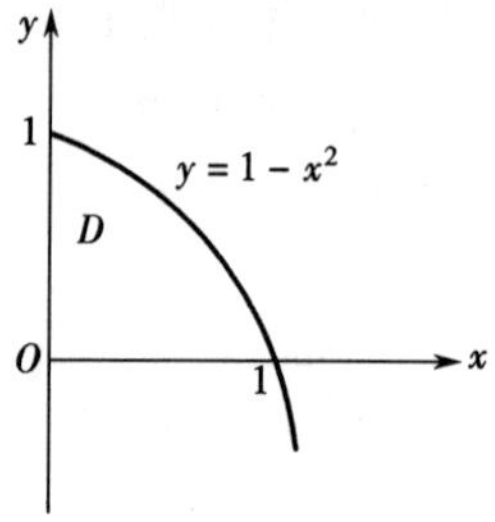


图 1.3-10

**【例 1.3-26】** 交换积分次序,二次积分 $\int_1^2\mathrm{d}x\int_{2-x}^{\sqrt{2x-x^2}} f(x,y)\mathrm{d}y$ 化为(　　).

(A) $\int_0^1\mathrm{d}y\int_{2-y}^{1-\sqrt{1-y^2}} f(x,y)\mathrm{d}x$　　(B) $\int_0^1\mathrm{d}y\int_{2-y}^{1+\sqrt{1-y^2}} f(x,y)\mathrm{d}x$

(C) $\int_0^1\mathrm{d}y\int_{1-\sqrt{1-y^2}}^{2-y} f(x,y)\mathrm{d}x$　　(D) $\int_0^1\mathrm{d}y\int_{1+\sqrt{1-y^2}}^{2-y} f(x,y)\mathrm{d}x$

**解:**由所给的二次积分,可得积分区域

$$D=\{(x,y)\mid 1\leqslant x\leqslant 2, 2-x\leqslant y\leqslant \sqrt{2x-x^2}\},$$

如图 1.3-11 所示阴影部分.

更换积分次序,得

$$\int_0^1\mathrm{d}y\int_{2-y}^{1+\sqrt{1-y^2}} f(x,y)\mathrm{d}x,$$

故选(B).

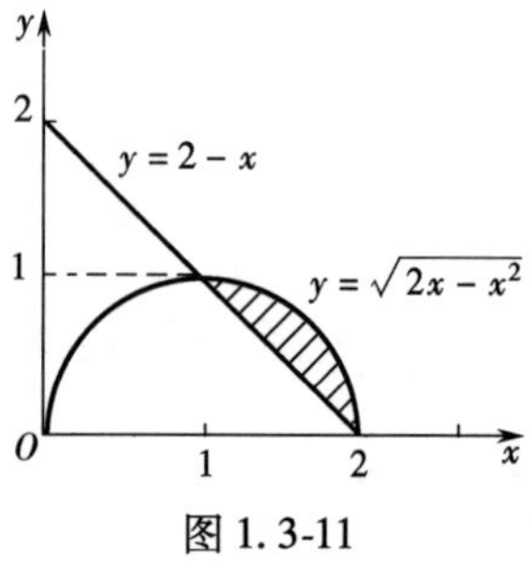


图 1.3-11

**【例 1.3-27】** 计算 $\iint_D \mathrm{e}^{-x^2-y^2}\mathrm{d}x\mathrm{d}y$,其中 $D$ 是由中心在原点、半径为 $a$ 的圆周所围成的闭区域.

**解:**在极坐标系中,闭区域 $D$ 可表示成

$$D=\{(\rho,\theta)\mid 0\leqslant\rho\leqslant a, 0\leqslant\theta\leqslant 2\pi\},$$

于是

$$\iint_D e^{-x^2-y^2}dxdy = \iint_D e^{-\rho^2}\rho d\rho d\theta = \int_0^{2\pi}\left[\int_0^a e^{-\rho^2}\rho d\rho\right]d\theta$$
$$= \int_0^{2\pi}\left[-\frac{1}{2}e^{-\rho^2}\right]_0^a d\theta = \frac{1}{2}(1-e^{-a^2})\int_0^{2\pi}d\theta$$
$$= \pi(1-e^{-a^2}).$$

**【例 1.3-28】** 计算三重积分 $\iiint_\Omega x dxdydz$,其中 $\Omega$ 为三个坐标面及平面 $x+2y+z=1$ 所围成的闭区域.

**解:**积分区域

$$\Omega = \{(x,y,z)\mid 0\leqslant z\leqslant 1-x-2y,(x,y)\in D\},$$

而 $D=\{(x,y)\mid 0\leqslant y\leqslant \frac{1-x}{2}, 0\leqslant x\leqslant 1\}$,于是

$$\iiint_\Omega x dxdydz = \int_0^1 dx\int_0^{\frac{1-x}{2}}dy\int_0^{1-x-2y}x dz = \int_0^1 x dx\int_0^{\frac{1-x}{2}}(1-x-2y)dy$$
$$= \frac{1}{4}\int_0^1 (x-2x^2+x^3)dx = \frac{1}{48}.$$

**【例 1.3-29】** 计算三重积分 $\iiint_\Omega z dxdydz, \Omega = \{(x,y,z)\mid x^2+y^2+z^2\leqslant 1, z\geqslant 0\}$.

**解:**将 $\Omega$ 投影到 $xOy$ 面上,得 $D=\{(\rho,\theta)\mid 0\leqslant\rho\leqslant 1, 0\leqslant\theta\leqslant 2\pi\}$,从而 $\Omega$ 可表示成

$$\Omega = \{(\rho,\theta,z)\mid 0\leqslant z\leqslant\sqrt{1-\rho^2}, 0\leqslant\rho\leqslant 1, 0\leqslant\theta\leqslant 2\pi\},$$

于是

$$\iiint_\Omega z dxdydz = \iiint_\Omega z\rho d\rho d\theta dz = \int_0^{2\pi}d\theta\int_0^1\rho d\rho\int_0^{\sqrt{1-\rho^2}}z dz = \frac{1}{2}\int_0^{2\pi}d\theta\int_0^1\rho(1-\rho^2)d\rho$$
$$= \frac{1}{2}\cdot 2\pi\left[\frac{\rho^2}{2}-\frac{\rho^4}{4}\right]_0^1 = \frac{\pi}{4}.$$

## 1.3.5 重积分的应用

**1. 曲面的面积**

设曲面 $\Sigma$ 的方程为 $z=f(x,y)$,$\Sigma$ 在 $xOy$ 面上的投影区域为 $D$,$f(x,y)$ 在 $D$ 上具有一阶连续偏导数,则曲面 $\Sigma$ 的面积

$$A = \iint_D\sqrt{1+\left(\frac{\partial z}{\partial x}\right)^2+\left(\frac{\partial z}{\partial y}\right)^2}dxdy.$$

**2. 平面薄片及空间物体的质量与重心**

设平面薄片占有 $xOy$ 面上的区域 $D$,薄片在 $D$ 上任一点 $P(x,y)$ 处的面密度为 $\mu(x,y)$,则薄片的质量为

$$M = \iint_D\mu(x,y)d\sigma,$$

薄片重心的坐标为

$$\bar{x} = \frac{1}{M}\iint_D x\mu(x,y)d\sigma, \qquad \bar{y} = \frac{1}{M}\iint_D y\mu(x,y)d\sigma,$$

薄片关于 $x$ 轴,$y$ 轴的转动惯量为

$$I_x = \iint_D y^2\mu(x,y)\,d\sigma, \qquad I_y = \iint_D x^2\mu(x,y)\,d\sigma.$$

设空间物体占有空间闭区域 $\Omega$,在点 $(x,y,z)$ 处的密度为 $\rho(x,y,z)$(假定 $\rho(x,y,z)$ 在 $\Omega$ 上是连续的),则物体的质量为

$$M = \iiint_\Omega \rho(x,y,z)\,dv,$$

物体重心的坐标为

$$\bar{x} = \frac{1}{M}\iiint_\Omega x\rho(x,y,z)\,dv, \qquad \bar{y} = \frac{1}{M}\iiint_\Omega y\rho(x,y,z)\,dv, \qquad \bar{z} = \frac{1}{M}\iiint_\Omega z\rho(x,y,z)\,dv.$$

**【例 1.3-30】** 设半径为 $a$ 的均匀半圆薄片的面密度为常量 $\mu$,求此薄片的重心.

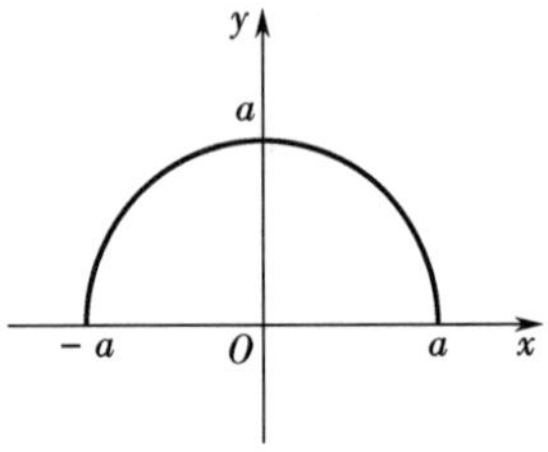


图 1.3-12

**解:**取坐标系如图 1.3-12 所示,薄片所占闭区域

$$D=\{(x,y)\mid x^2+y^2\leqslant a^2, y\geqslant 0\}.$$

由于闭区域 $D$ 关于 $y$ 轴对称,故重心 $C(\bar{x},\bar{y})$ 在 $y$ 轴上,即 $\bar{x}=0$. 而

$$M=\mu\cdot\frac{\pi a^2}{2}$$

$$\bar{y} = \frac{1}{M}\iint_D \mu y\,d\sigma = \frac{1}{\mu\frac{\pi a^2}{2}}\cdot\mu\iint_D \rho\sin\theta\cdot\rho\,d\rho\,d\theta$$

$$= \frac{2}{\pi a^2}\int_0^{\pi}d\theta\int_0^a\rho^2\sin\theta\,d\rho = \frac{2}{\pi a^2}\,\frac{a^3}{3}\int_0^{\pi}\sin\theta\,d\theta$$

$$= \frac{2a}{3\pi}\cdot 2 = \frac{4a}{3\pi},$$

因此薄片的重心为 $C\left(0,\dfrac{4a}{3\pi}\right)$.

## 1.3.6 曲线积分

**1. 曲线积分的概念与性质**

(1)对弧长的曲线积分的概念与性质

设 $L$ 为平面内一条光滑曲线弧,$f(x,y)$ 在 $L$ 上有界,将 $L$ 任意划分成 $n$ 个小段,第 $i$ 个小段的长度为 $\Delta s_i$,$(\xi_i,\eta_i)$ 为第 $i$ 小段上任一点,$\lambda=\max\{\Delta s_1,\cdots,\Delta s_n\}$. 若极限

$$\lim_{\lambda\to 0}\sum_{i=1}^{n} f(\xi_i,\eta_i)\Delta s_i$$

总存在,则称此极限为 $f(x,y)$ 在 $L$ 上对弧长的曲线积分或第一类曲线积分,记作 $\int_L f(x,y)\,ds$,即

$$\int_L f(x,y)\,ds = \lim_{\lambda\to 0}\sum_{i=1}^{n} f(\xi_i,\eta_i)\Delta s_i.$$

若一曲线形构件 $L$ 在点 $(x,y)$ 处的线密度为 $\mu(x,y)$,则曲线积分 $\int_L \mu(x,y)\,ds$ 就表示此构件的质量 $M$,即

$$M = \int_L \mu(x,y)\,ds.$$

当 $L$ 为闭曲线时,曲线积分记为 $\oint_L f(x,y)\,\mathrm{d}s$.

第一类曲线积分具有如下性质:

① $\int_L [f(x,y) \pm g(x,y)]\,\mathrm{d}s = \int_L f(x,y)\,\mathrm{d}s \pm \int_L g(x,y)\,\mathrm{d}s$;

② $\int_L kf(x,y)\,\mathrm{d}s = k\int_L f(x,y)\,\mathrm{d}s$($k$ 为常数);

③ $\int_L f(x,y)\,\mathrm{d}s = \int_{L_1} f(x,y)\,\mathrm{d}s + \int_{L_2} f(x,y)\,\mathrm{d}s \quad (L = L_1 + L_2)$.

(2)对坐标的曲线积分的概念与性质

设 $L$ 为平面内从点 $A$ 到点 $B$ 的一条有向光滑曲线弧,$P(x,y)$,$Q(x,y)$ 在 $L$ 上有界,将 $L$ 任意分成 $n$ 个有向小弧段 $\widehat{M_{i-1}M_i}(i=1,2,\cdots,n;M_0=A,M_n=B)$,$\Delta x_i = x_i - x_{i-1}$,$\Delta y_i = y_i - y_{i-1}$. 任取 $(\xi_i,\eta_i) \in \widehat{M_{i-1}M_i}$,记 $\lambda = \max\{\Delta s_1,\cdots,\Delta s_n\}$,若极限

$$\lim_{\lambda\to 0}\sum_{i=1}^{n} P(\xi_i,\eta_i)\Delta x_i$$

总存在,则称此极限为 $P(x,y)$ 在有向曲线弧 $L$ 上对坐标 $x$ 的曲线积分,记作 $\int_L P(x,y)\,\mathrm{d}x$,即

$$\int_L P(x,y)\,\mathrm{d}x = \lim_{\lambda\to 0}\sum_{i=1}^{n} P(\xi_i,\eta_i)\Delta x_i.$$

类似地,定义 $Q(x,y)$ 在有向曲线弧 $L$ 上对 $y$ 的曲线积分 $\int_L Q(x,y)\,\mathrm{d}y$,即

$$\int_L Q(x,y)\,\mathrm{d}y = \lim_{\lambda\to 0}\sum_{i=1}^{n} Q(\xi_i,\eta_i)\Delta y_i.$$

对坐标的曲线积分也称为第二类曲线积分. $\int_L P(x,y)\,\mathrm{d}x + \int_L Q(x,y)\,\mathrm{d}y$ 通常写成 $\int_L P(x,y)\,\mathrm{d}x + Q(x,y)\,\mathrm{d}y$.

若某质点沿有向曲线弧 $L$ 移动,受变力 $F=(P(x,y),Q(x,y))$ 作用,则变力做的功为

$$W = \int_L P(x,y)\,\mathrm{d}x + Q(x,y)\,\mathrm{d}y.$$

对坐标的曲线积分具有如下性质:

① $\int_L P\mathrm{d}x + Q\mathrm{d}y = \int_{L_1} P\mathrm{d}x + Q\mathrm{d}y + \int_{L_2} P\mathrm{d}x + Q\mathrm{d}y \quad (L = L_1 + L_2)$;

② $\int_L P(x,y)\,\mathrm{d}x = -\int_{L^-} P(x,y)\,\mathrm{d}x$, $\int_L Q(x,y)\,\mathrm{d}y = -\int_{L^-} Q(x,y)\,\mathrm{d}y$,

其中 $L^-$ 表示与 $L$ 反向的有向曲线弧.

**2. 曲线积分的计算法**

(1)对弧长的曲线积分的计算法

设 $f(x,y)$ 在曲线弧 $L$ 上连续,$L$ 的参数方程为

$$\begin{cases} x=\varphi(t), \\ y=\psi(t). \end{cases} (\alpha \leqslant t \leqslant \beta)$$

其中 $\varphi(t)$,$\psi(t)$ 具有一阶连续导数,且 $\varphi'^2(t)+\psi'^2(t) \neq 0$,则

$$\int_L f(x,y)\,\mathrm{d}s = \int_\alpha^\beta f[\varphi(t),\psi(t)]\sqrt{\varphi'^2(t)+\psi'^2(t)}\,\mathrm{d}t,$$

其中 $\alpha<\beta$.

(2)对坐标的曲线积分的计算法

设 $P(x,y)$, $Q(x,y)$ 在有向曲线弧 $L$ 上连续,$L$ 的参数方程为

$$\begin{cases} x=\varphi(t), \\ y=\psi(t). \end{cases}$$

当参数 $t$ 单调地由 $\alpha$ 变到 $\beta$ 时,对应的动点从 $L$ 的起点 $A$ 运动到终点 $B$. $\varphi(t)$,$\psi(t)$ 具有一阶连续导数,且 $\varphi'^2(t)+\psi'^2(t)\neq 0$,则

$$\int_L P(x,y)\,\mathrm{d}x + Q(x,y)\,\mathrm{d}y = \int_\alpha^\beta \{P[\varphi(t),\psi(t)]\varphi'(t) + Q[\varphi(t),\psi(t)]\psi'(t)\}\,\mathrm{d}t,$$

其中 $\alpha$ 对应起点 $A$,$\beta$ 对应终点 $B$,$\alpha$ 不一定小于 $\beta$.

**【例 1.3-31】** 计算 $\int_L y^2\mathrm{d}x$,其中 $L$ 是半径为 $a$、圆心为原点、按逆时针方向绕行的上半圆周(图 1.3-13).

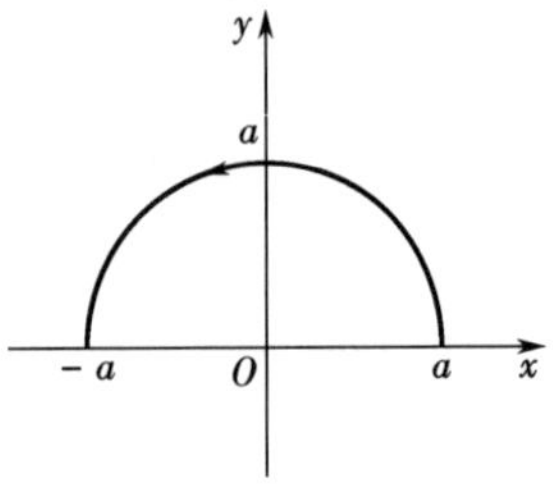


图 1.3-13

**解**:$L$ 是参数方程为

$$x=a\cos\theta, y=a\sin\theta$$

的曲线当参数 $\theta$ 从 0 变到 $\pi$ 时对应的曲线弧. 因此,

$$\int_L y^2\mathrm{d}x = \int_0^\pi a^2\sin^2\theta(-a\sin\theta)\,\mathrm{d}\theta = a^3\int_0^\pi(1-\cos^2\theta)\,\mathrm{d}(\cos\theta) = a^3\left[\cos\theta - \frac{\cos^3\theta}{3}\right]_0^\pi = -\frac{4}{3}a^3.$$

**【例 1.3-32】** 计算 $\int_\Gamma x^3\mathrm{d}x + 3zy^2\mathrm{d}y - x^2y\mathrm{d}z$,其中 $\Gamma$ 是从点 $A(3,2,1)$ 到点 $B(0,0,0)$ 的直线段 $AB$.

**解**:$AB$ 的参数方程是:

$x=3t, y=2t, z=t$, $t$ 从 1 变到 0,

所以

$$\int_\Gamma x^3\mathrm{d}x + 3zy^2\mathrm{d}y - x^2y\mathrm{d}z = \int_1^0[(3t)^3\cdot 3 + 3t(2t)^2\cdot 2 - (3t)^2\cdot 2t]\,\mathrm{d}t = 87\int_1^0 t^3\mathrm{d}t = -\frac{87}{4}.$$

## 1.4 无穷级数

要求:①理解常数项级数收敛、发散以及和的概念,了解收敛级数的基本性质及收敛级数的必要条件;

②了解正项级数的比较审敛法以及几何级数与 $p$ - 级数的敛散性,掌握正项级数的比值审敛法;

③了解交错级数的莱布尼茨判别法,了解绝对收敛与条件收敛的概念及绝对收敛与级数收敛的关系;

④了解幂级数的收敛域的结构以及和函数的概念，掌握简单幂级数的收敛半径、收敛区间的求法，了解幂级数在其收敛区间内的一些基本性质；

⑤了解函数的泰勒级数展开式；

⑥了解函数的博里叶系数与傅里叶级数的概念.

## 1.4.1 数项级数

**1. 常数项级数的概念和性质**

(1)常数项级数的概念

数列 $u_n(n=1,2,\cdots)$ 的各项依次相加的表达式 $\sum\limits_{n=1}^{\infty}u_n$ 称为无穷级数，第 $n$ 项 $u_n$ 称为级数的一般项或通项，前 $n$ 项之和 $S_n=\sum\limits_{i=1}^{n}u_i$ 称为级数 $\sum\limits_{n=1}^{\infty}u_n$ 的部分和. 若 $\lim\limits_{n\to\infty}S_n=S$ 存在，称级数 $\sum\limits_{n=1}^{\infty}u_n$ 收敛，并称级数 $\sum\limits_{n=1}^{\infty}u_n$ 的和为 $S$；若 $\lim\limits_{n\to\infty}S_n$ 不存在，则称级数 $\sum\limits_{n=1}^{\infty}u_n$ 发散. 当级数 $\sum\limits_{n=1}^{\infty}u_n$ 收敛时，$r_n=\sum\limits_{i=n+1}^{\infty}u_i$ 称为级数的余项，此时有 $\lim\limits_{n\to\infty}r_n=0$.

(2)常数项级数的性质

①若 $\sum\limits_{n=1}^{\infty}u_n=S$，则 $\sum\limits_{n=1}^{\infty}ku_n=k\sum\limits_{n=1}^{\infty}u_n=kS$ （$k$ 为常数）.

②若 $\sum\limits_{n=1}^{\infty}u_n=S,\sum\limits_{n=1}^{\infty}v_n=T$，则 $\sum\limits_{n=1}^{\infty}(u_n\pm v_n)=\sum\limits_{n=1}^{\infty}u_n\pm\sum\limits_{n=1}^{\infty}v_n=S\pm T$.

③收敛级数加括号后所成的级数仍收敛于原来的和.

④在级数中改变有限项，不影响其收敛性.

⑤若级数 $\sum\limits_{n=1}^{\infty}u_n$ 收敛，则 $\lim\limits_{n\to\infty}u_n=0$；反之，不一定成立.

(3)典型级数

①几何级数 $\sum\limits_{n=1}^{\infty}aq^{n-1}$，当 $|q|<1$ 时，收敛于 $\dfrac{a}{1-q}$；当 $|q|\geqslant 1$ 时，级数发散.

②$p$ - 级数 $\sum\limits_{n=1}^{\infty}\dfrac{1}{n^p}(p>0)$，当 $p>1$ 时，级数收敛；当 $0<p\leqslant 1$ 时，级数发散.

**2. 常数项级数的审敛法**

(1)正项级数审敛法

若级数 $\sum\limits_{n=1}^{\infty}u_n$，其中 $u_n\geqslant 0(n=1,2,\cdots)$，则称级数 $\sum\limits_{n=1}^{\infty}u_n$ 为正项级数.

①收敛准则：正项级数收敛的充分必要条件是其部分和有界.

②比较审敛法：设 $\sum\limits_{n=1}^{\infty}u_n,\sum\limits_{n=1}^{\infty}v_n$ 为正项级数，对某个 $N>0$，当 $n>N$ 时，$0\leqslant u_n\leqslant Cv_n(C>0$ 为常数). 若 $\sum\limits_{n=1}^{\infty}v_n$ 收敛，则 $\sum\limits_{n=1}^{\infty}u_n$ 收敛；若 $\sum\limits_{n=1}^{\infty}u_n$ 发散，则 $\sum\limits_{n=1}^{\infty}v_n$ 发散.

比较审敛法的极限形式：若 $\lim\limits_{n\to\infty}\dfrac{u_n}{v_n}=l(v_n\neq 0)$，则当 $0<l<+\infty$ 时，$\sum\limits_{n=1}^{\infty}u_n$ 和 $\sum\limits_{n=1}^{\infty}v_n$ 同时收

敛或同时发散.

③比值审敛法:设 $\sum_{n=1}^{\infty} u_n$ 为正项级数,若$\lim_{n\to\infty}\frac{u_{n+1}}{u_n}=l$,则当 $l<1$ 时,级数收敛;当 $l>1$ 或 $l=+\infty$ 时,级数发散;当 $l=1$ 时,级数可能收敛也可能发散.

④根值审敛法:设 $\sum_{n=1}^{\infty} u_n$ 为正项级数,若$\lim_{n\to\infty}\sqrt[n]{u_n}=l$,则当 $l<1$ 时,级数收敛;当 $l>1$ 或 $l=+\infty$ 时,级数发散;当 $l=1$ 时,级数可能收敛也可能发散.

(2)任意项级数审敛法

若级数 $\sum_{n=1}^{\infty} u_n$ ,其中 $u_n(n=1,2,\cdots)$ 为任意实数,则称级数 $\sum_{n=1}^{\infty} u_n$ 为任意项级数.

若级数的各项正负交替出现,即可写作 $\sum_{n=1}^{\infty}(-1)^n u_n(u_n>0)$ 或 $\sum_{n=1}^{\infty}(-1)^{n+1}u_n(u_n>0)$,则称级数为交错级数.

若级数 $\sum_{n=1}^{\infty} u_n$ 为任意项级数,而级数 $\sum_{n=1}^{\infty}|u_n|$ 收敛,则称级数 $\sum_{n=1}^{\infty} u_n$ 绝对收敛;若 $\sum_{n=1}^{\infty} u_n$ 收敛,而 $\sum_{n=1}^{\infty}|u_n|$ 发散,则称级数 $\sum_{n=1}^{\infty} u_n$ 条件收敛.

①莱布尼茨判别法:若交错级数 $\sum_{n=1}^{\infty}(-1)^n u_n(u_n>0)$ 满足 $u_n\geqslant u_{n+1}(n=1,2,\cdots)$及$\lim_{n\to\infty}u_n=0$,则级数 $\sum_{n=1}^{\infty}(-1)^n u_n$ 收敛,且有余项$|r_n|\leqslant u_{n+1}(n=1,2,\cdots)$.

②若任意项级数 $\sum_{n=1}^{\infty} u_n$ 绝对收敛,则该级数收敛.

③设 $\sum_{n=1}^{\infty} u_n$ 为任意项级数,若$\lim_{n\to\infty}\left|\frac{u_{n+1}}{u_n}\right|=l$(或$\lim_{n\to\infty}\sqrt[n]{|u_n|}=l$),则当 $l<1$ 时,级数绝对收敛;当 $l>1$ 或 $l=+\infty$ 时,级数发散;当 $l=1$ 时,级数可能收敛也可能发散.

**【例 1.4-1】** 数项级数的部分和数列有界是该级数收敛的(　　).

(A)充分条件　　(B)必要条件

(C)充分必要条件　　(D)既非充分又非必要条件

**解:**按数项级数收敛的定义,级数收敛即级数的部分和数列有极限,而部分和数列有界是部分和数列有极限的必要条件,故选(B).

**注意:**对正项级数来说,部分和数列有界是级数收敛的充分必要条件;而对一般的非正项级数来说,部分和数列有界仅是级数收敛的必要条件,而不是充分条件.

**【例 1.4-2】** 判别级数 $\sum_{n=1}^{\infty}\sin\frac{1}{n}$ 的收敛性.

**解:**级数 $\sum_{n=1}^{\infty}\sin\frac{1}{n}$ 为正项级数,因为

$$\lim_{n\to\infty}\frac{\sin\frac{1}{n}}{\frac{1}{n}}=1,$$

而级数 $\sum_{n=1}^{\infty}\frac{1}{n}$ 发散($p$ - 级数 $p=1$ 的情形),根据比较审敛法的极限形式知此级数发散.

**【例 1.4-3】** 判别级数

$$\frac{1}{10}+\frac{1\cdot 2}{10^2}+\frac{1\cdot 2\cdot 3}{10^3}+\cdots$$

的收敛性.

**解:**所给级数为正项级数,因为

$$\lim_{n\to\infty}\frac{u_{n+1}}{u_n}=\lim_{n\to\infty}\frac{(n+1)!}{10^{n+1}}\cdot\frac{10^n}{n!}=\lim_{n\to\infty}\frac{n+1}{10}=+\infty,$$

根据比值审敛法知所给级数发散.

**【例 1.4-4】** 判别级数 $\sum_{n=1}^{\infty}\frac{1}{n^n}$ 的收敛性.

**解:**所给级数为正项级数,因为

$$\lim_{n\to\infty}\sqrt[n]{u_n}=\lim_{n\to\infty}\sqrt[n]{\frac{1}{n^n}}=\lim_{n\to\infty}\frac{1}{n}=0<1,$$

根据根值审敛法知所给级数收敛.

**【例 1.4-5】** 级数

$$1-\frac{1}{\sqrt{2}}+\frac{1}{\sqrt{3}}-\frac{1}{\sqrt{4}}+\cdots$$

的收敛性是(　　).

(A)发散　　(B)条件收敛　　(C)绝对收敛　　(D)无法判定

**解:**按莱布尼茨判别法知,所给级数收敛;而级数 $\sum_{n=1}^{\infty}\frac{1}{n^{\frac{1}{2}}}$ 是 $p$ - 级数 $p=\frac{1}{2}$ 的情形,$p<1$,故级数 $\sum_{n=1}^{\infty}\frac{1}{n^{\frac{1}{2}}}$ 发散,因此应选(B).

**【例 1.4-6】** 判别级数 $\sum_{n=1}^{\infty}\frac{\sin n\alpha}{n^4}(\alpha\neq k\pi,k=0,\pm 1,\pm 2,\cdots)$ 的收敛性.

**解:**所给级数是任意项级数,因为

$$\left|\frac{\sin n\alpha}{n^4}\right|\leqslant\frac{1}{n^4},$$

而级数 $\sum_{n=1}^{\infty}\frac{1}{n^4}$ 是收敛的($p$ - 级数,$p=4$).根据比较审敛法知,级数 $\sum_{n=1}^{\infty}\left|\frac{\sin n\alpha}{n^4}\right|$ 收敛,即级数 $\sum_{n=1}^{\infty}\frac{\sin n\alpha}{n^4}$ 绝对收敛,从而知所给级数收敛.

## 1.4.2 幂级数 泰勒级数

**1. 幂级数的概念和性质**

(1)幂级数的概念

$\sum_{n=0}^{\infty}a_n(x-x_0)^n$ 称为幂级数,令 $t=x-x_0$,可化为 $\sum_{n=0}^{\infty}a_nt^n$.

(2)幂级数的收敛性

关于幂级数的收敛性,有如下定理.

**定理(阿贝尔定理)** 若级数 $\sum_{n=0}^{\infty} a_n x^n$ 当 $x = x_0 (x_0 \neq 0)$ 时收敛,则对适合 $|x| < |x_0|$ 的一切 $x$,级数 $\sum_{n=0}^{\infty} a_n x^n$ 绝对收敛;若级数 $\sum_{n=0}^{\infty} a_n x^n$ 当 $x = x_0$ 时发散,则对适合 $|x| > |x_0|$ 的一切 $x$,级数 $\sum_{n=0}^{\infty} a_n x^n$ 发散.

(3)幂级数的收敛半径及其求法

**定理** 对幂级数 $\sum_{n=0}^{\infty} a_n x^n$,若

$$\lim_{n\to\infty}\left|\frac{a_{n+1}}{a_n}\right| = \rho\left(\text{或}\lim_{n\to\infty}\sqrt[n]{|a_n|} = \rho\right),$$

则它的收敛半径

$$R = \begin{cases} \dfrac{1}{\rho}, & \text{当 } \rho \neq 0 \text{ 时}, \\ +\infty, & \text{当 } \rho = 0 \text{ 时}, \\ 0, & \text{当 } \rho = +\infty \text{ 时}. \end{cases}$$

(4)幂级数的性质

若幂级数 $\sum_{n=0}^{\infty} a_n x^n$ 的收敛半径为 $R$,则称开区间 $(-R,R)$ 为幂级数的收敛区间①;根据幂级数在 $x = \pm R$ 处的收敛情况,可以决定幂级数的收敛域(即收敛点的全体)是四个区间 $(-R,R)$, $[-R,R)$, $(-R,R]$, $[-R,R]$ 之一.

幂级数具有以下性质:

①幂级数 $\sum_{n=0}^{\infty} a_n x^n$ 的和函数在其收敛域上连续;

②幂级数 $\sum_{n=0}^{\infty} a_n x^n$ 的和函数在其收敛区间内可导,且有逐项求导、逐项积分公式

$$S'(x) = \left(\sum_{n=0}^{\infty} a_n x^n\right)' = \sum_{n=0}^{\infty} a_n (x^n)' = \sum_{n=0}^{\infty} a_n n x^{n-1},$$

$$\int_0^x S(x)\,\mathrm{d}x = \int_0^x \left(\sum_{n=0}^{\infty} a_n x^n\right)\mathrm{d}x = \sum_{n=0}^{\infty} a_n \int_0^x x^n\,\mathrm{d}x = \sum_{n=0}^{\infty} \frac{a_n}{n+1} x^{n+1},$$

逐项求导、逐项积分后所得到的幂级数和原级数有相同的收敛半径.

**2. 泰勒级数**

(1)泰勒级数的概念

若 $f(x)$ 在点 $x_0$ 处具有各阶导数,则幂级数 $\sum_{n=0}^{\infty} \frac{1}{n!} f^{(n)}(x_0)(x - x_0)^n$ 称为函数 $f(x)$ 在点 $x_0$

---

① 在《高等数学》(同济大学数学教研室主编,第3版)中,幂级数的收敛区间定义为幂级数的收敛域,现在把幂级数的收敛区间专指开区间 $(-R,R)$,其中 $R$ 为幂级数的收敛半径.

处的泰勒级数，特别当$x_0=0$时，级数$\sum_{n=0}^{\infty}\frac{1}{n!}f^{(n)}(0)x^n$称为函数$f(x)$的麦克劳林级数.

(2)函数的泰勒级数展开式

设函数$f(x)$在点$x_0$的某邻域$U(x_0)$内具有各阶导数，若在该邻域内$f(x)$的泰勒级数收敛于$f(x)$本身，即

$$f(x)=\sum_{n=0}^{\infty}\frac{1}{n!}f^{(n)}(x_0)(x-x_0)^n,\ x\in U(x_0),$$

则称此等式为$f(x)$在点$x_0$处的泰勒级数展开式.

例如 $\frac{1}{1-x}=1+x+x^2+\cdots+x^n+\cdots\quad(-1<x<1)$,

将$x$换成$-x^2$，得 $\frac{1}{1+x^2}=1-x^2+x^4-\cdots+(-1)^n x^{2n}+\cdots\quad(-1<x<1)$.

又如 $e^x=1+x+\frac{1}{2!}x^2+\cdots+\frac{1}{n!}x^n+\cdots\quad(-\infty<x<+\infty)$.

**【例1.4-7】** 幂级数$\sum_{n=1}^{\infty}(-1)^{n-1}\frac{x^n}{n}$的收敛域是(　　).

(A)$(-1,1)$　　(B)$[-1,1]$　　(C)$[-1,1)$　　(D)$(-1,1]$

**解:**易知级数收敛半径$R=1$，当$x=-1$时，级数$\sum_{n=1}^{\infty}\left(-\frac{1}{n}\right)$发散；当$x=1$时，级数$\sum_{n=1}^{\infty}(-1)^{n-1}\frac{1}{n}$收敛，故应选(D).

**【例1.4-8】** 幂级数$\sum_{n=1}^{\infty}\frac{(x-5)^n}{\sqrt{n}}$的收敛区间是(　　).

(A)$(-1,1)$　　(B)$[-1,1]$　　(C)$(4,6)$　　(D)$[4,6]$

**解:**令$t=x-5$，对幂级数$\sum_{n=1}^{\infty}\frac{1}{\sqrt{n}}t^n$，易知级数收敛半径$R=1$，收敛区间是$-1<t<1$，对原级数，收敛区间为$(4,6)$，故选(C).

**【例1.4-9】** 若$\sum_{n=1}^{\infty}a_n(x-1)^n$在$x=-1$处收敛，则此级数在$x=2$处(　　).

(A)条件收敛　　(B)绝对收敛　　(C)发散　　(D)收敛性不能确定

**解:**由$\sum_{n=1}^{\infty}a_n(x-1)^n$的结构知其收敛区间的中心为$x=1$，已知$x=-1$为此级数的一个收敛点，设其收敛半径为$R$，则$R\geqslant|(-1)-1|=2$，而$x=2$与收敛区间中心$x=1$的距离为1，$1<R$，由幂级数的收敛性(阿贝尔定理)知，此级数在$x=2$处绝对收敛，故应选(B).

### 1.4.3 傅里叶级数

**1. 三角函数系的正交性**

三角函数系

$$1,\cos x,\sin x,\cos 2x,\sin 2x,\cdots,\cos nx,\sin nx,\cdots$$

在区间$[-\pi,\pi]$上正交，就是指上述三角函数系中任何不同的两个函数的乘积在区间$[-\pi,\pi]$上的积分等于零，即

$$\int_{-\pi}^{\pi}\cos nx\mathrm{d}x = 0 \quad (n = 1,2,3,\cdots),$$

$$\int_{-\pi}^{\pi}\sin nx\mathrm{d}x = 0 \quad (n = 1,2,3,\cdots),$$

$$\int_{-\pi}^{\pi}\sin kx\cos nx\mathrm{d}x = 0 \quad (k,n = 1,2,3,\cdots),$$

$$\int_{-\pi}^{\pi}\cos kx\cos nx\mathrm{d}x = 0 \quad (k,n = 1,2,3,\cdots,k \neq n),$$

$$\int_{-\pi}^{\pi}\sin kx\sin nx\mathrm{d}x = 0 \quad (k,n = 1,2,3,\cdots,k \neq n).$$

**2. 傅里叶系数和傅里叶级数**

设$f(x)$是周期为$2\pi$的周期函数,且下面公式中出现的积分

$$a_n = \frac{1}{\pi}\int_{-\pi}^{\pi}f(x)\cos nx\mathrm{d}x \quad (n = 0,1,2,\cdots),$$

$$b_n = \frac{1}{\pi}\int_{-\pi}^{\pi}f(x)\sin nx\mathrm{d}x \quad (n = 1,2,\cdots)$$

都存在,则系数$a_0,a_1,b_1,\cdots$叫作函数$f(x)$的傅里叶系数,级数

$$\frac{a_0}{2} + \sum_{n=1}^{\infty}(a_n\cos nx + b_n\sin nx)$$

叫作函数$f(x)$的傅里叶级数.

**【例 1.4-10】** 设$f(x)$是周期为$2\pi$的周期函数,它在$[-\pi,\pi)$上的表达式为$f(x)=x$,求$f(x)$的傅里叶级数.

**解**:若不计$x=(2k+1)\pi$ $(k=0,\pm1,\pm2,\cdots)$,则$f(x)$是周期为$2\pi$的奇函数,则$f(x)\cos nx$是奇函数,$f(x)\sin nx$是偶函数,故

$$a_n=0 \quad (n=0,1,2,\cdots),$$

$$b_n=\frac{2}{\pi}\int_0^{\pi}f(x)\sin nx\mathrm{d}x=\frac{2}{\pi}\int_0^{\pi}x\sin nx\mathrm{d}x=\frac{2}{\pi}\left[-\frac{x\cos nx}{n}+\frac{\sin nx}{n^2}\right]_0^{\pi}$$

$$=\frac{2}{n}(-1)^{n+1} \quad (n=1,2,3,\cdots),$$

得$f(x)$的傅里叶级数为$2\sum_{n=1}^{\infty}\frac{(-1)^{n+1}}{n}\sin nx$.

# 1.5 常微分方程

要求:①了解微分方程、解、通解、初始条件和特解等概念;

②掌握变量可分离的方程、齐次微分方程、一阶线性微分方程、全微分方程的解法;

③会用降阶法求下列三种类型的高阶方程,即$y^{(n)}=f(x)$,$y''=f(x,y')$,$y''=f(y,y')$;

④理解线性微分方程解的性质及解的结构;

⑤掌握二阶常系数齐次线性微分方程的解法.

## 1.5.1 微分方程的基本概念

**1. 微分方程的概念**

凡表示未知函数、未知函数的导数与自变量之间的关系的方程,称为微分方程.

微分方程中所出现的未知函数的最高阶导数的阶数,称为微分方程的阶.

**2. 微分方程的解　通解**

微分方程的解是一个函数,把这函数代入微分方程能使该方程成为恒等式.

如果二元代数方程 $\Phi(x,y)=0$ 所确定的隐函数是某微分方程的解,那么 $\Phi(x,y)=0$ 就称为该微分方程的隐式解.

如果微分方程的解中含有任意常数,且任意常数的个数(这里所说的任意常数是互相独立的)与微分方程的阶数相同,这样的解叫作微分方程的通解.

如方程

$$\frac{\mathrm{d}^2x}{\mathrm{d}t^2}+k^2x=0$$

是二阶微分方程. 而函数

$$x=C_1\cos kt+C_2\sin kt$$

满足该方程,即该函数是方程的解,又该函数中含有两个独立的任意常数,故该函数是上述微分方程的通解.

**3. 初始条件与特解**

能用来确定通解中的任意常数的条件称为初始条件. 通常一阶微分方程的初始条件为

$$y|_{x=x_0}=y_0,$$

二阶微分方程的初始条件为

$$y|_{x=x_0}=y_0, y'|_{x=x_0}=y'_0,$$

其中 $x_0$,$y_0$ 和$y'_0$都是给定的值.

通解中的任意常数全部确定后,就得到一个确定的解,这种解称为微分方程的特解.

**【例 1.5-1】** 验证函数 $y=C_1\mathrm{e}^{-x}+C_2\mathrm{e}^{2x}$是微分方程 $y''-y'-2y=0$ 的通解.

**证:**$y=C_1\mathrm{e}^{-x}+C_2\mathrm{e}^{2x}$,$y'=-C_1\mathrm{e}^{-x}+2C_2\mathrm{e}^{2x}$,$y''=C_1\mathrm{e}^{-x}+4C_2\mathrm{e}^{2x}$,代入微分方程得

$$左=C_1\mathrm{e}^{-x}+4C_2\mathrm{e}^{2x}-(-C_1\mathrm{e}^{-x}+2C_2\mathrm{e}^{2x})-2(C_1\mathrm{e}^{-x}+C_2\mathrm{e}^{2x})=0=右.$$

所给方程是二阶的,所给函数中恰好含 $C_1$、$C_2$ 两个任意常数,且因 $\mathrm{e}^{2x}/\mathrm{e}^{-x}=\mathrm{e}^{3x}\neq0$,故这两个任意常数不能合并成一个,即它们是相互独立的,因此所给函数是所给方程的通解.

## 1.5.2　可分离变量的方程

一阶微分方程

$$\frac{\mathrm{d}y}{\mathrm{d}x}=\frac{f(x)}{g(y)} \tag{1.5-1}$$

称可分离变量的方程. 把式中的 $y$ 的函数和 $\mathrm{d}y$ 归入方程的一端,$x$ 的函数和 $\mathrm{d}x$ 归入另一端,成为

$$g(y)\mathrm{d}y=f(x)\mathrm{d}x,$$

这一步骤称为分离变量. 分离变量后,两端可分别积分

$$\int g(y)\mathrm{d}y=\int f(x)\mathrm{d}x.$$

设 $g(y)$,$f(x)$的原函数依次为 $G(y)$与 $F(x)$,即得方程(1.5-1)的通解

$$G(y)=F(x)+C.$$

**【例 1.5-2】** $xOy$ 平面上一条曲线通过点(2,3),它在两坐标轴间的任一切线段被切点所

平分,求它的方程.

**解**:设曲线上任一点为$(x,y)$,依题意,曲线在点$(x,y)$的切线在两坐标轴上的截距应为$2x$及$2y$(图1.5-1),切线斜率为$\frac{dy}{dx}$,因此有

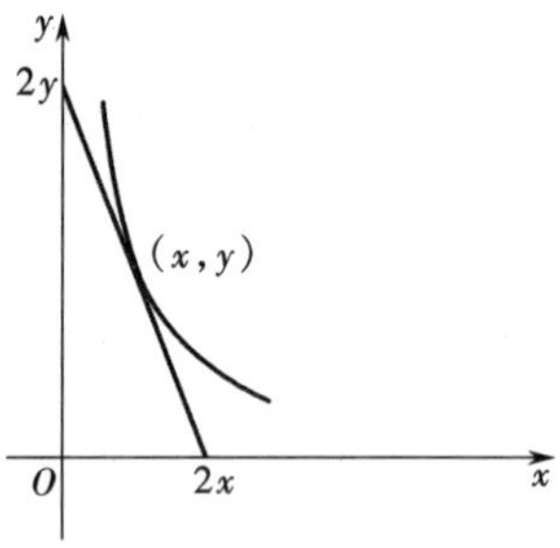


图1.5-1

$$\frac{dy}{dx}=-\frac{y}{x},$$

初始条件为$x=2$时$y=3$.分离变量得

$$\frac{dy}{y}=-\frac{dx}{x},$$

积分得 $\ln|y|=-\ln|x|+C$,

即 $y=\frac{C_1}{x}.$

以初始条件代入得$C_1=6$,故所求曲线方程为

$$y=\frac{6}{x}(x>0).$$

**【例1.5-3】** 方程$(y+1)^2\frac{dy}{dx}+x^3=0$满足初始条件$y|_{x=0}=-1$的解是(　　).

(A)$3x^4-4(y+1)^3=0$　　(B)$3x^4+4(y+1)^3=0$

(C)$4x^4-3(y+1)^3=0$　　(D)$4x^4+3(y+1)^3=0$

**解**:分离变量,得

$$(y+1)^2dy=-x^3dx.$$

积分得 $\frac{1}{3}(y+1)^3=-\frac{1}{4}x^4+C.$

以初始条件代入上式,得$C=0$,故所求的解是

$$\frac{1}{3}(y+1)^3+\frac{1}{4}x^4=0,$$

应选(B).

### 1.5.3 齐次微分方程

方程

$$\frac{dy}{dx}=\varphi\left(\frac{y}{x}\right) \tag{1.5-2}$$

称为齐次微分方程.

令$u=\frac{y}{x}$,则$y=ux$,$\frac{dy}{dx}=u+x\frac{du}{dx}$,于是原方程化为

$$u+x\frac{du}{dx}=\varphi(u),$$

这是可分离变量的方程,可用分离变量法求得方程的通解.

**【例1.5-4】** 求方程$y^2+x^2\frac{dy}{dx}=xy\frac{dy}{dx}$的通解.

**解**:原方程可写成

$$\frac{dy}{dx}=\frac{y^2}{xy-x^2}=\frac{\left(\frac{y}{x}\right)^2}{\frac{y}{x}-1},$$

这是齐次微分方程. 令$\frac{y}{x}=u$,则$y=ux,\frac{dy}{dx}=u+x\frac{du}{dx}$,于是得

$$u+x\frac{du}{dx}=\frac{u^2}{u-1},$$

$$\left(1-\frac{1}{u}\right)du=\frac{dx}{x}.$$

两端积分,得

$$u-\ln|u|+C=\ln|x|,$$

$$\ln|xu|=u+C.$$

以$\frac{y}{x}$代替$u$,便得方程的通解

$$\ln|y|=\frac{y}{x}+C.$$

### 1.5.4 一阶线性方程

$$y'+P(x)y=Q(x) \tag{1.5-3}$$

称为一阶线性方程. 当$Q(x)\equiv 0$时,式(1.5-3)称为线性齐次方程;当$Q(x)$不恒等于零时,式(1.5-3)称为线性非齐次方程.

线性齐次方程$y'+P(x)y=0$是一个变量可分离的方程. 经分离变量并积分,得通解

$$\ln|y|=-\int P(x)dx+C_1,\text{或 } y=Ce^{-\int P(x)dx}.$$

线性非齐次方程(1.5-3)的通解为

$$y=e^{-\int P(x)dx}\left[\int Q(x)e^{\int P(x)dx}dx+C\right]. \tag{1.5-4}$$

**【例 1.5-5】** 求方程$(x+1)y'-2y=(x+1)^4$的通解.

**解:**利用一阶线性方程的通解公式(1.5-4)来求解,为此把所给方程写成标准形式

$$y'-\frac{2y}{x+1}=(x+1)^3.$$

这里,$P(x)=-\frac{2}{x+1},Q(x)=(x+1)^3$,代入公式(1.5-4),得

$$y=(x+1)^2\left[\int(x+1)^3(x+1)^{-2}dx+C\right],$$

即 $$y=(x+1)^2\left[\frac{1}{2}(x+1)^2+C\right].$$

**【例 1.5-6】** 已知微分方程$y'-\frac{2}{x+1}y=(x+1)^{\frac{5}{2}}$的一个特解为$y^*=\frac{2}{3}(x+1)^{\frac{7}{2}}$,则此微分方程的通解是(  ).

(A)$\frac{C}{(x+1)^2}+\frac{2}{3}(x+1)^{\frac{7}{2}}$  (B)$\frac{C}{(x+1)^2}-\frac{2}{3}(x+1)^{\frac{7}{2}}$

(C) $C(x+1)^2+\frac{2}{3}(x+1)^{\frac{7}{2}}$　　(D) $C(x+1)^2-\frac{2}{3}(x+1)^{\frac{7}{2}}$

**解**:原方程对应的齐次方程的通解为

$$Y = Ce^{-\int P(x)dx} = Ce^{\int\frac{2}{x+1}dx} = C(x+1)^2.$$

根据线性方程解的结构可知原微分方程的通解为

$$y=C(x+1)^2+\frac{2}{3}(x+1)^{\frac{7}{2}},$$

故应选(C).

## 1.5.5 全微分方程

若方程

$$P(x,y)dx+Q(x,y)dy=0 \tag{1.5-5}$$

的左端恰好是某个函数 $u=u(x,y)$ 的全微分,则方程(1.5-5)就称为全微分方程,且

$$u(x,y)=C$$

就是方程(1.5-5)的隐式通解.

当函数 $P(x,y)$、$Q(x,y)$ 在某单连通域 $G$ 内具有一阶连续偏导数,且满足

$$\frac{\partial P}{\partial y}=\frac{\partial Q}{\partial x}$$

在区域 $G$ 内恒成立时,方程(1.5-5)就是全微分方程,其通解为

$$u(x,y) \equiv \int_{x_0}^{x} P(x,y)dx + \int_{y_0}^{y} Q(x_0,y)dy = C \tag{1.5-6}$$

其中 $M_0(x_0,y_0)$ 为 $G$ 内适当选定的点.

**【例 1.5-7】** 求方程 $(5x^4+3xy^2-y^3)dx+(3x^2y-3xy^2+y^2)dy=0$ 的通解.

**解**:设 $P=5x^4+3xy^2-y^3$, $Q=3x^2y-3xy^2+y^2$. 因为

$$\frac{\partial P}{\partial y}=6xy-3y^2=\frac{\partial Q}{\partial x},$$

所以这是全微分方程,取 $x_0=0$, $y_0=0$,根据公式(1.5-6)有

$$u(x,y) = \int_0^x (5x^4+3xy^2-y^3)dx + \int_0^y y^2dy = x^5+\frac{3}{2}x^2y^2-xy^3+\frac{1}{3}y^3,$$

于是,方程的通解为

$$x^5+\frac{3}{2}x^2y^2-xy^3+\frac{1}{3}y^3=C.$$

## 1.5.6 几种可降阶的方程

**1. $y^{(n)}=f(x)$**

这类方程可直接积分,积分一次得

$$y^{(n-1)} = \int f(x)dx + C,$$

即把原方程降低一阶. 积分 $n$ 次,即可得通解

$$y = \int\cdots\int f(x)dx\cdots dx + C_1x^{n-1} + C_2x^{n-2} + \cdots + C_n.$$

**2. $y''=f(x,y')$**

这是不显含 $y$ 的二阶方程,令 $y'=p$,则 $y''=p'$,代入即得

$$p'=f(x,p),$$

这样就把二阶方程降为一阶方程. 设求得此一阶方程的通解为 $p=\varphi(x,C_1)$,则原方程的通解为

$$y=\int\varphi(x,C_1)\mathrm{d}x+C_2.$$

**3. $y''=f(y,y')$**

这是不显含 $x$ 的二阶方程,令 $y'=p$,则

$$y''=p'=\frac{\mathrm{d}p}{\mathrm{d}x}=\frac{\mathrm{d}p\mathrm{d}y}{\mathrm{d}y\mathrm{d}x}=p\frac{\mathrm{d}p}{\mathrm{d}y}.$$

代入方程得

$$p\frac{\mathrm{d}p}{\mathrm{d}y}=f(y,p),$$

即把二阶方程降为一阶方程. 设求得此一阶方程的通解为 $p=\varphi(y,C_1)$,即$\frac{\mathrm{d}y}{\mathrm{d}x}=\varphi(y,C_1)$,分离变量并积分得原方程的通解为

$$\int\frac{\mathrm{d}y}{\varphi(y,C_1)}=x+C_2.$$

**【例 1.5-8】** 求方程 $xy''-3y'=x^{\frac{7}{2}}$的通解.

**解:**这是不显含 $y$ 的方程,令 $y'=p$,则 $y''=p'$,代入方程,得一阶线性方程

$$xp'-3p=x^{\frac{7}{2}},\text{即 } p'-\frac{3}{x}p=x^{\frac{5}{2}}.$$

利用通解公式(1.5-4),有

$$p=x^3\left[\int x^{\frac{5}{2}}\cdot x^{-3}\mathrm{d}x+C\right]=x^3(2\sqrt{x}+C),$$

积分得 $y=\frac{4}{9}x^{\frac{9}{2}}+C_1x^4+C_2\left(C_1=\frac{1}{4}C\right)$.

**【例 1.5-9】** 求微分方程 $y''=3\sqrt{y}$满足初始条件 $y|_{x=0}=1,y'|_{x=0}=2$ 的解.

**解:**这是不显含 $x$ 的方程. 令 $y'=p$,则 $y''=p\frac{\mathrm{d}p}{\mathrm{d}y}$,代入方程得

$$p\frac{\mathrm{d}p}{\mathrm{d}y}=3\sqrt{y},\text{即 } p\mathrm{d}p=3\sqrt{y}\mathrm{d}y.$$

积分得 $\frac{1}{2}p^2=2(y^{\frac{3}{2}}+C_1),p^2=4(y^{\frac{3}{2}}+C_1),p=\pm2\sqrt{y^{\frac{3}{2}}+C_1}$.

由 $y=1$ 时 $p=2$,得 $C_1=0$,且知负号不合,故

$$p=2y^{\frac{3}{4}},\text{即}\frac{\mathrm{d}y}{\mathrm{d}x}=2y^{\frac{3}{4}},y^{-\frac{3}{4}}\mathrm{d}y=2\mathrm{d}x.$$

积分得 $4y^{\frac{1}{4}}=2x+C_2$.

由 $y|_{x=0}=1$,得 $C_2=4$,于是所求特解为

$$y^{\frac{1}{4}}=\frac{1}{2}x+1,\text{即 } y=\left(\frac{1}{2}x+1\right)^4(x\geqslant -2).$$

### 1.5.7 线性微分方程解的性质及解的结构定理

设有二阶齐次线性方程

$$y''+P(x)y'+Q(x)y=0, \tag{1.5-7}$$

则有：

①(性质定理)如果 $y_1(x)$ 与 $y_2(x)$ 是方程(1.5-7)的两个解，那么 $y=C_1y_1(x)+C_2y_2(x)$ 就是方程(1.5-7)的解，其中 $C_1$、$C_2$ 是两个任意常数；

②(结构定理)如果 $y_1(x)$ 与 $y_2(x)$ 是方程(1.5-7)的两个线性无关的特解，那么 $y=C_1y_1(x)+C_2y_2(x)$ 就是方程(1.5-7)的通解，其中 $C_1$、$C_2$ 是两个任意常数.

设有二阶非齐次线性方程

$$y''+P(x)y'+Q(x)y=f(x), \tag{1.5-8}$$

则有：

①(结构定理)如果 $y^*(x)$ 是方程(1.5-8)的一个特解，$Y(x)$ 是与方程(1.5-8)对应的齐次方程(1.5-7)的通解，那么

$$y=Y(x)+y^*(x)$$

就是方程(1.5-8)的通解；

②(叠加原理)设方程(1.5-8)的右端 $f(x)=f_1(x)+f_2(x)$，而 $y_1^*(x)$ 与 $y_2^*(x)$ 分别是方程

$$y''+P(x)y'+Q(x)y=f_1(x)$$

与

$$y''+P(x)y'+Q(x)y=f_2(x)$$

的特解，那么 $y_1^*(x)+y_2^*(x)$ 就是原方程(1.5-8)的特解.

**【例 1.5-10】** 验证 $y_1=e^{x^2}$ 及 $y_2=xe^{x^2}$ 都是方程 $y''-4xy'+(4x^2-2)y=0$ 的解，并写出该方程的通解.

**解**：由 $y_1=e^{x^2}$，得 $y_1'=2xe^{x^2}$，$y_1''=(2+4x^2)e^{x^2}$；

由 $y_2=xe^{x^2}$，得 $y_2'=(1+2x^2)e^{x^2}$，$y_2''=(6x+4x^3)e^{x^2}$.

因 $y_1''-4xy_1'+(4x^2-2)y_1=(2+4x^2)e^{x^2}-4x\cdot 2xe^{x^2}+(4x^2-2)e^{x^2}=0$,

$y_2''-4xy_2'+(4x^2-2)y_2=(6x+4x^3)e^{x^2}-4x(1+2x^2)e^{x^2}+(4x^2-2)xe^{x^2}=0$,

故 $y_1$ 与 $y_2$ 都是方程的解.

又因 $\frac{y_2}{y_1}=x\neq$ 常数，故 $y_1$ 与 $y_2$ 线性无关，由解的结构定理知方程的通解为

$$y=C_1y_1+C_2y_2=(C_1+C_2x)e^{x^2}.$$

### 1.5.8 二阶常系数齐次线性微分方程

二阶常系数齐次线性微分方程的一般形式是

$$y''+py'+qy=0, \tag{1.5-9}$$

其中 $p,q$ 为常数.

以 $r^k$ 代替上式中的 $y^{(k)}(k=0,1,2)$，得一代数方程

$$r^2+pr+q=0,$$

这方程称为微分方程(1.5-9)的特征方程，特征方程的根称为特征根.

按特征根的情况,可直接写出方程(1.5-9)的通解如下:

①特征方程有两个不相等的实根 $r_1 \neq r_2$,方程(1.5-9)的通解为

$$y = C_1 e^{r_1 x} + C_2 e^{r_2 x};$$

②特征方程有两个相等的实根 $r_1 = r_2 = r$,方程(1.5-9)的通解为

$$y = (C_1 + C_2 x) e^{rx};$$

③特征方程有一对共轭复根 $r_1 = \alpha + i\beta, r_2 = \alpha - i\beta (\beta \neq 0)$,方程(1.5-9)的通解为

$$y = e^{\alpha x}(C_1 \cos \beta x + C_2 \sin \beta x).$$

上述结果,可简单地表示成如下形式:

| 特征方程 $r^2 + pr + q = 0$ 的两个根 $r_1, r_2$ | 微分方程 $y'' + py' + qy = 0$ 的通解 |
| --- | --- |
| 两个不相等的实根 $r_1 \neq r_2$ | $y = C_1 e^{r_1 x} + C_2 e^{r_2 x}$ |
| 两个相等的实根 $r_1 = r_2 = r$ | $y = (C_1 + C_2 x) e^{rx}$ |
| 一对共轭复根 $r_{1,2} = \alpha \pm i\beta$ | $y = e^{\alpha x}(C_1 \cos \beta x + C_2 \sin \beta x)$ |

**【例 1.5-11】** 求方程 $y'' - 2y' - 3y = 0$ 的通解.

**解**:这是二阶常系数齐次线性微分方程,其特征方程为 $r^2 - 2r - 3 = 0$,其根 $r_1 = -1, r_2 = 3$,通解为 $y = C_1 e^{-x} + C_2 e^{3x}$.

**【例 1.5-12】** 求方程 $y'' - 2y' + 5y = 0$ 的通解.

**解**:方程的特征方程为 $r^2 - 2r + 5 = 0$,其根 $r_{1,2} = 1 \pm 2i$,通解为

$$y = e^{x}(C_1 \cos 2x + C_2 \sin 2x).$$

**【例 1.5-13】** 求方程 $\frac{d^2 s}{dt^2} + 2\frac{ds}{dt} + s = 0$ 满足初始条件 $s|_{t=0} = 4$、$s'|_{t=0} = -2$ 的特解.

**解**:方程的特征方程为 $r^2 + 2r + 1 = 0$,其根 $r_1 = r_2 = -1$,通解为 $s = (C_1 + C_2 t) e^{-t}$.

将 $s|_{t=0} = 4$ 代入通解,得 $C_1 = 4$,从而 $s = (4 + C_2 t) e^{-t}$. 求导得 $s' = (C_2 - 4 - C_2 t) e^{-t}$,再将 $s'|_{t=0} = -2$ 代入,得 $C_2 = 2$,于是所求特解为 $s = (4 + 2t) e^{-t}$.

## 1.6 线性代数

要求:①理解行列式的定义与性质,掌握 2 阶与 3 阶行列式的计算,会求简单的高阶行列式;

②理解矩阵的概念,掌握矩阵的加法、数乘、乘法、转置与行列式运算及性质;

③理解逆矩阵的概念,会用伴随矩阵与初等变换求简单矩阵的逆矩阵,会解简单的矩阵方程;

④掌握初等变换方法;

⑤理解矩阵的秩的概念,掌握求矩阵秩的方法;

⑥理解 $n$ 维向量的概念,了解向量组与矩阵之间的联系;

⑦了解向量组的线性组合、线性相关与线性无关的概念、性质与判别方法,了解向量组的最大无关组与秩的概念及求法;

⑧了解正交向量组与正交矩阵的概念;

⑨理解线性方程组的概念,掌握线性方程组的解的讨论方法,解的性质与解的结构,会求线性方程组的通解;

⑩理解特征值与特征向量的概念,了解特征值与特征向量的性质,掌握低阶方阵特征值与特征向量的计算方法;

⑪了解矩阵相似的概念与性质,了解矩阵相似对角化的方法;

⑫了解二次型的概念,了解二次型与对称阵之间的联系,会求二次型的秩,会应用特征值与特征向量把二次型化成标准形,了解矩阵合同的概念与性质,了解惯性定理与正定性.

线性代数以矩阵为工具,通过研究向量组的性质与结构解决一些特定的数学问题,例如线性方程组的求解等.读者要以基本概念为重点,熟练掌握矩阵、向量的基本运算.

### 1.6.1 行列式

行列式是学习线性代数的一种工具.

**1. $n$ 阶行列式**

设 $a_{ij}(i=1,\cdots,n;j=1,\cdots,n)$ 是 $n^2$ 个实数,$D_n=\begin{vmatrix}a_{11}&a_{12}&\cdots&a_{1n}\\a_{21}&a_{22}&\cdots&a_{2n}\\\vdots&\vdots&&\vdots\\a_{n1}&a_{n2}&\cdots&a_{nn}\end{vmatrix}$称为 $n$ 阶行列式.每个 $n$ 阶行列式都对应一个数,这个数称为行列式的值.

在 $n$ 阶行列式中,考虑元素 $a_{ij}$.把 $a_{ij}$所在的第 $i$ 行与第 $j$ 列划去,剩下 $(n-1)^2$ 个元素构成一个 $n-1$ 阶行列式,记作 $M_{ij}$,称 $M_{ij}$ 为 $n$ 阶行列式中对应于元素 $a_{ij}$的余子式.记 $A_{ij}=(-1)^{i+j}M_{ij}$,称 $A_{ij}$为 $n$ 阶行列式中对应于元素 $a_{ij}$的代数余子式.

$n$ 阶行列式的值定义为

$$D_n=\begin{cases}a_{11}, & 当\ n=1;\\ a_{11}A_{11}+a_{12}A_{12}+\cdots+a_{1n}A_{1n}, & 当\ n\geqslant 2.\end{cases}$$

这里用第一行的元素与其对应的代数余子式的乘积和来规定行列式的值.行列式的性质将表明,这可以推广到任意一行或任意一列.

由行列式的定义得到:

1 阶行列式 $|a_{11}|=a_{11}$,这时不要与绝对值的记号混淆;

2 阶行列式 $\begin{vmatrix}a_{11}&a_{12}\\a_{21}&a_{22}\end{vmatrix}=a_{11}|a_{22}|+a_{12}(-1)^{1+2}|a_{21}|=a_{11}a_{22}-a_{12}a_{21}$;

3 阶行列式 $\begin{vmatrix}a_{11}&a_{12}&a_{13}\\a_{21}&a_{22}&a_{23}\\a_{31}&a_{32}&a_{33}\end{vmatrix}=a_{11}(a_{22}a_{33}-a_{23}a_{32})-a_{12}(a_{21}a_{33}-a_{23}a_{31})+a_{13}(a_{21}a_{32}-a_{22}a_{31})$.

**2. 若干特殊行列式的值**

用行列式的定义来计算 $n$ 阶行列式的值是很麻烦的.下面给出几种常见的特殊行列式,其值可以作为公式记住.

(1) 对角行列式

如果行列式仅主对角线(即 $a_{11},a_{22},\cdots,a_{nn}$连线)上元素可能非零,则此行列式的值等于主

对角线上元素之积，即

$$\begin{vmatrix} a_{11} & & & 0 \\ & a_{22} & & \\ & & \ddots & \\ 0 & & & a_{nn} \end{vmatrix} = \prod_{i=1}^{n} a_{ii}.$$

(2)上(下)三角行列式

如果行列式中元素仅当 $i \leqslant j$ 时 $a_{ij}$ 可能非零，则此行列式称为上三角行列式，它的值等于主对角线上元素之积，即

$$\begin{vmatrix} a_{1,1} & a_{1,2} & \cdots & a_{1,n-1} & a_{1,n} \\ 0 & a_{2,2} & \cdots & a_{2,n-1} & a_{2,n} \\ \vdots & \vdots & & \vdots & \vdots \\ 0 & 0 & \cdots & a_{n-1,n-1} & a_{n-1,n} \\ 0 & 0 & \cdots & 0 & a_{n,n} \end{vmatrix} = \prod_{i=1}^{n} a_{ii}.$$

类似地，如果行列式中元素仅当 $i \geqslant j$ 时 $a_{ij}$ 可能非零，则此行列式称为下三角行列式，它的值仍等于主对角线上元素之积 $\prod_{i=1}^{n} a_{ii}$.

**3. 行列式的性质**

为今后计算 $n$ 阶行列式作准备，要掌握行列式的一些性质.

(1)行列式的基本性质

行列式下列三条性质涉及的运算是线性代数中最基本的运算，要求考生熟练掌握.

①对调行列式中任意两行或任意两列一次，则行列式的值改变符号，记号 $\mathrm{r}_i \leftrightarrow \mathrm{r}_j$ 表示第 $i$ 行与第 $j$ 行对调，记号 $\mathrm{c}_i \leftrightarrow \mathrm{c}_j$ 表示第 $i$ 列与第 $j$ 列对调.

②用常数 $k$ 乘行列式中某一行或某一列的全体元素，则行列式的值等于 $k$ 乘原行列式的值，记号 $k\mathrm{r}_i$ 表示第 $i$ 行乘常数 $k$，记号 $k\mathrm{c}_j$ 表示第 $j$ 列乘常数 $k$.

③把行列式的某一行(列)的全体元素乘常数后加到另一行(列)的对应元素上，则行列式的值不变，记号 $k\mathrm{r}_i + \mathrm{r}_j$ 表示以常数 $k$ 乘第 $i$ 行后加到第 $j$ 行上($i \neq j$)。

(2)行列式的一般性质

下面罗列行列式的其他一些性质.

①如果行列式中某行(列)元素全是0，则行列式的值为0.

②如果行列式中有两行(列)元素对应相等，则行列式的值为0.

③如果行列式中有两行(列)元素对应成比例，则行列式的值为0.

④行列式经过“转置”后，其值不变，转置行列式记作 $D^{\mathrm{T}}$，其意义是把原行列式 $D$ 的第 $i$ 行元素作为 $D^{\mathrm{T}}$ 的第 $i$ 列元素，且不改变次序，$i=1,\cdots,n$，即 $D^{\mathrm{T}}=D$.

⑤对行列式中任意一行(列)都有：

$$D = \begin{vmatrix} a_{11} & \cdots & a_{1n} \\ \vdots & & \vdots \\ a_{i1}+a'_{i1} & \cdots & a_{in}+a'_{in} \\ \vdots & & \vdots \\ a_{n1} & \cdots & a_{nn} \end{vmatrix} = \begin{vmatrix} a_{11} & \cdots & a_{1n} \\ \vdots & & \vdots \\ a_{i1} & \cdots & a_{in} \\ \vdots & & \vdots \\ a_{n1} & \cdots & a_{nn} \end{vmatrix} + \begin{vmatrix} a_{11} & \cdots & a_{1n} \\ \vdots & & \vdots \\ a'_{i1} & \cdots & a'_{in} \\ \vdots & & \vdots \\ a_{n1} & \cdots & a_{nn} \end{vmatrix}.$$

⑥行列式中任意一行(列)的元素与其对应的代数余子式的乘积之和等于行列式的值,即

$$a_{i1}A_{i1}+a_{i2}A_{i2}+\cdots+a_{in}A_{in}=D,i=1,\cdots,n;$$

$$a_{1j}A_{1j}+a_{2j}A_{2j}+\cdots+a_{nj}A_{nj}=D,i=1,\cdots,n.$$

⑦行列式中任意一行(列)的元素与另一行(列)元素的代数余子式的乘积之和等于0,即

$$a_{i1}A_{j1}+a_{i2}A_{j2}+\cdots+a_{in}A_{jn}=0,i、j=1,\cdots,n\text{ 且 }i\neq j$$

$$a_{1i}A_{1j}+a_{2i}A_{2j}+\cdots+a_{ni}A_{nj}=0.$$

**4. $n$ 阶行列式的计算**

当 $n\leqslant 3$ 时,称行列式为低阶行列式;当 $n\geqslant 4$ 时,称行列式为高阶行列式. 两类行列式的计算方法是有区别的.

(1)低阶行列式的计算

要求读者熟练掌握低阶行列式的计算. 尽管计算低阶行列式也可以用计算高阶行列式的方法,但通常还是用"对角线法则"比较方便.

①2 阶行列式 $\begin{vmatrix} a_{11} & a_{12} \\ a_{21} & a_{22} \end{vmatrix}=a_{11}a_{22}-a_{12}a_{21}.$

②3 阶行列式

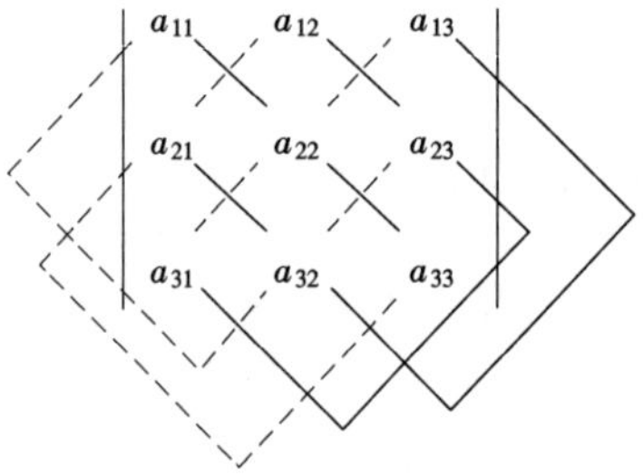


$$=a_{11}a_{22}a_{33}+a_{12}a_{23}a_{31}+a_{13}a_{21}a_{32}-a_{11}a_{23}a_{32}-a_{12}a_{21}a_{33}-a_{13}a_{22}a_{31}.$$

(2)高阶行列式的计算

高阶行列式不要用对角线法则计算,因为一个 4 阶行列式展开后有 $4!=24$ 项. 高阶行列式一般用递推的行列式定义来计算. 但要注意,首先利用行列式的性质把某行(列)上的元素尽可能多地化成 0,通常只保留一个非零元素(特殊情况下也可以保留两个非零元素),这时,一个 $n$ 阶行列式就"降阶"为一个 $n-1$ 阶行列式.

**【例 1.6-1】** 设 4 阶行列式

$$D_4=\begin{vmatrix} 0 & 1 & 0 & 0 \\ 0 & 0 & 2 & 0 \\ 0 & 0 & 0 & 3 \\ 4 & 0 & 0 & 0 \end{vmatrix}$$

则 $D_4$ 等于(　　).

(A)$4!$　　(B)$-4!$　　(C)$3!$　　(D)$-3!$

**解:** $D_4$ 的第 4 行中只有一个非零元素. 按第 4 行展开得到 $D_4=4\times(-1)^{4+1}\begin{vmatrix} 1 & 0 & 0 \\ 0 & 2 & 0 \\ 0 & 0 & 3 \end{vmatrix}=-4!$. 故选(B).

**【例 1.6-2】** 设 4 阶行列式

$$D=\begin{vmatrix}1&1&1&1\\1&2&3&4\\1&4&9&16\\1&8&27&64\end{vmatrix},$$

则 $D$ 等于(　　).

(A)24　　(B)36　　(C)12　　(D)6

**解**:这个行列式有一个特征,即每一列元素成首项为 1 的等比数列,这类行列式称为范德蒙行列式,它的计算公式是

$$\begin{vmatrix}1&1&\cdots&1\\x_1&x_2&\cdots&x_n\\x_1^2&x_2^2&\cdots&x_n^2\\\vdots&\vdots&&\vdots\\x_1^{n-1}&x_2^{n-1}&\cdots&x_n^{n-1}\end{vmatrix}=\prod_{1\leqslant i<j\leqslant n}(x_j-x_i).$$

于是,$D=(4-1)(3-1)(2-1)(4-2)(3-2)(4-3)=12$. 故选(C).

**【例 1.6-3】** 设 4 阶行列式

$$D=\begin{vmatrix}a&0&0&b\\0&a&b&0\\0&c&d&0\\c&0&0&d\end{vmatrix},$$

则 $D$ 等于(　　).

(A)$a^2d^2-b^2c^2$　　(B)$(ad-bc)^2$　　(C)$(ab-cd)^2$　　(D)$a^2b^2-c^2d^2$

**解**:行列式 $D$ 中每一行、每一列都有两个非 0 元素,也可以尝试用递推定义来计算. 按第一行展开得到

$$\begin{aligned}D&=aA_{11}+bA_{14}=aM_{11}-bM_{14}\\&=a\begin{vmatrix}a&b&0\\c&d&0\\0&0&d\end{vmatrix}-b\begin{vmatrix}0&a&b\\0&c&d\\c&0&0\end{vmatrix}=ad(ad-bc)-bc(ad-bc)=(ad-bc)^2.\end{aligned}$$

故选(B).

## 1.6.2 矩阵

矩阵是学习线性代数的基本工具. 读者要熟练掌握矩阵的运算及其性质.

**1. 矩阵**

设 $a_{ij}(i=1,\cdots,m,j=1,\cdots,n)$ 是 $m\times n$ 个实数,按如下排列,记号(也可以用圆括号)

$$\boldsymbol{A}=\begin{bmatrix}a_{11}&a_{12}&\cdots&a_{1n}\\a_{21}&a_{22}&\cdots&a_{2n}\\\vdots&\vdots&&\vdots\\a_{m1}&a_{m2}&\cdots&a_{mn}\end{bmatrix}$$

称为 $m\times n$ 矩阵. 为了方便,也简单记作 $(a_{ij})_{m\times n}$ 或 $(a_{ij})$. 实数 $a_{ij}$ 称为矩阵 $\boldsymbol{A}$ 的第 $i$ 行第 $j$ 列元素,或 $\boldsymbol{A}$ 的 $(i,j)$ 元.

当 $m=n$ 时,$\boldsymbol{A}$ 称为 $n$ 阶方阵(或 $n$ 阶矩阵). 一阶方阵$[a_{11}]=a_{11}$.

当 $m=1(n=1)$时,$\boldsymbol{A}$ 称为行(列)矩阵或行(列)向量.

如果两个矩阵 $\boldsymbol{A}$、$\boldsymbol{B}$ 的行数相等且列数相等,那么称 $\boldsymbol{A}$ 与 $\boldsymbol{B}$ 是同型矩阵. 如果 $\boldsymbol{A}=(a_{ij})_{m\times n}$ 与 $\boldsymbol{B}=(b_{ij})_{m\times n}$是同型矩阵,且对一切 $i=1,\cdots,m,j=1,\cdots,n$,都有 $a_{ij}=b_{ij}$,则称矩阵 $\boldsymbol{A}$ 与矩阵 $\boldsymbol{B}$ 相等,记作 $\boldsymbol{A}=\boldsymbol{B}$.

全体元素都是 0 的矩阵称为零矩阵,记作 $\boldsymbol{O}_{m\times n}$或 $\boldsymbol{O}$. 实数 0 只有一个,但零矩阵有无穷多个,因为不同型的零矩阵是不相等的.

如果一个 $n$ 阶方阵主对角线上的元素全相等,且其余元素都是 0,则称这个方阵为数量阵.

如果数量阵中主对角线上的元素全是 1,则称这个数量阵为单位阵,记作 $\boldsymbol{E}_n$ 或 $\boldsymbol{E}$. 如果一个 $n$ 阶方阵除主对角线上的元素外,其余元素都是 0,则称这个方阵为对角阵.

**2. 矩阵的运算及其性质**

矩阵的运算及其性质是矩阵内容的核心.

(1)矩阵的加法

设矩阵 $\boldsymbol{A}=(a_{ij})_{m\times n}$与 $\boldsymbol{B}=(b_{ij})_{m\times n}$. 规定矩阵 $\boldsymbol{A}$ 与 $\boldsymbol{B}$ 相加 $\boldsymbol{A}+\boldsymbol{B}=(a_{ij}+b_{ij})_{m\times n}$. 矩阵加法满足:

①交换律　$\boldsymbol{A}+\boldsymbol{B}=\boldsymbol{B}+\boldsymbol{A}$;

②结合律　$(\boldsymbol{A}+\boldsymbol{B})+\boldsymbol{C}=\boldsymbol{A}+(\boldsymbol{B}+\boldsymbol{C})$.

当 $\boldsymbol{A}+\boldsymbol{B}=\boldsymbol{O}$ 时,称 $\boldsymbol{B}$ 是 $\boldsymbol{A}$ 的负矩阵,记作 $\boldsymbol{B}=-\boldsymbol{A}$.

(2)数乘矩阵

设 $\lambda$ 是一个常数,矩阵 $\boldsymbol{A}=(a_{ij})_{m\times n}$. 规定数 $\lambda$ 与矩阵 $\boldsymbol{A}$ 的乘积 $\lambda\boldsymbol{A}=(\lambda a_{ij})_{m\times n}$. 数乘矩阵满足:

①交换律　$\lambda\boldsymbol{A}=\boldsymbol{A}\lambda$;

②结合律　$\lambda(\mu\boldsymbol{A})=(\lambda\mu)\boldsymbol{A}=\mu(\lambda\boldsymbol{A})$;

③分配律　$(\lambda+\mu)\boldsymbol{A}=\lambda\boldsymbol{A}+\mu\boldsymbol{A},\lambda(\boldsymbol{A}+\boldsymbol{B})=\lambda\boldsymbol{A}+\lambda\boldsymbol{B}$.

负矩阵 $-\boldsymbol{A}=(-1)\boldsymbol{A}$;零矩阵 $\boldsymbol{O}=0\boldsymbol{A}$;数量阵可表示成 $\lambda\boldsymbol{E}$.

(3)矩阵与矩阵相乘

设矩阵 $\boldsymbol{A}=(a_{ij})_{m\times l},\boldsymbol{B}=(b_{ij})_{l\times n}$. 规定矩阵 $\boldsymbol{A}$ 与 $\boldsymbol{B}$ 的乘积 $\boldsymbol{AB}$ 是一个 $m\times n$ 矩阵,$\boldsymbol{AB}=(c_{ij})_{m\times n}$,其中

$$c_{ij}=a_{i1}b_{1j}+a_{i2}b_{2j}+\cdots+a_{il}b_{lj},i=1,\cdots,m,j=1,\cdots,n.$$

这表明 $\boldsymbol{AB}$ 的$(i,j)$元等于左阵(即左边的矩阵 $\boldsymbol{A}$)的第 $i$ 行元素与右阵(即右边的矩阵 $\boldsymbol{B}$)的第 $j$ 列元素对应乘积之和. 于是,要使矩阵相乘有意义,必须满足左阵的列数等于右阵的行数.

矩阵与矩阵相乘满足:

①结合律　$(\boldsymbol{AB})\boldsymbol{C}=\boldsymbol{A}(\boldsymbol{BC}),\lambda(\boldsymbol{AB})=(\lambda\boldsymbol{A})\boldsymbol{B}=\boldsymbol{A}(\lambda\boldsymbol{B})$;

②分配律　$\boldsymbol{A}(\boldsymbol{B}+\boldsymbol{C})=\boldsymbol{AB}+\boldsymbol{AC},(\boldsymbol{A}+\boldsymbol{B})\boldsymbol{C}=\boldsymbol{AC}+\boldsymbol{BC}$.

这里要注意,矩阵相乘不具有交换律,即一般 $\boldsymbol{AB}\neq\boldsymbol{BA}$.

数与数相乘的性质不能简单地用到矩阵与矩阵的乘法中. 例如,

$$\boldsymbol{AB}=\boldsymbol{O}\nRightarrow\boldsymbol{A}=\boldsymbol{O}\text{ 或 }\boldsymbol{B}=\boldsymbol{O},$$

$$AX = AY \nRightarrow X = Y.$$

(4)方阵的幂

设 $\boldsymbol{A}$ 是一个方阵,记 $\boldsymbol{A}$ 的 $k$ 次幂为 $\boldsymbol{A}^k$($k$ 是正整数),规定

$$\boldsymbol{A}^1 = \boldsymbol{A}, \boldsymbol{A}^{k+1} = \boldsymbol{A}^k\boldsymbol{A}, k \geqslant 1.$$

这表明 $\boldsymbol{A}$ 的幂 $\boldsymbol{A}^k$ 是 $k$ 个 $\boldsymbol{A}$ 相乘. 对一般的 $m \times n$ 矩阵($m \neq n$)$\boldsymbol{A}$,$\boldsymbol{A}$ 的幂无意义.

方阵的幂运算满足:

$$\boldsymbol{A}^k\boldsymbol{A}^l = \boldsymbol{A}^{k+l}, (\boldsymbol{A}^k)^l = \boldsymbol{A}^{kl},$$

值得注意的是,由于 $\boldsymbol{AB} \neq \boldsymbol{BA}$,因此,一般地

$$(\boldsymbol{AB})^k \neq \boldsymbol{A}^k\boldsymbol{B}^k, k \geqslant 2;$$

$$(\boldsymbol{A}+\boldsymbol{B})^2 \neq \boldsymbol{A}^2 + 2\boldsymbol{AB} + \boldsymbol{B}^2;$$

$$(\boldsymbol{A}+\boldsymbol{B})(\boldsymbol{A}-\boldsymbol{B}) \neq \boldsymbol{A}^2 - \boldsymbol{B}^2.$$

但是,如果 $\boldsymbol{B}$ 是数量阵,那么上述式子左右相等. 例如,当 $\boldsymbol{B} = \lambda\boldsymbol{E}$ 且 $k$ 是正整数时,

$$(\boldsymbol{A}+\boldsymbol{B})^k = \boldsymbol{A}^k + \sum_{i=1}^{k-1} \mathrm{C}_k^i \boldsymbol{A}^{k-i}\boldsymbol{B}^i + \boldsymbol{B}^k.$$

设 $\boldsymbol{n}$ 阶方阵 $\boldsymbol{A} = \boldsymbol{\alpha\beta}$,其中 $\boldsymbol{\alpha} = \begin{bmatrix} a_1 \\ \vdots \\ a_n \end{bmatrix}$,$\boldsymbol{\beta} = [b_1, \cdots, b_n]$,记 $\boldsymbol{\beta\alpha} = c$, $c = \sum_{i=1}^{n} a_i b_i$ ,则

$$\begin{aligned} \boldsymbol{A}^k &= (\boldsymbol{\alpha\beta})^k = (\boldsymbol{\alpha\beta})(\boldsymbol{\alpha\beta})\cdots(\boldsymbol{\alpha\beta})(\boldsymbol{\alpha\beta}) = \boldsymbol{\alpha}(\boldsymbol{\beta\alpha})(\boldsymbol{\beta\alpha})\cdots(\boldsymbol{\beta\alpha})\boldsymbol{\beta} \\ &= \boldsymbol{\alpha}(c^{k-1})\boldsymbol{\beta} = c^{k-1}(\boldsymbol{\alpha\beta}) = c^{k-1}\boldsymbol{A}. \end{aligned}$$

(5)矩阵的转置

设 $\boldsymbol{A}$ 是 $m \times n$ 矩阵,记矩阵 $\boldsymbol{A}$ 的转置矩阵为 $\boldsymbol{A}^{\mathrm{T}}$,$\boldsymbol{A}^{\mathrm{T}}$ 是一个 $n \times m$ 矩阵,规定

$$\boldsymbol{A} = \begin{bmatrix} a_{11} & a_{12} & \cdots & a_{1n} \\ a_{21} & a_{22} & \cdots & a_{2n} \\ \vdots & \vdots & & \vdots \\ a_{m1} & a_{m2} & \cdots & a_{mn} \end{bmatrix}, \boldsymbol{A}^{\mathrm{T}} = \begin{bmatrix} a_{11} & a_{21} & \cdots & a_{m1} \\ a_{12} & a_{22} & \cdots & a_{m2} \\ \vdots & \vdots & & \vdots \\ a_{1n} & a_{2n} & \cdots & a_{mn} \end{bmatrix}.$$

矩阵的转置满足:

$$(\boldsymbol{A}^{\mathrm{T}})^{\mathrm{T}} = \boldsymbol{A}, (\lambda\boldsymbol{A})^{\mathrm{T}} = \lambda\boldsymbol{A}^{\mathrm{T}},$$

$$(\boldsymbol{A}+\boldsymbol{B})^{\mathrm{T}} = \boldsymbol{A}^{\mathrm{T}} + \boldsymbol{B}^{\mathrm{T}}, (\boldsymbol{AB})^{\mathrm{T}} = \boldsymbol{B}^{\mathrm{T}}\boldsymbol{A}^{\mathrm{T}}.$$

当 $m \neq n$ 时,$m \times n$ 矩阵 $\boldsymbol{A}$ 及其转置矩阵 $\boldsymbol{A}^{\mathrm{T}}$ 不是同型矩阵,因此 $\boldsymbol{A} \neq \boldsymbol{A}^{\mathrm{T}}$. 如果 $\boldsymbol{A}$ 是方阵,且 $\boldsymbol{A}^{\mathrm{T}} = \boldsymbol{A}$,则称方阵 $\boldsymbol{A}$ 为对称阵. 对称阵中的元素按主对角线对称相等,即 $a_{ij} = a_{ji}, i, j = 1, \cdots, n$. 例如,对角阵必定是对称阵. 对任意一个 $m \times n$ 矩阵 $\boldsymbol{A}$,$\boldsymbol{A}^{\mathrm{T}}\boldsymbol{A}$ 与 $\boldsymbol{AA}^{\mathrm{T}}$ 都是对称阵,因为

$$(\boldsymbol{A}^{\mathrm{T}}\boldsymbol{A})^{\mathrm{T}} = \boldsymbol{A}^{\mathrm{T}}(\boldsymbol{A}^{\mathrm{T}})^{\mathrm{T}} = \boldsymbol{A}^{\mathrm{T}}\boldsymbol{A},$$

$$(\boldsymbol{AA}^{\mathrm{T}})^{\mathrm{T}} = (\boldsymbol{A}^{\mathrm{T}})^{\mathrm{T}}\boldsymbol{A}^{\mathrm{T}} = \boldsymbol{AA}^{\mathrm{T}}.$$

但是,$\boldsymbol{A}^{\mathrm{T}}\boldsymbol{A}$ 是 $n$ 阶对称阵,$\boldsymbol{AA}^{\mathrm{T}}$ 是 $m$ 阶对称阵.

(6)方阵的行列式

设 $\boldsymbol{A}$ 是一个方阵,记 $\boldsymbol{A}$ 的行列式为 $|\boldsymbol{A}|$,规定 $|\boldsymbol{A}|$ 是由方阵 $\boldsymbol{A}$ 中全体元素构成的行列式,其中各元素的位置保持不变.

方阵的行列式满足:

$$|\boldsymbol{A}^{\mathrm{T}}| = |\boldsymbol{A}|, |\lambda\boldsymbol{A}| = \lambda^n|\boldsymbol{A}|,$$
$$|\boldsymbol{AB}| = |\boldsymbol{BA}| = |\boldsymbol{A}||\boldsymbol{B}|,$$

其中$\boldsymbol{A}$,$\boldsymbol{B}$都是$n$阶方阵. 要注意$|\boldsymbol{A}+\boldsymbol{B}| \neq |\boldsymbol{A}|+|\boldsymbol{B}|$.

当$|\boldsymbol{A}|=0$时,称$\boldsymbol{A}$为奇异阵;当$|\boldsymbol{A}|\neq 0$时,称$\boldsymbol{A}$为非奇异阵. $n$阶零矩阵必定是奇异阵,但奇异阵不一定是零矩阵. 当$\boldsymbol{AB}=\boldsymbol{O}$时,由方阵行列式的性质推得,$\boldsymbol{A}$,$\boldsymbol{B}$中至少有一个是奇异阵,这里假定$\boldsymbol{A}$与$\boldsymbol{B}$都是方阵.

(7)方阵的伴随矩阵

设$\boldsymbol{A}$是一个$n$阶方阵,记$\boldsymbol{A}$的伴随矩阵为$\boldsymbol{A}^*$,规定

$$\boldsymbol{A}^* = \begin{bmatrix} A_{11} & A_{21} & \cdots & A_{n1} \\ A_{12} & A_{22} & \cdots & A_{n2} \\ \vdots & \vdots & & \vdots \\ A_{1n} & A_{2n} & \cdots & A_{nn} \end{bmatrix},$$

其中$A_{ij}$是行列式$|\boldsymbol{A}|$中$(i,j)$元的代数余子式.

方阵的伴随矩阵满足

$$\boldsymbol{AA}^* = \boldsymbol{A}^*\boldsymbol{A} = |\boldsymbol{A}|\boldsymbol{E}, |\boldsymbol{A}^*| = |\boldsymbol{A}|^{n-1},$$

其中$\boldsymbol{A}$是$n$阶方阵. 前一个等式表明:任意一个方阵与其伴随矩阵的乘法具有可交换性. 后一个等式表明:任意一个方阵与其伴随矩阵同为奇异阵或同为非奇异阵.

计算伴随矩阵是很麻烦的. 但对于2阶方阵$\boldsymbol{A}$,

$$\boldsymbol{A} = \begin{bmatrix} a & b \\ c & d \end{bmatrix}, \boldsymbol{A}^* = \begin{bmatrix} d & -b \\ -c & a \end{bmatrix}.$$

(8)方阵的逆矩阵

设$\boldsymbol{A}$是$n$阶方阵,如果存在$n$阶方阵$\boldsymbol{B}$,满足

$$\boldsymbol{AB}=\boldsymbol{E} \text{ 或 } \boldsymbol{BA}=\boldsymbol{E},$$

那么称方阵$\boldsymbol{A}$可逆,称$\boldsymbol{B}$是方阵$\boldsymbol{A}$的逆矩阵,记作$\boldsymbol{A}^{-1}$. 如果满足上述条件的方阵$\boldsymbol{B}$不存在,那么称方阵$\boldsymbol{A}$不可逆,或方阵$\boldsymbol{A}$的逆矩阵不存在.

**定理1** 方阵$\boldsymbol{A}$可逆的充分必要条件是$|\boldsymbol{A}|\neq 0$(即$\boldsymbol{A}$是非奇异阵). 当$\boldsymbol{A}$可逆时,$\boldsymbol{A}^{-1}$是唯一的,且$\boldsymbol{A}^{-1} = \dfrac{1}{|\boldsymbol{A}|}\boldsymbol{A}^*$.

方阵的逆矩阵满足:

$$(\boldsymbol{A}^{-1})^{-1} = \boldsymbol{A}, (\lambda\boldsymbol{A})^{-1} = \frac{1}{\lambda}\boldsymbol{A}^{-1}, (\boldsymbol{A}^{\mathrm{T}})^{-1} = (\boldsymbol{A}^{-1})^{\mathrm{T}}, |\boldsymbol{A}^{-1}| = |\boldsymbol{A}|^{-1}, (\boldsymbol{AB})^{-1} = \boldsymbol{B}^{-1}\boldsymbol{A}^{-1}.$$

要注意$(\boldsymbol{A}+\boldsymbol{B})^{-1} \neq \boldsymbol{A}^{-1}+\boldsymbol{B}^{-1}$.

计算方阵的逆矩阵是很麻烦的. 当$\boldsymbol{A}$是2阶方阵时,

$$\begin{bmatrix} a & b \\ c & d \end{bmatrix}^{-1} = \frac{1}{ad-bc}\begin{bmatrix} d & -b \\ -c & a \end{bmatrix};$$

当$\boldsymbol{A}$是$n$阶对角阵时,

$$\begin{bmatrix} \lambda_1 & & 0 \\ & \ddots & \\ 0 & & \lambda_n \end{bmatrix}^{-1} = \begin{bmatrix} \frac{1}{\lambda_1} & & 0 \\ & \ddots & \\ 0 & & \frac{1}{\lambda_n} \end{bmatrix}.$$

方阵 $\boldsymbol{A}$ 的可逆性可以带来一些方便的结果. 例如,当 $\boldsymbol{A}$ 可逆时,

$$\boldsymbol{AB}=\boldsymbol{O}\Rightarrow\boldsymbol{B}=\boldsymbol{O},\boldsymbol{BA}=\boldsymbol{O}\Rightarrow\boldsymbol{B}=\boldsymbol{O};$$

$$\boldsymbol{AX}=\boldsymbol{AY}\Rightarrow\boldsymbol{X}=\boldsymbol{Y},\boldsymbol{XA}=\boldsymbol{YA}\Rightarrow\boldsymbol{X}=\boldsymbol{Y};$$

$$\boldsymbol{AX}=\boldsymbol{B}\Rightarrow\boldsymbol{X}=\boldsymbol{A}^{-1}\boldsymbol{B};$$

$$\boldsymbol{XA}=\boldsymbol{B}\Rightarrow\boldsymbol{X}=\boldsymbol{BA}^{-1}.$$

**3. 矩阵的初等变换**

矩阵的初等变换本质上也是一种矩阵运算. 由于线性代数的绝大多数计算问题最后都可以归结成用矩阵的初等变换来解决,因此它具有特殊的意义.

1) 矩阵的初等变换

类似于行列式的三条基本性质,对任意一个 $m\times n$ 矩阵作下列三种运算:

①对调矩阵的任意两行或任意两列;

②用非零常数乘矩阵中某一行或某一列的全体元素;

③把矩阵的某一行(列)的全体元素乘常数后加到另一行(列)的对应元素上;

称这三类运算为初等变换. 如果初等变换对行进行,则称为初等行变换;如果初等变换对列进行,则称为初等列变换. 矩阵经过初等变换之后,一般不再相等,常用记号“~”表示.

如果矩阵 $\boldsymbol{A}$ 经过初等变换后成为 $\boldsymbol{B}$,则 $\boldsymbol{A}\sim\boldsymbol{B}$,称矩阵 $\boldsymbol{A}$ 与 $\boldsymbol{B}$ 等价.

**定理 2** $m\times n$ 阶矩阵 $\boldsymbol{A}$ 与 $\boldsymbol{B}$ 等价的充分必要条件是,存在 $m$ 阶可逆阵 $\boldsymbol{P}$ 与 $n$ 阶可逆阵 $\boldsymbol{Q}$,使得 $\boldsymbol{PAQ}=\boldsymbol{B}$.

**定理 3** 方阵 $\boldsymbol{A}$ 可逆的充分必要条件是 $\boldsymbol{A}\sim\boldsymbol{E}$.

两个矩阵等价的必要条件是这两个矩阵是同型矩阵,因为初等变换不改变矩阵的行数与列数. 下面的内容是研究两个同型矩阵等价的充分必要条件.

2) 行阶梯形、行最简形与标准形

矩阵初等变换的目的是要把它变换成某些特殊形状的矩阵,这些特殊形状有三类.

(1) 行阶梯形

要求矩阵的零行(即元素全是 0 的行)在下方,非零行(即至少有一个元素不是 0 的行)在上方;非零行的第一个非零元(所在列)的下方全是零,且其行指标 $i\leqslant$ 列指标 $j$.

(2) 行最简形

在行阶梯形中,要求非零行的第一个非零元为 1,且其所在列的其他元素都是 0.

(3) 标准形

在行最简形中,要求非零行的第一个非零元的行指标 $i=$ 列指标 $j$,且除此之外,所有元素都是 0.

任意一个矩阵经过初等行变换总可以变成行阶梯形与行最简形,对行最简形作初等列变换总可以变成标准形. 下面举一个例子说明这些变换的全过程. 对 $4\times 5$ 矩阵 $\boldsymbol{A}$ 作初等行变换:

$$A=\begin{bmatrix}1&1&-2&1&4\\2&-1&-1&1&2\\2&-3&1&-1&2\\3&6&-9&4&18\end{bmatrix}\underset{\substack{-2r_1+r_3\\-3r_1+r_4}}{\overset{-2r_1+r_2}{\sim}}\begin{bmatrix}1&1&-2&1&4\\0&-3&3&-1&-6\\0&-5&5&-3&-6\\0&3&-3&1&6\end{bmatrix}$$

$$\underset{-\frac{5}{3}r_2+r_3}{\overset{r_2+r_4}{\sim}}\begin{bmatrix}1&1&-2&1&4\\0&-3&3&-1&-6\\0&0&0&-\frac{4}{3}&4\\0&0&0&0&0\end{bmatrix}=A_1.$$

这是一个行阶梯形,它有三个非零行. 继续作初等行变换,

$$A\sim A_1\overset{-\frac{3}{4}r_3}{\sim}\begin{bmatrix}1&1&-2&1&4\\0&-3&3&-1&-6\\0&0&0&1&-3\\0&0&0&0&0\end{bmatrix}\underset{-r_3+r_1}{\overset{r_3+r_2}{\sim}}\begin{bmatrix}1&1&-2&0&7\\0&-3&3&0&-9\\0&0&0&1&-3\\0&0&0&0&0\end{bmatrix}$$

$$\overset{-\frac{1}{3}r_2}{\sim}\begin{bmatrix}1&1&-2&0&7\\0&1&-1&0&3\\0&0&0&1&-3\\0&0&0&0&0\end{bmatrix}\overset{-r_2+r_1}{\sim}\begin{bmatrix}1&0&-1&0&4\\0&1&-1&0&3\\0&0&0&1&-3\\0&0&0&0&0\end{bmatrix}=A_2.$$

这是一个行最简形,它仍是三个非零行. 现在作初等列变换,

$$A\sim A_2\overset{c_3\leftrightarrow c_4}{\sim}\begin{bmatrix}1&0&0&-1&4\\0&1&0&-1&3\\0&0&1&0&-3\\0&0&0&0&0\end{bmatrix}\underset{\substack{c_2+c_4\\-3c_2+c_5\\3c_3+c_5}}{\overset{\substack{c_1+c_4\\-4c_1+c_5}}{\sim}}\begin{bmatrix}1&0&0&0&0\\0&1&0&0&0\\0&0&1&0&0\\0&0&0&0&0\end{bmatrix}.$$

这就是标准形,它依然有三个非零行.

两个同型矩阵等价的充分必要条件是,它们的行阶梯形(或行最简形、或标准形)中非零行的行数相等.

3)初等变换的应用

初等变换有许多应用. 例如,用于讨论矩阵的秩、向量组的相关性,解线性方程组等.

(1)计算行列式的值

把初等变换的方法用到行列式上,这本质上是利用行列式的三条基本性质,可以得到一个上三角行列式. 于是,行列式的值为主对角线上全体元素之积.

(2)求逆矩阵

按定理3,对 $n\times 2n$ 矩阵 $(A\,\vdots\,E)$ 作初等行变换,当 $A$ 可逆时,必定有 $(A\,\vdots\,E)\sim(E\,\vdots\,B)$. 方阵 $B$ 恰是方阵 $A$ 的逆矩阵 $A^{-1}$.

**4. 矩阵的秩**

在 $m\times n$ 矩阵 $A$ 中任取 $k$ 行 $k$ 列,这些行列交叉处的元素(按它们在 $A$ 中的排列次序)所构成的 $k$ 阶行列式称为矩阵 $A$ 的一个 $k$ 阶子式,$k=1,2,\cdots,\min(m,n)$. 一个 $m\times n$ 矩阵共有 $C_m^kC_n^k$ 个 $k$ 阶子式.

如果矩阵 $\boldsymbol{A}$ 至少有一个 $r$ 阶非零子式 $D_r$(即行列式 $D_r \neq 0$),且全体 $r+1$ 阶子式都等于0,那么称 $D_r$ 为矩阵 $\boldsymbol{A}$ 的最高阶非零子式,正整数 $r$ 称为矩阵 $\boldsymbol{A}$ 的秩,记作 $R(\boldsymbol{A})$.

零矩阵的任意阶子式都等于0,规定零矩阵的秩为0. 非零矩阵的秩必定大于或等于1. 于是,$m \times n$ 矩阵 $\boldsymbol{A}$ 的秩

$$R(\boldsymbol{A}) \in \{0,1,2,\cdots,\min(m,n)\}.$$

设 $\boldsymbol{A}$ 是 $n$ 阶方阵,$\boldsymbol{A}$ 可逆的充分必要条件是 $R(\boldsymbol{A})=n$. 由于这时 $R(\boldsymbol{A})$ 达到最大值 $n$,因此称可逆阵 $\boldsymbol{A}$(即非奇异阵)为满秩阵,称不可逆阵(即奇异阵)为降秩阵.

**定理4** 设 $\boldsymbol{A},\boldsymbol{B}$ 是两个同型矩阵,则 $\boldsymbol{A} \sim \boldsymbol{B}$ 的充分必要条件是 $R(\boldsymbol{A})=R(\boldsymbol{B})$.

对任意一个矩阵 $\boldsymbol{A}$,总是可以通过初等变换把 $\boldsymbol{A}$ 变成行阶梯形(或行最简形、或标准形),而行阶梯形(或行最简形、或标准形)的秩恰是非零行的行数. 因此,由定理4得到求矩阵秩的一般方法:对矩阵作初等变换,把它变成行阶梯形(或行最简形、或标准形),其非零行的行数就是原矩阵的秩. 对阶数稍高的矩阵,这个方法比"判断矩阵的各阶子式是否为零"方便.

矩阵的秩有下列性质:

①$R(\boldsymbol{A}^{\mathrm{T}})=R(\boldsymbol{A})$.

②$R(\boldsymbol{A})=0 \Leftrightarrow \boldsymbol{A}=\boldsymbol{O}$;

③$R(\boldsymbol{A})=1 \Leftrightarrow \boldsymbol{A}=\boldsymbol{\alpha}\boldsymbol{\beta}^{\mathrm{T}}$,其中 $\boldsymbol{\alpha},\boldsymbol{\beta}$ 是两个非零列向量;

④矩阵增加1行或增加1列后,新矩阵的秩或者不变,或者增加1;

⑤$\max\{R(\boldsymbol{A}),R(\boldsymbol{B})\} \leqslant R(\boldsymbol{A} \mid \boldsymbol{B}) \leqslant R(\boldsymbol{A})+R(\boldsymbol{B})$,其中矩阵 $(\boldsymbol{A} \mid \boldsymbol{B})$ 表示矩阵 $\boldsymbol{A}$ 与 $\boldsymbol{B}$ 合在一起得到的新矩阵;

⑥$R(\boldsymbol{A}+\boldsymbol{B}) \leqslant R(\boldsymbol{A})+R(\boldsymbol{B})$;

⑦$R(\boldsymbol{AB}) \leqslant \min(R(\boldsymbol{A}),R(\boldsymbol{B}))$,当 $\boldsymbol{B}$ 是可逆阵时,$R(\boldsymbol{AB})=R(\boldsymbol{A})$,当 $\boldsymbol{A}$ 是可逆阵时,$R(\boldsymbol{AB})=R(\boldsymbol{B})$;

⑧如果 $\boldsymbol{AB}=\boldsymbol{O}$,那么 $R(\boldsymbol{A})+R(\boldsymbol{B}) \leqslant n$,其中 $\boldsymbol{A}$ 是 $m \times n$ 矩阵,$\boldsymbol{B}$ 是 $n \times l$ 矩阵.

矩阵秩的概念是讨论线性代数问题的理论基础,它与矩阵的初等变换一起构成解决线性代数问题的两大支柱.

**【例1.6-4】** 设 $\boldsymbol{A},\boldsymbol{B}$ 是 $n$ 阶方阵,下列等式成立的是(　　).

(A)$(\boldsymbol{A}+\boldsymbol{B})^2=\boldsymbol{A}^2+2\boldsymbol{AB}+\boldsymbol{B}^2$　　(B)$(\boldsymbol{AB})^2=\boldsymbol{A}^2\boldsymbol{B}^2$

(C)$(\boldsymbol{A}+\boldsymbol{B})(\boldsymbol{A}-\boldsymbol{B})=\boldsymbol{A}^2-\boldsymbol{B}^2$　　(D)$(\boldsymbol{A}+2\boldsymbol{E})^2=\boldsymbol{A}^2+4\boldsymbol{A}+4\boldsymbol{E}$

**解:**(A)不正确,因为

$$(\boldsymbol{A}+\boldsymbol{B})^2=\boldsymbol{A}^2+\boldsymbol{AB}+\boldsymbol{BA}+\boldsymbol{B}^2,$$

但不能保证 $\boldsymbol{AB}=\boldsymbol{BA}$. 同理推得(B)、(C)都不正确,因为

$$(\boldsymbol{AB})^2=\boldsymbol{ABAB}=\boldsymbol{A}(\boldsymbol{BA})\boldsymbol{B},\boldsymbol{A}^2\boldsymbol{B}^2=\boldsymbol{A}(\boldsymbol{AB})\boldsymbol{B};$$

$$(\boldsymbol{A}+\boldsymbol{B})(\boldsymbol{A}-\boldsymbol{B})=\boldsymbol{A}^2-\boldsymbol{AB}+\boldsymbol{BA}-\boldsymbol{B}^2.$$

(D)正确,因为

$$(\boldsymbol{A}+2\boldsymbol{E})^2=\boldsymbol{A}^2+\boldsymbol{A}(2\boldsymbol{E})+(2\boldsymbol{E})\boldsymbol{A}+(2\boldsymbol{E})^2=\boldsymbol{A}^2+2\boldsymbol{A}+2\boldsymbol{A}+4\boldsymbol{E}^2=\boldsymbol{A}^2+4\boldsymbol{A}+4\boldsymbol{E}.$$

故选(D).

**【例1.6-5】** 设 $\boldsymbol{A}$ 是 $n$ 阶方阵,$\boldsymbol{\alpha}$ 是 $n$ 维列向量,下列运算无意义的是(　　).

(A)$\boldsymbol{\alpha}^{\mathrm{T}}\boldsymbol{A}\boldsymbol{\alpha}$　　(B)$\boldsymbol{\alpha}\boldsymbol{\alpha}^{\mathrm{T}}$　　(C)$\boldsymbol{\alpha}\boldsymbol{A}$　　(D)$\boldsymbol{A}\boldsymbol{\alpha}$

**解:**(A)有意义,它是 $1 \times n$ 阵、$n \times n$ 阵、$n \times 1$ 阵依次相乘,结果是 $1 \times 1$ 阵,即是一个数.

(B)有意义,它是 $n\times1$ 阵与 $1\times n$ 阵相乘,结果是 $n$ 阶方阵.(D)有意义,它是 $n\times n$ 阵与 $n\times1$ 阵相乘,结果是列向量.(C)无意义,因为 $n\times1$ 阵与 $n\times n$ 阵不能相乘.故选(C).

**【例 1.6-6】** 设 $\boldsymbol{A},\boldsymbol{B}$ 都是 $n$ 阶方阵,下列等式不正确的是(　　).

(A) $|\boldsymbol{A}^{\mathrm{T}}\boldsymbol{B}|=|\boldsymbol{B}||\boldsymbol{A}|$　　(B) $(\boldsymbol{AB})^{\mathrm{T}}=\boldsymbol{A}^{\mathrm{T}}\boldsymbol{B}^{\mathrm{T}}$

(C) $||\boldsymbol{A}|\boldsymbol{B}|=|\boldsymbol{A}|^{n}|\boldsymbol{B}|$　　(D) $(\boldsymbol{AB})^{-1}=\boldsymbol{B}^{-1}\boldsymbol{A}^{-1}$

**解:**(A)正确,因为 $|\boldsymbol{A}^{\mathrm{T}}\boldsymbol{B}|=|\boldsymbol{A}^{\mathrm{T}}||\boldsymbol{B}|=|\boldsymbol{A}||\boldsymbol{B}|=|\boldsymbol{B}||\boldsymbol{A}|$.(C)正确,因为 $|\boldsymbol{A}|$ 是一个数,记 $|\boldsymbol{A}|=\lambda$,则 $||\boldsymbol{A}|\boldsymbol{B}|=|\lambda\boldsymbol{B}|=\lambda^{n}|\boldsymbol{B}|=|\boldsymbol{A}|^{n}|\boldsymbol{B}|$.(D)是逆矩阵的性质.(B)不正确,因为 $(\boldsymbol{AB})^{\mathrm{T}}=\boldsymbol{B}^{\mathrm{T}}\boldsymbol{A}^{\mathrm{T}}\neq\boldsymbol{A}^{\mathrm{T}}\boldsymbol{B}^{\mathrm{T}}$.故选(B).

**【例 1.6-7】** 设 $\boldsymbol{A},\boldsymbol{B}$ 是 $n$ 阶对称阵,$\boldsymbol{\Lambda}$ 是对角阵,下列矩阵中不是对称阵的是(　　).

(A) $\boldsymbol{A}+2\boldsymbol{E}$　　(B) $\boldsymbol{A}+\boldsymbol{\Lambda}$　　(C) $\boldsymbol{AB}$　　(D) $\boldsymbol{A}-\boldsymbol{B}$

**解:**(A)、(B)、(D)都正确,因为 $2\boldsymbol{E}$ 与 $\boldsymbol{\Lambda}$ 都是对称阵,

$$(\boldsymbol{A}+2\boldsymbol{E})^{\mathrm{T}}=\boldsymbol{A}^{\mathrm{T}}+(2\boldsymbol{E})^{\mathrm{T}}=\boldsymbol{A}+2\boldsymbol{E},$$

$$(\boldsymbol{A}+\boldsymbol{\Lambda})^{\mathrm{T}}=\boldsymbol{A}^{\mathrm{T}}+\boldsymbol{\Lambda}^{\mathrm{T}}=\boldsymbol{A}+\boldsymbol{\Lambda},$$

$$(\boldsymbol{A}-\boldsymbol{B})^{\mathrm{T}}=\boldsymbol{A}^{\mathrm{T}}-\boldsymbol{B}^{\mathrm{T}}=\boldsymbol{A}-\boldsymbol{B}.$$

(C)不正确,因为 $(\boldsymbol{AB})^{\mathrm{T}}=\boldsymbol{B}^{\mathrm{T}}\boldsymbol{A}^{\mathrm{T}}=\boldsymbol{BA}$,但不能保证 $\boldsymbol{BA}=\boldsymbol{AB}$,因而 $\boldsymbol{AB}$ 不是对称阵.故选(C).

一般两个对称阵相乘不再是对称阵.要使乘积为对称阵的充分必要条件是它们可交换.

**【例 1.6-8】** 设 $\boldsymbol{A},\boldsymbol{B}$ 是 $n$ 阶方阵,且 $\boldsymbol{AB}=\boldsymbol{O}$,则下列等式成立的是(　　).

(A) $\boldsymbol{A}=\boldsymbol{O}$ 或 $\boldsymbol{B}=\boldsymbol{O}$　　(B) $\boldsymbol{BA}=\boldsymbol{O}$

(C) $(\boldsymbol{A}+\boldsymbol{B})^{2}=\boldsymbol{A}^{2}+\boldsymbol{B}^{2}$　　(D) $(\boldsymbol{BA})^{2}=\boldsymbol{O}$

**解:**(A)不成立,例如,

$$\boldsymbol{A}=\begin{bmatrix}1&1\\-1&-1\end{bmatrix},\boldsymbol{B}=\begin{bmatrix}1&-1\\-1&1\end{bmatrix},$$

则
$$\boldsymbol{AB}=\boldsymbol{O},\boldsymbol{BA}=\begin{bmatrix}2&2\\-2&-2\end{bmatrix}.$$

这个反例也表明(B)、(C)都不成立.(D)成立,这是因为 $(\boldsymbol{BA})^{2}=(\boldsymbol{BA})(\boldsymbol{BA})=\boldsymbol{B}(\boldsymbol{AB})\boldsymbol{A}=\boldsymbol{BOA}=\boldsymbol{O}$.故选(D).

**【例 1.6-9】** 设 $\boldsymbol{A}$ 是 $n$ 阶方阵,且 $\boldsymbol{A}^{2}=\boldsymbol{A}$.下列等式正确的是(　　).

(A) $\boldsymbol{A}^{2016}=\boldsymbol{A}$　　(B) $\boldsymbol{A}=\boldsymbol{E}$　　(C) $|\boldsymbol{A}|=1$　　(D) $\boldsymbol{A}=\boldsymbol{O}$ 或 $\boldsymbol{A}=\boldsymbol{E}$

**解:**(A)正确,因为 $\boldsymbol{A}^{2016}=\boldsymbol{A}^{2}\boldsymbol{A}^{2014}=\boldsymbol{A}\boldsymbol{A}^{2014}=\boldsymbol{A}^{2015}=\cdots=\boldsymbol{A}^{2}=\boldsymbol{A}$.(B)不正确,例如 $\boldsymbol{A}=\boldsymbol{O}$.这也表明(C)不正确.(D)不正确,例如,$\boldsymbol{A}=\begin{bmatrix}1&1\\0&0\end{bmatrix}$,$\boldsymbol{A}^{2}=\begin{bmatrix}1&1\\0&0\end{bmatrix}=\boldsymbol{A}$.故选(A).

**【例 1.6-10】** 设 $\boldsymbol{A}=\begin{bmatrix}1&1&-1\\0&2&2\\1&-1&0\end{bmatrix}$,求 $\boldsymbol{A}^{-1}$.

**解:**用初等行变换求逆矩阵 $\boldsymbol{A}^{-1}$.

$$(\boldsymbol{A}\,\vdots\,\boldsymbol{E})=\left[\begin{array}{ccc:ccc}1&1&-1&1&0&0\\0&2&2&0&1&0\\1&-1&0&0&0&1\end{array}\right]\underset{\frac{1}{2}r_2}{\overset{-r_1+r_3}{\sim}}\left[\begin{array}{ccc:ccc}1&1&-1&1&0&0\\0&1&1&0&\frac{1}{2}&0\\0&-2&1&-1&0&1\end{array}\right]$$

$$\xrightarrow[\frac{1}{3}r_3]{2r_2+r_3}\left[\begin{array}{ccc:ccc}1&1&-1&1&0&0\\0&1&1&0&\frac{1}{2}&0\\0&0&1&-\frac{1}{3}&\frac{1}{3}&\frac{1}{3}\end{array}\right]\xrightarrow[r_3+r_1]{-r_3+r_2}\left[\begin{array}{ccc:ccc}1&1&0&\frac{2}{3}&\frac{1}{3}&\frac{1}{3}\\0&1&0&\frac{1}{3}&\frac{1}{6}&-\frac{1}{3}\\0&0&1&-\frac{1}{3}&\frac{1}{3}&\frac{1}{3}\end{array}\right]$$

$$\xrightarrow{-r_2+r_1}\left[\begin{array}{ccc:ccc}1&0&0&\frac{1}{3}&\frac{1}{6}&\frac{2}{3}\\0&1&0&\frac{1}{3}&\frac{1}{6}&-\frac{1}{3}\\0&0&1&-\frac{1}{3}&\frac{1}{3}&\frac{1}{3}\end{array}\right].$$

于是 $$A^{-1}=\begin{bmatrix}\frac{1}{3}&\frac{1}{6}&\frac{2}{3}\\\frac{1}{3}&\frac{1}{6}&-\frac{1}{3}\\-\frac{1}{3}&\frac{1}{3}&\frac{1}{3}\end{bmatrix}=\frac{1}{6}\begin{bmatrix}2&1&4\\2&1&-2\\-2&2&2\end{bmatrix}.$$

**【例 1.6-11】** 设矩阵 $A=\begin{bmatrix}0&1&0\\1&0&0\\0&0&1\end{bmatrix}$，$B=\begin{bmatrix}1&2&3\\4&5&6\\7&8&9\end{bmatrix}$. 解下列矩阵方程，求矩阵 $X$.

(1) $AX=B$;

(2) $XA=B$.

**解**：由于 $|A|=-1$，因此 $A$ 是可逆阵，且

$$A^{-1}=\begin{bmatrix}0&1&0\\1&0&0\\0&0&1\end{bmatrix}.$$

(1) 由于 $X=A^{-1}B$，因此 $X=\begin{bmatrix}0&1&0\\1&0&0\\0&0&1\end{bmatrix}\begin{bmatrix}1&2&3\\4&5&6\\7&8&9\end{bmatrix}=\begin{bmatrix}4&5&6\\1&2&3\\7&8&9\end{bmatrix}$.

(2) 由于 $X=BA^{-1}$，因此 $X=\begin{bmatrix}1&2&3\\4&5&6\\7&8&9\end{bmatrix}\begin{bmatrix}0&1&0\\1&0&0\\0&0&1\end{bmatrix}=\begin{bmatrix}2&1&3\\5&4&6\\8&7&9\end{bmatrix}$.

仔细的读者也许发现：$A^{-1}$ 与 $A$ 相同，且 $A^{-1}B$ 恰是把 $B$ 作初等行变换 $r_1\leftrightarrow r_2$；$BA^{-1}$ 恰是把 $B$ 作初等列变换 $c_1\leftrightarrow c_2$. 这不是巧合，它反映了初等变换与矩阵乘法之间的联系. 方阵 $A$ 是在单位阵 $E$ 的基础上作初等变换 $r_1\leftrightarrow r_2$ 或 $c_1\leftrightarrow c_2$ 得到的. 这类方阵称为初等阵. $A^{-1}=A$ 左乘 $B$ 相当于对 $B$ 作同类型的初等行变换，右乘 $B$ 相当于对 $B$ 作同类型的初等列变换.

**【例 1.6-12】** 设方阵 $A=\begin{bmatrix}-1&0\\0&1\end{bmatrix}$，$P=\begin{bmatrix}2&3\\1&2\end{bmatrix}$. 试求 $(P^{-1}AP)^k$，其中 $k$ 是正整数.

**解**：由于 $|P|=1$，因此 $P$ 是可逆阵，且 $P^{-1}=\begin{bmatrix}2&-3\\-1&2\end{bmatrix}$. 按矩阵乘法运算的性质，则

$$(\boldsymbol{P}^{-1}\boldsymbol{AP})^k=(\boldsymbol{P}^{-1}\boldsymbol{AP})(\boldsymbol{P}^{-1}\boldsymbol{AP})\cdots(\boldsymbol{P}^{-1}\boldsymbol{AP})$$
$$=\boldsymbol{P}^{-1}\boldsymbol{A}(\boldsymbol{PP}^{-1})\boldsymbol{A}(\boldsymbol{PP}^{-1})\cdots(\boldsymbol{PP}^{-1})\boldsymbol{AP}=\boldsymbol{P}^{-1}\boldsymbol{A}^k\boldsymbol{P}.$$

当 $k$ 为偶数时,$\boldsymbol{A}^k=\boldsymbol{E}$. 于是$(\boldsymbol{P}^{-1}\boldsymbol{AP})^k=\boldsymbol{P}^{-1}\boldsymbol{EP}=\boldsymbol{P}^{-1}\boldsymbol{P}=\boldsymbol{E}$;

当 $k$ 为奇数时,$\boldsymbol{A}^k=\boldsymbol{A}$. 于是

$$(\boldsymbol{P}^{-1}\boldsymbol{AP})^k=\boldsymbol{P}^{-1}\boldsymbol{AP}=\begin{bmatrix}2&-3\\-1&2\end{bmatrix}\begin{bmatrix}-1&0\\0&1\end{bmatrix}\begin{bmatrix}2&3\\1&2\end{bmatrix}$$
$$=\begin{bmatrix}-2&-3\\1&2\end{bmatrix}\begin{bmatrix}2&3\\1&2\end{bmatrix}=\begin{bmatrix}-7&-12\\4&7\end{bmatrix}.$$

**【例 1.6-13】** 设三阶方阵 $\boldsymbol{A}=\boldsymbol{E}+\boldsymbol{B}$,其中 $\boldsymbol{B}=\begin{bmatrix}0&1&0\\0&0&1\\0&0&0\end{bmatrix}$,试求 $\boldsymbol{A}^{10}$.

**解:**三阶方阵 $\boldsymbol{B}$ 具有下列特点:

$$\boldsymbol{B}^2=\begin{bmatrix}0&0&1\\0&0&0\\0&0&0\end{bmatrix},\boldsymbol{B}^k=\boldsymbol{O},k\geqslant 3.$$

因此,
$$\boldsymbol{A}^{10}=(\boldsymbol{E}+\boldsymbol{B})^{10}=\boldsymbol{E}^{10}+\sum_{i=1}^{9}\mathrm{C}_{10}^{i}\boldsymbol{E}^{10-i}\boldsymbol{B}^i+\boldsymbol{B}^{10}=\boldsymbol{E}+\sum_{i=1}^{2}\mathrm{C}_{10}^{i}\boldsymbol{B}^i=\boldsymbol{E}+10\boldsymbol{B}+45\boldsymbol{B}^2$$
$$=\begin{bmatrix}1&0&0\\0&1&0\\0&0&1\end{bmatrix}+\begin{bmatrix}0&10&0\\0&0&10\\0&0&0\end{bmatrix}+\begin{bmatrix}0&0&45\\0&0&0\\0&0&0\end{bmatrix}=\begin{bmatrix}1&10&45\\0&1&10\\0&0&1\end{bmatrix}.$$

**【例 1.6-14】** 设 $\boldsymbol{A},\boldsymbol{B}$ 是 $n$ 阶方阵,下列命题正确的是(　　).

(A)若 $\boldsymbol{A},\boldsymbol{B}$ 都是可逆阵,则 $\boldsymbol{A}+\boldsymbol{B}$ 也是可逆阵

(B)若 $\boldsymbol{A}+\boldsymbol{B}$ 是可逆阵,则 $\boldsymbol{A}$、$\boldsymbol{B}$ 中至少有一个是可逆阵

(C)若 $\boldsymbol{AB}$ 不是可逆阵,则 $\boldsymbol{A}$、$\boldsymbol{B}$ 也都不是可逆阵

(D)若 $\boldsymbol{A}^{\mathrm{T}}\boldsymbol{A}=\boldsymbol{E}$,则 $|\boldsymbol{A}|=1$ 或 $-1$

**解:**(A)不正确,例如 $\boldsymbol{A}=\boldsymbol{E},\boldsymbol{B}=-\boldsymbol{E}$ 都是可逆阵,但 $\boldsymbol{A}+\boldsymbol{B}=\boldsymbol{O}$ 不可逆. (B)不正确,例如

$$\boldsymbol{A}=\begin{bmatrix}1&0\\0&0\end{bmatrix},\boldsymbol{B}=\begin{bmatrix}0&0\\0&1\end{bmatrix}$$

都不可逆,但 $\boldsymbol{A}+\boldsymbol{B}=\boldsymbol{E}$ 是可逆阵. (C)不正确,例如 $\boldsymbol{A}=\boldsymbol{E}$ 是可逆阵,$\boldsymbol{B}=\boldsymbol{O}$ 不是可逆阵,但 $\boldsymbol{AB}=\boldsymbol{O}$ 不是可逆阵. (D)正确,因为$|\boldsymbol{A}^{\mathrm{T}}\boldsymbol{A}|=|\boldsymbol{E}|=1$,而$|\boldsymbol{A}^{\mathrm{T}}\boldsymbol{A}|=|\boldsymbol{A}^{\mathrm{T}}||\boldsymbol{A}|=|\boldsymbol{A}|^2=1$. 故选(D).

**【例 1.6-15】** 设 3 阶方阵 $\boldsymbol{A}$ 的行列式$|\boldsymbol{A}|=2$,则$|-5\boldsymbol{A}^*\boldsymbol{A}^{-1}|$等于(　　).

(A)10　　(B)$-10$　　(C)$-250$　　(D)250

**解:**由于$|\boldsymbol{A}^*|=|\boldsymbol{A}|^{3-1}=2^2=4$,$|\boldsymbol{A}^{-1}|=|\boldsymbol{A}|^{-1}=2^{-1}=\dfrac{1}{2}$,因此$|-5\boldsymbol{A}^*\boldsymbol{A}^{-1}|=(-5)^3$.

$|\boldsymbol{A}^*||\boldsymbol{A}^{-1}|=(-125)\times 4\times\dfrac{1}{2}=-250$. 故选(C).

**【例 1.6-16】** 设 3 阶方阵 $\boldsymbol{A}$ 的行列式$|\boldsymbol{A}|=2$,则$|\boldsymbol{A}^*+\boldsymbol{A}^{-1}|$等于(　　).

(A)$\dfrac{5}{2}$　　(B)$\dfrac{27}{2}$　　(C)27　　(D)$\dfrac{9}{2}$

**解**：由定理 1 推得 $A^{-1}=\frac{1}{2}A^*$，于是

$$|A^*+A^{-1}|=\left|A^*+\frac{1}{2}A^*\right|=\left|\frac{3}{2}A^*\right|=\left(\frac{3}{2}\right)^3|A^*|=\frac{27}{8}|A|^{3-1}=\frac{27}{8}\times 2^2=\frac{27}{2}.$$

故选(B).

**【例 1.6-17】** 设 3 阶方阵 $A$ 满足 $A^2=O$，则下列等式成立的是(　　).

(A)$A=O$　　(B)$R(A)=0$　　(C)$A^3=O$　　(D)$R(A)=3$

**解**：(A)不正确，例如

$$A=\begin{bmatrix}0&0&1\\0&0&0\\0&0&0\end{bmatrix},A^2=O,$$

但 $A\neq O$. (B)不正确，因为 $R(A)=0$ 等价于 $A=O$. (D)不正确，因为 $R(A)=3$ 等价于 $|A|\neq 0$，即 $A$ 是可逆阵，但由 $A^2=O$ 可推出 $|A|^2=0$，即 $|A|=0$，这表明题目中的 $A$ 是不可逆阵. (C)正确，因为 $A^3=A^2A=OA=O$. 故选(C).

**【例 1.6-18】** 设 3 阶方阵 $A=\begin{bmatrix}1&-2&0\\2&-4&-1\\a&b&c\end{bmatrix}$，已知 $A$ 是奇异阵，则 $R(A)$ 等于(　　).

(A)1　　(B)2　　(C)3　　(D)与 $a,b,c$ 取值有关

**解**：由于 $A\neq O$，因此 $R(A)\geqslant 1$. 由于 $A$ 有一个 2 阶子式

$$D_2=\begin{vmatrix}1&0\\2&-1\end{vmatrix}=-1\neq 0,$$

因此 $R(A)\geqslant 2$. 由于 $A$ 是奇异阵，即 $|A|=0$，且 $A$ 无其他 3 阶子式，因此 $R(A)<3$. 从而确定 $R(A)=2$，故选(B).

### 1.6.3 $n$ 维向量

研究向量组的性质与结构是线性代数的一个基本课题.

**1. $n$ 维向量组**

$n$ 个有次序的数 $a_1,a_2,\cdots,a_n$ 所构成的数组

$$\boldsymbol{\alpha}=(a_1,a_2,\cdots,a_n)\text{ 或 }\boldsymbol{\alpha}=[a_1,a_2,\cdots,a_n],$$

称为 $n$ 维(行)向量. 同样，$n$ 维向量也可以用列向量来表示.

规定向量的运算按矩阵运算的规则进行. 于是，行向量 $\boldsymbol{\alpha}$ 的转置 $\boldsymbol{\alpha}^{\mathrm{T}}$ 表示列向量；列向量 $\boldsymbol{\alpha}$ 的转置 $\boldsymbol{\alpha}^{\mathrm{T}}$ 表示行向量.

若干个同维数的向量合在一起称为向量组. 例如，$m$ 个 $n$ 维行向量

$$\boldsymbol{\alpha}_i=(a_{i1},a_{i2},\cdots,a_{in}),i=1,\cdots,m$$

合在一起便构成一个向量组 $A:\boldsymbol{\alpha}_1,\boldsymbol{\alpha}_2,\cdots,\boldsymbol{\alpha}_m$.

有限个向量构成的向量组与矩阵存在一一对应关系. 单位阵 $E_n$ 的行(列)向量组为

$$\text{向量组 } E_n\quad \begin{aligned}&e_1=(1,0,0,\cdots,0),\\&e_2=(0,1,0,\cdots,0),\\&\vdots\\&e_n=(0,0,0,\cdots,1),\end{aligned}$$

称 $\boldsymbol{e}_1,\boldsymbol{e}_2,\cdots,\boldsymbol{e}_n$ 为单位坐标向量. 当 $n=3$ 时,$\boldsymbol{e}_1,\boldsymbol{e}_2,\boldsymbol{e}_3$ 恰是空间解析几何中的 $\boldsymbol{i},\boldsymbol{j},\boldsymbol{k}$.

有时候,向量组由无限个 $n$ 维向量构成,这时不能再与矩阵一一对应. 例如,全体 $n$ 维向量构成的向量组(记作 $R^n$).

**2. 向量组的相关性**

给定向量组 $A:\boldsymbol{\alpha}_1,\boldsymbol{\alpha}_2,\cdots,\boldsymbol{\alpha}_m$. 下面介绍三个重要的定义.

①如果有一个向量 $\boldsymbol{\beta}$ 与一组数 $k_1,k_2,\cdots,k_m$ 满足

$$\boldsymbol{\beta}=k_1\boldsymbol{\alpha}_1+k_2\boldsymbol{\alpha}_2+\cdots+k_m\boldsymbol{\alpha}_m,$$

那么称向量 $\boldsymbol{\beta}$ 是向量组 $\boldsymbol{\alpha}_1,\boldsymbol{\alpha}_2,\cdots,\boldsymbol{\alpha}_m$ 的线性组合,称 $\boldsymbol{\beta}$ 可以由向量组 $\boldsymbol{\alpha}_1,\boldsymbol{\alpha}_2,\cdots,\boldsymbol{\alpha}_m$ 线性表示.

②如果有一组不全为 0 的数 $k_1,k_2,\cdots,k_m$,使得

$$k_1\boldsymbol{\alpha}_1+k_2\boldsymbol{\alpha}_2+\cdots+k_m\boldsymbol{\alpha}_m=\boldsymbol{0},$$

那么称向量组 $A:\boldsymbol{\alpha}_1,\boldsymbol{\alpha}_2,\cdots,\boldsymbol{\alpha}_m$ 线性相关.

③如果②中要求的一组不全为 0 的数 $k_1,k_2,\cdots,k_m$ 不存在,即当

$$k_1\boldsymbol{\alpha}_1+k_2\boldsymbol{\alpha}_2+\cdots+k_m\boldsymbol{\alpha}_m=\boldsymbol{0}$$

时必定有 $k_1=k_2=\cdots=k_m=0$,那么称向量组 $A:\boldsymbol{\alpha}_1,\boldsymbol{\alpha}_2,\cdots,\boldsymbol{\alpha}_m$ 线性无关.

对于任意一个 $n$ 维向量 $\boldsymbol{\beta}=(b_1,b_2,\cdots,b_n)$,等式

$$\boldsymbol{\beta}=b_1\boldsymbol{e}_1+b_2\boldsymbol{e}_2+\cdots+b_n\boldsymbol{e}_n$$

总是成立. 这表明任意一个 $n$ 维向量总可以用单位坐标向量组 $E_n:\boldsymbol{e}_1,\boldsymbol{e}_2,\cdots,\boldsymbol{e}_n$ 线性表示.

**定理 5** 给定向量组 $A:\boldsymbol{\alpha}_1,\cdots,\boldsymbol{\alpha}_m$ 及与其对应的 $m\times n$ 矩阵 $\boldsymbol{A}$.

①向量组 $A$ 线性相关的充分必要条件是 $R(\boldsymbol{A})<$ 向量的个数 $m$.

②向量组 $A$ 线性无关的充分必要条件是 $R(\boldsymbol{A})=$ 向量的个数 $m$.

当向量组所含向量个数与向量维数相等(即定理 5 中 $m=n$)时,向量组 $A$ 所对应的矩阵 $\boldsymbol{A}$ 是一个 $n$ 阶方阵. 向量组的相关性可以用 $\boldsymbol{A}$ 的行列式来判断:

①向量组 $A$ 线性相关的充分必要条件是 $|\boldsymbol{A}|=0$;

②向量组 $A$ 线性无关的充分必要条件是 $|\boldsymbol{A}|\neq 0$.

当向量组所含向量个数大于向量维数(即定理 5 中 $m>n$)时,向量组必定线性相关,因为向量组所对应的 $m\times n$ 矩阵 $\boldsymbol{A}$ 的秩 $R(\boldsymbol{A})\leqslant n<m$. 例如 5 个 4 维向量必定线性相关.

**定理 6** 向量组 $A:\boldsymbol{\alpha}_1,\boldsymbol{\alpha}_2,\cdots,\boldsymbol{\alpha}_m$ 线性相关的充分必要条件是 $\boldsymbol{\alpha}_1,\boldsymbol{\alpha}_2,\cdots,\boldsymbol{\alpha}_m$ 中至少有一个向量可以用其余向量线性表示.

**定理 7** 如果向量组 $\boldsymbol{\alpha}_1,\boldsymbol{\alpha}_2,\cdots,\boldsymbol{\alpha}_m$ 线性无关,而向量组 $\boldsymbol{\alpha}_1,\boldsymbol{\alpha}_2,\cdots,\boldsymbol{\alpha}_m,\boldsymbol{\beta}$ 线性相关,那么 $\boldsymbol{\beta}$ 必定可以由 $\boldsymbol{\alpha}_1,\boldsymbol{\alpha}_2,\cdots,\boldsymbol{\alpha}_m$ 线性表示,且表示方式(即数 $k_1,k_2,\cdots,k_m$)是唯一的.

**3. 向量组的最大无关组与秩**

给定一个向量组 $A$($A$ 可以含有限个向量,也可以含无限个向量),如果在向量组 $A$ 中能选出 $r$ 个(有限个)向量 $\boldsymbol{\alpha}_1,\cdots,\boldsymbol{\alpha}_r$,满足

①$\boldsymbol{\alpha}_1,\cdots,\boldsymbol{\alpha}_r$ 线性无关,

②向量组 $A$ 中任意 $r+1$ 个向量都线性相关,

那么称向量组 $A_0:\boldsymbol{\alpha}_1,\boldsymbol{\alpha}_2,\cdots,\boldsymbol{\alpha}_r$ 为向量组 $A$ 的最大(线性)无关(向量)组,称正整数 $r$ 为向量组 $A$ 的秩.

如果向量组仅由零向量构成,那么此向量组找不到最大无关组,规定此类向量组的秩为 0.

向量组的最大无关组一般不唯一，但是向量组的秩是唯一确定的.

**定理 8** 如果向量组 $A$ 由有限个向量构成，且对应的矩阵为 $\boldsymbol{A}$，那么向量组的秩 $=R(\boldsymbol{A})$.

给定两个向量组 $A$ 与 $B$，如果向量组 $A$ 中任意一个向量都能由向量组 $B$ 线性表示，那么称向量组 $A$ 可以由向量组 $B$ 线性表示. 如果两个向量组 $A$ 与 $B$ 可以相互线性表示，那么称向量组 $A$ 与向量组 $B$ 等价. 任意一个向量组 $A$ 总是与它自己的最大无关组 $A_0$ 等价.

**定理 9** 如果向量组 $A$ 可以由向量组 $B$ 线性表示，那么向量组 $A$ 的秩≤向量组 $B$ 的秩.

**定理 10** 如果向量组 $A$ 与向量组 $B$ 等价，那么它们的秩相等.

定理 10 的逆定理不成立. 然而，如果向量组 $A$ 的秩 = 向量组 $B$ 的秩，且向量组 $A$ 可以由向量组 $B$ 线性表示，那么向量组 $B$ 也可以由向量组 $A$ 线性表示，从而可得这两个向量组等价.

向量组的等价与初等变换有密切的联系.

**定理 11** 如果矩阵 $\boldsymbol{A}$ 经过初等行(列)变换成为 $\boldsymbol{B}$，那么矩阵 $\boldsymbol{A}$ 的行(列)向量组与矩阵 $\boldsymbol{B}$ 的行(列)向量组等价.

**4. 向量的内积**

同维数的行向量与列向量相乘是一个数. 设 $n$ 维列向量

$$\boldsymbol{x}=\begin{pmatrix}x_1\\x_2\\\vdots\\x_n\end{pmatrix},\boldsymbol{y}=\begin{pmatrix}y_1\\y_2\\\vdots\\y_n\end{pmatrix},$$

称数 $\boldsymbol{x}^{\mathrm{T}}\boldsymbol{y}$ 为向量 $\boldsymbol{x}$ 与 $\boldsymbol{y}$ 的内积，记作 $[\boldsymbol{x},\boldsymbol{y}]$，即

$$[\boldsymbol{x},\boldsymbol{y}]=\boldsymbol{x}^{\mathrm{T}}\boldsymbol{y}=\boldsymbol{y}^{\mathrm{T}}\boldsymbol{x}=x_1y_1+x_2y_2+\cdots+x_ny_n.$$

当 $n=3$ 时，内积恰是向量代数中的数量积.

由于 $\boldsymbol{x}^{\mathrm{T}}\boldsymbol{x}\geqslant 0$，因此称 $\sqrt{[\boldsymbol{x},\boldsymbol{x}]}$ 为向量 $\boldsymbol{x}$ 的范数(或 $\boldsymbol{x}$ 的模，或 $\boldsymbol{x}$ 的长度)，记作 $\|\boldsymbol{x}\|$，即

$$\|\boldsymbol{x}\|=\sqrt{[\boldsymbol{x},\boldsymbol{x}]}=\sqrt{\boldsymbol{x}^{\mathrm{T}}\boldsymbol{x}}=\sqrt{x_1^2+x_2^2+\cdots+x_n^2}.$$

范数等于 1 的向量称为单位向量. 对任意一个非零向量 $\boldsymbol{x}$，$\dfrac{1}{\|\boldsymbol{x}\|}\boldsymbol{x}$ 必定是单位向量. 向量的范数为 0 的充分必要条件是它为零向量.

如果两个向量 $\boldsymbol{x}$ 与 $\boldsymbol{y}$ 的内积为 0，即 $[\boldsymbol{x},\boldsymbol{y}]=0$，那么称向量 $\boldsymbol{x}$ 与 $\boldsymbol{y}$ 正交. 如果由非零向量构成的向量组中任意两个向量都正交(称为两两正交)，那么称这个向量组为正交向量组.

**定理 12** 设 $\boldsymbol{\alpha}_1,\boldsymbol{\alpha}_2,\cdots,\boldsymbol{\alpha}_m$ 是一个正交向量组，则 $\boldsymbol{\alpha}_1,\boldsymbol{\alpha}_2,\cdots,\boldsymbol{\alpha}_m$ 必定线性无关.

设 $\boldsymbol{A}$ 是 $n$ 阶方阵，如果 $\boldsymbol{A}$ 满足 $\boldsymbol{A}\boldsymbol{A}^{\mathrm{T}}=\boldsymbol{E}$，那么称 $\boldsymbol{A}$ 是正交阵. 当 $\boldsymbol{A}$ 是正交阵时，$|\boldsymbol{A}|=\pm1$. 当 $\boldsymbol{A}$ 与 $\boldsymbol{B}$ 都是正交阵时，$\boldsymbol{AB}$ 也是正交阵.

下列命题都是 $\boldsymbol{A}$ 为正交阵的充分必要条件.

①$\boldsymbol{A}^{\mathrm{T}}\boldsymbol{A}=\boldsymbol{E}$.

②$\boldsymbol{A}^{-1}=\boldsymbol{A}^{\mathrm{T}}$.

③$\boldsymbol{A}$ 的行向量组是正交向量组，且全体向量都是单位向量.

④$\boldsymbol{A}$ 的列向量组是正交向量组，且全体向量都是单位向量.

**【例 1.6-19】** 设 $\boldsymbol{A}$ 是 $n$ 阶方阵，$n\geqslant 3$. 已知 $|\boldsymbol{A}|=0$，则下列命题正确的是(　　).

(A)$\boldsymbol{A}$ 中某一行元素全为 0

(B)$\boldsymbol{A}$ 的第 $n$ 行是前 $n-1$ 行(作为行向量)的线性组合

(C)$\boldsymbol{A}$ 中有两列对应元素成比例

(D)$\boldsymbol{A}$ 中某一列是其余 $n-1$ 列(作为列向量)的线性组合

**解:**(A)不正确. 例如,$\boldsymbol{A}=\begin{bmatrix}1&1&1\\2&2&2\\1&2&3\end{bmatrix}$,$|\boldsymbol{A}|=0$. 这个反例也说明(B)、(C)不正确.(D)正确,因为$|\boldsymbol{A}|=0$ 表明方阵 $\boldsymbol{A}$ 的列向量组线性相关,由定理6得到,至少有一个列向量可以用其余列向量线性表示. 故选(D).

举出反例是不容易的,本题也可以作如下分析. $|\boldsymbol{A}|=0$ 是方阵 $\boldsymbol{A}$ 的 $n$ 列(行)线性相关的充分必要条件. 现在前三个选项都是$|\boldsymbol{A}|=0$ 的充分条件,而不是必要条件;按定理6,第四个选项是充分必要条件.

**【例 1.6-20】** 3 维向量组 $A:\boldsymbol{\alpha}_1,\boldsymbol{\alpha}_2,\cdots,\boldsymbol{\alpha}_m$ 线性无关的充分必要条件是(　　).

(A)对任意一组不全为 0 的数 $k_1,k_2,\cdots,k_m$,都有 $k_1\boldsymbol{\alpha}_1+k_2\boldsymbol{\alpha}_2+\cdots+k_m\boldsymbol{\alpha}_m\neq\boldsymbol{0}$

(B)向量组 $A$ 中任意两个向量都线性无关

(C)向量组 $A$ 是正交向量组

(D)$\boldsymbol{\alpha}_m$ 不能由 $\boldsymbol{\alpha}_1,\boldsymbol{\alpha}_2,\cdots,\boldsymbol{\alpha}_{m-1}$线性表示

**解:**(B)与(D)是向量组线性无关的必要条件,但不是充分条件.(C)是向量组线性无关的充分条件,但不是必要条件.(A)是向量组线性无关定义的正确叙述,即不存在一组不全为零的数 $k_1,k_2,\cdots,k_m$,使得 $k_1\boldsymbol{\alpha}_1+k_2\boldsymbol{\alpha}_2+\cdots+k_m\boldsymbol{\alpha}_m=\boldsymbol{0}$. 故选(A).

**【例 1.6-21】** 设向量组 $A:\boldsymbol{\alpha}_1=(1,-1,0),\boldsymbol{\alpha}_2=(2,1,t),\boldsymbol{\alpha}_3=(0,1,1)$线性相关,则 $t$ 等于(　　).

(A)1　　(B)2　　(C)3　　(D)0

**解:**由向量组 $A$ 线性相关推得对应矩阵 $\boldsymbol{A}$ 的行列式为 0. 于是,由

$$|\boldsymbol{A}|=\begin{vmatrix}1&-1&0\\2&1&t\\0&1&1\end{vmatrix}=3-t=0,$$

得到 $t=3$. 故选(C).

**【例 1.6-22】** 设列向量组 $A$ 对应的矩阵

$$\boldsymbol{A}=[\boldsymbol{\alpha}_1\quad\boldsymbol{\alpha}_2\quad\boldsymbol{\alpha}_3\quad\boldsymbol{\alpha}_4\quad\boldsymbol{\alpha}_5]=\begin{bmatrix}1&-1&3&1&0\\2&1&2&1&3\\1&2&-1&0&3\\3&0&5&2&1\end{bmatrix},$$

试问向量组 $\boldsymbol{\alpha}_1,\boldsymbol{\alpha}_2,\boldsymbol{\alpha}_3,\boldsymbol{\alpha}_4,\boldsymbol{\alpha}_5$ 是否线性相关? 求向量组 $A$ 的最大无关组与秩.

**解:**由于向量个数5大于维数4,因此向量组线性相关. 对矩阵 $\boldsymbol{A}$ 作初等行变换:

$$\boldsymbol{A}\underset{\substack{-r_1+r_3\\-3r_1+r_4}}{\overset{-2r_1+r_2}{\sim}}\begin{bmatrix}1&-1&3&1&0\\0&3&-4&-1&3\\0&3&-4&-1&3\\0&3&-4&-1&1\end{bmatrix}\underset{-r_2+r_4}{\overset{-r_2+r_3}{\sim}}\begin{bmatrix}1&-1&3&1&0\\0&3&-4&-1&3\\0&0&0&0&0\\0&0&0&0&-2\end{bmatrix}$$

$$\overset{r_3\leftrightarrow r_4}{\sim}\begin{bmatrix}1 & -1 & 3 & 1 & 0\\ 0 & 3 & -4 & -1 & 3\\ 0 & 0 & 0 & 0 & -2\\ 0 & 0 & 0 & 0 & 0\end{bmatrix},$$

由于行阶梯形有三个非零行，$R(\boldsymbol{A})=3$，因此向量组 $A$ 的秩 $=3$. 向量组 $A$ 的最大无关组可以如下得到：3 个非零行的第一个非零元处于 $4\times5$ 矩阵 $\boldsymbol{A}$ 的第 1、2、5 列，因此 $\boldsymbol{\alpha}_1,\boldsymbol{\alpha}_2,\boldsymbol{\alpha}_5$ 构成一个最大无关组.

对求最大无关组的方法作一说明. 这个方法适用于列向量组. 如果题目中给出的是行向量组，那么要先把向量组对应的矩阵 $\boldsymbol{A}$ 作转置运算，然后对 $\boldsymbol{A}^{\mathrm{T}}$ 作初等行变换.

**【例 1.6-23】** 设向量组 $A:\boldsymbol{\alpha}_1,\boldsymbol{\alpha}_2,\boldsymbol{\alpha}_3$ 线性无关，试问向量组 $\boldsymbol{\beta}_1=\boldsymbol{\alpha}_1+\boldsymbol{\alpha}_2,\boldsymbol{\beta}_2=\boldsymbol{\alpha}_2+\boldsymbol{\alpha}_3,\boldsymbol{\beta}_3=\boldsymbol{\alpha}_3+\boldsymbol{\alpha}_1$是否线性无关？

**解**：设常数 $k_1,k_2,k_3$ 满足 $k_1\boldsymbol{\beta}_1+k_2\boldsymbol{\beta}_2+k_3\boldsymbol{\beta}_3=\boldsymbol{0}$，即

$$k_1(\boldsymbol{\alpha}_1+\boldsymbol{\alpha}_2)+k_2(\boldsymbol{\alpha}_2+\boldsymbol{\alpha}_3)+k_3(\boldsymbol{\alpha}_3+\boldsymbol{\alpha}_1)=\boldsymbol{0},$$

整理后得到

$$(k_1+k_3)\boldsymbol{\alpha}_1+(k_1+k_2)\boldsymbol{\alpha}_2+(k_2+k_3)\boldsymbol{\alpha}_3=\boldsymbol{0}.$$

由于 $\boldsymbol{\alpha}_1,\boldsymbol{\alpha}_2,\boldsymbol{\alpha}_3$ 线性无关，因此，必定有

$$\begin{cases}k_1 \qquad +k_3=0,\\ k_1+k_2 \qquad =0,\\ \qquad k_2+k_3=0.\end{cases}$$

由此解得 $k_1=k_2=k_3=0$. 这表明向量组 $\boldsymbol{\beta}_1,\boldsymbol{\beta}_2,\boldsymbol{\beta}_3$ 线性无关.

**【例 1.6-24】** 设向量组 $A:\boldsymbol{\alpha}_1,\boldsymbol{\alpha}_2,\boldsymbol{\alpha}_3,\boldsymbol{\alpha}_4$. 试问向量组 $\boldsymbol{\beta}_1=\boldsymbol{\alpha}_1+\boldsymbol{\alpha}_2,\boldsymbol{\beta}_2=\boldsymbol{\alpha}_2+\boldsymbol{\alpha}_3,\boldsymbol{\beta}_3=\boldsymbol{\alpha}_3+\boldsymbol{\alpha}_4,\boldsymbol{\beta}_4=\boldsymbol{\alpha}_4+\boldsymbol{\alpha}_1$ 是否线性无关？

**解**：取 $k_1=k_3=1,k_2=k_4=-1$，得到

$$\boldsymbol{\beta}_1-\boldsymbol{\beta}_2+\boldsymbol{\beta}_3-\boldsymbol{\beta}_4=(\boldsymbol{\alpha}_1+\boldsymbol{\alpha}_2)-(\boldsymbol{\alpha}_2+\boldsymbol{\alpha}_3)+(\boldsymbol{\alpha}_3+\boldsymbol{\alpha}_4)-(\boldsymbol{\alpha}_4+\boldsymbol{\alpha}_1)=\boldsymbol{0}.$$

由于 $k_1,k_2,k_3,k_4$ 满足不全为 0，因此向量组 $\boldsymbol{\beta}_1,\boldsymbol{\beta}_2,\boldsymbol{\beta}_3,\boldsymbol{\beta}_4$ 线性相关.

### 1.6.4 线性方程组

线性方程组是二元一次、三元一次方程组的推广形式. 要求掌握解的讨论、解的性质、解的结构与求解方法.

**1. 线性方程组**

由 $n$ 个未知数，$m$ 个一次方程构成的方程组

$$\begin{cases}a_{11}x_1+a_{12}x_2+\cdots+a_{1n}x_n=b_1,\\ a_{21}x_1+a_{22}x_2+\cdots+a_{2n}x_n=b_2,\\ \cdots\\ a_{m1}x_1+a_{m2}x_2+\cdots+a_{mn}x_n=b_m\end{cases}$$

称为线性方程组. 借助于矩阵与向量，线性方程组可以表示成向量方程（即矩阵方程）：$\boldsymbol{Ax}=\boldsymbol{b}$，其中 $m\times n$ 矩阵 $\boldsymbol{A}$ 称为系数矩阵，列向量 $\boldsymbol{x}$ 称为未知向量，即

$$\boldsymbol{A}=\begin{bmatrix} a_{11} & a_{12} & \cdots & a_{1n} \\ a_{21} & a_{22} & \cdots & a_{2n} \\ \vdots & \vdots & & \vdots \\ a_{m1} & a_{m2} & \cdots & a_{mn} \end{bmatrix},\boldsymbol{x}=\begin{bmatrix} x_1 \\ x_2 \\ \vdots \\ x_n \end{bmatrix},\boldsymbol{b}=\begin{bmatrix} b_1 \\ b_2 \\ \vdots \\ b_m \end{bmatrix}.$$

向量方程 $\boldsymbol{Ax}=\boldsymbol{b}$ 的解称为线性方程组的解向量. 当常数向量 $\boldsymbol{b}=\boldsymbol{0}$ 时,称 $\boldsymbol{Ax}=\boldsymbol{0}$ 为齐次线性方程组;当常数向量 $\boldsymbol{b}\neq\boldsymbol{0}$ 时,称 $\boldsymbol{Ax}=\boldsymbol{b}$ 为非齐次线性方程组.

对于齐次线性方程组 $\boldsymbol{Ax}=\boldsymbol{0}$,零向量总是它的一个解,称这个解为零解. 如果非零向量 $\boldsymbol{x}_0$ 是 $\boldsymbol{Ax}=\boldsymbol{0}$ 的解(即满足 $\boldsymbol{Ax}_0=\boldsymbol{0}$),那么称这个非零向量 $\boldsymbol{x}_0$ 为非零解.

以下假定系数矩阵 $\boldsymbol{A}$ 是 $m\times n$ 矩阵,即未知数个数 $=n$,方程个数 $=m$,记 $\boldsymbol{A}$ 的秩 $R(\boldsymbol{A})=r$,记 $s=n-r$.

**2. 线性方程组解的讨论**

对于齐次与非齐次线性方程组解的讨论对象是不同的.

(1)齐次线性方程组 $\boldsymbol{Ax}=\boldsymbol{0}$.

①$\boldsymbol{Ax}=\boldsymbol{0}$ 有非零解的充分必要条件是 $R(\boldsymbol{A})=r<n$.

②$\boldsymbol{Ax}=\boldsymbol{0}$ 无非零解的充分必要条件是 $R(\boldsymbol{A})=r=n$.

③当 $m<n$ 时,$\boldsymbol{Ax}=\boldsymbol{0}$ 必定有非零解.

(2)非齐次线性方程组 $\boldsymbol{Ax}=\boldsymbol{b}$.

若方程组有解,则称它是相容的;若方程组无解,则称它是不相容的. 记 $m\times(n+1)$ 矩阵

$$\widetilde{\boldsymbol{A}}=[\boldsymbol{A}\ \vdots\ \boldsymbol{b}]=\begin{bmatrix} a_{11} & a_{12} & \cdots & a_{1n} & b_1 \\ a_{21} & a_{22} & \cdots & a_{2n} & b_2 \\ \vdots & \vdots & & \vdots & \vdots \\ a_{m1} & a_{m2} & \cdots & a_{mn} & b_m \end{bmatrix},$$

并称 $\widetilde{\boldsymbol{A}}$ 为非齐次线性方程组 $\boldsymbol{Ax}=\boldsymbol{b}$ 的增广矩阵.

①$\boldsymbol{Ax}=\boldsymbol{b}$ 有解的充分必要条件是 $R(\widetilde{\boldsymbol{A}})=R(\boldsymbol{A})=r$.

②$\boldsymbol{Ax}=\boldsymbol{b}$ 有唯一解的充分必要条件是 $R(\widetilde{\boldsymbol{A}})=R(\boldsymbol{A})=r=n$.

③$\boldsymbol{Ax}=\boldsymbol{b}$ 有无限多个解的充分必要条件是 $R(\widetilde{\boldsymbol{A}})=R(\boldsymbol{A})=r<n$.

④$\boldsymbol{Ax}=\boldsymbol{b}$ 无解的充分必要条件是 $R(\widetilde{\boldsymbol{A}})>R(\boldsymbol{A})$.

**3. 线性方程组解的性质**

齐次与非齐次线性方程组解的性质有本质的差异.

①如果 $\boldsymbol{x}=\boldsymbol{\xi}_1,\boldsymbol{x}=\boldsymbol{\xi}_2,\cdots,\boldsymbol{x}=\boldsymbol{\xi}_t$ 是齐次线性方程组 $\boldsymbol{Ax}=\boldsymbol{0}$ 的解,那么任意一个线性组合 $k_1\boldsymbol{\xi}_1+k_2\boldsymbol{\xi}_2+\cdots+k_t\boldsymbol{\xi}_t$ 依然是 $\boldsymbol{Ax}=\boldsymbol{0}$ 的解.

②如果 $\boldsymbol{x}=\boldsymbol{\eta}_1,\boldsymbol{x}=\boldsymbol{\eta}_2,\cdots,\boldsymbol{x}=\boldsymbol{\eta}_t$ 是非齐次线性方程组 $\boldsymbol{Ax}=\boldsymbol{b}$ 的解,那么当 $\sum\limits_{i=1}^{t}k_i=1$ 时,$k_1\boldsymbol{\eta}_1+k_2\boldsymbol{\eta}_2+\cdots+k_t\boldsymbol{\eta}_t$ 是 $\boldsymbol{Ax}=\boldsymbol{b}$ 的解;当 $\sum\limits_{i=1}^{t}k_i=0$ 时,$k_1\boldsymbol{\eta}_1+k_2\boldsymbol{\eta}_2+\cdots+k_t\boldsymbol{\eta}_t$ 是 $\boldsymbol{Ax}=\boldsymbol{0}$ 的解.

③如果 $\boldsymbol{x}=\boldsymbol{\xi}$ 是 $\boldsymbol{Ax}=\boldsymbol{0}$ 的解,$\boldsymbol{\eta}$ 是 $\boldsymbol{Ax}=\boldsymbol{b}$ 的解,那么 $\boldsymbol{\xi}+\boldsymbol{\eta}$ 是 $\boldsymbol{Ax}=\boldsymbol{b}$ 的解.

**4. 线性方程组解的结构**

在齐次或非齐次线性方程组中,常常遇到有无限多个解,需要写出通解(假定 $r<n$).

(1)齐次线性方程组

给定齐次线性方程组 $\boldsymbol{Ax}=\boldsymbol{0}$. 它的全体解向量所构成的向量组记作 $S$. 称解向量组 $S$ 的最大无关组为齐次线性方程组 $\boldsymbol{Ax}=\boldsymbol{0}$ 的基础解系. 解向量组 $S$ 的秩 $s=n-r$. 记基础解系为 $\boldsymbol{\xi}_1,\cdots,\boldsymbol{\xi}_s$. $\boldsymbol{Ax}=\boldsymbol{0}$ 的通解为

$$\boldsymbol{x}=k_1\boldsymbol{\xi}_1+k_2\boldsymbol{\xi}_2+\cdots+k_s\boldsymbol{\xi}_s,\quad k_1,\cdots,k_s\text{ 为任意数.}$$

基础解系 $\boldsymbol{\xi}_1,\boldsymbol{\xi}_2,\cdots,\boldsymbol{\xi}_s$ 必定满足以下三个条件:

①$\boldsymbol{\xi}_1,\boldsymbol{\xi}_2,\cdots,\boldsymbol{\xi}_s$ 是 $\boldsymbol{Ax}=\boldsymbol{0}$ 的解;

②$\boldsymbol{\xi}_1,\boldsymbol{\xi}_2,\cdots,\boldsymbol{\xi}_s$ 线性无关;

③如果 $\boldsymbol{\xi}$ 是 $\boldsymbol{Ax}=\boldsymbol{0}$ 的解,那么 $\boldsymbol{\xi}$ 必定可以用 $\boldsymbol{\xi}_1,\boldsymbol{\xi}_2,\cdots,\boldsymbol{\xi}_s$ 线性表示.

反之,满足上述三个条件的向量组必定是 $\boldsymbol{Ax}=\boldsymbol{0}$ 的基础解系. 基础解系一般不唯一,但是基础解系所含向量个数是唯一的,它必定等于 $s=n-r$.

(2)非齐次线性方程组

给定非齐次线性方程组 $\boldsymbol{Ax}=\boldsymbol{b}$. 如果 $\boldsymbol{\eta}$ 是 $\boldsymbol{Ax}=\boldsymbol{b}$ 的某个解,$\boldsymbol{\xi}_1,\boldsymbol{\xi}_2,\cdots,\boldsymbol{\xi}_s$ 是 $\boldsymbol{Ax}=\boldsymbol{0}$ 的基础解系,那么 $\boldsymbol{Ax}=\boldsymbol{b}$ 的通解为

$$\boldsymbol{x}=k_1\boldsymbol{\xi}_1+k_2\boldsymbol{\xi}_2+\cdots+k_s\boldsymbol{\xi}_s+\boldsymbol{\eta},\quad k_1,\cdots,k_s\text{ 为任意数.}$$

**5. 解线性方程组**

用初等变换不仅可以知道线性方程组解的情况,而且可以求出它的通解.

对齐次线性方程组 $\boldsymbol{Ax}=\boldsymbol{0}$,通过对系数矩阵 $\boldsymbol{A}$ 作初等行变换,变成行阶梯形即可知道它是否有非零解,在有非零解的情形下,变成行最简形即能写出它的通解.

对非齐次线性方程组 $\boldsymbol{Ax}=\boldsymbol{b}$,通过对增广矩阵 $\widetilde{\boldsymbol{A}}$ 作初等行变换,变成行阶梯形即可知道它是否有解,在有解的情形下,变成行最简形即能写出它的通解.

**【例 1.6-25】** 判断齐次线性方程组

$$\begin{cases}x_1-x_2-x_3+x_4=0,\\x_1-x_2+x_3-3x_4=0,\\3x_1-3x_2-2x_3+x_4=0\end{cases}$$

是否有非零解? 如果有非零解,求出方程组的通解.

**解**:对系数矩阵 $\boldsymbol{A}$ 作初等行变换,把它变成行阶梯形:

$$\boldsymbol{A}=\begin{bmatrix}1&-1&-1&1\\1&-1&1&-3\\3&-3&-2&1\end{bmatrix}\overset{-r_1+r_2}{\underset{-3r_1+r_3}{\sim}}\begin{bmatrix}1&-1&-1&1\\0&0&2&-4\\0&0&1&-2\end{bmatrix}$$

$$\overset{\frac{1}{2}r_2}{\sim}\begin{bmatrix}1&-1&-1&1\\0&0&1&-2\\0&0&1&-2\end{bmatrix}\overset{-r_2+r_3}{\sim}\begin{bmatrix}1&-1&-1&1\\0&0&1&-2\\0&0&0&0\end{bmatrix}$$

由于 $n=4,r=R(\boldsymbol{A})=2,r<n$,因此齐次线性方程组必有非零解. 继续作初等行变换,把 $\boldsymbol{A}$ 变成行最简形:

$$\boldsymbol{A}\overset{r_2+r_1}{\sim}\begin{bmatrix}1&-1&0&-1\\0&0&1&-2\\0&0&0&0\end{bmatrix}=\boldsymbol{B}.$$

齐次线性方程组 $\boldsymbol{Ax}=\boldsymbol{0}$ 与 $\boldsymbol{Bx}=\boldsymbol{0}$ 是同解方程组,即与

$$\begin{cases} x_1 - x_2 \quad - x_4 = 0 \\ \qquad\quad x_3 - 2x_4 = 0 \end{cases} \text{或} \begin{cases} x_1 = x_2 + x_4 \\ x_3 = 2x_4 \end{cases}$$

同解. 令 $x_2 = k_1, x_4 = k_2$ 便得 $\boldsymbol{Ax} = \boldsymbol{0}$ 的通解

$$\boldsymbol{x} = \begin{bmatrix} x_1 \\ x_2 \\ x_3 \\ x_4 \end{bmatrix} = \begin{bmatrix} k_1 + k_2 \\ k_1 \\ 2k_2 \\ k_2 \end{bmatrix} = k_1 \begin{bmatrix} 1 \\ 1 \\ 0 \\ 0 \end{bmatrix} + k_2 \begin{bmatrix} 1 \\ 0 \\ 2 \\ 1 \end{bmatrix},$$

其中 $k_1, k_2$ 是任意数.

在本题中,由于 $m = 3, n = 4, m < n$,因此立即可以推出 $\boldsymbol{Ax} = \boldsymbol{0}$ 必有非零解. 另外,通解中的两个解向量

$$\boldsymbol{\xi}_1 = [1,1,0,0]^{\mathrm{T}}, \boldsymbol{\xi}_2 = [1,0,2,1]^{\mathrm{T}}$$

是齐次线性方程组 $\boldsymbol{Ax} = \boldsymbol{0}$ 的基础解系.

**【例 1.6-26】** 讨论非齐次线性方程组

$$\begin{cases} x_1 + x_2 - 2x_3 + x_4 = 1, \\ 2x_1 + 2x_2 - 4x_3 + x_4 = 2, \\ x_1 + x_2 - 2x_3 - x_4 = 1 \end{cases}$$

解的情况. 如果有无限多个解,求出方程组的通解.

**解:** 对增广矩阵 $\widetilde{\boldsymbol{A}}$ 作初等行变换,把它变成行阶梯形:

$$\widetilde{\boldsymbol{A}} = \begin{bmatrix} 1 & 1 & -2 & 1 & 1 \\ 2 & 2 & -4 & 1 & 2 \\ 1 & 1 & -2 & -1 & 1 \end{bmatrix} \overset{-2r_1 + r_2}{\underset{-r_1 + r_3}{\sim}} \begin{bmatrix} 1 & 1 & -2 & 1 & 1 \\ 0 & 0 & 0 & -1 & 0 \\ 0 & 0 & 0 & -2 & 0 \end{bmatrix}$$

$$\overset{-r_2}{\sim} \begin{bmatrix} 1 & 1 & -2 & 1 & 1 \\ 0 & 0 & 0 & 1 & 0 \\ 0 & 0 & 0 & -2 & 0 \end{bmatrix} \overset{2r_2 + r_3}{\sim} \begin{bmatrix} 1 & 1 & -2 & 1 & 1 \\ 0 & 0 & 0 & 1 & 0 \\ 0 & 0 & 0 & 0 & 0 \end{bmatrix}.$$

由于 $n = 4, R(\widetilde{\boldsymbol{A}}) = 2, R(\boldsymbol{A}) = 2 = r, r < n$,因此非齐次线性方程组必有无限多个解. 继续作初等行变换,把 $\widetilde{\boldsymbol{A}}$ 变成行最简形:

$$\widetilde{\boldsymbol{A}} \overset{-r_2 + r_1}{\sim} \begin{bmatrix} 1 & 1 & -2 & 0 & 1 \\ 0 & 0 & 0 & 1 & 0 \\ 0 & 0 & 0 & 0 & 0 \end{bmatrix}.$$

原方程组与

$$\begin{cases} x_1 + x_2 - 2x_3 \quad = 1 \\ \qquad\qquad\quad x_4 = 0 \end{cases} \text{或} \begin{cases} x_1 = -x_2 + 2x_3 + 1 \\ x_4 = 0 \end{cases}$$

是同解方程组. 令 $x_2 = k_1, x_3 = k_2$,便得通解

$$\boldsymbol{x} = \begin{bmatrix} x_1 \\ x_2 \\ x_3 \\ x_4 \end{bmatrix} = \begin{bmatrix} -k_1 + 2k_2 + 1 \\ k_1 \\ k_2 \\ 0 \end{bmatrix} = k_1 \begin{bmatrix} -1 \\ 1 \\ 0 \\ 0 \end{bmatrix} + k_2 \begin{bmatrix} 2 \\ 0 \\ 1 \\ 0 \end{bmatrix} + \begin{bmatrix} 1 \\ 0 \\ 0 \\ 0 \end{bmatrix},$$

其中 $k_1, k_2$ 是任意数.

在本题中，$\boldsymbol{\eta}=[1,0,0,0]^{\mathrm{T}}$ 是非齐次线性方程组的一个特解，而

$$\boldsymbol{\xi}_1=[-1,1,0,0]^{\mathrm{T}},\boldsymbol{\xi}_2=[2,0,1,0]^{\mathrm{T}}$$

是相应的齐次线性方程组 $\boldsymbol{Ax}=\boldsymbol{0}$ 的基础解系.

**【例 1.6-27】** 设 $\boldsymbol{A}$ 是 $4\times5$ 矩阵，$\boldsymbol{\xi}_1,\boldsymbol{\xi}_2$ 是齐次线性方程组 $\boldsymbol{Ax}=\boldsymbol{0}$ 的基础解系，则下列结论正确的是(　　).

(A)$\boldsymbol{\xi}_1-\boldsymbol{\xi}_2,\boldsymbol{\xi}_1+2\boldsymbol{\xi}_2$ 也是 $\boldsymbol{Ax}=\boldsymbol{0}$ 的基础解系

(B)$k_1\boldsymbol{\xi}_1+k_1\boldsymbol{\xi}_2$ 是 $\boldsymbol{Ax}=\boldsymbol{0}$ 的通解

(C)$k_1\boldsymbol{\xi}_1+\boldsymbol{\xi}_2$ 是 $\boldsymbol{Ax}=\boldsymbol{0}$ 的通解

(D)$\boldsymbol{\xi}_1-\boldsymbol{\xi}_2,\boldsymbol{\xi}_2-\boldsymbol{\xi}_1$ 也是 $\boldsymbol{Ax}=\boldsymbol{0}$ 的基础解系

**解：**由题设知道，$n=5,s=n-r=2,r=3$.（B）不正确，因为 $k_1\boldsymbol{\xi}_1+k_1\boldsymbol{\xi}_2=k_1(\boldsymbol{\xi}_1+\boldsymbol{\xi}_2)$ 只含有一个不定常数. 同理说明（C）也不正确.（D）不正确，因为 $(\boldsymbol{\xi}_1-\boldsymbol{\xi}_2)+(\boldsymbol{\xi}_2-\boldsymbol{\xi}_1)=0$，这表明 $\boldsymbol{\xi}_1-\boldsymbol{\xi}_2$ 与 $\boldsymbol{\xi}_2-\boldsymbol{\xi}_1$ 线性相关.（A）正确，因为 $\boldsymbol{\xi}_1-\boldsymbol{\xi}_2$ 与 $\boldsymbol{\xi}_1+2\boldsymbol{\xi}_2$ 都是 $\boldsymbol{Ax}=\boldsymbol{0}$ 的解，且它们线性无关，故选（A）.

当 $s=n-r$ 已知时，齐次线性方程组的任意 $s$ 个线性无关的解向量都构成基础解系.

**【例 1.6-28】** 已知非齐次线性方程组

$$\begin{cases}x_1+x_2+x_3=-1,\\2x_1-x_2-x_3=2,\\ax_1+bx_2+cx_3=d\end{cases}$$

有两个不同的解，则增广矩阵 $\widetilde{\boldsymbol{A}}$ 的秩等于(　　).

(A)1　　(B)2　　(C)3　　(D)与 $a,b,c,d$ 的值有关

**解：**由题设知道，$n=3$. 由于系数矩阵 $\boldsymbol{A}$ 中有 2 阶子式 $\begin{vmatrix}1&1\\2&-1\end{vmatrix}=-3\neq0$，因此 $r=R(\boldsymbol{A})\geqslant2$. 因为方程组有 2 个不同的解，蕴含了它有无限多个解，所以 $R(\widetilde{\boldsymbol{A}})=R(\boldsymbol{A})=r<3=n$，综合起来得到 $r=R(\widetilde{\boldsymbol{A}})=2$. 故选（B）.

### 1.6.5 矩阵的相似

本段假定 $\boldsymbol{A}$ 是 $n$ 阶方阵.

**1. 特征值与特征向量**

给定一个 $n$ 阶方阵 $\boldsymbol{A}$，如果数 $\lambda$ 与非零列向量 $\boldsymbol{x}$ 满足

$$\boldsymbol{Ax}=\lambda\boldsymbol{x}\text{ 或 }(\boldsymbol{A}-\lambda\boldsymbol{E})\boldsymbol{x}=\boldsymbol{0},$$

那么称数 $\lambda$ 为 $\boldsymbol{A}$ 的特征值，称非零向量 $\boldsymbol{x}$ 为 $\boldsymbol{A}$ 的对应特征值 $\lambda$ 的特征向量.

记 $f(\lambda)=|\boldsymbol{A}-\lambda\boldsymbol{E}|$，这是一个关于 $\lambda$ 的 $n$ 次多项式，称 $f(\lambda)$ 为矩阵 $\boldsymbol{A}$ 的特征多项式，称一元 $n$ 次方程 $f(\lambda)=0$ 为特征方程. 特征方程的根就是方阵 $\boldsymbol{A}$ 的特征值. $n$ 阶方阵 $\boldsymbol{A}$ 有 $n$ 个特征值，其中包括实数特征值与虚数特征值，且重根按其重数计算个数.

设 $\lambda_0$ 是 $\boldsymbol{A}$ 的一个特征值，即 $|\boldsymbol{A}-\lambda_0\boldsymbol{E}|=0$. 这时，齐次线性方程组 $(\boldsymbol{A}-\lambda_0\boldsymbol{E})\boldsymbol{x}=\boldsymbol{0}$ 必定有非零解，全体非零解向量都是 $\boldsymbol{A}$ 的对应于特征值 $\lambda_0$ 的特征向量.

**2. 特征值的性质**

设 $\lambda_1,\lambda_2,\cdots,\lambda_n$ 是 $n$ 阶方阵 $\boldsymbol{A}$ 的特征值，$\boldsymbol{A}=(a_{ij})_{n\times n}$.

①$\lambda_1+\lambda_2+\cdots+\lambda_n=a_{11}+a_{22}+\cdots+a_{nn}$，

$\lambda_1\lambda_2\cdots\lambda_n = |\boldsymbol{A}|$.

②$\boldsymbol{A}^{\mathrm{T}}$ 的特征值也是 $\lambda_1,\lambda_2,\cdots,\lambda_n$.

③$\boldsymbol{A}$ 为奇异阵的充分必要条件是 $\lambda_1,\lambda_2,\cdots,\lambda_n$ 中至少有 1 个是 0.

④当 $\boldsymbol{A}$ 为可逆阵时,$\boldsymbol{A}^{-1}$ 的特征值是 $\frac{1}{\lambda_1},\frac{1}{\lambda_2},\cdots,\frac{1}{\lambda_n}$.

⑤$\varphi(\lambda_i)$ 是 $\varphi(\boldsymbol{A})$ 的特征值,$i=1,\cdots,n$,其中多项式 $\varphi(\lambda)=a_0+a_1\lambda+\cdots+a_m\lambda^m$,矩阵多项式

$$\varphi(\boldsymbol{A})=a_0\boldsymbol{E}+a_1\boldsymbol{A}+\cdots+a_m\boldsymbol{A}^m.$$

⑥当 $\boldsymbol{A}$ 是 $n$ 阶实对称阵时,特征值 $\lambda_1,\lambda_2,\cdots,\lambda_n$ 全是实数.

**3. 特征向量的性质**

给定 $n$ 阶方阵 $\boldsymbol{A}$,则:

①相应特征值 $\lambda_0$ 的特征向量必定有无限多个;

②每个特征向量只能对应一个特征值;

③对应不同特征值的特征向量必定线性无关;

④当 $\boldsymbol{A}$ 是 $n$ 阶实对称时,对应于不同特征值的特征向量必定正交,且有 $n$ 个两两正交的特征向量.

**4. 矩阵的相似**

给定两个 $n$ 阶方阵 $\boldsymbol{A}$、$\boldsymbol{B}$. 如果可逆阵 $\boldsymbol{P}$ 满足

$$\boldsymbol{P}^{-1}\boldsymbol{A}\boldsymbol{P}=\boldsymbol{B},$$

那么称矩阵 $\boldsymbol{A}$ 与 $\boldsymbol{B}$ 相似,称 $\boldsymbol{B}$ 是 $\boldsymbol{A}$ 的相似矩阵. 可逆阵 $\boldsymbol{P}$ 称为相似变换矩阵.

①当 $\boldsymbol{A}$ 与 $\boldsymbol{B}$ 相似,$\boldsymbol{B}$ 与 $\boldsymbol{C}$ 相似时,$\boldsymbol{A}$ 与 $\boldsymbol{C}$ 相似.

②当 $\boldsymbol{A}$ 与 $\boldsymbol{B}$ 相似时,$\boldsymbol{A}$ 与 $\boldsymbol{B}$ 的秩相等,且 $\boldsymbol{A}$ 与 $\boldsymbol{B}$ 等价.

③当 $\boldsymbol{A}$ 与 $\boldsymbol{B}$ 相似时,$\boldsymbol{A}$ 与 $\boldsymbol{B}$ 的特征多项式相同,从而 $\boldsymbol{A}$ 与 $\boldsymbol{B}$ 的特征值相同,且 $|\boldsymbol{A}|=|\boldsymbol{B}|$.

**5. 矩阵的相似对角化**

当 $n$ 阶方阵 $\boldsymbol{A}$ 与对角阵 $\boldsymbol{\Lambda}$ 相似时,即可逆阵 $\boldsymbol{P}$ 满足 $\boldsymbol{P}^{-1}\boldsymbol{A}\boldsymbol{P}=\boldsymbol{\Lambda}$,其中

$$\boldsymbol{\Lambda}=\begin{bmatrix}\lambda_1 & & \\ & \ddots & \\ & & \lambda_n\end{bmatrix},\boldsymbol{P}=[\boldsymbol{p}_1\cdots\boldsymbol{p}_n]$$

那么 $\lambda_1,\cdots,\lambda_n$ 恰是 $\boldsymbol{A}$ 的特征值,且 $\boldsymbol{p}_i$ 恰是 $\boldsymbol{A}$ 的对应特征值 $\lambda_i$ 的特征向量,$i=1,\cdots,n$.

**定理 13** $n$ 阶方阵 $\boldsymbol{A}$ 能与对角阵相似的充分必要条件是 $\boldsymbol{A}$ 有 $n$ 个线性无关的特征向量.

判断 $n$ 阶方阵 $A$ 能否与对角阵相似常用以下两种充分条件.

①当 $\boldsymbol{A}$ 有 $n$ 个不同特征值时,$\boldsymbol{A}$ 能与对角阵相似;

②当 $\boldsymbol{A}$ 有 $n$ 阶实对称阵时,$\boldsymbol{A}$ 能与对角阵相似.

$n$ 阶方阵 $\boldsymbol{A}$ 与对角阵 $\boldsymbol{\Lambda}$ 相似的定义给出了求 $\boldsymbol{\Lambda}$ 与变换矩阵 $\boldsymbol{P}$ 的方法. 但要注意有相等特征值的情况. 例如,某个特征值重复出现 3 次(即特征方程有 3 重根),则相应要找出 3 个线性无关的特征向量. 如果不存在 3 个线性无关的特征向量,那么 $\boldsymbol{A}$ 不能与对角阵相似.

**【例 1.6-29】** 已知方阵 $\boldsymbol{A}$ 满足 $|\boldsymbol{A}+2\boldsymbol{E}|=0$,则 $\boldsymbol{A}$ 必定有特征值(　　).

(A)1　　(B)2　　(C)$-1$　　(D)$-2$

**解:**特征多项式 $f(\lambda)=|\boldsymbol{A}-\lambda\boldsymbol{E}|$ 在 $\lambda=-2$ 处的值恰是 $f(-2)=|\boldsymbol{A}+2\boldsymbol{E}|=0$. 这表明

$\lambda=-2$是特征方程$f(\lambda)=0$的根，$-2$是$\boldsymbol{A}$的特征值. 故选(D).

**【例 1.6-30】** 设3是方阵$\boldsymbol{A}$的特征值,则$\boldsymbol{A}^2+\boldsymbol{A}-2\boldsymbol{E}$必有特征值(　　).

(A)3　　(B)10　　(C)4　　(D)不能确定

**解:**由于多项式$\varphi(\lambda)=\lambda^2+\lambda-2$,$\boldsymbol{A}^2+\boldsymbol{A}-2\boldsymbol{E}=\varphi(\boldsymbol{A})$,因此$\varphi(\boldsymbol{A})$必有特征值$\varphi(3)=3^2+3-2=10$. 故选(B).

**【例 1.6-31】** 已知3阶方阵

$$\boldsymbol{A}=\begin{bmatrix}1&-2&-4\\-2&x&-2\\-4&-2&1\end{bmatrix}$$

的特征值为$-4,5,y$,则$x,y$分别等于(　　).

(A)$-1,0$　　(B)2,3　　(C)4,5　　(D)1,1

**解:**由$-4$是$\boldsymbol{A}$的特征值推得$|\boldsymbol{A}+4\boldsymbol{E}|=0$,即

$$|\boldsymbol{A}+4\boldsymbol{E}|=\begin{vmatrix}5&-2&-4\\-2&x+4&-2\\-4&-2&5\end{vmatrix}=9x-36=0.$$

因此解得$x=4$. 故选(C).

本题没有求出$y$的值不能令人放心. 由特征值的性质①,从$x=4$及$-4+5+y=1+x+1$解得$y=5$.

**【例 1.6-32】** 设3阶方阵

$$\boldsymbol{A}=\begin{bmatrix}0&-1&1\\-1&0&1\\1&1&0\end{bmatrix},$$

试求$\boldsymbol{A}$的特征值与3个线性无关特征向量.

**解:**首先求特征值. 特征多项式

$$f(\lambda)=|\boldsymbol{A}-\lambda\boldsymbol{E}|=\begin{vmatrix}-\lambda&-1&1\\-1&-\lambda&1\\1&1&-\lambda\end{vmatrix}\xlongequal{r_3+r_2}\begin{vmatrix}-\lambda&-1&1\\0&1-\lambda&1-\lambda\\1&1&-\lambda\end{vmatrix}$$

$$=(1-\lambda)\begin{vmatrix}-\lambda&-1&1\\0&1&1\\1&1&-\lambda\end{vmatrix}=(1-\lambda)(\lambda^2+\lambda-2)=-(\lambda-1)^2(\lambda+2).$$

于是$\boldsymbol{A}$的特征值是$-2,1,1$.

当$\lambda=-2$时,求特征向量相当于解齐次线性方程组$(\boldsymbol{A}+2\boldsymbol{E})\boldsymbol{x}=\boldsymbol{0}$. 由系数矩阵

$$\boldsymbol{A}+2\boldsymbol{E}=\begin{bmatrix}2&-1&1\\-1&2&1\\1&1&2\end{bmatrix}\overset{r_2+r_1}{\sim}\begin{bmatrix}1&1&2\\-1&2&1\\1&1&2\end{bmatrix}\underset{-r_1+r_3}{\overset{r_1+r_2}{\sim}}\begin{bmatrix}1&1&2\\0&3&3\\0&0&0\end{bmatrix}$$

$$\overset{\frac{1}{3}r_2}{\sim}\begin{bmatrix}1&1&2\\0&1&1\\0&0&0\end{bmatrix}\overset{-r_2+r_1}{\sim}\begin{bmatrix}1&0&1\\0&1&1\\0&0&0\end{bmatrix}$$

得到一个特征向量$\boldsymbol{p}_1=[-1,-1,1]^{\mathrm{T}}$.

当 $\lambda=1$ 时,求特征向量相当于解齐次线性方程组 $(\boldsymbol{A}-\boldsymbol{E})\boldsymbol{x}=\boldsymbol{0}$. 由系数矩阵

$$\boldsymbol{A}-\boldsymbol{E}=\begin{bmatrix}-1 & -1 & 1\\ -1 & -1 & 1\\ 1 & 1 & -1\end{bmatrix}\underset{r_1+r_3}{\overset{-r_1+r_2}{\sim}}\begin{bmatrix}-1 & -1 & 1\\ 0 & 0 & 0\\ 0 & 0 & 0\end{bmatrix}\overset{-r_1}{\sim}\begin{bmatrix}1 & 1 & -1\\ 0 & 0 & 0\\ 0 & 0 & 0\end{bmatrix}$$

得到两个特征向量 $\boldsymbol{p}_2=[1,0,1]^{\mathrm{T}}$,$\boldsymbol{p}_3=[-1,1,0]^{\mathrm{T}}$.

由于 $\boldsymbol{P}=[\boldsymbol{p}_1\boldsymbol{p}_2\boldsymbol{p}_3]$ 的行列式不等于0,因此 $\boldsymbol{p}_1,\boldsymbol{p}_2,\boldsymbol{p}_3$ 是 $\boldsymbol{A}$ 的 3 个线性无关的特征向量.

**【例 1.6-33】** 下列方阵中,不能与对角阵相似的是(　　).

(A)$\begin{bmatrix}0 & -1 & 1\\ -1 & 0 & 1\\ 1 & 1 & 0\end{bmatrix}$　(B)$\begin{bmatrix}1 & 1 & 0\\ 0 & 2 & 2\\ 0 & 0 & 3\end{bmatrix}$　(C)零矩阵　(D)$\begin{bmatrix}\lambda_0 & 1\\ 0 & \lambda_0\end{bmatrix}$

**解:**(A)与(C)都是对称阵,它们必定能与对角阵相似.(B)中矩阵有 3 个不同的特征值,它必定能与对角阵相似. 故选(D).

## 1.6.6 二次型

本段假定 $\boldsymbol{A}$ 是 $n$ 阶实对称阵,即 $\boldsymbol{A}^{\mathrm{T}}=\boldsymbol{A}$.

**1. 二次型**

设含有 $n$ 个变量 $x_1,\cdots,x_n$ 的二次齐次函数

$$f(x_1,\cdots,x_n)=a_{11}x_1^2+a_{22}x_2^2+\cdots+a_{nn}x_n^2+2a_{12}x_1x_2+2a_{13}x_1x_3+\cdots+2a_{n-1,n}x_{n-1}x_n,$$

称 $f(x_1,\cdots,x_n)$ 为二次型. 若二次型中交叉项的系数($a_{ij},i\neq j$)全是 0,则称它为标准形.

二次型可以借助于矩阵的乘法来表达. 令 $a_{ji}=a_{ij}$,于是 $2a_{ij}x_ix_j=a_{ij}x_ix_j+a_{ji}x_jx_i,i\neq j$,

$$f(x_1,\cdots,x_n)=[x_1,\cdots,x_n]\begin{bmatrix}a_{11} & a_{12} & \cdots & a_{1n}\\ a_{21} & a_{22} & \cdots & a_{2n}\\ \vdots & \vdots & & \vdots\\ a_{n1} & a_{n2} & \cdots & a_{nn}\end{bmatrix}\begin{bmatrix}x_1\\ \vdots\\ x_n\end{bmatrix}.$$

因此,二次型可表达成 $f(\boldsymbol{x})=\boldsymbol{x}^{\mathrm{T}}\boldsymbol{A}\boldsymbol{x}$,其中 $\boldsymbol{x}=[x_1,\cdots,x_n]^{\mathrm{T}}$,$n$ 阶方阵 $\boldsymbol{A}=(a_{ij})_{n\times n}$ 是对称阵. 对称阵 $\boldsymbol{A}$ 称为二次型 $f$ 的矩阵,而 $f$ 称为对称阵 $\boldsymbol{A}$ 的二次型. 规定二次型 $f$ 的秩就是对称阵 $\boldsymbol{A}$ 的秩.

与二次型的标准形 $f(x_1,\cdots,x_n)=a_{11}x_1^2+\cdots+a_{nn}x_n^2$ 对应的是对角阵

$$\boldsymbol{\Lambda}=\begin{bmatrix}a_{11} & & & 0\\ & a_{22} & & \\ & & \ddots & \\ 0 & & & a_{nn}\end{bmatrix}.$$

**2. 二次型的标准化问题**

给定一个二次型 $f(\boldsymbol{x})=\boldsymbol{x}^{\mathrm{T}}\boldsymbol{A}\boldsymbol{x}$,如何寻找可逆的线性变换

$$\begin{cases}x_1=c_{11}y_1+c_{12}y_2+\cdots+c_{1n}y_n,\\ x_2=c_{21}y_1+c_{22}y_2+\cdots+c_{2n}y_n,\\ \quad\cdots\cdots\\ x_n=c_{n1}y_1+c_{n2}y_2+\cdots+c_{nn}y_n\end{cases}$$

使得$f(x_1,\cdots,x_n)=k_1y_1^2+k_2y_2^2+\cdots+k_ny_n^2$,其中$\boldsymbol{C}=(c_{ij})_{n\times n}$,$|\boldsymbol{C}|\neq 0$,这就是二次型的标准化问题.通常记上述线性变换为$\boldsymbol{x}=\boldsymbol{C}\boldsymbol{y}$,其中列向量$\boldsymbol{y}=[y_1,y_2,\cdots,y_n]^{\mathrm{T}}$.

把线性变换$\boldsymbol{x}=\boldsymbol{C}\boldsymbol{y}$代入二次型得到

$$f=\boldsymbol{x}^{\mathrm{T}}\boldsymbol{A}\boldsymbol{x}=(\boldsymbol{C}\boldsymbol{y})^{\mathrm{T}}\boldsymbol{A}(\boldsymbol{C}\boldsymbol{y})=\boldsymbol{y}^{\mathrm{T}}(\boldsymbol{C}^{\mathrm{T}}\boldsymbol{A}\boldsymbol{C})\boldsymbol{y}=k_1y_1^2+k_2y_2^2+\cdots+k_ny_n^2.$$

因此,二次型的标准化问题等价于寻找可逆阵$\boldsymbol{C}$与对角阵$\boldsymbol{\Lambda}$,使得$\boldsymbol{C}^{\mathrm{T}}\boldsymbol{A}\boldsymbol{C}=\boldsymbol{\Lambda}$,其中

$$\boldsymbol{\Lambda}=\begin{bmatrix}k_1 & & & 0\\ & k_2 & & \\ & & \ddots & \\ 0 & & & k_n\end{bmatrix}.$$

**定理 14** 设$\boldsymbol{A}$是$n$阶实对称阵,必定存在正交阵$\boldsymbol{P}$与对角阵$\boldsymbol{\Lambda}$,使得

$$\boldsymbol{P}^{-1}\boldsymbol{A}\boldsymbol{P}=\boldsymbol{\Lambda},\text{即 }\boldsymbol{P}^{\mathrm{T}}\boldsymbol{A}\boldsymbol{P}=\boldsymbol{\Lambda},$$

并且对角阵$\boldsymbol{\Lambda}$主对角线上的元素$\lambda_1,\lambda_2,\cdots,\lambda_n$恰是$\boldsymbol{A}$的$n$个特征值,正交阵$\boldsymbol{P}$的$n$个列向量是$\boldsymbol{A}$的两两正交的单位特征向量.

由定理 14 得到,对于二次型$f=\boldsymbol{x}^{\mathrm{T}}\boldsymbol{A}\boldsymbol{x}$可作如下标准化:作正交变换$\boldsymbol{x}=\boldsymbol{P}\boldsymbol{y}$,使得

$$f=(\boldsymbol{P}\boldsymbol{y})^{\mathrm{T}}\boldsymbol{A}(\boldsymbol{P}\boldsymbol{y})=\boldsymbol{y}^{\mathrm{T}}(\boldsymbol{P}^{\mathrm{T}}\boldsymbol{A}\boldsymbol{P})\boldsymbol{y}=\boldsymbol{y}^{\mathrm{T}}\boldsymbol{\Lambda}\boldsymbol{y}=\lambda_1y_1^2+\lambda_2y_2^2+\cdots+\lambda_ny_n^2.$$

**3. 矩阵的合同**

给定两个$n$阶实对称阵$\boldsymbol{A}$、$\boldsymbol{B}$,如果存在可逆阵$\boldsymbol{C}$满足

$$\boldsymbol{C}^{\mathrm{T}}\boldsymbol{A}\boldsymbol{C}=\boldsymbol{B},$$

那么称矩阵$\boldsymbol{A}$与$\boldsymbol{B}$合同,可逆阵$\boldsymbol{C}$称为合同变换矩阵.

①当$\boldsymbol{A}$与$\boldsymbol{B}$合同,$\boldsymbol{B}$与$\boldsymbol{C}$合同时,$\boldsymbol{A}$与$\boldsymbol{C}$合同.

②当$\boldsymbol{A}$与$\boldsymbol{B}$合同时,$\boldsymbol{A}$与$\boldsymbol{B}$的秩相等,且$\boldsymbol{A}$与$\boldsymbol{B}$等价.

③当$\boldsymbol{A}$与$\boldsymbol{B}$相似,且相似变换$\boldsymbol{P}$为正交阵(即$\boldsymbol{P}^{-1}=\boldsymbol{P}^{\mathrm{T}}$)时,$\boldsymbol{A}$与$\boldsymbol{B}$合同.

由于二次型与对称阵一一对应,因此二次型的标准化问题与矩阵合同的对角化问题完全相同.二次型的标准形不唯一,即与对称阵$\boldsymbol{A}$合同的对角阵不唯一.当然,与对称阵$\boldsymbol{A}$合同的一切对角阵的秩都等于$R(\boldsymbol{A})$.

**定理 15** 给定$n$阶实对称阵$\boldsymbol{A}$,与$\boldsymbol{A}$合同的一切对角阵中主对角线上元素取正值的个数都相等.给定二次型,它的一切标准形中系数取正值的个数(称为正惯性指数)都相等.

**4. 正定性**

给定二次型$f(\boldsymbol{x})=\boldsymbol{x}^{\mathrm{T}}\boldsymbol{A}\boldsymbol{x}$,其中$\boldsymbol{A}$是$n$阶实对称阵.如果对任意$\boldsymbol{x}_0\neq\boldsymbol{0}$,都有$f(\boldsymbol{x}_0)=\boldsymbol{x}_0^{\mathrm{T}}\boldsymbol{A}\boldsymbol{x}_0>0$,那么称$f(x)$为正定二次型,称对称阵$\boldsymbol{A}$为正定矩阵.

①二次型为正定的充分必要条件是它的正惯性指数等于$n$.

②$n$阶实对称阵为正定的充分必要条件是它的特征值全取正数.

③$n$阶实对称阵$\boldsymbol{A}$为正定的充分必要条件是$\boldsymbol{A}$与$n$阶单位阵$\boldsymbol{E}$合同.

④$n$阶实对称阵$\boldsymbol{A}=(a_{ij})_{n\times n}$为正定的必要条件是$a_{ii}>0,i=1,\cdots,n$.

**定理 16** $n$阶实对称阵$\boldsymbol{A}=(a_{ij})_{n\times n}$为正定的充分必要条件是$\boldsymbol{A}$的各阶主子式都取正数,即

$$|a_{11}|>0,\begin{vmatrix}a_{11}&a_{12}\\a_{21}&a_{22}\end{vmatrix}>0,\cdots,\begin{vmatrix}a_{11}&a_{12}&\cdots&a_{1n}\\a_{21}&a_{22}&\cdots&a_{2n}\\\cdots&\cdots&\cdots&\cdots\\a_{n1}&a_{n2}&\cdots&a_{nn}\end{vmatrix}>0.$$

**【例 1.6-34】** 已知二次型

$$f(x,y,z)=x^2+3y^2+az^2+2xy-4yz$$

的秩等于 2,则系数 $a$ 等于(　　).

(A)0　　(B)1　　(C)2　　(D)不存在

**解:**二次型 $f$ 对应的 3 阶对称阵

$$A=\begin{bmatrix}1&1&0\\1&3&-2\\0&-2&a\end{bmatrix},$$

由于 $R(A)=2$,因此由 $A$ 的行列式 $|A|=2a-4=0$ 得到 $a=2$. 当 $a=2$ 时,$A$ 有 2 阶子式 $\begin{vmatrix}1&1\\1&3\end{vmatrix}\neq0$,于是 $R(A)=2$. 故选(C).

**【例 1.6-35】** 已知 5 阶对称阵 $A$ 的特征值为 $-1,0,0,1,1$,则二次型 $f=x^{\mathrm{T}}Ax$ 的秩等于(　　).

(A)1　　(B)3　　(C)4　　(D)5

**解:**二次型 $f$ 的秩等于 $R(A)$. 按定理 14,存在正交阵 $P$ 与对角阵 $\Lambda$,使得 $P^{-1}AP=\Lambda$,其中 $\Lambda$ 主对角线上元素分别是 $-1,0,0,1,1$. 由于 $R(\Lambda)=3$,且 $A$ 与 $\Lambda$ 相似(也合同),因此 $R(A)=R(\Lambda)=3$. 故选(B).

**【例 1.6-36】** 给定对角阵 $A=\begin{bmatrix}1&&\\&-2&\\&&0\end{bmatrix}$,下列对角阵中,能与 $A$ 合同的是(　　).

(A)$\begin{bmatrix}1&&\\&-2&\\&&3\end{bmatrix}$　(B)$\begin{bmatrix}1&&\\&2&\\&&0\end{bmatrix}$　(C)$\begin{bmatrix}-2&&\\&1&\\&&0\end{bmatrix}$　(D)$\begin{bmatrix}-1&&\\&-2&\\&&0\end{bmatrix}$

**解:**$A$ 的秩为 2,正惯性指数为 1. (A)不能与 $A$ 合同,因为它的秩等于 3. (B)与(D)不能与 $A$ 合同,因为正惯性指数分别为 2 和 0. 故选(C).

**【例 1.6-37】** 下列方阵中具有正定性的是(　　).

(A)$\begin{bmatrix}1&1\\1&1\end{bmatrix}$　　(B)$\begin{bmatrix}-1&0\\0&2\end{bmatrix}$　　(C)$\begin{bmatrix}1&2\\3&0\end{bmatrix}$　　(D)$\begin{bmatrix}2&-2\\-2&3\end{bmatrix}$

**解:**(A)不具有正定性,因为 $\begin{vmatrix}1&1\\1&1\end{vmatrix}=0$. (B)不具有正定性,因为有负特征值 $-1$. (C)不是对称阵,因此不具有正定性. 故选(D). (D)中对称阵满足 $|a_{11}|=2>0$, $\begin{vmatrix}2&-2\\-2&3\end{vmatrix}=2>0$,因此由定理 16 推得它具有正定性.

## 1.7 概率与数理统计

要求:①了解随机事件与样本空间的概念,理解随机事件的概念,掌握事件的关系与运算;

②理解概率的概念,了解条件概率与事件独立性的概念,掌握概率的基本性质,会应用概率的加法公式、乘法公式、全概率公式与贝叶斯公式解决简单的应用问题;

③了解古典概型,会计算简单的古典型概率,会应用超几何概率公式与二项概率公式解决简单的应用问题;

④理解一维随机变量的概念,了解分布函数的概念与性质,了解离散型随机变量的概率分布与连续型随机变量的概率密度函数的概念,掌握应用分布函数、概率分布、概率密度函数计算与随机变量相联系的事件的概率;

⑤理解随机变量数学期望与方差的概念,掌握随机变量函数数学期望的性质与计算方法,了解标准差的概念;

⑥掌握二点分布、二项分布、泊松分布、均匀分布、指数分布、正态分布及它们的数学期望与方差;

⑦了解矩、协方差与相关系数的概念,了解它们的性质与计算方法;

⑧了解总体、样本与统计量的概念,理解样本均值与样本方差的概念,了解样本均值与样本方差的简单性质,知道$\chi^2$分布、$t$ 分布与 $F$ 分布;

⑨理解点估计的概念,会求简单的矩估计与最大似然估计,了解估计量的评选标准;

⑩了解区间估计的概念,会求正态总体中未知参数的置信区间;

⑪了解假设检验的概念,会对正态总体均值与方差作显著性检验.

概率与数理统计是研究随机现象的数学工具. 要求读者通过复习初步掌握有关概率与数理统计知识的一些基本概念、基本理论与基本方法,并能解决一些简单的应用问题.

### 1.7.1 随机事件与概率

直观上可以这样认识:在一定条件下,可能发生也可能不发生的事情称为随机事件(简称为事件);概率是随机事件发生可能性大小的一种度量. 记事件 $A$ 的概率为 $P(A)$,规定

$$0\leqslant P(A)\leqslant 1.$$

必然事件(记作 $\Omega$)与不可能事件(记作 $\Phi$)是两个特殊的随机事件,规定

$$P(\Omega)=1,P(\Phi)=0.$$

**1. 随机事件之间的运算**

随机事件通常用集合(样本空间 $\Omega$ 的子集)形示来表达. 复杂的随机事件可以通过简单随机事件的运算来体现. 随机事件之间的运算本质上是集合的运算.

①对立事件(或逆事件):事件 $A$ 的对立事件表示“$A$ 不发生”,记作 $\bar{A}$.

②和事件:事件 $A$ 与 $B$ 的和事件表示“$A$ 与 $B$ 中至少有一个发生”(即“$A$ 发生或者 $B$ 发生”),记作 $A+B$(或 $A\cup B$).

③积事件:事件 $A$ 与 $B$ 的积事件表示“$A$ 发生并且 $B$ 发生”,记作 $AB$(或 $A\cap B$).

④差事件:事件 $A$ 与 $B$ 的差事件表示“$A$ 发生并且 $B$ 不发生”,记作 $A-B$(或 $A\bar{B}$,或 $A-AB$).

**2. 随机事件之间的关系**

随机事件之间常常存在某种内在联系,这种联系在数学上称为关系.

①包含:事件 $B$ 包含事件 $A$ 表示"当 $A$ 发生时 $B$ 必定发生",记作 $B\supset A$(或 $A\subset B$).

②相等:事件 $A$ 与 $B$ 相等表示"$A\subset B$ 并且 $B\subset A$",记作 $A=B$.

③互不相容(或互斥):事件 $A$ 与 $B$ 互不相容表示"$A$ 与 $B$ 不可能同时发生",记作 $AB=\Phi$.

④对立(或互逆):事件 $A$ 与 $B$ 对立表示"$A$ 与 $B$ 有且只有一个事件发生",记作 $\bar{A}=B$(或 $\bar{B}=A$).

⑤完备事件组:事件 $A_1,\cdots,A_n$ 构成一个完备事件组表示"$A_1,\cdots,A_n$ 两两互不相容,并且 $A_1+\cdots+A_n=\Omega$". 当 $n=2$ 时,$A$ 与 $\bar{A}$ 构成完备事件组.

⑥相互独立:事件 $A$ 与 $B$ 相互独立的直观意义是"$A$ 与 $B$ 是否发生相互不影响". 事件 $A$ 与 $B$ 相互独立的数学定义是

$$P(AB)=P(A)P(B).$$

**3. 随机事件运算的性质**

由于事件用集合来表示,因此集合运算的性质(例如交换律、结合律、分配律等)全都适用于事件的运算. 特别指出下列德摩根法则:

$$\overline{A+B}=\bar{A}\bar{B},\overline{AB}=\bar{A}+\bar{B}.$$

**4. 条件概率**

在事件 $A$ 发生的前提下事件 $B$ 发生的概率称为条件概率,记作 $P(B|A)$. 条件概率的常用计算公式为

$$P(B|A)=\frac{P(AB)}{P(A)},\text{其中 } P(A)>0.$$

当事件 $A$ 与 $B$ 相互独立时,$P(B|A)=P(B)$,$P(A|B)=P(A)$.

**5. 概率的计算公式**

事件之间的运算与关系通过下列公式反映概率之间的联系.

①求逆公式:$P(\bar{A})=1-P(A)$.

②加法公式:$P(A+B)=P(A)+P(B)-P(AB)$. 当 $A$ 与 $B$ 互不相容时,$P(A+B)=P(A)+P(B)$.

③乘法公式:$P(AB)=P(A)P(B|A)=P(B)P(A|B)$. 当 $A$ 与 $B$ 相互独立时,$P(AB)=P(A)P(B)$.

④求差公式:$P(A-B)=P(A)-P(AB)$. 当 $A\supset B$ 时,$P(A)\geqslant P(B)$,且 $P(A-B)=P(A)-P(B)$.

⑤全概率公式:如果事件 $A_1,\cdots,A_n$ 构成一个完备事件组,且 $P(A_i)>0,i=1,\cdots,n$,那么

$$P(B)=\sum_{i=1}^{n}P(A_i)P(B|A_i).$$

⑥贝叶斯公式(或逆概率公式):如果事件 $A_1,\cdots,A_n$ 构成一个完备事件组,且 $P(A_i)>0,i=1,\cdots,n,P(B)>0$,那么

$$P(A_i|B)=\frac{P(A_i)P(B|A_i)}{\sum_{j=1}^{n}P(A_j)P(B|A_j)},i=1,\cdots,n.$$

【例 1.7-1】 设 $A,B,C$ 为三个事件,则 $\bar{A}+\bar{B}+\bar{C}$ 表示(　　).

(A)三个事件全发生　　　　　　(B)三个事件全不发生

(C)三个事件不全发生　　　　　(D)至少有一个事件发生

**解:**按照德摩根法则,由 $\bar{A}+\bar{B}+\bar{C}=\overline{ABC}$推得(C)成立.

**【例 1.7-2】** 设事件 $A$ 满足 $P(A)=0$,则(　　).

(A)事件 $A$ 不可能发生　　　　(B)$A$ 与任意一个事件 $B$ 相互独立

(C)事件 $\bar{A}$ 必定发生　　　　(D)$A$ 与任意一个事件 $B$ 互不相容

**解:**由 $P(A)=0$ 推不出 $A=\Phi$(反例可见 1.7.3 中的连续型随机变量),因此(A)、(C)、(D)都不对. 故选(B).

这个问题也可以正面解答. 由于 $AB\subset A$,因此由 $0\leqslant P(AB)\leqslant P(A)=0$ 推得 $P(AB)=0$. 从而 $P(AB)=P(A)P(B)$成立,即事件 $A$ 与 $B$ 相互独立.

**【例 1.7-3】** 设随机事件 $A$ 与 $B$ 相互独立,且 $P(A)=0.3,P(B)=0.4$. 求 $P(A+B)$与 $P(A-B)$.

**解:**由于 $P(AB)=P(A)P(B)=0.3\times0.4=0.12$,因此

$$P(A+B)=P(A)+P(B)-P(AB)=0.3+0.4-0.12=0.58,$$

$$P(A-B)=P(A)-P(AB)=0.3-0.12=0.18.$$

**【例 1.7-4】** 已知某台机器正常运转时,产品的合格品率达到 90%;当机器发生故障时,产品的合格品率仅为 30%. 通常机器发生故障的概率为 25%.

(1)试求该机器的产品的合格品率.

(2)已知某日首件产品是合格品,求此时机器正常运转的概率.

**解:**设事件 $A$ 表示“机器正常运转”,则 $\bar{A}$ 表示“机器发生故障”. $A$ 与 $\bar{A}$ 构成完备事件组,且 $P(A)=0.75,P(\bar{A})=0.25$. 设事件 $B$ 表示“产品是合格品”,则 $P(B|A)=0.9,P(B|\bar{A})=0.3$.

(1)由全概率公式得到

$$P(B)=P(A)P(B|A)+P(\bar{A})P(B|\bar{A})=0.75\times0.9+0.25\times0.3=0.75.$$

(2)由贝叶斯公式得到

$$P(A|B)=\frac{P(A)P(B|A)}{P(A)P(B|A)+P(\bar{A})P(B|\bar{A})}=\frac{0.675}{0.75}=0.9.$$

**【例 1.7-5】** 设事件 $A,B$ 满足 $P(A)=0.2,P(\bar{B}|A)=0.4$,则 $P(AB)$等于(　　).

(A)0.08　　(B)0.12　　(C)0.2　　(D)0.4

**解:**由于 $P(B|A)=1-P(\bar{B}|A)=1-0.4=0.6$,因此由乘法公式得到 $P(AB)=P(A)\cdot P(B|A)=0.2\times0.6=0.12$. 故选(B).

### 1.7.2 古典概型

古典概型是一类最基本的概率模型.

**1. 古典型概率**

如果随机事件只可能产生有限个(记作 $n$)不同的试验结果,且这些不同的结果出现具有等可能性,那么事件 $A$ 的概率为

$$P(A)=\frac{m}{n},$$

其中 $m$ 为事件 $A$ 所包含的不同试验结果的个数. 这个概率称为古典(型)概率.

**2. 超几何概率公式**

设 $N$ 件产品中有 $M$ 件次品,其余 $N-M$ 件是非次品,随机地从这 $N$ 件产品中任取 $n$ 件,则 $n$ 件产品中恰有 $k$ 件次品的概率为

$$P(A)=\frac{C_M^k C_{N-M}^{n-k}}{C_N^n}.$$

这个公式称为超几何概率公式. 它是由古典概率计算公式推得的.

**3. 二项概率公式**

如果做一次随机试验只可能是两个不同结果之一,那么称这类随机试验为伯努利试验. 通常把这两个结果称为"成功"与"失败". 记出现成功的概率为 $p$,则出现失败的概率为 $1-p$,其中 $0<p<1$.

设重复独立地做 $n$ 次伯努利试验,则 $n$ 次试验中恰出现 $k$ 次成功的概率为

$$P(A)=C_n^k p^k(1-p)^{n-k}.$$

这个公式称为二项概率公式.

**【例 1.7-6】** 口袋里装有 10 只外形相同的球,其中 7 只红球,3 只白球. 从口袋中任意取出 2 只球,则它们是一只红球、一只白球的概率等于(　　).

(A)$\frac{21}{90}$　　(B)$\frac{21}{45}$　　(C)$\frac{21}{100}$　　(D)$\frac{21}{50}$

**解:**设事件 $A$ 表示"取出一只红球、一只白球". 直接用超几何概率公式得到

$$P(A)=\frac{C_7^1 C_3^1}{C_{10}^2}=\frac{21}{45}.$$

故选(B).

**【例 1.7-7】** 盒子中装有 10 个晶体管,其中 7 个是一级品. 从盒子中任意取 2 次,每次 1 个. 在下列两种情形下,分别求取出的晶体管中恰有 1 个是一级品的概率.

(1)先取出的晶体管不放回盒子.

(2)先取出的晶体管放回盒子.

**解:**设事件 $A$ 表示"取出的 2 个晶体管中 1 个是一级品,另一个不是一级品".

(1)这类模型可以视作"摸一次,取 2 个晶体管,其中恰有 1 个一级品". 于是,由超几何概率公式得到

$$P(A)=\frac{C_7^1 C_3^1}{C_{10}^2}=\frac{21}{45}=\frac{7}{15}.$$

(2)这类模型可以视作"重复独立地做 2 次伯努利试验". 把摸到 1 个一级品看成"成功", $p=\frac{7}{10}$. 于是,由二项概率公式得到

$$P(A)=C_2^1\times 0.7\times 0.3=0.42.$$

**【例 1.7-8】** 在例 1.7-7(1)中,第二次取到一级品的概率等于(　　).

(A)$\frac{6}{9}$　　(B)$\frac{7}{9}$　　(C)$\frac{7}{10}$　　(D)$\frac{6}{10}$

**解:**这是一个典型的"抽签"(俗称抓阄)模型. 这类问题必定满足"抽到的概率与次序无关". 由于第一次取到一级品的概率为 0.7,因此第二次取到一级品的概率也是 0.7. 故选(C).

【例 1.7-9】 汽车途经 5 个交通路口,假定遇上红灯的概率都是 0.4,且相互独立,则汽车最多遇上一次红灯的概率等于(　　).

(A)0.34　　(B)0.36　　(C)0.38　　(D)0.4

**解:**这个问题可以视作“重复独立地做 5 次伯努利试验”. 把遇上一次红灯看作“成功”, $p=0.4$. 设事件 $A$ 表示“最多遇上一次红灯”,事件 $A_i$ 表示“途经 5 个交通路口恰遇上 $i$ 次红灯”, $i=0,1$. 于是,由 $A=A_0+A_1$ 及二项概率公式得到

$$P(A)=P(A_0)+P(A_1)=C_5^0\times 0.4^0\times 0.6^5+C_5^1\times 0.4\times 0.6^4=0.337.$$

故选(A).

### 1.7.3 一维随机变量的分布和数字特征

随机变量是概率与数理统计中最重要、最基本的概念. 一切随机现象都可以通过随机变量来描述. 一维随机变量的取值范围(即样本空间)是实数轴 $(-\infty,+\infty)$ 或它的一个子集.

**1. 随机事件及其概率的表达**

与以往用 $A,B,C,\cdots$ 表达随机事件的形式不同,引进随机变量 $X,Y,Z,\cdots$ 之后,随机事件常常通过关于随机变量的等式或不等式来表达,例如, $\{a<X\leqslant b\}$, $\{a\leqslant X\leqslant b\}$, $\{a<X<b\}$, $\{a\leqslant X<b\}$,其中 $-\infty\leqslant a\leqslant b\leqslant+\infty$,一般地,随机事件总是可以表达成 $\{X\in I\}$,其中数集 $I\subset(-\infty,+\infty)$. 随机事件的概率可以作相应的表达.

随机事件表达形式的改变使得事件的内涵丰富了. 例如,事件 $\{|X|\leqslant 1\}$ 与 $\{X>2\}$ 之间存在互不相容关系;事件 $\{|X|\leqslant 1\}$ 与 $\{X=1\}$ 之间存在包含关系;事件 $\{|X|\leqslant 1\}$ 与 $\{|X|>1\}$ 之间存在对立关系.

如果两个随机变量 $X$ 与 $Y$ 相互独立,那么对任意两个集合 $I_1,I_2\subset(-\infty,+\infty)$,随机事件 $\{X\in I_1\}$ 与 $\{Y\in I_2\}$ 总是相互独立的.

**2. 一维随机变量的分布**

引进随机变量之后,随机现象体现在随机变量取值的随机性上. 通常称随机变量取值的统计规律性为随机变量的分布. 掌握了一个随机变量的分布,也就能计算有关该随机变量的一切随机事件的概率 $P(X\in I)$,其中 $I$ 是任意一个数集, $I\subset(-\infty,+\infty)$.

随机变量分布的形式有 3 类:概率分布、概率密度函数与分布函数. 概率分布仅适用于离散型随机变量,概率密度函数仅适用于连续型随机变量,分布函数则可用于一切随机变量.

(1)离散型随机变量的概率分布

离散型随机变量 $X$ 只可能取有限个值或一串值,以下记作 $x_1,x_2,\cdots,x_k,\cdots$. $X$ 的概率分布可以用表格形式来表达,通常称为概率分布(表). $X$ 的概率分布表为

| $X$ | $x_1$ | $x_2$ | $\cdots$ | $x_k$ | $\cdots$ |
|---|---|---|---|---|---|
| $P_r$ | $p_1$ | $p_2$ | $\cdots$ | $p_k$ | $\cdots$ |

其中 $\{x_1,x_2,\cdots,x_k,\cdots\}$ 是 $X$ 的取值范围,一般按从小到大(沿数轴方向)排列; $p_k=P(X=x_k)>0$, $k=1,2,\cdots$,它们必定满足 $\sum\limits_k p_k=1$.

概率分布表中诸事件 $\{X=x_k\}$, $k=1,2,\cdots$ 构成一个完备事件组. 因此,由概率分布表可以计算任意随机事件的概率:

$$P(X\in I)=\sum_{k:x_k\in I}p_k,\ I\subset(-\infty,+\infty).$$

(2)连续型随机变量的概率密度函数

连续型随机变量 $X$ 的取值范围通常是一个区间或若干区间之并. $X$ 的概率密度函数 $p(x)$ 是定义域为 $(-\infty,+\infty)$ 的实值函数,它必须满足:

① $p(x)\geqslant 0,\ -\infty<x<+\infty$;

② $\int_{-\infty}^{+\infty} p(x)\,\mathrm{d}x = 1$.

由概率密度函数 $p(x)$ 可以计算任意随机事件的概率:

$$P(X\in I)=\int_I p(x)\,\mathrm{d}x,\ I\subset(-\infty,+\infty).$$

由上述概率计算公式知道,对于连续型随机变量

$$P(X=x_0)=0,$$

其中 $x_0$ 是任意一个实数. 这里要注意,事件 $\{X=x_0\}\neq\Phi$,因为 $\{X=x_0\}$ 是可能发生的. 这个特性是离散型随机变量所不具有的. 由此还可得到:对任意 $-\infty\leqslant a<b\leqslant+\infty$,

$$P(a<X\leqslant b)=P(a\leqslant X\leqslant b)=P(a<X<b)=P(a\leqslant X<b)=\int_a^b p(x)\,\mathrm{d}x.$$

(3)随机变量的分布函数

对于一切随机变量 $X$,$X$ 的分布函数定义为

$$F(x)=P(X\leqslant x),\ -\infty<x<+\infty.$$

分布函数必定具有下列四条特征性质.

①有界性:$0\leqslant F(x)\leqslant 1,\ -\infty<x<+\infty$.

②单调性:当 $x_1<x_2$ 时,$F(x_1)\leqslant F(x_2)$.

③右连续:$\lim\limits_{x\to x_0^+}F(x)=F(x_0)$.

④ $\lim\limits_{x\to-\infty}F(x)=0$,$\lim\limits_{x\to+\infty}F(x)=1$.

反过来,如果一个定义域为 $(-\infty,+\infty)$ 的实值函数具有上述四条性质,那么 $F(x)$ 必定是某个随机变量的分布函数.

由分布函数 $F(x)$ 可以计算任意随机事件的概率:对任意 $-\infty\leqslant a\leqslant b\leqslant+\infty$,

$$P(a<X\leqslant b)=F(b)-F(a),$$

$$P(X=x_0)=F(x)-\lim_{x\to x_0^-}F(x),$$

当 $X$ 是离散型随机变量时,按分布函数的定义,由概率分布可以计算分布函数:

$$F(x)=\sum_{k:x_k\leqslant x}p_k,\ -\infty<x<+\infty.$$

这是一个阶梯函数,且在 $x=x_k$ 有跳跃间断点,跳跃度恰是 $p_k$. 当 $x\neq x_k$ 时,$F(x)$ 在该处连续.

当 $X$ 是连续型随机变量时,按分布函数的定义,由概率密度函数可以计算分布函数:

$$F(x)=\int_{-\infty}^{x}p(t)\,\mathrm{d}t,\ -\infty<x<+\infty.$$

由高等数学中积分上限函数的知识推得:连续型随机变量的分布函数是连续函数,而不仅仅是右连续函数,且在 $p(x)$ 的连续点处,

$$F'(x)=p(x).$$

因此,连续型随机变量的分布函数 $F(x)$ 本质上是其概率密度函数 $p(x)$ 的一个原函数.

(4)常用随机变量的分布

常用的离散型随机变量有三类.

①二点分布(或伯努利分布):参数为$p(0<p<1)$的二点分布的概率分布表为

| $X$ | 0 | 1 |
|---|---|---|
| $P_r$ | $1-p$ | $p$ |

二点分布的取值范围是$\{0,1\}$,且规定$p=P(X=1)$.

二点分布是伯努利试验的数量化表示. 伯努利试验中试验结果"成功"与"$X=1$"对应,试验结果"失败"与"$X=0$"对应. 因此,随机变量$X$表示一次伯努利试验后出现成功的次数.

②二项分布:参数为$n,p$($n$是自然数,$0<p<1$)的二项分布的概率分布为

$$P(X=k)=C_n^k p^k(1-p)^{n-k},k=0,1,\cdots,n.$$

二项分布的取值范围是$\{0,1,\cdots,n\}$.

③泊松分布:参数为$\lambda(\lambda>0)$的泊松分布的概率分布为

$$P(X=k)=e^{-\lambda}\frac{\lambda^k}{k!},k=0,1,2,\cdots.$$

泊松分布的取值范围是$\{0,1,2,\cdots\}$.

常用的连续型随机变量有三类.

①均匀分布:参数为$a,b(-\infty<a<b<+\infty)$的均匀分布的概率密度函数为

$$p(x)=\begin{cases}\dfrac{1}{b-a}, & a<x<b,\text{①}\\ 0, & \text{其他}.\end{cases}$$

②指数分布:参数为$\lambda(\lambda>0)$的指数分布的概率密度函数为

$$p(x)=\begin{cases}\lambda e^{-\lambda x}, & x>0,\\ 0, & \text{其他}.\end{cases}$$

③正态分布:参数为$\mu,\sigma^2(-\infty<\mu<+\infty,\sigma>0)$的正态分布的概率密度函数为

$$p(x)=\frac{1}{\sqrt{2\pi}\sigma}e^{-\frac{(x-\mu)^2}{2\sigma^2}},-\infty<x<+\infty.$$

正态分布通常用记号$N(\mu,\sigma^2)$表示. 当$\mu=0,\sigma^2=1$时,称$N(0,1)$为标准正态分布.

当$X$服从$N(0,1)$时,分布函数记为$\Phi(x)$,即

$$\Phi(x)=\frac{1}{\sqrt{2\pi}}\int_{-\infty}^{x}e^{-\frac{t^2}{2}}dt,-\infty<x<+\infty.$$

$\Phi(x)$的值可以查表得到. 由于概率密度是偶函数,因此$\Phi(x)$满足

$$\Phi(0)=\frac{1}{2};\Phi(-x)=1-\Phi(x),-\infty<x<+\infty.$$

当$X$服从标准正态分布$N(0,1)$时,任意事件的概率

$$P(a<X\leqslant b)=\Phi(b)-\Phi(a),-\infty\leqslant a<b\leqslant+\infty.$$

由于$\Phi(x)$是分布函数,因此$\Phi(-\infty)=0,\Phi(+\infty)=1$. 上式对$P(a\leqslant X\leqslant b),P(a<X<b)$,$P(a\leqslant X<b)$同样成立.

---

① "$a<x<b$"也可以写成"$a\leqslant x\leqslant b$",因为这不会影响积分. 连续型随机变量的概率密度函数都有这个特点.

当 $X$ 服从正态分布 $N(\mu,\sigma^2)$ 时,$X$ 的分布函数为

$$F(x)=\Phi\left(\frac{x-\mu}{\sigma}\right),-\infty<x<+\infty.$$

$$P(a<X\leqslant b)=\Phi\left(\frac{b-\mu}{\sigma}\right)-\Phi\left(\frac{a-\mu}{\sigma}\right),-\infty\leqslant a<b<+\infty.$$

**定理 1** 如果 $X$ 服从正态分布 $N(\mu,\sigma^2)$,那么 $Y=kX+c$ 服从正态分布 $N(k\mu+c,k^2\sigma^2)$. 特殊地,$\frac{X-\mu}{\sigma}$服从标准正态分布 $N(0,1)$.

**3. 一维随机变量的数字特征**

随机变量的分布全面反映了随机变量取值的统计规律性,随机变量的数字特征则局部地反映随机变量取值的某些主要特征. 随机变量的数字特征的含义是用某些实数来反映随机变量分布的主要特征.

随机变量数字特征的常用形式有三类:数学期望、方差与标准差.

(1)数学期望

随机变量 $X$ 的数学期望反映了 $X$ 的平均取值,记作 $E(X)$.

当 $X$ 为离散型随机变量时,如果 $X$ 的概率分布表为

| $X$ | $x_1$ | $x_2$ | … | $x_k$ | … |
|---|---|---|---|---|---|
| $P_r$ | $p_1$ | $p_2$ | … | $p_k$ | … |

那么规定 $X$ 的数学期望为

$$E(X)=\sum_k x_k p_k;$$

规定随机变量函数 $Y=f(X)$ 的数学期望为

$$E(Y)=E[f(X)]=\sum_k f(x_k)p_k.$$

当 $X$ 为连续型随机变量时,如果 $X$ 的概率密度函数为 $p(x)$,那么规定 $X$ 的数学期望为

$$E(X)=\int_{-\infty}^{+\infty}xp(x)\mathrm{d}x;$$

规定随机变量函数 $Y=f(X)$ 的数学期望为

$$E(Y)=E[f(X)]=\int_{-\infty}^{+\infty}f(x)p(x)\mathrm{d}x.$$

数学期望有下列性质:

①$E(c)=c$,其中 $c$ 是常数;

②$E(kX)=kE(X)$,其中 $k$ 是常数;

③$E(X+c)=E(X)+c$,其中 $c$ 是常数;

④$E(kX+lY+c)=kE(X)+lE(Y)+c$,其中 $k,l,c$ 是常数;

⑤当 $X$ 与 $Y$ 相互独立时,$E(XY)=E(X)E(Y)$.

(2)方差与标准差

随机变量的方差与标准差都反映了随机变量取值相对于其数学期望的波动程度.

对于任意一个随机变量 $X$,规定 $X$ 的方差为

$$D(X)=E[X-E(X)]^2.$$

称 $\sqrt{D(X)}$ 为随机变量 $X$ 的标准差. 方差的常用计算公式为

$$D(X)=E(X^2)-[E(X)]^2.$$

方差有下列性质：

①$D(c)=0$,其中 $c$ 是常数；

②$D(kX)=k^2D(X)$,其中 $k$ 是常数；

③$D(X+c)=D(X)$,其中 $c$ 是常数；

④当 $X$ 与 $Y$ 相互独立时,$D(kX+lY+c)=k^2D(X)+l^2D(Y)$,其中 $k,l,c$ 是常数.

(3)常用随机变量的数字特征

①当 $X$ 服从参数为 $p$ 的二点分布时,$E(X)=p,D(X)=p(1-p)$.

②当 $X$ 服从参数为 $n,p$ 的二项分布时,$E(X)=np,D(X)=np(1-p)$.

③当 $X$ 服从参数为 $\lambda$ 的泊松分布时,$E(X)=\lambda,D(X)=\lambda$.

④当 $X$ 服从参数为 $a,b$ 的均匀分布时,$E(X)=\frac{1}{2}(a+b),D(X)=\frac{1}{12}(b-a)^2$.

⑤当 $X$ 服从参数为 $\lambda$ 的指数分布时,$E(X)=\frac{1}{\lambda},D(X)=\frac{1}{\lambda^2}$.

⑥当 $X$ 服从参数为 $\mu,\sigma^2$ 的正态分布 $N(\mu,\sigma^2)$ 时,$E(X)=\mu,D(X)=\sigma^2,\sqrt{D(X)}=\sigma$.

**定理 2** 设随机变量 $X$ 与 $Y$ 相互独立,$X$ 服从正态分布 $N(\mu_1,\sigma_1^2)$,$Y$ 服从正态分布 $N(\mu_2,\sigma_2^2)$,那么 $Z=kX+lY+c$ 服从正态分布 $N(k\mu_1+l\mu_2+c,k^2\sigma_1^2+l^2\sigma_2^2)$.

**【例 1.7-10】** 设 $X$ 是随机变量,已知 $P(X\leqslant1)=p,P(X\leqslant2)=q$,则 $P(X\leqslant1,X\leqslant2)$ 等于(　　).

(A)$p+q$　　(B)$p-q$　　(C)$q-p$　　(D)$p$

**解:**由于随机事件$\{X\leqslant1\}\subset\{X\leqslant2\}$,因此 $P(X\leqslant1,X\leqslant2)=\{X\leqslant1\}\cap\{X\leqslant2\}=P(X\leqslant1)=p$. 故选(D).

**【例 1.7-11】** 设随机变量 $X$ 与 $Y$ 相互独立,已知 $P(X\leqslant1)=p,P(Y\leqslant1)=q$,则 $P(\max(X,Y)\leqslant1)$ 等于(　　).

(A)$p+q$　　(B)$pq$　　(C)$p$　　(D)$q$

**解:**随机事件$\{\max(X,Y)\leqslant1\}=\{X\leqslant1,Y\leqslant1\}$,因此,由乘法公式得到

$$P(\max(X,Y)\leqslant1)=P(X\leqslant1,Y\leqslant1)=P(X\leqslant1)P(Y\leqslant1)=pq.$$

故选(B).

**【例 1.7-12】** 设离散型随机变量 $X$ 的概率分布表为

| $X$ | $-1$ | $0$ | $1$ | $3$ |
|---|---|---|---|---|
| $P_r$ | 0.1 | 0.2 | 0.3 | $c$ |

试求:(1)常数 $c$;(2)概率 $P(X^2<\pi)$;(3)分布函数值 $F(1)$;(4)分布函数 $F(x)$.

**解:**(1)由于概率分布表中诸 $p_k$ 必须满足 $\sum\limits_k p_k=1$,因此由 $0.1+0.2+0.3+c=1$,推得 $c=0.4$.

(2)$X$ 的取值范围是$\{-1,0,1,3\}$. 这些值中满足不等式“$x_k^2<\pi$”的是 $-1,0,1$. 因此

$$P(X^2<\pi)=P(X=-1)+P(X=0)+P(X=1)=0.1+0.2+0.3=0.6.$$

(3)按分布函数的定义,

$F(1)=P(X\leqslant 1)=P(X=-1)+P(X=0)+P(X=1)=0.6.$

(4)按分布函数的定义作如下逐段讨论：当 $x<-1$ 时，$F(x)=P(X\leqslant x)=P(\Phi)=0$；

当 $-1\leqslant x<0$ 时，$F(x)=P(X\leqslant x)=P(X=-1)=0.1$；

当 $0\leqslant x<1$ 时，$F(x)=P(X\leqslant x)=P(X=-1)+P(X=0)=0.1+0.2=0.3$；

当 $1\leqslant x<3$ 时，$F(x)=P(X\leqslant x)=P(X=-1)+P(X=0)+P(X=1)=0.1+0.2+0.3=0.6$；

当 $x\geqslant 3$ 时，$F(x)=P(X\leqslant x)=P(\Omega)=1.$

把上述结果综合起来，得到分段函数形式表达的分布函数：

$$F(x)=\begin{cases}0, & x<-1,\\ 0.1, & -1\leqslant x<0,\\ 0.3, & 0\leqslant x<1,\\ 0.6, & 1\leqslant x<3,\\ 1, & x\geqslant 3.\end{cases}$$

**【例 1.7-13】** 设连续型随机变量 $X$ 的概率密度函数为

$$p(x)=\begin{cases}cx^2, & -1\leqslant x\leqslant 1,\\ 0, & \text{其他}.\end{cases}$$

试求：(1)常数 $c$；(2)概率 $P\left(X\geqslant\frac{1}{2}\right)$；(3)分布函数值 $F\left(-\frac{1}{2}\right)$；(4)分布函数 $F(x)$.

**解**：(1)由于概率密度函数 $p(x)$ 必须满足 $\int_{-\infty}^{+\infty}p(x)\,\mathrm{d}x=1$．因此，由

$$1=\int_{-\infty}^{+\infty}p(x)\,\mathrm{d}x=\int_{-1}^{1}cx^2\,\mathrm{d}x=2c\int_{0}^{1}x^2\,\mathrm{d}x=\frac{2c}{3},$$

推得 $c=\frac{3}{2}$.

(2)由高等数学中分段函数的积分得到

$$P\left(X\geqslant\frac{1}{2}\right)=\int_{\frac{1}{2}}^{+\infty}p(x)\,\mathrm{d}x=\int_{\frac{1}{2}}^{1}\frac{3}{2}x^2\,\mathrm{d}x=\left[\frac{1}{2}x^3\right]_{\frac{1}{2}}^{1}=\frac{1}{2}-\frac{1}{16}=\frac{7}{16}.$$

(3)按分布函数的定义

$$F\left(-\frac{1}{2}\right)=P\left(X\leqslant-\frac{1}{2}\right)=\int_{-\infty}^{-\frac{1}{2}}p(x)\,\mathrm{d}x=\int_{-1}^{-\frac{1}{2}}\frac{3}{2}x^2\,\mathrm{d}x=\left[\frac{1}{2}x^3\right]_{-1}^{-\frac{1}{2}}=-\frac{1}{16}+\frac{1}{2}=\frac{7}{16}.$$

(4)按分布函数的定义作如下逐段讨论：

当 $x<-1$ 时，$F(x)=\int_{-\infty}^{x}p(t)\,\mathrm{d}t=\int_{-\infty}^{x}0\,\mathrm{d}x=0$；

当 $-1\leqslant x<1$ 时，$F(x)=\int_{-\infty}^{x}p(t)\,\mathrm{d}t=\int_{-1}^{x}\frac{3}{2}t^2\,\mathrm{d}x=\left[\frac{1}{2}t^3\right]_{-1}^{x}=\frac{1}{2}(x^3+1)$；

当 $x\geqslant 1$ 时，$F(x)=\int_{-\infty}^{x}p(t)\,\mathrm{d}t=\int_{-1}^{1}\frac{3}{2}t^2\,\mathrm{d}t=1.$

把上述结果综合起来，得到分段函数形式表达的分布函数：

$$F(x)=\begin{cases}0, & x<-1,\\ \frac{1}{2}(x^3+1), & -1\leqslant x<1,\\ 1, & x\geqslant 1.\end{cases}$$

**【例 1.7-14】** 设连续型随机变量 $X$ 的分布函数

$$F(x)=\begin{cases}0, & x<0,\\ x^2, & 0\leqslant x<1,\\ 1, & x\geqslant 1.\end{cases}$$

试求:(1)$X$ 的概率密度函数;(2)条件概率 $P(X>\frac{1}{4}|X<\frac{1}{2})$.

**解:**(1)按高等数学中分段函数的求导规则,得到 $X$ 的概率密度函数为

$$p(x)=\begin{cases}2x, & 0<x<1,\\ 0, & \text{其他}.\end{cases}$$

(2)由条件概率计算公式得到

$$P\left(X>\frac{1}{4}|X<\frac{1}{2}\right)=\frac{P\left(X>\frac{1}{4},X<\frac{1}{2}\right)}{P\left(X<\frac{1}{2}\right)}=\frac{P\left(\frac{1}{4}<X<\frac{1}{2}\right)}{P\left(X<\frac{1}{2}\right)}$$

$$=\frac{\int_{\frac{1}{4}}^{\frac{1}{2}}p(x)\mathrm{d}x}{\int_{-\infty}^{\frac{1}{2}}p(x)\mathrm{d}x}=\frac{\int_{\frac{1}{4}}^{\frac{1}{2}}2x\mathrm{d}x}{\int_{0}^{\frac{1}{2}}2x\mathrm{d}x}=\frac{\frac{3}{16}}{\frac{1}{4}}=\frac{3}{4}.$$

这里出现的概率也可以用分布函数计算:

$$P\left(\frac{1}{4}<X<\frac{1}{2}\right)=F\left(\frac{1}{2}\right)-F\left(\frac{1}{4}\right)=\left(\frac{1}{2}\right)^2-\left(\frac{1}{4}\right)^2=\frac{3}{16},$$

$$P\left(X<\frac{1}{2}\right)=F\left(\frac{1}{2}\right)=\left(\frac{1}{2}\right)^2=\frac{1}{4}.$$

**【例 1.7-15】** 设随机变量 $X$ 服从正态分布 $N(1,4)$. 已知 $\Phi(1)=a$,则 $P(-1<X\leqslant 3)$ 等于(　　).

(A)$a-1$　　(B)$2a+1$　　(C)$a+1$　　(D)$2a-1$

**解:**按正态分布的概率计算公式($\mu=1,\sigma=2$),则

$$P(-1<X\leqslant 3)=\Phi\left(\frac{3-1}{2}\right)-\Phi\left(\frac{-1-1}{2}\right)=\Phi(1)-\Phi(-1)=\Phi(1)-[1-\Phi(1)]$$

$$=2\Phi(1)-1=2a-1.$$

故选(D).

**【例 1.7-16】** 设随机变量 $X$ 服从正态分布 $N(\mu,1)$. 已知 $P(X\leqslant\mu-3)=c$,则 $P(\mu<X<\mu+3)$ 等于(　　).

(A)$2c-1$　　(B)$1-c$　　(C)$0.5-c$　　(D)$0.5+c$

**解:**由于 $P(X\leqslant\mu-3)=\Phi((\mu-3)-\mu)=\Phi(-3)=c$,因此,

$$P(\mu<X<\mu+3)=\Phi((\mu+3)-\mu)-\Phi(\mu-\mu)=\Phi(3)-\Phi(0)$$

$$=[1-\Phi(-3)]-0.5=(1-c)-0.5=0.5-c.$$

故选(C).

**【例 1.7-17】** 设随机变量 $X$ 服从正态分布 $N(-1,9)$，则随机变量 $Y=2-X$ 服从(　　).

(A)正态分布 $N(3,9)$　　(B)均匀分布

(C)正态分布 $N(1,9)$　　(D)指数分布

**解:**按定理 1，$Y$ 是 $X$ 的线性函数，$Y$ 依然服从正态分布. 由 $k=-1$、$c=2$ 算得 $Y$ 服从正态分布 $N(2-(-1),(-1)^2\times 9)=N(3,9)$. 故选(A).

**【例 1.7-18】** 把一颗均匀骰子掷了 6 次，假定各次出现的点数相互不影响. 随机变量 $X$ 表示出现 6 点的次数，则 $X$ 服从(　　).

(A)参数 $n=6,p=\frac{1}{2}$的二项分布　　(B)参数 $n=1,p=\frac{1}{6}$的二项分布

(C)参数 $n=6,p=\frac{1}{6}$的二项分布　　(D)非二项分布

**解:**每掷一次骰子可以看成做一次伯努利试验，把“出现 6 点”看作“成功”，把“不出现 6 点”看作“失败”. 独立地掷 6 次骰子相当于重复独立地做 6 次伯努利试验，且一次伯努利试验后出现成功的概率 $p=\frac{1}{6}$，故选(C).

**【例 1.7-19】** 设离散型随机变量 $X$ 的概率分布表为

| $X$ | $-2$ | $1$ | $2$ | $5$ |
|---|---|---|---|---|
| $P_r$ | 0.5 | 0.1 | 0.3 | 0.1 |

试求:(1) $X$ 的数学期望、方差与标准差;(2) $E\left(\frac{1}{X}\right)$;(3) $E(3X^2-2)$.

**解:**(1)按数学期望的定义，则

$$E(X)=\sum_k x_k p_k=(-2)\times 0.5+1\times 0.1+2\times 0.3+5\times 0.1=0.2.$$

按随机变量函数的数学期望的定义，则

$$E(X^2)=\sum_k x_k^2 p_k=(-2)^2\times 0.5+1^2\times 0.1+2^2\times 0.3+5^2\times 0.1=5.8.$$

于是，由方差的计算公式得到

$$D(X)=E(X^2)-[E(X)]^2=5.8-0.2^2=5.76.$$

$$\sqrt{D(X)}=\sqrt{5.76}=2.4.$$

(2)按随机变量函数的数学期望的定义，则

$$E\left(\frac{1}{X}\right)=\sum_k \frac{1}{x_k}p_k=\frac{1}{-2}\times 0.5+\frac{1}{1}\times 0.1+\frac{1}{2}\times 0.3+\frac{1}{5}\times 0.1=0.02.$$

(3)由(1)中得到的 $E(X^2)=5.8$ 及数学期望的性质得到

$$E(3X^2-2)=3E(X^2)-2=3\times 5.8-2=15.4.$$

**【例 1.7-20】** 设连续型随机变量 $X$ 的概率密度函数为

$$p(x)=\begin{cases}\frac{x}{2}, & 0<x<2,\\ 0, & \text{其他}.\end{cases}$$

试求:(1)$X$ 的数学期望、方差与标准差;(2)$E(\sqrt{X})$;(3)$E(5\sqrt{X}-3X+2)$.

**解:** (1)按数学期望的定义,则

$$E(X)=\int_{-\infty}^{+\infty}xp(x)\,\mathrm{d}x=\int_0^2 x\cdot\frac{x}{2}\mathrm{d}x=\left[\frac{1}{6}x^3\right]_0^2=\frac{4}{3}.$$

按随机变量函数的数学期望的定义,则

$$E(X^2)=\int_{-\infty}^{+\infty}x^2p(x)\,\mathrm{d}x=\int_0^2 x^2\cdot\frac{x}{2}\mathrm{d}x=\left[\frac{1}{8}x^4\right]_0^2=2.$$

于是,由方差的计算公式得到

$$D(X)=E(X^2)-[E(X)]^2=2-\left(\frac{4}{3}\right)^2=\frac{2}{9},$$

$$\sqrt{D(X)}=\sqrt{\frac{2}{9}}=\frac{\sqrt{2}}{3}.$$

(2)按随机变量函数的数学期望的定义,则

$$E(\sqrt{X})=\int_{-\infty}^{+\infty}\sqrt{x}p(x)\,\mathrm{d}x=\int_0^2\sqrt{x}\cdot\frac{x}{2}\mathrm{d}x=\left[\frac{1}{5}x^{\frac{5}{2}}\right]_0^2=\frac{4}{5}\sqrt{2}.$$

(3)由(1)与(2)中得到的结果及数学期望的性质得到

$$E(5\sqrt{X}-3X+2)=5E(\sqrt{X})-3E(X)+2=5\times\frac{4}{5}\sqrt{2}-3\times\frac{4}{3}+2=4\sqrt{2}-2.$$

**【例 1.7-21】** 某人独立地射击 10 次,每次射击命中目标的概率为 0.8,随机变量 $X$ 表示 10 次射击中命中目标的次数,则 $E(X^2)$ 等于(　　).

(A)64　　(B)65.6　　(C)66.6　　(D)80

**解:**把每次射击看成是做一次伯努利试验,“成功”表示“命中目标”,“失败”表示“没有命中目标”,出现成功的概率 $p=0.8$. 于是,$X$ 服从参数 $n=10,p=0.8$ 的二项分布. 已知二项分布的数学期望与方差分别是

$$E(X)=np=10\times0.8=8,D(X)=np(1-p)=10\times0.8\times0.2=1.6.$$

于是,由方差的计算公式推得 $E(X^2)=D(X)+[E(X)]^2=1.6+8^2=65.6$. 故选(B).

**【例 1.7-22】** 设随机变量 $X$ 服从区间 $(-1,5)$ 上的均匀分布,$Y=3X-5$,则 $E(Y)$ 与 $D(Y)$ 分别等于(　　).

(A)1,9　　(B)3,27　　(C)4,27　　(D)1,27

**解:**已知区间 $(-1,5)$ 上的均匀分布的随机变量的数学期望与方差分别是

$$E(X)=\frac{1}{2}[(-1)+5]=2,D(X)=\frac{1}{12}[5-(-1)]^2=3.$$

于是,由数学期望与方差的性质得到

$$E(Y)=E(3X-5)=3E(X)-5=3\times2-5=1,$$

$$D(Y)=D(3X-5)=3^2D(X)=3^2\times3=27.$$

故选(D).

**【例 1.7-23】** 设随机变量 $X$ 与 $Y$ 相互独立,它们分别服从参数 $\lambda=2$ 的泊松分布与指数分布. 记 $Z=X-2Y$,则随机变量 $Z$ 的数学期望与方差分别等于(　　).

(A)1,3　　(B)$-2$,4　　(C)1,4　　(D)$-2$,6

**解:**已知参数 $\lambda=2$ 的泊松分布的数学期望与方差分别为

$$E(X)=2, D(X)=2;$$

参数 $\lambda=2$ 的指数分布的数学期望与方差分别为

$$E(Y)=\frac{1}{2}, D(Y)=\frac{1}{4}.$$

由数学期望与方差的性质得到

$$E(Z)=E(X-2Y)=E(X)-2E(Y)=2-2\times\frac{1}{2}=1,$$

$$D(Z)=D(X-2Y)=D(X)+(-2)^2D(Y)=2+4\times\frac{1}{4}=3.$$

故选(A).

### 1.7.4 矩、协方差与相关系数

矩、协方差与相关系数是有用的数字特征. 它们有些涉及两个随机变量.

**1. 矩**

随机变量幂函数的数学期望统称为矩.

给定随机变量 $X$,称 $E(X^k)$ 为 $X$ 的 $k$ 阶原点矩,称 $E(X-EX)^k$ 为 $X$ 的 $k$ 阶中心矩,其中 $k$ 为正整数. 数学期望 $E(X)$ 是 $X$ 的一阶原点矩,方差 $D(X)$ 是 $X$ 的二阶中心矩.

**2. 两个随机变量函数的数学期望**

给定两个随机变量 $X$ 与 $Y$,随机变量 $Z=f(X,Y)$.

当离散型随机变量 $X$ 与 $Y$ 的联合概率分布为 $P(X=x_i, Y=y_j)=p_{ij}(i,j=1,2,\cdots)$ 时,

$$E(Z)=Ef(X,Y)=\sum_i\sum_j f(x_i,y_j)p_{ij}$$

当连续型随机变量 $X$ 与 $Y$ 的联合概率密度函数为 $p(x,y)$ 时,

$$E(Z)=Ef(X,Y)=\int_{-\infty}^{+\infty}\int_{-\infty}^{+\infty}f(x,y)p(x,y)\,\mathrm{d}x\mathrm{d}y.$$

**3. 协方差**

给定两个随机变量 $X$ 与 $Y$. 规定 $X$ 与 $Y$ 的协方差

$$Cov(X,Y)=E[(X-EX)(Y-EY)]$$

协方差的常用计算公式为

$$Cov(X,Y)=E(XY)-E(X)E(Y).$$

协方差有下列性质:

①$Cov(X,X)=D(X), Cov(X,Y)=Cov(Y,X)$;

②$Cov(X,c)=0$;

③$Cov(kX,lY)=klCov(X,Y)$;

④$Cov(X_1\pm X_2,Y)=Cov(X_1,Y)\pm Cov(X_2,Y)$;

⑤当 $X$ 与 $Y$ 相互独立时,$Cov(X,Y)=0$.

**4. 相关系数**

给定两个随机变量 $X$ 与 $Y$. 规定 $X$ 与 $Y$ 的相关系数

$$\rho(X,Y)=\frac{Cov(X,Y)}{\sqrt{D(X)D(Y)}}$$

当 $\rho(X,Y)=0$ 时,称 $X$ 与 $Y$ 不相关.

相关系数有下列性质：

①$|\rho(X,Y)|\leqslant 1$；

②当 $X$ 与 $Y$ 相互独立时，$X$ 与 $Y$ 必定不相关，但反之一般不成立；

③$D(X\pm Y)=D(X)+D(Y)\pm 2\rho(X,Y)\sqrt{D(X)D(Y)}$
$=D(X)+D(Y)\pm 2Cov(X,Y)$.

**【例 1.7-24】** 设离散型随机变量 $X$ 与 $Y$ 的联合概率分布表为

| X \ Y | 0 | 1 |
|---|---|---|
| 0 | 0 | $\frac{1}{3}$ |
| 1 | $\frac{1}{3}$ | $\frac{1}{3}$ |

试求：(1) $E(XY)$；(2) $Cov(X,Y)$ 与 $\rho(X,Y)$.

**解：**(1) $E(XY)=0\times 0\times 0+0\times 1\times\frac{1}{3}+1\times 0\times\frac{1}{3}+1\times 1\times\frac{1}{3}=\frac{1}{3}$.

(2) 由 $E(X)=0\times\left(0+\frac{1}{3}\right)+1\times\left(\frac{1}{3}+\frac{1}{3}\right)=\frac{2}{3}=E(Y)$ 及(1)中算得的结果推出

$$Cov(X,Y)=E(XY)-E(X)E(Y)=\frac{1}{3}-\frac{2}{3}\times\frac{2}{3}=-\frac{1}{9},$$

由 $D(X)=E(X^2)-(EX)^2=\left[0^2\times\left(0+\frac{1}{3}\right)+1^2\times\left(\frac{1}{3}+\frac{1}{3}\right)\right]-\left(\frac{2}{3}\right)^2=\frac{2}{9}=D(Y)$ 得到

$$\rho(X,Y)=\frac{-\frac{1}{9}}{\sqrt{\frac{2}{9}\times\frac{2}{9}}}=-\frac{1}{2}.$$

**【例 1.7-25】** 设连续型随机变量 $X$ 与 $Y$ 的联合概率密度函数为

$$p(x,y)=\begin{cases}\frac{1}{2}, 0<x<2 \text{ 且 } 0<y<1,\\ 0, \text{其余}.\end{cases}$$

试求：(1) $E(XY)$；(2) $Cov(X,Y)$ 与 $\rho(X,Y)$.

**解：**(1) $E(XY)=\int_0^2\int_0^1 xy\cdot\frac{1}{2}\mathrm{d}x\mathrm{d}y=\frac{1}{2}\int_0^2 x\mathrm{d}x\cdot\int_0^1 y\mathrm{d}y=\frac{1}{2}\times 2\times\frac{1}{2}=\frac{1}{2}$.

(2) 由于 $E(X)=\int_0^2\int_0^1 x\cdot\frac{1}{2}\mathrm{d}x\mathrm{d}y=\frac{1}{2}\int_0^2 x\mathrm{d}x\cdot\int_0^1\mathrm{d}y=1$,

$$E(Y)=\int_0^2\int_0^1 y\cdot\frac{1}{2}\mathrm{d}x\mathrm{d}y=\frac{1}{2}\int_0^2\mathrm{d}x\cdot\int_0^1 y\mathrm{d}y=\frac{1}{2},$$

因此 $Cov(X,Y)=E(XY)-E(X)E(Y)=\frac{1}{2}-1\times\frac{1}{2}=0$.

从而 $\rho(X,Y)=0$. 这表明 $X$ 与 $Y$ 不相关.

**【例 1.7-26】** 已知 $D(X)=2$，$D(Y)=3$，则 $Cov(X+Y,X-Y)$ 等于(　　).

(A) 1　　(B) −1　　(C) 5　　(D) 6

**解：**由协方差的性质④得到

$Cov(X+Y,X-Y)$

$$= Cov(X,X) - Cov(X,Y) + Cov(Y,X) - Cov(Y,Y) = D(X) - D(Y) = 2 - 3 = -1.$$

故选(B).

**【例 1.7-27】** 已知 $D(X)=4, D(Y)=9, Cov(X,Y)=2$,则 $D(3X-2Y)$ 等于(　　).

(A)96　　(B)72　　(C)48　　(D)36

**解:**由相关系数的性质③推得

$$D(3X-2Y) = D(3X) + D(2Y) - 2Cov(3X,2Y)$$
$$= 9D(X) + 4D(Y) - 2\times 3\times 2Cov(X,Y) = 9\times 4 + 4\times 9 - 12\times 2 = 48.$$

故选(C).

## 1.7.5 数理统计的基本概念

数理统计以概率为基础,给出处理随机数据的原理与方法.

**1. 总体与样本**

总体是全体研究对象的某个特征值;样本是总体中部分个体的该特征值.

数理统计的基本内容是如何根据样本所提供的信息对总体中的未知量作统计推断。

样本具有双重意义. 随机抽样前,样本 $X_1,\cdots,X_n$ 是 $n$ 个随机变量;随机抽样后,样本表现为 $n$ 个数据 $x_1,\cdots,x_n$,这 $n$ 个数据也称为样本值. 在不致引起误解时,样本值也简称为样本.

总体用随机变量 $X$ 表示. 当总体 $X$ 服从正态分布时,称 $X$ 为正态总体.

今后常用"$X_1,\cdots,X_n$ 是取自总体 $X$ 的容量为 $n$ 的样本"这类语言. 这句话的含义是:$X_1,\cdots,X_n$ 是相互独立的随机变量,且每一个 $X_i$ 都与总体 $X$ 的分布相同,$i=1,\cdots,n$. $X_i$ 与 $X$ 同分布蕴含了它们的数学期望、方差与标准差都相等,即

$$E(X_i)=E(X), D(X_i)=D(X), i=1,\cdots,n.$$

**2. 统计量**

样本 $X_1,\cdots,X_n$的函数统称为统计量. 统计量不能带有总体 $X$ 中任何未知量.

以下给出数理统计中常用的统计量:

①样本均值 $\bar{X}=\frac{1}{n}\sum_{i=1}^{n}X_i$;

②样本方差 $S^2=\frac{1}{n-1}\sum_{i=1}^{n}(X_i-\bar{X})^2$,样本标准差 $S=\sqrt{S^2}$;

③样本 $k$ 阶原点矩 $\frac{1}{n}\sum_{i=1}^{n}X_i^k$,样本 $k$ 阶中心矩 $\frac{1}{n}\sum_{i=1}^{n}(X_i-\bar{X})^k$.

样本均值是样本一阶原点矩,但样本方差不是样本二阶中心矩.

**定理 3**　设 $X_1,\cdots,X_n$ 是取自总体 $X$ 的容量为 $n$ 的样本. 已知 $E(X)=\mu, D(X)=\sigma^2$,那么:

①$E(\bar{X})=\mu, D(\bar{X})=\frac{\sigma^2}{n}$;

②$E(S^2)=\sigma^2$.

**3. 三个常用分布**

$\chi^2$ 分布、$t$ 分布与 $F$ 分布是数理统计中经常使用的连续型随机变量的分布,读者不必关心它们的概率密度函数,但要知道它们的参数,这些参数都称为自由度.

设 $X_1,\cdots,X_n$相互独立,且每一个 $X_i$都服从标准正态分布 $N(0,1)$,则$\chi^2=\sum_{i=1}^{n}X_i^2$服从自由

度为 $n$ 的$\chi^2$分布，记作$\chi^2(n)$.

设随机变量 $X$ 与 $Y$ 相互独立，且 $X\sim N(0,1,)$，$Y\sim\chi^2(n)$，则 $T=\dfrac{X}{\sqrt{Y/n}}$服从自由度为 $n$ 的 $t$ 分布，记作 $t(n)$.

设随机变量 $X$ 与 $Y$ 相互独立，且 $X\sim\chi^2(n_1)$，$Y\sim\chi^2(n_2)$，则 $F=\dfrac{X/n_1}{Y/n_2}$服从自由度为$(n_1,n_2)$的 $F$ 分布，记作 $F(n_1,n_2)$.

今后经常要用到$\chi^2$ 分布、$t$ 分布与 $F$ 分布的临界值. 这些临界值都可以通过查表得到.

**定理 4** 设 $X_1,\cdots,X_n$ 是取自正态总体 $N(\mu,\sigma^2)$ 的容量为 $n$ 的样本.

①$\bar{X}$ 服从 $N\left(\mu,\dfrac{\sigma^2}{n}\right)$，或等价地$\sqrt{n}\dfrac{\bar{X}-\mu}{\sigma}$服从 $N(0,1)$.

② $\dfrac{(n-1)S^2}{\sigma^2}=\dfrac{1}{\sigma^2}\sum\limits_{i=1}^{n}(X_i-\bar{X})^2$ 服从$\chi^2(n-1)$.

③$\sqrt{n}\dfrac{\bar{X}-\mu}{S}$服从 $t(n-1)$.

**定理 5** 设 $X_1,\cdots,X_{n_1}$是取自正态总体 $N(\mu_1,\sigma_1^2)$ 的容量为 $n_1$ 的样本，$\bar{Y}_1,\cdots,\bar{Y}_{n_2}$是取自正态总体 $N(\mu_2,\sigma_2^2)$ 的容量为 $n_2$ 的样本. 样本均值与样本方差分别记作 $\bar{X},S_1^2;\bar{Y},S_2^2$，那么$\dfrac{S_1^2/S_2^2}{\sigma_1^2/\sigma_2^2}$服从 $F(n_1-1,n_2-1)$.

**定理 6** 在定理 5 中，再假定 $\sigma_1^2=\sigma_2^2$，那么，

$$\frac{(\bar{X}-\bar{Y})-(\mu_1-\mu_2)}{S_w\sqrt{\dfrac{1}{n_1}+\dfrac{1}{n_2}}}\text{服从 } t(n_1+n_2-2),$$

其中 $S_w=\sqrt{S_w^2}$，而

$$\begin{aligned}S_w^2&=\frac{1}{n_1+n_2-2}\left[\sum_{i=1}^{n_1}(X_i-\bar{X})^2+\sum_{i=1}^{n_2}(\bar{Y}_i-\bar{Y})^2\right]\\&=\frac{1}{n_1+n_2-2}[(n_1-1)S_1^2+(n_2-1)S_2^2].\end{aligned}$$

**【例 1.7-28】** 设 $X_1,\cdots,X_n$ 是取自总体 $X$ 的容量为 $n$ 的样本. 已知 $X$ 服从区间$(-\theta,\theta)$上的均匀分布. 试求 $E(\bar{X})$，$D(\bar{X})$，$E(S^2)$，$E(\sum\limits_{i=1}^{n}(X_i-\bar{X})^2)$.

**解:** 已知区间$(-\theta,\theta)$上的均匀分布的数学期望与方差分别是

$$E(X)=\frac{1}{2}[(-\theta)+\theta]=0,D(X)=\frac{1}{12}[\theta-(-\theta)]^2=\frac{\theta^2}{3}.$$

按定理 3，则

$$E(\bar{X})=E(X)=0,D(\bar{X})=\frac{1}{n}D(X)=\frac{\theta^2}{3n},E(S^2)=D(X)=\frac{\theta^2}{3},$$

$$E(\sum_{i=1}^{n}(X_i-\bar{X})^2)=E((n-1)S^2)=(n-1)E(S^2)=\frac{(n-1)\theta^2}{3}.$$

**【例 1.7-29】** 设 $X_1,\cdots,X_{16}$是取自正态总体 $N(0,\sigma^2)$ 的样本，则 $(\sum\limits_{i=1}^{16}X_i)/4S$ 服从

(　　).

(A)正态分布　　　　(B)自由度为 16 的 $t$ 分布

(C)标准正态分布　　　　(D)自由度为 15 的 $t$ 分布

**解:** 由于 $n=16,\mu=0$, $\sum_{i=1}^{16} X_i = 16\bar{X}$,因此由定理 4 中③推得 $(\sum_{i=1}^{16} X_i)/4S = \frac{16\bar{X}}{4S} = \sqrt{16}\frac{\bar{X}-0}{S}$ 服从 $t(15)$. 故选(D).

**【例 1.7-30】** 设 $X \sim N(0,1)$,则 $X^2$ 服从(　　).

(A)$\chi^2(n)$　　(B)$\chi^2(1)$　　(C)$t(1)$　　(D)$N(0,1)$

**解:** 在 $\chi^2$ 分布定义中取 $n=1$,得 $X^2 \sim \chi^2(1)$. 故选(B).

## 1.7.6　参数估计——点估计

根据样本 $X_1,\cdots,X_n$ 对总体 $X$ 中所含未知参数 $\theta$ 进行估计,这就是参数估计.

对于未知参数 $\theta$,用某个实数来估计,这称为点估计,未知参数 $\theta$ 的点估计记作 $\hat{\theta}$.

**1. 矩估计**

矩估计的原理是用样本原点矩来估计相应(即同阶)的总体原点矩(假如是未知的).

当 $E(X),D(X)$ 未知时,$E(X)$ 的矩估计是样本均值 $\bar{X}$,$D(X)$ 的矩估计是 $\frac{1}{n}\sum_{i=1}^{n}(X_i-\bar{X})^2$ (不是样本方差 $S^2$),$\sqrt{D(X)}$ 的矩估计是 $\sqrt{\frac{1}{n}\sum_{i=1}^{n}(X_i-\bar{X})^2}$ (不是样本标准差 $S$).

**2. 最大似然估计**

设总体 $X$ 是连续型随机变量,它的概率密度函数记作 $p(x;\theta)$,其中 $\theta$ 是未知参数,这里用 $p(x;\theta)$ 取代概率中使用的 $p(x)$,这是为了强调存在未知参数 $\theta$,因为 $\theta$ 是估计的对象. 如果总体 $X$ 是离散型随机变量,今后仍用 $p(x;\theta)$ 表示概率分布,它的含义是

$$p(x;\theta)=P(X=x),x=x_1,x_2,\cdots$$

例如,总体 $X$ 服从参数为 $\lambda$ 的泊松分布,那么 $X$ 的概率分布可以表示成

$$p(x;\lambda)=\mathrm{e}^{-\lambda}\frac{\lambda^x}{x!},x=0,1,2,\cdots$$

设总体 $X$ 的分布为 $p(x;\theta)$,其中 $\theta$ 是未知参数,称

$$L(\theta)=\prod_{i=1}^{n} p(x_i;\theta)$$

为似然函数. 如果 $\hat{\theta}$ 满足

$$L(\hat{\theta})=\max_{\theta} L(\theta),$$

那么称 $\hat{\theta}$ 是 $\theta$ 的最大似然估计. 由于 $L(\theta)$ 中含有 $x_1,\cdots,x_n$,因此 $\hat{\theta}$ 必定是样本 $x_1,\cdots,x_n$ 的函数. 随机抽样后,可以计算出未知参数的点估计值.

求最大似然估计可以按下列步骤进行:

①计算似然函数 $L(\theta)$;

②计算似然函数的对数 $\ln L(\theta)$;

③求导数 $\frac{\partial}{\partial\theta}\ln L(\theta)$;

④解似然方程$\frac{\partial}{\partial\theta}\ln L(\theta)=0$.

似然方程的解便是 $\theta$ 的最大似然估计. 只要似然方程的解是唯一的,不需要像高等数学中那样去验证充分条件,因为它必定使似然函数达到最大.

**3. 估计量的评选标准**

当未知参数 $\theta$ 的估计量 $\hat{\theta}$ 满足 $E(\hat{\theta})=\theta$ 时,称 $\hat{\theta}$ 是 $\theta$ 的无偏估计.

当 $\hat{\theta}^*$ 与 $\hat{\theta}$ 都是未知参数 $\theta$ 的无偏估计,且 $D(\hat{\theta}^*)<D(\hat{\theta})$ 时,称 $\hat{\theta}^*$ 比 $\hat{\theta}$ 有效.

**【例 1.7-31】** 设总体 $X$ 是连续型随机变量,$X$ 的概率密度函数为

$$p(x;\theta)=\begin{cases}\theta x^{\theta-1}, & 0<x<1,\\ 0, & 其他,\end{cases}$$

其中 $\theta>0$,$\theta$ 是未知参数. $X_1,\cdots,X_n$ 是取自总体 $X$ 的样本. 试求:

(1)$\theta$ 的矩估计;

(2)$\theta$ 的最大似然估计.

**解:**(1)由于总体 $X$ 的数学期望

$$E(X)=\int_{-\infty}^{+\infty}xp(x;\theta)\mathrm{d}x=\int_0^1 x\cdot\theta x^{\theta-1}\mathrm{d}x=\theta\int_0^1 x^{\theta}\mathrm{d}x=\frac{\theta}{\theta+1},$$

因此,$\theta=\frac{E(X)}{1-E(X)}$. 按照矩估计的原理,$E(X)$ 用样本均值 $\bar{X}$ 估计,从而得到 $\theta$ 的矩估计 $\hat{\theta}=\frac{\bar{X}}{1-\bar{X}}$.

(2)似然函数 $L(\theta)=\prod_{i=1}^{n}(\theta x_i^{\theta-1})=\theta^n(\prod_{i=1}^{n}x_i)^{\theta-1}$. 于是,由

$$\ln L(\theta)=n\ln\theta+(\theta-1)\sum_{i=1}^{n}\ln x_i,$$

$$\frac{\partial}{\partial\theta}\ln L(\theta)=\frac{n}{\theta}+\sum_{i=1}^{n}\ln x_i=0,$$

解得 $\theta=-\frac{n}{\sum_{i=1}^{n}\ln x_i}$,即 $\theta$ 的最大似然估计 $\hat{\theta}=-\frac{n}{\sum_{i=1}^{n}\ln X_i}$.

**【例 1.7-32】** 设总体 $X$ 服从参数为 $\lambda$ 的泊松分布,其中 $\lambda$ 未知. $X_1,\cdots,X_n$ 是取自总体 $X$ 的样本,则 $\lambda$ 的最大似然估计是(　　).

(A)$\bar{X}$　　(B)$S^2$　　(C)$S$　　(D)$\bar{X}^2$

**解:**似然函数

$$L(\lambda)=\prod_{i=1}^{n}p(x_i;\lambda)=\prod_{i=1}^{n}\left(\mathrm{e}^{-\lambda}\frac{\lambda^{x_i}}{x_i!}\right)=\mathrm{e}^{-n\lambda}\frac{\lambda^{\sum_{i=1}^{n}x_i}}{x_1!\cdots x_n!}$$

于是,由

$$\ln L(\lambda)=-n\lambda+(\sum_{i=1}^{n}x_i)\ln\lambda-\ln(\prod_{i=1}^{n}x_i!)$$

$$\frac{\partial}{\partial\lambda}\ln L(\lambda)=-n+\frac{\sum_{i=1}^{n}x_i}{\lambda}=0.$$

解得 $\lambda$ 的最大似然估计 $\hat{\lambda}=\bar{X}$. 故选(A).

【例1.7-33】 设 $X_1,\cdots,X_n$是取自正态总体 $N(\mu,1)$ 的样本,其中 $\mu$ 未知. $\mu$ 的无偏估计是(  ).

(A) $\sum\limits_{i=1}^{n}X_i$  (B) $S^2$  (C) $0.4X_1+0.6X_n$  (D) $\bar{X}-X_1$

**解:**算得 $E(\sum\limits_{i=1}^{n}X_i)=n\mu$(数学期望性质④),$E(S^2)=1$(定理3②),$E(\bar{X}-X_1)=E(\bar{X})-E(X_1)=\mu-\mu=0$(定理3①),但

$$E(0.4X_1+0.6X_n)=0.4E(X_1)+0.6E(X_n)=0.4\mu+0.6\mu=\mu.$$

故选(C).

【例1.7-34】 设 $X_1,\cdots,X_n$是取自正态总体 $N(\mu,1)$ 的样本,其中 $\mu$ 未知. 下列 $\mu$ 的无偏估计中,最有效的是(  ).

(A) $\frac{1}{2}X_1+\frac{1}{2}X_2$  (B) $\frac{1}{3}X_1+\frac{2}{3}X_2$  (C) $\frac{1}{4}X_1+\frac{3}{4}X_2$  (D) $X_1$

**解:**由方差的性质④算得

$$D\left(\frac{1}{2}X_1+\frac{1}{2}X_2\right)=\frac{1}{4}D(X_1)+\frac{1}{4}D(X_2)=\frac{1}{2},$$

$$D\left(\frac{1}{3}X_1+\frac{2}{3}X_2\right)=\frac{1}{9}D(X_1)+\frac{4}{9}D(X_2)=\frac{5}{9},$$

$$D\left(\frac{1}{4}X_1+\frac{3}{4}X_2\right)=\frac{1}{16}D(X_1)+\frac{9}{16}D(X_2)=\frac{5}{8},$$

而 $D(X_1)=1$. 故选(A).

### 1.7.7 参数估计——区间估计

对于未知参数,用某个区间来估计,这称为区间估计. 未知参数 $\theta$ 的区间估计记作$[\underline{\theta}、\bar{\theta}]$. 在随机抽样前,求区间估计即是构造区间的两个端点 $\underline{\theta}=f_1(X_1,\cdots,X_n)$,$\bar{\theta}=f_2(X_1,\cdots,X_n)$;在随机抽样后,把样本值(即数据)代入端点公式便得 $\theta$ 的估计区间.

**1. 置信区间**

置信区间是区间估计中最常用的形式.

设样本 $X_1,\cdots,X_n$ 取自总体 $X$,$\theta$ 是未知参数. 如果 $\underline{\theta}$、$\bar{\theta}$ 都是样本 $X_1,\cdots,X_n$ 的函数,且对于给定的 $1-\alpha(0<\alpha<1)$,$\underline{\theta}$、$\bar{\theta}$ 满足

$$P(\underline{\theta}\leqslant\theta\leqslant\bar{\theta})=1-\alpha,$$

那么称随机区间$[\underline{\theta},\bar{\theta}]$是置信度(或置信水平)为 $1-\alpha$ 的置信区间. 通常取 $1-\alpha$ 为90%、95%、99%(即相应的 $\alpha=10\%$、5%、1%)等. 置信区间中的概率 $P(\underline{\theta}\leqslant\theta\leqslant\bar{\theta})$ 反映区间估计$[\underline{\theta},\bar{\theta}]$的可信程度,概率越大,可信程度越高,区间估计越佳.

**2. 单个正态总体中未知参数的置信区间**

设总体 $X$ 服从 $N(\mu,\sigma^2)$. $X_1,\cdots,X_n$是取自正态总体 $X$ 的样本. 给定置信度 $1-\alpha$.

(1)数学期望的置信区间

①当方差 $\sigma^2=\sigma_0^2$ 已知时,数学期望 $\mu$ 的置信度为 $1-\alpha$ 的置信区间是

$$\left[\bar{x}-\lambda\frac{\sigma_0}{\sqrt{n}},\bar{x}+\lambda\frac{\sigma_0}{\sqrt{n}}\right],$$

其中 $\lambda$ 满足 $P(|U|\leqslant\lambda)=1-\alpha$，$U$ 服从 $N(0,1)$.

②当方差 $\sigma^2$ 未知时，数学期望 $\mu$ 的置信度为 $1-\alpha$ 的置信区间是

$$\left[\bar{x}-\lambda\frac{s}{\sqrt{n}},\bar{x}+\lambda\frac{s}{\sqrt{n}}\right],$$

其中 $\lambda$ 满足 $P(|T|\leqslant\lambda)=1-\alpha$，$T$ 服从 $t(n-1)$.

(2)方差与标准差的置信区间

设数学期望 $\mu$ 未知. 方差 $\sigma^2$ 的置信度为 $1-\alpha$ 的置信区间是

$$\left[\frac{1}{\lambda_2}\sum_{i=1}^{n}(x_i-\bar{x})^2,\frac{1}{\lambda_1}\sum_{i=1}^{n}(x_i-\bar{x})^2\right],$$

标准差 $\sigma$ 的置信度为 $1-\alpha$ 的置信区间是

$$\left[\sqrt{\frac{1}{\lambda_2}\sum_{i=1}^{n}(x_i-\bar{x})^2},\sqrt{\frac{1}{\lambda_1}\sum_{i=1}^{n}(x_i-\bar{x})^2}\right],$$

其中 $\lambda_1,\lambda_2$ 满足 $P(\chi^2<\lambda_1)=P(\chi^2>\lambda_2)=\frac{\alpha}{2}$，$\chi^2$ 服从 $\chi^2(n-1)$.

**3. 两个正态总体中均值差与方差比的置信区间**

设总体 $X\sim N(\mu_1,\sigma_1^2)$，$Y\sim N(\mu_2,\sigma_2^2)$. $X_1,\cdots,X_{n_1}$ 是取自正态总体 $X$ 的样本，$Y_1,\cdots,Y_{n_2}$ 是取自正态总体 $Y$ 的样本. 给定置信度 $1-\alpha$.

(1)均值差 $\mu_1-\mu_2$ 的置信区间

设 $\sigma_1^2=\sigma_2^2$，但未知. $\mu_1-\mu_2$ 的置信区间的两个端点是

$$(\bar{x}-\bar{y})\pm\lambda s_w\sqrt{\frac{1}{n_1}+\frac{1}{n_2}},$$

其中 $\lambda$ 满足 $P(|T|\leqslant\lambda)=1-\alpha$，$T$ 服从 $t(n_1+n_2-2)$.

(2)方差比 $\sigma_1^2/\sigma_2^2$ 的置信区间

设 $\mu_1$、$\mu_2$ 均未知. $\sigma_1^2/\sigma_2^2$ 的置信区间是

$$\left[\frac{1}{\lambda_2}\cdot\frac{s_1^2}{s_2^2},\frac{1}{\lambda_1}\cdot\frac{s_1^2}{s_2^2}\right],$$

其中 $\lambda_1$、$\lambda_2$ 满足 $P(F<\lambda_1)=P(F>\lambda_2)=\frac{\alpha}{2}$，$F$ 服从 $F(n_1-1,n_2-1)$.

**【例 1.7-35】** 对某一距离进行 5 次独立测量，得数据(单位：m)如下：

1 250，1 265，1 245，1 275，1 260.

已知测量值无系统误差，即可以认为测量值服从正态分布 $N(\mu,\sigma^2)$，其中 $\mu,\sigma^2$ 均未知. 在置信度 0.95 下求 $\mu$ 与 $\sigma$ 的置信区间.

**解：**由所给数据算得

$$\bar{x}=1\ 259,\ \sum_{i=1}^{5}(x_i-\bar{x})^2=570,\ s=11.94.$$

对于数学期望 $\mu$ 的置信区间，由 $n-1=4$，$\alpha=0.05$ 查 $t$ 分布(自由度为 4)临界值表，得到 $\lambda=2.78$. 于是，由

$$\bar{x} \pm \lambda \frac{s}{\sqrt{n}} = 1\ 259 \pm 2.78 \times \frac{11.94}{\sqrt{5}} = 1\ 259 \pm 14.8$$

得到 $\mu$ 的置信区间为[1 244.2,1 273.8].

对于标准差 $\sigma$ 的置信区间,由 $n-1=4, \alpha=0.05$ 查 $\chi^2$ 分布(自由度为4)临界值表,得到 $\lambda_1=0.484, \lambda_2=11.1$. 于是,由

$$\left[\sqrt{\frac{1}{\lambda_2}\sum_{i=1}^{5}(x_i-\bar{x})^2}, \sqrt{\frac{1}{\lambda_1}\sum_{i=1}^{5}(x_i-\bar{x})^2}\right] = \left[\sqrt{\frac{570}{11.1}}, \sqrt{\frac{570}{0.484}}\right]$$

得到 $\sigma$ 的置信区间为[7.2,34.3].

### 1.7.8 假设检验

根据样本 $X_1, \cdots, X_n$ 对预先所作的假设进行鉴定,这就是假设检验.

总体 $X$ 的分布是未知的. 有时候,即使总体分布的类型是已知的(例如假定总体服从正态分布),但它们包含若干个未知参数. 预先对总体分布表示一种"看法",称为假设. 检验即是对所作的假设作出"鉴定".

检验结论是下列两种结果之一:拒绝假设,即认为预先所作的假设不成立;不能拒绝假设,也称为预先所作的假设是相容的.

作假设检验前先要给出检验标准(或检验水平)$\alpha$, $0<\alpha<1$,常取 $\alpha$ 为1%、5%、10%等. 数值 $\alpha$ 保证检验结果犯第一类错误(即当预先给出的假设成立但检验结果是拒绝假设)的概率不超过 $\alpha$.

显著性检验是假设检验的常用方法. 在显著性检验中,可称检验标准 $\alpha$ 为显著性水平,可称"拒绝假设"为"有显著性结果".

**1. 显著性检验的一般步骤**

①建立假设,记作 $H_0$.

②针对假设 $H_0$,构造检验统计量.

③在检验标准 $\alpha$ 下,对检验统计量建立不等式.

④把数据(即样本值)代入上述不等式,如果不等式成立,则认为假设 $H_0$ 不成立(即拒绝 $H_0$);如果不等式不成立,则认为假设 $H_0$ 是相容的(即不能拒绝 $H_0$).

**2. 单个正态总体中参数的假设检验**

设 $X$ 是正态总体 $N(\mu, \sigma^2)$, $X_1, \cdots, X_n$ 是取自总体 $X$ 的样本. 给定检验标准 $\alpha$.

(1)数学期望的假设检验

建立假设 $H_0: \mu=\mu_0$,其中 $\mu_0$ 是一个已知数.

①当方差 $\sigma^2=\sigma_0^2$ 已知时,使用检验统计量

$$U=\sqrt{n}\frac{\bar{X}-\mu_0}{\sigma_0}.$$

当 $H_0$ 成立(即 $\mu=\mu_0$)时,检验统计量 $U$ 服从 $N(0,1)$. 当数据满足 $|u|=\sqrt{n}\frac{|\bar{x}-\mu_0|}{\sigma_0}>\lambda$ 时拒绝 $H_0$,其中 $\lambda$ 满足 $P(|U|>\lambda)=\alpha$, $U$ 服从 $N(0,1)$.

②当方差 $\sigma^2$ 未知时,使用检验统计量

$$T=\sqrt{n}\frac{\bar{X}-\mu_0}{S}.$$

当 $H_0$ 成立(即 $\mu=\mu_0$)时,检验统计量 $T$ 服从 $t(n-1)$. 当数据满足 $|t|=\sqrt{n}\frac{|\bar{x}-\mu_0|}{s}>\lambda$ 时拒绝 $H_0$,其中 $\lambda$ 满足 $P(|T|>\lambda)=\alpha$,$T$ 服从 $t(n-1)$.

(2)方差与标准差的假设检验

假定数学期望 $\mu$ 未知.

①方差的假设检验. 建立假设 $H_0:\sigma^2=\sigma_0^2$,其中 $\sigma_0^2$ 是一个已知数. 使用检验统计量

$$\chi^2=\frac{(n-1)S^2}{\sigma_0^2}=\frac{1}{\sigma_0^2}\sum_{i=1}^{n}(X_i-\bar{X})^2.$$

当 $H_0$ 成立(即 $\sigma^2=\sigma_0^2$)时,检验统计量 $\chi^2$ 服从 $\chi^2(n-1)$. 当数据满足 $\chi^2=\frac{1}{\sigma_0^2}\sum_{i=1}^{n}(x_i-\bar{x})^2<\lambda_1$ 或 $\chi^2>\lambda_2$ 时拒绝 $H_0$,其中 $\lambda_1,\lambda_2$ 满足 $P(\chi^2<\lambda_1)=P(\chi^2>\lambda_2)=\frac{\alpha}{2}$,$\chi^2$ 服从 $\chi^2(n-1)$.

②标准差的假设检验. 建立假设 $H_0:\sigma=\sigma_0$,其中 $\sigma_0$ 是一个已知数. 这个问题等价于检验 $H_0:\sigma^2=\sigma_0^2$,因而检验方法与结论完全相同于方差的假设检验.

**【例 1.7-36】** 设 $X_1,\cdots,X_{81}$ 是取自正态总体 $N(\mu,9)$ 的样本,要检验 $H_0:\mu=0$,则当 $H_0$ 成立时,检验统计量(　　).

(A)$3|\bar{X}|$ 服从 $t(80)$　　(B)$3|\bar{X}|$ 服从 $N(0,1)$

(C)$9\bar{X}$ 服从 $t(81)$　　(D)$3\bar{X}$ 服从 $N(0,1)$

**解:** 由于方差 $\sigma^2=9$ 已知,因此由 $\sigma_0=3,n=81,\mu_0=0$ 推得,应使用检验统计量

$$U=\sqrt{n}\frac{\bar{X}-\mu_0}{\sigma_0}=\sqrt{81}\frac{\bar{X}-0}{3}=3\bar{X}.$$

当 $H_0$ 成立时,$U$ 服从 $N(0,1)$. 故选(D).

# 仿真习题

## 1.1 空间解析几何

1-1 设 $\boldsymbol{a},\boldsymbol{b},\boldsymbol{c}$ 均为向量,下列等式中正确的是(　　).

(A)$(\boldsymbol{a}+\boldsymbol{b})\cdot(\boldsymbol{a}-\boldsymbol{b})=|\boldsymbol{a}|^2-|\boldsymbol{b}|^2$　　(B)$(\boldsymbol{a}\cdot\boldsymbol{b})^2=|\boldsymbol{a}|^2|\boldsymbol{b}|^2$

(C)$(\boldsymbol{a}+\boldsymbol{b})\times(\boldsymbol{a}-\boldsymbol{b})=\boldsymbol{a}\times\boldsymbol{a}-\boldsymbol{b}\times\boldsymbol{b}$　　(D)$(\boldsymbol{a}\cdot\boldsymbol{b})\boldsymbol{a}=|\boldsymbol{a}|^2\boldsymbol{b}$

1-2 已知两点 $A(1,0,\sqrt{2})$ 和 $B(4,2\sqrt{2},-\sqrt{2})$,则与向量 $\overrightarrow{AB}$ 同向的单位向量为(　　).

(A)$(3,2\sqrt{2},-2\sqrt{2})$　　(B)$(-3,-2\sqrt{2},2\sqrt{2})$

(C)$\left(\frac{3}{5},\frac{2\sqrt{2}}{5},-\frac{2\sqrt{2}}{5}\right)$　　(D)$\left(-\frac{3}{5},\frac{2\sqrt{2}}{5},-\frac{2\sqrt{2}}{5}\right)$

1-3 已知 $|\boldsymbol{a}|=2,|\boldsymbol{b}|=\sqrt{2},\boldsymbol{a}\cdot\boldsymbol{b}=2$,则 $|\boldsymbol{a}\times\boldsymbol{b}|$ 为(　　).

(A)2　　(B)$2\sqrt{2}$　　(C)4　　(D)$\sqrt{2}$

1-4 设向量 $\boldsymbol{a}=2\boldsymbol{i}+\boldsymbol{j}-\boldsymbol{k},\boldsymbol{b}=\boldsymbol{i}-\boldsymbol{j}+2\boldsymbol{k}$,则 $\boldsymbol{a}\times\boldsymbol{b}$ 为(　　).

(A)$\boldsymbol{i}+5\boldsymbol{j}+3\boldsymbol{k}$　　(B)$\boldsymbol{i}-5\boldsymbol{j}+3\boldsymbol{k}$　　(C)$\boldsymbol{i}-5\boldsymbol{j}-3\boldsymbol{k}$　　(D)$\boldsymbol{i}+5\boldsymbol{j}-3\boldsymbol{k}$

1-5 已知两点 $M_1(2,2,\sqrt{2})$ 和 $M_2(1,3,0)$,则向量 $\overrightarrow{M_1M_2}$ 的方向余弦为(　　).

(A) $-\frac{1}{2},\frac{1}{2},-\frac{\sqrt{2}}{2}$　　(B) $-\frac{1}{2},-\frac{1}{2},-\frac{\sqrt{2}}{2}$

(C) $-\frac{1}{2},\frac{1}{2},\frac{\sqrt{2}}{2}$　　(D) $\frac{1}{2},\frac{1}{2},\frac{\sqrt{2}}{2}$

1-6　过两点 $A(3,-1,2)$ 和 $B(-1,0,3)$ 的直线方程是(　　).

(A) $\frac{x-3}{-4}=\frac{y+1}{-1}=\frac{z-2}{-1}$　　(B) $\frac{x-3}{4}=\frac{y+1}{-1}=\frac{z-2}{-1}$

(C) $\frac{x+1}{2}=\frac{y}{-1}=\frac{z-3}{-1}$　　(D) $\frac{x+1}{-2}=\frac{y}{-1}=\frac{z-3}{-1}$

1-7　直线 $L:\frac{x-2}{1}=\frac{y-3}{2}=\frac{z-1}{1}$ 与平面 $\Pi:2x+y-4z=6$ 的位置关系是(　　).

(A) $L$ 垂直于 $\Pi$　　(B) $L$ 与 $\Pi$ 相交，但不垂直

(C) $L$ 与 $\Pi$ 平行，且 $L$ 不在 $\Pi$ 上　　(D) $L$ 在 $\Pi$ 上

1-8　设有直线 $L_1:\frac{x-1}{-2}=\frac{y+1}{2}=z+2$ 和 $L_2:x=\frac{y-2}{-4}=z-1$，则 $L_1$ 和 $L_2$ 的夹角 $\varphi$ 是(　　).

(A) $\frac{\pi}{6}$　　(B) $\frac{\pi}{4}$　　(C) $\frac{\pi}{3}$　　(D) $\frac{\pi}{2}$

1-9　过点 $(4,-1,3)$ 且平行于直线 $L:\frac{x-3}{2}=y=\frac{z-1}{5}$ 的直线方程为(　　).

(A) $\frac{x-4}{2}=\frac{y+1}{0}=\frac{z-3}{5}$　　(B) $\frac{x-4}{2}=\frac{y+1}{1}=\frac{z-3}{5}$

(C) $\frac{x+4}{2}=\frac{y-1}{0}=\frac{z+3}{5}$　　(D) $\frac{x+4}{2}=\frac{y-1}{1}=\frac{z+3}{5}$

1-10　过点 $(0,2,4)$ 且与两平面 $x+2z=1$ 和 $y-3z=2$ 平行的直线方程是(　　).

(A) $\frac{x}{0}=\frac{y-2}{1}=\frac{z-4}{-3}$　　(B) $\frac{x}{1}=\frac{y-2}{0}=\frac{z-4}{2}$

(C) $\frac{x}{-2}=\frac{y-2}{-3}=\frac{z-4}{1}$　　(D) $\frac{x}{-2}=\frac{y-2}{3}=\frac{z-4}{1}$

1-11　过点 $(2,-3,1)$ 且平行于向量 $\boldsymbol{a}=(2,-1,3)$ 和 $\boldsymbol{b}=(-1,1,-2)$ 的平面方程是(　　).

(A) $-x+y+z-4=0$　　(B) $x-y-z-4=0$

(C) $x+y+z=0$　　(D) $x+y-z+2=0$

1-12　一平面通过点 $(4,-3,1)$ 且在 $x,y,z$ 轴上的截距相等，则此平面方程是(　　).

(A) $x+y+z+2=0$　　(B) $x+y-z+2=0$

(C) $x-y+z+2=0$　　(D) $x+y+z-2=0$

1-13　点 $M(1,2,1)$ 到平面 $\Pi:x+2y-2z+3=0$ 的距离是(　　).

(A) $\frac{2}{3}$　　(B) 1　　(C) 2　　(D) 3

1-14　母线平行于 $x$ 轴且通过曲线 $C:\begin{cases}2x^2+y^2+z^2=16,\\x^2+z^2-y^2=0\end{cases}$ 的柱面方程是(　　).

(A) $2y^2+z^2=16$　　(B) $3y^2+z^2=16$　　(C) $2y^2-z^2=16$　　(D) $3y^2-z^2=16$

1-15　曲线 $C:\begin{cases}z^2=5x,\\y=0\end{cases}$ 绕 $x$ 轴旋转一周所生成的旋转曲面的方程是(　　).

(A) $x^2+y^2=5x$　　(B) $y^2+z^2=5x$

(C) $x^2+z^2=5x$　　(D) $z^2=5\sqrt{x^2+y^2}$

## 1.2 微分学

1-16 极限$\lim\limits_{n\to\infty}(1+3^n)^{\frac{1}{n}}$的值等于(　　).

(A) 3　　(B) e　　(C) 1　　(D) ∞

1-17 极限$\lim\limits_{x\to0}(1+3\tan x)^{\cot x}$的值等于(　　).

(A) e　　(B) $e^{\frac{1}{3}}$　　(C) $e^3$　　(D) ∞

1-18 若$\lim\limits_{x\to1}\dfrac{x^2+ax+4}{x-1}=-3$，则 $a$ 的值是(　　).

(A) −3　　(B) 3　　(C) −5　　(D) 5

1-19 极限$\lim\limits_{x\to0}x\sin\dfrac{t}{x}$的值是(　　).

(A) 0　　(B) 1　　(C) $t$　　(D) 不存在

1-20 当$x\to0$时，$\alpha(x)=\sin 2x$ 和$\beta(x)=x^3+3x$ 都是无穷小，则$\alpha(x)$是$\beta(x)$的(　　).

(A) 高阶无穷小　　(B) 低阶无穷小

(C) 同阶且非等价的无穷小　　(D) 等价无穷小

1-21 设$f(x)=\dfrac{e^x+1}{e^x-1}$，则 $x=0$ 是$f(x)$的(　　).

(A) 可去间断点　　(B) 跳跃间断点　　(C) 第二类间断点　　(D) 连续点

1-22 设$f(x)=(1+\sin x)^{\cot x}$，欲使$f(x)$在 $x=0$ 处连续，则应补充定义$f(0)$的值为(　　).

(A) 0　　(B) $\dfrac{1}{e}$　　(C) 1　　(D) e

1-23 设$f(x)=\begin{cases}e^{-x}+1, & x\leqslant0,\\ ax+b, & x>0,\end{cases}$欲使$f(x)$在 $x=0$ 处连续，则 $b$ 的值是(　　).

(A) 1　　(B) 0　　(C) 2　　(D) $a$

1-24 方程 $x^5-3x=1$ 在下列区间内至少有一个实根的区间是(　　).

(A) (0,1)　　(B) (1,2)　　(C) (2,3)　　(D) $(3,+\infty)$

1-25 设$f(x)=\dfrac{x}{\tan x}$，则 $x=\dfrac{\pi}{2}$是$f(x)$的(　　).

(A) 可去间断点　　(B) 跳跃间断点　　(C) 第二类间断点　　(D) 连续点

1-26 函数

$$f(x)=\begin{cases}x^2\sin\dfrac{1}{x}, & x\neq0,\\ 0, & x=0\end{cases}$$

在 $x=0$ 处(　　).

(A) 不连续，不可导　　(B) 连续，可导　　(C) 连续，不可导　　(D) 可导，不连续

1-27 设函数

$$f(x)=\begin{cases}x^2, & x\leqslant1,\\ ax+b, & x>1,\end{cases}$$

$f(x)$在 $x=1$ 处连续且可导,则(　　).

(A)$a=1,b=0$　　(B)$a=0,b=1$

(C)$a=2,b=-1$　　(D)$a=-1,b=2$

1-28　若 $a,b$ 是方程 $f(x)=0$ 的两个相异的实根,$f(x)$在$[a,b]$上连续,且在$(a,b)$内可导,则方程$f'(x)=0$ 在$(a,b)$内(　　).

(A)只有一个根　　(B)至少有一个根

(C)没有根　　(D)以上结论都不对

1-29　下列命题中,正确的是(　　).

(A)若在区间$(a,b)$内有$f(x)>g(x)$,则$f'(x)>g'(x)$,$x\in(a,b)$

(B)若在区间$(a,b)$内有$f'(x)>g'(x)$,则$f(x)>g(x)$,$x\in(a,b)$

(C)若$f'(x)$在$(a,b)$内单调,则$f(x)$在$(a,b)$内也单调

(D)若在区间$(a,b)$内有$f'(x)>g'(x)$,且$f(a)=g(a)$,则$f(x)>g(x)$,$x\in(a,b)$

1-30　曲线 $y=xe^x$ 的拐点是(　　).

(A)$(-1,-e^{-1})$　　(B)$(0,0)$　　(C)$(-2,-2e^{-2})$　　(D)$(2,2e^2)$

1-31　极限$\lim\limits_{x\to0}\dfrac{\int_0^x \sin t^4 dt}{x^5}$的值是(　　).

(A)$\dfrac{1}{4}$　　(B)$\dfrac{1}{5}$　　(C)1　　(D)$\infty$

1-32　已知函数$f(x)$在 $x_0$ 的某邻域内有意义,且

$$\lim_{x\to x_0}\frac{f(x)-f(x_0)}{(x-x_0)^2}=1,$$

则$f(x)$在 $x_0$ 处(　　).

(A)取得极大值$f(x_0)$　　(B)取得极小值$f(x_0)$

(C)未取得极值　　(D)是否取得极值无法判定

1-33　曲面 $3x^2+y^2-z^2=27$ 在点$(3,1,1)$处的法线方程为(　　).

(A)$\dfrac{x-3}{9}=\dfrac{y-1}{1}=\dfrac{z-1}{1}$　　(B)$\dfrac{x-3}{9}=\dfrac{y-1}{1}=\dfrac{z-1}{-1}$

(C)$\dfrac{x-3}{9}=\dfrac{y-1}{-1}=\dfrac{z-1}{1}$　　(D)$\dfrac{x-3}{-9}=\dfrac{y-1}{1}=\dfrac{z-1}{1}$

1-34　曲线 $C$:

$$x=\frac{t}{1+t},\quad y=\frac{1+t}{t},\quad z=t^2$$

在与参数 $t=1$ 相应的点处的法平面方程是(　　).

(A)$2x-8y+16z-2=0$　　(B)$2x+8y+16z-2=0$

(C)$2x-8y+16z-1=0$　　(D)$2x+8y+16z-1=0$

1-35　已知曲面 $z=4-x^2-y^2$ 上点 $P$ 处的切平面平行于平面 $2x+2y+z-1=0$,则点 $P$ 的坐标是(　　).

(A)$(1,-1,2)$　　(B)$(1,1,2)$　　(C)$(-1,1,2)$　　(D)$(-1,-1,2)$

1-36　函数$f(x,y)=xy(6-x-y)$的极值点是(　　).

(A) $(0,0)$ (B) $(6,0)$ (C) $(0,6)$ (D) $(2,2)$

1-37 函数 $z=xy^2+y(\ln y-1)$ 在 $x=1,y=1$ 处的全微分 $dz$ 等于(    ).

(A) $dx+dy$ (B) $dx-dy$ (C) $dx+2dy$ (D) $dx-2dy$

1-38 设函数 $f(x,y)$ 在点 $(0,0)$ 的某邻域内有定义,且 $f_x(0,0)=3,f_y(0,0)=-1$,则有(    ).

(A) $dz|_{(0,0)}=3dx-dy$

(B) 曲面 $z=f(x,y)$ 在点 $(0,0,f(0,0))$ 的一个法向量为 $3\boldsymbol{i}-\boldsymbol{j}+\boldsymbol{k}$

(C) 曲线 $\begin{cases}z=f(x,y),\\ y=0\end{cases}$ 在点 $(0,0,f(0,0))$ 的一个切向量为 $\boldsymbol{i}+3\boldsymbol{k}$

(D) 曲线 $\begin{cases}z=f(x,y),\\ y=0\end{cases}$ 在点 $(0,0,f(0,0))$ 的一个切向量为 $3\boldsymbol{i}+\boldsymbol{k}$

1-39 设 $f(x,y)=x^3-y^3+3x^2+3y^2-9x$,则 $f(x,y)$ 在点 $(1,0)$ 处(    ).

(A) 取得极大值 (B) 取得极小值

(C) 未取得极值 (D) 是否取得极值无法判定

1-40 设 $z=f(x^2+y^2)$,其中 $f$ 具有二阶导数,则 $\dfrac{\partial^2 z}{\partial x^2}$ 等于(    ).

(A) $2f'(x^2+y^2)$ (B) $4x^2f''(x^2+y^2)$

(C) $2f'(x^2+y^2)+4x^2f''(x^2+y^2)$ (D) $2xf''(x^2+y^2)$

## 1.3 积分学

1-41 已知 $f(x)$ 的一个原函数是 $e^{-x^2}$,则 $\int xf'(x)dx$ 等于(    ).

(A) $-2x^2e^{-x^2}+C$ (B) $-2x^2e^{-x^2}$

(C) $-e^{-x^2}(2x^2+1)$ (D) $-e^{-x^2}(2x^2+1)+C$

1-42 已知 $f'(x)=\tan^2 x$,且 $f(0)=1$,则 $f(x)$ 等于(    ).

(A) $\tan x+x+1$ (B) $\tan x-x+1$ (C) $-\tan x-x+1$ (D) $-\tan x+x+1$

1-43 $\displaystyle\int_0^1 \frac{dx}{(1+x^2)^{3/2}}$ 等于(    ).

(A) $\dfrac{\sqrt{2}}{2}$ (B) $\dfrac{1}{2}$ (C) $1$ (D) $\sqrt{2}$

1-44 设 $f(x)=\begin{cases}x, & x<1,\\ x-1, & x\geqslant 1,\end{cases}$ 则 $\displaystyle\int_0^2 x^2f(x)dx$ 等于(    ).

(A) $1$ (B) $\dfrac{4}{3}$ (C) $\dfrac{5}{3}$ (D) $\dfrac{5}{2}$

1-45 已知 $f(0)=1,f(2)=3,f'(2)=5$,则 $\displaystyle\int_0^1 xf''(2x)dx$ 等于(    ).

(A) 1 (B) 2 (C) 3 (D) 5

1-46 设 $f(x)$ 在 $[-a,a]$ $(a>0)$ 上连续,则 $\displaystyle\int_{-a}^{a} f(x)dx$ 等于(    ).

(A) $\displaystyle\int_0^a [f(x)+f(-x)]dx$ (B) 0

(C) $2\int_0^a f(x)\mathrm{d}x$　　(D) $\int_0^a [f(x)-f(-x)]\mathrm{d}x$

1-47　$\int_0^{\frac{\pi}{2}} \cos^5 x\sin x\mathrm{d}x$ 等于(　　).

(A) $-\frac{1}{6}$　　(B) $\frac{1}{6}$　　(C) $-\frac{1}{3}$　　(D) $\frac{1}{3}$

1-48　广义积分 $I=\int_1^e \frac{\mathrm{d}x}{x\sqrt{\ln x}}$ 等于(　　).

(A) 0　　(B) 1　　(C) $\frac{3}{2}$　　(D) 2

1-49　下列结论中,错误的是(　　).

(A) $\int_2^{+\infty} \frac{\mathrm{d}x}{x(\ln x)^2}$ 收敛　　(B) $\int_2^{+\infty} \frac{\mathrm{d}x}{x\ln x}$ 发散

(C) $\int_1^2 \frac{\mathrm{d}x}{\sqrt{x-1}}$ 收敛　　(D) $\int_1^2 \frac{x\mathrm{d}x}{\sqrt{x-1}}$ 发散

1-50　广义积分 $I=\int_0^{+\infty} \frac{\mathrm{d}x}{x^2+2x+2}$ 等于(　　).

(A) $+\infty$　　(B) $\frac{\pi}{4}$　　(C) $\frac{\pi}{6}$　　(D) $\frac{\pi}{2}$

1-51　由曲线 $y=\frac{1}{x+1}$ 与直线 $y=1$, $x=2$ 所围成的平面图形的面积是(　　).

(A) $\ln 3$　　(B) $2+\ln 3$　　(C) $1-\ln 2$　　(D) $2-\ln 3$

1-52　第一象限内曲线 $y^2+6x=36$ 和坐标轴所围成的图形绕 $x$ 轴旋转所生成的旋转体的体积为(　　).

(A) $36\pi$　　(B) $54\pi$　　(C) $72\pi$　　(D) $108\pi$

1-53　由曲线 $y=x^{\frac{3}{2}}$ 与直线 $x=1$ 及 $x$ 轴所围图形绕 $y$ 轴旋转而成的旋转体的体积是(　　).

(A) $\frac{3}{7}\pi$　　(B) $\frac{4}{7}\pi$　　(C) $\frac{\pi}{2}$　　(D) $\pi$

1-54　已知曲线 $y=f(x)$ 上各点处的切线斜率为 $y'=\sqrt{\sin x}$,则曲线从 $x=0$ 到 $x=\frac{\pi}{2}$ 的长度 $s$ 可表达成(　　).

(A) $\int_0^{\frac{\pi}{2}} (1+\sin x)\mathrm{d}x$　　(B) $\int_0^{\frac{\pi}{2}} \sqrt{1+\sin x}\mathrm{d}x$

(C) $\int_0^{\frac{\pi}{2}} (1+\sin^2 x)\mathrm{d}x$　　(D) $\int_0^{\frac{\pi}{2}} \sqrt{1+\sin^2 x}\mathrm{d}x$

1-55　由曲线 $y=3-x^2$ 与直线 $y=2x$ 所围成的图形的面积是(　　).

(A) $\frac{11}{3}$　　(B) $\frac{22}{3}$　　(C) $\frac{32}{3}$　　(D) $\frac{86}{3}$

1-56　设 $D=\{(x,y)\mid |x|\leqslant 1, |y|\leqslant 1\}$,则二重积分 $I=\iint_D (x^2+y^2)\mathrm{d}\sigma$ 的值是(　　).

(A) $\frac{2}{3}$　　(B) $\frac{4}{3}$　　(C) 2　　(D) $\frac{8}{3}$

1-57 设 $D=\{(x,y)\mid 1\leqslant x^2+y^2\leqslant 4\}$，则二重积分 $I=\iint\limits_D\sqrt{x^2+y^2}\,\mathrm{d}x\mathrm{d}y$ 的值是（　　）.

(A) $3\pi$　　(B) $4\pi$　　(C) $5\pi$　　(D) $\frac{14}{3}\pi$

1-58 交换积分次序，二次积分 $\int_0^1\mathrm{d}y\int_{3y}^3 f(x,y)\,\mathrm{d}x$ 化为（　　）.

(A) $\int_0^1\mathrm{d}x\int_{\frac{x}{3}}^3 f(x,y)\,\mathrm{d}y$　　(B) $\int_0^1\mathrm{d}x\int_0^{\frac{x}{3}} f(x,y)\,\mathrm{d}y$

(C) $\int_0^3\mathrm{d}x\int_{\frac{x}{3}}^1 f(x,y)\,\mathrm{d}y$　　(D) $\int_0^3\mathrm{d}x\int_0^{\frac{x}{3}} f(x,y)\,\mathrm{d}y$

1-59 将二次积分 $\int_0^2\mathrm{d}x\int_0^{\sqrt{2x-x^2}}(x^2+y^2)\,\mathrm{d}y$ 化为极坐标形式的二次积分是（　　）.

(A) $\int_{-\frac{\pi}{2}}^{\frac{\pi}{2}}\mathrm{d}\theta\int_0^{2\sin\theta}\rho^2\mathrm{d}\rho$　　(B) $\int_{-\frac{\pi}{2}}^{\frac{\pi}{2}}\mathrm{d}\theta\int_0^{2\sin\theta}\rho^3\mathrm{d}\rho$

(C) $\int_0^{\frac{\pi}{2}}\mathrm{d}\theta\int_0^{2\cos\theta}\rho^2\mathrm{d}\rho$　　(D) $\int_0^{\frac{\pi}{2}}\mathrm{d}\theta\int_0^{2\cos\theta}\rho^3\mathrm{d}\rho$

1-60 设 $\Omega$ 为曲面 $x^2+y^2=2z$ 及平面 $z=2$ 所围成的空间闭区域，则三重积分

$$I=\iiint\limits_\Omega(x^2+y^2)\,\mathrm{d}v$$

的值是（　　）.

(A) $\frac{4}{3}\pi$　　(B) $\frac{8}{3}\pi$　　(C) $\frac{16}{3}\pi$　　(D) $\frac{32}{3}\pi$

1-61 设 $L$ 是以 $O(0,0)$，$A(1,0)$ 和 $B(0,1)$ 为顶点的三角形区域的边界，则曲线积分

$$I=\int_L(x+y)\,\mathrm{d}s$$

的值是（　　）.

(A) 1　　(B) $\sqrt{2}$　　(C) $1+\sqrt{2}$　　(D) $2+\sqrt{2}$

1-62 设 $L$ 为抛物线 $y=x^2$ 上从 $O(0,0)$ 到 $P(1,1)$ 的一段弧，则曲线积分

$$I=\int_L 2xy\mathrm{d}x-x^2\mathrm{d}y$$

的值是（　　）.

(A) 1　　(B) 0　　(C) $\frac{1}{2}$　　(D) $-1$

1-63 设 $C$ 为椭圆 $\frac{x^2}{2}+\frac{y^2}{4}=1$，其周长记为 $a$，则曲线积分

$$I=\oint_C(3xy+4x^2+2y^2)\,\mathrm{d}s$$

的值是（　　）.

(A) $4a$　　(B) $6a$　　(C) $8a$　　(D) $10a$

1-64 设 $C$ 为抛物线 $y^2=x$ 上从点 $O(0,0)$ 到点 $P(1,1)$ 的一段弧，则曲线积分

$$I=\int_C y\mathrm{d}x-x\mathrm{d}y$$

的值是(　　).

(A)1　　(B)$\frac{1}{2}$　　(C)$\frac{1}{3}$　　(D)$\frac{1}{4}$

1-65　设 $C$ 为圆周 $x^2+y^2=ax(a>0)$,则曲线积分 $I=\oint_C\sqrt{x^2+y^2}\,ds$ 的值是(　　).

(A)$a^2$　　(B)$2a^2$　　(C)$3a^2$　　(D)$4a^2$

## 1.4　无穷级数

1-66　下列级数中,条件收敛的级数是(　　).

(A) $\sum\limits_{n=1}^{\infty}(-1)^n\frac{1}{\sqrt{n}}$　　(B) $\sum\limits_{n=1}^{\infty}(-1)^n\frac{1}{n^2}$

(C) $\sum\limits_{n=1}^{\infty}(-1)^n\frac{n}{n+1}$　　(D) $\sum\limits_{n=1}^{\infty}(-1)^n\frac{1}{n(n+1)}$

1-67　已知级数 $\sum\limits_{n=1}^{\infty}(-1)^n a_n=4$, $\sum\limits_{n=1}^{\infty}a_{2n}=10$,则级数 $\sum\limits_{n=1}^{\infty}a_n$ 等于(　　).

(A)16　　(B)14　　(C)6　　(D)18

1-68　幂级数 $\sum\limits_{n=1}^{\infty}\left(\frac{x-1}{2}\right)^n$ 的收敛域为(　　).

(A)$[-1,3]$　　(B)$(-1,3]$　　(C)$(-1,3)$　　(D)$[-1,3)$

1-69　已知级数 $\sum\limits_{n=1}^{\infty}a_n(1-x)^n$ 的收敛域为$[-1,3)$,则级数 $\sum\limits_{n=1}^{\infty}a_nx^n$ 的收敛域为(　　).

(A)$[-2,2)$　　(B)$[-1,2)$　　(C)$(-1,2]$　　(D)$(-2,2]$

1-70　幂级数 $\sum\limits_{n=1}^{\infty}\frac{x^n}{n\cdot 3^n}$ 的收敛区间是(　　).

(A)$\left(-\frac{1}{3},\frac{1}{3}\right)$　　(B)$\left[-\frac{1}{3},\frac{1}{3}\right]$　　(C)$(-3,3)$　　(D)$[-3,3]$

1-71　级数

$$x^2+\frac{x^2}{1+x^2}+\frac{x^2}{(1+x^2)^2}+\cdots+\frac{x^2}{(1+x^2)^n}+\cdots$$

的和函数为(　　).

(A)$1+x^2$　　(B)$1-x^2$

(C)$s(x)=\begin{cases}1+x^2, & x\neq 0,\\ 0, & x=0\end{cases}$　　(D)$s(x)=\begin{cases}1-x^2, & x\neq 0,\\ 0, & x=0\end{cases}$

1-72　级数

$$\sum_{n=1}^{\infty}(-1)^n x^{2n}\quad(-1<x<1)$$

的和函数为(　　).

(A)$\frac{1}{1-x^2}\quad(-1<x<1)$　　(B)$\frac{1}{1+x^2}\quad(-1<x<1)$

(C)$\frac{1}{1+x}\quad(-1<x<1)$　　(D)$\frac{1}{1+x^2}\quad(-1\leqslant x\leqslant 1)$

1-73　下列命题中,错误的是(　　).

(A)部分和数列$\{s_n\}$有界是正项级数 $\sum_{n=1}^{\infty} u_n$ 收敛的充分条件

(B)若级数 $\sum_{n=1}^{\infty} u_n$ 绝对收敛,则级数 $\sum_{n=1}^{\infty} u_n$ 必定收敛

(C)若级数 $\sum_{n=1}^{\infty} u_n$ 条件收敛,则级数 $\sum_{n=1}^{\infty} |u_n|$ 必定发散

(D)若 $\lim\limits_{n\to\infty} u_n=0$,则级数 $\sum_{n=1}^{\infty} u_n$ 收敛

1-74　下列级数中,发散的级数是(　　).

(A) $\sum_{n=1}^{\infty} \frac{1}{2^n}$　　(B) $\sum_{n=1}^{\infty} \frac{1}{n\cdot\sqrt[n]{n}}$　　(C) $\frac{1}{n^2\cdot\sqrt[n]{n}}$　　(D) $\sum_{n=1}^{\infty} \sin\frac{\pi}{2^n}$

1-75　级数 $\sum_{n=1}^{\infty}(-1)^{n+1}\frac{2^{n^2}}{n!}$ 的收敛性是(　　).

(A)条件收敛　　(B)绝对收敛　　(C)发散　　(D)不确定

## 1.5 常微分方程

第 76-77 题　垂直于 $x$ 轴的动直线与过原点的曲线 $y=y(x)$ $(x\geqslant0,y\geqslant0)$ 以及 $x$ 轴围成一个以$[0,x]$为底边的曲边梯形,其面积为 $y^3(x)$.

1-76　函数 $y(x)$ 所满足的微分方程是(　　).

(A)$3yy'=1$　　(B)$3y^{-1}y'=1$　　(C)$y'=3y+1$　　(D)$y'=3y^{-1}+1$

1-77　函数 $y(x)$ 的隐函数形式是(　　).

(A)$y^2-x=0$　　(B)$y^2+x=0$　　(C)$3y^2-2x=0$　　(D)$2y-3x^2=0$

1-78　方程 $xy'-y\ln y=0$ 满足 $y|_{x=1}=\mathrm{e}$ 的解是(　　).

(A)$y=\mathrm{e}^{2-x}$　　(B)$y=\mathrm{e}^x$

(C)$y=\mathrm{e}^{\sin\left(\frac{\pi}{2}x\right)}$　　(D)$y=\mathrm{e}^{\tan\left(\frac{\pi}{4}x\right)}$

1-79　已知齐次方程 $xy''+y'=0$ 有一个特解为 $\ln x$,则该方程的通解为(　　).

(A)$y=C_1\ln x+C_2$　　(B)$y=C_1\ln x+C_2x$

(C)$y=C(\ln x+1)$　　(D)$y=C(\ln x+x)$

1-80　若连续函数 $f(x)$ 满足关系式 $f(x)=\int_0^{2x} f\left(\frac{t}{2}\right)\mathrm{d}t+2$,则 $f(x)$ 等于(　　).

(A)$2\mathrm{e}^x$　　(B)$\mathrm{e}^x+1$　　(C)$\mathrm{e}^{2x}+1$　　(D)$2\mathrm{e}^{2x}$

1-81　方程$(x^2+y)\mathrm{d}x+(x-2y)\mathrm{d}y=0$ 的通解是(　　).

(A)$\frac{x^3}{3}-xy+y^2=0$　　(B)$\frac{x^3}{3}-xy+y^2=C$

(C)$\frac{x^3}{3}+xy-y^2=0$　　(D)$\frac{x^3}{3}+xy-y^2=C$

1-82　设方程 $y''-4y'+3y=0$ 的某一积分曲线,它在点$(0,2)$处与直线 $x-y+2=0$ 相切,则该积分曲线的方程是(　　).

(A)$y=\frac{1}{4}(5\mathrm{e}^{-x}+3\mathrm{e}^{3x})$　　(B)$y=\frac{1}{2}(5\mathrm{e}^{x}-\mathrm{e}^{3x})$

(C)$y=\frac{1}{4}(7\mathrm{e}^{x}+\mathrm{e}^{-3x})$　　(D)$y=\frac{1}{2}(7\mathrm{e}^{-x}-3\mathrm{e}^{-3x})$

1-83　函数 $y = e^x \int_x^0 e^{t^2} dt + Ce^x$ 是以下(　　)方程的解.

(A)$y' - y = e^{x+x^2}$　　(B)$y' - y = -e^{x+x^2}$

(C)$y' + y = e^{x+x^2}$　　(D)$y' + y = -e^{x+x^2}$

1-84　设 $y = f(x)$ 是微分方程 $y'' - 2y' + 4y = 0$ 的一个解,又 $f(x_0) > 0, f'(x_0) = 0$,则函数 $f(x)$ 在点 $x_0$ (　　).

(A)取得极大值　　(B)取得极小值

(C)的某个邻域内单调增加　　(D)的某个邻域内单调减少

1-85　方程 $xy' + y = xe^x$ 满足 $y(1) = 0$ 的特解是(　　).

(A)$\frac{1-x}{x}e^x$　　(B)$\frac{x-1}{x}e^{-x}$　　(C)$\frac{x-1}{x}e^x$　　(D)$\frac{1-x}{x}e^{-x}$

## 1.6　线性代数

1-86　设 4 阶行列式

$$D_4 = \begin{vmatrix} 0 & 0 & 0 & 4 \\ 1 & 0 & 0 & 0 \\ 0 & 2 & 0 & 0 \\ 0 & 0 & 3 & 0 \end{vmatrix}$$

则 $D_4$ 的值等于(　　).

(A)$-4!$　　(B)$4!$　　(C)$-3!$　　(D)$3!$

1-87　设 4 阶行列式

$$D_4 = \begin{vmatrix} 1 & 2 & 3 & 4 \\ -1 & 1 & 0 & 0 \\ 0 & -1 & 1 & 0 \\ 0 & 0 & -1 & 1 \end{vmatrix}$$

则 $D_4$ 的值等于(　　)。

(A)4　　(B)10　　(C)20　　(D)$-10$

1-88　设 $n$ 阶方阵 $\boldsymbol{A}$ 的行列式 $|\boldsymbol{A}| = 2$. 下列结论中错误的是(　　).

(A)$\boldsymbol{A}^{-1} = 2\boldsymbol{A}^*$　　(B)$\boldsymbol{A}^{-1} = \frac{1}{2}\boldsymbol{A}^*$　　(C)$\boldsymbol{A}^* = 2\boldsymbol{A}^{-1}$　　(D)$\boldsymbol{A}^{-1}$ 是非奇异阵

1-89　设 3 阶方阵 $\boldsymbol{A}$、$\boldsymbol{B}$ 的行列式 $|\boldsymbol{A}| = 2, |\boldsymbol{B}| = -3$,则 $|-\boldsymbol{A}^T\boldsymbol{B}^2|$ 等于(　　).

(A)18　　(B)$-6$　　(C)$-18$　　(D)$-9$

1-90　设 $\boldsymbol{\alpha} = [1, 2, -1]^T, \boldsymbol{\beta} = [0, 1, 0]^T$,记 $\boldsymbol{A} = \boldsymbol{E} + \boldsymbol{\alpha\beta}^T$,则 $\boldsymbol{A}^3$ 等于(　　).

(A)$\begin{bmatrix} 1 & 7 & 0 \\ 0 & 15 & 0 \\ 0 & -7 & 1 \end{bmatrix}$　　(B)$\begin{bmatrix} 1 & 13 & 0 \\ 0 & 27 & 0 \\ 0 & -13 & 1 \end{bmatrix}$　　(C)$\begin{bmatrix} 1 & 1 & 0 \\ 0 & 3 & 0 \\ 0 & -1 & 1 \end{bmatrix}$　　(D)$\begin{bmatrix} 1 & 1 & 0 \\ 0 & 2 & 0 \\ 0 & -1 & 1 \end{bmatrix}$

1-91　设矩阵 $\boldsymbol{A} = \begin{bmatrix} 1 & 0 & 0 \\ 0 & 0.5 & 0 \\ 0 & 0 & 1 \end{bmatrix}, \boldsymbol{B} = \begin{bmatrix} 1 & 2 & 3 \\ 4 & 5 & 6 \\ 7 & 8 & 9 \end{bmatrix}$,则矩阵方程 $\boldsymbol{XA} = \boldsymbol{B}$ 的解 $\boldsymbol{X}$ 等于(　　).

(A)$\begin{bmatrix}1&4&3\\4&10&6\\7&16&9\end{bmatrix}$　(B)$\begin{bmatrix}2&4&6\\4&5&6\\7&8&9\end{bmatrix}$　(C)$\begin{bmatrix}2&4&6\\8&10&12\\14&16&18\end{bmatrix}$　(D)$\begin{bmatrix}2&2&6\\8&5&12\\14&8&18\end{bmatrix}$

1-92　设 3 阶方阵 $\boldsymbol{A}$ 的秩 $R(\boldsymbol{A})=1$,则 $\boldsymbol{A}$ 的伴随矩阵 $\boldsymbol{A}^*$ 的秩 $R(\boldsymbol{A}^*)$ 等于(　　).

(A)3　(B)2　(C)1　(D)0

1-93　设向量组 $A:\boldsymbol{\alpha}_1=(1,0,5,2)$,$\boldsymbol{\alpha}_2=(-2,1,-4,1)$,$\boldsymbol{\alpha}_3=(-1,1,t,3)$,$\boldsymbol{\alpha}_4=(-2,1,-4,1)$线性相关,则 $t$ 必定等于(　　).

(A)1　(B)2　(C)3　(D)任意数

1-94　设向量组 $A:\boldsymbol{\alpha}_1=(t,1,1)$,$\boldsymbol{\alpha}_2=(1,t,1)$,$\boldsymbol{\alpha}_3=(1,1,t)$的秩为 2,则 $t$ 等于(　　).

(A)1　(B)$-2$　(C)1 或 $-2$　(D)任意数

1-95　已知非齐次线性方程组

$$\begin{cases}x_1+x_2+tx_3=4,\\x_1-x_2+2x_3=-4,\\-x_1+tx_2+x_3=t^2\end{cases}$$

有无限多个解,则 $t$ 等于(　　).

(A)$-1$　(B)1　(C)4　(D)$-1$ 或 4

1-96　已知 4 元非齐次线性方程组 $\boldsymbol{Ax}=\boldsymbol{b}$ 的系数矩阵的秩等于 3,且 $\boldsymbol{\eta}_1,\boldsymbol{\eta}_2,\boldsymbol{\eta}_3$ 是 3 个不同的解向量,则通解是(　　).

(A)$\boldsymbol{x}=k_1(\boldsymbol{\eta}_1-\boldsymbol{\eta}_2)+\boldsymbol{\eta}_3$　(B)$\boldsymbol{x}=k_1\boldsymbol{\eta}_1+k_2\boldsymbol{\eta}_2+\boldsymbol{\eta}_3$

(C)$\boldsymbol{x}=k_1\boldsymbol{\eta}_1+k_2\boldsymbol{\eta}_2+k_3\boldsymbol{\eta}_3$　(D)$\boldsymbol{x}=k_1(\boldsymbol{\eta}_1+\boldsymbol{\eta}_2)+\boldsymbol{\eta}_3$

1-97　设 3 阶方阵 $\boldsymbol{A}$ 有特征值 2,且已知$|\boldsymbol{A}|=5$,则 $\boldsymbol{A}$ 的伴随矩阵 $\boldsymbol{A}^*$ 必有特征值(　　).

(A)25　(B)12.5　(C)5　(D)2.5

1-98　设列向量 $\boldsymbol{p}=[1,-1,2]^{\mathrm{T}}$ 是 3 阶方阵

$$\boldsymbol{A}=\begin{bmatrix}2&1&2\\2&b&a\\1&a&3\end{bmatrix}$$

相应特征值 $\lambda$ 的特征向量,则特征值 $\lambda$ 等于(　　).

(A)3　(B)5　(C)7　(D)不能确定

1-99　设 $\boldsymbol{A}$ 是 3 阶方阵,$\boldsymbol{A}$ 能与对角阵相似的充分必要条件是(　　).

(A)存在可逆阵 $\boldsymbol{P}$,使得 $\boldsymbol{P}^{-1}\boldsymbol{AP}=\boldsymbol{B}$　(B)$\boldsymbol{A}$ 是实对称阵

(C)$\boldsymbol{A}$ 有 3 个线性无关的特征向量　(D)$\boldsymbol{A}$ 有 3 个不同的特征值

1-100　设 $A$ 是 $n$ 阶方阵(不一定是对称阵).二次型 $f(\boldsymbol{x})=\boldsymbol{x}^{\mathrm{T}}\boldsymbol{Ax}$ 相对应的对称阵是(　　).

(A)$\boldsymbol{A}$　(B)$\boldsymbol{A}^{\mathrm{T}}$　(C)$\frac{1}{2}(\boldsymbol{A}+\boldsymbol{A}^{\mathrm{T}})$　(D)$\boldsymbol{A}+\boldsymbol{A}^{\mathrm{T}}$

1-101　已知 $f(x_1,x_2)=x_1^2+x_2^2+2tx_1x_2$ 是正定二次型,则(　　).

(A)$|t|<1$　(B)$|t|\leqslant 1$　(C)$t>0$　(D)$t<0$

## 1.7　概率与数理统计

1-102　设 $A,B,C$ 是三个事件,则 $AB+BC+CA$ 表示(　　).

(A)三个事件中恰有两个事件发生 (B)三个事件中至多有两个事件发生

(C)三个事件中至少有两个事件发生 (D)三个事件全发生

1-103 设事件 $A,B$ 满足 $P(A+B)=P(A)+P(B)$,则( ).

(A)$A$ 与 $B$ 互不相容 (B)$A$ 与 $B$ 相互独立

(C)$A$ 与 $B$ 相互对立 (D)$P(A-B)=P(A)$

1-104 设事件 $A$ 与 $B$ 相互独立. 已知 $P(A)=0.3$,$P(A+B)=0.65$,则 $P(B)$ 等于( ).

(A)0.3 (B)0.35 (C)0.5 (D)0.95

1-105 两台机床加工同样的零件. 第一台机床出现次品的概率是0.04,第二台机床出现次品的概率是0.02. 现把加工后的零件放在一起,已知第一台机床的产品占25%. 从这批零件中任意取一个,则它是次品的概率等于( ).

(A)0.04 (B)0.02 (C)0.03 (D)0.025

1-106 盒子中装有12支铅笔,其中一半是国产的,另一半是进口的. 现从盒子中随机地抽取2支笔,则它们都是国产笔的概率等于( ).

(A)$\frac{15}{66}$ (B)$\frac{18}{66}$ (C)$\frac{18}{72}$ (D)$\frac{15}{72}$

1-107 某位足球运动员罚球命中率为0.9,假定各次罚球是否命中是相互独立的,则他5次罚球至少中4次的概率等于( ).

(A)$0.9^4\times0.1$ (B)$C_5^4 0.1^4\times0.9$ (C)$C_5^4 0.9^4\times0.1$ (D)$0.9^5+C_5^1 0.9^4\times0.1$

1-108 设 $X$ 是随机变量. 已知 $P(X\leqslant1)=0.3$,$P(X\geqslant2)=0.4$,则 $P(1<X<2)$ 等于( ).

(A)0.2 (B)0.3 (C)0.4 (D)0.7

1-109 设离散型随机变量 $X$ 的分布函数为

$$F(x)=\begin{cases}0, & x<-1,\\ 0.3, & -1\leqslant x<1,\\ 0.8, & 1\leqslant x<3,\\ 1, & x\geqslant3.\end{cases}$$

则 $P(|X|<2)$ 等于( ).

(A)0.4 (B)0.6 (C)0.8 (D)1

1-110 设连续型随机变量 $X$ 的概率密度函数为

$$p(x)=\begin{cases}x, & 0<x<1,\\ 2-x, & 1<x<2,\\ 0, & \text{其他}.\end{cases}$$

则关于 $t$ 的一元二次方程 $9t^2+4Xt+1=0$ 无实根的概率等于( ).

(A)$\frac{1}{8}$ (B)$\frac{3}{8}$ (C)$\frac{5}{8}$ (D)$\frac{7}{8}$

1-111 设随机变量 $X$ 服从正态分布 $N(\mu,16)$,$Y$ 服从正态分布 $N(\mu,25)$. 记 $p=P(X\leqslant\mu-4)$,$q=P(Y\geqslant\mu+5)$,则 $p$ 与 $q$ 的大小关系是( ).

(A)$p>q$ (B)$p<q$ (C)$p=q$ (D)不能确定

1-112 设随机变量 $X$ 服从参数 $\lambda=1$ 的指数分布,即 $X$ 的概率密度函数为

$$p(x)=\begin{cases}e^{-x}, & x>0,\\0, & 其余,\end{cases}$$

则条件概率 $P(X>5|X>3)$ 等于(　　).

(A)$e^{-1}$　　(B)$e^{-2}$　　(C)$e^{-3}$　　(D)$e^{-5}$

1-113 设离散型随机变量 $X$ 的概率分布表为

| $X$ | $-2$ | $-1$ | $0$ | $2$ |
|---|---|---|---|---|
| $P_r$ | 0.4 | 0.3 | 0.2 | 0.1 |

则 $E(X^4)$ 等于(　　).

(A)7.2　　(B)7.9　　(C)8.3　　(D)8.5

1-114 设随机变量 $X$ 的数学期望与标准差都是2. 记 $Y=3-X$,则 $E(Y^2)$ 等于(　　).

(A)3　　(B)5　　(C)7　　(D)9

1-115 设随机变量 $X$ 与 $Y$ 相互独立. 已知 $X$ 服从区间(1,5)上的均匀分布,$Y$ 服从参数 $\lambda=5$ 的指数分布,则 $D(3X-5Y)$ 等于(　　).

(A)5　　(B)9　　(C)10　　(D)13

1-116 已知 $D(X)=9,D(Y)=4,\rho(X,Y)=\dfrac{1}{2}$,则 $D(X-Y)$ 等于(　　).

(A)13　　(B)5　　(C)7　　(D)10

1-117 设 $X_1,\cdots,X_n$ 是取自总体 $X$ 的容量为 $n$ 的样本. 已知总体 $X$ 服从参数为 $p$ 的二点分布,则 $E\left(\sum\limits_{i=1}^{n}(X_i-\bar{X})^2\right)$ 等于(　　).

(A)$np(1-p)$　　(B)$(n-1)p(1-p)$　　(C)$np$　　(D)$np^2$

1-118 设 $X_1,\cdots,X_n$ 是取自总体 $X$ 的容量为 $n$ 的样本. 已知总体 $X$ 服从正态分布 $N(\mu,1)$,则 $\mu$ 的最大似然估计是(　　).

(A)$\bar{X}$　　(B)$S$　　(C)$S^2$　　(D)$\bar{X}^2$

1-119 设 $X_1,\cdots,X_n$ 是取自总体 $X$ 的容量为 $n$ 的样本,总体均值 $E(X)=\mu$ 未知,$\mu$ 的无偏估计是(　　).

(A)$\dfrac{2}{n(n+1)}\sum\limits_{i=1}^{n}iX_i$　　(B)$\bar{X}-X_1$　　(C)$X_1+X_n$　　(D)$\bar{X}+X_1$

1-120 设 $X_1,\cdots,X_{16}$ 是取自正态总体 $N(\mu,\sigma^2)$ 的样本,其中 $\mu$ 与 $\sigma^2$ 均未知. 要检验 $H_0:\sigma=3$,则当 $H_0$ 成立时,检验统计量(　　).

(A)$\dfrac{1}{3}\sum\limits_{i=1}^{16}(X_i-\bar{X})^2$ 服从 $\chi^2(15)$　　(B)$\dfrac{1}{3}\sqrt{\sum\limits_{i=1}^{16}(X_i-\bar{X})^2}$ 服从 $\chi^2(15)$

(C)$\dfrac{5S^2}{3}$ 服从 $\chi^2(15)$　　(D)$\dfrac{1}{9}\sum\limits_{i=1}^{16}(X_i-\bar{X})^2$ 服从 $\chi^2(16)$

## 习题答案

1-1 (A)　　1-2 (C)

1-3 $\cos(\boldsymbol{a},\boldsymbol{b})=\dfrac{\boldsymbol{a}\cdot\boldsymbol{b}}{|\boldsymbol{a}||\boldsymbol{b}|}=\dfrac{\sqrt{2}}{2},\sin(\boldsymbol{a},\boldsymbol{b})=\dfrac{\sqrt{2}}{2},|\boldsymbol{a}\times\boldsymbol{b}|=2\Rightarrow$(A)

1-4 (C) 1-5 (A) 1-6 (B)

1-7 $1\cdot2+2\cdot1+1\cdot(-4)=0\Rightarrow L$ 与 $\Pi$ 平行;$2\cdot2+3\cdot1-4\cdot1=3\neq6\Rightarrow L$ 不在 $\Pi$ 上$\Rightarrow$(C)

1-8 $\cos\varphi=\dfrac{|-2\cdot1+2\cdot(-4)+1\cdot1|}{3\cdot3\sqrt{2}}=\dfrac{\sqrt{2}}{2},\varphi=\dfrac{\pi}{4}\Rightarrow$(B)

1-9 (B)

1-10 $(1,0,2)\times(0,1,-3)=(-2,3,1)\Rightarrow$(D)

1-11 $\boldsymbol{a}\times\boldsymbol{b}=(-1,1,1)$,排除(C)、(D),过点$(2,-3,1)\Rightarrow$(B)

1-12 由截距相等,排除(B)、(C),过点$(4,-3,1)\Rightarrow$(D)

1-13 (C) 1-14 (D) 1-15 (B) 1-16 (A) 1-17 (C) 1-18 (C)

1-19 (A) 1-20 (C) 1-21 (C)

1-22 $f(0)=\lim\limits_{x\to0}(1+\sin x)^{\frac{1}{\sin x}\cdot\cos x}=\mathrm{e}\Rightarrow$(D)

1-23 $f(0)=f(0^-)=2,f(0^+)=b,b=2\Rightarrow$(C)

1-24 设$f(x)=x^5-3x-1,f(1)=-3<0,f(2)=25>0\Rightarrow$(B)

1-25 (A)

1-26 $\lim\limits_{x\to0}f(x)=0=f(0),f'(0)=\lim\limits_{x\to0}\dfrac{f(x)-f(0)}{x}=\lim\limits_{x\to0}x\sin\dfrac{1}{x}=0\Rightarrow$(B)

1-27 由连续$\Rightarrow a+b=1,a=1-b$

由可导$\Rightarrow f'_-(1)=2,f'_+(1)=\lim\limits_{x\to1^+}\dfrac{ax+b-1}{x-1}=\lim\limits_{x\to1^+}\dfrac{(1-b)(x-1)}{x-1}=1-b,1-b=2,b=-1,$ $a=2\Rightarrow$(C)

1-28 设$f'(x)>0,x\in(a,b)$,则$f(x)$在$[a,b]$上单调增加,从而$f(b)>f(a)=0$. 这与$f(b)=0$ 的假设矛盾. 故得(B).

1-29 设 $F(x)=f(x)-g(x)$,则 $F'(x)>0\Rightarrow F(x)>F(a)=0,x\in(a,b)\Rightarrow$(D)

1-30 (C) 1-31 (B)

1-32 $f(x)-f(x_0)=(x-x_0)^2+o((x-x_0)^2)\Rightarrow$(B)

1-33 (B)

1-34 $x'(t)=\dfrac{1}{(1+t)^2},y'(t)=-\dfrac{1}{t^2},z'(t)=2t,t=1$ 得向量$\left(\dfrac{1}{4},-1,2\right)$或$(1,-4,8)$,排除(B)、(D),过点$\left(\dfrac{1}{2},2,1\right)\Rightarrow$(C)

1-35 (B)

1-36 $f_{xx}=-2y,f_{xy}=6-2x-2y,f_{yy}=-2x$,由极值的充分条件检验得(D).

1-37 (C)

1-38 (A)不成立,因为可偏导未必可微分;(B)不成立,一个法向量应为 $3\boldsymbol{i}-\boldsymbol{j}-\boldsymbol{k}$,取 $x$ 为参数,则曲线 $x=x,y=0,z=f(x,0)$在点$(0,0,f(0,0))$处的切向量为 $\boldsymbol{i}+3\boldsymbol{k}$,故得(C).

1-39 (B) 1-40 (C)

1-41 $\int f(x)\mathrm{d}x = \mathrm{e}^{-x^2} + C, f(x) = -2x\mathrm{e}^{-x^2}; \int xf'(x)\mathrm{d}x = xf(x) - \int f(x)\mathrm{d}x = -2x^2\mathrm{e}^{-x^2} - \mathrm{e}^{-x^2} + C \Rightarrow$ (D)

1-42 (B) 1-43 (A) 1-44 (C)

1-45 $\int_0^1 xf''(2x)\mathrm{d}x = \frac{1}{2}\int_0^1 x\mathrm{d}f'(2x) = \frac{1}{2}\left\{[xf'(2x)]_0^1 - \int_0^1 f'(2x)\mathrm{d}x\right\} = \frac{1}{2}\left[5 - \frac{1}{2}(3-1)\right] = 2 \Rightarrow$ (B)

1-46 (A) 1-47 (B) 1-48 (D) 1-49 (D) 1-50 (B) 1-51 (D)

1-52 (D)

1-53 $V = \pi - \pi\int_0^1 x^2(y)\mathrm{d}y = \frac{4}{7}\pi \Rightarrow$ (B)

1-54 (B)

1-55 $\begin{cases} y = 2x, \\ y = 3 - x^2 \end{cases} \Rightarrow x = -3, 1.\ A = \int_{-3}^1 (3 - x^2 - 2x)\mathrm{d}x = \frac{32}{3} \Rightarrow$ (C)

1-56 (D) 1-57 (D) 1-58 (D) 1-59 (D) 1-60 (C) 1-61 (C)

1-62 (B)

1-63 因 $C$ 关于 $y$ 轴对称，$3xy$ 关于变量 $x$ 是奇函数，所以 $\oint_C 3xy\mathrm{d}s = 0$，又因在 $C$ 上，$4x^2 + 2y^2 = 8$，所以 $I = 0 + 8\oint_C \mathrm{d}s = 8a \Rightarrow$ (C)

1-64 (C)

1-65 $C:\begin{cases} x = \frac{a}{2}\cos\theta + \frac{a}{2}, \\ y = \frac{a}{2}\sin\theta. \end{cases}\ \theta \in [0, 2\pi].\ I = \int_0^{2\pi} a\left|\cos\frac{\theta}{2}\right| \cdot \frac{a}{2}\mathrm{d}\theta = 2a^2 \Rightarrow$ (B)

1-66 (A)

1-67 $\sum_{n=1}^{\infty}(-1)^n a_n = \sum_{n=1}^{\infty} a_{2n} - \sum_{n=1}^{\infty} a_{2n-1}$，故 $\sum_{n=1}^{\infty} a_{2n-1} = \sum_{n=1}^{\infty} a_{2n} - \sum_{n=1}^{\infty}(-1)^n a_n = 10 - 4 = 6$，$\sum_{n=1}^{\infty} a_n = \sum_{n=1}^{\infty} a_{2n-1} + \sum_{n=1}^{\infty} a_{2n} = 6 + 10 = 16 \Rightarrow$ (A)

1-68 易知级数收敛半径为2，从而收敛区间为 $|x-1| < 2$，即 $(-1,3)$. 当 $x = -1, 3$ 时，级数均发散，故收敛域为 $(-1,3) \Rightarrow$ (C).

1-69 (D)

1-70 $\lim\limits_{n\to\infty}\frac{|a_{n+1}|}{|a_n|} = \lim\limits_{n\to\infty}\frac{1}{3}\cdot\frac{n}{n+1} = \frac{1}{3}$，故收敛半径 $R = 3$，收敛区间为 $(-3,3) \Rightarrow$ (C)

1-71 (C) 1-72 (B) 1-73 (D)

1-74 因为 $\lim\limits_{n\to\infty}\frac{\frac{1}{n\cdot\sqrt[n]{n}}}{\frac{1}{n}} = \lim\limits_{n\to\infty}\frac{1}{\sqrt[n]{n}} = 1$，而 $\sum_{n-1}^{\infty}\frac{1}{n}$ 发散，故级数(B)发散 $\Rightarrow$ (B)

1-75 因为级数的一般项不趋于零,故级数发散⇒(C)

1-76 (A) 1-77 (C) 1-78 (B) 1-79 (A)

1-80 $\begin{cases} f'(x)=2f(x) \\ f(0)=2 \end{cases} \Rightarrow f(x)=2e^{2x} \Rightarrow$(D)

1-81 方程为全微分方程,通解为 $u(x,y)=\int_0^x (x^2+y)\,dx+\int_0^y(-2y)\,dy=\frac{1}{3}x^3+xy-y^2=C\Rightarrow$ (D)

1-82 特征方程 $r^2-4r+3=0, r_1=1, r_2=3$. 通解 $y=C_1e^x+C_2e^{3x}$,由初始条件 $y|_{x=0}=2, y'|_{x=0}=1\Rightarrow C_1=\frac{5}{2}, C_2=-\frac{1}{2}\Rightarrow y=\frac{1}{2}(5e^x-e^{3x})\Rightarrow$(B)

1-83 $y'=e^x\int_x^0 e^{t^2}dt-e^x\cdot e^{x^2}+Ce^x=y-e^{x+x^2}\Rightarrow$ (B)

1-84 $f'(x_0)=0, f''(x_0)=2f'(x_0)-4f(x_0)=-4f(x_0)<0\Rightarrow$(A)

1-85 方程为一阶线性方程:$y'+\frac{1}{x}y=e^x$,通解为

$$y(x)=e^{-\int\frac{dx}{x}}\left(\int e^x e^{\int\frac{dx}{x}}dx+C\right)=\frac{1}{x}\left(\int xe^x dx+C\right)=\frac{1}{x}[(x-1)e^x+C],$$

由 $y(1)=0\Rightarrow C=0$,得特解 $y(x)=\frac{x-1}{x}e^x\Rightarrow$(C)

1-86 (A)

1-87 (B). 依次作 $c_4+c_3, c_3+c_2, c_2+c_1$ 得上三角行列式,其主对角线上元素之积为 $1+2+3+4=10$

1-88 (A). 由于 $|A|\neq 0$,因此 $A$ 与 $A^{-1}$ 都可逆,且 $A^{-1}=\frac{1}{2}A^*$.

1-89 (C)

1-90 (B). 由于 $\alpha^T\beta=\beta^T\alpha=2$,因此 $A^3=(E+\alpha\beta^T)^3=E^3+3\alpha\beta^TE^2+3(\alpha\beta^T)^2E+(\alpha\beta^T)^3=E+3\alpha\beta^T+6\alpha\beta^T+4\alpha\beta^T=E+13\alpha\beta^T$,其中 $\alpha\beta^T=\begin{bmatrix}0&1&0\\0&2&0\\0&-1&0\end{bmatrix}$.

1-91 (A)

1-92 (D). 由 $R(A)=1$ 推得 $A$ 的 2 阶子式全等于 0,从而 $A^*$ 中每个元素 $A_{ij}=0$,即 $A^*=O$.

1-93 (D) 1-94 (B)

1-95 (C). 由 $|A|=0$ 得 $t=-1,4$. 当 $t=-1$ 时,$R(A)=2, R(\tilde{A})=3$,方程组无解. 当 $t=4$时,$R(A)=R(\tilde{A})=2$,方程组有无限多个解.

1-96 (A). 由 $n=4, r=3$ 得 $s=1$. $\eta_1-\eta_2$ 是 $Ax=0$ 的基础解系.

1-97 (D). 由 $A^*=|A|A^{-1}=5A^{-1}$得到.

1-98 (B). 由 $Ap=\lambda p$ 解得.

1-99 (C) 1-100 (C) 1-101 (A) 1-102 (C)

1-103 (D). 由题设得到 $P(AB)=0$,于是 $P(A-B)=P(A)-P(AB)=P(A)$。要注意 $P(AB)=0$ 推不出 $AB=\Phi$(即 $A$ 与 $B$ 互不相容).

1-104 (C) 1-105 (D)

1-106 (A). 应用超几何概率公式直接计算.

1-107 (D)

1-108 (B). 由 $P(X<2)=1-P(X\geqslant 2)=0.6$,得 $P(1<X<2)=P(X<2)-P(X\leqslant 1)=0.6-0.3=0.3$.

1-109 (C). 由于 $x=2$ 是 $F(x)$ 的连续点,因此 $P(|X|<2)=F(2)-F(-2)=0.8$.

1-110 (D) 1-111 (C)

1-112 (B). 由于 $P(X>5\mid X>3)=\dfrac{P(X>3,X>5)}{P(X>3)}=\dfrac{P(X>5)}{P(X>3)}=\dfrac{\int_5^{+\infty}\mathrm{e}^{-x}\mathrm{d}x}{\int_3^{+\infty}\mathrm{e}^{-x}\mathrm{d}x}=\dfrac{\mathrm{e}^{-5}}{\mathrm{e}^{-3}}$ $=\mathrm{e}^{-2}$.

1-113 (C)

1-114 (B). $E(Y^2)=E(3-X)^2=E(9+X^2-6X)=9+E(X^2)-6E(X)$,而 $E(X^2)=D(X)+[E(X)]^2=2^2+2^2=8$. 也可以如下运算:$E(Y)=3-E(X)=1$,$D(Y)=D(X)=2^2$. 于是,$E(Y^2)=D(Y)+(EY)^2=4+1=5$.

1-115 (D). $D(X)=\dfrac{1}{12}(5-1)^2=\dfrac{4}{3}$,$D(Y)=\dfrac{1}{25}$.

1-116 (C) 1-117 (B) 1-118 (A)

1-119 (A). 由数学期望的性质得到 $E\left(\dfrac{2}{n(n+1)}\sum_{i=1}^{n}iX_i\right)=\dfrac{2}{n(n+1)}\sum_{i=1}^{n}iE(X_i)=\dfrac{2}{n(n+1)}\sum_{i=1}^{n}i\mu=\mu$,而 $E(\bar{X}-X_1)=0$,$E(X_1+X_n)=E(\bar{X}+X_1)=2\mu$.

1-120 (C). 问题等价于检验 $H_0:\sigma^2=9$,注意 $n=16$,$n-1=15$.

# 2 物理学

## 考试大纲

2.1 热学

气体状态参量；平衡态；理想气体状态方程；理想气体的压强和温度的统计解释；自由度；能量按自由度均分原理；理想气体内能；平均碰撞频率和平均自由程；麦克斯韦速率分布律；方均根速率；平均速率；最概然速率；功；热量；内能；热力学第一定律及其对理想气体等值过程的应用；绝热过程；气体的摩尔热容量；循环过程；卡诺循环；热机效率；净功；致冷系数；热力学第二定律及其统计意义；可逆过程和不可逆过程。

2.2 波动学

机械波的产生和传播；一维简谐波表达式；描述波的特征量；波阵面；波前；波线；波的能量、能流、能流密度；波的衍射；波的干涉；驻波；自由端反射与固定端反射；声波；声强级；多普勒效应。

2.3 光学

相干光的获得；杨氏双缝干涉；光程和光程差；薄膜干涉；光疏介质；光密介质；迈克耳孙干涉仪；惠更斯—菲涅尔原理；单缝衍射；光学仪器分辨本领；衍射光栅与光谱分析；X 射线衍射；布喇格公式；自然光和偏振光；布儒斯特定律；马吕斯定律；双折射现象。

## 复习指导

物理学是研究物质的基本结构和物质之间相互作用、相互转化的科学，它研究物质的最基本、最普遍的运动形式。物理学是一切自然科学和工程技术的基础。掌握物理知识是工程师必须具备的科学素质。

大学物理的内容丰富、涉及面广。本考试大纲仅限于热学、波动学和光学的内容。其中热学内容相对独立，而波动学与光学内容关联性较强，复习时应注意二者的内在联系以及光学的特点。物理学从本质上讲是实验科学，大学物理的基本内容都是围绕着实验进行理论研讨的。因此，在复习时应该对相关实验给予更多关注，要在头脑中对相关内容与过程建立基本的物理图像，这一点无论是对于考题的理解，还是对于具体的解题计算都是至关重要的。物理学强调基本概念、基本理论和基本计算。按照考试大纲的要求，本复习内容已就基本概念和基本理论进行了简明扼要的阐述，目的是使考生掌握要点，提纲挈领，如能读懂全部内容则不必再去找书。如若基础薄弱,个别内容不能全懂,则需查阅相关教材。

热学是研究物质热运动规律的科学,内容分为两部分,气体动理论和热力学。气体动理论是研究物质热运动的微观理论,强调微观量与宏观量之间的关系,揭示宏观现象的微观本质。这部分的重点是理想气体的压强与温度、理想气体内能、平均碰撞频率和平均自由程、麦克斯韦速率分布律及相关的三种速率。基本计算涉及理想气体状态方程、气体分子的自由度与平均能量、三种速率等。定性讨论的问题是麦克斯韦速率分布律,其中关于速率分布函数物理意义的理解是难点。热力学是研究物质热运动的宏观理论,强调描述系统状态的宏观可测量与系统所进行的过程之间的变化关系,以便总结规律,指导生产实践。这部分的重点是热力学第一定律及其对理想气体等值过程和绝热过程的应用、循环过程、热机效率等。基本计算涉及摩尔热容量、不同过程的功与热量及内能增量,再有就是热机循环的效率。热力学第二定律在这里主要为定性讨论,其中绝热过程的计算是难点。在复习做题时要弄清题目的要求,避免概念混淆。例如:在温度为 $T$ 的平衡态下,刚性双原子分子的平均动能与一摩尔双原子分子理想气体的内能形式上很容易弄混。前者为 $5kT/2$,后者为 $5RT/2$,仅一个字母之差。原因是一个分子的平均动能为 $\bar{\varepsilon}=(i/2)kT$,而一摩尔分子气体的内能为 $E=N_A\bar{\varepsilon}=N_A(i/2)kT=(i/2)RT$。

机械波是振动在弹性媒质中的传播过程。掌握振动的相关知识是理解波动的基础。波动学的重点是一维简谐波表达式、波的能量与能流密度、波的干涉(含驻波)。基本计算涉及波的特征量、波强、波的干涉加强与减弱、驻波(含半波损失问题)、声强及多普勒效应,其中波动表达式和波的干涉是难点。定性讨论的有波的几何描述和波的衍射。关于如何求波动表达式的问题,关键是要弄清相位的传递关系。沿着波的传播方向,后面质元的相位比前面质元的相位滞后,这一点与波是沿 $x$ 轴正向传播还是沿 $x$ 轴负向传播无关。依此观点求波动表达式简便快捷。例如:已知 $x$ 轴上 $P$ 点的坐标为 $x_P$,振动方程为 $y_P=A\cos(\omega t+\varphi)$,波速为 $u$。若波沿 $x$ 轴正向传播,则 $P$ 点右侧 $x$ 点的振动方程为 $y=A\cos\left[\omega\left(t-\dfrac{x-x_P}{u}\right)+\varphi\right]$,由于 $x$ 点是任取的,所以此式也是沿 $x$ 轴正向传播的波动表达式。当 $x>x_P$ 时,相位滞后;当 $x<x_P$ 时,相位超前。若波沿 $x$ 轴负向传播,则 $P$ 点左侧 $x$ 点的振动方程为 $y=A\cos\left[\omega\left(t-\dfrac{x_P-x}{u}\right)+\varphi\right]$,同理,此式也是沿 $x$ 轴负向传播的波动表达式。当 $x<x_P$ 时,相位滞后;当 $x>x_P$ 时,相位超前。这里求波动表达式的关键操作是,先相对 $P$ 点在波的传播方向上取一 $x$ 点,然后用两点坐标($x_P$ 和 $x$)中大的减去小的作为分子,波速 $u$ 作为分母,其前面加负号表示相位滞后,整体放在时间 $t$ 后面,用括号括上,则波动表达式就求出来了。需要指出,$x$ 点虽然形式上是在传播方向上取的,但实际上是可以在 $P$ 点左侧或右侧任意变化的。以上是求波动表达式的基本技巧,无论波向哪边传,全都适用。

光学包括光的干涉、衍射和偏振三部分。前面波动学的主要内容例如波动表达式、波的干涉与衍射等在光学中仍然适用,只是在光学中要结合具体的仪器且只须重点讨论光程差,这是光学的特点。光的干涉部分重点是双缝干涉、劈尖和牛顿环干涉以及迈克耳孙干涉仪。光的衍射部分重点是单缝衍射、光栅衍射。光的偏振部分重点是布儒斯特定律和马吕斯定律。基本计算涉及相关仪器的光程差和干涉条纹的形成条件、X 射线衍射、光学仪器分辨本领。双折射现象主要是定性讨论。求解光学题目,应结合具体的光学仪器与元件,对光学现象的形成过程建立起清晰的物理图像。例如：光栅衍射条纹的形成，首先是多光束之间的干涉，再就是每个透光缝单独的衍射，由于光栅后面的凸透镜使得各个单缝的衍射图样重合在一起，多光干涉的光强受此单缝衍射图样的调制形成最后的光栅衍射图样。有了这样一个物理图像之后，对于光栅的缺级问题就很容易求解了。同时，对于透光缝的单缝衍射中央明纹宽度内有几级光栅衍射明纹的问题（如本章仿真习题 2－60）也就迎刃而解了。再比如：同样是在一支光路中加入厚度为 $d$、折射率为 $n$ 的透光薄膜，由此引起的附加光程差，在双缝干涉中是 $(n-1)d$，而在迈克耳孙干涉仪中则为 $2(n-1)d$。原因是在双缝干涉中，光线只是一次性穿过薄膜，而在迈克耳孙干涉仪中，光线是往返共计两次穿过薄膜。显然，对于仪器光路的了解是非常重要的。

此外，还应对物理学中一些基本常识、常见物理量的数量级有所了解。例如：热学中的标准状态是指压强为一个大气压、温度为摄氏零度的状态；波动学中可闻声波的频率范围是 20～20 000 Hz；在标准状态下空气中的声速约为 340 m/s；光学中可见光的（真空）波长范围为 400～760 nm；光在真空中的传播速度为 $c=3\times10^8$ m/s。掌握这些常识，对于解题以及判断结果的正确与否都是很有帮助的。

## 复习内容

### 2.1 热学

要求：①了解描写气体状态的各参量的意义，注意各量的单位；

②了解平衡态的意义；

③掌握理想气体状态方程，并能用其求解有关气体状态的问题；

④从气体动理论的观点理解理想气体的压强和温度的物理意义，明确压强和温度与微观量的关系；

⑤理解能量按自由度均分原理的意义，掌握分子平均能量的计算；

⑥掌握理想气体的内能公式，明确理想气体的内能只是温度的单值函数，而与压强和体积无关；

⑦理解气体分子平均碰撞频率和平均自由程的意义及其决定因素；

⑧理解麦克斯韦速率分布律的物理意义，分清气体分子热运动的三种速率，即最概然速率、平均速率和方均根速率；

⑨掌握热力学中功、热量和内能的概念及其计算方法；

⑩掌握热力学第一定律，理解理想气体各等值过程和绝热过程的特点，掌握相应过程中功、热量和内能增量的计算；

⑪理解循环过程的概念以及卡诺循环的特征，掌握热机循环效率和制冷机制冷系数的计算；

⑫理解热力学第二定律两种表述的含义、等价性以及统计意义，了解可逆与不可逆过程，理解与热现象有关的实际宏观过程的不可逆性。

热学是研究物质热运动规律的科学。热学的研究对象是热力学系统，即由大量分子组成的系统。按照研究内容和研究方法的不同，热学可以分为两部分：一部分称为气体动理论；另一部分称为热力学。气体动理论是研究物质热运动的微观理论，它是从物质的微观结构和微观运动出发,采用统计的方法,确定微观量与宏观量之间的关系,从而揭示宏观现象的微观本质。热力学是研究物质热运动的宏观理论,它是以实验为基础,用可测量的宏观量描述大量分子的集体行为和状态,从实践中总结归纳出热力学的有关规律,探索自然现象之间的联系。

### 2.1.1 气体状态参量

对于一定量的某种气体,一般可用体积 $V$、压强 $p$ 和温度 $T$ 三个物理量来描写。这三个描写气体状态的量称为气体的状态参量。

**1. 体积**

气体的体积是气体分子所能到达的空间,不是气体分子本身体积的总和。盛放在容器中的气体,其体积即为容器的体积。气体体积的单位是 $m^3$(立方米)、L 或 l(升)。1 L = $10^{-3}$ $m^3$。

**2. 压强**

压强是气体在容器器壁单位面积上指向器壁的垂直作用力,是气体分子对器壁碰撞的结果。压强的单位是 Pa(帕[斯卡]),即 $N/m^2$(牛[顿]/平方米)。实际中,还使用非 SI(国际单位制)单位,如 atm(标准大气压)、mmHg(毫米汞柱),1 atm = $1.013\times10^5$ Pa,1 mmHg = $1.333\times10^2$ Pa。

**3. 温度**

温度表示物体的冷热程度,是物体分子热运动强度的量度。温度数值的标定方法称为温标,常用的有两种:一种是热力学温标 $T$,单位是 K(开[尔文]);另一种是摄氏温标 $t$,单位是℃(摄氏度)。两者的关系是 $t$(℃) = $T$(K) − 273.15。

标准状态是指压强为 1 atm,温度为 0 ℃的状态。

### 2.1.2 平衡态

当气体的状态不随时间变化时,则称气体处于平衡态。

在平衡态下,气体各部分的温度、压强以及密度都是均匀的,此时气体的状态才能用状态参量来表示。

必须注意,平衡态是指气体的宏观状态不随时间变化,但从微观角度看,气体分子仍在作永不停息的热运动。因此,气体的平衡态应该理解为热动平衡状态。

### 2.1.3 理想气体状态方程

**1. 理想气体**

理想气体是实际气体的一个抽象化模型。宏观上讲,当密度不太高、压强不太大以及温度不太低时,能够严格遵从三个实验定律(即玻意耳—马略特定律、盖—吕萨克定律和查理定律)的气体定义为理想气体。从微观角度可对理想气体作如下描述:①气体分子的大小与气体分子间的距离相比较可以忽略不计;②气体分子处在无规则的热运动中,且服从经典力学规律;③除碰撞的瞬间外,分子所受作用力可以忽略,而且分子之间以及分子与器壁之间的碰撞是弹性的,动量与动能均守恒。总之,气体可看作自由地、无规则地运动着的弹性球分子的集合,这是理想气体的微观模型。

**2. 理想气体状态方程**

当一定质量的理想气体从状态Ⅰ($p_1$、$V_1$、$T_1$)变化到状态Ⅱ($p_2$、$V_2$、$T_2$)时,两状态之间的关系为

$$\frac{p_1V_1}{T_1}=\frac{p_2V_2}{T_2}=\text{恒量} \tag{2.1-1}$$

这是理想气体状态方程的一种形式。

当质量为 $M$、摩尔质量为 $\mu$ 的理想气体处在某平衡态下时，各状态参量间的关系为

$$pV=\frac{M}{\mu}RT \tag{2.1-2}$$

式中：$p$ 的单位为 Pa；$V$ 的单位为 $m^3$；$T$ 的单位为 K；$R=8.31\ J/(mol\cdot K)$ 称为普适气体常量。这是理想气体状态方程的常用形式，其中的 $\frac{M}{\mu}$ 是摩尔数。

由上述常用形式还可以导出理想气体状态方程的另一种形式为

$$p=nkT \tag{2.1-3}$$

式中：$n=\frac{N}{V}$ 为单位体积分子数（即分子数密度），其中 $N$ 是分子总数；$k=\frac{R}{N_A}=1.38\times10^{-23}$ J/K，称为玻耳兹曼常数，其中 $N_A=6.022\times10^{23}/mol$，称为阿伏加德罗常数。

### 2.1.4 理想气体的压强和温度的统计解释

**1. 压强的微观意义**

从气体动理论的观点来看，气体中的大量分子处于无规则的、永不停息的热运动中，它们不断地与容器器壁发生碰撞，在碰撞中给器壁以冲力的作用。对一个分子来讲，它与器壁发生碰撞的时间和空间位置以及碰撞中给予器壁的冲力大小是随机的、不确定的；但对大量分子来讲，每时每刻都有许多分子与器壁发生碰撞，它们给予器壁的冲力表现为持续不断的、恒定的平均作用力。所以，气体的压强是大量分子对器壁不断碰撞的平均集体效果，是一个统计平均量。气体的压强在数值上应等于单位时间内与器壁单位面积发生碰撞的所有分子给予器壁的总冲量的统计平均值。

理想气体的压强公式为

$$p=\frac{1}{3}nm\overline{v^2}=\frac{2}{3}n\bar{\varepsilon}_k \tag{2.1-4}$$

式中：$n$ 为单位体积分子数；$m$ 为一个分子的质量；$\overline{v^2}$ 是分子速率平方的平均值；$\bar{\varepsilon}_k=\frac{1}{2}m\overline{v^2}$ 为气体分子的平均平动动能。由于 $n\bar{\varepsilon}_k$ 表示单位体积中的分子平均平动动能，因此压强是大量气体分子平均平动动能密度的量度，这是压强的微观意义。

单位体积分子数 $n$ 和分子的平均平动动能 $\bar{\varepsilon}_k$ 都是微观量，不能经过实验直接测量，而压强是宏观量，可以直接测量。理想气体的压强公式揭示了宏观量与微观量之间的联系。

**2. 温度的微观意义**

将理想气体的压强公式 $p=\frac{2}{3}n\bar{\varepsilon}_k$ 与理想气体的状态方程 $p=nkT$ 比较，可得

$$\bar{\varepsilon}_k=\frac{3}{2}kT \tag{2.1-5}$$

由此可知，气体的温度是大量气体分子平均平动动能的量度，这是温度的微观意义。平均平动动能 $\bar{\varepsilon}_k$ 对应分子热运动的强度，因此也可以说，温度是大量气体分子热运动强度的量度。因为 $\bar{\varepsilon}_k$ 是统计平均值，所以温度也具有统计的意义。

平均平动动能 $\bar{\varepsilon}_k$ 是不能直接测量的微观量,而温度是可以直接测量的宏观量,上式揭示了宏观量与微观量之间的又一联系。

由上式可知,对任何理想气体,只要温度相同,则它们的平均平动动能就相同,而与气体的种类无关。

**【例 2.1-1】** 一个容器内贮有 1 mol 氢气和 1 mol 氩气,当气体处于平衡态时,若氢气对器壁的压强为 $p_1$,氩气对器壁的压强为 $p_2$,则两者的关系是( )。

(A)$p_1 > p_2$ (B)$p_1 < p_2$ (C)$p_1 = p_2$ (D)不能确定

**解:**氢气和氩气都是 1 mol,处于同一容器,所以两者的分子数密度相等,即 $n_1 = n_2 = \frac{N_A}{V}$。又因为气体处于平衡态,温度一定,两气体的平均平动动能相等,即 $\bar{\varepsilon}_{k1} = \bar{\varepsilon}_{k2} = \frac{3}{2}kT$。根据理想气体压强公式 $p = \frac{2}{3}n\bar{\varepsilon}_k$ 可知,$p_1 = p_2$,正确答案为(C)。

### 2.1.5 能量按自由度均分原理

**1. 分子自由度**

确定一个物体在空间的位置所需要的独立坐标数目,称为该物体的自由度。

在常温下可不考虑分子内原子之间的振动,即认为分子是刚性的。

单原子分子可视为自由质点,只有 3 个平动自由度 $t = 3$,其总自由度 $i = t = 3$。如惰性气体氦气、氖气、氩气等。

刚性双原子分子有 3 个平动自由度 $t = 3$ 和 2 个转动自由度 $r = 2$,其总自由度 $i = t + r = 5$。如氢气、氧气、氮气等。

刚性多原子分子有 3 个平动自由度 $t = 3$ 和 3 个转动自由度 $r = 3$,其总自由度 $i = t + r = 6$。如水分子。

**2. 能量按自由度均分原理**

从理想气体分子的平均平动动能公式

$$\bar{\varepsilon}_k = \frac{1}{2}m\overline{v^2} = \frac{3}{2}kT \tag{2.1-6}$$

出发,考虑到大量气体分子作无规则热运动应服从统计规律,即 $\overline{v_x^2} = \overline{v_y^2} = \overline{v_z^2}$,而 $\overline{v^2} = \overline{v_x^2} + \overline{v_y^2} + \overline{v_z^2}$,所以

$$\frac{1}{2}m\overline{v_x^2} = \frac{1}{2}m\overline{v_y^2} = \frac{1}{2}m\overline{v_z^2} = \frac{1}{2}m\left(\frac{1}{3}\overline{v^2}\right) = \frac{1}{3}\left(\frac{1}{2}m\overline{v^2}\right) = \frac{1}{2}kT$$

此式表明,按照统计的观点,气体分子沿 $x$、$y$、$z$ 三个方向运动的平均平动动能都相等,气体分子的平均平动动能 $\bar{\varepsilon}_k = \frac{3}{2}kT$ 是均匀地分配到三个平动自由度上的,每个平动自由度分得的能量是 $\frac{1}{2}kT$。

由于分子本身具有一定的大小和复杂的内部结构,分子除平动外,还会有转动以及分子内部原子之间的振动。对刚性分子,在讨论分子热运动动能时,除考虑分子平动动能外,还要考虑分子的转动动能。

将上述平均平动动能按自由度均分的结论推广到复杂分子,可得:在热平衡状态下,理想

气体分子的每个自由度都具有相同的平均动能，其数值为$\frac{1}{2}kT$。这就是能量按自由度均分原理。

根据能量按自由度均分原理，总自由度为 $i$ 的理想气体分子的平均能量为

$$\bar{\varepsilon}=\frac{i}{2}kT \tag{2.1-7}$$

单原子分子的平均能量为 $\bar{\varepsilon}=\frac{3}{2}kT$，刚性双原子分子的平均能量为 $\bar{\varepsilon}=\frac{5}{2}kT$，刚性多原子分子的平均能量为 $\bar{\varepsilon}=\frac{6}{2}kT$。

**【例 2.1-2】** 温度、压强相同的氦气和氧气，它们分子的平均能量 $\bar{\varepsilon}$ 和平均平动动能 $\bar{\varepsilon}_k$ 的关系是(　　)。

(A) $\bar{\varepsilon}$ 和 $\bar{\varepsilon}_k$ 都相等　　(B) $\bar{\varepsilon}$ 相等，而 $\bar{\varepsilon}_k$ 不相等

(C) $\bar{\varepsilon}_k$ 相等，而 $\bar{\varepsilon}$ 不相等　　(D) $\bar{\varepsilon}$ 和 $\bar{\varepsilon}_k$ 都不相等

**解**：温度相等，则平均平动动能 $\bar{\varepsilon}_k=\frac{3}{2}kT$ 相等；而平均能量 $\bar{\varepsilon}=\frac{i}{2}kT$ 与分子总自由度 $i$ 有关，氦气是单原子气体，氧气是双原子气体，两者 $i$ 不相等，因而 $\bar{\varepsilon}$ 不相等。正确答案为(C)。

## 2.1.6 理想气体内能

气体的内能是指气体分子的能量以及分子之间势能的总和。对理想气体来说，忽略分子之间的相互作用力，因此分子之间的势能可以忽略。所以，理想气体的内能就等于气体分子能量的总和。根据能量按自由度均分原理，每个分子的平均能量为 $\bar{\varepsilon}=\frac{i}{2}kT$，将这个能量与分子总数 $N$ 相乘，即可得到理想气体的内能 $E=N\bar{\varepsilon}$，由于 $N=\frac{M}{\mu}N_A$，而 $N_Ak=R$，于是得到理想气体的内能公式为

$$E=\frac{M}{\mu}\frac{i}{2}RT \tag{2.1-8}$$

由此可知，处于平衡态下的一定量的理想气体的内能仅取决于气体分子运动的总自由度 $i$ 和气体的热力学温度 $T$，而与气体的压强和体积无关。由于理想气体的内能只是状态参量的单值函数，所以又称理想气体的内能为状态函数。

**【例 2.1-3】** 在标准状态下，若氧气(视为刚性双原子分子)和氦气的体积之比 $V_1/V_2=1/2$，则其内能之比 $E_1/E_2$ 为(　)。

(A) 3/10　　(B) 1/2　　(C) 5/6　　(D) 5/3

**解**：内能 $E=\frac{M}{\mu}\cdot\frac{i}{2}RT=\frac{i}{2}pV$，由题意 $p_1=p_2$，氧气分子自由度 $i_1=5$，氦气分子自由度 $i_2=3$，内能之比为$\frac{E_1}{E_2}=\frac{i_1}{i_2}\cdot\frac{V_1}{V_2}=\frac{5}{6}$。正确答案为(C)。

## 2.1.7 平均碰撞频率和平均自由程

在气体中，大量分子作永不停息的无规则热运动，彼此之间会不断发生碰撞。就单个分子来说，它与其他分子的碰撞在时间和空间上都是随机的。但对大量分子来说，分子间的碰撞服

从确定的统计规律。

**1. 分子的平均碰撞频率**

一个分子在单位时间内与其他分子碰撞的平均次数，称为分子的平均碰撞频率，用 $\bar{Z}$ 表示。从理论上可导出

$$\bar{Z}=\sqrt{2}\pi d^2\bar{v}n \tag{2.1-9}$$

式中：$d$ 为分子的有效直径，这里假设分子是直径为 $d$ 的小球，$d$ 的数量级约为 $10^{-10}$ m；$n$ 如前所述为分子数密度；$\bar{v}=\sqrt{\dfrac{8kT}{\pi m}}=\sqrt{\dfrac{8RT}{\pi\mu}}$ 为分子的平均速率，公式来源详见下面有关麦克斯韦速率分布律的讨论。

由此可知，分子数密度 $n$ 越大，温度 $T$ 越高，分子之间的碰撞就越频繁，平均碰撞频率 $\bar{Z}$ 值越大。

**2. 分子的平均自由程**

一个分子在相邻的两次碰撞之间所飞行的直线距离称为自由程。由于碰撞是随机的，单个分子的自由程也是随机的。然而，大量分子的自由程却具有确定的统计规律性。自由程的统计平均值称为平均自由程，用 $\bar{\lambda}$ 表示。由于单位时间内气体分子运动的平均路程为 $\bar{v}$，在此期间与其他分子的碰撞次数为 $\bar{Z}$，所以分子的平均自由程为

$$\bar{\lambda}=\frac{\bar{v}}{\bar{Z}}=\frac{1}{\sqrt{2}\pi d^2 n} \tag{2.1-10}$$

此式说明，对一定的气体而言，$\bar{\lambda}$ 与分子数密度 $n$ 成反比，而与平均速率 $\bar{v}$ 无关。

根据 $p=nkT$，分子的平均自由程还可以表示为

$$\bar{\lambda}=\frac{kT}{\sqrt{2}\pi d^2 p} \tag{2.1-11}$$

这表明，$\bar{\lambda}$ 和温度与压强的比值 $T/p$ 成正比关系。

在标准状态下，氢气分子的平均碰撞频率数量级约为 $10^9$/s，平均自由程数量级约为 $10^{-7}$ m。

**【例 2.1-4】** 一定量的理想气体，经等压过程从体积 $V_0$ 膨胀到 $2V_0$，其平均自由程由 $\bar{\lambda}_0$ 变为 $\bar{\lambda}$，平均碰撞频率由 $\bar{Z}_0$ 变为 $\bar{Z}$，则正确结果是(　　)。

(A) $\dfrac{\bar{\lambda}}{\bar{\lambda}_0}=2,\dfrac{\bar{Z}}{\bar{Z}_0}=\sqrt{2}$　(B) $\dfrac{\bar{\lambda}}{\bar{\lambda}_0}=\dfrac{1}{2},\dfrac{\bar{Z}}{\bar{Z}_0}=\sqrt{2}$　(C) $\dfrac{\bar{\lambda}}{\bar{\lambda}_0}=2,\dfrac{\bar{Z}}{\bar{Z}_0}=\dfrac{1}{\sqrt{2}}$　(D) $\dfrac{\bar{\lambda}}{\bar{\lambda}_0}=\dfrac{1}{2},\dfrac{\bar{Z}}{\bar{Z}_0}=\dfrac{1}{\sqrt{2}}$

**解：**平均自由程 $\bar{\lambda}=\dfrac{1}{\sqrt{2}\pi d^2 n}=\dfrac{kT}{\sqrt{2}\pi d^2 p}$，对等压过程，$V\propto T$，体积加倍 $V_0\to 2V_0$，温度也加倍 $T_0\to 2T_0$，所以有 $\dfrac{\bar{\lambda}}{\bar{\lambda}_0}=2$；平均碰撞频率 $\bar{Z}=\sqrt{2}\pi d^2\bar{v}n=\sqrt{2}\pi d^2\cdot\sqrt{\dfrac{8kT}{\pi m}}\cdot\dfrac{p}{kT}\propto\dfrac{p}{\sqrt{T}}$，所以有 $\dfrac{\bar{Z}}{\bar{Z}_0}=\dfrac{1/\sqrt{2T_0}}{1/\sqrt{T_0}}=\dfrac{1}{\sqrt{2}}$。正确答案为(C)。

## 2.1.8 麦克斯韦速率分布律

**1. 麦克斯韦速率分布函数**

气体中的大量分子在永不停息的热运动中频繁碰撞，彼此交换能量，速率在不断地改变。

在平衡态下，速率处于各个区间中的分子数服从确定的统计规律。设分子总数为 $N$，速率处于 $v \sim v+\Delta v$ 区间中的分子数为 $\Delta N$，其在分子总数中所占百分比为$\frac{\Delta N}{N}$。显然，$\frac{\Delta N}{N}$不但与区间宽度 $\Delta v$ 有关，而且与区间 $\Delta v$ 所处的速率 $v$ 有关。当 $\Delta v \to 0$ 时，$\frac{\Delta N}{N\Delta v}$的极限$\frac{\mathrm{d}N}{N\mathrm{d}v}$是速率 $v$ 的连续函数，记为$f(v)$。麦克斯韦应用统计理论给出了$f(v)$的具体表达式为

$$f(v)=\frac{\mathrm{d}N}{N\mathrm{d}v}=4\pi\left(\frac{m}{2\pi kT}\right)^{3/2}v^2\mathrm{e}^{-mv^2/2kT} \tag{2.1-12}$$

此式称为气体分子的麦克斯韦速率分布函数。速率分布函数$f(v)$的物理意义如下：对大量气体分子而言，$f(v)$表示分布在速率 $v$ 附近，单位速率间隔内的分子数占总分子数的百分比；对单个分子而言，$f(v)$表示分子速率处于 $v$ 附近，单位速率间隔内的概率。即函数$f(v)$表示概率密度。

麦克斯韦速率分布曲线如图 2.1-1 所示。

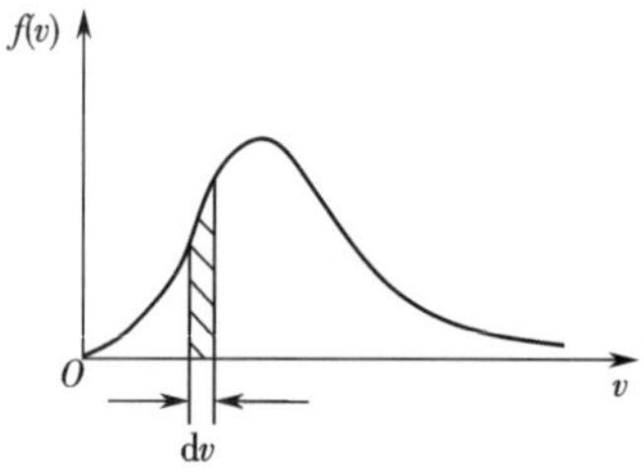


图 2.1-1

在横轴上的速率 $v$ 处，取小区间 $v \sim v+\mathrm{d}v$，则 $f(v)\mathrm{d}v=\frac{\mathrm{d}N}{N}$对应$f(v)$曲线下 $\mathrm{d}v$ 宽度内的面积，数值上等于 $v \sim v+\mathrm{d}v$ 区间内的分子数占总分子数的百分比。将区间扩大为 $v_1 \sim v_2$，则积分 $\int_{v_1}^{v_2}f(v)\mathrm{d}v=\frac{\Delta N}{N}$对应$f(v)$ 曲线下 $v_1 \sim v_2$ 区间内的面积，数值上等于 $v_1 \sim v_2$ 区间内的分子数 $\Delta N$ 占总分子数的百分比。如将区间进一步扩大为 $0 \sim \infty$，则积分$\int_0^{\infty}f(v)\mathrm{d}v$ 对应$f(v)$ 曲线下的全部面积，数值上等于 $0 \sim \infty$ 区间内的分子数占总分子数的百分比，其值为百分之百，所以有

$$\int_0^{\infty}f(v)\mathrm{d}v=1 \tag{2.1-13}$$

此式称为速率分布函数的归一化条件。

应该指出，除了讨论速率分布之外，针对不同的用途，还可以讨论其他物理量的分布，例如分子自由程分布等，不同分布函数的表达式不同，但其共同点是均要满足归一化条件。

**2. 气体分子热运动的三种速率**

(1) 最概然速率 $v_\mathrm{p}$

最概然速率是指$f(v)$曲线峰值对应的速率。由$f(v)$的物理意义可知，在此速率附近，单位速率间隔内的分子百分数最大。令$\frac{\mathrm{d}f(v)}{\mathrm{d}v}=0$，可得

$$v_\mathrm{p}=\sqrt{\frac{2kT}{m}}=\sqrt{\frac{2RT}{\mu}} \tag{2.1-14}$$

将此式代入到$f(v)$中，得$f(v_\mathrm{p})=\frac{4}{\sqrt{\pi}\cdot\mathrm{e}}\cdot\frac{1}{v_\mathrm{p}}$。可见，对同一气体而言，温度 $T$ 越高，$v_\mathrm{p}$值越大，而$f(v)$曲线峰值越小。由于受归一化条件限制，$f(v)$曲线下的总面积为定值，曲线峰值减小，必然使得曲线横向加宽，如图 2.1-2 所示。另一方面，对相同温度下的不同气体而言，分子质量 $m$ 越大，$v_\mathrm{p}$值越小，而$f(v)$曲线峰值越大，则曲线横向缩窄，如图 2.1-3 所示。

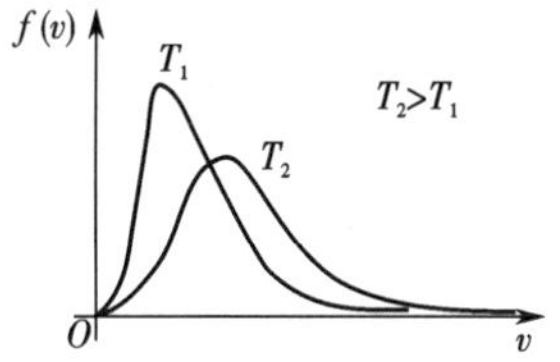


图 2.1-2

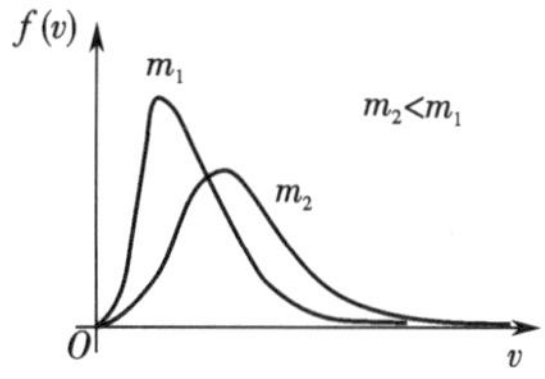


图 2.1-3

(2)平均速率 $\bar{v}$

平均速率即分子速度大小的算术平均值,其定义为

$$\bar{v}=\frac{\sum v_i\Delta N_i}{N}=\frac{\int v\mathrm{d}N}{N}=\int_0^{\infty}vf(v)\,\mathrm{d}v$$

将速率分布函数 $f(v)$ 代入并积分,得

$$\bar{v}=\sqrt{\frac{8kT}{\pi m}}=\sqrt{\frac{8RT}{\pi\mu}} \tag{2.1-15}$$

**注意**:$v_1\sim v_2$ 速率间隔内分子的平均速率为 $\bar{v}'=\dfrac{\int_{v_1}^{v_2}vf(v)\,\mathrm{d}v}{\int_{v_1}^{v_2}f(v)\,\mathrm{d}v}$,当 $v_1=0$、$v_2\to\infty$ 时,上式分母为 1,则 $\bar{v}'\to\bar{v}$。

(3)方均根速率 $\sqrt{\overline{v^2}}$

仿照平均速率的讨论可知,速率平方的平均值为

$$\overline{v^2}=\int_0^{\infty}v^2f(v)\,\mathrm{d}v$$

将速率分布函数 $f(v)$ 代入并积分,开方后得方均根速率

$$\sqrt{\overline{v^2}}=\sqrt{\frac{3kT}{m}}=\sqrt{\frac{3RT}{\mu}} \tag{2.1-16}$$

以上三种速率中,最概然速率 $v_p$ 用于速率分布的讨论;平均速率 $\bar{v}$ 用于平均碰撞频率 $\bar{Z}$ 和平均自由程 $\bar{\lambda}$ 的讨论;方均根速率 $\sqrt{\overline{v^2}}$ 用于平均平动动能 $\bar{\varepsilon}_k$ 的讨论,而且 $\sqrt{\overline{v^2}}$ 亦可由 $\bar{\varepsilon}_k=\frac{1}{2}m\overline{v^2}=\frac{3}{2}kT$ 直接得出。

三种速率均与 $\sqrt{T}$ 成正比,与 $\sqrt{m}$(或 $\sqrt{\mu}$)成反比。三种速率的比例关系为

$$v_p:\bar{v}:\sqrt{\overline{v^2}}=\sqrt{2}:\sqrt{\frac{8}{\pi}}:\sqrt{3} \tag{2.1-17}$$

其中 $\sqrt{\overline{v^2}}$ 最大,$v_p$ 最小;常温下三种速率数量级约为每秒几百米,计算时尤其要注意采用 SI 单位制。由于三种速率有确定的比例关系,则同一气体在确定温度下,如知道一种速率,可求另外两种速率;或在相同温度下,知道一种气体的某种速率,可求另一气体的该种速率。

**【例 2.1-5】** 设图 2.1-4 所示的两条曲线分别表示在相同温度下氧气和氢气分子的速率分布曲线,令 $(v_p)_{O_2}$ 和 $(v_p)_{H_2}$ 分别表示氧气和氢气的最概然速率,则正确结果是(　　)。

(A)图中 $a$ 表示氧气分子的速率分布曲线:$(v_p)_{O_2}/(v_p)_{H_2}=4$

(B) 图中 $a$ 表示氧气分子的速率分布曲线：
$(v_p)_{O_2}/(v_p)_{H_2}=1/4$
(C) 图中 $b$ 表示氧气分子的速率分布曲线：
$(v_p)_{O_2}/(v_p)_{H_2}=1/4$
(D) 图中 $b$ 表示氧气分子的速率分布曲线：
$(v_p)_{O_2}/(v_p)_{H_2}=4$

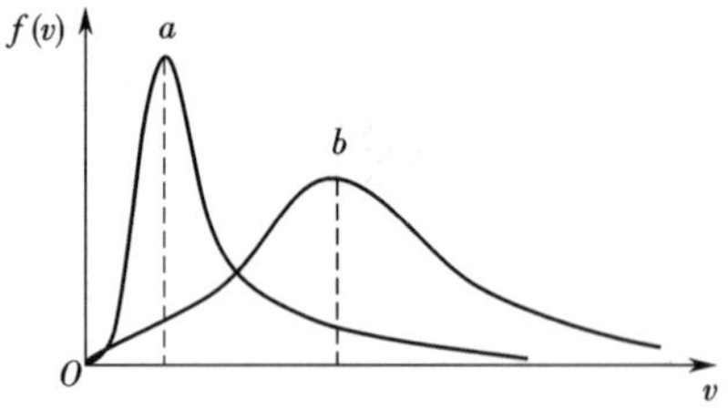

图 2. 1-4

**解：**最概然速率 $v_p=\sqrt{\dfrac{2RT}{\mu}}$，对于摩尔质量，有 $\mu_{O_2}>\mu_{H_2}$。又因为温度 $T$ 相同，所以有 $(v_p)_{O_2}<(v_p)_{H_2}$，故而曲线 $a$ 为氧气，曲线 $b$ 为氢气。$\dfrac{(v_p)_{O_2}}{(v_p)_{H_2}}=\sqrt{\dfrac{\mu_{H_2}}{\mu_{O_2}}}=\sqrt{\dfrac{2}{32}}=\dfrac{1}{4}$。正确答案为(B)。

**【例 2. 1-6】** 某理想气体分子的平均速率 $\bar{v}$ 若提高到原来的 2 倍，则该气体的温度 $T$ 应提高到原来的(　　)倍。

(A)2　　(B)4　　(C)8　　(D)16

**解：**平均速率 $\bar{v}=\sqrt{\dfrac{8RT}{\pi\mu}}$，由题意 $2=\dfrac{\bar{v}'}{\bar{v}}=\sqrt{\dfrac{8RT'}{\pi\mu}}\Big/\sqrt{\dfrac{8RT}{\pi\mu}}=\sqrt{\dfrac{T'}{T}}$，解出 $\dfrac{T'}{T}=4$。正确答案为(B)。

## 2. 1. 9 功、热量、内能

### 1. 功

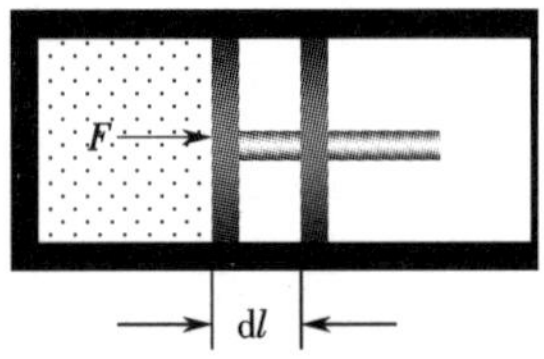

图 2. 1-5

功是热力学系统与外界交换能量的一种方式。

如图 2. 1-5 所示，气缸内有一定量的气体，气体压强为 $p$，活塞面积为 $S$，气体作用在活塞上的压力 $F=pS$，当活塞在此压力作用下，由左向右移动一微小距离 $dl$ 时，气体对外所做元功为

$$dW=Fdl=pSdl=pdV$$

式中：$dV$ 为活塞移动 $dl$ 距离时气体体积的微小变化量。当气体体积由 $V_1$ 变化到 $V_2$ 时，气体对外所做功为

$$W=\int_{V_1}^{V_2}pdV \tag{2. 1-18}$$

上式是利用气体状态参量及其变化来计算气体所做功，是热力学中计算功的基本公式，此式成立需要两个条件：一是活塞与气缸壁之间的摩擦可以忽略，否则活塞对外做功的力与气体作用在活塞上的力将不相等；二是此做功过程必须是一个准静态过程，所谓准静态过程指的是系统在变化过程中的每一瞬间都应处于平衡态。如果不能保证是准静态过程，则活塞附近的压强与气体内部的压强将不相等。这两种情况都将出现用上式计算的功与实际不符的结果。概括来说，上式成立的条件应为无摩擦的准静态过程。

进一步讲，热力学系统可用 $p$-$V$ 图描述，$p$-$V$ 图上的一个点对应确定的压强、体积和温度，因而对应系统的一个平衡态。由于准静态过程中的任意中间态都是一个平衡态，所以在 $p$-$V$ 图上准静态过程可用一系列的点连成的曲线表示。非准静态过程不能在 $p$-$V$ 图上表示。在下面的讨论中，如无特殊提示，所涉及的热力学过程都是指准静态过程。不过应该注意，准静态过程是为了处理问题方便而引入的一种理想化过程，是对实际过程在一定程度上的近似。

气体由一个平衡态经过一个准静态过程变化到另一个平衡态,可以经历不同的过程。所经历的过程不同,气体的压强随体积的变化关系也将不同,从而使所做的功不同。因此,功不仅与过程的始末状态有关,而且与所经历的具体过程有关,功是一个过程量。

在 $p$-$V$ 图上,一定量的气体所做的功,在数值上等于 $p$-$V$ 曲线下的面积,这是功的几何意义。

**2. 热量**

热量是热力学系统与外界交换能量的另一种方式。当系统与外界存在温度差且两者之间又没有隔热层时,将会产生热量的传递。

当质量为 $M$、摩尔质量为 $\mu$ 的气体从温度 $T_1$ 准静态地变化到温度 $T_2$ 时,系统与外界传递的热量为

$$Q=\frac{M}{\mu}C(T_2-T_1) \tag{2.1-19}$$

式中:$C$ 称为摩尔热容,其物理意义为 1 mol 气体当温度升高(或降低) 1 K 时,所吸收(或放出)的热量,即

$$C=\frac{1}{M/\mu}\frac{\mathrm{d}Q}{\mathrm{d}T} \tag{2.1-20}$$

摩尔热容是一个与具体过程有关的量,过程不同,其摩尔热容的值也就不同。由此可知,热量也是一个过程量,只有给出具体的过程,才能知道相应的 $C$ 值,热量 $Q$ 才能由式(2.1-19)计算出来。详情请见下一节。

**3. 内能**

热力学系统在一定状态下具有一定的内能。从 2.1.6 节可知,理想气体的内能表达式为

$$E=\frac{M}{\mu}\frac{i}{2}RT$$

它只是温度 $T$ 的单值函数。当一定量的理想气体,从温度为 $T_1$ 的平衡状态变化到温度为 $T_2$ 的平衡状态时,其内能从 $E_1$ 变化到 $E_2$,内能的增量为

$$\Delta E=E_2-E_1=\frac{M}{\mu}\frac{i}{2}R(T_2-T_1) \tag{2.1-21}$$

其中除了温度 $T$ 外,其他量都是定值,可知内能增量 $\Delta E$ 仅决定于前后两状态之间的温度变化,而与前后两状态之间所经历的具体过程无关,这是内能与功和热量的重要区别,内能是状态量,功和热量都是过程量。

## 2.1.10 热力学第一定律及其对理想气体等值过程和绝热过程的应用

**1. 热力学第一定律**

热力学第一定律是普遍的能量守恒与转化定律在热力学中的具体体现。系统与外界的能量交换表现为功与热量的传递,系统内部的能量变化表现为内能的增减。三者之间满足热力学第一定律。

热力学第一定律的文字表述为:外界传给系统的热量,一部分用于增加系统的内能,另一部分用于系统对外做功。

热力学第一定律的数学表达式为

$$Q=\Delta E+W \tag{2.1-22}$$

其中，$\Delta E = E_2 - E_1$是内能增量。在应用此式计算时，做如下符号规定：系统从外界吸收热量，$Q>0$；系统向外界放出热量，$Q<0$；系统对外界做功，$W>0$；外界对系统做功，$W<0$。

对于无限小的元过程，可以采用热力学第一定律的微分形式表示为

$$dQ = dE + dW \tag{2.1-23}$$

热力学第一定律适用于任何系统的任何过程。这里所说的"过程"包括单一过程、复合过程或循环过程。即使是非准静态过程也适用。

**2. 热力学第一定律对理想气体等值过程的应用**

所谓等值过程，是指三个状态参量 $p$、$V$ 和 $T$ 分别固定不变的过程。

(1)等体过程

等体过程也称等容过程，此过程气体体积保持不变，即 $dV=0$。等体过程在 $p$-$V$ 图上是用一段与 $p$ 轴平行的直线表示，如图 2.1-6 所示。由于体积不变，利用气体状态方程可得压强与温度两个状态参量之间的关系

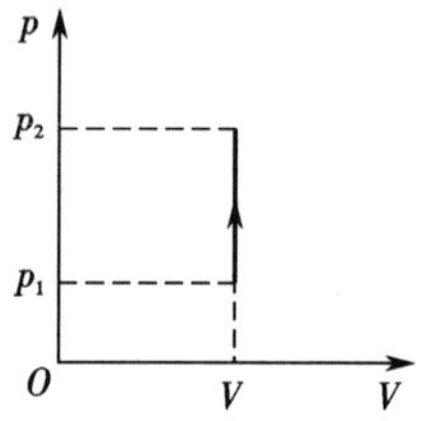

图 2.1-6

$$\frac{p_1}{T_1} = \frac{p_2}{T_2} = \text{恒量} \tag{2.1-24}$$

此式称为等体过程的过程方程，它为状态参量的计算带来方便。由于气体体积不变，气体对外做功 $W = \int p dV = 0$，根据热力学第一定律，在等体过程中，系统从外界吸收的热量全部用来增加气体的内能，即

$$Q_V = \Delta E = \frac{M}{\mu}\frac{i}{2}R(T_2 - T_1) \tag{2.1-25}$$

其中角标 $V$ 表示等体过程。反之，系统向外界放热则内能减少。将此式与前面式(2.1-19)对比可得等体过程的摩尔热容为

$$C_V = \frac{i}{2}R \tag{2.1-26}$$

这样，式(2.1-25)还可以写为

$$Q_V = \Delta E = \frac{M}{\mu}C_V(T_2 - T_1) \tag{2.1-27}$$

(2)等压过程

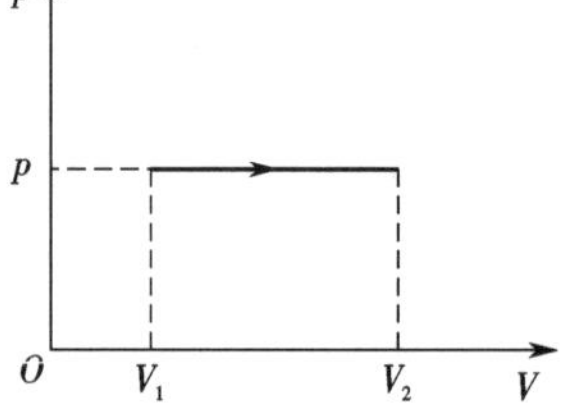

图 2.1-7

等压过程中压强不变，即 $dp=0$。等压过程在 $p$-$V$ 图上是用一段与 $V$ 轴平行的直线表示，如图 2.1-7 所示。利用气体状态方程可得体积与温度两个状态参量之间的关系

$$\frac{V_1}{T_1} = \frac{V_2}{T_2} = \text{恒量} \tag{2.1-28}$$

此式称为等压过程的过程方程。气体对外所做的功为

$$W = \int_{V_1}^{V_2} p dV = p(V_2 - V_1) = \frac{M}{\mu}R(T_2 - T_1) \tag{2.1-29}$$

内能增量为

$$\Delta E=\frac{M}{\mu}\frac{i}{2}R(T_2-T_1)=\frac{M}{\mu}C_V(T_2-T_1) \tag{2.1-30}$$

这里注意，尽管是等压过程，内能增量仍可借助于定容摩尔热容 $C_V$计算，其原因首先是因为内能的定义，即内能是状态函数，内能的增量与过程无关；其次是因为式(2.1-26)成立。这也就是说，无论经历什么过程，均可用此式计算内能的增量。

根据热力学第一定律，在等压过程中，系统对外做功以及内能增加源于系统从外界吸收的热量，即

$$Q_p=\Delta E+W=\frac{M}{\mu}(C_V+R)(T_2-T_1) \tag{2.1-31}$$

其中角标 $p$ 表示等压过程。反之，内能减少或外界对系统做功都有可能使系统向外界放热。将此式与前面式(2.1-19)对比可得等压过程的摩尔热容为

$$C_p=C_V+R \tag{2.1-32}$$

这样，式(2.1-31)还可以写为

$$Q_p=\frac{M}{\mu}C_p(T_2-T_1) \tag{2.1-33}$$

等压过程中的功、内能增量和热量均与$\frac{M}{\mu}(T_2-T_1)$成正比，三者之间的比值仅由气体的自由度决定，如

$$\frac{W}{Q_p}=\frac{R}{C_p}=\frac{R}{C_V+R}=\frac{R}{(i/2)R+R}=\frac{2}{i+2},\quad \frac{\Delta E}{Q_p}=\frac{C_V}{C_p}=\frac{(i/2)R}{(i/2)R+R}=\frac{i}{i+2}$$

(3) 等温过程

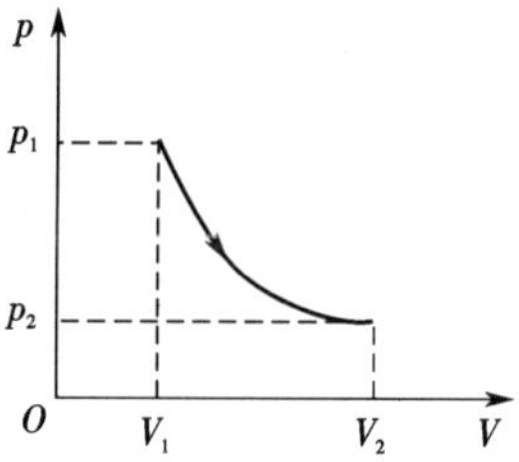

图 2.1-8

等温过程中温度不变，即 $\mathrm{d}T=0$。等温过程在 $p$-$V$ 图上是用一段曲线表示，它是 $p$ 与 $V$ 的反比曲线，如图 2.1-8 所示。利用气体状态方程可得压强与体积两个状态参量之间的关系

$$p_1V_1=p_2V_2=\text{恒量} \tag{2.1-34}$$

此式称为等温过程的过程方程。等温过程内能不变，$\Delta E=0$。根据热力学第一定律，在等温过程中，系统吸收的热量全部用来对外做功，即

$$Q_T=W=\int_{V_1}^{V_2}p\mathrm{d}V=\int_{V_1}^{V_2}\frac{M}{\mu}RT\frac{\mathrm{d}V}{V}=\frac{M}{\mu}RT\ln\frac{V_2}{V_1}=\frac{M}{\mu}RT\ln\frac{p_1}{p_2} \tag{2.1-35}$$

其中角标 $T$ 表示等温过程。反之，外界对系统做功可使系统向外界放热。

注意，在等温过程中，系统从外界吸收（或向外界放出）热量，而系统温度并不改变，这意味着摩尔热容为∞，因此不能采用式(2.1-19)而只能采用式(2.1-35)计算热量。

**3. 绝热过程**

绝热过程是指系统与外界无热量交换的过程。实际情况是指系统被隔热层包裹以防止热量交换。当一个过程进行得很快，系统与外界来不及交换热量时，也可认为该过程是绝热过程。

(1) 热力学第一定律对绝热过程的应用

绝热过程的特点是 $\mathrm{d}Q=0$ 或 $Q=0$。根据热力学第一定律，系统对外做功使内能减少，即

$$W = -\Delta E = -\frac{M}{\mu}C_V(T_2 - T_1) \tag{2.1-36}$$

反之,外界对系统做功可使系统内能增加。

(2)绝热过程方程

在绝热过程中,理想气体的状态参量 $p$、$V$、$T$ 都在变化,由理想气体的状态方程和热力学第一定律的微分形式可以推导出任意两个状态参量之间的变化关系,即绝热过程方程。

将理想气体的状态方程式(2.1-2)两边微分,得

$$p\mathrm{d}V + V\mathrm{d}p = \frac{M}{\mu}R\mathrm{d}T \tag{2.1-37}$$

再由热力学第一定律的微分形式(2.1-23),得

$$0 = \mathrm{d}E + \mathrm{d}W = \frac{M}{\mu}C_V\mathrm{d}T + p\mathrm{d}V \tag{2.1-38}$$

联立式(2.1-37)和式(2.1-38),可得如下三个绝热过程方程:

$$pV^{\gamma} = C_1(\text{恒量}) \tag{2.1-39}$$

$$V^{\gamma-1}T = C_2(\text{恒量}) \tag{2.1-40}$$

$$p^{\gamma-1}T^{-\gamma} = C_3(\text{恒量}) \tag{2.1-41}$$

其中,$\gamma = \frac{C_p}{C_V}$ 称为比热容比。表 2.1-1 列出了常用分子类型的参数值,应予掌握。

**表 2.1-1　常用分子类型的参数值**

| 分子类型 | 自由度 | 定容摩尔热容 | 定压摩尔热容 | 比热容比 |
|---|---|---|---|---|
| 单原子分子 | $i=3$ | $C_V=\frac{3}{2}R$ | $C_p=\frac{5}{2}R$ | $\gamma=\frac{5}{3}$ |
| 刚性双原子分子 | $i=5$ | $C_V=\frac{5}{2}R$ | $C_p=\frac{7}{2}R$ | $\gamma=\frac{7}{5}$ |
| 刚性多原子分子 | $i=6$ | $C_V=\frac{6}{2}R$ | $C_p=\frac{8}{2}R$ | $\gamma=\frac{8}{6}$ |

(3)利用功的积分定义求绝热过程的功

将式(2.1-39)代入到功的积分定义式(2.1-18),得

$$W = \int_{V_1}^{V_2} p\mathrm{d}V = \frac{p_1V_1 - p_2V_2}{\gamma - 1} \tag{2.1-42}$$

可以证明此式与用热力学第一定律得出的式(2.1-36)相等。

(4)绝热过程的 $p$-$V$ 图

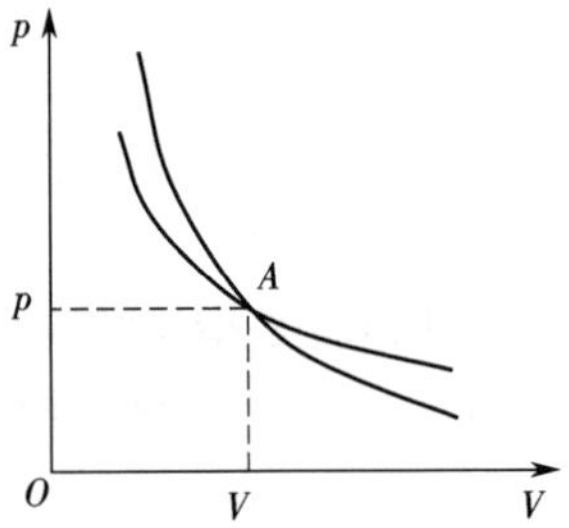


图 2.1-9

根据绝热过程方程 $pV^{\gamma}$ = 恒量以及等温过程方程 $pV$ = 恒量作出的 $p$-$V$ 曲线如图 2.1-9 所示。两曲线作在一张图上是为了便于比较其斜率。绝热曲线的斜率为$\frac{\mathrm{d}p}{\mathrm{d}V} = -\gamma\frac{p}{V}$,而等温曲线的斜率为$\frac{\mathrm{d}p}{\mathrm{d}V} = -\frac{p}{V}$。由于 $\gamma > 1$,所以在同一点 $A(p,V)$ 处,绝热曲线斜率的绝对值大于等温曲线斜率的绝对值。从形态上看,绝热曲线比等温曲线更陡峭。若从同一 $A$ 点出发,分别经历等温过程和绝热过程膨胀到同一体积,则有等温过程的功大于绝热过程的功,这只要比较两曲线

下的面积大小,结果便可一目了然。

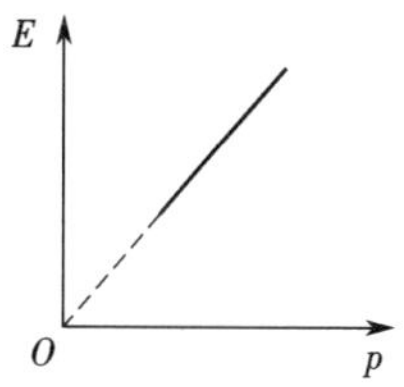


图 2. 1-10

【例 2. 1-7】 若在某一过程中,一定量的理想气体的内能 $E$ 随压强 $p$ 的变化关系为一直线(其延长线过 $E$-$p$ 图的原点 $O$),如图 2. 1-10 所示,则该过程应为(　　)。

(A)等温过程　　(B)等压过程

(C)等容过程　　(D)绝热过程

**解:**根据题图及条件,可设 $E=Ap$,其中 $A$ 为常数。而理想气体内能 $E=\dfrac{M}{\mu}C_VT$,两式合并,有 $p=\dfrac{1}{A}\cdot\dfrac{M}{\mu}C_VT$,可知 $p\propto T$;再由理想气体状态方程 $pV=\dfrac{M}{\mu}RT$,当体积 $V$ 不变时,有 $p\propto T$;比较两者,题给过程应为等容过程。正确答案为(C)。

【例 2. 1-8】 在标准状态下,将 0. 5 mol 的氮气(刚性双原子分子)压缩为原来体积的一半,若分别经历的是等温过程和等压过程,下面结果中正确的是(　　)。

(A)等温功 $W=786$ J,等压内能增量 $\Delta E=-1\ 418$ J

(B)等温功 $W=-786$ J,等压功 $W=567$ J

(C)等温热量 $Q=786$ J,等压功 $W=-567$ J

(D)等温热量 $Q=-786$ J,等压热量 $Q=-1\ 985$ J

**解:**本题需分别计算两个过程的 $W$、$\Delta E$ 及 $Q$,然后与选项对比即可。计算中注意正负号。

等温过程:$\Delta E=0,Q=W=\int_{V_1}^{V_2}p\mathrm{d}V=\dfrac{M}{\mu}RT\ln\dfrac{V_2}{V_1}=0.5\times8.31\times273\times\ln\dfrac{1}{2}=-786$ J

等压过程:$T_2=T_1\cdot\dfrac{V_2}{V_1}=\dfrac{T_1}{2}$,

$$\Delta E=\frac{M}{\mu}\frac{i}{2}R(T_2-T_1)=0.5\times\frac{5}{2}\times8.31\times\left(\frac{1}{2}-1\right)\times273=-1\ 418\ \text{J}$$

$$W=p(V_2-V_1)=\frac{M}{\mu}R(T_2-T_1)=-567\ \text{J},Q=\Delta E+W=-1\ 985\ \text{J}$$

将计算结果与选项比较可知,答案应为(D)。

【例 2. 1-9】 将体积 $V_1=0.01\ \text{m}^3$、温度 $T_1=273$ K 的氮气(刚性双原子分子),从压强 $p_1=10^6$ Pa 绝热膨胀到 $p_2=10^5$ Pa,下面结果正确的是(　　)。

(A)末态体积 $V_2=0.518\ \text{m}^3$　　(B)末态温度 $T_2=41$ K

(C)内能增量 $\Delta E=1.21\times10^2$ J　　(D)对外做功 $W=1.21\times10^4$ J

**解:**由 $p_1V_1^{\gamma}=p_2V_2^{\gamma}$,$\gamma=C_p/C_V=7/5=1.4$,得 $V_2=5.18\times10^{-2}\ \text{m}^3$;由 $p_1^{\gamma-1}T_1^{-\gamma}=p_2^{\gamma-1}T_2^{-\gamma}$,得 $T_2=141$ K;绝热过程,$Q=0,W=-\Delta E=-\dfrac{M}{\mu}\dfrac{i}{2}R(T_2-T_1)=\dfrac{i}{2}\dfrac{p_1V_1}{T_1}(T_1-T_2)=1.21\times10^4$ J。将计算结果与选项比较可知,答案应为(D)。

## 2. 1. 11　循环过程

### 1. 循环过程

循环过程是指系统从某一状态出发,经历一系列过程又回到初始状态的过程,如图 2. 1-11

所示。系统从初态 $A$ 经 $ACB$ 过程到达状态 $B$,再经 $BDA$ 过程回到初态 $A$ 完成一个循环。由于系统始末态相同,所以系统内能的变化 $\Delta E=0$。系统经过一个循环所做功的代数和称为净功,由功的几何意义可知,净功在数值上等于循环曲线所包围的面积。系统经过一个循环与外界交换热量的代数和称为净吸热。根据热力学第一定律,有 $Q_{净}=W_{净}$。

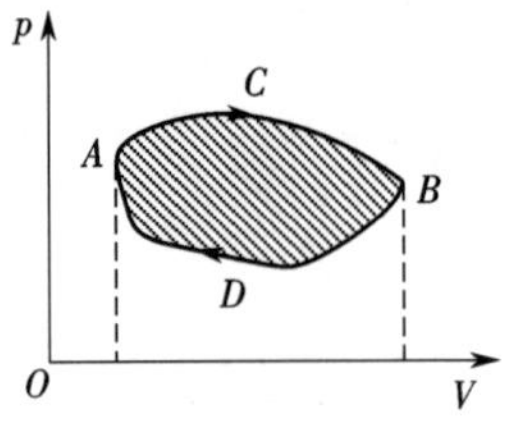

图 2.1-11

循环过程有两类,在 $p$-$V$ 图上,若循环过程是沿着循环曲线顺时针进行的,则该循环称为正循环;反之,则称为逆循环(或负循环)。正循环对应热机,是将热量转换为功的装置,蒸汽机、汽油机以及柴油机等都是常见的热机;逆循环对应制冷机,是消耗功以从目标系统吸取热量使之降温的装置,如电冰箱等。

正循环的净功 $W_{净}>0$,因而净吸热 $Q_{净}>0$。若每一循环中吸热总和为 $Q_1>0$,放热总和为 $Q_2<0$,则 $Q_{净}=Q_1-|Q_2|=W_{净}$。为了描述热机把所吸收的热量转化为净功(有用功)的能力,引入热机效率 $\eta$,它的定义为系统在一次循环过程中,对外所做净功 $W_{净}$ 与吸热总和 $Q_1$ 之比,即

$$\eta=\frac{W_{净}}{Q_1}=\frac{Q_1-|Q_2|}{Q_1}=1-\frac{|Q_2|}{Q_1} \tag{2.1-43}$$

由此定义可知,热机效率 $\eta<1$。

逆循环的净功 $W_{净}<0$,净吸热 $Q_{净}<0$。若每一循环中吸热总和为 $Q_2>0$,放热总和为 $Q_1<0$,则 $Q_{净}=Q_2-|Q_1|=W_{净}$。为了描述制冷机的性能,定义制冷系数 $\varepsilon$ 为系统在一次循环过程中,吸热总和 $Q_2$ 与净功 $W_{净}$ 的绝对值之比,即

$$\varepsilon=\frac{Q_2}{|W_{净}|}=\frac{Q_2}{|Q_1|-Q_2} \tag{2.1-44}$$

可知制冷系数 $\varepsilon$ 可以大于 1。

### 2. 卡诺循环

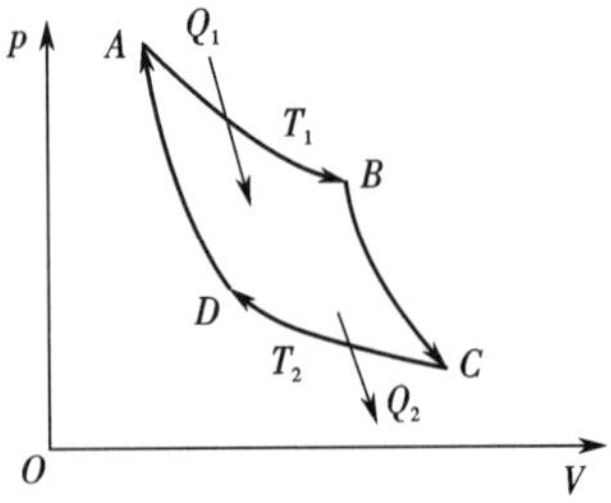

图 2.1-12

卡诺循环是卡诺在研究热机效率时提出的一种可以获得最大效率的理想循环。由卡诺循环构成的热机称为卡诺热机。卡诺循环需要两个热源,一个高温热源(温度为 $T_1$),一个低温热源(温度为 $T_2$)。该循环的工作物质(简称工质)为理想气体。卡诺循环的循环曲线由两条等温线和两条绝热线组成,如图 2.1-12 所示。气体先从状态 $A$ 沿等温线膨胀做功至状态 $B$,同时从高温热源 $T_1$ 吸热 $Q_1$,然后从状态 $B$ 绝热膨胀做功至状态 $C$,接着从状态 $C$ 沿等温线收缩至状态 $D$,同时向低温热源 $T_2$ 放热 $Q_2$,最后从状态 $D$ 绝热收缩至状态 $A$ 完成一个循环。

下面来看卡诺循环的效率。设状态 $A$、$B$、$C$、$D$ 各处的体积依此为 $V_1$、$V_2$、$V_3$、$V_4$,系统从高温热源吸收的热量为

$$Q_1=\frac{M}{\mu}RT_1\ln\frac{V_2}{V_1} \tag{2.1-45}$$

向低温热源放出的热量为

$$Q_2 = \frac{M}{\mu} R T_2 \ln \frac{V_4}{V_3} \tag{2.1-46}$$

热机效率为

$$\eta_{卡} = 1 - \frac{|Q_2|}{Q_1} = 1 - \frac{\frac{M}{\mu} R T_2 \ln \frac{V_3}{V_4}}{\frac{M}{\mu} R T_1 \ln \frac{V_2}{V_1}} = 1 - \frac{T_2 \ln \frac{V_3}{V_4}}{T_1 \ln \frac{V_2}{V_1}} \tag{2.1-47}$$

利用 $B$—$C$、$D$—$A$ 的两个绝热过程方程

$$V_2^{\gamma-1} T_1 = V_3^{\gamma-1} T_2 \quad 及 \quad V_1^{\gamma-1} T_1 = V_4^{\gamma-1} T_2$$

两式相除，得

$$\frac{V_2}{V_1} = \frac{V_3}{V_4} \tag{2.1-48}$$

将式(2.1-48)代入到式(2.1-47)中，得到卡诺热机的循环效率为

$$\eta_{卡} = 1 - \frac{T_2}{T_1} \tag{2.1-49}$$

卡诺热机的循环效率取决于高温热源和低温热源的绝对温度，而与工作物质的成分无关。提高热机效率的方向是提高高温热源的温度或降低低温热源的温度。

将卡诺循环的循环方向改为逆时针方向，则成为卡诺制冷机，仿照上面的讨论，可得卡诺制冷机的制冷系数为

$$\varepsilon_{卡} = \frac{T_2}{T_1 - T_2} \tag{2.1-50}$$

由此式可以看出，低温热源温度 $T_2$ 越低，$\varepsilon_{卡}$ 越小，吸取同样的热量，就要花费更多的功。

在计算热机循环效率或制冷机的致冷系数时，首先要考虑吸、放热的计算，这是由两者的定义决定的。当热量不方便计算时，再考虑用功和内能增量以及热力学第一定律进行辅助计算。计算出的热量有正负之分，分别对应吸热与放热。在代入公式计算时尤其要注意：一是要将吸、放热的总和代入公式；二是要注意正负号。如果计算出的热机效率较大就要慎重检查；如果热机效率大于100%，那一定是错了；出错原因多是由于热量的正负号没代对。另外，要注意卡诺循环只是所有各种循环中的一种，所得公式对于其他循环在一般情况下并不适用。

**【例 2.1-10】** 一卡诺热机，低温热源温度为 27 ℃，当热机效率为 25% 时，其高温热源温度为 $T_1$；若保持低温热源温度不变，而将热机效率提高到 35%，高温热源温度应增加 $\Delta T$。以下各组结果正确的是(    )。

(A) $T_1 = 400$ K，$\Delta T = 62$ K　　(B) $T_1 = 36$ ℃，$\Delta T = 6$ ℃

(C) $T_1 = 225$ K，$\Delta T = 30$ K　　(D) $T_1 = 100$ ℃，$\Delta T = 64$ ℃

**解：** 卡诺热机效率为 $\eta_{卡} = 1 - \frac{T_2}{T_1}$，$T_1 = \frac{T_2}{1-\eta_{卡}} = \frac{273+27}{1-0.25} = 400$ K；热机效率提高后，$T_1' = \frac{T_2}{1-\eta_{卡}'} = \frac{273+27}{1-0.35} = 462$ K，高温热源温度增加 $\Delta T = T_1' - T_1 = 62$ K。所以，正确答案应为(A)。

## 2.1.12 热力学第二定律及其统计意义

热力学第一定律给出了功、热量以及内能变化之间在转换过程中的数量关系，本质上是能

量守恒定律。但并不是满足热力学第一定律的所有过程都能实现,比如热机效率问题,人们起初曾向往着制成效率为100%的热机,它并不违反热力学第一定律,然而最终人们未能如愿,是热力学第二定律给出了其中的答案。

热力学第二定律是从功热转换和热传导两个不同角度总结出来的规律,因而有两种表述方式。这两种表述方式的实质是一致的。

**1. 热力学第二定律的两种表述**

①开尔文表述:不可能从单一热源吸取热量,使之全部变为有用的功,而不引起其他变化。

②克劳修斯表述:不可能把热量从低温物体传到高温物体,而不引起其他变化。

两种表述中都有“不引起其他变化”一句,这尤其重要,要理解其中含义。这里所说的“其他变化”,既包括系统本身的变化,也包括对外界环境的影响。比如,气体等温膨胀过程可将吸收的热量全部转变为功,但系统本身的体积变化了;再比如,制冷机可将热量从低温物体传到高温物体,但需要外界消耗能量对其做功。

开尔文表述指出了功与热之间的自发转换具有一定的方向性;克劳修斯表述指出了热量的自发传导具有一定的方向性。可以证明,两种表述是等价的,即若其中一个不成立,则另一个也必然不成立。

**2. 可逆过程与不可逆过程**

如果系统从某一状态出发,经历一个过程到达另一状态,若存在另一过程使系统回到原来的状态,并且使外界恢复原状,则原来的过程称为可逆过程;反之,无论采用何种方法都不能使系统和外界完全复原,则原来的过程称为不可逆过程。

应该注意,不可逆过程不是不能反向进行的过程,反向进行是可以的。而是说,当其反向进行时,系统与外界不能完全恢复原状。

可逆过程是一个理想化过程。无摩擦的准静态过程是可逆过程。一切实际过程严格说来都不是可逆过程。

从过程不可逆角度来讲,开尔文表述实质上是说,功转化成热是不可逆过程。功可以完全转化为热,但热不能完全转化为功。克劳修斯表述实质上是说,热传导是不可逆过程。热量可以自动地从高温物体传到低温物体,但不能自动地从低温物体传到高温物体。

其实,自然现象中还有很多过程是不可逆的。例如,气体的自由膨胀;一种气体向另一种气体中的扩散等。各种不可逆过程都是互相关联的,可以由某一过程的不可逆推出另一过程的不可逆。所以,任意一个不可逆过程都可以选作热力学第二定律的表述。上面的两种表述并列,仅仅是由于历史的原因。热力学第二定律的实质是一切与热现象有关的、自动发生的实际宏观过程都是不可逆过程。

**3. 热力学第二定律的统计意义**

热现象是大量分子无规则运动的宏观表现,大量分子的无规则运动服从统计规律。与热现象有关的实际宏观过程不可逆,可以从微观角度加以解释,从而可以加深对热力学第二定律微观本质的认识。

以气体的自由膨胀为例。设有一密闭容器分左右两个体积相等的部分,中间用一挡板隔开。右侧为真空,左侧有气体。为叙述简便,假设左侧体积中只有四个完全相同的气体分子,分别标记为a、b、c、d。现在抽去挡板,气体分子将在左、右两侧自由飞行,观察四个分子在容器中各种可能的分布。对任一分子来讲,它或者处在左侧,或者处在右侧,由于不存在其他干扰，因此该分子处在左、右两侧的概率各占 1/2。同时考虑四个分子，它们在左、右两侧的分布总共有 $2^4=16$ 种情形，如表 2.1-2 所示。

**表 2.1-2 a、b、c、d 四个分子在容器左、右两侧中的分布**

| 微观态 | | 微观态数目 | 宏观态 | | 宏观态出现的概率 |
|---|---|---|---|---|---|
| 左侧 | 右侧 | | 左侧 | 右侧 | |
| abcd | 0 | 1 | 4 | 0 | 1/16 |
| abc<br>abd<br>acd<br>bcd | d<br>c<br>b<br>a | 4 | 3 | 1 | 4/16 |
| ab<br>ac<br>ad<br>bc<br>bd<br>cd | cd<br>bd<br>bc<br>ad<br>ac<br>ab | 6 | 2 | 2 | 6/16 |
| a<br>b<br>c<br>d | bcd<br>acd<br>abd<br>abc | 4 | 1 | 3 | 4/16 |
| 0 | abcd | 1 | 0 | 4 | 1/16 |

每一种可能的分布代表一种微观状态。四个分子共有 16 种可能的微观状态。16 种微观状态是相互独立的，每一种微观状态出现的概率都相等，都是 $1/16=1/2^4$。

从宏观上看，只要左侧（或右侧）中有相同数目的分子，这些微观状态就具有相同的宏观属性，因而属于同一宏观状态。换句话说，就是一个宏观态可能包含不只一个微观态。从表中可见，四个分子均处于左侧或者右侧的宏观态均只包含一个微观态，因而出现此种情形的概率各为 1/16；三个分子处于一侧，一个分子处于另一侧的宏观态各包含四个微观态，出现该种情形的概率各为 4/16；而每边各有两个分子的宏观态共包含六个微观态，出现该种情形的概率为 6/16。这说明，四个分子全部收缩到容器一侧出现的概率最小，均匀分布即平衡态出现的概率最大。宏观态包含的微观态数目越多，其中的微观态彼此间的转换就越频繁、变化越多样，这意味着系统内分子的运动更加混乱和无序。若将气体扩展为 1 摩尔，分子数为 $N_A=6.02\times10^{23}$，全部分子处于一侧的概率变为 $1/2^{N_A}$，根据概率理论，这种以极其微小的概率出现的宏观态几乎是不存在的；相反以均匀分布为标志的宏观平衡态出现的概率则变得非常大。因此，从微观上说，气体的自由膨胀过程是由出现概率小的状态自发地向出现概率大的状态的过渡，是从有序向无序的过渡。这说明，气体的自由膨胀过程是不可逆的。

功变热的过程，实质上是机械能变为内能的过程，机械能是所有分子作定向运动的有序能量，而内能是分子作无规则热运动的无序能量。通过分子间的相互作用，有序能量向无序能量转变的概率远远大于反向转变的概率。宏观上看就是功可以完全转变为热，而热不能完全转变为功，功变热是不可逆的。

再看热传导问题,分子的平均动能与温度成正比,高温区分子的平均动能大于低温区分子的平均动能。当两个不同温度的物体相接触时,分子之间通过碰撞彼此交换能量,高温区分子的能量不断地向低温区转移,最终能量趋于均匀分布,达到热平衡态。显然,这个过程是可以自发进行的,热平衡态出现的概率最大;相反,能量自动分成高、低两个区域的概率极小,是不可能的。说明热传导是不可逆过程。

综上所述,一个不受外界影响的孤立系统,其内部发生的过程,总是由出现概率小的状态向出现概率大的状态方向进行;由包含微观态数目少的宏观态向包含微观态数目多的宏观态方向进行;由有序状态向无序状态方向进行。这是热力学第二定律的微观解释,或称热力学第二定律的统计意义。

**【例 2.1-11】** 根据热力学第二定律判断,以下结果中正确的是(　　)。

(A)功可以全部转换为热,但热不能全部转换为功

(B)热可以从高温物体传到低温物体,但不能从低温物体传到高温物体

(C)不可逆过程就是不能向相反方向进行的过程

(D)一切自发过程都是不可逆的

**解:**(A)、(B)是错的,参见热力学第二定律,缺少“而不引起其他变化”;(C)也是错的,因为不可逆过程不是说不能向相反方向进行,而是说向相反方向进行后,不能使系统和外界完全复原。正确答案应为(D)。

## 2.2 波动学

要求:①明确机械波产生的两个条件,理解机械波传播的物理图像;

②掌握描述波的物理量的意义以及相互关系;

③理解波动表达式的意义和相位传播的概念,掌握建立波动表达式的方法以及振动与波动互求的方法;

④理解波的能量密度、能流密度和波的强度的概念以及决定因素,能够区分波的能量与振动能量;

⑤理解惠更斯原理,理解波的衍射的几何解释;

⑥理解波的叠加原理,明确波的相干条件,掌握利用相位差研究波的干涉的方法;

⑦理解驻波形成的条件,会求驻波表达式并理解其物理含义,能确定波腹与波节的位置;

⑧理解声波的一般概念,掌握声强级的计算;

⑨理解多普勒效应,并能计算波源和观察者在同一直线上运动时频率的变化。

振动的传播过程称为波动。掌握振动的相关知识是理解波动的基础。波动学的核心内容是波动表达式。只有充分理解波动表达式的意义,理解参与波动的各质元之间的相位关系,掌握建立波动表达式的方法,才能深刻理解波的干涉及驻波的相关知识。波的能量部分要注意函数关系及单位。波的几何描述有助于理解波的衍射与干涉。声波与多普勒效应密切相关。

### 2.2.1 机械波的产生和传播

**1. 机械波的产生条件**

机械振动在弹性媒质中的传播过程称为机械波,或弹性波。

机械波产生的条件有两个:一是波源(或称振源),二是弹性媒质。

机械波的传播依赖于媒质质元间的弹性作用力。当振源开始振动时,邻近的媒质质元受

弹性力作用偏离平衡位置随之振动，而邻近媒质质元的振动又将带动较远些的媒质质元随之振动，于是由近及远，依次带动各个媒质质元参与进来，形成机械波。应当注意，波传播的是振动状态（相位）以及能量（详见下面的讨论），各个媒质质元只在自己的平衡位置附近振动，并不随波的传播而行进。

**2. 波的几何描述**

波阵面——在波的传播过程中，振动相位相同的点连成的面称为波阵面或波面。波面有无穷多个。

波前——在某时刻，由波源最初振动状态传播到的最远点连成的面称为波前，即最前面的那个波面。在任意时刻，只有一个波前。

波线——沿波的传播方向画出的一组射线称为波射线或波线。

波在各向同性媒质中传播时，波线与波面垂直。

**3. 波的分类**

按照媒质质元的振动方向与波的传播方向间的关系，可以将波分为两类：横波与纵波。如果媒质质元的振动方向与波的传播方向彼此垂直，则称为横波。例如抖动柔性绳形成的就是横波。如果媒质质元的振动方向与波的传播方向彼此平行，则称为纵波。例如在空气中传播的声波就是纵波。

按照波前的形状又可将波分为平面波、球面波及柱面波。

### 2.2.2 描述波的物理量

波是由振动引起的，因此描述振动的物理量也可用来描述波。其中有振幅、角频率、频率、周期、相位。为了描述波动，还要再加上波长和波速。

**1. 振幅 $A$**

振幅是媒质质元振动时离开平衡位置的最大位移，反映振动及波动的强弱程度。振幅恒取正值，单位为 m（米）。

**2. 角频率 $\omega$、频率 $\nu$ 与周期 $T$**

角频率也称圆频率，表征振动的快慢程度及周期性。在讨论振动问题所采用的几何方法——旋转矢量法中，角频率作为振幅矢量旋转的角速度。角频率是频率的 $2\pi$ 倍。频率是媒质质元单位时间完成振动的次数，也表示单位时间波动传播的波长数。周期是媒质质元完成一次完整的振动所需的时间，也表示波动传播一个波长所需的时间。也就是说，媒质质元的振动频率与周期和波动的频率与周期是相同的。周期等于频率的倒数。角频率、频率与周期三者的关系为

$$\omega = 2\pi\nu = \frac{2\pi}{T} \tag{2.2-1}$$

角频率与频率的单位为 $s^{-1}$（秒$^{-1}$）或 Hz（赫兹），周期的单位为 s（秒）。

**3. 相位**

相位是描述振动物体所处运动状态的物理量。振动相位用（$\omega t+\varphi$）表示，其中 $\varphi$ 是 $t=0$ 时的相位，称为初相位。描述波动的相位时，还需加入坐标参量。相位的单位为 rad（弧度）。

**4. 波长 $\lambda$**

波长是波线上振动状态完全相同的相邻两点（或相位之差为 $2\pi$ 的两点）之间的距离。波长的单位是 m（米）。波长反映了波在空间上的周期性。

**5. 波速 $u$**

波速是某一振动状态(相位)在单位时间内所传播的距离。因为在一个周期内,波传播一个波长的距离,所以波速与波长和周期(频率)的关系为

$$u = \frac{\lambda}{T} = \lambda\nu \tag{2.2-2}$$

波速的单位是 m/s(米每秒)。

在各向同性媒质中,波的周期和频率取决于波源,与媒质无关;而波速取决于媒质的性质,与波源无关。固体中既能传播横波,也能传播纵波,波速分别为

横波:$u = \sqrt{\dfrac{G}{\rho}}$ (2.2-3)

纵波:$u = \sqrt{\dfrac{Y}{\rho}}$ (2.2-4)

式中:$\rho$ 为媒质的密度;$G$ 为媒质的切变弹性模量;$Y$ 为媒质的杨氏弹性模量。液体和气体中只能传播纵波,波速为

$$u = \sqrt{\frac{B}{\rho}} \tag{2.2-5}$$

式中:$B$ 为媒质的容变(或体变)弹性模量。有关媒质中波速问题的进一步讨论可参看相关书籍。

这里有两个问题需要注意:一是由于周期和频率与媒质无关,而波速与媒质有关,根据式(2.2-2),可知波长与波源和媒质的性质均有关,同一频率的波在不同媒质中传播时,其波长将随媒质的不同而不同;二是注意区分波速与媒质质元的振动速度,波速是波的相位传播的速度(也称相速度),是定值,而媒质质元的振动速度是其相对平衡位置的运动速度,是变量,二者截然不同。

## 2.2.3 一维简谐波表达式

**1. 一维简谐波表达式的建立**

这里的一维是指波沿一个固定方向传播;简谐波是指波源以及传播媒质中的各质元均作简谐振动。由于一维简谐波的波阵面是平面,所以又称其为平面简谐波。有些教材也将波动表达式称为波动方程或波函数。若一维简谐波沿 $x$ 轴传播,则其表达式可以记为 $y(x,t)$,位移 $y$ 既是时间的函数也是坐标的函数。

如图 2.2-1 所示,设有一平面简谐波沿 $x$ 轴正方向传播,波速为 $u$,坐标原点 $O$ 处的媒质质元 $t$ 时刻的位移记为

$$y(0,t) = A\cos\ (\omega t + \varphi) \tag{2.2-6}$$

波从原点 $O$ 处传到坐标为 $x$ 的任意点 $P$ 处所需时间为

$$\tau = \frac{x}{u} \tag{2.2-7}$$

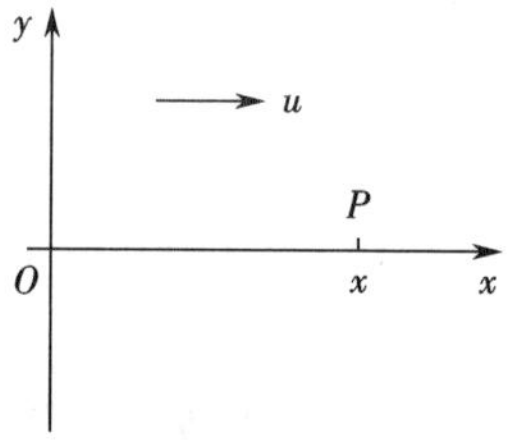


图 2.2-1

或者说,$P$ 点处媒质质元的振动状态要比原点 $O$ 处媒质质元的振动状态滞后 $\tau$ 时间。进一步说,坐标为 $x$ 的 $P$ 点处的媒质质元 $t$ 时刻的位移 $y(x,t)$ 应该等于原点 $O$ 处的媒质质元$(t-\tau)$时刻的位移 $y(0,t-\tau)$,即

$$y(x,t) = y(0,t-\tau) = A\cos\ [\omega(\ t-\tau) + \varphi] \tag{2.2-8}$$

将式(2.2-7)代入到式(2.2-8)中,得到

$$y=A\cos\left[\omega\left(t-\frac{x}{u}\right)+\varphi\right] \tag{2.2-9}$$

由于$P$点的任意性,式(2.2-9)就是一维平面简谐波的表达式。考虑到式(2.2-1)和式(2.2-2),一维平面简谐波的表达式还可以写成

$$y=A\cos\left[2\pi\left(\nu t-\frac{x}{\lambda}\right)+\varphi\right]=A\cos\left[2\pi\left(\frac{t}{T}-\frac{x}{\lambda}\right)+\varphi\right] \tag{2.2-10}$$

或

$$y=A\cos\left[\frac{2\pi}{\lambda}(ut-x)+\varphi\right] \tag{2.2-11}$$

如果波沿$x$轴负方向传播,$P$点处媒质质元的振动状态要比原点$O$处媒质质元的振动状态超前$\tau$时间,坐标为$x$的$P$点处的媒质质元$t$时刻的位移$y(x,t)$应该等于原点$O$处的媒质质元$(t+\tau)$时刻的位移$y(0,t+\tau)$,于是有

$$y(x,t)=A\cos\left[\omega\left(t+\frac{x}{u}\right)+\varphi\right] \tag{2.2-12}$$

这就是沿$x$轴负方向传播的一维平面简谐波的表达式。将式(2.2-12)与式(2.2-9)对比可知,形如式(2.2-10)与式(2.2-11)的$x$轴负向波表达式只需将式中$x$前面的负号换成正号即可。

**2. 一维简谐波表达式$y(x,t)$的意义**

一维简谐波表达式$y(x,t)$的意义如下:

①当$x=x_0$时,$y(x_0,t)$给出$x_0$处媒质质元的位移与时间的变化关系,即$y(x_0,t)$表示$x_0$处的振动方程;

②当$t=t_0$时,$y(x,t_0)$给出$t_0$时刻沿传播方向上各个媒质质元的位移分布情况,即$y(x,t_0)$表示$t_0$时刻的波形方程;

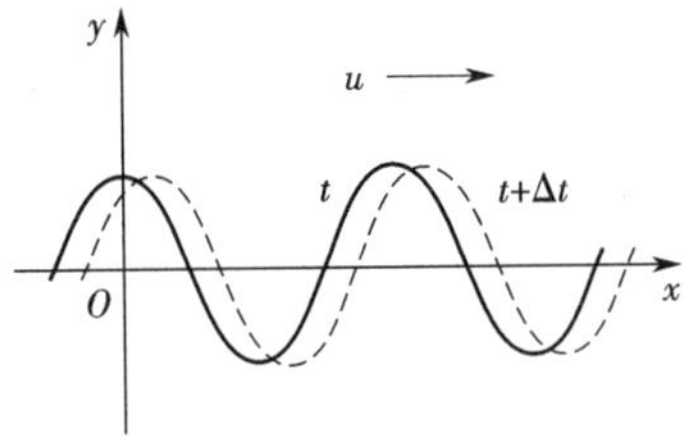


图2.2-2

③当坐标和时间都不固定时,$y(x,t)$给出波形的平移,即波动。

如图2.2-2所示,波沿$x$轴正向传播,实线为$t$时刻的波形,虚线为$t+\Delta t$时刻的波形。经过$\Delta t$时间,波形向右平移了$u\Delta t$距离。

一维简谐波表达式$y(x,t)$中含有因子$\left(t-\frac{x}{u}\right)$,其特征是同时包含时间和坐标,含有这种因子的表达式所描述的波是随时间行进的波,称其为行波,因子$\left(t-\frac{x}{u}\right)$称为行波因子,上面的一维简谐波也可称为一维简谐行波。

**3. 一维简谐波表达式$y(x,t)$的用途**

(1)求描述波的各物理量

形如式(2.2-9)、式(2.2-10)等的各表达式可以称作波的标准形式,如果题目给出的波是用具体数值表示的,要求振幅、周期等物理量时,可写出对应的波的标准形式,这样可以通过对比的方式,经过简单计算得出所求物理量。

(2)求波线上两点间的相位差

设波沿 $x$ 轴正向传播，在 $x$ 轴上任意取两点 $x_1$ 和 $x_2$，按式(2.2-10)用 $x_2$ 点的相位减去 $x_1$ 点的相位，得相位差

$$\Delta\varphi = \left[2\pi\left(\frac{t}{T}-\frac{x_2}{\lambda}\right)+\varphi\right]-\left[2\pi\left(\frac{t}{T}-\frac{x_1}{\lambda}\right)+\varphi\right] = -\frac{2\pi}{\lambda}(x_2-x_1) \tag{2.2-13}$$

若 $x_2 > x_1$，则 $\Delta\varphi < 0$，这表示沿波的传播方向，后面的点比前面的点相位滞后；反之，若 $x_2 < x_1$，则 $\Delta\varphi > 0$，表示前面的点比后面的点相位超前。这一点对于深刻理解波的物理图像至关重要。依此，可以由一点的振动方程写出波动方程。在讨论波的干涉时，也要用到这一概念。

(3)求某一媒质质元的振动速度和加速度

坐标为 $x$ 处的媒质质元的振动速度是位移对时间的一阶偏导数，即

$$v(x,t) = \frac{\partial y}{\partial t} = -\omega A\sin\left[\omega\left(t-\frac{x}{u}\right)+\varphi\right] \tag{2.2-14}$$

振动加速度是位移对时间的二阶偏导数，即

$$a(x,t) = \frac{\partial^2 y}{\partial t^2} = -\omega^2 A\cos\left[\omega\left(t-\frac{x}{u}\right)+\varphi\right] \tag{2.2-15}$$

**【例 2.2-1】** 若一平面简谐波的表达式为 $y = 0.03\cos 6\pi(t+0.01x)$ (SI)，则下面结果中正确的是(　　)。

(A)振幅为 3 m　　(B)周期为 1/3 s　　(C)波速为 10 m/s　　(D)传播方向为 $x$ 轴正向

**解：**对比标准形式 $y(x,t) = A\cos\left[\omega\left(t+\frac{x}{u}\right)+\varphi\right]$，可知：振幅 $A = 0.03$ m；角频率 $\omega = 6\pi$，周期 $T = 2\pi/\omega = 1/3$ s；$0.01 = 1/u$，波速 $u = 100$ m/s；式中 $x$ 前面为正号，传播方向为 $x$ 轴负向，且初相 $\varphi = 0$。故正确答案应为(B)。

## 2.2.4 波的能量、能流、能流密度

**1. 波的能量**

波在传播时，媒质中的各质元都在各自的平衡位置附近振动，因而具有动能；同时媒质要发生形变，因而各质元也具有弹性势能。波的能量是指媒质中各质元的动能和势能之和。

设媒质密度为 $\rho$，质元的体积为 $\mathrm{d}V$，质元的质量为 $\mathrm{d}m = \rho\mathrm{d}V$，质元的动能为

$$\mathrm{d}E_\mathrm{k} = \frac{1}{2}\mathrm{d}m\left(\frac{\partial y}{\partial t}\right)^2 = \frac{1}{2}\rho A^2\omega^2\sin^2\left[\omega\left(t-\frac{x}{u}\right)+\varphi\right]\mathrm{d}V \tag{2.2-16}$$

质元的势能与其相对形变有关，相对形变表示为

$$\frac{\partial y}{\partial x} = \frac{\omega A}{u}\sin\left[\omega\left(t-\frac{x}{u}\right)+\varphi\right] \tag{2.2-17}$$

相对形变越大，势能越大。可以证明，质元的势能为

$$\mathrm{d}E_\mathrm{p} = \frac{1}{2}\rho A^2\omega^2\sin^2\left[\omega\left(t-\frac{x}{u}\right)+\varphi\right]\mathrm{d}V \tag{2.2-18}$$

可见，$\mathrm{d}E_\mathrm{k} = \mathrm{d}E_\mathrm{p}$，质元的总能量为

$$\mathrm{d}E = \mathrm{d}E_\mathrm{k} + \mathrm{d}E_\mathrm{p} = \rho A^2\omega^2\sin^2\left[\omega\left(t-\frac{x}{u}\right)+\varphi\right]\mathrm{d}V \tag{2.2-19}$$

关于波的能量要注意以下两点。

①由式(2.2-16)、式(2.2-18)和式(2.2-19)可知，质元的动能、势能及总能量是按照相同

的规律同步变化的，三者同时达到最大值，同时达到最小值（即零）。质元的总能量不是恒定不变的，而是随时间周期性变化。这与质点作简谐振动能量守恒是不同的。原因是质点作简谐振动系统是孤立的；而波动中各质元虽然也是在作简谐振动，但各质元彼此之间是由弹性力连接的，并不是孤立的，而是开放的。波在传播时，质元不断地从上游质元接收能量使自己能量升高，然后又将能量传递给下游质元使自己能量降低。因此，波动过程不仅是振动状态（即相位）的传播过程，也是能量的传播过程。从行波特征的角度看也是这样，上述各式中均含有行波因子$\left(t-\frac{x}{u}\right)$，因此其能量是移动的。

②将式（2.2-16）、式（2.2-18）和式（2.2-19）与式（2.2-9）对比还可看出：当质元处在平衡位置处（即$y=0$，$\cos\left[\omega\left(t-\frac{x}{u}\right)+\varphi\right]=0$）时，$\sin^2\left[\omega\left(t-\frac{x}{u}\right)+\varphi\right]=1$，质元的动能、势能及总能量均达到最大值。其物理图像是质元通过平衡位置时，振动速度最大（见式（2.2-14）），因而动能最大；相对形变也最大（见式（2.2-17）），因而势能也最大，进而总能量最大。当质元处在最大位移处（即$y=\pm A$，$\cos\left[\omega\left(t-\frac{x}{u}\right)+\varphi\right]=\pm 1$）时，$\sin^2\left[\omega\left(t-\frac{x}{u}\right)+\varphi\right]=0$，质元的动能、势能及总能量均为零。其物理图像是质元在最大位移处时，振动速度为零，因而动能为零；相对形变也为零，因而势能也为零，进而总能量为零。当质元在平衡位置与最大位移处两者之间运动时，能量处于转移之中，即当质元远离平衡位置时，质元将能量逐渐传递给下游质元，其本身动能、势能及总能量减少；当质元趋近平衡位置时，质元从上游质元逐渐接收能量，其本身动能、势能及总能量增加。

**【例 2.2-2】** 一平面简谐波在弹性媒质中传播，在某一瞬时，媒质中某质元正处于平衡位置，此时它的能量状况是（　　）。

（A）动能为零，势能最大　　（B）动能为零，势能为零

（C）动能最大，势能最大　　（D）动能最大，势能为零

**解**：波动的能量特征是动能与势能同步变化，能量向前传播。媒质质元处于平衡位置时，速度最大，因而动能最大，同时势能也最大。对媒质中某质元来讲，其能量是不守恒的，而简谐振动振子的能量是守恒的，这是两者的区别。正确答案应为（C）。

**2. 波的能量密度**

在传播媒质中，单位体积中波的能量称为能量密度，表示为

$$w=\frac{\mathrm{d}E}{\mathrm{d}V}=\rho A^2\omega^2\sin^2\left[\omega\left(t-\frac{x}{u}\right)+\varphi\right] \tag{2.2-20}$$

可见，媒质中各处的能量密度也是随时间作周期性变化的。

一个周期内能量密度的平均值称为平均能量密度，表示为

$$\bar{w}=\frac{1}{T}\int_0^T w\mathrm{d}t=\frac{1}{2}\rho A^2\omega^2 \tag{2.2-21}$$

能量密度的单位为 $\mathrm{J/m^3}$（焦[耳]每立方米）。

**3. 波的能流与能流密度**

单位时间内通过垂直于波的传播方向上面积 $S$ 的平均能量，称为平均能流，表示为

$$\bar{P}=\bar{w}uS \tag{2.2-22}$$

单位时间内通过垂直于波的传播方向上单位面积的平均能量，称为波的平均能流密度，也

称波的强度，表示为

$$I = \frac{\bar{P}}{S} = \bar{w}u = \frac{1}{2}\rho A^2\omega^2 u \tag{2.2-23}$$

波的强度与波的振幅平方成正比，这一结果在下面讨论波动光学时也要用到。波的强度的单位为 $W/m^2$（瓦［特］每平方米）。

## 2.2.5 波的衍射

**1. 惠更斯原理**

惠更斯原理：在波的传播过程中，波前上的每一点都可看作是发射子波的波源，每个子波源发射球面波，此后任一时刻新的波前就是这些子波的包迹（共切面）。

按照惠更斯原理，只要知道某一时刻的波前，就可以确定下一时刻的波前。惠更斯原理是研究波的传播问题的几何方法。

图 2.2-3 和图 2.2-4 分别给出了利用惠更斯原理研究平面波和球面波传播的过程。

**2. 波的衍射**

波在传播过程中遇到障碍物而改变传播方向的现象，称为波的衍射。

利用惠更斯原理通过作图可以定性地解释波的衍射现象。如图 2.2-5 所示，一列平面波遇到一狭缝形的障碍物时，在狭缝后面，只有正对狭缝方向，波仍沿原波线方向传播；狭缝两侧的波线发生偏转，不再保持原波线方向传播，而形成衍射。除了机械波可以产生衍射之外，电磁波（含光波）也会产生衍射。衍射是波的特征之一。

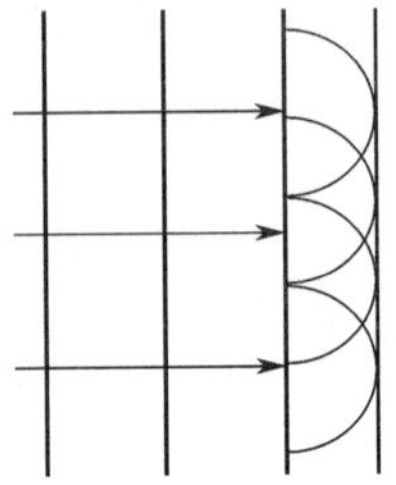

图 2.2-3

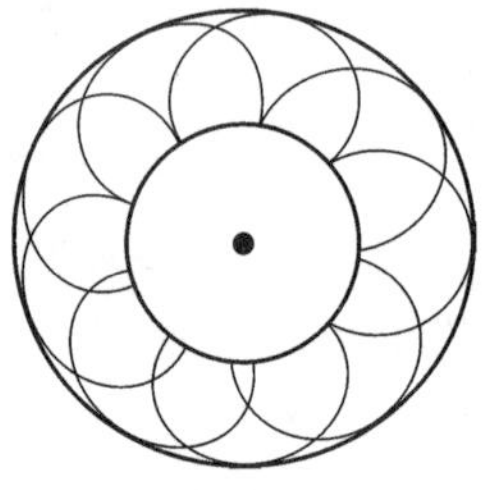

图 2.2-4

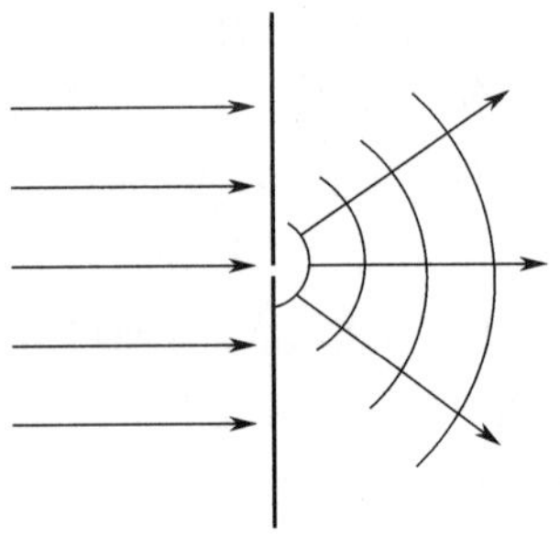

图 2.2-5

利用惠更斯原理还可以解释波在两种媒质界面上的反射与折射。

## 2.2.6 波的干涉

**1. 波的叠加原理**

不同的波可以互不干扰地在空间中独立传播，它们各自的原有特性如频率、波长、振幅、传播方向等不因其他波的存在而发生改变。这是波的独立传播性质。

在不同波的相遇区域内，任一点处质元的振动位移是各个波在该点引起的位移的矢量和，称为波的叠加原理。

**2. 波的干涉**

两列（或多列）波发生干涉的条件为各波的频率相同、振动方向相同、相位差恒定，称为波的相干条件。满足相干条件的波称为相干波，相应的波源称为相干波源。

波的干涉：两列（或多列）相干波在空间相遇，相遇区域内的各点有固定的相位差，有些点振动加强，有些点振动减弱，在空间形成稳定的图像，称为波的干涉现象。

下面讨论相干波的干涉加强和减弱的条件。

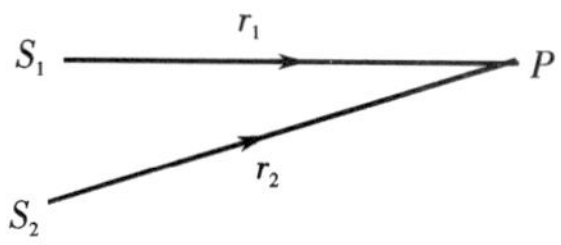


图 2.2-6

如图 2.2-6 所示，设有两个相干波源 $S_1$ 和 $S_2$，它们的振动方程分别为

$$y_{10}=A_1\cos[2\pi\nu t+\varphi_1]$$

$$y_{20}=A_2\cos[2\pi\nu t+\varphi_2]$$

从两波源发出的波传播到任一点 $P$ 相遇时，两波在 $P$ 点产生的振动方程分别为

$$y_{1P}=A_1\cos\left[2\pi\left(\nu t-\frac{r_1}{\lambda}\right)+\varphi_1\right]$$

$$y_{2P}=A_2\cos\left[2\pi\left(\nu t-\frac{r_2}{\lambda}\right)+\varphi_2\right]$$

其中，$r_1$ 和 $r_2$ 分别为 $S_1$ 和 $S_2$ 到 $P$ 点的距离；$\lambda$ 为波长。根据同方向、同频率简谐振动合成的理论，$P$ 点合成振动的振幅为

$$A=\sqrt{A_1^2+A_2^2+2A_1A_2\cos\Delta\varphi} \tag{2.2-24}$$

其中，$\Delta\varphi$ 为两分振动在 $P$ 点的相位差，即

$$\Delta\varphi=\frac{2\pi}{\lambda}(r_2-r_1)+(\varphi_1-\varphi_2) \tag{2.2-25}$$

综合式(2.2-23)、式(2.2-24)，合成波在 $P$ 点的强度为

$$I=I_1+I_2+2\sqrt{I_1I_2}\cos\Delta\varphi \tag{2.2-26}$$

对于两相干波重叠区域中的任意一个确定点，相位差 $\Delta\varphi$ 是一确定值，因而合振动的振幅与强度也是一个确定值，不随时间改变，从而形成稳定的干涉图像。

当 $\Delta\varphi=\pm 2k\pi$（其中 $k=0,1,2,\cdots$）时，由式(2.2-24)得合振幅 $A=A_1+A_2$，重叠区域中的相应点合振幅最大，为加强点，由式(2.2-26)得强度 $I=I_1+I_2+2\sqrt{I_1I_2}$，若 $A_1=A_2$，有 $I_1=I_2$，则 $I=4I_1$，即合成波强是单个波强的 4 倍，这是相干波叠加的结果，非相干波不具有这样的特点。

当 $\Delta\varphi=\pm(2k+1)\pi$（其中 $k=0,1,2,\cdots$）时，由式(2.2-24)得合振幅 $A=|A_1-A_2|$，重叠区域中的相应点合振幅最小，为减弱点，由式(2.2-26)得强度 $I=I_1+I_2-2\sqrt{I_1I_2}$，若 $A_1=A_2$，有 $I_1=I_2$，则 $I=0$，即合成波强为零。

如果两波源的初相相等，即 $\varphi_1=\varphi_2$，还可以利用波程差讨论波的干涉。当波程差 $\delta=r_2-r_1=\pm k\lambda$ 时，为加强点；当 $\delta=r_2-r_1=\pm(2k+1)\dfrac{\lambda}{2}$ 时，为减弱点。其中 $k$ 的取值同上。这种情况在光的干涉中经常遇到。

**【例 2.2-3】** 如图 2.2-6 所示，$S_1$ 和 $S_2$ 为两个相干波源，它们的振动方向均垂直于图面，发出波长为 $\lambda$ 的简谐波，$P$ 点是两列波相遇区域中的一点，已知 $\overline{S_1P}=2\lambda$，$\overline{S_2P}=2.2\lambda$，两列波在 $P$ 点发生相消干涉。若 $S_1$ 的振动方程为 $y_1=A\cos[2\pi t+\pi/2]$，则 $S_2$ 的振动方程是(    )。

(A) $y_2=A\cos[2\pi t-\pi/2]$　　(B) $y_2=A\cos[2\pi t-\pi]$

(C) $y_2=A\cos[2\pi t+\pi/2]$　　(D) $y_2=2A\cos[2\pi t-0.1\pi]$

**解：**由 $y_1$ 表达式中 $\omega=2\pi$，可知周期 $T=1\text{s}$，根据相干条件，设相干波源 $S_2$ 的振动方程为

$y_2 = A_2\cos\ (2\pi t+\varphi)$。再由波动方程一般式 $y = A\cos\left[2\pi\left(\frac{t}{T}-\frac{x}{\lambda}\right)+\varphi\right]$,得波源 $S_1$ 和 $S_2$ 传到 $P$ 点的振动方程分别为

$$y_1 = A\cos\ \Phi_1 = A\cos\left[2\pi\left(t-\frac{\overline{S_1P}}{\lambda}\right)+\frac{\pi}{2}\right]$$

$$y_2 = A_2\cos\ \Phi_2 = A_2\cos\left[2\pi\left(t-\frac{\overline{S_2P}}{\lambda}\right)+\varphi\right]$$

根据题意,两列波在 $P$ 点发生相消干涉,应有 $\Phi_1-\Phi_2=(2k+1)\pi$,将 $\overline{S_1P}=2\lambda$、$\overline{S_2P}=2.2\lambda$ 代入,解出 $\varphi=-0.1\pi-2k\pi$,如取 $|\varphi|\leqslant\pi$,则 $k=0$,有 $\varphi=-0.1\pi$,于是可得 $S_2$ 的振动方程为 $y_2=A_2\cos\ (2\pi t-0.1\pi)$。由于相消干涉只要求两振动反相位,不一定非要合振动为零,题中所给选项中只有(D)相位满足要求,所以正确答案应为(D),此时 $A_2=2A$。

## 2.2.7 驻波

**1. 驻波形成的条件及驻波表达式**

两列振幅相同的相干波沿相反方向传播时叠加而形成的波称为驻波。驻波是波的干涉现象的一种特殊情形。

设有两相干波,分别沿 $x$ 轴的正、反向传播,它们的表达式分别为

$$y_1 = A\cos\ 2\pi\left(\nu t-\frac{x}{\lambda}\right)$$

$$y_2 = A\cos\ 2\pi\left(\nu t+\frac{x}{\lambda}\right)$$

两波叠加,利用三角函数的和差化积公式,得到驻波表达式为

$$y = y_1+y_2 = 2A\cos\frac{2\pi}{\lambda}x\cdot\cos\ 2\pi\nu t \tag{2.2-27}$$

这里注意:只有两波的初相位 $\varphi_1=\varphi_2=0$ 时,驻波表达式才是上述形式。否则,要自行计算驻波表达式。

从驻波表达式(2.2-27)可以看出,两个相向传播的相干行波叠加后形成的波不具有行波的特征,合成波表达式中不含行波因子 $(t-x/u)$,因此合成波不再是移动的。

**2. 驻波的特点**

①各质元的振幅是位置的函数。在驻波表达式(2.2-27)中,$\left|2A\cos\frac{2\pi}{\lambda}x\right|$ 为驻波的振幅,它是坐标 $x$ 的函数。当 $\left|2A\cos\frac{2\pi}{\lambda}x\right|=2A$ 时,振幅最大,相应点的坐标为 $x=\pm k\frac{\lambda}{2}(k=0,1,2,\cdots)$,这些点称为波腹。当 $\left|2A\cos\frac{2\pi}{\lambda}x\right|=0$ 时,振幅恒为零,相应点的坐标为 $x=\pm(2k+1)\frac{\lambda}{4}$ $(k=0,1,2,\cdots)$,这些点称为波节。波腹和波节以外的点的振幅介于 0 与 $2A$ 之间。不难看出,波腹和波节等间距交替排列,相邻波腹(或相邻波节)之间的距离为 $\lambda/2$。

②两相邻波节之间各质元振动相位相同;波节两侧各质元振动相位相反。当驻波中的各波腹点达到最大振幅 $2A$ 时,其他各点(波节除外)也各自达到自己的最大振幅,两相邻波节之间各质元的位移正负号相同,因而相位相同;波节两侧各质元的位移正负号相反,因而相位相反。如图 2.2-7 所示,其中实线为各质元振幅最大时刻的位移曲线,虚线为经过半个周期时的

位移曲线。

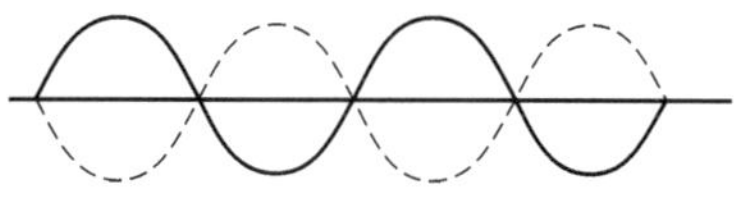

图 2.2-7

③驻波既没有振动状态(即相位)的传播,也没有能量的传播。

**3. 半波损失**

媒质密度 $\rho$ 和波速 $u$ 的乘积称为波阻。波阻 $\rho u$ 大的媒质称为波密媒质,波阻 $\rho u$ 小的媒质称为波疏媒质。理论和实验可以证明:当波从波疏媒质垂直入射到波密媒质而在分界面上发生反射时,在反射点处,反射波的振动相位与入射波的振动相位相反,或者说相位差为 $\pi$。由于沿波的传播方向相距半个波长的两点之间的相位差为 $\pi$,所以将上述反射时出现的 $\pi$ 的相位突变称为半波损失。驻波常常是由两种媒质分界面上的入射波和反射波叠加而成,当反射波在分界面处出现半波损失时,反射点处的媒质质元固定不动,形成波节。当波从波密媒质垂直入射到波疏媒质而在分界面上发生反射时,在反射点处,反射波的振动相位与入射波的振动相位相同,没有半波损失。形成驻波时,反射点处媒质质元的振动振幅最大,形成波腹。例如,在弦线上传播的波若反射点是固定端,相当于波节,反射波有半波损失;若反射点是自由端,相当于波腹,反射波没有半波损失。

类似情况还出现在波动光学中,当光波从折射率小的媒质垂直入射到折射率大的媒质界面而发生反射时,反射波有半波损失;反之,则无半波损失。

遇到有半波损失的情况时,反射波的相位应减(或加)$\pi$。

管弦乐器的发声原理可用驻波理论解释。

**【例 2.2-4】** 在弦线上有一简谐波,该简谐波的表达式为 $y_1 = 2.0\times10^{-2}\times\cos\left[2\pi\left(\frac{t}{0.02}-\frac{x}{20}\right)+\frac{\pi}{3}\right]$(SI),为了在此弦线上形成驻波,并且在 $x=0$ 处为一波节,此弦线上还应有一简谐波,其表达式为(　　)。

(A)$y_2 = 2.0\times10^{-2}\cos\left[2\pi\left(\frac{t}{0.02}+\frac{x}{20}\right)+\frac{\pi}{3}\right]$ (SI)

(B)$y_2 = 2.0\times10^{-2}\cos\left[2\pi\left(\frac{t}{0.02}+\frac{x}{20}\right)+\frac{2\pi}{3}\right]$ (SI)

(C)$y_2 = 2.0\times10^{-2}\cos\left[2\pi\left(\frac{t}{0.02}+\frac{x}{20}\right)+\frac{4\pi}{3}\right]$ (SI)

(D)$y_2 = 2.0\times10^{-2}\cos\left[2\pi\left(\frac{t}{0.02}+\frac{x}{20}\right)-\frac{\pi}{3}\right]$ (SI)

**解:**在 $x=0$ 处为波节,要求入射波、反射波在该处反相位。在各选项中,令 $x=0$,其初相位与 $y_1$ 反相的便是解。正确答案应为(C)。

## 2.2.8 声波与声强级

在弹性媒质中传播的机械纵波,统称为声波。其中频率在 20 ~ 20 000 Hz 范围内、能够引起人类听觉的声波称为可闻声波,简称声波;频率低于 20 Hz 的称为次声波;频率高于 20 000 Hz 的称为超声波。

固体中的声速可按式(2.2-4)计算,液体和气体中的声速可按式(2.2-5)计算。在标准状态下空气中的声速为 331 m/s。

**1. 声压与声强**

媒质中有声波传播时的压强与无声波传播时的静压强之间有一差额，这一差额称为声压。声波是疏密波，在媒质的稀疏区域，实际压强小于媒质原来的静压强，声压为负值；在媒质的稠密区域，实际压强大于媒质原来的静压强，声压为正值。

对于沿 $x$ 轴正方向传播的平面简谐声波，仍可采用式(2.2-9)表示(只需注意，由于声波是纵波，式中媒质质元的位移 $y$ 的方向与 $x$ 轴平行)。相应的声压可以写成

$$p = p_{\mathrm{m}}\cos\left[\omega\left(t-\frac{x}{u}\right)+\varphi+\frac{\pi}{2}\right] \tag{2.2-28}$$

式中：$p_{\mathrm{m}} = \rho u\omega A$ 为声压振幅。

声强就是声波的平均能流密度，即单位时间内通过垂直于声波传播方向单位面积的平均能量。根据波强公式(2.2-23)，声强为

$$I = \frac{1}{2}\rho A^2\omega^2 u = \frac{1}{2}\frac{p_{\mathrm{m}}^2}{\rho u} \tag{2.2-29}$$

**2. 声强级**

能够引起人的听觉的声波，不仅有一定的频率范围，而且还有一定的声强范围。正常人对 $\nu = 1\ 000$ Hz 的声波能够引起听觉的声强范围为 $10^{-12} \sim 1\ \mathrm{W/m^2}$。声强太小，不能引起听觉；声强太大，则会引起痛觉，甚至造成听觉损伤。

由于可闻声强的数量级相差悬殊，通常采用声强级来描述声波的强弱。人们规定声强 $I_0 = 10^{-12}\ \mathrm{W/m^2}$ 作为测定声强级的标准，称为可闻阈。某一声强 $I$ 的声强级用 $L$ 表示，其值为

$$L = \lg\frac{I}{I_0}$$

声强级的单位是 B(贝[尔])。由于这个单位太大，通常采用 dB(分贝)为单位，1 dB = 0.1 B。这样声强级可以表示为

$$L = 10\lg\frac{I}{I_0}(\mathrm{dB}) \tag{2.2-30}$$

在这样的规定之下，人耳能够感受到的最弱声强 $I_0 = 10^{-12}\ \mathrm{W/m^2}$ 所对应的声强级为 $L = 10\lg\frac{I_0}{I_0} = 0$；人耳能够承受的最大声强 $I_{\mathrm{m}} = 1\ \mathrm{W/m^2}$ 所对应的声强级 $L = 10\lg\frac{I_{\mathrm{m}}}{I_0} = 120$ dB。

**3. 超声波与次声波**

超声波频率高、波长短，其传播时有良好的方向性，而且穿透本领大，这些特性使得超声波成为探伤、定位等技术的一种重要工具。次声波频率低、波长长，大气对它的吸收小，可以远距离传播。高强度的次声波对人及物体具有较大的破坏性。次声波在探测气象、地震及军事等方面得到广泛应用。

**【例 2.2-5】** 大街上，噪声电子显示屏上显示噪声声强级为 70 dB，声强标准 $I_0 = 10^{-12}\ \mathrm{W/m^2}$，则实际的噪声强度是(　　)。

(A) $10^{58}\ \mathrm{W/m^2}$　　(B) $10^{-5}\ \mathrm{W/m^2}$　　(C) $10^{-9}\ \mathrm{W/m^2}$　　(D) $10^{-19}\ \mathrm{W/m^2}$

**解：**根据声强级定义，$L = 10\lg\frac{I}{I_0} = 70$ dB，得 $I = 10^7 I_0 = 10^{-5}\mathrm{W/m^2}$。正确答案应为(B)。

## 2.2.9 机械波的多普勒效应

当波源或观察者相对于媒质运动时，观察者接收到的频率与波源的频率不同，这种现象称

为多普勒效应。

设波源的频率为 $\nu_0$，观察者接收到的频率为 $\nu$，波在媒质中的传播速度为 $u$，波源相对于媒质的速度为 $u_S$，观察者相对于媒质的速度为 $u_B$。其中 $u_S$ 与 $u_B$ 本身含符号，规定为：波源趋近观察者时 $u_S$ 为正，远离时 $u_S$ 为负；观察者趋近波源时 $u_B$ 为正，远离时 $u_B$ 为负。

有了上述规定后，观察者接收到的频率 $\nu$ 与波源的频率 $\nu_0$ 之间的关系满足

$$\nu = \frac{u + u_B}{u - u_S}\nu_0 \tag{2.2-31}$$

此式表明，波源和观察者两者相互趋近时，观察者接收到的频率高于波源的频率；波源和观察者两者相互远离时，观察者接收到的频率低于波源的频率。

在使用式(2.2-31)进行计算时，一是要注意 $u_S$ 与 $u_B$ 的符号规定，两者均可分别单独取正、负或零值，这意味着此式可适用于波源和观察者分别单独运动或两者一起运动等多种情形；二是要注意该式的适用条件，波源和观察者相对媒质的运动速度必须是在二者的连线上，否则 $u_S$ 与 $u_B$ 应考虑在其连线上的分量。

**【例 2.2-6】** 一人在地面上手持发音体垂直向一高墙以 5 m/s 的速度运动，发音体的频率为 1 500 Hz，空气中的声速为 340 m/s，人接收到的经高墙反射回来的频率是(　　)。

(A)1 544 Hz　　(B)1 522 Hz　　(C)1 457 Hz　　(D)87 Hz

**解**：本题分成两步：第一步考虑高墙接收到的频率，相当于声源以 $u_S = 5$ m/s 运动，观察者不动，高墙接收到的频率为 $\nu_1 = \frac{u}{u - u_S}\nu_0 = 1\,522$ Hz；第二步考虑人接收高墙反射的频率，相当于声源（高墙）不动，观察者（人）以 $u_B = 5$ m/s 运动，人接收从高墙反射回来的频率为 $\nu_2 = \frac{u + u_B}{u}\nu_1 = 1\,544$ Hz。正确答案应为(A)。

## 2.3 光学

要求：①理解光的相干条件，了解获得相干光的两种方法；

②掌握光程和光程差的概念及其计算，熟悉半波损失的产生条件；

③掌握杨氏双缝干涉明暗条纹位置的计算以及在不同情形下条纹的变化情况；

④掌握等厚干涉的基本原理及干涉条纹位置的计算，理解等倾干涉条纹产生的原理；

⑤了解迈克耳孙干涉仪的工作原理及应用；

⑥了解惠更斯—菲涅尔原理的意义；

⑦掌握研究单缝夫琅禾费衍射的菲涅尔半波带法，会计算明、暗条纹的位置，熟悉光强分布及单缝宽度对衍射条纹的影响；

⑧了解光的衍射对光学仪器分辨率的影响，理解分辨率的瑞利判据，会最小分辨角的相关计算；

⑨理解光栅衍射原理，掌握光栅衍射明条纹的计算，理解缺级与重级现象；

⑩理解 X 射线衍射原理，会利用布喇格公式计算晶体的晶格常数或 X 射线的波长；

⑪掌握自然光与偏振光的概念；

⑫理解利用反射或折射获得偏振光的方法，掌握布儒斯特定律及相关计算；

⑬理解线偏振光通过偏振片或尼科耳棱镜后光振动的振幅及光强的变化，掌握马吕斯定

律及相关计算;

⑭了解光的双折射现象,理解寻常光、非常光、晶体光轴及主平面等概念。

波动光学的内容包括光的干涉、衍射和偏振三大部分。光是电磁波,前面波动学的主要内容在波动光学中仍然适用,应注意两者的内在联系以及光学的自身特性。

光的干涉部分主要包括杨氏双缝干涉和薄膜干涉。薄膜干涉中又可细分为劈尖干涉、牛顿环干涉和迈克耳孙干涉仪等。光程及光程差是研究光的干涉现象的核心。在讨论薄膜干涉的光程差时要考虑是否有半波损失的问题。

光的衍射部分主要包括单缝夫琅禾费衍射、光栅衍射和 X 射线衍射,光学仪器的分辨本领源自圆孔夫琅禾费衍射。其中单缝衍射的计算公式比较特殊。

光的偏振部分主要包括布儒斯特定律和马吕斯定律,双折射现象一般只需定性讨论。

## 2.3.1 相干光的获得

光是电磁波,光在真空中的传播速度为 $c=3\times10^8$ m/s。可见光波通常是指频率范围在 $3.9\times10^{14}\sim7.5\times10^{14}$ Hz 的电磁波,其真空中的波长为 400 ~ 760 nm,在电磁波谱中只占很窄的频段。电磁波是横波,其中电场强度 $\boldsymbol{E}$ 和磁场强度 $\boldsymbol{H}$ 彼此相互垂直且都与传播方向垂直。实验表明,能够引起人眼视觉以及产生光化学效应的是光波中的电场强度 $\boldsymbol{E}$,因此在光学中,将 $\boldsymbol{E}$ 矢量作为光矢量。由于波强与振幅平方成正比,光学中经常考察的是相对光强,所以在光学中常将光矢量的振幅平方直接作为光强。

**1. 光的相干条件**

光的相干条件与机械波的相干条件相同,即频率相同、振动方向相同、相遇点的相位差恒定。满足相干条件的光称为相干光,相应光源称为相干光源。当两列(或多列)相干光在空间相遇时,在重叠区域合成光波的光强形成明暗相间的稳定分布,称为光的干涉现象。

**2. 相干光的获得**

普通光源发射的光波是光源内极大数目的发光原子所发光的总和。各个原子彼此独立地发光,每个原子发射的光是持续时间很短的一段波列,其初相位是随机分布的,即使它们的频率相同,光矢量的振动方向也不可能都相同,更重要的是相位差不能保持恒定,这样在重叠区域合成光波的光强不能形成稳定的分布,所以两个分立的普通光源不具有相干性。

在实际中,利用普通光源获取相干光的方法都是基于将同一原子发射的同一光波波列一分为二,然后再让它们相遇产生相干叠加。由于它们源自同一光波波列,满足相干条件,所以可以产生干涉现象。

将同一光束分成两束从而获得相干光的方法有如下两种。

①分波阵面法:从同一波面分出两列子波,经不同路径后相遇而发生干涉,如杨氏双缝干涉等。

②分振幅法:同一束光波在薄膜的两个表面分别反射,两束振幅稍有不同的反射光经不同路径后相遇而发生干涉,如劈尖干涉、牛顿环干涉及等倾干涉等。

## 2.3.2 光程与光疏媒质、光密媒质

**1. 光程**

当两相干光波在同一媒质中传播时,在相遇点干涉加强或减弱取决于两相干光波在该点的相位差 $\Delta\varphi$。频率为 $\nu$ 的单色光经过不同的媒质时,频率不变,而传播速度和波长都要发生

变化。对于折射率为 $n$ 的媒质来说，光在该媒质中的传播速度

$$u = \frac{c}{n} \tag{2.3-1}$$

因此，频率为 $\nu$ 的单色光在该媒质中的波长为

$$\lambda_n = \frac{u}{\nu} = \frac{c}{n\nu} = \frac{\lambda}{n} \tag{2.3-2}$$

其中 $\lambda = c/\nu$ 为该光在真空中的波长。

假如单色光在媒质界面处分成两束，这两束相干光分别在折射率为 $n_1$ 和 $n_2$ 的两种媒质中传播后再相遇，设两束光各自所经历的几何路程为 $r_1$ 和 $r_2$，则在相遇处，这两束相干光的相位差按式(2.2-10)得

$$\Delta\varphi = 2\pi\left(\frac{r_2}{\lambda_2} - \frac{r_1}{\lambda_1}\right) = 2\pi\left(\frac{n_2 r_2 - n_1 r_1}{\lambda}\right) = \frac{2\pi}{\lambda} \cdot \delta \tag{2.3-3}$$

其中 $\lambda_1$ 和 $\lambda_2$ 分别为该单色光在两种媒质中的波长。定义 $nr$ 为光程，则 $\delta = n_2 r_2 - n_1 r_1$ 为光程差。上式给出了相位差与光程差之间的关系。

关于光程的物理意义可以这样来理解，若光在折射率为 $n$ 的媒质中通过几何路程 $r$ 所用时间为 $t$，则 $nr = (c/u) \cdot ut = ct$，可见光程是把光在媒质中所走的几何路程折算为在相同时间内光在真空中所走的路程。利用光程的概念计算相位差非常方便。相干光在各相遇点干涉加强或减弱取决于两束光的光程差，而不是几何路程之差。

**2. 半波损失**

在波动光学中，折射率较大的媒质称为光密媒质（或光密介质），折射率较小的媒质称为光疏媒质（或光疏介质）。

当光波垂直（或接近垂直）入射到两种媒质的分界面上时，反射光是否出现半波损失，须通过比较两种媒质的折射率大小而定。可以证明，如果光波是从光疏媒质射向光密媒质而发生反射，则反射光有半波损失；如果光波是从光密媒质射向光疏媒质而发生反射，则反射光没有半波损失。

遇到有半波损失的情况时，反射波的光程应加（或减）$\lambda/2$。

## 2.3.3 杨氏双缝干涉

托马斯·杨首先用实验方法研究了光的干涉现象。

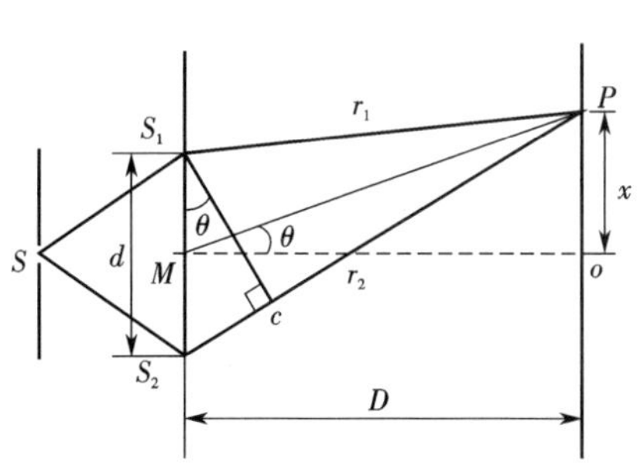


图 2.3-1

如图 2.3-1 所示，由光源发出的光照射在狭缝 $S$ 上，由 $S$ 出射的光照射到双狭缝 $S_1$ 和 $S_2$ 上，由 $S_1$ 和 $S_2$ 发出的光分别传到屏幕上的 $P$ 点相遇。实验上要求 $S$ 与 $S_1$ 和 $S_2$ 彼此平行，$S_1$ 和 $S_2$ 关于 $S$ 对称，$S_1$ 与 $S_2$ 的间距 $d$ 很小，双缝 $S_1$ 和 $S_2$ 到屏幕的距离 $D$ 很大，即 $d \ll D$。由于 $S_1$ 和 $S_2$ 源自 $S$ 发出的同一波阵面，因而由 $S_1$ 和 $S_2$ 发出的光为相干光，且两者的初相位相等。设整个实验装置处于空气之中，空气的折射率近似为 1，$S_1$ 和 $S_2$ 发出的光到达 $P$ 点相遇时的光程差

$$\delta = r_2 - r_1 \approx d\sin\theta \approx d\tan\theta = d\frac{x}{D} \tag{2.3-4}$$

明、暗条纹出现的条件为

$$\delta = r_2 - r_1 = d\frac{x}{D} = \begin{cases} \pm k\lambda & (k = 0,1,2,\cdots) \quad 明纹 \\ \pm(2k-1)\dfrac{\lambda}{2} & (k = 1,2,\cdots) \quad 暗纹 \end{cases} \tag{2.3-5}$$

由此解出屏幕上明、暗条纹中心的位置为

$$x = \pm k\frac{\lambda D}{d} \quad 明纹 \tag{2.3-6}$$

$$x = \pm(2k-1)\frac{\lambda D}{2d} \quad 暗纹 \tag{2.3-7}$$

相邻明(或暗)条纹中心的间距为

$$\Delta x = \frac{\lambda D}{d} \tag{2.3-8}$$

在双缝干涉条纹中，$k=0$ 的明纹称为中央零级明纹，以其为中心两侧等间距交替出现明暗相间的平行直线形干涉条纹。由于明、暗条纹之间的光强是渐变的，所以公式中的条纹位置均指中心位置。显然，当实验装置确定后，条纹位置及其间距均与波长有关。红光波长长，条纹较宽；紫光波长短，条纹较窄。

**【例 2.3-1】** 如图 2.3-2 所示，用波长为 $\lambda$ 的单色光照射双缝干涉实验装置，若将一折射率为 $n$ 的透明劈尖 $b$ 插入光线 2 中，则当劈尖 $b$ 缓慢地向上移动时(只遮住 $S_2$ 缝)，屏幕 $C$ 上干涉条纹的情况是(　　)。

(A)间隔变大，向下移动

(B)间隔变小，向上移动

(C)间隔不变，向下移动

(D)间隔不变，向上移动

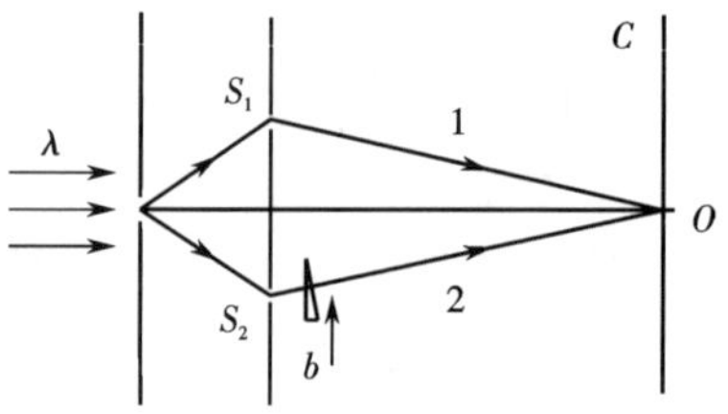


图 2.3-2

**解：**(1)未加劈尖时的光程差：$\delta = r_2 - r_1 = d\frac{x}{D}$，(其中 $x$ 以向上为正)，等光程点 $\delta=0$ 对应 $x=0$($O$ 处)。

(2)加入劈尖后的光程差：$\delta' = [r_2 + (n-1)e] - r_1 = (n-1)e + (r_2 - r_1) = (n-1)e + d\frac{x}{D}$(其中 $e$ 为劈尖透光处的厚度)，等光程点 $\delta'=0$ 对应 $x = -\frac{D}{d}(n-1)e < 0$，说明干涉条纹向下移动。而条纹间隔可根据 $\delta' = k\lambda$ 求出，得 $\Delta x = D\lambda/d$，$\Delta x$ 与 $e$ 无关，说明条纹间隔不变。正确答案为(C)。

## 2.3.4 薄膜干涉

薄膜干涉利用分振幅法获得相干光。根据干涉条纹的形成条件，薄膜干涉可分为等厚干涉和等倾干涉。

**1. 劈尖干涉**

劈尖干涉属于等厚干涉。

用两块矩形平板玻璃，一边互相接触，另一边夹一薄片，在两片玻璃之间则形成劈尖形薄膜，如图 2.3-3 所示。当用单色光垂直玻璃表面入射到劈尖形薄膜上时，则劈尖上、下表面的反射光可在劈尖表面附近形成干涉条纹。由于两反射光的相遇点与劈尖距离极小，一般可认

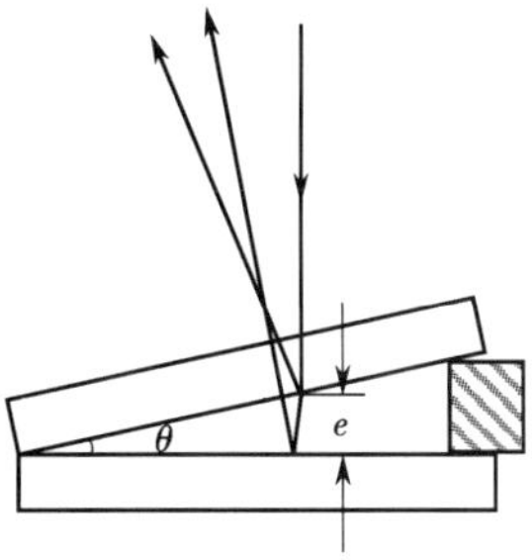


图 2.3-3

为干涉条纹就在劈尖上。

设入射点处劈尖膜的厚度为 $e$，则劈尖膜上、下表面两反射光的光程差为

$$\delta = 2ne + \frac{\lambda}{2} \tag{2.3-9}$$

式中：$n$ 为劈尖膜的折射率，对于空气膜，$n$ 近似为 1；等式右边第二项加 $\lambda/2$ 是因为空气膜下表面的反射光存在半波损失。

明、暗条纹出现的条件为

$$\delta = 2ne + \frac{\lambda}{2} = \begin{cases} k\lambda & (k = 1,2,\cdots) \quad \text{明纹} \\ (2k+1)\dfrac{\lambda}{2} & (k = 0,1,2,\cdots) \quad \text{暗纹} \end{cases} \tag{2.3-10}$$

由此解出明、暗条纹中心对应的劈尖膜厚度为

$$e = \frac{2k-1}{4n}\lambda \qquad \text{明纹} \tag{2.3-11}$$

$$e = \frac{k}{2n}\lambda \qquad \text{暗纹} \tag{2.3-12}$$

由此可见，同一 $k$ 级条纹对应相等的劈尖膜厚度，故称其为等厚干涉。在劈尖薄膜上，厚度相等的点处在同一直线上，所以劈尖干涉的条纹为一系列明暗相间的平行直条纹；对于上面由两块矩形平板玻璃组成的劈尖，相接触的边为直线，干涉条纹与此直线相互平行。由于是空气膜，下表面存在半波损失，所以相接触的直边处为暗条纹（$k=0$），如图 2.3-4 所示。

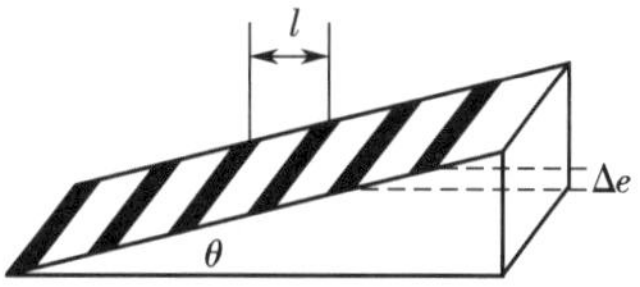


图 2.3-4

设相邻明（或暗）条纹中心间距为 $l$，劈尖角为 $\theta$，则相邻明（或暗）条纹中心对应的劈尖膜厚度差为

$$\Delta e = \frac{\lambda}{2n} = l\theta \tag{2.3-13}$$

其中用到了 $\Delta e = l\sin\theta \approx l\theta$，这是因为劈尖角 $\theta$ 很小的缘故。

劈尖干涉可用来测量微小长度、单色光波长、折射率，还可用来检验工件的平整度等。

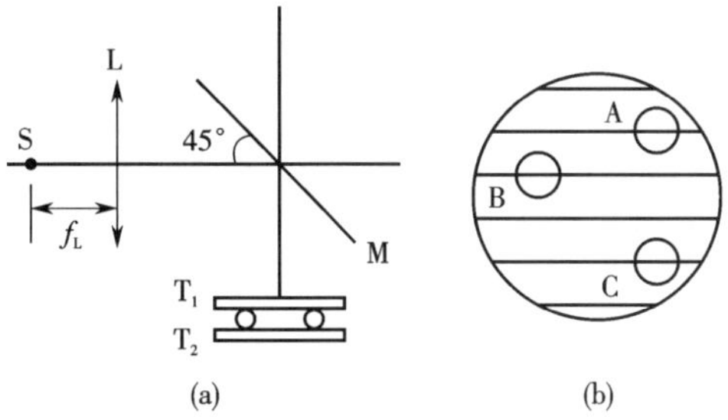


图 2.3-5

**【例 2.3-2】** 检验滚珠大小的干涉装置如图 2.3-5(a)所示。S 为光源，L 为会聚透镜，M 为半透半反镜，在两块光学平面玻璃 $T_1$、$T_2$之间放置 A、B、C 三个滚珠，其中 A 为标准件，直径为 $d_0$。当用波长为 $\lambda$ 的单色光照射该装置时，在 M 上方观察到等厚条纹如图 2.3-5(b)所示。轻压 C 端，条纹间距变大。若 B 珠直径记为 $d_1$、C 珠直径记为 $d_2$，则它们与 $d_0$的关系分别是（ ）。

(A) $d_1 = d_0 + \lambda, d_2 = d_0 + 3\lambda$　　(B) $d_1 = d_0 - \lambda, d_2 = d_0 - 3\lambda$

(C) $d_1 = d_0 + \lambda/2, d_2 = d_0 + 3\lambda/2$　　(D) $d_1 = d_0 - \lambda/2, d_2 = d_0 - 3\lambda/2$

**解:**根据劈尖角与条纹间隔的关系,轻压 C 端,条纹间距变大,说明 B、C 直径大于 A。相邻条纹对应劈尖膜厚度差为 $\lambda/2$,所以 $d_1 - d_0 = \lambda/2$,$d_2 - d_0 = 3\lambda/2$,由此解出 $d_1$、$d_2$ 即可。正确答案应为(C)。

**2. 牛顿环干涉**

牛顿环干涉也属于等厚干涉。

在一块平板玻璃上面,放一曲率半径很大的平凸透镜,两者之间形成空气薄膜。单色光垂直照射到平凸透镜上,在空气薄膜上、下表面反射的两相干光形成干涉。在牛顿环干涉中,明、暗条纹出现的条件与劈尖中式(2.3-10)相同,两者的区别在于,在牛顿环的空气薄膜上,厚度相等的点处在同一圆周上,所形成的干涉条纹是一系列明暗相间的同心圆环。根据图 2.3-6 所示的几何关系,有 $R^2 = r^2 + (R-e)^2$,其中 $R$ 为凸透镜的曲率半径,$r$ 为干涉环的半径,$e$ 为相应位置薄膜的厚度,其值很小,忽略 $e^2$,得

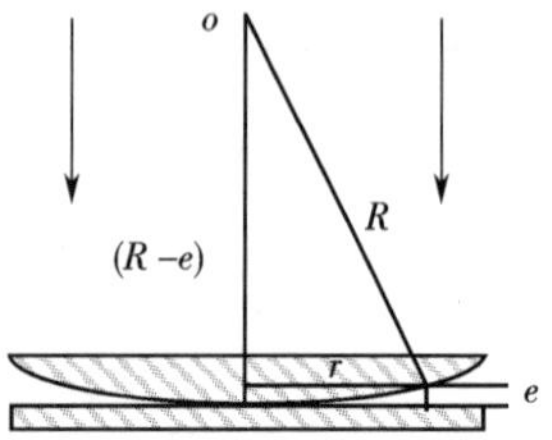


图 2.3-6

$$e = \frac{r^2}{2R} \tag{2.3-14}$$

将式(2.3-14)代入到式(2.3-10)中,得到反射光干涉明环和暗环的半径分别为

$$r = \sqrt{\frac{(2k-1)R\lambda}{2n}} \quad (k=1,2,\cdots) \quad 明环 \tag{2.3-15}$$

$$r = \sqrt{\frac{kR\lambda}{n}} \quad (k=0,1,2,\cdots) \quad 暗环 \tag{2.3-16}$$

式中:$n$ 为薄膜的折射率,对于空气膜,$n$ 近似为 1。

在牛顿环干涉中,圆环中心为一暗斑($k=0$),这是由于平凸透镜曲率半径很大,它和平板玻璃相接触的地方不是一个几何点所致。另外,相邻明(或暗)条纹中心对应的薄膜厚度之差仍可采用式(2.3-13)计算,与劈尖的区别在于,牛顿环的薄膜夹角 $\theta$ 不再是定值,而是由中心向外缘逐渐增大,在 $\Delta e = \dfrac{\lambda}{2n}$ 不变的情况下,相邻圆环的间距 $l$ 由中心向外缘逐渐减小,使得干涉环内疏外密。

利用牛顿环可以测定入射单色光的波长或测定平凸透镜的曲率半径。

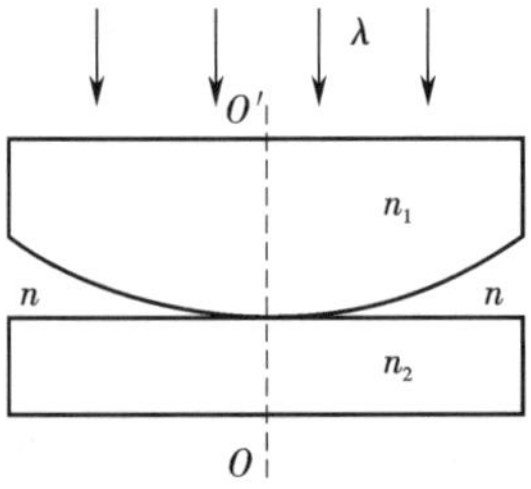


图 2.3-7

**【例 2.3-3】** 如图 2.3-7 所示,折射率为 $n_1 = 1.68$ 的平凸透镜和折射率为 $n_2 = 1.58$ 的平板玻璃构成牛顿环装置,全部浸入折射率为 $n = 1.60$ 的液体中,平凸透镜可沿 $OO'$ 移动,用波长 $\lambda$ = 500 nm 的单色光垂直入射。从上向下观察,看到中心是一个暗斑,此时平凸透镜顶点距平板玻璃的距离最少是(    )。

(A)0　　(B)148.8 nm

(C)78.1 nm　　(D)74.4 nm

**解:**在液体膜的上下表面,比较折射率的大小可知,光波都是从光密媒质射向光疏媒质而发生反射,因此反射光均没有半波损失。对于暗斑,光程差满足

$\delta=2ne=(2k+1)\dfrac{\lambda}{2}$，得薄膜厚度 $e=(2k+1)\dfrac{\lambda}{4n}$，最小值对应 $k=0$，所以 $e_{\min}=\dfrac{\lambda}{4n}=\dfrac{500\ \text{nm}}{4\times1.60}=78.1\ \text{nm}$。正确答案应为(C)。本题应特别注意折射率对光程差的影响，否则将会出错。

**3. 等倾干涉**

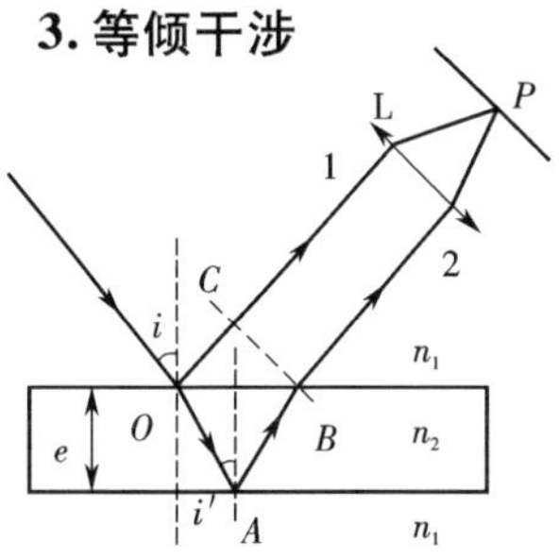


图 2.3-8

如图 2.3-8 所示，厚度为 $e$、各处均匀、折射率为 $n_2$ 的薄膜，置于折射率为 $n_1$ 的媒质中，设 $n_2>n_1$。从面光源发出的一束光以入射角 $i$ 射向薄膜，经薄膜上、下表面反射后得到平行相干光 1 和 2，再经凸透镜 L 会聚到 $P$ 点相遇形成干涉。1 和 2 两束光的光程差为

$$\delta=2e\sqrt{n_2^2-n_1^2\sin^2 i}+\frac{\lambda}{2} \tag{2.3-17}$$

明、暗干涉条纹出现的条件为

$$\delta=2e\sqrt{n_2^2-n_1^2\sin^2 i}+\frac{\lambda}{2}=\begin{cases}k\lambda & (k=1,2,\cdots)\quad \text{明环}\\(2k+1)\dfrac{\lambda}{2} & (k=0,1,2,\cdots)\quad \text{暗环}\end{cases} \tag{2.3-18}$$

显然，同一级干涉环($k$ 固定)对应相等的入射角 $i$，入射角有时也称倾角，故称此种干涉为等倾干涉。面光源发出的相同入射角的光为一圆锥面，形成的反射光为圆环状。面光源可以发出各种不同入射角的光，因而等倾干涉条纹是一系列明暗相间的同心圆环。光程差与入射角之间呈非线性关系，使得干涉环内疏外密，详细讨论从略。

## 2.3.5 迈克耳孙干涉仪

迈克耳孙干涉仪是利用干涉原理制成的用于测量微小长度和光波波长的精密光学仪器。迈氏干涉仪的结构及光路图如图 2.3-9 所示。$G_1$ 和 $G_2$ 是两块厚度相同(相互平行)的平板玻璃，相对光源 S 方向以 45°角固定安置，其中 $G_1$ 右下表面镀有一层半透半反膜起分光作用。$M_1$ 和 $M_2$ 是两块平面反射镜，彼此成 90°(用于等倾干涉)安置，其中 $M_1$ 与沿光线方向的精密螺杆连动(称为动镜)，其位置可精确测定。来自光源的光线经 $G_1$ 下表面分成彼此垂直的两束光，一束经 $M_1$ 反射后穿过 $G_1$ 到达 $E$ 点；另一束穿过 $G_2$ 经 $M_2$ 反射后原路返回到 $G_1$ 下表面再反射到达 $E$ 点。这里 $G_2$ 称为补偿板，起补偿光路的作用，使得两束光穿过相同次数的 $G_1$ 或 $G_2$，这样在计算光程差时可不必考虑 $G_1$ 或 $G_2$ 的存在，直接考虑几何路程即可。

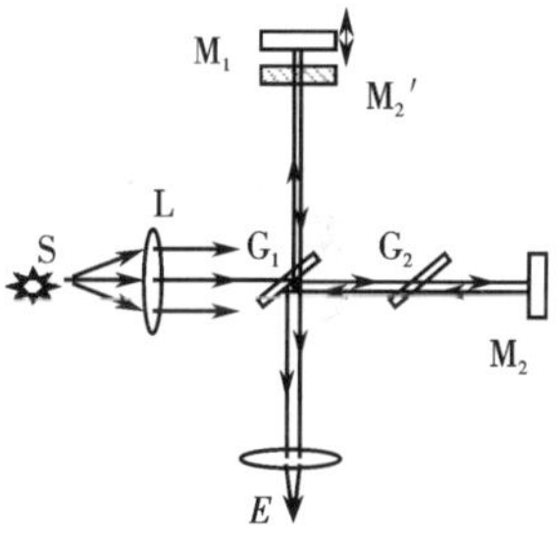


图 2.3-9

下面来看干涉条纹的形成。

①等倾干涉：当 $M_1$ 和 $M_2$ 严格垂直时，$M_2$ 借助 $G_1$ 在 $M_1$ 附近形成虚像 $M_2'$，$M_2'$ 与 $M_1$ 彼此平行形成厚度均匀的空气薄膜，在单色光入射时，可在 $E$ 处观察到等倾干涉环。

②等厚干涉：调节 $M_2$ 使其与 $M_1$ 偏离垂直位置，则 $M_2'$ 与 $M_1$ 形成空气劈尖，在单色光入射时，可在 $E$ 处观察到等厚干涉直条纹。

利用迈氏干涉仪的等倾干涉可进行精密测量。调节精密螺杆可使与其相连的 $M_1$ 前后移动从而改变空气薄膜的厚度。根据前面式(2.3-18)可知，$M_1$ 每移动 $\lambda/2$ 的距离，等倾干涉环将移动一个条纹间隔(具体讲就是缩进或冒出一个干涉环)，这是由于光线往返使得光程差变

化了一个波长。若 $M_1$ 移动距离 $\Delta x$，干涉条纹移动 $N$ 个条纹（间隔），则有

$$\Delta x = N\frac{\lambda}{2} \tag{2.3-19}$$

利用式（2.3-19）可测量入射光的波长，或者反过来由已知波长测量微小距离。因为可见光波长很小，迈氏干涉仪相当于以 $\lambda/2$ 作为最小刻度测量距离，所以精度极高。

利用迈氏干涉仪还可以测量透明薄膜的折射率。在迈氏干涉仪的一支光路中，放入一片折射率为 $n$、厚度为 $d$ 的透明薄膜，由此产生的附加光程差为 $2(n-1)d$，若干涉条纹移动 $N$ 条，则有

$$2(n-1)d = N\lambda \tag{2.3-20}$$

利用式（2.3-20）可进行折射率、薄膜厚度及入射光波长的测量。

**【例 2.3-4】** 用迈克耳孙干涉仪测微小的位移。若入射光波长 $\lambda = 6.29\times10^{-7}$ m，当动臂反射镜移动时，干涉条纹移动了 2 048 条，则动臂反射镜移动的距离是（　　）。

（A）$1.288\times10^{-3}$ m　（B）$6.44\times10^{-4}$ m　（C）$3.22\times10^{-4}$ m　（D）$1.61\times10^{-4}$ m

**解：**根据式（2.3-19），动镜位移 $\Delta x = N\cdot\frac{\lambda}{2} = 2\ 048\times\frac{6.29\times10^{-7}}{2} = 6.44\times10^{-4}$ m，正确答案应选（B）。

## 2.3.6 惠更斯—菲涅尔原理

在前面波动学中已经讨论了惠更斯原理，主要是讲波前所发射各子波的包迹决定下一时刻新的波前。菲涅尔在惠更斯原理基础上进一步假定，从同一波面上所发出的各个子波，经传播而在空间某点相遇时，通过相干叠加而产生干涉现象，这就是惠更斯—菲涅尔原理。根据此原理，通过积分方法可定量得出衍射波场中光强的分布规律和特点以及明、暗条纹的位置。但因计算比较复杂，已超出工科物理学范围，所以一般不做此积分计算。在研究衍射问题时，通常采用较为简单、物理图像又较清晰的方法进行讨论。

## 2.3.7 单缝衍射

宽度为 $a$ 的单狭缝，在平行单色光垂直照射下，通过狭缝的光将发生衍射。衍射角 $\varphi$ 相同的平行光经凸透镜会聚到其焦平面上一点 $R$，如图 2.3-10 所示。同一衍射角的平行光给出相同的光强，不同衍射角的平行光会聚到焦平面上形成明、暗相间的直线形衍射条纹，这些条纹均与狭缝平行。这里的入射光和衍射光都是平行光，称此种衍射为夫琅禾费衍射。

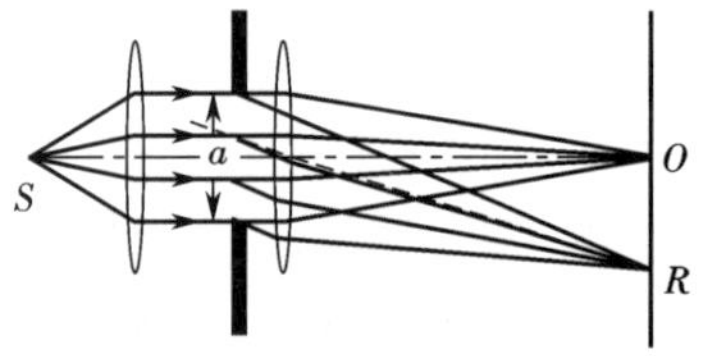

图 2.3-10

为了讨论单缝衍射明、暗条纹的位置，菲涅尔提出“半波带法”。如图 2.3-11 所示，对于衍射角为 $\varphi$ 的一组平行光，作 $BC$ 平面与其垂直，则 $BC$ 上各点到达会聚点的光程相等，光程差只产生于 $BC$ 平面之前。最大光程差为 $A$、$C$ 间距离，由几何关系，$AB$ 与 $BC$ 间夹角也等于衍射角 $\varphi$，所以 $AC = a\sin\varphi$。平行 $BC$ 平面再作一组间距为 $\lambda/2$ 的平行平面，这组平面分割 $AC$ 并将单缝处的波阵面分割成一组与狭缝平行的带状窄条，这些带状窄条称为菲涅尔半波带。

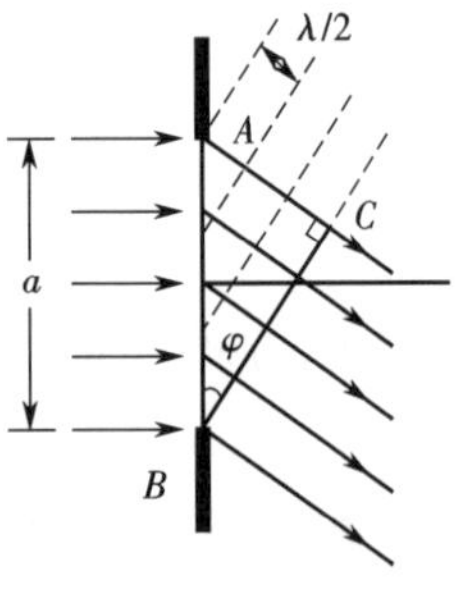

图 2.3-11

两个相邻半波带上的对应点发出的衍射角为 $\varphi$ 的子光波，光程

差为 $\lambda/2$，到达会聚点将干涉相消。显然，衍射角 $\varphi$ 不同，单缝处的波阵面分割成的半波带数目 $m$（称菲涅尔数）也将不同。只有 $\varphi$ 角取恰当值，半波带数才会是整数。这时，半波带数目 $m$ 与衍射角 $\varphi$ 及单缝宽度 $a$ 之间的关系为

$$a\sin\varphi = m\frac{\lambda}{2} \tag{2.3-21}$$

当半波带数为偶数时，相邻半波带发出的光两两相消，会聚点为暗条纹；当半波带数为奇数时，相邻半波带两两相消后，还剩下一个半波带，会聚点为明条纹。若单缝后面所加凸透镜的焦距为 $f$、焦平面上的光波会聚点距中心位置为 $x$，计算中常用近似关系 $\sin\varphi \approx x/f$，于是得到单缝衍射明、暗条纹位置的计算公式为

$$a\frac{x}{f} = \begin{cases} \pm k\lambda & (k=1,2,3,\cdots) \quad \text{暗条纹} \\ \pm(2k+1)\dfrac{\lambda}{2} & (k=1,2,3,\cdots) \quad \text{明条纹} \end{cases} \tag{2.3-22}$$

按照式（2.3-22），在单缝衍射条纹中，相邻明（或暗）条纹的间距为

$$\Delta x = \frac{f\lambda}{a} \tag{2.3-23}$$

这表明中心 $O$ 点两侧的衍射条纹是明、暗相间等间隔排列的。但式（2.3-22）不包含中心 $O$ 点附近的光强情况，在 $\pm1$ 级暗纹之间有一较宽、较明亮的条纹，称为中央明条纹。通常以 $\pm1$ 级暗纹之间所夹的宽度作为中央明条纹的宽度。1 级（$k=1$）暗纹位置为 $x_1 = \frac{f\lambda}{a}$，中央明条纹宽度为

$$l_0 = 2x_1 = \frac{2f\lambda}{a} \tag{2.3-24}$$

可见，中央明条纹的宽度是其他各级明纹宽度的两倍。

由式（2.3-21）至式（2.3-24）可知，单缝宽度 $a$ 对衍射现象起重要作用，当 $a$ 与波长 $\lambda$ 大小相当时，衍射现象明显；当 $a \gg \lambda$ 时，各级衍射条纹趋向于中心合并成一条亮纹，衍射现象消失。

理论上的单缝衍射光强分布曲线如图 2.3-12 所示。其中 1 级明纹的光强只有中央明纹光强的约 5%。

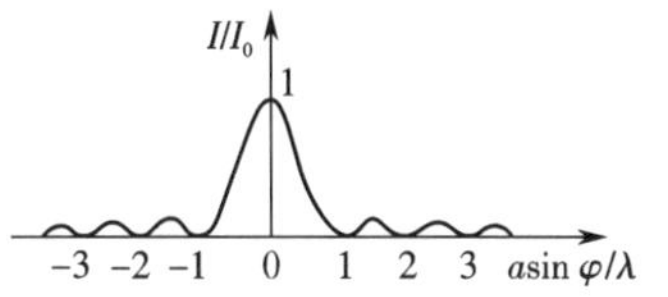

图 2.3-12

应该指出，菲涅尔半波带法是等效的简化处理方法，干涉明条纹的实际形成是单缝处的波阵面上所有点发出的子波叠加的结果，而不是像上面所说的只是由剩下的一个半波带形成的。说它等效是因为据此得出的结果基本正确；说它简化是因为其结果中暗条纹中心的位置与理论结果相吻合，明条纹中心的位置与理论结果稍稍有些误差，但无关大局，一般情况下，计算精度足够了。

还应注意：在单缝衍射的式（2.3-21）和式（2.3-22）中，$a\sin\varphi = \pm k\lambda$ 是暗条纹中心的位置，这个结果很容易和干涉中光程差等于波长整数倍对应明条纹的结果相混淆；同样，单缝衍射的明条纹公式也容易和干涉中暗条纹的结果相混淆。

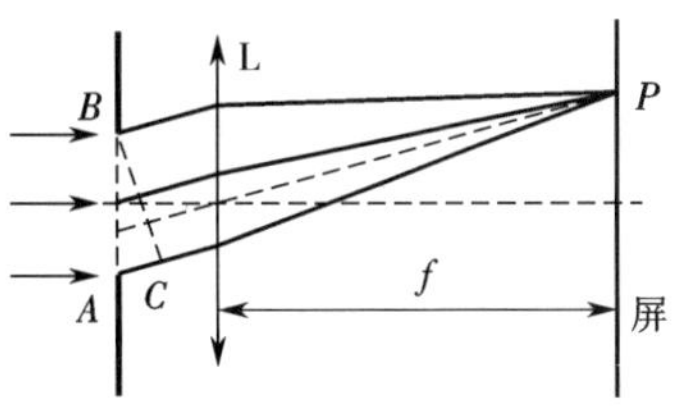

图 2.3-13

**【例 2.3-5】** 一束波长为 $\lambda$ 的平行单色光垂直入射到一单缝 $AB$ 上，装置如图 2.3-13 所示。在屏幕上形成衍射图样，如果 $P$ 是中央亮纹一侧第一个暗纹所在的位置，则

$AC$ 的长度是(　　)。

(A)$\lambda/2$　　(B)$\lambda$　　(C)$3\lambda/2$　　(D)$2\lambda$

**解:**单缝衍射暗纹公式 $AC = a\sin\varphi = 2k\cdot\frac{\lambda}{2}$,第一级暗纹 $k=1$,所以 $AC=\lambda$。正确答案应为(B)。

## 2.3.8 光学仪器分辨本领

**1.圆孔夫琅禾费衍射**

用单色平行光垂直照射在小圆孔上,经圆孔后面的凸透镜会聚,在位于其焦平面处的屏幕上形成明暗相间的衍射环,中心为一较明亮的圆斑,称为爱里斑。像单缝衍射中央明纹宽度用 ±1 级暗纹所夹区域定义一样,圆孔衍射中将第一暗环的直径定义为爱里斑直径。若所用单色光的波长为 $\lambda$,圆孔直径为 $D$,第一暗环对应的衍射角为 $\varphi_1$,理论计算给出

$$D\sin\varphi_1 = 1.22\lambda \tag{2.3-25}$$

设凸透镜焦距为 $f$,爱里斑半径为 $r_0$,则近似有 $\varphi_1\approx\sin\varphi_1\approx\tan\varphi_1 = r_0/f$,代入上式得

$$r_0 = 1.22\frac{\lambda f}{D} \tag{2.3-26}$$

**2.瑞利判据**

光学仪器前面的镜头相当于圆孔,光学仪器的成像所依据的是几何光学理论,按照几何光学,平行光通过镜头成像应聚焦为一个点。然而按照波动光学的衍射理论,镜头所成的像应为一系列衍射环,而且由式(2.3-26)可知,镜头直径 $D$ 越小,衍射现象越显著。所以,衍射现象将影响光学仪器成像的清晰度。

设远处有两个发光的物点,它们各自在仪器镜头的焦平面上形成衍射环,当两物点相对镜头的张角恰好等于第一暗环对应的衍射角 $\varphi_1$ 时,在两组衍射环中心的连线上,一物点的第一暗环恰好与另一物点爱里斑的中心重合,连线中点处的光强约为爱里斑中心光强的 80%,一般认为此时的两物点恰好能被光学仪器所分辨,衍射角 $\varphi_1$ 称为最小分辨角,记为 $\varphi_R$,由式(2.3-25),有

$$\varphi_R = 1.22\frac{\lambda}{D} \tag{2.3-27}$$

此式称为瑞利判据。

光学仪器最小分辨角的倒数称为光学仪器的分辨率。最小分辨角越小,分辨率越高。提高光学仪器分辨率的方法有:加大前面的通光孔径(如天文望远镜),或减小入射光的波长(如电子显微镜)。

**【例 2.3-6】** 已知天空中某两颗星的角距离为 $4.84\times10^{-6}$ rad,由它们发出的光波可按波长 $\lambda = 550$ nm 计算。如果用望远镜观测这两颗星且要求恰好能够分辨,则望远镜物镜的直径是(　　)。

(A)10.7 m　　(B)7.21 m　　(C)0.139 m　　(D)0.093 m

**解:**根据瑞利判据 $\varphi_R = 1.22\frac{\lambda}{D}$,取 $\varphi_R = 4.84\times10^{-6}$ rad,得 $D = 1.22\frac{\lambda}{\varphi_R} = 0.139$ m,显然,(A)、(B)和(C)三结果均能分辨,但本题要求的是"恰好能够分辨",所以答案应选(C)。

## 2.3.9 衍射光栅与光谱分析

由大量等宽等间距的平行狭缝组成的光学器件称为衍射光栅。精密的光栅,每毫米狭缝

数目可多达上千条。

光栅的透光部分宽度记为 $a$，不透光部分宽度记为 $b$，两者之和 $(a+b)$ 称为光栅常数。光栅作为分光器件，主要用于光谱分析。

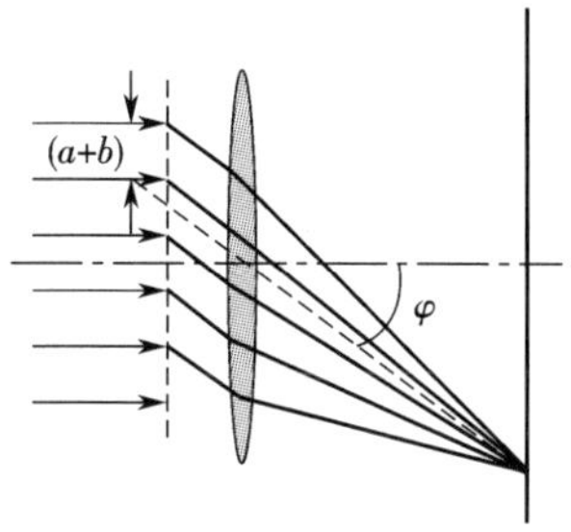


图 2.3-14

**1. 光栅公式**

如图 2.3-14 所示，平行光垂直照射到衍射光栅上，每个透光缝产生单缝衍射，各个透光缝之间形成多光干涉，透射光栅的衍射条纹是衍射与干涉的合成效果。

当相邻单缝出射光在某一衍射角 $\varphi$ 方向的光程差等于波长整数倍时，干涉加强形成明条纹。由于其中含有多光干涉的成分，这里的明条纹又称为主极大明纹。这些主极大明纹细窄而明亮，是光栅衍射的特点。两相邻主极大明纹之间有大量次极大明纹和暗纹，次极大明纹很弱，实际看不到，因而形成大片暗区。光栅衍射只有明条纹公式，没有暗条纹公式。

光栅衍射明条纹公式为

$$(a+b)\sin\varphi = \pm k\lambda \qquad (k=0,1,2,\cdots) \tag{2.3-28}$$

此式即为光栅公式。$k=0$ 的明条纹称为中央明纹，$k=1,2$ 依次称为一级、二级明纹等。越是精密的光栅，光栅常数 $(a+b)$ 就越小，明条纹之间的间距（或角距）就越大，因而就越容易分辨，这是光栅的优点所在。

由于光栅的衍射角 $\varphi$ 最大不能超过 $90°$，$\varphi=90°$ 的衍射光也看不到，因此衍射级次 $k$ 有一最大值（也称限级），按式(2.3-28)，最大 $k$ 值应取小于 $(a+b)/\lambda$ 的最大整数。假如 $(a+b)/\lambda=3.92$，则最大级次 $k_{\max}=3$。

当以含多种单色光成分的复合光或以白光入射时，由式(2.3-28)可知，除中央明纹以外，同一级次（$k$ 值一定）的衍射光将按波长长短依次展开实现分光。波长较短的紫光离中央明纹较近；波长较长的红光离中央明纹较远。复合光（例如汞灯）将展开为彼此分立的单色明纹，颜色不同，位置也不同，这可用于光谱分析。若以白光入射将展开为连续彩带。每一级次都会分光，各自形成一定的张角。

**2. 光栅的重级与缺级**

以复合光入射光栅，各个级次分光形成各自的张角，当张角之间出现重叠时，会在同一衍射角 $\varphi$ 处出现两种颜色的明条纹，称为重级。显然，重级出现在波长较长的低级次明纹与波长较短的高级次明纹之间。由式(2.3-28)得光栅重级公式

$$k_1\lambda_1 = k_2\lambda_2 \tag{2.3-29}$$

此条件要求 $\lambda_1/\lambda_2$ 等于简单整数比。例如 $\lambda_1=400\ \text{nm}$，$\lambda_2=600\ \text{nm}$，则

$$\frac{\lambda_1}{\lambda_2}=\frac{k_2}{k_1}=\frac{2}{3}=\frac{4}{6}=\frac{6}{9}=\cdots$$

这表明，$\lambda_1$ 的 3,6,9,…级明纹分别与 $\lambda_2$ 的 2,4,6,…级明纹重叠。当然，这其中还要注意不要使 $k$ 值超过相应波长的最大级次 $k_{\max}$。

若光栅衍射的某一级明条纹（$k$ 级）恰好与单缝衍射的某一级暗条纹（$k'$ 级）出现在同一衍射角 $\varphi$ 处，这时该级光栅明条纹不再出现，称为缺级。由光栅明条纹公式 $(a+b)\sin\varphi=k\lambda$ 和单缝衍射暗条纹公式 $a\sin\varphi=k'\lambda$，两式相除，得光栅缺级公式

$$k=\frac{a+b}{a}k' \qquad (k'=1,2,3,\cdots) \tag{2.3-30}$$

考虑到 $k$ 和 $k'$ 均应为整数，所以当$\frac{a+b}{a}$等于简单整数比（或$\frac{a}{b}$等于简单整数比）时，将出现缺级。例如，当$\frac{a}{b}=2$时，$k=\frac{3}{2}k'$，与 $k'=2,4,\cdots$对应的 $k=3,6,\cdots$级光栅明纹出现缺级。这里同样注意 $k$ 值不能超过 $k_{max}$。

**【例 2.3-7】** 设某元素的特征光谱中含有波长分别为 $\lambda_1=450$ nm 和 $\lambda_2=750$ nm 的两条光谱线，当用一光栅常数$(a+b)=5.00\times10^{-6}$ m 的光栅观测其光谱时，发现这两种波长的谱线有重叠现象，在下列结果中，正确描述重叠处 $\lambda_2$谱线级数的是（　　）。

(A) 2, 3, 4, ⋯　　(B) 2, 5, 8, ⋯　　(C) 3, 6　　(D) 3, 6, 9, ⋯

**解**：光栅重级满足公式$(a+b)\sin\varphi=k_1\lambda_1=k_2\lambda_2$，代值$\frac{k_1}{k_2}=\frac{\lambda_2}{\lambda_1}=\frac{750}{450}=\frac{5}{3}=\frac{10}{6}=\frac{15}{9}=\cdots$，所以 $\lambda_2$谱线的可能级数为 3, 6, 9, ⋯。但因 $k_2<\frac{(a+b)}{\lambda_2}=\frac{5\times10^{-6}}{750\times10^{-9}}=6.67$，所以正确结果应为（C）。

## 2.3.10 X 射线衍射与布喇格公式

X 射线（又称伦琴射线）是一种波长很短的电磁波，波长的范围为 $10^{-11}\sim10^{-8}$ m，与晶体的晶格常数相当。晶体中的晶格点阵相当于三维光栅，当 X 射线射向晶体时会产生衍射。如图 2.3-15 所示，当波长为 $\lambda$ 的 X 射线以掠射角 $\theta$ 射向晶体表面时，被晶体中的原子所散射，当相距为 $d$ 的两个原子层面（称晶面）的散射光光程差满足

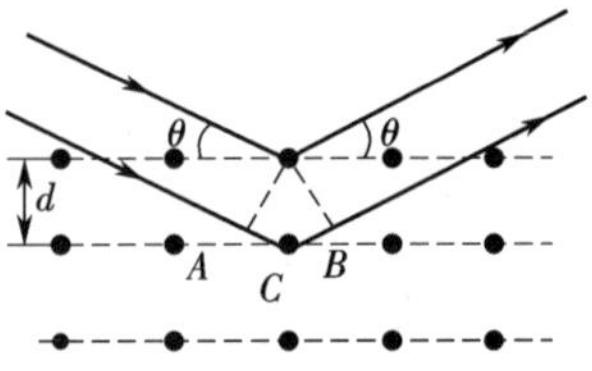

图 2.3-15

$$2d\sin\theta=k\lambda \qquad (k=1,2,\cdots) \tag{2.3-31}$$

时为相干加强，式(2.3-31)称为布喇格公式。利用此式可以实现晶面间距 $d$ 与 X 射线波长 $\lambda$ 的互求。应特别注意的是，式中定义的 $\theta$ 是掠射角。

## 2.3.11 自然光和偏振光

### 1. 光的偏振

光的偏振源自光是电磁横波。作为光矢量的电场强度 $\boldsymbol{E}$ 的振动方向与光的传播方向垂直。在与光的传播方向垂直的平面内，光矢量可取任意的方位，这种任意性引起光在传播时出现不对称性，这种现象称为偏振。偏振是横波区别于纵波的一个最明显的标志，因为纵波的振动方向与传播方向一致，波是对称的，只有横波才有偏振现象。

### 2. 自然光

普通光源中大量原子的发光是随机的，光矢量沿各个方向的概率均等，没有哪个方向优先，这种光称为自然光。

为了用画图的方法形象地表示自然光，可将各个光矢量投影于两个相互垂直的方向，由于各方向概率均等，投影后两个相互垂直的振动振幅（强度）相等。自然光的图示法如图 2.3-16(a)所示，其中圆点表示垂直纸面的振动，短线表示平行纸面的振动，圆点和

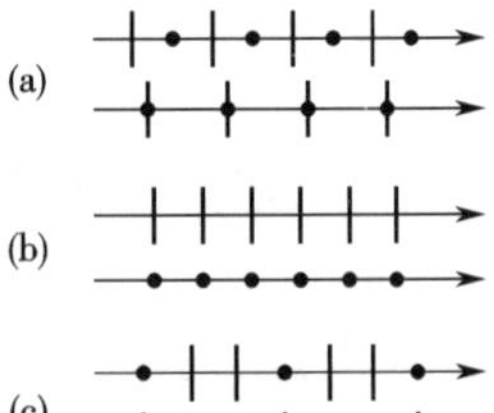

图 2.3-16

短线数目一样多表示各振动方向概率均等，因而表示自然光。

**3. 线偏振光**

将自然光中两个相互垂直的振动去掉一个，只剩下一个方向的振动，这种光称为线偏振光，或完全偏振光。线偏振光的图示法如图 2. 3-16(b)所示。

**4. 部分偏振光**

将自然光中两个相互垂直振动中的一个去掉一部分，使得两个相互垂直振动中的一个占优势，就成为部分偏振光，其图示法如图 2. 3-16(c)所示。

**5. 圆或椭圆偏振光**

若光矢量的方向以光的传播方向为轴随时间转动，并且振幅保持不变，沿光的传播方向看去，光矢量的端点描绘出一个圆，这种光称为圆偏振光；若光矢量的方向在转动的同时，振幅作周期变化，沿光的传播方向看去，光矢量的端点描绘出一个椭圆，这种光称为椭圆偏振光。图示方法是在光线上画带有箭头的闭合曲线并加以文字说明。

## 2. 3. 12 布儒斯特定律

从自然光获得偏振光的过程称为起偏，所采用的装置称为起偏器，检验是否为偏振光的装置称为检偏器。实际中起偏器和检偏器有时采用同一种器件。

通常采用的起偏器为偏振片，它是通过在透明基片上沉积一层极薄的晶体膜再施加应力制成的。自然光通过偏振片后就成为线偏振光。起偏器也可以采用双折射晶体(将在下面讨论)制成，例如常用的尼科耳棱镜等。获得偏振光的方法还有下面的反射起偏法与折射起偏法。

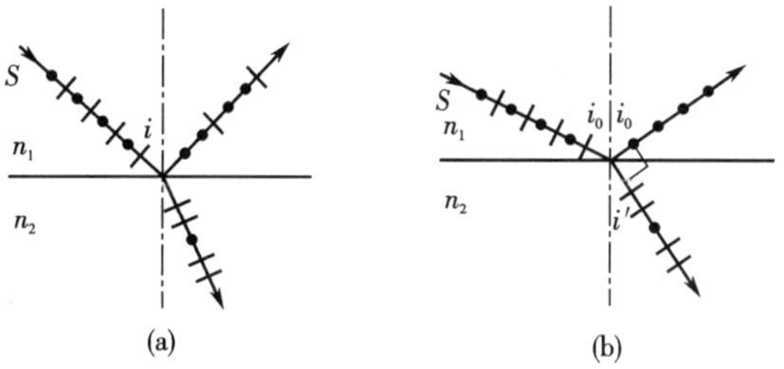


图 2. 3-17

当自然光以入射角 $i$ 由折射率为 $n_1$ 的媒质射向折射率为 $n_2$ 的媒质分界面时，反射光为垂直入射面的光振动较强的部分偏振光，折射光为平行入射面的光振动较强的部分偏振光，它们的偏振程度与入射角 $i$ 有关，如图 2. 3-17(a)所示。

当改变入射角 $i$ 使得反射光线与折射光线垂直，即反射角与折射角之和等于 90°时，理论与实验均证实，反射光为光振动垂直入射面的完全偏振光，折射光仍为平行入射面的光振动较强的部分偏振光，如图 2. 3-17(b)所示。此时的入射角记为 $i_0$，称为起偏振角或布儒斯特角。根据光的折射定律 $n_1 \sin i_0 = n_2 \sin i'$ 及 $i_0 + i' = 90°$，得

$$\tan i_0 = \frac{n_2}{n_1} \tag{2.3-32}$$

此式称为布儒斯特定律。这种获得偏振光的方法称为反射起偏法。

当自然光以布儒斯特角入射到一片平板玻璃(或透明薄膜)上时，不但在玻璃的上表面满足布儒斯特定律，而且在玻璃的下表面也满足布儒斯特定律，这一点用式(2. 3-32)很容易证明。这样，在玻璃上、下表面的反射光均为光振动垂直入射面的完全偏振光。

实际中可用多层玻璃片堆叠在一起构成“玻璃堆”，当自然光以布儒斯特角入射时，不但反射光是光振动垂直入射面的完全偏振光，而且折射光中垂直入射面的光振动被多层玻璃片层层反射出去，使得折射光成为光振动平行入射面的近似偏振光，此法也称折射起偏法。

**【例 2.3-8】** 一束平行的自然光从空气(取折射率 $n_1=1$)以 60°入射角投射到折射率为 $n_2$ 的平板玻璃表面上,若反射光是完全偏振光,则下列结果中正确的是(  )。

(A)折射光也是完全偏振光

(B)折射光是垂直入射面的光振动较强的部分偏振光

(C)折射光的折射角 $i'=35°$

(D)玻璃的折射率 $n_2=\sqrt{3}$

**解:**根据布儒斯特定律,当反射光是完全偏振光时,折射光是平行入射面的光振动较强的部分偏振光,入射角与折射角之和为 $i_0+i'=90°$,玻璃折射率 $n_2=n_1\tan 60°=\sqrt{3}$,正确答案应选(D)。

## 2.3.13 马吕斯定律

图 2.3-18 所示为一偏振片,连线 $OO'$ 表示偏振片允许透光的方向,称为偏振化方向。当振幅为 $A_0$ 的线偏振光垂直入射到偏振片上时,若线偏振光的振动方向与 $OO'$ 夹角为 $\theta$,则透过偏振片射出的线偏振光的振幅为 $A=A_0\cos\theta$。由于光强与振幅平方成正比,所以入射线偏振光的光强 $I_0$ 与出射线偏振光的光强 $I$ 之间满足关系

$$I=I_0\cos^2\theta \tag{2.3-33}$$

此式称为马吕斯定律。

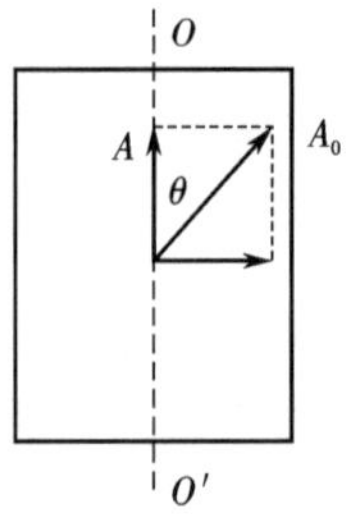

图 2.3-18

当自然光垂直射向偏振片时,自然光中的各个方向的光振动都可以投影到 $OO'$ 方向和与其垂直的方向,由于两个方向的强度相同,而只有 $OO'$ 方向的光可以通过,所以出射光强只有入射光强的 1/2。

应当指出,上面给出的结果没有考虑偏振片对出射光强的吸收,当进行理论计算时可不必考虑吸收。

**【例 2.3-9】** 一束光强为 $I_0$ 的自然光,相继通过三个偏振片 $P_1$、$P_2$、$P_3$ 后,出射光的光强为 $I=I_0/8$。已知 $P_1$ 和 $P_3$ 的偏振化方向相互垂直,若以入射光线为轴,旋转 $P_2$,要使出射光的光强为零,$P_2$ 最少要转过的角度是(  )。

(A)30°  (B)45°  (C)60°  (D)90°

**解:**设开始时 $P_2$ 与 $P_1$ 的偏振化方向之间夹角为 $\theta$,通过 $P_1$ 后的光强为 $I_1=I_0/2$,通过 $P_2$ 后的光强为 $I_2=I_1\cos^2\theta$,再通过 $P_3$ 后的光强为 $I=I_2\cos^2(90°-\theta)=I_0/8$,将前两式代入第三式解出 $\theta=45°$,所以 $P_2$ 最少要转过 45°使其偏振化方向与 $P_1$ 或 $P_3$ 平行均可使出射光强为零。正确答案应选(B)。

## 2.3.14 双折射现象

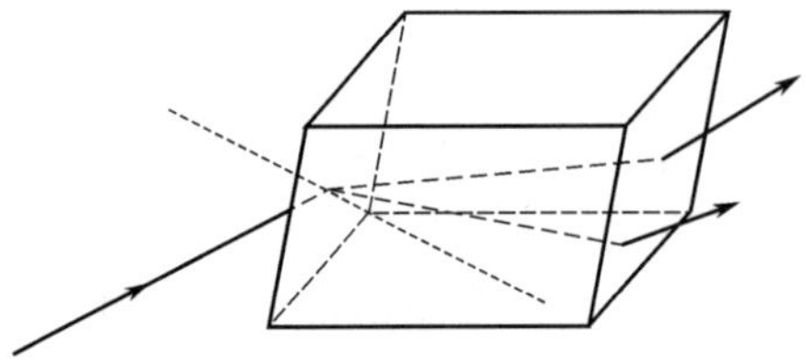
图 2.3-19

**1. 光的双折射现象**

当一束自然光入射到一块各向异性的晶体时,晶体内部的折射光分成传播方向和偏振方向不同的两束光,这种现象称为双折射现象,如图 2.3-19 所示。

在两束折射光中,一束遵从通常的折射定律,称为寻常光或 o 光;另一束则不遵从通常的折射

定律,称为非常光或 e 光。寻常光的折射率是常数,非常光的折射率与方向有关,不是常数。

**2. 晶体的光轴**

双折射现象的产生原因是晶体的各向异性,在晶体中寻常光沿各个不同方向传播的光速相同,而非常光沿各个不同方向传播的光速则不同。

在晶体中有一个特殊的方向,寻常光与非常光沿此方向传播的速度相同,垂直此方向传播的速度相差最大。这个特殊的方向称为晶体的光轴。注意,光轴实际上是指一个方位,平行于该特殊方向的任何一条直线都是光轴,而不是特指某一条直线。

有些晶体只有一个光轴,称为单轴晶体,例如方解石、石英等;有两个光轴的晶体称为双轴晶体。

光线与光轴构成的平面称为主平面。o 光与 e 光都是线偏振光,o 光的振动方向垂直自己的主平面;e 光的振动方向平行自己的主平面。这里强调"自己的主平面",是因为 o 光与 e 光两者的主平面可能重合,也可能不重合,视情况而定。

**3. 单轴晶体中的波面**

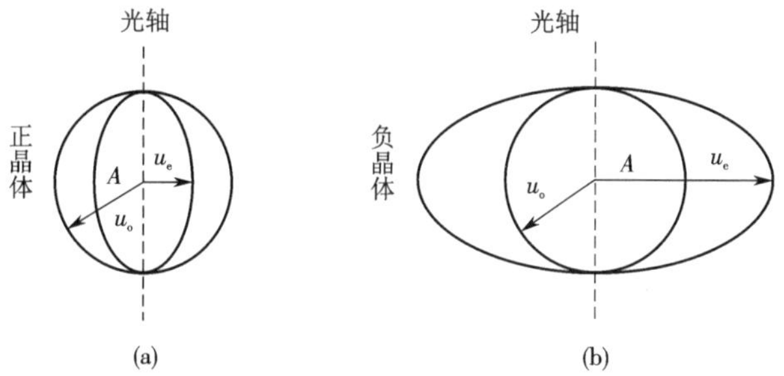

图 2. 3-20

在单轴晶体中,o 光沿各个方向传播速度相同,从 $A$ 点发出的 o 光其波面为球面;e 光仅在光轴方向上与 o 光传播速度相同,在垂直光轴的方向上,e 光与 o 光速度差别最大,也即折射率差别最大。从 $A$ 点发出的 e 光其波面为旋转椭球面。o 光与 e 光的波面相切于光轴上。如果 o 光折射率 $n_o$ 与 e 光沿垂直光轴方向的折射率 $n_e$(称为主折射率)之间,满足 $n_o \leqslant n_e$,该晶体称为正晶体,如石英。由于 $n = c/u$,有 $u_o \geqslant u_e$,即 o 光波速大于或等于 e 光波速,e 光波面包含在 o 光波面内部,如图 2. 3-20(a)所示。而如果满足 $n_o \geqslant n_e$,该晶体称为负晶体,如方解石。此时有 $u_o \leqslant u_e$,即 o 光波速小于或等于 e 光波速,o 光波面包含在 e 光波面内部,如图 2. 3-20(b)所示。

根据惠更斯原理,采用作图的方法可以确定 o 光与 e 光的传播方向。例如图 2. 3-21,自然光垂直晶体表面入射,设晶体光轴平行晶体表面(研磨而成)且为负晶体。在此种情形下,以入射点为中心,o 光波面为半球面,e 光波面为半个旋转椭球面,两者相切于通过入射点的光轴上。晶体中的 o 光与 e 光仍沿原方向传播,两者虽没有分开,但波速不同,到达某同一位置时,两者具有一定的相位差。这里画出的只是一种较为简单的情况,复杂情况从略。

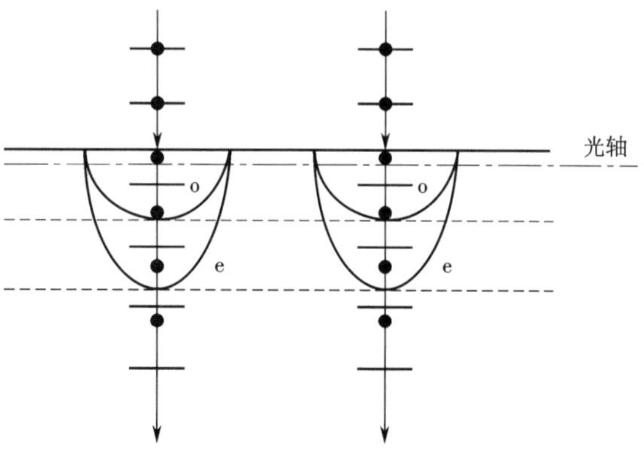

图 2. 3-21

# 仿真习题

## 2.1 热学

2-1 在一密闭容器中，储有 A、B、C 三种理想气体，处于平衡状态。A 种气体的分子数密度为 $n_1$，它产生的压强为 $p_1$，B 种气体的分子数密度为 $2n_1$，C 种气体的分子数密度为 $3n_1$，则混合气体的压强 $p$ 应为(　　)。

(A) $3p_1$　　(B) $4p_1$　　(C) $5p_1$　　(D) $6p_1$

2-2 一瓶氦气和一瓶氮气密度相同，分子平均平动动能相同，而且它们都处于平衡状态，则它们温度与压强的关系是(　　)。

(A)温度相同，压强相同

(B)温度相同，但氦气的压强大于氮气的压强

(C)温度、压强都不相同

(D)温度相同，但氦气的压强小于氮气的压强

2-3 下列各式中表示气体分子平均平动动能的是(　　)。(式中 $M$ 为气体的质量，$m$ 为气体分子质量，$\mu$ 为气体摩尔质量，$n$ 为气体分子数密度，$N_A$为阿伏加德罗常量)

(A) $\frac{3m}{2M}pV$　　(B) $\frac{3M}{2\mu}pV$　　(C) $\frac{3}{2}npV$　　(D) $\frac{3\mu}{2M}N_A pV$

2-4 常温下一摩尔双原子分子理想气体，当温度为 $T$ 时，其内能应为(　　)。

(A) $\frac{3}{2}RT$　　(B) $\frac{3}{2}kT$　　(C) $\frac{5}{2}RT$　　(D) $\frac{5}{2}kT$

2-5 一定量的理想气体，在体积不变的情况下，当温度升高时，分子的平均碰撞频率 $\bar{Z}$ 和平均自由程 $\bar{\lambda}$ 的变化情况是(　　)。

(A) $\bar{Z}$ 增大，$\bar{\lambda}$ 不变　　(B) $\bar{Z}$ 不变，$\bar{\lambda}$ 增大　　(C) $\bar{Z}$ 和 $\bar{\lambda}$ 都增大　　(D) $\bar{Z}$ 和 $\bar{\lambda}$ 都不变

2-6 若 $f(v)$ 为麦克斯韦气体分子速率分布函数，$N$ 为分子总数，$m$ 为分子质量，则 $\int_{v_1}^{v_2}\frac{1}{2}mv^2\,Nf(v)\,\mathrm{d}v$ 的物理意义是(　　)。

(A)速率为 $v_2$的各分子的总平动动能与速率为 $v_1$的各分子的总平动动能之差

(B)速率为 $v_2$的各分子的总平动动能与速率为 $v_1$的各分子的总平动动能之和

(C)速率处在速率间隔 $v_1\sim v_2$之内的分子的平均平动动能

(D)速率处在速率间隔 $v_1\sim v_2$之内的分子平动动能之和

2-7 若 $f(v)$ 为麦克斯韦气体分子速率分布函数，则速率在 $v_1$至 $v_2$区间内的分子的平均速率应为(　　)。

(A) $\int_{v_1}^{v_2}vf(v)\,\mathrm{d}v$　　(B) $v\int_{v_1}^{v_2}vf(v)\,\mathrm{d}v$

(C) $\int_{v_1}^{v_2}vf(v)\,\mathrm{d}v/\int_{v_1}^{v_2}f(v)\,\mathrm{d}v$　　(D) $\int_{v_1}^{v_2}f(v)\,\mathrm{d}v/\int_{0}^{\infty}f(v)\,\mathrm{d}v$

2-8 一理想气体处于温度为 $T$ 的平衡态下，已知其平均速率为 $\bar{v}=v_0$，则其方均根速率应等于(　　)。

(A) $\sqrt{\frac{8}{3\pi}}v_0$　　(B) $\sqrt{\frac{3\pi}{8}}v_0$　　(C) $\sqrt{\frac{2}{3}}v_0$　　(D) $\sqrt{\frac{3}{2}}v_0$

2-9 在相同温度下,氢气分子的最概然速率是氧气分子最概然速率的(　　)。

(A)2 倍　　(B)4 倍　　(C)$\sqrt{2}$倍　　(D)$1/\sqrt{2}$倍

2-10 已知一理想气体经过一准静态等体过程后,温度从 $T_1$升高到 $T_2$,吸收热量为 $Q$。如果该过程为非准静态等体过程,温度仍从 $T_1$(平衡态)升高到 $T_2$(平衡态),则气体吸收的热量应(　　)。

(A)大于 $Q$　　(B)小于 $Q$　　(C)等于 $Q$　　(D) 不能确定

2-11 一定量的理想气体,开始时处于压强、体积、温度分别为 $p_1$、$V_1$、$T_1$的平衡态,后来变到压强、体积、温度分别为 $p_2$、$V_2$、$T_2$的终态,若已知 $V_2>V_1$,且 $T_2=T_1$,则以下各种说法中正确的是(　　)。

(A)不论经历的是什么过程,气体对外净做的功一定为正值

(B)不论经历的是什么过程,气体从环境净吸的热一定为正值

(C)若气体从始态变到终态经历的是等温过程,则气体吸收的热量最少

(D)如果不给定气体所经历的是什么过程,则气体在过程中对外净做的功和从外界净吸热的正负皆无法判断

2-12 对于常温下的双原子分子理想气体,在等压膨胀过程中,系统对外所做的功与从外界吸收的热量之比应等于(　　)。

(A)7/2　　(B)5/2　　(C)2/5　　(D)2/7

2-13 氦气、氮气、水蒸气(均视为刚性分子理想气体)三者的摩尔数相同,初始状态相同,若使它们在体积不变的情况下吸收相等的热量,则应有(　　)。

(A)它们的温度升高相同,压强增加相同

(B)它们的温度升高相同,压强增加不相同

(C)它们的温度升高不相同,压强增加不相同

(D)它们的温度升高不相同,压强增加相同

2-14 1 mol 的刚性双原子分子理想气体,温度为 $t=25$ ℃,压强 $p=1.0$ atm,分别经等温过程和绝热过程膨胀至原来体积的三倍,则以下结果中正确的是(　　)。

(A)等温功 $W=2.72\times10^3$ J,绝热内能增量 $\Delta E=-2.20\times10^3$ J

(B)等温功 $W=2.20\times10^3$ J,绝热功 $W=2.20\times10^3$ J

(C)等温热量 $Q=2.72\times10^3$ J,绝热内能增量 $\Delta E=-2.72\times10^3$ J

(D)等温热量 $Q=2.20\times10^3$ J,绝热功 $W=2.72\times10^3$ J

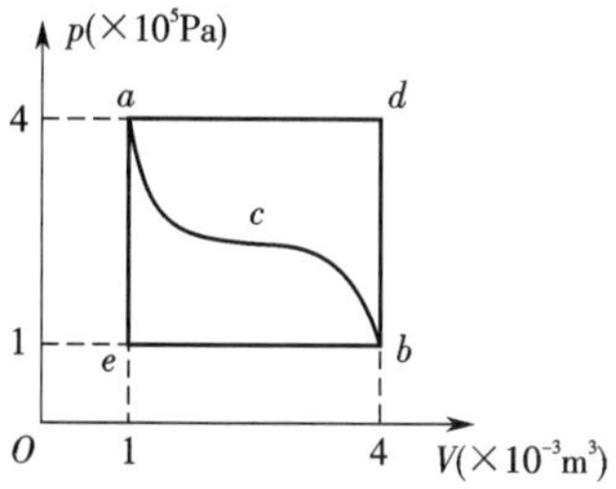


题2-15图

2-15 一定量的理想气体经历如图所示 $acb$ 过程时净吸热 500 J,则经历 $acbda$ 循环过程时,吸放热代数和应为(　　)。

(A) −1 200 J　　(B) −700 J

(C) −400 J　　(D)700 J

2-16 如图,$bca$ 为理想气体绝热过程,$b1a$ 和 $b2a$ 是任意过程,则上述两过程中气体做功与吸收热量的情况是(　　)。

(A)$b1a$ 过程放热,做负功;$b2a$ 过程放热,做负功

(B)$b1a$ 过程吸热,做负功;$b2a$ 过程放热,做负功

(C) $b1a$ 过程吸热,做正功;$b2a$ 过程吸热,做负功

(D) $b1a$ 过程放热,做正功;$b2a$ 过程吸热,做正功

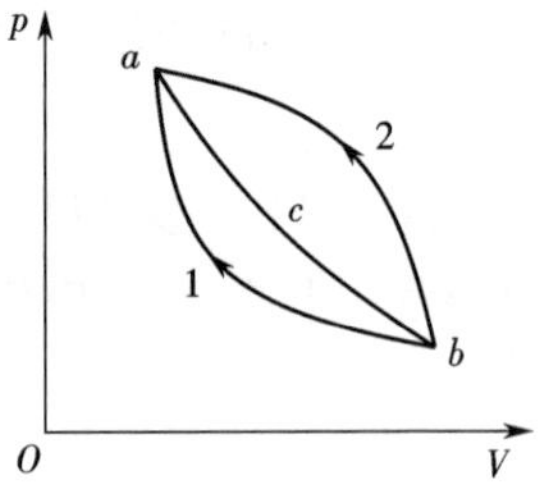

题 2-16 图

2-17 有一卡诺热机,工作物质为 290 g 空气,工作在 27 ℃ 的高温热源与 −73 ℃的低温热源之间。若在等温膨胀的过程中气缸体积增大到 2.718 倍,则此热机每一循环所做的功应为(　　)。(空气的摩尔质量为 $29\times10^{-3}$ kg/mol,普适气体常量 $R=8.31$ J/(mol·K))

(A) $1.57\times10^{7}$ J　(B) $8.30\times10^{6}$ J　(C) $1.57\times10^{4}$ J　(D) $8.30\times10^{3}$ J

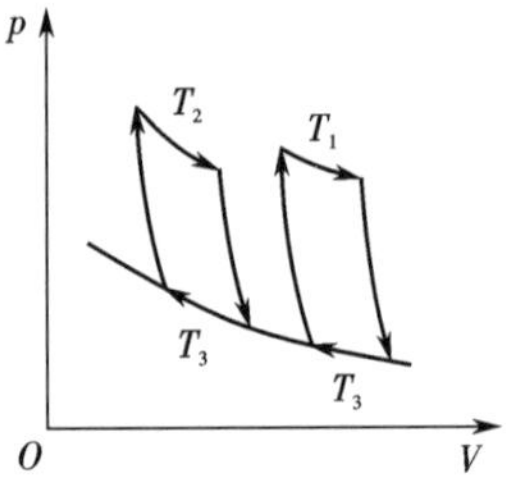

题 2-18 图

2-18 两个卡诺热机的循环曲线如图所示,其中一个工作在温度为 $T_1$ 与 $T_3$ 的两个热源之间,另一个工作在温度为 $T_2$ 与 $T_3$ 的两个热源之间,已知这两个循环曲线所包围的面积相等,由此可知(　　)。

(A) 两个热机的效率一定相等

(B) 两个热机从高温热源所吸收的热量一定相等

(C) 两个热机向低温热源所放出的热量一定相等

(D) 两个热机吸收的热量与放出的热量(绝对值)的差值一定相等。

2-19 一卡诺制冷机在工作时,低温热源温度为 −10 ℃,高温热源温度为 11 ℃。若在一次循环中,外界对系统做功 1 000 J,则系统从低温热源吸收的热量应为(　　)。

(A) −476 J　(B) 524 J　(C) $1.25\times10^{4}$ J　(D) $1.35\times10^{4}$ J

2-20 根据热力学第二定律判断,以下结果正确的是(　　)。

(A) 热量能从高温物体传到低温物体,但不能从低温物体传到高温物体

(B) 功可以全部变为热,但热不能全部变为功

(C) 气体能够自由膨胀,但不能自动收缩

(D) 有规则运动的能量能够变为无规则运动的能量,但无规则运动的能量不能变为有规则运动的能量

2-21 理想气体向真空作绝热膨胀,膨胀后系统的变化为(　　)。

(A) 系统温度不变,压强减小　(B) 系统温度降低,压强减小

(C) 系统温度升高,压强减小　(D) 系统温度不变,压强不变

## 2.2 波动学

2-22 一简谐波沿 $x$ 轴正向传播,波的振幅为 $A$,角频率为 $\omega$,波速为 $u$。若以原点处的质元经平衡位置正方向运动时作为计时的起点,则该波的波动方程是(　　)。

(A) $y=A\cos\left[\omega\left(t-\frac{x}{u}\right)+\frac{\pi}{2}\right]$　(B) $y=A\cos\left[\omega\left(t-\frac{x}{u}\right)-\frac{\pi}{2}\right]$

(C) $y=A\cos\left[\omega\left(t-\frac{x}{u}\right)+\pi\right]$　(D) $y=A\cos\left[\omega\left(t-\frac{x}{u}\right)-\frac{\pi}{3}\right]$

2-23 一简谐横波沿 $x$ 轴正向传播,若 $x$ 轴上 $P_1$ 和 $P_2$ 两点相距 $\lambda/8$(其中 $\lambda$ 为该波的波长),则在波的传播过程中,这两点振动速度的关系为(　　)。

(A) 方向总是相同　(B) 方向总是相反

(C)方向有时相同,有时相反　　(D)大小总是不相等

2-24　关于机械波波速的以下几种说法中,正确的是(　　)。

(A)波速与频率和波长有关　　(B)波速与媒质的密度和媒质的弹性模量有关

(C)波速与振源的周期有关　　(D)波速与振源处质点的振动速度相等

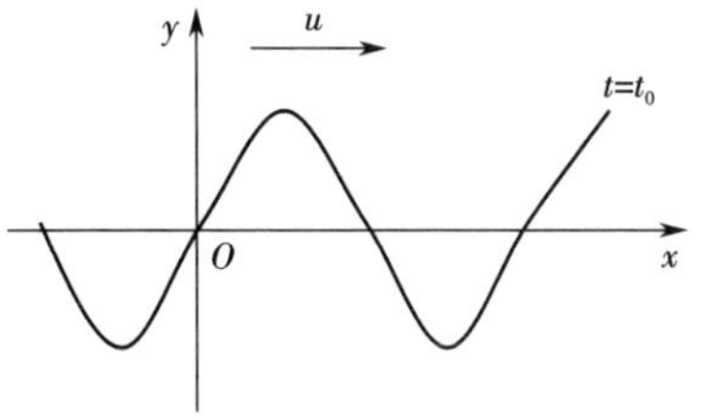


题 2-25 图

2-25　一平面简谐波沿 $x$ 轴正方向传播,其振幅为 $A$,频率为 $\nu$,设 $t=t_0$ 时刻的波形如图所示,则 $x=0$ 处质点的振动方程是(　　)。

(A) $y=A\cos\,[2\pi\nu(t+t_0)+\pi/2]$

(B) $y=A\cos\,[2\pi\nu(t-t_0)+\pi/2]$

(C) $y=A\cos\,[2\pi\nu(t-t_0)-\pi/2]$

(D) $y=A\cos\,[2\pi\nu(t+t_0)-\pi/2]$

2-26　图示为一沿 $x$ 轴正向传播的平面简谐波在 $t=0$ 时刻的波形。若振动方程以余弦函数表示,且振动的初相位在 $-\pi$ 到 $\pi$ 之间取值,则下列结果中正确的是(　　)。

(A)1 点的初相位为 $\varphi_1=0$

(B)0 点的初相位为 $\varphi_0=-\pi/2$

(C)2 点的初相位为 $\varphi_2=0$

(D)3 点的初相位为 $\varphi_3=0$

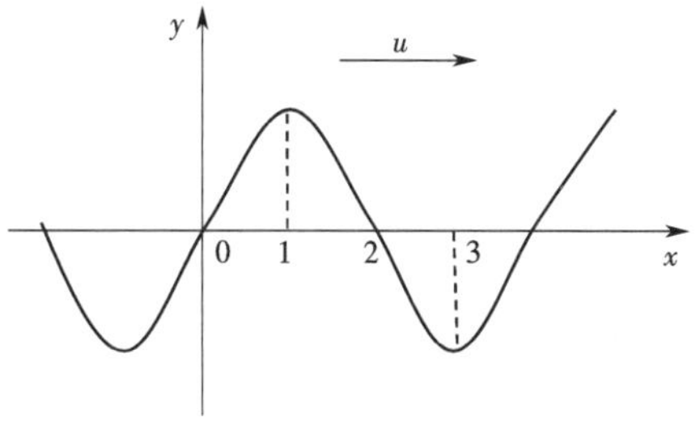


题 2-26 图

2-27　一声呐装置向海水中发出超声波,其波的表达式为

$$y=1.2\times10^{-3}\cos\,(3.14\times10^5 t-220x)\quad(\mathrm{SI})$$

则下列结果中正确的是(　　)。

(A)振幅 $A=1.2$ m　　(B)频率 $\nu=500$ Hz

(C)波长 $\lambda=2.86$ m　　(D)波速 $u=1\ 427$ m/s

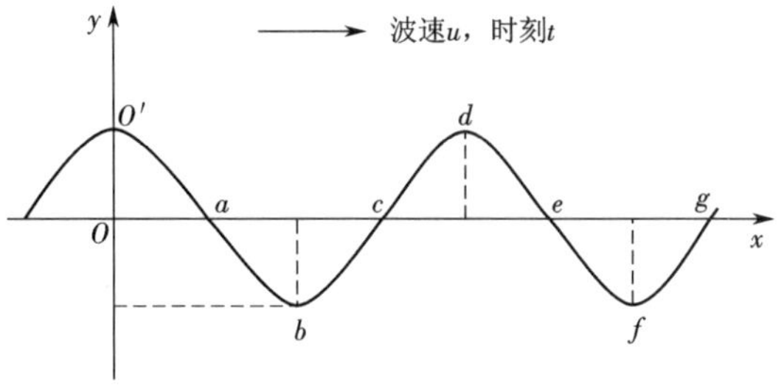


题 2-28 图

2-28　一列机械横波在 $t$ 时刻的波形曲线如图所示,则该时刻能量为最大值的媒质质元的位置是(　　)。

(A) $O',b,d,f$　　(B) $a,c,e,g$

(C) $O',d$　　(D) $b,f$

2-29　一平面简谐波在弹性媒质中传播,在媒质质元从平衡位置处运动到最大位移处的过程中,有关能量的变化是(　　)。

(A)它的动能转换为势能

(B)它的势能转换为动能

(C)它从相邻的一段质元获得能量,其能量逐渐增大

(D)它把自己的能量传给相邻的一段质元,其能量逐渐减小

2-30　一平面简谐波在媒质中传播的速度 $u=10^3$ m/s,振幅 $A=1.0\times10^{-4}$ m,频率 $\nu=10^3$ Hz。若该媒质的密度为 $\rho=800$ kg/m$^3$,则该波的平均能流密度为(　　)。

(A) $1.58\times10^9$ W/m$^2$　(B) $1.58\times10^5$ W/m$^2$　(C) 4 000 W/m$^2$　　(D) 25 W/m$^2$

2-31　如图所示,两列波长为 $\lambda$ 的相干波在 $P$ 点相遇,$S_1$点的初相位是 $\varphi_1$,$S_1$点到 $P$ 点的距离是 $r_1$;$S_2$点的初相位是 $\varphi_2$,$S_2$点到 $P$ 点的距离是 $r_2$;以 $k$ 代表零或正、负整数,则 $P$ 点是干涉极大的条件为(　　)。

(A)$r_2 - r_1 = k\lambda$

(B)$\varphi_2 - \varphi_1 = 2k\pi$

(C)$\varphi_2 - \varphi_1 + 2\pi(r_2 - r_1)/\lambda = 2k\pi$

(D)$\varphi_2 - \varphi_1 + 2\pi(r_1 - r_2)/\lambda = 2k\pi$

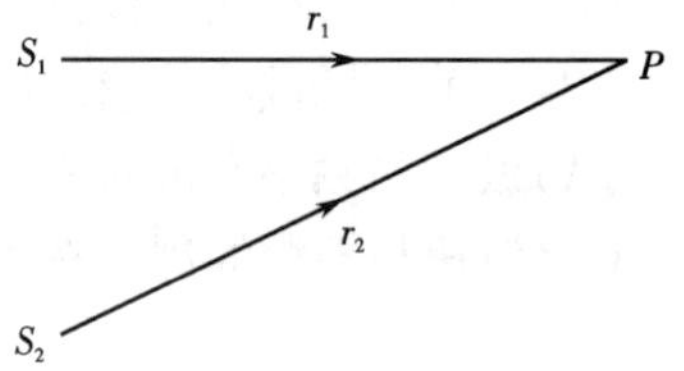


题 2-31 图

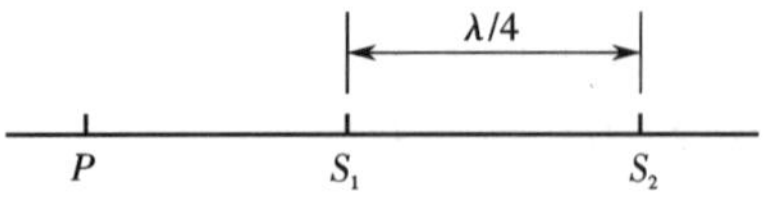


题 2-32 图

2-32　两相干波源 $S_1$和 $S_2$相距 $\lambda/4$($\lambda$ 为波长),$S_1$的相位比 $S_2$的相位超前 $\pi/2$,在 $S_1$和 $S_2$的连线上,$S_1$外侧各点(例如 $P$ 点)两波引起的两谐振动的相位差是(　　)。

(A)0　　(B)$\pi/2$　　(C)$\pi$　　(D)$3\pi/2$

2-33　在波长为 $\lambda$ 的驻波中,两个相邻波腹之间的距离为(　　)。

(A)$\lambda/4$　　(B)$\lambda/2$　　(C)$3\lambda/4$　　(D)$\lambda$

2-34　在驻波中,两个相邻波节之间各质点的振动振幅及相位关系为(　　)。

(A)振幅相同,相位相同　　(B)振幅不同,相位相同

(C)振幅相同,相位不同　　(D)振幅不同,相位不同

2-35　设沿弦线传播的一入射波的表达式为 $y_1 = A\cos(\omega t - 2\pi x/\lambda)$,波在 $x = L$ 处($B$ 点)发生反射,反射点为自由端(如图),设波在传播和反射过程中振幅不变,则反射波的表达式为(　　)。

(A)$y_2 = A\cos\left[\omega t + \dfrac{2\pi x}{\lambda} + \dfrac{4\pi L}{\lambda}\right]$

(B)$y_2 = A\cos\left[\omega t + \dfrac{2\pi x}{\lambda} + \dfrac{2\pi L}{\lambda} + \pi\right]$

(C)$y_2 = A\cos\left[\omega t + \dfrac{2\pi x}{\lambda} - \dfrac{4\pi L}{\lambda}\right]$

(D)$y_2 = A\cos\left[\omega t + \dfrac{2\pi x}{\lambda} - \dfrac{2\pi L}{\lambda} + \pi\right]$

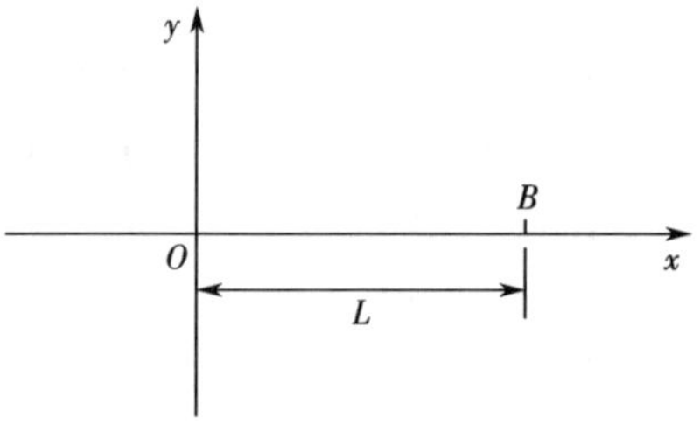


题 2-35 图

2-36　在弦线上有一简谐波,其表达式为

$$y_1 = 2.0 \times 10^{-2}\cos\left[100\pi\left(t + \frac{x}{20}\right) - \frac{4\pi}{3}\right]\quad (\mathrm{SI})$$

为了在此弦线上形成驻波,并且在 $x = 0$ 处为一波腹,此弦线上还应有一简谐波,其表达式应为(　　)。

(A)$y_2 = 2.0 \times 10^{-2}\cos\left[100\pi\left(t - \dfrac{x}{20}\right) + \dfrac{\pi}{3}\right]$　(SI)

(B)$y_2 = 2.0 \times 10^{-2}\cos\left[100\pi\left(t - \dfrac{x}{20}\right) + \dfrac{4\pi}{3}\right]$　(SI)

(C)$y_2 = 2.0 \times 10^{-2}\cos\left[100\pi\left(t - \dfrac{x}{20}\right) - \dfrac{\pi}{3}\right]$　(SI)

(D) $y_2 = 2.0 \times 10^{-2}\cos\left[100\pi\left(t - \frac{x}{20}\right) - \frac{4\pi}{3}\right]$ (SI)

2-37 定义声强级时人为规定以可引起听觉的最弱声强 $I_0 = 10^{-12}$ W/m² 作为声强级的标准。若某工地的噪声强度(平均能流密度)为 $I = 10^{-4}$ W/m²,则其声强级是(　　)。

(A)8 dB　　(B)40 dB　　(C)80 dB　　(D)120 dB

2-38 火车以 25 m/s 的速率沿直线行驶,其汽笛声的频率为 500 Hz。设空气中的声速为 340 m/s。一个人站立在铁轨旁,当火车从他身边驶过时,他听到汽笛声的频率变化是(　　)。

(A)540 Hz　　(B)466 Hz　　(C)432 Hz　　(D)74 Hz

2-39 设声波在媒质中的传播速度为 $u$,声源的频率为 $\nu_0$。若声源 S 不动,而接收器 B 相对于媒质以速度 $u_B$ 沿着 S、B 连线向着声源 S 运动,则位于 S、B 连线中点的质点 $P$ 的振动频率是(　　)。

(A) $\nu_0$　　(B) $\frac{u + u_B}{u}\nu_0$　　(C) $\frac{u - u_B}{u}\nu_0$　　(D) $\frac{u + u_B/2}{u}\nu_0$

## 2.3 光学

2-40 在以下干涉实验获得相干光的方法中,叙述正确的是(　　)。

(A)杨氏双缝干涉采用的是分振幅法

(B)牛顿环干涉采用的是分波阵面法

(C)劈尖干涉采用的是分波阵面法

(D)迈克耳孙干涉仪中的等倾干涉采用的是分振幅法

2-41 真空中波长为 $\lambda$ 的单色光,在折射率为 $n$ 的均匀透明媒质中,从 $A$ 点沿某一路径传播到 $B$ 点,路径的长度为 $l$。如将 $A$、$B$ 两点光振动相位差记为 $\Delta\varphi$,则以下各组结果中正确的是(　　)。

(A) $l = 3\lambda/2, \Delta\varphi = 3\pi$　　(B) $l = 3\lambda/(2n), \Delta\varphi = 3n\pi$

(C) $l = 3\lambda/(2n), \Delta\varphi = 3\pi$　　(D) $l = 3n\lambda/2, \Delta\varphi = 3n\pi$

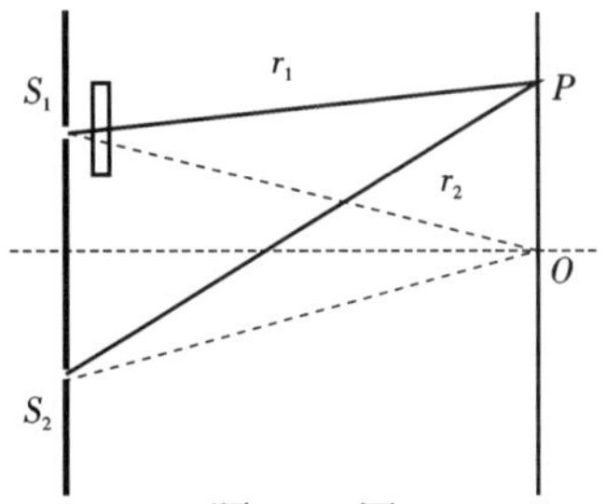


题 2-42 图

2-42 如图所示,在空气中进行双缝干涉实验,用波长为 $\lambda = 550$ nm 的单色平行光垂直入射到双缝上。假如用一厚度 $e = 6.6 \times 10^{-6}$ m、折射率 $n = 1.58$ 的玻璃片覆盖一缝后,零级明纹移到原来未加玻璃片时的第 $k$ 级明纹处,则下列各 $k$ 值正确的是(　　)。

(A)3　　(B)7

(C)10　　(D)70

2-43 波长为 $\lambda$ 的单色光垂直照射到折射率为 $n_2$ 的劈形膜上,如图所示,图中折射率 $n_1 < n_2 < n_3$,观察反射光形成的干涉条纹。从劈形膜顶部 $O$ 开始向右数起,第五条暗纹中心所对应的薄膜厚度是(　　)。

(A) $\frac{2\lambda}{n_2}$　　(B) $\frac{9\lambda}{4n_2}$

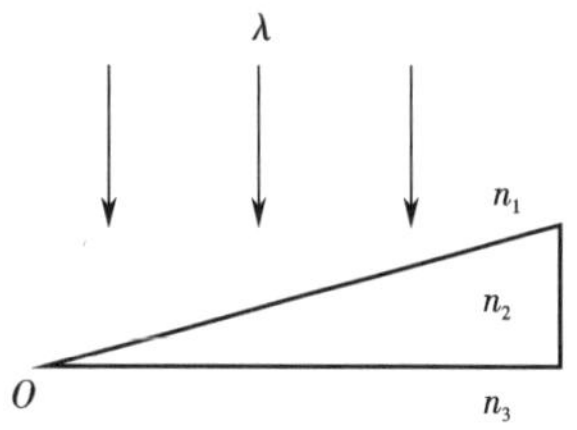


题 2-43 图

(C)$\frac{5\lambda}{2n_2}$　　(D)$\frac{11\lambda}{4n_2}$

2-44　用单色光垂直照射在牛顿环实验装置上，当上方的平凸透镜垂直向上缓慢平移而远离下方的平面玻璃时，可以观察到环状干涉条纹变化情况是(　　)。

(A)只作横向平移　　(B)向中心收缩

(C)向外扩张　　(D)静止不动

2-45　若把牛顿环装置(都是用折射率为 1.52 的玻璃制成的)由空气中搬入折射率为 1.33 的水中，则干涉条纹的变化情况是(　　)。

(A)中心暗斑变成亮斑　　(B)变疏

(C)变密　　(D)间距不变

2-46　如图，空气(折射率 $n_0 \approx 1$)中波长为 $\lambda$ 的平行单色光，垂直入射在折射率为 $n_1$、厚度为 $e$ 的透明薄膜上，经薄膜上、下两个表面反射的两束光发生干涉。若薄膜下方媒质的折射率为 $n_2$，且 $n_0 < n_1 < n_2$，则两束反射光在相遇点的相位差为(　　)。

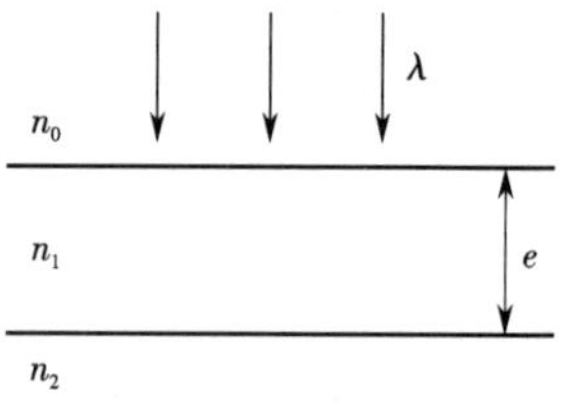


题 2-46 图

(A)$4\pi n_1 e/\lambda$　　(B)$2\pi n_1 e/\lambda$

(C)$4\pi n_1 n_2 e/\lambda$　　(D)$2\pi n_1 n_2 e/\lambda$

2-47　在迈克耳孙干涉仪的一支光路中，放入一片折射率为 $n$ 的透明媒质薄膜后，测出两束光光程差的改变量为一个波长 $\lambda$，则薄膜的厚度是(　　)。

(A)$\lambda/2$　　(B)$\lambda/(2n)$　　(C)$\lambda/n$　　(D)$\lambda/[2(n-1)]$

2-48　若在迈克耳孙干涉仪的可动反射镜移动 0.620 mm 过程中，观察到干涉条纹移动了 2 300 条，则所用光波的波长是(　　)。

(A)140.3 nm　　(B)185.4 nm　　(C)539.1 nm　　(D)713.0 nm

2-49　根据惠更斯—菲涅尔原理，若已知光在某时刻的波阵面为 $S$，则 $S$ 的前方某点 $P$ 的光强度决定于波阵面 $S$ 上所有面积元发出的子波各自传到 $P$ 点的(　　)。

(A)振动振幅之和　　(B)光强之和

(C)振动振幅之和的平方　　(D)振动的相干叠加

2-50　一单色平行光垂直照射于一单缝上，若其第三级明纹位置恰好和波长 600 nm 的单色光的第二级明纹位置重合，则该单色光的波长为(　　)。

(A)900 nm　　(B)840 nm　　(C)429 nm　　(D)400 nm

2-51　提高光学仪器分辨本领的正确方法是(　　)。

(A)增大通光孔径，增大入射光波长　　(B)增大通光孔径，减小入射光波长

(C)减小通光孔径，增大入射光波长　　(D)减小通光孔径，减小入射光波长

2-52　在光栅光谱中，假如所有偶数级次的主极大都恰好在每缝衍射的暗纹方向上，因而实际上不出现，那么此光栅每个透光缝宽度 $a$ 和相邻两缝间不透光部分宽度 $b$ 的关系为(　　)。

(A)$a=b$　　(B)$a=2b$　　(C)$a=3b$　　(D)$b=2a$

2-53　一束平行光垂直入射到某个光栅上，该光束有两种波长的光，$\lambda_1=440$ nm，$\lambda_2=660$ nm。实验发现，两种波长的谱线(不计中央明纹)第二次重合于衍射角 $\varphi=60°$ 的方向上，

则此光栅的光栅常数是(　　)。

(A)$3.048\times10^{-3}$ m　(B)$3.281\times10^{-4}$ m　(C)$3.281\times10^{-6}$ m　(D)$3.048\times10^{-6}$ m

2-54　以波长 $\lambda_1=0.11$ nm 的 X 射线照射某晶面,其晶面间距为 $d$,在入射掠射角为 $\theta_1=11.25°$时获得第一级极大反射光;换用另一波长为 $\lambda_2$ 的 X 射线照射该晶面,测得第一级极大反射光相应的入射掠射角为 $\theta_2=17.5°$,则以下计算结果正确的是(　　)。

(A)$d=3.55$ nm,$\lambda_2=2.14$ nm　(B)$d=0.282$ nm,$\lambda_2=5.90$ nm

(C)$d=3.55$ nm,$\lambda_2=0.170$ nm　(D)$d=0.282$ nm,$\lambda_2=0.170$ nm

2-55　一束光垂直入射到偏振片 P 上,以入射光线为轴转动 P,观察通过 P 的光强的变化情况。以下结论全部正确的是(　　)。

(A)若光强明暗交替变化且有时出现全暗,则入射光可能是椭圆偏振光或线偏振光

(B)若光强明暗交替变化但不出现全暗,则入射光可能是圆偏振光或部分偏振光

(C)若光强不变,则入射光一定是自然光

(D)若光强不变,则不能准确判断入射光的偏振性质

2-56　若光从某种透明媒质射向该媒质与空气的交界面时,其全反射临界角等于 45°,则光从空气射向此媒质时的布儒斯特角是(　　)。

(A)35.3°　(B)45°　(C)54.7°　(D)57.3°

2-57　三个偏振片 $P_1$、$P_2$ 与 $P_3$ 堆叠在一起,$P_1$ 与 $P_3$ 的偏振化方向相互垂直,$P_2$ 与 $P_1$ 的偏振化方向间的夹角为 30°。强度为 $I_0$ 的自然光垂直入射到偏振片 $P_1$,并依次透过 $P_1$、$P_2$ 与 $P_3$,则通过三个偏振片后的光强为(　　)。

(A)$I_0/4$　(B)$3I_0/8$　(C)$3I_0/32$　(D)$I_0/16$

2-58　*ABCD* 为一块方解石的一个截面,*AB* 为垂直于纸面的晶体平面与纸面的交线。光轴方向在纸面内且与 *AB* 成一锐角 $\theta$,如图所示。一束平行的单色自然光垂直于 *AB* 端面入射。在方解石内折射光分解为 o 光和 e 光,下列关于 o 光和 e 光的描述中正确的是(　　)。

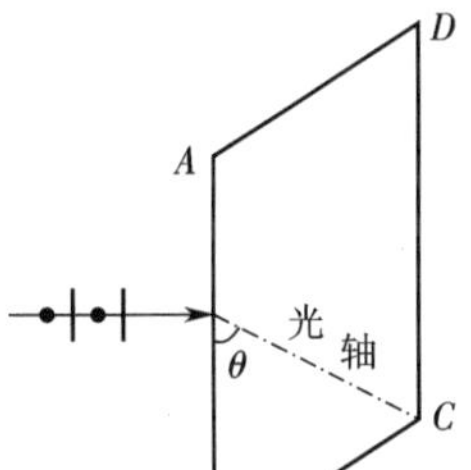

题 2-58 图

(A)传播方向相同,电场强度的振动方向互相垂直

(B)传播方向相同,电场强度的振动方向不互相垂直

(C)传播方向不同,电场强度的振动方向互相垂直

(D)传播方向不同,电场强度的振动方向不互相垂直

2-59　在双缝干涉实验中,单色自然光垂直入射到双缝上,在屏上形成干涉条纹。若在双缝与屏之间放一个偏振片使由两缝出射的光线均通过此偏振片,则屏上的情况是(　　)。

(A)干涉条纹的间距不变,但明纹的亮度加强

(B)干涉条纹的间距不变,但明纹的亮度减弱

(C)干涉条纹的间距变窄,且明纹的亮度减弱

(D)无干涉条纹

2-60　一衍射光栅,每厘米有 200 条透光缝,每条透光缝宽度 $a=2\times10^{-3}$cm,在光栅后放一焦距 $f=1$ m 的凸透镜,现以波长 $\lambda=600$ nm 的单色平行光垂直照射光栅,则在透光缝 $a$ 的单缝衍射中央明条纹宽度内,出现光栅衍射光谱线的条数是(　　)。

(A)3 条　(B)4 条　(C)5 条　(D)7 条

# 习题答案

2-1 (D)

2-2 (B)。 由平均平动动能 $\bar{\varepsilon}_k=\frac{3}{2}kT$ 相同,可知两者温度相同;又由气体状态方程 $p=\frac{M}{V}\cdot\frac{RT}{\mu}=\rho\cdot\frac{RT}{\mu}$,$\rho$、$T$ 相同,而 $\mu_{He}<\mu_{N_2}$,所以 $p_{He}>p_{N_2}$。

2-3 (A) 2-4 (C) 2-5 (A)

2-6 (D)。 根据 $f(v)dv=\frac{dN}{N}$,有 $dN=Nf(v)dv$,表示 $v$ 附近 $dv$ 内的分子数,所以 $\int_{v_1}^{v_2}\frac{1}{2}mv^2Nf(v)dv$ 表示速率在 $v_1\sim v_2$ 之间的分子平动动能之和。

2-7 (C)。 速率在 $v_1$ 至 $v_2$ 区间内的分子的平均速率为

$$\bar{v}_{1-2}=\frac{\int_{v_1}^{v_2}v dN}{\int_{v_1}^{v_2}dN}=\frac{\int_{v_1}^{v_2}v dN/N}{\int_{v_1}^{v_2}dN/N}=\frac{\int_{v_1}^{v_2}vf(v)dv}{\int_{v_1}^{v_2}f(v)dv}$$

其中用到 $f(v)dv=\frac{dN}{N}$。物理意义:$v_1$ 至 $v_2$ 区间内的分子的平均速率等于区间内各速率值乘以相应分子数之和再除以该区间分子总数。类比分子平均速率 $\bar{v}=\frac{\int_0^\infty vf(v)dv}{\int_0^\infty f(v)dv}$,由于 $f(v)$ 满足归一化条件,此时分母等于1。由此点看,本题容易错答(A)。

2-8 (B) 2-9 (B)

2-10 (C)。 等体过程:$W=0,Q=\Delta E=\frac{M}{\mu}C_V(T_2-T_1)$。

对于非准静态等体过程,仍有 $Q=\Delta E$,这是因为热力学第一定律是普遍的能量守恒与转化定律在热力学中的具体体现,它不因过程不同而失效。本题两个过程初、末态温度对应相同,内能 $E$ 是状态函数,与过程无关,所以 $\Delta E$ 相同,于是 $Q$ 也相同。(注:在一般情况下,热量 $Q$ 是与具体过程有关的。)

2-11 (D)。 功与热量都是过程量,不给定过程则无法判断其正负。故否定(A)(B)。

否定(C)的理由如下:若为等温过程,则吸热等于做功,也等于等温曲线下的面积。现另取一复合过程:从始态先等体由 $p_1$ 降压到 $p_2$,再等压变到终态,由于 $T_2=T_1$,该复合过程所吸收的热量仅等于等压过程所做的功,其值显然小于等温所做功。

2-12 (D)

2-13 (C)。 等体吸热:$Q_V=\frac{M}{\mu}C_V(T_2-T_1)=\frac{M}{\mu}\frac{i}{2}R(T_2-T_1)$,三者 $Q_V$、$\frac{M}{\mu}$、$T_1$ 相同,但自由度 $i$ 不同(氦气 $i=3$,氮气 $i=5$,水蒸气 $i=6$),所以 $T_2$ 不同,即温度增加不同。

再由状态方程 $pV=\frac{M}{\mu}RT$,$V$ 不变,而 $\frac{M}{\mu}$ 相同,$p\propto T$,所以压强增加不同。

2-14 (A)。 等温 $\Delta E=0, Q=W=\frac{M}{\mu}RT_1\ln\frac{V_2}{V_1}=RT_1\ln 3=2.72\times10^3$J；

绝热 $Q=0$，由 $V_1^{\gamma-1}T_1=V_2^{\gamma-1}T_2$ 及 $\gamma=C_p/C_V=1.4$，有 $T_2=0.644T_1$，

$W=-\Delta E=\frac{M}{\mu}\frac{i}{2}R(T_1-T_2)=2.20\times10^3$ J，$\Delta E=-2.20\times10^3$ J

2-15 (B)。 由图中数据可知：$p_aV_a=p_bV_b$，所以 $T_a=T_b$，$\Delta E_{acb}=0$，$Q_{acb}=W_{acb}=500$ J；气体经历 $acbda$ 循环，内能变化为零，$Q_{acbda}=W_{acbda}=W_{acb}+W_{bd}+W_{da}$，其中 $W_{bd}=0$，$W_{da}=p_a(V_a-V_d)=-1\,200$ J，所以 $Q_{acbda}=W_{acbda}=500+0-1\,200$ J $=-700$ J。

2-16 (B)。 一般情况下，做功的正负可以通过体积的膨胀或压缩来判断；而吸、放热则往往需要借助循环来判断。

①沿 $b2acb$ 做逆循环，$\Delta E=0$，循环功 $W<0$，$Q=Q_{b2a}+Q_{acb}=Q_{b2a}=W<0$，所以 $b2a$ 过程是放热；又因为是压缩过程，所以做负功。

②沿 $b1acb$ 做正循环，$\Delta E=0$，循环功 $W>0$，$Q=Q_{b1a}+Q_{acb}=Q_{b1a}=W>0$，所以 $b1a$ 过程是吸热；又因为是压缩过程，所以做负功。

2-17 (D)。 卡诺循环等温膨胀过程是整个循环中唯一的吸热过程，因等温，故 $\Delta E=0$，吸热等于功，即

$$Q_1=W_1=\int_{V_1}^{V_2}\frac{M}{\mu}RT_1\frac{dV}{V}=\frac{M}{\mu}RT_1\ln\frac{V_2}{V_1}$$
$$=\frac{0.290}{29\times10^{-3}}\times8.31\times(273+27)\times\ln 2.718=2.49\times10^4\text{ J}$$

由 $\eta=\frac{W}{Q_1}$，每循环所做静功，即

$$W=\eta\cdot Q_1=\left(1-\frac{T_2}{T_1}\right)\cdot Q_1=\left(1-\frac{273-73}{273+27}\right)\times2.49\times10^4=8.30\times10^3\text{ J}$$

2-18 (D) 2-19 (C) 2-20 (C)

2-21 (A)。 向真空作绝热膨胀，$W=0$，$Q=0$，由热力学第一定律，$\Delta E=0$，所以温度不变；再由气体状态方程，温度不变，体积增加，因而压强减小。

2-22 (B)

2-23 (C)。 波在传播过程中，整个波形向前移动。当两点位于波峰一侧时，速度方向相同；当两点位于波峰两侧时，速度方向相反。当两点恰好位于波峰两侧对称位置时，速度大小相等；一般情况时大小不等。

2-24 (B)

2-25 (B)。 设振动方程为 $y=A\cos[2\pi\nu t+\varphi]$，$t=t_0$ 时 $x=0$ 处质点处于平衡位置，根据波的传播方向可知，下一时刻 $x=0$ 处质点将向负方向运动，由此可知，该质点此时的相位满足 $2\pi\nu t_0+\varphi=\pi/2$，即 $\varphi=\pi/2-2\pi\nu t_0$，将其代入所设振动方程即为所选答案。

2-26 (A) 2-27 (D)

2-28 (B)。 设波动方程：$y=A\cos\left[\omega\left(t-\frac{x}{u}\right)+\varphi\right]$

媒质质元的能量：$dE=dE_k+dE_p=\rho A^2\omega^2\sin^2\left[\omega\left(t-\frac{x}{u}\right)+\varphi\right]dV$

媒质质元在平衡位置时，余弦函数为零，正弦函数绝对值最大，因而能量最大。

2-29 (D)。 若波动方程用余弦函数表示，则波动的能量即为正弦平方的形式。质元从平衡位置处运动到最大位移处的过程中，其对应能量是从最大值降为零。

2-30 (B)

2-31 (D)。 $S_1$传到 $P$ 点的振动相位是 $\Phi_1 = \omega t - 2\pi r_1/\lambda + \varphi_1$；$S_2$传到 $P$ 点的振动相位是 $\Phi_2 = \omega t - 2\pi r_2/\lambda + \varphi_2$；干涉极大的条件是 $\Phi_2 - \Phi_1 = 2k\pi$。

2-32 (C)。 $S_1$传到 $P$ 点的相位

$$\Phi_1 = \omega t - \frac{2\pi}{\lambda} \cdot \overline{S_1P} + \varphi_1$$

$S_2$传到 $P$ 点的相位

$$\Phi_2 = \omega t - \frac{2\pi}{\lambda} \cdot \overline{S_2P} + \varphi_2 = \omega t - \frac{2\pi}{\lambda} \cdot \overline{S_1P} - \frac{2\pi}{\lambda} \cdot \overline{S_1S_2} + \varphi_2$$

$$= \omega t - \frac{2\pi}{\lambda} \cdot \overline{S_1P} - \frac{\pi}{2} + \varphi_2$$

两谐振动的相位差

$$\Delta\Phi = \Phi_1 - \Phi_2 = \frac{\pi}{2} + (\varphi_1 - \varphi_2) = \frac{\pi}{2} + \frac{\pi}{2} = \pi$$

2-33 (B) 2-34 (B)

2-35 (C)。 入射波沿 $x$ 轴正向传到 $B$ 点处的相位为$(\omega t - 2\pi L/\lambda)$，自由端反射无半波损失，反射波向左传到任意点 $x$ 处的相位为

$$\left[\omega\left(t - \frac{L-x}{u}\right) - \frac{2\pi L}{\lambda}\right] = \left[\omega t - \frac{2\pi}{\lambda}(L-x) - \frac{2\pi L}{\lambda}\right]$$

反射波的表达式：$y_2 = A\cos\left[\omega t + \frac{2\pi x}{\lambda} - \frac{4\pi L}{\lambda}\right]$

2-36 (D) 2-37 (C) 2-38 (D)

2-39 (A)。 在接收器运动中，各时刻的 $P$ 点不是同一点，但这些 $P$ 点并不运动，它们是媒质中的固定点，故题中所给情况相当于观察者也不动，正确答案应选(A)。本题容易错答，误以为 $P$ 点速度应为接收器 B 速度 $u_B$的一半，按公式计算，错选答案(D)。

2-40 (D) 2-41 (C)

2-42 (B)。设加玻璃片后，零级明纹移到屏上 $P$ 点处，且 $P$ 点对应原来未加玻璃片时的第 $k$ 级明纹，则有光程差 $r_2 - r_1 = k\lambda$。加玻璃片后 $P$ 点对应零光程，$r_2 - [r_1 + (n-1)e] = 0$。两式联立，解出 $k = \frac{(n-1)e}{\lambda} = 6.96 \approx 7$。

2-43 (B)。 在劈形膜的上、下表面反射光均有半波损失，$O$ 处光程差等于零，应是明纹。暗纹满足 $\delta = 2n_2e = (2k-1)\frac{\lambda}{2}(k=1,2,\cdots)$，解得 $e_k = (2k-1)\frac{\lambda}{4n_2}$，则第 5 条 $e_5 = \frac{9\lambda}{4n_2}$。结果参见右图。注意本题条纹数容易出错。

题 2-43 解图

2-44 (B) 2-45 (C)

2-46 (A)。 光程差 $\delta = 2n_1e$；位相差 $\Delta\varphi = (2\pi/\lambda) \cdot \delta = 4\pi n_1 e/\lambda$。这里要注意：相位

差公式中的 $\lambda$ 应取真空中的波长，而空气折射率近似与真空折射率相等。

2-47 (D) 2-48 (C) 2-49 (D) 2-50 (C) 2-51 (B)

2-52 (A)。 光栅明纹满足 $(a+b)\sin\varphi=k\lambda$；单缝暗纹满足 $a\sin\varphi=k'\lambda$；两式相除得缺级公式：$k=[(a+b)/a]\cdot k'$。由题意 $k$ 为偶数缺级，即 $(a+b)/a=2$，由此推得 $a=b$。

2-53 (D)。 光栅重级公式 $k_1\lambda_1=k_2\lambda_2$，$\dfrac{k_1}{k_2}=\dfrac{\lambda_2}{\lambda_1}=\dfrac{660}{440}=\dfrac{3}{2}=\dfrac{6}{4}$，即第二次重合在 $k_1=6$ 级处，光栅常数 $a+b=\dfrac{k_1\lambda_1}{\sin\varphi}=\dfrac{6\times440\times10^{-9}}{\sin60^\circ}=3.048\times10^{-6}\ \mathrm{m}$。

2-54 (D)

2-55 (D)。 (A)入射光是线偏振光；(B)入射光可能是椭圆偏振光或部分偏振光；(C)入射光可能是自然光或圆偏振光。

2-56 (C)。 由折射定律 $n\sin45^\circ=1\cdot\sin90^\circ$，解出 $n$ 代入布儒斯特定律 $\tan i_0=n$，得布儒斯特角为 $i_0=54.7^\circ$。

2-57 (C)。 自然光通过 $P_1$ 后 $I_1=\dfrac{I_0}{2}$，再通过 $P_2$ 后 $I_2=I_1\cos^2 30^\circ$，最后通过 $P_3$ 后 $I_3=I_2\cos^2(90^\circ-30^\circ)$，将前两式代入后式，得 $I_3=\dfrac{3I_0}{32}$。

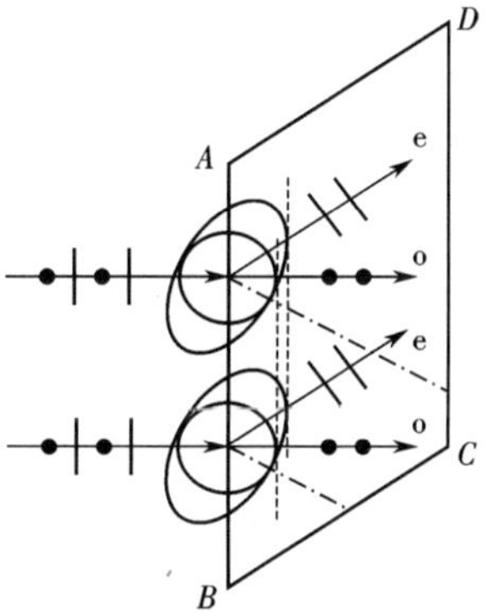

题 2-58 解图

2-58 (C)。 参见左图。传播方向不同，o 光、e 光互相垂直。（注意：o 光与 e 光的波阵面仅存在于晶体内部，即图中 $AB$ 直线左边的波阵面实际并不存在，这里画出只是为了示意作图方法。）

2-59 (B)。 自然光经过偏振片，光强减半，所以干涉明纹亮度减弱；又因为两路光由偏振片产生的附加光程差相同，因而抵消，并不影响条纹间距。

2-60 (C)。 单缝衍射中央明纹宽度 $l=2x_1=2f\lambda/a$，其中 $x_1$ 为 1 级暗纹所在位置。光栅常数 $(a+b)=1\times10^{-2}\div200=5\times10^{-5}\ \mathrm{m}$，由光栅公式，单缝衍射中央明条纹宽度内的光栅衍射主极大级次不超过

$$k\leqslant\frac{(a+b)}{\lambda}\cdot\sin\theta\approx\frac{(a+b)}{\lambda}\cdot\frac{x_1}{f}=\frac{a+b}{a}=2.5$$

实际出现的光栅衍射主极大级次为 $k=0$、$\pm1$、$\pm2$，即出现 5 条光谱线。

# 3 化学

## 考试大纲

3.1 物质的结构和物质状态

原子结构的近代概念;原子轨道和电子云;原子核外电子分布;原子和离子的电子结构;原子结构和元素周期律;元素周期表;周期族;元素性质、氧化物及其酸碱性;离子键的特征;共价键的特征和类型;杂化轨道与分子空间构型;分子结构式;键的极性和分子的极性;分子间力与氢键;晶体与非晶体;晶体类型与物质性质。

3.2 溶液

溶液的浓度;非电解质稀溶液通性;渗透压;弱电解质溶液的解离平衡;分压定律;解离常数;同离子效应;缓冲溶液;水的离子积及溶液的 pH 值;盐类的水解及溶液的酸碱性;溶度积常数;溶度积规则。

3.3 化学反应速率及化学平衡

反应热与热化学方程式;化学反应速率;温度和反应物浓度对反应速率的影响;活化能的物理意义;催化剂;化学反应方向的判断;化学平衡的特征;化学平衡移动原理。

3.4 氧化还原反应与电化学

氧化还原的概念;氧化剂与还原剂;氧化还原电对;氧化还原反应方程式的配平;原电池的组成和符号;电极反应与电池反应;标准电极电势;电极电势的影响因素及应用;金属腐蚀与防护。

3.5 有机化学

有机物特点、分类及命名;官能团及分子构造式;同分异构;有机物的重要反应:加成、取代、消除、氧化、催化加氢、聚合反应、加聚与缩聚;基本有机物的结构、基本性质及用途:烷烃、烯烃、炔烃、芳烃、卤代烃、醇、苯酚、醛和酮、羧酸、酯;合成材料:高分子化合物、塑料、合成橡胶、合成纤维、工程塑料。

## 复习指导

化学在勘察设计类注册工程师执业资格考试基础考试中有 10 题,均为单选题。其覆盖了基本要求的全部内容,题型为基本概念类选择、计算类选择、比较类选择、是非判别类选择、因果关系类选择、记忆类选择等。

化学的基本概念与基本原理较多,一般说来涉及这些方面的试题较多,面也较广。计算方面的内容(如热力学计算、平衡计算等)是化学中极为重要的内容,也是实际工作中应用广泛的内容。但限于考试的题量与时间,在考题中不大可能出现很复杂的计算题,因而最可能出现的是那些只需经过很简单的估算即能作出判断的试题。因而在复习时应特别注意对基本概念、基本原理的理解。对一些计算公式,更应注意理解其物理意义、计算原理、公式应用的前提条件、适用场合及结果、单位等。对基本概念和基本原理的理解,也要特别注意原理、概念产生的基础、背景、适用的范围及局限以及不同概念的区别与联系,才能做到概念清晰、应用自如。

# 复习内容

## 3.1 物质结构和物质形态

要求:了解波函数、原子轨道、四个量子数及原子核外电子能级的高低、电子排布的基本规律,能正确写出各种原子、离子的电子结构式及电子在等价原子轨道中的实际排布图;了解离子键与共价键的特征及分类,了解 s、p、d 电子云的角度分布图(平面图),杂化轨道理论的要点及 sp、$sp^2$、$sp^3$ 等杂化轨道的空间分布图(平面图),能用杂化轨道理论解释各类典型分子的空间结构;了解键的极性与分子的极性、极性分子与非极性分子、分子间作用力的主要类型、氢键的特征;了解晶体结构的主要类型、各类晶体的结构特点及典型性质。

### 3.1.1 原子结构

**1. 量子力学对原子结构的描述**

1)量子力学对微观粒子运动规律的描述

1926 年,薛定谔提出了一个描述微观粒子运动的基本方程——薛定谔波动方程。薛定谔方程在量子力学中的地位相当于牛顿力学在经典物理学中的地位。建立在薛定谔方程基础上的量子力学,对微观粒子运动规律或运动状态的描述着眼于波粒二象性,而且带有明显的统计性和量子化的特征。

(1)波粒二象性

1924 年,法国物理学家德布罗意(de Broglie)提出了物质波概念,认为电子、质子、原子等微观粒子的运动应该与光子一样,同时具有波动性和粒子性的特征,即具有波粒二象性,并提出了著名的物质波公式

$$\lambda = \frac{h}{m\nu} \tag{3.1-1}$$

此式亦称德布罗意关系式,式中 $\lambda$ 为物质波的波长,也称德布罗意波长。德布罗意关系式把表征波动性特征的物理量 $\lambda$ 与表征粒子性运动特征的动量($p = m\nu$)有机地联系在一起。后来由电子衍射实验成功地向人们揭示了电子运动的波动性特征,证实了德布罗意的预言。

(2)统计性

对于具有波粒二象性的微观粒子,它们的运动特点遵循海森堡测不准关系式

$$\Delta x \cdot \Delta p = h \tag{3.1-2}$$

式中:$\Delta x$ 为微观粒子的位置测量误差;$\Delta p$ 为微观粒子的动量测量误差,也等于 $m\Delta\nu$。

海森堡关系式表明,微观粒子的运动速度和位置不能同时测准。所以,对微观粒子运动的描述常用统计的方法,给出一种统计的规律。微观粒子运动的物质波可以看作是一种概率波。

在空间某点，电子的物质波的强度与该点附近一个微体积元中电子出现的概率密度成正比。

(3)量子化

微观粒子运动的第三个特点是量子化，即是不连续的。

2)波函数和原子轨道

波函数是量子力学描述微观粒子(电子)波动性质的一种数学形式，用符号 $\Psi$ 表示。

描述氢原子核外电子运动状态的方程叫薛定谔方程。它是一个二阶偏微分方程，方程的每个解都是一个函数，即一个波函数 $\Psi$，亦称一个原子轨道。求解薛定谔方程时，必须引入一系列的边界条件。这些边界条件是不连续的数，称为量子数。它们限定了电子运动状态和对应的能量和动量。

3)四个量子数

(1)主量子数 $n$

$n$ 又称为能量量子数，是决定电子能量大小的主要量子数。$n$ 取值为 1，2，3，…等正整数。$n$ 越大，表示电子运动的能量越高，电子出现概率最大的区域离核越远。$n$ 不同的原子轨道称为不同的电子层。用符号 K，L，M，N，…分别表示 $n=1,2,3,4,\cdots$ 电子层。

(2)副量子数 $l$

$l$ 又称为角量子数，是决定电子运动角动量的量子数。$l$ 的取值受 $n$ 的限制，$l=0,1,2,\cdots,(n-1)$，它和波函数的角度分布(空间形状)有关，是决定电子运动能量的次要量子数。

$l=0$　$\Psi$ 的空间形状是球形，用符号 s 表示。

$l=1$　$\Psi$ 的空间形状是无柄哑铃形，用符号 p 表示。

$l=2$　$\Psi$ 的空间形状是四瓣梅花形，用符号 d 表示。

$l=3$　$\Psi$ 的空间形状更复杂，用符号 f 表示。

……

(3)磁量子数 $m$

$m$ 是决定电子运动的角动量在外磁场方向上分量大小的量子数。$m$ 的取值受 $l$ 的限制，即对应每一个 $l$，$m=0,\pm1,\pm2,\cdots,\pm l$，它和波函数 $\Psi$ 在空间的取向有关。

波函数 $n$，$l$ 相同而 $m$ 不同的相应的电子运动状态，只是空间的取向不同，当原子单独存在时，这些 $m$ 不同的轨道具有相同的能级，称为简并轨道。如 $n=2$，$l=1$ 时，$m$ 可能等于 0、+1、-1、即 $2p_z$、$2p_x$、$2p_y$ 三个等价轨道。而当该原子处于外电场中，或与其他原子相互作用时，这些轨道会因空间取向不同而产生能级分裂。

(4)自旋量子数 $m_s$

考虑到电子自旋运动方向不同，造成电子能级的微小差别，引出了自旋量子数 $m_s$，它的取值为 $\frac{1}{2}$ 或 $-\frac{1}{2}$。

四个量子数允许的取值范围和相应的波函数及核外电子运动可能的状态参见表 3.1-1。

表 3.1-1 核外电子运动的可能状态数

| 主量子数 | 电子层符号 | 角量子数 | 原子轨道符号 | 磁量子数 | 空间取向不同的等价轨道数 | 同一电子层中轨道总数 | 自旋量子数 | 每类轨道的状态数 | 每个电子层中的状态总数 |
|---|---|---|---|---|---|---|---|---|---|
| 1 | K | 0 | 1s | 0 | 1 | 1 | $\pm\frac{1}{2}$ | 2 | 2 |
| 2 | L | 0 | 2s | 0 | 1 | 4 | $\pm\frac{1}{2}$ | 2 | 8 |
| | | 1 | 2p | -1,0,+1 | 3 | | $\pm\frac{1}{2}$ | 6 | |
| 3 | M | 0 | 3s | 0 | 1 | 9 | $\pm\frac{1}{2}$ | 2 | 18 |
| | | 1 | 3p | -1,0,+1 | 3 | | $\pm\frac{1}{2}$ | 6 | |
| | | 2 | 3d | -2,-1,0,+1,+2 | 5 | | $\pm\frac{1}{2}$ | 10 | |
| 4 | N | 0 | 4s | 0 | 1 | 16 | $\pm\frac{1}{2}$ | 2 | 32 |
| | | 1 | 4p | -1,0,+1 | 3 | | $\pm\frac{1}{2}$ | 6 | |
| | | 2 | 4d | -2,-1,0,+1,+2 | 5 | | $\pm\frac{1}{2}$ | 10 | |
| | | 3 | 4f | -3,-2,-1,0,+1,+2,+3 | 7 | | $\pm\frac{1}{2}$ | 14 | |

**【例 3.1-1】** 下列各组量子数中,哪些是可能的,哪些是错误的?错在哪儿?

(A) $n=2, l=2, m=+1, m_s=+\frac{1}{2}$　　(B) $n=2, l=1, m=+1, m_s=+\frac{1}{2}$

(C) $n=2, l=1, m=0, m_s=+\frac{1}{2}$　　(D) $n=2, l=1, m=+2, m_s=-\frac{1}{2}$

**解:**上列四组量子数中,(B)、(C)是可能的,其余两组则是错误的。理由是:

(A)当 $n=2$ 时,$l$ 只能取值 0、1,而不能等于 2;

(D)当 $l=1$ 时,$m$ 的取值只能是 0、±1,而不能等于 +2。

4)概率密度和电子云

波函数 $\Psi$ 是描写核外电子运动状态的数学函数式,目前很难对 $\Psi$ 给出直观的物理意义。波函数的平方 $\Psi^2$ 则相当于电子的概率密度(单位体积内出现的概率)。

为了形象化表示出电子的概率密度分布,可以将其看作带负电荷的电子云。电子出现概率密度大的地方,电子云浓密一些;电子出现概率密度小的地方,电子云淡薄一些。电子云只是核外电子在空间出现的概率密度形象化表示。

5)原子轨道及电子云的角度分布图

为了求解薛定谔方程,需要把直角坐标系 $(x,y,z)$ 变换成球坐标 $(r,\theta,\phi)$,并分离变量可得 $\psi(r,\theta,\phi)=R(r)\cdot Y(\theta,\phi)$,其中,$R(r)$ 称为波函数的径向部分;$Y(\theta,\phi)$ 称为波函数的角度部分。波函数的空间图像由角度部分决定。因此,将波函数的角度部分作图,可得原子轨道的角度分布图,如图 3.1-1 所示。

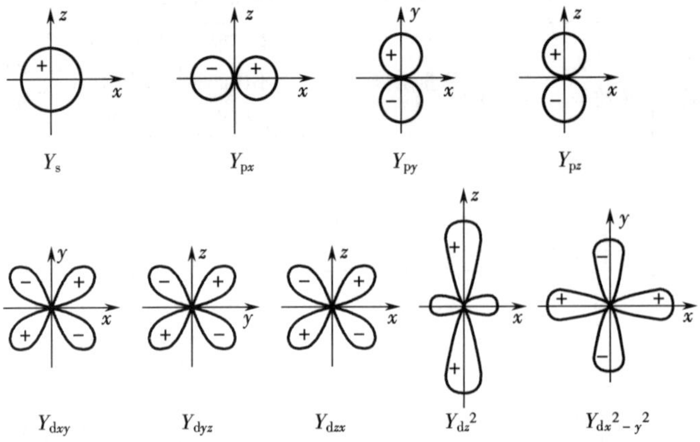


图 3.1-1　s、p、d 原子轨道的角度分布图的平面示意图

轨道角度分布图中的正、负号是按不同的$(\theta,\phi)$值代入后，实际得到的$Y(\theta,\phi)$值的正负号。用同样方法可得到电子云的角度分布图。与图 3.1-1 所示原子轨道的角度分布图相比，电子云角度分布图在图形特征及空间取向上基本一致，易于记忆及辨认。不同之处在于：首先电子云角度分布没有正、负号之分（因为在任何$\theta$、$\phi$取值时$Y^2(\theta,\phi)$总是正值）；其次电子云的角度分布要较原子轨道的角度分布显得更"瘦"些（这是因为$Y^2$与概率相关，而概率总是小于 1 的，即$|Y|<1$，所以$|Y^2|<|Y|$）。

**2. 多电子原子中电子排布规律**

1）多电子原子中核外电子排布的基本规律

（1）能量最低原理

电子总是尽量优先占据能量最低的原子轨道。由于原子轨道的能量主要决定于$n$和$l$两个量子数。原子轨道能量由低到高的近似能级顺序如下：

| | | | | | | | |
|---|---|---|---|---|---|---|---|
| 能级 | (1s) < | (2s,2p) < | (3s,3p) < | (4s,3d,4p) < | (5s,4d,5p) < | (6s,4f,5d,6p) < | (7s,5f,6d,7p) |
| 能级组 | 1 | 2 | 3 | 4 | 5 | 6 | 7 |

记住上述 7 个能级组及各能级组内能级间的高低顺序，对于了解原子中电子排布顺序及周期表结构是十分有用的。

（2）泡利（Pauli）不相容原理

在同一原子中，不可能有两个电子处于完全相同的状态，即每个原子中，不可能有 2 个电子具有完全相同的四个量子数。因此，每一个轨道（以同一组$n$、$l$、$m$表示）最多只可能容纳 2 个电子，且自旋方向相反（即具有相同的$n$、$l$、$m$，不同的$m_s$）。

（3）洪特（Hund）规则

在同一原子中，电子在等价轨道中排布时将优先占据不同的等价轨道，并保持自旋相同。例如 N 原子的轨道表示式为

| ⇅ | ↑ | ↑ | ↑ |
|---|---|---|---|
| 2s | $2p_x$ | $2p_y$ | $2p_z$ |

实验也表明，当等价轨道呈全充满、半充满或全空时的电子排布较稳定，其能量较低。洪特规则实际是能量最低原理的特例。

我国化学家徐光宪教授总结了一个近似能级的计算公式：$(n+0.7l)$，便于记忆近似能级顺序。

2)原子的核外电子排布式和价层电子排布式

(1)原子的核外电子排布式

多电子原子中的电子,在核外各个轨道上分布的表达式叫核外电子排布式,简称电子排布式(分布式)。核外电子排布式主要是根据实验结果,再结合排布原则进行填写。例如

K(钾 第19号元素)$1s^22s^22p^63s^23p^64s^1$

Cr(铬 第24号元素)$1s^22s^22p^63s^23p^63d^54s^1$

(2)原子的价层电子排布式

元素的外层电子是化学反应中可能得失的电子,对元素的化学性质有显著影响,称为价层电子。价层电子通常包括最外层电子和部分次外层电子,甚至某些$(n-2)$f层电子。描述电子在价层轨道上分布的式子叫价层电子排布式,又叫价层电子结构。例如

C的价层电子构型 $2s^22p^2$, K的价层电子构型 $4s^1$

Cr的价层电子构型 $3d^54s^1$, Cu的价层电子构型 $3d^{10}4s^1$

3)离子的核外电子分布式和价层电子分布式

原子失去电子的顺序是按核外电子分布式从外到里的次序,而不是按填充能级相反顺序。同层电子则是能级高的电子先失去。而原子得到电子变成负离子时新加电子总是加到最外层轨道上。例如

$Cr^{3+}$离子的核外电子排布式 $1s^22s^22p^63s^23p^63d^3$

$Cu^{2+}$离子的核外电子排布式 $1s^22s^22p^63s^23p^63d^9$

$Cl^-$离子的核外电子排布式 $1s^22s^22p^63s^23p^6$

离子的价层电子排布式就是离子价层轨道上的电子排布式。

$Cr^{3+}$:$3d^3$, $Ni^{2+}$:$3d^8$, $Fe^{3+}$:$3d^5$

### 3.1.2 元素周期律、周期表及其微观基础

**1. 元素周期律和周期表**

根据大量实验结果,发现元素的性质随元素的原子序数的增加呈周期性变化。这个规律称为元素周期律。根据元素周期律将所有的元素排成一个表,这个表叫元素周期表,常见的周期表如表3.1-2所示。

周期表中每一横排元素为一个周期,总共有7个周期。

周期表中的纵列称为族。族分为两类:一类为主族,另一类为副族。主族元素的电子排布特点是最后填入的价电子是填入原子的最外层原子轨道 $ns$,$np$。副族元素的电子按能级顺序最后填入次外层$(n-1)$d原子轨道中,称为过渡元素。在IIIB副族中还有镧系和锕系元素。镧系和锕系元素称为内过渡元素。

**2. 原子结构与元素周期表**

元素原子结构的周期性变化是元素性质周期性变化的微观基础,也是元素周期表的微观基础,两者间存在密切的内在联系。

1)元素周期与微观结构的关系

①周期总数等于能级组总数。每个周期的序数,即周期数等于相应能级组中各原子轨道的最大主量子数。

②每个周期包含的元素数目,等于相应能级组的原子轨道中可容纳的最多电子数,亦即在同一电子层可能出现的状态总数。参阅表3.1-1和表3.1-2。

# 元素周期表

表 3.1-2

原子序数——47 Ag——元素符号
元素名称——银
注 * 的是人造元素　$4d^{10}5s^1$——外围电子层排布，括号指可能的电子层排布
107.9——原子量

| 族 / 周期 | ⅠA | ⅡA | ⅢB | ⅣB | ⅤB | ⅥB | ⅦB | Ⅷ | | | ⅠB | ⅡB | ⅢA | ⅣA | ⅤA | ⅥA | ⅦA | 0 | 电子层 | 0族电子数 |
|---|---|---|---|---|---|---|---|---|---|---|---|---|---|---|---|---|---|---|---|---|
| 1 | 1 H 氢 $1s^1$ 1.008 | | | | | | | | | | | | | | | | | 4 He 氦 $1s^2$ 4.003 | K | 2 |
| 2 | 3 Li 锂 $2s^1$ 6.941 | 4 Be 铍 $2s^2$ 9.012 | | | | | | | | | | | 5 B 硼 $2s^22p^1$ 10.81 | 6 C 碳 $2s^22p^2$ 12.01 | 7 N 氮 $2s^22p^3$ 14.01 | 8 O 氧 $2s^22p^4$ 16.00 | 9 F 氟 $2s^22p^5$ 19.00 | 10 Ne 氖 $2s^22p^6$ 20.18 | L K | 8 2 |
| 3 | 11 Na 钠 $3s^1$ 22.99 | 12 Mg 镁 $3s^2$ 24.31 | | | | | | | | | | | 13 Al 铝 $3s^23p^1$ 26.98 | 14 Si 硅 $3s^23p^2$ 28.09 | 15 P 磷 $3s^23p^3$ 30.97 | 16 S 硫 $3s^23p^4$ 32.07 | 17 Cl 氯 $3s^23p^5$ 35.45 | 18 Ar 氩 $3s^23p^6$ 39.95 | M L K | 8 8 2 |
| 4 | 19 K 钾 $4s^1$ 39.10 | 20 Ca 钙 $4s^2$ 40.08 | 21 Sc 钪 $3d^14s^2$ 44.96 | 22 Ti 钛 $3d^24s^2$ 47.87 | 23 V 钒 $3d^34s^2$ 50.94 | 24 Cr 铬 $3d^54s^1$ 52.00 | 25 Mn 锰 $3d^54s^2$ 54.94 | 26 Fe 铁 $3d^64s^2$ 55.85 | 27 Co 钴 $3d^74s^2$ 58.93 | 28 Ni 镍 $3d^84s^2$ 58.69 | 29 Cu 铜 $3d^{10}4s^1$ 63.55 | 30 Zn 锌 $3d^{10}4s^2$ 65.39 | 31 Ga 镓 $4s^24p^1$ 69.72 | 32 Ge 锗 $4s^24p^2$ 72.61 | 33 As 砷 $4s^24p^3$ 74.92 | 34 Se 硒 $4s^24p^4$ 78.96 | 35 Br 溴 $4s^24p^5$ 79.90 | 36 Kr 氪 $4s^24p^6$ 83.80 | N M L K | 8 18 8 2 |
| 5 | 37 Rb 铷 $5s^1$ 85.47 | 38 Sr 锶 $5s^2$ 87.62 | 39 Y 钇 $4d^15s^2$ 88.91 | 40 Zr 锆 $4d^25s^2$ 91.22 | 41 Nb 铌 $4d^45s^1$ 92.91 | 42 Mo 钼 $4d^55s^1$ 95.94 | 43 Tc 锝 $4d^55s^2$ [98] | 44 Ru 钌 $4d^75s^1$ 101.1 | 45 Rh 铑 $4d^85s^1$ 102.9 | 46 Pd 钯 $4d^{10}$ 106.4 | 47 Ag 银 $4d^{10}5s^1$ 107.9 | 48 Cd 镉 $4d^{10}5s^2$ 112.4 | 49 In 铟 $5s^25p^1$ 114.8 | 50 Sn 锡 $5s^25p^2$ 118.7 | 51 Sb 锑 $5s^25p^3$ 121.8 | 52 Te 碲 $5s^25p^4$ 127.6 | 53 I 碘 $5s^25p^5$ 126.9 | 54 Xe 氙 $5s^25p^6$ 131.3 | O N M L K | 8 18 18 8 2 |
| 6 | 55 Cs 铯 $6s^1$ 132.9 | 56 Ba 钡 $6s^2$ 137.3 | 57—71 La-Lu 镧系 | 72 Hf 铪 $5d^26s^2$ 178.5 | 73 Ta 钽 $5d^36s^2$ 180.9 | 74 W 钨 $5d^46s^2$ 183.8 | 75 Re 铼 $5d^56s^2$ 186.2 | 76 Os 锇 $5d^66s^2$ 190.2 | 77 Ir 铱 $5d^76s^2$ 192.2 | 78 Pt 铂 $5d^96s^1$ 195.1 | 79 Au 金 $5d^{10}6s^1$ 197.0 | 80 Hg 汞 $5d^{10}6s^2$ 200.6 | 81 T1 铊 $6s^26p^1$ 204.4 | 82 Pb 铅 $6s^26p^2$ 207.2 | 83 Bi 铋 $6s^26p^3$ 209.0 | 84 Po 钋 $6s^26p^4$ [209] | 85 At 砹 $6s^26p^5$ [210] | 86 Rn 氡 $6s^26p^6$ [222] | P O N M L K | 8 18 32 18 8 2 |
| 7 | 87 Fr 钫 $7s^1$ [223] | 88 Ra 镭 $7s^2$ 226.0 | 89—103 Ac-Lr 锕系 | 104 Rf 𬬻* $(6d^27s^2)$ [261] | 105 Db 𬭊* $(6d^37s^2)$ [262] | 106 Sg 𬭳* $(6d^47s^2)$ [263] | 107 Bh 𬭛* $(6d^57s^2)$ [264] | 108 Hs 𬭶* $(6d^67s^2)$ [265] | 109 Mt 鿏* $(6d^77s^2)$ [268] | | | | | | | | | | | |

| | | | | | | | | | | | | | | | |
|---|---|---|---|---|---|---|---|---|---|---|---|---|---|---|---|
| 镧系 | 57 La 镧 $5d^16s^2$ 138.9 | 58 Ce 铈 $4f^15d^16s^2$ 140.1 | 59 Pr 镨 $4f^36s^2$ 140.9 | 60 Nd 钕 $4f^46s^2$ 144.2 | 61 Pm 钷 $4f^56s^2$ [147] | 62 Sm 钐 $4f^66s^2$ 150.4 | 63 Eu 铕 $4f^76s^2$ 152.0 | 64 Gd 钆 $4f^75d^16s^2$ 157.3 | 65 Tb 铽 $4f^96s^2$ 158.9 | 66 Dy 镝 $4f^{10}6s^2$ 162.5 | 67 Ho 钬 $4f^{11}6s^2$ 164.9 | 68 Er 铒 $4f^{12}6s^2$ 167.3 | 69 Tm 铥 $4f^{13}6s^2$ 168.9 | 70 Yb 镱 $4f^{14}6s^2$ 173.0 | 71 Lu 镥 $4f^{14}5d^16s^2$ 175.0 |
| 锕系 | 89 Ac 锕 $6d^17s^2$ 227.0 | 90 Th 钍 $6d^27s^2$ 232.0 | 91 Pa 镤 $5f^26d^17s^2$ 231.0 | 92 U 铀 $5f^36d^17s^2$ 238.0 | 93 Np 镎 $5f^46d^17s^2$ 237.0 | 94 Pu 钚 $5f^67s^2$ [244] | 95 Am 镅* $5f^77s^2$ [243] | 96 Cm 锔* $5f^76d^17s^2$ [247] | 97 Bk 锫* $5f^97s^2$ [247] | 98 Cf 锎* $5f^{10}7s^2$ [251] | 99 Es 锿* $5f^{11}7s^2$ [252] | 100 Fm 镄* $5f^{12}7s^2$ [257] | 101 Md 钔* $(5f^{13}7s^2)$ [258] | 102 No 锘* $(5f^{14}7s^2)$ [259] | 103 Lr 铹* $(5f^{14}6d^17s^2)$ [260] |

注：
1. 原子量录自1999年国际原子量表，并全部取四位有效数字。
2. 原子量加括号的为放射性元素的半衰期最长的同位素的质量数。

2)元素在周期表中的位置与原子结构的关系

(1)元素在周期表中的周期数与原子核外电子的最高电子层数相等

元素在周期表中的周期数等于该元素原子的核外电子所处的最高电子层数,即其相应的最大主量子数 $n$。例如,某元素的原子结构为 $1s^22s^22p^63s^23p^63d^54s^2$,则该元素必位于第 4 周期。

(2)元素在周期表中的族数与原子的价层电子排布特点有关

①主族(零族除外)元素的族数等于相应元素的原子中最外层电子 $ns$ 与 $np$ 电子数的总和。如 Si 的原子结构为 $1s^22s^22p^63s^23p^2$,应为ⅣA 族元素。

②ⅢB-ⅦB 族元素的族数等于其原子价电子总数,包括最外层 $ns$ 电子数和次外层 $(n-1)$d 电子数之和。如 Cr 的原子结构为 $1s^22s^22p^63s^23p^63d^54s^1$,应处于ⅥB 族。

③ⅠB、ⅡB 族元素的族数等于其最外层 $ns$ 轨道中的电子数。如 Cu 的价层电子式为 $3d^{10}4s^1$,属ⅠB 族。

④Ⅷ(或称ⅧB)族元素包括第 8、9、10 三个纵行的 9 个元素,其原子最外层 $ns$ 电子数和次外层 $(n-1)$d 电子数之和分别为 8、9、10。如 Fe 的价层电子排布式为 $3d^64s^2$,应属Ⅷ族。

⑤0(或称ⅧA)族元素的最外层电子数为 8,为 $ns^2np^6$ 满层排布。如 Ar 的价层电子式为 $3s^23p^6$,应为 0 族。

**【例 3.1-2】** 有一元素,在周期表位于第 4 周期,ⅣA 族,试写出该元素原子的电子排布式和价层电子式。

**解:**第 4 周期第ⅣA 族的价层电子分布为 $4s^24p^2$(4s 与 4p 电子数总和应为 4),

因此其核外电子排布式为 $1s^22s^22p^63s^23p^63d^{10}4s^24p^2$。

3)元素在周期表中的分区

根据元素的外层电子分布(外层电子构型)的特点,可将周期表分为 5 个区,即 s 区、p 区、d 区、ds 区和 f 区。

①s 区:包括ⅠA、ⅡA 族,外层电子分布为 $ns^{1\sim2}$。

②p 区:包括ⅢA ~0 族,外层电子分布为 $ns^2np^{1\sim6}$。

③d 区:包括ⅢB ~ Ⅷ族,外层电子分布一般为 $(n-1)d^{1\sim8}ns^2$。

④ds 区:包括ⅠB、ⅡB 族,外层电子分布为 $(n-1)d^{10}ns^{1\sim2}$。

⑤f 区:包括ⅢB 的镧系、锕系元素,其价层电子排布为 $(n-2)f^{1\sim14}(n-1)d^{0\sim1}ns^2$。

d 区、ds 区为过渡元素,f 区为内过渡元素。

**3. 元素及其化合物性质的周期性变化**

1)金属性和非金属性

元素的金属性与非金属性并没有严格的定义。金属性与非金属性大体可理解为典型的金属与非金属所具有的典型特性。例如金属性可表现为化学反应中原子失去电子的能力,而非金属性可表现为化学反应中原子得到电子的能力。

同一周期自左到右随原子序数(原子核电荷数)增加,金属性减弱,非金属性增强。主族元素变化很明显,副族元素的变化缓慢,并出现一些不规则的情况。

同一族主族元素自上而下随周期数增大(电子层数增多),原子半径一般也逐渐增大,原子核对外层电子的吸引力减弱,元素的金属性增强,非金属性减弱。副族元素除ⅢB 族外,元素的金属性变化规律不明显,这是因为镧系收缩的缘故。

2)元素的电离能、电子亲合能和电负性

(1)电离能

基态的气态原子失去一个电子形成 +1 价气态离子时所吸收的能量为元素的第一电离能(用 $I_1$ 表示),第一电离能数值越大,原子越难失去电子。以第二周期为例,总的来说第一电离能($I_1$)自左至右增大。但是有两处例外,即 B < Be,O < N,这是因为 Be 的价电子排布为 $2s^2$,是全充满,而 N 的价电子排布为 $2s^22p^3$,为半充满,比较稳定的缘故。

(2)电子亲合能

基态的气态原子获得一个电子后形成 -1 价气态离子时所放出的能量称为元素的电子亲合能。

电子亲合能的值越大,原子越容易获得电子。同一周期中自左向右电子亲合能增加,同一族中从上向下电子亲合能递减,这一规律在 p 区元素中比较明显。应当指出,元素的第一电离能和元素的电子亲合能的递变规律和元素的金属性、非金属性的变化规律通常是一致的,但并非完全相同。

(3)电负性

电负性是原子在形成共价分子后,原子吸引共用电子对的能力的相对大小。一般指定 F 元素的电负性等于 4.0,作为比较的标准。其他元素的电负性均小于 4,元素周期表中右上角的元素有较大的电负性,而周期表中左下角的元素电负性较小。

3)氧化物及其水合物的酸碱性

氧化物及其水合物的酸碱性的一般规律如下。

①同一周期从左到右各主族元素的最高价氧化物及其水合物的酸性逐渐增强(碱性减弱)。例如第三周期各元素最高价氧化物及其水合物的酸碱性递变情况如下:

| | | | | | | | |
|---|---|---|---|---|---|---|---|
| 氧化物 | $Na_2O$ | MgO | $Al_2O_3$ | $SiO_2$ | $P_2O_5$ | $SO_3$ | $Cl_2O_7$ |
| 水合物 | NaOH | $Mg(OH)_2$ | $Al(OH)_3$ | $H_2SiO_3$ | $H_3PO_4$ | $H_2SO_4$ | $HClO_4$ |
| 酸碱性 | 强碱 | 中强碱 | 两性 | 弱酸 | 中强酸 | 强酸 | 极强酸 |

长周期副族元素的最高价氧化物及其水合物的酸碱性递变情况基本相似。

②同一族中从上而下各元素相同价态的氧化物及其水合物的酸性逐渐减弱(碱性增强)。如 VA 族各元素生成的化合价为 +5 的氧化物中 $N_2O_5$、$P_2O_5$ 呈酸性,$As_2O_5$、$Sb_2O_5$ 呈两性,$Bi_2O_5$ 呈碱性,它们对应的水合物的酸碱性变化规律也是一样的。

③同一元素不同价态的氧化物及其水合物的酸碱性变化规律是高价氧化物或其水合物的酸性比低价的强。例如

| | | |
|---|---|---|
| CrO | $Cr_2O_3$ | $CrO_3$ |
| 碱性 | 两性 | 酸性 |

又如 Cl 的含氧酸的酸性:$HClO < HClO_2 < HClO_3 < HClO_4$。

④用 R—O—H 原则解释氧化物的水合物的酸碱性递变的规律。

氧化物的水合物不论是酸或碱,都具有 R—O—H 的结构,它有下列两种电离方式

R ┆ O —H　　　　R —O ┆ H

碱式电离　　　　酸式电离

当 R 是电负性较小的活泼金属元素,$R^{n+}$ 离子的电荷数较少,半径较大,则 R 与 O 的联系

较弱,易发生碱式电离,在水溶液中易形成 $OH^-$ 离子,呈碱性,如 NaOH、$Mg(OH)_2$ 等。

当 R 是电负性较大的活泼非金属元素,$R^{n+}$ 离子的电荷数较多,半径较小,则 R 与 O 联系较强,易发生酸式电离,在水溶液中易形成 $H^+$ 离子,呈酸性,如 $H_2SO_4$、$HClO_4$ 等。

### 3.1.3 化学键、分子结构与晶体结构

**1. 化学键**

化学上把分子中或晶体内紧密相邻的两个或多个原子或离子之间强烈的相互作用力称为化学键,键能一般为几百 $kJ \cdot mol^{-1}$。

化学键分为离子键、共价键和金属键等。

1) 离子键

(1) 离子键的形成

活泼金属原子和活泼非金属原子相互接近时,前者失去电子变成正离子,后者得到电子变为负离子,由正、负离子之间的静电引力所形成的化学键叫离子键。由离子键形成的化合物称为离子化合物。在通常情况下,离子化合物以离子晶体(巨型大分子)存在,只有在较高温度下,气态离子化合物才以小分子存在。

(2) 离子键的特点

离子键的特点是没有饱和性,也没有方向性。这是因为离子的电荷分布是球形对称的,它从任何方向都可以与相反电荷离子相互吸引成键,而且只要空间体积允许,每种离子都能与尽可能多的相反电荷的离子吸引成键,在空间形成巨大的离子晶体。离子键的强弱主要取决于正、负离子间静电引力的大小。每个离子对其余离子的静电引力大小主要取决于离子势($Z/r$)的大小,即正比于其离子电荷(绝对值)的大小,而反比于离子半径 $r$。

2) 共价键

(1) 共价键的价键理论

价键理论亦称电子配对法。

①共价键的形成:价键理论在路易斯共用电子对概念和量子力学理论的基础上,提出共价键的本质是由于原子轨道重叠,原子核间电子概率密度增大,吸引原子核而成键。

②共价键的特点:共价键的特点是有饱和性和方向性。共价键的饱和性是指成键原子有多少未成对电子,那么最多可形成几个共价键。已经配对成键的电子,不会再成键。例如 HCl 分子中 H 原子和 Cl 原子分别都只有一个未成对电子,它们之间只能形成一个共价键。共价键有方向性是因为在电子配对时,原子轨道必须发生重叠,而且要求是最大程度的重叠。而原子轨道只有沿着特定方向发生重叠,才能达到最大程度的重叠,形成稳定的共价键,因此共价键具有方向性。

③共价键的分类:根据原子轨道重叠方式不同,共价键分为 $\sigma$ 键和 $\pi$ 键。

$\sigma$ 键——未成对电子所在的原子轨道即成键原子的成键轨道沿着两个原子核的连线(键轴),以“头”碰“头”的方式进行重叠所形成的共价键,见图 3.1-2。

$\pi$ 键——未成对电子所在的原子轨道即成键的原子轨道沿着键轴以“肩”并“肩”的方式进行重叠所形成的共价键。例如 $CH_2{=}CH_2$(乙烯)分子中的双键,是由一个 $\sigma$ 键和一个 $\pi$ 键组成。假定键轴方向为 $x$ 轴方向,则 $p_x$—$p_x$ 组成 $\sigma$ 键,而 $p_y$—$p_y$ 则组成 $\pi$ 键。

$\sigma$ 键相对于键轴呈圆柱形对称,$\sigma$ 键可以绕键轴旋转。$\sigma$ 键重叠程度大,比较稳定。

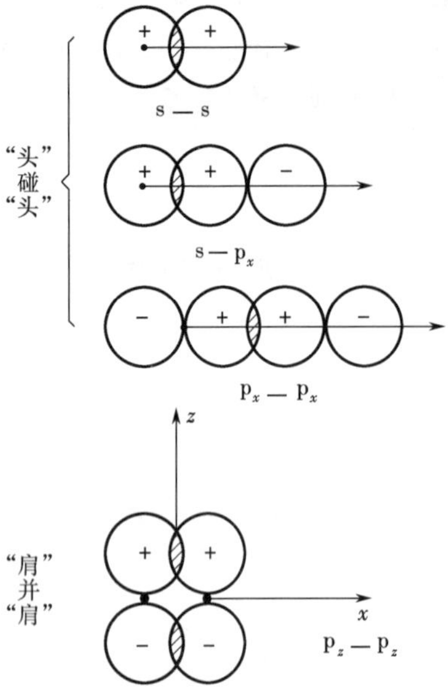


图 3.1-2　原子轨道两种重叠方式

π 键相对于键轴平面呈镜面反对称。π 键重叠程度比 σ 键的小，稳定性较差。

根据共用电子对的来源，共价键可分为一般共价键和配位键。配位键形成时两个成键原子中一个提供空的原子轨道，另一个提供电子对。

(2)杂化轨道理论

杂化轨道理论的要点如下。

①在原子化合成分子过程中，部分能量相近的原子轨道会重新组合，形成新的平均化的原子轨道。这种原子轨道混合、重组的过程称为杂化，杂化后的原子轨道叫杂化轨道。

②有多少个原子轨道参加杂化，就形成多少个杂化轨道。

③杂化轨道的成键能力比原来轨道强，形成的键更牢固，形成的分子更稳定。

(3)几种典型的杂化类型

①sp 杂化。由 1 个 $ns$ 轨道和 1 个 $np$ 轨道，杂化成 2 个 sp 杂化轨道。每个 sp 杂化轨道都含有$\frac{1}{2}$s 轨道成分和$\frac{1}{2}$p 轨道成分，两个 sp 杂化轨道间的夹角为 180°(呈直线形)。例如在气态的 $BeCl_2$分子中，Be 的价电子构型为 $2s^2$，在成键过程中，1 个 2s 电子被激发到 2p 空轨道上，然后 1 个 2s 轨道与 1 个 2p 轨道发生 sp 杂化，生成 2 个 sp 杂化轨道。

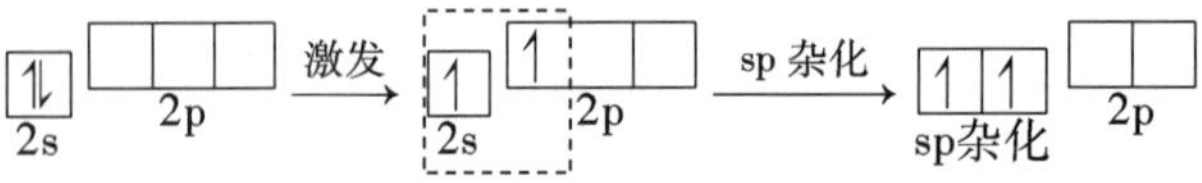


Be 原子的 2 个 sp 杂化轨道上的未成对电子与 2 个 Cl 原子的 3p 轨道上的单电子配对，形成 2 个 σ 键。$BeCl_2$的空间构型为直线形 Cl—Be—Cl。

②$sp^2$杂化。由 1 个 $ns$ 轨道和 2 个 $np$ 轨道组合成 3 个 $sp^2$杂化轨道。每个 $sp^2$杂化轨道都含有$\frac{1}{3}$s 轨道成分和$\frac{2}{3}$p 轨道成分，3 个 $sp^2$杂化轨道位于同一平面，互成 120°。例如在 $BF_3$分子中 B 的价电子构型为 $2s^22p^1$，成键过程中发生了 $sp^2$杂化。

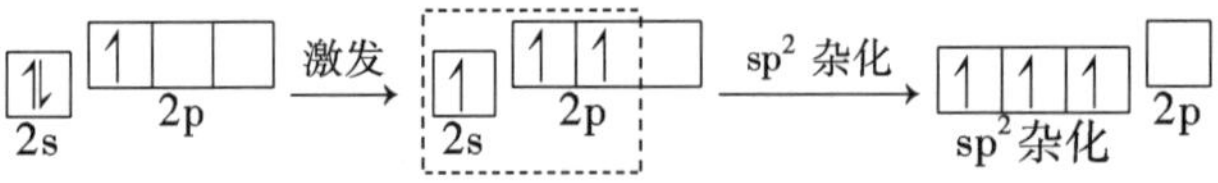


B 原子的 3 个 $sp^2$杂化轨道上的未成对电子分别和 3 个 F 原子的 2p 轨道上未成对电子配对成键，形成 3 个 B—Fσ 键，它们在同一平面上，夹角互为 120°。因此，$BF_3$分子的空间构型是平面三角形。

③$sp^3$杂化。由 1 个 $ns$ 轨道和 3 个 $np$ 轨道组合成 4 个 $sp^3$杂化轨道。每个 $sp^3$杂化轨道都含有$\frac{1}{4}$s 轨道成分和$\frac{3}{4}$p 轨道成分，4 个 $sp^3$杂化轨道分别指向正四面体的 4 个顶角，轨道间的

夹角互成 109°28′。例如 $CH_4$ 分子中 C 原子的价电子构型为 $2s^22p^2$,成键过程中发生了 $sp^3$ 杂化。

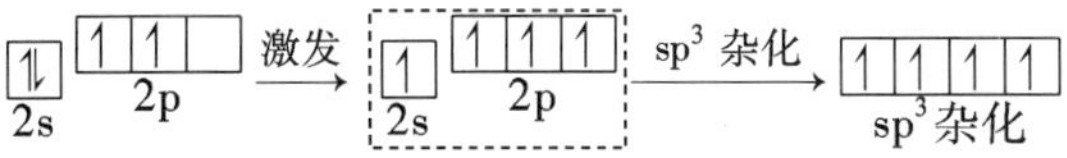


C 原子的 4 个 $sp^3$轨道上的 4 个未成对电子分别与 4 个 H 原子中的未成对电子配对成键,形成 4 个 C—H $\sigma$键。4 个 H 原子排布在正四面体的顶点,所以 $CH_4$的分子空间构型为正四面体。

④$sp^3$不等性杂化。如果在杂化轨道上含有不成键的孤对电子,则形成的 4 个 $sp^3$杂化轨道是不完全等同的,这种杂化称为不等性杂化。

例如在 $NH_3$分子中 N 原子的价电子构型为 $2s^22p^3$,在成键过程中

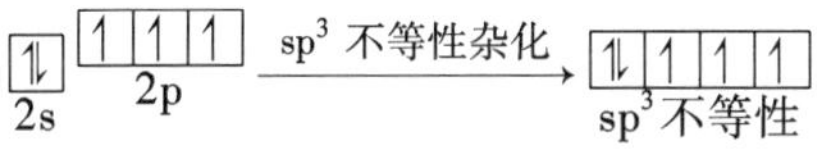


其中有 1 个 $sp^3$杂化轨道被 1 对孤对电子(即已配对的电子)所占,不能形成共价键;其余 3 个 $sp^3$杂化轨道上的未成对电子分别和 3 个 H 原子的单电子成键,形成 3 个 N—H 键。因为孤对电子所占据的杂化轨道的电子云比较密集,对其余 3 个成键电子对起排斥作用,因而 $NH_3$分子中 N—H 键之间夹角等于 107°(比 109°28′略小)。$NH_3$分子的空间构型为三角锥形。

又如 $H_2O$ 分子中 O 原子也是发生 $sp^3$不等性杂化。在 O 原子的 4 个 $sp^3$杂化轨道中有 2 个杂化轨道已被孤对电子占据。O 原子剩余的 2 个 $sp^3$杂化轨道上的 2 个单电子与 2 个 H 原子形成 2 个 O—H 键,它们的夹角为 104°4′(比 107°、109°28′都更小一点)。$H_2O$ 分子的空间构型为"V"字形(或折线形)。

综上所述,可将杂化轨道的类型和分子的空间构型小结如下。

sp 杂化:分子呈直线形,如 $BeCl_2$、$HgCl_2$等,此外还有 $CO_2$、 CH≡CH 等。

$sp^2$杂化:分子呈平面三角形,如 $BF_3$、$BCl_3$等,此外还有 $CH_2$═$CH_2$等。

$sp^3$杂化:分子呈四面体形,如 $CH_4$、$SiCl_4$等。

$sp^3$不等性杂化:分子呈三角锥形(1 个轨道被孤对电子占据),如 $NH_3$、$PCl_3$等;呈"V"字形(2 个轨道被孤对电子占据),如 $H_2O$、$H_2S$ 等,此外还有 $SO_2$等。

通常,用杂化轨道理论讨论问题是在已知分子几何构型的基础上进行的。但是,用杂化轨道理论预测分子的几何构型却比较困难。因此,杂化轨道理论更多用于解释分子的几何构型而不是预测。

**2. 分子间力和氢键**

1)极性分子和非极性分子

(1)键的极性

两个相同元素的原子以共价键结合时,其正、负电荷的中心正好重合,键两端的电性是一样的,这种键称为非极性键。两个不同元素的原子以共价键相结合时,由于电负性不同,电子云偏向电负性大的原子一方。这时两原子间电荷的分布是不对称的,正、负电荷的中心不能重叠在一起。键的一端带负电荷,键的另一端带正电荷,这种共价键称为极性共价键,简称极性键。两原子电负性值相差愈大,键的极性也愈大。

(2)极性分子和非极性分子

正、负电荷中心相互重合的分子称为非极性分子,正、负电荷中心不能重合的分子称为极性分子,极性分子具有固有偶极。

对双原子分子来说,分子的极性是由键的极性决定的。如果键是非极性键,则分子是非极性分子;如果键是极性键,分子是极性分子。

对多原子分子来说,分子是否有极性,不仅取决于键的极性,而且更与分子的空间构型有关。例如,在 $SO_2$和 $CO_2$分子中,虽然都有极性键,但是因为 $CO_2$分子的空间构型是直线形,键的极性互相抵消,正、负电荷中心重合,所以 $CO_2$是非极性分子。而 $SO_2$分子的空间构型是"V"字形,键的极性不能互相抵消,正、负电荷中心不能重合,因而 $SO_2$分子是极性分子。一些物质分子的极性和分子的空间构型可参见表 3. 1-3。

**表 3. 1-3 一些物质分子的极性和分子的空间构型**

| 分子式 | 键的极性 | 分子的极性 | 分子的空间构型 |
|---|---|---|---|
| $N_2$ | 非极性 | 非极性 | 直线形 |
| $H_2$ | 非极性 | 非极性 | 直线形 |
| CO | 极性 | 极性 | 直线形 |
| HCl | 极性 | 极性 | 直线形 |
| HCN | 极性 | 极性 | 直线形 |
| $CS_2$ | 极性 | 非极性 | 直线形 |
| $CO_2$ | 极性 | 非极性 | 直线形 |
| $H_2O$ | 极性 | 极性 | V 字形 |
| $SO_2$ | 极性 | 极性 | V 字形 |
| $BF_3$ | 极性 | 非极性 | 平面三角形 |
| $NH_3$ | 极性 | 极性 | 三角锥形 |
| $CH_4$ | 极性 | 非极性 | 正四面体形 |
| $CHCl_3$ | 极性 | 极性 | 四面体形 |

2)分子间力

分子间存在着各种较弱的相互作用,统称为分子间力,又称为范德华(Van de Waals)力,其结合能比分子内原子间的相互作用(化学键能)要小 1 ~2 个数量级。分子间力主要包括下列几种作用力。

(1)取向力

当两个极性分子相互靠近时,极性分子的固有偶极间会发生同性相斥、异性相吸,使极性分子间调整方向,呈异极相邻的有序排列。这种由于固有偶极异极相吸而产生的作用力称为取向力。取向力的本质是静电作用力。

(2)诱导力

当极性分子接近非极性分子时,由于极性分子的作用使非极性分子的正、负电荷中心发生偏移分离,从而产生一定的极性,这叫诱导偶极。诱导偶极与极性分子的固有偶极相互作用。这种作用力称为诱导力。

(3)色散力

非极性分子之间也存在着相互作用力。非极性分子内的原子核和核外电子都在不断运动,它们的相对位置不断发生变化。尽管从统计平均结果看,非极性分子的正、负电荷中心必是重叠的。但在每一瞬间分子的正、负电荷中心实际总是不相重合的。这就产生了瞬时偶极。相邻的瞬时偶极之间就会产生相互作用,这种作用力称为色散力。色散力不仅存在于非极性分子之间,而且存在于所有分子之间。对同种类的分子来说,分子愈大,其半径、体积愈大,电子云的变形愈容易,瞬时极化愈大,色散力愈大(分子间力愈大)。

表 3.1-4 列出一些分子中 3 种分子间力的分配情况。

**表 3.1-4　各种分子间力的相对数值**

| 物质 | 分子的相对极性 | 分子的相对变形性 | 取向力/% | 诱导力/% | 色散力/% |
|---|---|---|---|---|---|
| $H_2O$ | 1.00 | 1.00 | 76.9 | 4.1 | 19.0 |
| $NH_3$ | 0.80 | 1.49 | 45.0 | 5.3 | 49.7 |
| HCl | 0.56 | 1.78 | 14.4 | 4.2 | 81.4 |
| HBr | 0.44 | 2.42 | 3.3 | 2.2 | 94.5 |
| HI | 0.21 | 3.65 | 0.1 | 0.4 | 99.5 |

注:$H_2O$ 的极性取为 1。

分子间力是一种十分重要的作用力,对于许多物质的聚集状态及熔点、沸点、硬度、溶解性、导电性等物理性质有很强的影响。因此要学会按照分子结构、分子极性,判断该类物质分子间作用力的类型,粗略估计或比较其大小,并据此估计该物质的相应物理性质。

应该记住,色散力是存在于一切分子间的作用力;诱导力存在于极性分子与非极性分子间,或极性分子间,总之作用双方之间至少有一方是极性分子,才能有诱导力出现;而取向力则只能出现在极性分子之间。

取向力的大小取决于极性分子的极性大小。诱导力的大小取决于两方面,即极性分子极性的大小及受其作用的非极性分子变形的大小,极性分子本身极性愈强,其对非极性分子的诱导作用就越强;而受其作用的非极性分子的变形性越强,则在相同作用下,诱导的效果就越大,产生的诱导力愈强。色散力的大小主要取决于瞬时偶极的大小,即取决于分子电子云的变形性大小。一般而言,分子愈大,其相应的色散力也愈大。例如稀有气体 He、Ne、Ar、Kr、Xe、Rn 都是单原子分子,都是非极性分子,其分子间的作用力主要是色散力,因此随原子半径的增加,色散力递增,所以其中 He 是分子间作用力最小的,在所有的物质中 He 是沸点最低的(4 K)。同样,在 $F_2$、$Cl_2$、$Br_2$、$I_2$ 中,$F_2$ 的沸点最低。

3) 氢键

大多数同系列氢化物的沸点随着相对分子质量的增大而升高。但是,$NH_3$、$H_2O$、HF 等的沸点不符合上述递变规律,原因是它们的分子之间除了一般的分子间力以外,还存在着另一种特殊的作用力,这就是氢键。

大量事实表明,分子中的氢原子与电负性大的原子 X 以共价键相结合时,还可以和另一个电负性大的原子 Y 形成一种特殊的键,这种键称为氢键。氢键可以用下式表示:

$$X—H\cdots Y$$

极性共价键　氢键

式中 X、Y 代表电负性大、原子半径小的原子(如 N、O、F),X、Y 可以是不同元素的原子,也可以是同一种元素的原子。HF、$H_2O$、$NH_3$ 等分子间都存在氢键。在无机含氧酸、有机羧酸、醇、胺、蛋白质等物质的分子之间也存在氢键。

氢键的强度通常比分子间力稍强一些,与弱的化学键属同一数量级。

氢键有类似共价键的方向性和饱和性。

**【例 3.1-3】** 下列物质中哪些能生成氢键:

$HCl$　$H_3BO_3$　$CH_3OH$　$H_2S$　$NH_3$　$PH_3$　$H_3PO_4$

**解:**上述各物质中 $H_3BO_3$、$CH_3OH$、$NH_3$、$H_3PO_4$ 可生成氢键。

而 HCl、$H_2S$ 及 $PH_3$ 中与 H 原子相邻的 Cl、S、P 原子,虽然电负性较强,但原子半径较大,不能生成氢键。

**3. 晶体的内部结构**

固态物质有晶体和非晶体两大类。若把组成晶体的基本微粒(原子、离子、分子等)看成是几何学上的点,这些点按一定规律组成的几何图形称为晶格或点阵。各种晶体都有自己的晶格,而且种类繁多。按晶格内部微粒间的作用力来划分,晶体可分为离子晶体、原子晶体、分子晶体和金属晶体四种基本类型。晶体的四种基本类型及其有关性质见表 3.1-5。

**表 3.1-5　晶体的基本类型及其性质**

| 晶体的类型 | 离子晶体 | 原子晶体 | 分子晶体 | 金属晶体 |
|---|---|---|---|---|
| 晶格结点上的微粒 | 正、负离子 | 原子 | 分子 | 金属原子或金属离子 |
| 微粒间的作用力 | 离子键 | 共价键 | 分子间力,氢键 | 金属键① |
| 熔点　沸点 | 较高 | 高 | 低 | 一般较高 |
| 硬度 | 较大 | 大 | 小 | 一般较大 |
| 延展性 | 差 | 差 | 差 | 良 |
| 导电性 | 水溶液或熔融体导电性良好 | 绝缘体或半导体 | 绝缘体 | 良导体 |
| 实例 | NaCl、MgO、$K_2SO_4$ | 金刚石、Si、Ge、$SiO_2$、SiC、CaAs | $CO_2$、$H_2O$、$CH_4$、$CCl_4$、$I_2$、He | Na、Al、Fe、Cu 合金 |

①在金属晶体的晶格结点上排列着金属原子或金属正离子,其间有一些共用的自由电子。这些自由电子把许多金属原子、正离子“黏合”在一起形成金属键。

晶体的物理性质,如熔点、沸点、溶解度、硬度、导电性等,都受其结构的影响。因而在推测或比较晶体的这些物理特性时,首先必须确定晶体的类型,按不同类型推测其应有什么样的特征,然后才能按照晶体内部作用力的特性,比较同类晶体的某些物理性能的强弱大小。

## 3.2　溶液

要求:熟悉水溶液浓度的各种表示法,了解什么是稀溶液的依数性,能对溶液的蒸气压下降、沸点上升、冰点下降及渗透压等现象加以解释,并简单比较依数性的大小;了解同离子效应、缓冲溶液、酸碱电离平衡、酸碱质子理论、溶度积规则、多相离子平衡、溶度积常数等概念,并能据此进行相关的简单计算和比较。

### 3.2.1　稀溶液的依数性

**1. 溶液的浓度**

一定量溶液(或溶剂)中所含溶质的量即为溶液的浓度。溶液的浓度可以用不同的方法表示,常用的有体积摩尔浓度、质量摩尔浓度、摩尔分数浓度等。

用1 L溶液中所含溶质的量表示的浓度称为体积摩尔浓度，简称摩尔浓度，单位为 $mol \cdot L^{-1}$，或 $mol/dm^{-3}$。用1 kg溶剂中所含溶质的量表示的浓度称为质量摩尔浓度，单位为 $mol \cdot kg^{-1}$。此外，亦可用溶质的量占溶液总量的摩尔分数来表示浓度，即摩尔分数浓度：

$$x_A = \frac{n_A}{n_A + n_B}$$

式中：$n_A$和 $n_B$分别为溶液中溶质 A 与溶剂 B 的量；$x_A$则为溶液中溶质 A 的摩尔分数。

**2. 稀溶液的依数性**

溶液的性质可分两类：一类主要与溶质的本性有关，如溶液的酸碱性、颜色、化学性质等；另一类则与溶质的本性无关，而只与一定量溶液中所含溶质粒子的数量有关，亦即只与溶液的浓度有关，如溶液的饱和蒸气压下降、沸点升高、冰点下降和渗透压等。这类性质即为稀溶液的依数性，又称稀溶液的通性。

1）溶液的蒸气压下降

在一定温度下，液体表面的分子会脱离液面形成蒸气，这种过程称为蒸发，其逆过程称为凝结或冷凝：

$$\text{液相} \underset{\text{冷凝}}{\overset{\text{蒸发}}{\rightleftharpoons}} \text{蒸气}$$

在一定温度下，当液相的蒸发与气相的冷凝达到平衡（即蒸发速率与凝结速率相等）时，蒸气所具有的压力即为一定值，称为该液体在此温度的饱和蒸气压，简称蒸气压。随温度的升高，液体的蒸气压相应增大，图 3.2-1 中曲线 $aa'$即为水的蒸气压温度曲线。

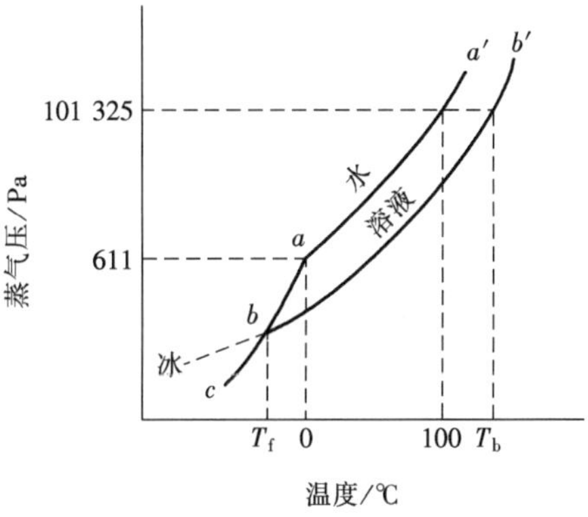

图 3.2-1　水、冰和溶液的蒸气压曲线

实验表明，水溶液的蒸气压总比在相同温度下纯水的蒸气压低，这就称为溶液的蒸气压下降，以 $\Delta p$ 表示，即 $\Delta p = p^* - p$，$p^*$ 为纯溶剂的蒸气压，而 $p$ 为溶液的蒸气压。拉乌尔通过大量实验，得出结论：任何溶液的蒸气压下降都是该溶液中溶质的摩尔分数 $x_A$的函数，即

$$\Delta p = x_A p^* \tag{3.2-1}$$

这称为拉乌尔（Raoult）定律。溶液的其他依数性，都可解释为是由溶液的蒸气压下降所引起的。

2）溶液的沸点升高和凝固点下降

当液体的蒸气压等于外界压力（标准大气压为 101 325 Pa）时，液体就沸腾，此时的温度称为沸点（$T_b$）。从图 3.2-1 看出，当水温为 100 ℃时，其蒸气压为 101 325 Pa，此时水就沸腾了，故水的沸点为 100 ℃。在高原上由于大气压低，因此高原上水的沸点低于 100 ℃。由于水溶液的蒸气压总是小于纯水的蒸气压（如图 3.2-1 中 $bb'$所示），所以在 100 ℃时，溶液的蒸气压小于大气压，故溶液不会沸腾。必须在更高的温度下，才能使溶液的蒸气压达到大气压。故溶液沸点总是高于纯溶剂的沸点。这称为溶液的沸点升高（$\Delta T_b$）。

固体物质也能直接变为气态，这叫升华，也有相应的蒸气压，图 3.2-1 中的 $abc$ 线是冰的蒸气压曲线。

在0 ℃时水的蒸气压和冰的蒸气压相等，此温度称为水的冰点或凝固点，也可以说是冰的熔点。由于溶液的饱和蒸气压下降，因此要使溶液蒸气压等于冰的蒸气压，只有在低于0 ℃，达到 $T_f$时才能满足此条件。因此，溶液的凝固点低于纯溶剂的凝固点，这种现象称为溶液凝固点下降($\Delta T_f$)。

实验结果表明，稀溶液的沸点升高和冰点下降与溶液的质量摩尔浓度成正比，这也称为拉乌尔定律：

$$\Delta T_b = K_b m \quad (3.2\text{-}2)$$

$$\Delta T_f = K_f m \quad (3.2\text{-}3)$$

式中：$m$ 表示溶液的质量摩尔浓度；$K_b$为溶剂的沸点升高常数，它表示浓度为1 mol·kg$^{-1}$的溶液的沸点比纯溶剂升高的度数；$K_f$为溶剂的凝固点下降常数，它表示浓度为1 mol·kg$^{-1}$的溶液的凝固点比纯溶剂降低的度数。

不同溶剂的 $K_b$和 $K_f$都不相同，常用溶剂的 $K_b$、$K_f$值可从理化手册中查到。水的 $K_b$ = 0.51 K·kg·mol$^{-1}$，$K_f$ = 1.86 K·kg·mol$^{-1}$。

3)*溶液的渗透压*

当溶液和溶剂间用半透膜①隔开时，溶剂分子会通过半透膜进入溶液中。这种现象称为渗透。如果在溶液的表面上施加一定压力，则可阻止溶剂分子的渗透。这种可使渗透停止所必须在溶液表面施加的压力，称为渗透压。在一定温度时，溶液的渗透压与溶液的体积摩尔浓度成正比，在一定浓度时，稀溶液的渗透压与绝对温度成正比。即

$$\Pi = cRT \quad (3.2\text{-}4)$$

式中：$\Pi$ 为溶液的渗透压；$R$ 为摩尔气体常数；$c$ 为溶液的体积摩尔浓度；$T$ 为绝对温度。

综上所述，可将稀溶液的通性归纳如下：溶液的蒸气压下降、沸点升高、凝固点下降和渗透压等特性仅与一定量溶剂或溶液中所含溶质的量成正比，而与溶质的本性无关。这里必须注意：当溶液浓度较大时，实际结果与拉乌尔定律间会有偏差；如果溶质为易挥发物质，则必须考虑溶质本身蒸气压的贡献；如果溶质是电解质，必须考虑其电离的影响，应该以电离达到平衡后溶液中所含的全部粒子(包括电离产生的离子和未电离的分子)的总浓度作为溶质粒子的实际浓度代入公式进行计算。

**【例3.2-1】** 把2.76 g甘油溶于200 g水中，测得该溶液的凝固点为 −0.279 ℃，试求甘油的摩尔质量。(水的 $K_f$ = 1.86 K·kg·mol$^{-1}$)

**解：**设甘油的摩尔质量为 $M$，已知溶液凝固点为 −0.279 ℃，所以 $\Delta T_f$ = 0.279 K。则2.76 g甘油溶于200 g水中，其质量摩尔浓度为

$$m = \frac{\dfrac{2.76\ \text{g}}{M}}{\dfrac{200}{1\ 000}\ \text{kg}} = \frac{13.8}{M}\ \text{g} \cdot \text{kg}^{-1}$$

因为 $\Delta T_f = K_f \cdot m$，即

① 只允许溶液中某一类组分自由通过，而不允许其余组分通过的膜称为半透膜。在这里应用的是一类只允许溶剂分子自由通过，而不允许溶质分子(或离子)通过的半透膜。例如动物的肠衣、膀胱壁等。

$$0.279\ \mathrm{K} = 1.86\ \mathrm{K \cdot kg \cdot mol^{-1}} \times \frac{13.8}{M} \mathrm{g/kg^{-1}}$$

所以 $M = 92.0\ \mathrm{g \cdot mol^{-1}}$

## 3.2.2 溶液中的酸碱电离平衡

**1. 一元弱酸、弱碱的电离平衡**

一元弱酸、弱碱在水中电离是水溶液中一类十分重要的平衡，称为水溶液中的酸碱电离平衡，也称酸碱平衡。酸碱平衡服从化学平衡的基本规律，可用一个相应的平衡常数来表示酸碱电离平衡的特征。这个平衡常数叫电离常数，用 $K_i^{\ominus}$ 表示（弱酸也可用 $K_a^{\ominus}$ 表示，弱碱用 $K_b^{\ominus}$ 表示）。例如：

$$\mathrm{HAc} \xrightleftharpoons{K_a^{\ominus}} \mathrm{H^+ + Ac^-}$$

$$K_a^{\ominus} = \frac{[\mathrm{H^+}][\mathrm{Ac^-}]}{[\mathrm{HAc}]} \tag{3.2-5}$$

$$\mathrm{NH_3 \cdot H_2O} \xrightleftharpoons{K_b^{\ominus}} \mathrm{NH_4^+ + OH^-}$$

$$K_b^{\ominus} = \frac{[\mathrm{NH_4^+}][\mathrm{OH^-}]}{[\mathrm{NH_3 \cdot H_2O}]} \tag{3.2-6}$$

以上二式中[ ]表示各平衡组分的相对平衡浓度。对任何指定的弱酸弱碱而言，或是对于任何一指定的酸碱平衡而言，在指定温度下，其 $K_a^{\ominus}$ 或 $K_b^{\ominus}$ 都是定值，并不随任何平衡组分的浓度（无论是起始浓度还是平衡浓度）而改变。

电离常数的大小反映了该电解质电离程度的大小。电离程度大小也可用电离度 $\alpha$ 来表示，即

$$\alpha = \frac{已电离的电解质的量}{电解质总量} \times 100\%，或\ \alpha = \frac{已电离电解质浓度}{电解质总浓度} \times 100\%$$

但是任何指定的弱酸或弱碱的电离度都是随其初始浓度不同而变化的，起始浓度越大，其电离度 $\alpha$ 越小。这是 $\alpha$ 与 $K_i^{\ominus}$ 的不同之处。但对同一酸碱电离平衡而言，其 $K_i^{\ominus}$ 与 $\alpha$ 之间是相关的，可以互相换算。例如：

| | HA | $\xrightleftharpoons{K_a^{\ominus}}$ $\mathrm{H^+}$ | + $\mathrm{A^-}$ |
|---|---|---|---|
| 起始浓度（$\mathrm{mol \cdot dm^{-3}}$） | $c$ | 0 | 0 |
| 平衡浓度（$\mathrm{mol \cdot dm^{-3}}$） | $c - c\alpha$ | $c\alpha$ | $c\alpha$ |

$$K_a^{\ominus} = \frac{(c\alpha)^2}{(c - c\alpha)} = \frac{c\alpha^2}{1 - \alpha} \tag{3.2-7}$$

由于 $\alpha$ 很小，可作近似计算 $1 - \alpha = 1$，则

$$K_a^{\ominus} = c\alpha^2 \tag{3.2-8}$$

$$\alpha = \sqrt{\frac{K_a^{\ominus}}{c}}$$

上式亦称为稀释定律表达式，应注意到溶液浓度越大，电离度越小，但溶液中电离出来的离子浓度却越大，这是因为

$$[\mathrm{H^+}] = [\mathrm{A^-}] = c\alpha = c \cdot \sqrt{\frac{K_a}{c}} = \sqrt{K_a c}$$

**2. 多元弱酸的电离平衡**

多元弱酸如 $H_2S$、$H_2CO_3$等在水中的电离是分步进行的,称为分级电离。每一级电离都形成独立的电离平衡,具有自己的电离常数。当整个体系达到平衡后,体系中每项平衡组分的平衡浓度都只有一个唯一的值。如果体系中同时有几个平衡涉及同一组分,那么该组分的平衡浓度必须同时满足所有这些平衡。根据这两点基本原则,就可以按已知条件,通过分级平衡或总体平衡常数计算各平衡组分的平衡浓度。以 $H_2S$ 为例,分以下二级电离。

一级电离:$H_2S \xrightleftharpoons{K_{a1}^{\ominus}} H^+ + HS^-$

$$K_{a1}^{\ominus}=\frac{[H^+][HS^-]}{[H_2S]} \tag{3.2-9}$$

二级电离:$HS^- \rightleftharpoons H^+ + S^{2-}$

$$K_{a2}^{\ominus}=\frac{[H^+][S^{2-}]}{[HS^-]} \tag{3.2-10}$$

通常一级电离比二级电离容易得多,$K_{a1}^{\ominus} \gg K_{a2}^{\ominus}$,因此 $H_2S$ 溶液中 $H^+$ 离子主要是由一级电离产生,$H^+$ 离子浓度近似等于

$$[H^+]=\sqrt{K_{a1}^{\ominus}\cdot[H_2S]}=\sqrt{K_{a1}^{\ominus}c_{H_2S}^0}$$

$c_{H_2S}^0$为 $H_2S$ 的起始浓度。

由于二级电离常数很小,远小于一级电离常数,因二级电离而引起的$[H^+]$与$[HS^-]$的变化可忽略不计,即使考虑了二级平衡,仍然可以认为平衡体系为$[H^+]=[HS^-]$。

依据 $H_2S$ 的第二级电离平衡,可以求出平衡体系中$[S^{2-}]=K_{a2}^{\ominus}\cdot\frac{[HS^-]}{[H^+]}\approx K_{a2}^{\ominus}$,因此在 $H_2S$ 的水溶液中,由 $H_2S$ 自然电离产生的游离酸根 $S^{2-}$ 离子的平衡浓度,近似等于 $H_2S$ 的第二级电离常数 $K_{a2}^{\ominus}$,是个定值,但很小。对于二元弱酸的电离平衡不作更深一步要求。

**3. 水的离子积和溶液的 pH 值**

纯水是一种很弱的电解质,存在着以下电离平衡:

$$H_2O \rightleftharpoons H^+ + OH^-$$

$$K_w^{\ominus}=[H^+][OH^-] \tag{3.2-11}$$

实验测得在 25 ℃时,水中$[H^+]=[OH^-]=10^{-7}\ mol\cdot L^{-1}$,则

$$K_w^{\ominus}=10^{-7}\cdot10^{-7}=10^{-14}$$

$K_w^{\ominus}$ 称为水的离子积常数。只要是水溶液,无论呈中性、酸性或碱性,也不管溶质是什么,浓度是多少,溶液中

$$[H^+][OH^-]=K_w^{\ominus}=10^{-14} \tag{3.2-12}$$

弱酸或弱碱溶液的酸碱性可用其 $H^+$(或 $OH^-$)离子浓度来表示。在实际应用中,为了计算方便,常用 $H^+$离子浓度的负对数 pH,或 $OH^-$离子浓度的负对数 pOH 来表示。

**4. 同离子效应和缓冲溶液**

在弱电解质溶液中,加入具有相同离子的强电解质,使弱电解质的电离度降低的现象,称为同离子效应。如醋酸 HAc 溶液中加入 NaAc 盐,结果使 HAc 的电离度降低,溶液中 $H^+$离子浓度降低。

由弱酸及其盐(如 HAc-NaAc)或弱碱及其盐(如 $NH_3\cdot H_2O$-$NH_4Cl$)组成的混合溶液,能

在一定程度上抵消、减轻外加强酸或强碱对溶液酸度的影响,从而保持溶液的 pH 值相对稳定。这种溶液称为缓冲溶液。组成缓冲溶液的弱酸(或弱碱)与其盐组成了一个缓冲对。缓冲溶液的 pH 值计算公式如下。

由弱酸及其盐组成的缓冲溶液(酸性缓冲液)为

$$[H^+] = K_a^\ominus \frac{c_{酸}}{c_{盐}}$$

$$pH = pK_a^\ominus - \lg \frac{c_{酸}}{c_{盐}} \tag{3.2-13}$$

由弱碱及其盐组成的缓冲溶液(碱性缓冲液)同样有:

$$[OH^-] = K_b^\ominus \frac{c_{碱}}{c_{盐}}$$

$$pOH = pK_b^\ominus - \lg \frac{c_{碱}}{c_{盐}} \tag{3.2-14}$$

$$pH = 14 - pOH = 14 - pK_b^\ominus + \lg \frac{c_{碱}}{c_{盐}}$$

若 $c_{酸}/c_{盐}$ 或 $c_{碱}/c_{盐}$ 等于 1,则缓冲溶液的 pH(或 pOH)等于相应的弱酸或弱碱的 $pK_a^\ominus$(或 $pK_b^\ominus$)。必须指出,缓冲溶液的缓冲能力是有限的。若加入大量强酸或强碱后,缓冲体系中某一组分被消耗完了,则缓冲溶液将失去其缓冲能力,溶液的 pH 将会发生较大的变化。而如果只是将缓冲溶液稀释,由于 $c_{酸}/c_{盐}$ 或 $c_{碱}/c_{盐}$ 比值不变,则缓冲溶液稀释后 pH 值保持不变。

**【例 3.2-2】** 在 0.1 $mol \cdot L^{-1}$ 的 HAc 溶液中加入固体 NaAc,使 NaAc 浓度为 0.1 $mol \cdot L^{-1}$,并设溶液的体积不变,试比较加入 NaAc 前后溶液的 $H^+$ 离子浓度和 HAc 的电离度的变化。已知 HAc 的 $K_a^\ominus = 1.8 \times 10^{-5}$。

**解:**(1)设加入 NaAc 以前,溶液中的 $H^+$ 离子浓度为 $c_{H^+} = x\ mol \cdot L^{-1}$ ($[H^+] = x$),则

$$HAc \xrightleftharpoons{K_a^\ominus} H^+ + Ac^-$$

| | HAc | $H^+$ | $Ac^-$ |
|---|---|---|---|
| 起始浓度/$mol \cdot L^{-1}$ | 0.1 | 0 | 0 |
| 平衡浓度/$mol \cdot L^{-1}$ | $0.1 - x$ | $x$ | $x$ |

$$K_a^\ominus = \frac{x^2}{0.1 - x} \approx \frac{x^2}{0.1} = 1.8 \times 10^{-5} \text{(因为 } x \ll 0.1\text{,所以 } 0.1 - x \approx 0.1\text{)}$$

$$[H^+] = x = \sqrt{K_a^\ominus \cdot 0.1} = 1.3 \times 10^{-3}\text{,即 } c_{H^+} = 1.3 \times 10^{-3}\ mol \cdot L^{-1}$$

$$\alpha = \frac{1.3 \times 10^{-3}}{0.1} = 1.3 \times 10^{-2} = 1.3\%$$

(2)设加入 NaAc 后,溶液中 $H^+$ 离子浓度为 $c'_{H^+} = y\ mol \cdot L^{-1}$ ($[H^+]' = y$),则

$$HAc \xrightleftharpoons{K_a^\ominus} H^+ + Ac^-$$

| | HAc | $H^+$ | $Ac^-$ |
|---|---|---|---|
| 起始浓度/$mol \cdot L^{-1}$ | 0.1 | 0 | 0.1 |
| 平衡浓度/$mol \cdot L^{-1}$ | $0.1 - y$ | $y$ | $0.1 + y$ |

由于 $y$ 与 0.1 相比是很小的值,可忽略不计。

$$K_a^\ominus = \frac{[H^+][Ac^-]}{[HAc]} = \frac{y(0.1 + y)}{(0.1 - y)} \approx y = 1.8 \times 10^{-5}$$

$$[H^+]' = y = 1.8 \times 10^{-5}，即 c'_{H^+} = 1.8 \times 10^{-5}\ mol \cdot L^{-1}$$

$$\alpha' = \frac{1.8 \times 10^{-5}}{0.1} = 1.8 \times 10^{-4} = 0.018\%$$

表明加入 NaAc 后，$Ac^-$ 的同离子效应抑制了 HAc 的电离，使 HAc 的电离度从 1.3% 降低到 0.018%，因而 HAc 溶液中$[H^+]$从 $1.3 \times 10^{-3}\ mol \cdot L^{-1}$降低到 $1.8 \times 10^{-5}\ mol \cdot L^{-1}$。

配制缓冲溶液时，首先要根据需要选择合适的缓冲对。方法是，若要求维持酸性环境，就应选择弱酸弱酸盐缓冲对；若要维持碱性环境，则应选择弱碱与弱碱盐配缓冲溶液。然后再按照需要控制 pH 范围。根据弱酸(或弱碱)的 $pK_a^{\ominus}(pK_b^{\ominus})$值，选择 $pK_a^{\ominus}(pK_b^{\ominus})$在所需 pH 值 ±1 范围内的弱酸(或弱碱)及其盐组成共轭对，并可进一步按公式(3.2-13)、(3.2-14)计算其组分的配比。

**【例 3.2-3】** 试配制一种缓冲液，能维持 pH = 10.25 左右。

**解：**配制缓冲液首先应确定缓冲液的组分，按题意要求，应配制一种碱性缓冲液，首先要选择合适的弱碱。根据 $pH = (14 - pK_b^{\ominus}) \pm 1$ 的范围，求得弱碱的 $pK_b^{\ominus}$ 应在$(14.0 - 10.25) \pm 1$的范围内，$NH_3$-$NH_4Cl$ 体系符合要求。为方便起见，假定欲配制的缓冲液体积为 1 $dm^3$，所用的 $NH_3 \cdot H_2O$ 配成浓度为 $1.0\ mol \cdot dm^{-3}$，加入 $NH_4Cl$ 固体后总体积的变化很小，可忽略不计。

因 $$pH = pK_w^{\ominus} - pK_{b \cdot NH_3 \cdot H_2O}^{\ominus} + \lg \frac{c_{NH_3 \cdot H_2O}/c^{\ominus}}{c_{NH_4Cl}/c^{\ominus}}$$

故 $$10.25 = 14 - 4.75 + \lg \frac{1.0\ mol \cdot dm^{-3}/1.0\ mol \cdot dm^{-3}}{c_{NH_4Cl}/c^{\ominus}}$$

$$\lg \frac{1.0}{c_{NH_4Cl}/c^{\ominus}} = 10.25 - 14.0 + 4.75 = 1.0$$

故 $$c_{NH_4Cl} = \frac{1}{10} \cdot c^{\ominus} = 0.10\ mol \cdot dm^{-3}$$

**答：**将 0.1 mol 的 $NH_4Cl$ 固体加入到 1 $dm^3$浓度为 $1.0\ mol \cdot dm^{-3}$的氨水中，组成的缓冲液能维持 pH = 10.25。

**5. 盐类的水解平衡**

弱酸盐或弱碱盐与水作用，生成弱酸或弱碱，这种反应称为盐类的水解。

盐类的水解反应，实质是盐的离子与 $H_2O$ 作用，生成了难电离的弱酸或弱碱，引起水的电离平衡的移动，导致溶液 pH 值改变。弱酸强碱盐水解呈碱性；弱碱强酸盐水解呈酸性；弱酸弱碱盐水解结果呈现酸性或碱性则要视弱酸和弱碱的相对强弱而定；而强酸强碱盐则基本不发生水解。

以一元弱酸强碱盐 NaAc 为例，其水解平衡

$$Ac^- + H_2O \xrightleftharpoons{K_h^{\ominus}} OH^- + HAc$$

所以 $$K_h^{\ominus} = \frac{[OH^-][HAc]}{[Ac^-]} = \frac{[OH^-][HAc][H^+]}{[Ac^-][H^+]} = \frac{K_w^{\ominus}}{K_a^{\ominus}}$$

式中：$K_h^{\ominus}$ 即为 NaAc(或 $Ac^-$)的水解平衡常数，简称水解常数。它可由相应的弱酸电离常数 $K_a^{\ominus}$ 与水的离子积常数 $K_w^{\ominus}$ 求出。同样，对于像 $NH_4Cl$(或 $NH_4^+$)这样的强酸弱碱盐而言，可以

有

$$K_h^{\ominus}=\frac{K_w^{\ominus}}{K_b^{\ominus}} \tag{3.2-15}$$

从 $K_h^{\ominus}$ 的表达式可以看出，组成盐的弱酸（或弱碱）的酸性（或碱性）愈弱，即 $K_a^{\ominus}$（或 $K_b^{\ominus}$）越小，则由它们组成的盐的 $K_h^{\ominus}$ 越大，即该盐越易水解。

多元弱酸弱碱盐的水解是分级进行的。例如 $Na_2CO_3$的水解：

$CO_3^{2-}+H_2O \rightleftharpoons OH^-+HCO_3^-$　　一级水解

$$K_{h1}^{\ominus}=\frac{[HCO_3^-][OH^-]}{[CO_3^{2-}]}=\frac{K_w^{\ominus}}{K_{a2}^{\ominus}} \tag{3.2-16}$$

$HCO_3^-+H_2O \rightleftharpoons OH^-+H_2CO_3$　　二级水解

$$K_{h2}^{\ominus}=\frac{[H_2CO_3][OH^-]}{[HCO_3^-]}=\frac{K_w^{\ominus}}{K_{a1}^{\ominus}} \tag{3.2-17}$$

由于多元弱酸 $K_{a1}^{\ominus}\gg K_{a2}^{\ominus}\gg K_{a3}^{\ominus}\cdots$，所以相应地 $K_{h1}^{\ominus}\gg K_{h2}^{\ominus}\gg K_{h3}^{\ominus}\cdots$。因此，在判断盐类水解的结果（如溶液的酸碱性）时，实际上主要依据一级水解的结果，以后各级水解的影响通常可忽略不计。盐类水解程度也可用水解度（$h\%$）来表示。

$$h=\frac{\text{已水解盐的量}}{\text{盐的总量}}\times 100\%\text{，或 }h=\frac{\text{已水解盐的浓度}}{\text{盐的起始浓度}}\times 100\% \tag{3.2-18}$$

水解度与水解常数的关系和电离度与电离常数的关系相似：

$$h=\sqrt{\frac{K_h}{c_{\text{盐}}}} \tag{3.2-19}$$

在盐溶液中加入相应的强酸（或强碱），即增加溶液中的 $H^+$（或 $OH^-$）离子浓度，可以抑制强酸弱碱盐（或强碱弱酸盐）的水解。这可用平衡移动的观点加以解释。

**6. 酸碱质子理论**

按酸碱质子理论，凡能给出质子的物质是酸（质子酸），能接受质子的物质是碱（质子碱）。

酸失去质子变成碱，碱得到质子就变成酸。这对酸和碱具有共轭关系，称为共轭酸碱对。例如：

酸 $\rightleftharpoons$ 碱 $+H^+$

$HAc \rightleftharpoons Ac^- + H^+$　$HAc/Ac^-$ 为共轭酸碱对

$H_2CO_3 \rightleftharpoons HCO_3^- + H^+$　$H_2CO_3/HCO_3^-$ 为共轭酸碱对

$HCO_3^- \rightleftharpoons CO_3^{2-} + H^+$　$HCO_3^-/CO_3^{2-}$ 为共轭酸碱对

$NH_4^+ \rightleftharpoons NH_3 + H^+$　$NH_4^+/NH_3$为共轭酸碱对

$NH_3 \rightleftharpoons NH_2^- + H^+$　$NH_3/NH_2^-$ 为共轭酸碱对

据此，水溶液中各类涉及质子的反应与平衡，实质都是质子传递的过程，是争夺质子的平衡。

**【例 3.2-4】** 下列物质在水溶液中，哪些是既可作酸又可作碱的？

$H_2CO_3$、HCl、$NaCO_3$、$CO_2$、NaOH、$NaHCO_3$、$H_2O$

**解：**上述物质中，$H_2CO_3$、HCl 在水溶液中只能放出 $H^+$，而不能接受 $H^+$，故只能作酸，而不能作碱。

而 $NaCO_3$、NaOH 和 $CO_2$ 在水溶液中只能接受 $H^+$，而不能放出 $H^+$，故只能作碱，而不能作酸。

$NaHCO_3$ 与 $H_2O$ 是既可作酸又可作碱的。

**【例 3.2-5】** 下列各组溶液中，哪些具有缓冲作用？

(1)0.10 $mol \cdot L^{-1}$ 的 HAc 与 0.10 $mol \cdot L^{-1}$ 的 NaOH 溶液等体积混合。

(2)0.10 $mol \cdot L^{-1}$ 的 HAc 与 0.05 $mol \cdot L^{-1}$ 的 NaOH 溶液等体积混合。

(3)0.10 $mol \cdot L^{-1}$ 的 HAc 与 0.20 $mol \cdot L^{-1}$ 的 NaOH 溶液等体积混合。

**解：**上述三种溶液中两种组分相互作用的结果是：

(1)生成 0.05 $mol \cdot L^{-1}$ 的 NaAc；

(2)生成 0.025 $mol \cdot L^{-1}$ 的 HAc 与 0.025 $mol \cdot L^{-1}$ 的 NaAc；

(3)生成 0.05 $mol \cdot L^{-1}$ 的 NaAc 与 0.05 $mol \cdot L^{-1}$ 的 NaOH。

显然(1)为纯 NaAc；(2)为 HAc + NaAc 溶液；(3)为 NaAc + NaOH 溶液，只有(2)溶液组成缓冲对，具有缓冲作用。

## 3.2.3 多相离子平衡

### 1. 多相离子平衡

在一定温度下，难溶电解质晶体与溶解在溶液中的离子之间存在溶解和结晶的平衡，称作多相离子平衡，也称沉淀溶解平衡。每个多相离子平衡都具有一个特征的平衡常数，称为化合物的溶度积常数，用 $K_{sp}^{\ominus}$ 表示。

以难溶电解质 AgCl 在水中的多相离子平衡为例：

$$AgCl(s) \xrightleftharpoons{K_{sp}^{\ominus}} Ag^+(aq) + Cl^-(aq)$$

$$K_{sp}^{\ominus} = [Ag^+][Cl^-] \tag{3.2-20}$$

若难溶盐的组分离子比不是 1:1，其多相离子平衡式中，相应离子的系数不是 1，则其 $K_{sp}^{\ominus}$ 的表达式及相关计算中，有关离子的浓度项应以其平衡系数作指数的幂代替。例如：

$$Mg(OH)_2(s) \xrightleftharpoons{K_{sp}^{\ominus}} Mg^{2+} + 2OH^-$$

$$K_{sp}^{\ominus} = [Mg^{2+}][OH^-]^2$$

$$Ca_3(PO_4)_2(s) \xrightleftharpoons{K_{sp}^{\ominus}} 3Ca^{2+} + 2PO_4^{3-}$$

$$K_{sp}^{\ominus} = [Ca^{2+}]^3[PO_4^{3-}]^2$$

### 2. 溶解度和溶度积

通常人们还用溶解度来衡量或表征难溶盐在水中的溶解特性。广义地说，某物质的溶解度就是指一定温度下，一定量的溶液或溶剂中，能溶解该物质的最大量，通常可用该物质的饱和溶液的体积摩尔浓度 $S$ 表示。

溶解度 $S$ 和溶度积常数 $K_{sp}^{\ominus}$ 都能反映难溶电解质的溶解性的大小，并可相互换算。如对 AB(1:1) 型难溶电解质，其饱和溶液(浓度为 $S$)中存在下列平衡：

$$AgCl(s) \xrightleftharpoons{K_{sp}^{\ominus}} Ag^+ + Cl^-$$

$$K_{sp,AgCl}^{\ominus} = [Ag^+][Cl^-] = S^2$$

$$S = \sqrt{K_{sp,AgCl}^{\ominus}}$$

对 $AB_2(1:2)$ 型难溶电解质，其饱和溶液中存在下列平衡：

$$Mg(OH)_2(s) \overset{K_{sp}^{\ominus}}{\rightleftharpoons} Mg^{2+} + 2OH^-$$

$$K_{sp,Mg(OH)_2}^{\ominus} = [Mg^{2+}][OH^-]^2 = S(2S)^2 = 4S^3$$

$$S = \sqrt[3]{\frac{K_{sp,Mg(OH)_2}^{\ominus}}{4}}$$

其他类型难溶电解质的 $K_{sp}^{\ominus}$ 与 $S$ 之间换算也可相似处理。

在用溶度积常数比较难溶电解质的溶解度大小时要注意：

①同类型难溶电解质可以直接用溶度积常数比较溶解度；

②不同类型难溶电解质要用溶度积常数计算出溶解度后再进行比较，不能简单认为溶度积常数小的溶解度一定小。

**【例 3.2-6】** 在 25 ℃时，AgCl 的溶度积常数为 $1.77\times10^{-10}$，$Ag_2CrO_4$ 的溶度积常数为 $1.90\times10^{-12}$，试比较两者的溶解度(以 $mol\cdot L^{-1}$ 为单位)大小。

**解**：虽然 AgCl 的溶度积常数比 $Ag_2CrO_4$ 的溶度积常数大，因为两者是不同类型的难溶电解质，因此不能简单地用溶度积常数大小来比较其溶解度，而要通过计算作比较：

对 AgCl，其溶解度 $S = \sqrt{K_{sp,AgCl}^{\ominus}} = \sqrt{1.77\times10^{-10}} = 1.33\times10^{-5}$

而对 $Ag_2CrO_4$，$S = \sqrt[3]{\frac{K_{sp,Ag_2CrO_4}^{\ominus}}{4}} = \sqrt[3]{\frac{1.90\times10^{-12}}{4}} = 0.78\times10^{-4}$

**答**：$Ag_2CrO_4$ 的溶解度为 $0.78\times10^{-4}\ mol\cdot L^{-1}$，AgCl 的溶解度为 $1.33\times10^{-5}\ mol\cdot L^{-1}$，故 $Ag_2CrO_4$ 的溶解度大于 AgCl 的溶解度。

**3. 溶度积规则**

在溶液中，有关离子能否生成难溶晶体析出，可用相应离子的实际浓度积与其溶度积常数相比较来作出判断，这就叫溶度积规则。这实际上是平衡和平衡移动规则在多相离子平衡中的应用。

溶度积规则：

$$Q\left\{\begin{matrix} < \\ = \\ > \end{matrix}\right\}K_{sp}^{\ominus}\left\{\begin{array}{l} \text{沉淀溶解或无沉淀} \\ \text{平衡态，饱和溶液} \\ \text{生成沉淀} \end{array}\right.$$

利用溶度积规则可以判断沉淀的生成和溶解。

**4. 分步沉淀、沉淀转化与沉淀溶解**

①若溶液中存在两种以上离子，选用某种沉淀剂可使这些离子先后沉淀析出，这就称分步沉淀。分步沉淀本质上是多种离子对同一种沉淀剂离子的争夺竞争。运用溶度积规则可以计算出在指定条件下，哪种离子会最先沉淀，哪些会随后沉淀；还能计算出某种离子应在什么浓度开始沉淀，什么条件下沉淀完全；以及当某种离子开始沉淀析出时，先前沉淀的一种离子在溶液中残存浓度等。若第二种离子刚开始沉淀时，第一种离子浓度已经降至 $10^{-5}\ mol\cdot L^{-1}$ 以下，则可认为第一种离子已沉淀完全了，并可选用这种沉淀剂，利用分步沉淀法将两种离子完全分离。

**【例 3.2-7】** 某溶液中含有 $Cl^-$ 离子和 $CrO_4^{2-}$ 离子，浓度都为 $0.1\ mol\cdot L^{-1}$，试用计算说

明，若用 $Ag^+$ 作沉淀剂，哪种离子先沉淀，并说明能否用分步沉淀将 $Cl^-$ 和 $CrO_4^{2-}$ 完全分离？

**解**：要使 $Cl^-$ 转化成 AgCl 沉淀所需 $Ag^+$ 浓度为

$$[Ag^+]_{AgCl}=\frac{K^{\ominus}_{sp,AgCl}}{[Cl^-]}=\frac{1.77\times10^{-10}}{0.1}=1.77\times10^{-9}$$

要使 $CrO_4^{2-}$ 转化成 $Ag_2CrO_4$ 沉淀所需 $Ag^+$ 浓度为

$$[Ag^+]_{Ag_2CrO_4}=\sqrt{\frac{K^{\ominus}_{sp,Ag_2CrO_4}}{[CrO_4^{2-}]}}=\sqrt{\frac{1.9\times10^{-12}}{0.1}}=4.36\times10^{-6}$$

显然 $[Ag^+]_{AgCl}<[Ag^+]_{Ag_2CrO_4}$，所以当用 $Ag^+$ 作沉淀剂时，上述溶液中 $Cl^-$ 将优先成 AgCl 沉淀析出。

而当 $Ag_2CrO_4$ 开始要沉淀时，$Cl^-$ 离子浓度为

$$[Cl^-]=\frac{K^{\ominus}_{sp,AgCl}}{[Ag^+]_{Ag_2CrO_4}}=\frac{1.77\times10^{-10}}{4.36\times10^{-6}}=4.06\times10^{-5}$$

所以在题示条件下，用 $Ag^+$ 作沉淀剂，$Cl^-$ 先沉淀析出，而当 $CrO_4^{2-}$ 开始沉淀时，$Cl^-$ 的残留浓度为 $4.06\times10^{-5}$ mol·L$^{-1}$，可认为 $Cl^-$ 离子实际上已经沉淀完全了，表明用 $Ag^+$ 可使题示溶液中 $Cl^-$ 和 $CrO_4^{2-}$ 分步沉淀分离。

②利用溶度积和溶度积规则还可以判断沉淀能否转化为其他沉淀或溶解。

例如，利用溶度积可以计算沉淀转化反应的常数

$$Ag_2CrO_4(s)+2Cl^-\overset{K}{\rightleftharpoons}2AgCl(s)+CrO_4^{2-}$$

$$K=\frac{[CrO_4^{2-}]}{[Cl^-]^2}=\frac{[CrO_4^{2-}][Ag^+]^2}{[Cl^-]^2[Ag^+]^2}=\frac{K^{\ominus}_{sp,Ag_2CrO_4}}{(K^{\ominus}_{sp,AgCl})^2}=\frac{1.9\times10^{-12}}{(1.77\times10^{-10})^2}=6.06\times10^7$$

表明这个沉淀转化反应比较彻底，即向 $Ag_2CrO_4$ 溶液中加入 $Cl^-$，可使 $Ag_2CrO_4$ 沉淀转化为 AgCl 沉淀。

沉淀溶解是指含有沉淀的溶液中，当有关离子浓度积小于溶度积时，沉淀会溶解。例如

$$CaCO_3+2H^+\rightleftharpoons Ca^{2+}+H_2CO_3$$
$$H_2CO_3\rightarrow H_2O+CO_2$$

由于用 $H^+$ 离子使 $CO_3^{2-}$ 生成 $H_2CO_3$，并分解成为 $H_2O$ 和 $CO_2$，而 $CO_3^{2-}$ 浓度降低可使 $CaCO_3$ 沉淀溶解，因而加酸可使 $CaCO_3$ 溶解。

## 3.3 化学反应速率与化学平衡

要求：关于化学反应动力学方面，要求了解化学反应的进度及化学反应速率的表示方法，了解影响反应速率的因素（反应物浓度、反应温度、催化剂对反应速率的影响）；正确理解反应速率常数、质量作用定律、反应活化能、基元反应及反应速率决定步骤等基本概念；掌握判断和测定反应速率的方法，能应用阿伦尼乌斯公式计算不同温度下反应速率常数的变化。

关于化学反应热力学方面，要求了解化学热力学研究的内容与特点、体系和环境、状态和状态函数等基本概念，了解指定状态、平衡状态及标准状态的区别，掌握热化学方程式的写法；正确应用分压定律计算混合气体中指定组分气体的分压；了解 $\Delta_rH^{\ominus}_m$，$\Delta_fH^{\ominus}_m$，$\Delta_rS^{\ominus}_m$，$S^{\ominus}_m$，$\Delta_rG^{\ominus}_m$，$\Delta_fG^{\ominus}_m$ 及 $\Delta_rG_m$ 等热力学基本函数的概念及彼此的区别，了解用热力学函数变化判别化学反应方向的方法。

关于化学平衡部分，应了解化学平衡及平衡常数的物理意义，了解化学平衡常数的一般表达式、平衡常数的求算方法及影响平衡常数的主要因素，了解浓度平衡常数与标准平衡常数的区别及各自的求算方法；掌握平衡移动的规则及有关平衡常数的计算。

### 3.3.1 化学反应速率

**1. 化学反应的进度与反应速率的表示方法**

目前，国际纯粹与应用化学联合会(IUPAC)推荐用反应进度随时间的变化率来表示反应进行的快慢。

定义：在化学反应某一阶段中任何一种反应物或生成物的量的变化 $\Delta n$($dn$)与其化学计量数 $\nu$ 之商为该化学反应的反应进度 $\xi$，其单位是 mol。对于反应

$$3H_2(g) + N_2(g) \xlongequal{} 2NH_3(g)$$

$$\xi = \frac{\Delta n_{H_2}}{-3} = \frac{\Delta n_{N_2}}{-1} = \frac{\Delta n_{NH_3}}{2}$$

由于在反应中，反应物是减少的，其 $\Delta n$ 为负值；而生成物是增加的，其 $\Delta n$ 为正值。因此，在计算反应进度时，规定反应物的 $\nu$ 取负值，生成物的 $\nu$ 取正值。

对同一化学反应方程式来说，反应进度($\xi$)的值与选用方程式中何种物质的量的变化进行计算无关。因此，用反应进度定义的反应速率的量值与表示速率物质的选择无关，亦即一个反应就只有一个反应速率值，但在表示反应速率时，必须写明相应的化学计量方程式。

$$v = \frac{d\xi}{dt}$$

**2. 影响化学反应速率的因素**

(1)反应物浓度对反应速率的影响

实验表明：在一定温度下，基元反应的反应速率与各反应物浓度幂(幂次等于反应方程式中该物质分子式前的系数)的乘积成正比，这一规律称为质量作用定律。对某一基元反应：

$$aA + bB \longrightarrow dD + eE$$

$$v = k \cdot c_A^a \cdot c_B^b \tag{3.3-1}$$

其中 $k$ 为反应速率常数，式(3.3-1)称为速率方程。对同一反应来说，$k$ 只与温度及催化剂等因素有关，而与反应物的浓度分压无关。

注意，质量作用定律只适用于基元反应——由反应物一步就直接转变为生成物的反应。大多数反应都是由多步基元反应构成的复杂反应，称为非基元反应。质量作用定律也适用于非基元反应中的每一步基元反应。因此，在不了解反应机理的情况下，一般不能根据反应方程式直接书写速率方程。

(2)温度对反应速率的影响

化学反应速率通常随温度升高而增大，但不同的反应增大的程度不同。这是因为化学反应速率常数 $k$ 随温度升高而变大的缘故。阿伦尼乌斯公式表明了反应速率常数 $k$ 随温度 $T$ 变化的定量关系，即

$$k = A \cdot e^{-E_a/RT}$$

写成对数形式为

$$\lg k = -\frac{E_a}{2.303RT} + \lg A \tag{3.3-2}$$

利用式(3.3-2),可由两个不同的温度 $T_1$、$T_2$ 时的速率常数 $k_1$、$k_2$,求得 $E_a$;亦可由某一温度时的反应速率常数及活化能 $E_a$ 求算另一温度时的速率常数。

活化能 $E_a$ 实质上代表了反应物分子发生反应时所必须首先克服的能垒。现代化学反应速率理论认为,化学反应的历程可以描述为:具有足够能量的反应物分子,在运动中相互接近,发生碰撞,有可能生成一种活泼的不稳定的过渡态,通常称为活化络合物或活性中间体,而后活化络合物再分解形成生成物:

$$\underset{\text{具有足够能量的反应物}}{A—B + C} \xrightarrow{\text{碰撞}} \underset{\text{活化络合物}}{[A\cdots B\cdots C]} \rightleftharpoons \underset{\text{生成物}}{A + B—C}$$

按照气体分子运动理论可知,在任何温度下反应体系中所有分子的能量总是高低不等的。这中间永远只有一部分能量足够高的分子,才可能在相互碰撞时引起化学变化,人们把这种碰撞称为有效碰撞。把那些具有足够高能量、能发生有效碰撞及化学变化的分子称为活化分子。活化分子所具有的最低能量与反应物分子的平均能量之差就是活化能。如果一个反应的活化能很小,那么反应物只需从环境中吸收少量的能量(如热和光),即能克服活化能。在指定温度下,$E_a$ 越大,反应速率常数越小,反应速率也越小。

(3)催化剂对化学反应速率的影响

催化剂是能增加反应速率而本身的组成、数量及化学性质在反应前后保持不变的物质。催化剂所起的作用称为催化作用。催化作用的本质是改变了反应的途径,生成了新的活性中间体,因而降低了反应的活化能,使反应速率增加。

### 3.3.2 化学热力学简介

**1. 化学热力学的基本概念**

1)化学热力学的研究内容与方法特点

热力学是研究热和其他能量形式间转换规律的科学。运用热力学基本原理来研究化学现象以及与化学变化相关的物理现象,探索化学变化与能量传递、能量转换间的关系及其变化规律,并用以判断化学变化的方向,这样一门科学就称为化学热力学。

化学热力学是以热力学第一定律、热力学第二定律及热力学第三定律为基础发展起来的。热力学的研究对象是大量分子的集合体,其方法论具有统计意义。因此,热力学只能告诉我们,在某种条件下,某个化学变化能否发生,如能发生反应,结果如何,能进行到什么程度,但不能告诉我们完成这些变化所需的时间,也不能说明化学变化的根本原因及其经历的具体过程。后面两个问题是化学动力学研究的内容。

2)体系和环境

在化学中,把研究对象叫作体系,把体系外的一切叫作环境。如果体系与环境之间,既有物质交换,又有能量交换,这种体系称为敞开体系。如果体系与环境之间,没有物质交换,只有能量交换,这种体系称为封闭体系。如果体系与环境之间,既没有物质交换,又没有能量交换,这种体系称为孤立体系。

3)状态和状态函数

由一系列表征体系性质的物理量所确定下来的体系的存在形式称为体系的状态。而借以确定体系状态的物理量称为体系的状态函数。

状态函数的特征就是当体系状态发生变化时,状态函数的改变量只与体系的起始状态和最终状态有关,而与状态变化的具体途径无关。

由此,在热力学研究中,计算化学变化中任何一个状态函数的变化时,只要确定了始态和终态,就可借助任何设定的途径,从始态变到终态,并进行相应的热力学计算。而不必顾及变化的实际过程是如何完成的,是否与设计的过程相同。

4)指定状态、平衡状态与标准状态

在进行热力学研究及计算中,必须明确分清指定状态、平衡状态与标准状态。

(1)指定状态

指定状态是人为设定的或实际存在的任何一个确定的状态。对某一化学反应,常可指定其反应物为始态,生成物为终态。

(2)平衡状态

平衡状态是体系中发生的某个化学变化过程或其他热力学过程达到平衡时的状态。对于指定的过程,在指定的条件下,其平衡状态是确定的,并不因起始状态的不同而改变。

(3)标准状态

标准状态是为了便于计算而人为设定的一种参比状态。热力学对标准状态的定义如下。

①对气体物质而言,当其分压为 100 kPa 时,该气体即处于标准状态。

②对纯液态、纯固态物质而言,当其处于 100 kPa 压力下时,该纯液态、纯固态物质即处于标准状态。

③对溶液而言,当溶质的浓度为 1 $mol \cdot dm^{-3}$时,该溶质处于标准状态。

④对于任何一个体系而言,当其中所有组分物质都处于标准状态时,该整个体系即处于标准状态。

⑤热力学在标准状态的规定中,并未规定统一的温度标准。

对于任何体系而言,其标准状态总是确定的,而不管该体系实际处于什么样的状态。

**2. 热化学方程式**

当化学方程式不仅标明物质的变化,而且还标明反应的热效应,则称为热化学方程式。例如:

$$H_2(g)+\frac{1}{2}O_2(g)=\!=\!=H_2O(l) \quad Q_1=-285.8\ kJ$$

$$HgO(g)=\!=\!=Hg(l)+\frac{1}{2}O_2(g) \quad Q_2=90.7\ kJ$$

在书写热化学方程式时,必须注意以下几点。

①化学式前的系数表示该物质的量,可以是整数,也可以是分数。

②反应热和物质的聚集状态有关,所以在书写热化学方程式时,要标明物质的聚集状态。

③反应热和反应温度、压力等条件也有一定关系,但通常影响不大。反应如在 298 K、100 kPa 下进行,则称为标准反应热。上列实例中的反应热数值都是标准反应热。

**3. 混合气体中组分气体的分压力　气体分压定律**

在实际工作中常遇到两种不同或多种不同气体所组成的气体混合物。其中某一组分气体对器壁所施加的压力叫作该气体的分压力,它等于该气体单独占有与混合气体相同体积时所产生的压力。混合气体的总压力等于各组分气体的分压之和,这称为分压定律,数学式表达为

$$p=p_A+p_B+p_C+\cdots \tag{3.3-3}$$

若混合气体由 A、B 两种气体组成，其量分别为 $n_A$、$n_B$，$V$ 为混合气体的体积，根据气体状态方程式可得

$$p_A=\frac{n_A}{V}RT$$

$$p_B=\frac{n_B}{V}RT$$

$$p=\frac{n}{V}RT$$

其中 $n=n_A+n_B$，将上述关系稍加整理即得

$$\frac{p_A}{p}=\frac{n_A}{n}\text{或}\ p_A=p\frac{n_A}{n}$$

$$\frac{p_B}{p}=\frac{n_B}{n}\text{或}\ p_B=p\frac{n_B}{n}$$

混合气体中某组分气体的量与混合气体总量之比，称为该组分气体的摩尔分数，用 $x$ 表示。混合气体中任一指定组分 $i$ 气体的分压力 $p_i$ 与总压力 $p$ 及该组分的摩尔分数 $x_i$ 间的关系式：

$$p_i=px_i \tag{3.3-4}$$

直接测量分压是较困难的。而测定某一组分的摩尔分数及混合气体的总压力较方便，这样便可计算出该组分的分压。

在许多情况下，也可以测得各组分气体的体积分数，再进而求其分压力。各组分气体单独存在于混合气体所处的温度与压力下，占有的体积称为组分气体的分体积，每种组分气体的分体积与混合气体总体积之比即为该组分气体的体积分数。由气体状态方程式可以推导出，混合气体中任一组分气体的体积分数与摩尔分数的数值是相等的。

**【例 3.3-1】** 已知某丁烷($C_4H_{10}$)气中含有 1%（质量比）的硫化氢($H_2S$)气体。测得该混合气在 298 K 时的总压力为 101 kPa。求混合气体中硫化氢气体的分压。

**解：**取 1 kg 混合气体来考虑，设其中所含丁烷与硫化氢的量分别为 $n_{(C_4H_{10})}$ 和 $n_{(H_2S)}$，则

$$n_{(C_4H_{10})}=\frac{1\ 000\ \text{g}\times(1-1\%)}{58.1\ \text{g}\cdot\text{mol}^{-1}}=17.0\ \text{mol}\quad (M_{(C_4H_{10})}=58.1\ \text{g}\cdot\text{mol}^{-1})$$

$$n_{(H_2S)}=\frac{1\ 000\ \text{g}\times 1\%}{34.1\ \text{g}\cdot\text{mol}^{-1}}=0.293\ \text{mol}\quad (M_{(H_2S)}=34.1\ \text{g}\cdot\text{mol}^{-1})$$

故 $H_2S$ 气体在混合气中占的摩尔分数为

$$x_{(H_2S)}=(0.293\ \text{mol})/(17.0\ \text{mol}+0.293\ \text{mol})=1.69\times10^{-2}$$

所以 $H_2S$ 气体的分压为

$$p(H_2S)=x_{(H_2S)}\cdot p=1.69\times10^{-2}\times101\ \text{kPa}=1.71\ \text{kPa}$$

**4. 重要的热力学函数**

1）热力学能 $U$

体系内部所具有的一切能量的总和，称为体系的热力学能，以前称为内能。体系热力学能是体系的一种本质特征，属于状态函数。体系在任何指定状态下的热力学能的绝对值无法求得，但当体系发生变化时，变化前后热力学能之差 $\Delta U$ 却是可以测求的。如果体系由状态 1

（其热力学能为 $U_1$）变化到状态 2（其热力学能 $U_2$），在此过程中体系从环境中吸热 $Q$（热力学规定，体系从环境吸热，$Q$ 取正值，体系向环境放热，$Q$ 取负值），同时对环境做功 $W$（热力学规定，体系对环境做功，$W$ 取正值，环境对体系做功，$W$ 取负值），则按照能量守恒原则，有

$$\Delta U = U_2 - U_1 = Q - W \tag{3.3-5}$$

这就是化学热力学第一定律的表达式。

2）化学反应的热效应 $Q$ 与焓 $H$

（1）化学反应的热效应

许多化学反应都伴随着放热或吸热，称为化学反应的热效应，也称为化学反应的反应热。如果化学反应是在恒压条件下进行的，则反应的热效应称为恒压热效应。许多化学反应都是在大气压力下进行的，在反应或变化过程中，大气压的变化很小，可认为是恒定不变的。因此，这些化学反应都可看作恒压反应，相应的热效应都是恒压热效应，通常用 $Q_p$ 表示。若化学反应是在一个固定的容器中进行的，则为恒容反应，其相应的热效应为恒容热效应，通常用 $Q_V$ 表示。

（2）焓 $H$ 与焓变 $\Delta H$

设体系经过一个恒压变化，由状态 1（$U_1$、$p_1$、$V_1$）变化到状态 2（$U_2$、$p_2$、$V_2$），并假定在变化过程中，体系不做非膨胀功，即体系在变化过程中，除因体积变化而做功外，不做其他任何功。则

$$W = p_2V_2 - p_1V_1 = p(V_2 - V_1) = p\Delta V$$

$$Q = Q_p$$

按能量守恒原则，代入式（3.3-5）得

$$\Delta U = U_2 - U_1 = Q - W = Q_p - p\Delta V$$

所以 $$Q_p = \Delta U + p\Delta V = (U_2 - U_1) + p(V_2 - V_1) = (U_2 + p_2V_2) - (U_1 + p_1V_1)$$

令 $H = U + pV$，$H$ 称为焓，是由人们设定的一个热力学函数，既然 $U$ 和 $p$、$V$ 都是状态函数，由它们组合而成的 $H$ 也必然是状态函数。

因为 $H_1 = U_1 + p_1V_1$，$H_2 = U_2 + p_2V_2$，所以

$$Q_p = (U_2 + p_2V_2) - (U_1 + p_1V_1) = H_2 - H_1 = \Delta H \tag{3.3-6}$$

$\Delta H$ 代表了体系由状态 1 变化到状态 2 时，其焓值的变化，称为体系的焓变。$\Delta H$ 只与体系的始态和终态有关，而与变化的途径无关。在等温等压条件下，反应热恰好等于体系的焓变 $\Delta H$。

早在 1840 年，俄国化学家盖斯（Hess）根据大量实验事实总结出：在恒压条件下，不管化学反应是一步完成，还是分几步完成，其反应的热效应总是相同的。这就是著名的盖斯定律。

根据盖斯定律，可以利用已知反应热求算未知或难以直接测定的反应热。

（3）反应的标准焓变与物质的标准生成焓

①对于一个化学反应而言，当参与反应的各种物质，包括反应物和生成物，都处于标准状态时，化学反应的焓变即称为反应的标准焓变，以 $\Delta_r H^{\ominus}$ 表示。其中，下标“r”表示化学反应，上标“⊖”表示标准状态。（其他热力学函数也用同样方法标注）

任何一个化学反应的焓变不仅与反应体系所处的状态有关，而且与反应过程中消耗的物质的量有关，也就是与反应进度 $\xi$ 有关。因此定义，当化学反应进度为 $\xi = 1$ mol 时，化学反应的标准焓变为化学反应的标准摩尔焓变，以 $\Delta_r H_m^{\ominus}$ 表示，右下标“m”代表相应的化学反应进度

为 1 mol；$\Delta_r H_m^{\ominus} = \Delta_r H^{\ominus}/\xi$，$\Delta_r H_m^{\ominus}$ 的单位是 $kJ \cdot mol^{-1}$。

②为了利用热力学规则方便地计算化学反应的焓变，人们希望能知道参与化学反应的每种物质各自在指定条件下的焓值。但是焓的绝对值无法测得，因此人们就设法通过比较，测其相对值。物质的标准生成焓就是这个相对值。由稳定的单质生成单位量（如 1 mol）的某种物质的反应的标准焓变，被定义为该种物质的标准生成焓，以 $\Delta_f H_m^{\ominus}$ 表示。其中，左下标 f 表示生成焓，右下标 m 表示生成物质的量为 1 mol，$\Delta_f H_m^{\ominus}$ 的单位是 $kJ \cdot mol^{-1}$。

由物质的标准生成焓的定义可知，稳定单质本身的标准生成焓必然为零。

各种常见物质的标准生成焓，已经实验测得，在一般的理化手册中都可以查到，使用起来十分方便。

(4) 焓变的计算

对指定的反应

$$aA + bB \xrightarrow{\Delta_r H_m^{\ominus}} dD + eE$$

只要查表得到 A、B、D、E 的标准生成焓值，就可按下式计算反应的标准摩尔焓变 $\Delta_r H_m^{\ominus}$：

$$\Delta_r H_m^{\ominus} = [d \cdot \Delta_f H_m^{\ominus}(D) + e \cdot \Delta_f H_m^{\ominus}(E)] - [a \cdot \Delta_f H_m^{\ominus}(A) + b \cdot \Delta_f H_m^{\ominus}(B)] \quad (3.3\text{-}7)$$

3) 熵 $S$ 与熵变 $\Delta S$

(1) 体系的混乱度与熵

任何体系都是由大量微观粒子组成的群体，体系内部的混乱程度或其微粒排列的有序性，是体系所处状态的一个重要特征。指定体系处于指定状态时，其混乱程度是确定的。而如果体系混乱度改变了，体系的状态也就随之发生相应的变化。这就表明，体系混乱度的变化具有状态函数的特征。

为了定量地描述体系的混乱度，人们引入了一个热力学函数——熵，用符号 $S$ 表示。熵是描述、表征体系混乱度的函数，或者说熵是体系混乱度的量度。体系的混乱度越大，其熵值也越大；反之亦然。由于体系混乱度的变化具有状态函数的特性，所以熵也是一种状态函数，应该具有状态函数的一切特点。当体系由状态 1 变到状态 2 时，其熵值由 $S_1$ 变到 $S_2$，体系的熵变 $\Delta S = S_2 - S_1$ 仅取决于指定的始态和终态，而与变化的实际过程和经历的途径无关。

(2) 热力学第三定律与物质的规定熵

体系内组成物质的微观粒子的混乱度与物质的聚集状态和温度有关。当物质粒子处于完全整齐有序的状态时，熵值为 0。人们根据大量低温实验事实总结出热力学第三定律：在绝对零度时，任何纯物质的完美晶体的熵值为 0。以此为基准，可以确定其他温度下物质的熵。

$$\Delta S(T) = S_T - S_0$$

式中：$S_T$ 为指定温度 $T$ 时的熵值，$S_0$ 是绝对零度（始态）时的熵值。

因为 $S_0 = 0$，所以

$$S_T = \Delta S(T)$$

这就是说，用上述方法测得的熵变 $\Delta S(T)$ 就等于被测物质在温度 $T$ 时的熵值 $S_T$，$S_T$ 称为该物质的规定熵（以前也称作绝对熵）。

在标准状态下，1 mol 纯物质的规定熵，定义为该物质的标准摩尔规定熵，简称物质的标准熵，以 $S_m^{\ominus}(T)$ 表示，单位是 $J \cdot K^{-1} \cdot mol^{-1}$。常见物质在 298.15 K 时的标准熵可以从理化手册中查到。但应注意任一稳定单质的规定熵与标准熵都不为零。

对于反应 $aA + bB \longrightarrow dD + eE$ 而言,有

$$\Delta_r S_m^{\ominus}(298) = [d \cdot S_m^{\ominus}(D) + e \cdot S_m^{\ominus}(E)] - [a \cdot S_m^{\ominus}(A) + b \cdot S_m^{\ominus}(B)] \quad (3.3\text{-}8)$$

4)吉布斯自由能 $G$

(1)反应的标准摩尔吉布斯自由能变和物质的标准生成吉布斯自由能

许多实验事实表明,在自然界中各种物理、化学变化过程的发生与方向,至少受到两大因素的制约:一是体系的自发变化将使体系的能量趋于降低;二是体系的自发变化将使体系的混乱度增加。基于这个事实,为了便于综合考虑上述两方面的因素,美国物理化学家吉布斯定义了一个新的热力学函数 $G = H - TS$,称为吉布斯函数或吉布斯自由能。

由于 $H$、$T$、$S$ 都是状态函数,因而 $G$ 也是状态函数,具有状态函数的一切特征。

$$\Delta G = G_2 - G_1 = (H - TS)_2 - (H - TS)_1 = (H_2 - T_2S_2) - (H_1 - T_1S_1)$$
$$= (H_2 - H_1) - (T_2S_2 - T_1S_1) = \Delta H - \Delta(TS)$$

对于等温过程而言,$T_2 = T_1 = T$,则

$$\Delta G = \Delta H - T\Delta S \quad (3.3\text{-}9)$$

式(3.3-9)称为吉布斯—亥姆霍兹公式。

当一个反应体系的所有物质都处于标准状态时,反应的吉布斯自由能变化,即为该反应的标准吉布斯自由能变。而当反应的进度为 1 mol 时,反应的标准吉布斯自由能变即定义为该反应的标准摩尔吉布斯自由能变,以 $\Delta_r G_m^{\ominus}(T)$ 表示,单位为 $kJ \cdot mol^{-1}$。

在标准状态下,由最稳定的单质生成单位量(如 1 mol)的纯物质的反应的标准吉布斯自由能变,定义为该物质的标准生成吉布斯自由能,以 $\Delta_f G_m^{\ominus}(T)$ 表示,单位为 $kJ \cdot mol^{-1}$。任何一种稳定单质的 $\Delta_f G_m^{\ominus}(T) = 0$,常见物质在 298.15 K 时的标准生成吉布斯自由能值,可从一般的理化手册中查到,并可由此计算反应在 298 K 时的标准摩尔吉布斯自由能变。对反应

$$aA + bB \xrightleftharpoons{\Delta_r G_m^{\ominus}} dD + eE$$

而言,有

$$\Delta_r G_m^{\ominus}(298\ K) = [d \cdot \Delta_f G_m^{\ominus}(D) + e \cdot \Delta_f G_m^{\ominus}(E)] - [a \cdot \Delta_f G_m^{\ominus}(A) + b \cdot \Delta_f G_m^{\ominus}(B)] \quad (3.3\text{-}10)$$

但是必须注意,用式(3.3-10)计算出来的只能是 298 K 时的 $\Delta_r G_m^{\ominus}$。因为同一反应,在不同温度下,有着不同的 $\Delta_r G_m^{\ominus}(T)$。

(2)任意指定温度 $T$ 时,反应的标准摩尔吉布斯自由能变

求算任意温度 $T$ 时的 $\Delta_r G_m^{\ominus}(T)$,必须用吉布斯—亥姆霍兹公式(3.3-9):

$$\Delta_r G_m^{\ominus}(T) = \Delta_r H_m^{\ominus}(T) - T\Delta_r S_m^{\ominus}(T)$$

$\Delta_r H_m^{\ominus}(T)$ 及 $\Delta_r S_m^{\ominus}(T)$ 随温度 $T$ 的变化不大,可用 298 K 时的值近似代替,即

$$\Delta_r G_m^{\ominus}(T) \doteq \Delta_r H_m^{\ominus}(298\ K) - T\Delta_r S_m^{\ominus}(298\ K) \quad (3.3\text{-}11)$$

(3)任意指定状态(非标准状态)时,反应的摩尔吉布斯自由能变

对于任何一个化学反应,在指定状态(非标准状态)时的摩尔吉布斯自由能变 $\Delta_r G_m(T)$,可由相应的标准摩尔吉布斯自由能变 $\Delta_r G_m^{\ominus}(T)$ 求得。

对反应 $aA + bB \longrightarrow dD + eE$ 而言,有

$$\Delta_r G_m = \Delta_r G_m^{\ominus} + 2.303RT\lg \frac{[D]^d [E]^e}{[A]^a [B]^b} \quad (3.3\text{-}12)$$

或 $$\Delta_r G_m(T) = \Delta_r G_m^{\ominus}(T) + 2.303RT\lg\frac{p_D^d \cdot p_E^e}{p_A^a \cdot p_B^b} \tag{3.3-13}$$

式中：[D]、[E]、[A]、[B]为指定状态下各物质的相对浓度；$p_D$、$p_E$、$p_A$、$p_B$为指定状态下，物质的相对分压；$d$、$e$、$a$、$b$ 则为相应的反应系数。

**5. 化学反应方向的判别**

1) 自发过程与化学反应的方向性

自然界中发生的变化都具有一定的方向性。热力学中把那些无须外界干涉便可自动发生的反应或变化称为自发反应或自发变化。在指定条件下，如果某一反应能自发进行，则其逆反应必不能自发进行。反之，若某反应不能自发进行，则其逆反应必能自发进行。研究化学反应的方向性，就是要判别某一反应体系在指定状态下，能否自发反应，反应该向什么方向进行。化学热力学为我们提供了判断化学反应方向性的方便而且可靠的判据。

2) 判别化学反应方向性的判据

化学热力学第二定律是关于判断变化方向的规律，是热力学三个定律中最重要的一个。热力学第二定律有几种不同的表述方式，这些表述方式采用的判据不同，适用的条件不同，但实质都是相同的。

(1) 熵变判据

对于孤立体系而言，其中发生的任何反应变化都必然是自发的。热力学第二定律告诉我们：在孤立体系中发生的任何变化或化学反应，总是向着熵值增大的方向进行，即向着 $\Delta S_{孤立} > 0$ 的方向进行。

应该注意，利用熵变判据来判别变化的方向，仅适用于孤立体系。而实际上，反应体系往往不是孤立体系。在此情况下，可以把体系和周围环境加在一起，作为一个新的孤立体系来考虑。即要先求出某一反应或变化的始态与终态间体系的熵变 $\Delta S_{体系}$ 及环境的熵变 $\Delta S_{环境}$，然后把二者加起来，以 $\Delta S_{总} = \Delta S_{体系} + \Delta S_{环境} > 0$ 作为判据来判别反应的方向。

(2) 吉布斯自由能变与反应方向

热力学第二定律的另一表述方式是：在等温、等压、不做非膨胀功的条件下，自发的化学反应总是向着体系吉布斯自由能降低的方向进行。

由于一般化学反应都能符合等温、等压、不做非膨胀功的条件，所以用反应体系的吉布斯自由能变作为判据，可以方便地判断化学反应的方向。

$$\Delta_r G_m \begin{Bmatrix} < \\ = \\ > \end{Bmatrix} 0 \quad \begin{matrix} \text{自发过程，化学反应正向进行} \\ \text{平衡状态} \\ \text{非自发过程，化学反应逆向进行} \end{matrix}$$

3) 反应温度对吉布斯自由能变及反应方向的影响

根据吉布斯—亥姆霍兹公式：

$$\Delta G = \Delta H - T\Delta S$$

对 $\Delta H < 0$，$\Delta S > 0$ 的反应，不管温度高低(不管 $T$ 取什么值，但 $T$ 恒大于零)，$\Delta G$ 总小于零。这类反应不论在任何温度下，都能自发进行。

对于 $\Delta H > 0$，$\Delta S < 0$ 的反应，不管温度高低，$\Delta G$ 总大于零。这类反应不论在任何温度下都不会自发进行。

而对于 $\Delta H < 0$，$\Delta S < 0$ 的反应，或 $\Delta H > 0$，$\Delta S > 0$ 的反应，则温度 $T$ 的大小，将决定 $\Delta G$ 的符

号。因而能决定反应的方向。对 $\Delta H<0$,$\Delta S<0$ 的反应,当温度较低,$T<\frac{|\Delta H|}{|\Delta S|}$时,$T|\Delta S|<|\Delta H|$,则 $\Delta G<0$,反应能自发进行;而 $T>\frac{|\Delta H|}{|\Delta S|}$时,$\Delta G>0$,反应不能自发进行。当 $T_{转}=\frac{|\Delta H|}{|\Delta S|}$时,$\Delta G=0$,体系达到平衡,$T_{转}$称为该反应的转化温度,是这类反应能自发进行的最高温度。

对 $\Delta H>0$,$\Delta S>0$ 的反应,当 $T>\frac{|\Delta H|}{|\Delta S|}$时,则 $\Delta G<0$,反应能自发进行;而当 $T<\frac{|\Delta H|}{|\Delta S|}$时,$\Delta G>0$,反应不能自发进行。$T_{转}=\frac{|\Delta H|}{|\Delta S|}$代表该反应能自发进行的最低温度。

### 3.3.3 化学平衡

**1. 可逆反应与化学平衡**

在同一条件下,既能正向进行,又能逆向进行的反应称可逆反应。

原则上讲,几乎所有的反应都具有可逆性,反应进行到一定程度都将实现化学平衡。达到化学平衡时,$v_{正}=v_{逆}$,$\Delta G=0$。

**2. 平衡常数 $K$ 的计算**

(1)平衡浓度和平衡分压

体系达到平衡状态以后,所有平衡组分的浓度或分压都不再随时间而改变,即为该组分的平衡浓度或平衡分压。

对于指定反应 $a\mathrm{A}+b\mathrm{B}=\!=\!=d\mathrm{D}+e\mathrm{E}$ 而言,达到平衡时,

$$\frac{(c_{\mathrm{D}}/c^{\ominus})^{d}\cdot(c_{\mathrm{E}}/c^{\ominus})^{e}}{(c_{\mathrm{A}}/c^{\ominus})^{a}\cdot(c_{\mathrm{B}}/c^{\ominus})^{b}}=K_c,\ \frac{(p_{\mathrm{D}}^{0}/p^{\ominus})^{d}\cdot(p_{\mathrm{E}}^{0}/p^{\ominus})^{e}}{(p_{\mathrm{A}}^{0}/p^{\ominus})^{a}\cdot(p_{\mathrm{B}}^{0}/p^{\ominus})^{b}}=K_p$$

用平衡浓度表示的常数 $K_c$称浓度平衡常数,用平衡分压表示的常数 $K_p$称压力平衡常数。

(2)平衡常数

化学反应平衡常数的大小,表示了反应进行的难易程度,也代表了一个反应达到平衡时产物与反应物的比例,因而也表示了反应进行的程度。$K$ 值愈大,就表示这个反应在指定条件下,正向进行的倾向愈大,进行的程度也愈彻底,最后平衡体系中产物的比例愈高,残留的反应物愈少。

平衡常数 $K$ 是随反应温度 $T$ 而变化的条件常数。当反应温度保持一定时,指定反应的平衡常数 $K$ 亦为定值,不因反应物浓度或生成物浓度的改变而变化。

(3)化学反应的吉布斯自由能变与标准平衡常数

化学反应的浓度平衡常数 $K_c$ 或压力平衡常数 $K_p$ 是通过实测反应体系中各个平衡组分的平衡浓度或平衡分压求得的,属于经验常数,精确度较差,而且对于同一反应,$K_c$ 和 $K_p$ 的值不同。而在热力学研究及计算中通用的是由热力学函数导出的更为精确的热力学常数,简称标准常数,用 $K^{\ominus}(T)$表示。

对于指定反应 $a\mathrm{A}+b\mathrm{B}=\!=\!=d\mathrm{D}+e\mathrm{E}$ 而言,达到化学平衡的标志是相应的 $\Delta_{\mathrm{r}}G_{\mathrm{m}}=0$。从前面介绍的热力学规律可知:

$$\Delta_{\mathrm{r}}G_{\mathrm{m}}(T)=\Delta_{\mathrm{r}}G_{\mathrm{m}}^{\ominus}(T)+2.303RT\lg\frac{[\mathrm{D}]^{d}\cdot[\mathrm{E}]^{e}}{[\mathrm{A}]^{a}\cdot[\mathrm{B}]^{b}}$$

或

$$\Delta_{\mathrm{r}}G_{\mathrm{m}}(T)=\Delta_{\mathrm{r}}G_{\mathrm{m}}^{\ominus}(T)+2.303RT\lg\frac{p_{\mathrm{D}}^{d}\cdot p_{\mathrm{E}}^{e}}{p_{\mathrm{A}}^{a}\cdot p_{\mathrm{B}}^{b}}$$

当反应达到平衡时，$\Delta_r G_m(T)=0$，而[A]、[B]、[E]、[D]分别等于各物质的相对平衡浓度，$p_D$、$p_E$、$p_A$、$p_B$则分别等于各物质的相对平衡分压。所以

$$\frac{[D]^d \cdot [E]^e}{[A]^a \cdot [B]^b}=K^{\ominus}(T),\quad \frac{p_D^d \cdot p_E^e}{p_A^a \cdot p_B^b}=K^{\ominus}(T)$$

即 $\Delta_r G_m(T)=\Delta_r G_m^{\ominus}(T)+2.303RT\lg K^{\ominus}(T)=0$，得

$$\lg K^{\ominus}(T)=\frac{-\Delta_r G_m^{\ominus}(T)}{2.303RT} \tag{3.3-14}$$

由此求得的 $K^{\ominus}(T)$ 即为反应的标准平衡常数，而不再分 $K_c$ 与 $K_p$。一个指定反应，在指定温度 $T$ 下，只有一个 $K^{\ominus}(T)$ 值。许多常见的反应在 298 K 时的标准常数 $K^{\ominus}$(298 K)已被测定，可从各种理化手册中查到。

对指定反应，当 $T$ 变化时，$\Delta_r G_m^{\ominus}(T)$ 也会随之变化，但可通过热力学函数推算：

$$\begin{aligned}\lg K^{\ominus}(T)&=\frac{-\Delta_r G_m^{\ominus}(T)}{2.303RT}=\frac{-\Delta_r H_m^{\ominus}(T)+T\Delta_r S_m^{\ominus}(T)}{2.303RT}\\&\doteq\frac{-\Delta_r H_m^{\ominus}(298\ \text{K})+T\Delta_r S_m^{\ominus}(298\ \text{K})}{2.303\ RT}\\&=\frac{\Delta_r S_m^{\ominus}(298\ \text{K})}{2.303R}-\frac{\Delta_r H_m^{\ominus}(298\ \text{K})}{2.303RT}\end{aligned} \tag{3.3-15}$$

利用式(3.3-15)，可以由温度 $T_1$ 时的常数 $K^{\ominus}(T_1)$，求算另一温度 $T_2$ 时的 $K^{\ominus}(T_2)$。

**【例 3.3-2】** 在 250 ℃和 $1\times10^5$ Pa 下，$PCl_5$ 按下式分解：

$$PCl_5(g) \rightleftharpoons PCl_3(g)+Cl_2(g)$$

已知其分解百分数为 $\alpha=80\%$，求该反应的 $K^{\ominus}$(523 K)。

**解：** 设 $PCl_5$ 在起始时的量为 $n$ mol，则

| | $PCl_5(g)$ | $\rightleftharpoons PCl_3(g)$ | $+\ Cl_2(g)$ |
|---|---|---|---|
| 起始时物质的量/mol | $n$ | 0 | 0 |
| 反应中物质量的变化/mol | $-n\alpha$ | $n\alpha$ | $n\alpha$ |
| 平衡时物质的量/mol | $n(1-\alpha)$ | $n\alpha$ | $n\alpha$ |
| 平衡时物质的总量/mol | $n(1+\alpha)$ | | |
| 平衡时物质的摩尔分数 | $\frac{1-\alpha}{1+\alpha}$ | $\frac{\alpha}{1+\alpha}$ | $\frac{\alpha}{1+\alpha}$ |

已知总压 $p=1\times10^5$ Pa，$\alpha=80\%$。根据分压定律 $p_B=(n_B/n)p$。则

$$\begin{aligned}K^{\ominus}(523\ \text{K})&=\frac{[p_{PCl_3}/p^{\ominus}][p_{Cl_2}/p^{\ominus}]}{[p_{PCl_5}/p^{\ominus}]}\\&=\frac{\left(\frac{0.80}{1+0.80}\times\frac{1\times10^5\ \text{Pa}}{1\times10^5\ \text{Pa}}\right)\left(\frac{0.80}{1+0.80}\times\frac{1\times10^5\ \text{Pa}}{1\times10^5\ \text{Pa}}\right)}{\frac{1-0.80}{1+0.80}\times\frac{1\times10^5\ \text{Pa}}{1\times10^5\ \text{Pa}}}\\&=\frac{(0.80)^2/1.80}{0.20}=1.78\end{aligned}$$

**答：** 该反应的 $K^{\ominus}(523\ \text{K})=1.78$。

**【例 3.3-3】** 已知反应 $CO_2(g)+H_2(g)$ ══ $CO(g)+H_2O(g)$ 在 823 K 时的标准平衡常数 $K^\ominus(823\ \text{K})=0.14$，若令体系中各物项的分压分别为 $p_{CO_2}=p_{H_2}=1\ 000\ \text{kPa}$，$p_{CO}=p_{H_2O}=100\ \text{kPa}$，试判断在此条件下该反应将自发向哪个方向进行？

**解**：因为给定条件下 $K^\ominus(823\ \text{K})$ 值不是足够大，故不能仅凭 $K^\ominus$ 来判断反应的方向性。

$$\Delta_r G_m^\ominus(823\ \text{K})=-2.303RT\lg K^\ominus(823\ \text{K})$$

$$\begin{aligned}\Delta_r G_m(823\ \text{K})&=\Delta_r G_m^\ominus(823\ \text{K})+2.303RT\lg\frac{(p_{CO}/p^\ominus)(p_{H_2O}/p^\ominus)}{(p_{CO_2}/p^\ominus)(p_{H_2}/p^\ominus)}\\&=-2.303RT\lg K^\ominus(823\ \text{K})+2.303RT\lg\frac{1\times1}{10\times10}\\&=-2.303RT[\lg 0.14-\lg 0.01]\\&=-2.303\times(8.315\ \text{J}\cdot\text{mol}^{-1}\cdot\text{K}^{-1})\times(823\ \text{K})\times(-0.853\ 9+2)\\&=-18.06\ \text{kJ}\cdot\text{mol}^{-1}<0\end{aligned}$$

故该反应在此条件下应自发向正向进行。

**【例 3.3-4】** 已知反应 $N_2(g)+3H_2(g)$ ══ $2NH_3(g)$ 在 298 K 时的标准摩尔焓变为 $\Delta_r H_m^\ominus(298\ \text{K})=-92.22\ \text{kJ}\cdot\text{mol}^{-1}$，并已知该反应在 298 K 时的标准摩尔平衡常数为 $K^\ominus(298\ \text{K})=6.1\times10^5$，试求该反应在 673 K 时的标准平衡常数 $K^\ominus(673\ \text{K})$ 值。

**解**：根据本题所给条件，有

$$\lg K^\ominus(673\ \text{K})-\lg K^\ominus(298\ \text{K})=\frac{-\Delta_r H_m^\ominus(298\ \text{K})}{2.303R}\cdot\frac{(298\ \text{K}-673\ \text{K})}{298\ \text{K}\times673\ \text{K}}$$

$$\begin{aligned}\lg K^\ominus(673\ \text{K})&=\lg K^\ominus(298\ \text{K})+\frac{-\Delta_r H_m^\ominus(298\ \text{K})}{2.303R}\cdot\frac{(-375\ \text{K})}{298\ \text{K}\times673\ \text{K}}\\&=\lg(6.1\times10^5)-\frac{-92.22\ \text{kJ}\cdot\text{mol}^{-1}}{2.303\cdot8.315\ \text{J}\cdot\text{mol}^{-1}\cdot\text{K}^{-1}}\cdot\left(\frac{-1.870}{1\ 000\ \text{K}}\right)\\&=5.785-9.006=-3.221\end{aligned}$$

故　　$K^\ominus(673\ \text{K})=6.01\times10^{-4}$

**3. 化学平衡的移动**

一个化学反应，在一定条件下达到平衡。若条件发生变化，平衡就会被打破，反应重新向某个方向（正向或逆向）进行，然后在新的条件下重新达到平衡。这样由平衡→不平衡→平衡的过程称为平衡的移动。

总结浓度、压力和温度改变对化学平衡移动的影响，可以用一条普遍规律来表示。这就是吕・查德理(Le Chatelier)原理：当体系达到平衡后，如果改变体系平衡的条件之一（如浓度、压力或温度），平衡就向减弱这个改变的方向移动。

吕・查德理原理不仅适用于化学平衡，而且也适用于所有的动态平衡（包括物理平衡）。

**【例 3.3-5】** 对于平衡体系

$$2A(g)+B(g)\rightleftharpoons2C(g)\quad Q<0(\text{放热})$$

下列说法是否正确？

(1) 由于 $K_p=\dfrac{p_C^2}{p_A^2p_B}$，随着反应进行，$p_C$ 逐渐增大，$p_A$、$p_B$ 逐渐减小，因此平衡常数 $K_p$ 逐渐增大。

(2)温度升高,使 $v_{(逆)}$ 增大,$v_{(正)}$ 减小,故平衡向右移动。

(3)加入催化剂,使 $v_{(正)}$ 增大,平衡向右移动。

(4)增加总压力使 $p_A$、$p_B$ 增大,$v_{(正)}$ 增大,故平衡向右移动。

(5)加入稀有气体氩 Ar,使总压力增加到原来的 2 倍,平衡将向右移动。

**解:**(1)不对。压力平衡常数表达式中的 $p_A$、$p_B$、$p_C$ 分别是平衡时气态物质 A、B、C 的分压,即平衡分压。平衡分压是不随时间变化的,不可能随反应进行 $p_C$ 增大而 $p_A$、$p_B$ 减小。故反应过程中,$K_p$ 不变。

(2)不对。温度升高不仅使 $v_{(逆)}$ 增大,而且也使 $v_{(正)}$ 增大。由于该反应是放热反应,$v_{(逆)}$ 比 $v_{(正)}$ 增加得更加多一些,故平衡向左移动,而非向右移动。即升高温度,平衡向吸热反应的方向移动。

(3)不对。催化剂使 $v_{(逆)}$、$v_{(正)}$ 都增大,只会缩短达到平衡所需要时间,而不会使平衡移动。

(4)说法不妥。增加总压力,不仅使 $p_A$、$p_B$ 增大,同时也使 $p_C$ 以相应的比例增大,但因反应两边气体总量不相等,故平衡会向气体分子总数减少的方向移动,即平衡向右移动。故本命题对平衡移动方向的判别是正确的,但对其原因的表述是错误的。

(5)不对。稀有气体氩 Ar 不参与反应,加入 Ar 气虽能增加总压力,但并不会改变各气态物质的平衡分压,所以平衡不发生移动。

**【例 3.3-6】** 在 800 ℃时,下列反应的 $K_c = 1.0$。

$$CO(g) + H_2O(g) \rightleftharpoons CO_2(g) + H_2(g)$$

设 CO、$H_2O$ 的起始浓度都是 1 mol · $L^{-1}$。

(1)求平衡时各物质的浓度和 CO 的转化率。

(2)如果在已平衡的体系中再加入 $H_2O$,使 $H_2O$ 的浓度增加 4 mol · $L^{-1}$。求达到新平衡时各物质的浓度和 CO 的转化率。

**解:**(1)设平衡时 $CO_2$ 和 $H_2$ 的浓度都为 $x$ mol · $L^{-1}$,则

| | $CO(g)$ | $+H_2O(g) \rightleftharpoons$ | $CO_2(g)$ | $+H_2(g)$ |
|---|---|---|---|---|
| 起始浓度/mol · $L^{-1}$ | 1 | 1 | 0 | 0 |
| 平衡时浓度/mol · $L^{-1}$ | $1-x$ | $1-x$ | $x$ | $x$ |

$$K_c = \frac{[CO_2][H_2]}{[CO][H_2O]} = 1.0$$

$$\frac{x^2}{(1-x)^2} = 1.0$$

$$x = 0.5$$

即 $[H_2] = [CO_2] = [CO] = [H_2O] = 0.5\ \text{mol} \cdot L^{-1}$

$$CO\ 的转化率\ \alpha_1 = \frac{0.5\ \text{mol}}{1.0\ \text{mol}} \times 100\% = 50\%$$

(2)在上述已达平衡的体系中再加入 $H_2O$,将使平衡向生成更多产物的方向移动。设 $y$ mol · $L^{-1}$ 为体系重新达平衡时 $CO_2$ 所增加的浓度,则

| | $CO(g) + H_2O(g) \rightleftharpoons$ | | $CO_2(g) + H_2(g)$ | |
|---|---|---|---|---|
| 平衡破坏时瞬间浓度/$(mol \cdot L^{-1})$ | 0.5 | 0.5+4 | 0.5 | 0.5 |
| 新平衡浓度/$(mol \cdot L^{-1})$ | $0.5-y$ | $4.5-y$ | $0.5+y$ | $0.5+y$ |

$$K_c = \frac{(0.5+y)(0.5+y)}{(0.5-y)(4.5-y)} = 1.0$$

$$y = 0.33$$

所以,平衡时各物质的浓度为

$$[CO] = 0.5\ mol \cdot L^{-1} - 0.33\ mol \cdot L^{-1} = 0.17\ mol \cdot L^{-1}$$

$$[H_2O] = 4.5\ mol \cdot L^{-1} - 0.33\ mol \cdot L^{-1} = 4.17\ mol \cdot L^{-1}$$

$$[CO_2] = [H_2] = 0.5\ mol \cdot L^{-1} + 0.33\ mol \cdot L^{-1} = 0.83\ mol \cdot L^{-1}$$

此时 CO 的转化率 $\alpha_2 = \frac{1\ mol \cdot L^{-1} - 0.17\ mol \cdot L^{-1}}{1\ mol \cdot L^{-1}} \times 100\% = 83\%$

在上述例题中,如果以$[CO] = 1\ mol \cdot L^{-1}$、$[H_2O] = (1\ mol \cdot L^{-1} + 4\ mol \cdot L^{-1})$作为新平衡的起始浓度直接进行计算,其结果是一致的。读者可自行计算比较。

上述计算表明,增加反应物 $H_2O$ 的浓度,可使更多的 CO 转化成 $CO_2$,使 CO 的转化率提高,平衡向右移动。这也反映了浓度对平衡移动的影响,即增加反应物的浓度,平衡就向正反应方向移动。

## 3.4 氧化还原反应与电化学

要求:懂得氧化还原反应的基本原理,氧化还原反应方程式的配平,原电池的基本结构和作用原理;了解标准电极电位的概念,影响电极电位的主要因素,能斯特方程及电极电位的计算,电极的类型及其电极电位的测定、应用,电解、电化学腐蚀及防腐的基本知识。

### 3.4.1 氧化还原反应的基本概念

氧化还原反应的本质是发生了电子转移。失电子过程叫氧化,得电子过程叫还原。氧化与还原是一对矛盾,必须同时发生,相互依存。在反应中得电子的物质叫氧化剂;失电子的物质叫还原剂。

如氧化还原反应:

$$\overset{-2e}{\overbrace{Zn + Cu^{2+} \rightleftharpoons Zn^{2+}}} + Cu \quad (Cu^{2+} \xrightarrow{+2e} Cu)$$

可拆分为两个半反应:

| | | |
|---|---|---|
| 氧化半反应 | $Zn - 2e \rightleftharpoons Zn^{2+}$ | Zn 为还原剂,被氧化 |
| 还原半反应 | $Cu^{2+} + 2e \rightleftharpoons Cu$ | $Cu^{2+}$ 为氧化剂,被还原 |

### 3.4.2 氧化还原反应方程式的书写与配平

**1. 书写和配平要求**

氧化还原反应方程式书写时,反应物与生成物必须以实验事实为依据。方程式配平的基本原则:一是得失电子数必须相等;二是反应式左右元素种类相同和原子数必须相等。

**2. 离子电子法配平步骤**

①写出离子方程式。

②将完整的氧化还原反应式拆成氧化和还原两个半反应式。如：

$$MnO_4^- + SO_3^{2-} + H^+ \longrightarrow Mn^{2+} + SO_4^{2-}$$

拆成： $MnO_4^- \longrightarrow Mn^{2+}$　　还原半反应

$SO_3^{2-} \longrightarrow SO_4^{2-}$　　氧化半反应

③分别配平两个半反应,具体方法如下。

在酸性条件下:用 $H^+$ 和 $H_2O$ 来平衡。在含 O 原子多的一边,加入相当于 O 原子差数二倍的 $H^+$,而在另一边加相应数量的 $H_2O$ 来配平。如：

$$MnO_4^- + 5e + 8H^+ \rightleftharpoons Mn^{2+} + 4H_2O$$

$$SO_3^{2-} + H_2O - 2e \rightleftharpoons SO_4^{2-} + 2H^+$$

在碱性条件下:用 $OH^-$ 和 $H_2O$ 来配平。在含 O 原子多的一边,加入与 O 原子差数相同数量的 $H_2O$ 分子,然后在另一边用 2 倍的 $OH^-$ 来配平。如：

$$MnO_4^- + e \longrightarrow MnO_4^{2-}$$

$$SO_3^{2-} + 2OH^- - 2e \longrightarrow SO_4^{2-} + H_2O$$

④将上述已配平的两个半反应式整合成一个完整的反应方程式。这里要注意氧化半反应中放出电子总数与还原半反应中得到的电子总数应相等。

用离子电子法配平氧化还原反应比较方便,并有利于掌握后面电化学的电极反应的书写。完成配平以后,可检查核对反应方程式两边的原子总数及电荷总数是否相等。

## 3.4.3 原电池

**1. 原电池的组成、电极反应和电对**

原电池是将氧化还原反应的化学能转变为电能的装置。图 3.4-1 表示了一种典型的原电池——铜锌原电池装置。原电池由两个半电池(电极)组成,原电池中电子流出的电极叫负极(Zn 极),电子流入的电极叫正极(Cu 极)。

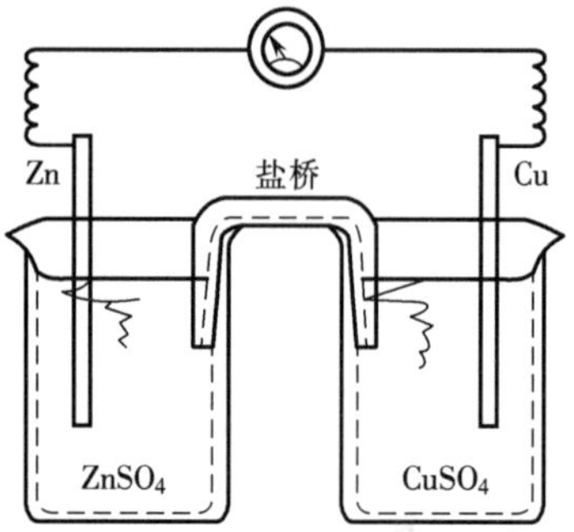

图 3.4-1　铜锌原电池装置示意图

负极发生氧化反应　$Zn - 2e \rightleftharpoons Zn^{2+}$

正极发生还原反应　$Cu^{2+} + 2e \rightleftharpoons Cu$

这两个半电池用盐桥连通。盐桥是用饱和 KCl 水溶液调和的琼脂,充灌在 U 形玻璃管中结成凝胶。盐桥中含有大量 $K^+$、$Cl^-$,它们在外电场作用下发生电泳,可起到沟通内电路的作用。

每个电极反应的实质是同种元素的不同价态间得失电子的变化,我们称之为氧化还原电对,简称电对。电对中高价态称为氧化态,低价态称为还原态,电对书写为氧化态/还原态,如 $Cu^{2+}/Cu$, $Zn^{2+}/Zn$, $O_2/H_2O$, $H_2O_2/OH^-$ 等。氧化还原反应实际上就是发生在两个电对之间的电子转移过程。

**2. 电池符号**

原电池可用符号表示,如图 3.4-1 所示电池,其符号表达式为

$$(-)Zn|Zn^{2+}(c_{Zn^{2+}})||Cu^{2+}(c_{Cu^{2+}})|Cu(+)$$

原则是把两个半电池分开来写,发生氧化反应的半电池写在左边,作为电池负极,并用(-)号表示;发生还原反应的半电池写在右边,作为电池正极,并用(+)号表示。两个半电池之间用两条平行直线代表盐桥,将其连接起来。每个半电池的电对中若有金属板(如Cu板),则直接用作电极板,若无金属固体,则必须外加一惰性电极(如Pt、石墨)用以导电。在半电池的电对中若有不同的相,应用单竖线分开,表示相界面,若同为溶液相,则不用斜线而用逗号分开。

例如将氧化还原反应

$$Cl_2 + 2Fe^{2+} \rightleftharpoons 2Cl^- + 2Fe^{3+}$$

$$2MnO_4^- + 5SO_3^{2-} + 6H^+ \rightleftharpoons 2Mn^{2+} + 5SO_4^{2-} + 3H_2O$$

组成原电池,则它们的电池符号为

$$(-)Pt|Fe^{3+}(c_{Fe^{3+}}),Fe^{2+}(c_{Fe^{2+}})||Cl^-(c_{Cl^-})|Cl_2(p_{Cl_2}),Pt(+)$$

$$(-)Pt|H^+(c_{H^+}),SO_3^{2-}(c_{SO_3^{2-}}),SO_4^{2-}(c_{SO_4^{2-}})||MnO_4^-(c_{MnO_4^-}),Mn^{2+}(c_{Mn^{2+}}),H^+(c_{H^+})|Pt(+)$$

参加反应的所有离子包括 $H^+$、$OH^-$ 等的浓度都要注上。

### 3.4.4 电极电位

原电池之所以能产生电流,是由于两极具有不同的电位(电势)。电极所具有的电位(或电势)即称为电极电位(电极电势)。电流由电位高的正极流向电位低的负极,电子则由负极流向正极。人们无法测量电极电位的绝对值,但可以用比较的方法测定各电极之间的电位差,也就可以测出电极的相对电极电位值。

当构成电极(电对)的离子浓度为标准浓度(1 mol/dm$^3$)、气体分压为标准压力(100 kPa)时,该电极即称为标准电极,其电极电位就是该电极的标准电极电位,以 $E^{\ominus}$ 表示,单位是伏特(V)。

规定在298 K时,标准氢电极(图3.4-2)作为测量其他电极电位的标准,其电极电位等于0 V,记为 $E^{\ominus}_{H^+/H_2}=0$ V。

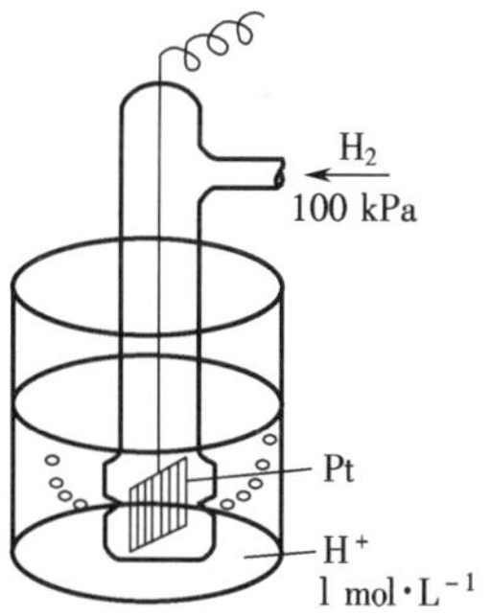

图3.4-2 标准氢电极

常见电极在298 K时的标准电极电位可在有关书籍和手册中查到。注意,电极电位的值与电极反应的方向无关,也就是说,$Zn^{2+}/Zn$ 电对组成电极时,其标准电极电位等于 -0.763 V,不管实际发生的电极反应是氧化还是还原:

$$Zn - 2e \rightleftharpoons Zn^{2+} \quad 或 \quad Zn^{2+} + 2e \rightleftharpoons Zn$$

其标准电极电位值都是 -0.763 V。电极电位值的正负号只是相对于 $E^{\ominus}_{H^+/H_2}$ 而言的。另外,电极电位的值也不随电极反应式中化学计量数的不同而改变。例如

$$O_2 + 2H_2O + 4e \rightleftharpoons 4OH^- 或 1/2O_2 + H_2O + 2e \rightleftharpoons 2OH^-$$

它们都是电对 $O_2/OH^-$ 的电极反应式,其标准电极电位都等于0.40 V。

### 3.4.5 浓度对电极电位的影响

能斯特研究得出了在298 K时电极反应相关物质的浓度对电极电位影响的定量关系式,叫能斯特方程。

对任一电极反应

$$氧化态 + ne \rightleftharpoons 还原态$$

其能斯特方程可写成

$$E_{\text{氧化态/还原态}} = E^{\ominus}_{\text{氧化态/还原态}} + \frac{0.059\ \text{V}}{n}\lg\frac{[\text{氧化态}]}{[\text{还原态}]} \tag{3.4-1}$$

式中：$E$ 为该电极在任意指定条件下的电极电位；$E^{\ominus}$为该电极的标准电极电位；$n$ 为电极反应式中得失电子数；[氧化态]为指定状态下，氧化态物质的相对浓度，应以相应的化学计量数为指数；[还原态]为指定状态下，还原态物质的相对浓度，应以相应的化学计量数为指数。

应用能斯特方程时还要注意以下几点。

①若电极反应中有气体，则应以其相对压力 $p_B$代入式中计算：$p_B = p'_B/p^{\ominus} = p'_B/100\ \text{kPa}$(式中$p'_B$为气体物质 B 的平衡分压)。

②若电极反应中有难溶固体或液体参与反应，则这些物质不列入计算式中。例如：

$$Cl_2 + 2e \rightleftharpoons 2Cl^-$$

$$E_{Cl_2/Cl^-} = E^{\ominus}_{Cl_2/Cl^-} + (0.059\ \text{V}/2)\lg p_{Cl_2}/[Cl^-]^2 \quad (p_{Cl_2} = p'_{Cl_2}/p^{\ominus})$$

$$AgCl(s) + e \rightleftharpoons Ag(s) + Cl^-$$

$$E_{AgCl/Ag} = E^{\ominus}_{AgCl/Ag} + \frac{0.059\ \text{V}}{1}\lg\frac{1}{[Cl^-]}$$

③若除了直接参与电极反应的电对外，在电极反应中还涉及 $H^+$、$OH^-$或是与某些固相沉淀(如 AgCl、$Hg_2Cl_2$等)相关的离子，如 $Cl^-$等，这些物质虽然不直接发生电子得失，但是可与电子对中的某些组分发生酸碱反应或沉淀反应，而改变这些组分的有效浓度，从而间接影响到电极电位。实际上这些物质构成了该电极反应的特定条件，是电极反应和整个氧化还原平衡体系的组分之一，它们的浓度在能斯特方程中应表示出来。其原则是：在电极反应式中，该物质相若是写在氧化态物质一边，就作氧化态物质处理；若写在还原态物质一边，则作为还原态物质处理。例如电极反应：

$$MnO_4^- + 5e + 8H^+ \rightleftharpoons Mn^{2+} + 4H_2O$$

$$E_{MnO_4^-/Mn^{2+}} = E^{\ominus}_{MnO_4^-/Mn^{2+}} + \frac{0.059\ \text{V}}{5}\lg\frac{[MnO_4^-]\cdot[H^+]^8}{[Mn^{2+}]}$$

$$AgCl(s) + e \rightleftharpoons Ag(s) + Cl^-$$

$$E_{AgCl/Ag} \rightleftharpoons E^{\ominus}_{AgCl/Ag} + \frac{0.059\ \text{V}}{1}\lg\frac{1}{[Cl^-]}$$

## 3.4.6 电极电位的应用

**1. 判断氧化剂或还原剂的相对强弱**

电极电位代数值越大，表示电对中氧化态物质越易得到电子，其氧化性越强。反之，电极电位代数值越小，表示电对中还原态物质越易失去电子，其还原性越强。例如，已知

$$E^{\ominus}_{Fe^{2+}/Fe} = -0.40\ \text{V} \quad E^{\ominus}_{Sn^{4+}/Sn^{2+}} = +0.15\ \text{V}$$

$$E^{\ominus}_{Fe^{3+}/Fe^{2+}} = +0.77\ \text{V} \quad E^{\ominus}_{MnO_4^-/Mn^{2+}} = +1.51\ \text{V}$$

则氧化剂的氧化性依次为 $MnO_4^- > Fe^{3+} > Sn^{4+} > Fe^{2+}$，而还原剂的还原性依次为 $Fe > Sn^{2+} > Fe^{2+} > Mn^{2+}$。

**2. 判断氧化还原反应进行的方向**

氧化还原反应进行的方向是电极电位代数值最大的电对中氧化态物质作为氧化剂，氧化电极电位较小的电对中的还原态物质。即

强氧化剂 + 强还原剂→弱还原剂 + 弱氧化剂

**【例 3.4-1】**(1)判断下列反应在标准状态下能否向右进行?

$$MnO_2(s) + 4HCl \rightleftharpoons MnCl_2 + Cl_2(g) + 2H_2O$$

(2)用计算结果说明为什么实验室中可用浓盐酸与 $MnO_2$ 作用制取 $Cl_2$?

**解:**(1)查电极电位表得

$$E^{\ominus}_{MnO_2/Mn^{2+}} = +1.22\ V, E^{\ominus}_{Cl_2/Cl^-} = +1.36\ V$$

$E^{\ominus}_{MnO_2/Mn^{2+}} < E^{\ominus}_{Cl_2/Cl^-}$,所以在标准状态下,反应不能向右进行。(在标准状态下,只能用 $Cl_2$ 将 $Mn^{2+}$ 氧化为 $MnO_2$,而不能反过来用 $MnO_2$ 将 $Cl^-$ 氧化为 $Cl_2$。)

(2)实验室使用浓盐酸制取 $Cl_2$。

浓 HCl 中:$[H^+] = [Cl^-] = 12\ mol \cdot dm^{-3}$

假设溶液中 $[Mn^{2+}] = 1.0\ mol \cdot dm^{-3}$,$p_{Cl_2} = 100\ kPa$,则对于电极反应:

$$MnO_2(s) + 4H^+ + 2e \rightleftharpoons Mn^{2+} + 2H_2O$$

可计算:

$$E_{MnO_2/Mn^{2+}} = E^{\ominus}_{MnO_2/Mn^{2+}} + \frac{0.059\ V}{2}\lg\frac{[H^+]^4}{[Mn^{2+}]} = 1.22\ V + \frac{0.059\ V}{2}\lg(12)^4/1.0$$

$$= 1.22\ V + 0.13\ V = 1.35\ V$$

而对电极反应 $2Cl^- \rightleftharpoons Cl_2 + 2e$,可计算:

$$E_{Cl_2/Cl^-} = E^{\ominus}_{Cl_2/Cl^-} + \frac{0.059\ V}{2}\lg\frac{p_{Cl_2}/p^{\ominus}}{[Cl^-]^2} = 1.36\ V + \frac{0.059\ V}{2}\lg\frac{1}{12^2}$$

$$= 1.36\ V - 0.06\ V = 1.30\ V$$

此时,$E_{MnO_2/Mn^{2+}} > E_{Cl_2/Cl^-}$,该反应可向右进行,因此实验室可用浓盐酸加入到 $MnO_2$ 中制取 $Cl_2$。

**3. 计算原电池的电动势及氧化还原反应的平衡常数**

(1)计算原电池的电动势

$$E_{电池} = E_+ - E_-$$

由于实际上电池的电动势总是大于零的,若根据计算 $E_+ < E_-$,说明设定的正负极应该反过来。

(2)计算氧化还原反应的平衡常数

氧化还原反应达到平衡时,电池电动势为零,即 $E_{电池} = E_+ - E_- = 0$,$E_+ = E_-$,所以

$$E^{\ominus}_+ + \frac{0.059\ V}{n_1}\lg\frac{[氧化态]_+}{[还原态]_+} = E^{\ominus}_- + \frac{0.059\ V}{n_2}\lg\frac{[氧化态]_-}{[还原态]_-}$$

$$E^{\ominus}_+ - E^{\ominus}_- = \frac{0.059\ V}{n}\lg\frac{[氧化态]_- \cdot [还原态]_+}{[还原态]_- \cdot [氧化态]_+} = E^{\ominus}_{电池}$$

即电池的标准电动势。而当氧化还原反应达到平衡时,各项电极反应物的浓度皆为相应的平衡浓度。它们的商即为平衡常数 $K^{\ominus}$(参见 3.3 节)。所以,在 298 K 时,原电池的标准电动势 $E^{\ominus}_{电池}$ 和氧化还原反应平衡常数 $K^{\ominus}$ 之间有如下定量关系:

$$\lg K^{\ominus} = n'E^{\ominus}_{电池}/0.059\ V$$

其中,$n'$ 为电池反应中得失电子数。

【例 3.4-2】 计算下列反应在 298 K 时的平衡常数

$$2Fe^{3+} + Cu = 2Fe^{2+} + Cu^{2+}$$

**解**:查表得标准电极电位:

$$E^{\ominus}_{Fe^{3+}/Fe^{2+}} = +0.77\ V, E^{\ominus}_{Cu^{2+}/Cu} = +0.34\ V$$

所以 $E^{\ominus}_{电池} = E^{\ominus}_{Fe^{3+}/Fe^{2+}} - E^{\ominus}_{Cu^{2+}/Cu} = 0.77\ V - 0.34\ V = 0.43\ V$

$$\lg K^{\ominus} = n'E^{\ominus}_{电池}/0.059\ V = 2 \times 0.43\ V/0.059\ V = 14.58$$

所以 $K^{\ominus} = 3.80 \times 10^{14}$

## 3.4.7 电解

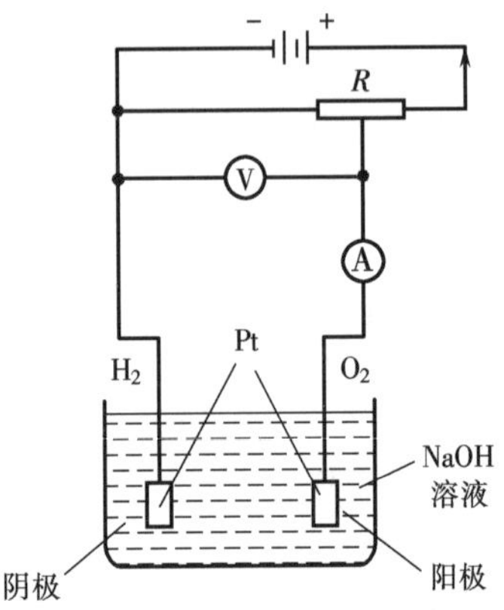


图 3.4-3 电解装置示意图

一个不能自发进行的氧化还原反应,可通过外加直流电,强制该反应进行,这个过程叫电解。电解的实质是把电能转化为化学能。完成电解的装置叫电解池(图 3.4-3)。在电解池中,与直流电源负极相连的电极称为阴极,与直流电源正极相连的电极称为阳极。电解时,阴极发生还原反应,阳极发生氧化反应。

**1. 决定电解产物的一般规律**

电解的总的规律如下。

①电解时,电解池中正离子向阴极移动,负离子向阳极移动。

②在阴极附近的电解质中,实际电极电位最高的电对中的氧化态物质最易得到电子,通常首先在阴极放电,得到电子而被还原。在阳极附近的电解物质中,实际电极电位最低的电对中的还原态物质最易失去电子,通常首先在阳极放电,失去电子而被氧化。

③电解液为水溶液时,必须考虑水溶液中 $H^+$ 和 $OH^-$ 的放电。同时,也应考虑到过电位对其实际放电电位的影响。由于 $O_2$ 和 $H_2$ 的电化学极化作用产生过电位,使 $E_{H^+/H_2}$ 电极电位更负,$E_{O_2/OH^-}$ 电极电位更正,阻碍了 $H^+$、$OH^-$ 在阴极和阳极放电。而对于金属离子在电极上放电时,过电位影响很小,可忽略不计。

**2. 电解产物的确定**

实验表明,电解盐类水溶液时,两极的析出产物有一定的规律性。

①阳极:$OH^-$ 只比含氧酸盐易放电。电解含氧酸盐溶液时,阳极析出氧气;电解硫化物或卤化物时,阳极则分别析出硫或卤素。但是,如果阳极导体是可溶性金属,则阳极金属首先放电析出,称阳极溶解。

②阴极:$H^+$ 只比电位序中铝之前的金属离子(包括铝)易放电。电解这些金属的盐溶液时,阴极析出氢气;电解其他金属的盐溶液时,阴极则析出该金属。

## 3.4.8 金属腐蚀与防护

**1. 金属的电化学腐蚀**

金属腐蚀有多种原因和不同的特征,其中最为普遍也是最具重要性的是电化学腐蚀。当金属与电解质溶液接触时,形成与原电池原理相同的腐蚀电池,自发发生电化学反应而使金属材料或制品变质损坏受到腐蚀,这种腐蚀即称为电化学腐蚀,由于电化学腐蚀无处不在,时时都在发生,难以根本杜绝,危害甚大,因此是研究金属腐蚀与防护的首要方向。腐蚀电池中发生氧化反应的极叫阳极(对应原电池的负极),发生还原反应的极叫阴极(对应原电池的正极)。

**2. 电化学腐蚀的主要类型**

(1)析氢腐蚀

钢铁制品在酸性较强的环境中,易发生析氢腐蚀,其反应如下:

阳极(Fe) $Fe(s) \rightleftharpoons Fe^{2} + 2e$ (铁的腐蚀)

阴极($FeC_3$,铁炭体) $2H^+ + 2e \rightleftharpoons H_2(g)$ (氢的析出)

由于 $H^+$ 被还原成 $H_2$ 析出,使阴极附近有多余的 $OH^-$ 离子存在。

总反应 $2H^+ + Fe(s) \rightleftharpoons H_2(g) + Fe^{2+}$

$Fe^{2+} + 2OH^- \rightleftharpoons Fe(OH)_2$,$Fe(OH)_2$ 被空气氧化为 $Fe(OH)_3$,然后部分脱水变成 $Fe_2O_3$(铁锈)。

(2)吸氧腐蚀

钢铁制品在酸性不强、近中性的环境中,一般发生吸氧腐蚀。其反应如下:

阳极(Fe) $Fe(s) = Fe^{2+} + 2e$

阴极($FeC_3$) $O_2(g) + 2H_2O + 4e = 4OH^-$

总反应 $2Fe(s) + O_2(g) + 2H_2O = 2Fe(OH)_2$

$Fe(OH)_2$ 进一步被空气中的 $O_2$ 氧化成 $Fe(OH)_3$,部分脱水后变成 $Fe_2O_3$(铁锈)。

(3)差异充气腐蚀(浓差腐蚀)

差异充气腐蚀是吸氧腐蚀的一种,它是因为在钢铁表面氧气分布不均匀引起的吸氧腐蚀。

例如埋在土中的钢铁部件,由于空气扩散困难,靠近空气的暴露部位附近水层中溶解的 $O_2$ 浓度要比埋得较深部位处大,常发生差异充气腐蚀。其腐蚀部位在深埋土中的非暴露空气部位,铁锈则在暴露空气处堆积($OH^-$ 多处)。

在常温下,钢铁腐蚀以电化学腐蚀为主,在电化学腐蚀中,通常以吸氧腐蚀为主。

**3. 金属腐蚀的防护方法**

(1)改善金属的性质

组成合金,如含铬不锈钢。

(2)在金属表面形成保护层

①在金属表面进行电镀、热涂,覆盖较稳定的金属,如 Zn、Cr、Cu 等。

②对金属表面进行磷化钝化处理,形成耐腐蚀层,如磷酸盐致密氧化膜。

③在金属表面涂漆或镀高分子膜。

(3)应用缓蚀剂法

在腐蚀介质中加入缓蚀剂,以防止或显著延缓腐蚀,缓蚀剂有 $NaNO_2$、$Na_3PO_4$、$(CH_2)_6N_4$(六次甲基四胺,又称乌洛托品)等。

(4)电化学保护法

①牺牲阳极法:借助外加阳极(较活泼金属如 Zn 等),人为组成腐蚀电池,让外加阳极在电化学腐蚀中被腐蚀掉,用以保护作为阴极的金属。

②外加电流阴极保护法:将需保护的金属构件(如输油管道、输气管道等),与外电源负极

相连，不断外加很小的直流电，使其保持为阴极，而另外用一些废铁桩作为阳极，这样发生电化学腐蚀时，被腐蚀的总是废铁组成的阳极，而使作为阴极的金属构件得到保护，这种方法即称为外加电流阴极保护法。

## 3.5 有机化学

要求：关于有机化合物方面，要求了解有机化合物的特点、分类和命名及有机化合物的基本反应类型；应着重了解有机化合物按官能团的分类、各类基本的官能团的结构与名称；能按照给定的结构式给出化合物的正确命名或按照化合物的系统命名正确写出化合物的结构式（指普通的简单有机化合物）；了解取代反应、消去反应、加成反应、缩合反应等几类基本的有机化学反应的特点，能根据反应式写出这几类典型反应的典型产物。

关于有机高分子化合物方面，要求了解高分子化合物的单体、高聚物、链节、聚合度等基本概念，了解缩合聚合与加成聚合、均聚与共聚等不同聚合类型的特点与相互区别；了解线型非晶态高分子化合物的三种力学状态，懂得玻璃化温度、黏流化温度的高低与高分子化合物应用性能的关系；了解常见的高分子材料——塑料、橡胶、合成纤维的主要特点及相互区别；学会正确区分塑料与橡胶等高分子材料。

### 3.5.1 有机化合物

**1. 有机化合物的特点、分类和命名**

1）有机化合物的特点

①绝大多数有机化合物的晶体是分子晶体，因此其熔点低、硬度小。

②有机化合物中含 C、H、O 等元素，易燃烧。

③有机化合物的分子多为非极性分子或极性较小的分子，根据相似相溶原理，有机化合物多半在水中溶解度小，易溶于有机溶剂，如乙醇、乙醚、苯等。

④有机化合物的反应较慢，常需要加热、加催化剂等办法加速反应的进行。反应中常伴随有副反应进行，因此有机反应式中常用箭号代替等号，产物只写主要产物。

⑤有机化合物中常有同分异构现象，即存在化学组分相同但结构不同的同分异构体。如乙醇（$CH_3CH_2OH$）和甲醚（$CH_3OCH_3$）是同分异构体。

2）有机化合物的分类

有机化合物的分类主要有两种。

（1）按碳链骨架分类

①开链化合物：又称脂肪族化合物。顾名思义，此类化合物是链状，首尾不相连的。

②碳环化合物：碳原子互相连接成环的有机化合物称为碳环化合物，根据性质不同可进一步分为以下 2 种。

ⓘ脂环族化合物：这类环烃的性质与脂肪烃相似。

ⓘⓘ芳香族化合物：此类碳环化合物含有苯的结构，它们的性质与脂环族化合物不同。

③杂环化合物：环上的原子除了 C 原子外，还有 O、S、N 等杂原子，根据性质不同进一步分为脂杂环化合物和芳杂环化合物。

（2）按官能团分类

官能团是一些原子或原子团（还包括重键），它们是决定化合物的主要性质的基团。有机化合物中最基本的化合物是烃，它们的成分最简单，只含 C、H 两种元素。根据烃分子中 C 原子与C原子间是否有重键,烃可分为烷烃(无重键)、烯烃(有双键)、炔烃(有三键)。

烃以外的有机化合物可看成烃分子中H原子被官能团取代的衍生物。

下面列出主要官能团和对应的有机化合物的名称、结构式和实例。

**表3.5-1　有机化合物的官能团和相应化合物的名称及结构式**

| 官能团名称及结构式 | 化合物种类名称及结构式 | 官能团名称及结构式 | 化合物种类名称及结构式 |
|---|---|---|---|
| 卤素原子　—X | 卤代烃　R*—X | $-\overset{\vert}{\underset{\vert}{N}}{}^{\oplus}-$ | 季铵盐(碱)　$R-\overset{R'}{\overset{\vert}{N}}{}^{\oplus}-R''$，$R'''$(季胺) |
| 羟基　—OH | 醇　R—OH<br>酚　Ar—OH | | |
| 醚基　—O— | 醚　R—O—R* | 羧基　$-C(=O)OH$ | 酸　$R-C(=O)OH$ |
| 醛基　$-C(=O)H$ | 醛　$R-C(=O)H$ | | |
| 羰基　>C=O | 酮　$R(R')C=O$ | 酯基　$-C(=O)OR'$ | 酯　$R-C(=O)OR'$ |
| 氨基　$-NH_2$ | 胺　$R-NH_2$(伯胺) | | |
| —NH— | $R(R')N-H$(仲胺) | 酰胺基　$-C(=O)NH_2$ | 酰胺　$R-C(=O)NH_2$ |
| $-N<$ | $R''-N(R)R'$(叔胺) | | $R-C(=O)NHR'$ |
| | | 氰基　—C≡N | 腈　R—C≡N |

*R代表开链烷烃,Ar代表芳香烃基。

3)有机化合物的命名

有机化合物的命名方法很多,通常用系统命名法,系统命名法的主要原则有三条。

①首先根据化合物中主要官能团确定母体,用含该官能团的特定名称命名,次要官能团作取代基。如:

$$CH_3-\underset{\underset{NH_2}{\vert}}{CH}-COOH$$

其中,—COOH为主要官能团,定为母体,称为酸;$-NH_2$为取代基,称为氨基。

②选择含主要官能团的最长的碳链为主链,当主链上C原子数少于或等于10个时,C原子的数目用天干数字甲、乙、丙、……、壬、癸表示,当主链上C原子数超过10个时,直接用数字表示。主链需要编号,编号原则是主要官能团所在碳原子的序号应最小,所以上述有机化合物主链C原子编号为

$$\overset{3}{C}H_3-\underset{\underset{NH_2}{\vert}}{\overset{2}{C}H}-\overset{1}{C}OOH\qquad \text{命名为2-氨基丙酸}$$

③支链也作为取代基,其位置用主链上与其相连的C原子的序号表示。苯环上取代基的

位置也用序号表示，编号顺序首先考虑主要官能团，使其序号最小；其次是取代基，使它们的序号之和最小。对于芳香族化合物而言，也可以用取代基位于主要官能团的邻位、间位或对位位置表示，英文字母 o、m、p 分别代表邻、间、对位。例如：

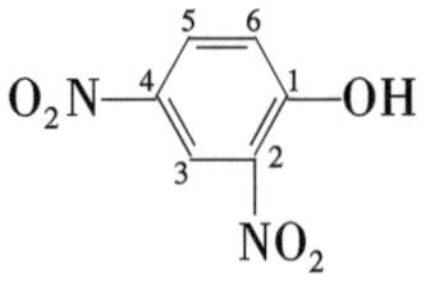


称为 2,4-二硝基苯酚（或 o,p-二硝基苯酚）

**2. 有机化合物的主要反应**

1）取代反应

取代反应是指有机化合物的原子或原子团被其他原子或原子团（如—X（卤素）、$—NO_2$（硝基）、$—SO_3H$（磺酸基）等）取代的反应。例如：

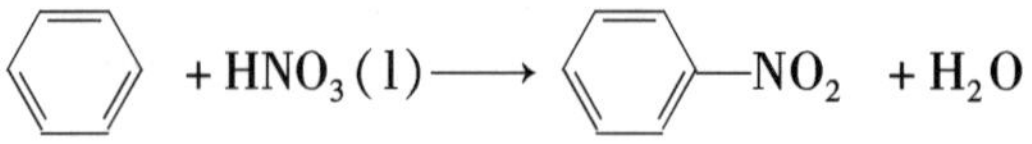


此反应中苯环的一个 H 原子被硝基取代。

2）消去反应

消去反应是指从有机化合物分子中消去一个小分子（如 HCl、$H_2O$ 等），生成双键的反应。例如：

$$\underset{\boxed{\text{H}\qquad\text{OH}}}{CH_2—CH_2} \xrightarrow[160\sim180\ ℃]{浓\ H_2SO_4} CH_2=CH_2+H_2O$$

3）加成反应

含有重键（双键或三键，又称不饱和键）的有机化合物易发生加成反应。即重键中的 π 键断开，形成两个新的单键，结合两个原子或基团。如加 $H_2$、$X_2$（卤素）、HX（卤化氢）等：

$$CH_3—CH=CH_2+Br_2\xrightarrow{CCl_4}CH_3—\underset{\text{Br}}{\underset{|}{CH}}—\underset{\text{Br}}{\underset{|}{CH_2}}$$

$$CH\equiv CH+HCN\rightarrow CH_2=CH—CN\quad（丙烯腈）$$

结构不对称的烯烃与极性分子（如 $H_2O$、HCl）加成时，后者分子中带有正电的部分加到双键上 H 较多的碳原子上，这称为马氏规则。例如：

$$CH_3—CH=CH_2+H_2O\longrightarrow CH_3—\underset{\text{OH}}{\underset{|}{CH}}—CH_3$$

不仅是烯烃和炔烃，其他含重键的化合物，如醛、酮、腈等也可以发生加成反应。

4）缩合反应

反应物分子间相互作用，在脱去水、卤化氢等小分子的同时，其骨架的剩余部分（残基）彼此结合，生成新的有机化合物的反应叫缩合反应。典型的缩合反应如下。

（1）酯化反应

酸（有机酸、无机酸）和醇在催化剂作用下，失去水，生成酯。例如：

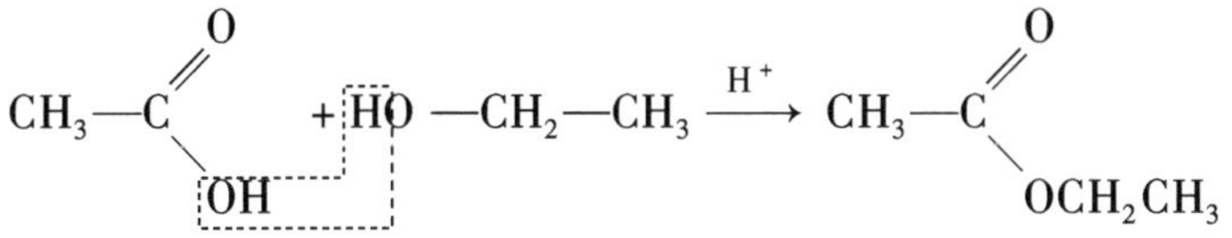

(2)醚化反应

两个醇分子在浓硫酸作用下，失去水，生成醚。如：

$$CH_3CH_2—OH + H—OCH_2CH_3 \xrightarrow[413\ K]{H_2SO_4} CH_3CH_2OCH_2CH_3 + H_2O$$

(3)氧化反应

有机化学中广义的氧化反应是指化合物与 O 原子结合或分子中失去 H 的反应。这些反应都使有机化合物中 C 原子的化合价(严格地讲是氧化数)升高。这里主要介绍有机化合物在氧化剂的作用下，生成含氧(或含氧量更多)的化合物的反应。

烷烃、烯烃、炔烃、醇、醛、酮等各类化合物在不同条件下，发生氧化反应，生成不同程度的氧化产物(如醇、醛、酮、酸和 $CO_2$ 等)。如：

$$CH_4 + 2O_2 \longrightarrow CO_2 + 2H_2O$$

$$5CH_3C \equiv C—CH_3 + 8KMnO_4 + 24HCl \longrightarrow 10CH_3COOH + 8MnCl_2 + 8KCl + 12H_2O$$

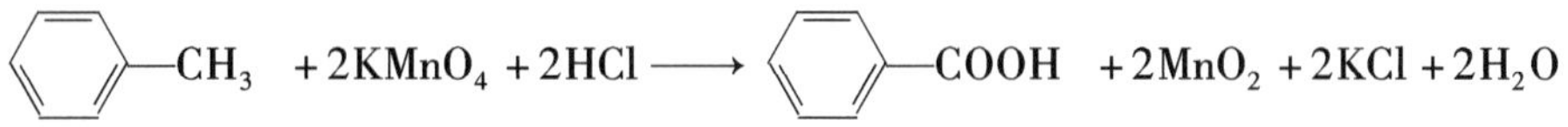

注意苯环一般不易发生因氧化反应而导致开环或解体的情况。

$$RCHO + 2[Ag(NH_3)_2]OH \longrightarrow RCOONH_4 + 2Ag\downarrow + 2NH_3 + H_2O \quad (银镜反应)$$

$$RCHO + 2Cu(OH)_2 + NaOH \longrightarrow RCOONa + Cu_2O\downarrow(红色) + 3H_2O$$

**3. 某些典型有机化合物的分子式、性质及用途**

(1)甲烷

甲烷 $CH_4$ 是最简单的饱和烷烃，能发生卤化及氧化反应，主要用作能源及化工原料。

(2)乙炔

乙炔 $HC \equiv CH$ 是最简单的炔烃，具有炔烃的典型性质，可发生加成、水解、取代、氧化、聚合等反应，主要用途是用作基本化工原料，并可用于乙氧焰切割及气焊。

(3)苯

苯 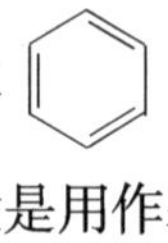 ($C_6H_6$)是最基本的芳香烃，具有芳香烃的典型性质，能发生取代、氧化反应，主要用途是用作基本化工原料及优质溶剂。

(4)甲苯

甲苯 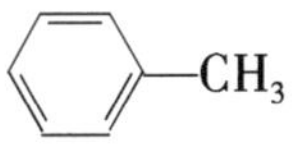 是取代芳香烃，具有芳香烃及取代烷烃的典型性质，可在苯环及—$CH_3$ 基上发生取代、氧化反应，主要用途是用作基本化工原料及工业溶剂。

(5)乙醇

乙醇 $CH_3CH_2OH$ 是典型的醇类，具有醇类的各种典型性质，易发生脱水生成烯烃，亦可氧化为醛(酮)或羧酸甚至 $CO_2$，亦可发生取代、酯化、醚化，还可发生缩合反应，是一种重要的基本化工原料，也是一种良好的溶剂，还可作燃料，或作医用消毒剂。

(6)乙酸

乙酸 $CH_3COOH$ 俗称醋酸(亦可写作 HAc)。是一种重要的有机低碳羧酸,具有有机羧酸的典型性质,可还原成醇,亦可脱水成酸酐,还可进一步氧化为 $CO_2$;可与醇、胺、卤素作用生成酯或酰胺、酰卤等;还可在—$CH_3$基上发生取代,生成卤代酸、氨基酸等,并继而发生缩合和缩聚反应,可用作基本有机原料,醋酸 - 醋酸钠混合液是常用的缓冲溶液,醋酸还是食用调味品——醋的主要成分;也可用于环境杀菌消毒。

(7)乙酸乙酯

乙酸乙酯 $CH_3COOC_2H_5$ 是一种重要的低碳有机酯类,具有酯类的典型性质,最重要的反应有水解反应、皂化反应、取代反应及缩聚反应等,主要用途是作为有机合成原料、高聚物单体,也是良好的有机溶剂。

## 3.5.2 有机高分子化合物

**1. 有机高分子化合物的基本概念**

1)链节、聚合度

有机高分子化合物的平均分子质量很大,一般数均分子量大于 1 000 $g \cdot mol^{-1}$,有的达到几万、十几万、几十万不等。但是它们的分子化学组成比较简单,是由一些简单的结构单元多次重复而成。这种结构单元叫作链节。链节重复的次数叫作聚合度。例如,天然橡胶的分子是由链节 $—CH_2—\overset{\overset{\large CH_3}{|}}{C}=CH—CH_2—$ 多次重复而成,天然橡胶分子式可写成

$$\left[ CH_2—\overset{\overset{\large CH_3}{|}}{C}=CH—CH_2 \right]_n$$

$n$ 为聚合度。

高分子化合物是由链节相同、聚合度不同的同系物组成的混合物。实验测得的高分子化合物的聚合度是平均聚合度,分子量是平均分子量。

计算公式如下:

$$\bar{M} = m \times n$$

式中:$\bar{M}$ 为数均分子量;$m$ 为链节的相对摩尔质量;$n$ 为平均聚合度。

2)高分子化合物分子的几何形状

高分子化合物的分子形状可分为三种:线形、支化形和体形,见图 3.5-1。

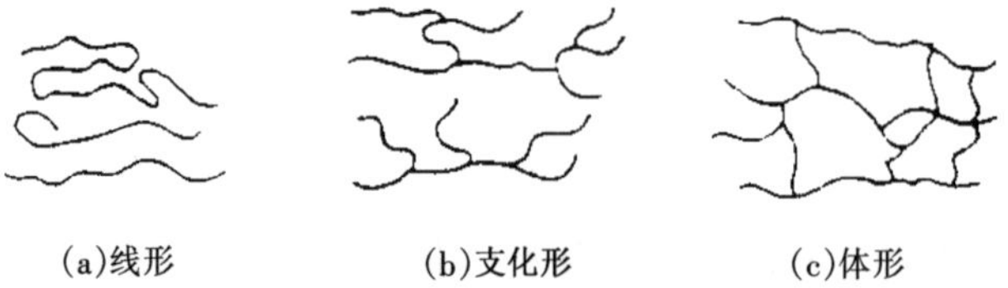

(a)线形　　(b)支化形　　(c)体形

图 3.5-1　高分子的分子形状示意图

传统线形高分子化合物的长度是直径的几万倍,这些分子链很柔顺,通常是卷曲或不规则的线圈状态。

有些高分子化合物在分子主链上连接了一些较短的侧链(支链),支链的长度和数量可以

不同，这就是支化形高分子化合物。

体形高分子化合物是在线形或支化形高分子的分子链之间，以化学键联结起来（称为交联），形成空间网状结构。

高分子化合物的一些物理性质与其分子的几何形状有密切关系。线形和支化形高分子化合物一般可溶于适当溶剂，受热可以熔融，可以反复加热和冷却，具有热塑性。体形高分子化合物中，交联程度小的，受热时可以软化，但不能熔融，加入适当的溶剂可使其溶胀，但不能溶解；交联程度大的高分子化合物不溶和不熔，这类高分子化合物的成型加工，只能在其交联形成网状结构之前进行，一旦交联成为网状结构，就不能再改变形状，具有热固性。

线形、支化形高分子化合物分子链较长，它们一般不能像低分子那样整齐排列，形成晶体。大部分为非晶区，只有一些排列较齐的部分称为晶区。晶区含量很少的为非晶型高分子化合物；晶区含量较多的（一般占 70% 以上）为结晶型高分子。

3）合成高分子化合物的主要反应

合成高分子化合物的原料称为单体。合成高分子化合物的反应主要有两类：加成聚合反应（简称加聚反应）和缩合聚合反应（简称缩聚反应）。因此，高分子化合物又叫高聚物。

（1）加成聚合反应

一般进行加成聚合反应的单体是含有重键的低分子有机化合物。加聚反应大多数是自由基型（游离基是含单电子的物质，很活泼，不稳定，易发生反应）连锁反应。它包括链的引发、链的生长和链的终止三步。

加聚反应可表示为

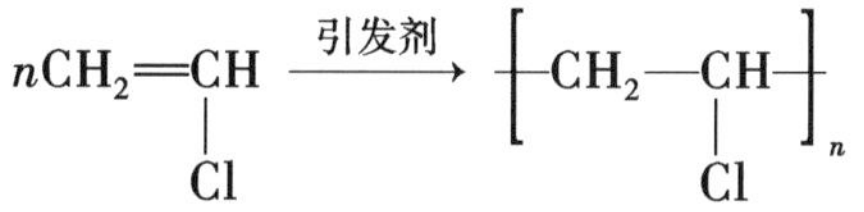

加聚反应合成的高聚物中链节的化学组成和原料单体的组成相同，但结构不同。

（2）缩合聚合反应

缩聚反应的单体必须含有两个或两个以上可发生缩合反应的官能团（或可反应的原子）。这类高聚物的链节的化学组成和单体的化学组成不相同，因为反应时要失去小分子。

例如己二酸和己二醇缩合生成聚己二酸己二酯（聚酯）的反应。

（3）均聚和共聚

由一种单体加聚而成的高聚物叫均聚物，这种聚合反应叫均聚。由两种或多种单体加聚而成的高聚物叫共聚物，这种聚合反应叫共聚。

ABS 是最典型的共聚物。它是丙烯腈、丁二烯、苯乙烯三种单体的共聚物。

在共聚物中有不同的链节，根据不同链节排列情况，共聚物可分为如下四种：

无规共聚…—A—A—A—B—B—A—A—B—B—B—B—A—…

交替共聚…—A—B—A—B—A—B—A—B—…

嵌段共聚…—A—A—A—A—B—B—B—B…

接枝共聚

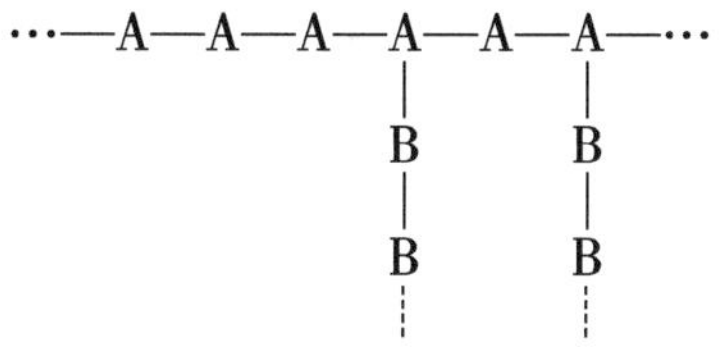

共聚类型不同,分子的微观结构不同,性能也不同。

**2. 高分子化合物的三种力学状态**

(1)高分子链的内旋转和柔性

在大多数高分子链中存在着许多单键,单键是 $\sigma$ 键,形成 $\sigma$ 键的原子可绕键轴旋转。高分子链中所有的 $\sigma$ 键都可以绕键轴旋转,这就是内旋转,见图 3.5-2。因此,高分子链有柔性(柔顺性)。

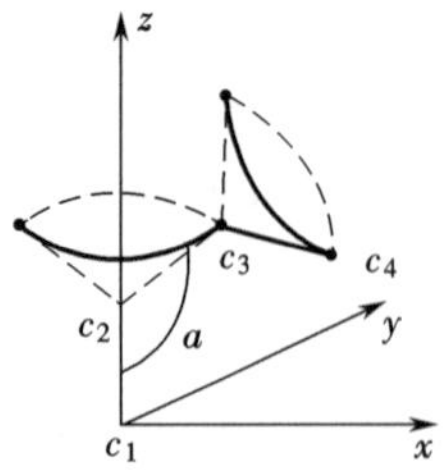


图 3.5-2　链节的旋转

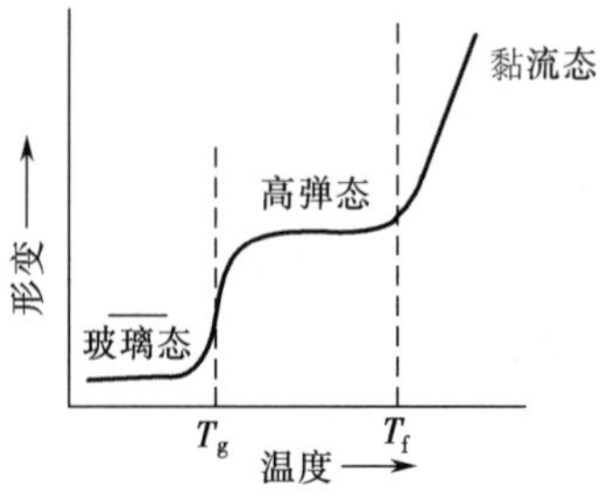


图 3.5-3　线形非晶态高分子化合物的力学状态与温度的关系

(2)线形非晶态高分子化合物的三种力学状态

线形非晶态高分子化合物在不同温度下处于不同的力学状态(参见图 3.5-3),在受力时发生形变的特点不同。当温度不高时,在受到一定的应力作用时,高分子的链段只发生微小的伸缩和转动,去掉应力后链段将恢复原形。这种形变是“普弹形变”,像玻璃受力发生形变一样,这种力学状态叫玻璃态。

升高温度,当温度超过一定值 $T_g$(玻璃化温度)时,高分子化合物的链段可以作较大程度旋转。这时,高分子化合物在应力作用下,形变率很大。若应力取消后,分子链中链段恢复原位。这种形变叫“高弹形变”,相应的力学状态即称为高弹态。

再升高温度,当温度超过 $T_f$(黏流化温度)后,不仅高分子链中链段开始旋转,而且整个高分子链也开始发生位移,这时高分子化合物变成黏流液体。若把应力去掉,高分子链发生的形变不可逆转,这种力学状态即称为黏流态。高分子化合物的玻璃态温度区间是 $T_c \to T_g$。$T_c$ 叫脆化温度,此时温度较低,高分子化合物很脆,在应力作用下无承受能力。高分子化合物的高弹态温度区间是 $T_g \to T_f$。高分子化合物的黏流态温度区间是 $T_f \to T_d$,$T_d$ 是分解温度。高分子化合物的分子量很大,并且分子间相互缠绕,因此分子间作用力很大,可与化学键在同一数量级上,因此当温度升高到一定程度,高分子化合物尚未汽化前,它的共价键已经断裂,发生分解反应。

常温下处在玻璃态的高分子化合物称为塑料、纤维。$T_c$ 越低,$T_g$ 越高,塑料、纤维的使用温度范围越大。常温下处在高弹态的高分子化合物称为橡胶。$T_g$ 越低,$T_f$ 越高,橡胶的使用温度范围越大。常温下处于黏流态的高分子化合物称为流动性树脂。

结晶型、体形高分子化合物的力学状态与线形非晶态高分子化合物不同,它们一般无高弹态,体形高分子化合物亦无黏流态。

**3. 高分子化合物一般共性**

①密度小,相对密度轻。

②有可塑性,有的还有高弹性。

③通常是热、电的不良导体。

④化学稳定性好,耐腐蚀。

⑤强度和硬度不及金属材料,但比强度大。

**4. 几种重要高分子合成材料**

1)塑料

在一定温度和压力下可塑制成型的高分子合成材料称为塑料。

合成高分子化合物是塑料的主要成分,决定着塑料的类型和基本性能,此外还含有一些添加剂如填料、增强剂、增塑剂、稳定剂、润滑剂、色料、发泡剂、抗静电剂等。

下面列举几种常见的塑料:

①聚氯乙烯(PVC) $\left[CH_2-\underset{\displaystyle Cl}{\underset{|}{CH}}\right]_n$ 主要用作建筑管道、化工输送管道、农用薄膜等。

②聚苯乙烯(PS) 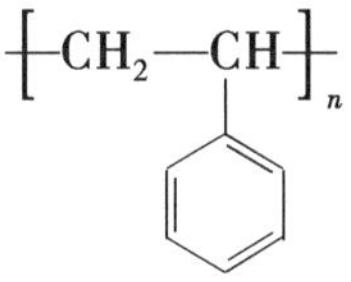 主要用作玩具、电器外壳、泡沫塑料及防震、隔声、隔热保暖材料。

③聚烯烃,如聚乙烯(PE) $\left[CH_2-CH_2\right]_n$ 主要用作各种输送软管、食品包装材料等。

④聚甲基丙烯酸甲酯 $\left[CH_2-\underset{\underset{\displaystyle COOCH_3}{|}}{\overset{\overset{\displaystyle CH_3}{|}}{CH}}\right]_n$ ,俗称有机玻璃,用于各种光学透镜、光学仪器及光纤等。

⑤ABS 塑料,由丙烯腈、丁二烯和苯乙烯共聚而成,广泛用于电讯器材、汽车和飞机零部件等。

2)合成橡胶

橡胶是在室温下处于高弹态的高分子材料。橡胶的主要原料是线形高聚物,此外还需加入添加剂如硫化剂(把线形高聚物变成轻度网状结构的高聚物)、促进剂、助促进剂、填充剂、防老剂、软化剂等。

橡胶可分为通用橡胶和特种橡胶两大类。

(1)通用橡胶

丁苯橡胶是由丁二烯和苯乙烯共聚的产物。

异戊橡胶由氯丁二烯均聚而成。

丁腈橡胶是丁二烯与丙烯腈的共聚物。

(2)特种橡胶

特种橡胶是生产量相对较少而有特殊用途的橡胶。

硅橡胶是二甲基二氯硅烷的均聚物。

氟橡胶(共聚物)是四氯乙烯与六氟丙烯等的共聚物。

3)合成纤维

合成纤维是指可加工成纤维使用的合成高分子材料,一般具有以下特性:

①是线形高分子化合物;

②高分子化合物的聚集状态既要有晶区,又要有非晶区;

③高分子化合物的分子量分布要比较窄,即分子量大小不能相差太大;

④分子键之间作用力比较大,高分子链上要有极性基团,最好有可形成氢键的—OH 羟基或—NH—氨基。

常用的合成纤维有涤纶(聚酯-对苯二甲酸乙二酯)、锦纶(聚酰胺-尼龙)、腈纶(聚丙烯腈)、氯纶(聚氯乙烯)、丙纶(聚丙烯)等。

此外,重要的合成高分子材料还有合成胶黏剂、涂料、树脂等。

## 仿真习题

### 3.1 物质结构与物质形态

3-1 量子数为 $n=3,l=1$ 时,则该层原子轨道上可允许容纳的最多电子数是(　　)。

(A)6　(B)2　(C)8　(D)16

3-2 若一个元素位于第三周期,则当它处于基态时,其原子的价层电子(　　)。

(A)只有 s 电子和 p 电子　(B)只有 p 电子和 d 电子

(C)有 s、p 和 d 电子　(D)有 s、p、d、f 电子

3-3 若把某原子核外电子排布式写成 $ns^2np^7$,它违背了(　　)。

(A)泡利不相容原理　(B)能量最低原理　(C)洪特规则　(D)洪特规则特例

3-4 34 号元素最外层的电子构型为(　　)。

(A)$3s^23p^4$　(B)$4s^24p^5$　(C)$4s^24p^2$　(D)$4s^24p^4$

3-5 现有 6 组量子数:

①$n=3,l=1,m=-1$　②$n=3,l=0,m=0$

③$n=2,l=2,m=-1$　④$n=2,l=1,m=0$

⑤$n=2,l=0,m=-1$　⑥$n=2,l=3,m=2$

其中正确的是(　　)。

(A)①③⑤　(B)①②④　(C)②④⑥　(D)①②③

3-6 下列氧化物不是两性氧化物的是(　　)。

(A)$Al_2O_3$　(B)SnO　(C)MgO　(D)PbO

3-7 下列叙述正确的是(　　)。

(A)元素的原子半径愈大,其电离能愈大

(B)元素的原子半径愈大,其电子亲合能也愈大

(C)电离能愈小的元素,其金属性也愈强

(D)电子亲合能愈小的元素,其非金属性愈强

3-8 下列化合物中,不具有孤对电子的是(　　)。

(A)$H_2O$　(B)$NH_3$　(C)$NH_4^+$　(D)$H_2S$

3-9 下列物质中,只需克服色散力就能沸腾的是(　　)。

(A)$H_2O(l)$　(B)$Br_2(l)$　(C)$CHCl_3(l)$　(D)$NH_3\cdot H_2O(l)$

3-10 已知 $CO_2$ 的分子构型是直线形，则 C 原子采用的杂化类型是(　　)。

(A) sp　(B) $sp^2$　(C) $sp^3$　(D) 其他形式的杂化

3-11 已知基态原子价层电子构型为 $5d^{10}6s^1$，请确定该元素在周期表中的位置(　　)。

(A) s 区，第六周期，IA　(B) ds 区，第六周期，IB

(C) d 区，第六周期，IB　(D) s 区，第五周期，IA

3-12 下列化合物中存在氢键的是(　　)。

(A) HF　(B) $CH_4$　(C) HI　(D) $CO_2$

## 3.2 溶液

3-13 将 0.1 $mol \cdot L^{-1}$ 的 HAc 溶液加水稀释到原来体积的 2 倍时，其 $H^+$ 离子浓度和 pH 值的变化趋势为(　　)。

(A) 增加和减小　(B) 减少和增大

(C) 为原来的一半和减小　(D) 为原来的一倍和减小

3-14 在 $H_2S$ 的饱和溶液中，下列结论中错误的是(　　)。

(A) 溶液中 $H^+$ 浓度主要取决于第一级电离

(B) 溶液中 $S^{2-}$ 浓度最小，基本等于其第二级电离常数

(C) 溶液中 $[H^+]^2[S^{2-}]/[H_2S] = K_a^{\ominus}(H_2S) = K_{a1}^{\ominus}K_{a2}^{\ominus}$

(D) 溶液中 $[H^+] = 2[S^{2-}]$

3-15 将 1 L 4 $mol \cdot L^{-1}$ 氨水与 1 L 2 $mol \cdot L^{-1}$ 盐酸溶液混合，混合后 $OH^-$ 离子浓度为(　　)。($K_{b(NH_3 \cdot H_2O)} = 1.8 \times 10^{-5}$)

(A) 1 $mol \cdot L^{-1}$　(B) 2 $mol \cdot L^{-1}$

(C) $8.0 \times 10^{-5}$ $mol \cdot L^{-1}$　(D) $1.8 \times 10^{-5}$ $mol \cdot L^{-1}$

3-16 已知下列相同浓度的盐的 pH 值，由大到小的顺序是 KA、KB、KC、KD(A、B、C、D 都为弱酸根)，则各对应的酸在同温度下，解离常数最大的是(　　)。

(A) HA　(B) HB　(C) HC　(D) HD

3-17 pH 值和体积相同的 HAc 溶液和 HCl 溶液，分别与过量 $Na_2CO_3$ 溶液反应，在相同条件下，放出的 $CO_2$ 的体积(　　)。

(A) 一样多　(B) HCl 比 HAc 多　(C) HAc 比 HCl 多　(D) 无法比较

3-18 $1 \times 10^{-10}$ $mol \cdot L^{-1}$ 的 HCl 溶液与 $1 \times 10^{-10}$ $mol \cdot L^{-1}$ 的 HAc 溶液中 $H^+$ 浓度比较，其结果是(　　)。

(A) HCl 中的 $H^+$ 浓度远大于 HAc 中的 $H^+$ 浓度

(B) HCl 中的 $H^+$ 浓度远小于 HAc 中的 $H^+$ 浓度

(C) 两种溶液的 $H^+$ 浓度接近

(D) 两者无法比较

3-19 在氨水中加入一些 $NH_4Cl$ 晶体，会使(　　)。

(A) 氨水的解离常数 $K_b$ 增大　(B) 氨水的解离度 $\alpha$ 增大

(C) 溶液的 pH 值增大　(D) 溶液的 pH 值减小

3-20 将 0.1 $mol \cdot L^{-1}$ 的 HAc 与 0.1 $mol \cdot L^{-1}$ 的 NaAc 混合溶液中加水稀释至原来体积的 2 倍，其 $H^+$ 浓度和 pH 值的变化为(　　)。

(A) 原来的 1/2 和增大　(B) 原来的 1/2 和减小

(C)减小和增大　　(D)基本都不变

3-21　AgSCN 与 $Ag_2CrO_4$的溶度积常数几乎相同($1\times10^{-12}$),它们的溶解度 $S$ 间的大小比较正确的是(　　)。

(A)$S_{AgSCN}=S_{Ag_2CrO_4}$　　(B)$S_{AgSCN}>S_{Ag_2CrO_4}$

(C)$S_{AgSCN}<S_{Ag_2CrO_4}$　　(D)$2S_{AgSCN}=S_{Ag_2CrO_4}$

3-22　已知 AgCl、AgBr、$Ag_2CrO_4$的溶度积分别为 $1.8\times10^{-10}$、$5.2\times10^{-13}$、$3.4\times10^{-11}$,某溶液中含有 $Cl^-$、$Br^-$、$CrO_4^{2-}$ 的浓度均为 0.01 mol·$L^{-1}$,向该溶液逐滴加入 0.01 mol·$L^{-1}$ $AgNO_3$溶液时,最先和最后产生沉淀的分别是(　　)。

(A)AgBr 和 $Ag_2CrO_4$　　(B)AgBr 和 AgCl

(C)$Ag_2CrO_4$和 AgCl　　(D)$Ag_2CrO_4$和 AgBr

3-23　在已经产生了 AgCl 沉淀的溶液中,能使沉淀溶解的方法是(　　)。

(A)加入 HCl 溶液　　(B)加入 $AgNO_3$溶液

(C)加入浓氨水　　(D)加入 NaCl 溶液

3-24　0.1 mol·$L^{-1}$的 HAc 和等体积的 NaAc 混合,欲使溶液的 pH 值为 5,混合的酸和盐的体积比应是(已知 $K_{a(HAc)}=1.76\times10^{-5}$)(　　)。

(A)1.76　　(B)1/1.76　　(C)$10^{2.5}$　　(D)$10^{-2.5}$

3-25　下列各组溶液中,具有缓冲溶液性质的是(　　)。

(A)0.1 mol·$L^{-1}$的 NaOH 溶液与 0.2 mol·$L^{-1}$的 HAc 等体积混合

(B)0.1 mol·$L^{-1}$的 NaAc 溶液与 0.2 mol·$L^{-1}$的 HCl 等体积混合

(C)0.1 mol·$L^{-1}$的 $NH_3\cdot H_2O$ 与 0.1 mol·$L^{-1}$的 HCl 等体积混合

(D)0.1 mol·$L^{-1}$的 HAc 与 0.1 mol·$L^{-1}$的 NaOH 等体积混合

3-26　一封闭钟罩中放一杯纯水 A 和一杯糖水 B,静止足够长时间后发现(　　)。

(A)A 杯水减少,B 杯中水满后不再变化　　(B)A 杯变成空杯,B 杯中水满后溢出

(C)B 杯水减少,A 杯中水满后不再变化　　(D)B 杯水减少至空杯,A 杯中水满后溢出

## 3.3　化学反应速率与化学平衡

3-27　在 298 K、100 kPa 条件下,已知用氢气和氧气合成 1 mol 的水,放出的热量为 285.83 kJ,下列热化学方程式正确的是(　　)。

(A)$H_2(g)+\frac{1}{2}O_2(g)=\!=\!=H_2O(l)$　$\Delta_rH^\ominus=-285.83$ kJ·$mol^{-1}$

(B)$H_2(g)+\frac{1}{2}O_2(g)=\!=\!=H_2O(l)$　$\Delta_rH^\ominus=285.83$ kJ·$mol^{-1}$

(C)$H_2(g)+\frac{1}{2}O_2(g)=\!=\!=H_2O(g)$　$\Delta_rH^\ominus=-285.83$ kJ·$mol^{-1}$

(D)$H_2+\frac{1}{2}O_2=\!=\!=H_2O$　$\Delta_rH^\ominus=-285.83$ kJ·$mol^{-1}$

3-28　已知 $Zn(s)+\frac{1}{2}O_2(g)=\!=\!=ZnO(s)$,$\Delta H^\ominus=-351.5$ kJ·$mol^{-1}$,$Hg(l)+\frac{1}{2}O_2(g)=\!=\!=HgO(s)$,$\Delta H^\ominus=-90.8$ kJ·$mol^{-1}$,则 $Zn(s)+HgO(s)=\!=\!=ZnO(s)+Hg(l)$的 $\Delta H^\ominus$ 为(　　)。

(A)442.3 kJ·$mol^{-1}$　　(B)260.7 kJ·$mol^{-1}$

(C) $-260.7\ kJ \cdot mol^{-1}$　　(D) $-442.3\ kJ \cdot mol^{-1}$

3-29　反应 $A(g)+B(g) \longrightarrow C(g)$ 的速率方程为 $v=kc_A^2 \cdot c_B$，若是密闭的反应容器增大一倍，则其反应速率为原来的(　　)。

(A) $\frac{1}{6}$　　(B) $\frac{1}{8}$　　(C)8 倍　　(D) $\frac{1}{4}$

3-30　25 ℃时，反应 $N_2(g)+3H_2(g) \rightleftharpoons 2NH_3(g)$ 的 $\Delta_r H^\ominus=-92.2\ kJ \cdot mol^{-1}$，若升高温度，(　　)。

(A)正反应速率增大，逆反应速率减小　　(B)正反应速率减小，逆反应速率增大

(C)正反应速率增大，逆反应速率增大　　(D)正反应速率减小，逆反应速率减小

3-31　改变下列哪个条件才能使多数反应的速率常数增大(　　)。

(A)增加压力　　(B)加催化剂　　(C)升高温度　　(D)增加反应物浓度

3-32　不会影响反应速率常数 $k$ 的因素是(　　)。

(A)反应温度　　(B)反应物浓度　　(C)反应物的活化能　(D)催化剂

3-33　25 ℃下，$N_2(g)+3H_2(g) \longrightarrow 2NH_3(g)$ 在密闭容器中反应达到化学平衡时，若加入惰性气体，估计会出现(　　)。

(A)平衡右移，氨产量增加　　(B)平衡左移，氨产量减小

(C)平衡状态不变　　(D)正反应速率加快

3-34　已知反应 $2H_2O(g) = 2H_2(g)+O_2(g)$ 的平衡常数为 $K_1^\ominus$，反应 $CO_2(g) = CO(g)+\frac{1}{2}O_2(g)$ 的平衡常数为 $K_2^\ominus$，则反应 $CO(g)+H_2O(g) = CO_2(g)+H_2(g)$ 的 $K^\ominus$ 为(　　)。

(A) $K_1^\ominus/K_2^\ominus$　　(B) $K_1^\ominus \cdot K_2^\ominus$　　(C) $\sqrt{K_1^\ominus}/K_2^\ominus$　　(D) $\frac{1}{2}K_1^\ominus-K_2^\ominus$

3-35　已知反应 $2A(g)+B(g) \rightleftharpoons 2C(g)$ 的 $\Delta H^\ominus<0$，下列叙述正确的是(　　)。

(A)由于 $K^\ominus=\frac{(p_C/p^\ominus)^2}{(p_A/p^\ominus)^2(p_B/p^\ominus)}$，随着反应的进行，$p_C$ 逐渐增大，$p_A$、$p_B$ 逐渐减小，平衡常数逐渐增大

(B)升高温度，使 $v_逆$ 增大，$v_正$ 减小，将导致平衡向左移动

(C)加入催化剂，同等程度加快正、逆反应的速率，加速达到平衡

(D)增加压力，使 $p_A$、$p_B$ 增大，$v_正$ 增大，而平衡左移

3-36　为增加固—液多相系统的反应速率，下列哪一项措施是无效的(　　)。

(A)搅拌　　(B)提高液相的浓度

(C)增加固相粉碎度　　(D)增加液相的体积

3-37　在温度和压强不变的条件下，1 L $NO_2$ 在高温时按 $2NO_2 \rightleftharpoons 2NO+O_2$ 分解，达到平衡时，体积变为 1.2 L，此时，$NO_2$ 的转化率为(　　)。

(A)10%　　(B)20%　　(C)40%　　(D)50%

## 3.4　氧化还原反应与电化学

3-38　配平方程式 $FeSO_4+HNO_3+H_2SO_4 \longrightarrow Fe_2(SO_4)_3+NO+H_2O$ 时，$H_2O$ 前面的化学计量数是(　　)。

(A)2　　(B)3　　(C)4　　(D)6

3-39　电极反应 $Cu^+ + e \rightleftharpoons Cu$，$E^\ominus = 0.521$ V，推测电极反应 $2Cu - 2e \rightleftharpoons 2Cu^+$ 的 $E^\ominus$ 是(　　)。

(A) $-0.521$ V　　(B)0.521 V　　(C) $-1.042$ V　　(D)1.042 V

3-40　下列哪个物质使酸性高锰酸钾溶液褪色(　　)。

(A) $Zn^{2+}$　　(B) $Cu^{2+}$　　(C) $Fe^{2+}$　　(D) $CO_3^{2-}$

3-41　已知 $E^\ominus_{MnO_2/Mn^{2+}} = 1.23$ V，$E^\ominus_{Cl_2/Cl^-} = 1.36$ V，从标准电极电势看，$MnO_2$ 不能氧化 $Cl^-$，但用 $MnO_2$ 加浓盐酸，可以生成 $Cl_2$，这是因为(　　)。

(A)两个 $E^\ominus$ 相差不大　　(B)酸性增强，$E_{MnO_2/Mn^{2+}}$ 也增加

(C) $Cl^-$ 浓度增加，$E_{Cl_2/Cl^-}$ 减少　　(D)以上三个因素都有

3-42　电解 $CuCl_2$ 水溶液，以石墨作电极，则在阳极上(　　)。

(A)析出 Cu　　(B)析出 $O_2$　　(C)析出 $Cl_2$　　(D)石墨溶解

3-43　电解 1 mol·$L^{-1}$ 的 $FeSO_4$ 和 1 mol·$L^{-1}$ 的 $ZnSO_4$ 的混合溶液，用石墨作电极，在阳极的产物是(　　)。

(A) $H_2$　　(B) $O_2$　　(C) $SO_2$　　(D) $OH^-$

3-44　将反应 $5Fe^{2+} + 8H^+ + MnO_4^- \longrightarrow Mn^{2+} + 5Fe^{3+} + 4H_2O$ 设计为原电池，电池符号为(　　)。

(A)(−)Pt|$Fe^{3+}$，$Fe^{2+}$ ‖ $MnO_4^-$，$Mn^{2+}$，$H^+$|Pt(+)

(B)(−)Fe|$Fe^{3+}$，$Fe^{2+}$ ‖ $MnO_4^-$，$Mn^{2+}$，$H^+$|Mn(+)

(C)(−)Pt|$MnO_4^-$，$Mn^{2+}$，$H^+$ ‖ $Fe^{2+}$，$Fe^{3+}$|Pt(+)

(D)(−)Pt|$Fe^{2+}$，$Fe^{3+}$ ‖ $MnO_4^-$，$Mn^{2+}$|Pt(+)

3-45　含有杂质的 Fe 在水中发生吸氧腐蚀，则阴极反应是(　　)。

(A) $Fe \rightleftharpoons Fe^{2+} + 2e$　　(B) $O_2 + 2H_2O + 4e \rightleftharpoons 4OH^-$

(C) $2H^+ + 2e \rightleftharpoons H_2$　　(D) $Fe^{2+} + 2OH^- \rightleftharpoons Fe(OH)_2$

3-46　指出 pH 值对电极电位有影响的电对是(　　)。

(A) $Fe^{3+}/Fe^{2+}$　　(B) $I_2/I$　　(C) $Hg^{2+}/Hg$　　(D) $Cr_2O_7^{2-}/Cr^{3+}$

3-47　已知 $E^\ominus_{Sn^{4+}/Sn^{2+}} = 0.15$ V，$E^\ominus_{Pb^{2+}/Pb} = -0.126$ V，$E^\ominus_{Ag^+/Ag} = 0.8$ V，其中最强的氧化剂和最强的还原剂是(　　)。

(A)Ag 和 $Pb^{2+}$　　(B)Ag 和 Pb　　(C) $Ag^+$ 和 Pb　　(D) $Sn^{4+}$ 和 Ag

3-48　以电对 $MnO_4^-/Mn^{2+}$ 与 $Fe^{3+}/Fe^{2+}$ 组成原电池，已知 $E_{MnO_4^-/Mn^{2+}} > E_{Fe^{3+}/Fe^{2+}}$. 则反应产物是(　　)。

(A) $MnO_4^-$ 和 $Fe^{2+}$　　(B) $MnO_4^-$ 和 $Fe^{3+}$　　(C) $Mn^{2+}$ 和 $Fe^{2+}$　　(D) $Mn^{2+}$ 和 $Fe^{3+}$

3-49　对原电池(−)Zn|$Zn^{2+}$($c_1$) ‖ $Ag^+$($c_2$)|Ag(+)而言，欲使其电动势增加可采取的措施有(　　)。

(A)增大 $Zn^{2+}$ 的浓度　　(B)增加 $Ag^+$ 的浓度

(C)加大锌电极的面积　　(D)增加 Ag 电极的面积

3-50　下列两电池反应①和②的标准电动势分别为 $E_1^\ominus$ 和 $E_2^\ominus$：① $\frac{1}{2}H_2 + \frac{1}{2}Cl_2 \longrightarrow HCl$，

②$2HCl = H_2 + Cl_2$，则 $E_1^{\ominus}$ 和 $E_2^{\ominus}$ 的关系是(　　)。

(A)$E_1^{\ominus} = 2E_1^{\ominus}$　　(B)$E_2^{\ominus} = -E_1^{\ominus}$　　(C)$E_2^{\ominus} = -2E_1^{\ominus}$　　(D)$E_2^{\ominus} = E_1^{\ominus}$

3-51　用金属铜作电极电解稀的 $CuSO_4$ 水溶液，开始一段时间阴阳极区溶液颜色的变化是(　　)。

(A)阳极区变深，阴极区变浅　　(B)阳极区变浅，阴极区变深

(C)阴阳极区都变深　　(D)阴阳极区都变浅

3-52　根据下列反应 $2S_2O_3^{2-} + I_2 = S_4O_6^{2-} + 2I^-$ 构成原电池，测得它的标准电动势 $E_{电池}^{\ominus} = 0.444$ V，已知电对 $I_2/I^-$ 的 $E^{\ominus}$ 为 0.534 V 作阳极，则电对 $S_4O_6^{2-}/S_2O_3^{2-}$ 的 $E^{\ominus}$ 为(　　)。

(A) −0.090 V　　(B)0.978 V　　(C)0.090 V　　(D) −0.978 V

3-53　下列说法中错误的是(　　)。

(A)在金属表面涂刷油漆，可以防止腐蚀

(B)金属在潮湿的空气中主要发生吸氧腐蚀

(C)牺牲阳极保护法中，被保护金属作为腐蚀电池的阳极

(D)在外加电流保护法中，被保护金属外加直流电源的负极

3-54　298 K 时，标准态下 $Cu^{2+} + Fe = Cu + Fe^{2+}$ 达到平衡，则此反应的 $\lg K^{\ominus}$ 等于(　　)。(已知：$E_{Cu^{2+}/Cu}^{\ominus} = 0.34$ V，$E_{Fe^{2+}/Fe}^{\ominus} = -0.447$ V)

(A)2 ×0.787/0.059 2　　(B)0.787/0.059 2

(C)0.059 2 ×0.787/2　　(D)0.059 2/0.787

## 3.5　有机化学

3-55 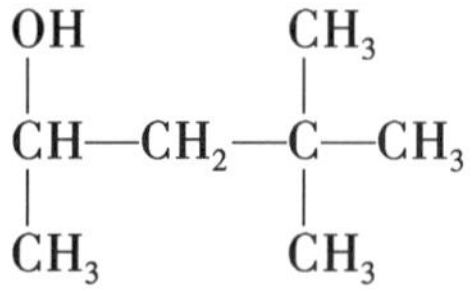 的正确命名是(　　)。

(A)4,4-二甲基-2-戊醇　　(B)2,2-二甲基-4-戊醇

(C)2-羟基-4,4-二甲基-2-戊烷　　(D)2,2-二甲基-4-羟基戊烷

3-56　苯与 $Cl_2$ 在光催化作用下生成氯苯的反应是(　　)。

(A)加成反应　　(B)消去反应　　(C)氧化反应　　(D)取代反应

# 习题答案

3-1　(A)　　3-2　(A)　　3-3　(A)

3-4　(D)。解题思路：元素周期表中第 1、2、3、4 周期的元素数目分别为 2、8、8、18，照此算来，第 34 号元素应在第 4 周期的 p 区，具体是第 4 周期第ⅥA 族元素。

3-5　(B)　　3-6　(C)　　3-7　(C)　　3-8　(C)

3-9　(B)。解题思路：$Br_2$ 为非极性分子；$H_2O$、$CHCl_3$、$NH_3 \cdot H_2O$ 皆为极性分子。

3-10　(A)　　3-11　(B)

3-12　(A)。解题思路：$F^-$ 电负性大，半径小，易形成氢键。

3-13　(B)　　3-14　(D)

3-15　(D)。解题思路：该混合液相当于 $NH_3 \cdot H_2O + NH_4Cl$ 的等浓度混合液，为缓冲溶

液,可用缓冲溶液的公式$[OH^-]=K^{\ominus}_{b,NH_3\cdot H_2O}\dfrac{[NH_3\cdot H_2O]}{[NH_4^+]}$进行计算。

3-16 (D)。对于弱酸强碱盐,酸越弱,盐溶液碱性越强。

3-17 (C)。解题思路:HAc 是弱电解质,部分电离。在体积相同的溶液中,要和 HCl 溶液的 pH 值相同,则必须 HAc 的原始浓度 ≫ HCl 的浓度。在与 $Na_2CO_3$ 发生反应时,由于平衡移动,可使原来未电离的 HAc 不断电离而与 $Na_2CO_3$ 作用。当 $Na_2CO_3$ 为过量时,与 HAc 作用放出 $CO_2$ 更多。

3-18 (C)。解题思路:由于 HCl 和 HAc 的浓度均为 $1\times10^{-10}\ mol\cdot L^{-1}$,即使完全电离,产生的 $H^+$ 浓度也远小于 $H_2O$ 本身电离放出的 $H^+$ 浓度 $10^{-7}\ mol\cdot L^{-1}$。

3-19 (D)  3-20 (D)

3-21 (C)。解题思路:$AgSCN \xrightleftharpoons{K^{\ominus}_{sp}} Ag^+ + SCN^-$,$K^{\ominus}_{sp,AgSCN}=(S_{AgSCN})^2$;$Ag_2CrO_4 \rightleftharpoons 2Ag^+ + CrO_4^{2-}$,$K^{\ominus}_{sp,Ag_2CrO_4}=4(S_{Ag_2CrO_4})^3$。

3-22 (A)。解题思路:参看【例 3.2-7】。

3-23 (C)  3-24 (B)  3-25 (A)

3-26 (B)。解题思路:糖水的蒸气压比纯水低,在题示体系中,纯水不断向钟罩内蒸发,而钟罩内的水蒸气不断向糖水中液化。

3-27 (A)  3-28 (C)  3-29 (B)  3-30 (C)  3-31 (C)  3-32 (B)

3-33 (C)  3-34 (C)  3-35 (C)

3-36 (D)。解题思路:发生在固—液多相体系中的反应的速率仅取决于固—液相界面上固相和液相的浓度。

3-37 (C)  3-38 (C)  3-39 (B)  3-40 (C)

3-41 (D)。解题思路:参见【例 3.4-1】。

3-42 (C)  3-43 (B)  3-44 (A)  3-45 (B)  3-46 (D)  3-47 (C)

3-48 (D)  3-49 (B)  3-50 (B)  3-51 (A)  3-52 (C)  3-53 (C)

3-54 (A)

3-55 (A)。解题思路:首先确定主要官能团是—OH 基,这是一个醇;其次确定结构中最长的碳链包括五个碳原子,化合物是戊醇;再给碳链中碳原子编序号,使与—CH 相连的碳原子序号尽可能小。

3-56 (D)

# 4

# 理论力学

## 考试大纲

4.1 静力学

平衡;刚体;力;约束及约束力;受力图;力矩;力偶及力偶矩;力系的等效和简化;力的平移定理;平面力系的简化;主矢;主矩;平面力系的平衡条件和平衡方程式;物体系统(含平面静定桁架)的平衡;摩擦力;摩擦定律;摩擦角;摩擦自锁。

4.2 运动学

点的运动方程;轨迹;速度;加速度;切向加速度和法向加速度;平动和绕定轴转动;角速度;角加速度;刚体内任一点的速度和加速度。

4.3 动力学

牛顿定律;质点的直线振动;自由振动微分方程;固有频率;周期;振幅;衰减振动;阻尼对自由振动振幅的影响——振幅衰减曲线;受迫振动;受迫振动频率;幅频特性;共振;动力学普遍定理;动量;质心;动量定理及质心运动定理;动量及质心运动守恒;动量矩;动量矩定理;动量矩守恒;刚体定轴转动微分方程;转动惯量;回转半径;平行轴定理;功;动能;势能;动能定理及机械能守恒;达朗贝原理;惯性力;刚体作平动和绕定轴转动(转轴垂直于刚体的对称面)时惯性力系的简化;动静法。

## 复习指导

复习理论力学首先要掌握基本概念、基本理论和公式等。在读懂例题后再做“仿真习题”,并总结解题方法和规律。解题时首先要学会选取考察体,分析其受力,正确绘制受力图,这是解静力学和动力学问题的基础,必须掌握。静力学中有两类问题:一是力系简化后主矢量、主矩的求得,并讨论其进一步简化的结果;二是力系的平衡(也是静力学的重点),即如何选用独立的平衡方程式。在列平衡力矩方程时,平面力系是选取合适的矩心,空间力系是取合适的矩轴。平面力系还有两个应用问题:一是平面桁架,一般可用节点法、截面法或两法综合应用;另一是摩擦问题,应注意两点,即摩擦力方向的确定和摩擦力大小,一般有一个范围。运动学中点的运动和刚体基本运动是基础,主要是求点(或刚体内的点)的速度、加速度,而点的合成运动和刚体平面运动是运动学中的重点和难点所在。对于合成运动,要熟练掌握一个动点、二个坐标、三种运动的概念，尤其要熟悉牵连运动和科氏加速度的计算；对于平面运动，要熟练掌握速度瞬心的概念和位置的确定，这是解平面运动问题的关键。解动力学问题应学会根据研究对象的受力分析和运动分析选取合适的定理和方法，这就要掌握各个定理(原理)的特点、包含的物理量，重点内容为动力学普遍定理、达朗伯原理和点的直线振动，尤其要能熟练运算各个定理中的基本量。后面所附的仿真习题，题型均为四选一的选择题。解题一般有两种解法：一种是按题意进行一次计算就能得到正确答案；另一种是经一次计算可排除一些错误答案，然后进一步分析计算即能找到正确结果。

## 复习内容

## 4.1 静力学

要求：熟悉并理解质点系、刚体、平衡、力、静力学公理等基本概念，掌握受力分析，正确绘制受力图(示力图)；掌握力的投影、力的合成与分解、力偶及力偶的性质；能熟练计算力对点之矩、力对轴之矩、力偶矩；熟悉平面力系和空间力系简化的方法、结果和对主矢、主矩的进一步讨论；对单个物体和物体系统平衡问题能正确建立平衡方程式求解约束反力，对较简单的空间力系平衡问题能熟练选择矩轴并用平衡方程式求解；能熟练计算平面静定桁架杆件内力(节点法、截面法)；掌握摩擦的有关概念，如滑动摩擦、摩擦角、自锁等，并能熟练计算需考虑摩擦的平面力系平衡问题。

静力学主要研究物体在力的作用下的平衡问题，即物体受力后相对于惯性坐标系处于静止或匀速直线运动状态的规律。静力学中讨论两类问题，即力系的简化和力系的平衡。

### 4.1.1 静力学基本概念

**1. 刚体**

刚体是指形状大小都要考虑，在任何受力情况下体内任意两点的距离保持不变的物体。在静力学中，所研究的物体都是指刚体。

**2. 力**

力是物体之间的相互作用，这种作用使物体的运动状态或形状发生变化。在理论力学中仅讨论力的运动效应，不讨论变形效应。力对物体的作用效果取决于力的大小、方向和作用点三要素，因此力是矢量，它符合矢量运算法则。

经验表明，作用于刚体的力可沿其作用线移动而不改变其对于刚体的运动效应。力的这种性质称为力的可传性，所以力是滑动矢量。

**3. 静力学公理**

**公理1(二力平衡公理)** 作用在同一刚体上的两个力成平衡的必要与充分条件为等量、反向、共线。

**公理2(加减平衡力系公理)** 在任一力系中加上或减去一个平衡力系，不改变原力系对刚体的运动效应。

**公理3(力的平行四边形法则)** 作用于同一质点或刚体上同一点的两个力，可以按平行四边形法则合成。

**公理4(作用与反作用定律)** 两物体间相互作用力同时存在，且等量、反向、共线，分别作用在这两个物体上。

**公理5(刚化原理)** 如变形体在已知力系作用下处于平衡状态,则将此变形体转换成刚体,其平衡状态不变。可见,刚体静力学的平衡条件对变形体成平衡是必要的,但不一定充分。

**4. 三力平衡定理**

刚体受不平行的三个力作用而处于平衡时,则此三力的作用线必共面且汇交于一点。

**5. 约束与约束反力**

阻碍物体自由运动的限制条件称为约束。约束是以物体相互接触的方式构成的。约束对于物体的作用称为约束反力或约束力,简称反力。约束力的方向总是与约束所能阻止的物体运动方向相反。表4.1-1列出了工程中常见的几种约束类型、简图及其对应约束反力的表示法,其中前7种多见于平面问题中,后4种则多见于空间问题中。

表4.1-1 工程中常见约束类型、简图及其对应约束反力的表示

| 约束类型 | 简图 | 约束反力 | 未知量数 |
|---|---|---|---|
| 1. 柔索 | 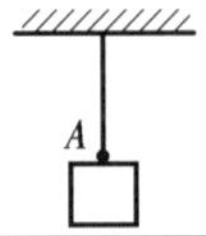 | 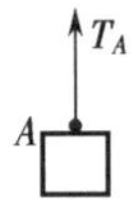 | 沿柔索中心线,并为拉力,有一个未知量 |
| 2. 光滑接触 | 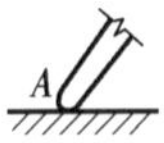 | 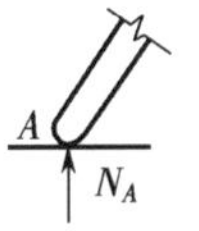 | 沿接触面在该点的公法线,并为压力,有一个未知量 |
| 3. 链杆 | 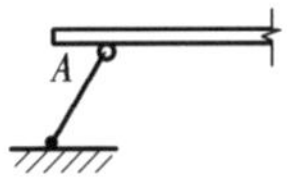 | 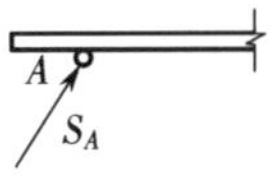 | 沿连杆中心线,指向不定,有一个未知量 |
| 4. 圆柱铰链 | 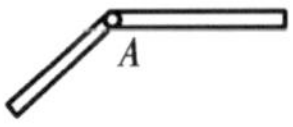 | 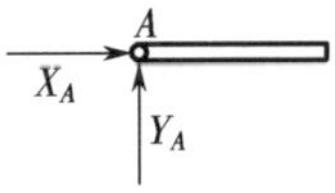 | 过销钉中心,方向不定,可分解成两力,有两个未知量 |
| 5. 铰链支座 | 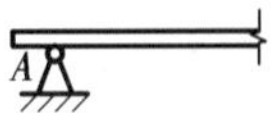 | 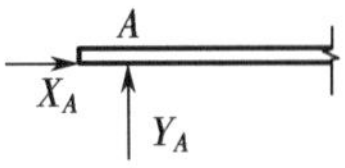 | 过销钉中心,方向不定,可分解成两力,有两个未知量 |
| 6. 辊轴支座 | 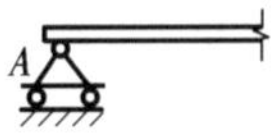 | 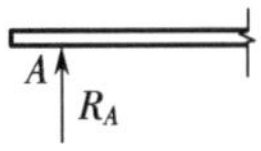 | 过销钉中心,垂直支承面,指向不定,有一个未知量 |
| 7. 固定端支座 | 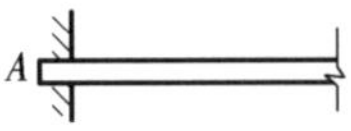 | 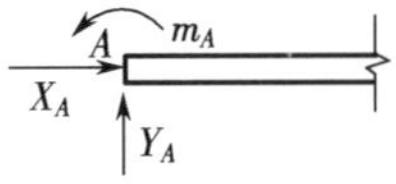 | 在约束平面内既不能移动,也不能转动,有三个未知量 |
| 8. 普通轴承 | 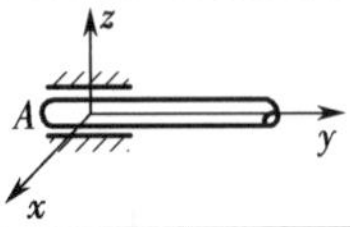 | 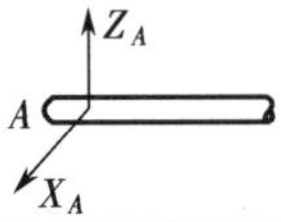 | $y$ 向可微小移动,有两个未知量 |
| 9. 止推轴承 | 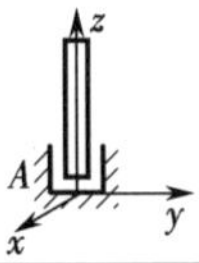 | 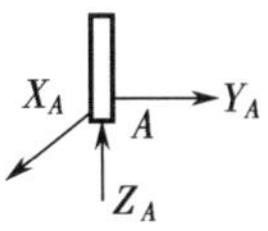 | 三个方向都不容许移动,有三个未知量 |

续表

| 约束类型 | 简　图 | 约束反力 | 未知量数 |
|---|---|---|---|
| 10. 球形铰链 | 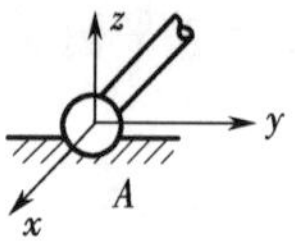 | 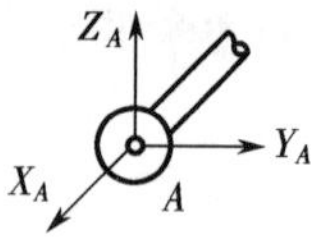 | 三个方向都不容许移动，有三个未知量 |
| 11. 空间固定端支座 | 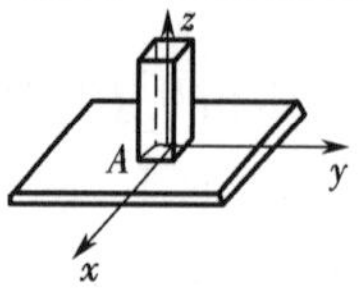 | 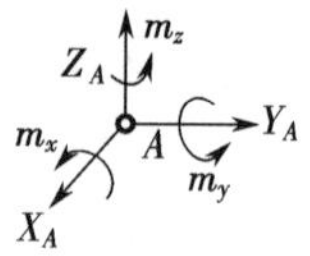 | 三个轴向都不容许移动和转动，有 6 个未知量 |

**6. 受力图**

受力图是分析研究对象全部受力情况的简图。其步骤：首先取脱离体，其次画上全部主动力和约束反力。对于方向不能确定的约束反力如铰链约束，有时可利用平衡条件来判断。

画受力图时，应注意复铰（两个以上物体用圆柱销相连接）、作用于铰处的集中力和作用于相邻两刚体上的线分布力等情况的处理方法。

**【例 4.1-1】** 试作图 4.1-1(a)所示刚架构件 $AE$、$EBF$、$FCG$、$GD$ 的受力图。刚架的自重不计。

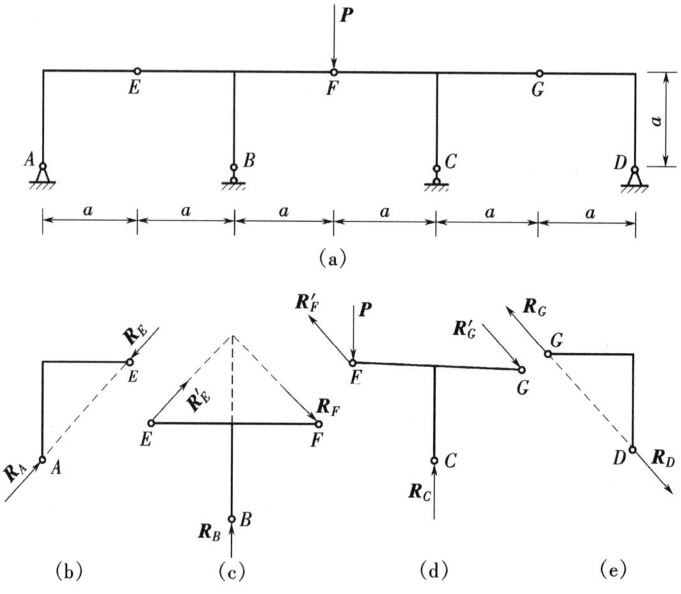


图 4.1-1

**解：**$AE$ 的受力图如图 4.1-1(b)所示，$EBF$ 的受力图如图 4.1-1(c)所示，$FCG$ 的受力图如图 4.1-1(d)所示，$GD$ 的受力图如图 4.1-1(e)所示。

若需画整体的受力图，由于 $\boldsymbol{R}_E = -\boldsymbol{R}'_E$、$\boldsymbol{R}_F = -\boldsymbol{R}'_F$、$\boldsymbol{R}_G = -\boldsymbol{R}'_G$，根据加减平衡力系公理，这三对平衡力系可去除。因而除主动力 $\boldsymbol{P}$ 外，只须画上 $\boldsymbol{R}_A$、$\boldsymbol{R}_B$、$\boldsymbol{R}_C$、$\boldsymbol{R}_D$。

## 4.1.2 力的分解、力的投影、力对点的矩与力对轴的矩

**1. 力沿直角坐标轴分解和在直角坐标轴上的投影**

$$\boldsymbol{F}=\boldsymbol{F}_x+\boldsymbol{F}_y+\boldsymbol{F}_z=X\boldsymbol{i}+Y\boldsymbol{j}+Z\boldsymbol{k}$$

式中：$\boldsymbol{i}$、$\boldsymbol{j}$、$\boldsymbol{k}$ 分别为沿 $x$、$y$、$z$ 轴的单位矢量；$X$、$Y$、$Z$ 为力 $\boldsymbol{F}$ 在 $x$、$y$、$z$ 轴上的投影，且分别为

$$X=F\cos\alpha=F_{xy}\cos\phi=F\sin\gamma\cos\phi$$

$$Y=F\cos\beta=F_{xy}\sin\phi=F\sin\gamma\sin\phi$$

$$Z=F\cos\gamma$$

式中：$\alpha$、$\beta$、$\gamma$ 为力 $\boldsymbol{F}$ 与各轴正向间的夹角；$\boldsymbol{F}_{xy}$则为力 $\boldsymbol{F}$ 在 $Oxy$ 平面上的投影，如图 4.1-2 所示。

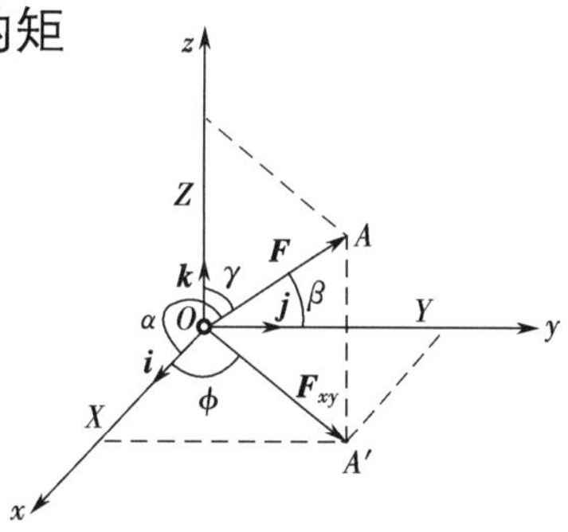


图 4.1-2

**2. 力对点的矩(简称力矩)**

在平面问题中，力 $\boldsymbol{F}$ 对矩心 $O$ 的矩是个代数量，即

$$M_O(\boldsymbol{F})=\pm Fa$$

式中：$a$ 为矩心 $O$ 点至力 $\boldsymbol{F}$ 作用线的距离，称为力臂。通常规定力使物体绕矩心转动的方向即力矩的转向为逆时针方向，上式取正号，反之则取负号。

在空间问题中，力对点之矩是个定位矢(图 4.1-3)，其表达式为

$$\boldsymbol{M}_O(\boldsymbol{F})=\boldsymbol{M}_O=\boldsymbol{r}\times\boldsymbol{F}=(yZ-zY)\boldsymbol{i}+(zX-xZ)\boldsymbol{j}+(xY-yX)\boldsymbol{k}$$

力矩的单位为 N · m(牛 · 米)或 kN · m(千牛 · 米)。

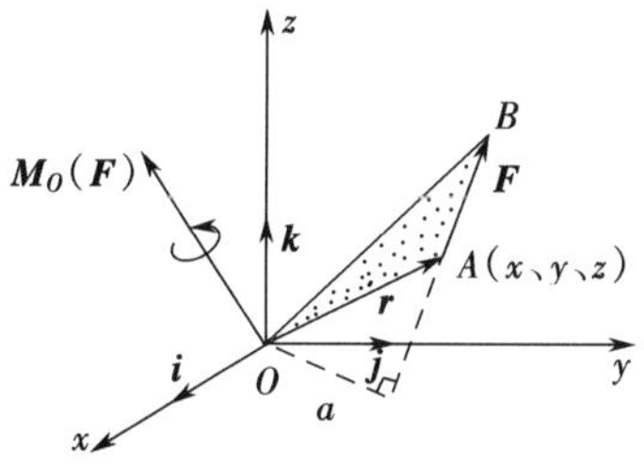


图 4.1-3

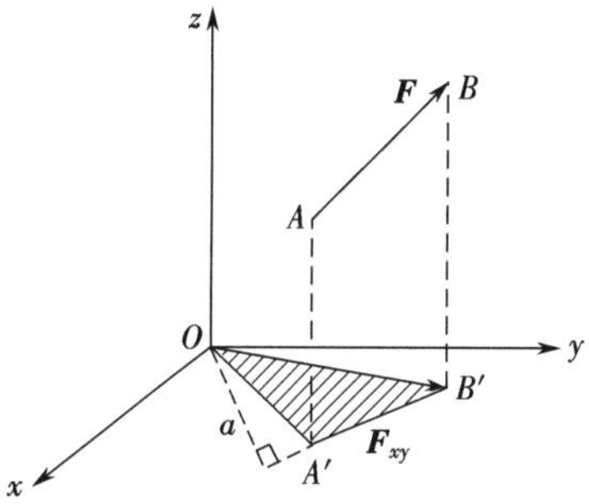


图 4.1-4

**3. 力对轴的矩**

力 $\boldsymbol{F}$ 对任一 $z$ 轴的矩定义为力 $\boldsymbol{F}$ 在垂直 $z$ 轴的平面上的投影对该平面与 $z$ 轴交点 $O$ 的矩，即

$$M_z(\boldsymbol{F})=M_O(\boldsymbol{F}_{xy})=\pm F_{xy}\cdot a=\pm 2\triangle OA'B'$$

其大小等于 2 倍三角形 $OA'B'$ 的面积，正负号用右手螺旋法则确定，其单位与力矩的单位相同。显然，当力 $\boldsymbol{F}$ 与矩轴 $z$ 共面(包括平行与相交)时，力对该轴之矩等于零。

从图 4.1-4 中可见，$\triangle OA'B'$的面积等于$\triangle OAB$ 面积在 $OA'B'$平面(即 $Oxy$ 面)上的投影。由此可见，力 $\boldsymbol{F}$ 对 $z$ 轴的矩 $M_z(\boldsymbol{F})$等于力 $\boldsymbol{F}$ 对 $z$ 轴上任一点 $O$ 的矩 $\boldsymbol{M}_O(\boldsymbol{F})$在 $z$ 轴上的投影，或力 $\boldsymbol{F}$ 对点 $O$ 的矩 $\boldsymbol{M}_O(\boldsymbol{F})$在经过 $O$ 点的任一轴上的投影等于力 $\boldsymbol{F}$ 对该轴的矩。这就是力对点的矩与对通过该点的轴的矩之间的关系。即

$$M_x(\boldsymbol{F})=[\boldsymbol{M}_O(\boldsymbol{F})]_x=yZ-zY$$

$$M_y(\boldsymbol{F}) = [\boldsymbol{M}_O(\boldsymbol{F})]_y = zX - xZ$$
$$M_z(\boldsymbol{F}) = [\boldsymbol{M}_O(\boldsymbol{F})]_z = xY - yX$$

### 4.1.3 汇交力系的合成与平衡

诸力作用线交于一点的力系称为汇交力系。根据力的平行四边形法则,可知汇交力系合成结果有两种可能:其一,是一个合力 $\boldsymbol{R}$,合力矢为

$$\boldsymbol{R} = \sum \boldsymbol{F}_i$$

合力作用线通过汇交力系的汇交点;其二,合力 $\boldsymbol{R}$ 等于零,即

$$\boldsymbol{R} = 0 \quad 或 \quad \sum \boldsymbol{F}_i = 0$$

这是汇交力系平衡的必要与充分条件。

求解汇交力系的合成与平衡问题各有两种方法,即几何法与解析法,如表 4.1-2 所示。对于空间汇交力系,由于作图不方便,一般都采用解析法。

**表 4.1-2 求解汇交力系的两种方法**

| | | 合力 $\boldsymbol{R}$ | 平衡条件 $\boldsymbol{R}=0$ |
|---|---|---|---|
| 几何法 | | $\boldsymbol{R}$ 的大小和方位由力多边形的封闭边决定,指向是首力的始端至末力的终端 | 原力系构成的力多边形自行封闭 |
| 解析法 | 平面 | $\boldsymbol{R} = (\sum X_i)\boldsymbol{i} + (\sum Y_i)\boldsymbol{j}$ | $\sum X_i = 0$<br>$\sum Y_i = 0$<br>有两个独立方程,可解两个未知量 |
| | 空间 | $\boldsymbol{R} = (\sum X_i)\boldsymbol{i} + (\sum Y_i)\boldsymbol{j} + (\sum Z_i)\boldsymbol{k}$ | $\sum X_i = 0$<br>$\sum Y_i = 0$<br>$\sum Z_i = 0$<br>有三个独立方程,可解三个未知量 |

### 4.1.4 力偶理论

#### 1. 力偶与力偶矩

设等量、反向、不共线的两平行力组成的力系称为力偶($\boldsymbol{F},\boldsymbol{F}'$)。力偶没有合力,即不能用一个力代替,也不能与一个力平衡。力偶对物体只有转动效应,没有移动效应。力偶在任一轴上的投影为零。力偶只能与另一力偶等效或相平衡。

力偶的转动效应决定于力偶矩,它的计算如表 4.1-3 所述。

**表 4.1-3 力偶矩的计算**

| 平面情况 | 空间情况 |
|---|---|
| $m = \pm Fd$<br>逆时针转向取正;反之取负 | $\boldsymbol{m}$ {大小:$m = Fd$;方位:垂直于力偶作用平面,指向由右手法则确定} |
| 是一代数量 | 是一自由矢量 |

表中,$F$ 为组成力偶的力的大小,$d$ 为力偶中两力作用线间的垂直距离,并称为力偶臂。力偶

矩的单位为 N · m(牛 · 米)或 kN · m(千牛 · 米)。

应当注意,力偶矩矢与矩心位置无关,这一点与力对点之矩是不同的。

综上可知,两个力偶的等效条件是该两力偶矩矢相等。由此等效条件可以得出下列两个推论。

推论 1:只要保持力偶矩矢不变,力偶可在其作用面内任意移转,或从刚体的一个平面移到另一个平行平面内,而不改变其对刚体的转动效应。

推论 2:在保持力偶矩大小和转向不变的条件下,可以任意改变力偶的力的大小和力偶臂的长短,而不改变它对刚体的转动效应。

**2. 力偶系的合成与平衡**

力偶系合成结果有两种可能,即为一个合力偶或平衡。具体计算时,通常采用解析法,如表 4.1-4 所述。

**表 4.1-4 力偶的合成与平衡的解析法**

| | | 平面力偶系 | 空间力偶系 |
|---|---|---|---|
| 合成结果 | 合力偶 | $M=\sum m_i$ | $\boldsymbol{M}=\sum \boldsymbol{m}_i=\sum m_{ix}\boldsymbol{i}+\sum m_{iy}\boldsymbol{j}+\sum m_{iz}\boldsymbol{k}$ |
| | 平衡 | $M=0$ | $\boldsymbol{M}=0$ |
| 平衡方程 | | $\sum m_i=0$<br>可求解一个未知量 | $\sum m_{ix}=0$<br>$\sum m_{iy}=0$<br>$\sum m_{iz}=0$<br>可求解三个未知量 |

表中,$m_{ix}$、$m_{iy}$、$m_{iz}$分别为力偶矩矢 $\boldsymbol{m}_i$ 在相应坐标轴上的投影。

可以证明,力偶中两个力 $\boldsymbol{F}$ 和 $\boldsymbol{F}'$,对任一 $x$ 轴之矩的和等于该力偶矩矢 $\boldsymbol{m}$ 在同一根轴上的投影,即

$$m_x(\boldsymbol{F})+m_x(\boldsymbol{F}')=m_x=m\cos\alpha$$

**【例 4.1-2】** 梁 $ABC$ 上作用一集中荷载 $\boldsymbol{P}$,荷载与尺寸如图 4.1-5(a)所示,已知 $P=600$ N,梁重不计,试求支座 $A$、$B$ 的约束反力。

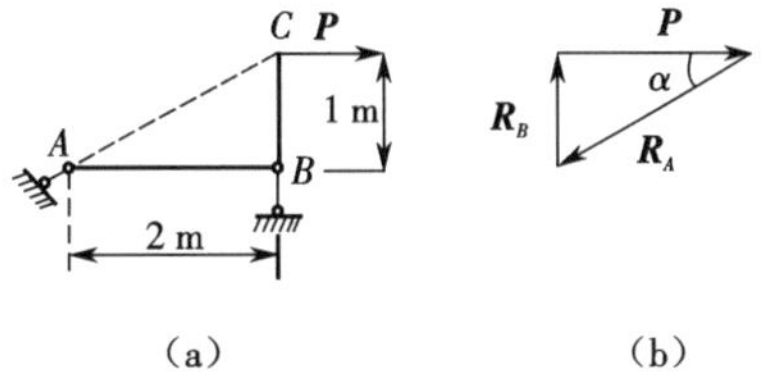


图 4.1-5

**解:**采用平面汇交力系平衡的几何条件求解。由于梁 $ABC$ 只在 $A$、$B$、$C$ 三处受力,由三力平衡条件,画其受力图如图 4.1-5(a)所示,并根据受力图作封闭的力三角形 $abc$(图 4.1-5(b)),由图示的几何关系解得

$$R_A=\frac{P}{\cos\alpha}=\frac{600}{2/\sqrt{5}}=671\ \text{N}$$

$$R_B=P\tan\alpha=600\times\frac{1}{2}=300\ \text{N}$$

**【例 4.1-3】** 图 4.1-6(a)所示三铰刚架受力偶矩为 $m$ 的力偶作用。试求铰链支座 $A$、$B$ 处反力。

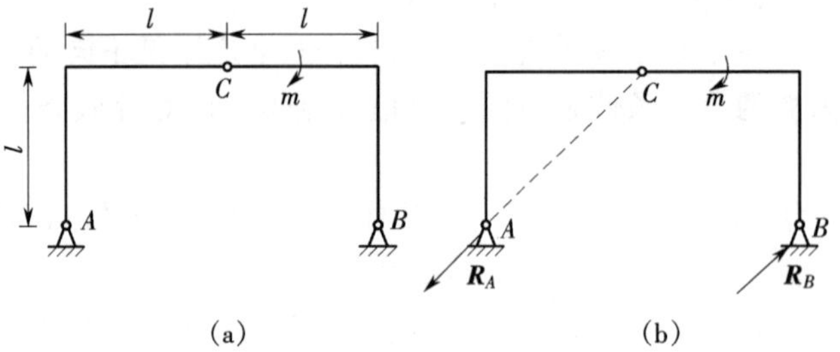


图 4.1-6

**解**:取整体为对象,$AC$ 是二力构件,因此 $\boldsymbol{R}_A$ 沿 $AC$。又根据力偶的性质,$\boldsymbol{R}_B$ 与 $\boldsymbol{R}_A$ 必构成力偶,与主动力偶矩平衡。由 $\sum m_i=0, R_A\cdot\sqrt{2}l-m=0$,所以 $R_A=R_B=\dfrac{\sqrt{2}}{2l}m$。

### 4.1.5 一般力系的简化与平衡

**1. 力的平移定理**

设物体的某一平面上有一作用于 $A$ 点的力 $\boldsymbol{F}$,现要将 $\boldsymbol{F}$ 平行地搬移至指定点 $O$,如图 4.1-7 所示。则可在 $O$ 点作用一对平衡力($\boldsymbol{F}',\boldsymbol{F}''$),其中 $\boldsymbol{F}'=\boldsymbol{F},\boldsymbol{F}''=-\boldsymbol{F}$,显见 $\boldsymbol{F}$ 和 $\boldsymbol{F}''$构成了力偶($\boldsymbol{F},\boldsymbol{F}''$),其力偶矩 $m=Fd$,等于原力 $\boldsymbol{F}$ 对 $O$ 点的力矩。这样,作用于 $O$ 点的力 $\boldsymbol{F}'$和力偶矩 $\boldsymbol{m}$ 与原作用于 $A$ 点的力 $\boldsymbol{F}$ 等效。于是得到如下定理:一个力可从原来的作用位置平行移动到另一指定点,但须在该力与该指定点所组成的平面内附加一个力偶,其力偶矩等于原力对指定点的矩,即 $\boldsymbol{m}=\boldsymbol{m}_O(\boldsymbol{F})$,这就是力的平移定理。如果把图 4.1-7 由后图向前看,即共面的一个力 $\boldsymbol{F}'$与一矩为 $m$ 的力偶可合成为一个合力 $\boldsymbol{F}$,$\boldsymbol{F}$ 的大小、方向与力 $\boldsymbol{F}'$相等,其间的距离 $d=|m|/F$。

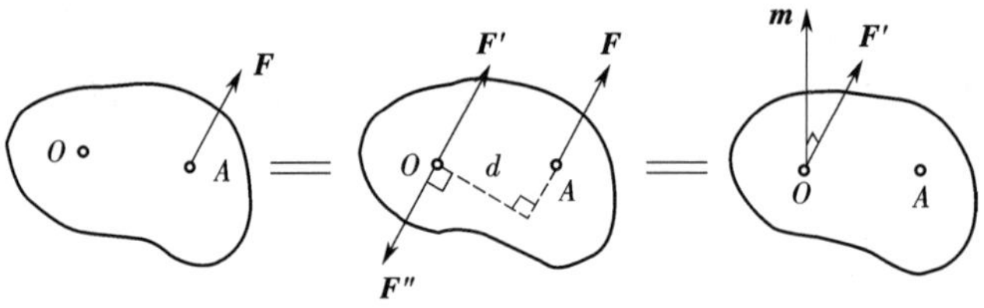


图 4.1-7

**2. 任意力系的简化**

(1)简化的一段结果

设有一任意力系 $F_1$、$F_2$、…、$F_n$,分别作用于 $A_1$、$A_2$、…、$A_n$。现应用力的平移定理将各力向简化中心 $O$ 点平移,于是原力系与一个通过 $O$ 点的汇交力系和一个附加力偶系等效。这样就可得任意力系简化的一般结果为

$$\begin{cases}\text{一个力} \quad \boldsymbol{R}'=\sum \boldsymbol{F}_i \quad \text{作用线通过 } O \text{ 点}\\ \text{一个力偶}\begin{cases}\text{空间}:\boldsymbol{M}_O=\sum \boldsymbol{m}_O(\boldsymbol{F}_i) \quad \text{是一矢量}\\ \text{平面}:M_O=\sum m_O(\boldsymbol{F}_i) \quad \text{是一代数量}\end{cases}\end{cases}$$

力矢 $\boldsymbol{R}'$称为原力系的主矢,它的大小和方向与简化中心位置无关;力偶矩矢 $\boldsymbol{M}_O$(或力偶矩 $M_O$)称为原力系对简化中心 $O$ 点的主矩,一般来说与简化中心位置有关。

(2)合成的最后结果

任意力系(包括空间和平面)向一点简化后,其最后合成结果可能出现表 4. 1-5 所列出的几种情况。

**表 4. 1-5 任意力系的合成**

| 主矢 | 主矩 | | 最后结果 | 说明 |
|---|---|---|---|---|
| $\boldsymbol{R}'=0$ | $\boldsymbol{M}_O=0$ | | 平衡 | 此为任意力系平衡的必要和充分条件 |
| | $\boldsymbol{M}_O\neq0$ | | 合力偶 | 此时主矩与简化中心的位置无关 |
| $\boldsymbol{R}'\neq0$ | $\boldsymbol{M}_O=0$ | | 合力 | 合力作用线过简化中心 |
| | $\boldsymbol{M}_O\neq0$ | $\boldsymbol{R}'\perp\boldsymbol{M}_O$ | | 合力作用线离简化中心的距离 $d=\left\lvert\dfrac{M_O}{R'}\right\rvert$ |
| | $\boldsymbol{M}_O\neq0$ | $\boldsymbol{R}'/\!/\boldsymbol{M}_O$ | 力螺旋 | 力螺旋中心轴通过简化中心 |
| | | $\boldsymbol{R}'$与$\boldsymbol{M}_O$成$\alpha$角 | | 力螺旋中心轴离简化中心的距离 $d=\left\lvert\dfrac{M_O\sin\alpha}{R'}\right\rvert$ |

表中,中心轴是指组成力螺旋的力的作用线。

因平面任意力系是空间任意力系的特殊情况,其向 $O$ 点简化的主矩可视为垂直于力系作用平面的一个主矩矢,因此表 4. 1-5(除力螺旋外)所述亦可适用于平面任意力系。

当任意力系合成为一合力 $\boldsymbol{R}$ 时,则有

$$\boldsymbol{m}_O(\boldsymbol{R})=\sum\boldsymbol{m}_O(\boldsymbol{F}_i)$$

$$m_z(\boldsymbol{R})=\sum m_z(\boldsymbol{F}_i)$$

即合力对任一点(或任一轴如 $z$ 轴)之矩,等于力系中各力对同一点(或同一轴)之矩的矢量和(或代数和),并称之为合力矩定理。对于平面力系,合力矩定理可表示为

$$m_O(\boldsymbol{R})=\sum m_O(\boldsymbol{F}_i)$$

在计算力对坐标轴之矩时,应用合力矩定理,常可使计算简化。这时,可先将原力沿坐标轴分解为三个分力,然后计算各分力对坐标轴之矩。

由于平行力系是任意力系的特殊情况,故任意力系的合成结果也适用于平行力系。

(3)平行分布的线荷载的合成

沿物体中心线分布的平行力,称为平行分布线荷载,简称线荷载。沿单位长度分布的线荷载称为线荷载集度,以 $\boldsymbol{q}$ 表示,其单位为 N/m(牛/米)或 kN/m(千牛/米)。

同向线荷载合成结果为一合力 $\boldsymbol{R}$,该合力的大小和作用线位置可通过求积分的方法和合力矩定理求得。

均匀分布和线性分布的线荷载的合成结果如图 4. 1-8 所示。

**3. 力系的平衡条件与平衡方程**

任意力系平衡的必要和充分条件是力系的主矢与力系对任一点的主矩都等于零,即

$$\boldsymbol{R}'=0,\ \sum\boldsymbol{m}_O(\boldsymbol{F}_i)=0$$

据此得出表 4. 1-6 所列出的各组平衡方程。但应当指出,在空间任意力系和空间平行力系的平衡方程组中,其投影方程亦可用对轴的力矩方程来替代。当然,该力矩方程必须是独立的平

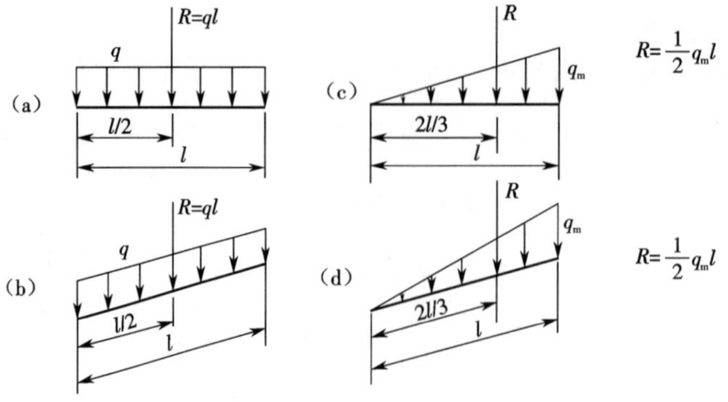


图 4.1-8

衡方程，即可用它来求解未知量的平衡方程。

**表 4.1-6　力系的平衡方程**

| 力系名称 | | 平衡方程 | 独立方程的数目 |
|---|---|---|---|
| 平面力系 | 任意力系 | $\sum X_i=0\quad \sum Y_i=0\quad \sum m_O(\boldsymbol{F}_i)=0$<br>或 $\sum X_i=0\quad \sum m_A(\boldsymbol{F}_i)=0\quad \sum m_B(\boldsymbol{F}_i)=0$<br>$x$ 轴不垂直 $A$、$B$ 连线<br>或 $\sum m_A(\boldsymbol{F}_i)=0\quad \sum m_B(\boldsymbol{F}_i)=0\quad \sum m_C(\boldsymbol{F}_i)=0$<br>$A$、$B$、$C$ 三点不共线 | 3 |
| | 平行力系 | $\sum Y_i=0\quad \sum m_O(\boldsymbol{F}_i)=0$　$y$ 轴不垂直 $\boldsymbol{F}_i$<br>或 $\sum m_A(\boldsymbol{F}_i)=0\quad \sum m_B(\boldsymbol{F}_i)=0$<br>$A$、$B$ 两点连线不与各力作用线平行 | 2 |
| 空间力系 | 平行力系 | $\sum Z_i=0,\ \sum m_x(\boldsymbol{F}_i)=0,\ \sum m_y(\boldsymbol{F}_i)=0$<br>$z$ 轴不垂直 $\boldsymbol{F}_i$ | 3 |
| | 任意力系 | $\sum X_i=0,\ \sum Y_i=0,\ \sum Z_i=0$<br>$\sum m_x(\boldsymbol{F}_i)=0,\ \sum m_y(\boldsymbol{F}_i)=0,\ \sum m_z(\boldsymbol{F}_i)=0$ | 6 |

**【例 4.1-4】**　有一刚架，所受荷载及支承情况如图 4.1-9(a)所示，试求支座 $A$ 及 $B$ 处的反力。

**解**：画出刚架的示力图如图 4.1-9(b)所示。图中已将铰支座 $A$ 处的反力分解成水平的及铅直的分力 $X_A$、$Y_A$，所有反力的指向都是假设的。

本题中有一个力偶荷载。由力偶的性质可知：①因力偶的两个力大小相等，方向相反，两个力的投影之和为零，故写投影方程时不必考虑力偶；②力偶对于任一点的矩都等于力偶矩，故写力矩方程时，可直接将力偶矩 $m$ 列入。

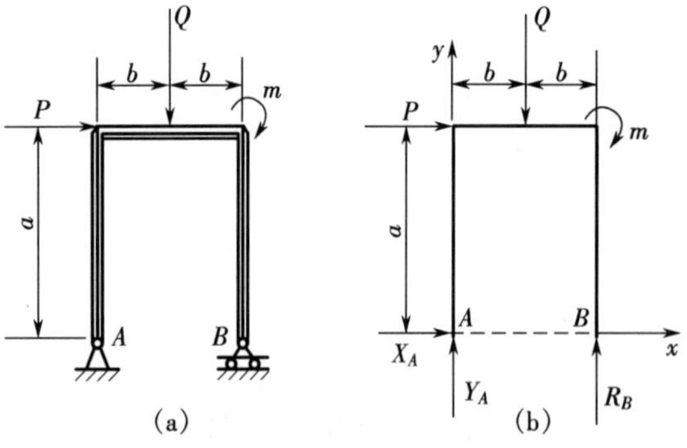


图 4.1-9

首先以 $A$ 点为矩心，写力矩方程

$$\sum M_A(\boldsymbol{F}_i)=0:R_B 2b-Pa-Qb-m=0$$

由此得

$$R_B = \frac{Pa + Qb + m}{2b}$$

然后以水平方向为 $x$ 轴,铅直方向为 $y$ 轴,写投影方程

$$\sum X_i = 0: X_A + P = 0$$

$$\sum Y_i = 0: Y_A + R_B - Q = 0$$

于是得

$$X_A = -P, Y_A = \frac{Qb - Pa - m}{2b}$$

由 $\sum M_B(\boldsymbol{F}_i) = 0$ 也可直接求出 $Y_A$,作为校核。

**【例 4.1-5】** 某厂房支承屋架和吊车梁的柱子(图 4.1-10)下端固定,柱顶承受屋架传来的力 $P_1$,牛腿上承受吊车梁传来的铅直力 $P_2$ 及水平制动力 $T$。如以柱脚中心为坐标原点 $O$,铅直轴为 $z$ 轴,$x$ 轴及 $y$ 轴分别平行于柱脚的两边,如图所示,则力 $P_1$ 及 $P_2$ 均在 $yz$ 平面内,与 $z$ 轴距离分别为 $e_1 = 0.1$ m,$e_2 = 0.34$ m,制动力 $T$ 平行于 $x$ 轴。已知 $P_1 = 120$ kN,$P_2 = 300$ kN,$T = 25$ kN,$h = 6$ m。柱所受重力 $Q$ 可认为沿 $z$ 轴作用,且 $Q = 40$ kN。试求基础对柱作用的约束力及力偶矩。

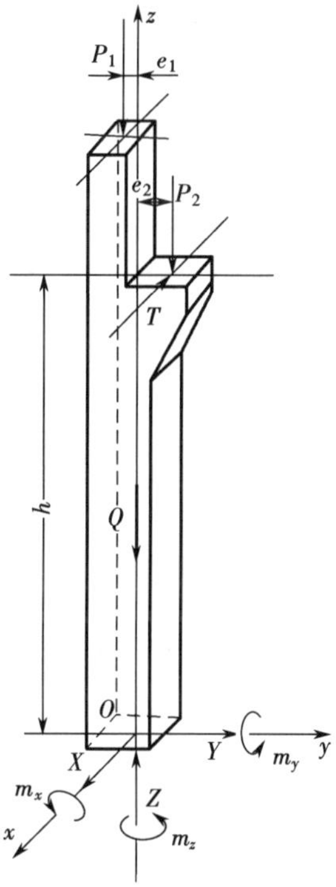

图 4.1-10

**解**:因柱埋得较深,基础可看作空间固定端支座。将基础对柱的约束力分解为沿三个坐标轴的分力 $\boldsymbol{X}$、$\boldsymbol{Y}$ 及 $\boldsymbol{Z}$,约束力偶矩则用 $m_x$、$m_y$、$m_z$ 表示。写出六个平衡方程:

$$\sum X_i = 0: \quad X - T = 0$$

$$\sum Y_i = 0: \quad Y = 0$$

$$\sum Z_i = 0: \quad Z - P_1 - P_2 - Q = 0$$

$$\sum M_x(\boldsymbol{F}_i) = 0: \quad m_x + P_1 e_1 - P_2 e_2 = 0$$

$$\sum M_y(\boldsymbol{F}_i) = 0: \quad m_y - Th = 0$$

$$\sum M_z(\boldsymbol{F}_i) = 0: \quad m_z + Te_2 = 0$$

将各已知值代入,解得

$$X = 25 \text{ kN}, Y = 0, Z = 460 \text{ kN}$$

$$m_x = 90 \text{ kN} \cdot \text{m}, m_y = 150 \text{ kN} \cdot \text{m}, m_z = -8.5 \text{ kN} \cdot \text{m}$$

## 4.1.6 物体系统的平衡

### 1. 静定与静不定问题

若未知量的数目等于独立平衡方程的数目,则应用刚体静力学的理论,就可以求得全部未知量,这样的问题称为静定问题,如

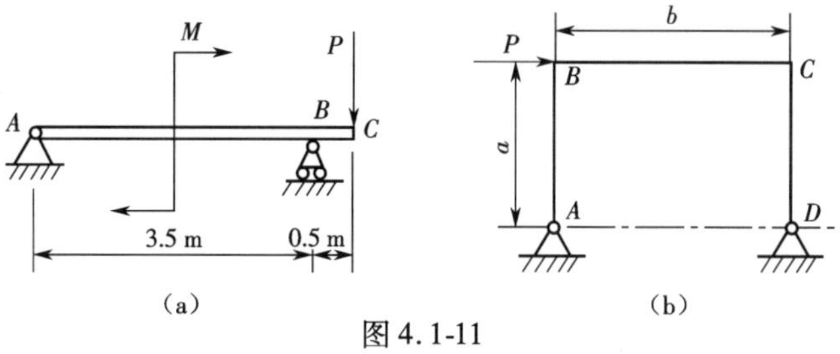

图 4.1-11

图 4.1-11(a)所示。若未知量的数目超过独立平衡方程的数目,则单独应用刚体静力学的理论就不能求出全部未知量,这样的问题称为静不定问题,如图 4.1-11(b)所示。

**2. 物体系统平衡问题的解法和步骤**

①判断物体系统是否属于静定系统。物体系统是否静定,仅取决于系统内各物体所具有的独立平衡方程的个数以及系统未知量的总数,而不能由系统中某个研究对象来判断系统是否静定。若由 $n$ 个物体组成的静定系统,且在平面任意力系作用下平衡,则该系统总共可列出 $3n$ 个独立平衡方程以解出 $3n$ 个未知量。当然,若系统中某些物体受其他力系作用时,则其独立平衡方程数以及所能求出的未知量数均将相应变化。

②选取研究对象的先后次序的原则是便于求解。根据已知条件和待求量,可以选取整个系统为研究对象,也可以选取其中的某些部分或某一物体为研究对象。

③分析研究对象的受力情况并画出受力图。在受力图上只画外力而不画内力。在各物体的拆开处,物体间的相互作用力必须符合作用与反作用定律。画物体系统中某研究对象的受力图时,不能将作用在系统中其他部分上的力传递、移动和合成。

④列出平衡方程。平衡方程要根据物体所作用的力系类型列出,不能多列。为了避免解联立方程,应妥当地选取投影轴和矩轴(或矩心)。投影轴应尽量选取与力系中多数未知力的作用线垂直;而矩轴应使其与更多的未知力共面(矩心应选在多数未知力的交点上)。力求做到一个平衡方程中只包含一个未知量。

⑤由平衡方程解出未知量。若求得的约束反力或反力偶为负值。说明力的指向或力偶的转向与受力图中假设相反。若用它代入另一方程求解其他未知量时,应连同其负号一起代入。

⑥利用不独立平衡方程进行校核。

**【例 4.1-6】** 梁上起重机起吊重物 $P=10$ kN,起重机重 $Q=50$ kN,其作用线位于铅垂线 $EC$ 上,如图 4.1-12 所示。不计梁重,求 $D$ 处及 $B$、$A$ 处的支座反力。

**解:**取起重机考察

$$\sum M_E(\boldsymbol{F}_i)=0: N_2\times 2-P\times 5-Q\times 1=0,$$

$$N_2=50\ \text{kN}$$

$$\sum Y_i=0: N_1+N_2-P-Q=0,$$

$$N_1=10\ \text{kN}$$

取 $CD$ 考察

$$\sum M_C(\boldsymbol{F}_i)=0: N_2\times 1+R_D\times 8=0,$$

$$R_D=6.25\ \text{kN}$$

$$\sum Y_i=0: R_D+N_2+Y_C=0,$$

$$Y_C=43.75\ \text{kN}$$

$$\sum X_i=0: X_C=0$$

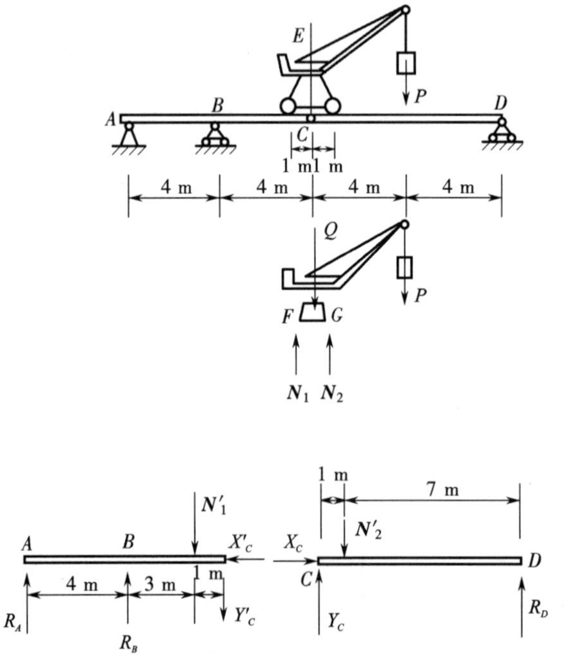


图 4.1-12

取 $AC$ 考察,受一平行力系作用

$$\sum M_A(\boldsymbol{F}_i)=0: R_B\times4-N_1'\times7-Y_C'\times8=0,$$

$$R_B=105\ \text{kN}$$

$$\sum Y_i=0: R_A+R_B-N_1'-Y_C'=0,$$

$$R_A=-51.3\ \text{kN}$$

【例 4.1-7】 刚架 $ABC$ 和梁 $CD$ 的支承与荷载如图 4.1-13 所示。已知 $P=5\ \text{kN}, q=200\ \text{N/m}, q_0=300\ \text{N/m}$，求支座 $A$、$B$ 的反力。

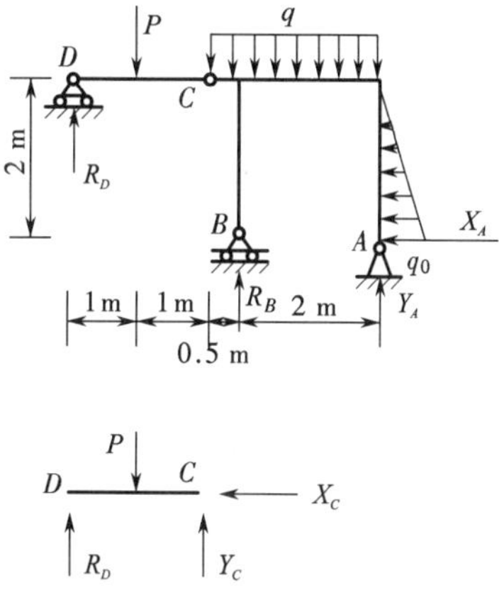


图 4.1-13

**解:**取 $CD$ 考察

$$\sum M_C(\boldsymbol{F}_i)=0: P\times1-R_D\times2=0,$$

$$R_D=2.5\ \text{kN}$$

取整体考察

$$\sum X_i=0: X_A+\frac{1}{2}q_0\times2=0,$$

$$X_A=-\frac{1}{2}q_0\times2=-0.3\ \text{kN}$$

$$\sum M_A(\boldsymbol{F}_i)=0: q\times2.5\times1.25+\frac{1}{2}q_0\times2\times\frac{1}{3}\times2+P\times3.5-R_D\times4.5-R_B\times2=0,$$

$$R_B=3.54\ \text{kN}$$

$$\sum Y_i=0: R_D+R_B+Y_A-P-q\times2.5=0,$$

$$Y_A=-0.54\ \text{kN}$$

## 4.1.7 平面桁架

**1. 定义**

由若干直杆在两端用铰链彼此连接而成的几何形状不变的结构称为桁架。杆件与杆件的连接点称为节点。所有杆件的轴线在同一平面内的桁架称平面桁架，否则称为空间桁架。

**2. 对于桁架的分析计算作如下假设**

①各杆件都用光滑铰链连接。

②各杆件都是直杆。

③杆件所受的外荷载都作用在节点上。对于平面桁架各力作用线都在桁架平面内。

④各杆件的自重或略去不计，或平均分配到杆件两端的节点上。

根据以上假设，桁架中各杆件都是二力杆，只受到轴向力作用，受拉或者受压。

**3. 平面桁架内力的计算方法**

分析桁架的目的就在于确定各杆件的内力，通常有两种计算内力的方法，如表 4.1-7 所述。当需要计算桁架中全部杆件的内力时，可采用节点法；若仅计算桁架中某几根杆件的内力，一般以截面法较为方便，但有时也可综合应用节点法和截面法。在计算中，习惯将各杆件的内力假设成拉力。若所得结果为正值，说明杆件是拉杆，反之则为压杆。

表 4.1-7　平面桁架内力计算方法

| | 节点法 | 截面法 |
|---|---|---|
| 对象 | 取节点为研究对象 | 将桁架沿某个面(不限于平面)截出一部分作为研究对象 |
| 平衡方程 | 应用平面汇交力系平衡方程 | 应用平面力系平衡方程 |

为简化计算,一般先要判别桁架中的零杆(内力为零的杆件),对于图 4.1-14 所示的三种情况,零杆可以直接判断出来。

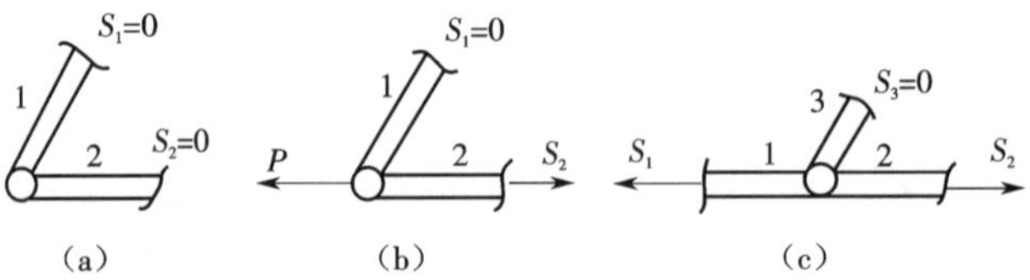


图 4.1-14

**【例 4.1-8】**　求桁架(图 4.1-15(a))中杆 $AC$、$CD$、$DE$ 和 $EG$ 的内力。

首先观察分析零杆。由图 4.1-15(a)可知,杆 $HE$、$FC$ 和 $FG$ 为零杆。

其次用截面法求 $GE$、$CD$、$CA$ 杆的内力。作截面如图 4.1-15(a)所示,取上半部为研究对象,画受力图如图 4.1-15(b)所示。列平衡方程

$$\sum m_C(\boldsymbol{F}_i)=0:-S_{GE}\cos\alpha\cdot 3-S_{GE}\sin\alpha\cdot 4-80\times 3+40\times 4=0,$$

$$S_{GE}=-16.7\ \text{kN(受压)}$$

$$\sum X_i=0:S_{CD}+S_{GE}\sin\alpha-40=0,$$

$$S_{CD}=50\ \text{kN}$$

$$\sum Y_i=0:-S_{CA}-80-S_{GE}\cos\alpha=0$$

$$S_{CA}=-66.7\ \text{kN(受压)}$$

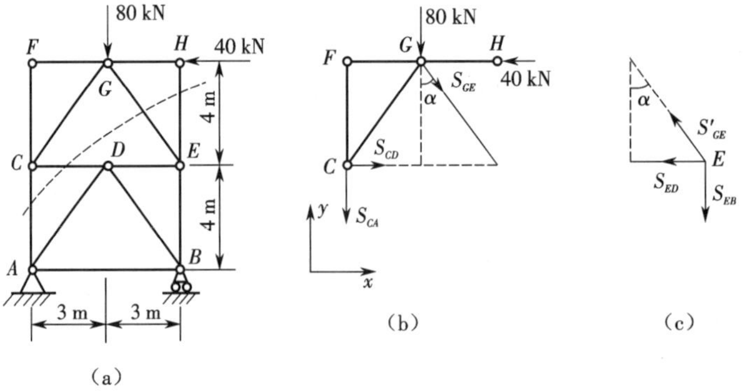


图 4.1-15

最后用节点法求 $DE$ 杆的内力。取节点 $E$ 为研究对象,其受力图如图 4.1-15(c)所示。有

$$\sum X_i=0:-S_{ED}-S'_{GE}\sin\alpha=0,$$

$$S_{ED}=-S'_{GE}\sin\alpha=10\ \text{kN}$$

## 4.1.8 摩擦

**1. 摩擦现象 摩擦力**

当两物体接触处沿着接触点的公切面有相对滑动或有相对滑动趋势时，彼此作用着阻碍相对滑动的力，即滑动摩擦力，简称摩擦力。由于摩擦力总是阻碍两物体相对滑动，所以摩擦力方向必与物体相对滑动方向或相对滑动趋势的方向相反。当物体间有相对滑动趋势而还未滑动时，接触面处存在静摩擦力，它的大小可由平衡条件决定，并随主动力而变化。当主动力增大到某值时，物体将开始滑动，这时的摩擦力称为极限摩擦力 $F_L$。物体滑动后的摩擦力则称为动摩擦力。工程中最需要知道的是极限摩擦力，它就是最大的静摩擦力。这个力是不能用平衡条件求得的，而只能使物体处于将动未动的极限状态时用实验方法求得。对于干摩擦而言，大量的实验已经总结出“库伦定律”。库伦定律认为：

①摩擦力与两接触面的大小无关（显然，这是有一定条件的，是近似的）；

②摩擦力与接触面的粗糙度、温度、湿度等情况有关；

③极限摩擦力与正压力成正比。

用数学公式将极限摩擦力表示为

$$F_L = fN$$

式中：$N$ 为正压力，即法向反力；$f$ 为（静）摩擦系数，是一无因次的常系数。

若两接触物体已经产生相对滑动，此时接触面中存在动摩擦力 $F' = f'N$，式中动摩擦系数 $f'$ 与相对滑动的速度有关，一般 $f' < f$，但常近似地取 $f' = f$，即 $F' = F_L$。

在图 4.1-16 中，地面对物块作用法向反力 $\boldsymbol{N}$ 和摩擦力 $\boldsymbol{F}$，称合力 $\boldsymbol{R} = \boldsymbol{N} + \boldsymbol{F}$ 为合反力或全约束反力；当摩擦力达到极限摩擦力 $\boldsymbol{F}_L$ 时，称角 $\varphi_m$ 为（静）摩擦角。显然

$$\tan \varphi_m = F_L/N = fN/N = f$$

即摩擦角的正切等于摩擦系数。接触物体一定，摩擦系数就一定，摩擦角也就确定了。对不同方向的接触面分别求出各个摩擦角，从而分别求出各个合反力 $R$，就可作出一个锥面，称为摩擦锥。如果接触物体各向同性，则摩擦锥是一个圆锥，其顶角为 $2\varphi_m$。如果物块所受主动力的合力 $Q$ 在摩擦锥内，则其所受摩擦力 $F \leqslant F_L = fN$，即物块能保持平衡，反之，若物块所受主动力的合力 $Q$ 在摩擦锥外，则物块要滑动。而合力 $Q$ 在摩擦锥内，不管 $Q$ 力有多大，按刚体假定，物块只要不被压碎，就不会滑动。这种现象就称为“自锁”。

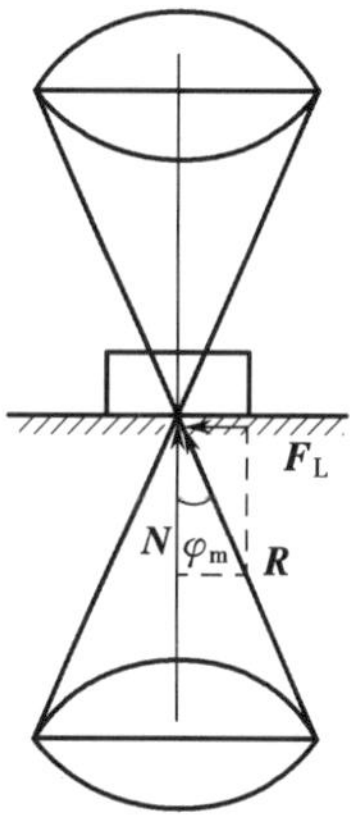

图 4.1-16

在图 4.1-17 中，斜面上放一物块，它受重力 $\boldsymbol{W}$，当斜面倾角增大至 $\alpha$ 时，斜面对物块的约束力为法向反力 $\boldsymbol{N}$，摩擦力达到极限值 $\boldsymbol{F}_L$，全约束反力为 $\boldsymbol{R}$。若 $\boldsymbol{R}$ 与 $\boldsymbol{W}$ 共线，此时 $\boldsymbol{W}$ 就在摩擦锥的表面上，这时斜面倾角 $\alpha$ 与摩擦角 $\varphi_m$ 相等，称 $\alpha$ 为休止角，物块处于极限状态，因为 $\alpha$ 角再增大一点，物块就要下滑。常利用这样的斜面装置测定摩擦系数。

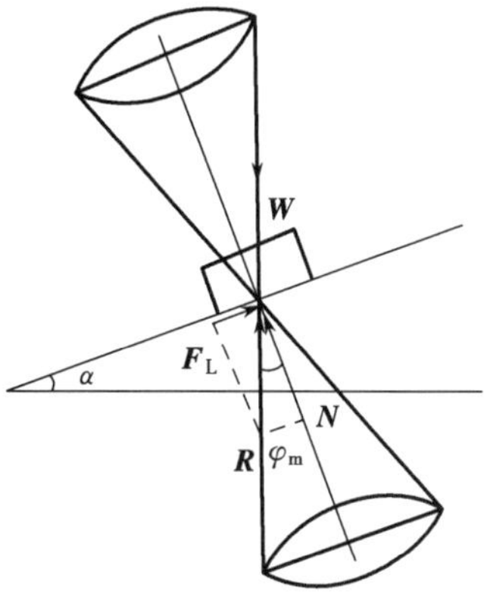

图 4.1-17

**2. 有摩擦的平衡问题**

对于需要考虑摩擦的平衡问题,在加上摩擦力之后,解题的步骤和方法就和没有摩擦的平衡问题一样。只是由于静摩擦力的大小可在零与极限值 $F_L$ 之间变化,即 $0 \leqslant F \leqslant F_L$,因而相应地物体平衡位置或所受的力也有一个范围,通常都是对物体将动未动的临界状态进行分析,以避免解不等式。

还须注意,极限摩擦力(或动摩擦力)的方向总是与相对滑动趋势的方向(或相对滑动的方向)相反,不可任意假设。但是,未达极限值的静摩擦力因为是由平衡条件决定的,也可如一般约束力那样假设其方向,而由最终结果的正负号来确定假设的方向与实际是否一致。

**【例 4.1-9】** 皮带传动装置采用摩擦制动器制动,各部分尺寸如图 4.1-18(a)所示。带轮Ⅱ与摩擦轮Ⅲ固结在一起并套在同一轴上。已知作用在轮Ⅰ上的转动力矩为 $M$,闸块与摩擦轮Ⅲ之间的摩擦系数为 $f$,求恰足以制动的力 $P$。

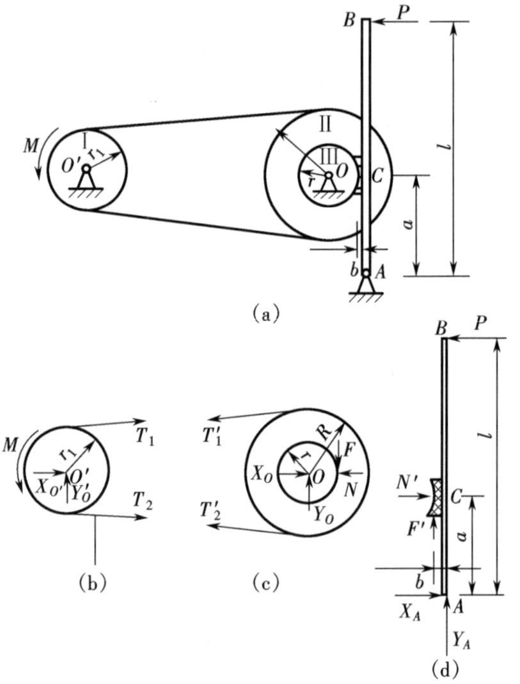

图 4.1-18

**解:**分别取轮Ⅰ、轮Ⅱ和轮Ⅲ及杆 $AB$ 来考虑,各部分受力如图 4.1-18(b)、(c)、(d)所示。

由图 4.1-18(b)写出平衡方程 $\sum M_{O'i}=0$,即

$$M - T_1 r_1 + T_2 r_1 = 0$$

由此得

$$T_1 - T_2 = \frac{M}{r_1} \tag{1}$$

再由图 4.1-18(c)写出平衡方程 $\sum M_O(\boldsymbol{F}_i)=0$,即

$$T_1' R - T_2' R - Fr = 0$$

由此得

$$T_1' - T_2' = \frac{Fr}{R} \tag{2}$$

因为皮带轮恰能被制动,所以摩擦力 $F$ 达极限值,即 $F=fN$。又 $T_1=T_1'$,$T_2=T_2'$,于是由式(1)、(2)可得

$$N = \frac{MR}{frr_1} \tag{3}$$

最后,由图 4.1-18(d)写出平衡方程 $\sum M_A(\boldsymbol{F}_i)=0$,即

$$Pl - N'a - F'b = 0$$

由于 $N'=N$,$F'=F=fN$,将式(3)中的 $N$ 值代入即得

$$P = \frac{(a+bf)R}{frr_1 l}M$$

【例 4.1-10】 设有一段柱子，中间插入一楔子（尖劈），如图 4.1-19 所示。试求满足“自锁”条件的 $\alpha$ 角。

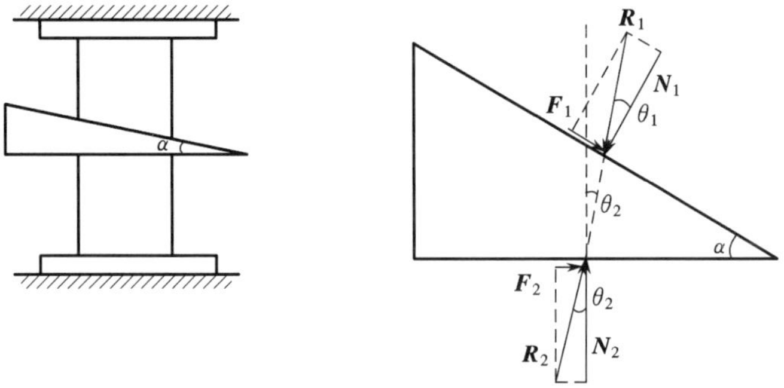


图 4.1-19

**解**：把楔子作为考察对象，作示力图。根据平衡条件应有

$$\theta_1 \leqslant \varphi_{m1}$$

$$\theta_2 \leqslant \varphi_{m2}$$

平衡时有 $\boldsymbol{R}_1 = -\boldsymbol{R}_2$

假设摩擦角 $\varphi_{m1} = \varphi_{m2} = \varphi_m$，则

$$\alpha = \theta_1 + \theta_2 \leqslant 2\varphi_m (\text{或} \ \alpha \leqslant \varphi_{m1} + \varphi_{m2})$$

此即“自锁”条件。

# 4.2 运动学

要求：熟悉并理解点的运动方程、轨迹、速度和加速度的矢量法、直角坐标法和自然坐标法等三种表示法；能熟练地应用合成运动方法计算动点的速度和加速度；掌握当牵连运动为定轴转动时动点的科氏加速度的概念和基本运算；掌握刚体作平动、定轴转动和平面运动的特征，能熟练计算刚体运动的角速度、角加速度和体内任一点的速度和加速度。

运动学是从几何学观点来研究物体的机械运动，即仅研究物体在空间的位置如何随时间而变化，而不涉及物体的运动与所受力、质量等之间的关系。

在研究某一物体运动时，必须选择一个参考体。在参考体上固结的坐标系称为参考坐标系或参考系。在大多数工程实际中，一般将固结于地球上的坐标系作为参考系。以后，如不加特别说明，就以此作为描述物体运动的参考系。

由于在运动学中不涉及物体的质量，所以根据研究问题的性质将物体简化为点和刚体两种模型。点是指不计大小和质量的几何点，而刚体是由无数个点组成的不变形的物体。

## 4.2.1 点的运动

点的运动是研究点相对于某一选定参考系的运动规律，包括点的运动方程、轨迹、速度和加速度等。描述点的运动有矢量法、直角坐标法和自然法等。矢量法常用于理论推导，具体计算时一般采用直角坐标法和自然法。通常，点的运动轨迹已知时，采用自然法；点的运动轨迹未知时，采用直角坐标法。

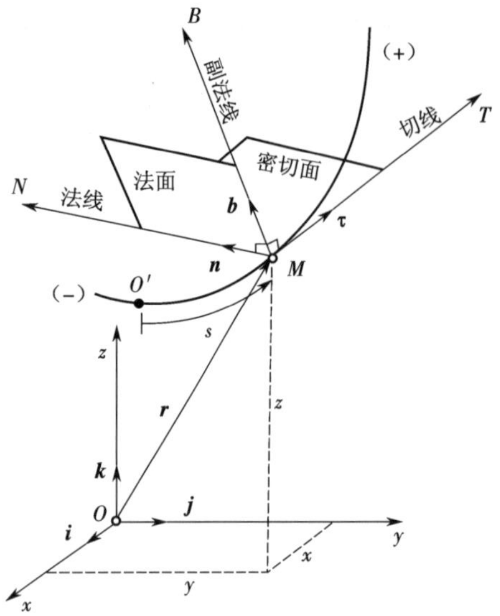


图 4.2-1

**1. 点的运动的矢量法**

设动点 $M$ 在空间作曲线运动，任选某固定点 $O$ 为参考点（图 4.2-1），由定点 $O$ 向动点 $M$ 引一矢径 $\boldsymbol{r}$，则动点的运动方程、速度和加速度为

$$\boldsymbol{r}=\boldsymbol{r}(t)$$

$$\boldsymbol{v}=\frac{\mathrm{d}\boldsymbol{r}}{\mathrm{d}t}=\dot{\boldsymbol{r}}$$

$$\boldsymbol{a}=\frac{\mathrm{d}\boldsymbol{v}}{\mathrm{d}t}=\ddot{\boldsymbol{r}}$$

**2. 点的运动的直角坐标法**

过定点 $O$ 建立一直角坐标系 $Oxyz$。设动点 $M$ 在瞬时 $t$ 的坐标为 $x$、$y$、$z$，其矢径为 $\boldsymbol{r}$（图 4.2-1），则以直角坐标表示的动点的运动方程、速度和加速度如表 4.2-1 所示。

表 4.2-1　直角坐标法表示

| 运动方程 | 速度 | 加速度 |
|---|---|---|
| $\boldsymbol{r}=x\boldsymbol{i}+y\boldsymbol{j}+z\boldsymbol{k}$ | $\boldsymbol{v}=v_x\boldsymbol{i}+v_y\boldsymbol{j}+v_z\boldsymbol{k}$ | $\boldsymbol{a}=a_x\boldsymbol{i}+a_y\boldsymbol{j}+a_z\boldsymbol{k}$ |
| $x=f_1(t)$ | $v_x=\frac{\mathrm{d}x}{\mathrm{d}t}=\dot{x}$ | $a_x=\frac{\mathrm{d}v_x}{\mathrm{d}t}=\ddot{x}$ |
| $y=f_2(t)$ | $v_y=\frac{\mathrm{d}y}{\mathrm{d}t}=\dot{y}$ | $a_y=\frac{\mathrm{d}v_y}{\mathrm{d}t}=\ddot{y}$ |
| $z=f_3(t)$ | $v_z=\frac{\mathrm{d}z}{\mathrm{d}t}=\dot{z}$ | $a_z=\frac{\mathrm{d}v_z}{\mathrm{d}t}=\ddot{z}$ |

表中的运动方程实际上就是以 $t$ 为参数的轨迹参数方程。如果从这些方程中消去 $t$，则动点的轨迹方程可用下列两式表示

$$\begin{cases}F_1(x,y)=0\\F_2(y,z)=0\end{cases}$$

此两方程分别表示两个柱形曲面，它们的交线就是动点的轨迹。

若点作平面曲线运动，取其轨迹所在平面为 $Oxy$，则恒有 $z=0$；相应地，若点作直线运动，取其轨迹为 $x$ 轴，则恒有 $y=z=0$。因此，表 4.2-1 所列公式完全适用于这两种点的运动。

**3. 点的运动的自然法**

在动点运动的轨迹上任取一定点 $O'$ 作为原点，并规定量取弧长 $s$ 的正方向（图 4.2-1），将此弧长的代数值称为弧坐标。同时在动点 $M$ 处引入自然轴系，这样以自然法表示的动点的运动方程、速度和加速度如表 4.2-2 所示。

表 4.2-2　自然法表示

| 运动方程 | 速度 | 加速度 |
|---|---|---|
| $s=f(t)$ | $\boldsymbol{v}=v\boldsymbol{\tau}$<br>$v=\frac{\mathrm{d}s}{\mathrm{d}t}=\dot{s}$ | $\boldsymbol{a}=a_\tau\boldsymbol{\tau}+a_n\boldsymbol{n}+a_b\boldsymbol{b}$<br>$a_\tau=\frac{\mathrm{d}v}{\mathrm{d}t}=\ddot{s}$<br>$a_n=\frac{v^2}{\rho}$<br>$a_b=0$ |

表 4.2-2 中公式表明，动点的速度方向是沿着动点轨迹的切线方向。若 $\mathrm{d}s/\mathrm{d}t>0$，则速度指向切线的正向；反之，速度指向切线的负向。动点的加速

度 $\boldsymbol{a}$ 处于 $\boldsymbol{\tau}$ 和 $\boldsymbol{n}$ 组成的密切面内。其中，法向加速度 $\boldsymbol{a}_n$ 表明速度方向随时间的变化率，其方向沿着动点的主法线，且指向轨迹曲线的曲率中心；切向加速度 $\boldsymbol{a}_\tau$ 表明速度的大小随时间的变化率，其方向沿着动点在轨迹上的切线方向。若 $\mathrm{d}v/\mathrm{d}t>0$，则 $\boldsymbol{a}_\tau$ 指向 $\boldsymbol{\tau}$ 的正向；若 $\mathrm{d}v/\mathrm{d}t<0$，则指向 $\boldsymbol{\tau}$ 的负向。当 $a_\tau$ 与 $v$ 同号时，动点作加速曲线运动；反之作减速曲线运动。

速度 $v=$ 常量的曲线运动，称为匀速曲线运动；切向加速度 $a_\tau=$ 常量的曲线运动，称为匀变速曲线运动。

对直线运动而言，动点的曲率半径 $\rho=\infty$，故恒有 $a_n=0$。

**4. 点的运动学问题的常见类型**

（1）已知点的运动方程求点的速度、加速度和轨迹等

这类问题的关键是如何正确建立点的运动方程。首先要选择适当的坐标系，并把动点置于一般位置。为了避免符号上的差错，一般将动点放在直角坐标的第一象限或弧坐标的正向。其次，根据约束的几何条件（包括不变的绳长、机构装配的几何关系等），并运用几何学的知识建立动点的运动方程。最后，对动点的运动方程作求导运算，即可得点的速度、加速度，并利用有关公式可解得曲率半径和其他未知量。

（2）已知动点的加速度求动点的速度和运动方程等

这类问题的基本运算方法是积分，其积分常数由运动的初始条件（即 $t=t_0$ 时，动点的位置和速度）确定。

为便于进行定积分运算，有时要适当地进行变量置换。即把 $\boldsymbol{a}$ 用适当的导数形式来表示，使微分方程仅包含两个变量，并可分别分离在微分方程等式的两边，逐次积分，即可得动点的速度和运动方程。现以动点沿 $x$ 轴的直线运动为例，将加速度方程的变量分离方法列于表4.2-3中。

**表4.2-3 直线运动加速度方程的变量分离**

| 加速度方程 | 加速度导数式 | 分离变量后的微分方程 | 速度方程 |
|---|---|---|---|
| $a=a(t)$ | $a=\dfrac{\mathrm{d}\dot{x}}{\mathrm{d}t}$ | $\mathrm{d}\dot{x}=a(t)\mathrm{d}t$ | $\dot{x}=v(t)$ |
| $a=a(x)$ | $a=\dfrac{\mathrm{d}\dot{x}}{\mathrm{d}t}\cdot\dfrac{\mathrm{d}x}{\mathrm{d}x}=\dot{x}\dfrac{\mathrm{d}\dot{x}}{\mathrm{d}x}$ | $\dot{x}\mathrm{d}\dot{x}=a(x)\mathrm{d}x$ | $\dot{x}=v(x)$ |
| $a=a(\dot{x})$ | $a=\dfrac{\mathrm{d}\dot{x}}{\mathrm{d}t}$ | $\dfrac{\mathrm{d}\dot{x}}{a(\dot{x})}=\mathrm{d}t$ | $\dot{x}=v(t)$ |
| | $a=\dfrac{\dot{x}\mathrm{d}\dot{x}}{\mathrm{d}x}$ | $\dfrac{\dot{x}\mathrm{d}\dot{x}}{a(\dot{x})}=\mathrm{d}x$ | $\dot{x}=v(x)$ |

由表4.2-3可知，将速度写成 $\dot{x}=\mathrm{d}x/\mathrm{d}t$，并代入速度方程，再积分一次就可得到相应的运动方程 $x=f(t)$。

（3）各种描述方法相结合的综合问题

对于这类问题，要求能灵活而熟练地运用各种描述方法所给出的关系式。

如已知直角坐标法描述的点的运动方程（包括轨迹方程），求点沿轨迹的运动方程、切向加速度、法向加速度和曲率半径 $\rho$ 等。现以点的平面曲线运动为例，图示这一问题的求解途径（图4.2-2），图中虚、实线分别图示了某些物理量的两种求解方法。

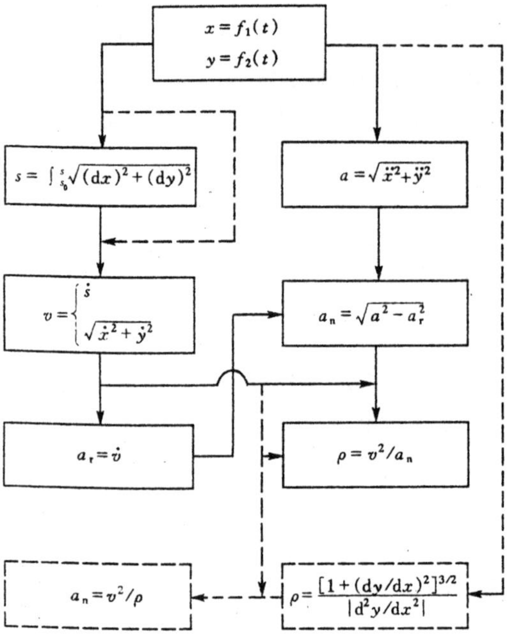


图 4.2-2

在实际问题中，点的运动学问题的类型颇多，读者应根据具体情况灵活应用上述各表所示的各种关系式进行解算。

**【例 4.2-1】** 活塞杆 $AC$ 以匀速 $v$ 向上运动，通过长为 $l$ 的连杆 $AB$ 带动滑块 $B$ 沿水平直槽运动，试求 $\theta=30°$时，滑块 $B$ 的速度。

**解：**为使动点 $B$ 置于坐标系的第一象限内，选固定点 $O$ 为原点，建立坐标系 $Oxy$ 如图 4.2-3 所示。根据图示几何关系，有

$$x^2+y^2=l^2$$

将上式对时间求一阶导数，得

$$2x\dot{x}+2y\dot{y}=0$$

即
$$\dot{x}=-\frac{y}{x}\dot{y}$$

因 $\tan\theta=\frac{y}{x}$，$\dot{y}=v$，则 $\theta=30°$时，滑块 $B$ 的速度

$$v_B=\dot{x}=-v\tan\theta=-v\tan 30°=-\frac{\sqrt{3}}{3}v$$

负号表示 $\boldsymbol{v}_B$ 的方向沿着 $x$ 轴的负向。

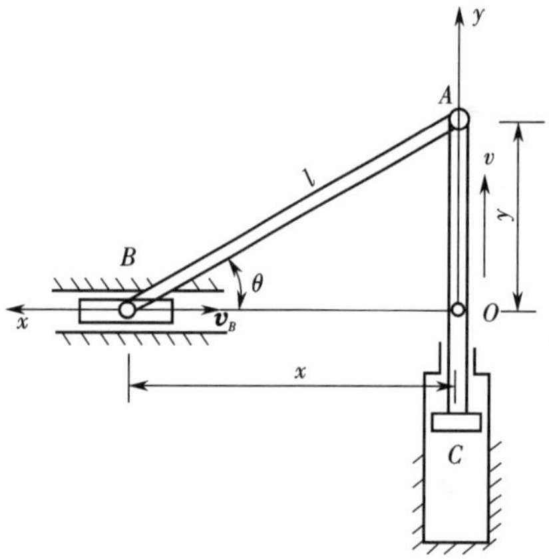


图 4.2-3

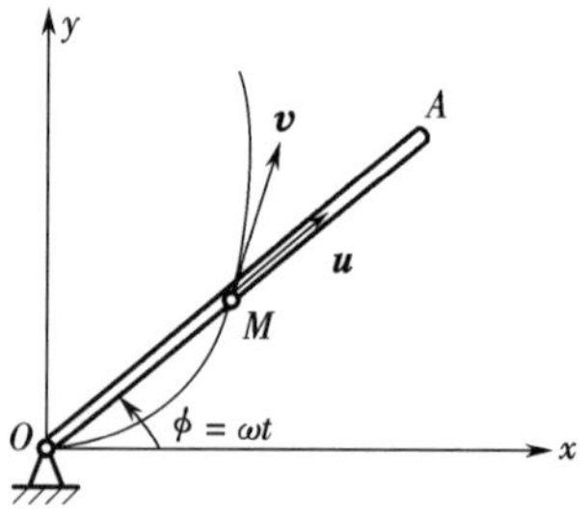


图 4.2-4

**【例 4.2-2】** 如图 4.2-4 所示，管子 $OA$ 绕 $O$ 轴旋转，$\phi=\omega t$，而 $\omega=$ 常量，管内有一颗弹子 $M$ 沿管轴线以匀速率 $u$ 运动，$t=0$ 时，$M$ 与 $O$ 点重合。试求 $M$ 的速度和加速度。

**解：**$M$ 作平面曲线运动，取坐标系 $Oxy$，$M$ 点的坐标为 $x=ut\cos\omega t$，$y=ut\sin\omega t$，此即 $M$ 点的运动方程式。$M$ 点的速度在坐标轴上的投影分别为

$$v_x=\dot{x}=u\cos\omega t-ut\omega\sin\omega t$$

$$v_y=\dot{y}=u\sin\omega t+ut\omega\cos\omega t$$

$$v=\sqrt{v_x^2+v_y^2}=u\sqrt{1+\omega^2t^2}$$

$$\cos(\boldsymbol{v},\boldsymbol{i})=v_x/v=(\cos\omega t-\omega t\sin\omega t)/\sqrt{1+\omega^2t^2}$$

$$\cos(\boldsymbol{v},\boldsymbol{j})=v_y/v=(\sin\omega t+\omega t\cos\omega t)/\sqrt{1+\omega^2t^2}$$

$M$ 点的加速度在坐标轴上的投影分别为

$$a_x=\ddot{x}=-u\omega\sin\omega t-u\omega\sin\omega t-ut\omega^2\cos\omega t$$

$$a_y=\ddot{y}=u\omega\cos\omega t+u\omega\cos\omega t-ut\omega^2\sin\omega t$$

$$a=\sqrt{a_x^2+a_y^2}=\sqrt{(2u\omega)^2+u^2t^2\omega^4}=u\omega\sqrt{4+\omega^2t^2}$$

$$\cos(\boldsymbol{a},\boldsymbol{i})=a_x/a=-(2\sin\omega t+\omega t\cos\omega t)/\sqrt{4+\omega^2t^2}$$

$$\cos(\boldsymbol{a},\boldsymbol{j})=a_y/a=(2\cos\omega t-\omega t\sin\omega t)/\sqrt{4+\omega^2t^2}$$

**【例 4.2-3】** 如图 4.2-5(a)所示，铅直导杆以匀速 $v_0$ 向右运动，动销子 $M$ 沿着抛物线 $x=y^2/3$ 的槽运动，其中 $x$、$y$ 以 m 计。试求 $y=2\text{m}$ 处销子 $M$ 在该位置的切向加速度。

**解：**以销子 $M$ 为动点，由题意知，$\dot{x}=v_0$，$\ddot{x}=0$，又因动点的加速度 $\boldsymbol{a}$ 必须指向轨迹曲线的内凹一边，故可判定 $\boldsymbol{a}$ 的方向是沿着 $y$ 轴并指向朝下。显然由图示 $\boldsymbol{a}=\boldsymbol{a}_\tau+\boldsymbol{a}_n$ 的矢量关系（图 4.2-5(b)），就可通过 $\boldsymbol{a}$ 来解出 $\boldsymbol{a}_\tau$。为此，先将动点 $M$ 的轨迹方程对 $t$ 求一阶导数，并代入 $\dot{x}=v_0$，经整理得

$$\dot{y}=\frac{3\dot{x}}{2y}=\frac{3v_0}{2y}$$

上式再对 $t$ 求一阶导数，并代入 $y=2\text{m}$，可得动点 $M$ 在该处的加速度为

$$a=\ddot{y}=-\frac{3v_0\dot{y}}{2y^2}=-\frac{9v_0^2}{4y^3}=-\frac{9v_0^2}{4\times2^3}=-\frac{9v_0^2}{32}$$

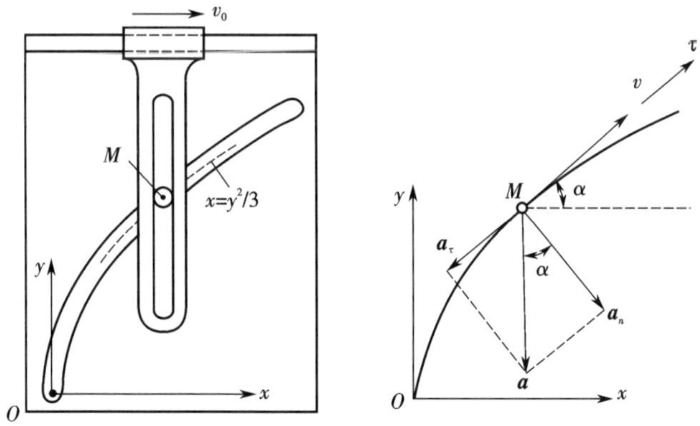


图 4.2-5

负号表明 $\boldsymbol{a}$ 指向与 $y$ 轴正向相反。此结果与以上分析是一致的。

根据动点 $M$ 的轨迹方程，可求得 $y=2\text{m}$ 处，$\boldsymbol{\tau}$ 与 $x$ 轴正向间的夹角 $\alpha$ 为

$$\alpha=\arctan\frac{\mathrm{d}y}{\mathrm{d}x}=\arctan\frac{3}{2y}=\arctan\frac{3}{2\times2}=36.87^\circ$$

则由图 4.2-5(b)所示的几何关系，得

$$a_\tau = |a|\sin\alpha = \frac{9v_0^2}{32}\sin 36.87° = 0.168\ 8v_0^2\ \mathrm{m/s^2}$$

指向如图示。

当然,亦可由 $a_\tau = \frac{dv}{dt}$ 关系求解,请读者自行思考。

### 4.2.2 刚体的平行移动与定轴转动

根据刚体的运动特征来判别刚体的运动形式。本节先讨论刚体的基本运动——平动和定轴转动。它们是讨论复杂运动的基础。

**1. 刚体的平动**

刚体运动时若体内任一直线始终保持与其初始位置平行,刚体的这种运动称为平动。如果体内各点的轨迹是直线,则称为直线平动;如果体内各点的轨迹是曲线,则称为曲线平动。

刚体作平动时,体内各点的轨迹形状相同,在每一瞬时,各点具有相同的速度和加速度。因此,整个刚体的运动,完全可由体内任一点的运动来确定。

**2. 刚体的定轴转动**

刚体运动时,体内(或其延展部分)有一直线始终保持不动,称这种运动为刚体的定轴转动。保持不动的那条直线称为转轴或转动轴。

转动方程 $\varphi = f(t)$,角速度 $\omega = \frac{d\varphi}{dt} = \dot{\varphi}$,角加速度 $\varepsilon = \frac{d\omega}{dt} = \frac{d^2\varphi}{dt^2} = \ddot{\varphi} = \omega\frac{d\omega}{d\varphi}$。

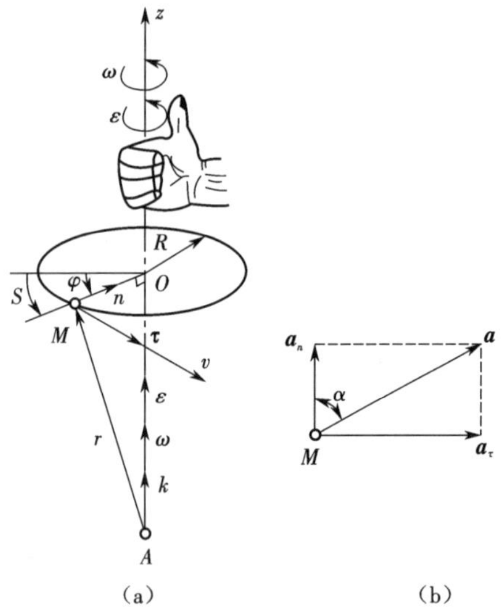


图 4.2-6

上式中,角 $\varphi$ 称为刚体的转角,单位为 rad(弧度)。转角 $\varphi$ 和角速度 $\omega$ 均是一个代数量,可根据右手法则确定其正负号(图 4.2-6(a))。角速度 $\omega$ 的大小表示了转动的快慢,其正负号表明了刚体转动的转向。角速度的单位为 rad/s(弧度/秒)。工程上常用转速 $n$ 来表示转动快慢,其单位为 r/min(转/分)。角速度与转速的关系为

$$\omega = \frac{2\pi n}{60} = \frac{\pi n}{30}$$

角加速度 $\varepsilon$ 也是代数量,其正向与转角 $\varphi$ 的正向一致。代数量的正负号表示了 $\varepsilon$ 的转向。显然,当 $\varepsilon$ 与 $\omega$ 同号时,刚体作加速转动;当 $\varepsilon$ 与 $\omega$ 异号时,刚体作减速转动。角加速度的单位为 $\mathrm{rad/s^2}$(弧度/秒$^2$)。

应当指出,角速度和角加速度可以用沿着转轴的一个滑动矢量来表示,角速度矢 $\boldsymbol{\omega}$ 和角加速度矢 $\boldsymbol{\varepsilon}$ 的指向,可根据它们代数量的正负号按右手法则确定(图 4.2-6(a))。

**3. 转动刚体上各点的速度和加速度**

转动刚体与其体上任一点 $M$ 的运动学关系如表 4.2-4 所示。表中,$\alpha$ 为加速度矢 $\boldsymbol{a}$ 与转动半径 $OM$ 之间的夹角(图 4.2-6(b))。由表中各式可知,在每一瞬时,转动刚体内任一点的速度和加速度的大小都与转动半径 $R$ 成正比,且各点的加速度与转动半径成相同的夹角。

**4. 刚体基本运动的问题类型**

(1)研究平动刚体的运动规律

因平动刚体的运动学问题可归结为点的运动学问题来研究,故一般取传递运动的接触点或连接点作为分析对象。

应当注意,刚体作曲线平动时,各点有各自的曲率中心和自然轴系,这一点在图示平动刚体各点的运动元素时,要多加注意。

表 4.2-4 转动刚体任一点的运动关系

| 运动方程 | 速度 | 加速度 |
|---|---|---|
| $S=R\varphi$ | $\boldsymbol{v}=v\boldsymbol{\tau}$<br>$v=R\omega$<br>$\boldsymbol{v}=\boldsymbol{\omega}\times\boldsymbol{r}$ | $\boldsymbol{a}=a_\tau\boldsymbol{\tau}+a_n\boldsymbol{n}$<br>$a_\tau=R\varepsilon$<br>$a=R\sqrt{\varepsilon^2+\omega^4}$<br>$a_n=R\omega^2,\tan\alpha=\frac{\lvert\varepsilon\rvert}{\omega^2}$<br>或 $\boldsymbol{a}=\boldsymbol{a}_\tau+\boldsymbol{a}_n$<br>$=\boldsymbol{\varepsilon}\times\boldsymbol{r}+\boldsymbol{\omega}\times\boldsymbol{v}$ |

(2)研究转动刚体及其体上一点的运动规律

①求 $\omega$ 和 $\varepsilon$ 或转动刚体上某一点的 $\boldsymbol{v}$ 和 $\boldsymbol{a}$。这类问题,若已知转动方程,则可通过求导得到相应的 $\omega$ 和 $\varepsilon$,从而求出刚体上某点的 $\boldsymbol{v}$ 和 $\boldsymbol{a}$;或已知转动刚体上某点的运动方程,用上述类似方法可求得刚体上其他点的 $\boldsymbol{v}$ 和 $\boldsymbol{a}$ 及刚体的 $\omega$ 和 $\varepsilon$。

②求转动方程或刚体上一点的运动方程。这类问题一般可通过对已知的 $\varepsilon$ 方程或刚体上一点的 $a$ 方程,进行积分运算得以解决。但尚须已知运动的初始条件,即 $t=0$ 时,转角 $\varphi_0$ 和角速度 $\omega_0$ 或弧坐标 $s_0$ 和初速度 $v_0$。

**【例 4.2-4】** 图 4.2-7 所示皮带传动机构,主动轮 $O_1$ 的半径为 $r_1$,角加速度 $\varepsilon_1$ 为常量,初角速度 $\omega_{10}=0$;从动轮 $O_2$ 的半径为 $r_2$。求任意瞬时 $t$ 两轮的角速度 $\omega_1$、$\omega_2$ 和从动轮的角加速度 $\varepsilon_2$。

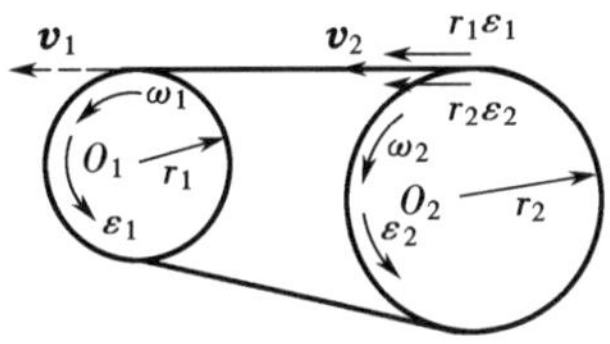


图 4.2-7

**解:**因 $\varepsilon_1$ 为常量,由匀变速转动的公式得 $\omega_1=\omega_{10}+\varepsilon_1 t=\varepsilon_1 t$,设皮带与轮子间无相对滑动,则皮带在两轮间的连线段可看作平动,因此 $\boldsymbol{v}_1=\boldsymbol{v}_2$,而 $v_1=r_1\omega_1$,$v_2=r_2\omega_2$,由 $v_1=v_2$,得 $\omega_2=\omega_1\frac{r_1}{r_2}=\frac{r_1}{r_2}\varepsilon_1 t$;又皮带在连线段上各点的加速度等于轮子上与皮带接触点的切向加速度,即 $r_1\varepsilon_1=r_2\varepsilon_2$,于是 $\varepsilon_2=\varepsilon_1\frac{r_1}{r_2}$。可见两轮的角速度和角加速度之比都与半径成反比。$\omega_2$ 和 $\varepsilon_2$ 的转向如图 4.2-7 所示。

**【例 4.2-5】** 如图 4.2-8 所示,机构由杆 $O_1A$、$O_2B$ 和矩形板 $ABCD$ 组成。已知 $O_1A=O_2B=r$,$O_1O_2=AB=DC=2r$,$AD=BC=d$,杆 $O_1A$ 以 $\varepsilon=2t\ \text{rad/s}^2$ 的角加速度绕 $O_1$ 轴转动,其中 $t$ 以 s 计,长度以 m 计。设 $t=0$ 时,$\varphi_0=\dot{\varphi}_0=0$,求当 $\varphi=90°$时,矩形板顶点 $D$ 和上边缘中点 $E$ 的速度和加速度。

**解:**首先求杆 $O_1A$ 的角速度 $\omega$。因杆 $O_1A$ 作变速转动,$t=0$ 时 $\varphi_0=\dot{\varphi}_0=0$,故有

$$\int_0^\omega \mathrm{d}\omega=\int_0^t \varepsilon\mathrm{d}t$$

$$\int_0^\varphi \mathrm{d}\varphi=\int_0^t \omega\mathrm{d}t$$

即得

$$\omega=\int_0^t 2t\mathrm{d}t=t^2$$

$$\varphi=\int_0^t t^2\mathrm{d}t=\frac{t^3}{3}$$

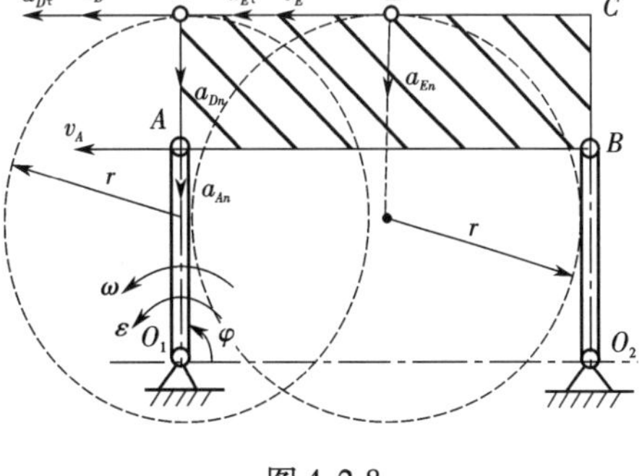


图 4.2-8

由此可知,当 $\varphi$ 转过$\frac{\pi}{2}$(rad)时,经历的时间应为

$$t=\sqrt[3]{3\varphi}=\sqrt[3]{3\times\frac{\pi}{2}}=\sqrt[3]{1.5\pi}\quad \text{s}$$

该瞬时杆 $O_1A$ 的角速度

$$\omega=t^2=\sqrt[3]{(1.5\pi)^2}\ \text{rad/s}$$

其次计算点 $D$ 和 $E$ 的速度和加速度。因矩形板作曲线平动,其体上各点都有各自的曲率中心,在同一瞬时,各点的曲率半径是互相平行的,如图 4.2-8 所示的 $D$ 和 $E$ 点的运动轨迹,故有

$$v_D=v_E=v_A=r\omega=r\sqrt[3]{(1.5\pi)^2}=2.810r\quad \text{m/s}$$

方向如图 4.2-8 所示。

$$a_{D\tau}=a_{E\tau}=a_{A\tau}=r\varepsilon=r\times 2t=2r\sqrt[3]{1.5\pi}=3.353r\quad \text{m/s}^2$$

$$a_{Dn}=a_{En}=a_{An}=r\omega^2=r\sqrt[3]{(1.5\pi)^4}=7.895r\quad \text{m/s}^2$$

方向如图 4.2-8 所示。

### 4.2.3 点的合成运动

点的合成运动这部分内容,主要是应用运动的合成与分解的概念,研究同一动点相对于两个不同参考系的运动之间的关系。从而建立了点的速度合成定理和加速度合成定理。

**1. 静系 动系**

固结于某一参考体上的坐标系 $Oxyz$ 称为静坐标系,简称静系。通常如不加说明,则以固结于地球表面上的坐标系作为静系。

固结于相对静系运动的参考体上的坐标系 $O'x'y'z'$称为动坐标系,简称动系。

**2. 三种运动 三种速度 三种加速度**

动点相对于静系的运动称为绝对运动。在绝对运动中的轨迹、速度和加速度称为动点的绝对轨迹、绝对速度和绝对加速度,并以 $\boldsymbol{v}_a$ 和 $\boldsymbol{a}_a$ 分别表示该速度和加速度。

动点相对于动系的运动称为相对运动。在相对运动中的轨迹、速度和加速度称为动点的相对轨迹、相对速度和相对加速度,并以 $\boldsymbol{v}_r$ 和 $\boldsymbol{a}_r$ 分别表示该速度和加速度。

动系相对静系的运动称为牵连运动。在某一瞬时,动系上与动点相重合的一点称为动点在此瞬时的牵连点。牵连点的速度和加速度称为动点在该瞬时的牵连速度和牵连加速度,并分别以 $\boldsymbol{v}_e$ 和 $\boldsymbol{a}_e$ 表示之。

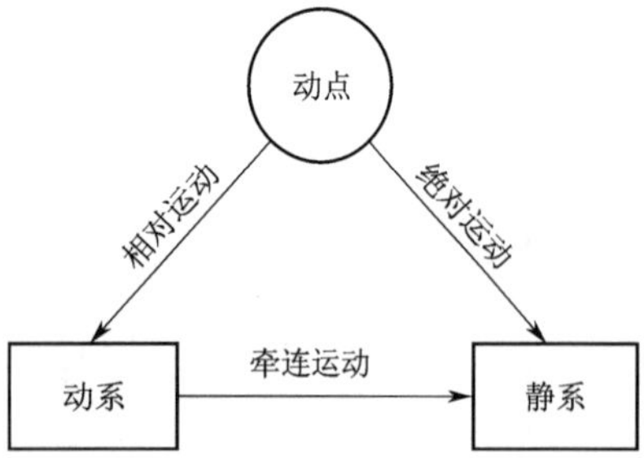

图 4.2-9

上述三种运动的关系如图 4.2-9 所示,即动点的绝对运动可视为相对运动与牵连运动的合成运动。反之,动点的绝对运动也可分解为牵连运动和相对运动。

**3. 点的速度合成定理**

可以证明,动点的三种速度 $\boldsymbol{v}_a$、$\boldsymbol{v}_e$、$\boldsymbol{v}_r$ 之间有如下关系式:

$$\boldsymbol{v}_a=\boldsymbol{v}_e+\boldsymbol{v}_r$$

即动点的绝对速度等于它的牵连速度和相对速度的

矢量和,这就是点的速度合成定理。根据此定理可知,$\boldsymbol{v}_a$、$\boldsymbol{v}_e$、$\boldsymbol{v}_r$ 构成一速度平行四边形,其对角线为绝对速度 $\boldsymbol{v}_a$。

由于每个速度矢量包含大小和方向两个量,因此上式总共含有六个量,当已知其中任意四个量时,便可求出其余两个未知量。

应当指出,由于存在相对运动,所以不同瞬时,动系上与动点相重合的那一点即牵连点,在动系上的位置也随之而变化。

**4. 点的加速度合成定理**

动点的加速度合成与牵连运动的性质有关,当牵连运动为平动或转动时,动点的加速度合成定理如下。

牵连运动为平动:$\boldsymbol{a}_a = \boldsymbol{a}_e + \boldsymbol{a}_r$

牵连运动为转动:$\boldsymbol{a}_a = \boldsymbol{a}_e + \boldsymbol{a}_r + \boldsymbol{a}_k$

式中:$\boldsymbol{a}_k$ 称为科氏加速度。它是由于牵连运动与相对运动相互影响而产生的。$\boldsymbol{a}_k$ 的矢量表达式为

$$\boldsymbol{a}_k = 2\boldsymbol{\omega} \times \boldsymbol{v}_r$$

其中 $\boldsymbol{\omega}$ 为动系的角速度矢。设 $\boldsymbol{\omega}$ 与 $\boldsymbol{v}_r$ 间的夹角为 $\theta$(图 4.2-10),则 $\boldsymbol{a}_k$ 的大小为

$$a_k = 2\omega v_r \sin\theta$$

$\boldsymbol{a}_k$ 的指向由 $\boldsymbol{\omega}$ 和 $\boldsymbol{v}_r$ 的矢积确定。

对于平面机构,因 $\boldsymbol{a}_a$、$\boldsymbol{a}_e$、$\boldsymbol{a}_r$ 和 $\boldsymbol{a}_k$ 等各加速度矢都位于同一平面中,所以运用加速度合成定理只能求解大小或方向共两个未知量。由于 $\boldsymbol{a}_a$ 或 $\boldsymbol{a}_e$ 或 $\boldsymbol{a}_r$ 都可能存在切向与法向两个加速度分量,因此在求解中,常应用合矢量投影定理进行具体计算。

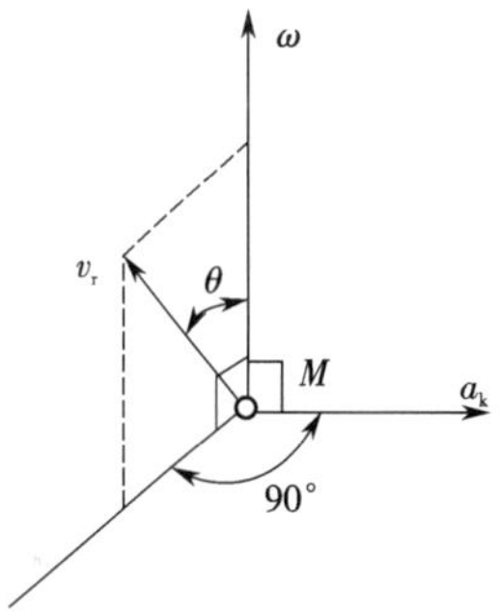

图 4.2-10

**5. 应用速度或加速度合成定理解题的一般步骤和方法**

(1)分析机构的运动情况,根据题意适当地选取动点、动系和静系

它们的选取方法,一般可以从两个方面来考虑:其一,动系相对静系有运动,动点相对动系也有运动;其二,除题意特别指明动系或动点外,尽可能使选取的动点对动系有明显而简单的相对运动轨迹。在一般机构中,通常可选取传递运动的接触点为动点,与其邻接的刚体为动系。

(2)分析绝对运动、相对运动和牵连运动

绝对运动和相对运动都是指动点的运动。在相对运动的分析中,可设想观察者站在动系上,观察到的动点运动即为它的相对运动。而牵连运动是指动系的运动,也就是固结着动系的刚体相对静系的绝对运动。

(3)根据题意,分析动点的各种速度或加速度,并图示速度或加速度矢量图

动点的 $\boldsymbol{v}_a$、$\boldsymbol{a}_a$ 和 $\boldsymbol{v}_r$、$\boldsymbol{a}_r$ 一般可以根据其绝对运动和相对运动进行分析。而在分析 $\boldsymbol{v}_e$ 和 $\boldsymbol{a}_e$ 时,关键在于明确该瞬时牵连点的位置,然后根据动系运动性质分析牵连点的速度和加速度,亦即动点的牵连速度 $\boldsymbol{v}_e$ 和牵连加速度 $\boldsymbol{a}_e$;或可以认为动点暂不作相对运动,而把它固结在动系上,则动点随动系运动的速度和加速度即为 $\boldsymbol{v}_e$、$\boldsymbol{a}_e$。

另外,在动点的各加速度分量中,当牵连运动为转动时,应含有科氏加速度 $\boldsymbol{a}_k$。

(4)根据速度和加速度合成定理求解

①根据运动方程 $\boldsymbol{v}_a=\boldsymbol{v}_e+\boldsymbol{v}_r$ 求解未知量时，一般可应用半图解法，即作出速度平行四边形，然后根据图示的几何关系求得待求量。

②应用加速度合成定理时，首先要区分牵连运动是平动还是转动，然后列出相应的矢量式，即 $\boldsymbol{a}_a=\boldsymbol{a}_e+\boldsymbol{a}_r$ 或 $\boldsymbol{a}_a=\boldsymbol{a}_e+\boldsymbol{a}_r+\boldsymbol{a}_k$。因在最一般情况下，加速度合成定理可写为

$$\boldsymbol{a}_{a\tau}+\boldsymbol{a}_{an}=\boldsymbol{a}_{e\tau}+\boldsymbol{a}_{en}+\boldsymbol{a}_{r\tau}+\boldsymbol{a}_{rn}+\boldsymbol{a}_k$$

所以，通常应用合矢量投影定理进行具体计算。不过，应当防止类似于 $\sum a_x=0$ 或“已知矢量投影 = 未知矢量投影”等这类错误出现。

**【例 4.2-6】** 曲柄 $OA$ 长为 $r$，以匀角速度 $\omega$ 绕轴 $O$ 逆时针方向转动，从而通过曲柄的 $A$ 端推动滑杆 $BC$ 沿铅直方向上升，如图 4.2-11(a)所示。求当 $\theta=60°$时，滑杆 $BC$ 的速度和加速度。

**解**：取 $OA$ 上的 $A$ 点为动点，滑杆 $BC$ 为动系。动点 $A$ 的绝对运动是圆周运动，相对运动是水平直线运动，牵连运动是滑杆 $BC$ 的平动。动点 $A$ 的速度和加速度矢量图如图 4.2-11 所示。

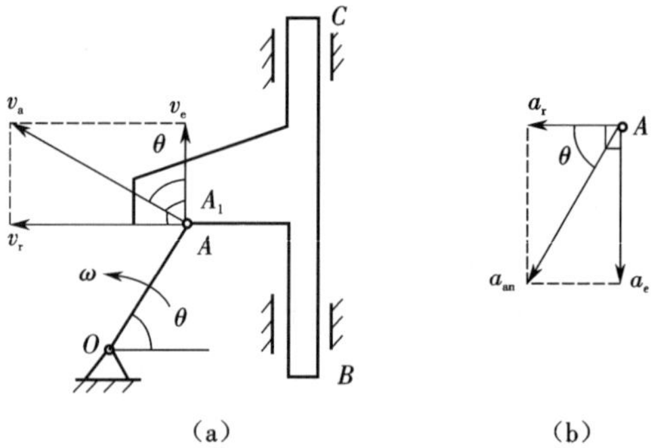


图 4.2-11

由图 4.2-11 所示的速度和加速度平行四边形，得滑杆 $BC$ 的速度 $\boldsymbol{v}$ 和加速度 $\boldsymbol{a}$ 的大小为

$$v=v_e=v_a\cos\theta=r\omega\cos 60°=\frac{1}{2}r\omega$$

$$a=a_e=a_{an}\sin\theta=r\omega^2\sin 60°=\frac{\sqrt{3}}{2}r\omega^2$$

方向如图 4.2-11 所示。

本题若取滑杆上的 $A_1$ 点为动点，$OA$ 杆为动系。则 $A_1$ 点的相对轨迹显然不是一条水平直线。我们可以这样思考，设杆 $OA$ 不转动，仅 $BC$ 杆运动，则 $A_1$ 点相对杆 $OA$ 作铅垂直线运动；反之，若滑杆 $BC$ 不动，仅 $OA$ 杆转动，则 $A_1$ 要相对杆 $OA$ 作顺时针向的圆周运动。实际上，杆 $OA$ 与 $BC$ 同时在运动，故 $A_1$ 点相对杆 $OA$ 的相对运动应是铅垂直线运动和圆周运动的合成运动，即相对轨迹为一平面曲线，故在加速度计算中，除多一项 $\boldsymbol{a}_k$ 外，还因相对轨迹未知，造成了 $\boldsymbol{a}_r$ 的计算困难。这就表明，若以不恒定运动过程中的接触点 $A$ 为动点，则将给求解带来不便。

**【例 4.2-7】** 直角曲杆 $OBC$ 绕 $O$ 轴以匀角速度 $\omega$ 转动，$OB=r$，小环 $M$ 套在杆 $BC$ 和固定杆 $OA$ 上(图 4.2-12)，试求图示位置 $\phi=\omega t$ 时 $M$ 的绝对加速度 $\boldsymbol{a}$。

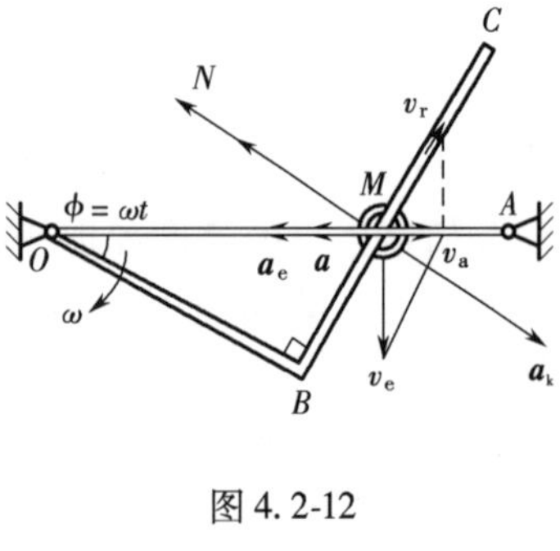


图 4.2-12

**解**：动点 $M$，动坐标系固结在 $OBC$ 上，静坐标系固结在地面即 $OA$ 上。则 $M$ 的绝对运动为沿杆 $OA$ 的直线运动，$M$ 的相对运动为沿杆 $BC$ 的直线运动，由于牵连速度 $v_e=\dfrac{r}{\cos\phi}\omega$，方向垂直 $OM$ 并顺 $\omega$ 转向。于是由点的速度

合成公式可得 $\boldsymbol{v}_a$、$\boldsymbol{v}_r$ 的大小和方向，其中 $v_r=\dfrac{v_e}{\cos\phi}=r\omega/\cos^2\phi$。由于牵连运动作定轴转动，且 $\omega$ = 常量，即 $\varepsilon=0$，则 $a_{e\tau}=0$，$a_e=a_{en}=\dfrac{r}{\cos\phi}\omega^2$，方向由 $M$ 指向 $O$ 点；$a_k=2v_r\omega=2r\omega^2/\cos^2\phi$，方向由 $v_r$ 方向顺 $\omega$ 转 90°，如图 4.2-12 所示。设 $\boldsymbol{a}$ 方向由 $M$ 点向 $O$，把点的加速度合成公式投影到 $N$ 轴上，得 $a\cos\phi=a_e\cos\phi-a_k$；$a=a_e-a_k/\cos\phi=r\omega^2/\cos\phi-2r\omega^2/\cos^3\phi$。

### 4.2.4 刚体的平面运动

**1. 运动方程式　平面运动作为平动与转动的合成**

刚体运动时，若体内各点分别保持在与某一固定平面相平行的平面内运动，即体内各点到该固定平面的距离保持不变，称刚体的这种运动为平面平行运动，简称平面运动。

根据刚体平面运动的运动特征，刚体平面运动可简化为平面图形在其平面内的运动。设刚体 $T$ 作平面运动，体内各点运动时都保持在与固定平面 $M$ 相平行的平面内运动。取一平行于平面 $M$ 的平面 $N$，与刚体相交，截得一平面图形 $S$（图 4.2-13）。当刚体运动时，平面图形 $S$ 将始终保持在平面 $N$ 内，而刚体内与 $S$ 垂直的任一条直线 $A'A''$ 则作平动。于是，只要知道 $A'A''$ 与 $S$ 的交点 $A$ 的运动，便可知道 $A'A''$ 直线上所有各点的运动。从而只要知道平面图形 $S$ 内各点的运动，就可以知道整个刚体的运动。由此可见，刚体的平面运动可以简化为平面图形在其所在的平面内的运动来研究。

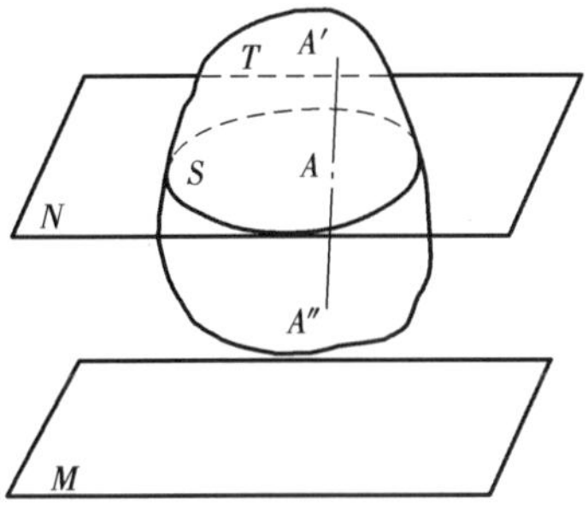


图 4.2-13

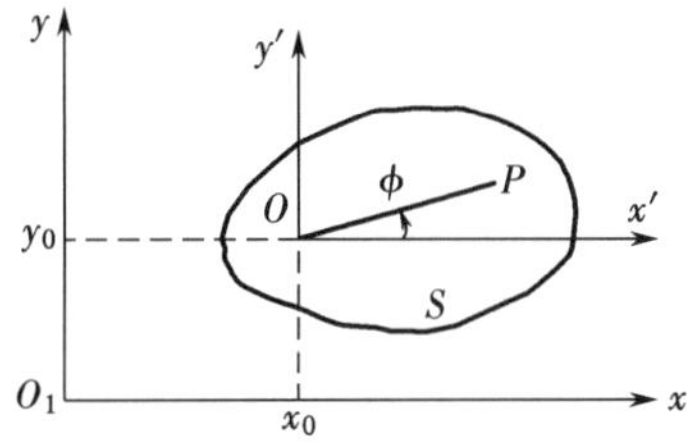


图 4.2-14

为了描述平面图形 $S$ 在固定平面 $N$ 内的运动，在该平面内取静坐标系 $O_1xy$，在图形 $S$ 上任取一点 $O$，称为基点，并任取一段直线 $OP$（图 4.2-14）。由于 $S$ 内各点相对于 $OP$ 的位置是一定的，只要确定了 $OP$ 的位置，$S$ 的位置也就确定了。而 $OP$ 的位置可用 $O$ 点的坐标 $x_0$、$y_0$ 及 $OP$ 与 $x$ 轴的夹角 $\phi$ 来确定。当 $S$ 运动时，$x_0$、$y_0$、$\phi$ 都随时间而变，都是时间 $t$ 的单值连续函数，可表示为

$$x_0=f_1(t),\ y_0=f_2(t),\ \phi=f_3(t)$$

这个方程组是平面图形 $S$ 的运动方程，也是刚体平面运动的运动方程。我们将不直接求解方程组，而是利用合成运动的方法来分析平面运动。

若取 $O_1xy$ 为静系，平面图形上任一点 $O$ 为基点，并在 $O$ 点上固结一随其作平动的动系 $Ox'y'$（图 4.2-14），则图形 $S$ 的相对运动为绕基点 $O$ 的转动，图形的绝对运动就是平面运动，而牵连运动为动系随同基点 $O$ 的平动。由此可见，平面图形 $S$ 的运动可以分解为随基点的平动和绕基点的转动。为了方便，在下面叙述中，一般将不再图示动系和静系。

应当注意，平面运动随同基点的平动规律与基点的选择有关，而绕基点的转动规律与基点

的选择无关。因此,在论及角速度和角加速度时,无须指明它们是对哪个基点而言的,并可统称为图形的角速度和角加速度。又因动系作平动,故在动系中观察到图形的角速度与角加速度就是图形相对静系的绝对角速度和绝对角加速度。

**2. 平面图形内各点的速度　速度瞬心**

前已指出,要解平面图形 $S$ 内任一点 $M$ 的速度不是用建立运动方程式求速度的方法,而是采用合成运动的方法。假设已知图形内某点 $O$ 的速度 $\boldsymbol{v}_O$ 及图形的角速度 $\omega$,则由速度合成定理得图形内任一点 $M$ 的速度为

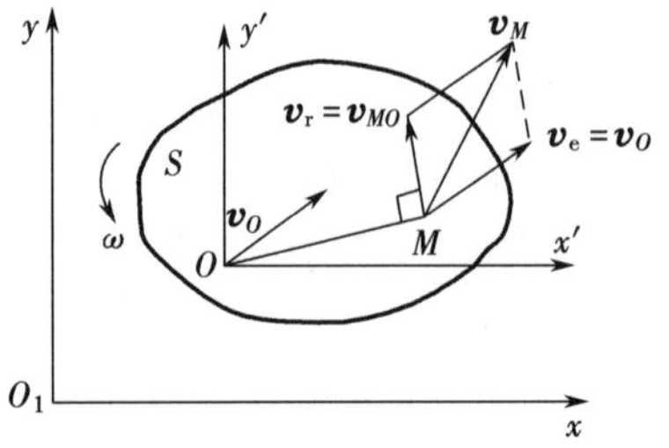


图 4. 2-15

$$\boldsymbol{v}_M=\boldsymbol{v}_e+\boldsymbol{v}_r=\boldsymbol{v}_O+\boldsymbol{v}_{MO}$$

即平面图形内任一点的速度等于基点的速度和该点绕基点转动的速度的矢量和(图 4. 2-15)。这个方法称为基点法,表明了图形内任意两点速度之间的关系。式中 $\boldsymbol{v}_{MO}$是垂直 $OM$ 的,指向由 $\omega$ 的转向决定。式中共有大小、方向(或方位)六个量,若知道其中四个量,则其余两个量可求。若把该式投影至该两点的连线,则得

$$(\boldsymbol{v}_M)_{OM}=(\boldsymbol{v}_O)_{OM}$$

即表示平面图形内任意两点的速度在该两点连线上的投影相等。这个方法称为投影法。在某些问题中采用此法十分方便。

如果在某一瞬时,平面图形内有一点 $I$ 的速度为零,则由基点法可得图形内任一点 $M$ 的速度为

$$\boldsymbol{v}_M=\boldsymbol{v}_I+\boldsymbol{v}_{MI}=\boldsymbol{v}_{MI}$$

称 $I$ 点为该瞬时的瞬时速度中心,简称速度瞬心。此式表示图形内任一点的速度等于该点绕速度瞬心 $I$ 点转动的速度。显然,$v_{MI}=MI\cdot\omega$,$\boldsymbol{v}_M\perp MI$,指向由 $\omega$ 的转向决定。

求速度瞬心的位置有两种常见的情况,如图 4. 2-16 所示。一是已知图形的 $\omega$ 和一点速度 $\boldsymbol{v}_O$,则速度瞬心 $I$ 在过 $O$ 作由 $\boldsymbol{v}_O$ 顺 $\omega$ 转向转 90°的半直线 $OL$ 上,取 $OI=v_0/\omega$,$I$ 点就是速度瞬心。因为 $v_{IO}=OI\cdot\omega=v_O$,但 $\boldsymbol{v}_{IO}$与 $\boldsymbol{v}_O$ 方向相反,所以 $v_I=0$。二是已知图形内任两点 $A$、$B$ 速度的方位,则过 $A$、$B$ 两点分别作 $\boldsymbol{v}_A$、$\boldsymbol{v}_B$ 方位线的垂线,此垂线的交点即为所求的速度瞬心 $I$。若还知任一点速度的方向,如已知 $\boldsymbol{v}_A$,则求得 $I$ 后可求图形 $S$ 的 $\omega$ 是逆时针方向的,于是 $\boldsymbol{v}_B$ 的方向也可定了。还有几种特殊情况:如果已知图形内任两点速度大小不等、方向相同且垂直于两点连线,则根据速度大小与到速度瞬心距离成正比的关系容易找出 $I$ 点并进而求出 $\omega$ 的转向;若两点速度反向且垂直两点连线,则同样可找出 $I$ 点位置并求得 $\omega$ 的转向;又若两点速度 $\boldsymbol{v}_A=\boldsymbol{v}_B$,此时速度瞬心在无穷远处,$\omega=v_A/\infty=v_B/\infty=0$,即图形作瞬时平动(请注意与刚体作平动的区别),此时各点加速度不等,角加速度不为零。

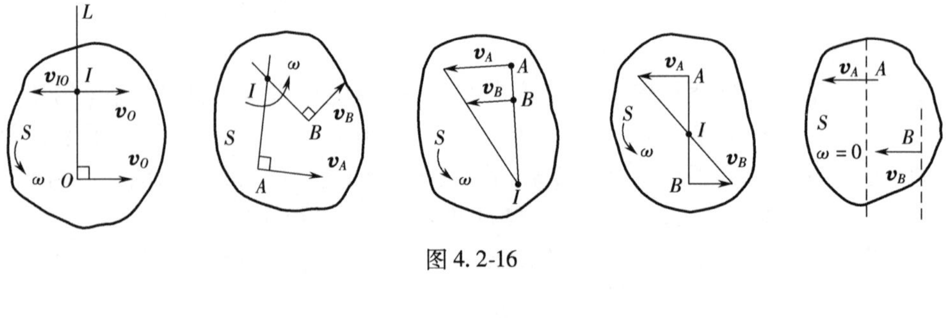


图 4. 2-16

**【例 4.2-8】** 图 4.2-17 所示平面机构由杆 $AB$、$BC$、$DE$、$EF$ 组成，已知 $AB = 20$ cm，$BC = DE = EF = 30$ cm，$CE = CD$，$\omega = 4\pi$ rad/s，求图示位置 $F$ 点的速度 $\boldsymbol{v}_F$ 和杆 $ED$ 的角速度 $\omega_{ED}$。

**解：**$v_B = AB \cdot \omega = 80\pi$ cm/s，由投影法 $(\boldsymbol{v}_C)_{CB} = (\boldsymbol{v}_B)_{CB}$，得 $v_C = v_B \cos 45° = 40\sqrt{2}\pi$ cm/s；也可找到 $BC$ 杆的速度瞬心 $I_{BC}$，则 $v_C = v_B \cdot \dfrac{CI_{BC}}{BI_{BC}} = 40\sqrt{2}\pi$ cm/s，并由 $\boldsymbol{v}_B$ 方向可定 $\omega_{BC}$ 的转向，从而确定 $\boldsymbol{v}_C$ 的方向。$v_E = 2v_C = 80\sqrt{2}\pi$ cm/s，方向同 $\boldsymbol{v}_C$。于是 $\omega_{ED} = v_E/ED = v_C/CD = \dfrac{8}{3}\sqrt{2}\pi$ rad/s，转向由 $\boldsymbol{v}_E$ 方向定，如图 4.2-17 所示。又作平面运动的杆 $EF$，由于速度瞬心在无穷远，即杆 $EF$ 作瞬时平动，所以 $v_F = v_E = 80\sqrt{2}\pi$ cm/s，$\boldsymbol{v}_F$ 方向同 $\boldsymbol{v}_E$。

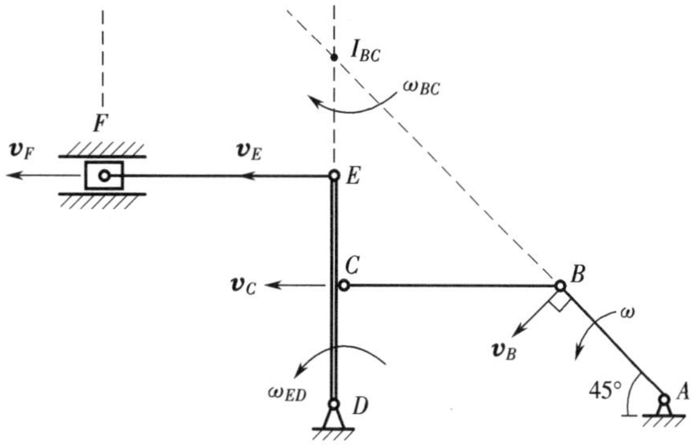

图 4.2-17

**3. 平面图形内各点的加速度**

假设已知平面图形某一点 $O$ 的加速度 $\boldsymbol{a}_O$ 及该瞬时图形的角速度 $\omega$ 和角加速度 $\varepsilon$，求图形的任一点 $M$ 的加速度 $\boldsymbol{a}_M$。由于动坐标作平动，即牵连运动是平动，则由加速度合成定理得（见图 4.2-18）

$$\boldsymbol{a}_M = \boldsymbol{a}_O + \boldsymbol{a}_{MO\tau} + \boldsymbol{a}_{MOn}$$

式中：$a_{MO\tau} = OM \cdot \varepsilon$，垂直 $OM$，指向由 $\varepsilon$ 转向决定；$a_{MOn} = OM \cdot \omega^2$，由 $M$ 点指向 $O$ 点。上式是一个平面矢量方程，故可用以求解式中两个未知量。

假若图形内找到一点 $A$，其加速度 $a_A = 0$，则任意点 $M$ 的加速度 $\boldsymbol{a}_M = \boldsymbol{a}_{MA} = \boldsymbol{a}_{MA\tau} + \boldsymbol{a}_{MAn}$，称此点 $A$ 为加速度瞬心。加速度瞬心的求法这里不作介绍。但须注意，速度瞬心的加速度不为零，不是加速度瞬心。

**【例 4.2-9】** 轮 $O$ 在直线轨道上作纯滚动，轮子半径 $R$，轮心的 $\boldsymbol{v}_O$、$\boldsymbol{a}_O$ 已知，求速度瞬心 $I$ 点和轮缘上 $A$ 点的加速度（图 4.2-19）。

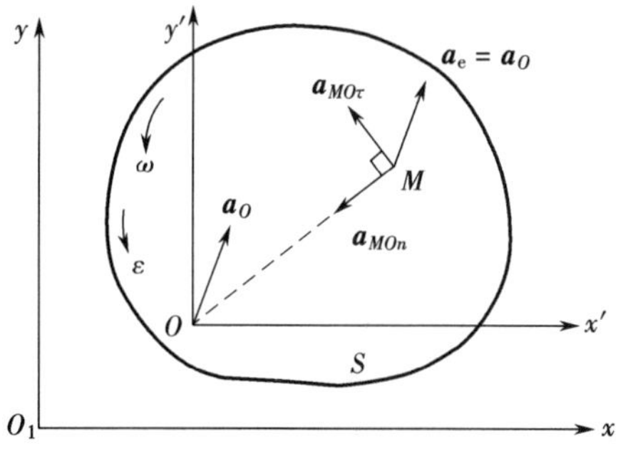

图 4.2-18

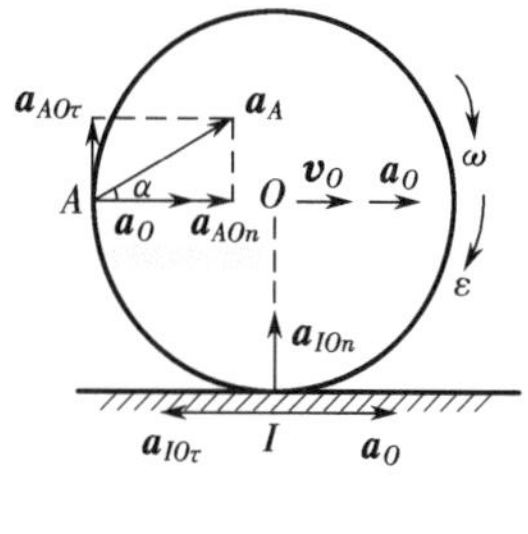

图 4.2-19

**解：**轮 $O$ 作纯滚动，$I$ 点是速度瞬心，则 $\omega = v_O/R$，而 $\varepsilon = d\omega/dt = \dfrac{1}{R}\dfrac{dv_O}{dt} = a_O/R$，由

$$\boldsymbol{a}_I = \boldsymbol{a}_O + \boldsymbol{a}_{IO\tau} + \boldsymbol{a}_{IOn}$$

式中：$a_{IO\tau}=R\varepsilon=a_O$，$a_{IOn}=R\omega^2=v_O^2/R$，所以

$$\boldsymbol{a}_I=\boldsymbol{a}_{IOn}$$

$$\boldsymbol{a}_A=\boldsymbol{a}_O+\boldsymbol{a}_{AO\tau}+\boldsymbol{a}_{AOn}$$

式中：$a_{AO\tau}=R\varepsilon=a_O$，$a_{AOn}=v_O^2/R$，所以

$$a_A=\sqrt{a_O^2+(a_O+v_O^2/R)^2},\tan\alpha=\frac{a_O}{a_O+v_O^2/R}$$

由本题讨论可知，速度瞬心的加速度并不为零；当轮沿固定面作纯滚动时，恒有关系式 $v_O=R\omega$ 和 $a_O=R\varepsilon_O$。

**【例 4.2-10】** 轮 $O$ 在直线轨道上作纯滚动，轮心 $O$ 以匀速率 $v_O=20$ cm/s 运动，半径 $R=20$ cm，轮缘上用销钉连接杆 $AB$，滑块 $B$ 可沿水平直线滑动，图 4.2-20 所示位置 $AI=20\sqrt{3}$ cm，$AB\perp AI$，$AB=60$ cm。求 $\boldsymbol{v}_B$ 和 $\boldsymbol{a}_B$。

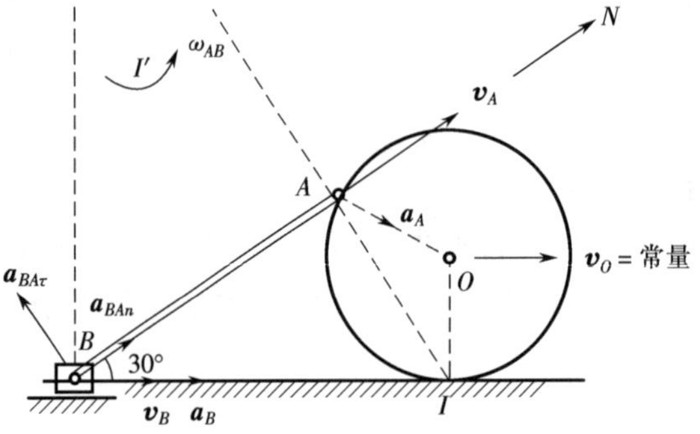


图 4.2-20

**解**：轮和杆的速度瞬心分别为 $I$ 点和 $I'$ 点，由 $\boldsymbol{v}_O$ 方向可知 $\boldsymbol{v}_A$ 方向，从而可知 $\omega_{AB}$ 的转向和 $\boldsymbol{v}_B$ 水平向右。

$$v_B=v_A\frac{2}{\sqrt{3}}=\frac{v_O}{R}\cdot AI\cdot\frac{2}{\sqrt{3}}=v_O\cdot\sqrt{3}\cdot\frac{2}{\sqrt{3}}=2v_0=40\ \text{cm/s}$$

由题意知 $a_O=0$，$\varepsilon_O=\dfrac{a_O}{R}=0$，所以 $\boldsymbol{a}_A=\boldsymbol{a}_{AOn}$，则

$$\boldsymbol{a}_B=\boldsymbol{a}_A+\boldsymbol{a}_{BA\tau}+\boldsymbol{a}_{BAn}=\boldsymbol{a}_{AOn}+\boldsymbol{a}_{BA\tau}+\boldsymbol{a}_{BAn}$$

式中：$a_A=a_{AOn}=v_O^2/R$，$a_{BAn}=BA\cdot\omega_{AB}^2$，只有 $\boldsymbol{a}_B$ 和 $\boldsymbol{a}_{BA\tau}$ 的大小未知，故把上式投影至垂直 $\boldsymbol{a}_{BA\tau}$ 的沿 $BA$ 的 $N$ 轴上：

$$a_B\cos 30°=v_O^2/R\cdot\cos 60°+0+BA\cdot(v_B/2AB)^2$$

所以 $$a_B=\frac{2}{\sqrt{3}}\times\frac{20^2}{20}\times\frac{1}{2}+\frac{2}{\sqrt{3}}\times 60\times\left(\frac{40}{2\times 60}\right)^2=19.23\quad\text{cm/s}^2$$

## 4.3 动力学

要求：熟悉并理解动力学基本定律、质点运动微分方程及其两类问题；能熟练计算与运动相关的物理量，如动量、动量矩、动能等和与力相关的物理量，如力的冲量、力矩、力的功等；掌握转动惯量、回转半径、转动惯量平行轴定理等概念；能熟练应用动量定理、质心运动定理、动量矩定理、动能定理、达朗伯原理求解较简单的质点系动力学问题；掌握单自由度线性系统自

由振动微分方程的建立，并能计算系统的固有频率、周期、振幅等物理量；了解阻尼对自由振动的影响；掌握受线性干扰力作用下系统的受迫振动规律，尤其要理解幅频特性曲线中阻尼、频率比对其振幅的影响以及共振与临界转速的物理概念。

动力学是研究物体所受的力、运动和力学性能之间的关系，从而建立物体机械运动的普遍规律。

### 4.3.1 动力学基本定律和质点运动微分方程

**1. 动力学基本定律　惯性坐标系**

动力学基本定律，通称牛顿三定律。

(1)第一定律(惯性定律)

任何物体如不受外力作用，将保持静止或匀速直线运动。

(2)第二定律(力与加速度的关系定律)

质点受外力作用时，所产生的加速度与质点的质量有如下关系

$$\sum \boldsymbol{F}_i = m\boldsymbol{a} \tag{4.3-1}$$

(3)第三定律(作用与反作用定律)

两物体间相互作用的力同时存在，且等量、反向、共线。

第三定律在研究质点系动力学理论时有重要应用。

这些定律是古典力学的基础，它们不仅只适用于惯性坐标系，且只适用于研究速度远小于光速的宏观物体。由于一般工程问题中，大多数问题都属于上述适用范围，因此以基本定律为基础的古典力学在近代工程技术中仍占有很重要的地位。

**2. 质点运动微分方程**

从动力学基本方程 $\sum \boldsymbol{F}_i = m\boldsymbol{a}$ 可导出下列质点运动微分方程。

(1)矢量形式

$$m\frac{\mathrm{d}^2\boldsymbol{r}}{\mathrm{d}t^2} = \sum \boldsymbol{F}_i \text{ 或 } m\frac{\mathrm{d}\boldsymbol{v}}{\mathrm{d}t} = \sum \boldsymbol{F}_i \tag{4.3-2}$$

(2)直角坐标形式

$$m\frac{\mathrm{d}^2x}{\mathrm{d}t^2} = \sum X_i;m\frac{\mathrm{d}^2y}{\mathrm{d}t^2} = \sum Y_i;m\frac{\mathrm{d}^2z}{\mathrm{d}t^2} = \sum Z_i \tag{4.3-3}$$

(3)自然坐标形式

$$m\frac{\mathrm{d}^2s}{\mathrm{d}t^2} = \sum F_{\tau i};m\frac{v^2}{\rho} = \sum F_{ni};0 = \sum F_{bi} \tag{4.3-4}$$

一般地说，推导公式多用矢量形式，后两种形式多用于解具体问题。

质点运动微分方程可求解以下两类问题。

①设已知质点的运动规律，求质点所受的力。用微分法一般不难求得解答。

②设已知作用于质点的力，求质点的运动规律。这归结为求解运动微分方程。一般地说，作用于质点的力可能是时间、质点的位置坐标、速度的函数；只有当函数关系较简单时，才能求得微分方程的精确解，如果函数关系复杂，则求解将相当困难，有时只能求出近似解。同时，求解微分方程时将出现积分常数，这些积分常数，须根据质点运动的初条件即初速度和初位置坐标来决定。所以，对这类问题，除了作用于质点的力(包括主动力、约束力)以外，还须知道质

点运动的初条件，才能完全确定质点的运动。

**【例 4.3-1】** 图 4.3-1(a)所示桥式起重机上的小车，吊着重为 $P=100$ kN 的物体沿水平桥架以速度 $v_0=1$ m/s 作匀速直线移动。重物的重心到悬挂点的距离为 $l=5$ m。当小车突然停车时，重物因惯性而继续运动，此后则绕悬挂点摆动。试求钢丝绳的最大拉力。

**解：**取重物为研究对象，并将重物视为质点。设小车突然停车后的任意瞬时 $t$，钢丝绳与铅垂线的夹角为 $\varphi$（$\varphi$ 角由图示铅垂轴 $x$ 的正向逆时针转向取为正）。作用在重物上的力有重物的重力 $P$ 和钢丝绳的拉力 $T$，受力图如图 4.3-1(b)所示。取自然轴系的 $\tau$、$n$ 轴的正向如图 4.3-1(b)所示（$\tau$ 轴指向 $\varphi$ 增加的一方）。由式(4.3-4)可得

$$\frac{P}{g}\frac{\mathrm{d}v}{\mathrm{d}t}=-P\sin\varphi \tag{1}$$

$$\frac{P}{g}\frac{v^2}{l}=T-P\cos\varphi \tag{2}$$

显然，如能求出 $v$（这是第二类问题），则代入式(2)即可求得 $T$。为此，将式(1)改写成为

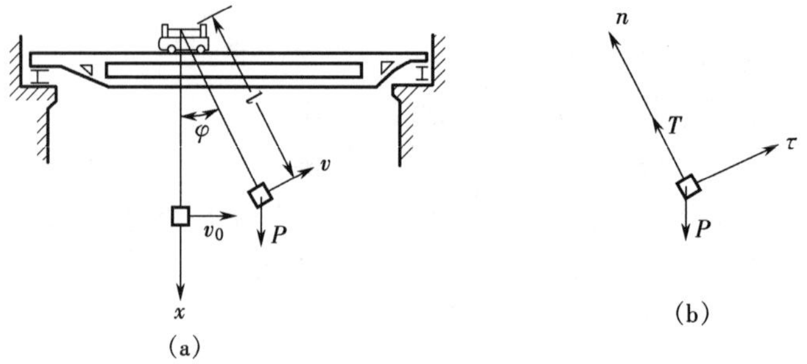


图 4.3-1

$$\frac{P}{g}\frac{\mathrm{d}v}{\mathrm{d}\varphi}\frac{\mathrm{d}\varphi}{\mathrm{d}t}=-P\sin\varphi$$

由运动学知$\frac{\mathrm{d}\varphi}{\mathrm{d}t}=\frac{v}{l}$，代入上式得

$$\frac{P}{g}\frac{v}{l}\frac{\mathrm{d}v}{\mathrm{d}\varphi}=-P\sin\varphi$$

或
$$\frac{v}{gl}\mathrm{d}v=-\sin\varphi\mathrm{d}\varphi$$

在初瞬时（即小车突然停车的瞬时），重物的速度为 $v_0$，钢丝绳与铅垂线的夹角为零，即 $t=0$ 时，$v=v_0$，$\varphi=0$；而在任一瞬时 $t$ 时，重物的速度为 $v$，钢丝绳与铅垂线的夹角为 $\varphi$。作定积分得

$$\int_{v_0}^{v}\frac{v\mathrm{d}v}{gl}=-\int_0^{\varphi}\sin\varphi\mathrm{d}\varphi$$

$$v^2=v_0^2-2gl(1-\cos\varphi) \tag{3}$$

式(3)就是重物的速度变化规律。当 $\varphi$ 增大，$v$ 随之减小；当 $\varphi=0$ 时，$v^2=v_0^2$，$v$ 值为最大。

由式(2)得

$$T=P\cos\varphi+\frac{P}{g}\frac{v^2}{l} \tag{4}$$

因为当 $\varphi=0$ 时，$v$ 具有最大值 $v_0$，$\cos\varphi=1$ 也为最大值，故此时 $T$ 具有最大值

$$T_{最大} = P + \frac{P}{g}\frac{v_0^2}{l} \tag{5}$$

将 $v_0 = 1\ m/s, l = 5\ m, P = 100\ kN$ 代入式(5),可得

$$T_{max} = 102 \quad kN$$

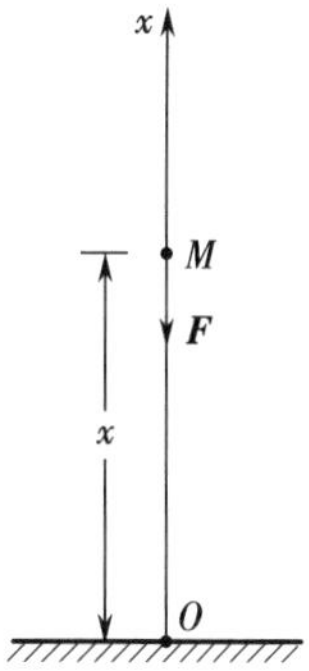

图 4.3-2

**【例 4.3-2】** 在地面以初速 $v_0$ 铅直向上射出一物体(图 4.3-2)。设地球引力与物体到地心的距离之平方成反比。求物体可能达到的最大高度。(空气阻力不计)

**解**:以地面上发射物体处为坐标原点,$x$ 轴铅直向上为正向。物体射出后,在运动过程中的任一位置,仅受到地球引力 $\boldsymbol{F}$,而

$$F = \frac{GM_e \cdot m}{(R+x)^2} \tag{1}$$

式中:$G$ 是引力常数;$M_e$ 是地球的质量;$m$ 是射出物体的质量;$x$ 是物体到地面的距离。当物体在地面上时,即 $x = 0$,而 $F = mg$,代入式(1)有 $mg = \frac{GM_e \cdot m}{R^2}$;因而 $GM_e = gR^2$,$F = mg\frac{R^2}{(R+x)^2}$,于是物体的运动微分方程可写成

$$m\frac{d^2x}{dt^2} = -F = -\frac{mgR^2}{(R+x)^2}$$

即

$$\frac{dv}{dt} = -\frac{gR^2}{(R+x)^2}$$

式中有三个变量 $t$、$v$、$x$,需进行如下变换,以便积分。为此,将$\frac{dv}{dt}$改写成$\frac{dv}{dx}\frac{dx}{dt} = v\frac{dv}{dx}$,故有

$$v dv = -gR^2\frac{dx}{(R+x)^2}$$

$v$ 从 $v_0$ 到 $v$,$x$ 从 0 到 $x$,积分得

$$\frac{v^2}{2} - \frac{v_0^2}{2} = gR^2\left[\frac{1}{R+x}\right]_0^x,即\frac{v^2}{2} - \frac{v_0^2}{2} = -\frac{gRx}{R+x}$$

当物体到达最高点时,$x = x_{max}$,$v = 0$,于是有

$$\frac{v_0^2}{2} = \frac{gRx_{max}}{R+x_{max}}$$

解得

$$x_{max} = \frac{v_0^2 R}{2gR - v_0^2} \tag{2}$$

讨论:要使射出的物体脱离地球引力的影响,发射速度 $v_0$ 应多大?从式(1)可见,要使物体不受地球引力作用,可令 $x = \infty$,而由式(2)则必须 $2gR - v_0^2 = 0$,即

$$v_0 = \sqrt{2gR} = \sqrt{2 \times \frac{9.8}{1\ 000} \times 6\ 370} = 11.2 \quad km/s$$

这一速度称为第二宇宙速度。物体脱离地球后受到太阳引力而成为人造行星环绕太阳运动。

### 4.3.2 动量定理

现在开始讨论解答动力学问题的第二种方法——动力学普遍定理。

动力学普遍定理以简明的数学公式表明两种量之间的关系，即运动特征相关的量（动量、动量矩、动能等）和力相关的量（冲量、力矩、功等）之间的关系，在一定条件下用以解答问题，十分简捷。从形式上看，这些定理是从运动微分方程推导得来的，应用时避免了一些重复的数学推演，实际上这些定理是作为独立的基本定律而存在的。普遍定理中的那些量有着深刻的物理意义，了解并使用这些定理，会对物体的机械运动有更深入的认识。

动力学普遍定理包括动量定理（及其另一形式——质心运动定理）、动量矩定理和动能定理。我们将分别讨论，并以质点系的定理为主。首先讨论动量定理。

**1. 基本概念**

（1）动量

机械运动之间相互传递是用动量来量度的。

①质点动量：$\boldsymbol{K}=m\boldsymbol{v}$，显然动量是矢量，是瞬时量。

②质点系动量：$\boldsymbol{K}=\sum m_i\boldsymbol{v}_i=M\boldsymbol{v}_C$，为各质点动量的矢量和，也等于各质点质量之和乘以质心的速度。

（2）质心

质心是表征质点系质量分布的一个概念，是用下式表示的空间一个点 $\boldsymbol{r}_C$。$\boldsymbol{r}_C=\sum m_i\boldsymbol{r}_i/\sum m_i$。式中 $m_i$、$\boldsymbol{r}_i$ 分别为质点系内第 $i$ 质点的质量和矢径。质心的速度等于 $\boldsymbol{v}_C=\sum m_i\boldsymbol{v}_i/\sum m_i$。

（3）冲量

冲量是力在一段时间内对物体的运动所产生的累积效应的物理量。常力冲量 $\boldsymbol{S}=\boldsymbol{F}t$；变力冲量 $\boldsymbol{S}=\int_{t_1}^{t_2}\boldsymbol{F}\mathrm{d}t$。冲量与动量的量纲相同，单位都用 N·s（牛·秒）。

（4）内力与外力

质点系内各质点之间的作用力为内力，且内力是成对的。质点系外物体对系内各质点的作用力为外力。质点系的内力主矢量为零，$\sum \boldsymbol{F}_i^{\mathrm{I}}=0$；质点系的内力对任一点的主矩为零，$\sum \boldsymbol{M}_{0i}^{\mathrm{I}}=0$；质点系内力对任一轴 $z$ 之矩的代数和为零，$\sum M_{zi}^{\mathrm{I}}=0$。

**2. 动量定理和质心运动定理**

动量定理和质心运动定理，如表 4.3-1 所示。

**表** 4.3-1

| 定理 \ 表达式 | | 矢量形式 | 直角坐标形式 | 自然坐标形式 |
|---|---|---|---|---|
| 质点系动量定理 | 微分形式 | $\frac{\mathrm{d}\boldsymbol{K}}{\mathrm{d}t}=\sum \boldsymbol{F}_i^{\mathrm{e}}=\boldsymbol{R}^{\mathrm{e}}$ | $\frac{\mathrm{d}K_x}{\mathrm{d}t}=\sum X_i^{\mathrm{e}}$<br>$\frac{\mathrm{d}K_y}{\mathrm{d}t}=\sum Y_i^{\mathrm{e}}$<br>$\frac{\mathrm{d}K_z}{\mathrm{d}t}=\sum Z_i^{\mathrm{e}}$ | |
| | 积分形式 | $\boldsymbol{K}_2-\boldsymbol{K}_1=\sum \boldsymbol{S}_i^{\mathrm{e}}=\boldsymbol{S}^{\mathrm{e}}$ | $K_{2x}-K_{1x}=\sum S_{ix}^{\mathrm{e}}$<br>$K_{2y}-K_{1y}=\sum S_{iy}^{\mathrm{e}}$<br>$K_{2z}-K_{1z}=\sum S_{iz}^{\mathrm{e}}$ | |
| | 守恒 | $\sum \boldsymbol{F}_i^{\mathrm{e}}=0$，$\boldsymbol{K}$ = 常矢量 | $\sum X_i^{\mathrm{e}}=0$，$K_x$ = 常数 | |

续表

| 定理 \ 表达式 | | 矢量形式 | 直角坐标形式 | 自然坐标形式 |
|---|---|---|---|---|
| 质心运动定理 | 一般表达式 | $M\boldsymbol{a}_C=\sum \boldsymbol{F}_i^{e}=\boldsymbol{R}^{e}$ 或<br>$M\dfrac{d^2\boldsymbol{r}_C}{dt^2}=\sum \boldsymbol{F}_i^{e}=\boldsymbol{R}^{e}$ | $Ma_{Cx}=R_x^{e}$<br>$Ma_{Cy}=R_y^{e}$<br>$Ma_{Cz}=R_z^{e}$ | $M\boldsymbol{a}_{C\tau}=R_\tau^{e}$<br>$M\boldsymbol{a}_{Cn}=R_n^{e}$<br>$0=R_b^{e}$ |
| | 守恒 | $\boldsymbol{R}^{e}=0,\boldsymbol{a}_C=0,$<br>$\boldsymbol{v}_C=$常矢量 | $R_x^{e}=0,a_{Cx}=0$<br>$v_{Cx}=$常数<br>$v_{Cx}=0,x_{Cx}=$常数 | |

表4.3-1 的式中，$\sum \boldsymbol{F}_i^{e}=\boldsymbol{R}^{e}$ 为作用在质点系上的所有外力的矢量和，即外力系的主矢；$\sum \boldsymbol{S}_i^{e}=\boldsymbol{S}^{e}$ 为此外力系在时间$(t_2-t_1)$内的冲量的矢量和；$K_2$ 和 $K_1$ 分别为 $t_2$、$t_1$ 时刻的动量；$\boldsymbol{a}_C$ 和 $\boldsymbol{v}_C$ 分别为质心的加速度和速度；脚标 $x$、$y$、$z$ 和 $\tau$、$n$、$b$ 分别表示相应物理量在直角坐标轴和自然轴上的投影。

**【例4.3-3】** 滑块 $C$ 的质量 $m=19.6$ kg，在力 $P=866$ N 的作用下沿倾角为 $\beta=30°$的导杆 $AB$ 运动。已知力 $P$ 与导杆 $AB$ 之间的夹角 $\alpha=45°$，滑块与导杆间的动摩擦系数$f'=0.2$，初瞬时滑块处于静止。试求滑块的速度增大到 $v=2$ m/s 所需的时间。

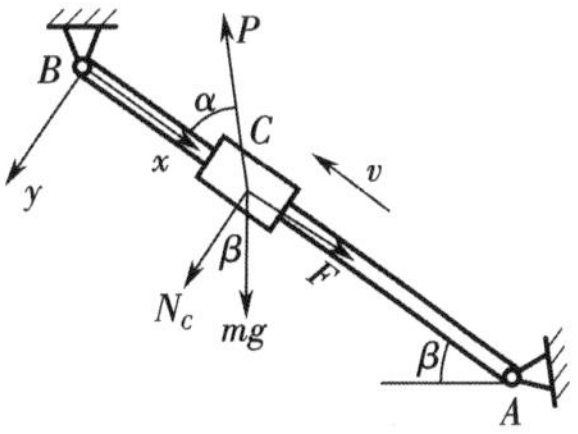


图4.3-3

**解：**(1)对象

取滑块 $C$ 为研究对象。

(2)受力分析

滑块 $C$ 上受重力 $mg$、导杆对滑块 $C$ 的法向反力 $N_C$、摩擦力 $F$ 及拉力 $P$ 等四个力的作用。

(3)运动分析

滑块 $C$ 只能沿导杆 $AB$ 作直线运动。选取直角坐标系 $Bxy$ 如图4.3-3 所示。

(4)应用动量定理的直角坐标形式

设经历 $t$ 时间，则有

$$mv_{2x}-mv_{1x}=\sum S_{ix}^{e}$$

$$mv_{2y}-mv_{1y}=\sum S_{iy}^{e}$$

即

$$-mv-0=(-P\cos\alpha+mg\sin\beta+F)\cdot t \tag{1}$$

$$0-0=(-P\sin\alpha+N_C+mg\cos\beta)\cdot t \tag{2}$$

由式(2)，得

$$N_C=P\sin\alpha-mg\cos\beta$$

从而动摩擦力

$$F=f'N_C=f'(P\sin\alpha-mg\cos\beta)$$

代入式(1)，求得滑块的速度从零增到 $v=2$ m/s 所需的时间

$$t=\frac{mv}{P\cos\alpha-mg\sin\beta-f'(P\sin\alpha-mg\cos\beta)}$$

$$= \frac{19.6\times 2}{866\times\frac{\sqrt{2}}{2}-19.6\times 9.8\times\frac{1}{2}-0.2\left(866\times\frac{\sqrt{2}}{2}-19.6\times 9.8\times\frac{\sqrt{3}}{2}\right)} = 0.0918\ \text{s}$$

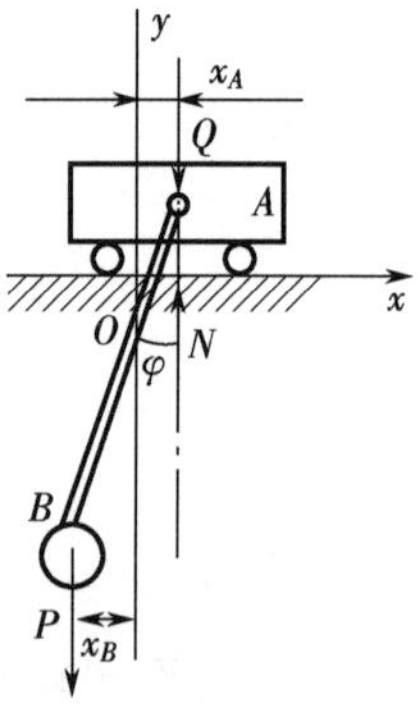


图 4.3-4

**【例 4.3-4】** 小车 $A$ 重 $Q$，下悬一摆，如图 4.3-4 所示。摆按规律 $\varphi=\varphi_0\sin kt$ 摆动。设摆锤 $B$ 重为 $P$，摆长为 $l$，摆杆重量及各处摩擦均忽略不计。若运动开始时系统的质心速度等于零，试求小车的运动方程。

**解：**以小车和摆锤所组成的质点系为研究对象。作用于该质点系上的外力有重力 $P$、$Q$ 和轨道的铅垂反力 $N$。选取坐标 $Oxy$ 如图所示，$y$ 轴通过系统的质心 $C$。由于作用于该质点系上的所有外力在 $x$ 方向上的投影的代数和等于零，因此质点系的质心的运动沿 $x$ 方向守恒，即 $v_{Cx}=$常量。又因系统原来是静止的，所以 $v_{Cx}=\frac{dx_C}{dt}=0$，$x_C=$常量，因此，质点系的质心的水平位置应保持不变，由于 $y$ 轴通过质心，故 $x_C=0$。当摆锤摆至任意位置时，质点系质心坐标为

$$x_C=\frac{Px_B+Qx_A}{P+Q}=0 \tag{1}$$

即

$$Px_B+Qx_A=0 \tag{2}$$

由图示坐标关系得

$$l\sin\varphi=x_A-x_B$$

或

$$x_B=x_A-l\sin\varphi \tag{3}$$

将式(3)代入式(2)得

$$x_A=\frac{Pl}{P+Q}\sin\varphi=\frac{Pl}{P+Q}\sin(\varphi_0\sin kt) \tag{4}$$

式(4)即为小车的运动方程。

**3. 解题注意事项**

①由于动量定理与质心运动定理均由牛顿定律导得，故定理中的运动量（速度、加速度等）必须是相对惯性参考系的。

②受力图中只需画出外力，不图示内力，并根据系统所受的外力来判别系统的动量或质心的运动是否守恒。

③计算多刚体系统的动量时，可用关系式

$$K=M\boldsymbol{v}_C=\sum m_i\boldsymbol{v}_{iC}$$

式中：$\boldsymbol{v}_C$ 为系统质心的速度；$\boldsymbol{v}_{iC}$ 为 $i$ 刚体的质心速度。具体计算用它的投影式。

④应用质心运动定理时，可用关系式

$$Ma_C=\sum m_ia_{iC}$$

求解系统质心的加速度，也可以质心矢径 $\boldsymbol{r}_C=\frac{\sum m_i\boldsymbol{r}_i}{M}$ 求两阶导数得到。一般，当多刚体系统的各质心加速度容易求得时用前者较方便。

### 4.3.3 动量矩定理

实际经验表明，有些质点、质点系（包括刚体）的运动，尤其是转动问题，用动量来度量机

械运动量是不合适的，动量定理也不能解决问题，而必须用动量矩来表征它的运动量，并用动量矩对时间的改变率与作用在物体上外力系主矩之间的关系来解决。

**1. 基本概念**

(1)质点对固定点 $O$ 的动量矩

$$\boldsymbol{H}_O=\boldsymbol{m}_O(m\boldsymbol{v})=\boldsymbol{r}\times m\boldsymbol{v}$$

量纲：$[m]\cdot[L]^2/[T]$，单位：千克·米$^2$/秒，即 $\mathrm{kg}\cdot\mathrm{m}^2/\mathrm{s}$。

(2)质点系对固定点 $O$ 的动量矩

$$\boldsymbol{H}_O=\sum\boldsymbol{m}_O(m_i\boldsymbol{v}_i)=\sum\boldsymbol{r}_i\times m_i\boldsymbol{v}_i$$

(3)质点系对过固定点 $O$ 的正交坐标轴的动量矩

$$\begin{cases}H_x=\sum m_x(m_i\boldsymbol{v}_i)\\H_y=\sum m_y(m_i\boldsymbol{v}_i)\\H_z=\sum m_z(m_i\boldsymbol{v}_i)\end{cases}$$

(4)定轴转动刚体对转动轴 $z$ 的动量矩

$$H_z=J_z\cdot\omega$$

式中：$J_z$ 为刚体对转动轴的转动惯量。

**2. 转动惯量**

(1)普遍公式

定义：质点系对 $u$ 轴的转动惯量 $J_u$ 等于各质点的质量与质点到 $u$ 轴距离的平方乘积之和，即 $J_u=\sum m_i\rho_i^2$，如图 4.3-5(a)所示。

例如，等截面均质细杆，长 $AB=l$，质量为 $m$，其对过质心 $C$ 与杆垂直的轴的转动惯量为 $J_{Cz}=\int_{-l/2}^{l/2}x^2\cdot\gamma\mathrm{d}x=\frac{1}{12}\gamma l^3=\frac{m}{12}l^2$；其对过 $A$ 端的垂直杆 $AB$ 的轴的转动惯量为$J_z'=\int_0^l x^2\gamma\mathrm{d}x=\frac{1}{3}\gamma l^3=\frac{1}{3}ml^2$，如图 4.3-5(b)所示。

又如等厚均质薄圆板，半径 为 $R$，质量为 $m$，其对过质心 $C$ 与板面垂直轴的转动惯量为 $J_{Cz}=\int_0^R\gamma2\pi\rho\cdot\mathrm{d}\rho\cdot\rho^2=\frac{\pi}{2}\gamma R^4=\frac{1}{2}mR^2$，如图 4.3-5(c)所示。

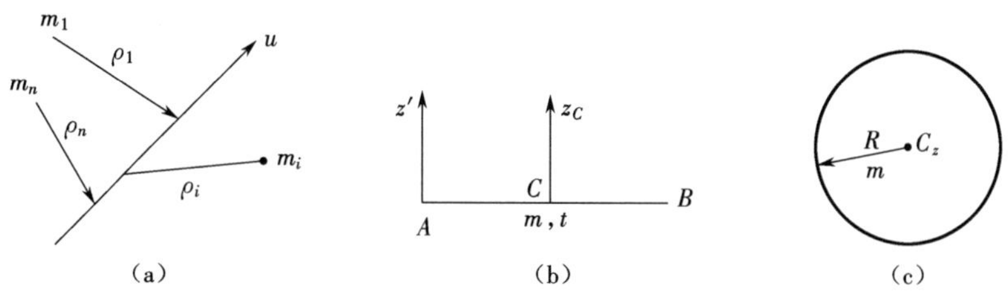


图 4.3-5

可见转动惯量是一个描述质点系质量分布的物理量。对刚体而言，转动惯量是刚体转动时惯性的量度。

物体对 $u$ 轴的转动惯量还可表示为整个物体的质量 $m$ 与某长度 $\rho$ 的平方之乘积，即

$$J_u=m\rho^2\text{，或}\rho=\sqrt{J_u/m}$$

称 $\rho$ 为该物体对 $u$ 轴的回转半径,或称惯性半径。

均质物体的转动惯量及回转半径可在工程手册中查到。对于形状复杂或非均质物体,不便用计算法求它的转动惯量,则可用实验法求得。

(2)转动惯量的平行轴定理

物体对两平行轴的转动惯量有如下关系:

$$J_{z'} = J_{Cz} + mh^2$$

表示物体对某 $z'$轴的转动惯量等于物体对通过其质心并与 $z'$轴平行的 $Cz$ 轴的转动惯量加上物体的质量与两轴间距离平方之乘积。显然,诸平行轴中以对过质心的轴的转动惯量为最小。

**3. 质点系动量矩定理**

质点系动量矩定理,有对固定点、固定轴的,还有对动点质心的,如表 4. 3-2 所示。

**表 4. 3-2**

| 矩心或矩轴 | 矢量形式 | 投影形式 |
|---|---|---|
| 定点 $O$ | $\frac{d\boldsymbol{H}_O}{dt} = \sum \boldsymbol{m}_O(\boldsymbol{F}_i^e) = \boldsymbol{M}_O^e$ | $\frac{dH_x}{dt} = \sum m_x(F_i^e)$<br>$\frac{dH_y}{dt} = \sum m_y(F_i^e)$<br>$\frac{dH_z}{dt} = \sum m_z(F_i^e)$ |
| | 若 $\boldsymbol{M}_O^e = 0$<br>则 $\boldsymbol{H}_O$ = 常矢量 }称动量矩守恒定理 | 若 $\sum m_x(F_i^e) = 0$<br>则 $H_x$ = 常量 |
| 质心 $C$ | $\frac{d\boldsymbol{H}_{Cr}}{dt} = \boldsymbol{M}_C^e$ | 略 |
| 转轴 $z$ | | $J_z\varepsilon = M_z^e$<br>或 $J_z\ddot{\varphi} = M_z^e$<br>称刚体定轴转动微分方程 |

表 4. 3-2 中 $\boldsymbol{H}_{Cr}$是在相对随质心平动坐标系的运动中,质点系对质心的动量矩;这是因为随质心作平动中,质点系对质心的动量矩为零,故 $\boldsymbol{H}_C$ 可用 $\boldsymbol{H}_{Cr}$来反映。

如果是刚体,对固定轴的就称刚体定轴转动微分方程。刚体相对质心的动量矩定理与质心运动定理相结合,就称为刚体平面运动微分方程,该方程可以解决刚体作平面运动的动力学问题。平面运动微分方程为

$$\begin{cases} M\ddot{x}_C = \sum X_i \\ M\ddot{y}_C = \sum Y_i \\ J_{Cz}\ddot{\phi} = \sum M_C(\boldsymbol{F}_i^e) \end{cases}$$

式中:$J_{Cz}$是刚体对过质心 $C$ 且与运动平面垂直的 $z_C$ 轴的转动惯量。

**【例 4. 3-5】** 一飞轮由直流电机带动,已知电机产生的转矩 $M$ 与其角速度的关系为 $M = M_1\left(1-\frac{\omega}{\omega_1}\right)$。式中,$M_1$ 表示电机的起动转矩,$\omega_1$ 表示电机无负载时的空转角速度,且 $M_1$ 与 $\omega_1$

都是已知量。设飞轮对 $O$ 轴的转动惯量为 $J_O$，作用在飞轮上的阻力矩 $M_F$ 为常量，如图 4.3-6 所示。当 $M>M_F$ 时，飞轮开始起动，求角速度 $\omega$ 随时间 $t$ 的变化规律。

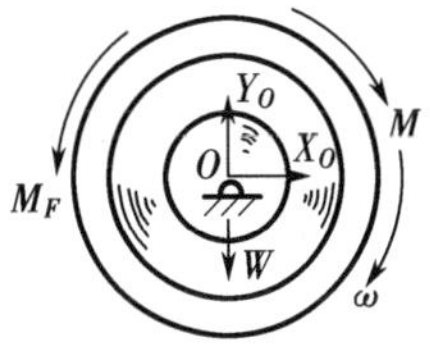

图 4.3-6

**解**：本题为已知作用于飞轮上的力矩 $M$ 与 $M_F$，求飞轮的转动规律，属动力学第二类问题。可根据刚体绕定轴转动的微分方程，通过积分求得飞轮的角速度 $\omega$。

(1) 对象

以飞轮为研究对象。

(2) 受力分析

飞轮上作用的外力有力矩 $M$ 及 $M_F$，约束反力 $X_O$、$Y_O$ 和重力 $W$。

(3) 运动分析

飞轮作定轴转动，取顺时针转向为正。

(4) 建立动力学方程，并求解

应用定轴转动微分方程列方程如下：

$$J_O\frac{\mathrm{d}\omega}{\mathrm{d}t}=M-M_F \tag{1}$$

将已知转矩代入式(1)，得

$$J_O\frac{\mathrm{d}\omega}{\mathrm{d}t}=M_1\left(1-\frac{\omega}{\omega_1}\right)-M_F$$

即

$$\frac{\mathrm{d}\omega}{\mathrm{d}t}=\left(\frac{M_1-M_F}{J_O}\right)-\frac{M_1}{\omega_1 J_O}\omega$$

令 $a=\dfrac{M_1-M_F}{J_O}$，$b=\dfrac{M_1}{\omega_1 J_O}$，则上式可简化成

$$\frac{\mathrm{d}\omega}{\mathrm{d}t}=a-b\omega$$

将上式分离变量，并进行积分运算，因运动初始条件为 $t=0$ 时 $\omega=0$，则有

$$\int_0^\omega\frac{b}{a-b\omega}\mathrm{d}\omega=\int_0^t b\mathrm{d}t$$

即

$$\frac{a-b\omega}{a}=\mathrm{e}^{-bt} \tag{2}$$

解得飞轮的角速度为

$$\omega=\frac{a}{b}(1-\mathrm{e}^{-bt})=\frac{(M_1-M_F)\omega_1}{M_1}(1-\mathrm{e}^{\frac{-M_1t}{\omega_1J_O}}) \tag{3}$$

根据题意 $M>M_F$，由式(1)可知飞轮作加速转动；又由上式可见，飞轮角速度将逐渐增大；当 $t\to\infty$ 时，式(3)括号内的 $\mathrm{e}^{-bt}\to 0$，这时飞轮将以极限角速度 $\omega_\mathrm{m}$ 转动，且

$$\omega_\mathrm{m}=\frac{a}{b}=\frac{M_1-M_F}{M_1}\omega_1$$

如不加负载，阻力矩 $M_F=0$，则极限角速度为

$$\omega_\mathrm{m}=\omega_1$$

**【例 4.3-6】** 小车上放一半径为 $r$、质量为 $m$ 的钢管，钢管与车面间有足够的摩擦力阻止

滑动。令小车以加速度 $a$ 向右运动,不计滚动摩擦及钢管的厚度,求钢管中心 $O$ 点的加速度。

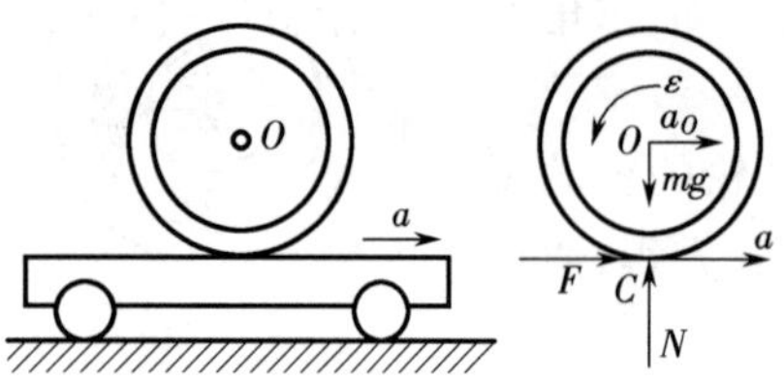


(a)　　　　(b)

图 4.3-7

**解:**取钢管为研究对象,作用于其上的力有重力 $mg$、车面反力 $N$ 和滑动摩擦力 $F$,受力图如图 4.3-7 所示。

选小车为动系,则钢管相对小车作平面运动,其中心 $O$ 点沿水平方向作直线运动,由合成运动公式求得钢管中心 $O$ 点的加速度

$$a_O = a - r\varepsilon \tag{1}$$

式中 $\varepsilon$ 是钢管的角加速度。

列出钢管平面运动动力学方程

$$ma_O = F \tag{2}$$

$$mr^2\varepsilon = Fr \tag{3}$$

由式(1)、(2)、(3)可解得钢管中心 $O$ 点的加速度

$$a_O = \frac{1}{2}a$$

**4. 解题注意事项**

①计算动量矩必须是绝对速度或绝对角速度。

②用动量矩定理解题时,只须分析作用于研究对象上的全部外力。

③应用动量矩定理 $\frac{\mathrm{d}H_O}{\mathrm{d}t} = M_O^{\mathrm{e}}$ 时,一般应取固定点、轴及质心为矩心或矩轴。对于任意的动点或轴,一般不具有上述动量矩定理的简单形式。

④建立对轴的动量矩定理时,除必须注意正负号外,各方程中的速度或角速度大小与方向都必须满足运动学关系。

## 4.3.4 动能定理

动能定理建立了质点与质点系动能的变化与作用力所做的功之间的关系,它是研究质点和质点系动力学问题的重要定理之一。

**1. 力所做的功**

力所做的功是力在一段路程中对物体作用的累积效应。功的单位是 N · m,称为焦耳(J)。功的计算表达式列于表 4.3-3、表 4.3-4 中。

**表** 4.3-3

| 物 理 量 | 表 达 式 | 说　明 |
|---|---|---|
| 常力在直线运动中所做的功 | $W = FS\cos\alpha = \boldsymbol{F}\cdot\boldsymbol{S}$ | $\alpha$ 为力 $\boldsymbol{F}$ 与其速度方向的夹角 |
| 变力 $\boldsymbol{F}$ 在 $\mathrm{d}S$ 路程中所做的功 | $\mathrm{d}'W = F_\tau \mathrm{d}S = \boldsymbol{F}\cdot\mathrm{d}\boldsymbol{r} = x\mathrm{d}x + y\mathrm{d}y + z\mathrm{d}z$ | |
| 变力在路程 $\overset{\frown}{M_1M_2}$ 中所做的功 | $W = \int_{S_1}^{S_2} F_\tau \mathrm{d}S$<br>或 $W = \int_{M_1}^{M_2}(x\mathrm{d}x + y\mathrm{d}y + z\mathrm{d}z)$ | |
| 合力所做的功 | $W = \sum W_i$ | |

表 4. 3-4

| 常见力 | 功的表达式 | 说明 |
| --- | --- | --- |
| 重力 | $W=\pm mgh$<br>重心由高→低取 +，由低→高取 - | $h$ 为重心始末位置的高度差 |
| 弹性力 | $W=\frac{1}{2}k(\delta_1^2-\delta_2^2)$ | $k$ 为弹簧的刚性系数<br>$\delta_1$、$\delta_2$ 为弹簧的始末变形 |
| 力矩 | $W=\int_{\varphi1}^{\varphi2}M_z\mathrm{d}\varphi$ | 作用于转动刚体上的力矩的功 |
| 力偶 | $W=\int_{\varphi1}^{\varphi2}m_z\mathrm{d}\varphi$ | 作用于转动刚体上的力偶的功 |

**2. 动能**

动能是物体由于速度而具有的能量，它是物体机械运动的另一种量度。动能恒为正值，单位与功相同。动能的具体表达式如表 4. 3-5 所示。

表 4. 3-5

| 对象 | 动能表达式 | 说明 |
| --- | --- | --- |
| 质点 | $T=\frac{1}{2}mv^2$ | |
| 质点系 | $T=\sum\frac{1}{2}m_iv_i^2$ | |
| 平动刚体 | $T=\frac{1}{2}mv^2$ | |
| 定轴转动刚体 | $T=\frac{1}{2}J_z\omega^2$ | |
| 平面运动刚体 | $T=\frac{1}{2}Mv_C^2+\frac{1}{2}J_C\omega^2$ | $J_C$ 为刚体对于通过质心且垂直于运动平面的轴的转动惯量 |

**3. 势能**

质点或质点系在势力场中从某一位置运动到零位置时，有势力的功称为质点或质点系在该位置的势能。在不同势力场中势能的表达式如表 4. 3-6。

表 4. 3-6

| 势力场 | 势能 | 零势能位置 |
| --- | --- | --- |
| 重力场 | $V=W(z_C-z_{C_0})$ | 质心坐标为 $z_{C_0}$ |
| 弹性力场 | $V=\frac{k}{2}(\delta^2-\delta_0^2)$ | 弹簧变形为 $\delta_0$ |
| 万有引力场 | $V=Gm_0m\left(\frac{1}{r_0}-\frac{1}{r}\right)$ | 质点矢径为 $r_0$ |

**4. 动能定理　机械能守恒定律**

表 4. 3-7 式中，上角标 e 与 $i$ 分别表示外力与内力之功，一般内力的功不等于零；上角标 $A$ 与 $N$ 分别表示主动力与约束力之功，如果约束是理想的，即 $\sum W_i^N=0$，则对于理想约束系统，在运用动能定理解题时，只需要分析主动力。

表 4. 3-7

| 定理 \ 表达式形式 | 微分形式 | 积分形式 |
|---|---|---|
| 质点动能定理 | $d\left(\frac{1}{2}mv^2\right)=d'W$ | $\frac{1}{2}mv_2^2-\frac{1}{2}mv_1^2=W$ |
| 质点系动能定理 | $dT=\sum d'W_i^e+\sum d'W_i^i$ | $T_2-T_1=\sum W_i^e+\sum W_i^i$ |
| 机械能守恒定律 | 或 $dT=\sum d'W_i^A+\sum d'W_i^N$ | 或 $T_2-T_1=\sum W_i^A+\sum W_i^N$<br>$T+V=$常量 |

【例 4. 3-7】 质量为 $m$ 的直杆 $AB$ 可以自由地在固定套管中移动，杆的下端 $A$ 点搁在质量为 $M$、倾角为 $\alpha$ 的光滑楔块 $C$ 上，而楔块 $C$ 放在光滑的水平面上，如图 4. 3-8 所示。由于 $AB$ 杆的压力，楔块沿水平面向右运动，因而杆 $AB$ 下降。试分别求出任一瞬时杆 $AB$ 和楔块 $C$ 的加速度 $a_{AB}$ 和 $a_C$。

**解**：本题只需要求加速度，故可直接应用微分形式的动能定理，即

$$dT=\sum d'W$$

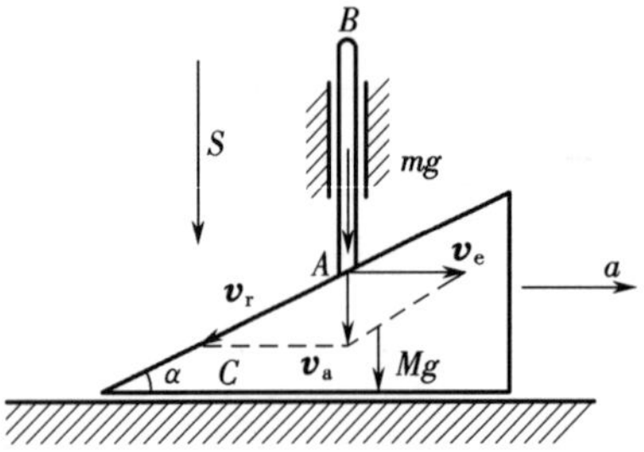


图 4. 3-8

(1) 对象

取直杆 $AB$ 和楔块 $C$ 组成的系统为研究对象，并对其处于任一瞬时 $t$ 的位置进行分析，如图 4. 3-8 所示。

(2) 受力分析

系统的约束属于理想约束，所受主动力是杆的重力 $mg$ 和楔块的重力 $Mg$。

(3) 运动分析

该两物体均作平动。设某瞬时直杆 $AB$ 的速度为 $\boldsymbol{v}_{AB}$，楔块的速度为 $\boldsymbol{v}_C$，为了建立此两速度间关系，对杆 $AB$ 端点 $A$ 应用点的速度合成定理，取 $A$ 点为动点，楔块为动系，则有

$$\boldsymbol{v}_a=\boldsymbol{v}_e+\boldsymbol{v}_r$$

显然，$\boldsymbol{v}_a=\boldsymbol{v}_{AB}$，$\boldsymbol{v}_e=\boldsymbol{v}_C$，因此由图 4. 3-8 所示的速度平行四边形可得

$$v_C=v_{AB}/\tan\alpha$$

(4) 动能与功的计算

写出任一瞬时的动能，且可表示成 $v_{AB}$ 的函数，即

$$T=\frac{1}{2}mv_{AB}^2+\frac{1}{2}Mv_C^2=\frac{v_{AB}^2}{2}\left(m+\frac{M}{\tan^2\alpha}\right) \tag{1}$$

系统在运动中只有杆 $AB$ 的重力做功，设在 $dt$ 内杆 $AB$ 下降 $ds$ 距离，则 $AB$ 杆重力所做的功为

$$d'W=mgds \tag{2}$$

(5) 建立动力学方程

将式(1)、式(2)代入微分形式动能定理，得

$$d\,\frac{v_{AB}^2}{2}\left(m+\frac{M}{\tan^2\alpha}\right)=mgds$$

注意到 $a_{AB}=\frac{dv_{AB}}{dt}$，$v_{AB}=\frac{ds}{dt}$，于是上式可写为

$$v_{AB}a_{AB}\mathrm{d}t\left(m+\frac{M}{\tan^2\alpha}\right)=mgv_{AB}\mathrm{d}t$$

由此可解得 $AB$ 的加速度

$$a_{AB}=\frac{mg\tan^2\alpha}{M+m\tan^2\alpha}$$

将式 $v_C=v_{AB}/\tan\alpha$ 对时间 $t$ 求导得楔块的加速度

$$a_C=\frac{1}{\tan\alpha}\frac{\mathrm{d}v_{AB}}{\mathrm{d}t}=\frac{a_{AB}}{\tan\alpha}=\frac{mg\tan\alpha}{M+m\tan^2\alpha}$$

**【例 4.3-8】** 系统如图 4.3-9 所示。已知：物块 $M$ 和滑轮 $A$、$B$ 的重量均为 $P$，且把滑轮视为均质圆盘，弹簧的刚性系数为 $k$，绳重不计，绳与轮间无相对滑动。当 $M$ 离开地面 $h$ 时，系统处于平衡。现给 $M$ 以向下的初速度 $v_0$，欲使其恰能到达地面，试问 $v_0$ 应为多少？

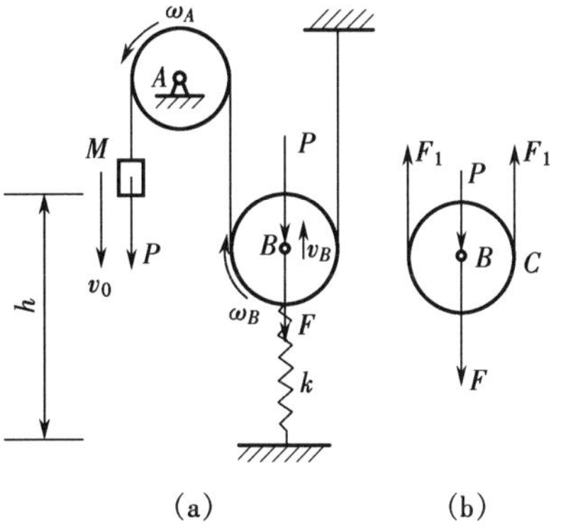


图 4.3-9

**解：** 以整个系统为研究对象，物块 $M$ 作直线平动，滑轮 $A$ 作定轴转动，滑轮 $B$ 作平面运动，因是求物块 $M$ 的初速度 $v_0$，宜用积分形式的动能定理求解。

由题给条件知 $T_2=0$，

$$T_1=\frac{1}{2}\frac{P}{g}v_0^2+\frac{1}{2}J_A\omega_A^2+\frac{1}{2}\frac{P}{g}v_B^2+\frac{1}{2}J_B\omega_B^2 \tag{1}$$

式中：$v_0$ 为物体 $M$ 的初速度；$\omega_A$ 是滑轮 $A$ 的初角速度；$\omega_B$ 是滑轮 $B$ 的初角速度。由运动学知识得

$$v_B=\frac{v_0}{2},\omega_A=\frac{v_0}{r},\omega_B=\frac{v_0}{2r} \tag{2}$$

将式(2)代入式(1)有

$$T_1=\frac{15}{16}\frac{P}{g}v_0^2 \tag{3}$$

在运动过程中只有重力与弹性力做功。设 $\delta_{\mathrm{st}}$ 为系统处于平衡位置时弹簧的静变形，则物块由平衡位置到达地面过程中作用于系统上的作用力所做的功为

$$\sum W_i=Ph-\frac{1}{2}Ph+\frac{1}{2}k\left[\delta_{\mathrm{st}}^2-\left(\delta_{\mathrm{st}}+\frac{h}{2}\right)^2\right]$$

为解 $\delta_{\mathrm{st}}$ 可取滑轮 $B$ 为研究对象，见图 4.3-9(b)，根据静力平衡条件有

$$F_1=P$$

$$\sum m_C(F_i)=0$$

$$P2r-k\delta_{\mathrm{st}}r-Pr=0$$

得 $$\delta_{\mathrm{st}}=\frac{P}{k}$$

代入功的计算公式得

$$\sum W_i=Ph-\frac{1}{2}Ph+\frac{1}{2}k\left[\left(\frac{P}{k}\right)^2-\left(\frac{P}{k}+\frac{h}{2}\right)^2\right]=-\frac{1}{2}k\left(\frac{h}{2}\right)^2$$

对系统应用动能定理，即

$$0-\frac{15P}{16g}v_0^2=-\frac{1}{2}k\left(\frac{h}{2}\right)^2$$

解得 $$v_0=h\sqrt{\frac{2kg}{15P}}$$

方向如图 4.3-9(a)所示。

解题时应注意以下问题。

①计算功时除必须注意其正负号外,还必须注意内力所做的功;在计算动能时,必须用相应的绝对速度或绝对角速度来表示。

②若应用动能定理的微分形式求加速度,则需列出任意瞬时系统的动能及元功的表达式。

③势能的计算,应明确势能是相对给定的零势能位置而定的。在同一系统的不同势力可取不同的零势面。

## 4.3.5 达朗伯原理

达朗伯原理提出了另一种解决动力学问题的方法——动静法,即把动力学问题从形式上转化为静力学问题,然后用静力平衡条件求解。

**1. 惯性力的概念**

当质点受到其他物体的作用而改变其原来的运动状态时,由于质点的惯性产生对施力物体的反作用力,称为质点的惯性力。惯性力的大小等于质点的质量与其加速度的乘积,方向与加速度的方向相反,并作用在施力物体上。惯性力的表达式为

$$\boldsymbol{F}^{\mathrm{I}}=-m\boldsymbol{a}$$

**2. 质点的达朗伯原理**

设质点 $M$,质量为 $m$,受到主动力合力 $\boldsymbol{F}$、约束力合力 $\boldsymbol{N}$ 作用,合力 $\boldsymbol{R}=\boldsymbol{F}+\boldsymbol{N}$,在合力 $\boldsymbol{R}$ 作用下具有加速度 $\boldsymbol{a}$,则

$$\boldsymbol{R}=\boldsymbol{F}+\boldsymbol{N}=m\boldsymbol{a}$$

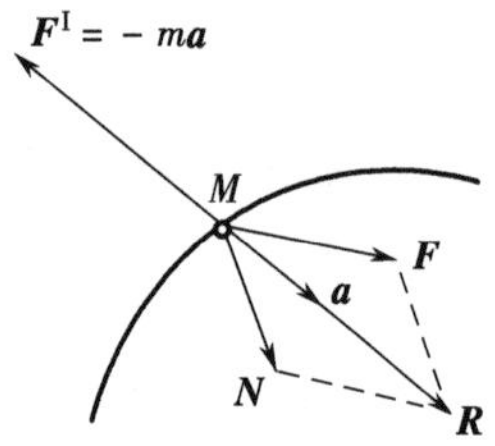

图 4.3-10

令惯性力 $\boldsymbol{F}^{\mathrm{I}}=-m\boldsymbol{a}$,并假想把惯性力作用于质点上,则 $\boldsymbol{R}+\boldsymbol{F}^{\mathrm{I}}=0$,即 $\boldsymbol{F}+\boldsymbol{N}+\boldsymbol{F}^{\mathrm{I}}=0$。此式即为质点的达朗伯原理,表示如果在运动的质点上,假想加上惯性力,则作用于质点的主动力 $\boldsymbol{F}$、约束力 $\boldsymbol{N}$ 和惯性力 $\boldsymbol{F}^{\mathrm{I}}$ 成平衡,如图 4.3-10 所示。应该注意,这里的"平衡"没有实际的物理意义,它不过是质点运动微分方程的另一种形式,即把 $m\boldsymbol{a}$ 项移到左边。

**3. 质点系达朗伯原理**

对质点系内各质点都可列出

$$\boldsymbol{F}_i+\boldsymbol{N}_i+\boldsymbol{F}_i^{\mathrm{I}}=0\quad(i=1,2,\cdots,n)$$

此式即为质点系达朗伯原理。一般来说,它是一个空间任意力系。

**4. 刚体惯性力系的简化**

根据力系简化理论,按刚体的各种运动形式,可分别将惯性力系简化,其结果如表 4.3-8 所示。

表 4.3-8

| 刚体运动形式 | 简化中心 | 惯性力系简化结果 |
|---|---|---|
| 平　动 | 质心 $C$ | 合力 $\boldsymbol{R}^{\mathrm{I}}=-M\boldsymbol{a}_C$ |
| 定轴转动（具有垂直于转轴的质量对称平面） | 转轴 $O$ | 惯性力系的主矢 $\boldsymbol{R}^{\mathrm{I}}=-M\boldsymbol{a}_C=-M(\boldsymbol{a}_{C\tau}+\boldsymbol{a}_{Cn})$<br>惯性力系对 $O$ 点的主矩 $M_O^{\mathrm{I}}=-J_O\boldsymbol{\varepsilon}$ |
| | 质心 $C$ | 惯性力系的主矢 $\boldsymbol{R}^{\mathrm{I}}=-M\boldsymbol{a}_C=-M(\boldsymbol{a}_{C\tau}+\boldsymbol{a}_{Cn})$<br>惯性力系对 $C$ 点的主矩 $M_C^{\mathrm{I}}=-J_C\boldsymbol{\varepsilon}$ |
| 平面运动（具有与平面图形平行的质量对称平面） | 质心 $C$ | 惯性力系的主矢 $\boldsymbol{R}^{\mathrm{I}}=-M\boldsymbol{a}_C$<br>惯性力系对 $C$ 点的主矩 $M_C^{\mathrm{I}}=-J_C\boldsymbol{\varepsilon}$ |

**【例 4.3-9】** 长方形匀质薄板重 $W$，以两根等长的软绳支持，如图 4.3-11 所示。设薄板在图示位置无初速地开始运动，图中 $\alpha=30°$。求此时软绳中的拉力。

**解：**(1)对象

以平板为研究对象。

(2)受力分析

运动开始时板受重力 $W$、软绳约束反力 $T_1$ 和 $T_2$。

(3)运动分析并虚加惯性力

由约束条件知平板作平动，在运动开始时板上各点法向加速度为零，切向加速度垂直于软绳，大小 $a_\tau=l\varepsilon$，其中 $\varepsilon$ 为软绳的角加速度，于是平板惯性力的合力 $R^{\mathrm{I}}=-\dfrac{W}{g}a_\tau$，加于质心 $C$ 上，如图 4.3-11 所示。

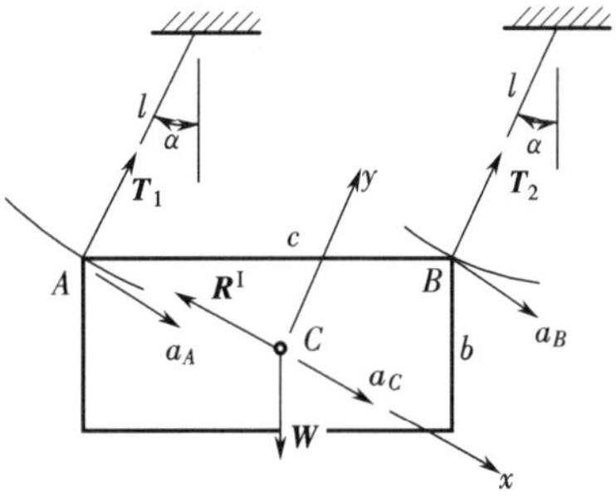


图 4.3-11

(4)选坐标系，列方程求解

作用于板上的主动力 $\boldsymbol{W}$、约束反力 $\boldsymbol{T}_1$、$\boldsymbol{T}_2$ 及虚加的惯性力 $\boldsymbol{R}^{\mathrm{I}}$ 构成平面平衡力系。根据动静法列方程

$$\sum m_A(\boldsymbol{F}_i)=0$$

$$(T_2\cos\alpha)C+\left[(R^{\mathrm{I}}\sin\alpha)\frac{C}{2}-(R^{\mathrm{I}}\cos\alpha)\frac{b}{2}\right]-W\frac{C}{2}=0 \tag{1}$$

$$\sum X_i=0$$

$$W\sin\alpha-R^{\mathrm{I}}=0 \tag{2}$$

$$\sum Y=0$$

$$T_1+T_2-W\cos\alpha=0 \tag{3}$$

从此可求得 $T_1$、$T_2$ 以及 $R^{\mathrm{I}}$，从 $R^{\mathrm{I}}$ 可得到薄板运动的加速度。

今设 $C=2b$，$W=1\ \mathrm{kN}$，从式(2)，得到

$$R^{\mathrm{I}}=W\sin\alpha=0.50\ \mathrm{kN}$$

并得到板的加速度

$$a=g\sin\alpha=4.90\ \mathrm{m/s^2}$$

代入式(1)，解得 $T_2=0.56\ \mathrm{kN}$

从式(3)可得 $T_1=0.31\ \mathrm{kN}$

**【例 4.3-10】** 轮 $A$、$B$ 均质，重分别为 $P_1$、$P_2$，半径均为 $R$，物块 $C$ 重 $Q$，用一不计质量、不伸缩的绳子连接，如图 4.3-12 所示。轮 $A$ 在 $\alpha$ 角斜面上作纯滚动，轮 $B$ 绕 $O$ 轴转动。试求物块 $C$ 下落的加速度 $a$ 和斜面对轮 $A$ 的摩擦力 $F$。

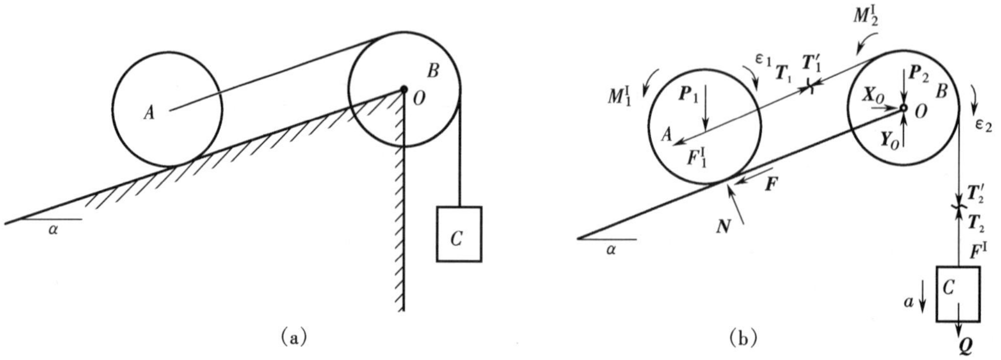


图 4.3-12

**解**：分析系统受力情况，主动力为 $\boldsymbol{P}_1$、$\boldsymbol{P}_2$、$\boldsymbol{Q}$，约束力为法向反力 $\boldsymbol{N}$、摩擦力 $\boldsymbol{F}$、轴承处约束力 $\boldsymbol{X_O}$、$\boldsymbol{Y_O}$ 以及内约束力 $\boldsymbol{T}_1$（$A$ 与 $B$ 间的绳子张力）、$\boldsymbol{T}_2$（$B$ 与 $C$ 间的绳子张力）。用动静法求解较方便，则分别在 $A$、$B$、$C$ 上加惯性力：$F_1^{\mathrm{I}}=\dfrac{P_1}{g}a$，$M_1^{\mathrm{I}}=\dfrac{P_1R^2}{2g}\varepsilon_1=\dfrac{P_1R}{2g}a$（因轮 $A$ 作平面运动，且为纯滚动），$M_2^{\mathrm{I}}=\dfrac{P_2R^2}{2g}\varepsilon_2=\dfrac{P_2R}{2g}a$（因轮 $B$ 作定轴转动，轮心与 $O$ 重合），$F^{\mathrm{I}}=\dfrac{Q}{g}a$（物块 $C$ 作直线平动）。根据平面力系物体系统平衡，共可列出独立平衡方程式 $3(A)+3(B)+1(C)=7$ 个，未知量个数为 $a$、$N$、$F$、$X_O$、$Y_O$、$T_1$、$T_2$ 共 7 个，可见这是一静定的代表方程组，可解。取 $A$ 轮，由

$$\sum M_A(\boldsymbol{F}_i)=0,\qquad F\cdot R-M_1^{\mathrm{I}}=0 \tag{1}$$

$$\sum X_i=0,\qquad F+F_1^{\mathrm{I}}-T_1+P_1\sin\alpha=0 \tag{2}$$

再取 $(B+C)$，由

$$\sum M_O(\boldsymbol{F}_i)=0,\qquad T_1'R+M_2^{\mathrm{I}}+F^{\mathrm{I}}R-QR=0 \tag{3}$$

且

$$T_1=T_1' \tag{4}$$

消去 $T_1$、$T_1'$，即得

$$a=\frac{2(Q-P_1\sin\alpha)}{3P_1+P_2+2Q}g;$$

$$F=\frac{P_1(Q-P_1\sin\alpha)}{3P_1+P_2+2Q}$$

讨论：本题若用动能定理求解加速度 $\boldsymbol{a}$ 也较方便，但动能定理不能求解摩擦力 $\boldsymbol{F}$。

从本题的求解过程可见，采用动静法解题，可以充分发挥静力学中灵活选取研究对象、巧妙选取矩心和投影轴的优点。

### 4.3.6 单自由度系统的振动

物体在其平衡位置附近所作的周期性的往复运动称为振动。这里仅研究单自由度系统在

恢复力(或恢复力矩)、线性阻尼和谐扰力作用下的线性振动,主要包括自由振动、衰减振动和强迫振动。

**1. 自由振动**

仅受恢复力(或恢复力矩)作用而产生的振动称为自由振动。

(1)振动方程 振动特性

图4.3-13为一悬挂质量弹簧系统,物体(视为质点)重 $W=mg$,弹簧原长为 $l_0$,其刚性系数为 $k$,静变形为 $\delta_{st}$。现取系统静平衡位置为坐标原点 $O$,建立坐标轴 $x$,则以 $x$ 为独立参数的振体自由振动的运动微分方程、振动方程、特性参数等列于表4.3-9中。

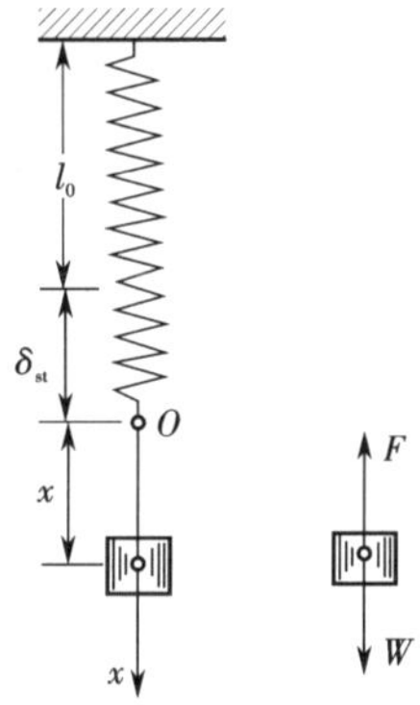

图4.3-13

自由振动特性小结如下。

①由振动方程 $x=A\sin(pt+\alpha)$ 可见,系统在恢复力作用下的自由振动是简谐振动,振动中心在平衡位置。对于图4.3-13所示系统,其圆频率

$$p=\sqrt{\frac{k}{m}}$$

②振幅 $A$ 和初位相 $\alpha$ 由运动的初始条件($x_0$、$v_0$)来决定。

③振动周期 $T$、固有频率 $f$(或频率)、固有圆频率 $p$(或圆频率)只决定于系统的惯性和弹性,而与运动的初始条件无关。

表4.3-9

| | | 自由振动 | 衰减振动(小阻尼 $n<p$) |
|---|---|---|---|
| 运动微分方程 | | $\ddot{x}+p^2x=0$ | $\ddot{x}+2n\dot{x}+p^2x=0$ |
| 振动方程 | | $x=A\sin(pt+\alpha)$ | $x=Ae^{-nt}\sin(\sqrt{p^2-n^2}\,t+\alpha)$ |
| 积分常数 | 振幅 | $A=\sqrt{x_0^2+\frac{v_0^2}{p^2}}$ | $A=\sqrt{x_0^2+\frac{(nx_0+v_0)^2}{p^2-n^2}}$ |
| | 初位相 | $\alpha=\arctan\frac{px_0}{v_0}$ | $\alpha=\arctan\frac{x_0\sqrt{p^2-n^2}}{nx_0+v_0}$ |
| 周期 | | $T=\frac{2\pi}{p}$ | $T_1=\frac{2\pi}{\sqrt{p^2-n^2}}=\frac{T}{\sqrt{1-\gamma^2}}\approx T$ |
| 频率 | | $f=\frac{1}{T}$ | $f_1=\frac{1}{T_1}$ |
| 圆频率 | | $p=2\pi f$ | $p_d=\sqrt{p^2-n^2}$ |
| 减幅系数 | | | $\eta=e^{nT_1}$ |

(2)振动系统固有圆频率的计算

①直接法:质量—弹簧系统,设已知质量 $m$ 和弹簧刚性系数 $k$,直接代入公式 $p=\sqrt{\frac{k}{m}}$ 即可求得。

②平衡法:质量—弹簧系统,在平衡时 $k\delta_{st}=W=mg$,即 $k=\frac{W}{\delta_{st}}=\frac{mg}{\delta_{st}}$,故

$$p=\sqrt{\frac{k}{m}}=\sqrt{\frac{g}{\delta_{st}}}$$

③列出系统的运动微分方程,化为标准形式,如

$$m_{eq}\ddot{x}+k_{eq}x=0 \quad 或 \quad m_{eq}\ddot{q}+k_{eq}q=0$$

即可得到 $p=\sqrt{\dfrac{k_{eq}}{m_{eq}}}$

式中:$m_{eq}$为等效质量,表示系统的惯性;$k_{eq}$为等效刚性系数,表示系统的弹性;$q$ 为系统的广义坐标。

④能量法:一单自由度振动系统,当不计阻尼时,该系统在振动过程中机械能保持不变。如取平衡位置为零势能点,则系统在平衡位置的最大动能值 $T_{max}$将等于系统在极端位置时的最大势能值 $V_{max}$,即

$$T+V=C \quad 或 \quad T_{max}=V_{max}$$

应用上式,即可求得系统的固有圆频率 $p$。

(3)并联或串联弹簧的当量刚性系数(等效刚度)

并联:$k=k_1+k_2+\cdots+k_n=\sum\limits_{i=1}^{n}k_i$

串联:$\dfrac{1}{k}=\dfrac{1}{k_1}+\dfrac{1}{k_2}+\cdots+\dfrac{1}{k_n}=\sum\limits_{i=1}^{n}\dfrac{1}{k_i}$

由以上两式可知,并联后的当量刚性系数加大了,串联后的当量刚性系数降低了。

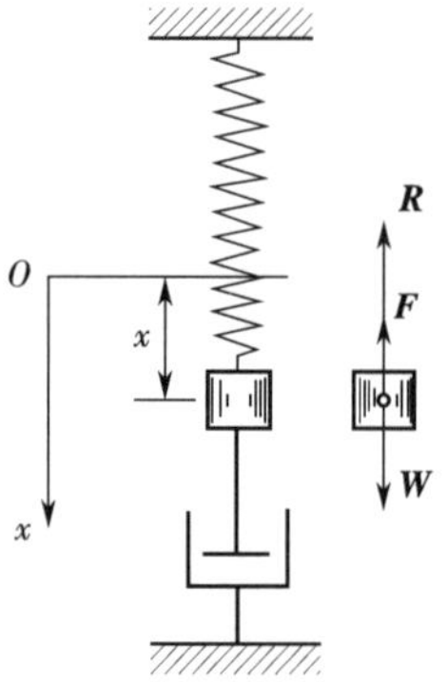

图 4.3-14

**2.衰减振动**

除受恢复力(或恢复力矩)作用外,尚受到阻尼作用而产生的振动称为衰减振动,也称为有阻尼的自由振动。这里,仅分析受线性阻尼 $\boldsymbol{R}=-\beta\boldsymbol{v}$ 的情况,式中 $\beta$ 称为阻力系数。

图 4.3-14 所示的振动系统,在任一瞬时物体受到重力 $\boldsymbol{W}$、弹性力 $\boldsymbol{F}$ 和线性阻尼力 $\boldsymbol{R}=-\beta\boldsymbol{v}$ 作用。现取静平衡位置 $O$ 为坐标原点,建立坐标轴 $x$ 如图 4.3-14 所示,则可得有阻尼自由振动的运动微分方程为

$$\ddot{x}+2n\dot{x}+p^2x=0$$

式中 $2n=\dfrac{\beta}{m}$,$n$ 称为阻尼系数。

现分 $n<p$、$n>p$ 和 $n=p$ 三种情况来讨论衰减振动。

(1)$n<p$(即小阻尼情况)

当 $n<p$ 时,衰减振动的运动微分方程、振动方程和特性参数等列于表 4.3-9 中。

衰减振动特性小结如下。

①阻尼对周期的影响。衰减振动的周期

$$T_1=\frac{2\pi}{\sqrt{p^2-n^2}}=\frac{T}{\sqrt{1-\gamma^2}}$$

其中 $T=\dfrac{2\pi}{p}$为无阻尼自由振动的周期,$\gamma=\dfrac{n}{p}$称为阻尼比。由此可见 $T_1>T$。但是在小阻尼情

况下,阻尼对周期的影响很小,可近似地认为

$$T_1 \approx T = \frac{2\pi}{p}$$

②阻尼对振幅的影响。由振动方程 $x = Ae^{-nt}\sin(\sqrt{p^2 - n^2}t + \alpha)$,画出振动的运动图线(图 4.3-15)。

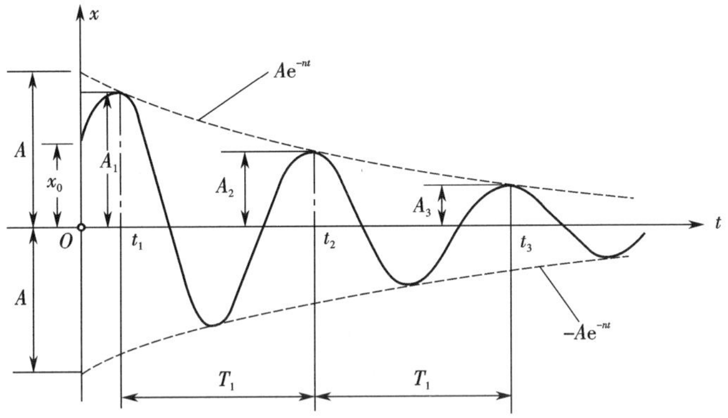


图 4.3-15

图示表明,系统在其平衡位置附近作往复运动,但振幅随时间的增加而迅速减小。其衰减快慢可用减幅系数 $\eta$ 来表示,即

$$\eta = \frac{A_i}{A_{i+1}} = e^{nT_1}$$

式中:$A_i$ 为瞬时 $t_i$ 的振幅,$A_{i+1}$ 为 $t_{i+1} = t_i + T_1$ 瞬时的振幅。可见,衰减振动的振幅是按几何级数迅速衰减的。

(2)$n > p$ 与 $n = p$(即大阻尼与临界阻尼情况)

由这两种情况的运动图线(图 4.3-16)可知,运动已无振动的特性了,且随着时间的增大,系统逐渐趋近于平衡位置。

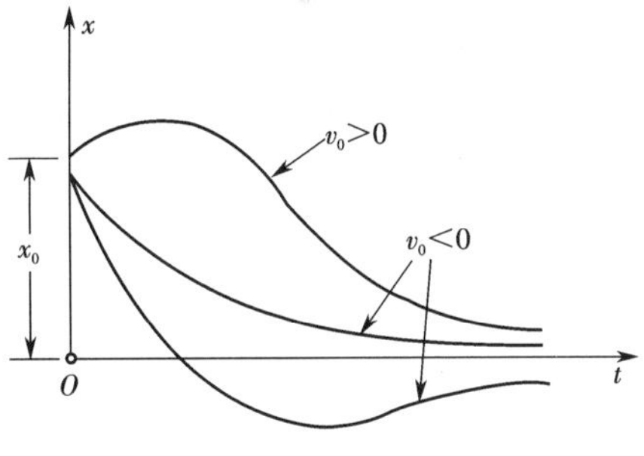


图 4.3-16

**3. 强迫振动**

由干扰力引起的振动,称为强迫振动。若干扰力随时间而简谐变化,则称为谐扰力,其可表为 $S = H\sin\omega t$。

现以系统的平衡位置为坐标原点,以坐标 $x$ 为独立参数,将受谐扰力作用下的强迫振动的主要内容列于表 4.3-10。其中 $h = \frac{H}{m}$,$B_0 = \frac{h}{p^2}$,$B_0$ 表示系统在干扰力的最大幅值 $H$ 静止作用下所产生的偏移;$z = \frac{\omega}{p}$ 称为频率比;$n$ 称为阻尼系数;$\gamma = \frac{n}{p}$ 称为阻尼比;$\lambda_n = \left|\frac{B}{B_0}\right|$ 称为放大系数。

表 4. 3-10

| | | $n=0$ | $n<p$ |
|---|---|---|---|
| 运动微分方程 | | $\ddot{x}+px=h\sin\omega t$ | $\ddot{x}+2n\dot{x}+p^2x=h\sin\omega t$ |
| 振动方程 | | (a) $\omega\neq p$<br>$x=x_1+x_2$<br>$=A\sin(pt+\alpha)+B\sin\omega t$<br>(自由振动)　(强迫振动)<br>(b) $\omega=p$<br>$x_2=\frac{B_0}{2}pt\sin\left(pt-\frac{\pi}{2}\right)$<br>(共振方程)<br>工程上称 $0.75\leqslant\frac{\omega}{p}\leqslant1.25$ 为共振区 | $x=x_1+x_2$<br>$=Ae^{-nt}\sin(\sqrt{p^2-n^2}t+\alpha)+B\sin(\omega t-\varepsilon)$<br>$x_1$:衰减振动<br>$x_2$:强迫振动 |
| 强迫振动 | 振幅 | $B=\frac{h}{p^2-\omega^2}$ | $B=\frac{h}{\sqrt{(p^2-\omega^2)^2+4n^2\omega^2}}$ |
| | 频率 | $\omega$ | $\omega$ |
| | 位相差 | $\omega/p$: <1, =1, >1<br>$\varepsilon$: 0,　$\pi/2$,　$\pi$ | $\varepsilon=\arctan\frac{2n\omega}{p^2-\omega^2}$ |
| 放大系数 | | $\lambda=\left\lvert\frac{B}{B_0}\right\rvert=\left\lvert\frac{1}{1-z^2}\right\rvert$ | $\lambda_n=\frac{B}{B_0}=\frac{1}{\sqrt{(1-z^2)^2+4\gamma^2z^2}}$ |

强迫振动特性小结如下。

①在恢复力、干扰力和阻尼力作用下，系统的振动由衰减振动和强迫振动两部分组成。实际上，由于阻尼的影响，衰减振动将迅速消失，而强迫振动始终存在。

②强迫振动是等幅的简谐振动，与运动的初始条件无关，其振动圆频率与干扰力的圆频率相等，而与系统的固有圆频率 $p$ 无关。

③振幅频率特性曲线。现以频率比 $z$ 为横轴，振幅放大系数 $\lambda_n$ 为纵轴，画出在不同阻尼情况下的振幅频率特性曲线(图 4. 3-17)。振幅频率曲线表示在 $B_0$ 不变的情况下，振幅随着 $\gamma$ 与 $z$ 而变化的关系。

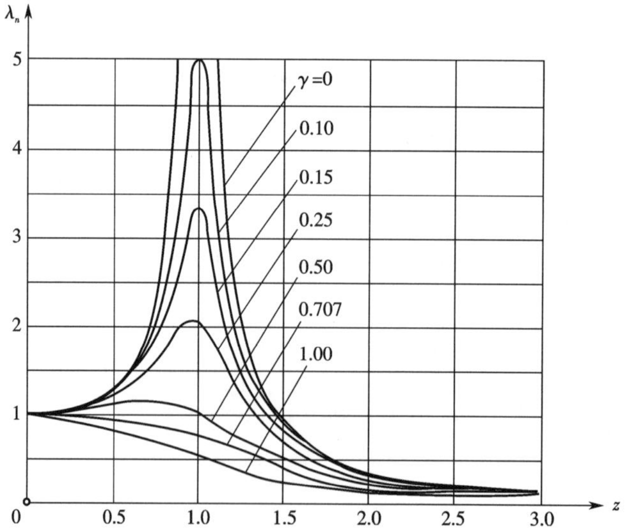


图 4. 3-17

ⓐ当 $z=0$(即 $\omega=0$)时,$\lambda_n=1$,即 $B=B_0$。

ⓑ当 $z\ll 1$(即 $\omega\ll p$)时,$\lambda_n\approx 1$,即 $B\approx B_0$。

当 $z\gg 1$(即 $\omega\gg p$)时,$\lambda_n\approx 0$,即 $B\approx 0$。

ⓒ当 $z=1$(即 $\omega=p$)时,若系统的 $\gamma=0$(即无阻尼情况),则振幅 $B$ 无限增大,这种现象称为共振。一般将 $0.75<z<1.25$ 的区域称为共振区,并称 $\omega=p$ 为系统的共振频率。若谐扰力是机器的转子引起的,通常将共振时转子的转速称为临界转速。

事实上,当系统发生共振时,由于阻尼的存在,振幅不会无限地增大,而仍是有限值,且共振时的振幅并不是最大振幅。另外,图示还表明,放大系数 $\lambda_n$ 随阻尼增大而减小,当 $\gamma>0.707$ 时,放大系数的最大值就不存在,共振现象也就完全消失。

ⓓ由上分析可知,在远离共振区域(即 $z\ll 1$ 或 $z\gg 1$),阻尼对振幅的影响十分微小,可忽略不计。也就是说,当 $\omega$ 远离 $p$ 时,在计算有阻尼强迫振动的振幅时,可以不计阻尼的影响。

**【例 4.3-11】** 图 4.3-18 所示的悬臂梁,在自由端上挂一弹簧,弹簧上悬挂一重 $P$ 的物体。设在力 $\boldsymbol{P}$ 作用下弹簧的静伸长为 $\delta_{st}$,梁的自由端的静挠度为 $f_{st}$。如给重物一初速度 $v_0$,试求重物的自由振动方程。梁和弹簧的质量均忽略不计。

**解:**悬臂梁对物体的作用相当于一弹簧,根据悬臂梁端点的静挠度 $f_{st}$,可算出此梁在端点沿铅垂方向的刚性系数为

$$k_1=\frac{P}{f_{st}}$$

类似地,可算出悬挂弹簧的刚性系数为

$$k_2=\frac{P}{\delta_{st}}$$

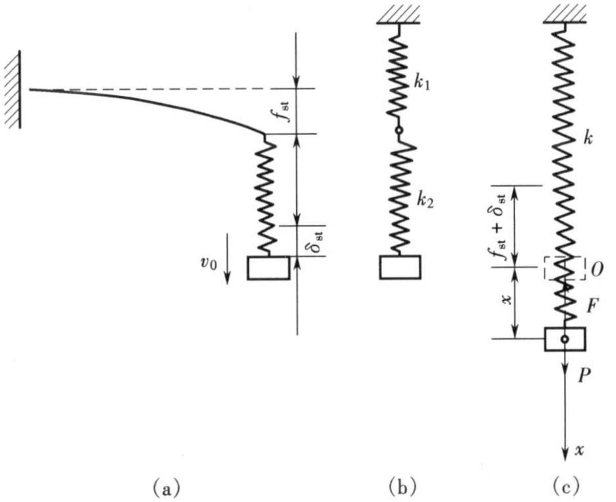


图 4.3-18

于是,图 4.3-18(a)所示振动系统可以抽象为图 4.3-18(b)所示的串联弹簧系统。又因串联弹簧可用一等效弹簧来替代,其当量刚性系数为

$$k=\frac{1}{\dfrac{1}{k_1}+\dfrac{1}{k_2}}=\frac{k_1k_2}{k_1+k_2}$$

最终该系统可简化为图 4.3-18(c)所示的质量弹簧系统,现以此力学模型进行求解。

(1)对象:取重物为研究对象。

(2)运动分析:重物由于初始干扰,沿铅垂方向作自由振动。为了简便,选取重物的静平衡位置 $O$ 为坐标原点,$x$ 轴向下为正。$t=0$ 时,$x_0=0$,$\dot{x}_0=v_0$。

(3)受力分析。通常将重物放在 $x$ 轴正向的任一位置上进行受力分析。作用在其上的力有重力 $\boldsymbol{P}$ 和弹性力 $\boldsymbol{F}$,力 $\boldsymbol{F}$ 在 $x$ 轴上的投影为

$$F=-k(f_{st}+\delta_{st}+x)$$

(4)列运动微分方程,并求解振动规律。

由 $F=ma$ 得

$$\frac{P}{g}\ddot{x}=P-k(f_{st}+\delta_{st}+x) \tag{1}$$

因重物处于静平衡位置时,重力 $\boldsymbol{P}$ 与静变形引起的弹性力 $\boldsymbol{F}_0$ 平衡,即有 $P-k(f_{st}+\delta_{st})=0$,故上式可简化为

$$\frac{P}{g}\ddot{x}=-kx \tag{2}$$

即

$$\ddot{x}+p^2x=0 \tag{3}$$

式中 $p=\sqrt{\dfrac{kg}{P}}=\sqrt{\dfrac{g}{f_{st}+\delta_{st}}}$。 (4)

由表 4.3-9 所示的公式,可知式(3)的通解为

$$x=A\sin(pt+\alpha)$$

根据初始条件 $x_0=0,\dot{x}_0=v_0$,可分别求得振幅 $A$ 及初位相 $\alpha$ 为

$$A=\sqrt{x_0^2+\frac{\dot{x}_0^2}{p^2}}=\sqrt{\frac{v_0^2(f_{st}+\delta_{st})}{g}}$$

$$\alpha=\arctan\frac{px_0}{\dot{x}_0}=0$$

此重物的自由振动方程可表示为

$$x=\sqrt{\frac{v_0^2}{g}(f_{st}+\delta_{st})}\sin\sqrt{\frac{g}{f_{st}+\delta_{st}}}t$$

**【例 4.3-12】** 一重量为 $W$ 的物体挂在弹簧上(图 4.3-19(a)),弹簧的刚性系数为 $k$。设弹簧的端点 $A$ 作上下振动,其振动方程 $x_e=a\sin\omega t$。求物体的强迫振动方程。

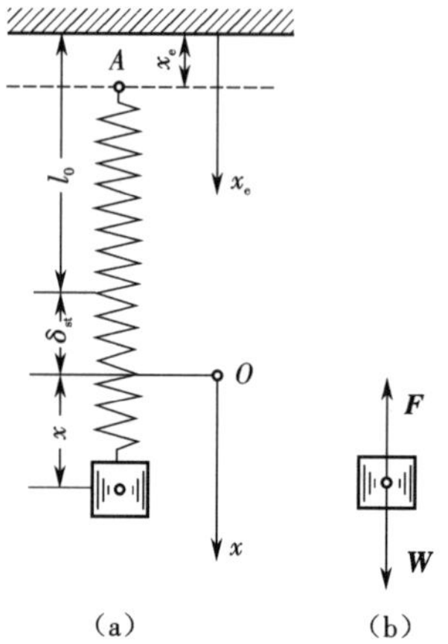


图 4.3-19

**解:** 取物体的平衡位置 $O$ 为 $x$ 轴的原点,$x$ 轴向下为正。在任一瞬时,作用在物体上的力有重力 $\boldsymbol{W}$ 和弹性力 $\boldsymbol{F}$(图 4.3-19(b))。由于弹簧端点 $A$ 的位移的影响,这时弹性力为

$$F=-k(\delta_{st}+x-x_e)$$

因此物体的运动微分方程为

$$\frac{W}{g}\ddot{x}=-k(\delta_{st}+x-x_e)+W$$

由于 $W=k\delta_{st}$,故上式可化为

$$\frac{W}{g}\ddot{x}+kx=ka\sin\omega t \tag{1}$$

上式表明,干扰力是由于弹簧端点的运动 $x_e$ 而引起的,干扰力的力幅与弹簧的刚性系数 $k$ 及端点的振幅 $a$ 成正比。

令

$$p^2=\frac{k}{m}=\frac{kg}{W},h=\frac{kag}{W}$$

则式(1)可简化为

$$\ddot{x}+p^2x=h\sin\omega t \tag{2}$$

可见物体作无阻尼强迫振动。由表 4.3-10 知强迫振动的振幅

$$B=\frac{h}{p^2-\omega^2}=\frac{\frac{kag}{W}}{p^2-\omega^2}=\frac{a}{1-\left(\frac{\omega}{p}\right)^2} \tag{3}$$

于是得物体的强迫振动方程为

$$x=\frac{a}{1-\left(\frac{\omega}{p}\right)^2}\sin \omega t \tag{4}$$

由上式可得放大系数

$$\lambda=\left|\frac{B}{a}\right|=\left|\frac{1}{1-\left(\frac{\omega}{p}\right)^2}\right|=\left|\frac{1}{1-z^2}\right| \tag{5}$$

显然,当 $\omega \gg p$ 时,$z \gg 1$,振幅 $B \to 0$,这时尽管弹簧端点 $A$ 激烈振动,但物体几乎处于静止。

# 仿真习题

## 4.1 静力学

4-1 图示构架由三个构件 $AC$、$BC$、$DF$ 组成。$A$、$B$ 分别为铰链支座和辊轴支座,$C$、$E$、$F$ 均为圆柱铰链。在水平杆的 $D$ 端作用主动力 $\boldsymbol{P}$,则由三力平衡定理可确定 $A$、$C$、$E$、$F$ 处约束力的作用线位置。其分析的顺序应为(　　)。

(A)整体→$AC$→$CB$→$DF$　　(B)整体→$CB$→$AC$→$DF$

(C)整体→$DF$→$AC$→$CB$　　(D)整体→$CB$→$DF$→$AC$

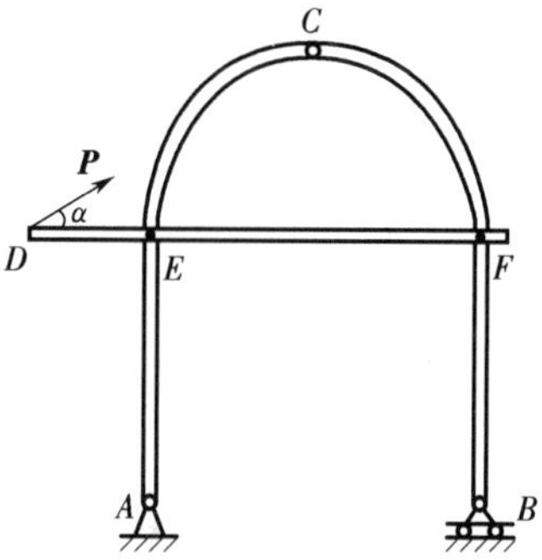


题4-1 图

4-2 在题 4-1 中,$C$ 处铰链约束力 $\boldsymbol{R}_C$ 的方位应为(　　)。

(A)$\boldsymbol{R}_C$ 垂直 $\boldsymbol{P}$　　(B)$\boldsymbol{R}_C$ 平行 $\boldsymbol{P}$

(C)$\boldsymbol{R}_C$ 沿 $CE$　　(D)$\boldsymbol{R}_C$ 沿 $CF$

4-3 图示三铰半圆拱结构,受两力偶 $m_1$、$m_2$ 作用,该两力偶分别作用于 $AC$ 和 $BC$ 上,其转向相反,但大小相等,则 $A$、$B$ 铰链处约束反力应为(　　)。

(A)(0,0)

(B)水平( 

)

(C)水平( 

)

(D)铅直( 

)

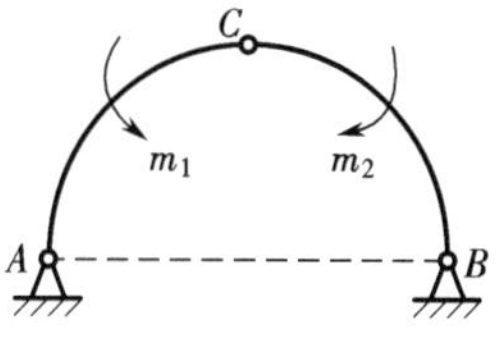


题4-3 图

4-4 图示四连杆机构,其中 $AB$ 杆固定,而在铰链 $C$、$D$ 处分别作用力 $\boldsymbol{P}$、$\boldsymbol{Q}$ 使机构保持平衡。若不计各杆自重,则 $CD$ 杆的内力应为(　　)。

(A) $-\dfrac{Q}{2}$,压杆　　(B) $+\dfrac{Q}{2}$,拉杆　　(C) $-\dfrac{\sqrt{3}}{2}P$,压杆　　(D) $+\dfrac{\sqrt{3}}{2}P$,拉杆

4-5 图示均质直角三角板 $ABC$ 置于铅直面上,并受板面内三根链杆支承,其中 $A$ 杆沿 $AB$,$B$ 杆沿 $CB$,$C$ 杆沿 $CA$。板自重为 $Q$,并受在板面上的水平力 $\boldsymbol{P}$ 作用,且 $AD=DB$。则此三根链杆的约束力可由方程组(　　)解得。

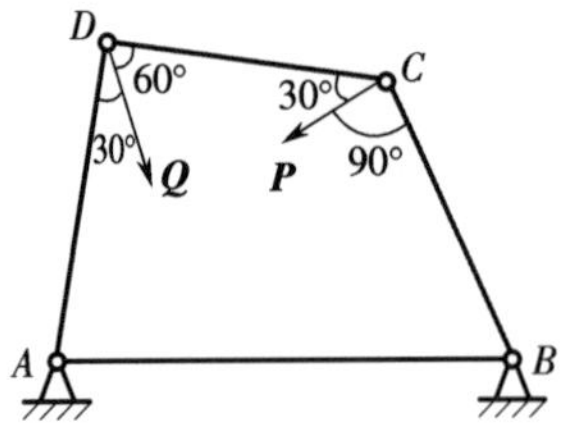


题 4-4 图

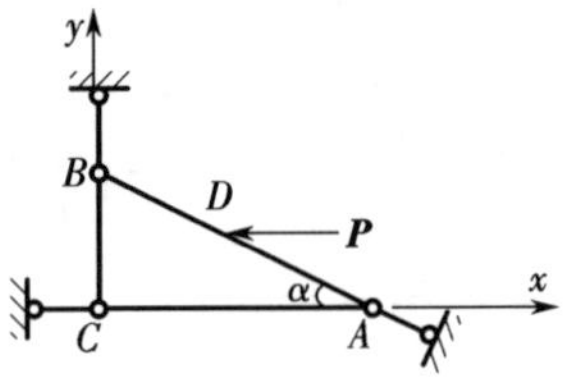


题 4-5 图

(A) $\sum M_A(\boldsymbol{F}_i)=0, \sum M_B(\boldsymbol{F}_i)=0, \sum M_D(\boldsymbol{F}_i)=0$ (B) $\sum M_C(\boldsymbol{F}_i)=0, \sum M_A(\boldsymbol{F}_i)=0, \sum Y_i=0$

(C) $\sum M_B(\boldsymbol{F}_i)=0, \sum M_C(\boldsymbol{F}_i)=0, \sum X_i=0$　　(D) $\sum M_C(\boldsymbol{F}_i)=0, \sum X_i=0, \sum Y_i=0$

4-6　图示悬臂梁 $AB$，梁长 $l$，受集中力 $\boldsymbol{P}$ 和线性分布力 $\boldsymbol{q}$ 作用，则固定端 $A$ 处的约束力、约束力偶的大小应为(　　)。

(A) $0, P+lq, 0$　　(B) $0, P+\dfrac{l}{2}q, Pl+\dfrac{l^2}{6}q$

(C) $0, P+lq, Pl+\dfrac{l^2}{2}q$　　(D) $0, P+\dfrac{l}{2}q, Pl+\dfrac{l^2}{4}q$

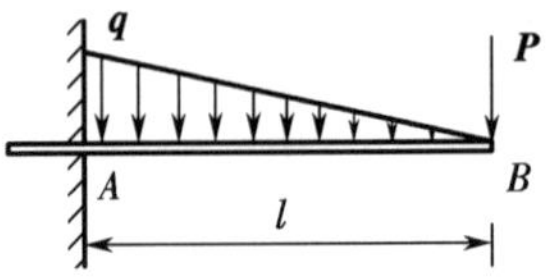


题 4-6 图

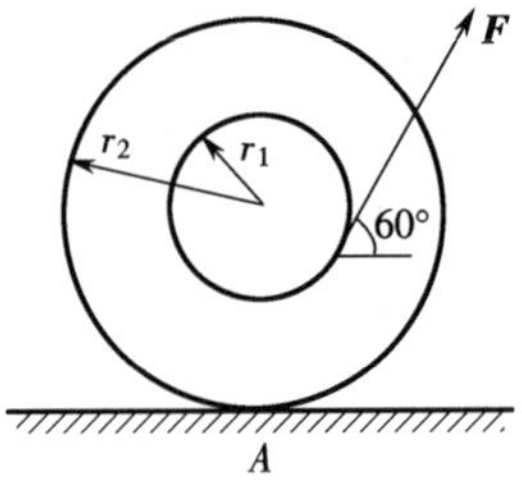


题 4-7 图

4-7　如图所示，在鼓轮上作用一力 $\boldsymbol{F}$，$F=300$ N，倾角为 60°，鼓轮两半径 $r_1=20$ cm，$r_2=50$ cm，则力 $\boldsymbol{F}$ 对鼓轮与水平面接触点 $A$ 之矩 $M_A(\boldsymbol{F})$ 为(　　)。

(A) −1 500 N · cm，顺时针方向　　(B) +1 500 N · cm，逆时针方向

(C) $-3\ 000\sqrt{3}$ N · cm，顺时针方向　　(D) $+3\ 000\sqrt{3}$ N · cm，逆时针方向

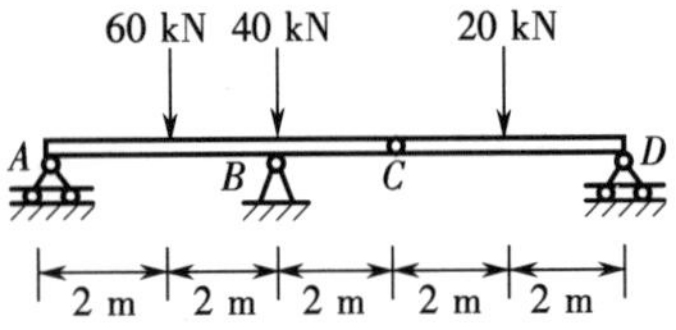


题 4-8 图

4-8　图示二跨静定联合梁，受三个集中力作用，则 $A$ 处约束力 $\boldsymbol{R}_A$ 的大小为(　　)。

(A) 300 kN　　(B) 25 kN

(C) 20 kN　　(D) 60 kN

4-9　图示平面结构，受集中力 $\boldsymbol{P}$、均布力 $\boldsymbol{q}$ 和力偶矩 $m$ 作用，几何尺寸和各处约束如图示，则固定端 $C$ 处的水平约束反力应为(　　)。

(A) $\dfrac{\sqrt{3}}{6}P$，向左　　(B) $\dfrac{\sqrt{3}}{3}P$，向左　　(C) $\dfrac{\sqrt{3}}{6}P$，向右　　(D) $\dfrac{\sqrt{3}}{3}P$，向右

4-10　图示构架，在铅直杆的 $D$ 端受水平力 $\boldsymbol{P}$ 作用，物块重 $Q$，杆、轮和绳重不计。$C$、$O$ 处均为圆柱铰链，$A$、$B$ 为铰链支座。已知 $P=Q=1$ kN，则 $A$ 处水平约束力为(　　)。

(A) 0.5 kN，向左　(B) 1 kN，向左　(C) 2 kN，向左　(D) 3 kN，向左

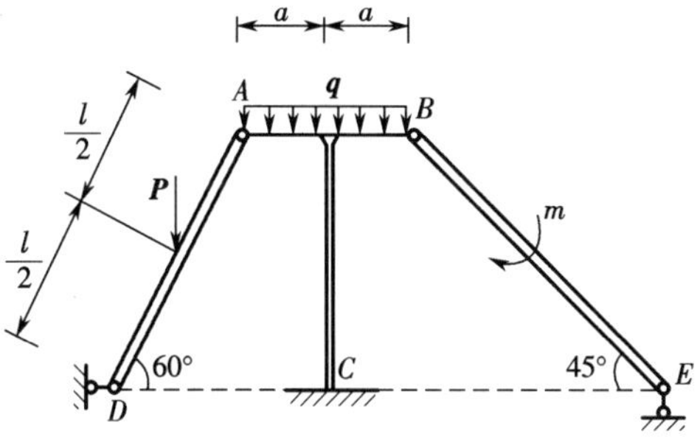


题 4-9 图

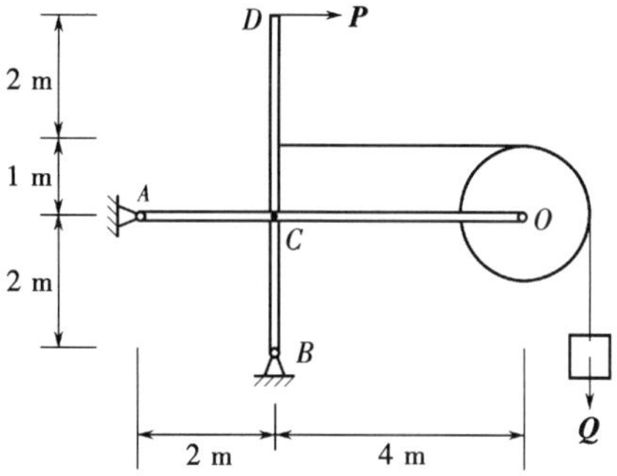


题 4-10 图

4-11 图示力 $\boldsymbol{F}$ 在铅直面 $OABC$ 内，并沿 $AC$ 方向，则力 $\boldsymbol{F}$ 对 $x$、$y$、$z$ 轴的矩 $M_x$、$M_y$、$M_z$ 应为(　　)。

(A) $M_x=0, M_y=0, M_z=0$　　(B) $M_x=0, M_y=0, M_z\neq 0$

(C) $M_x\neq 0, M_y\neq 0, M_z=0$　　(D) $M_x\neq 0, M_y\neq 0, M_z\neq 0$

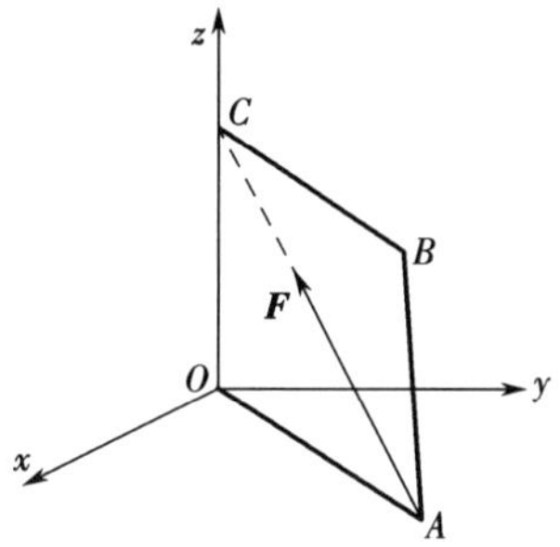


题 4-11 图

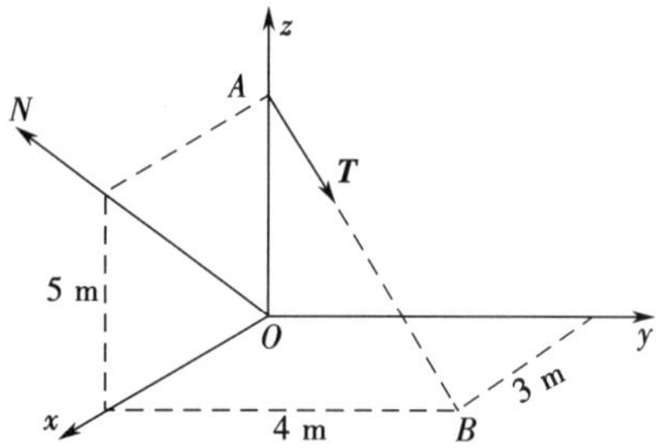


题 4-12 图

4-12 图示力 $\boldsymbol{T}$ 沿 $AB$，$T=1$ kN；$ON$ 轴在 $Oxz$ 平面内，则 $\boldsymbol{T}$ 对 $x$、$y$、$N$ 轴的矩分别为(　　)。

(A) $-2\sqrt{2}$ kN·m, $1.5\sqrt{2}$ kN·m, $-\dfrac{6}{\sqrt{17}}$ kN·m

(B) $2\sqrt{2}$ kN·m, $-1.5\sqrt{2}$ kN·m, $\dfrac{6}{\sqrt{17}}$ kN·m

(C) $-2\sqrt{2}$ kN·m, $1.5\sqrt{2}$ kN·m, $\dfrac{6}{\sqrt{17}}$ kN·m

(D) $2\sqrt{2}$ kN·m, $-1.5\sqrt{2}$ kN·m, $-\dfrac{6}{\sqrt{17}}$ kN·m

4-13 图示 $ABCD$ 为一均质等厚薄板，重 $Q=200$ N，角 $A$ 用球铰链支承，角 $B$ 用蝶铰链与墙连接，再用绳索 $CE$ 拉住使板保持在水平位置，则绳索拉力 $T$ 和铰链 $B$ 的约束力 $\boldsymbol{X}_B$、$\boldsymbol{Z}_B$ 应分别为(　　)。

(A) 100 N, 0 N, 100 N　　(B) 200 N, 0 N, 0 N

(C) 300 N, 0 N, 50 N　　(D) 400 N, 0 N, 0 N

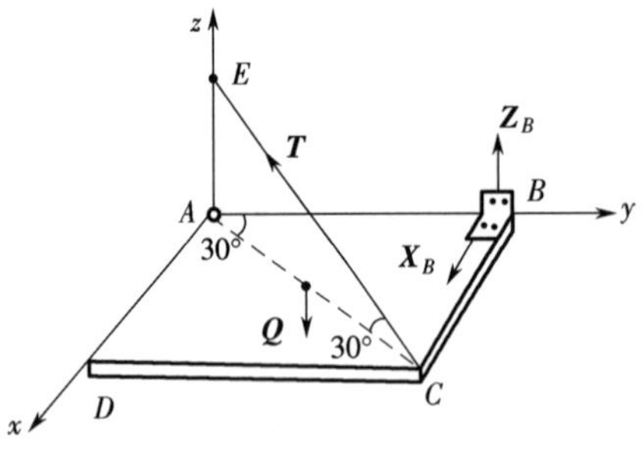


题 4-13 图

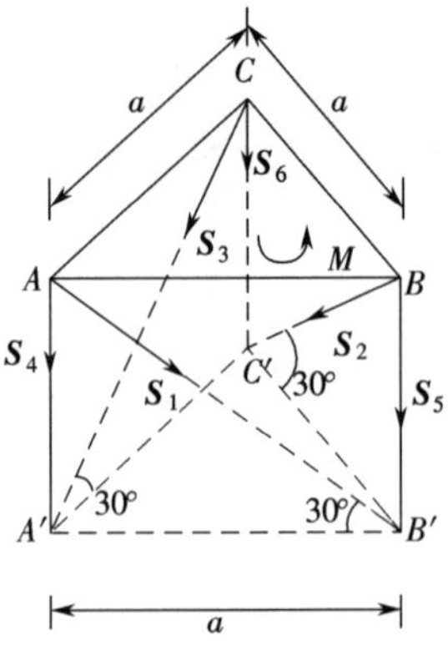


题 4-14 图

4-14　图示 $ABC$ 为一边长为 $a$ 的正三角形板，以三根斜杆 1、2、3 和三根竖杆 4、5、6 支承，板面上作用一力偶矩 $M$，不计板重，则各斜杆内力相等，各直杆内力也相等，斜杆和竖杆的内力分别为(　　)。

(A)$\frac{4M}{3a},\frac{2M}{3a}$　　(B)$-\frac{4M}{3a},-\frac{2M}{3a}$　　(C)$\frac{4M}{3a},-\frac{2M}{3a}$　　(D)$-\frac{4M}{3a},\frac{2M}{3a}$

4-15　图示平面桁架，则杆 $AB$ 和杆 $AC$ 的内力 $S_1$、$S_2$ 应为(　　)。

(A)$\sqrt{2}P$,0　　(B)$-\sqrt{2}P$(受压),0　　(C)$\sqrt{2}P$,$P$　　(D)$-\sqrt{2}P$(受压),$P$

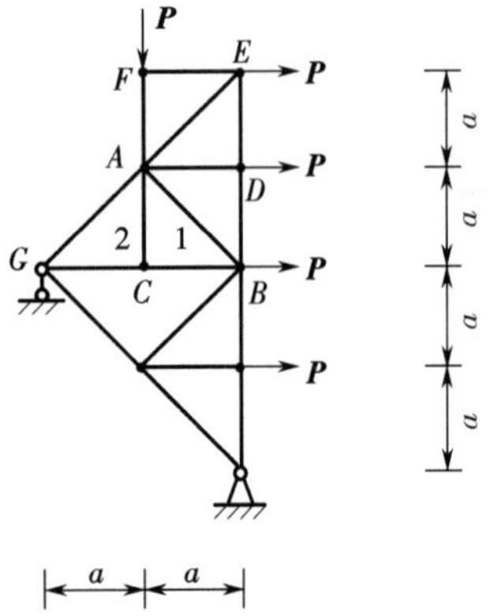


题 4-15 图

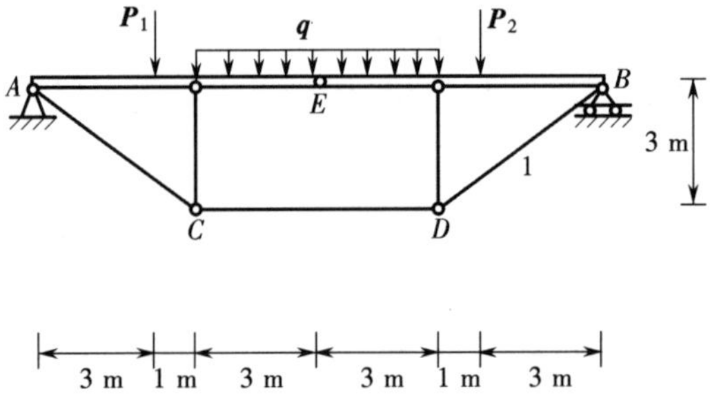


题 4-16 图

4-16　图示组合结构，$P_1=P_2=5$ kN，均布力 $q=2$ kN/m，则杆 1 的内力应为(　　)。

(A)12 kN，拉杆　　(B)16 kN，拉杆　　(C)20 kN，拉杆　　(D)24 kN，拉杆

4-17　图示物块 $A$ 和 $B$ 叠放在水平固定面上。物块 $A$ 与 $B$ 之间的摩擦系数为 $f_1=0.20$(动摩擦系数可近似取此值)。物块 $B$ 与固定面间的摩擦系数为 $f_2=0.25$。物块 $A$ 重 $W_A=10$ N，物块 $B$ 重 $W_B=20$ N。若在物块 $A$ 上施加力 $P=3$ N，则物块 $A$ 和 $B$ 能否保持平衡状态应为(　　)。

(A)$A$ 相对 $B$ 滑动，$B$ 平衡　　　　(B)$A$、$B$ 物块都平衡

(C)$A$、$B$ 物块都要滑动　　　　　　(D)$A$ 相对 $B$ 平衡，$B$ 滑动

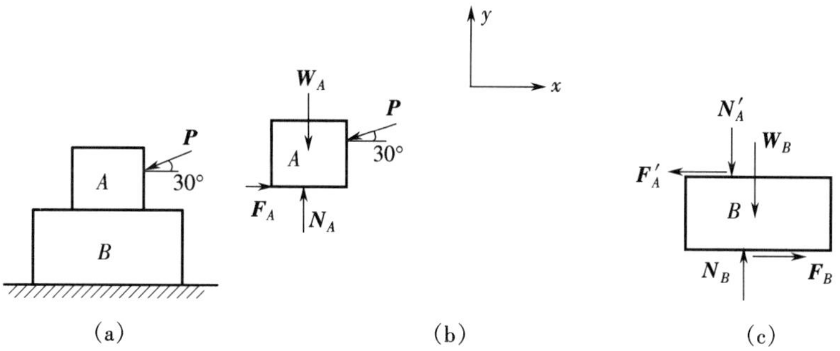


题 4-17 图

4-18 如图所示，板长为 $l$，水平地置于直角槽内，已知板的 $A$ 端与槽面间的摩擦系数为 $f$，$B$ 端摩擦不计，若不计板重，则重为 $P$ 的人站在板上能使板保持水平，其位置应为(　　)。

(A) $\frac{1+\sqrt{3}f}{2}l > S > \frac{1-\sqrt{3}f}{2}l$　　(B) $\frac{1+\sqrt{3}f}{2}l > S > \frac{1-\sqrt{3}f}{4}l$

(C) $\frac{1+\sqrt{3}f}{4}l > S > \frac{1-\sqrt{3}f}{4}l$　　(D) $\frac{\sqrt{3}f}{2}l > S > \frac{\sqrt{3}f}{4}l$

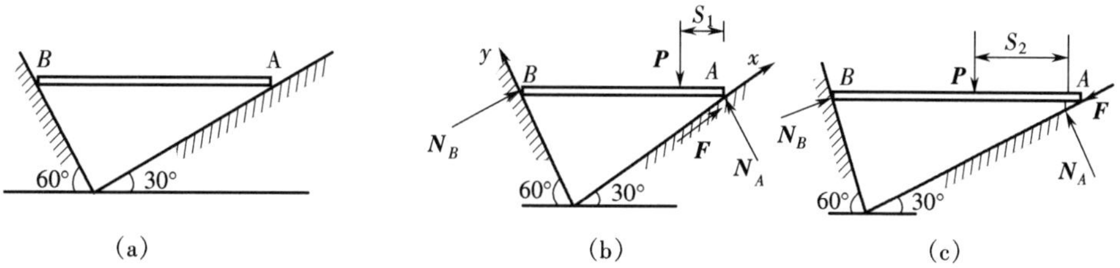


题 4-18 图

## 4.2 运动学

4-19 点 $M$ 在曲线 $AOB$ 上运动。曲线由 $AO$、$OB$ 两段圆弧组成。$AO$ 段曲率半径 $R_1 = 18$ m，$OB$ 段曲率半径 $R_2 = 24$ m，取两圆弧交接点 $O$ 为原点，并规定正负方向如图所示。已知点 $M$ 的运动方程为 $s = 3 + 4t - t^2$（$t$ 以秒计，$s$ 以米计），则 $t = 5$ 秒时点 $M$ 的加速度大小为(　　)。

(A) 1.5 m/s²　　(B) 2 m/s²　　(C) $2\sqrt{2}$ m/s²　　(D) 4 m/s²

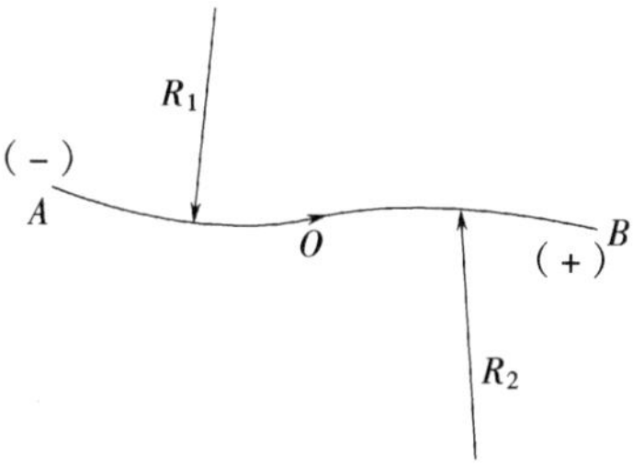


题 4-19 图

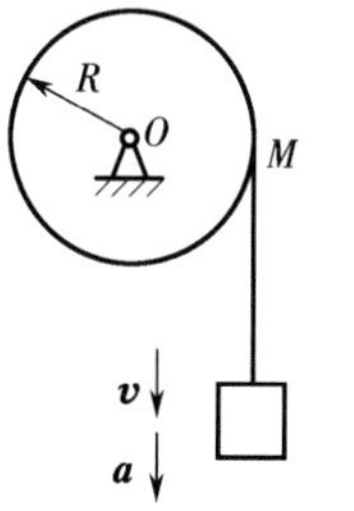


题 4-20 图

4-20 半径为 $R$ 的滑轮上绕一绳子，绳与轮间无相对滑动。绳子一端挂一物块，在图示位置物块有速度 $\boldsymbol{v}$ 和加速度 $\boldsymbol{a}$，$M$ 点为滑轮上与铅垂绳段的相切点，则在此瞬时 $M$ 点加速度的大小为(　　)。

(A)0　　(B)$a$　　(C)$v^2/R$　　(D)$\sqrt{\left(\frac{v^2}{R}\right)^2+a^2}$

4-21　图示平面机构由 $O_1A$、$O_2B$ 杆件与直角三角板 $ABC$ 构成。图示位置 $O_1A$、$O_2B$ 均垂直水平线 $O_1O_2$，且 $O_1A=O_2B=BC=R$，$AB=2R$，此时杆 $O_1A$ 以角速度 $\omega$ 转动，则三角板上 $C$ 点的速度应为(　　)。

(A)$R\omega$，水平向右　　(B)$2\sqrt{2}R\omega$，垂直 $CO_1$ 向上

(C)$R\omega$，水平向左　　(D)$2\sqrt{2}R\omega$，垂直 $CO_2$ 向右

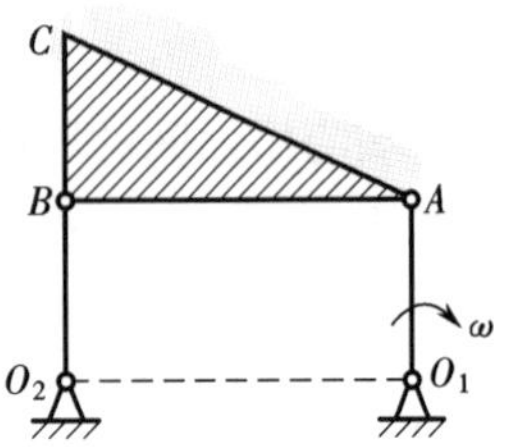


题 4-21 图

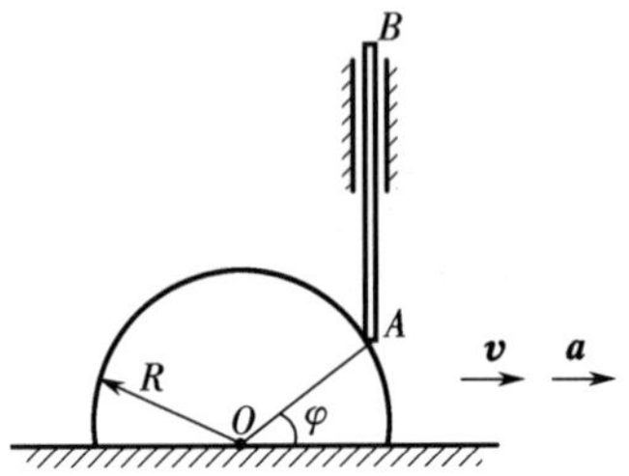


题 4-22 图

4-22　半圆形凸轮沿水平滑槽滑动并推动铅直杆 $AB$ 沿铅直滑槽滑动。图示位置凸轮有速度为 $\boldsymbol{v}$，加速度为 $\boldsymbol{a}$，$\varphi=30°$，凸轮半径为 $R$，则此瞬时杆 $AB$ 的加速度 $\boldsymbol{a}_{AB}$ 为(　　)。

(A)$\sqrt{3}a-\frac{8v^2}{R}$，向上　　(B)$\sqrt{3}a-\frac{8v^2}{R}$，向下

(C)$\sqrt{3}a-\frac{2v^2}{R}$，向上　　(D)$\sqrt{3}a-\frac{2v^2}{R}$，向下

4-23　在图示平面机构中，$AB$ 杆借助滑套 $B$ 带动直角杆 $CDE$ 运动，在图示位置，$\theta=30°$，角速度 $\omega=2$ rad/s，角加速度 $\varepsilon=1$ rad/s²，且知杆 $AB$ 长 $L=10$ cm，则该瞬时 $D$ 点的速度 $\boldsymbol{v}_D$ 和加速度 $\boldsymbol{a}_D$ 为(　　)。

(A)$10\sqrt{3}$ cm/s↑，$20+5\sqrt{3}$ cm/s²↑

(B)$10\sqrt{3}$ cm/s↓，$20+5\sqrt{3}$ cm/s²↑

(C)$10\sqrt{3}$ cm/s↑，$20+5\sqrt{3}$ cm/s²↓

(D)$10\sqrt{3}$ cm/s↓，$20+5\sqrt{3}$ cm/s²↓

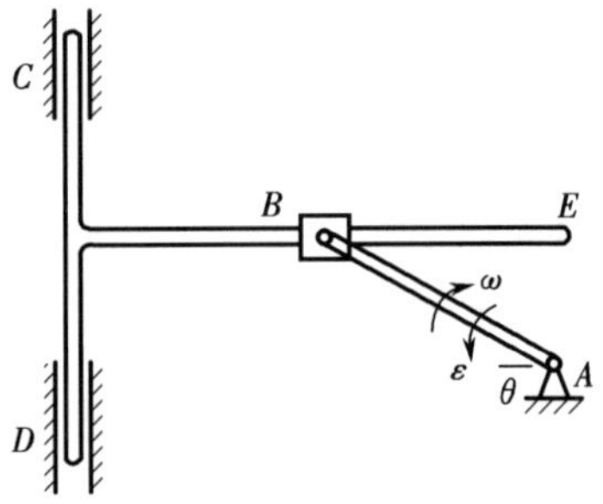


题 4-23 图

4-24　偏心凸轮机构，偏心距为 $e$，轮半径 $R=\sqrt{3}e$，轮以匀角速度 $\omega$ 绕 $O$ 轴转动并推动杆 $AB$ 沿铅直槽滑动。在图示位置，$OC\perp CA$。$O$、$A$、$B$ 在一直线上。若以杆 $AB$ 的 $A$ 点为动点，动系固结于轮上，静系固结于地面，则 $A$ 点的科氏加速度 $a_k$ 应为(　　)。

(A)$a_k=\frac{8\sqrt{3}}{3}e\omega^2$，方向由 $C$ 向 $A$　　(B)$a_k=\frac{16\sqrt{3}}{3}e\omega^2$，方向由 $C$ 向 $A$

(C)$a_k=\frac{8\sqrt{3}}{3}e\omega^2$，方向由 $A$ 向 $C$　　(D)$a_k=\frac{16\sqrt{3}}{3}e\omega^2$，方向由 $A$ 向 $C$

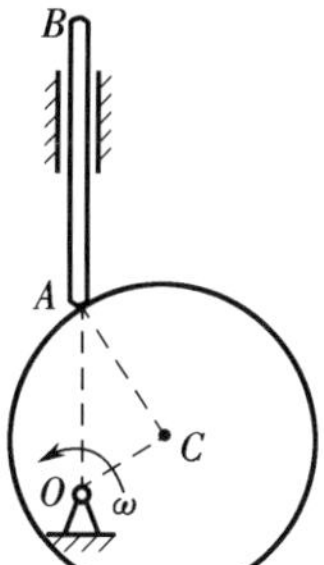


题 4-24 图

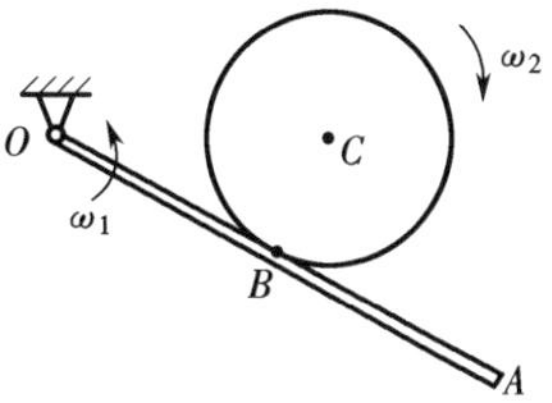


题 4-25 图

4-25 图示杆 $OA$ 以角速度 $\omega_1$ 绕 $O$ 轴旋转,轮 $C$ 相对杆以角速度 $\omega_2$ 在杆上滚动。轮半径为 $R$,杆长为 $2l$,此瞬时 $OB=BA$。若以轮心 $C$ 为动点,动系固结在 $OA$ 杆上,则 $C$ 点的牵连速度 $\boldsymbol{v}_e$ 为(　　)。

(A)$R\omega_2$, $\perp BC$ 向下　　　(B)$\dfrac{l}{2}\omega_1$, $\perp OB$ 向上

(C)$\sqrt{l^2+R^2}\,\omega_2$, $\perp BC$ 向下　　　(D)$\sqrt{l^2+R^2}\,\omega_1$, $\perp OC$ 向上

4-26 图示平面机构,半径为 $R$ 的圆轮在水平直线轨道上作纯滚动,图示位置 $\varphi=60°$,轮心 $A$ 的速度为 $\boldsymbol{v}$,杆 $AB$ 长 $l$,$B$ 端紧靠铅直墙,则此瞬时 $B$ 点速度 $\boldsymbol{v}_B$ 和杆 $AB$ 的角速度 $\omega_{AB}$ 应为(　　)。

(A)$v_B=\sqrt{3}v$, ↓; $\omega_{AB}=\dfrac{2\sqrt{3}}{l}v$, ↻　　　(B)$v_B=\dfrac{v}{\sqrt{3}}$, ↓; $\omega_{AB}=\dfrac{2v}{\sqrt{3}l}$, ↻

(C)$v_B=\sqrt{3}v$, ↓; $\omega_{AB}=\dfrac{2\sqrt{3}}{l}v$, ↺　　　(D)$v_B=\dfrac{v}{\sqrt{3}}$, ↓; $\omega_{AB}=\dfrac{2v}{\sqrt{3}l}$, ↺

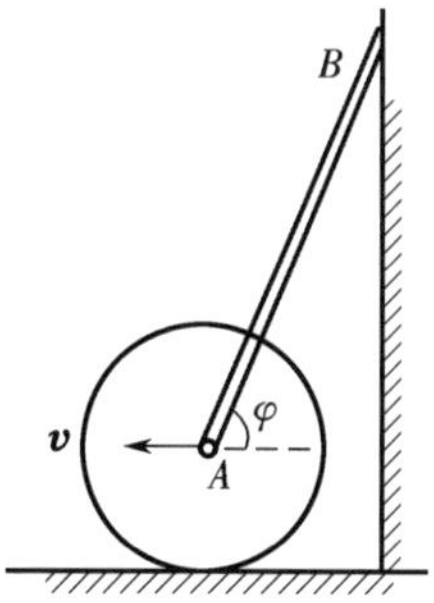


题 4-26 图

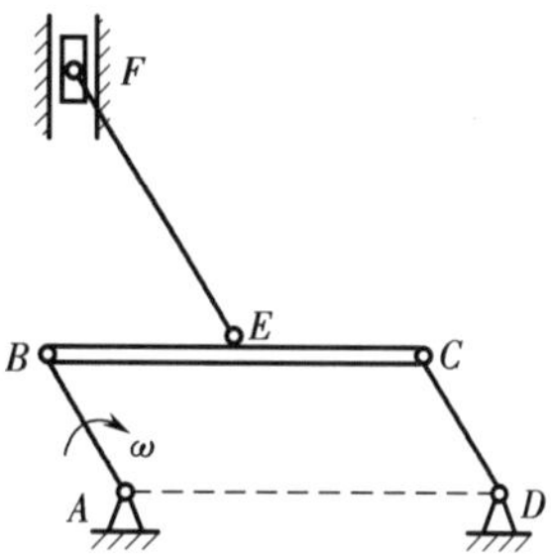


题 4-27 图

4-27 图示平面机构,$ABCD$ 为一平行四边形,$EF$ 杆的 $E$ 端铰接 $BC$ 杆,$F$ 端铰接滑块可在铅直槽内滑动。已知 $AB=10$ cm,$EF=20$ cm。在图示位置 $\omega=2$ rad/s,且 $EF/\!/AB$,则此瞬时杆 $EF$ 的角速度 $\omega_{EF}$ 应为(　　)。

(A)2 rad/s,顺时针向　　　(B)2 rad/s,逆时针向

(C)1 rad/s,顺时针向　　　(D)1 rad/s,逆时针向

4-28 图示平面机构,杆 $AB$ 连接两滑块置于直角槽内,$A$ 以匀速率 $v_A=1$ m/s 沿槽运动,$\varphi$

$=45°$, $AB=2$ m，图示位置 $AB$ 杆处于水平，则该瞬时 $B$ 点的加速度为（　　）。

(A) $\sqrt{2}$ $m/s^2$，向下

(B) $\sqrt{2}$ $m/s^2$，向上

(C) 1 $m/s^2$，向下

(D) 1 $m/s^2$，向上

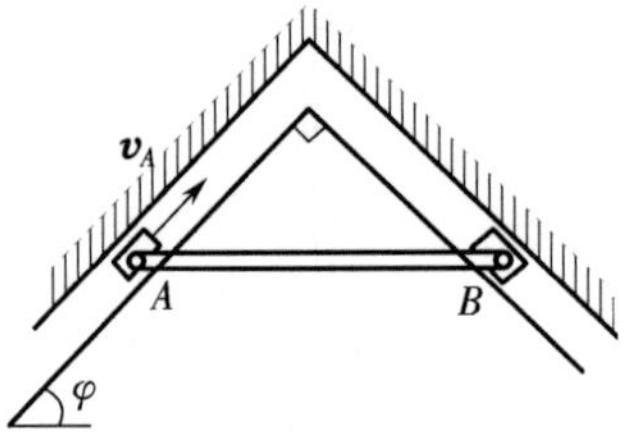

题 4-28 图

## 4.3 动力学

4-29　重为 $G$ 的汽车在图示的凹凸路面上以匀速率 $v$ 行驶，若凹下路面的最低处与凸起路面的最高处的曲率半径均为 $\rho$，则汽车在最低处时对路面的铅直压力 $\boldsymbol{N}_1$ 和在最高处时对路面的铅直压力 $\boldsymbol{N}_2$ 的大小分别为（　　）。

题 4-29 图

(A) $N_1=G, N_2=G$

(B) $N_1=G\left(1+\dfrac{v^2}{\rho g}\right), N_2=G\left(1+\dfrac{v^2}{\rho g}\right)$

(C) $N_1=G\left(1-\dfrac{v^2}{\rho g}\right), N_2=G\left(1+\dfrac{v^2}{\rho g}\right)$

(D) $N_1=G\left(1+\dfrac{v^2}{\rho g}\right), N_2=G\left(1-\dfrac{v^2}{\rho g}\right)$

4-30　图示均质轮和均质杆，质量均为 $m$；轮子半径均为 $R$，杆长均为 $l$；轮和杆均以角速度 $\omega$ 转动，其中图(b)中，轮在直线轨道上作纯滚动，则它们的动量大小按图次序分别为（　　）。

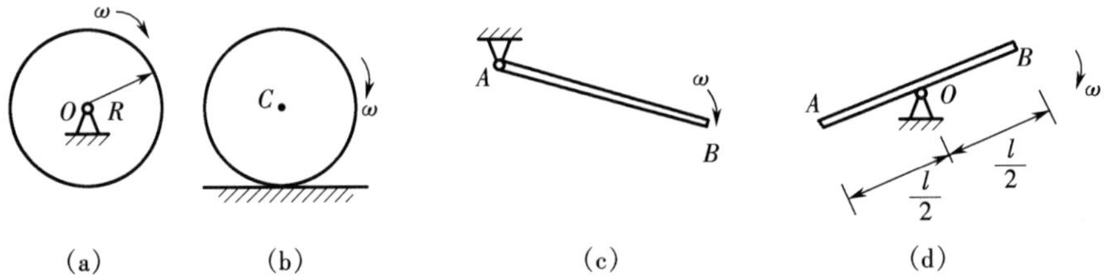

题 4-30 图

(A) $mR\omega, mR\omega, ml\omega, m\dfrac{l}{2}\omega$

(B) $0, mR\omega, m\dfrac{l}{2}\omega, 0$

(C) $mR\omega, mR\omega, m\dfrac{l}{2}\omega, 0$

(D) $0, mR\omega, ml\omega, m\dfrac{l}{2}\omega$

4-31　如图所示，两小车 $A$、$B$ 的质量分别为 $m_A=1\ 000$ kg，$m_B=2\ 000$ kg，在水平直线轨道上分别以匀速 $v_A=2$ m/s 和 $v_B=1.2$ m/s 运动。一质量为 $m_C=200$ kg 的重物以俯角 $\phi=60°$，速度 $v_C=4$ m/s 落入 $A$ 车内。当 $A$ 车与 $B$ 车相碰后紧接在一起运动。若不计水平向摩擦，则两车一起运动的速度为（　　）。

(A) 1.5 m/s　　(B) 2 m/s　　(C) 2.5 m/s　　(D) 3 m/s

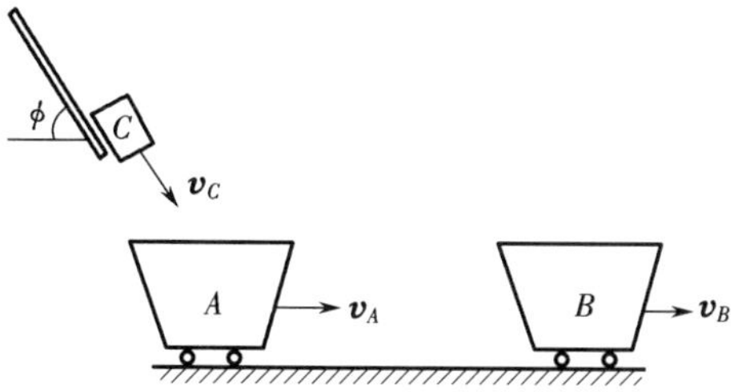


题 4-31 图

4-32 如图所示，均质杆 $OA$，重为 $P$，长为 $2l$，绕过 $O$ 端的水平轴在铅直面内转动，转到 $\varphi$ 角时，有角速度 $\omega$ 和角加速度 $\varepsilon$，则此时铰链 $O$ 处的约束力 $\boldsymbol{T}$ 和 $\boldsymbol{N}$ 为(　　)。

(A) $\begin{cases} T = P\left(\cos\varphi - \dfrac{l}{g}\varepsilon\right) \\ N = P\left(\sin\varphi + \dfrac{l}{g}\omega^2\right) \end{cases}$　　(B) $\begin{cases} T = -P\left(\cos\varphi - \dfrac{l}{g}\varepsilon\right) \\ N = -P\left(\sin\varphi + \dfrac{l}{g}\omega^2\right) \end{cases}$

(C) $\begin{cases} T = P\left(\cos\varphi - \dfrac{l}{g}\varepsilon\right) \\ N = -P\left(\sin\varphi + \dfrac{l}{g}\omega^2\right) \end{cases}$　　(D) $\begin{cases} T = -P\left(\cos\varphi - \dfrac{l}{g}\varepsilon\right) \\ N = P\left(\cos\varphi + \dfrac{l}{g}\omega^2\right) \end{cases}$

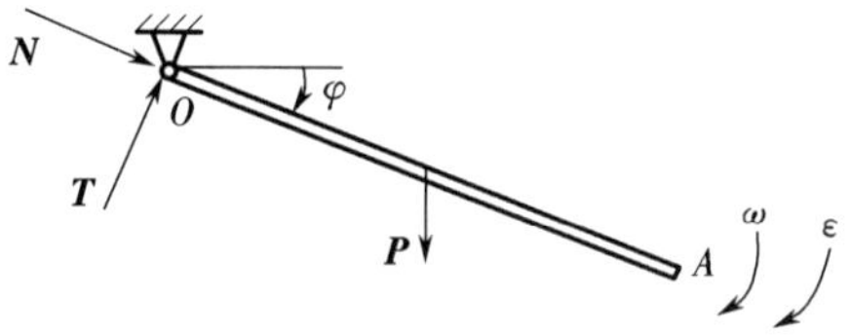


题 4-32 图

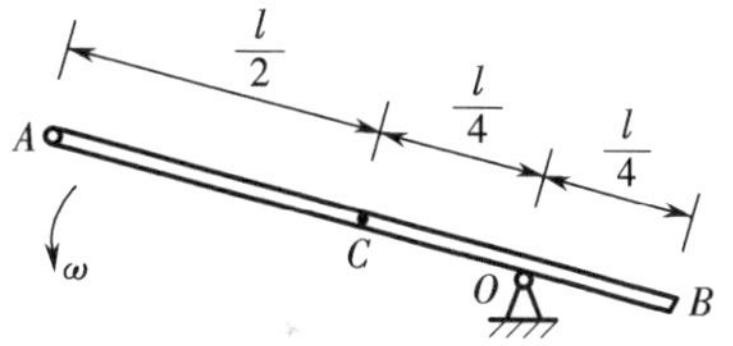


题 4-33 图

4-33 如图所示，均质杆 $AB$，质量为 $M$，长为 $l$，$A$ 端连接一质量为 $m$ 的小球，并一起以角速度 $\omega$ 绕 $O$ 轴转动，则此系统对 $O$ 轴的动量矩 $H_O$ 和动能 $T$ 为(　　)。

(A) $\begin{cases} H_O = \dfrac{M+9m}{16}\omega l^2 \\ T = \dfrac{7M+27m}{96}\omega^2 l^2 \end{cases}$　　(B) $\begin{cases} H_O = \dfrac{M+9m}{16}\omega l^2 \\ T = \dfrac{M+9m}{32}\omega^2 l^2 \end{cases}$

(C) $\begin{cases} H_O = \dfrac{7M+27m}{48}\omega l^2 \\ T = \dfrac{7M+27m}{96}\omega^2 l^2 \end{cases}$　　(D) $\begin{cases} H_O = \dfrac{7M+27m}{48}\omega l^2 \\ T = \dfrac{M+9m}{32}\omega^2 l^2 \end{cases}$

4-34 如图所示，均质圆盘重为 $W$，半径为 $R$，绳子绕过圆盘，两端各挂重为 $Q$ 和 $P$ 的物块，绳与盘之间无相对滑动，且不计绳重，则圆盘的角加速度为(　　)。

(A) $\varepsilon = \dfrac{2g(Q-P)}{RW}$　　(B) $\varepsilon = \dfrac{2g(Q+P)}{RW}$

(C) $\varepsilon = \dfrac{2g(Q+P)}{R(W+2Q+2P)}$　　(D) $\varepsilon = \dfrac{2g(Q-P)}{R(W+2Q+2P)}$

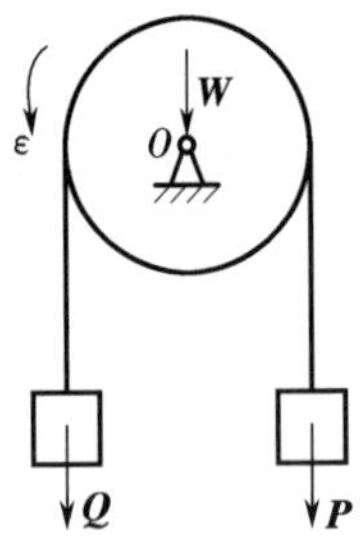


题4-34图

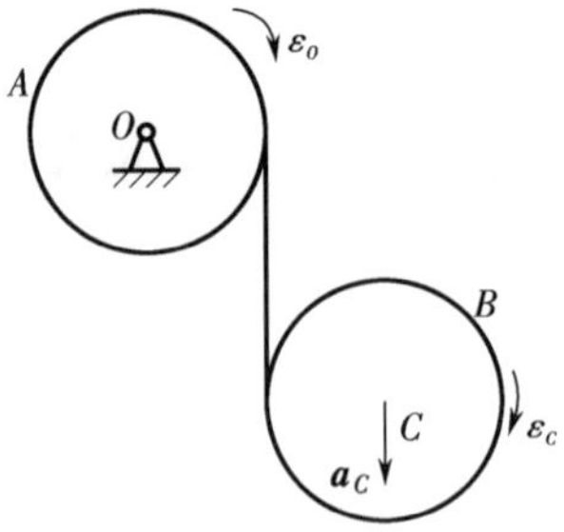


题4-35图

4-35　如图所示，均质圆柱 $A$、$B$ 重均为 $P$，半径均为 $r$，绳子一端绕在绕 $O$ 轴转动的 $A$ 圆柱上，另一端绕在 $B$ 圆柱上。若不计摩擦，则 $B$ 落下时其质心 $C$ 的加速度 $\boldsymbol{a}_C$ 为(　　)。

(A) $g$　　(B) $\frac{4}{5}g$　　(C) $\frac{3}{4}g$　　(D) $\frac{1}{2}g$

4-36　如图所示，弹簧一端固定于 $A$ 点，$A$ 是半径为 $R$ 的铅直大圆环的最高点，弹簧另一端连接一质量为 $m$ 的小圆环 $M$，$M$ 可沿固定大圆环滑动。$M$ 初位置在 $M_0$ 点，而 $AM_0=R=$ 弹簧原长。当 $M$ 从 $M_0$ 不受摩擦、无初速度地滑至大圆环最低点 $B$，此时欲使 $M$ 对大圆环的压力等于零，则该弹簧的弹簧常数 $K$ 应为(　　)。

(A) $\frac{mg}{R}$　　(B) $\frac{2mg}{R}$　　(C) $\frac{3mg}{R}$　　(D) $\frac{4mg}{R}$

4-37　如图所示，均质杆 $OA$，重为 $P$，长为 $l$，可在铅直平面内绕水平固定轴 $O$ 转动。杆在图示铅直位置时静止，欲使杆转到水平位置，则至少要给杆以角速度 $\omega$ 为(　　)。

(A) $\sqrt{\frac{2g}{l}}$　　(B) $\sqrt{\frac{3g}{l}}$　　(C) $\sqrt{\frac{4g}{l}}$　　(D) $\sqrt{\frac{6g}{l}}$

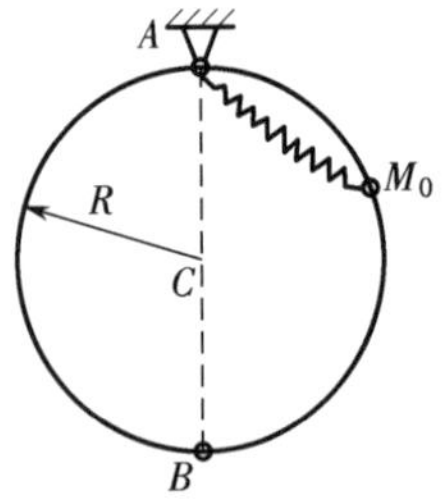


题4-36图

题4-37图

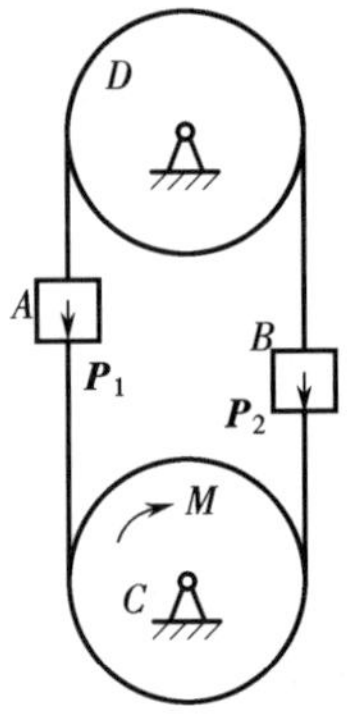


题4-38图

4-38　如图所示，升降机皮带轮 $C$ 上作用一常力矩 $M$，被提升重物 $A$ 的重量为 $P_1$，平衡锤 $B$ 的重量为 $P_2$，皮带轮 $C$、$D$ 的半径均为 $R$，重量均为 $Q$，均为均质圆柱体。不计皮带质量，则重物 $A$ 的加速度为(　　)。

(A) $a=\frac{(P_1-P_2)R+M}{(Q+P_1+P_2)R}g$　　(B) $a=\frac{(P_1-P_2)R+M}{(2Q+P_1+P_2)R}g$

(C) $a=\frac{(P_2-P_1)R+M}{(Q+P_1+P_2)R}g$　　(D) $a=\frac{(P_2-P_1)R+M}{(2Q+P_1+P_2)R}g$

4-39 如图所示,均质圆轮质量为 $m$,轮上绕以细绳,绳的一端固定不动。轮心从初始位置 $A_0$ 无初速度下落,则当轮心降落高度为 $h$ 时绳子一端的拉力 $T$ 为(  )。

(A)$T=\frac{1}{4}mg$ (B)$T=\frac{1}{3}mg$ (C)$T=\frac{1}{2}mg$ (D)$T=\frac{3}{5}mg$

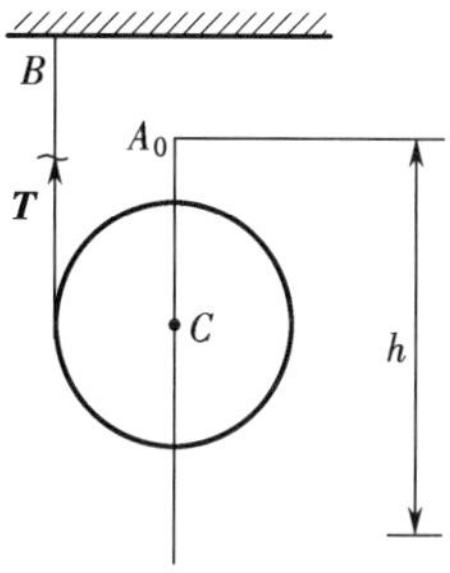


题 4-39 图

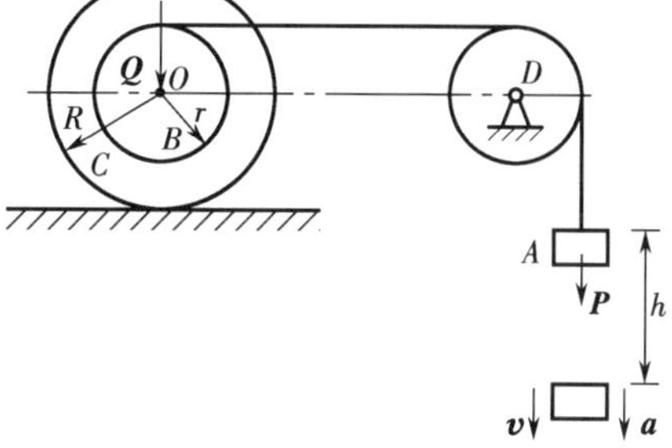


题 4-40 图

4-40 如图所示,物块 $A$ 重为 $P$,连在不计重量、不伸长的绳子上。绳子绕过定滑轮 $D$ 并绕在鼓轮 $B$ 上。当 $A$ 下落时带动轮 $C$ 沿水平直线轨道作纯滚动。鼓轮 $B$ 的半径为 $r$,$C$ 的半径为 $R$,两轮固连,总重为 $Q$,其对水平中心轴 $O$ 的回转半径为 $\rho$;轮 $D$ 半径为 $r$,重不计,则物块 $A$ 的加速度 $a$ 为(  )。

(A)$\dfrac{2P(r+R)^2g}{2P(r+R)^2+Q(\rho^2+2R^2)}$ (B)$\dfrac{2P(r+R)^2g}{P(r+R)^2+Q(\rho^2+R^2)}$

(C)$\dfrac{P(r+R)^2g}{2P(r+R)^2+Q(\rho^2+R^2)}$ (D)$\dfrac{P(r+R)^2g}{P(r+R)^2+Q(\rho^2+R^2)}$

4-41 图示机构 $O_1ABO_2$ 为一平行四边形,$O_1A=O_2B=R$,$O_1O_2=AB=l$,在该瞬时杆 $O_1A$ 绕 $O_1$ 轴的角速度为 $\omega$,角加速度为 $\varepsilon$,则质量为 $m$ 的均质杆 $AB$ 的惯性力系向其质心 $C$ 简化的主矢量 $\boldsymbol{R}^{\mathrm{I}}$ 和主矩 $M_C^{\mathrm{I}}$ 的大小分别为(  )。

(A)$R^{\mathrm{I}}=mR\sqrt{\omega^4+\varepsilon^2}$,$M_C^{\mathrm{I}}=\frac{1}{12}ml^2\varepsilon$ (B)$R^{\mathrm{I}}=mR\sqrt{\omega^4+\varepsilon^2}$,$M_C^{\mathrm{I}}=0$

(C)$R^{\mathrm{I}}=mR\omega^2$,$M_C^{\mathrm{I}}=0$ (D)$R^{\mathrm{I}}=mR\varepsilon$,$M_C^{\mathrm{I}}=\frac{1}{3}ml^2\varepsilon$

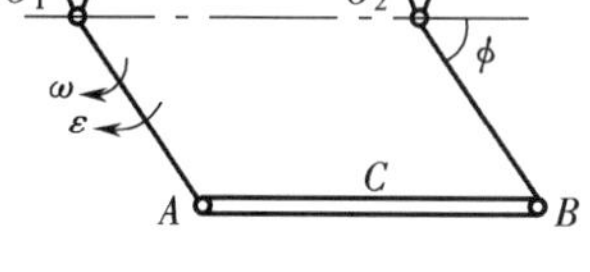


题 4-41 图

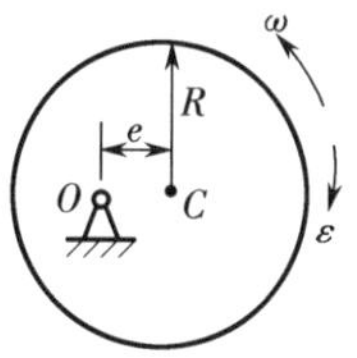


题 4-42 图

4-42 半径为 $R$、质量为 $m$ 的均质圆盘绕偏心轴 $O$ 转动,偏心距 $e=R/2$,图示瞬时转动角速度为 $\omega$,角加速度为 $\varepsilon$,则该圆盘的惯性力系向 $O$ 点简化的主矢量 $\boldsymbol{R}^{\mathrm{I}}$ 和主矩 $M_O^{\mathrm{I}}$ 的大小为(  )。

(A)$R^{\mathrm{I}}=\frac{1}{2}mR\omega^2$,$M_O^{\mathrm{I}}=\frac{1}{4}mR^2\varepsilon$ (B)$R^{\mathrm{I}}=\frac{1}{2}mR\varepsilon$,$M_O^{\mathrm{I}}=\frac{5}{4}mR^2\varepsilon$

(C) $R^{I}=\frac{1}{2}mR\sqrt{\omega^{4}+\varepsilon^{2}}, M_{O}^{I}=\frac{1}{2}mR^{2}\varepsilon$ (D) $R^{I}=\frac{1}{2}mR\sqrt{\omega^{4}+\varepsilon^{2}}, M_{O}^{I}=\frac{3}{4}mR^{2}\varepsilon$

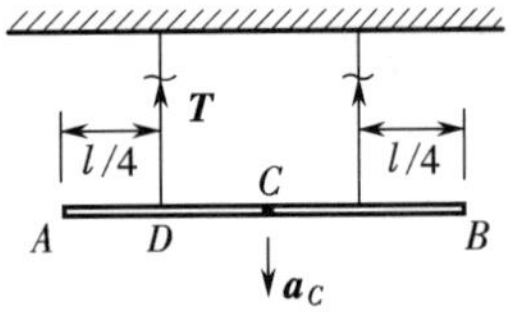

题 4-43 图

4-43 均质杆 $AB$ 长为 $l$，重为 $P$，用两绳悬挂，如图所示。当右绳突然断裂时，杆质心 $C$ 的加速度 $\boldsymbol{a}_C$ 和左绳拉力 $\boldsymbol{T}$ 的大小为(　　)。

(A) $a_C=\frac{1}{4}g, T=\frac{3}{4}P$　(B) $a_C=\frac{3}{5}g, T=\frac{2}{5}P$

(C) $a_C=\frac{3}{7}g, T=\frac{4}{7}P$　(D) $a_C=\frac{3}{10}g, T=\frac{7}{10}P$

4-44 如图所示，在倾角为 $\alpha$ 的光滑斜面上置一刚性系数为 $k$ 的弹簧，一质量为 $m$ 的物体沿斜面下滑 $s$ 距离与弹簧相碰，碰后弹簧与物块不分离并发生振动，则自由振动的固有圆频率为(　　)。

(A) $\sqrt{\frac{k}{m}}$　(B) $\sqrt{\frac{k}{ms}}$

(C) $\sqrt{\frac{k}{m\sin\alpha}}$　(D) $\sqrt{\frac{k\sin\alpha}{m}}$

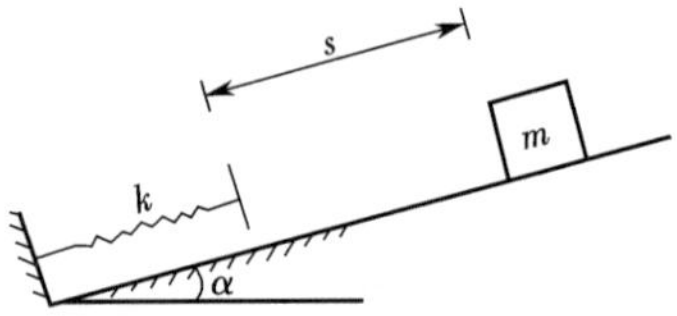

题 4-44 图

4-45 如图所示，(a)(b)(c)三个质量弹簧系统的固有圆频率分别为 $p_1$、$p_2$、$p_3$，则它们之间的关系是(　　)。

(A) $p_1<p_2=p_3$　(B) $p_2<p_3=p_1$　(C) $p_3<p_1=p_2$　(D) $p_1=p_2=p_3$

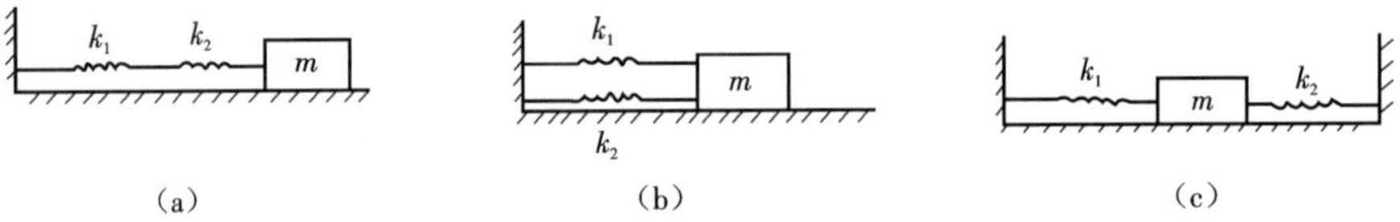

题 4-45 图

4-46 如图所示，某轮 $A$ 上装置一重为 $W$ 的物块 $B$，于某瞬时($t=0$)由水平路面进入一曲线路面并继续以匀速 $v$ 行驶。该曲线路面按 $y_1=d\sin\frac{\pi}{L}x_1$ 的规律起伏(设坐标原点 $O_1$ 及坐标轴 $y_1$ 如图所示)。轮 $A$ 进入曲线路面时，物块 $B$ 在铅垂方向无速度。已知弹簧的刚性系数为 $k$。试求物 $B$ 的强迫振动振幅和轮 $A$ 的临界速度 $v_k$ 为(　　)。

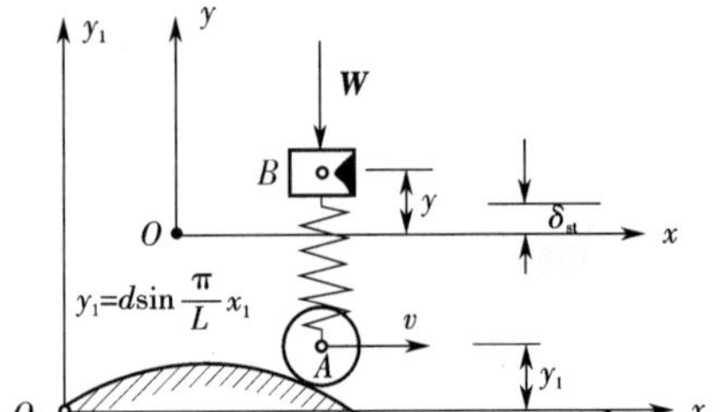

题 4-46 图

(A) $B=\frac{kgd}{W}, v_k=\frac{kgL}{\pi W}$　(B) $B=\frac{kgdL^2}{kgL^2-\pi^2v^2W}, v_k=\frac{L}{\pi}\sqrt{\frac{kg}{W}}$

(C) $B=kd, v_k=\frac{kL}{\pi}$　(D) $B=\frac{kgdL^2}{kgL^2-\pi^2v^2W}, v_k\gg\frac{L}{\pi}\sqrt{\frac{kg}{W}}$

## 习题答案

4-1 (B)　4-2 (D)　4-3 (C)　4-4 (A)　4-5 (D)　4-6 (B)

4-7 (A)。解题思路：应用力的平移定理，将力 $\boldsymbol{F}$ 平移到轮心再计算，较为方便。

4-8 (B)

4-9 (C)。解题思路:取整体为对象,由受力图可知 $x_C = x_D$,再取 $AD$ 为对象,由受力图可知 $\boldsymbol{Y}_A$ 与 $\boldsymbol{P}$ 必组成力偶,则由 $\sum M_A(\boldsymbol{F}_i)$ 或由 $\sum m = 0$ 即可得 $x_D$。

4-10 (D) 4-11 (C)

4-12 (A)。解题思路:将 $\boldsymbol{T}$ 在 $A$ 点分解成 $\boldsymbol{T}_x$、$\boldsymbol{T}_y$、$\boldsymbol{T}_z$,计算 $M_x(\boldsymbol{T})$ 和 $M_y(\boldsymbol{T})$,对 $M_N(\boldsymbol{T})$,尚需运用关系式 $M_N(\boldsymbol{T}) = M_N(\boldsymbol{T}_y) = [\boldsymbol{M}_O(\boldsymbol{T}_y)]$。

4-13 (B)

4-14 (D)。解题思路:分别选 $CC'$ 和 $BC$ 为矩轴。

4-15 (B)

4-16 (C)。解题思路:先[整]$\rightarrow N_B$;再[$EBD$]$\rightarrow S_{DC}$,最后由节点 $D \rightarrow S_1$。

4-17 (A)。解题思路:必须分别考察[$A$]或[$B$]是否平衡,因为[$A$]或[$B$]若滑动,则 $F_A$ 或 $F_B$ 不是由平衡条件决定,而应为 $F_A = f_1 N_A$ 或 $F_B = f_2 N_B$。

4-18 (C)。解题思路:因点 $A$ 有向上或向下滑动可能,故平衡时答案必在 $S_{\max}$ 和 $S_{\min}$ 之间,可分别列 $\sum M_B(\boldsymbol{F}_i) = 0$ 及 $\sum M_C(\boldsymbol{F}_i) = 0$($C$ 点为 $\boldsymbol{N}_A$ 与 $\boldsymbol{N}_B$ 的交点)即可求解。

4-19 (C) 4-20 (D) 4-21 (A) 4-22 (A) 4-23 (C) 4-24 (A)

4-25 (D) 4-26 (B) 4-27 (D)

4-28 (B)。解题思路:①运用瞬心法求 $\omega_{AB}$;②根据 $\boldsymbol{a}_B = \boldsymbol{a}_A + \boldsymbol{a}_{BA}^n + \boldsymbol{a}_{BA}^\tau$ 图示各加速度;③选垂直于 $\boldsymbol{a}_{BA}^\tau$ 投影轴求 $a_B$。

4-29 (D) 4-30 (B)

4-31 (A)。解题思路:①以[$A+C$]运用动量守恒定理解出 $C$ 落入 $A$ 中后($A+C$)的共同速度;②再以[$A+C$ 与 $B$]为对象与上同法求解。

4-32 (C)

4-33 (C)。解题思路:运用转动惯量平行移轴定理求解杆 $AB$ 对 $O$ 轴的转动惯量。

4-34 (D)。解题思路:运用 $\mathrm{d}T = \sum \mathrm{d}'W$(或$\frac{\mathrm{d}H_O}{\mathrm{d}t} = M_O^{\mathrm{e}}$)求解。

4-35 (B)。解题思路:运用达朗伯原理求解较简便,对整体建立 $\sum M_O(\boldsymbol{F}) = 0$,并运用 $a_C = r(\varepsilon_O + \varepsilon_C)$ 即可解。

4-36 (B) 4-37 (B) 4-38 (C) 4-39 (B)

4-40 (D)。解题思路:本题取整体,选用 $\mathrm{d}T = \sum \mathrm{d}'W_i^A$ 较简便,注意对理想约束系统,只要计算主动力做的元功。

4-41 (B) 4-42 (D)

4-43 (C)。解题思路:可选用平面运动微分方程解,但要运用 $\boldsymbol{a}_C = \boldsymbol{a}_D + \boldsymbol{a}_{CD} = \boldsymbol{a}_D^\tau + \boldsymbol{a}_{CD}^\tau$(因 $t=0, v_D = v_C = \omega_{AB} = 0$)。

4-44 (A) 4-45 (A)

4-46 (B)。解题思路:①取物 $B$ 的静平衡位置 $O$ 为 $y$ 轴原点,设任一瞬时弹簧的变形 $\delta = y - \delta_{\mathrm{st}} - y_1$;②物 $B$ 受重力 $\boldsymbol{W}$ 和弹性力 $\boldsymbol{F}$ 作用,注意,已设弹簧被拉长,故力 $\boldsymbol{F}$ 向下;③列出物 $B$ 的运动微分方程,并整理成标准形式;④运用 $B = \frac{h}{p^2 - \omega^2}$ 及共振概念即可解。

# 5 材料力学

## 考试大纲

1. 材料在拉伸、压缩时的力学性能

低碳钢、铸铁拉伸和压缩实验的应力—应变曲线;力学性能指标。

2. 拉伸和压缩

轴力和轴力图;杆件横截面和斜截面上的应力;强度条件;胡克定律;变形计算。

3. 剪切和挤压

剪切和挤压的实用计算;剪切面;挤压面;剪切强度;挤压强度。

4. 扭转

扭矩和扭矩图;圆轴扭转切应力;切应力互等定理;剪切胡克定律;圆轴扭转的强度条件;扭转角计算及刚度条件。

5. 截面几何性质

静矩和形心;惯性矩和惯性积;平行轴公式;形心主轴及形心主惯性矩概念。

6. 弯曲

梁的内力方程;剪力图和弯矩图;分布载荷、剪力、弯矩之间的微分关系;正应力强度条件;切应力强度条件;梁的合理截面;弯曲中心概念;求梁变形的积分法、叠加法。

7. 应力状态

平面应力状态分析的解析法和应力圆法;主应力和最大切应力;广义胡克定律;四个常用的强度理论。

8. 组合变形

拉/压—弯组合、弯—扭组合情况下杆件的强度校核;斜弯曲。

9. 压杆稳定

压杆的临界载荷;欧拉公式;柔度;临界应力总图;压杆的稳定校核。

## 复习指导

材料力学是一门与工程实际紧密联系的技术基础课程,在初学材料力学的过程中往往感到:一是材料力学的公式多,难以记忆;二是材料力学的计算方法多,难以融会贯通与掌握。这是正常的感觉。对于参加全国勘察设计注册工程师执业资格考试公共基础考试的人员而言，毕竟不是初学者，要取得考试成功，需要通过对复习教程进行全面学习，既要搞清基本概念，又要掌握基本理论、基本技能，而且还要经过演算一部分习题，掌握材料力学解题的基本方法，以提高分析问题和解决问题的能力。

①复习重点在基本变形部分(即轴向拉伸与压缩、剪切、扭转、弯曲各节)，应着重明确基本概念，理解与熟练掌握基本理论，了解分析材料力学问题的基本方法，如求内力的截面法，内力图的作法一定要正确掌握并熟练运用。明确产生各基本变形的条件，对各基本变形下的应力计算式、变形计算式中各种量的意义、量纲及适用条件，都应正确认识与理解，达到会熟练应用的程度。

②了解截面几何性质中的有关概念，掌握有一对称轴的组合截面的形心主惯性矩计算。对惯性矩的平行移轴公式要会熟练应用。了解并掌握组合变形问题的分析方法。了解压杆稳定的概念，掌握压杆柔度的计算及细长压杆的欧拉临界力公式及其适用范围。

③应力状态与强度理论是本课程中的难点和重点之一，应该着重明确有关概念，掌握分析平面应力状态的解析法和应力圆法，会从受力构件中一点取出应力单元体，用应力圆法或解析法求该点的主应力大小、方向，并画出主单元体。了解一点的最大正应力和最大剪应力的计算。掌握四个常用强度理论的相当应力表达式，会校核复杂应力状态下一点的强度。

④至于考试题目，因受到考试章程所设定题量及时间的限制(平均每题为 2 分钟时间)，重点在基本概念、基本理论与基本技能上的单一性或综合性、应用性的考核，不会涉及复杂的计算。

解题时应通过运用基本概念、基本理论去分析、判断，再经过必要的基本计算，或辅以对比、排除等方法寻找答案范围，即可选出正确答案。

## 复习内容

## 5.1 轴向拉伸与压缩

要求：

①了解轴向拉(压)杆的受力特征与变形特征；

②了解内力、应力、位移、变形和应变的概念；

③掌握截面法求轴力的步骤和轴力图的作法；

④掌握横截面上的应力计算，了解斜截面上的应力计算；

⑤熟悉胡克定律及其应用、拉(压)杆变形计算；

⑥了解常用工程材料(低碳钢、铸铁)拉(压)时的力学性能，掌握强度条件的应用。

### 5.1.1 引言

**1. 材料力学的任务**

材料力学是研究构件强度、刚度和稳定性计算的学科。这些计算是工程师选定既安全又最经济的构件材料和尺寸的必要基础。

强度是指构件在荷载作用下抵抗破坏的能力。

刚度是指构件在荷载作用下抵抗变形的能力。

稳定性是指构件保持其原有平衡形式的能力。

**2. 变形固体的基本假设**

各种构件均由固体材料制成。固体在外力作用下将发生变形,故称为变形固体。材料力学中对变形固体所作的基本假设如下。

①连续性假设:组成固体的物质毫无空隙地充满了固体的几何空间。

②均匀性假设:在固体的体积内,各处的力学性能完全相同。

③各向同性假设:在固体的各个方向上有相同的力学性能。

④小变形的概念:构件由荷载引起的变形远小于构件的原始尺寸。

**3. 杆件的主要几何特征**

杆件是指长度 $L$ 远大于横向尺寸(高度和宽度)的构件。这是材料力学研究的主要对象。杆件的两个主要的几何特征是横截面和轴线。

①横截面:垂直于杆件长度方向的截面。

②轴线:各横截面形心的连线。

若杆的轴线为直线,称为直杆。若杆的轴线为曲线,称为曲杆。

### 5.1.2 轴向拉伸与压缩

①力学模型:轴向拉压杆的力学模型,如图 5.1-1 所示。

②受力特征:作用于杆两端的外力的合力,大小相等、指向相反、沿杆件轴线作用。

③变形特征:杆件主要产生轴线方向的均匀伸长或缩短。

图 5.1-1

### 5.1.3 轴向拉伸(压缩)杆横截面上的内力

**1. 内力**

内力是由外力作用而引起的构件内部各部分之间的相互作用力。

**2. 截面法**

截面法是求内力的一般方法。用截面法求内力的步骤如下。

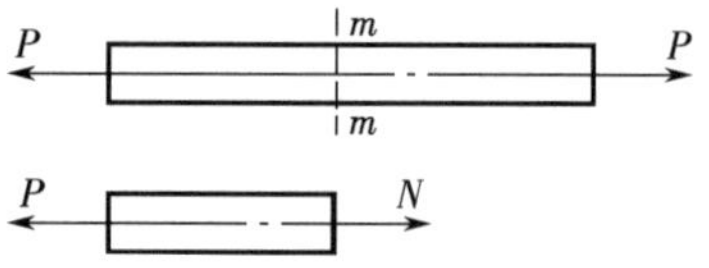


图 5.1-2

①截开:在需求内力的截面处,假想地沿该截面将构件截分为二。

②代替:任取一部分为研究对象,称为脱离体,用内力代替弃去部分对脱离体的作用。

③平衡:对脱离体列写平衡条件,求解未知内力。

截面法的图示如图 5.1-2 所示。

**3. 轴力**

轴向拉压杆横截面上的内力,其作用线必定与杆轴线相重合,称为轴力,以 $N$ 表示。轴力 $N$ 规定以拉力为正,压力为负。

**4. 轴力图**

轴力图是表示沿杆件轴线各横截面上轴力变化规律的图线。

**【例 5.1-1】** 画出图 5.1-3 中直杆的轴力图。

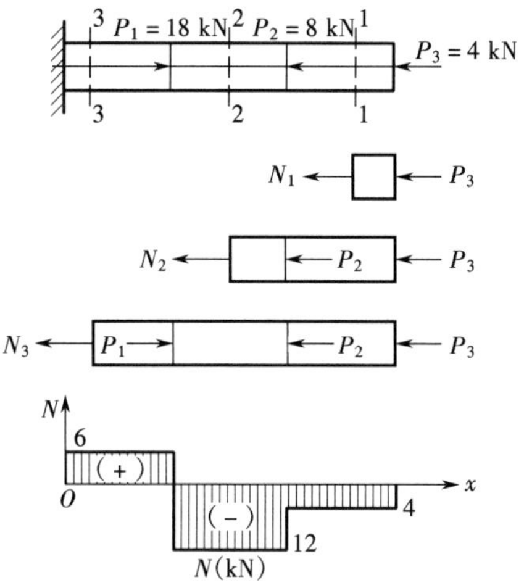


图 5.1-3

**解**:用截面 1-1、2-2、3-3 将杆截开,取脱离体如图所示。各截面的轴力 $N_1$、$N_2$、$N_3$ 均假定为拉力。由静力平衡方程 $\sum X=0$,分别求得

$$N_1=-P_3=-4\ \text{kN(压力)}$$

$$N_2=-P_2-P_3=-12\ \text{kN(压力)}$$

$$N_3=P_1-P_2-P_3=6\ \text{kN(拉力)}$$

其中负号表示轴力为压力。

取坐标系 $NOx$,$x$ 轴平行杆轴线,根据各段轴力的大小和正负可绘出轴力图如图所示。

分析与讨论如下。

①本例中若取截面左部分为脱离体,则应先计算杆件的未知外力(包括支座反力)。

②用截面法求轴力时,总是假设截面上的内力为正,这样由平衡条件解得的内力的正负号,就是该截面上内力的实际正负号。

③作多个集中外力作用杆的轴力图可采用简易法,其原则是:在集中外力作用的截面上轴力图有突变,突变大小等于集中力的大小,突变方向看集中力对后段杆的作用是拉或压,拉者向上突变,压者向下突变。

## 5.1.4 轴向拉压杆横截面上的应力

轴向拉压杆横截面上的应力垂直于截面,为正应力。正应力在整个横截面上均匀分布,如图 5.1-4 所示。其表示为

$$\sigma=\frac{N}{A} \tag{5.1-1}$$

式中:$\sigma$ 为横截面上的正应力,N/m$^2$ 或 Pa;$N$ 为轴力,N;$A$ 为横截面面积,m$^2$。

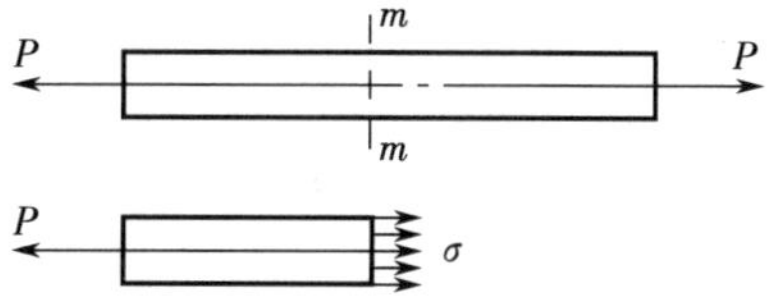


图 5.1-4

## 5.1.5 轴向拉压杆斜截面上的应力

斜截面上的应力均匀分布,如图 5.1-5 所示,其总应力及应力分量为

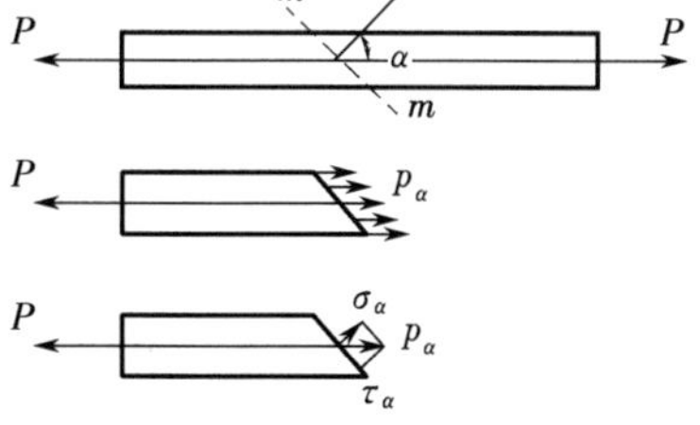


图 5.1-5

总应力 $$p_\alpha=\frac{N}{A_\alpha}=\sigma_0\cos\alpha \tag{5.1-2}$$

正应力 $$\sigma_\alpha=p_\alpha\cos\alpha=\sigma_0\cos^2\alpha \tag{5.1-3}$$

剪应力 $$\tau_\alpha=p_\alpha\sin\alpha=\frac{\sigma_0}{2}\sin 2\alpha \tag{5.1-4}$$

式中:$\alpha$ 为由横截面外法线转至斜截面外法线的夹角,以逆时针转动为正;$A_\alpha$ 为斜截面 $m$-$m$ 的截面面积;$\sigma_0$ 为横截面上的正应力。

$\sigma_\alpha$ 以拉应力为正,压应力为负。$\tau_\alpha$ 以其对脱离体内一点产生顺时针力矩时为正,反之为负。

轴向拉压杆中最大正应力发生在 $\alpha=0°$ 的横截面上,最小正应力发生在 $\alpha=90°$ 的纵截面

上,其值分别为

$$\sigma_{\alpha\max}=\sigma_0$$

$$\sigma_{\alpha\min}=0$$

最大剪应力发生在 $\alpha=\pm45°$ 的斜截面上,最小剪应力发生在 $\alpha=0°$ 的横截面和 $\alpha=90°$ 的纵截面上,其值分别为

$$|\tau_\alpha|_{\max}=\frac{\sigma_0}{2}$$

$$|\tau_\alpha|_{\min}=0$$

### 5.1.6 材料的力学性能

**1. 低碳钢在拉伸时的力学性能**

低碳钢拉伸时的应力—应变曲线如图 5.1-6 所示。

这一曲线分四个阶段,有四个特征点,见表 5.1-1。

应力—应变曲线上还有如下规律。

①卸载定律:在卸载过程中,应力和应变按直线规律变化,如图 5.1-6 中直线 $dd'$。

②冷作硬化:材料拉伸到强化阶段后,卸除荷载,再次加载时,材料的比例极限提高而塑性降低的现象,称为冷作硬化,如图 5.1-6 中曲线 $d'def$。在图 5.1-6 中,$Of'$ 段表示未经冷作硬化,拉伸至断裂后的塑性应变;$d'f'$ 段表示经冷作硬化,再拉伸至断裂后的塑性应变。

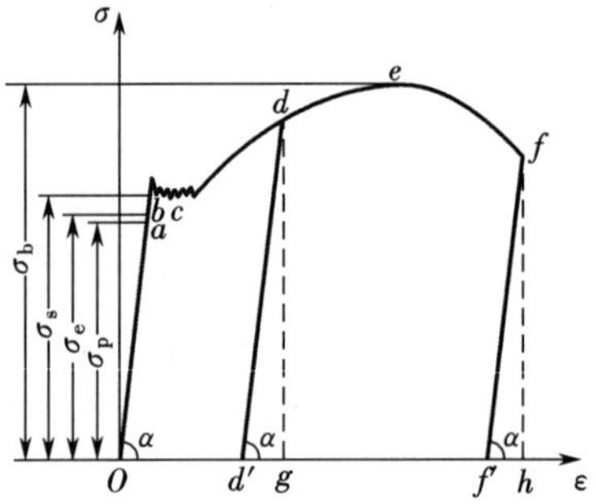


图 5.1-6

主要性能指标见表 5.1-2。

**表 5.1-1**

| 阶　段 | 图 5.1-6 中线段 | 特征点 | 说　　明 |
|---|---|---|---|
| 弹性阶段 | $Oab$ | 比例极限 $\sigma_p$<br>弹性极限 $\sigma_e$ | $\sigma_p$ 为应力与应变成正比的最高应力<br>$\sigma_e$ 为不产生残余变形的最高应力 |
| 屈服阶段 | $bc$ | 屈服极限 $\sigma_s$ | $\sigma_s$ 为应力变化不大而变形显著增加时的最低应力 |
| 强化阶段 | $ce$ | 抗拉强度 $\sigma_b$ | $\sigma_b$ 为材料在断裂前所能承受的最大名义应力 |
| 局部变形阶段 | $ef$ | | 产生颈缩现象到试件断裂 |

**表 5.1-2**

| 性　能 | 性　能　指　标 | 说　　明 |
|---|---|---|
| 弹性性能 | 弹性模量 $E$ | 当 $\sigma\leqslant\sigma_p$ 时,$E=\dfrac{\sigma}{\varepsilon}$ |
| 强度性能 | 屈服极限 $\sigma_s$ | 材料出现显著的塑性变形 |
| | 抗拉强度 $\sigma_b$ | 材料的最大承载能力 |
| 塑性性能 | 延伸率 $\delta=\dfrac{L_1-L}{L}\times100\%$ | 材料拉断时的塑性变形程度 |
| | 截面收缩率 $\psi=\dfrac{A-A_1}{A}\times100\%$ | 材料的塑性变形程度 |

**2. 低碳钢在压缩时的力学性能**

低碳钢在压缩时的应力—应变曲线如图5.1-7中实线所示。

低碳钢压缩时的比例极限$\sigma_p$、屈服极限$\sigma_s$、弹性模量$E$与拉伸时基本相同，但测不出抗压强度$\sigma_b$。

**3. 铸铁拉伸时的力学性能**

铸铁拉伸时的应力—应变曲线如图5.1-8所示。

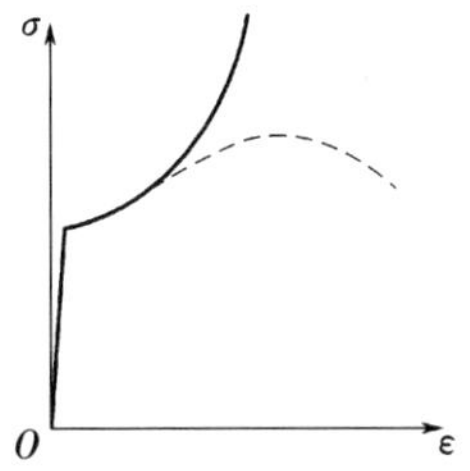


图5.1-7

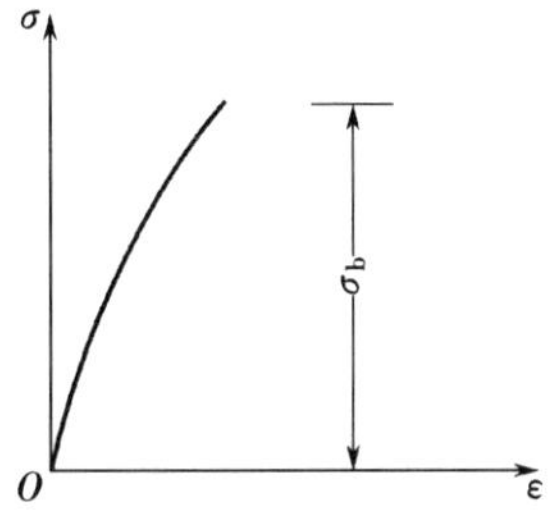


图5.1-8

应力与应变无明显的线性关系，拉断前的应变很小，试验时只能测得抗拉强度$\sigma_b$。弹性模量$E$以总应变为0.1%时的割线斜率来度量。

**4. 铸铁压缩时的力学性能**

铸铁压缩时的应力—应变曲线如图5.1-9所示 。

铸铁压缩时的抗压强度比拉伸时大4~5倍，破坏时破裂面与轴线成35°~45°，宜于作抗压构件。

**5. 塑性材料和脆性材料**

延伸率$\delta>5\%$的材料称为塑性材料。延伸率$\delta<5\%$的材料称为脆性材料。

**6. 屈服强度$\sigma_{0.2}$**

对于没有明显屈服阶段的塑性材料，通常用材料产生0.2%的残余应变时所对应的应力作为屈服强度，并以$\sigma_{0.2}$表示，如图5.1-10所示。

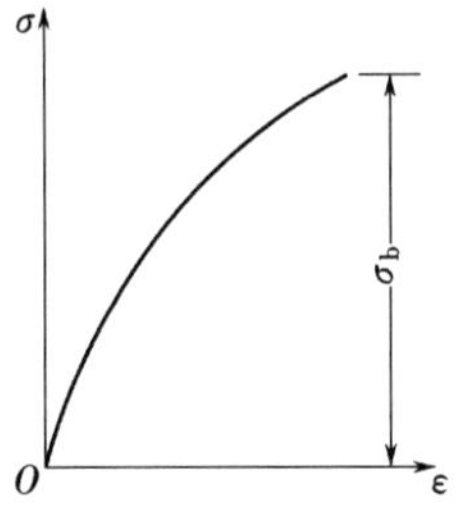


图5.1-9

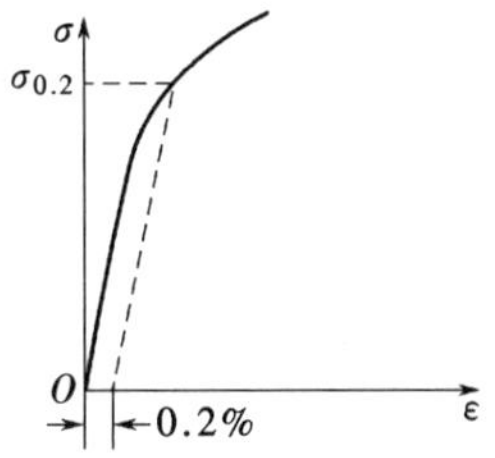


图5.1-10

## 5.1.7 强度条件

**1. 许用应力**

材料正常工作允许采用的最高应力，由极限应力除以安全系数求得。

塑性材料 $$[\sigma]=\frac{\sigma_s}{n_s} \tag{5.1-5}$$

脆性材料　$[\sigma]=\frac{\sigma_b}{n_b}$　(5.1-6)

式中：$\sigma_s$ 为屈服极限；$\sigma_b$ 为抗拉强度；$n_s$、$n_b$ 为安全系数。

**2. 强度条件**

构件的最大工作应力不得超过材料的许用应力。轴向拉压杆的强度条件为

$$\sigma_{max}=\frac{N_{max}}{A}\leqslant[\sigma] \quad (5.1\text{-}7)$$

强度计算的三大类问题：

强度校核　$\sigma_{max}=\frac{N_{max}}{A}\leqslant[\sigma]$

截面设计　$A\geqslant\frac{N_{max}}{[\sigma]}$

确定许可荷载　$N_{max}\leqslant[\sigma]A$，再根据平衡条件，由 $N_{max}$ 计算 $[P]$。

### 5.1.8　轴向拉压杆的变形　胡克定律

**1. 轴向拉压杆的变形**

杆件在轴向拉伸时，轴向伸长，横向缩短；而在轴向压缩时，轴向缩短，横向伸长，如图 5.1-11 所示。

轴向变形　$\Delta L=L'-L$　(5.1-8)

轴向线应变　$\varepsilon=\frac{\Delta L}{L}$　(5.1-9)

横向变形　$\Delta a=a'-a$　(5.1-10)

横向线应变　$\varepsilon'=\frac{\Delta a}{a}$　(5.1-11)

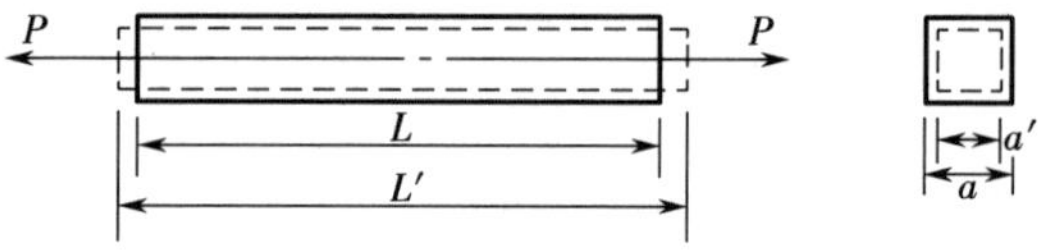


图 5.1-11

**2. 胡克定律**

当应力不超过材料比例极限时，应力与应变成正比，即

$$\sigma=E\varepsilon \quad (5.1\text{-}12)$$

式中：$E$ 为材料的弹性模量。

或用轴力及杆件变形量表示为

$$\Delta L=\frac{NL}{EA} \quad (5.1\text{-}13)$$

式中：$EA$ 为杆的抗拉(压)刚度，表示杆件抵抗拉、压弹性变形的能力。

**3. 泊松比**

当应力不超过材料的比例极限时，横向线应变 $\varepsilon'$ 与轴向线应变 $\varepsilon$ 之比的绝对值为一常数，即

$$\nu=\left|\frac{\varepsilon'}{\varepsilon}\right| \quad (5.1\text{-}14)$$

泊松比 $\nu$ 是材料的弹性常数之一，无量纲。

**【例 5.1-2】**　图 5.1-12(a)所示钢木组合三角架中，钢杆 $AB$ 的直径 $d=28$ mm，许用应力 $[\sigma]_1=160$ MPa，弹性模量 $E_1=2\times10^5$ MPa；木杆 $BC$ 的横截面为正方形，边长 $a=100$ mm，许

用应力$[\sigma]_2=5$ MPa,弹性模量$E_2=1\times10^4$ MPa。$A$、$B$、$C$ 节点均为铰接,在节点 $B$ 处作用一垂直荷载 $P$。

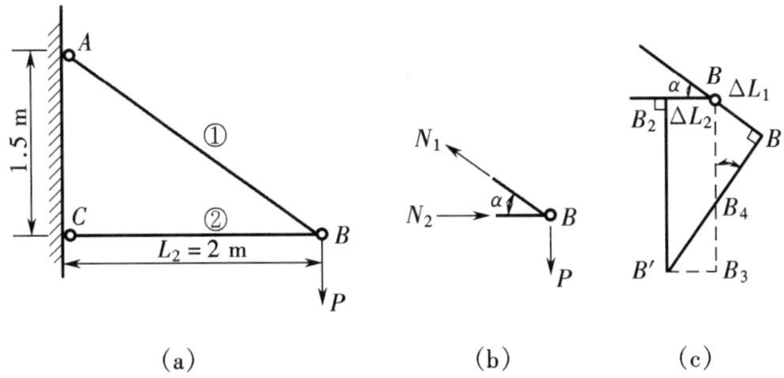


图 5.1-12

①若荷载 $P=36$ kN,试校核两杆的强度,并求节点 $B$ 的位移;

②求该结构的许可荷载。

**解:**①校核两杆的强度。

先求各杆的内力。取节点 $B$ 为脱离体,如图 5.1-12(b)所示。由平衡条件:

$$\sum X=0,\quad N_2-N_1\cos\alpha=0$$

$$\sum Y=0,\quad N_1\sin\alpha-P=0$$

解得 $$N_1=\frac{P}{\sin\alpha}=\frac{2.5}{1.5}P=\frac{5}{3}P\quad(拉力)$$

$$N_2=\cot\alpha\cdot P=\frac{2}{1.5}P=\frac{4}{3}P\quad(压力)$$

两杆横截面上的应力

钢杆 $$\sigma_{AB}=\frac{N_1}{A_1}=\frac{5P}{3\times\frac{\pi d^2}{4}}=97.6\ \text{MPa}<[\sigma]_1=160\ \text{MPa}$$

木杆 $$\sigma_{BC}=\frac{N_2}{A_2}=\frac{4P}{3a^2}=4.8\ \text{MPa}<[\sigma]_2=5\ \text{MPa}$$

所以,两杆均满足强度条件。

②求节点 $B$ 的位移。

应先计算两杆在 $P$ 力作用下的变形。

$$\Delta L_1=\frac{N_1L_1}{E_1A_1}=\frac{\frac{5}{3}\times36\times10^3\times2.5}{2\times10^{11}\times\frac{\pi}{4}\times28^2\times10^{-6}}=1.22\ \text{mm}$$

$$\Delta L_2=\frac{N_2L_2}{E_2A_2}=\frac{\frac{4}{3}\times36\times10^3\times2}{1\times10^{10}\times100^2\times10^{-6}}=0.96\ \text{mm}$$

然后作变形位移图。结构变形后两杆仍应相交在一点,这就是变形的相容条件。因杆 $AB$ 受拉力而伸长 $\Delta L_1$,$B$ 点移至新位置 $B_1$;因杆 $CB$ 受压力而缩短 $\Delta L_2$,$B$ 点移至新位置 $B_2$。在小变形条件下,可用切线代替圆弧来确定节点 $B$ 的新位置。即过 $B_1$ 和 $B_2$ 分别作 $AB_1$ 和 $CB_2$ 的

垂线,两垂线的交点 $B'$ 即为节点 $B$ 的新位置,如图 5.1-12(c)所示。从图中可看出:

$B$ 点的水平位移

$$\delta_H = BB_2 = \Delta L_2 = 0.96\ \text{mm}(\leftarrow)$$

$B$ 点的垂直位移

$$\delta_V = BB_3 = BB_4 + B_4B_3 = \frac{\Delta L_1}{\sin\alpha} + \Delta L_2 \cdot \cot\alpha = 1.22 \times \frac{2.5}{1.5} + 0.96 \times \frac{2}{1.5} = 3.31\ \text{mm}(\downarrow)$$

所以,$B$ 点的位移

$$\delta_B = \sqrt{\delta_H^2 + \delta_V^2} = \sqrt{0.96^2 + 3.31^2} = 3.45\ \text{mm}$$

③求结构的许可荷载$[P]$。

由强度条件,钢杆的许可轴力

$$[N_1] = A_1[\sigma]_1 = \frac{\pi}{4} \times 28^2 \times 10^{-6} \times 160 \times 10^6 = 98.5\ \text{kN}$$

相应的许可荷载

$$[P]_1 = \frac{3}{5}[N_1] = \frac{3}{5} \times 98.5 = 59.1\ \text{kN}$$

同理,木杆的许可轴力

$$[N_2] = A_2[\sigma]_2 = 100^2 \times 10^{-6} \times 5 \times 10^6 = 50\ \text{kN}$$

相应的许可荷载

$$[P]_2 = \frac{3}{4}[N_2] = \frac{3}{4} \times 50 = 37.5\ \text{kN}$$

为了保证两杆都能安全、正常地工作,结构的许可荷载应取上述$[P]_1$、$[P]_2$ 中的较小值,即

$$[P] = [P]_2 = 37.5\ \text{kN}$$

**【例 5.1-3】** 如图 5.1-13(a)所示结构,$AB$ 杆为钢杆,横截面面积 $A_1 = 500\ \text{mm}^2$,许用应力$[\sigma]_1 = 160$ MPa,$BC$ 杆为铜杆,横截面面积 $A_2 = 700\ \text{mm}^2$,许用应力$[\sigma]_2 = 100$ MPa。求该结构的许可荷载$[P]$。

**解:**①计算各杆轴力。

在 $B$ 点附近将杆 $AB$ 及杆 $BC$ 截开,取 $B$ 节点局部作为脱离体,受力图如图 5.1-13(b)所示。设 $AB$ 杆的轴力为 $N_1$,$BC$ 杆的轴力为 $N_2$,且均为拉力。

由平衡条件

$$\sum X = 0, N_2\sin 60° - N_1\sin 30° = 0$$

$$\sum Y = 0, N_1\cos 30° + N_2\cos 60° - P = 0$$

解得

$$N_1 = \frac{\sqrt{3}}{2}P, N_2 = \frac{1}{2}P$$

②计算各杆所能承受的许可轴力。

根据强度条件$\frac{N}{A} \leqslant [\sigma]$,得各杆所能承受的最大轴力为

$$N_{1\max} \leqslant [\sigma]_1 A_1 = 160 \times 10^6 \times 500 \times 10^{-6} = 80\ \text{kN}$$

$$N_{2\max} \leqslant [\sigma]_2 A_2 = 100 \times 10^6 \times 700 \times 10^{-6} = 70\ \text{kN}$$

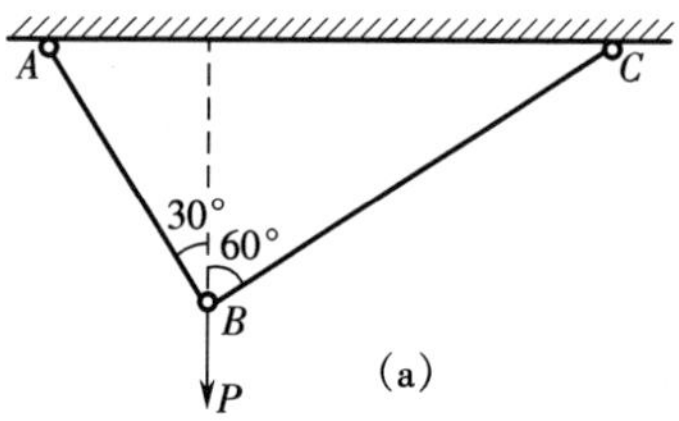


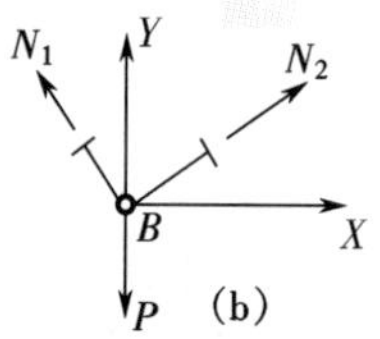


图 5.1-13

③计算两杆分别达到最大轴力时所对应的载荷。

由 $N_1=\frac{\sqrt{3}}{2}P$ 及 $N_{1\max}=80\ \mathrm{kN}$,得

$$P_1=\frac{2}{\sqrt{3}}N_1\leqslant\frac{2}{\sqrt{3}}80=92.4\ \mathrm{kN}$$

由 $N_2=\frac{1}{2}P$ 及 $N_{2\max}=70\ \mathrm{kN}$,得

$$P_2=2N_2\leqslant2\times70=140\ \mathrm{kN}$$

④确定结构的许可载荷。

比较 $P_1$ 和 $P_2$,取其中的最小值作为结构的许可载荷,于是

$$[P]=92.4\ \mathrm{kN}$$

分析与讨论:

杆件的许可轴力[$N$]和结构的许可载荷[$P$]是两个不同的概念。因为结构中各杆件并不是同时达到危险状态,所以其许可载荷是由最先达到许可轴力的那根杆的强度所决定的。具体求解时,可根据各个杆件的内力达到其许可轴力时所对应的许可载荷,选其中的最小值作为整个结构的最大许可载荷。

## 5.2 剪切

要求:

①熟悉连接件与被连接件的受力分析;

②准确判定剪切面与挤压面,掌握剪切与挤压的实用计算;

③准确理解剪应力互等定理的意义,了解剪切胡克定律及其应用。

### 5.2.1 剪切的实用计算

**1. 剪切的概念**

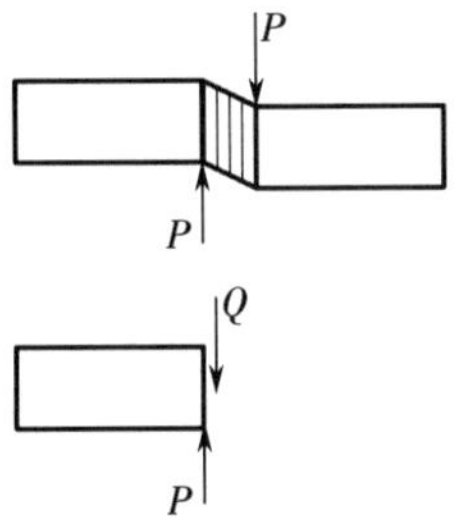


图 5.2-1

剪切的力学模型如图 5.2-1 所示。

①受力特征:构件上受到一对大小相等、方向相反,作用线相距很近且与构件轴线垂直的力作用。

②变形特征:构件沿两力的分界面有发生相对错动的趋势。

③剪切面:构件将发生相对错动的面。

④剪力 $Q$:剪切面上的内力,其作用线与剪切面平行。

**2. 剪切实用计算**

(1)名义剪应力

假定剪应力沿剪切面是均匀分布的。若 $A_Q$ 为剪切面面积,$Q$ 为剪力,则名义剪应力

$$\tau=\frac{Q}{A_Q} \tag{5.2-1}$$

(2)许用剪应力

按实际构件的受力方式,用试验的方法求得名义剪切极限应力 $\tau^0$,再除以安全系数 $n$。

(3)剪切强度条件

剪切面上的工作剪应力不得超过材料的许用剪应力,即

$$\tau=\frac{Q}{A_Q}\leqslant[\tau] \tag{5.2-2}$$

## 5.2.2 挤压的实用计算

**1. 挤压的概念**

①挤压:两构件相互接触的局部承压作用。

②挤压面:两构件间相互接触的面。

③挤压力 $P_{bs}$:承压接触面上的总压力。

**2. 挤压实用计算**

(1)名义挤压应力

假设挤压力在名义挤压面上均匀分布,则名义挤压应力

$$\sigma_{bs}=\frac{P_{bs}}{A_{bs}} \tag{5.2-3}$$

式中:$A_{bs}$为名义挤压面面积。当挤压面为平面时,则名义挤压面面积等于实际的承压接触面面积;当挤压面为曲面时,则名义挤压面面积取为实际承压接触面在垂直挤压力方向的投影面积,如图 5.2-2 所示。

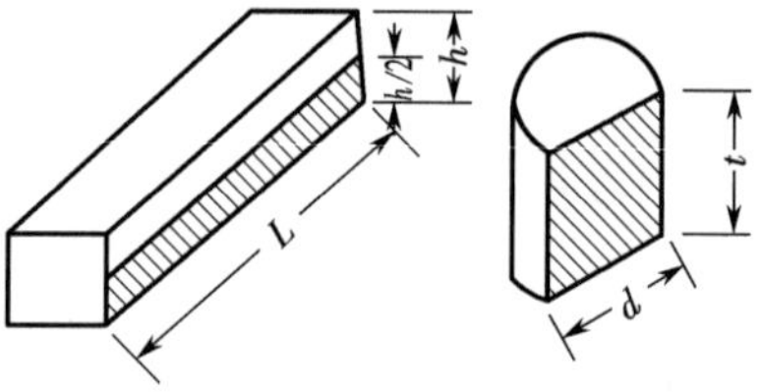

图 5.2-2

键的名义挤压面面积

$$A_{bs}=\frac{h}{2}L$$

铆钉的名义挤压面面积

$$A_{bs}=dt$$

(2)许用挤压应力

根据直接试验结果,按照名义挤压应力公式计算名义极限挤压应力,再除以安全系数。

(3)挤压强度条件

挤压面上的工作挤压应力不得超过材料的许用挤压应力,即

$$\sigma_{bs}=\frac{P_{bs}}{A_{bs}}\leqslant[\sigma_{bs}] \tag{5.2-4}$$

## 5.2.3 剪应力互等定理 剪切胡克定律

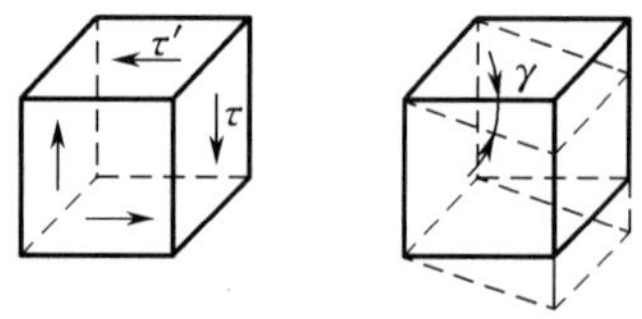

图 5.2-3

**1. 纯剪切**

①纯剪切:若单元体各个侧面上只有剪应力而无正应力,则称为纯剪切。纯剪切引起剪应变 $\gamma$,如图 5.2-3 所示。

②剪应变 $\gamma$:在剪应力作用下,单元体两相互垂直边间直角的改变量,单位为 rad,无量纲。在材料力学中规定以单元体左下直角增大时,$\gamma$ 为正,反之为负。

**2. 剪应力互等定理**

在互相垂直的两个平面上,垂直于两平面交线的剪应力,总是大小相等,且共同指向或背离这一交线(图 5.2-3),即

$$\tau = -\tau' \tag{5.2-5}$$

**3. 剪切胡克定律**

当剪应力不超过材料的剪切比例极限时,剪应力 $\tau$ 与剪应变 $\gamma$ 成正比,即

$$\tau = G\gamma \tag{5.2-6}$$

式中:$G$ 为材料的剪切弹性模量。

对各向同性材料,$E$、$G$、$\nu$ 间只有两个独立常数,它们之间的关系为

$$G = \frac{E}{2(1+\nu)} \tag{5.2-7}$$

**【例 5.2-1】** 某接头部分的销钉如图 5.2-4 所示。试计算销钉的剪应力 $\tau$ 和挤压应力 $\sigma_{bs}$。

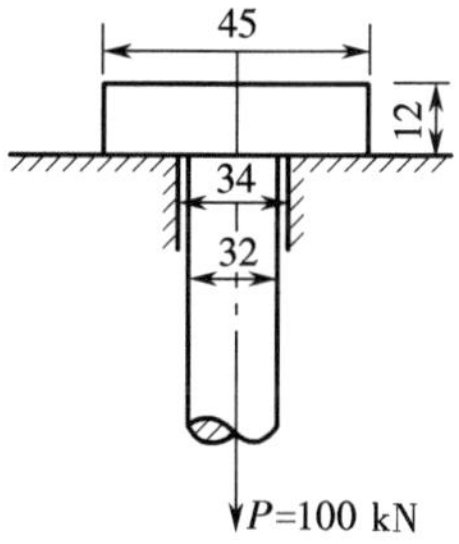


图 5.2-4

**解:**首先分析销钉的剪切面和挤压面面积。由图可见,销钉所受轴向拉力 $P$ 将在钉头内形成一个高度 $h=12$ mm、直径 $d=32$ mm 的圆柱形剪切面和一个外直径 $D=45$ mm、内直径 $d_0=34$ mm 的环形挤压面。于是得

$$A_Q = \pi dh = \pi \times 32 \times 12 = 1\ 206\ \text{mm}^2$$

$$A_{bs} = \frac{\pi}{4} \times (D^2 - d_0^2) = \frac{\pi}{4}(45^2 - 34^2) = 683\ \text{mm}^2$$

由平衡条件得

$$Q = P = 100\ \text{kN}$$

$$P_{bs} = P = 100\ \text{kN}$$

所以,剪应力

$$\tau = \frac{Q}{A_Q} = \frac{100 \times 10^3}{1\ 206 \times 10^{-6}} = 82.9\ \text{MPa}$$

挤压应力

$$\sigma_{bs} = \frac{P_{bs}}{A_{bs}} = \frac{100 \times 10^3}{683 \times 10^{-6}} = 146.4\ \text{MPa}$$

**【例 5.2-2】** 图 5.2-5(a)所示接头是由中间钢板(主板)通过上下两块钢盖板对接而成。铆钉与钢板材料相同,$[\tau]=130$ MPa,$[\sigma_{bs}]=300$ MPa,$[\sigma]=170$ MPa;铆钉直径 $d=20$ mm,主板厚度 $t_1=10$ mm,盖板厚度 $t_2=6$ mm,主、盖板的宽度 $b=200$ mm。若 $P=200$ kN,试校核该接头的强度。

**解:**①校核铆钉的剪切强度。

$P$ 力由主板传给铆钉,再由铆钉传给盖板。当铆钉直径相同,且外力作用线通过铆钉群截面的形心时,假设各铆钉的受力相同,则左侧铆钉的受力图如图 5.2-5(b)所示,铆钉有两个剪切面。由平衡条件可得受剪面上的剪力

$$Q = \frac{P}{2n} = \frac{P}{2 \times 5} = \frac{P}{10}$$

剪切面面积

$$A_Q = \frac{\pi}{4}d^2$$

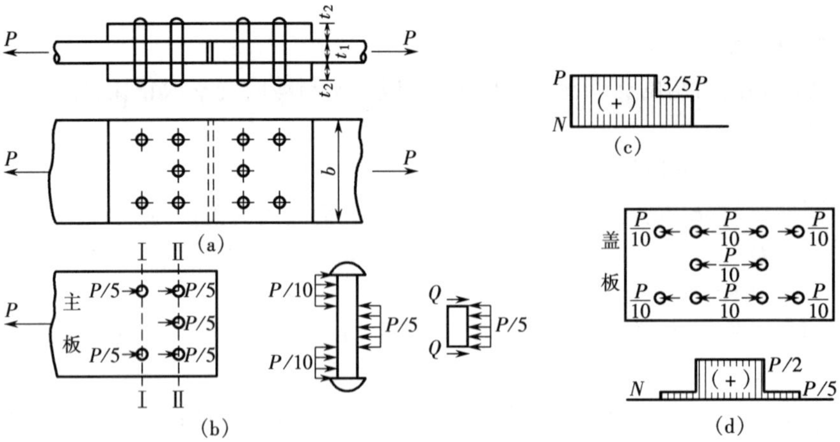


图 5.2-5

故 $$\tau=\frac{Q}{A_Q}=\frac{\frac{P}{10}}{\frac{\pi}{4}d^2}=\frac{4\times200\times10^3}{10\times\pi\times20^2\times10^{-6}}=63.7\ \mathrm{MPa}<[\tau]$$

②校核铆钉的挤压强度。

主板厚度小于两块盖板厚度之和,故应校核铆钉与主板之间的挤压强度,即

$$\sigma_{bs}=\frac{P_{bs}}{A_{bs}}=\frac{\frac{P}{5}}{dt_1}=\frac{200\times10^3}{5\times20\times10\times10^{-6}}=200\ \mathrm{MPa}<[\sigma_{bs}]$$

③校核主钢板的抗拉强度。

画出左边主板的受力图和轴力图,如图 5.2-5(c)所示。校核Ⅰ-Ⅰ、Ⅱ-Ⅱ截面的抗拉强度。

对Ⅰ-Ⅰ截面:

$$\sigma_{\mathrm{I}}=\frac{N_{\mathrm{I}}}{A_{1净}}=\frac{P}{(b-2d)t_1}=\frac{200\times10^3}{(200-2\times20)\times10\times10^{-6}}=125\ \mathrm{MPa}<[\sigma]$$

对Ⅱ-Ⅱ截面:

$$\sigma_{\mathrm{II}}=\frac{N_{\mathrm{II}}}{A_{2净}}=\frac{\frac{3}{5}P}{(b-3d)t_1}=\frac{3\times200\times10^3}{5\times(200-3\times20)\times10\times10^{-6}}=85.7\ \mathrm{MPa}<[\sigma]$$

④校核盖板的抗拉强度。

盖板受力图和轴力图如图5.2-5(d)所示。由图可见Ⅱ-Ⅱ截面处轴力最大而截面面积最小,故Ⅱ-Ⅱ截面为盖板的危险截面,应校核其抗拉强度。

$$\sigma_{\mathrm{II}}=\frac{N_{\mathrm{II}}}{A_{\mathrm{II}净}}=\frac{\frac{P}{2}}{(b-3d)t_2}=\frac{200\times10^3}{2\times(200-3\times20)\times6\times10^{-6}}=119\ \mathrm{MPa}<[\sigma]$$

所以,接头强度足够。

**【例 5.2-3】** 图 5.2-6(a)所示为凸缘联轴节,已知传递的转矩 $m=4\ \mathrm{kN\cdot m}$,有 4 个螺栓分布在 $D=200$ mm 的圆周上,螺栓的内径 $d_1=14.4$ mm,轴的直径 $d=80$ mm,键的尺寸 $b=20$

mm，$h=14$ mm，$L=140$ mm。图中 $t=16$ mm，键和螺栓的许用剪应力$[\tau]=70$ MPa，许用挤压应力$[\sigma_{bs}]=200$ MPa。试校核键和螺栓的强度。

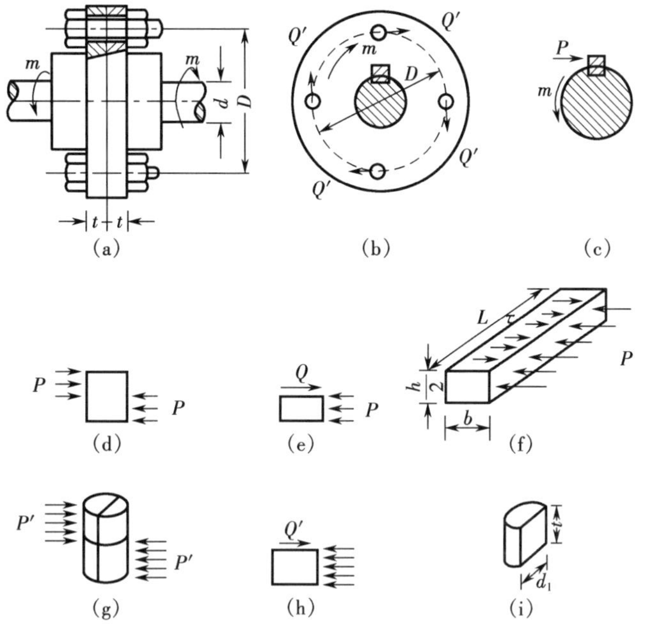

图 5.2-6

**解：**(1)键的强度校核

①校核剪切强度。键的受力如图 5.2-6(d)所示，图中 $P$ 力可由图 5.2-6(c)中轴和键的平衡条件来计算，即$\sum m_0=0$，则

$$m-P\times\frac{d}{2}=0$$

得
$$P=\frac{2m}{d}=\frac{2\times4}{80\times10^{-3}}=100\ \text{kN}$$

用截面法可求得剪力

$$Q=P=100\ \text{kN}$$

受剪面面积

$$A=bL=20\times140=2\ 800\ \text{mm}^2\text{（见图 5.2-6(f)）}$$

则剪应力

$$\tau=\frac{Q}{A}=\frac{100\times10^3}{2\ 800\times10^{-6}}=35.7\ \text{MPa}<[\tau]$$

②校核挤压强度。键所受的挤压力

$$P_{bs}=100\ \text{kN}$$

挤压面面积

$$A_{bs}=L\times\frac{h}{2}=140\times\frac{14}{2}=980\ \text{mm}^2\text{（见图 5.2-6(f)）}$$

则挤压应力

$$\sigma_{bs}=\frac{P_{bs}}{A_{bs}}=\frac{100\times10^3}{980\times10^{-6}}=102\ \text{MPa}\leqslant[\sigma_{bs}]$$

所以键的强度足够。

(2)螺栓的强度校核

①校核剪切强度。设每个螺栓所受的剪力为 $Q'$，则由图 5.2-6(b)所示部分的平衡条件

$$\sum m_0=0,m-4Q'\frac{D}{2}=0$$

得 $$Q'=\frac{m}{2D}=\frac{4}{2\times200\times10^{-3}}=10\ \text{kN}$$

所以螺栓的剪应力

$$\tau=\frac{Q'}{A}=\frac{Q'}{\frac{\pi}{4}d_1^2}=\frac{10\times10^3}{\frac{\pi}{4}(14.4\times10^{-3})^2}=61.4\ \text{MPa}<[\tau]$$

②校核挤压强度。螺栓的挤压力

$$P_{bs}=P'=Q'=10\ \text{kN}$$

如图 5.2-6(g)和图 5.2-6(h)所示。名义挤压面积

$$A_{bs}=d_1t=14.4\times16=230.4\ \text{mm}^2(\text{见图 5.2-7(i)})$$

则挤压应力

$$\sigma_{bs}=\frac{P_{bs}}{A_{bs}}=\frac{10\times10^3}{230.4\times10^{-6}}=43.4\ \text{MPa}<[\sigma_{bs}]$$

所以螺栓的强度足够。

分析与讨论：

①为了保证整个联接(联接件和被联接杆或板)的安全，必须根据整个联接的受力情况，全面考虑到联接可能发生的各种破坏现象，针对各种破坏形式进行强度计算；

②关于联接件的剪切、挤压强度计算，关键是掌握各种具体联接方式中联接件上所受的剪力、挤压力和受剪面积、挤压面积的计算。

**【例 5.2-4】** 图 5.2-7(a)所示为一托架，已知 $P=35$ kN，铆钉的直径 $d=20$ mm，铆钉受单剪，求最危险的铆钉截面上剪应力大小及方向。

**解：**①受力分析。

因为 $P$ 力不通过铆钉群截面形心，所以将力 $P$ 向铆钉群截面形心简化，得一力

$$P'=P=35\ \text{kN}$$

及一力偶

$$m=P\times e=35\times225\times10^{-3}=7.875\ \text{kN}\cdot\text{m}$$

②由于力 $P'$ 通过铆钉群形心作用，每个铆钉受力相等，故每个铆钉的剪力

$$Q_1'=Q_2'=Q_3'=Q_4'=\frac{P}{4}=\frac{35}{4}=8.75\ \text{kN}$$

③由于力偶 $m$ 作用，每个铆钉受力不等，其大小与该铆钉离铆钉群截面形心的垂直距离成正比，力的方向垂直于各铆钉截面形心与铆钉群形心间的连线，则由

$$Q_1''=k\times112.5,Q_2''=k\times37.5$$

$$Q_3''=k\times37.5,Q_4''=k\times112.5$$

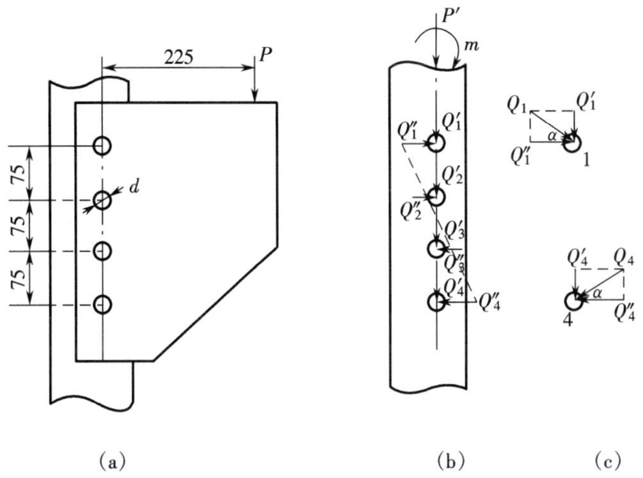


图 5.2-7

及 $m = Q''_1 \times 112.5 + Q''_2 \times 37.5 + Q''_3 \times 37.5 + Q''_4 \times 112.5$

求得 $k = 0.28, Q''_1 = Q''_4 = 31.5\ \text{kN}, Q''_2 = Q''_3 = 10.5\ \text{kN}$

④上述②、③两项计算中每个铆钉受到的两个力的合力即为每个铆钉的受力，显见铆钉 1、4 受力最大

$$Q_1 = \sqrt{(Q'_1)^2 + (Q''_1)^2} = \sqrt{(8.75)^2 + (31.5)^2} = 32.69\ \text{kN}$$

$$\alpha = \arctan\frac{Q'_1}{Q''_1} = \arctan\frac{8.75}{31.5} = 15.5°$$

铆钉 1 的剪应力

$$\tau_1 = \frac{Q_1}{A} = \frac{32.69 \times 10^3}{\frac{\pi}{4}(20)^2 \times 10^{-6}} = 104\ \text{MPa}$$

方向如图(c)所示。

# 5.3 扭转

要求：

①了解杆件产生扭转变形的受力特征与变形特征；

②了解传动轴的外力偶矩计算，掌握求扭矩和作扭矩图的方法；

③掌握横截面上剪应力分布规律和剪应力的计算；

④掌握圆截面极惯性矩、抗扭截面系数计算公式；

⑤熟悉圆杆扭转的强度条件、扭转角的计算和刚度条件。

## 5.3.1 扭转的概念

**1. 扭转的力学模型**

扭转的力学模型如图 5.3-1 所示。

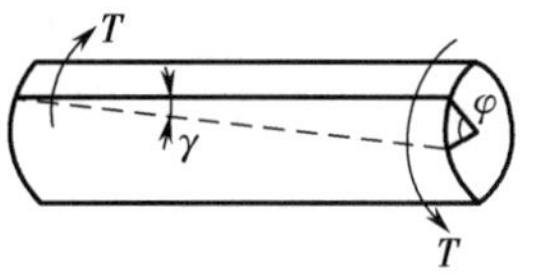


图 5.3-1

①受力特征：杆两端受到一对力偶矩相等、转向相反、作用平面与杆件轴线相垂直的外力偶作用。

②变形特征：杆件表面纵向线变成螺旋线，即杆件任意两横截面绕杆件轴线发生相对转动。

③扭转角 $\varphi$：杆件任意两横截面间相对转动的角度。

**2. 外力偶矩的计算**

轴所传递的功率、转速与外力偶矩间有如下关系：

$$T = 9.55\,\frac{N(\mathrm{kW})}{n(\mathrm{r/min})}\quad \mathrm{kN\cdot m} \tag{5.3-1}$$

$$T = 7.02\,\frac{N(\mathrm{Ps})}{n(\mathrm{r/min})}\quad \mathrm{kN\cdot m} \tag{5.3-2}$$

式中：传递功率 $N$ 的单位为千瓦(kW)或公制马力(Ps，1 Ps = 735.5 N·m/s)；转速 $n$ 的单位为转每分(r/min)。

## 5.3.2 扭矩和扭矩图

①扭矩：受扭杆件横截面上的内力是一个在截面平面内的力偶，其力偶矩称为扭矩。用 $M_T$ 表示，见图 5.3-2，其值用截面法求得。

②扭矩符号：扭矩 $M_T$ 的正负号规定，以右手法则表示扭矩矢量，当矢量的指向与截面外向法线的指向一致时，扭矩为正，反之为负。

③扭矩图：表示沿杆件轴线各横截面上扭矩变化规律的图线。

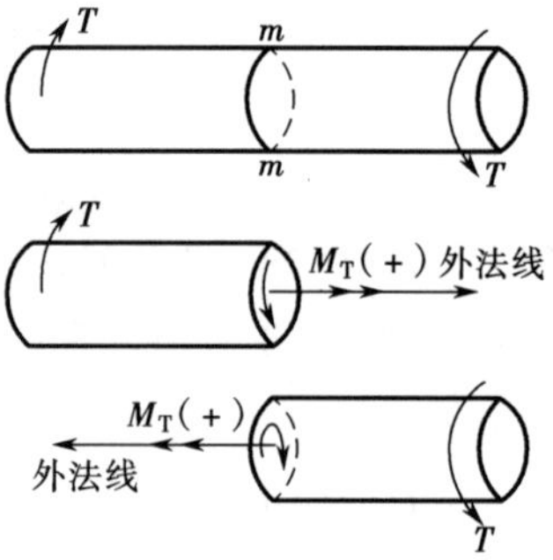


图 5.3-2

## 5.3.3 圆杆扭转时的剪应力及强度条件

**1. 横截面上的剪应力**

(1)剪应力分布规律

图 5.3-3

横截面上任一点的剪应力，其方向垂直于该点所在的半径，其值与该点到圆心的距离成正比，见图 5.3-3。

(2)剪应力计算公式

横截面上距圆心为 $\rho$ 的任一点的剪应力

$$\tau_\rho = \frac{M_T}{I_p}\cdot\rho \tag{5.3-3}$$

横截面上的最大剪应力发生在横截面周边各点处，其值为

$$\tau_{max} = \frac{M_T}{I_p}\cdot R = \frac{M_T}{W_t} \tag{5.3-4}$$

(3)剪应力计算公式的讨论

①公式适用于线弹性范围($\tau_{max} \leqslant \tau_\rho$)，小变形条件下的等截面实心或空心圆直杆。

②$M_T$ 为所求截面上的扭矩。

③$I_p$ 称为极惯性矩，$W_t$ 称为抗扭截面系数，其值与截面尺寸有关。

对于实心圆截面(图 5.3-4(a))

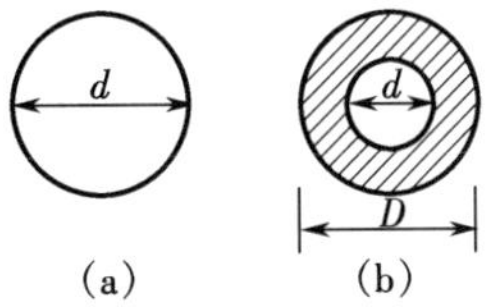

(a) (b)

图 5.3-4

$$I_p=\frac{\pi d^4}{32},\quad W_t=\frac{\pi d^3}{16} \tag{5.3-5}$$

对于空心圆截面(图 5.3-4(b))

$$I_p=\frac{\pi D^4}{32}(1-\alpha^4),\quad W_t=\frac{\pi D^3}{16}(1-\alpha^4) \tag{5.3-6}$$

式中:$\alpha=\frac{d}{D}$。

**2. 圆杆扭转时的强度条件**

强度条件:圆杆扭转时横截面上的最大剪应力不得超过材料的许用剪应力,即

$$\tau_{max}=\frac{M_{Tmax}}{W_t}\leqslant[\tau] \tag{5.3-7}$$

由强度条件可对受扭圆杆进行强度校核、截面设计和确定许可荷载三类问题的计算。

## 5.3.4 圆杆扭转时的扭转角计算及刚度条件

**1. 圆杆的扭转角计算**

单位长度扭转角

$$\theta=\frac{d\varphi}{dx}=\frac{M_T}{GI_p}\quad \text{rad/m} \tag{5.3-8}$$

扭转角

$$\varphi=\int_L\frac{M_T}{GI_p}dx\quad \text{rad} \tag{5.3-9}$$

若长度 $L$ 内 $M_T$、$G$、$I_p$ 均为常量,则

$$\varphi=\frac{M_TL}{GI_p} \tag{5.3-10}$$

公式适用于线弹性范围,小变形下的等直圆杆。$GI_p$ 表示圆杆抵抗扭转弹性变形的能力,称为抗扭刚度。

**2. 圆杆扭转时的刚度条件**

刚度条件:圆杆扭转时的最大单位长度扭转角不得超过规定的许可值,即

$$\theta_{max}=\frac{M_{Tmax}}{GI_p}\times\frac{180°}{\pi}\leqslant[\theta]\quad (°/\text{m}) \tag{5.3-11}$$

由刚度条件同样可对受扭圆杆进行刚度校核、截面设计和确定许可荷载三类问题的计算。

**【例 5.3-1】** 一传动轴如图 5.3-5(a)所示。已知轴的直径 $d=45$ mm,转速 $n=300$ r/min,主动轮输入的功率 $N_A=36.7$ kW,从动轮 $B$、$C$、$D$ 输出的功率分别为 $N_B=14.7$ kW、$N_C=N_D=11$ kW;轴的材料为 45 号钢,$G=8\times10^4$ MPa,$[\tau]=40$ MPa,$[\theta]=2°/\text{m}$。试校核轴的强度和刚度。

**解:**(1)计算外力偶矩

$$T_A=9.55\frac{N_A}{n}=9.55\frac{36.7}{300}=1.168\ \text{kN}\cdot\text{m}$$

$$T_B=9.55\frac{N_B}{n}=9.55\frac{14.7}{300}=0.468\ \text{kN}\cdot\text{m}$$

$$T_C = T_D = 9.55\frac{N_C}{n} = 9.55\frac{11}{300} = 0.351\ \text{kN}\cdot\text{m}$$

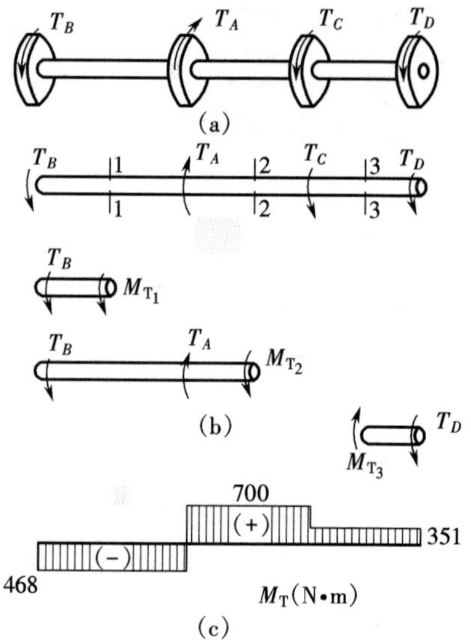

图 5.3-5

(2)画扭转图,确定危险截面

用截面 1-1、2-2、3-3 分别将杆截开,取各脱离体如图 5.3-5(b)所示,由平衡条件 $\sum M_X = 0$,分别得

$$M_{T_1} = -T_B = -468\ \text{N}\cdot\text{m}$$

$$M_{T_2} = T_A - T_B = 1\ 168 - 468 = 700\ \text{N}\cdot\text{m}$$

$$M_{T_3} = T_D = 351\ \text{N}\cdot\text{m}$$

扭矩图如图 5.3-5(c)所示。由图可见在 $AC$ 段内的扭矩最大,$M_T = 700\ \text{N}\cdot\text{m}$,因为轴是等截面的,故 $A_{右}$ 至 $C_{左}$ 间任一横截面均为危险截面。

(3)强度校核

$$\tau_{max} = \frac{M_{Tmax}}{W_t} = \frac{700}{\frac{\pi}{16}\times 45^3\times 10^{-9}} = 39.1\ \text{MPa} < [\tau]$$

满足强度条件。

(4)刚度校核

$$\theta_{max} = \frac{M_{Tmax}}{GI_p}\times\frac{180°}{\pi} = \frac{700}{8\times 10^{10}\times\frac{\pi}{32}\times 45^4\times 10^{-12}}\times\frac{180°}{\pi} = 1.25\ °/\text{m} < [\theta]$$

满足刚度条件。

**【例 5.3-2】** 阶梯轴 $ABC$ 受外力偶作用,如图 5.3-6(a)所示。已知 $AB$、$BC$ 段直径分别为 $d_1 = 75$ mm 和 $d_2 = 60$ mm,材料的许用剪应力$[\tau] = 60$ MPa,许用单位扭转角$[\theta] = 0.6°/\text{m}$,材料的剪变模量 $G = 80$ GPa。求:①校核轴的强度;②$C$ 截面相对 $A$ 截面的扭转角,并进行轴的刚度校核。

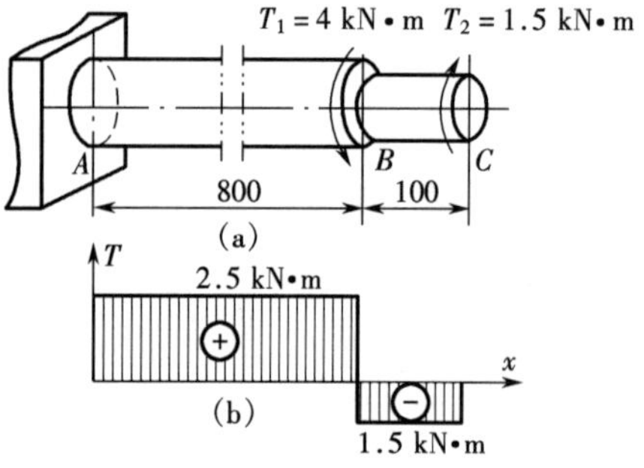

图 5.3-6

**解:**①计算扭矩并作扭矩图。

由外力偶矩可直接得到

$$M_{TBC} = -1.5\ \text{kN}\cdot\text{m}$$

$$M_{TAB} = 2.5\ \text{kN}\cdot\text{m}$$

其扭矩图见图 5.3-6(b)。

②计算最大剪应力和强度校核。

由于 $AB$ 段扭矩大,而 $BC$ 段直径小,因而不能直接确定最大剪应力发生在哪一段截面上,需分别计算两段截面上最大剪应力值。

$AB$ 段

$$\tau_{max1} = \frac{M_{TAB}\times 16}{\pi d_1^3} = \frac{2.5\times 10^3\times 16}{\pi\times 75^3\times 10^{-9}} = 30.2\ \text{MPa}$$

$BC$ 段

$$\tau_{\max 2}=\frac{M_{\mathrm{T}BC}\times 16}{\pi d_2^3}=\frac{1.5\times 10^3\times 16}{\pi\times 60^3\times 10^{-9}}=35.4\ \mathrm{MPa}$$

由计算结果知，最大剪应力发生在$BC$段截面的周边上，即

$$\tau_{\max}=35.4\ \mathrm{MPa}<[\tau]$$

故满足强度要求。

③计算变形和刚度校核。

因$AB$、$BC$段上的扭矩和截面各自不变，可用式(5.3-10)分别计算相对扭转角，然后相加，即

$$\varphi_{AC}=\varphi_{AB}+\varphi_{BC}=\frac{M_{\mathrm{T}AB}L_{AB}}{GI_{\mathrm{p}}}\frac{180^\circ}{\pi}+\frac{M_{\mathrm{T}BC}L_{BC}}{GI_{\mathrm{p}}}\frac{180^\circ}{\pi}$$

$$=\frac{2.5\times 10^3\times 800\times 10^{-3}\times 32}{80\times 10^9\times\pi\times 75^4\times 10^{-12}}\cdot\frac{180^\circ}{\pi}-\frac{1.5\times 10^3\times 100\times 10^{-3}\times 32}{80\times 10^9\times\pi\times 60^4\times 10^{-12}}\cdot\frac{180^\circ}{\pi}=-0.35^\circ$$

$C$截面相对$A$截面的扭转角为负，说明$C$截面的转动方向同$M_{T_{BC}}$的转向。

进行刚度校核时，需计算最大单位扭转角，即

$$\theta_{AB}=\frac{M_{\mathrm{T}AB}}{GI_{\mathrm{p}1}}\frac{180^\circ}{\pi}=\frac{2.5\times 10^3\times 32}{80\times 10^9\times\pi\times 75^4\times 10^{-12}}\times\frac{180^\circ}{\pi}=0.577^\circ/\mathrm{m}$$

$$\theta_{BC}=\left|\frac{M_{\mathrm{T}BC}}{GI_{\mathrm{p}2}}\frac{180^\circ}{\pi}\right|=\frac{1.5\times 10^3\times 32}{80\times 10^9\times\pi\times 60^4\times 10^{-12}}\times\frac{180^\circ}{\pi}=0.845^\circ/\mathrm{m}$$

显然 $\theta_{\max}=\theta_{BC}=0.845^\circ/\mathrm{m}>[\theta]$

刚度不符合要求。

分析与讨论：

①对截面、扭矩变化的轴必须计算出全轴中的最大剪应力和最大单位扭转角，然后从强度和刚度分别考虑，才能保证轴安全正常工作；

②计算相对扭转角时应注意分段，总扭转角为各段扭转角的代数和，各段的扭转角的正、负号可由该段扭矩的正、负表示。

**【例5.3-3】** 空心圆轴内外径之比$\frac{d}{D}=\frac{1}{2}$，壁厚$t=2.5\ \mathrm{mm}$，受外力偶$m=1.98\ \mathrm{kN\cdot m}$作用，材料许用剪应力$[\tau]=100\ \mathrm{MPa}$，许用单位扭转角$[\theta]=2^\circ/\mathrm{m}$，剪切弹性模量$G=80\ \mathrm{GPa}$。试设计轴的直径。若采用实心轴，则轴的直径应多大，并比较空心轴与实心轴的用材量。

**解：**(1)计算扭矩

由截面法求各截面上扭矩

$$M_{\mathrm{T}}=m=1.98\ \mathrm{kN\cdot m}$$

(2)强度设计

空心轴抗扭截面系数

$$W_{\mathrm{t}}=\frac{\pi D^3}{16}(1-\alpha^4)=\frac{\pi}{16}D^3\left(1-\left(\frac{1}{2}\right)^4\right)=\frac{15\pi}{256}D^3$$

由强度条件

$$\tau_{\max}=\frac{M_{\mathrm{T}}}{W_{\mathrm{t}}}\leqslant[\tau]$$

可得 $D\geqslant\sqrt[3]{\frac{M_{\mathrm{T}}\times 256}{[\tau]\times 15\pi}}=\sqrt[3]{\frac{1.98\times 10^3\times 256}{100\times 10^6\times 15\times 3.14}}=4.76\times 10^{-2}\ \mathrm{m}$

取 $D=48$ mm,则 $d=24$ mm。

(3)刚度设计

空心轴极惯性矩

$$I_p=\frac{\pi}{32}D^4\left[1-\left(\frac{1}{2}\right)^4\right]=\frac{15\pi}{512}D^4$$

由刚度条件得

$$D\geqslant\sqrt[4]{\frac{M_T}{G[\theta]}\times\frac{180^\circ}{\pi}\times\frac{512}{15\pi}}=\sqrt[4]{\frac{1.98\times10^3\times512\times180^\circ}{80\times10^9\times2^2\times\pi^2\times15}}=5.28\times10^{-2}\ \text{m}=52.8\ \text{mm}$$

则 $d=26.4$ mm

为同时满足强度和刚度要求,空心轴应取外径 $D=52.8$ mm、内径 $d=26.4$ mm。

(4)实心轴直径 $d_1$ 设计

根据强度条件

$$d_1\geqslant\sqrt[3]{\frac{16M_T}{\pi[\tau]}}=\sqrt[3]{\frac{16\times1.98\times10^3}{\pi\times100\times10^6}}=4.66\times10^{-2}\ \text{m}$$

取 $d_1=46.6$ mm。

按刚度条件

$$d_1\geqslant\sqrt[4]{\frac{32M_T\times180^\circ}{G\pi^2[\theta]}}=\sqrt[4]{\frac{32\times1.98\times10^3\times180^\circ}{80\times10^9\times\pi^2\times2^\circ}}=5.18\times10^{-2}\ \text{m}$$

取 $d_1=51.8$ mm。

综合强度和刚度要求,应取实心轴直径 $d_1=51.8$ mm。

(5)比较用材量

设轴的材料、长度相同,则质量比等于轴的横截面面积比

$$\frac{Q_{空}}{Q_{实}}=\frac{\frac{\pi}{4}(D^2-d^2)}{\frac{\pi}{4}d_1^2}=\frac{52.8^2-26.4^2}{51.8^2}=0.78$$

分析与讨论:由上可以看出,采用空心轴不仅节省材料而且可减轻轴的质量。究其原因,可以从以下两方面作出解释。

①从应力分布规律知,靠近轴心附近应力很小。因此,实心轴轴心附近材料没有发挥有效作用。

②从截面几何性质分析,空心轴的材料分布离轴心愈远,其抗扭截面系数 $W_t$ 和极惯性矩 $I_p$ 愈大,从而提高了轴的抗扭强度和刚度。

## 5.4 截面图形的几何性质

要求:

①了解静矩和形心、轴惯性矩和惯性积的概念,熟悉简单图形静矩、形心惯性矩和惯性积的计算;

②掌握轴惯性矩和惯性积的平行移轴公式及其应用;

③准确理解形心主轴和形心主惯性矩的概念，熟悉常见有一对称轴的组合截面形心主惯性矩的计算。

## 5.4.1 静矩与形心

**1. 定义**

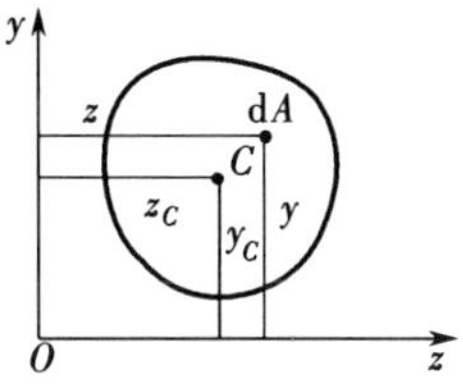


图 5.4-1

设任意形状截面图形的面积为 $A$(图 5.4-1)，则图形

$$\left.\begin{aligned}&\text{对 } z \text{ 轴的静矩} \quad S_z = \int_A y\mathrm{d}A = y_C A\\&\text{对 } y \text{ 轴的静矩} \quad S_y = \int_A z\mathrm{d}A = z_C A\end{aligned}\right\} \tag{5.4-1}$$

$$\text{形心 } C \text{ 的坐标} \quad \left.\begin{aligned}y_C &= \frac{S_z}{A}\\z_C &= \frac{S_y}{A}\end{aligned}\right\} \tag{5.4-2}$$

**2. 特征**

①静矩是对一定的轴而言的，同一图形对不同坐标轴的静矩不同。静矩可能为正、为负或为零。

②静矩的量纲为[$L^3$]，单位为 $m^3$。

③图形对任一形心轴的静矩为零；反之，若图形对某一轴的静矩为零，则该轴必通过图形的形心。

④若截面图形有对称轴，则图形对于对称轴的静矩必为零，图形的形心一定在此对称轴上。

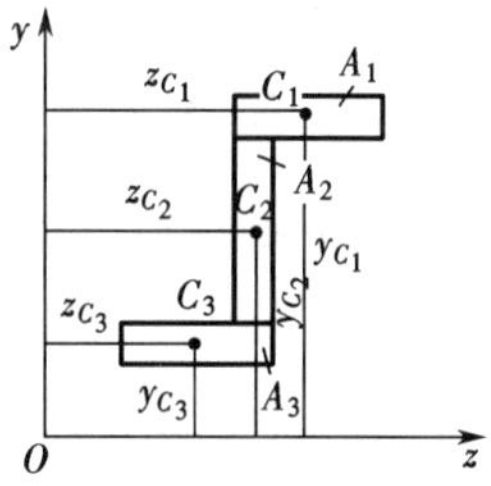


图 5.4-2

⑤组合图形对某一轴的静矩，等于各组分图形对同一轴静矩的代数和(图 5.4-2)，即

$$\left.\begin{aligned}S_y &= \sum_{i=1}^{n} S_{y_i} = \sum_{i=1}^{n} z_{C_i} A_i\\S_z &= \sum_{i=1}^{n} S_{z_i} = \sum_{i=1}^{n} y_{C_i} A_i\end{aligned}\right\} \tag{5.4-3}$$

## 5.4.2 惯性矩和惯性积

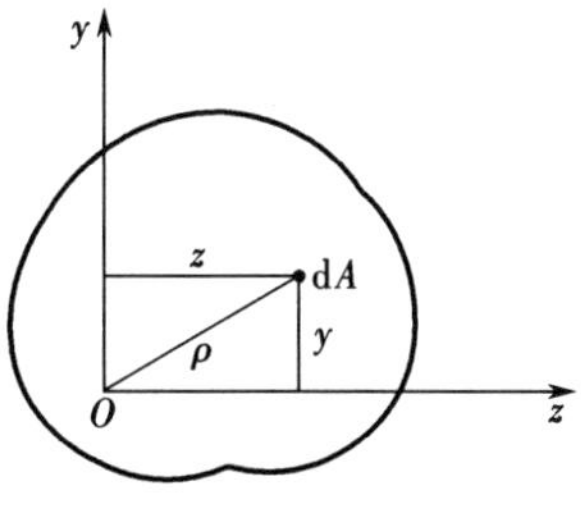


图 5.4-3

**1. 定义**

设任意形状截面图形的面积为 $A$(图 5.4-3)，则图形

$$\left.\begin{aligned}&\text{对 } y \text{ 轴的惯性矩} \quad I_y = \int_A z^2\mathrm{d}A\\&\text{对 } z \text{ 轴的惯性矩} \quad I_z = \int_A y^2\mathrm{d}A\end{aligned}\right\} \tag{5.4-4}$$

$$\text{对 } O \text{ 点的极惯性矩} \quad I_\mathrm{p} = \int_A \rho^2\mathrm{d}A \tag{5.4-5}$$

$$\text{对 } y\text{、}z \text{ 轴的惯性积} \quad I_{yz} = \int_A yz\mathrm{d}A \tag{5.4-6}$$

**2. 特征**

①图形的极惯性矩是对某一极点定义的，轴惯性矩是对某一坐标轴定义的，惯性积是对某

一对坐标轴定义的。

②极惯性矩、轴惯性矩、惯性积的量纲为[$L^4$],单位为 $m^4$。

③极惯性矩、轴惯性矩其数值均为正;惯性积的数值可正可负,也可能为零。若一对坐标轴中有一轴为图形的对称轴,则图形对这一对坐标轴的惯性积必等于零;但图形对某一对坐标轴的惯性积为零,则这对坐标轴中不一定有图形的对称轴。

④极惯性矩的值恒等于以该点为原点的任一对坐标轴的轴惯性矩之和,即

$$I_p = I_y + I_z \tag{5.4-7}$$

⑤组合图形对某一点的极惯性矩或对某一轴的轴惯性矩,分别等于各组分图形对同一点的极惯性矩或对同一轴的轴惯性矩之和,即

$$I_p = \sum_{i=1}^{n} I_{p_i} \tag{5.4-8}$$

$$I_y = \sum_{i=1}^{n} I_{y_i}, \quad I_z = \sum_{i=1}^{n} I_{z_i} \tag{5.4-9}$$

组合图形对某一对坐标轴的惯性积,等于各组分图形对同一对坐标轴的惯性积之和,即

$$I_{yz} = \sum_{i=1}^{n} I_{yz_i} \tag{5.4-10}$$

### 5.4.3 惯性半径

**1. 定义**

任意形状截面图形的面积为 $A$,则图形对 $y$ 轴和 $z$ 轴的惯性半径分别为

$$\left.\begin{aligned} i_y &= \sqrt{\frac{I_y}{A}} \\ i_z &= \sqrt{\frac{I_z}{A}} \end{aligned}\right\} \tag{5.4-11}$$

**2. 特征**

①惯性半径是对某一坐标轴定义的。

②惯性半径的量纲为[L],单位为 m。

③惯性半径的数值恒取正值。

### 5.4.4 平行移轴公式

设任意形状截面图形的面积为 $A$(图 5.4-4),形心为 $C$,图形对形心轴 $y_C$、$z_C$ 的轴惯性矩分别为 $I_{y_C}$、$I_{z_C}$,惯性积为 $I_{y_C z_C}$,则图形对平行于形心轴的坐标轴 $y$、$z$ 的惯性矩和惯性积分别为

$$\left.\begin{aligned} I_y &= I_{y_C} + b^2 A \\ I_z &= I_{z_C} + a^2 A \end{aligned}\right\} \tag{5.4-12}$$

$$I_{yz} = I_{y_C z_C} + abA \tag{5.4-13}$$

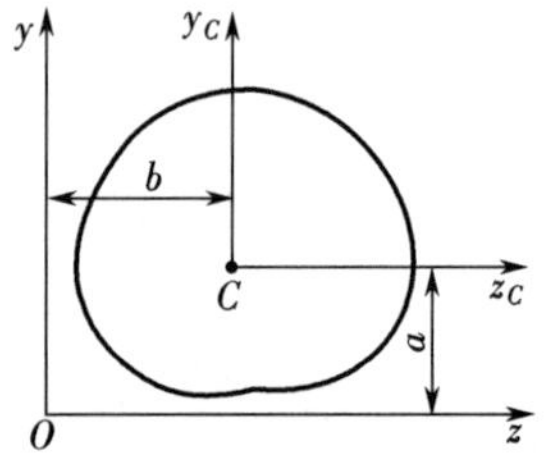

图 5.4-4

运用上述公式时应注意:

①利用平行移轴公式计算必须从形心轴出发;$a$、$b$ 是形心 $C$ 在新坐标系 $y$、$z$ 中的坐标,所以是有正负的;

②在所有相互平行的坐标轴中,图形对形心轴的惯性矩为最小,但图形对形心轴的惯性积

不一定是最小。

### 5.4.5 形心主轴和形心主惯矩

①主惯性轴:截面图形对于某一对正交坐标轴的惯性积为零,则这对轴称为主惯性轴,简称主轴。即 $I_{yz}=0$ 时,$y$、$z$ 轴即为主轴。主轴的方位

$$\tan 2\alpha_0=\frac{-2I_{yz}}{I_z-I_y} \tag{5.4-14}$$

②主惯矩:截面图形对主轴的惯性矩,称为主惯矩。它是图形对过同一点的所有坐标轴的惯性矩中的最大值和最小值,其值为

$$\left.\begin{matrix}I_{max}\\I_{min}\end{matrix}\right\}=\frac{I_z+I_y}{2}\pm\sqrt{\left(\frac{I_z-I_y}{2}\right)^2+I_{yz}^2} \tag{5.4-15}$$

且 $$I_{max}+I_{min}=I_z+I_y \tag{5.4-16}$$

③形心主轴:通过图形形心的一对主轴。

④形心主惯矩:截面图形对形心主轴的惯性矩。

可以证明:

①若图形有一根对称轴,则此轴即为形心主轴之一,另一形心主轴为通过图形形心并与对称轴垂直的轴;

②若图形有二根对称轴,则此二轴即为形心主轴;

③若图形有三根以上对称轴,则通过形心的任一轴均为形心主轴,且主惯矩相等。

### 5.4.6 常用简单图形的惯矩(图 5.4-5)

矩形 $$I_z=\frac{bh^3}{12},I_y=\frac{hb^3}{12} \tag{5.4-17}$$

圆形 $$I_z=\frac{\pi d^4}{64} \tag{5.4-18}$$

空心圆截面 $$I_z=\frac{\pi D^4}{64}(1-\alpha^4),\alpha=\frac{d}{D} \tag{5.4-19}$$

**【例 5.4-1】** 试求图 5.4-6 所示截面图形的形心主惯矩。

**解:**$y$ 轴为图形的对称轴,故为形心主轴之一。

(1)求形心 $C$

图 5.4-6 所示截面可看作由矩形Ⅰ和矩形Ⅱ组成,其面积各为

$$A_{\mathrm{I}}=200\times50=10\ 000\ \text{mm}^2$$

$$A_{\mathrm{II}}=50\times150=7\ 500\ \text{mm}^2$$

以 $z_1$ 轴为参考坐标,则

$$y_C=\frac{S_{z_1}}{A}=\frac{200\times50\times100+50\times150\times225}{200\times50+50\times150}=153.6\ \text{mm}$$

过形心 $C$ 作垂直 $y$ 轴的 $z$ 轴,则 $y$、$z$ 轴即为形心主轴。

(2)求形心主惯矩

$$I_y=I_{y\mathrm{I}}+I_{y\mathrm{II}}=\frac{200\times50^3}{12}+\frac{50\times150^3}{12}=1.61\times10^7\ \text{mm}^4$$

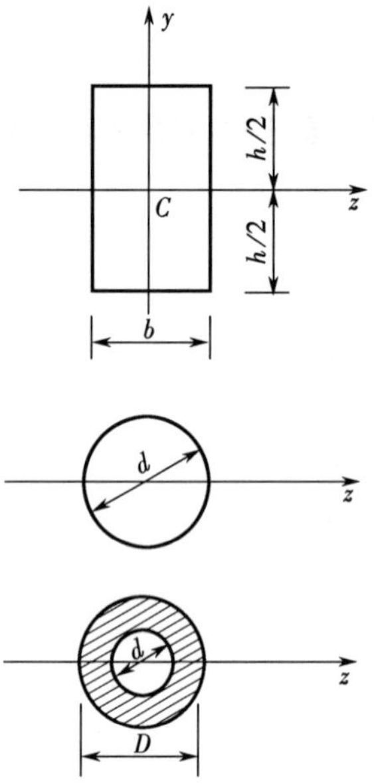

图 5.4-5

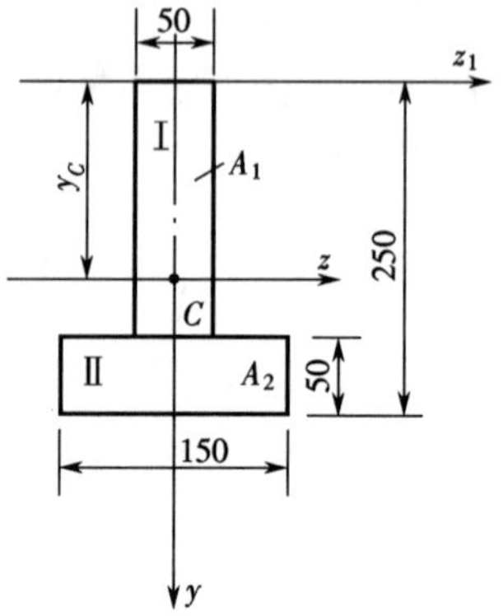

图 5.4-6

$$I_z = I_{z\mathrm{I}} + I_{z\mathrm{II}} = \frac{50 \times 200^3}{12} + 50 \times 200 \times (53.6)^2 + \frac{150 \times 50^3}{12} + 50 \times 150 \times (71.4)^2$$

$$= 1.018 \times 10^8 \ \mathrm{mm}^4$$

## 5.5 弯曲

要求:

(一)弯曲内力

①了解平面弯曲的概念,熟悉具有纵对称面的梁产生平面弯曲的条件;

②熟悉梁内剪力、弯矩的正负号规定;

③熟练掌握用截面法求指定截面的剪力、弯矩;

④掌握作剪力图、弯矩图的基本方法——列出剪力方程和弯矩方程,然后依据这些方程作图;

⑤掌握 $q$、$Q$、$M$ 之间的微分关系及应用于检查 $Q$、$M$ 图的正确性。

(二)弯曲应力

①了解中性轴的概念及其在截面上的位置;

②掌握横截面上正应力的分布规律及其计算公式,明确弯曲正应力公式的适用条件;

③熟悉工程上常用截面(圆形、矩形)的轴惯性矩、抗弯截面系数的计算公式熟悉中性轴为截面对称轴或非对称轴时的正应力强度条件;

④熟悉常见截面剪应力的分布规律及剪应力计算公式;

⑤了解梁的合理截面形状,了解弯曲中心的概念。

(三)弯曲变形

①熟悉列出梁挠曲线近似微分方程的步骤;

②用积分法求解梁的位移时,能正确写出梁的边界条件和连续条件;

③利用梁在简单荷载下的变位结果,会用叠加法求梁的位移。

## 5.5.1 弯曲内力

**1. 平面弯曲的概念**

弯曲变形是杆件的基本变形之一。以弯曲为主要变形的杆件通常称为梁。

(1)弯曲变形特征

任意两横截面绕垂直杆轴线的轴作相对转动,同时杆的轴线也弯成曲线。

(2)平面弯曲

荷载作用面(外力偶作用面或横向力与梁轴线组成的平面)与弯曲平面(即梁轴线弯曲后所在平面)相平行或重合的弯曲,如图 5.5-1 所示。

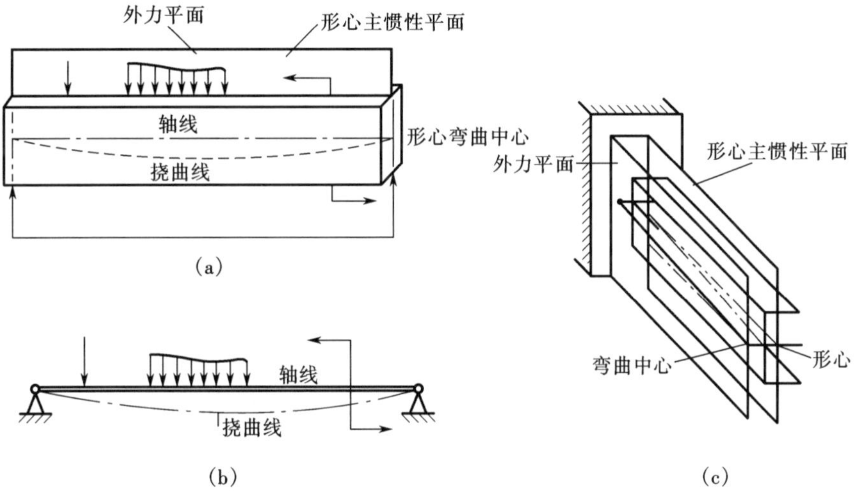


图 5.5-1

产生平面弯曲的条件如下。

①梁具有纵对称面时,只要外力(横向力或外力偶)都作用在此纵对称面内。

②对非对称截面梁,纯弯曲时,只要外力偶作用在与梁的形心主惯性平面(即梁的轴线与其横截面的形心主惯性轴所构成的平面)平行的平面内;横力弯曲时,横向力必须通过横截面的弯曲中心并在与梁的形心主惯性平面平行的平面内。

**2. 梁横截面上的内力分量——剪力与弯矩**

(1)剪力与弯矩

①剪力:梁横截面上切向分布内力的合力,称为剪力,以 $Q$ 表示。

②弯矩:梁横截面上法向分布内力形成的合力偶矩,称为弯矩,以 $M$ 表示。

③剪力与弯矩的符号:考虑梁微段 $dx$,使右侧截面对左侧截面产生向下相对错动的剪力为正,反之为负;使微段产生凹向上的弯曲变形的弯矩为正,反之为负,如图 5.5-2(b)所示。

由截面法可知以下两点。

①横截面上的剪力,其数值等于该截面左侧(或右侧)梁上所有外力在横截面方向的投影代数和;且左侧梁上向上的外力或右侧梁上向下的外力引起正剪力,反之则引起负剪力,如图 5.5-2(a)所示。

$$Q = \sum_{左(右)} Y_i$$

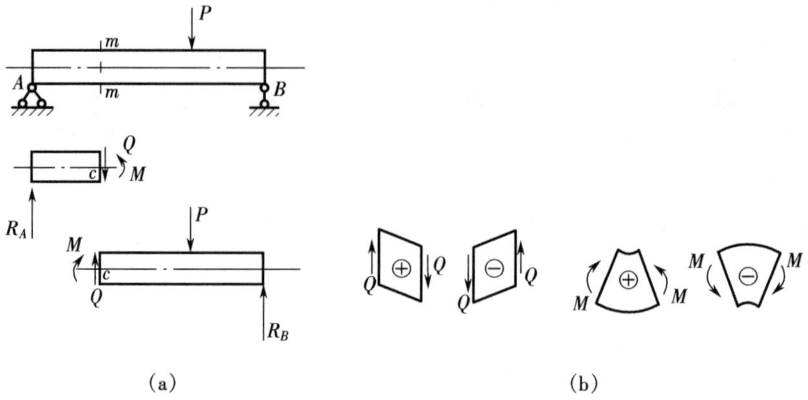


图 5.5-2

②横截面上的弯矩,其数值等于该截面左侧(或右侧)梁上所有外力对该截面形心的力矩代数和;且向上外力均引起正弯矩,左侧梁上顺时针转向的外力偶及右侧梁上逆时针转向的外力偶引起正弯矩,反之则产生负弯矩,如图 5.5-2(a)所示。

$$M = \sum_{\text{左(右)}} M_{C_i}$$

(2)剪力方程与弯矩方程

①剪力方程:表示沿杆轴各横截面上剪力随截面位置变化的函数,称为剪力方程,表示为

$$Q = Q(x)$$

②弯矩方程:表示沿杆轴各横截面上弯矩随截面位置变化的函数,称为弯矩方程,表示为

$$M = M(x)$$

(3)剪力图与弯矩图

①剪力图:表示沿杆轴各横截面上剪力随截面位置变化的图线,称为剪力图。

②弯矩图:表示沿杆轴各横截面上弯矩随截面位置变化的图线,称为弯矩图。

**3. 荷载集度与剪力、弯矩间的关系及应用**

(1)$q$、$Q$、$M$ 间的微分关系

设荷载集度 $q(x)$ 为截面位置 $x$ 的连续函数,且规定以向上为正,则有

$$\frac{dQ(x)}{dx} = q(x) \tag{5.5-1}$$

$$\frac{dM(x)}{dx} = Q(x) \tag{5.5-2}$$

$$\frac{d^2M(x)}{dx^2} = \frac{dQ(x)}{dx} = q(x) \tag{5.5-3}$$

(2)应用

①校核剪力图、弯矩图的正确性。根据一阶导数的几何意义,式(5.5-1)和式(5.5-2)表明剪力图上某点的切线斜率等于梁上相应点处的荷载集度,弯矩图上某点的切线斜率等于梁上相应截面上的剪力。

由式(5.5-3)的几何意义可根据 $M(x)$ 对 $x$ 二阶导数的正负,定出 $M(x)$ 图的凹向。若 $q(x)>0$,则 $M$ 图为上凸的曲线;若 $q(x)<0$,则 $M$ 图为下凸的曲线;若 $q(x)=0$,则 $M$ 图为直线。

②利用微分关系作剪力图和弯矩图。由式(5.5-1)可得

$$\int_A^B \mathrm{d}Q(x) = \int_A^B q(x)\,\mathrm{d}x$$

$$Q_B - Q_A = \omega_{AB} \tag{5.5-4}$$

即截面 $B$ 上的剪力与截面 $A$ 上的剪力之差等于梁上 $AB$ 间荷载集度 $q(x)$ 图的面积,但两截面之间必须无集中外力作用。

同理由式(5.5-2)可得

$$\int_A^B \mathrm{d}M(x) = \int_A^B Q(x)\,\mathrm{d}x$$

$$M_B - M_A = \Omega_{AB} \tag{5.5-5}$$

即截面 $B$ 上的弯矩与截面 $A$ 上的弯矩之差等于梁上 $AB$ 间剪力图的面积,但两截面之间必须无集中力偶作用。

于是可由式(5.5-1)、式(5.5-2),根据梁上已知的荷载集度,判定剪力、弯矩图的图线形状、凹向等;而由式(5.5-4)、式(5.5-5)或由截面法 $Q = \sum\limits_{左(右)} Y_i$,$M = \sum\limits_{左(右)} M_{C_i}$ 确定控制截面的剪力、弯矩值,即可绘制剪力、弯矩图。

**4. 特殊截面上的剪力、弯矩值**

①在集中力作用的截面处,$Q$ 图有突变,$M$ 图形成尖角。突变值等于集中力的大小,突变方向与集中力作用方向一致。

②在集中力偶作用处,$Q$ 图无变化,但 $M$ 图有突变。其突变值等于该力偶之矩,突变方向看该力偶对后半段梁的影响,即该力偶对后半段梁产生正弯矩,则向正方向突变,否则反之。

现将本节中有关弯矩、剪力与荷载间的关系以及剪力图和弯矩图的一些特征汇总整理为表 5.5-1,以供参考。

**表 5.5-1 几种荷载下剪力图与弯矩图的特征**

| 一段梁上受外力的情况 | 向下的均布荷载 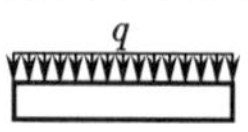  | 无荷载  | 集中力 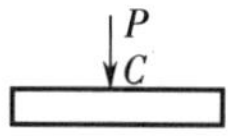  | 集中力偶 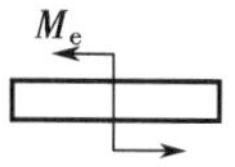  |
|---|---|---|---|---|
| 剪力图上的特征 | 向下方倾斜的直线   | 水平直线,一般为 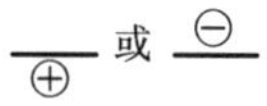  | 在 $C$ 处有突变 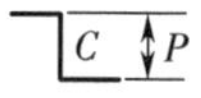  | 在 $C$ 处无变化 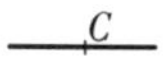  |
| 弯矩图上的特征 | 下凸的二次抛物线 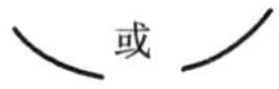  | 一般为斜直线 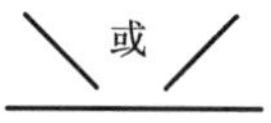  | 在 $C$ 处有尖角   | 在 $C$ 处有突变 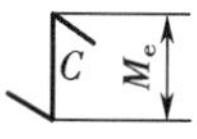  |
| 最大弯矩所在截面的可能位置 | 在 $Q=0$ 的截面 | | 在剪力变号的截面 | 在紧靠 $C$ 点的某一侧的截面 |

**【例 5.5-1】** 图 5.5-3(a)所示悬臂梁,承载如图。试列出剪力方程、弯矩方程,作 $Q$、$M$ 图。

**解:**因梁上荷载不连续,故需分段列方程。

用任意截面 $n$-$n$ 截开梁,取左部为脱离体,如图 5.5-3(b)所示。由 $\sum Y=0$,得

$$Q(x)=0 \quad (0 \leqslant x < a)$$

由 $\sum M=0$，得

$$M(x)=m=Pa \quad (0 < x \leqslant a)$$

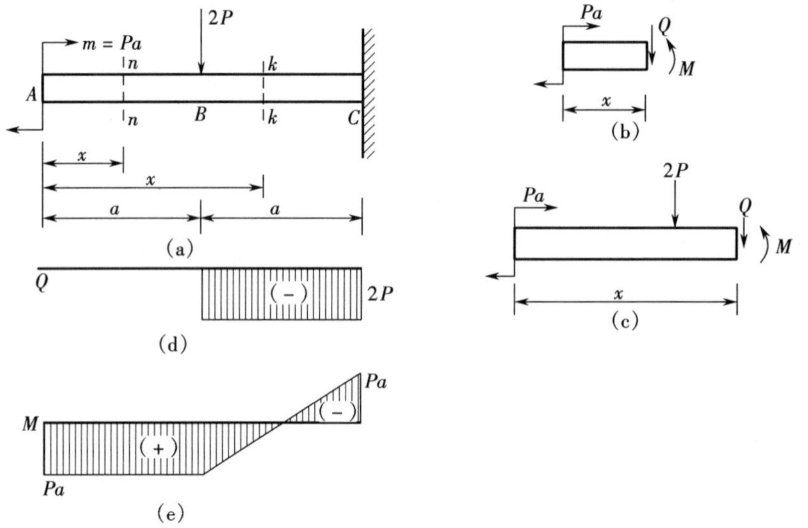


图 5.5-3

同理用任意截面 $k$-$k$ 截开梁，取左部为脱离体，如图 5.5-3(c) 所示。由 $\sum Y=0$，得

$$Q(x)=-2P \quad (a < x < 2a)$$

由 $\sum M=0$，得

$$M(x)=m-2P(x-a)=Pa-2P(x-a) \quad (a \leqslant x < 2a)$$

根据剪力方程、弯矩方程作图。对于线性方程只需算出各段的端值然后连直线即可。$Q$ 图、$M$ 图如图 5.5-3(d)、(e) 所示。

**【例 5.5-2】** 写出图 5.5-4 所示梁的剪力方程和弯矩方程，并作剪力图和弯矩图。

**解：**(1) 求支座反力

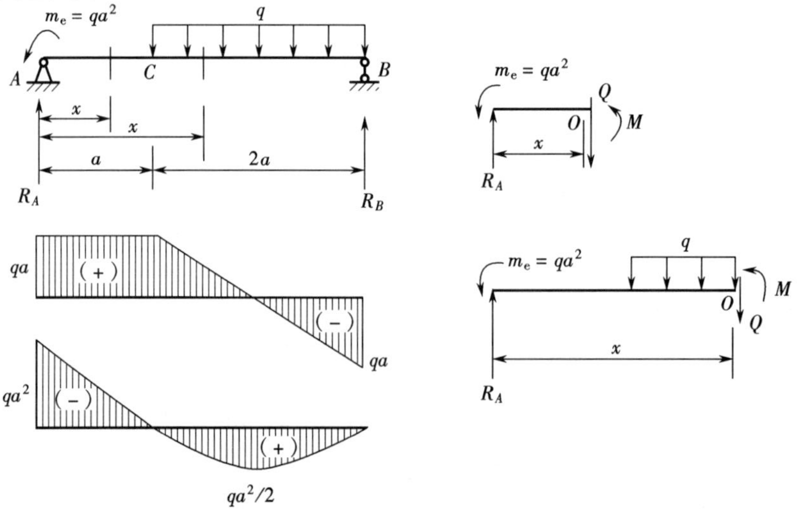


图 5.5-4

$$\sum M_A=0,m_e+3a\times R_B-2a\times 2aq=0$$

$$R_B=qa(\uparrow)$$

$$\sum M_B=0,m_e+2aq\times a-3aR_A=0$$

$$R_A=qa(\uparrow)$$

校核 $\sum Y=R_A+R_B-2qa=qa+qa-2qa\equiv 0$。

故所求的支座反力正确。

(2)分段建立剪力方程和弯矩方程

$AC$ 段:

$$\sum Y=0,\quad R_A-Q=0$$

$$Q=R_A=qa\quad(0<x\leqslant a)$$

$$\sum M_O=0,\quad m_e+M-R_Ax=0$$

$$M=R_Ax-m_e=qax-qa^2\quad(0<x\leqslant a)$$

$CB$ 段:

$$\sum Y=0,\quad R_A-q(x-a)-Q=0$$

$$Q=R_A-q(x-a)=2qa-qx\quad(a\leqslant x<3a)$$

$$\sum M_C=0,\quad qa^2+M-R_Ax+\frac{1}{2}q(x-a)^2=0$$

$$M=qax-qa^2-\frac{1}{2}q(x-a)^2\quad(a\leqslant x\leqslant 3a)$$

(3)作剪力图和弯矩图

根据 $AC$ 段、$CB$ 段剪力方程绘制剪力图。

$AC$ 段:$Q$ 为常量,故 $Q$ 图为水平线。

$CB$ 段:$Q$ 为一次函数,因而 $Q$ 图为斜直线,只需确定两个截面 $Q$ 值,即

$x=a$ 时,$Q_C=qa$

$x=3a-\xi$($\xi$ 为无穷小量)时,$Q_{B左}=2qa-q(3a-\xi)=2qa-3qa+q\xi=-qa$

根据 $AC$ 段、$CB$ 段弯矩方程绘制弯矩图。

$AB$ 段:$M$ 为一次函数,因而 $M$ 图为一斜直线,只需确定两个截面 $M$ 值,即

$x>\xi$ 时,$M_{A右}=qa\xi-qa^2=-qa^2$

$x=a$ 时,$M_C=qa^2-qa^2=0$

$CB$ 段:$M$ 为二次抛物线,至少要确定三个截面 $M$ 值,然后用光滑曲线连起来,即

$x=a$ 时,$M_C=0$

$x=3a$ 时,$M_B=3qa^2-qa^2-\frac{1}{2}q(3a-a)^2=0$

抛物线顶点在 $Q=2qa-qx=0$ 处,即 $x=2a$ 时,$M=qa\times 2a-qa^2-\frac{1}{2}q(2a-a)^2=\frac{1}{2}qa^2$

**【例 5.5-3】** 根据弯矩、剪力和荷载集度间的关系,作图 5.5-5 所示梁的剪力图和弯矩图。

**解:**首先求支座反力(悬臂梁可以不求)。

$$R_B=4\ \text{kN}(\uparrow)$$

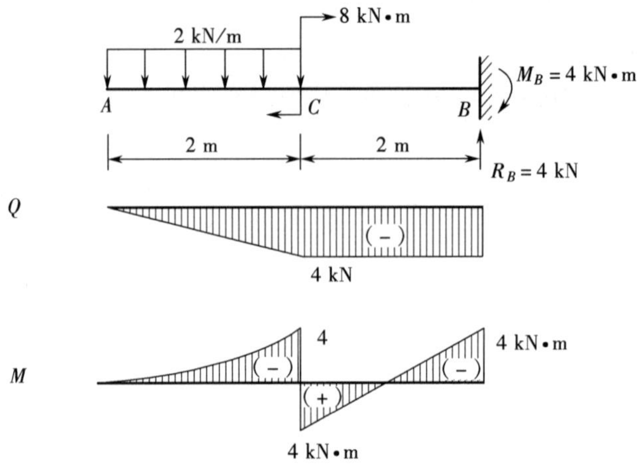


图 5.5-5

$M_B = 4\ \text{kN}\cdot\text{m}$(↷)

根据 $q$、$Q$、$M$ 关系作 $Q$、$M$ 图通常步骤如下。

①分段:根据梁上荷载不连续点(集中力、集中力偶作用处,分布荷载起止点)为界点。

②定形:根据各段荷载情况,定出 $Q$、$M$ 图形状。

③定控制截面 $Q$、$M$ 值:用截面法,则

$$Q = \sum_{\text{左(右)}} Y_i,\ M = \sum_{\text{左(右)}} M_{C_i}$$

或用积分关系式

$$Q_B - Q_A = \int_A^B q\,\mathrm{d}x$$

$$M_B - M_A = \int_A^B Q\,\mathrm{d}x$$

本例题的分段和定 $Q$、$M$ 形状情况见下表。

| | *AC* 段 | *CB* 段 |
|---|---|---|
| 荷载 | $q$ | 无 |
| *Q* | 向下倾斜的直线 (−) | 水平直线 (−) |
| *M* | 下凸的二次抛物线 | 斜直线 |

有关控制截面值确定如下。

①$Q$ 图:$AC$ 段定两个控制截面值,即

$$Q_A = 0$$

$$Q_C = \sum_{左} Y_i = -4\ \text{kN}$$

或 $$Q_C = Q_A + \int_A^C q\text{d}x = AC\text{段荷载图面积} = -4\ \text{kN}$$

$CB$ 段定一个控制截面值，$Q_C$ 已求出。

②$M$ 图：$AC$ 段至少定三个控制截面值，即

$$M_A = 0$$

$$M_{C左} = \sum_{左} M_i = -\frac{1}{2} \times 2 \times 2 \times 2 = -4\ \text{kN} \cdot \text{m}$$

或 $$M_{C左} = M_A + \int_A^{C左} Q\text{d}x = AC_{左}\text{段}\ Q\ \text{图面积} = -\frac{1}{2} \times 2 \times 4 = -4\ \text{kN} \cdot \text{m}$$

因为 $A$ 截面处 $Q=0$，$M$ 有极值，即为抛物线顶点。

$CB$ 段只要定两个控制截面值。因 $C$ 截面作用有集中力偶，故 $M$ 图有突变。

$$M_{C右} = M_{C左} + 8 = 4\ \text{kN} \cdot \text{m}$$

$$M_{B左} = M_{C右} + \int_{C右}^{B左} Q\text{d}x = 4 + C_{右}B_{左}\text{段}\ Q\ \text{图面积} = 4 + (-4 \times 2) = -4\ \text{kN} \cdot \text{m}$$

## 5.5.2 弯曲应力

**1. 弯曲正应力和正应力强度条件**

(1) 纯弯曲

梁的横截面上只有弯矩而无剪力时的弯曲，称为纯弯曲。

(2) 中性层与中性轴

①中性层：杆件弯曲变形时既不伸长也不缩短的一层。

②中性轴：中性层与横截面的交线，即横截面上正应力为零的各点的连线。

③中性轴位置：当杆件发生平面弯曲，且处于线弹性范围时，中性轴通过横截面形心，且垂直于荷载作用平面。

④中性层的曲率：杆件发生平面弯曲时，中性层（或杆轴）的曲率与弯矩间的关系为

$$\frac{1}{\rho} = \frac{M}{EI_z} \tag{5.5-6}$$

式中：$\rho$ 为变形后中性层（或杆轴）的曲率半径；$EI_z$ 为杆的抗弯刚度，轴 $z$ 为横截面的中性轴。

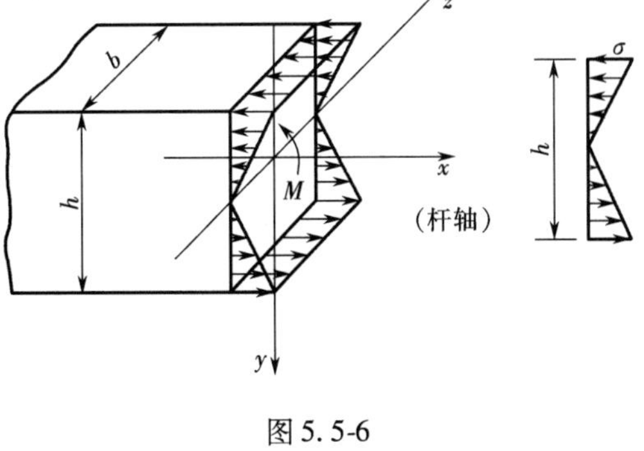


图 5.5-6

(3) 平面弯曲杆件横截面上的正应力

①分布规律：正应力的大小与该点至中性轴的垂直距离成正比，中性轴一侧为拉应力，另一侧为压应力，如图 5.5-6 所示。

②计算公式：

任一点应力 $$\sigma = \frac{M}{I_z} y \tag{5.5-7}$$

最大应力 $$\sigma_{\max} = \frac{M}{I_z} y_{\max} = \frac{M}{W_z} \tag{5.5-8}$$

式中：$M$ 为所求截面的弯矩；$I_z$ 为截面对中性

轴的惯性矩；$W_z$ 为抗弯截面系数。

$W_z = \dfrac{I_z}{y_{\max}}$，它是一个只与横截面的形状和尺寸有关的几何量。对于矩形截面（见图 5.5-7(a)）：

$$I_z = \frac{bh^3}{12}, y_{\max} = \frac{h}{2}, W_z = \frac{bh^2}{6}$$

对于圆形截面（见图 5.5-7(b)）：

$$I_z = \frac{\pi d^4}{64}, y_{\max} = \frac{d}{2}, W_z = \frac{\pi d^3}{32}$$

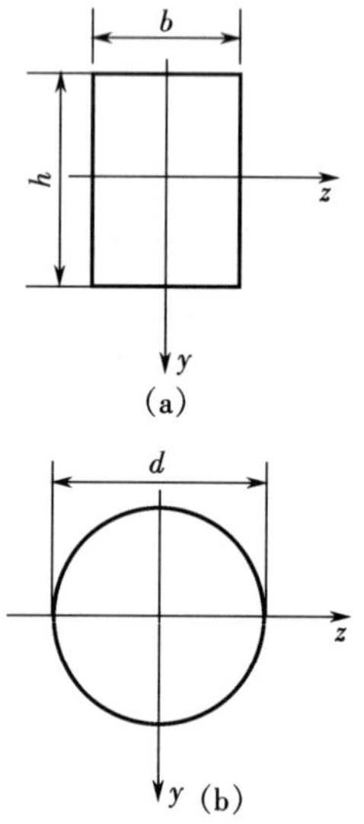

图 5.5-7

讨论：

①公式适用于线弹性范围且材料在拉伸和压缩时弹性模量相等的情况。

②在纯弯曲时，横截面在弯曲变形后保持平面，公式为精确解；横力弯曲时，由于剪应力的存在，横截面发生翘曲，但精确研究指出，工程实际中的梁，只要跨度与截面高度之比 $L/h > 5$，纯弯曲时的正应力公式仍适用。

(4)梁的正应力强度条件

强度条件：梁的最大工作正应力不得超过材料的许用正应力，即

$$\sigma_{\max} = \frac{M_{\max}}{W_z} \leqslant [\sigma] \tag{5.5-9}$$

注意，当梁内 $\sigma_{t,\max} \neq \sigma_{c,\max}$，且材料的 $[\sigma_t] \neq [\sigma_c]$ 时，梁的拉伸与压缩强度均应得到满足。

**2. 弯曲剪应力和剪应力强度条件**

(1)矩形截面梁的剪应力

两个假设：①剪应力方向与截面的侧边平行；②沿截面宽度剪应力均匀分布（见图 5.5-8）。

①计算公式

$$\tau = \frac{QS_z^*}{bI_z} \tag{5.5-10}$$

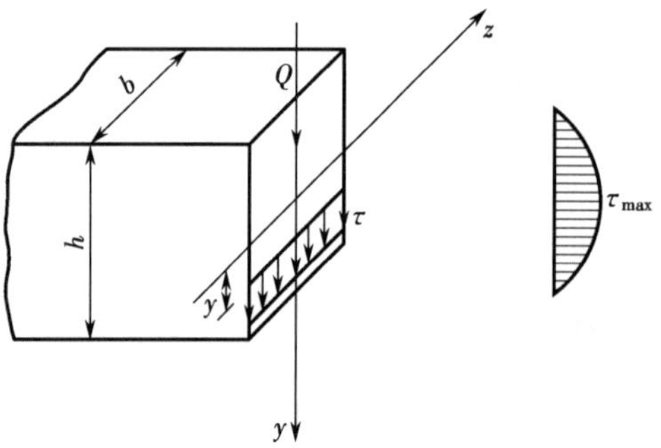

图 5.5-8

式中：$Q$ 为横截面上的剪力；$b$ 为横截面的宽度；$I_z$ 为整个横截面对中性轴的惯性矩；$S_z^*$ 为横截面上距中性轴为 $y$ 处横线一侧的部分截面对中性轴的静矩。

②最大剪应力：发生在中性轴处

$$\tau_{\max} = \frac{3}{2}\frac{Q}{bh} = \frac{3}{2}\frac{Q}{A} \tag{5.5-11}$$

(2)其他常用截面图形的最大剪应力

工字形截面 $\tau_{\max} = \dfrac{QS_{z\max}^*}{I_z d}$ (5.5-12)

式中：$d$ 为腹板厚度；$I_z/S^*_{z\max}$可查型钢表。

圆形截面 $\tau_{\max}=\frac{4}{3}\frac{Q}{A}$ (5.5-13)

环形截面 $\tau_{\max}=2\frac{Q}{A}$ (5.5-14)

最大剪应力均发生在中性轴上。

(3)剪应力强度条件

梁的最大工作剪应力不得超过材料的许用剪应力，即

$$\tau_{\max}=\frac{Q_{\max}\cdot S^*_{z\max}}{bI_z}\leqslant[\tau] \quad (5.5\text{-}15)$$

式中：$Q_{\max}$为全梁的最大剪力；$S^*_{z\max}$为中性轴一边的横截面面积对中性轴的静矩；$b$ 为横截面在中性轴处的宽度；$I_z$ 为整个横截面对中性轴的惯性矩。

**3. 梁的合理截面**

梁的强度通常是由横截面上的正应力控制的。由弯曲正应力强度条件 $\sigma_{\max}=\frac{M_{\max}}{W_z}\leqslant[\sigma]$可知，在截面面积 $A$ 一定的条件下，截面图形的抗弯截面系数愈大，梁的承载能力就愈大，故截面就愈合理。因此就 $W_z/A$ 而言，对工字形、矩形和圆形三种形状的截面，工字形最为合理，矩形次之，圆形最差。此外，对于$[\sigma_t]=[\sigma_c]$的脆性材料，一般采用对称于中性轴的截面，使截面上、下边缘的最大拉应力和最大压应力同时达到许用应力；对于$[\sigma_t]\neq[\sigma_c]$的脆性材料，一般采用不对称于中性轴的截面如 T 形、槽形等，使最大拉应力 $\sigma_{t,\max}$和最大压应力 $\sigma_{c,\max}$分别同时达到$[\sigma_t]$和$[\sigma_c]$，如图 5.5-9 所示。

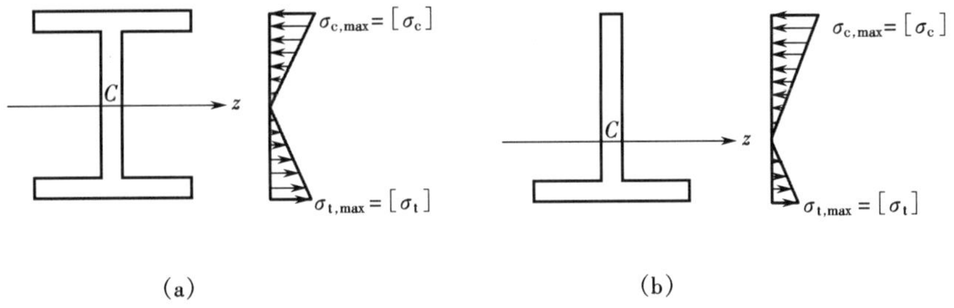


图 5.5-9

**4. 弯曲中心的概念**

在横向力作用下，梁分别在两个形心主惯性平面 $xy$ 和 $xz$ 内弯曲时，横截面上剪力 $Q_y$ 和 $Q_z$ 作用线的交点，称为截面的弯曲中心，也称为剪切中心。

当梁上的横向力不通过截面的弯曲中心时，梁除了发生弯曲变形外还要发生扭转变形。

弯曲中心是截面几何性质之一，仅与截面的几何形状有关，而与荷载大小和材料性质无关。

若截面具有一对称轴，则弯曲中心必在截面的对称轴上。若截面具有两个对称轴，其交点即为弯曲中心。T 形、L 形等狭长矩形组成的截面，两个狭长矩形中线的交点即为截面的弯曲中心。

【例 5.5-4】 把直径 $d=1$ mm 的钢丝绕在直径 $D=2$ m 的卷筒上，如图 5.5-10 所示，试求钢丝中产生的最大正应力。设钢丝的弹性模量 $E=2\times10^5$ MPa。

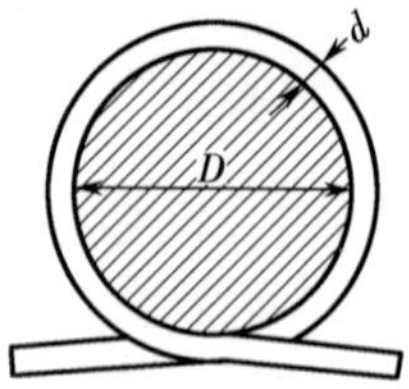

图 5.5-10

**解**：由曲率与弯矩间的关系

$$\frac{1}{\rho}=\frac{M}{EI_z}$$

则 $$M=\frac{EI_z}{\rho}$$

所以钢丝中的最大正应力

$$\sigma_{\max}=\frac{M}{W_z}=\frac{EI_z}{\rho W_z}=\frac{Ey_{\max}}{\rho}=\frac{E\frac{d}{2}}{\frac{D}{2}}=\frac{2\times10^{11}\times1\times10^{-3}}{2}=100\ \text{MPa}$$

【例 5.5-5】 起吊一根 50b 工字钢，如图 5.5-11 所示。已知工字钢长度 $L=19$ m，单位长度重量 $q=0.99$ kN/m，材料的许用应力$[\sigma]=80$ MPa。试求吊索的合理位置，并校核起吊时工字钢的强度。

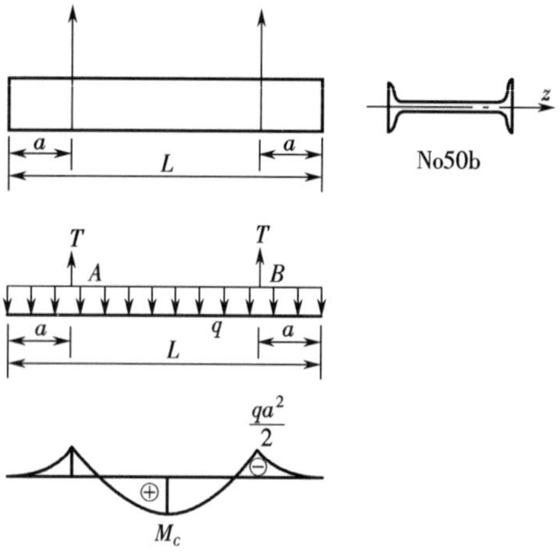

图 5.5-11

**解**：计算简图如图所示，画出弯矩图。

吊索的合理起吊位置应使梁中最大正弯矩和最大负弯矩的绝对值相等，即

$$|M_A|=M_C$$

因跨中点 $C$ 的弯矩

$$M_C=\frac{qL}{2}\left(\frac{L}{2}-a\right)-\frac{1}{2}q\left(\frac{L}{2}\right)^2$$

又 $$M_A=M_B=\frac{qa^2}{2}$$

由 $$\frac{qL}{2}\left(\frac{L}{2}-a\right)-\frac{1}{8}qL^2=\frac{qa^2}{2}$$

解得 $a=0.207L=3.933$ m

最大弯矩为

$$M_{\max}=\frac{qa^2}{2}=\frac{1}{2}0.99\times(3.933)^2$$
$$=7.66\ \text{kN}\cdot\text{m}$$

根据型钢截面特性表查得 50b 的 $W_z=146$ cm$^3$，则工字钢中的最大正应力

$$\sigma_{\max}=\frac{M_{\max}}{W_z}=\frac{7.66\times10^3}{146\times10^{-6}}=52.46\ \text{MPa}<[\sigma]$$

故满足强度要求。

【例 5.5-6】 倒 T 形截面的铸铁悬臂梁及其承载情况如图 5.5-12 所示。材料的许用拉应力$[\sigma_t]=40$ MPa，许用压应力$[\sigma_c]=80$ MPa。试求梁的许可荷载$[P]$。

**解**：作梁的弯矩图如图所示。由强度条件

$$\sigma_{\max}=\frac{My_{\max}}{I_z}\leqslant[\sigma]$$

最大拉应力发生在截面 $C$ 上边缘处，则

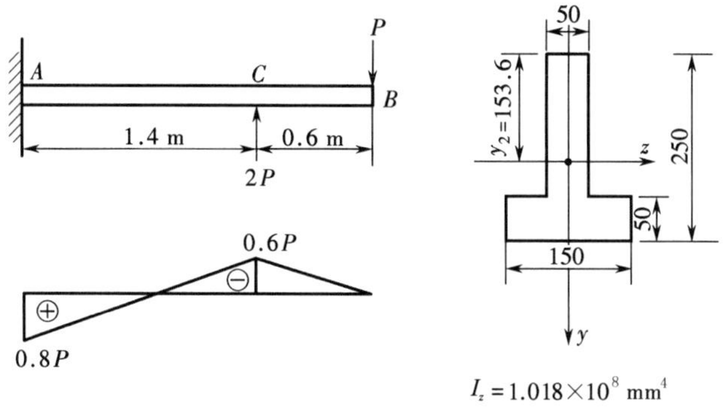


图 5.5-12

$$\sigma_{t,\max}=\frac{0.6P\times y_2}{I_z}\leqslant[\sigma_t]$$

得　　$P\leqslant 44.2\ \mathrm{kN}$

最大压应力发生在截面 $A$ 上边缘处,则

$$\sigma_{c,\max}=\frac{0.8P\times y_2}{I_z}\leqslant[\sigma_c]$$

得　　$P\leqslant 66.3\ \mathrm{kN}$

故梁的许可荷载$[P]=44.2\ \mathrm{kN}$。

## 5.5.3 弯曲变形

**1. 梁的挠度与转角**

(1)挠曲线

在外力作用下,梁的轴线由直线变为光滑的弹性曲线,梁弯曲后的轴线称为挠曲线。

在平面弯曲下,挠曲线为梁形心主惯性平面内的一条平面曲线 $v=f(x)$(见图 5.5-13)。

(2)挠度与转角

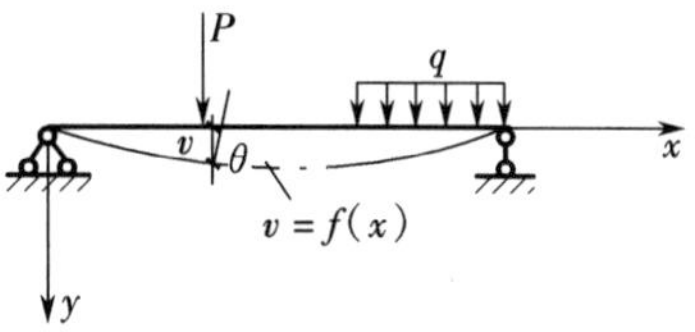


图 5.5-13

梁弯曲变形后,梁的每一个横截面都要产生位移,它包括三部分。

①挠度:梁横截面形心在垂直于轴线方向的线位移,称为挠度,记作 $v$。沿梁轴各横截面挠度的变化规律,即梁的挠曲线方程为

$$v=f(x)$$

②转角:横截面相对原来位置绕中性轴所转过的角度,称为转角,记作 $\theta$。小变形情况下,

$$\theta\approx\tan\theta=\frac{\mathrm{d}v}{\mathrm{d}x}=v'$$

③其他:横截面形心沿梁轴线方向的位移,小变形条件下可忽略不计。

(3)挠曲线近似微分方程

在线弹性范围、小变形条件下,挠曲线近似微分方程为

$$\frac{\mathrm{d}^2v}{\mathrm{d}x^2}=-\frac{M(x)}{EI_z}\tag{5.5-16}$$

上式是在图 5.5-13 所示坐标系下建立的。挠度 $v$ 向下为正,转角 $\theta$ 顺时针转为正。

**2. 积分法计算梁的位移**

根据挠曲线近似微分方程(5.5-16),积分两次,即得梁的转角方程和挠度方程,即由

$$\frac{d^2v}{dx^2} = -\frac{M(x)}{EI_z}$$

得
$$\theta = \frac{dv}{dx} = -\int \frac{M(x)}{EI_z}dx + C$$

$$v = -\iint \frac{M(x)}{EI_z}dxdx + Cx + D$$

式中:积分常数 $C$、$D$ 可由梁的边界条件确定。当梁的弯矩方程需分段列出时,挠曲线微分方程也需分段建立,并分段积分。于是全梁的积分常数数目将为分段数目的两倍。为了确定全部积分常数,除利用边界条件外,还需利用分段处挠曲线的连续条件(在分界点处左、右两段梁的转角和挠度均应相等)。

**3. 用叠加法求梁的位移**

(1)叠加原理

几个荷载同时作用下梁的任一截面的挠度或转角等于各个荷载单独作用下同一截面挠度或转角的总和。

(2)叠加原理的适用条件

叠加原理仅适用于线性函数。要求挠度、转角为梁上荷载的线性函数,必须满足:

①材料为线弹性材料;

②梁的变形为小变形;

③结构几何线性。

(3)叠加法的特征

①各荷载同时作用下挠度、转角等于单独作用下挠度、转角的总和,应该是几何和,同一方向的几何和即为代数和。

②梁在简单荷载作用下的挠度、转角应为已知或可查手册。

③叠加法适宜于求梁某一指定截面的挠度和转角。

**【例 5.5-7】** 用积分法求图 5.5-14 所示各梁的挠曲线方程时,试问应分为几段?将出现几个积分常数?并写出各梁的边界条件和连续条件。

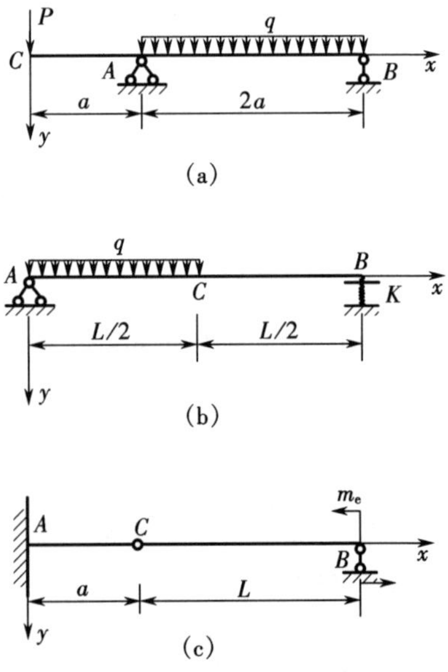


图 5.5-14

**解:**①挠曲线方程应分为两段,共有四个积分常数。

边界条件为 $x_1 = a, v_A = 0$

$x_2 = 3a, v_B = 0$

连续条件为 $x_1 = x_2 = a, \theta_{A_1} = \theta_{A_2} = \theta_A, v_{A_1} = v_{A_2} = v_A$

②挠曲线方程应分为两段,共有四个积分常数。

边界条件为 $x_1 = 0, v_A = 0$

$$x_2 = L, v_B = \frac{R_B}{K} = \frac{qL}{8K}$$

式中:$K$ 为弹簧的刚度。

连续条件为 $x_1=x_2=\dfrac{L}{2},\theta_{C_1}=\theta_{C_2}=\theta_C,v_{C_1}=v_{C_2}=v_C$

③挠曲线方程应分为两段,共有四个积分常数。

边界条件为 $x_1=0,v_A=0,\theta_A=0$

$x_2=a+L,v_B=0$

连续条件为 $x_1=x_2=a,v_{C_1}=v_{C_2}=v_C$

分析与讨论:

①凡荷载有突变处、有中间支承处、截面有变化处或材料有变化处,均应作为分段点。

②中间铰视为两个梁段间的联系,此种联系体现为两部分之间的相互作用力,故应作为分段点。

③各分段点处都应列出连续条件。根据梁变形的连续性,对同一截面只可能有唯一确定的挠度和转角值。在中间铰处,虽然两侧转角不同,但挠度却是唯一的。

**【例 5.5-8】** 试用叠加法求图 5.5-15(a)所示外伸梁外伸端 $C$ 点的挠度 $v_C$ 和转角 $\theta_C$。

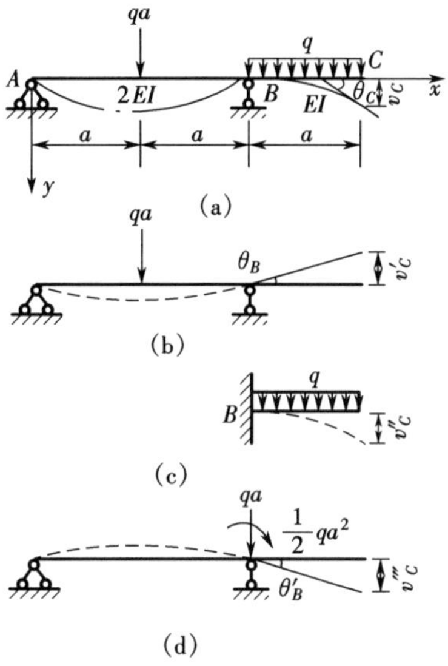


图 5.5-15

**解:**将荷载分解为图 5.5-15(b)、(c)、(d)三种情况,每种情况下的转角、挠度可查表得到

$$\theta'_C=\theta_B=-\frac{qa\times L^2}{16\times 2EI}=-\frac{qa^3}{8EI}$$

$$v'_C=\theta_B\times a=-\frac{qa^4}{8EI}$$

$$\theta''_C=\frac{qa^3}{6EI},v''_C=\frac{qa^4}{8EI}$$

$$\theta'''_C=\theta'_B=\frac{\frac{qa^2}{2}\times L}{3\times 2EI}=\frac{qa^3}{6EI}$$

$$v'''_C=\theta'_B\times a=\frac{qa^4}{6EI}$$

由叠加原理,得

$$\theta_C=\theta'_C+\theta''_C+\theta'''_C=-\frac{qa^3}{8EI}+\frac{qa^3}{6EI}+\frac{qa^3}{6EI}=\frac{5qa^3}{24EI}(\curvearrowright)$$

$$v_C=v'_C+v''_C+v'''_C=-\frac{qa^4}{8EI}+\frac{qa^4}{8EI}+\frac{qa^4}{6EI}=\frac{qa^4}{6EI}(\downarrow)$$

## 5.6 应力状态分析和强度理论

要求:

(一)应力状态分析

①了解一点处的应力状态、主平面和主应力的概念。

②掌握平面应力状态分析的解析法和应力圆法。

解析法:要会用公式求斜截面上的正应力、剪应力及主应力大小和方向。

应力圆法:要掌握应力圆的作法,应力圆与单元体间的关系,并用于求斜截面上应力、主应力大小和方向。

③了解一点应力状态的最大正应力、最大剪应力及其所在面位置。

④了解各向同性材料的广义胡克定律。

(二)强度理论

①了解强度理论的概念，熟悉材料的两种破坏形式。

②掌握四个常用的强度理论的强度条件并熟悉其应用范围。

## 5.6.1 应力状态的概念

**1. 一点的应力状态**

通过受力构件内一点的所有截面上的应力情况称为一点的应力状态。

**2. 一点的应力状态的表示法——单元体**

围绕所研究的点，截取一个边长为无穷小的正六面体，用各面上的应力分量表示周围材料对其作用，此正六面体称为应力单元体。其特点：

①单元体的尺寸无限小，每个面上的应力均匀分布；

②单元体表示一点处的应力，故相互平行截面上的应力相同。

**3. 主平面、主应力、主单元体**

①主平面：单元体中剪应力等于零的平面。

②主应力：主平面上的正应力。

可以证明：受力构件内任一点，均存在三个互相垂直的主平面。三个主应力用 $\sigma_1$、$\sigma_2$ 和 $\sigma_3$ 表示，且按代数值排列即 $\sigma_1 > \sigma_2 > \sigma_3$。

③主单元体：用三对互相垂直的主平面取出的单元体。

**4. 应力状态的分类**

根据主单元体上三个主应力中有几个是非零的数值，可将应力状态分为三类。

①单向应力状态：只有一个主应力不等于零。

②二向应力状态：有两个主应力不等于零。

③三向应力状态：三个主应力都不等于零。

单向应力状态又称为简单应力状态，二向和三向应力状态统称为复杂应力状态。单向及二向应力状态又称为平面应力状态。

## 5.6.2 平面应力状态分析的解析法

平面应力状态通常用单元体中主应力为零的那个主平面的正投影表示，如图 5.6-1 所示。

**1. 任意斜截面上的应力**

若已知一平面应力状态 $\sigma_x$、$\sigma_y$、$\tau_{xy}$，则与 $x$ 轴成 $\alpha$ 角的斜截面上的应力分量

$$\sigma_\alpha = \frac{\sigma_x + \sigma_y}{2} + \frac{\sigma_x - \sigma_y}{2}\cos 2\alpha - \tau_{xy}\sin 2\alpha \tag{5.6-1}$$

$$\tau_\alpha = \frac{\sigma_x - \sigma_y}{2}\sin 2\alpha + \tau_{xy}\cos 2\alpha \tag{5.6-2}$$

式中：正应力 $\sigma$ 以拉应力为正；剪应力 $\tau$ 以对单元体产生顺时针力矩者为正；$\alpha$ 角以逆时针转向为正。

**2. 主平面 主应力**

主平面的方位角 $\alpha_0$ $\quad \tan 2\alpha_0 = \dfrac{-\tau_{xy}}{\dfrac{\sigma_x - \sigma_y}{2}}$ (5.6-3)

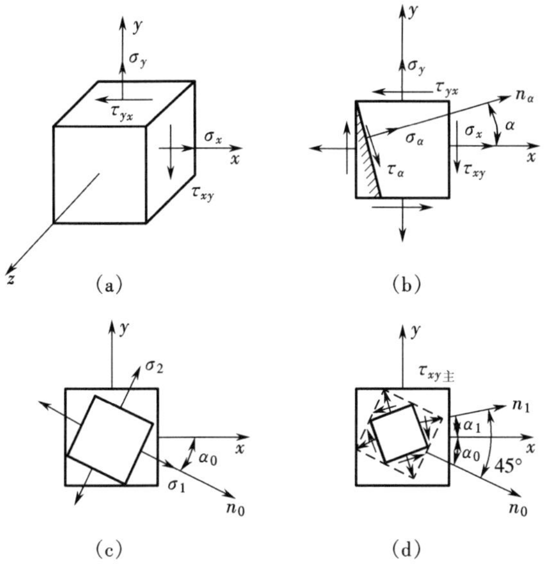


图 5.6-1

主应力 $\begin{matrix}\sigma_{max}\\ \sigma_{min}\end{matrix}=\dfrac{\sigma_x+\sigma_y}{2}\pm\sqrt{\left(\dfrac{\sigma_x-\sigma_y}{2}\right)^2+\tau_{xy}^2}$ (5.6-4)

考虑到单元体零应力面上的主应力为零,因此

若 $\sigma_{max}>\sigma_{min}>0$,则 $\sigma_1=\sigma_{max}$,$\sigma_2=\sigma_{min}$,$\sigma_3=0$;

若 $\sigma_{max}>0$,$\sigma_{min}<0$,则 $\sigma_1=\sigma_{max}$,$\sigma_2=0$,$\sigma_3=\sigma_{min}$;

若 $\sigma_{max}<0$,$\sigma_{min}<0$,则 $\sigma_1=0$,$\sigma_2=\sigma_{max}$,$\sigma_3=\sigma_{min}$。

单元体中互相垂直的两个截面上的正应力之和为常量,即

$$\sigma_x+\sigma_y=\sigma_{max}+\sigma_{min}=\sigma_\alpha+\sigma_\beta \tag{5.6-5}$$

式中:$\beta=\alpha+90°$。

**3. 主剪应力及其作用面**

作用面方位角 $\alpha_1$ $\tan 2\alpha_1=\dfrac{\sigma_x-\sigma_y}{2\tau_{xy}}$ (5.6-6)

数值 $\tau_{xy主}=\pm\sqrt{\left(\dfrac{\sigma_x-\sigma_y}{2}\right)^2+\tau_{xy}^2}$ (5.6-7)

必须说明:

①主剪应力 $\tau_{xy主}$是单元体上垂直于零应力面所有截面上剪应力的极大值和极小值,并不一定是该点的最大和最小剪应力;

②主剪应力作用面(主剪面)与主平面成45°角,即

$$\alpha_1=\alpha_0\pm 45° \tag{5.6-8}$$

## 5.6.3 平面应力状态分析的应力圆法

**1. 应力圆方程**

在平面应力状态 $\sigma_x$、$\sigma_y$、$\tau_{xy}$下,任意斜截面上的应力 $\sigma_\alpha$ 与 $\tau_\alpha$ 间的关系式为一个圆方程:

$$\left(\sigma_\alpha - \frac{\sigma_x + \sigma_y}{2}\right)^2 + \tau_\alpha^2 = \left(\frac{\sigma_x - \sigma_y}{2}\right)^2 + \tau_{xy}^2$$

圆心 $\left(\frac{\sigma_x + \sigma_y}{2}, 0\right)$

圆半径 $R = \sqrt{\left(\frac{\sigma_x - \sigma_y}{2}\right)^2 + \tau_{xy}^2}$

**2. 应力圆作法**

如图 5.6-2 所示，若已知一平面应力状态 $\sigma_x$、$\sigma_y$、$\tau_{xy}$，则取横坐标为 $\sigma$ 轴、纵坐标为 $\tau$ 轴，选定比例尺；由 $(\sigma_x, \tau_{xy})$ 确定点 $D_x$，由 $(\sigma_y, \tau_{yx})$ 确定点 $D_y$；连接 $D_x$、$D_y$ 交 $\sigma$ 轴于 $C$，以 $C$ 为圆心，$\overline{CD_x}$ 或 $\overline{CD_y}$ 为半径作圆，即得相应于该单元体的应力圆。

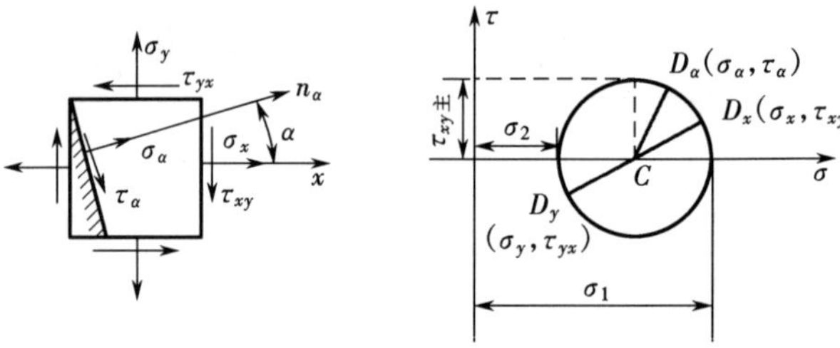


图 5.6-2

**3. 应力圆与单元体之间的对应关系**

应力圆与单元体之间的对应关系如表 5.6-1 所示。

**表 5.6-1**

| 应 力 圆 | 单 元 体 |
|---|---|
| 应力圆上某点的坐标 | 单元体某对应平面上的应力分量 |
| 应力圆上两点所夹的圆心角（$2\alpha$） | 单元体两对应平面间的夹角 $\alpha$ |
| 应力圆与 $\sigma$ 轴交点的坐标 | 单元体的主应力值 |
| 应力圆的半径 | 单元体的主剪应力值 |

以上对应关系可概括为"点面对应，转向相同，夹角两倍"。

## 5.6.4 一点的最大正应力和最大剪应力

一点的最大正应力

$$\sigma_{max} = \sigma_1 \tag{5.6-9}$$

一点的最大剪应力

$$\tau_{max} = \frac{\sigma_1 - \sigma_3}{2} \tag{5.6-10}$$

其作用平面与 $\sigma_2$ 方向平行，且与 $\sigma_1$、$\sigma_3$ 的作用面分别成 45°角。

## 5.6.5 广义胡克定律

对于各向同性材料，在小变形条件下，正应力仅引起线应变，剪应力仅引起相应的剪应变，所以应力—应变关系为

$$\left.\begin{aligned}\varepsilon_x&=\frac{1}{E}[\sigma_x-\nu(\sigma_y+\sigma_z)],\gamma_{xy}=\frac{\tau_{xy}}{G}\\\varepsilon_y&=\frac{1}{E}[\sigma_y-\nu(\sigma_z+\sigma_x)],\gamma_{yz}=\frac{\tau_{yz}}{G}\\\varepsilon_z&=\frac{1}{E}[\sigma_z-\nu(\sigma_x+\sigma_y)],\gamma_{xz}=\frac{\tau_{xz}}{G}\end{aligned}\right\}\tag{5.6-11}$$

三向主应力状态下，主应力与主应变的关系为

$$\left.\begin{aligned}\varepsilon_1&=\frac{1}{E}[\sigma_1-\nu(\sigma_2+\sigma_3)]\\\varepsilon_2&=\frac{1}{E}[\sigma_2-\nu(\sigma_3+\sigma_1)]\\\varepsilon_3&=\frac{1}{E}[\sigma_3-\nu(\sigma_1+\sigma_2)]\end{aligned}\right\}\tag{5.6-12}$$

平面应力状态下，应力—应变关系为

$$\left.\begin{aligned}\varepsilon_x&=\frac{1}{E}(\sigma_x-\nu\sigma_y)\\\varepsilon_y&=\frac{1}{E}(\sigma_y-\nu\sigma_x)\\\varepsilon_z&=-\frac{\nu}{E}(\sigma_x+\sigma_y)\\\gamma_{xy}&=\frac{1}{G}\tau_{xy}\end{aligned}\right\}\tag{5.6-13}$$

上列式中：$E$ 为弹性模量，$\nu$ 为泊松比，$G$ 为剪切弹性模量。

### 5.6.6 强度理论

**1. 强度理论的概念**

(1)材料破坏的两种类型

材料破坏形式不仅与材料本身的材质有关，而且与材料所处的应力状态、加载速度及温度环境等因素有关。材料在常温、静载荷下的破坏形式主要有以下两种。

①脆性断裂：材料在无明显的变形下突然断裂。

②塑性屈服(流动)：材料出现显著的塑性变形而丧失其正常的工作能力。

(2)强度理论

在复杂应力状态下关于材料破坏原因的假设，称为强度理论。

研究强度理论的目的，在于利用简单应力状态下的实验结果，建立材料在复杂应力状态下的强度条件。

**2. 四个常用的强度理论**

四个常用强度理论的强度条件可以统一地写成

$$\sigma_r\leqslant[\sigma]\tag{5.6-14}$$

式中：$\sigma_r$ 为相当应力，其表达式为

$$
\left.\begin{aligned}
&\text{最大拉应力理论(第一强度理论)}\quad \sigma_{r_1}=\sigma_1\\
&\text{最大拉应变理论(第二强度理论)}\quad \sigma_{r_2}=\sigma_1-\nu(\sigma_2+\sigma_3)\\
&\text{最大剪应力理论(第三强度理论)}\quad \sigma_{r_3}=\sigma_1-\sigma_3\\
&\text{形状改变比能理论(第四强度理论)}\\
&\sigma_{r_4}=\sqrt{\frac{1}{2}[(\sigma_1-\sigma_2)^2+(\sigma_2-\sigma_3)^2+(\sigma_3-\sigma_1)^2]}
\end{aligned}\right\}\qquad(5.6\text{-}15)
$$

$[\sigma]$为材料的许用应力。

对于工程上常见的一种二向应力状态如图 5. 6-3 所示,其特点是平面内某一方向的正应力为零。设 $\sigma_y=0$,则该点的主应力为

$$\left.\begin{matrix}\sigma_1\\ \sigma_3\end{matrix}\right\}=\frac{\sigma_x}{2}\pm\sqrt{\left(\frac{\sigma_x}{2}\right)^2+\tau_{xy}^2}$$

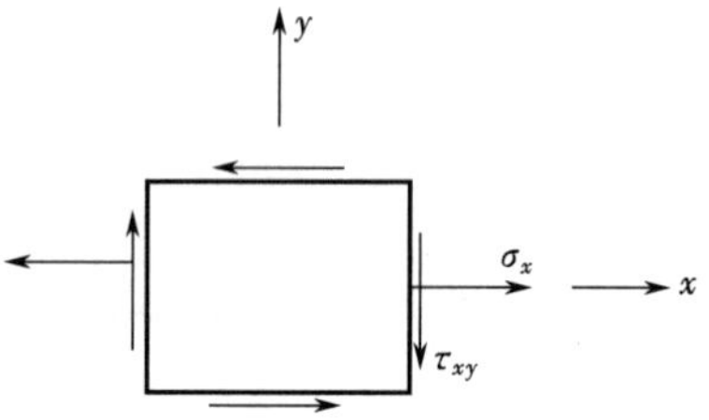

图 5. 6-3

代入式(5. 6-15)得

第三强度理论(最大剪应力理论)的相当应力

$$\sigma_{r_3}=\sqrt{\sigma_x^2+4\tau_{xy}^2}\qquad(5.6\text{-}16)$$

第四强度理论(形状改变比能理论)的相当应力

$$\sigma_{r_4}=\sqrt{\sigma_x^2+3\tau_{xy}^2}\qquad(5.6\text{-}17)$$

最大拉应力理论、最大拉应变理论是关于脆性断裂的强度理论;最大剪应力理论、形状改变比能理论是关于塑性屈服的强度理论。

**3. 强度理论的选用**

在三向拉应力作用下,材料均产生脆性断裂,故宜用第一强度理论;而在三向压缩应力状态下,材料均产生屈服破坏,故应采用第三或第四强度理论。当材料处于二向应力状态作用下时,脆性材料易发生断裂破坏,宜用第一或第二强度理论;塑性材料易发生塑性屈服破坏,宜用第三或第四强度理论。

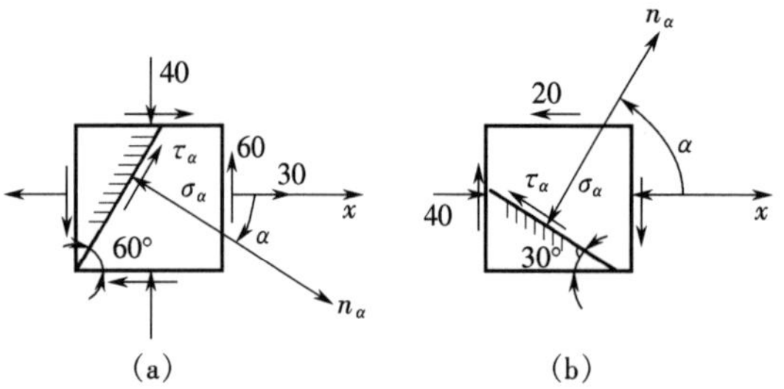

图 5. 6-4

**【例 5. 6-1】** 已知构件上某点的应力单元体如图 5. 6-4(a)、(b)所示(图中应力单位为 MPa)。试求指定斜截面上的应力。

**解:**图示单元体处于平面应力状态。

①在图示坐标中,$\sigma_x=30$ MPa,$\sigma_y=-40$ MPa,$\tau_{xy}=-60$ MPa,$\alpha=-30°$。代入式(5. 6-1)、式(5. 6-2),得

$$\sigma_\alpha=\frac{\sigma_x+\sigma_y}{2}+\frac{\sigma_x-\sigma_y}{2}\cos 2\alpha-\tau_{xy}\sin 2\alpha$$

$$=\frac{30-40}{2}+\frac{30+40}{2}\cos(-2\times30°)-(-60)\sin(-2\times30°)=-39.5\ \text{MPa}$$

$$\tau_\alpha=\frac{\sigma_x-\sigma_y}{2}\sin 2\alpha+\tau_{xy}\cos 2\alpha$$

$$=\frac{30+40}{2}\sin(-2\times30°)+(-60)\cos(-2\times30°)=-60.3\ \text{MPa}$$

$\sigma_\alpha$、$\tau_\alpha$ 方向如图中所示。

②在图示坐标中，$\sigma_x=-40$ MPa，$\sigma_y=0$，$\tau_{xy}=20$ MPa，$\alpha=60°$，则

$$\sigma_\alpha=\frac{-40}{2}-\frac{40}{2}\cos 120°-20\sin 120°=-27.32\ \text{MPa}$$

$$\tau_\alpha=-\frac{40}{2}\sin 120°+20\cos 120°=-27.32\ \text{MPa}$$

$\sigma_\alpha$、$\tau_\alpha$ 方向如图中所示。

**【例 5.6-2】** 已知平面应力状态如图 5.6-5 所示(图中应力单位为 MPa)。试用解析法求主应力及主平面，并画出主单元体。

**解**：图示单元体中，$\sigma_x=-20$ MPa，$\sigma_y=30$ MPa，$\tau_{xy}=-20$ MPa。

主应力

$$\left.\begin{matrix}\sigma_{\max}\\\sigma_{\min}\end{matrix}\right.=\frac{\sigma_x+\sigma_y}{2}\pm\sqrt{\left(\frac{\sigma_x-\sigma_y}{2}\right)^2+\tau_{xy}^2}=\frac{-20+30}{2}\pm\sqrt{\left(\frac{-20-30}{2}\right)^2+20^2}=\begin{matrix}37\\-27\end{matrix}\ \text{MPa}$$

所以 $\sigma_1=\sigma_{\max}=37$ MPa，$\sigma_2=0$，$\sigma_3=-27$ MPa

主平面方位角

$$\tan 2\alpha_0=\frac{-2\tau_{xy}}{\sigma_x-\sigma_y}=\frac{-2(-20)}{-20-30}=\frac{+40}{-50}=-0.8$$

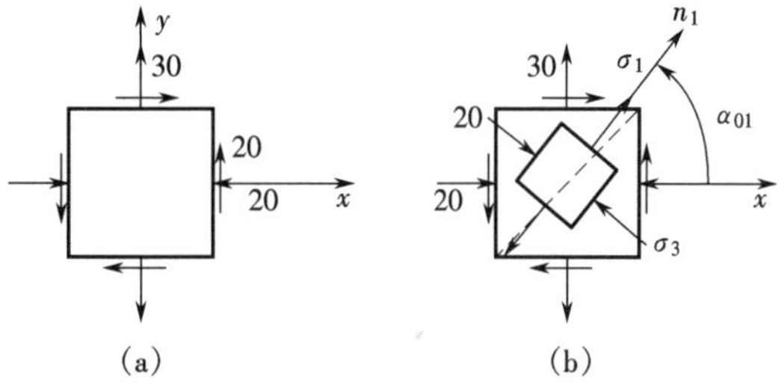


图 5.6-5

因 $\tan 2\alpha_0$ 式中分子为正、分母为负，所以 $2\alpha_{01}$ 在第二象限取值，即

$$2\alpha_{01}=180°-38.66°=141.34°$$

所以 $\alpha_{01}=70.67°$ 对应 $\sigma_1$ 作用面，则 $\alpha_{02}=\alpha_{01}-90°=-19.33°$ 对应 $\sigma_3$ 的作用面。

$\alpha_{01}$、$\alpha_{02}$ 中何者对应主应力 $\sigma_1$、$\sigma_3$，亦可用如下定性判断法：将单元体上剪应力箭头相对的角点连成直线，则主应力 $\sigma_1$ 必在代数值较大的正应力与该对角线之间。

**【例 5.6-3】** 试用应力圆法解上题。

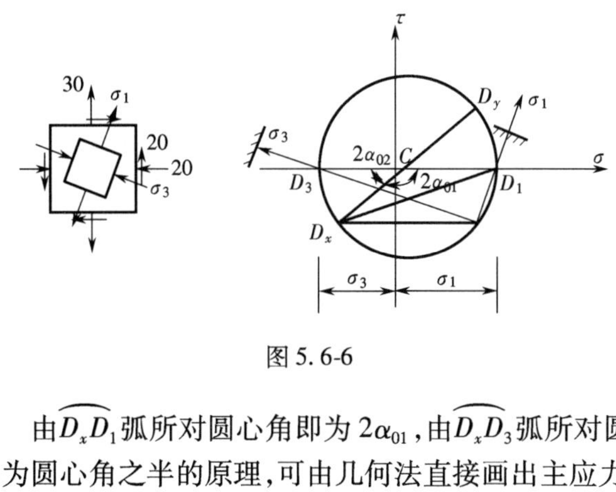


图 5.6-6

**解**：(1)作应力圆

取 $\sigma$ 轴 // $\sigma_x$，$\tau$ 轴 // $\sigma_y$，选取比例尺。由($\sigma_x$，$\tau_{xy}$)定 $D_x$ 点，由($\sigma_y$，$\tau_{yx}$)定 $D_y$ 点，以 $\overline{D_xD_y}$ 为直径作圆，得应力圆如图 5.6-6 所示。

(2)主应力、主单元体

应力圆与 $\sigma$ 轴交点 $D_1$、$D_3$ 的坐标即为主应力，即

$$\sigma_1=37\ \text{MPa},\sigma_3=-27\ \text{MPa}$$

由 $\widehat{D_xD_1}$ 弧所对圆心角即为 $2\alpha_{01}$，由 $\widehat{D_xD_3}$ 弧所对圆心角即为 $2\alpha_{02}$。利用同一弧所对的圆周角为圆心角之半的原理，可由几何法直接画出主应力单元体如图所示。

【例 5.6-4】 一直径 $d=20$ mm 的钢质受扭圆轴，钢的 $E=2\times10^5$ MPa，$\nu=0.3$。现由应变仪测得圆轴表面上与母线成 45°方向的线应变 $\varepsilon=5.2\times10^{-4}$，如图 5.6-7 所示。试求圆轴所承受的力偶矩 $T$。

**解**：(1)圆轴表面测点处的应力状态

圆轴表面上任一点的应力状态为纯剪应力状态，其中

$$\tau=\frac{M_T}{W_t}=\frac{16T}{\pi d^3}$$

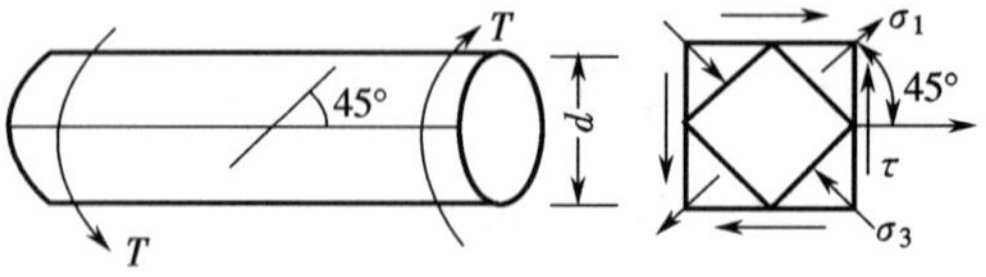

图 5.6-7

主应力

$\sigma_1=\tau$，方向与母线成 45°

$\sigma_2=0$，

$\sigma_3=-\tau$

(2)圆轴承受的力偶矩

由广义胡克定律

$$\varepsilon_1=\frac{1}{E}[\sigma_1-\nu(\sigma_2+\sigma_3)]=\frac{1+\nu}{E}\tau$$

所以 $$\varepsilon=\frac{1+\nu}{E}\times\frac{16T}{\pi d^3}$$

得 $$T=\frac{\varepsilon E\pi d^3}{16(1+\nu)}=\frac{5.2\times10^{-4}\times2\times10^{11}\times\pi\times(20\times10^{-3})^3}{16(1+0.3)}=125.6\ \text{N}\cdot\text{m}$$

【例 5.6-5】 对给定的应力状态(图 5.6-8 所示)，$\sigma_x=87$ MPa，$\sigma_y=-87$ MPa，$\sigma_z=160$ MPa，$\tau_{xy}=50$ MPa。确定以下两种材料是否失效：

①对脆性材料用最大拉应力理论，已知材料的 $\sigma_b=210$ MPa；

②对塑性材料用最大剪应力理论，已知材料的 $\sigma_s=400$ MPa。

**解**：这是一个三向应力状态的单元体，其中已知一个主平面和一个主应力($\sigma_z=160$ MPa)，所以只要求出另两个 $xy$ 平面内的主应力即可。为此，把单元体沿垂直于 $z$ 轴方向投影，得到图示的平面应力状态的单元体。

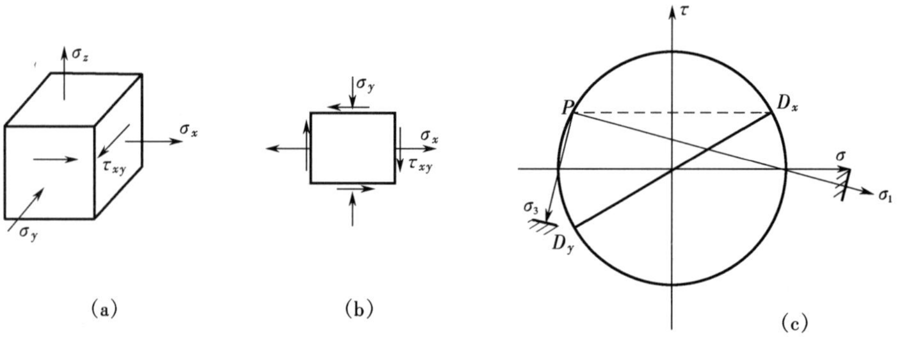

图 5.6-8

用应力图法求主应力，量得 $\sigma_{max}=-\sigma_{min}=100$ MPa。

或用数解法按式(5.6-4)计算

$$\left.\begin{matrix}\sigma_{\max}\\ \sigma_{\min}\end{matrix}\right\}=\frac{\sigma_x+\sigma_y}{2}\pm\sqrt{\left(\frac{\sigma_x-\sigma_y}{2}\right)^2+\tau_{xy}^2}=0\pm\sqrt{\left(\frac{87-(-87)}{2}\right)^2+50^2}=\pm100.3\ \text{MPa}$$

因此,给定点的三个主应力为

$$\sigma_1=160\ \text{MPa},\sigma_2=100.3\ \text{MPa},\sigma_3=-100.3\ \text{MPa}$$

若材料为脆性材料,用第一强度理论

$$\sigma_{r_1}=\sigma_1=160\ \text{MPa}<\sigma_b=210\ \text{MPa}$$

所以材料不失效。

若材料为塑性材料,用第三强度理论

$$\sigma_{r_3}=\sigma_1-\sigma_3=160-(-100.3)=260.3\ \text{MPa}<\sigma_s=400\ \text{MPa}$$

故材料不失效。

## 5.7 组合变形

要求:

①熟悉组合变形的一般分析方法;

②掌握斜弯曲的分析方法,掌握截面具有两根对称轴、四个角点时最大正应力的计算;

③掌握拉(压)—弯曲组合变形的分析方法,掌握截面具有两根对称轴、四个角点的杆的最大正应力计算;

④掌握弯—扭组合变形下,杆横截面上的应力计算,并会用相应的强度理论对危险点进行强度计算。

### 5.7.1 概述

**1. 组合变形**

杆件在外力作用下,同时产生两种或两种以上的同一数量级的基本变形,称为组合变形。

**2. 组合变形强度计算的步骤**

在小变形和材料服从胡克定律的前提下,可以认为组合变形中的每一种基本变形都是各自独立、互不影响的。因此,对组合变形杆件进行强度计算,可以应用叠加原理,采用先分解而后叠加的方法。其基本步骤如下。

①将作用在杆件上的荷载进行简化与分解(横向力向截面的弯曲中心简化,并沿截面的形心主惯性轴方向分解;而纵向力则向截面形心简化),使简化后每一组荷载只产生一种基本变形。

②分别计算杆件在各个基本变形下的应力。

③将各基本变形情况下的应力叠加,便得在组合变形下杆件的总应力。

④根据危险点的应力状态,建立强度条件。

### 5.7.2 斜弯曲

**1. 受力特征与变形特征**

①受力特征:横向力(或力偶)的作用线(作用面)通过横截面的弯曲中心,但不平行于梁的形心主惯性平面。

②变形特征:弯曲平面与荷载作用平面不平行。

**2. 应力计算**

如图 5.7-1 所示,任意横截面上任意点($y,z$)的应力

$$\sigma = \frac{M_z y}{I_z} + \frac{M_y z}{I_y} \tag{5.7-1}$$

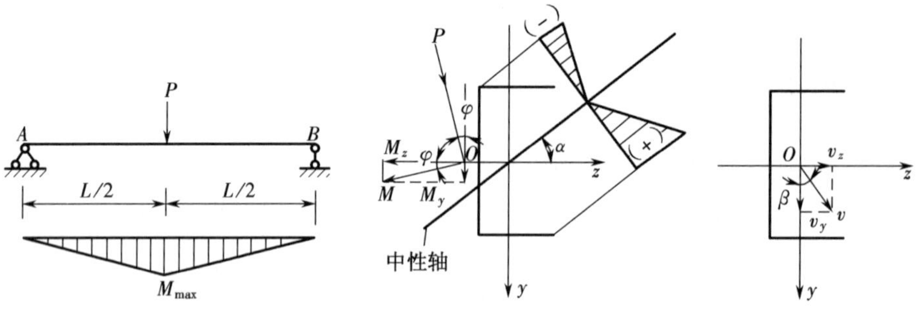


图 5.7-1

**3. 中性轴位置**

由 $\sigma = 0$ 条件确定

$$\tan\alpha = \frac{y_0}{z_0} = -\frac{M_y}{M_z} \times \frac{I_z}{I_y} = -\frac{I_z}{I_y}\tan\varphi \tag{5.7-2}$$

式中:$\varphi$ 为外力作用线与 $y$ 轴的夹角。

一般情况下,梁横截面的两个形心主惯矩并不相等,即 $I_y \neq I_z$。故 $\alpha$ 与 $\varphi$ 不等,即中性轴与合弯矩矢量方向不平行(即中性轴不垂直荷载作用平面),这是斜弯曲区别于平面弯曲的特点之一。

**4. 强度条件**

距中性轴最远的点是危险点。若截面具有棱角,则棱角点是危险点;无棱角的截面,应先确定中性轴的位置,再找到最远点(截面周边上平行中性轴的切点处)。危险点处于单向应力状态。

设危险点的坐标为($y_1,z_1$),则强度条件为

$$\sigma_{max} = M_{max}\left(\frac{\cos\varphi \cdot y_1}{I_z} + \frac{\sin\varphi \cdot z_1}{I_y}\right) \leqslant [\sigma] \tag{5.7-3}$$

或

$$\sigma_{max} = \frac{M_{zmax}}{W_z} + \frac{M_{ymax}}{M_y} \leqslant [\sigma] \tag{5.7-4}$$

$M_y$、$M_z$ 不在同一截面达到最大值时,应试算 $M_y$、$M_z$ 较大的几个截面,才能确定危险截面。若材料的许用拉、压应力不同,即$[\sigma_t] \neq [\sigma_c]$,则拉、压强度均应满足。

**5. 变形计算**

先分别求出 $P_y$、$P_z$ 产生的挠度 $v_y$、$v_z$,然后几何合成,得

$$v = \sqrt{v_y^2 + v_z^2} \tag{5.7-5}$$

总挠度 $v$ 与 $y$ 轴的夹角为

$$\tan\beta = \frac{v_z}{v_y} = \tan\varphi \times \frac{I_z}{I_y} \tag{5.7-6}$$

一般情况下,$I_y \neq I_z$,故$\beta \neq \varphi$。所以,弯曲平面不平行荷载作用平面。但$\beta = |\alpha|$,故中性轴

垂直弯曲平面。

## 5.7.3 拉伸或压缩与弯曲的组合变形

**1. 轴向力与横向力联合作用**

图 5.7-2 所示 $AB$ 梁同时受轴向拉力 $P$ 及横向分布荷载 $q$ 作用。

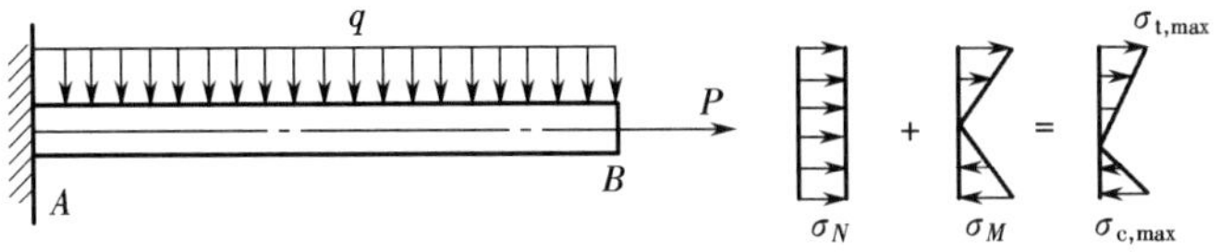


图 5.7-2

任一横截面上的内力中,由轴向力引起轴力 $N$,由横向力引起弯矩 $M_z$、剪力 $Q_y$。

横截面上任一点的正应力

$$\sigma = \frac{N}{A} + \frac{M_z \cdot y}{I_z} \qquad (5.7\text{-}7)$$

图示 $A$ 截面为危险截面,上边缘点为危险点,处于单向应力状态,故强度条件为

$$\sigma_{max} = \frac{N}{A} + \frac{M_{zmax}}{W_z} < [\sigma] \qquad (5.7\text{-}8)$$

对于脆性材料,则应分别校核其抗拉和抗压强度。对于塑性材料,取 $\sigma_{t,max}$、$\sigma_{c,max}$ 中绝对值最大者校核强度。

**2. 偏心压缩(或拉伸)**

图 5.7-3 所示杆件受偏心压力(或拉力)作用时,它也是拉伸(压缩)与弯曲的组合。将偏心力 $P$ 向顶面形心 $O$ 点简化,得到轴压力 $P$ 和作用在 $xy$ 平面内的力偶 $M_{ez} = Py_p$ 和作用在 $xz$ 平面内的力偶 $M_{ey} = Pz_p$。将同时产生轴向压缩(拉伸)和两个平面内的平面弯曲两种基本变形。

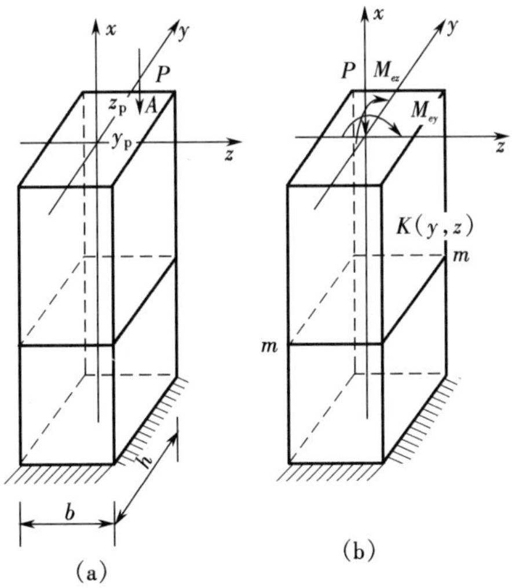


图 5.7-3

(1) 任一截面上的内力分量

轴力 $N = -P$

弯矩 $M_y = P \times z_p$, $M_z = P \times y_p$

(2) 应力计算

任一点 $K(y,z)$ 的应力为

$$\sigma = -\frac{P}{A} - \frac{Pz_p \cdot z}{I_y} - \frac{Py_p \cdot y}{I_z} = -\frac{P}{A}\left(1 + \frac{z_p}{i_y^2}z + \frac{y_p}{i_z^2}y\right) \qquad (5.7\text{-}9)$$

式中:$i_z = \sqrt{\frac{I_z}{A}}$;$i_y = \sqrt{\frac{I_y}{A}}$。

偏心拉伸时,$P$ 用负值代入即可。

(3) 中性轴位置

横截面中心轴位置由 $\sigma = 0$ 确定,中性轴为一条不通过截面形心的直线。

$$1+\frac{y_p \cdot y_0}{i_z^2}+\frac{z_p \cdot z_0}{i_y^2}=0 \tag{5.7-10}$$

式中：$(z_0, y_0)$为中性轴上任一点的坐标。

中性轴在$y$、$z$轴上的截距分别为

$$a_y=-\frac{i_z^2}{y_p}, a_z=-\frac{i_y^2}{z_p} \tag{5.7-11}$$

式中负号表明，截距$a_y$、$a_z$分别与外力作用点位置$y_p$、$z_p$反号，即中性轴与外力作用点分别处于形心的两侧。

(4)强度条件

危险点位于距中性轴最远的点处。若截面有棱角，则危险点必在棱角处；若截面无棱角，则在截面周边上平行于中性轴的切点处，见图5.7-4。危险点的应力状态为单向应力状态，其强度条件为

$$\sigma_{max}=\frac{P}{A}\left(1+\frac{z_p z_1}{i_y^2}+\frac{y_p y_1}{i_z^2}\right) \leqslant [\sigma] \tag{5.7-12}$$

若材料的$[\sigma_t] \neq [\sigma_c]$，则最大拉应力点与最大压应力点均需校核。

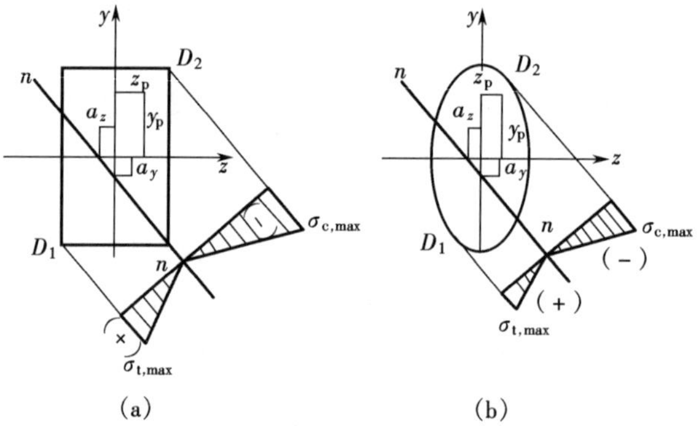


图5.7-4

(5)截面核心

①定义：截面形心周围的一个区域，当偏心荷载作用于该区域时，截面上只出现一种应力。

②计算公式：确定截面核心，由与截面周边相切的中性轴截距，求外力作用点的位置，即

$$\left.\begin{aligned} y_p &= -\frac{i_z^2}{a_y} \\ z_p &= -\frac{i_y^2}{a_z} \end{aligned}\right\} \tag{5.7-13}$$

圆形截面、矩形截面的截面核心，见图5.7-5。

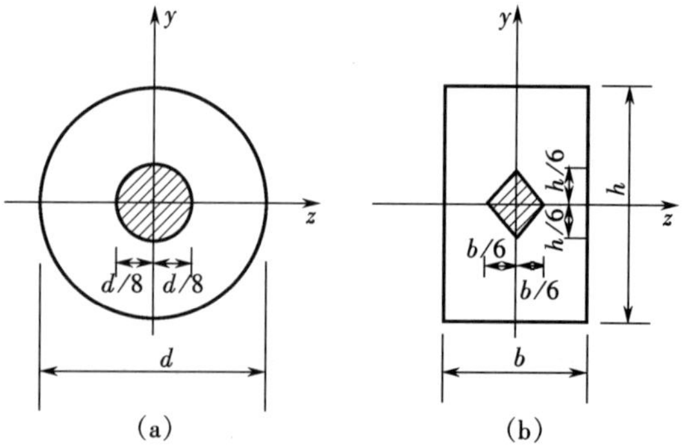


图5.7-5

## 5.7.4 扭转和弯曲的组合

当构件同时承受扭转力偶和横向力作用时，将产生扭转和弯曲两种基本变形。

**1. 应力计算**

如图5.7-6(a)，若某一截面上内力分量有扭矩$M_T$以及相互垂直平面内的弯矩

$M_y$ 和 $M_z$，剪力 $Q_y$、$Q_z$ 通常略去不计，则该截面上任一点$(y,z)$处的应力分量有扭转剪应力 $\tau$ 及弯曲正应力 $\sigma$。若构件的横截面为圆形或空心圆截面，由于过圆形或空心圆截面形心的任一轴均为形心主惯性轴，故可先计算合成弯矩

$$M_{\mathrm{h}} = \sqrt{M_y^2 + M_z^2} \tag{5.7-14}$$

然后，再按平面弯曲计算正应力，则有

$$\tau = \frac{M_{\mathrm{T}} \cdot \rho}{I_{\mathrm{p}}}, \sigma = \frac{M_{\mathrm{h}} \cdot \xi}{I_z}$$

式中：$\rho$ 为计算 $\tau$ 应力点到圆心的距离；$\xi$ 为计算 $\sigma$ 应力点到中性轴（合成弯矩矢量）的距离。

**2. 强度条件**

(1)危险点及其应力状态

危险点位于合成弯矩作用平面与横截面相交的截面周边处。其应力状态为平面应力状态，见图 5.7-6(b)。

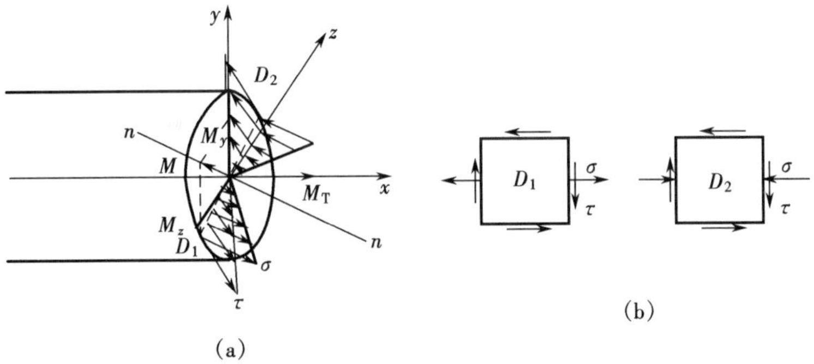


图 5.7-6

(2)强度条件

对于塑性材料，选用第三或第四强度理论，其强度条件分别为

$$\sigma_{\mathrm{r}_3} = \sqrt{\sigma^2 + 4\tau^2} = \frac{\sqrt{M_{\mathrm{h}}^2 + M_{\mathrm{T}}^2}}{W} \leqslant [\sigma] \tag{5.7-15}$$

$$\sigma_{\mathrm{r}_4} = \sqrt{\sigma^2 + 3\tau^2} = \frac{\sqrt{M_{\mathrm{h}}^2 + 0.75M_{\mathrm{T}}^2}}{W} \leqslant [\sigma] \tag{5.7-16}$$

式中：$\sigma = \dfrac{M_{\mathrm{h}}}{W}$；$\tau = \dfrac{M_{\mathrm{T}}}{W_{\mathrm{t}}}$。

抗弯截面系数　$W = \dfrac{\pi d^3}{32}$

抗扭截面系数　$W_{\mathrm{t}} = \dfrac{\pi d^3}{16}$

**【例 5.7-1】** 截面为矩形 $b \times h = 90\ \mathrm{mm} \times 180\ \mathrm{mm}$ 的悬臂木梁，承受荷载 $P_1 = 1\ \mathrm{kN}$，$P_2 = 1.6\ \mathrm{kN}$，如图 5.7-7 所示，木材的 $E = 1 \times 10^4\ \mathrm{MPa}$。试求：①梁内最大正应力及其作用点位置；②梁的最大挠度。

**解：**(1)最大正应力

危险截面在固定端处，其弯矩为

$$M_y = 2 \times P_1 = 2\ \mathrm{kN \cdot m}$$

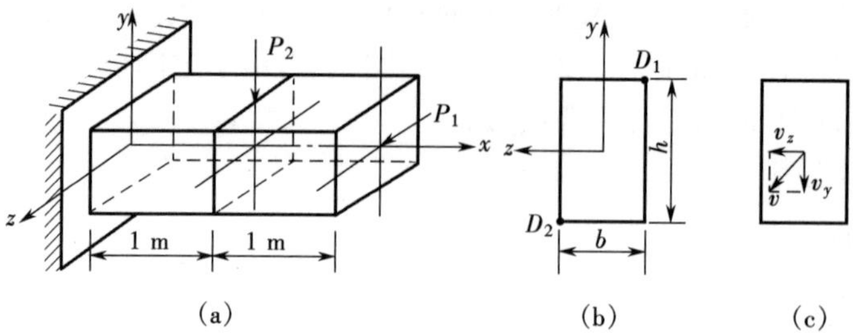


图 5.7-7

$M_z = 1 \times P_2 = 1.6\ \text{kN} \cdot \text{m}$

危险点为固定端截面上的 $D_1$ 点和 $D_2$ 点，其正应力

$$\sigma_{\max} = \frac{M_y}{W_y} + \frac{M_z}{W_z} = \frac{6M_y}{hb^2} + \frac{6M_z}{bh^2} = \frac{6(2 \times 10^3)}{(18 \times 9^2) \times 10^{-6}} + \frac{6(1.6 \times 10^3)}{(9 \times 18^2) \times 10^{-6}} = 11.52\ \text{MPa}$$

其中：$D_1$ 点为拉应力；$D_2$ 点为压应力。

(2)最大挠度

最大挠度发生在自由端截面

$$v_z = \frac{P_1 L^3}{3EI_y} = \frac{12(1 \times 10^3)(2^3)}{3(1 \times 10^{10})(18 \times 9^3) \times 10^{-8}} = 24.4\ \text{mm}$$

$$v_y = -\frac{P_2\left(\frac{L}{2}\right)^3}{3EI_z} - \frac{P_2\left(\frac{L}{2}\right)^2}{2EI_z} \times \frac{L}{2} = -\frac{5P_2 L^3}{48EI_z}$$

$$= -\frac{5 \times 12(1.6 \times 10^3)(2)^3}{48(1 \times 10^{10})(9 \times 18^3) \times 10^{-8}} = -3.05\ \text{mm}$$

$$v_{\max} = \sqrt{v_y^2 + v_z^2} = \sqrt{(-3.05)^2 + (24.4)^2} = 24.59\ \text{mm}$$

**【例 5.7-2】** 矩形截面短柱承受荷载 $P_1$、$P_2$ 作用，如图 5.7-8 所示。试求固定端截面上角点 $A$、$B$、$C$ 及 $D$ 处的正应力，并确定该截面中性轴的位置。

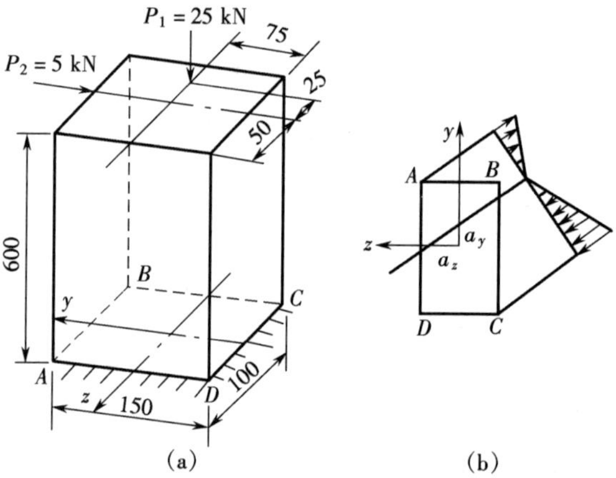


图 5.7-8

**解：**(1)固定端截面的内力分量

$N = P_1 = 25\ \text{kN}$

$M_y = P_1 \times 0.025$

$= 0.025(25 \times 10^3)$

$= 625\ \text{N} \cdot \text{m}$

$M_z = P_2 \times 0.6 = 0.6(5 \times 10^3)$

$= 3\ 000\ \text{N} \cdot \text{m}$

(2)各点应力

$$\sigma_A = -\frac{N}{A} + \frac{M_y}{W_y} + \frac{M_z}{W_z}$$

$$= -\frac{25 \times 10^3}{0.1 \times 0.15} + \frac{6 \times 625}{0.15 \times 0.1^2} + \frac{6 \times 3\ 000}{0.1 \times 0.15^2}$$

$$=(-1.67+2.5+8)\times 10^6=8.83\ \text{MPa}$$

$$\sigma_B=-\frac{N}{A}-\frac{M_y}{W_y}+\frac{M_z}{W_z}=(-1.67-2.5+8)\times 10^6=3.83\ \text{MPa}$$

$$\sigma_C=-\frac{N}{A}-\frac{M_y}{W_y}-\frac{M_z}{W_z}=(-1.67-2.5-8)\times 10^6=-12.17\ \text{MPa}$$

$$\sigma_D=-\frac{N}{A}+\frac{M_y}{W_y}-\frac{M_z}{W_z}=(-1.67+2.5-8)\times 10^6=-7.17\ \text{MPa}$$

(3)中性轴位置

设$(y_0,z_0)$为中性轴上任一点的坐标，则有

$$\sigma_{y_0,z_0}=-\frac{N}{A}+\frac{M_y\cdot z_0}{I_y}+\frac{M_z\cdot y_0}{I_z}=-1.67\times 10^6+\frac{625\times 12}{0.15\times 0.1^3}\times z_0+\frac{3\ 000\times 12}{0.1\times 0.15^3}\times y_0$$

$$=(-1.67+50z_0+106.7y_0)\times 10^6=0$$

得中性轴方程

$$29.94z_0+63.89y_0-1=0$$

中性轴与 $y$、$z$ 轴的截距：

令 $z_0=0$，则 $a_y=\dfrac{1}{63.89}=15.7\ \text{mm}$。

令 $y_0=0$，则 $a_z=\dfrac{1}{29.94}=33.4\ \text{mm}$。

中性轴位置如图 5.7-8(b)所示。

**【例 5.7-3】** 一等截面圆杆 $AB$，杆的轴线为四分之一圆弧，其曲率半径 $R=600$ mm，杆的 $B$ 端固定支承，且使杆 $AB$ 保持水平；$A$ 端承受铅垂荷载 $P=1.5$ kN，如图 5.7-9 所示。杆材料为钢，$[\sigma]=80$ MPa，$E=2.1\times 10^5$ MPa，$\nu=0.3$。试求圆杆的直径。

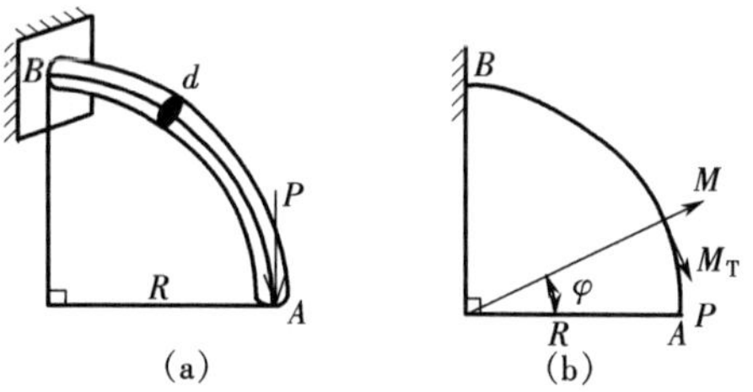


图 5.7-9

**解**：取任一截面(图 5.7-9(b))，其内力分量为

$$M=PR\sin\varphi$$

$$M_T=PR(1-\cos\varphi)$$

显然，危险截面为固定端 $B$ 截面$\left(\varphi=\dfrac{\pi}{2}\right)$

$$M_{max}=PR,M_{Tmax}=PR$$

由第三强度理论

$$\frac{\sqrt{M_{max}^2+M_{Tmax}^2}}{W}\leqslant[\sigma]$$

所以圆杆直径

$$d\geqslant\sqrt[3]{\frac{32\sqrt{(1\ 500\times 0.6)^2+(1\ 500\times 0.6)^2}}{\pi(80\times 10^6)}}=54.5\ \text{mm}$$

## 5.8 压杆稳定

要求：

①了解压杆稳定的概念；

②掌握压杆柔度的计算，熟悉各种典型支承条件下的长度系数；

③掌握细长压杆临界力的欧拉公式及其适用范围；

④掌握不同柔度压杆临界力的计算及直线公式的适用条件；

⑤了解压杆折减系数的意义，熟悉压杆的稳定条件。

## 5.8.1 压杆稳定性的概念

**1. 平衡形式的特征**

①稳定平衡：杆在轴向压力作用下，当外加干扰撤除后若仍能恢复原有直线形状的平衡，则杆件原来直线形状的平衡是稳定平衡。

②不稳定平衡：杆在轴向压力作用下，当外加干扰撤除后若不能恢复原有直线形状，仍保持微弯状态的平衡，则杆件原来的直线形状的平衡是不稳定平衡。

**2. 压杆的失稳与临界力**

①失稳：压杆丧失其原有的直线形状的平衡而过渡为微弯状态的平衡的现象。

②临界力：压杆保持直线形状的平衡为稳定平衡时，轴压力的最大值，也即压杆在微弯状态下保持平衡的最小压力。

## 5.8.2 细长压杆的临界力公式

细长压杆临界力的欧拉公式为

$$P_{cr}=\frac{\pi^2 EI}{(\mu L)^2} \tag{5.8-1}$$

式中：$E$ 为材料的弹性模量；$I$ 为压杆失稳而弯曲时，横截面对中性轴的惯性矩；$L$ 为压杆长度；$\mu$ 为长度系数，与杆两端的约束条件有关，常见的各种支承方式的长度系数见表 5.8-1。

**表 5.8-1 长度系数**

| | | | | |
|---|---|---|---|---|
| 简图 | 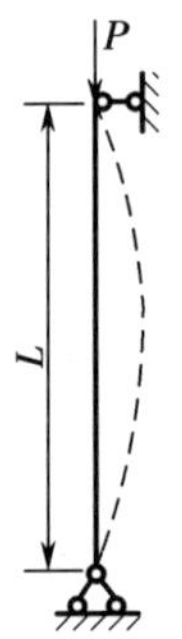  |   | 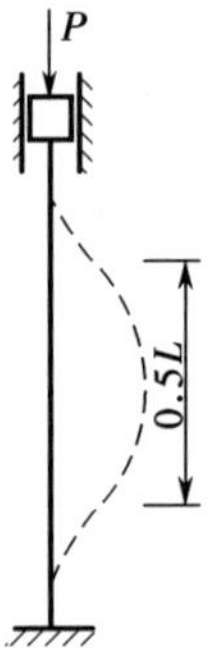  | 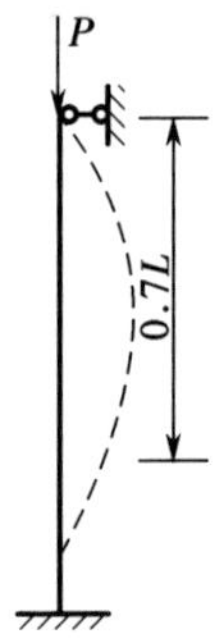  |
| 支承方式 | 两端铰支 | 一端自由，一端固定 | 两端固定 | 一端铰支，一端固定 |
| 长度系数 | 1 | 2 | 0.5 | 0.7 |

## 5.8.3 欧拉公式适用范围

**1. 临界应力**

在临界压力作用下，压杆横截面上的应力

$$\sigma_{cr}=\frac{P_{cr}}{A}=\frac{\pi^2EI}{(\mu L)^2A}=\frac{\pi^2Ei^2}{(\mu L)^2}=\frac{\pi^2E}{\lambda^2} \tag{5.8-2}$$

式中：$i$ 为截面的惯性半径，$i=\sqrt{\frac{I}{A}}$；$\lambda$ 为柔度或长细比，$\lambda=\frac{\mu L}{i}$。

上式综合反映了杆端约束、杆的长度、截面形状和尺寸等因素对临界应力的影响，$\lambda$ 是一个无量纲量。

压杆柔度越大，临界应力就越小，压杆就越容易失稳。若压杆在两个形心主惯性平面内的柔度不同，则压杆总是在柔度较大的那个形心主惯性平面内失稳。

**2. 欧拉公式的适用范围**

欧拉公式是根据杆件弯曲变形的近似挠曲线微分方程式导出的，仅适用于小变形、线弹性范围的压杆，即临界应力 $\sigma_{cr}$应小于材料的比例极限 $\sigma_p$，即

$$\sigma_{cr}=\frac{\pi^2E}{\lambda^2}\leqslant\sigma_p \tag{5.8-3}$$

用柔度表示

$$\lambda\geqslant\pi\sqrt{\frac{E}{\sigma_p}}=\lambda_p \tag{5.8-4}$$

$\lambda_p$ 是压杆能够应用欧拉公式的最小柔度，其值取决于压杆材料的弹性模量 $E$ 和比例极限 $\sigma_p$。例如，对于 Q235 钢，$E=2.06\times10^5$ MPa，$\sigma_p=200$ MPa，则

$$\lambda_p=\pi\sqrt{\frac{2.06\times10^{11}}{200\times10^6}}\approx100$$

用 Q235 钢制成的压杆，只有当 $\lambda\geqslant100$ 时，才可以使用欧拉公式。

### 5.8.4 经验公式和临界应力总图

**1. 临界应力经验公式**

根据压杆柔度 $\lambda$ 的大小，压杆可以分为三种类型，分别按不同的公式来计算临界应力。

(1)细长杆(大柔度杆)，$\lambda\geqslant\lambda_p$

$$\sigma_{cr}=\frac{\pi^2E}{\lambda^2}$$

(2)中长杆(中柔度杆)，$\lambda_0\leqslant\lambda<\lambda_p$

直线型经验公式 $\sigma_{cr}=a-b\lambda$ (5.8-5)

式中：$a$、$b$ 为与材料有关的常数。

$$\lambda_0=\frac{a-\sigma^\circ}{b}\begin{pmatrix}\text{塑性材料} & \sigma^\circ=\sigma_s\\ \text{脆性材料} & \sigma^\circ=\sigma_b\end{pmatrix} \tag{5.8-6}$$

(3)粗短杆(小柔度杆)，$\lambda\leqslant\lambda_0$

$$\sigma_{cr}=\sigma^\circ \tag{5.8-7}$$

工程上还应用一种抛物线型经验公式

$$\sigma_{cr}=a_1-b_1\lambda^2,\lambda\leqslant\lambda_c \tag{5.8-8}$$

式中：$a_1$、$b_1$、$\lambda_c$ 为与材料有关的常数。

**2. 临界应力总图**

临界应力总图是表示压杆临界应力随不同柔度 $\lambda$ 的变化规律的图线(图 5.8-1)。

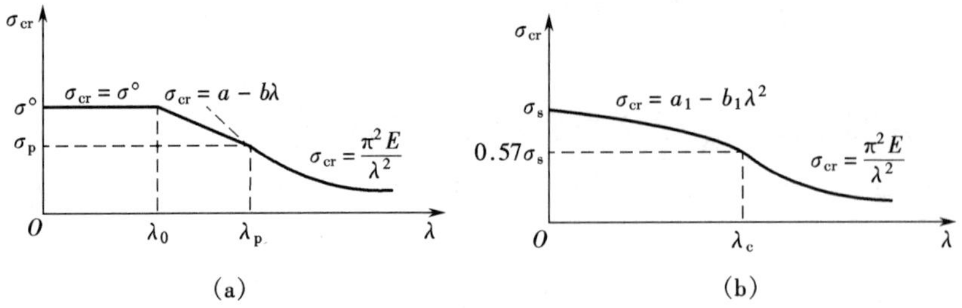


图 5.8-1

## 5.8.5 压杆的稳定校核

**1. 安全系数法**

稳定条件：压杆具有的工作安全系数 $n$ 应不低于规定的稳定安全系数 $n_{st}$，即

$$n=\frac{P_{cr}}{P}\geqslant n_{st} \tag{5.8-9}$$

式中：$P_{cr}$为压杆的临界压力；$P$ 为压杆承受的工作压力；$n_{st}$为规定的稳定安全系数。

**2. 折减系数法**

稳定条件：压杆横截面上的应力不超过材料的许用应力乘以考虑稳定的折减系数，即

$$\sigma=\frac{P}{A}\leqslant\varphi[\sigma] \tag{5.8-10}$$

式中：$\varphi$ 为折减系数，是小于 1 的一个系数，它综合考虑了柔度 $\lambda$ 对临界应力 $\sigma_{cr}$、稳定安全系数 $n_{st}$的影响，所以 $\varphi$ 也是 $\lambda$ 的函数。常用材料的 $\varphi$ 值可查阅工程手册。

## 5.8.6 提高压杆稳定性的措施

**1. 减小压杆的柔度**

①选择合理的截面形状。

②减小压杆的长度。

③改善杆端支承条件。

**2. 合理选用材料**

选用弹性模量 $E$ 值较大的材料，能提高细长压杆的临界应力。中长杆的临界应力与材料的强度有关，强度越高的材料，其临界应力也越高。

**【例 5.8-1】** 两端为球铰支承的等直压杆，其横截面分别如图 5.8-2 所示。试问压杆失稳时，杆件将绕横截面上哪一根轴转动。

**解：**压杆失稳时，将发生弯曲变形。由于杆端约束在各个方向相同，因此压杆将在抗弯刚度最小的平面内失稳，即杆件横截面将绕其惯性矩最小的形心主惯性轴转动，如图 5.8-2 所示。

**【例 5.8-2】** 两端铰支压杆的长度 $L=1\ 200$ mm，材料为 Q235 钢，$E=2\times10^5$ MPa，截面面积 $A=900$ mm$^2$。若截面形状为正方形和 $d/D=0.7$ 的空心圆管，求各杆的临界压力。

**解：**(1)正方形截面

计算柔度

边长　$a=\sqrt{A}=30$ mm

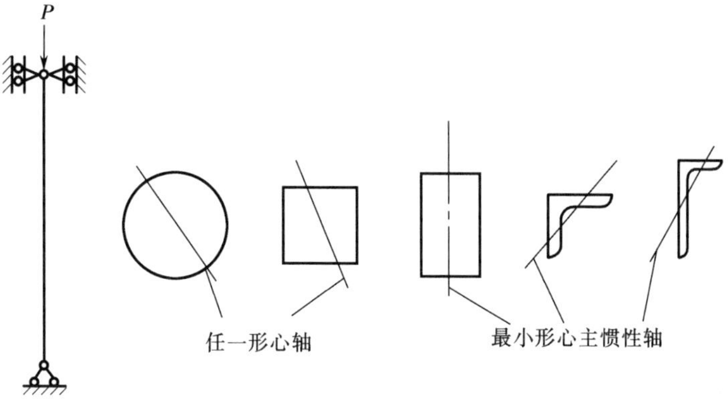


图 5.8-2

惯性半径 $i=\sqrt{\frac{I}{A}}=\frac{a}{\sqrt{12}}=\frac{30}{\sqrt{12}}=8.66\ \text{mm}$

长度系数 $\mu=1$

所以 $\lambda=\frac{\mu L}{i}=\frac{1\times 1\ 200}{8.66}=138.6$

Q235 钢 $\lambda_p\approx 100$，$\lambda>\lambda_p$ 属细长杆，可以用欧拉公式计算临界压力，所以

$$P_{cr}=\frac{\pi^2 EI}{(\mu L)^2}=\frac{\pi^2\times 2\times 10^{11}\times\frac{1}{12}(30)^4\times 10^{-12}}{(1\times 1.2)^2}=92.5\ \text{kN}$$

(2)空心圆截面

由$\frac{\pi}{4}D^2\left[1-\left(\frac{d}{D}\right)^2\right]=A$，得

$$外径\quad D=\sqrt{\frac{4A}{\pi\left[1-\left(\frac{d}{D}\right)^2\right]}}=\sqrt{\frac{4\times 900}{\pi[1-(0.7)^2]}}=47.4\ \text{mm}$$

$$i=\sqrt{\frac{I}{A}}=\sqrt{\frac{\frac{\pi}{64}(D^4-d^4)}{\frac{\pi}{4}(D^2-d^2)}}=\frac{D}{4}\sqrt{1+\left(\frac{d}{D}\right)^2}=14.46\ \text{mm}$$

所以柔度 $\lambda=\frac{\mu L}{i}=\frac{1\times 1\ 200}{14.46}=83$

Q235 钢的 $\lambda_s=61.4$，$\lambda_p\approx 100$，所以 $\lambda_s<\lambda<\lambda_p$，且属中长杆，由直线型经验公式可得

$$\sigma_{cr}=a-b\lambda=304-1.12\times 83=211\ \text{MPa}$$

$$P_{cr}=\sigma_{cr}\cdot A=211\times 900=190\ \text{kN}$$

本题中二杆的截面面积、杆长和支承方式均相同，只是截面形状不同。它们的柔度也不同，临界压力随柔度的减小而增大。

**【例 5.8-3】** 图 5.8-3 所示托架中的 $AB$ 杆，直径 $d=40$ mm，长度 $L=800$ mm，两端铰支，材料为 Q235 钢，$CD$ 杆为刚性杆。

①试求托架的极限荷载 $Q_{max}$。

②若工作荷载 $Q=70$ kN，规定的稳定安全系数 $n_{st}=2$，试问此托架是否安全。

**解**：(1)受力分析

取 $CD$ 杆为脱离体，由平衡条件 $\sum M_C=0$，得

$$Q\times900-N\sin\theta\times600=0$$

$$N=\frac{900\times Q}{600\times\frac{529}{800}}=2.27Q$$

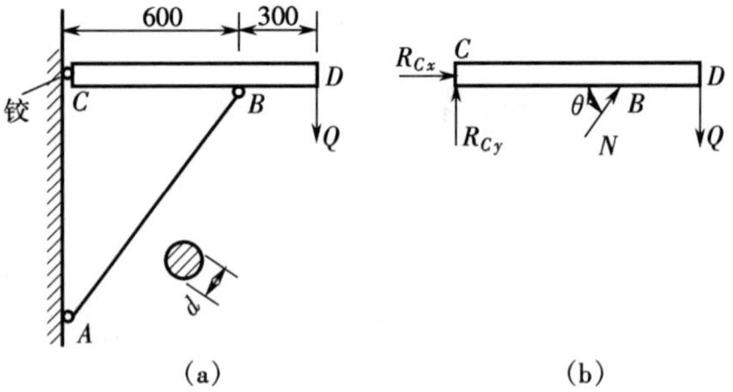


图5.8-3

(2)$AB$ 杆的临界力

计算长细比 $\lambda=\frac{\mu L}{i}=\frac{1\times800}{40/4}=80$

$\lambda<\lambda_p\approx100$，属中长杆。若用直线公式计算临界应力，则临界应力

$$N_{cr}=\sigma_{cr}\cdot A=(a-b\lambda)A=(304-1.12\times80)\times10^6\times\frac{\pi}{4}\times40^2\times10^{-6}=269.4\ \text{kN}$$

(3)托架的极限荷载

将 $N=N_{cr}$ 代入 $N=2.27Q$，即得

$$Q_{max}=\frac{N_{cr}}{2.27}=118.7\ \text{kN}$$

(4)托架稳定校核

$Q=70$ kN 时，托架的工作安全系数

$$n=\frac{Q_{max}}{Q}=\frac{N_{cr}}{N}=\frac{118.7}{70}=1.7<n_{st}=2$$

所以，托架稳定性不足。

# 仿真习题

## 5.1 力学性能

5-1 当低碳钢试件的试验应力 $\sigma=\sigma_s$ 时，试件将(　　)。

(A)完全失去承载能力　　(B)破断

(C)发生局部颈缩现象　　(D)产生很大的塑性变形

5-2 图示为三种金属材料拉伸时的 $\sigma$—$\varepsilon$ 曲线，则有(　　)。

(A)$b$ 强度高，$c$ 刚度大，$a$ 塑性好

(B)$a$ 强度高，$b$ 刚度大，$c$ 塑性好

(C)$c$ 强度高，$b$ 刚度大，$a$ 塑性好

(D)无法判断

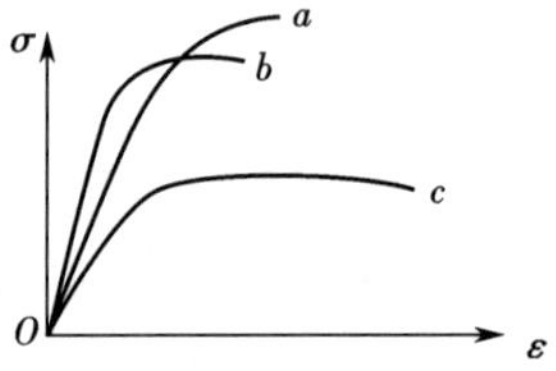


题5-2图

## 5.2 拉伸和压缩

5-3 图示轴向受力杆件，杆内最大拉力为(　　)。

(A)8 kN　　(B)4 kN

(C)5 kN　　(D)3 kN

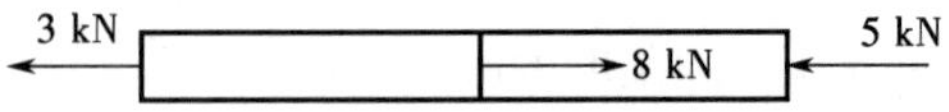


题5-3图

5-4 在图示阶梯形杆件中，$BC$ 及 $DE$ 部分的横截面面积 $A_1=400\ \text{mm}^2$，$CD$ 部分的横截面

面积 $A_2 = 200 \text{ mm}^2$，杆内最大正应力为(　　)。

(A)125 MPa　(B)100 MPa

(C)200 MPa　(D)150 MPa

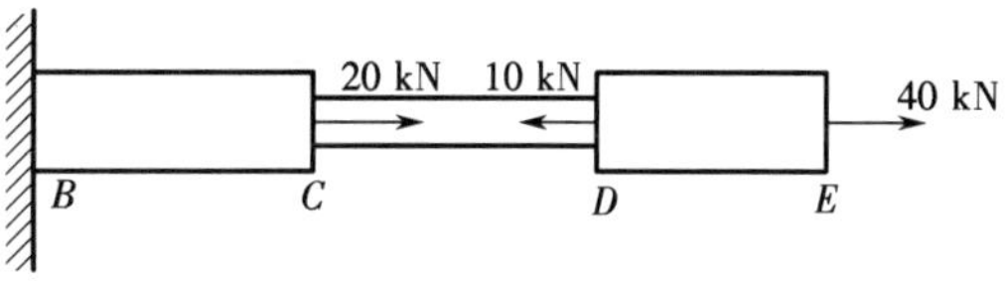


题 5-4 图

5-5　图示桁架，在外力 $P$ 作用下，节点 $B$ 的垂直位移和水平位移分别为(　　)。

(A)$0,\frac{1}{2}\Delta L_{AB}$　(B)$\Delta L_{AB},0$

(C)$\Delta L_{AB},\frac{\sqrt{3}}{3}\Delta L_{AB}$　(D)$\Delta L_{AB},\sqrt{3}\Delta L_{AB}$

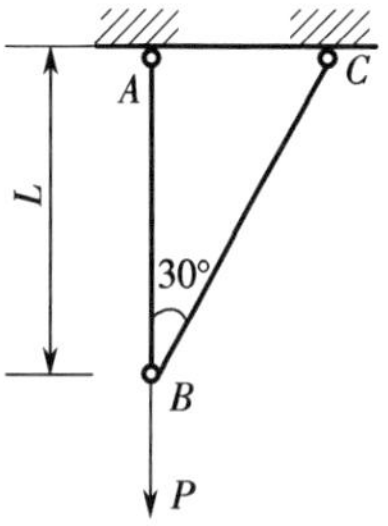


题 5-5 图

5-6　如图，两根受拉杆件，若材料相同，杆长 $L_2 = 2L_1$，横截面面积 $A_2 = 2A_1$，则两杆的伸长 $\Delta L$ 和轴向线应变 $\varepsilon$ 之间的关系应为(　　)。

(A)$\Delta L_2 = \Delta L_1, \varepsilon_2 = \varepsilon_1$　(B)$\Delta L_2 = 2\Delta L_1, \varepsilon_2 = \varepsilon_1$

(C)$\Delta L_2 = 2\Delta L_1, \varepsilon_2 = 2\varepsilon_1$　(D)$\Delta L_2 = \frac{1}{2}\Delta L_1, \varepsilon_2 = \frac{1}{2}\varepsilon_1$

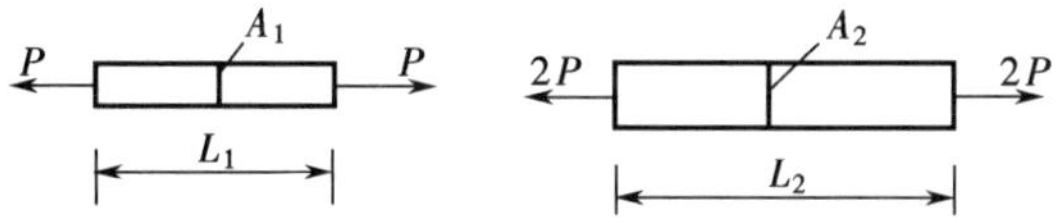


题 5-6 图

5-7　图示受力杆件的轴力图有以下四种，其中正确的是(　　)。

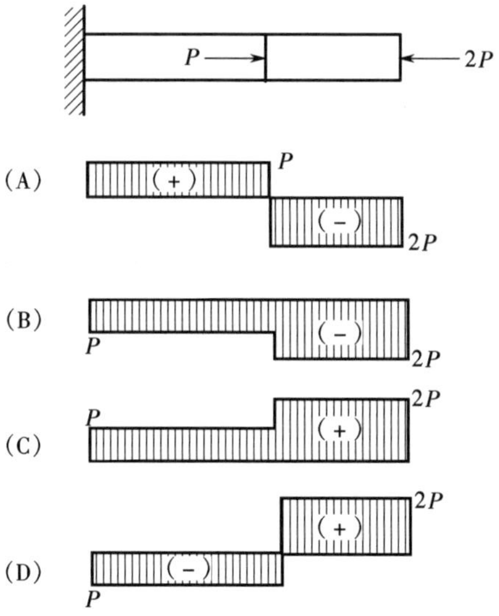


题 5-7 图

5-8　一等截面直杆的材料为低碳钢，$E = 2 \times 10^5$ MPa，杆的横截面面积 $A = 500 \text{ mm}^2$，杆长 $L = 1$ m，加轴向拉力 $P = 150$ kN 后，测得伸长 $\Delta L = 4$ mm，则卸载后杆的残余变形为(　　)。

(A)0　(B)1.5 mm　(C)2.5 mm　(D)5.5 m

5-9　图示结构中两杆的材料相同，横截面面积分别为 $A$ 和 $2A$，则该结构的许用载荷[$P$]

为(　　)。

(A) $[P]=A[\sigma]$　(B) $[P]=2A[\sigma]$　(C) $[P]=3A[\sigma]$　(D) $[P]=4A[\sigma]$

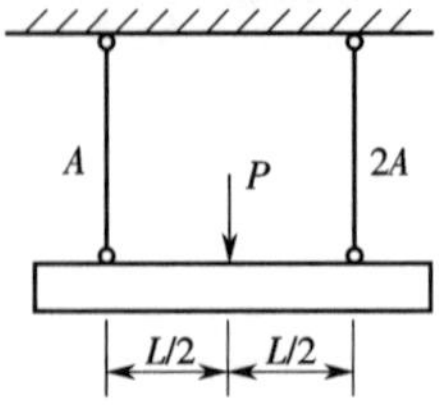


题 5-9 图

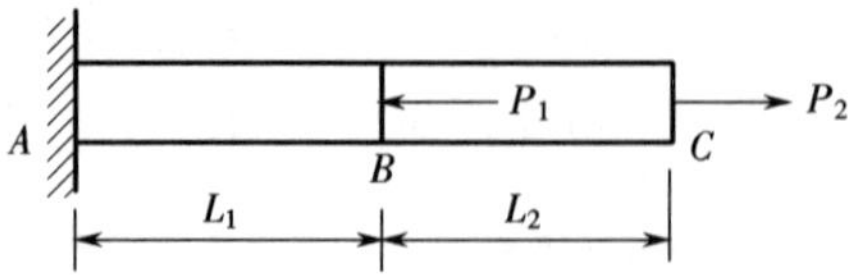


题 5-10 图

5-10　抗拉压刚度为 $EA$ 的等直杆的受力情况如图所示，则 $B$ 点的位移为(　　)。

(A) $\dfrac{P_2L_2}{EA}$　(B) $\dfrac{P_1L_1}{EA}$　(C) $\dfrac{(P_2-P_1)L_1}{EA}$　(D) $\dfrac{(P_1+P_2)L_1}{EA}$

## 5.3　剪切和挤压

5-11　铆钉联接件受力如图示，图中受力最大的铆钉为(　　)。

(A) $A$、$C$　(B) $B$　(C) $C$　(D) $A$

5-12　受拉螺栓和平板之间，垫上一个垫圈，则可以提高(　　)强度。

(A)螺栓的拉伸　(B)螺栓的剪切　(C)螺栓的挤压　(D)平板的挤压

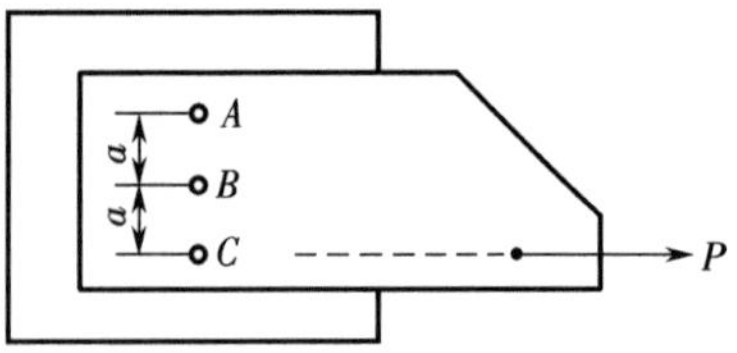


题 5-11 图

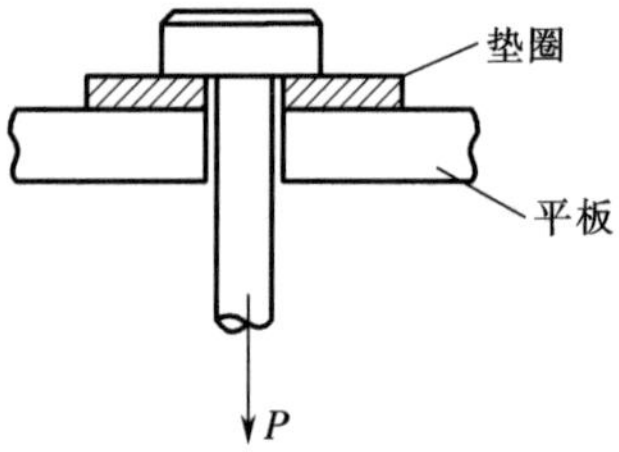


题 5-12 图

5-13　图示铆钉联接，铆钉的挤压应力 $\sigma_{bs}$ 是(　　)。

(A) $\dfrac{2P}{\pi d^2}$　(B) $\dfrac{P}{2dt}$　(C) $\dfrac{P}{2bt}$　(D) $\dfrac{4P}{\pi d^2}$

5-14　图示单元体在剪应力作用下变成虚线图形，则其剪应变 $\gamma$ 为(　　)。

(A) $\alpha$　(B) $\dfrac{\pi}{2}-\alpha$　(C) $-\alpha$　(D) $\dfrac{\pi}{2}+\alpha$

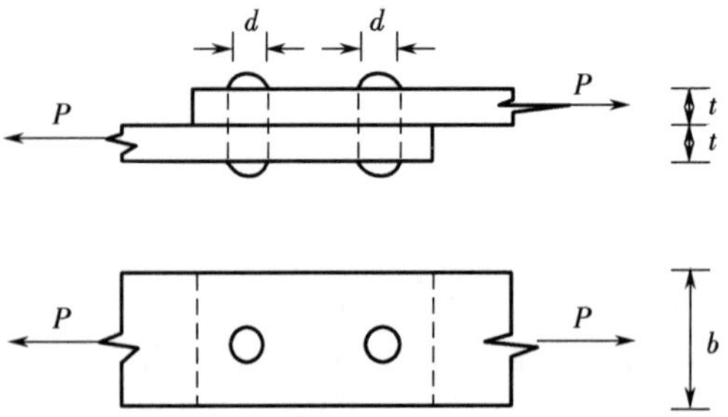


题 5-13 图

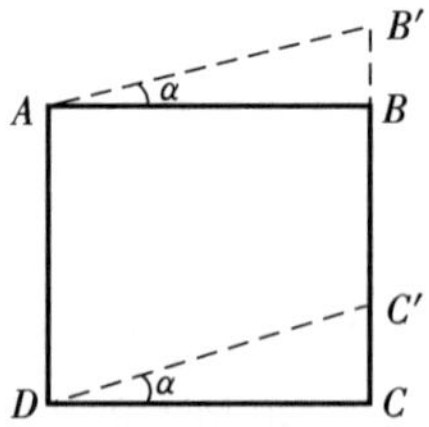


题 5-14 图

5-15 图示在拉力 $P$ 作用下的螺栓，已知材料的 $[\tau]$ 是 $[\sigma]$ 的 3/5 倍，那么螺栓直径 $d$ 和螺栓头高度 $h$ 的合理比值是(　　)。

(A)2.4　　(B)6.6　　(C)0.42　　(D)1.7

5-16 正方形截面的混凝土柱，横截面边长为 200 mm，基底为边长 $a=1$ m 的正方形混凝土板。柱受轴向压力 $P=100$ kN，假设地基对混凝土板的支反力为均匀分布，混凝土的容许剪应力 $[\tau]=1.5$ MPa，试问使柱不致穿过板而混凝土板所需的最小厚度 $\delta$ 应为(　　)。

(A)80 mm　　(B)100 mm　　(C)125 mm　　(D)83 mm

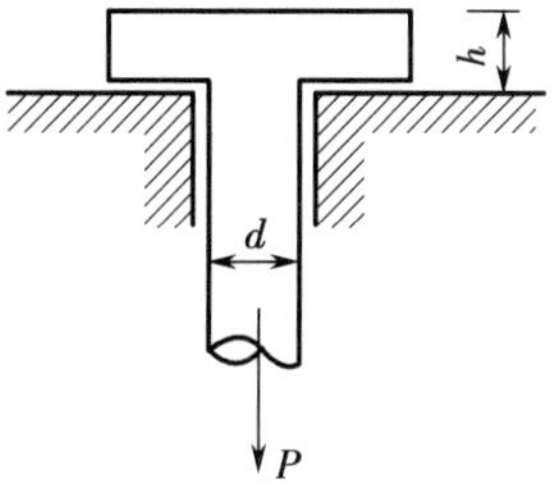


题 5-15 图

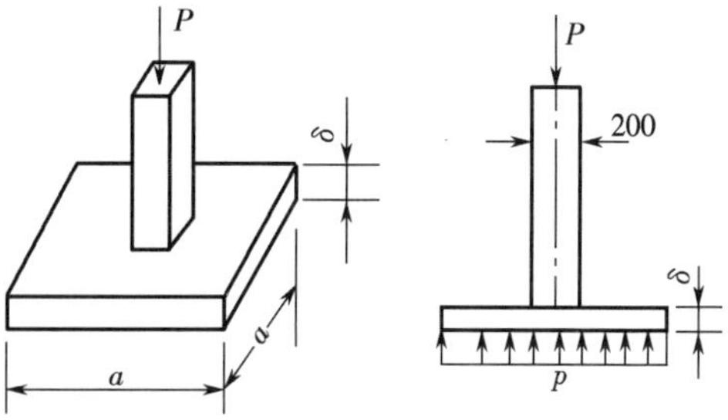


题 5-16 图

## 5.4 扭转

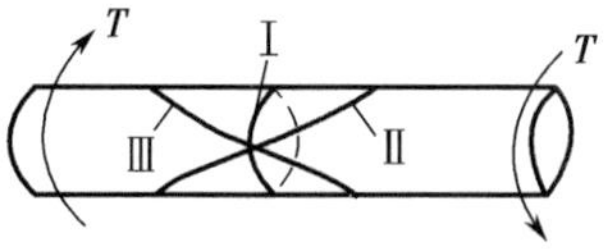


题 5-17 图

5-17 如图所示，铸铁圆截面试件受扭转力偶作用，破坏时试件应(　　)。

(A)沿横截面Ⅰ剪断　　(B)沿横截面Ⅰ拉断

(C)沿螺旋面Ⅱ(与试件轴线夹角 45°)拉断

(D)沿螺旋面Ⅲ(与试件轴线夹角 45°)拉断

5-18 图示受扭杆件，横截面为直径 $d$ 的圆截面，$B$ 截面受外力偶 $3T$ 作用，$C$ 截面处受外力偶 $T$ 作用，$T$ 与 $3T$ 的方向相反，则圆杆中的最大剪应力为(　　)。

(A)$32\dfrac{T}{\pi d^3}$　　(B)$64\dfrac{T}{\pi d^3}$　　(C)$16\dfrac{T}{\pi d^3}$　　(D)$48\dfrac{T}{\pi d^3}$

5-19 图示两端受外力偶 $T$ 作用的受扭杆件，现采用直径为 $d$ 的实心圆截面和空心圆截面(内、外径之比 $\alpha=0.8$)两种形式，两者横截面面积相同，则它们的最大剪应力关系为(　　)。

(A)$\tau_A=\tau_B$　　(B)$\tau_A>\tau_B$　　(C)$\tau_A<\tau_B$　　(D)$\tau_A\approx\tau_B$

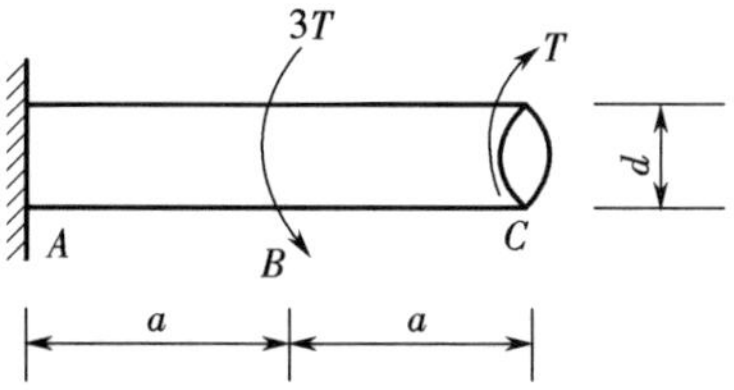


题 5-18 图

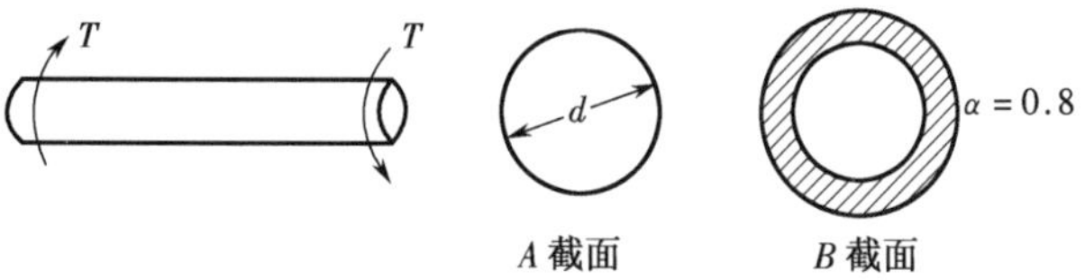


题 5-19 图

5-20 图(a)、(b)所示两圆轴材料相同，外表面上与轴线平行的直线 $AB$ 在轴变形后移到 $AB'$ 位置，已知 $\alpha_1=\alpha_2$，则(a)、(b)两轴横截面上的最大剪力关系为(　　)。

(A)$\tau_a>\tau_b$　　(B)$\tau_a<\tau_b$　　(C)$\tau_a=\tau_b$　　(D)无法比较

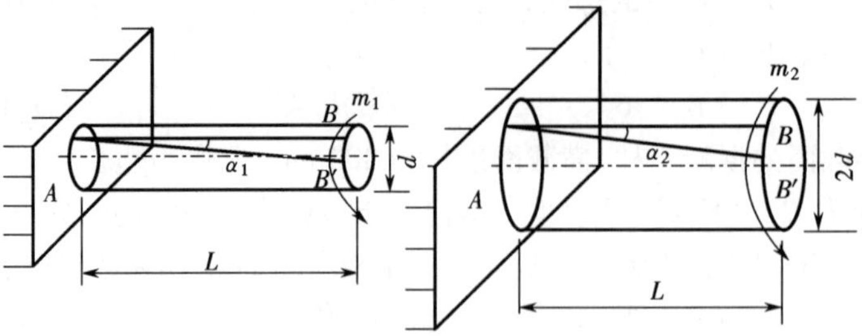


题 5-20 图

5-21 图示为一阶梯形圆轴,其直径之比$\frac{D}{d}=2$,欲使轴内最大剪应力相等,则外力偶 $m_1$ 和 $m_2$ 之间应有(　　)关系。

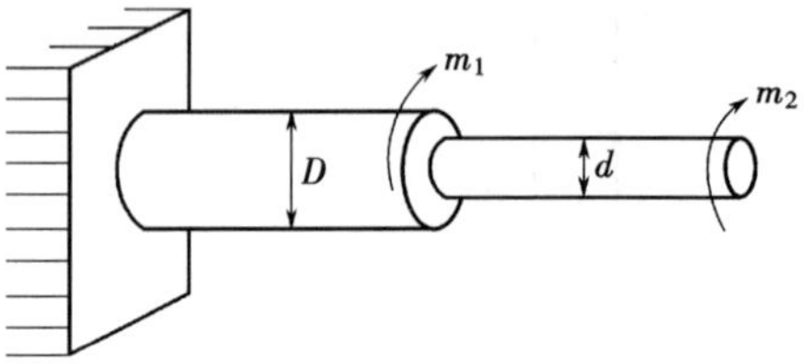


题 5-21 图

(A)$m_1=m_2$　　(B)$m_1=3m_2$

(C)$m_1=7m_2$　　(D)$m_1=5m_2$

5-22 铸铁圆轴扭转时,沿与轴线成 45°的螺旋面断裂,这与(　　)有关。

(A)最大剪应力　　(B)最大压应力　　(C)最大线应变　　(D)最大拉应力

5-23 切应力互等定理只适用于(　　)。

(A)纯剪切应力状态　　(B)线弹性范围

(C)单元体上两个相互垂直平面上的剪应力分析　　(D)受剪切的构件

## 5.5 截面几何性质

5-24 图示带阴影部分的图形对 $z$ 轴的静矩 $S_z$ 和惯性矩 $I_z$ 为(　　)。

(A)$S_z=\frac{a^3}{8},I_z=\frac{7a^4}{24}$　　(B)$S_z=\frac{3a^3}{8},I_z=\frac{7a^4}{24}$

(C)$S_z=\frac{a^3}{8},I_z=\frac{a^4}{96}$　　(D)$S_z=\frac{3a^3}{8},I_z=\frac{a^4}{96}$

5-25 图示等边角钢的横截面面积为 $A$,形心在 $C$ 点,下列结论中哪些是正确的(　　)。

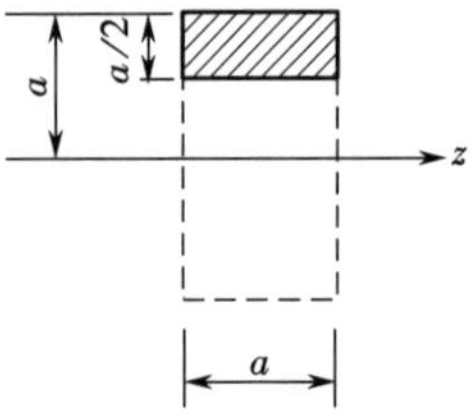


题 5-24 图

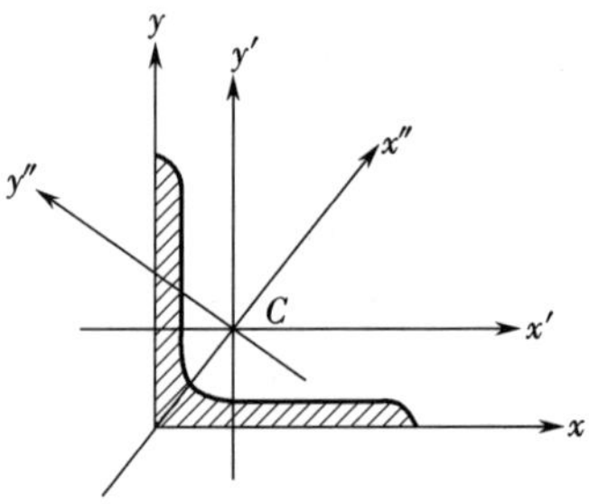


题 5-25 图

(1)$I_x=I_y,I_{x'}=I_{y'},I_{x''}=I_{y''}$

(2)$I_{xy}>0,I_{x'y'}<I_{xy},I_{x''y''}=0$

(3)$I_x>I_{x'}$

(A)(1),(2)　　(B)(2),(3)　　(C)(1),(3)　　(D)全对

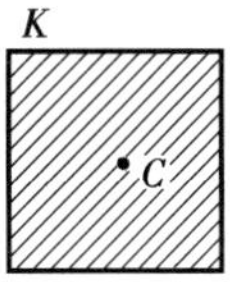


题 5-26 图

5-26 如图所示正方形截面,其中 $C$ 点为形心,$K$ 为边界上任一点,则过 $C$ 点和 $K$ 点主轴的对数为(　　)。

(A)过 $C$ 点有两对正交的形心主轴,过 $K$ 点有一对正交主轴

(B)过 $C$ 点有无数对,过 $K$ 点有一对

(C)过 $C$ 点有无数对,过 $K$ 点有两对

(D)过 $C$ 点和 $K$ 点均有一对

5-27 图示等边角钢截面,$C$ 为形心,已知 $I_y = 179.51\times10^4\ \mathrm{mm}^4$,$I_{z_0} = 284.68\times10^4\ \mathrm{mm}^4$,则 $I_{y_0}$ 等于(　　)。

(A)$105.17\times10^4\ \mathrm{mm}^4$　　(B)$464.19\times10^4\ \mathrm{mm}^4$

(C)$74.34\times10^4\ \mathrm{mm}^4$　　(D)$37.17\times10^4\ \mathrm{mm}^4$

5-28 图中 $O$ 点为直角三角形 $ABC$ 斜边上的中点,$y$、$z$ 轴过中点 $O$ 且分别平行于两条直角边,则三角形的惯性积 $I_{yz}$ 为(　　)。

(A)$I_{yz}>0$　　(B)$I_{yz}<0$　　(C)$I_{yz}=0$　　(D)$I_{y_1z_1}=I_{yz}$

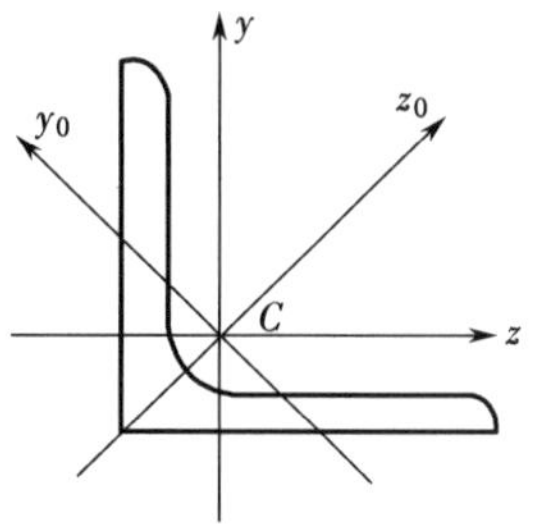


题 5-27 图

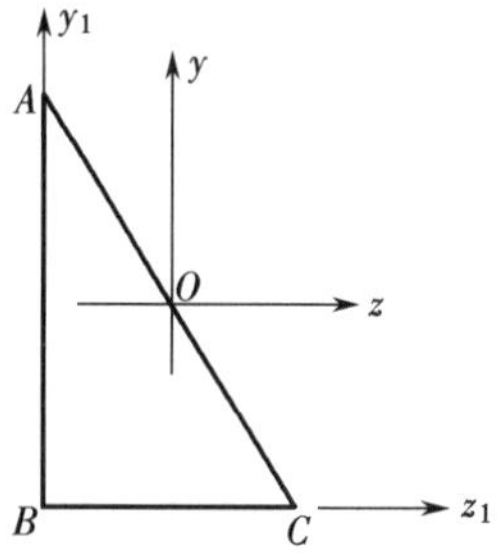


题 5-28 图

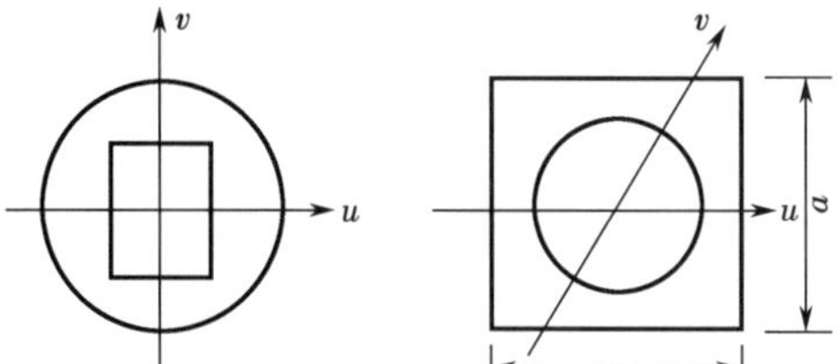


题 5-29 图

5-29 图示(a)、(b)两截面,(a)为带矩形孔的圆形,(b)为带圆孔的正方形,$u$、$v$ 均为形心主轴,关于惯性矩 $I_u$、$I_v$ 有四种判断,其中正确的是(　　)。

(A)$I_u(\mathrm{a})>I_v(\mathrm{a});I_u(\mathrm{b})=I_v(\mathrm{b})$

(B)$I_u(\mathrm{a})>I_v(\mathrm{a});I_u(\mathrm{b})>I_v(\mathrm{b})$

(C)$I_u(\mathrm{a})<I_v(\mathrm{a});I_u(\mathrm{b})=I_v(\mathrm{b})$

(D)$I_u(\mathrm{a})<I_v(\mathrm{a});I_u(\mathrm{b})<I_v(\mathrm{b})$

## 5.6 弯曲

5-30 图示截面的抗弯截面系数 $W_z$ 为(　　)。

(A)$\dfrac{a^3}{6}-\dfrac{\pi d^3}{32}$　　(B)$\dfrac{a}{6}(a-d)^2$

(C)$\dfrac{a^3}{6}-\dfrac{\pi d^4}{32a}$　　(D)$\dfrac{a^3}{6}-\dfrac{\pi d^3}{16}$

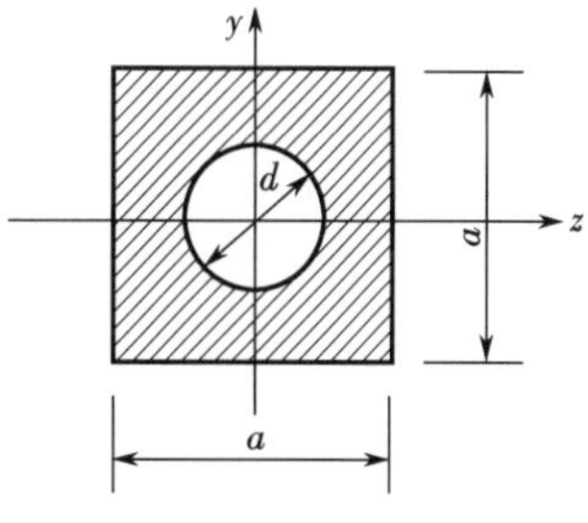


题 5-30 图

5-31 悬臂梁受载情况如图示,设 $M_A$ 及 $M_C$ 分别表示梁上 $A$ 截面和 $C$ 截面上的弯矩,则下面结论中正

确的是(　　)。

(A)$M_A > M_C$　　(B)$M_A < M_C$　　(C)$M_A = M_C$　　(D)$M_A = -M_C$

5-32　图示简支梁跨中截面 $C$ 上的剪力和弯矩分别为(　　)。

(A)$Q = qL, M = \frac{3}{8}qL^2$　　(B)$Q = 1.5qL, M = -\frac{7}{8}qL^2$

(C)$Q = -qL, M = -\frac{3}{8}qL^2$　　(D)$Q = 0, M = \frac{5}{8}qL^2$

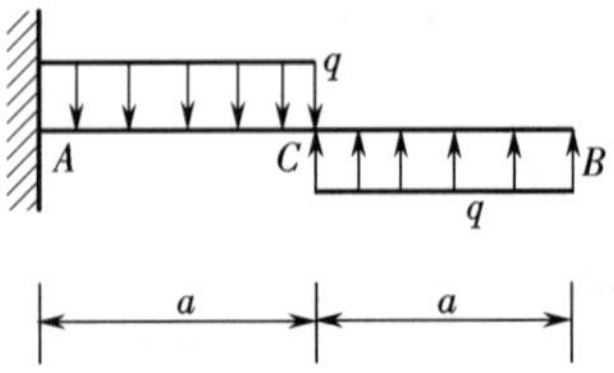


题 5-31 图

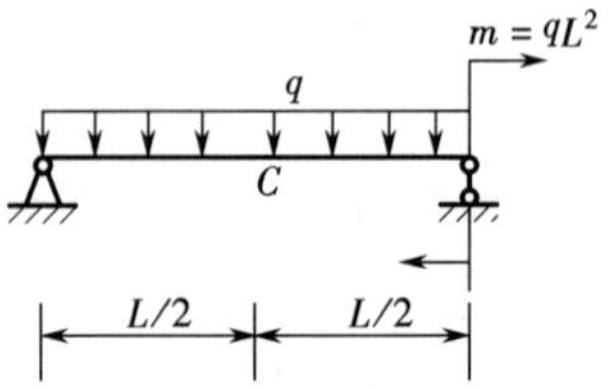


题 5-32 图

5-33　图示梁的弯矩图,则梁上的最大剪力为(　　)。

(A)$P$　　(B)$3P$　　(C)$4P$　　(D)$-4P$

5-34　图示悬臂梁和简支梁长度相等,它们的剪力图和弯矩图的异同情况是(　　)。

(A)$Q$ 图相同,$M$ 图不同　　(B)$Q$ 图不同,$M$ 图相同

(C)$Q$ 图和 $M$ 图均相同　　(D)$Q$ 图和 $M$ 图均不相同

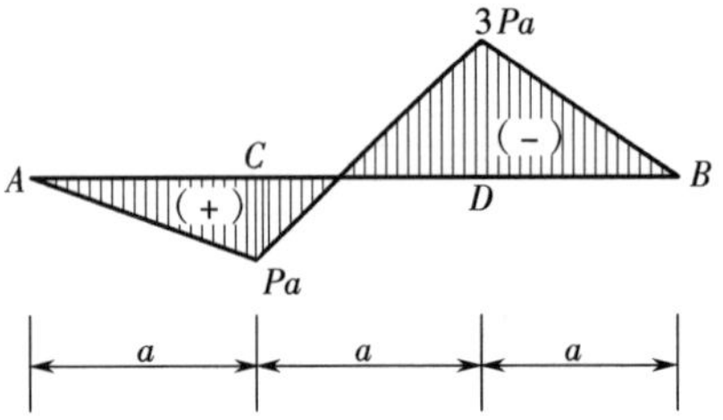


题 5-33 图

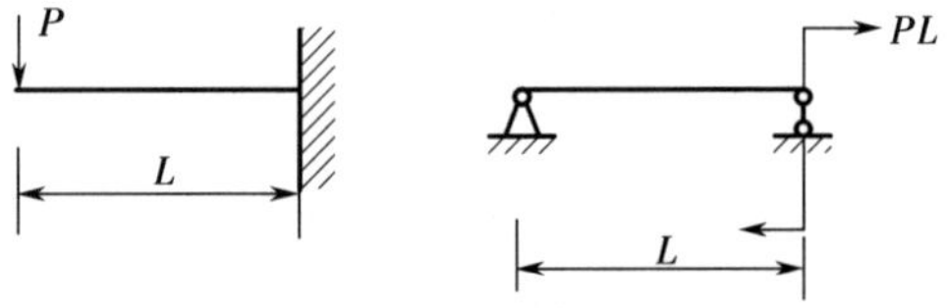


题 5-34 图

5-35　如图所示,当外力偶 $m_e$ 的位置在梁的 $AB$ 段内改变时,下列结论正确的是(　　)。

(A)$Q$ 图、$M$ 图都改变　　(B)$Q$ 图、$M$ 图都不变

(C)$M$ 图不变,只 $Q$ 图改变　　(D)$Q$ 图不变,只 $M$ 图改变

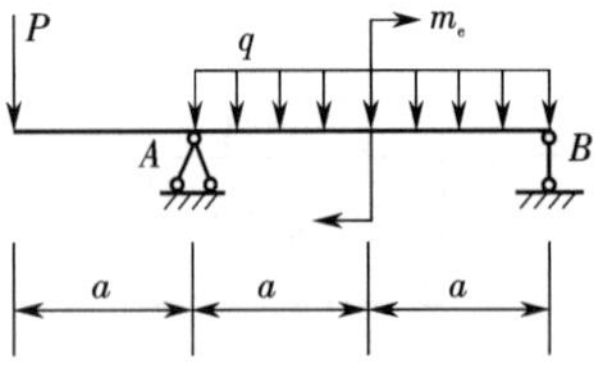


题 5-35 图

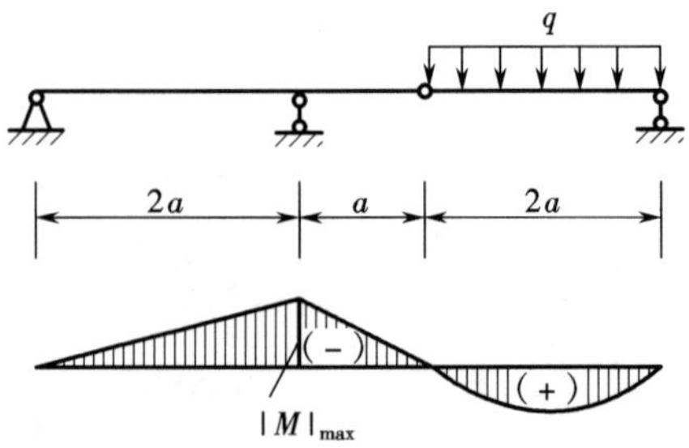


题 5-36 图

5-36 在图示梁弯矩图中，$|M|_{\max}$之值为(　　)。

(A)$\dfrac{3qa^2}{2}$　　(B)$1.2qa^2$　　(C)$1.6qa^2$　　(D)$qa^2$

5-37 已知外伸梁受荷载如图所示，则跨中截面 $C$ 的剪力和弯矩为(　　)。

(A)$Q=-qL, M=\dfrac{3}{8}qL^2$　　(B)$Q=-qL, M=-\dfrac{3}{8}qL^2$

(C)$Q=qL, M=-\dfrac{3}{8}qL^2$　　(D)$Q=qL, M=\dfrac{3}{8}qL^2$

5-38 边长为 $a$ 的正方形截面梁，按两种不同的形式放置，如图所示，在相同弯矩作用下两者最大正应力之比$\dfrac{(\sigma_{\max})_a}{(\sigma_{\max})_b}$为(　　)。

(A)$\dfrac{\sqrt{2}}{2}$　　(B)1　　(C)$\dfrac{1}{2}$　　(D)$\sqrt{2}$

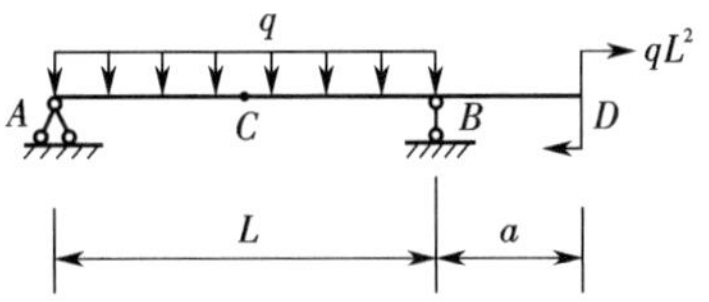


题 5-37 图

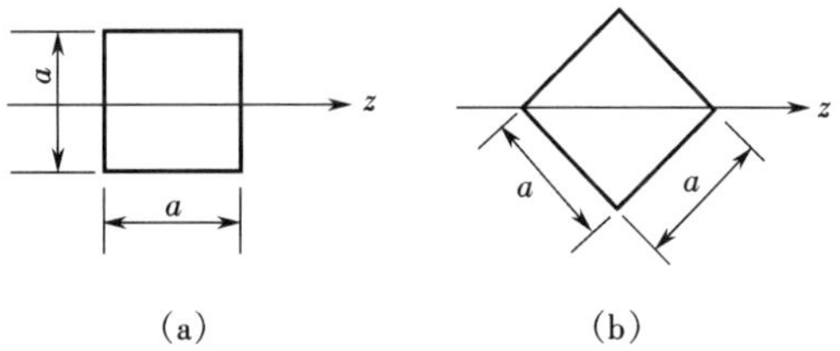


题 5-38 图

5-39 T 形截面外伸梁受载如图，$AC$ 段横截面上的正应力分布图是(　　)。

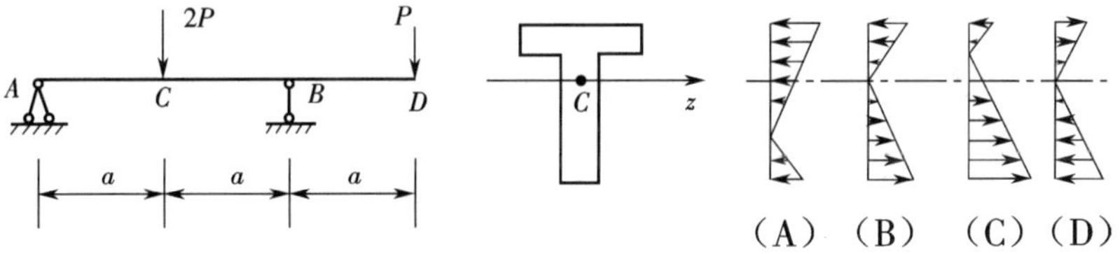


题 5-39 图

5-40 悬臂梁及其弯矩图如图所示，$z$ 轴的截面对中性轴的惯性矩 $I_z=2\times10^7\ \text{mm}^4$，则梁上最大拉应力 $\sigma_{t,\max}$为(　　)。

(A)50 MPa　　(B)150 MPa　　(C)25 MPa　　(D)75 MPa

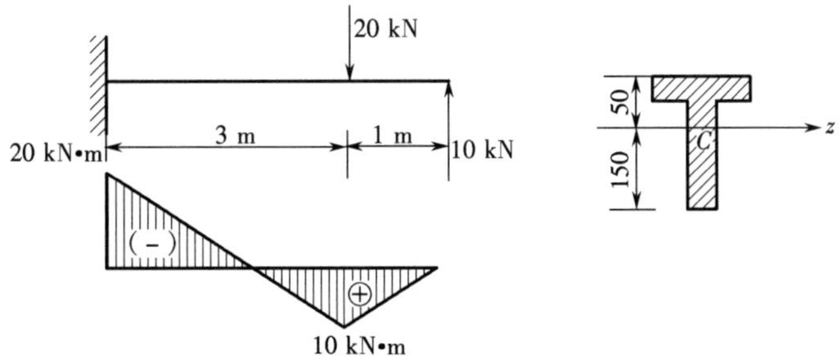


题 5-40 图

5-41　图示梁，受移动荷载 $P$ 作用，$P$ 移到下列(　　)截面处梁内的拉应力最大。

(A) $A$　　(B) $B$　　(C) $C$　　(D) $D$

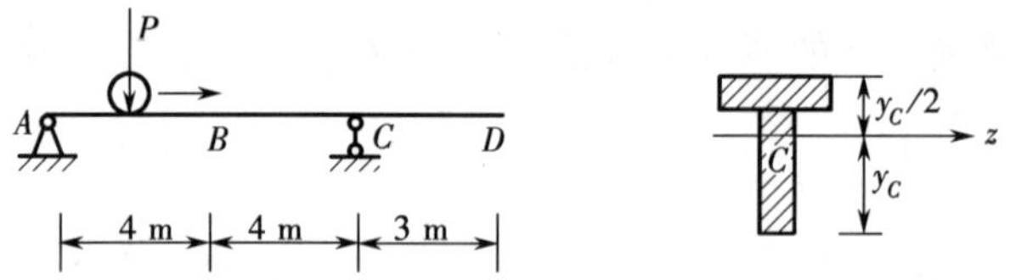


题 5-41 图

5-42　图示梁的截面为矩形，放置形式分别如图(a)、(b)所示，已知边长 $b=\frac{h}{2}$，则两者横截面上最大拉应力之比 $\frac{\sigma_a}{\sigma_b}$ 应为(　　)。

(A) 2　　(B) $\frac{1}{2}$　　(C) 4　　(D) $\frac{1}{4}$

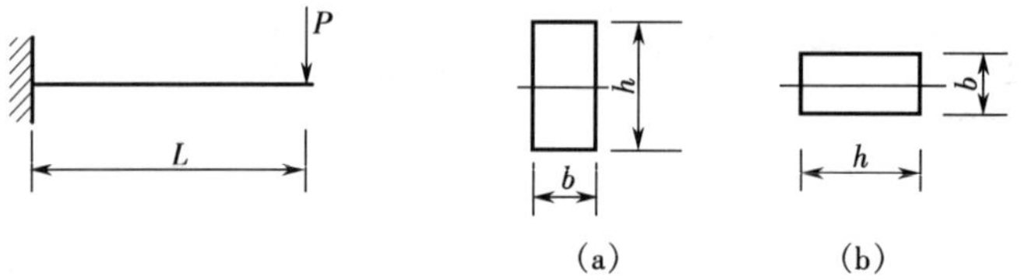


题 5-42 图

5-43　由梁的正应力强度条件确定梁的合理截面形式，其根据是(　　)。

(A) $W/A=1$ 好　　(B) $W/A=2$ 好　　(C) $W/A$ 越小越好　　(D) $W/A$ 越大越好

5-44　图示悬臂梁抗弯刚度为 $EI$，$B$ 处受集中力 $P$ 作用，其 $C$ 处的挠度为(　　)。

(A) $\frac{8}{3}\frac{Pa^3}{EI}$　　(B) $\frac{5}{6}\frac{Pa^3}{EI}$　　(C) $\frac{7}{3}\frac{Pa^3}{EI}$　　(D) $\frac{14}{3}\frac{Pa^3}{EI}$

提示：下图所示结构 $B$ 点的挠度 $f_B=\frac{PL^3}{3EI}$，转角 $\theta_B=\frac{PL^2}{2EI}$。

5-45　图示简支梁的 $EI$ 为已知，$A$、$B$ 端各作用一力偶 $m_1$ 和 $m_2$，若使该梁的挠曲线的拐点 $C$ 位于距 $A$ 端 $\frac{L}{3}$ 处，则 $m_1$ 和 $m_2$ 的关系为(　　)。

(A) $m_1=2m_2$　　(B) $m_2=2m_1$　　(C) $m_1=3m_2$　　(D) $m_2=3m_1$

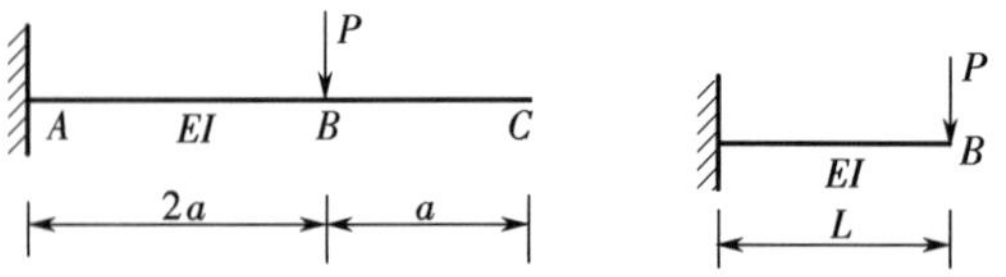


题 5-44 图

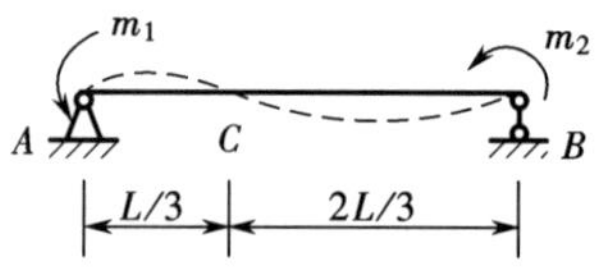


题 5-45 图

5-46　画梁的挠曲线大致形状时应考虑(　　)。

(A) 梁的刚度　　(B) 梁的外力分布

(C) 梁的支座和弯矩的正负号　　(D) 坐标系的选择

5-47　用积分法求图示梁的挠曲线方程时，其边界条件和连续条件为(　　)。

(A) $x=0, y_A=0,$
$x=3L, y_C=0, \theta_C=0,$
$x=L, \theta_{B左}=\theta_{B右}$

(B) $x=0, y_A=0, \theta_A=0,$
$x=3L, y_C=0,$
$x=L, y_{B左}=y_{B右}$

(C) $x=0, \theta_A=0,$
$x=3L, y_C=0, \theta_C=0,$
$x=L, \theta_{B左}=\theta_{B右}$

(D) $x=0, y_A=0,$
$x=3L, y_C=0, \theta_C=0$
$x=L, y_{B左}=y_{B右}$

5-48 图示梁在 $B$ 处作用集中力偶 $m$，则支座 $B$ 的约束反力 $R_B$ 为(　　)。

(A) $\frac{2}{3}\frac{m}{L}(\uparrow)$　(B) $\frac{2}{3}\frac{m}{L}(\downarrow)$　(C) $\frac{3}{2}\frac{m}{L}(\uparrow)$　(D) $\frac{3}{2}\frac{m}{L}(\downarrow)$

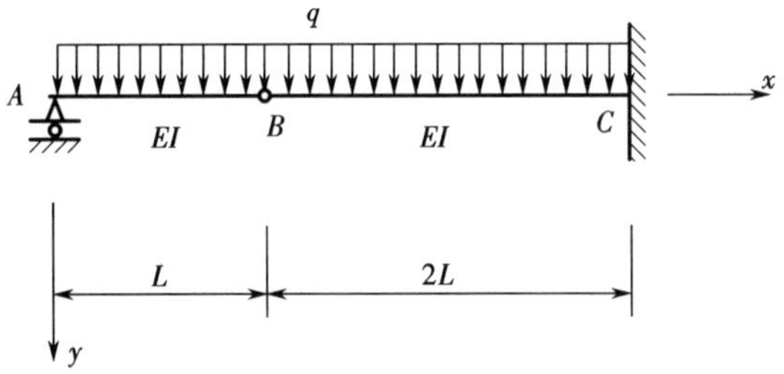

题 5-47 图

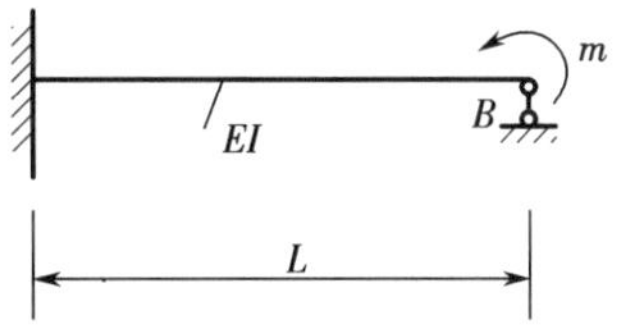

题 5-48 图

5-49 横截面为倒 T 形的简支梁，跨中受集中力 $P$ 作用，已知 $P=4$ kN，$y_C=17.5$ mm，$I_z=18.2\times10^4$ mm$^4$，$a=2$ m，则梁中最大正应力为(　　)。

(A) 385 MPa
(B) −385 MPa
(C) 714 MPa
(D) −714 MPa

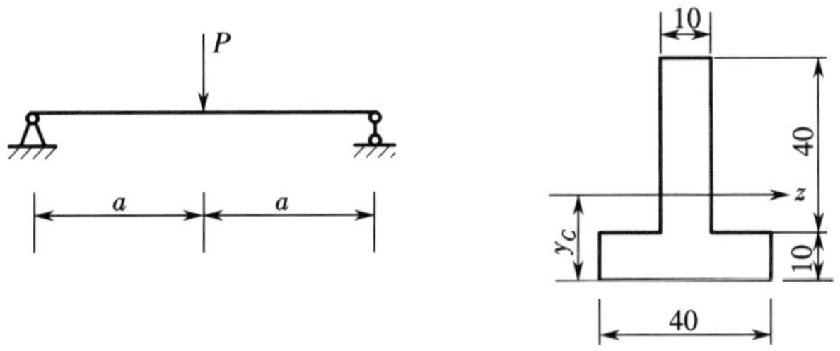

题 5-49 图

5-50 图示悬臂梁，若其他条件不变，而截面直径增大一倍，则其最大正应力是原来的(　　)。

(A) 2 倍　(B) $\frac{1}{2}$　(C) $\frac{1}{8}$　(D) 8 倍

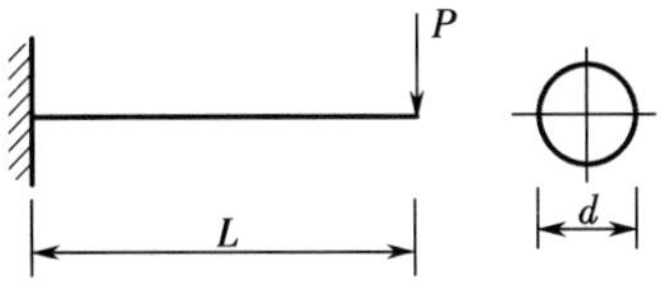

题 5-50 图

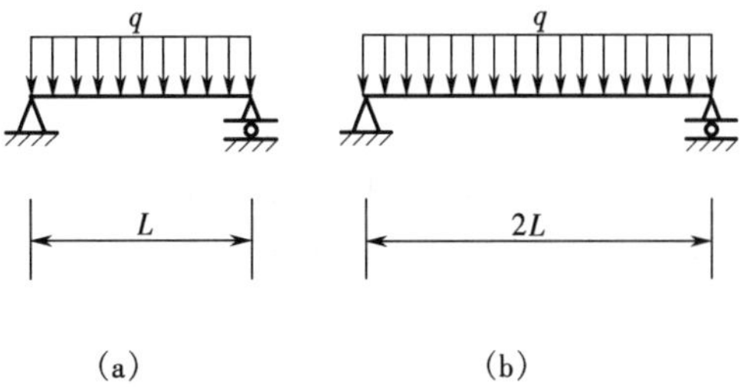

题 5-51 图

5-51　图示简支梁(a)和(b)受均布载荷 $q$ 作用,已知两梁的 $EI$ 相同,则(b)梁的最大挠度应为(a)梁的最大挠度的(　　)倍。

(A)8　　　(B)2　　　(C)16　　　(D)4

## 5.7　应力状态

5-52　从图示受扭转杆件上截取出的一点的应力状态图,应为(　　)。

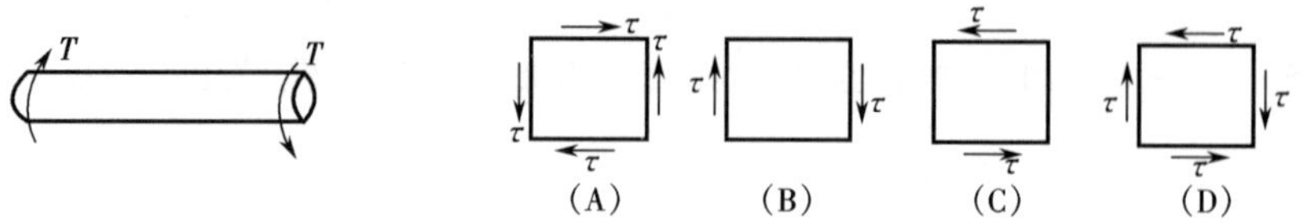


题 5-52 图

5-53　把一弹性块体放入刚性槽内,受均布力 $q$ 如图示。已知块体弹性模量为 $E$,泊松比为 $\nu$,且立方体与刚性槽之间的摩擦力以及刚性槽的变形可以忽略不计,则立方体上的应力 $\sigma_x$ 为(　　)。

(A) $-q$　　　(B) $(1+\nu)q$

(C) $-(1+\nu)q$　　　(D) $-\nu q$

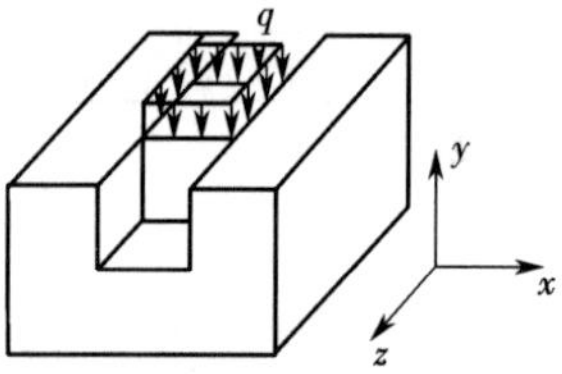


题 5-53 图

5-54　图示为三个平面应力状态的应力圆,则应力圆②所对应的主单元体为(　　)。

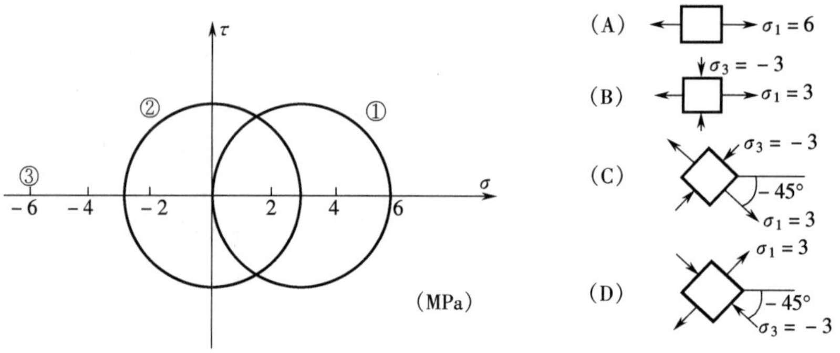


题 5-54 图

5-55　图示悬臂梁上危险点的最大剪应力为(　　)。

(A) $\dfrac{0.75P}{a^2}$　　　(B) $\dfrac{7.5P}{a^2}$　　　(C) $\dfrac{0.5P}{a^2}$　　　(D) $\dfrac{15P}{a^2}$

5-56　单元体各面的应力如图所示,其最大正应力和最大剪应力为(　　)。

(A) $\sigma_{max}=10$ MPa, $\tau_{max}=20$ MPa　　　(B) $\sigma_{max}=20$ MPa, $\tau_{max}=20$ MPa

(C) $\sigma_{max}=20$ MPa, $\tau_{max}=15$ MPa　　　(D) $\sigma_{max}=10$ MPa, $\tau_{max}=25$ MPa

5-57　从结构构件中不同点取出的应力单元体如图所示,构件材料为 Q235 钢材,若以第三强度理论校核,则相当应力最大者为(　　)。

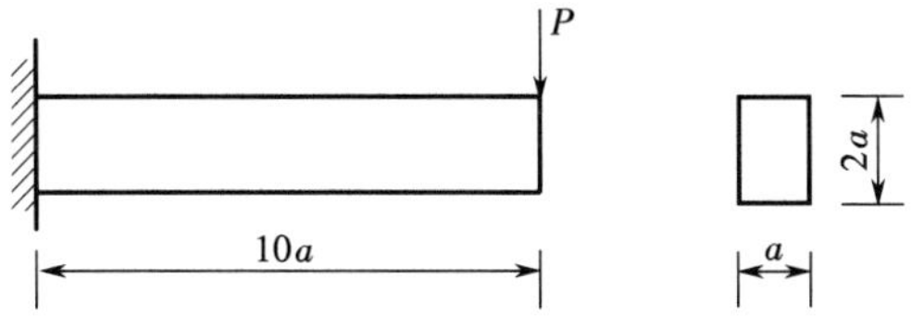


题 5-55 图

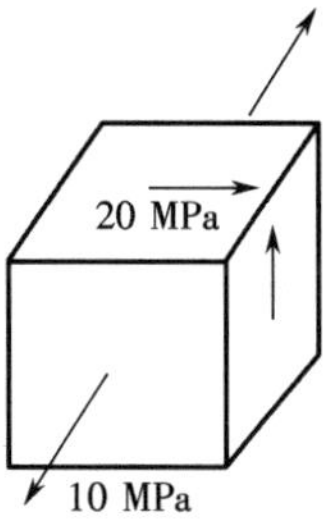


题 5-56 图

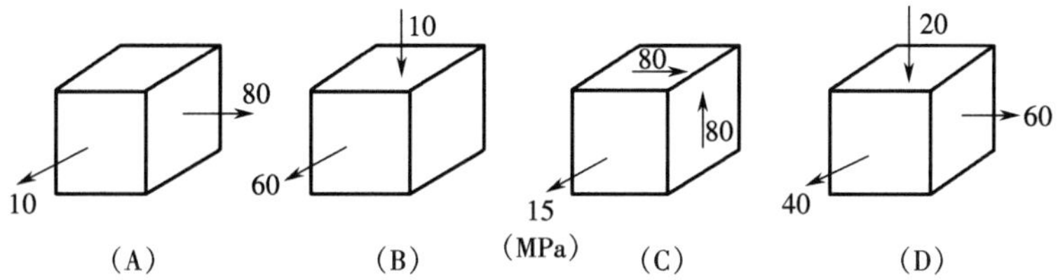


题 5-57 图

5-58 图示外伸梁上取出的四个应力单元体,其中错误的是(  )。

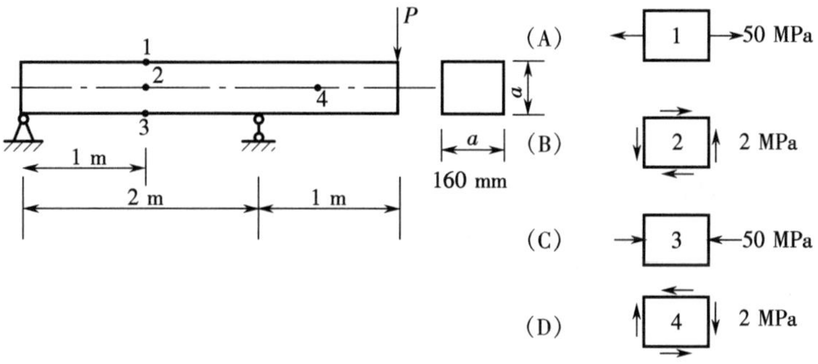


题 5-58 图

5-59 两单元体的应力状态如图,且有 $\sigma=\tau$。当用第三强度理论比较两者的危险程度时,(  )最危险。

(A)(a)　　(B)(b)　　(C)(a)与(b)一样　　(D)不确定

5-60 图示应力状态,用第三强度理论校核时,其相当应力为(  )。

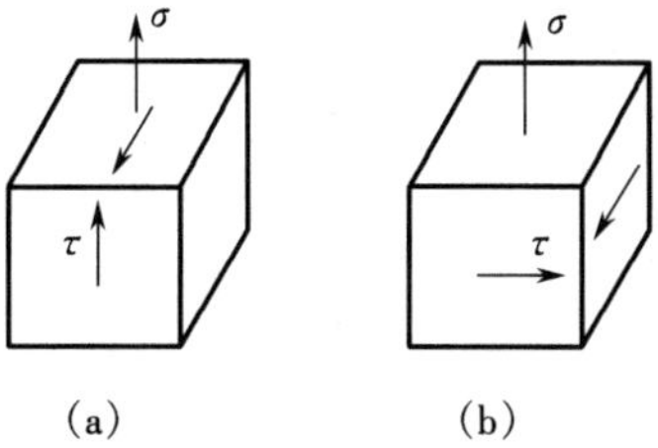


题 5-59 图

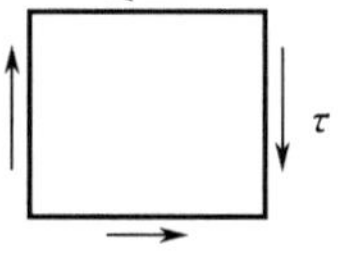


题 5-60 图

(A)$\sqrt{2}\tau$　　(B)$\tau$　　(C)$\sqrt{3}\tau$　　(D)$2\tau$

5-61　图示单元体的主应力大小及方向为(　　)。

(A)$\sigma_1=40$ MPa,$\alpha_0=30°$　　(B)$\sigma_1=80$ MPa,$\alpha_0=30°$

(C)$\sigma_1=40$ MPa,$\alpha_0=60°$　　(D)$\sigma_1=80$ MPa,$\alpha_0=60°$

5-62　单元体的应力状态如图所示,关于其主应力有下列四种结论,其中正确的是(　　)。

(A)$\sigma_1>\sigma_2>0,\sigma_3=0$　　(B)$\sigma_3<\sigma_2<0,\sigma_1=0$

(C)$\sigma_1>0,\sigma_2=0,\sigma_3<0,|\sigma_1|<|\sigma_3|$　　(D)$\sigma_1>0,\sigma_2=0,\sigma_3<0,|\sigma_1|>|\sigma_3|$

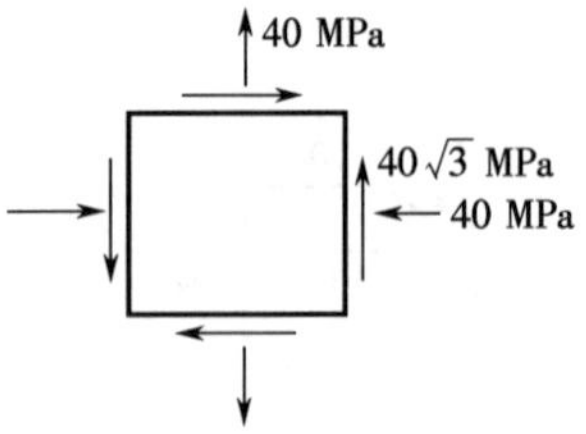


题 5-61 图

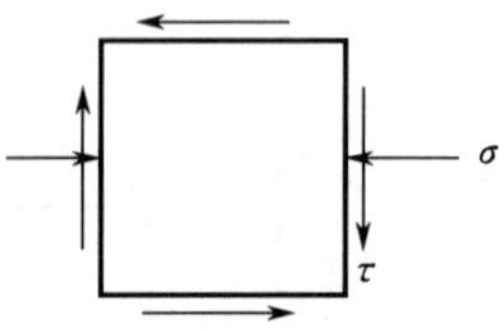


题 5-62 图

5-63　$A$、$B$ 两点的应力状态如图所示。已知两点处的主拉应力 $\sigma_1$ 相同,则 $B$ 点应力状态中 $\tau_{xy}$为(　　)。

(A)40 MPa　　(B)60 MPa

(C)50 MPa　　(D)20 MPa

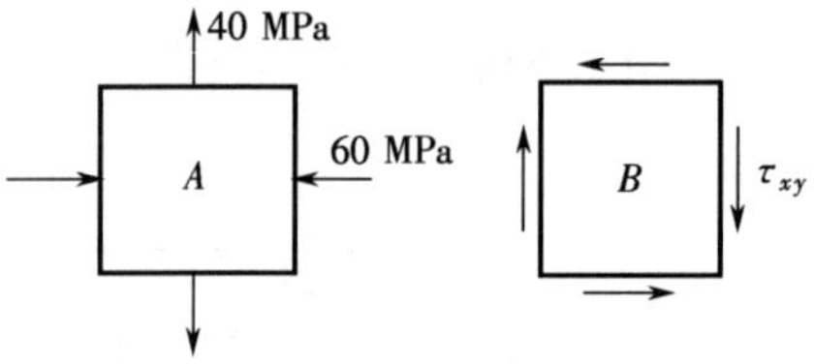


题 5-63 图

## 5.8　组合变形

5-64　图示结构中,杆件 $ABC$ 上 $BC$ 段的变形为(　　)。

(A)弯曲 + 扭转　　(B)弯曲 + 轴向拉伸　　(C)弯曲 + 轴向压缩　　(D)轴向压缩

5-65　直径为 $d$ 的圆截面钢质折杆,置于水平面内,$A$ 端固定,$C$ 端受铅垂集中力 $P$。若以第三强度理论校核危险点应力,其相当应力表达式为(　　)。

(A)$\dfrac{\sqrt{(Pa)^2+(PL)^2}}{W}$　　(B)$\dfrac{Pa^2}{2W}+\dfrac{PL}{W}$

(C)$\sqrt{\left(\dfrac{PL}{W}\right)^2+3\left(\dfrac{Pa}{2W}\right)^2}$　　(D)$\dfrac{\sqrt{(PL)^2-(Pa)^2}}{W}$

其中 $W=\dfrac{\pi d^3}{32}$。

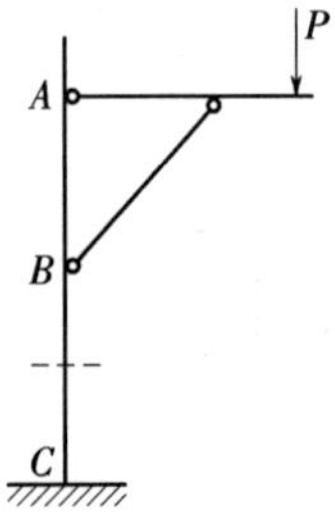


题 5-64 图

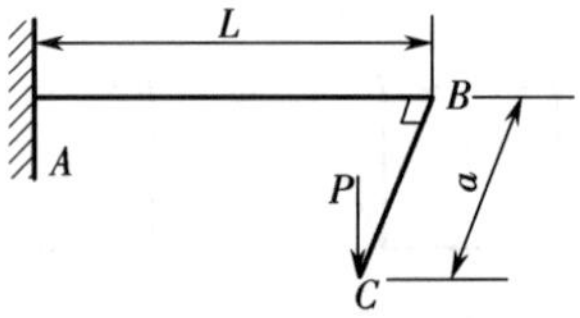


题 5-65 图

5-66 图示构件 $BC$ 段的最大应力为其他段的(　　)倍。

(A)2　　(B)4　　(C)6　　(D)8

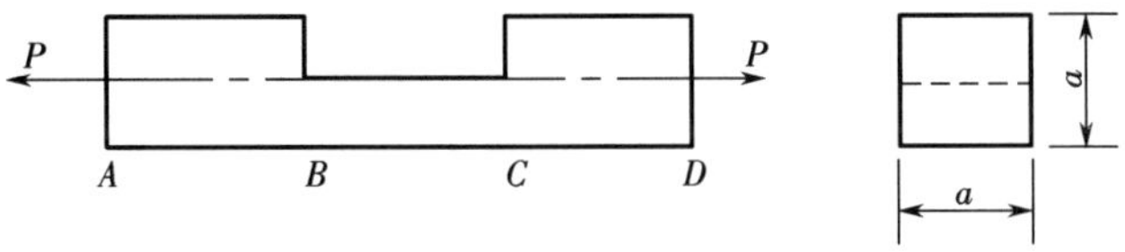


题 5-66 图

5-67 图示一斜杆 $AB$ 的横截面为 100 mm × 100 mm 的正方形，若 $P=4$ kN，则杆内最大压应力为(　　)。

(A)6 MPa　　(B)0.346 MPa　　(C)5.654 MPa　　(D)6.346 MPa

5-68 图示为铁道路标圆形信号板，安装在外径 $D=60$ mm、内径 $d=54$ mm 的空心圆柱上，信号板所受的最大风压 $p=2$ kN/m$^2$，立柱材料的许用应力$[\sigma]=60$ MPa，则按第三强度理论校核时的相当应力表达式为(　　)。

(A) $\dfrac{\sqrt{M^2+M_T^2}}{W}$　　(B) $\dfrac{\sqrt{M^2+0.75M_T^2}}{W}$

(C) $\dfrac{\sqrt{M^2+M_T^2}}{2W}$　　(D) $\dfrac{\sqrt{M^2+0.75M_T^2}}{2W}$

其中 $W=\dfrac{\pi D^3}{32}\left[1-\left(\dfrac{d}{D}\right)^4\right]$，$M_T=P\times0.6$，$M=P\times0.8$，$P=p\times\dfrac{\pi}{4}(D_1^2)$。

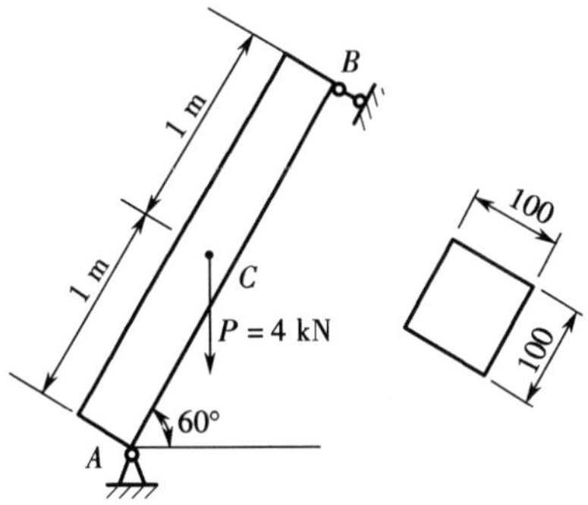


题 5-67 图

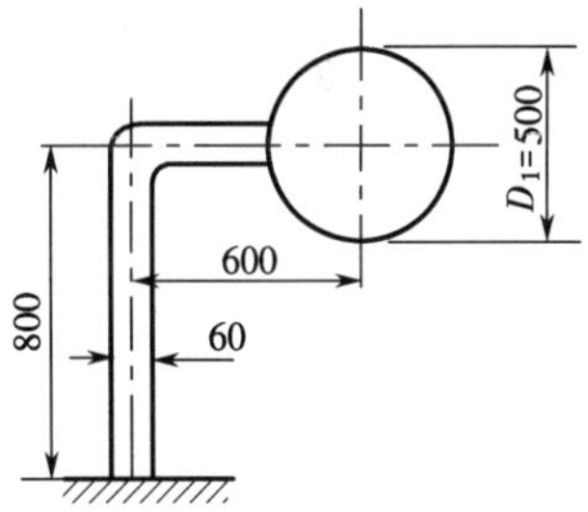


题 5-68 图

## 5.9 压杆稳定

5-69 图示受压杆件，上端为弹性支承，下端为固定，该压杆的长度系数为(　　)。

(A)$\mu>2$　　(B)$0.7<\mu<2$

(C)$0.5<\mu<0.7$　　(D)$\mu<0.5$

5-70 用四个等肢角钢拼接成的轴压杆件，截面形式如图所示，其承载能力最大者为(　　)。

题 5-69 图

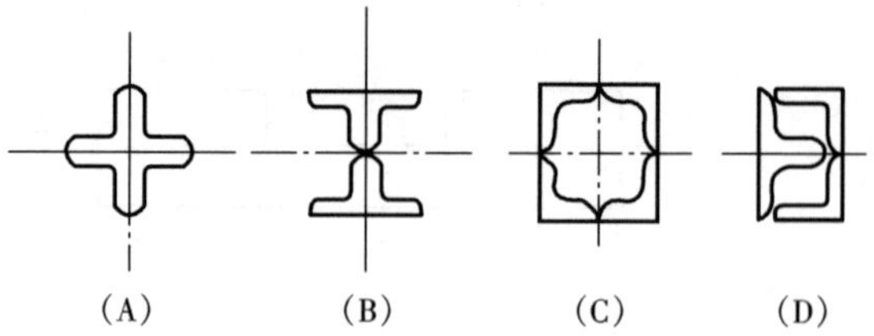


题 5-70 图

5-71 长方形截面细长压杆，如图所示。$\frac{b}{h}=0.5$，如将 $b$ 改为 $h$ 后仍为细长杆，则临界力 $P_{cr}$ 是原来杆的(　　)倍。

(A)2　　(B)4　　(C)8　　(D)10

5-72 图示轴心受压杆件，两端为球铰支承，材料为 Q235 钢，$E=2\times10^5$ MPa，截面为矩形($h\times b=200\text{ mm}\times100\text{ mm}$)，稳定计算中其长细比应取用(　　)。

(A) $\sqrt{12}\frac{L}{h}$　　(B) $\sqrt{12}\frac{L}{b}$　　(C) $\frac{\sqrt{12}}{2}\frac{L}{h}$　　(D) $0.7\sqrt{12}\frac{L}{b}$

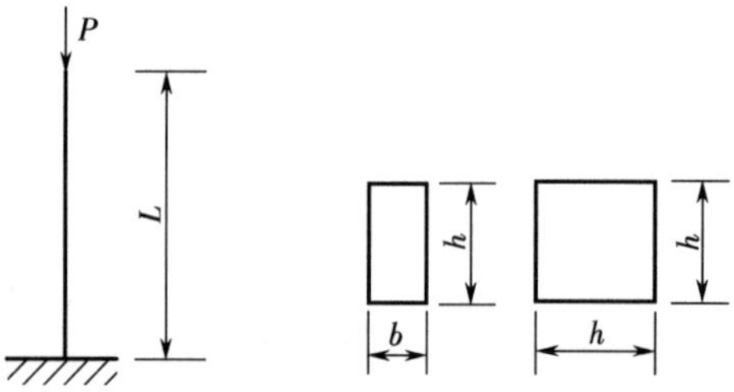


题 5-71 图

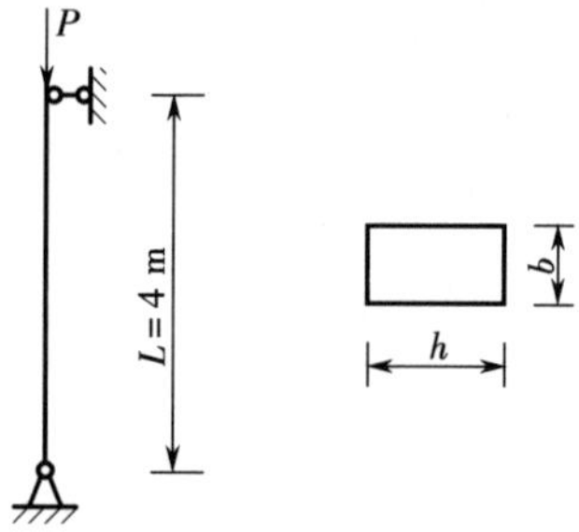


题 5-72 图

5-73 图示两根细长压杆，其横截面皆为直径 $d$ 的圆形，则(b)杆的临界应力与(a)杆的临界应力之比为(　　)。

(A)0.98　　(B)0.49　　(C)1.02　　(D)2.04

5-74 用等边角钢制成的一端固定、一端自由的细长压杆，已知材料的弹性模量为 $E$。$I_x=m$，$I_{x_0}=n$，形心为 $C$，杆长为 $L$，则临界力 $P_{cr}$ 为(　　)。

(A)$\frac{\pi^2En}{(2L)^2}$　　(B)$\frac{\pi^2E(n-m)}{(2L)^2}$　　(C)$\frac{\pi^2E(2m-n)}{(2L)^2}$　　(D)$\frac{\pi^2Em}{(2L)^2}$

5-75 由 $EI$ 相同的三根圆杆(细长杆)组成一支架，如图所示。$A$、$C$、$D$ 三点为铰接，$B$ 为固定端，则作用于 $D$ 点的临界力 $P_{cr}$ 为(　　)。

(A)$\frac{3.34\pi^2EI}{L^2}$　　(B)$\frac{4.04\pi^2EI}{L^2}$　　(C)$\frac{3\pi^2EI}{L^2}$　　(D)$\frac{2.3\pi^2EI}{L^2}$

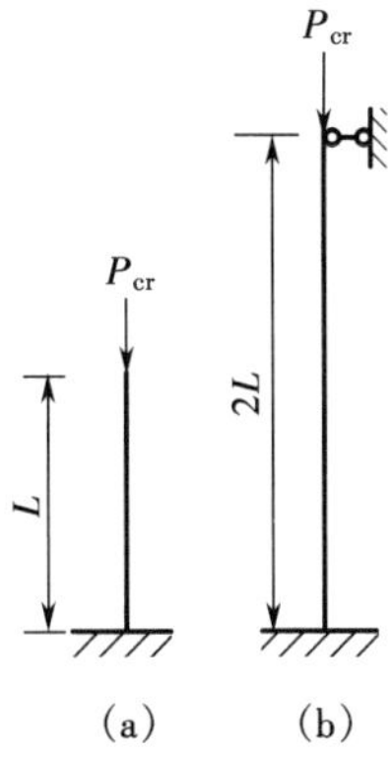


题 5-73 图

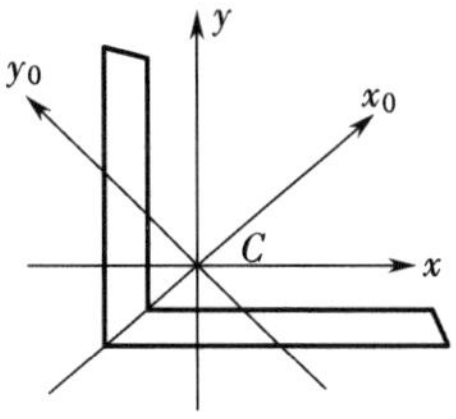


题 5-74 图

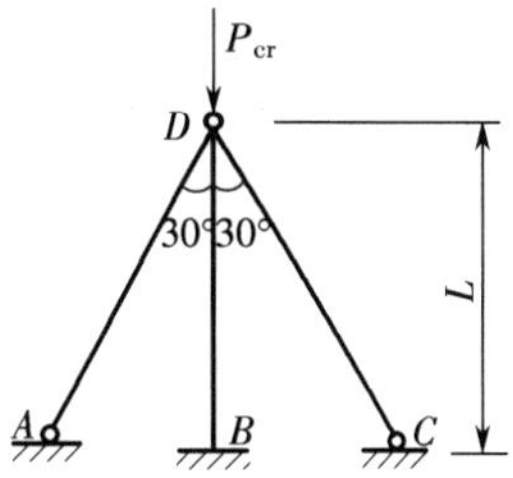


题 5-75 图

5-76　图示为两根材料、长度和约束条件都相同的细长杆，(a)杆截面为直径 $d$ 的圆形，(b)杆截面为 $d\times\dfrac{d}{2}$ 的矩形，则 $\dfrac{P_{cr_a}}{P_{cr_b}}$ 为(　　)。

(A)$\pi$∶2　　(B)2$\pi$∶5　　(C)3$\pi$∶2　　(D)2$\pi$∶3

5-77　图示两桁架中各杆的材料和截面均相同，设 $P_1$ 和 $P_2$ 分别为这两个桁架稳定的最大荷载，则 $P_1$ 和 $P_2$ 之间的正确关系是(　　)。

(A)$P_1=P_2$　　(B)$P_1<P_2$　　(C)$P_1>P_2$　　(D)不能确定其关系

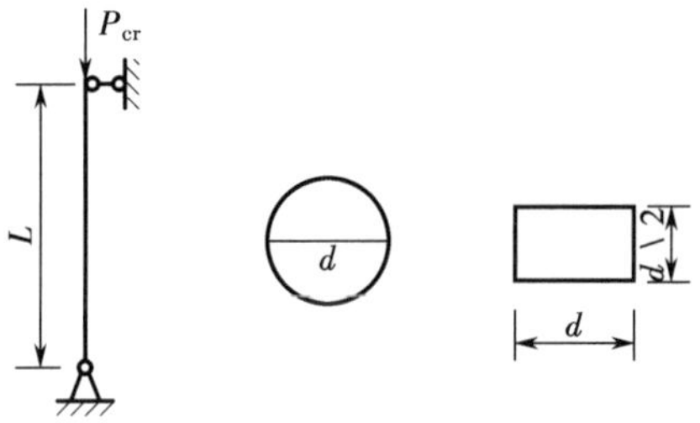


题 5-76 图

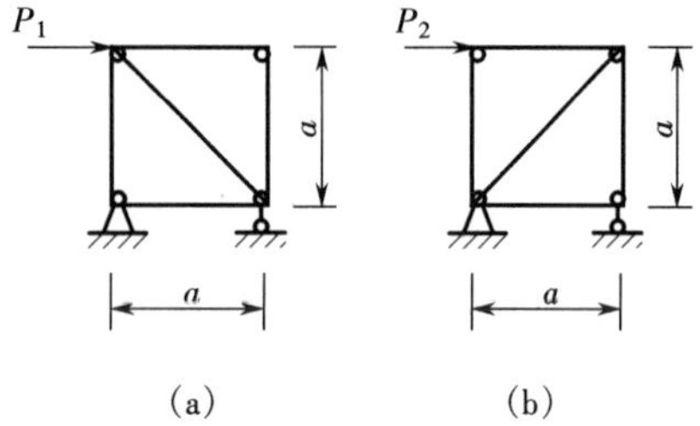


题 5-77 图

## 习题答案

5-1　(D)　　5-2　(B)　　5-3　(D)　　5-4　(D)

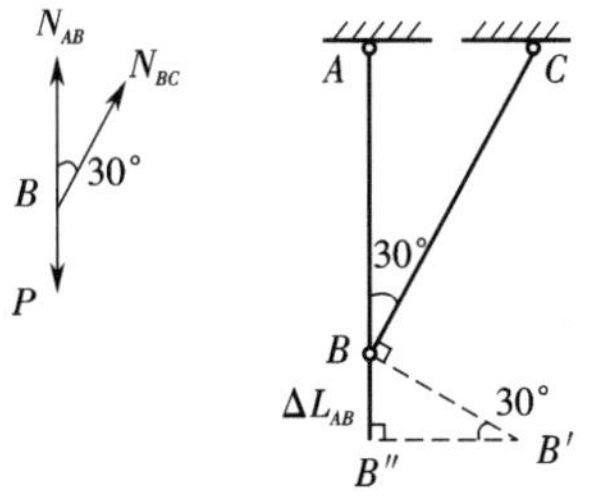


5-5 题解图

5-5　(D)。解题思路：

(1)先求桁架各杆轴力

由节点 $B$ 的平衡条件，得

$$N_{BC}=0,\quad N_{AB}=P$$

(2)求各杆的变形

$$\Delta L_{AB}=\frac{NL}{EA}=\frac{PL}{EA},\quad \Delta L_{BC}=0$$

(3)作结构变形位移图

依据变形与受力相一致的原则(杆受拉力则产生伸长变形)及小变形下以切线代替圆弧，得如图变形位移图。由变形位移图可知：

$B$ 节点的垂直位移　$\delta_V = \Delta L_{AB}(\downarrow)$

$B$ 节点的水平位移　$\delta_H = \dfrac{\Delta L_{AB}}{\tan 30^\circ} = \sqrt{3}\Delta L_{AB}(\rightarrow)$

所以应选答案(D)。

如变形位移图作得不正确,则将导致错误结论。

5-6　(B)　　5-7　(B)

5-8　(C)。解题思路:卸载是线弹性的,$\sigma_{卸} = E\varepsilon_{卸}$,则

$$\varepsilon_{卸} = \frac{\sigma_{卸}}{E} = \frac{\dfrac{150 \times 10^3}{500 \times 10^{-6}}}{2 \times 10^5 \times 10^6} = 150 \times 10^{-5}$$

卸载后杆的残余变形

$$\Delta L_S = \Delta L - \varepsilon_{卸} \cdot L = 4 - 150 \times 10^{-5} \times 10^3 = 2.5\ \text{mm}$$

故应选答案(C)。

5-9　(B)　　5-10　(C)

5-11　(C)。解题思路:如图,因 $P$ 力作用线不通过铆钉群形心,故三铆钉受力不等,为此

①将 $P$ 力平移到作用线通过铆钉群形心 $B$,得

一力　　$P' = P$

及　　一力偶　$m = Pa(\uparrow)$

②$P'$ 力使三铆钉受力相同

$$F' = \frac{P}{3}$$

③力偶 $m$ 使每一铆钉受力不等,其大小与该铆钉离铆钉群形心的垂直距离成正比,力的方向垂直于各铆钉截面形心与铆钉群形心间的连线。所以三铆钉的受力情况如图示。

且　$F'' \times 2a = Pa$,所以

$$F'' = \frac{P}{2}$$

显见,$C$ 点受力为 $F' + F'' = \dfrac{P}{3} + \dfrac{P}{2} = \dfrac{5}{6}P(\rightarrow)$。

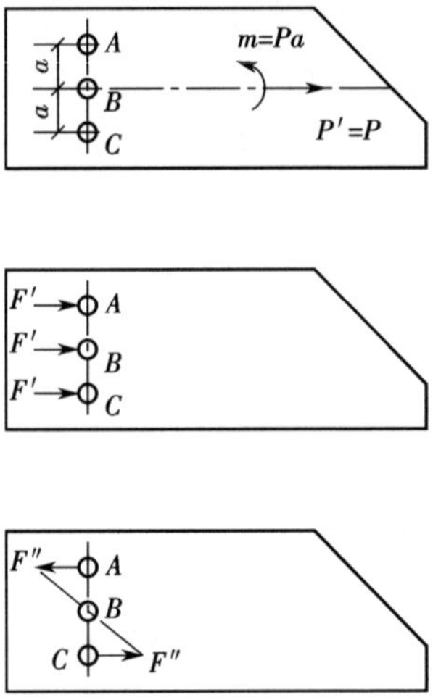

5-11 题解图

故应选答案(C)。

5-12　(D)　　5-13　(B)

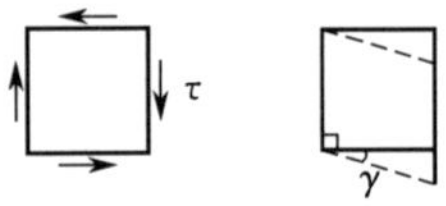

5-14 题解图

5-14　(C)。解题思路:如图因材料力学中对剪应力 $\tau$ 正负号作的规定是以其向量对单元体内任一点产生顺时针转向的向量矩者为正,反之为负。与此相应,材料力学中规定单元体左下直角减小时剪应变 $\gamma$ 为负,左下直角增大时剪应变 $\gamma$ 为正。

故应选答案(C)。

5-15　(A)

5-16　(A)。解题思路:本题关键是正确判断剪切面及相应剪力 $Q$ 的计算。

混凝土板如果剪切强度不够,则混凝土柱会戳穿混凝土板,其剪切面是戳穿的孔的四个侧面,如图,其剪切面的面积

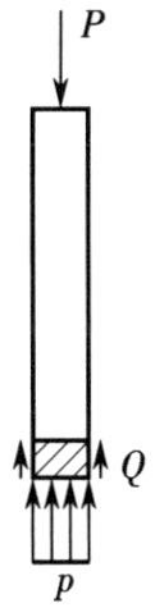

5-16 题解图

$A_Q = 4 \times 0.2\delta = 0.8\delta(\text{m}^2)$

地基的支承反力均匀分布，其值为 $p$，即

$$p = \frac{P}{a^2} = \frac{100 \times 10^3}{1^2} = 0.1\ \text{MPa}$$

剪切面上的剪力为

$$Q = P - p \times (0.2)^2 = 96\ \text{kN}$$

由混凝土板的剪切强度条件，得

$$\tau = \frac{Q}{A_Q} = \frac{96 \times 10^3}{0.8\delta} < [\tau]$$

$$\delta \gg \frac{96 \times 10^3}{0.8[\tau]} = \frac{96 \times 10^3}{0.8 \times 1.5 \times 10^6} = 80 \times 10^{-3} = 80\ \text{mm}$$

取 $\delta = 80$ mm。

若计算剪力时不扣除地基反力 $(0.2)^2 p$，则 $Q = P$ 就得到错误结果。

$$\delta \geqslant \frac{100 \times 10^3}{0.8[\tau]} = \frac{100 \times 10^3}{0.8 \times 1.5 \times 10^6} = 83\ \text{mm}$$

故应选答案(A)。

5-17 (C)　5-18 (A)　5-19 (B)

5-20 (C)。解题思路：因两轴表面上一点的剪应变 $\tau$ 相等。

$\gamma_a = \alpha_1, \gamma_b = \alpha_2$，又已知 $\alpha_1 = \alpha_2$，所以

$\gamma_a = \gamma_b$

由剪切胡克定律，即得两轴横截面上的最大剪应力相等。

故应选答案(C)。

5-21 (C)。解题思路：因 $\tau_1 = \dfrac{m_2}{\pi d^3/16}, \tau_2 = \dfrac{m_1 + m_2}{\dfrac{\pi D^3}{16}} = \dfrac{m_1 + m_2}{\dfrac{\pi d^3}{16} \times 8}$，由 $\tau_1 = \tau_2$，得

$$\frac{m_2}{\pi d^3/16} = \frac{m_1 + m_2}{\dfrac{\pi d^3}{16} \times 8}$$

所以　$m_1 = 7m_2$

故应选答案(C)。

5-22 (D)　5-23 (C)　5-24 (B)　5-25 (B)　5-26 (B)　5-27 (C)

5-28 (C)。解题思路：因△$ABC$ 可分解为△$ABO$ 及△$OBC$，而 $z$ 轴为△$ABO$ 的对称轴，所以△$ABO$ 的 $I_{yz} = 0$；又 $y$ 轴为△$OBC$ 的对称轴，所以△$OBC$ 的 $I_{yz} = 0$，所以△$ABC$ 的 $I_{yz} = 0$。

故应选答案(C)。

5-29 (C)　5-30 (C)　5-31 (A)　5-32 (C)

5-33 (D)。解题思路：本题应该用微分关系 $\dfrac{\mathrm{d}M}{\mathrm{d}x} = Q$ 来判断。$\dfrac{\mathrm{d}M}{\mathrm{d}x} = 0$ 的几何意义是弯矩图上某点的切线斜率等于梁上相应截面上的剪力。

$M$ 图上 $CD$ 段的斜率 $\dfrac{-3Pa - Pa}{a} = -4P$ 的绝对值最大。

故应选答案(D)。

5-34 (C)

5-35 (D)。解题思路:外力偶 $m_e$ 在梁 $AB$ 段内位置变动时,由力偶的性质及平衡条件可知,$A$、$B$ 支座反力均不改变。所以剪力图不变,只弯矩图改变。

故应选答案(D)。

5-36 (D)

5-37 (B)。解题思路:如图,本题为求指定截面的剪力和弯矩,可用 $Q=\sum\limits_{左} Y_i$ 和 $M=\sum\limits_{左} M_{C_i}$ 来求,为此先求出支反力 $R_A$。

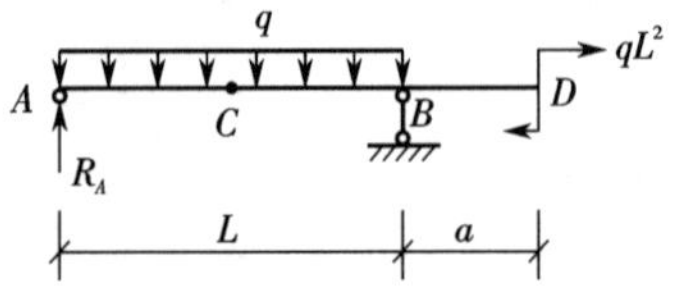

5-37 题解图 1

$$\sum M_B=0$$

$$R_A\cdot L+qL^2-\frac{1}{2}qL^2=0$$

得 $$R_A=-\frac{1}{2}qL(\downarrow)$$

所以 $$Q_C=\sum_{左} Y_i=R_A-\frac{1}{2}qL=-\frac{1}{2}qL-\frac{1}{2}qL=-qL$$

$$M_C=R_A\cdot\frac{L}{2}-\frac{1}{2}q\left(\frac{L}{2}\right)^2=\left(-\frac{qL}{2}\right)\cdot\frac{L}{2}-\frac{1}{2}q\left(\frac{L}{2}\right)^2=-\frac{qL^2}{4}-\frac{1}{8}qL^2=-\frac{3}{8}qL^2$$

亦可用叠加法,如图:

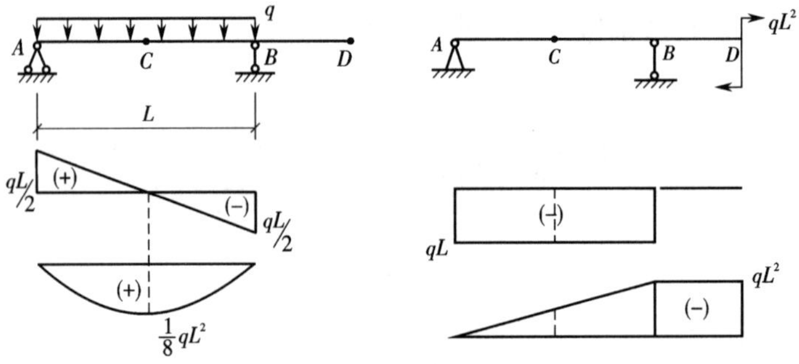

5-37 题解图 2

$$Q_C=0-qL=-qL$$

$$M_C=\frac{1}{8}q^2L-\frac{1}{2}qL^2=-\frac{3}{8}qL^2$$

故应选答案(B)。

5-38 (A)  5-39 (B)

5-40 (D)。解题思路:因截面不对称于中性轴,故应分别计算全梁正、负弯矩数值较大截面上的拉应力,从中找出 $\sigma_{t,max}$。

由 $\sigma=\dfrac{My}{I_z}$,先计算固端截面,因弯矩为负,拉应力产生在截面上边缘点,有

$$\sigma_t=\frac{20\times10^3\times50\times10^{-3}}{2\times10^7\times10^{-12}}=50\ \text{MPa}$$

再计算集中荷载作用载面,弯矩为正,拉应力产生在截面下边缘点,有

$$\sigma_t = \frac{10\times10^3\times150\times10^{-3}}{2\times10^7\times10^{-12}} = 75\ \text{MPa}$$

所以梁上最大拉应力 $\sigma_{t,\max}=75$ MPa，产生在集中荷载作用截面下边缘点上。

故应选答案(D)。

5-41 (B) 解题思路：如图，将荷载移到 $B$ 截面、$D$ 截面上，分别计算梁内产生的拉应力。

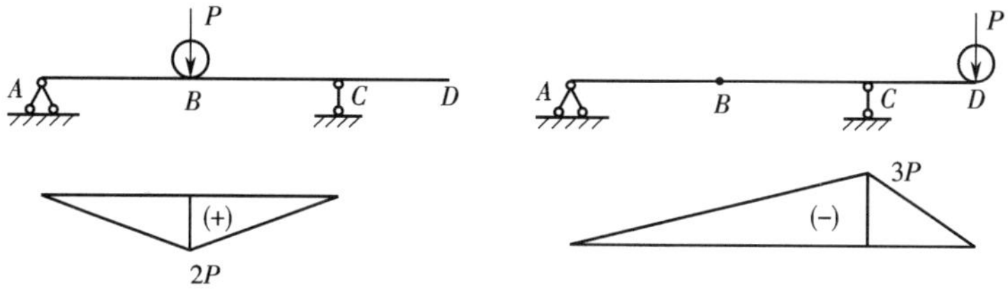


5-41 题解图

如图，荷载在 $B$ 截面时产生正弯矩，最大拉应力产生在 $B$ 截面下边缘点上

$$\sigma_t = \frac{2P\times y_C}{I_z}$$

荷载在 $D$ 截面时产生负弯矩，最大拉应力产生在 $C$ 截面上边缘点上

$$\sigma_t = \frac{3P\times\frac{y_C}{2}}{I_z} = \frac{1.5Py_C}{I_z}$$

所以荷载移动到 $B$ 截面时梁内的拉应力最大。

故应选答案(B)。

5-42 (B) 5-43 (D) 5-44 (D)

5-45 (B)。解题思路：如图，梁挠曲线上的拐点产生在弯矩为零的截面，据此可作出弯矩图。

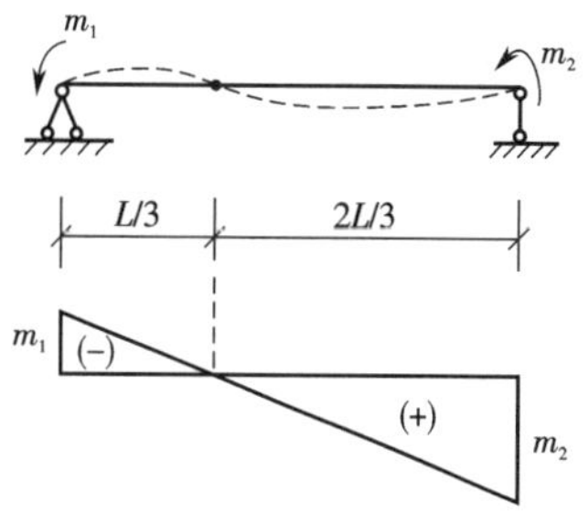


5-45 题解图

$$\frac{m_1}{m_2} = \frac{L/3}{2L/3}$$

所以 $m_2 = 2m_1$

故应选答案(B)。

5-46 (C) 5-47 (D)

5-48 (D)。解题思路：如图，本题的梁为一次超静定梁。解除 $B$ 支座链杆约束，以约束反力 $R_B$ 代替，则该梁在外力偶 $m$ 和支反力 $R_B$ 作用下，$B$ 处挠度应该为零。

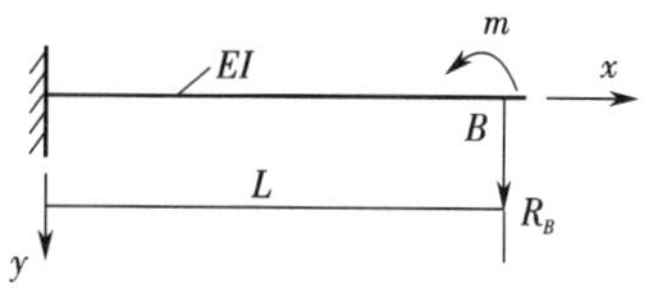


5-48 题解图

$$f_B = -\frac{mL^2}{2EI} + \frac{R_BL^3}{3EI} = 0$$

$$R_B = \frac{3}{2}\frac{m}{L}(\downarrow)$$

故应选答案(D)。

5-49 (D)

5-50 (C) 5-51 (C) 5-52 (D)

5-53 (D)。解题思路：取弹性块体中一点的应力单元体如图示。

前后面为自由面,应力为零。

由广义胡克定律,得

$$\varepsilon_x = \frac{1}{E}[\sigma_x - \nu(\sigma_y + \sigma_z)]$$

$$\varepsilon_x = \frac{1}{E}[\sigma_x - \nu(-q)] = 0$$

$$\sigma_x = -\nu q$$

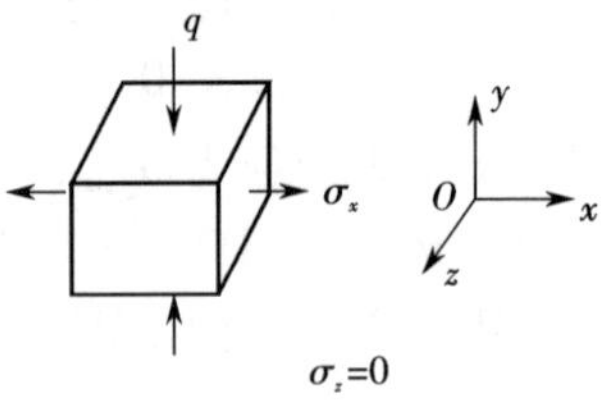


5-53 题解图

故应选答案(D)。

5-54 (C)

5-55 (B)。解题思路:由梁的剪力、弯矩图可知,梁各截面剪力相同,中性层上剪应力最大,有

$$\tau = \frac{3}{2}\frac{Q}{A} = \frac{3}{2} \times \frac{P}{2a^2} = \frac{3}{4}\frac{P}{a^2}$$

固端截面,弯矩最大,上、下边缘点为危险点,应力单元体如图。

$$\sigma = \frac{M}{W_z} = \frac{10Pa}{\frac{a(2a)^2}{6}} = 15\frac{P}{a^2}$$

该点的最大剪应力产生在上 45°斜面上。

$$\tau_{max} = \frac{\sigma}{2} = 7.5\frac{P}{a^2}$$

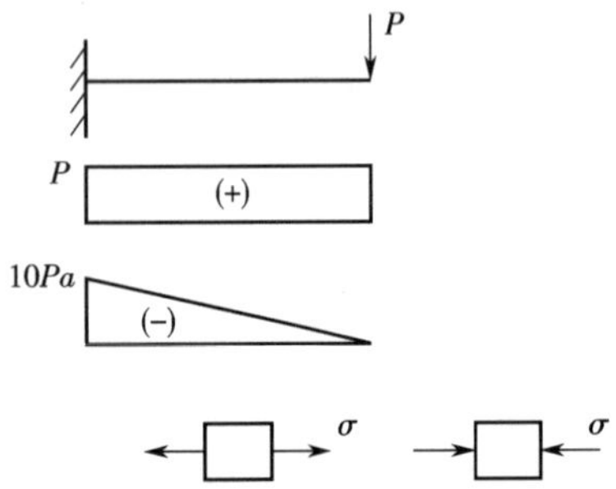


5-55 题解图

故应选答案(B)。

5-56 (B)。解题思路:该点为三向应力状态,已知一个主应力 10 MPa,为此取垂直于该主平面的投影,得图示纯剪应力状态,其主应力单元体如图所示。

按代数值排列主应力

$$\sigma_1 = 20\ \text{MPa}$$

$$\sigma_2 = 10\ \text{MPa}$$

$$\sigma_3 = -20\ \text{MPa}$$

所以 $\sigma_{max} = \sigma_1 = 20\ \text{MPa}$

$$\tau_{max} = \frac{\sigma_1 - \sigma_3}{2} = \frac{20-(-20)}{2} = 20\ \text{MPa}$$

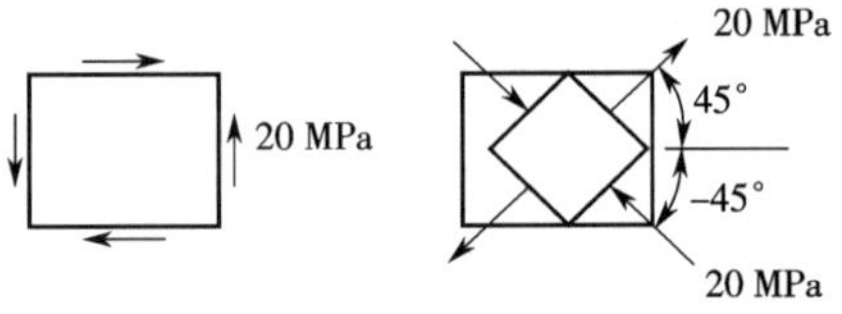


5-56 题解图

故应选答案(B)。

5-57 (C)。解题思路:先确定各点的三个主应力,再计算各点的第三强度理论的相当应力。应选答案(C)。

5-58 (D)。解题思路:由 $Q$、$M$ 图可知,1、2、3 点所在截面剪力为 $-\frac{P}{2}$,弯矩为 $-\frac{1}{2}P$,所以

1 点 $\sigma = \frac{M}{W_z} = \frac{P/2}{\frac{a^3}{6}} = 50\ \text{MPa}$

$$\frac{1}{2}P = 50 \times 10^6 \times \frac{160^3}{6} \times 10^{-9}$$

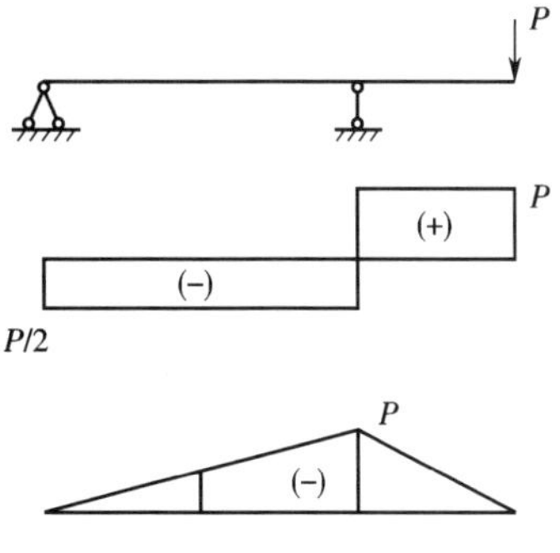

5-58 题解图

2 点 $\tau=\frac{3}{2}\frac{Q}{a^2}=\frac{3}{2}\frac{\frac{1}{2}P}{a^2}$

$$=\frac{3}{2}\times\frac{50\times10^6\times\frac{160^3}{6}\times10^{-9}}{160^2\times10^{-6}}=2\ \text{MPa}$$

3 点 $\sigma=-50\ \text{MPa}$

4 点 所在截面剪力为 $P$，所以

4 点 $\tau=\frac{3}{2}\frac{Q}{a^2}=\frac{3}{2}\frac{P}{a^2}=4\ \text{MPa}$

故应选答案(D)。

5-59 (A)。解题思路：对两单元体分别计算第三强度理论的相当应力。

(a) $\sigma_{r3}=\sqrt{\sigma^2+4\tau^2}=\sqrt{5}\sigma$

(b) $\sigma_1=\sigma,\sigma_2=\tau=\sigma,\sigma_3=-\tau=-\sigma$

$\sigma_{r3}=\sigma_1-\sigma_3=2\sigma$

故应选答案(A)。

5-60 (D)

5-61 (D)。解题思路：用解析法求

$$\sigma_{\substack{max\\min}}=\frac{\sigma_x+\sigma_y}{2}\pm\sqrt{\left(\frac{\sigma_x-\sigma_y}{2}\right)^2+\tau_{xy}^2}$$

$$=\frac{(-40)+40}{2}\pm\sqrt{\left(\frac{-40-40}{2}\right)^2+(-40\sqrt{3})^2}$$

$$=\pm80\ \text{MPa}$$

所以 $\sigma_1=80\ \text{MPa},\sigma_2=0,\sigma_3=-80\ \text{MPa}$

$$\tan2\alpha_0=\frac{-\tau_{xy}}{\frac{\sigma_x-\sigma_y}{2}}=\frac{-(-40\sqrt{3})}{\frac{-40-40}{2}}=\frac{40\sqrt{3}}{-40}$$

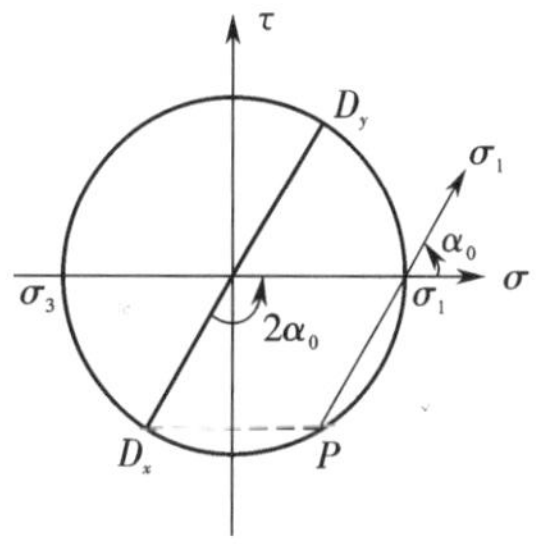

5-61 题解图

分子为正，分母为负，$2\alpha_0$ 应在第二象限取值。

$2\alpha_0=120°$，所以 $\alpha_0=60°$（对应主应力 $\sigma_1$ 方位角）

用应力圆法求解，如图示，较解析法简捷。

故应选答案(D)。

5-62 (C) 5-63 (A) 5-64 (C) 5-65 (A) 5-66 (D)

5-67 (D)。解题思路：先求斜杆的支反力，并作出内力图如图所示。

$$R_{Ax}=P\cos30°=2\sqrt{3}\ \text{kN},R_{Ay}=R_B=\frac{1}{2}P\sin30°=1\ \text{kN}$$

$C$ 截面内力 $N=-2\sqrt{3}\ \text{kN}$

$M=1\ \text{kN}\cdot\text{m}$

$C$ 截面上边缘点压应力

$$\sigma=\frac{N}{A}+\frac{M}{W}$$

$$= \frac{2\sqrt{3}\times 10^3}{(100\times 100)\times 10^{-6}} + \frac{1\times 10^3}{\frac{1}{6}(100)^3\times 10^{-9}}$$

$$= 0.346 + 6 = 6.346\ \text{MPa}$$

故应选答案(D)。

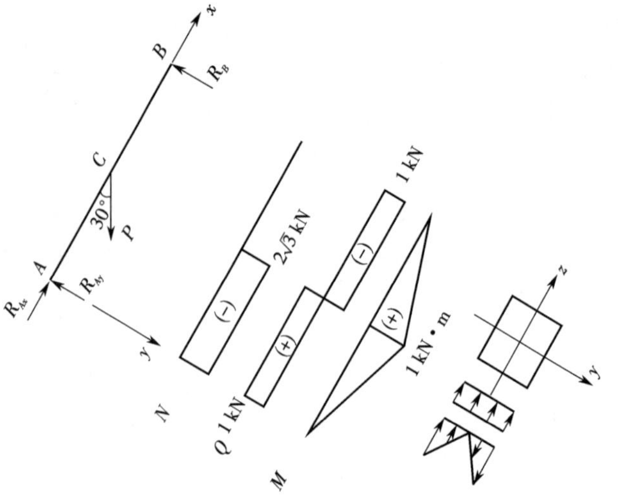


5-67 题解图

5-68 (A)

5-69 (B)。解题思路:一端自由,另一端固定压杆的长度数为 2;一端铰支,另一端固定压杆的长度系数为 0.7。因为弹性支承刚度大于自由端而小于铰支承,所以一端弹性支承,另一端固定压杆的长度系数介于(一端自由,另一端固定)与(一端铰支,另一端固定)之间,为 $0.7<\mu<2$。

故应选答案(B)。

5-70 (C)  5-71 (C)  5-72 (B)  5-73 (D)

5-74 (C)。解题思路:压杆失稳时横截面绕惯性矩最小的 $y_0$ 轴转动。注意到等肢角钢 $I_x=I_y$。

$$I_{y0}=I_x+I_y-I_{x0}=2m-n$$

$$P_{cr}=\frac{\pi^2E(2m-n)}{(2L)^2}$$

故应选答案(C)。

5-75 (A)。解题思路:三杆轴力均达临界力时,$D$ 点的作用力 $P$ 达到临界值。

细长杆用欧拉公式计算临界力

$AD$、$BC$ 杆 $N_{cr_1}=\dfrac{\pi^2EI}{(L/\cos 30°)^2}$

$BD$ 杆 $N_{cr_2}=\dfrac{\pi^2EI}{(0.7L)^2}$

$$P_{cr}=2N_{cr_1}\cos 30°+N_{cr_2}=3.34\frac{\pi^2EI}{L^2}$$

故应选答案(A)。

5-76 (C)

5-77 (B)。解题思路:

(1)桁架中斜杆受压,$P_1$ 由斜杆临界力确定,即

$$P_1=N_{cr_1}\cdot\sin 45°$$

(2)桁架中斜杆受拉,$P_2$ 由上边水平杆及右边竖向杆承压的临界力确定,即

$$P_2=N_{cr_2}$$

由于斜杆 $\lambda_1>$水平杆(及右加竖向杆)$\lambda_2$,由材料的临界应力总图可知:$\sigma_{cr_1}<\sigma_{cr_2}$。因而 $N_{cr_2}>N_{cr_1}$,所以 $P_2>P_1$。

故应选答案(B)。

# 6 流体力学

## 考试大纲

6.1 流体的主要物性与流体静力学

流体的压缩性与膨胀性;液体的黏性与牛顿内摩擦定律;液体静压强及其特性;重力作用下静水压强的分布规律;作用于平面的液体总压力的计算。

6.2 流体动力学基础

以流场为对象描述流动的概念;流体运动的总流分析;恒定总流连续性方程、能量方程和动量方程的运用。

6.3 流动阻力和能量损失

沿程阻力损失和局部阻力损失;实际流体的两种流态——层流和紊流;圆管中层流运动;紊流运动的特征;减小阻力的措施。

6.4 孔口、管嘴、管道流动

孔口自由出流、孔口淹没出流;管嘴出流;有压管道恒定流;管道的串联和并联。

6.5 明渠恒定流

明渠均匀水流特性;产生均匀流的条件;明渠恒定非均匀流的流动状态;明渠恒定均匀流的水力计算。

6.6 渗流、井和集水廊道

土壤的渗流特性;达西定律;井和集水廊道。

6.7 相似原理和量纲分析

力学相似原理;相似准数;量纲分析法。

## 复习指导

**1. 复习的重点、难点**

流体力学是一门传统的力学技术基础课,根据学科的特点和考试大纲的要求,可将其分为基础理论、工程应用和实验技术三大部分。其中,基础理论部分应重点掌握流体静压强、静止液体作用在平面上的总压力等的计算,恒定总流的连续性方程、能量方程和动量方程,流动阻力及水头损失的计算等,恒定总流的三大基本方程是流体力学的核心,流动阻力及水头损失计算是学习的难点；工程应用部分应重点掌握孔口、管嘴出流及有压管流的水力计算，明渠均匀流水力计算，集水廊道和井的水力计算等；实验技术部分应重点掌握实验分析理论（相似原理和量纲分析）。

**2. 复习时应注意的问题**

流体力学同其他力学一样，特点是概念多，因此复习时应加深对有关概念的理解。其中，关于基本定义方面的概念如密度、黏性、压缩性、流线、雷诺数等，要在理解的基础上加以记忆；关于流动分类的概念，如恒定流与非恒定流、均匀流与非均匀流、渐变流与急变流、层流与紊流、有压流与无压流、渗流等，要注意其区别；关于流体模型方面的概念，如流体的连续介质模型、理想流体模型、不可压缩流体模型、渗流模型等，主要理解有关模型的含义即可。另外，在应用基本方程解题时，要特别注意方程的应用条件、各项的意义，并掌握有关水流特点、计算步骤和计算要点。

**3. 考试的解题技巧**

流体力学是一门难度较大的学科，但对勘察设计类注册工程师考试的要求不高。考题均为设有四个备选答案的单项选择题，其题型一般分为基本概念类、比较选择类、识记类、因果类和计算类多种。其中，计算类通常占60%左右，但计算量限于时间一般不大，且基本上为难度不大的基础性题目。备选答案一般具有迷惑性，因此解题时一定要认真审题。对于需要计算出结果的，则应注意计算单位的统一；对于只需给出定性分析结果的，则应准确掌握因果关系，逐项推导，找出正确答案。另外，在解题过程中，对部分难以找到正确答案的题目，可采用排除法寻找答案的范围，可能无须计算即可确定正确答案，从而节省时间。

# 复习内容

## 6.1 流体的主要物性与流体静力学

要求：了解流体的基本特征；理解流体的主要物理性质；理解作用在流体上的力；理解流体静压强的基本概念；掌握流体静力学基本方程；掌握静止液体作用在平面和曲面上的总压力计算。

### 6.1.1 流体的连续介质模型

流体力学的研究对象是流体。流体是自然界易流动的物质的总称，它包括液体和气体。液体具有一定的体积并可形成自由表面；而气体则没有固定的体积，但能充满整个容器。从力学分析看，液体和气体几乎不能承受拉力，在静止状态下还不能承受剪力，即在微小剪力作用下将产生连续不断的变形；在承受压力时，气体容易被压缩，而液体则难于被压缩。

流体是由大量不断地作无规则热运动的分子所组成，而分子之间又存有空隙。因此，从微观的角度看，流体的物理量在时间和空间上的分布都是不连续的。但是，在标准状况下，1 $cm^3$ 液体中约含有 $3.3\times10^{22}$ 个分子，1 $cm^3$ 气体中约含有 $2.7\times10^{19}$ 个分子。也就是说，工程问题中的任何一个宏观体积所包含的分子数目都是非常多的。流体力学是一门宏观力学，所关注的是流体的宏观特性，即大量分子运动的统计平均特性。因此，研究中通常引入连续介质模型，即认为流体是由连续分布的流体质点所组成。将流体视为连续介质后，流体运动中的物理量均可视为空间和时间的连续函数，这样就可利用数学中的连续函数方法来对流体运动进行研究。

### 6.1.2 流体的密度

流体单位体积内所具有的质量称为密度,以符号 $\rho$ 表示。对于均质流体,若体积为 $V$ 的流体质量为 $m$,则

$$\rho = \frac{m}{V} \tag{6.1-1}$$

式中:密度的单位为 kg/m³。

流体的密度一般取决于流体的种类、压强和温度。对于液体,密度随压强和温度的变化很小,一般可视为常数,如在工程计算中,通常取淡水的密度为 1 000 kg/m³,水银的密度为 13 600 kg/m³。

### 6.1.3 流体的黏性

流体处于静止时不能抵抗剪切变形,但当两层流体之间有相对运动时,在其接触面上就会产生抵抗流体相对运动的内摩擦力:运动快的流层对运动慢的流层产生拉力,运动慢的流层对运动快的流层产生阻力。流体具有内摩擦力的特性即为流体的黏性,或者说黏性即为运动流体具有抵抗剪切变形的能力。由于流体的黏性,流体在运动过程中必须为克服内摩擦力而做功,从而导致能量损失。因此,黏性是运动流体产生机械能损失的根源。

根据牛顿内摩擦定律,任意两薄层间流体的切应力

$$\tau = \mu \frac{\mathrm{d}u}{\mathrm{d}y} \tag{6.1-2}$$

式中:$\mu$ 为黏度(也称黏性系数)或动力黏度,单位为 Pa · s;$\mathrm{d}u$、$\mathrm{d}y$ 分别为两薄层间的流速差和距离(见图 6.1-1);$\frac{\mathrm{d}u}{\mathrm{d}y}$为流速梯度,即流速沿垂直于流速方向的变化率,实质上它代表流体微团的剪切变形速率。

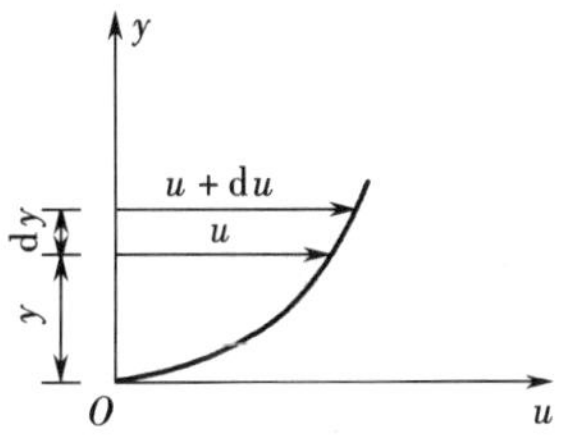

图 6.1-1

黏度 $\mu$ 反映了流体黏性的大小,$\mu$ 值越大,流体抵抗剪切变形的能力就越大。黏性主要与流体的种类和温度有关,压强的影响较小。液体的 $\mu$ 值随温度的升高而减小,气体的 $\mu$ 值随温度的升高而增大。流体的黏性也可用运动黏度表示,即

$$\nu = \frac{\mu}{\rho} \tag{6.1-3}$$

式中:$\nu$ 的单位为 m²/s 或 cm²/s。水的运动黏度可用下列经验公式计算:

$$\nu = \frac{0.017\ 75}{1 + 0.033\ 7t + 0.000\ 221t^2}\ \mathrm{cm^2/s} \tag{6.1-4}$$

式中:$t$ 为水温,以℃计。

牛顿内摩擦定律仅适用于在温度不变条件下,动力黏度 $\mu$ 等于常数的一类流体,如水、空气、酒精等。通常把符合牛顿内摩擦定律的流体称为牛顿流体,否则称为非牛顿流体。本章只讨论牛顿流体。

实际流体都是有黏性的,黏性是流体的固有属性,但考虑流体的黏性,将使流体运动的分析变得非常复杂。在流体力学中,为了简化理论分析,通常引入不考虑黏性的“理想流体模型”,关于黏性的影响则在得出结论后再考虑加以修正解决。

## 6.1.4 流体的压缩性和膨胀性

**1. 物体的压缩性**

在一定温度下,液体的宏观体积随作用压强的增大而减小的性质,称为流体的压缩性。压缩性的大小可用体积压缩系数

$$k = -\frac{dV/V}{dp} \tag{6.1-5}$$

或体积弹性模量

$$K = \frac{1}{k} = -\frac{dp}{dV/V} \tag{6.1-6}$$

量度。式中 $dV/V$ 为相应于压强增量 $dp$ 的体积变化率,因 $dp$ 与 $dV$ 恒异号,故上面式中加一负号,以使 $k$ 或 $K$ 为正值。因质量 $m=\rho V$,所以体积变化率 $dV/V$ 也可用密度变化率 $d\rho/\rho$ 表示,即 $dV/V = -d\rho/\rho$。$k$ 的单位为 $m^2/N$,$K$ 的单位为 $N/m^2$。流体的 $k$ 或 $K$ 一般与流体的种类、温度和压强等有关。

**2. 流体的膨胀性**

在一定压强下,流体的宏观体积随着温度的增加而增加的性质,称为流体的膨胀性。膨胀性可用体积膨胀系数

$$\alpha_V = \frac{dV/V}{dT} \tag{6.1-7}$$

量度。$\alpha_V$ 的单位为温度单位的倒数。

液体的压缩性和膨胀性一般都很小。如在常温常压下,每增加 1 个大气压,水的体积压缩率约为 1/20 000,温度升高 1 ℃,水的体积膨胀率约为 1.5/10 000。故一般情况下,水的压缩性和膨胀性都可忽略不计。

实际流体都是可压缩的,但在可以忽略流体压缩性时,引出“不可压缩流体模型”,可使流动分析简化。

## 6.1.5 作用在流体上的力

为了便于研究流体平衡和运动的规律,可将作用在流体上的力分为表面力和质量力两大类。

表面力作用在流体隔离体表面上,其大小与作用面积成比例。根据作用力的方向,表面力又可分为垂直于作用面的压力和平行于作用面的切力两种。

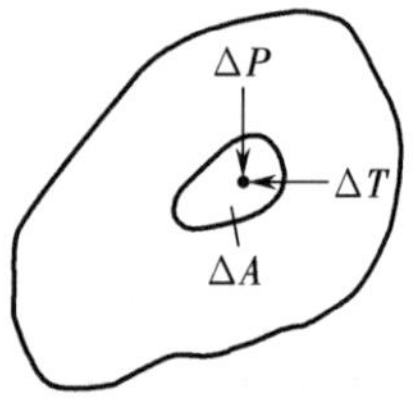

图 6.1-2

设在流体隔离体表面上任一点取微小面积 $\Delta A$(见图 6.1-2),作用在 $\Delta A$ 上的压力和切力分别为 $\Delta P$ 和 $\Delta T$,则该点的压强 $p$ 和切应力 $\tau$ 分别为

$$p = \lim_{\Delta A \to 0} \frac{\Delta P}{\Delta A} \tag{6.1-8}$$

$$\tau = \lim_{\Delta A \to 0} \frac{\Delta T}{\Delta A} \tag{6.1-9}$$

$p$ 及 $\tau$ 的单位为 $N/m^2$ 或 Pa。

质量力作用在流体隔离体内每个流体微团上,其大小与流体质量成比例。常见的质量力有重力、惯性力。单位质量流体上所受到的质量力称为单位质量力。设质量为 $m$ 的流体所受

到的总质量力为 $\boldsymbol{F}$,则单位质量力为

$$\boldsymbol{f}=\frac{\boldsymbol{F}}{m}=X\boldsymbol{i}+Y\boldsymbol{j}+Z\boldsymbol{k} \tag{6.1-10}$$

式中:$X=\frac{F_x}{m}$、$Y=\frac{F_y}{m}$、$Z=\frac{F_z}{m}$分别为单位质量力 $\boldsymbol{f}$ 在各坐标轴上的分量。单位质量力的单位为 $m/s^2$,与加速度的单位相同。

### 6.1.6 流体静压强及其特性

**1. 流体静压强的定义**

在静止流体中,围绕某点取一微小面积 $\Delta A$(见图 6.1-3),作用在该面积上的压力为 $\Delta P$,则当 $\Delta A$ 趋近于零时,平均压强$\frac{\Delta P}{\Delta A}$的极限值即为该点的流体静压强,用符号 $p$ 表示,即

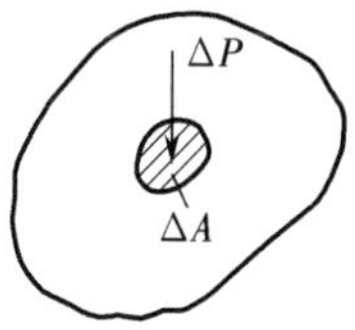


图 6.1-3

$$p=\lim_{\Delta A\to 0}\frac{\Delta P}{\Delta A}$$

其单位为 $N/m^2$ 或 Pa。

**2. 流体静压强的特性**

①流体静压强垂直指向作用面,即流体静压强的方向与作用面的内法线方向相同。

②静止流体中任一点的静压强与作用面的方位无关。现简要证明如下。

设在静止流体中任意方位任取一微小三棱体,如图 6.1-4(a)所示,其边长分别为 d$a$、d$b$、d$c$,厚度(垂直于纸面)为 d$l$,体积为 d$V$,作用在三个微小面积上的压强分别为 $p_1$、$p_2$、$p_3$,则作用在三棱体上的表面力分别为

$$P_1=p_1\mathrm{d}a\mathrm{d}l,P_2=p_2\mathrm{d}b\mathrm{d}l,P_3=p_3\mathrm{d}c\mathrm{d}l$$

质量力只有重力:$\mathrm{d}G=\rho g\mathrm{d}V$。

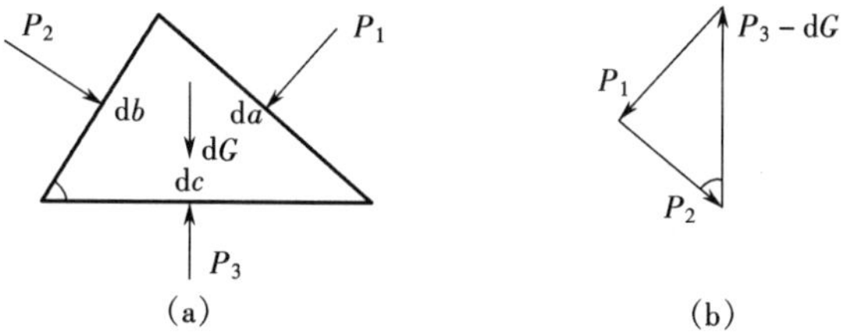


图 6.1-4

因三棱体在 $P_1$、$P_2$、$P_3$、d$G$ 作用下平衡,根据理论力学,必然组成一闭合力三角形,如图 6.1-4(b)所示。根据几何学,这两个三角形为相似三角形,其对应边应成比例,即

$$\frac{P_1}{\mathrm{d}a}=\frac{P_2}{\mathrm{d}b}=\frac{P_3-\mathrm{d}G}{\mathrm{d}c}$$

当 d$a$、d$b$、d$c$、d$l$ 趋近于零时,三棱体收缩至一点,相应地 d$V$ 也趋近于零,于是得到

$$p_1=p_2=p_3$$

即静止流体中任一点的静压强大小与通过该点的作用面的方位无关。至于不同空间点的流体静压强,一般来说是各不相同的,即流体静压强是空间坐标的连续函数:

$$p=p(x,y,z) \tag{6.1-11}$$

## 6.1.7 重力作用下流体静压强的分布规律

**1. 流体静力学基本方程**

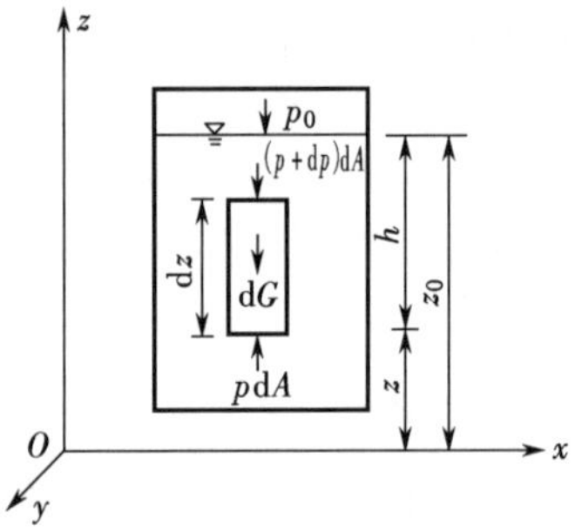


图 6.1-5

在静止流体中取一底面积为 $dA$、高为 $dz$ 的竖直棱柱形隔离体，如图 6.1-5 所示。在重力作用下，水平方向因表面力大小相等、方向相反，而互相抵消。在铅垂方向，作用在底面的压力为 $pdA$，方向向上；顶面的压力为 $(p+dp)dA$，方向向下；质量力只有重力，$dG=\rho g dAdz$，方向向下。因隔离体在各力作用下平衡，故有

$$pdA-(p+dp)dA-\rho g dAdz=0$$

化简上式得重力作用下流体静压强微分方程

$$dp=-\rho g dz \tag{6.1-12}$$

对于不可压缩流体，$\rho$ 等于常数，积分上式得

$$p=-\rho gz+C \tag{6.1-13}$$

将定解条件 $z=z_0$ 时，$p=p_0$ 代入上式，求得积分常数 $C=p_0+\rho g z_0$。于是得流体静力学基本方程

$$p=p_0+\rho g(z_0-z)=p_0+\rho gh \tag{6.1-14}$$

式中：$h=z_0-z$ 为从液面算起的淹没深度；$g$ 为重力加速度，在流体力学中，一般取 $g=9.80\ m/s^2$。

从式(6.1-14)可知：①表面压强 $p_0$ 将等值地传递到流体中的各点，这就是著名的压强传递的帕斯卡定律；②在重力作用下的静止均质流体中，液面下深度 $h$ 相等各点的压强相等，压强相等各点组成的面称为等压面，故重力作用下的静止均质流体的等压面为水平面；③对于气体，因密度值较小(约为水的 1/800)，当 $h$ 不大时，任意两点的静压强可以认为是相等的。

通常建筑物表面和自由液面上都作用着当地大气压强 $p_a$。当地大气压强值一般随海拔高度和气温变化。为便于计算，在工程技术中，常用一个工程大气压强(at)表示当地压强值。一个工程大气压相当于 735 mm 汞柱或 10 m 水柱对柱底产生的压强。我国法定计量单位中，压强的单位规定为 $N/m^2$ 或 Pa，它们之间的换算关系为

$$1\ at=1\ kgf/cm^2=98\ kN/m^2=98\ kPa$$

**2. 绝对压强、相对压强、真空值**

以绝对真空为零点计算的压强称为绝对压强，用 $p'$ 表示；以当地大气压强 $p_a$ 为零点计算的压强为相对压强，用 $p$ 表示。在实际工程中，建筑物表面和自由液面多为当地大气压强 $p_a$ 作用，故对建筑物起作用的压强仅为相对压强。

绝对压强和相对压强之间相差一个当地大气压强 $p_a$，即

$$p=p'-p_a \tag{6.1-15}$$

绝对压强 $p'$ 总为正值，而相对压强 $p$ 则可正可负。如果流体内某点的绝对压强小于当地大气压强，其相对压强为负值，则称该点存在真空。真空的大小习惯以真空值

$$p_v=p_a-p' \tag{6.1-16}$$

或真空度 $\frac{p_v}{\rho g}$ 表示。真空值 $p_v$ 总为正值。

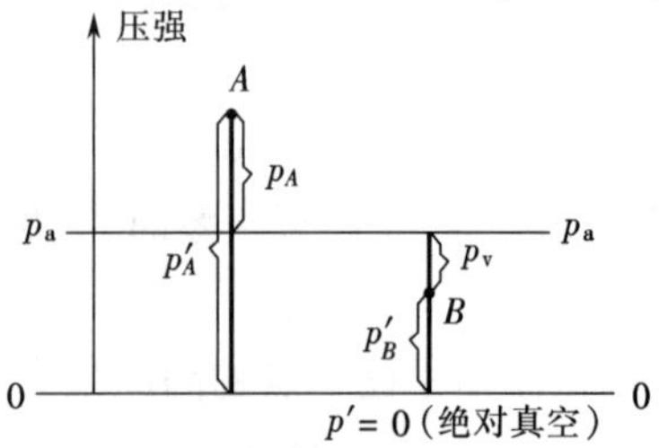


图 6.1-6

绝对压强、相对压强和真空值三者的关系如图 6.1-6 所示。

【例 6.1-1】 图 6.1-7 所示封闭容器的水面绝对压强 $p_0' = 85$ kPa，中央玻璃管两端开口，试求玻璃管应伸入水面以下深度为多少时，既无空气通过玻璃管进入容器，又无水进入玻璃管。

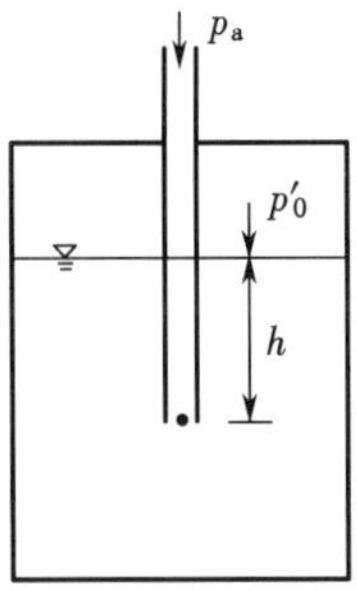

图 6.1-7

**解**：将式(6.1-14)用于玻璃管底部一点，有

$$p_a = p_0' + \rho g h$$

则
$$h = \frac{p_a - p_0'}{\rho g} = \frac{98\ 000 - 85\ 000}{1\ 000 \times 9.80} = 1.327\ \text{m}$$

为避免出错，计算时应注意式中各项单位的统一。

【例 6.1-2】 已知安装在图 6.1-8 所示封闭水箱上的金属测压计读值 $p_{表} = 4\ 900$ Pa，金属测压计中心、液面分别比 $A$ 点高 $h_1 = 0.5$ m 和 $h_2 = 1.5$ m，试求液面的相对压强和绝对压强。

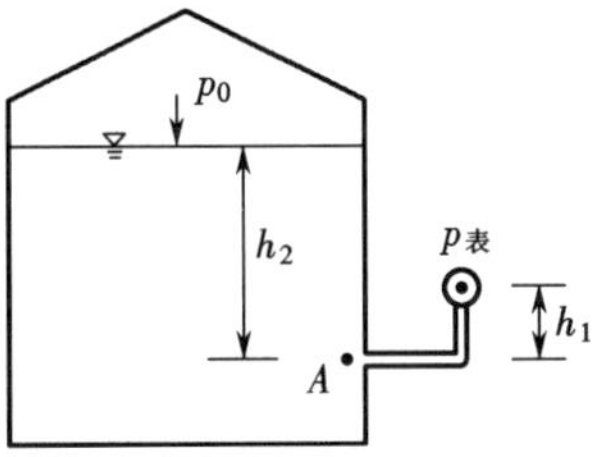

图 6.1-8

**解**：将式(6.1-14)用于 $A$ 点，有

$$p_A = p_{表} + \rho g h_1 = p_0 + \rho g h_2$$

则液面的相对压强为

$$\begin{aligned} p_0 &= p_{表} + \rho g (h_1 - h_2) \\ &= 4\ 900 + 1\ 000 \times 9.80 \times (0.5 - 1.5) \\ &= -4\ 900\ \text{Pa} \end{aligned}$$

由于 $p_0 < 0$，说明液面存在真空，其真空值为

$$p_v = p_a - p' = -p_0 = 4\ 900\ \text{Pa}$$

液面的绝对压强为

$$p_0' = p_0 + p_a = -4\ 900 + 98\ 000 = 93\ 100\ \text{Pa}$$

注意：金属测压计读值为相对压强值，为什么？请读者思考。

**3. 流体静压强分布图**

实际工程中，常用流体静压强分布图来分析问题和进行计算。绘制流体静压强分布图所用知识点有流体静力学基本方程和流体静压强的两个特性。因 $p$ 与 $h$ 呈线性关系，故只需任取两对($p$,$h$)，连成一直线，即可绘出该图。图 6.1-9 为几种壁面上的相对压强分布图，其中矢线的长短表示压强的大小，箭头方向即为压强的方向，垂直于受压面。

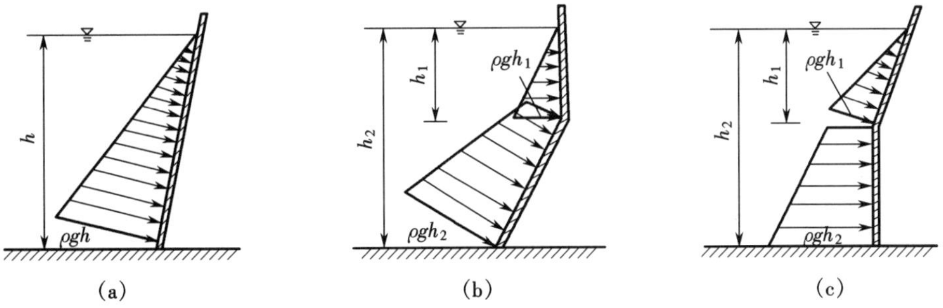

图 6.1-9

**4. 位置水头、压强水头、测压管水头**

由式(6.1-13)可得流体静力学基本方程的另一形式

$$z+\frac{p}{\rho g}=C \tag{6.1-17}$$

上式说明，在连续均质的静止流体中，各点的 $z+\frac{p}{\rho g}$ 等于常数。

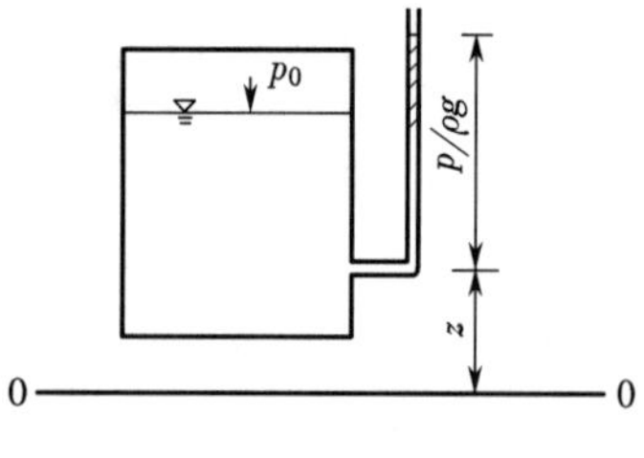


图 6.1-10

现说明式(6.1-17)各项的几何意义。如图 6.1-10 所示盛水封闭容器，若在容器壁上任意点接上开口玻璃管(称为测压管)，则测压管内液面离基准面的高度系由位置高度 $z$ 和压强高度 $\frac{p}{\rho g}$ 两部分组成。在流体力学中，通常用“水头”代表高度，故 $z$ 称为位置水头，$\frac{p}{\rho g}$ 称为压强水头(也称为测压管高度)，而 $z+\frac{p}{\rho g}$ 则称为测压管水头。在均质连续的静止流体中，各点的测压管水头保持不变。

### 6.1.8 静止液体作用在平面上的总压力

静止液体作用在平面上的总压力的大小、方向和作用点的确定，是许多工程设计必须解决的流体力学问题。

**1. 总压力的大小**

设在静止液体中有一与水平面交角为 $\alpha$、面积为 $A$ 的平面 $ab$，如图 6.1-11 所示，平面 $ab$ 左侧承受液体压力，右侧及液面均作用着大气压强 $p_a$。为分析方便，将平面 $ab$ 绕 $Oy$ 轴旋转 90°，建立图示 $xOy$ 坐标系。

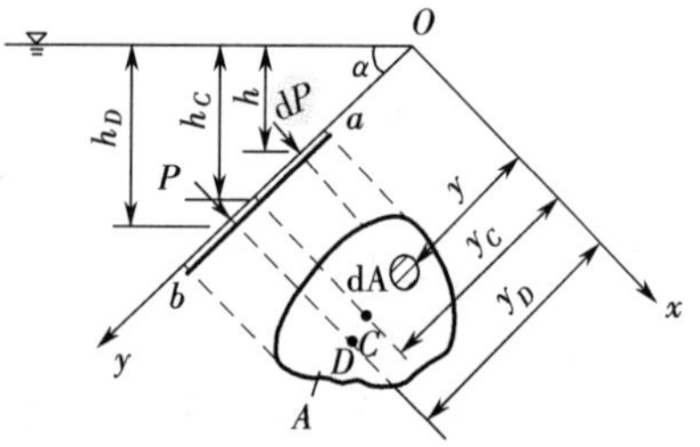


图 6.1-11

在平面 $ab$ 上任取一微小面积 $\mathrm{d}A$，其中心位于液面以下的深度为 $h$，则作用在微小面积上的液体总压力为 $\mathrm{d}P=\rho gh\mathrm{d}A=\rho gy\sin\alpha\mathrm{d}A$，因作用在平面 $ab$ 各微小面积上的 $\mathrm{d}P$ 方向相同，根据平行力系求和原理，将 $\mathrm{d}P$ 沿受压面积分，可得作用在受压面上的总压力

$$P=\int_A \mathrm{d}P=\rho g\sin\alpha\int_A y\mathrm{d}A$$

式中：$\int_A y\mathrm{d}A$ 为受压面积对 $x$ 轴的静矩，据理论力学知，它等于受压面积 $A$ 与其形心坐标 $y_C$ 的乘积。因此

$$P=\rho g\sin\alpha\cdot y_C A=\rho gh_C A=p_C A \tag{6.1-18}$$

式中：$h_C$、$p_C$ 分别为受压曲面形心处的淹深和相对压强。

**2. 总压力的方向**

总压力 $P$ 的方向与 $\mathrm{d}P$ 方向相同，即沿受压面内法线方向。

**3. 总压力的作用点**

总压力 $P$ 的作用点(也称压力中心)位置，可用理论力学中的合力矩定理求得。对 $x$ 轴有

$$P\cdot y_D=\int_A y\cdot\mathrm{d}P$$

将 $P=\rho g\sin\alpha\cdot y_C A$ 和 $dP=\rho g y\sin\alpha dA$ 代入,化简得

$$y_D = \frac{\int_A y^2 dA}{y_C A}$$

式中:$\int_A y^2 dA = I_x$ 为受压面对 $x$ 轴的惯性矩,为使用上的方便,可根据惯性矩平行移轴公式 $I_x = I_C + y_C^2 A$ 将其换算成受压面对通过其形心 $C$ 且平行于 $x$ 轴的轴线的惯性矩 $I_C$,于是得压力中心基本公式

$$y_D = y_C + \frac{I_C}{y_C A} \tag{6.1-19}$$

因 $\frac{I_C}{y_C A}$ 恒大于零,故 $y_D > y_C$,即压力中心 $D$ 总是在受压面形心 $C$ 的下方。注意,应用式(6.1-19)时,坐标原点必须放在自由液面上。

**【例 6.1-3】** 图 6.1-12 所示为一宽 $b$、高 $h$ 的铅直矩形平板闸门,试求作用在闸门上的静水总压力和作用点位置,并说明图算法原理。

**解:**总压力由式(6.1-18)得

$$P=\rho g h_C A=\rho g\frac{h}{2}hb=\frac{1}{2}\rho g h^2 b=A_P b$$

式中:$A_P=\frac{1}{2}\rho g h^2$ 为压强分布图面积。由此可见,静止液体作用在矩形平面上的总压力恰等于以压强分布图面积为底、平面宽度为高的体积。

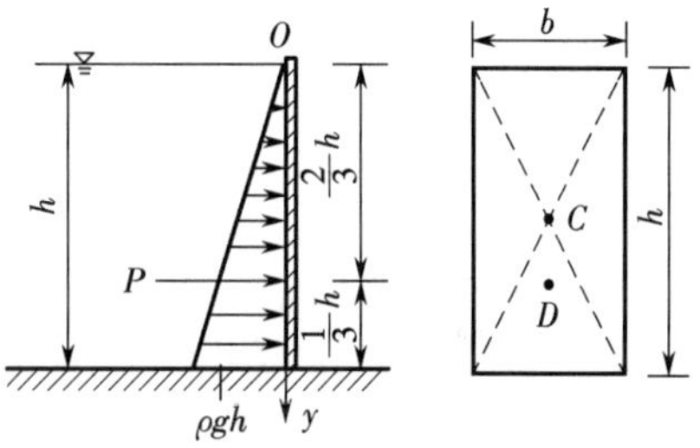

图 6.1-12

作用点位置由式(6.1-19)得

$$y_D = y_C + \frac{I_C}{y_C A} = \frac{h}{2} + \frac{\frac{1}{12}bh^3}{\frac{h}{2}\cdot hb} = \frac{2}{3}h$$

恰位于通过压强分布图面积形心引出的合力作用线与受压面的交点。

图算法仅适用于受压面为矩形的情况。

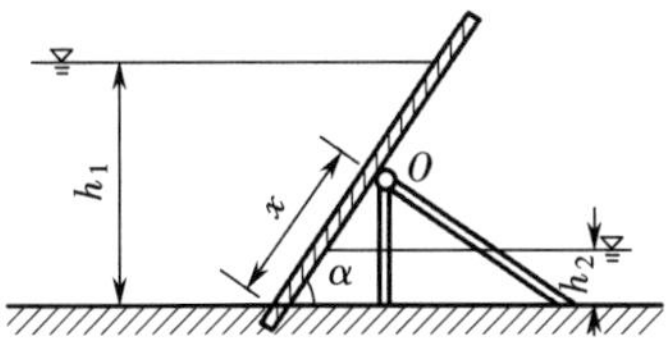

图 6.1-13

**【例 6.1-4】** 图 6.1-13 为绕铰链 $O$ 转动的自动开启式矩形闸门,倾角 $\alpha=60°$,要求 $h_1=2.0$ m、$h_2=0.4$ m 时,闸门自动开启。试求铰链至水闸下端的距离 $x$。

**解:**确定闸门承受的静水总压力及作用点位置。设闸门宽度为 $b$,则

$$P_{左}=\rho g\frac{h_1}{2}\cdot b\cdot\frac{h_1}{\sin\alpha}=226\ 32b\ \text{N}$$

作用点离水闸下端 $l_{左}=\frac{h_1}{3\sin\alpha}=0.77$ m

$$P_{右}=\rho g\frac{h_2}{2}\cdot b\ \frac{h_2}{\sin\alpha}=905.3b\ \text{N}$$

作用点离水闸下端 $l_{右}=\dfrac{h_2}{3\sin\alpha}=0.15\ \mathrm{m}$

要使闸门自动开启,则必有

$$P_{左}(x-l_{左})\leqslant P_{右}(x-l_{右})$$

将 $P_{左}$、$l_{左}$、$P_{右}$、$l_{右}$ 代入上式,得 $x\leqslant 0.8\ \mathrm{m}$。

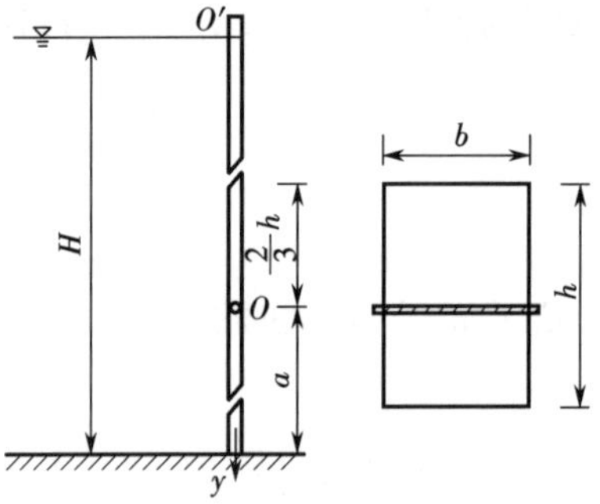


图 6.1-14

【例 6.1-5】 如图 6.1-14 所示矩形闸门,已知 $a$ 及 $h$,试求 $H$ 为多少时,闸门可绕转轴 $O$ 自动打开。

**解**:本题解法有多种,下面介绍一种较为简单的解法。要使闸门自动打开,则必有

$$y_D=y_C+\frac{I_C}{y_C A}<H-a$$

即作用在闸门上的静水总压力的作用点必须位于转轴上方。将 $y_C=H-a-\dfrac{1}{6}h$,$I_C=\dfrac{1}{12}bh^3$,$A=bh$ 代入上式,化简即得

$$H>a+\frac{14}{15}h$$

## 6.2 流体动力学基础

要求:了解描述流体运动的两种方法;理解欧拉法研究流体运动的基本概念;掌握恒定总流的连续方程、能量方程和动量方程及其应用。

本节研究流体机械运动的基本规律及其在工程中的初步应用。研究流体运动的方法有着眼于流体质点运动的拉格朗日法和着眼于流场(即充满运动流体质点的空间)的欧拉法。由于流体运动的复杂性,在流体力学中通常采用较为简便的欧拉法,即流场分析法。

### 6.2.1 研究流体运动的基本概念

**1. 恒定流与非恒定流**

根据流场中各运动要素(即表征流体运动状态的物理量,如流速、流量等)是否随时间变化,可将流体流动分为恒定流和非恒定流。若流场中各运动要素都不随时间变化,这种流动称为恒定流,否则称为非恒定流。

**2. 流线与迹线**

迹线是流体质点运动的轨迹线;而流线则是某时刻在流场中画出的一条空间曲线,在该时刻,曲线上所有质点的流速矢量均与这条空间曲线相切,如图 6.2-1 所示。流线和迹线是两个完全不同的概念。流线是同一时刻,与许多质点的流速矢量相切的空间曲线,而迹线则是同一质点在一个时段内运动的轨迹线。前者是欧拉法分析流体运动的概念,时间是参变量;后者则是拉格朗日法研究流体运动的概念,时间是变量。

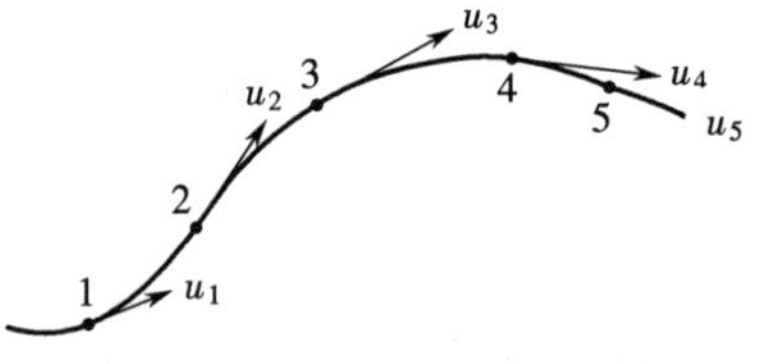


图 6.2-1

恒定流时，流线的形状、位置均不随时间变化，且与迹线重合。一般情况下，流线不能相交，且只能是一条光滑曲线。否则，在交点或非光滑处存在两个切线方向，这意味着在同一时刻的同一质点具有两个运动方向，这显然是不可能的。

流体的方程可以根据流线的定义得到。设流线上任一点的流速矢量 $\boldsymbol{u}=u_x\boldsymbol{i}+u_y\boldsymbol{j}+u_z\boldsymbol{k}$，流线上的微元线段矢量为 $\mathrm{d}\boldsymbol{s}=\mathrm{d}x\boldsymbol{i}+\mathrm{d}y\boldsymbol{j}+\mathrm{d}z\boldsymbol{k}$，则根据流线的定义可得流线微分方程

$$\boldsymbol{u}\times\mathrm{d}\boldsymbol{s}=\boldsymbol{0} \tag{6.2-1}$$

或

$$\frac{\mathrm{d}x}{u_x}=\frac{\mathrm{d}y}{u_y}=\frac{\mathrm{d}z}{u_z} \tag{6.2-1a}$$

**3. 流管、元流、总流和过流断面**

在流场中通过任意不与流线重合的封闭曲线上各点作流线而构成的管状表面称为流管（见图 6.2-2(a)）。由于流线不能相交，所以各个时刻流体质点只能在流管内部或表面流动，而不能穿越流管。也就是说，流管仿佛就是一根实际的管道，其周界可视为固壁。流管内所有流线的总和称为流束（见图 6.2-2(b)）。流束可小可大，如果封闭曲线取得无限小，所得流束称为微小流束，也称元流；如果封闭曲线取在流场周界上，所得流束称为总流，总流为无数元流的有限集合体。

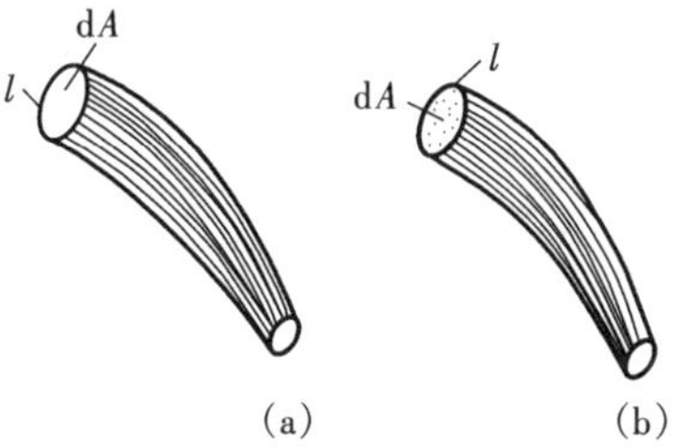

图 6.2-2

与元流或总流的流线正交的截面称为过流断面。过流断面的形状随流线的形状而定，可能是平面或曲面。

**4. 流量与断面平均流速**

单位时间内通过过流断面的流体量称为流量。流体量一般可用体积或质量度量，故流量可相应地分为体积流量 $Q$（$\mathrm{m^3/s}$ 或 L/s）和质量流量 $Q_m$（kg/s）。在流体力学中，常用体积流量。

设元流过流断面上各点流速为 $u$，根据流量定义，可得元流的流量为 $\mathrm{d}Q=u\mathrm{d}A$。通过总流过流断面的流量等于所有元流的流量之和，即

$$Q=\int_A\mathrm{d}Q=\int_A u\mathrm{d}A \tag{6.2-2}$$

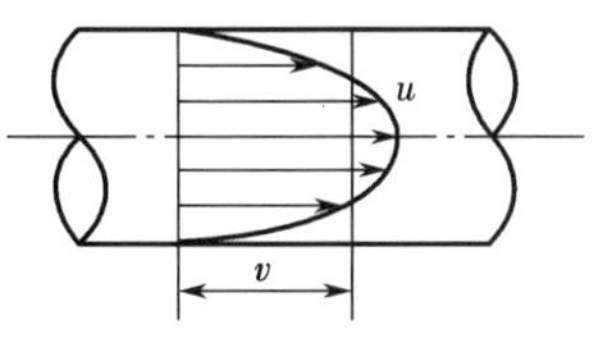

图 6.2-3

总流过流断面上实际流速分布是不均匀的，如图 6.2-3 所示。工程中为使研究简便，通常引入断面平均流速的概念。所谓断面平均流速，是指假想均匀分布在过流断面上的流速为 $v$，其大小等于流经过流断面的流量 $Q$ 除以过流断面面积 $A$，即

$$v=\frac{Q}{A}=\frac{\int_A u\mathrm{d}A}{A} \tag{6.2-3}$$

**5. 均匀流与非均匀流　渐变流**

根据位于同一流线上各质点的流速矢量是否沿程变化，可将流体流动分为均匀流和非均匀流两种。若流场中同一流线上各质点的流速矢量沿程不变，这种流动称为均匀流，否则称为非均匀流。均匀流中各流线是彼此平行的直线，过流断面上的流速分布沿程不变，过流断面为平面。

实际工程中的流体流动大多为流线彼此不平行的非均匀流。为便于研究，常常按流线沿程

变化的缓急程度,又将非均匀流分为渐变流和急变流。其中,渐变流是流体力学的一个重要概念。渐变流是指各流线接近于平行直线的流动,其极限情况就是流线为平行直线的均匀流。

渐变流过流断面具有下面的两个重要性质:

① 渐变流过流断面近似为平面;

② 恒定渐变流过流断面上流体动压强近似地按静压强分布,即同一过流断面 $z+\frac{p}{\rho g}$ 近似为常数。

### 6.2.2 恒定总流的连续性方程

恒定总流的连续性方程是质量守恒定律在流体力学中的数学表达式。

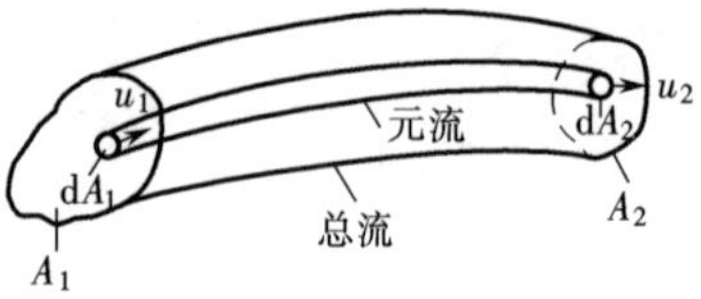


图 6.2-4

在图 6.2-4 所示总流中任取一束元流,其进出口过流断面的面积分别为 $dA_1$ 和 $dA_2$,流速分别为 $u_1$ 和 $u_2$。根据质量守恒定律,在恒定条件下,单位时间流进 $dA_1$ 的质量等于流出 $dA_2$ 的质量,即 $\rho_1 u_1 dA_1=\rho_2 u_2 dA_2$。对于不可压缩流体,密度 $\rho_1=\rho_2$,则得恒定元流的连续性方程

$$u_1 dA_1=u_2 dA_2=dQ \tag{6.2-4}$$

因总流为许多元流的有限集合体,故将上式在总流过流断面上积分

$$\int_{A_1} u_1 dA_1=\int_{A_2} u_2 dA_2=\int dQ$$

引入断面平均流速,可得恒定总流的连续性方程

$$v_1 A_1=v_2 A_2=Q \tag{6.2-5}$$

上式为不涉及任何作用力的运动学方程,对于理想流体和实际流体都适用。

【例 6.2-1】 图 6.2-5 所示突然扩大管段,已知扩大前后管径之比 $\frac{d_1}{d_2}=\frac{1}{2}$,试求相应的断面平均流速之比 $\frac{v_1}{v_2}$。

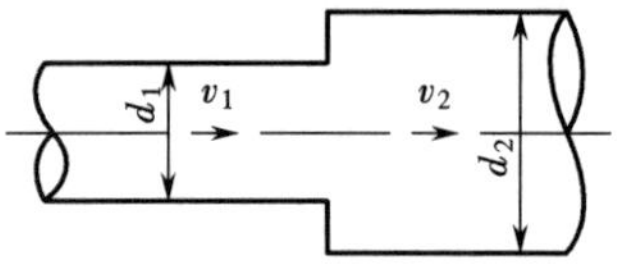


图 6.2-5

**解:**据恒定总流的连续性方程(6.2-5)

$$v_1\cdot\frac{\pi}{4}d_1^2=v_2\cdot\frac{\pi}{4}d_2^2$$

得

$$\frac{v_1}{v_2}=\left(\frac{d_2}{d_1}\right)^2=4$$

### 6.2.3 恒定总流的能量方程

恒定总流的能量方程是能量守恒定律在流体力学中的数学表达式,它与恒定总流的连续性方程相结合,可以解决许多流体力学问题。

**1. 理想流体恒定元流的能量方程**

在流场中,沿流向取一长度为 $ds$、过流断面面积为 $dA$ 的微小元流段,如图 6.2-6 所示。作用在流向 $s$ 的外力有:进口断面的压力 $p dA$;出口断面的压力 $(p+dp)dA$;作用在元流段的重力在流向的分力 $dG\cos\alpha$;对于理想流体,作用在元流侧表面的切应力为零。

在流向 $s$ 应用牛顿第二定律,有

$$p\mathrm{d}A-(p+\mathrm{d}p)\mathrm{d}A-\mathrm{d}G\cos\alpha=\mathrm{d}m\cdot\frac{\mathrm{d}u}{\mathrm{d}t}$$

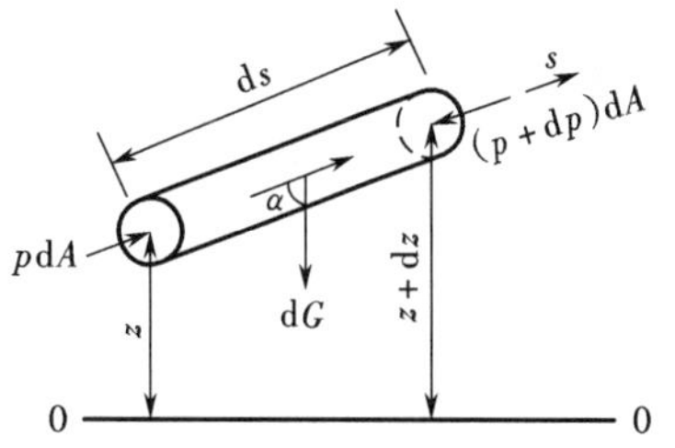

图 6.2-6

式中：$\mathrm{d}m=\rho\mathrm{d}A\mathrm{d}s$ 为元流段质量，$\mathrm{d}G=\rho g\mathrm{d}A\mathrm{d}s$ 为元流段重量，根据图 6.2-6 中几何关系有 $\cos\alpha=\frac{\mathrm{d}z}{\mathrm{d}s}$。将 $\mathrm{d}m$、$\mathrm{d}G$、$\cos\alpha$ 等关系式代入上式，化简整理，并考虑到$\frac{\mathrm{d}s}{\mathrm{d}t}=u$，$u\mathrm{d}u=\mathrm{d}\left(\frac{u^2}{2}\right)$，得

$$\mathrm{d}z+\frac{1}{\rho g}\mathrm{d}p+\frac{1}{g}\mathrm{d}\left(\frac{u^2}{2}\right)=0$$

对于不可压缩流体，$\rho$ = 常数，故上式可写成

$$\mathrm{d}\left(z+\frac{p}{\rho g}+\frac{u^2}{2g}\right)=0$$

积分上式得

$$z+\frac{p}{\rho g}+\frac{u^2}{2g}=\text{常数} \tag{6.2-6}$$

或写成

$$z_1+\frac{p_1}{\rho g}+\frac{u_1^2}{2g}=z_2+\frac{p_2}{\rho g}+\frac{u_2^2}{2g} \tag{6.2-6a}$$

这就是理想流体恒定元流的能量方程，该方程是由瑞士物理学家伯努利首先提出的，故亦称伯努利方程，它反映了恒定流中沿流线各点位置高度 $z$、压强 $p$ 和流速 $u$ 之间的变化规律。

为了加深对伯努利方程的理解，下面对其物理意义和几何意义进行讨论。

从物理角度看，$z$ 表示单位重量流体相对于某基准面所具有的位能；$\frac{p}{\rho g}$表示单位重量流体所具有的压能；$\frac{u^2}{2g}$表示单位重量流体所具有的动能。因通常将位能与压能之和称为势能，势能与动能之和称为机械能，故式(6.2-6)的物理意义为单位重量恒定的不可压缩理想流体的机械能沿流线不变，即机械能守恒。

从几何角度看，$z$ 表示元流过流断面上某点相对于某基准面的位置高度，称为位置水头；$\frac{p}{\rho g}$称为压强水头，$\frac{u^2}{2g}$称为流速水头。因通常将位置水头与压强水头之和称为测压管水头，测压管水头与流速水头之和称为总水头，故式(6.2-6)的几何意义为恒定不可压缩理想流体的总水头沿流线不变。

**2. 实际流体恒定元流的能量方程**

由于实际流体具有黏性，在流动过程中流层间内摩擦力做功，将使一部分机械能不可逆地转化为热能而耗散，因此实际流体流动的机械能将沿程减小。根据能量守恒原理，实际流体恒定元流的能量方程可写成

$$z_1+\frac{p_1}{\rho g}+\frac{u_1^2}{2g}=z_2+\frac{p_2}{\rho g}+\frac{u_2^2}{2g}+h'_{\mathrm{W}} \tag{6.2-7}$$

式中：$h'_{\mathrm{W}}$为元流中单位重量流体沿程的机械能损失，亦称元流的水头损失。

实际流体恒定元流的能量方程各项及总水头、测压管水头的沿程变化可用几何曲线表示。元流各过流断面的测压管水头的连线称为测压管水头线，而总水头的连线称为总水头线(见图6.2-7)。这两条线清晰地表示了流体的位能、压能和动能及其组合沿程的变化过程，其变化的程度可分别用测压管坡度

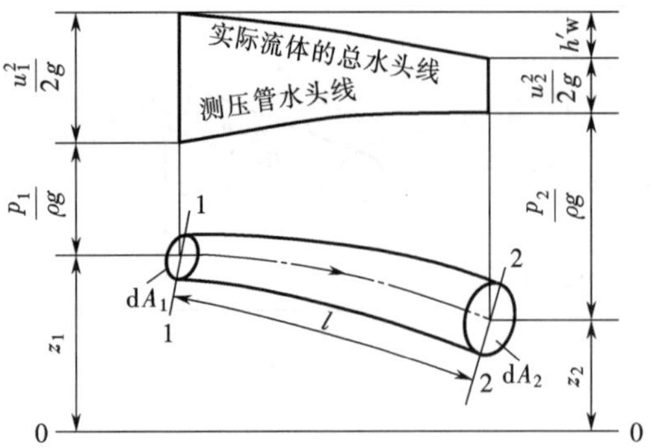


图6.2-7

$$J_P = -\frac{\mathrm{d}\left(z + \frac{p}{\rho g}\right)}{\mathrm{d}s} \tag{6.2-8}$$

和水力坡度(即总水头坡度)

$$J = -\frac{\mathrm{d}\left(z + \frac{p}{\rho g} + \frac{u^2}{2g}\right)}{\mathrm{d}s} \tag{6.2-9}$$

量度。实际流体的总水头线总是沿程下降的($J>0$)，而测压管水头线沿程则可升($J_P<0$)、可降($J_P>0$)，也可不变($J_P=0$)，主要取决于水头损失及动能与势能间相互转化的情况。

**3. 恒定总流的能量方程**

恒定总流的能量方程就是元流的能量方程式(6.2-7)在总流上的推广。以重量流量 $\rho g\mathrm{d}Q=\rho g u_1\mathrm{d}A_1=\rho g u_2\mathrm{d}A_2$ 乘以式(6.2-7)后在总流过流断面上积分：

$$\int_{A_1}\left(z_1+\frac{p_1}{\rho g}+\frac{u_1^2}{2g}\right)\rho g u_1\mathrm{d}A_1 = \int_{A_2}\left(z_2+\frac{p_2}{\rho g}+\frac{u_2^2}{2g}\right)\rho g u_2\mathrm{d}A_2 + \int_Q h'_{\mathrm{W}}\rho g\mathrm{d}Q \tag{6.2-10}$$

上式共包含三种类型的积分。

(1)势能积分 $\int_A\left(z+\frac{p}{\rho g}\right)\rho g u\mathrm{d}A$

为便于积分，将过流断面取在渐变流段。因渐变流断面上各点的 $z+\frac{p}{\rho g}=$常数，则有

$$\int_A\left(z+\frac{p}{\rho g}\right)\rho g u\mathrm{d}A = \rho g\left(z+\frac{p}{\rho g}\right)\int_A u\mathrm{d}A = \left(z+\frac{p}{\rho g}\right)\rho g Q$$

(2)动能积分 $\int_A \frac{u^3}{2g}\rho g\mathrm{d}A$

为便于计算，通常用断面平均流速 $v$ 表示实际动能，同时考虑实际流体的流速不均匀性而加以修正，即

$$\int_A \frac{u^3}{2g}\rho g\mathrm{d}A = \frac{\alpha v^2}{2g}\rho g Q$$

式中：$\alpha$ 称为动能修正系数，反映过流断面上流速分布不均匀程度，一般流动的 $\alpha=1.05\sim1.10$，工程计算中常见流动通常取 $\alpha=1.0$。

(3)水头损失积分 $\int_Q h'_{\mathrm{W}}\rho g\mathrm{d}Q$

根据积分中值定理，可得

$$\int_Q h'_W \rho g \mathrm{d}Q = h_W \rho g Q$$

式中：$h_W$ 为单位重量流体在两过流断面间的平均机械能损失。

将上述关系代入式(6.2-10)，注意恒定流时 $Q_1 = Q_2 = Q$，化简后得

$$z_1 + \frac{p_1}{\rho g} + \frac{\alpha_1 v_1^2}{2g} = z_2 + \frac{p_2}{\rho g} + \frac{\alpha_2 v_2^2}{2g} + h_W \qquad (6.2\text{-}11)$$

这就是实际流体恒定总流的能量方程（伯努利方程），它在形式上类似于实际流体恒定元流的能量方程，但是以断面平均流速 $v$ 代替点流速 $u$（相应地考虑动能修正系数 $\alpha$），以平均水头损失 $h_W$ 代替元流的水头损失$h'_W$。总流能量方程的物理意义和几何意义与元流的能量方程相类似。

恒定总流的能量方程的应用条件：①流动必须是恒定流；②流体是不可压缩的；③质量力只有重力；④选取的过流断面必须符合渐变流条件（两过流断面之间可以不是渐变流）；⑤两过流断面之间没有能量的输入或输出。当总流在两过流断面间通过水泵、风机或水轮机等流体机械时，流体将额外地获得或失去能量，则总流的能量方程应作如下修正：

$$z_1 + \frac{p_1}{\rho g} + \frac{\alpha_1 v_1^2}{2g} \pm H = z_2 + \frac{p_2}{\rho g} + \frac{\alpha_2 v_2^2}{2g} + h_W \qquad (6.2\text{-}12)$$

式中：$+H$ 表示单位重量流体流过水泵、风机所获得的能量；$-H$ 表示单位重量流体流经水轮机所失去的能量。

应用恒定总流的能量方程解题时应注意基准面、过流断面和计算点的选取，这三个“选取”应综合考虑，以计算方便为宜。原则上基准面可以任选，但必须是水平面，且两过流断面必须选取同一基准面，通常使 $z \geq 0$；过流断面必须选在渐变流段上，且应选在已知量较多的断面上，并使能量方程含有待求未知量；过流断面上的计算点原则上可以任取，为方便起见，通常对于管流取在管轴中心，对于明渠取在自由液面上。另外，方程中的流体动压强 $p_1$ 和 $p_2$，可以采用相对压强或绝对压强，但方程两端必须统一。

**4. 能量方程的应用**

**【例 6.2-2】** 皮托管是将流体动能转化为势能，从而通过测压计测定流体点流速的仪器。它是由测压管和测速管（两端开口的直角弯管）组成，其测速原理如图 6.2-8 所示。测速时，将弯端管口正对来流方向置于 $A$ 点下游同一流线上相距很近的 $B$ 点，来流在 $B$ 点受测速管的阻滞流速为零（$B$ 点称为滞止点或驻点），动能全部转化为势能，测速管内液柱保持一定高度。试根据 $B$、$A$ 两点的测压管水头差 $h_u = \left(z_B + \frac{p_B}{\rho g}\right) - \left(z_A + \frac{p_A}{\rho g}\right)$ 计算 $A$ 点的流速 $u$。

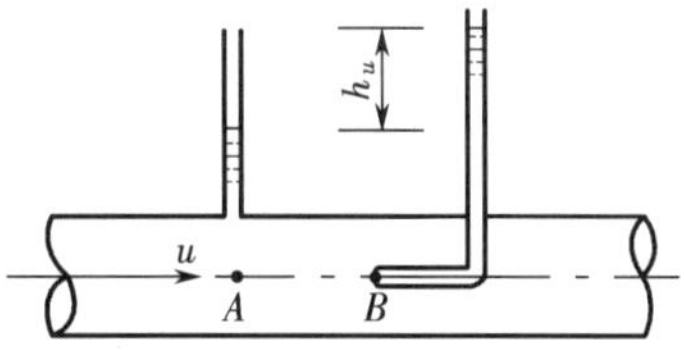


图 6.2-8

**解**：将理想流体恒定元流的能量方程(6.2-6)应用于 $A$、$B$ 两点，有

$$z_A + \frac{p_A}{\rho g} + \frac{u^2}{2g} = z_B + \frac{p_B}{\rho g} + 0$$

故得 $$u = \sqrt{2g\left[\left(z_B + \frac{p_B}{\rho g}\right) - \left(z_A + \frac{p_A}{\rho g}\right)\right]} = \sqrt{2gh_u}$$

考虑到实际流体黏性作用引起的水头损失和测速管对水流的影响等,用上式计算 $A$ 点流速尚需修正,即

$$u=\xi\sqrt{2gh_u} \tag{6.2-13}$$

式中:$\xi$ 称为皮托管修正系数,其值与皮托管构造有关,由实验确定,通常很接近于 1.0。

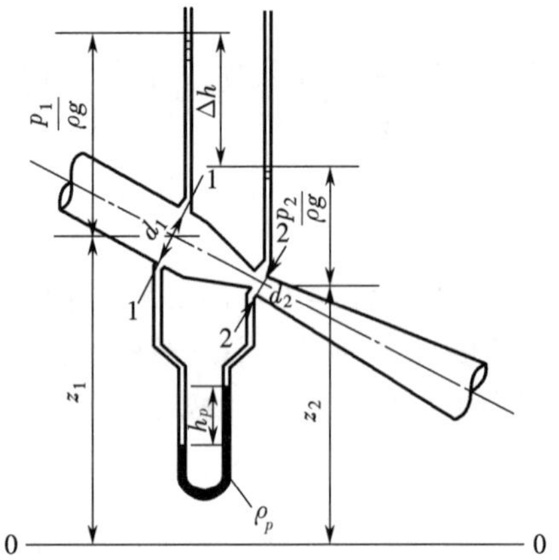


图 6.2-9

**【例 6.2-3】** 文丘里流量计是一种测量有压管流流量的仪器。如图 6.2-9 所示,它是由光滑的收缩段、喉道和扩散段三部分组成。管道过流时,因喉道断面缩小,流速增大,动能增加,势能减小,这样通过在收缩段进口断面和喉道断面安装测压管或差压计,实测两断面的测压管水头差,便可由恒定总流的能量方程得到管道的流量。若已知文丘里管进口直径 $d_1=100$ mm,喉道直径 $d_2=50$ mm,流量系数(实际流量与不计水头损失的理论流量之比)$\mu=0.98$,实测测压管水头差 $\Delta h=0.5$ m,试求管道通过的流量 $Q$。

**解**:选取渐变流进口断面 1—1 和喉道断面 2—2 为计算断面,计算点均取在管轴上,基准面 0—0 置于管道下某一固定位置。据 1—1、2—2 过流断面列恒定总流的能量方程(暂不考虑水头损失),有

$$z_1+\frac{p_1}{\rho g}+\frac{\alpha_1 v_1^2}{2g}=z_2+\frac{p_2}{\rho g}+\frac{\alpha_2 v_2^2}{2g}$$

取 $\alpha_1=\alpha_2=1.0$,整理上式得

$$\left[\left(\frac{v_2}{v_1}\right)^2-1\right]\frac{v_1^2}{2g}=\left(z_1+\frac{p_1}{\rho g}\right)-\left(z_2+\frac{p_2}{\rho g}\right)$$

式中:$\frac{v_2}{v_1}$可由总流的连续性方程求得,即$\frac{v_2}{v_1}=\frac{A_1}{A_2}=\left(\frac{d_1}{d_2}\right)^2$,将其代入上式,可得

$$v_1=\sqrt{\frac{2g\left[\left(z_1+\frac{p_1}{\rho g}\right)-\left(z_2+\frac{p_2}{\rho g}\right)\right]}{\left(\frac{d_1}{d_2}\right)^4-1}}$$

故理论流量

$$Q=v_1\cdot\frac{\pi}{4}d_1^2=\frac{\pi}{4}d_1^2\sqrt{\frac{2g\left[\left(z_1+\frac{p_1}{\rho g}\right)-\left(z_2+\frac{p_2}{\rho g}\right)\right]}{\left(\frac{d_1}{d_2}\right)^4-1}}$$

$$=K\sqrt{\Delta h}=K\sqrt{\left(\frac{\rho_p}{\rho}-1\right)h_p}$$

式中:$K=\frac{\frac{\pi}{4}d_1^2}{\sqrt{\left(\frac{d_1}{d_2}\right)^4-1}}\sqrt{2g}$取决于文丘里管的结构尺寸,称为文丘里管系数。

考虑到实际流体存在水头损失,实际流量略小于理论流量,即

$$Q=\mu K\sqrt{\Delta h}=\mu K\sqrt{\left(\frac{\rho_p}{\rho}-1\right)h_p} \tag{6.2-14}$$

式中:$\mu$ 称为文丘里管流量系数,一般 $\mu=0.95\sim0.98$。

对于本例,文丘里管系数

$$K=\frac{\frac{1}{4}\times3.14\times0.1^2}{\sqrt{\left(\frac{0.1}{0.05}\right)^4-1}}\sqrt{2\times9.80}=0.008\ 98\ \mathrm{m^{2.5}/s}$$

故 $$Q=\mu K\sqrt{\Delta h}=0.98\times0.008\ 98\times\sqrt{0.5}=0.006\ 22\ \mathrm{m^3/s}$$

**【例 6.2-4】** 离心式通风机借集流器 $B$ 从大气中吸入空气(见图 6.2-10),在直径 $d=200$ mm 的圆柱形管道部分接一根下端插入盛水容器的玻璃管,若玻璃管中的水上升 $h=150$ mm,试求通风机流量 $Q$。已知空气的密度 $\rho_气=1.29\ \mathrm{kg/m^3}$。

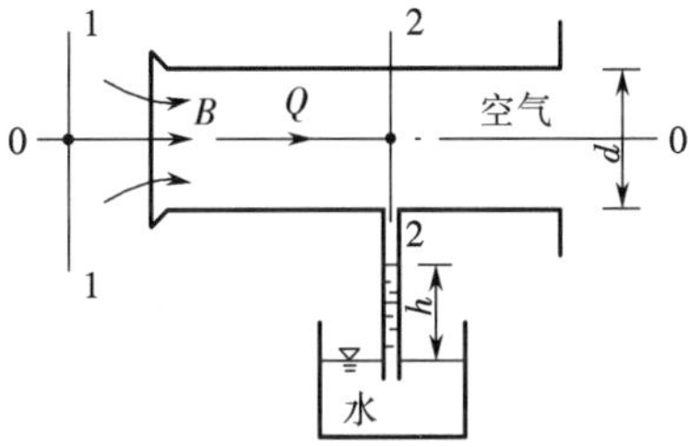

图 6.2-10

**解:**取管轴为 0—0 基准面,对 1—1、2—2 断面建立总流的能量方程(计算点均取在管轴上)

$$0+0+0=0+\frac{p}{\rho_气 g}+\frac{\alpha v^2}{2g}+0$$

式中:$p$ 可根据盛水容器由流体静力学方程求得,即

$$p+\rho_水 gh=0$$

取 $\alpha=1.0$,故

$$v=\sqrt{2g\frac{\rho_水}{\rho_气}h}$$

$$Q=v\frac{\pi}{4}d^2=\frac{\pi}{4}d^2\sqrt{2g\frac{\rho_水}{\rho_气}h}=\frac{\pi}{4}\times0.2^2\sqrt{2\times9.80\times\frac{1\ 000}{1.29}\times0.15}=1.5\ \mathrm{m^3/s}$$

### 6.2.4 恒定总流的动量方程

恒定总流的动量方程是动量守恒定律在流体力学中的数学表达式,它反映了流体动量变化与作用力之间的关系。

**1. 恒定总流动量方程推导**

恒定总流动量方程可根据理论力学中的动量定律导得。该定律可表述为作用在所研究物体上所有外力的矢量和等于物体动量的变化率,即

$$\sum \boldsymbol{F}=\frac{\mathrm{d}\left(\sum m\boldsymbol{u}\right)}{\mathrm{d}t} \tag{6.2-15}$$

取如图 6.2-11 所示总流流段,其流体作恒定流动,则 d$t$ 时间内总流流段的动量变化为

$$\mathrm{d}\left(\sum m\boldsymbol{u}\right)=\sum m_2\boldsymbol{u}_2-\sum m_1\boldsymbol{u}_1$$

将 $m_1=\rho u_1\mathrm{d}A_1\mathrm{d}t$、$m_2=\rho u_2\mathrm{d}A_2\mathrm{d}t$ 代入上式,得

$$\mathrm{d}\left(\sum m\boldsymbol{u}\right)=\rho\mathrm{d}t\left(\sum \boldsymbol{u}_2u_2\mathrm{d}A_2-\sum \boldsymbol{u}_1u_1\mathrm{d}A_1\right)=\rho\mathrm{d}t\left(\int_{A_2}\boldsymbol{u}_2u_2\mathrm{d}A_2-\int_{A_1}\boldsymbol{u}_1u_1\mathrm{d}A_1\right)$$

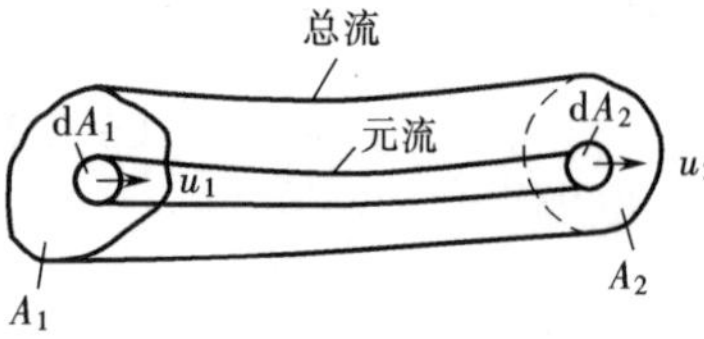


图 6.2-11

为便于计算，通常用断面平均流速 $v$ 表示实际动量，同时考虑实际流体的流速不均匀性而加以修正，即

$$d\left(\sum m\boldsymbol{u}\right)=\rho dt(\beta_2\boldsymbol{v}_2Q_2-\beta_1\boldsymbol{v}_1Q_1)$$

式中：$\beta$ 称为动量修正系数，反映过流断面上流速分布不均匀程度，一般流动的 $\beta=1.02\sim1.05$，工程计算中常见流动常取 $\beta=1.0$。

若总流在流动过程中，流量沿程不变，即 $Q_1=Q_2=Q$，则将上式代入式(6.2-15)可得

$$\sum \boldsymbol{F}=\rho Q(\beta_2\boldsymbol{v}_2-\beta_1\boldsymbol{v}_1) \tag{6.2-16}$$

这就是恒定总流的动量方程。

动量方程为矢量方程，应用时一般是利用它在某坐标系上的投影式进行计算。

**2. 恒定总流动量方程的应用**

**【例 6.2-5】** 图 6.2-12 为矩形断面平坡渠道中水流越过一平顶障碍物。已知渠宽 $b=1.5$ m，上游断面水深 $h_1=2.0$ m，障碍物顶部 2—2 断面水深 $h_2=0.5$ m，已测得流量 $Q=1.5$ $m^3/s$，试求水流对障碍物迎水面的冲击力 $F$。

**解：**利用恒定总流动量方程计算水流对平顶障碍物迎水面的冲击力。取渐变流断面 1—1、2—2 以及液流边界所包围的封闭曲面为控制体，如图 6.2-13 所示。则作用在控制体上的外力有：两过流断面上的流体动压力 $P_1$ 和 $P_2$，障碍物迎水面对水流的作用力 $F'$ 以及渠道支承反力 $N$ 和控制体内流体重力 $G$。

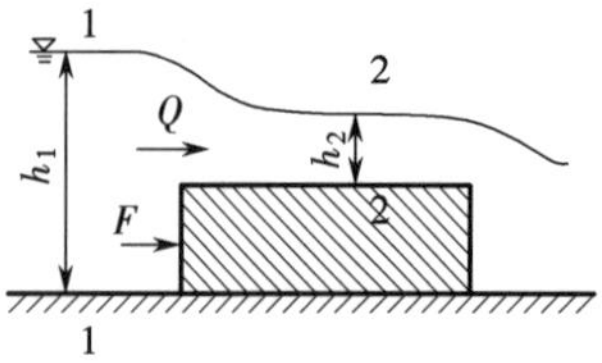


图 6.2-12

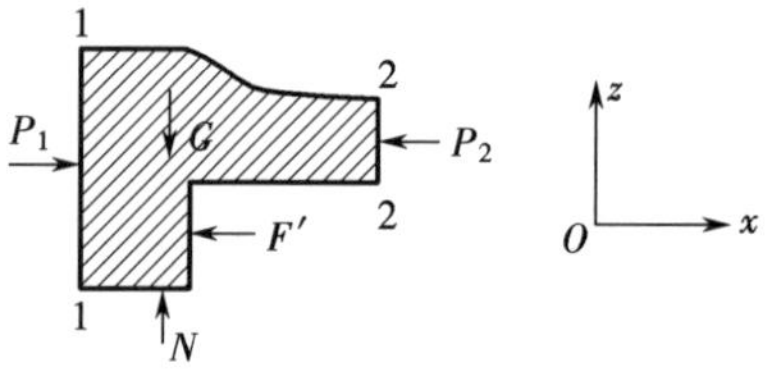


图 6.2-13

取 $x$ 方向如图 6.2-13 所示，则在 $x$ 方向建立恒定总流的动量方程，有

$$P_1-P_2-F'=\rho Q(\beta_2v_2-\beta_1v_1)$$

式中 $$P_1=\frac{1}{2}\rho gbh_1^2=\frac{1}{2}\times1\ 000\times9.80\times1.5\times2.0^2=29\ 400\ \text{N}$$

$$P_2=\frac{1}{2}\rho gbh_2^2=\frac{1}{2}\times1\ 000\times9.80\times1.5\times0.5^2=1\ 837.5\ \text{N}$$

$$v_1=\frac{Q}{bh_1}=\frac{1.5}{1.5\times2.0}=0.5\ \text{m/s}$$

$$v_2=\frac{Q}{bh_2}=\frac{1.5}{1.5\times0.5}=2.0\ \text{m/s}$$

$$\beta_1=\beta_2=1.0$$

故 
$$\begin{aligned}F'&=P_1-P_2-\rho Q(v_2-v_1)\\&=29\ 400-1\ 837.5-1\ 000\times1.5\times(2.0-0.5)\\&=25\ 312.5\ \text{N}=25.31\ \text{kN}(\leftarrow)\end{aligned}$$

水流对平顶障碍物迎水面的冲击力 $F$ 与 $F'$ 大小相等、方向相反。

## 6.3 流动阻力和能量损失

要求：了解实际流体的两种流态及其判别；理解层流、紊流运动的特征；理解边界层基本概念；掌握沿程水头损失和局部水头损失的计算；了解减小阻力的措施。

实际流体具有黏性，流体在流动过程中将产生流动阻力。当流体在固壁约束下流动时，称为内流，如管流、明渠流等，此时流体必须克服阻力做功，由此将产生机械能损失；当流体绕固体流动或者固体在流体中运动时，称为外流，如水流经过桥墩或颗粒在流体中上升或沉降等，此时水流受到桥墩的阻力或颗粒受到流体的阻力都是黏性阻力，称为绕流阻力。本节主要讨论内流的能量损失规律及计算方法，对绕流阻力仅作简单介绍。

### 6.3.1 实际流体流动的两种形态——层流和紊流

**1. 雷诺实验**

英国物理学家雷诺通过实验发现流体流动存在层流和紊流两种形态。其实验装置如图6.3-1所示。

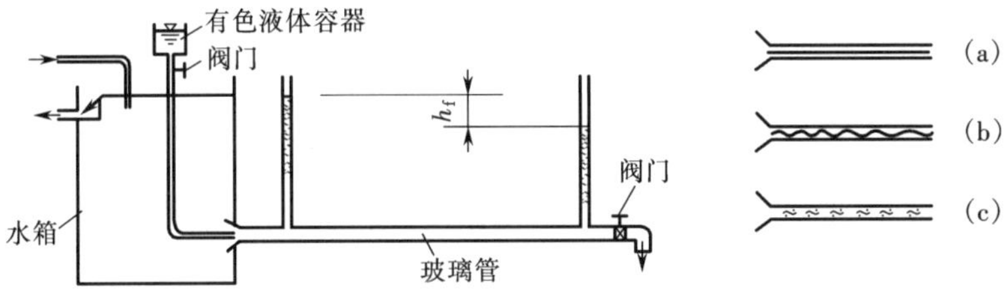


图 6.3-1

开启玻璃管的阀门，玻璃管中水开始流动，再开启有色液体容器阀门，放出适量有色液体与水一起流动。当玻璃管中流速 $v$ 较小时，有色液体呈一直线状(如图 6.3-1(a))，各流层质点宏观上互不掺混，这种有规律的分层流动称为层流。随着流速 $v$ 的增大，有色液体将出现波动(如图 6.3-1(b))，当流速 $v$ 增大至某一数值，有色液体突然与周围清水掺混，这时流体质点的运动轨迹十分紊乱(如图 6.3-1(c))，这种流动称为紊流。如果实验以相反程序进行，即当管内流动已处于紊流状态，则流速必须减小到比前一临界值更小的数值，流动才会转变成层流。由于层流和紊流的内部结构不同，因此其能量损失的规律也不一样。由实验得到：等径直管上下游两断面间的水头损失，层流时与断面平均流速的一次方成正比，即 $h_f \propto v^{1.0}$；紊流时则与断面平均流速的 1.75～2.0 次方成正比，即 $h_f \propto v^{1.75\sim2.0}$。

**2. 层流和紊流的判别标准——临界雷诺数**

由于层流和紊流的水头损失规律各不相同，因此在工程计算中必须判明所研究流动的形态。流动形态的确定除了与流速大小有关外，还与管径和流体的黏性有关，因此采用综合各运动要素的雷诺数

$$Re = \frac{vd}{\nu} \tag{6.3-1}$$

作为判别流动形态的无量纲数，式中 $v$、$d$、$\nu$ 分别为流速、管径和流体的运动黏度。

大量实验表明，圆管流动由紊流转变到层流的临界雷诺数 $Re_c \approx 2\,300$，是相当稳定的，而

从层流转变到紊流的临界雷诺数却与实验环境有关，一般在 4 000 ~ 20 000 变化，故取 $Re_c$ = 2 300 作为流动形态的判别依据。当 $Re<2\ 300$ 时为层流，当 $Re>2\ 300$ 时为紊流。

对于非圆管中的流动，雷诺数中的特征长度 $d$ 可用水力半径

$$R=\frac{A}{\chi} \tag{6.3-2}$$

代替，式中 $A$ 为过流断面面积，$\chi$ 为过流断面上固壁与流体接触的长度，称为湿周。对于有压圆管流动

$$R=\frac{\frac{\pi}{4}d^2}{\pi d}=\frac{d}{4}$$

故若用 $R$ 代替 $d$ 计算雷诺数，则其临界雷诺数为 $\frac{2\ 300}{4}=575$。

**【例 6.3-1】** 油在等径长直管道中流动，已知油的运动黏度 $\nu=4.5\times10^{-5}\ \mathrm{m^2/s}$，流量 $Q$ = 2.0 L/s，如果使管流保持为层流状态，则管道直径 $d$ 应为多少？

**解：** 欲使管流保持为层流，则必有

$$Re=\frac{vd}{\nu}<Re_c=2\ 300$$

将 $v=\frac{Q}{\frac{\pi}{4}d^2}$ 代入上式，整理得

$$d>\frac{4Q}{\pi\nu Re_c}=\frac{4\times2.0\times10^{-3}}{3.14\times4.5\times10^{-5}\times2\ 300}=0.024\ 6\ \mathrm{m}$$

即管径应大于 24.6 mm。

**【例 6.3-2】** 水流经变径管段，已知变径前后管径之比 $\frac{d_1}{d_2}=2$，则变径前后雷诺数之比 $\frac{Re_1}{Re_2}$ 为多少？

**解：**
$$\frac{Re_1}{Re_2}=\frac{\frac{v_1d_1}{\nu}}{\frac{v_2d_2}{\nu}}=\frac{v_1}{v_2}\cdot\frac{d_1}{d_2}$$

由连续性方程 $v_1\frac{\pi}{4}d_1^2=v_2\frac{\pi}{4}d_2^2$ 得 $\frac{v_1}{v_2}=\left(\frac{d_2}{d_1}\right)^2$，代入上式得

$$\frac{Re_1}{Re_2}=\left(\frac{d_2}{d_1}\right)^2\cdot\frac{d_1}{d_2}=\frac{d_2}{d_1}=\frac{1}{2}$$

## 6.3.2 均匀流基本方程

取图 6.3-2 所示一段恒定均匀有压管流研究。因流体在均匀流动情况下只存在沿程不变的切应力产生的沿程水头损失 $h_f$，故对总流过流断面 1—1、2—2 列伯努利方程，得

$$h_f=\left(z_1+\frac{p_1}{\rho g}\right)-\left(z_2+\frac{p_2}{\rho g}\right)$$

取 1—1 至 2—2 断面总流流段控制体，在流动方向 $s$ 写动量方程，有

$$p_1A-p_2A+\rho gAl\cos\alpha-\tau_0 xl=0$$

将 $\cos\alpha=\frac{z_1-z_2}{l}$代入上式,并与伯努利方程联立,可得均匀流基本方程

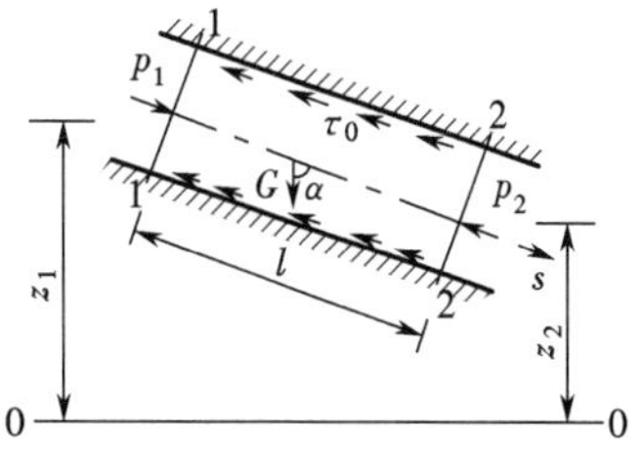

图 6.3-2

$$h_f=\frac{\tau_0 l}{\rho gR} \tag{6.3-3}$$

或
$$\tau_0=\rho gR\frac{h_f}{l}=\rho gRJ=\rho g\frac{r_0}{2}J \tag{6.3-4}$$

式中:$\tau_0$ 为边壁切应力;$R=\frac{A}{\chi}$为水力半径;$J=\frac{h_f}{l}$为水力坡度。

若取半径为 $r$ 的流束研究,按上述类似的分析,可得流束边界切应力 $\tau$ 与沿程水头损失的关系

$$\tau=\rho g\frac{r}{2}J \tag{6.3-5}$$

比较式(6.3-4)与式(6.3-5),可得

$$\tau=\frac{r}{r_0}\tau_0 \tag{6.3-6}$$

即圆管均匀流的过流断面上,切应力 $\tau$ 呈线性分布,管壁处切应力为最大值 $\tau_0$,管轴处切应力为零。

### 6.3.3 圆管中的层流运动

**1. 过流断面上流速分布**

将牛顿内摩擦定律式(6.1-2)与均匀流基本方程式(6.3-5)联立,并注意到 d$y$ 与 d$r$ 符号相反,得

$$du=-\frac{\rho gJ}{2\mu}r\,dr$$

积分上式

$$\int_0^u du=-\frac{\rho gJ}{2\mu}\int_{r_0}^r r\,dr$$

得过流断面上流速分布

$$u=\frac{\rho gJ}{4\mu}(r_0^2-r^2) \tag{6.3-7}$$

上式说明圆管层流运动断面上流速分布呈旋转抛物面。

**2. 过流断面上最大流速**

过流断面上最大流速在管轴处,即

$$u_{max}=u|_{r=0}=\frac{\rho gJ}{4\mu}r_0^2 \tag{6.3-8}$$

**3. 断面平均流速**

$$v=\frac{\int_A u\,dA}{A}=\frac{\int_0^{r_0}\frac{\rho gJ}{4\mu}(r_0^2-r^2)2\pi r\,dr}{\pi r_0^2}=\frac{\rho gJ}{8\mu}r_0^2 \tag{6.3-9}$$

比较式(6.3-8)和式(6.3-9),可知

$$v = \frac{1}{2}u_{\max} \tag{6.3-10}$$

即圆管层流运动的断面平均流速为最大流速的一半。

**4. 沿程阻力系数**

将 $J = \frac{h_f}{l}$ 代入式(6.3-9),可得圆管层流运动的沿程水头损失计算公式

$$h_f = \frac{8\mu l}{\rho g r_0^2}v = \frac{32\mu l}{\rho g d^2}v \tag{6.3-11}$$

上式说明圆管层流运动的沿程水头损失与断面平均流速的一次方成正比,与雷诺实验结果完全一致。

在流体力学中,习惯将水头损失用流速水头 $\frac{v^2}{2g}$ 表示,故式(6.3-11)可改写成

$$h_f = \frac{64}{\left(\frac{\rho v d}{\mu}\right)}\frac{l}{d}\frac{v^2}{2g} = \frac{64}{Re}\frac{l}{d}\frac{v^2}{2g}$$

令

$$\lambda = \frac{64}{Re} \tag{6.3-12}$$

得

$$h_f = \lambda\frac{l}{d}\frac{v^2}{2g} \tag{6.3-13}$$

上式称为达西公式,为均匀流沿程水头损失的普遍计算式,对层流、紊流均适用。式中 $\lambda$ 称为沿程阻力系数,一般情况下,$\lambda$ 与雷诺数 $Re$ 和管壁相对粗糙度 $\frac{\Delta}{d}$ 有关,即 $\lambda = f\left(Re, \frac{\Delta}{d}\right)$,但对于圆管层流运动,$\lambda$ 仅与流态有关,即 $\lambda = f(Re) = \frac{64}{Re}$。

### 6.3.4 圆管中的紊流运动

**1. 紊流运动的特征**

紊流运动的基本特征是流体质点在运动中不断的互相掺混,使各点的流速、压强等运动要素在空间和时间上都具有随机性质的脉动。图 6.3-3 为实测的在恒定水位下水平圆管紊流中,质点通过某固定点 $A$ 的瞬时流速 $u_x$、$u_y$ 的脉动情况。从实测结果看出,其瞬时流速虽随时间不断变化,但却总是围绕某一平均值在不断脉动。因此,可将紊流看作两个流动的叠加,即时间平均流动和脉动的叠加。如某点的瞬时流速 $u$ 应等于相应的时间平均流速 $\bar{u}$ 和脉动流速 $u'$ 之和,即

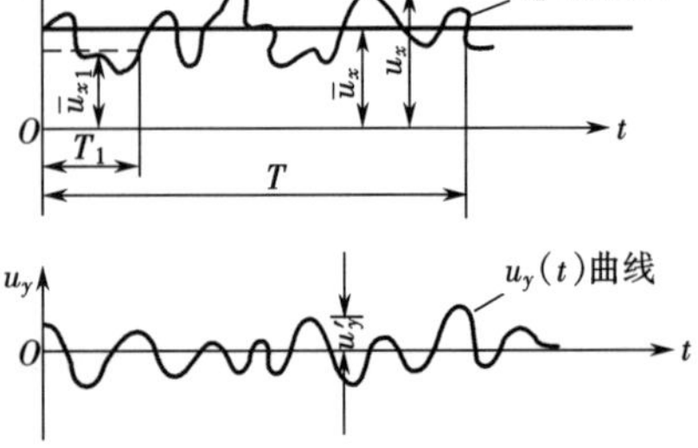


图 6.3-3

$$u = \bar{u} + u'$$

$$\bar{u} = \frac{1}{T}\int_0^T u\,dt$$

严格地讲,紊流总是非恒定流。但引入时间平均流动概念后,只要某运动要素的时间平均值不随时间变化就可视为恒定流。前面根据恒定流导出的流体动力学基本方程,对于时间恒定紊流仍可照常适用。

**2. 紊流切应力**

紊流中的切应力 $\tau$ 除了由黏性引起的切应力 $\tau_1$ 外,还存在由紊动产生的附加切应力 $\tau_2$,即

$$\tau = \tau_1 + \tau_2 \tag{6.3-14}$$

式中:$\tau_1 = \mu \dfrac{\mathrm{d}u}{\mathrm{d}y}$;经分析 $\tau_2 = -l\,\overline{u_x' u_y'}$,普朗特设想流体质点的紊流运动与气体分子运动类似,提出半经验的混合长度理论,推导出

$$\tau_2 = \rho l^2 \left(\frac{\mathrm{d}u}{\mathrm{d}y}\right)^2 \tag{6.3-15}$$

这里 $l$ 称为混合长度,但没有直接的物理意义。

式(6.3-14)中两部分切应力的大小随流动情况有所不同。当雷诺数较小时,脉动较弱,$\tau_1$ 占优。随着雷诺数增加,脉动加剧,$\tau_2$ 逐渐加大,至雷诺数相当大时,$\tau_1$ 甚至可以忽略不计。

**3. 紊流流速分布**

紊流的流速分布在紧贴固壁附近和紊流核心区是不同的。在紧贴固壁附近有一极薄流层,由于流动受边壁限制,消除了流体质点的掺混,时均流速为线性分布,切应力中 $\tau_2$ 可忽略不计,就其时均特征来说,这一薄层可认为属于层流运动,故称为层流底层或黏性底层。黏性底层之外的流区,称为紊流核心,在紊流核心区内,由于流体质点相互掺混和动量变换,使过流断面上流速趋于均化。根据普朗特混合长度理论可得紊流过流断面上流速

$$u = \frac{v_x}{k}\ln y + C \tag{6.3-16}$$

为对数分布规律。式中 $v_x = \sqrt{\dfrac{\tau_0}{\rho}}$ 为剪切速度;$k$ 为卡门通用常数,可由实验确定;$y$ 为从管壁起算的径向距离;$C$ 为常数,取决于边界条件。

**4. 沿程水头损失**

紊流的沿程水头损失计算公式仍为达西公式(6.3-13)。一般情况下,式中沿程阻力系数 $\lambda = f\left(Re, \dfrac{\Delta}{d}\right)$。紊流的 $\lambda$ 无法像圆管层流一样由理论推导得到,只能依靠实验研究。为了探讨 $\lambda$ 与 $Re$ 和 $\dfrac{\Delta}{d}$ 的变化规律,德国科学家尼古拉兹在实验室对人工粗糙管(即在管壁上人为均匀地粘上一定粒径的砂子的管道)进行大量的实验,其结果如图 6.3-4 所示,称为尼古拉兹实验曲线图。

根据 $\lambda$ 的变化特征,图中曲线可分为以下五个区域。

层流区($ab$ 线):$Re < 2\,300$,$\lambda = f(Re) = \dfrac{64}{Re}$,管流的沿程水头损失 $h_f \propto v^{1.0}$,与理论分析结果完全一致。

层流向紊流的过渡区($bc$ 线):$2\,300 < Re < 4\,000$,$\lambda = f(Re)$,与 $\dfrac{\Delta}{d}$ 无关。

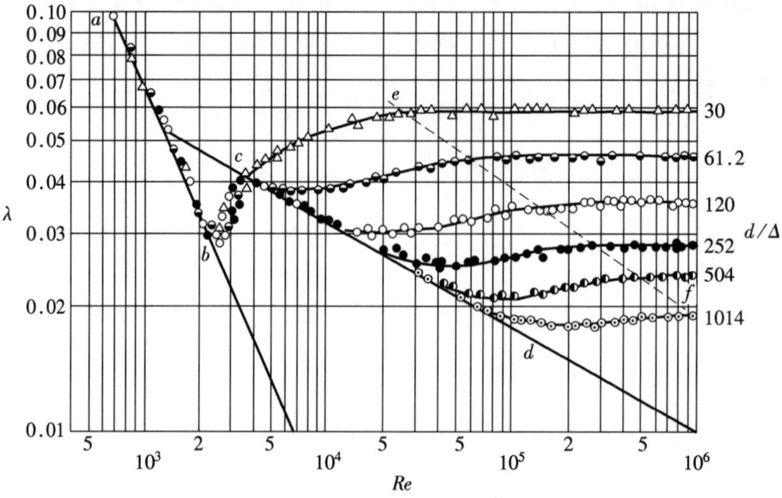


图 6.3-4

紊流光滑区（$cd$ 线）：$4\,000 < Re < \dfrac{80d}{\Delta}$，此区内由于粗糙度 $\Delta$ 被黏性底层所覆盖，对沿程阻力系数 $\lambda$ 没有影响，$\lambda = f(Re)$，$h_f \propto v^{1.75}$。

紊流过渡区（$cd$ 线和 $ef$ 线之间的区域）：$\dfrac{80d}{\Delta} < Re < \dfrac{1\,140d}{\Delta}$，随着 $Re$ 的增大，黏性底层厚度减小，粗糙度 $\Delta$ 开始发生影响。在该区 $\lambda$ 与 $Re$ 和$\dfrac{\Delta}{d}$都有关系，即 $\lambda = f\left(Re, \dfrac{\Delta}{d}\right)$。

紊流粗糙区（$ef$ 线以右的区域）：$Re > \dfrac{1\,140d}{\Delta}$，曲线呈水平线，$\lambda$ 与 $Re$ 无关，而仅与$\dfrac{\Delta}{d}$有关，即 $\lambda = f\left(\dfrac{\Delta}{d}\right)$，$h_f \propto v^{2.0}$，故该区亦称为阻力平方区。

尼古拉兹实验使用的人工粗糙管，其成果不能完全用于工业管道。原因在于工业管道的粗糙物是在制造过程中形成的，其粗糙物在形状、大小、分布规律等方面与人工粗糙管有很大差异。柯列勃洛克根据大量工业管道试验资料，提出了适用于工业管道紊流三个区的 $\lambda$ 计算公式，即柯列勃洛克公式

$$\frac{1}{\sqrt{\lambda}} = -2\lg\left(\frac{\Delta}{3.7d} + \frac{2.51}{Re}\right) \tag{6.3-17}$$

上式在工业管流的计算中应用广泛。式中 $\Delta$ 为工业管道的当量粗糙高度。

式(6.3-17)比较复杂，计算很不方便。下面两个公式计算较为简便，同样适用于工业管道的紊流三个区。

巴尔公式

$$\frac{1}{\sqrt{\lambda}} = -2\lg\left(\frac{\Delta}{3.7d} + \frac{5.128\,6}{Re^{0.89}}\right) \tag{6.3-18}$$

阿里特苏里公式

$$\lambda = 0.11\left(\frac{\Delta}{d} + \frac{68}{Re}\right)^{0.25} \tag{6.3-19}$$

对于明渠水流,通常采用谢才公式

$$v = C\sqrt{RJ} \tag{6.3-20}$$

其中谢才系数

$$C = \sqrt{\frac{8g}{\lambda}} \tag{6.3-21}$$

表明 $C$ 和 $\lambda$ 一样是反映沿程阻力系数变化规律的系数。在紊流粗糙区,谢才系数可直接由下列经验公式计算。

曼宁公式:

$$C = \frac{1}{n}R^{\frac{1}{6}} \tag{6.3-22}$$

巴甫洛夫斯基公式:

$$C = \frac{1}{n}R^{y} \tag{6.3-23}$$

$$y = 2.5\sqrt{n} - 0.13 - 0.75\sqrt{R}(\sqrt{n} - 0.1) - 0.3 \tag{6.3-24}$$

式中:$R$ 为水力半径,以 m 计;$n$ 为渠壁粗糙系数,亦称糙率,为综合反映壁面粗糙情况的无量纲数。

**【例 6.3-3】** 已知城市给水干管某处的水压 $p = 196.2$ kPa,从该处引出一根水平输水管,直径 $d = 250$ mm,当量粗糙高度 $\Delta = 0.4$ mm。若要保证通过流量 $Q = 50$ L/s,问其能输送到多远(水的运动黏度 $\nu = 0.0131\ \text{cm}^2/\text{s}$)?

**解:**由干、支管相接处至支管出口建立伯努利方程,有

$$\frac{p}{\rho g} = \lambda\frac{l}{d}\frac{v^2}{2g}$$

式中

$$v = \frac{Q}{\frac{\pi}{4}d^2} = \frac{4 \times 50 \times 10^{-3}}{\pi \times 0.25^2} = 1.02\ \text{m/s}$$

$$Re = \frac{vd}{\nu} = \frac{1.02 \times 0.25}{0.0131 \times 10^{-4}} = 1.95 \times 10^5$$

$$\lambda = 0.11\left(\frac{\Delta}{d} + \frac{68}{Re}\right)^{0.25} = 0.11\left(\frac{0.4}{250} + \frac{68}{1.95 \times 10^5}\right)^{0.25} = 0.023$$

故

$$l = \frac{2pd}{\rho\lambda v^2} = \frac{2 \times 196.2 \times 10^3 \times 0.25}{1000 \times 0.023 \times 1.02^2} = 4100\ \text{m}$$

即能输送 4 100 m 远。

### 6.3.5 局部水头损失

在流动过程中,当出现边界条件急剧变化,如过流断面突然扩大或缩小、管道转弯或遇到阀门等局部障碍,使流速的方向和大小发生变化,甚至产生旋涡。这些现象一般发生在局部流程中,由此引起的能量损失称为局部水头损失,其通用计算公式为

$$h_{\text{j}} = \xi\frac{v^2}{2g} \tag{6.3-25}$$

式中:$\xi$ 为局部阻力系数,可由实验确定。

### 6.3.6 减小阻力的措施

产生流动阻力的原因既有内因,也有外因。黏性是流体的固有属性,是运动流体产生阻力、耗散机械能的内因;外部的干扰,如边壁的粗糙、连界形状的改变等则是产生流动阻力的外因。因此,减小阻力的措施可以从产生阻力的原因出发:一是在流体内部投加极少量的添加剂,使其影响流体运动的内部结构来实现减阻;二是改进流体外部的边界,如减小管壁的粗糙度、用柔性边壁代替刚性边壁、采用导流管件防止旋涡区产生等,改善边壁对流动的影响来实现减阻。

## 6.4 孔口、管嘴、管道流动

要求:理解孔口、管嘴、短管、长管的水力计算特点;掌握孔口、管嘴及有压管道恒定流的水力计算。

孔口、管嘴和有压管道恒定流动的水力计算,是连续性方程、能量方程以及流动阻力和水头损失规律的具体应用。

### 6.4.1 薄壁小孔口恒定出流

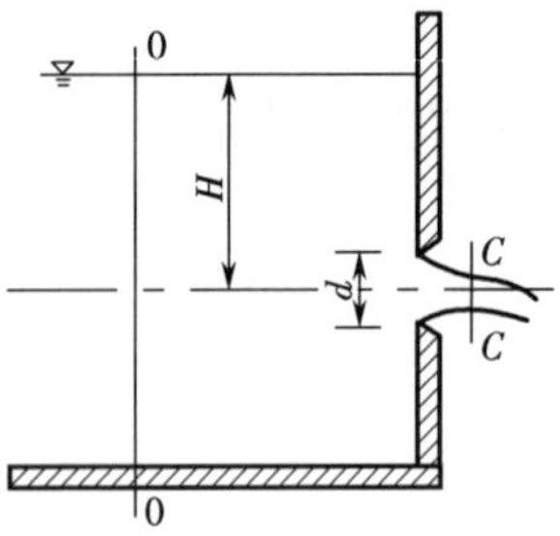


图 6.4-1

流体经孔口($\frac{l}{d}\approx 0$)流出称为孔口出流,如图 6.4-1 所示。当容器中水位(或压强)不变,孔口的出流量恒定时,称为恒定出流。当容器壁较薄或孔口具有锐缘时,孔口壁厚对水流现象没有影响,称为薄壁孔口。若流体经孔口流入空气中则称为自由出流,否则称为淹没出流。由于水流运动的惯性,容器中流体经孔口流出后将形成流束直径为最小的收缩断面 $C—C$。收缩断面面积 $A_C$ 小于孔口面积 $A$,其比值 $\varepsilon=\frac{A_C}{A}$,称为收缩系数。当孔口断面尺寸远小于作用水头(如$\frac{d}{H}\leqslant 0.1$)时,$C—C$ 断面上各点的水头可以认为相等,此时孔口称为小孔口。

取通过孔口中心的水平面为基准面,对 0—0 断面和 $C—C$ 断面列能量方程有

$$H+\frac{p_a}{\rho g}+\frac{\alpha_0 v_0^2}{2g}=0+\frac{p_C}{\rho g}+\frac{\alpha_C v_C^2}{2g}+h_w$$

式中:$p_C\approx p_a$;孔口出流时,$h_w=h_j=\xi_0\frac{v_C^2}{2g}$,这里 $\xi_0$ 为孔口局部阻力系数。

令 $H_0=H+\frac{\alpha_0 v_0^2}{2g}$,代入上式整理得

$$v_C=\frac{1}{\sqrt{\alpha_C+\xi_0}}\sqrt{2gH_0}=\varphi\sqrt{2gH_0} \tag{6.4-1}$$

式中:$\varphi=\frac{1}{\sqrt{\alpha_C+\xi_0}}\approx\frac{1}{\sqrt{1+\xi_0}}$,称为孔口流速系数;$H_0$ 为作用水头。

流经孔口的流量

$$Q=v_C A_C=\varepsilon A\varphi\sqrt{2gH_0}=\mu A\sqrt{2gH_0} \tag{6.4-2}$$

式中：$\mu=\varepsilon\varphi$ 称为孔口的流量系数。对于薄壁小孔口，由实验测得 $\varepsilon=0.63\sim0.64$，$\varphi=0.97\sim0.98$，故 $\mu=0.60\sim0.62$。

当流体经孔口淹没出流时（见图 6.4-2），按照与上述同样的分析可得薄壁小孔口淹没出流的流速和流量的计算公式，形式上仍为式（6.4-1）和式（6.4-2），流速系数 $\varphi$ 和流量系数 $\mu$ 的数值也完全相同，只是 $H_0$ 的含义不同，为两液面的高差 $\Delta H$。

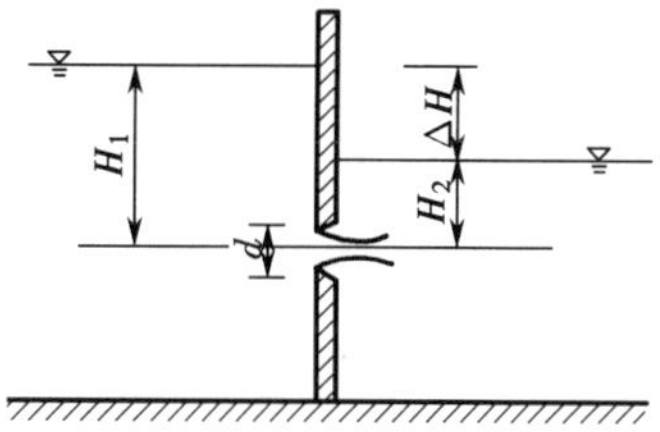

图 6.4-2

## 6.4.2 管嘴的恒定出流

当孔口壁厚 $l=(3\sim4)d$ 时，或在孔口处外接一长度 $l=(3\sim4)d$ 的短管时（见图 6.4-3），流体经其流出称为管嘴出流。管嘴出流的特点是当流体进入管嘴后形成收缩，在收缩断面 $C$—$C$ 处流体与管壁分离，形成旋涡区，然后又逐渐扩大，在管嘴出口断面上，流体完全充满整个断面。

以通过管嘴中心的水平面为基准面，从 0—0 断面至 1—1 断面建立能量方程有

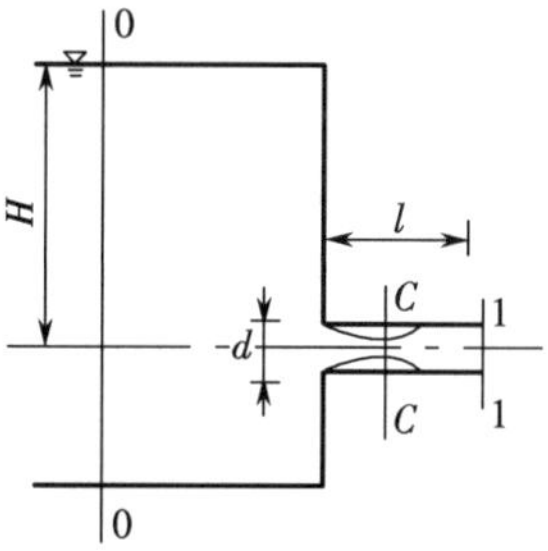

图 6.4-3

$$H_0=H+\frac{\alpha_0v_0^2}{2g}=\frac{\alpha v^2}{2g}+h_{\mathrm{W}}$$

式中：$h_{\mathrm{W}}$ 为管嘴出流的水头损失，因 $\dfrac{l}{d}$ 较小，可忽略沿程水头损失，则 $h_{\mathrm{W}}=\xi_n\dfrac{v^2}{2g}$。故管嘴出口断面平均流速

$$v=\frac{1}{\sqrt{\alpha+\xi_n}}\sqrt{2gH_0}=\varphi_n\sqrt{2gH_0} \tag{6.4-3}$$

式中：$\varphi_n=\dfrac{1}{\sqrt{\alpha+\xi_n}}$ 称为管嘴流速系数。

流经管嘴的流量

$$Q=vA=\varphi_nA\sqrt{2gH_0}=\mu_nA\sqrt{2gH_0} \tag{6.4-4}$$

式中：$\mu_n=\varphi_n$ 称为管嘴流量系数。

据实验资料得圆柱形外管嘴的局部阻力系数 $\xi_n=0.5$，取动能修正系数 $\alpha=1.0$，则得 $\mu_n=\varphi_n=\dfrac{1}{\sqrt{1.0+0.5}}=0.82$。比较式（6.4-2）和式（6.4-4）可知，在相同直径 $d$、相同作用水头 $H_0$ 条件下，管嘴出流流量比孔口出流流量要大得多。究其原因，是管嘴在收缩断面 $C$—$C$ 处存在真空的作用。可以证明管嘴收缩断面处的真空度可达作用水头的 3/4 倍，即 $\dfrac{p_{VC}}{\rho g}=0.75H_0$，相当于把管嘴的作用水头增大了约 75%。作用水头 $H_0$ 越大，收缩断面的真空度就越大。但是当真空度达 7 m 水柱以上时，由于液体会发生汽化或空气会自管嘴出口处吸入，从而使真空破坏。因此，对圆柱形外管嘴的作用水头应加以限制，即 $H_0\leqslant\dfrac{7}{0.75}=9.3$ m。

综上所述，为保证管嘴正常工作，需满足 $l=(3\sim4)d$ 及 $H_0\leqslant9.3$ m 两个条件。

**【例 6.4-1】** 圆柱形外管嘴（$\mu_n=0.82$）与同直径 $d$、同作用水头 $H_0$ 下的孔口（$\mu=0.62$）相比较，当管嘴流量 $Q_n=3$ L/s 时，孔口流量 $Q$ 为多少？

**解**:由式(6.4-2)和式(6.4-4)得

$$\frac{Q}{Q_n}=\frac{\mu A\sqrt{2gH_0}}{\mu_n A\sqrt{2gH_0}}=\frac{\mu}{\mu_n}=\frac{0.62}{0.82}=0.756$$

则 $$Q=0.756Q_n=0.756\times3=2.27\ \mathrm{L/s}$$

## 6.4.3 有压管道恒定流

有压管道恒定流的水力计算类型通常有确定管道的通过能力、确定相应的水头或断面压强、确定管径等。

**1. 短管水力计算**

在管路的总水头损失中,沿程水头损失和局部水头损失所占比重相当,计算时均不可忽略的管路(通常在 $l/d<1\ 000$ 条件下),称为短管。如工程中的水泵吸水管、虹吸管、倒虹吸管和有压涵管等,一般均按短管计算。

下面结合工程中常见短管问题说明其水力计算方法。

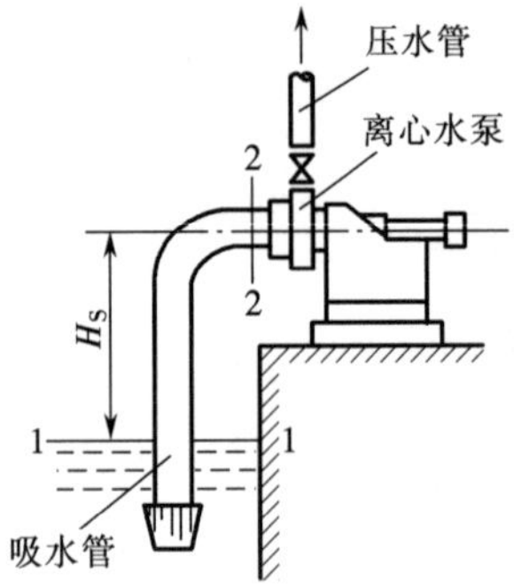


图 6.4-4

(1)水泵吸水管

离心式水泵进口前的管道称为吸水管,如图 6.4-4 所示。因离心式水泵泵轴高于吸水池水面,水泵工作时,在吸水管内将形成真空。若真空值过大,将产生气蚀现象,致使水泵部件受损。工程中,为了防止气蚀发生,通常由实验确定水泵进口的允许真空度$[h_V]$。

吸水管的水力计算主要是根据$[h_V]$确定水泵的允许安装高度 $H_S$。

**【例 6.4-2】** 如图 6.4-4 所示的离心式水泵,已知抽水量 $Q=76\ \mathrm{m^3/h}$,吸水管长度 $l=10$ m,直径 $d=150$ mm,沿程阻力系数 $\lambda=0.040$,带底阀的滤水口局部阻力系数 $\xi_1=5.5$,弯管局部阻力系数 $\xi_2=0.25$。若允许真空度$[h_V]=6.2$ m,试确定水泵的允许安装高度 $H_S$。

**解**:取吸水池水面 1—1 和水泵进口断面 2—2 列能量方程,并忽略吸水面流速,得

$$\frac{p_a}{\rho g}=H_S+\frac{p_2}{\rho g}+\frac{\alpha v^2}{2g}+h_W$$

其中 $$h_W=\lambda\frac{l}{d}\frac{v^2}{2g}+\xi_1\frac{v^2}{2g}+\xi_2\frac{v^2}{2g}$$

取 $$\frac{p_a-p_2}{\rho g}=[h_V]$$

则得 $$H_S=[h_V]-\left(\alpha+\lambda\frac{l}{d}+\xi_1+\xi_2\right)\frac{v^2}{2g}$$

式中 $$v=\frac{4Q}{\pi d^2}=\frac{\frac{4\times76}{3\ 600}}{\pi\times0.15^2}=1.19\ \mathrm{m/s}$$

故 $$H_S=6.2-\left(1.0+0.040\times\frac{10}{0.15}+5.5+0.25\right)\times\frac{1.19^2}{2\times9.80}=5.52\ \mathrm{m}$$

即水泵安装高度不能超过 5.52 m。

(2)虹吸管

虹吸管是一种压力输水管道,如图 6.4-5 所示。与水泵吸水管一样,虹吸管工作时,管路必然会出现真空区段,当真空值过大时,会汽化产生气泡,破坏虹吸管的正常工作。工程中为保证虹吸管能通过设计流量,一般限制管中最大真空度不超过允许值 $[h_V]=7\sim8\ mH_2O$。

虹吸管的水力计算主要是确定通过能力和校核管内最大真空度。

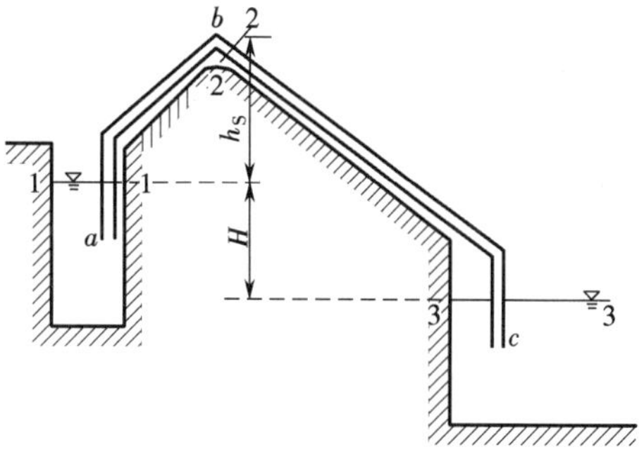


图 6.4-5

**【例 6.4-3】** 如图 6.4-5 所示,用虹吸管自钻井输水至集水池。已知虹吸管长度 $l=l_{ab}+l_{bc}=30\ m+40\ m=70\ m$,管径 $d=200\ mm$,钻井至集水池间的恒定水位高差 $H=1.60\ m$,虹吸管顶点 $b$ 处的安装高度 $h_S=4.5\ m$,管道沿程阻力系数 $\lambda=0.03$,管道进口局部阻力系数 $\xi_1=0.5$,弯头局部阻力系数 $\xi_2=0.2$,出口局部阻力系数 $\xi_3=1.0$,试求管中流量和管内最大真空度。

**解:**以集水池水面为基准面,钻井水面 1—1 与集水池水面 3—3 间建立能量方程

$$H+0+0=0+0+0+\lambda\frac{l}{d}\frac{v^2}{2g}+\xi_1\frac{v^2}{2g}+3\xi_2\frac{v^2}{2g}+\xi_3\frac{v^2}{2g}$$

得

$$v=\frac{1}{\sqrt{\lambda\dfrac{l}{d}+\xi_1+3\xi_2+\xi_3}}\sqrt{2gH}$$

$$=\frac{1}{\sqrt{0.03\times\dfrac{70}{0.20}+0.5+3\times0.2+1.0}}\sqrt{2\times9.80\times1.60}=1.58\ m/s$$

故

$$Q=\frac{\pi}{4}d^2v=\frac{\pi}{4}\times0.20^2\times1.58=0.0496\ m^3/s=49.6\ L/s$$

管内最高点 $b$ 处的真空度最大。以钻井水面为基准面,在 1—1 断面与 2—2 断面间建立能量方程

$$0+\frac{p_a}{\rho g}+0=h_S+\frac{p_2}{\rho g}+\frac{\alpha v^2}{2g}+\lambda\frac{l_{ab}}{d}\frac{v^2}{2g}+\xi_1\frac{v^2}{2g}+2\xi_2\frac{v^2}{2g}$$

取 $\alpha=1.0$,则管内最大真空度

$$h_V=\frac{p_a-p_2}{\rho g}=h_S+\left(\alpha+\lambda\frac{l_{ab}}{d}+\xi_1+2\xi_2\right)\frac{v^2}{2g}$$

$$=4.5+\left(1.0+0.03\times\frac{30}{0.20}+0.5+2\times0.2\right)\times\frac{1.58^2}{2\times9.80}$$

$$=5.32\ mH_2O$$

因管内最大真空度 $h_V<[h_V]=7\sim8\ mH_2O$,故当虹吸管高度 $h_S=4.5\ m$ 时,虹吸管可以正常工作。

(3)倒虹管

倒虹管与虹吸管正好相反,管道一般低于上下游水面,依靠上下游水位差作用进行输水。倒虹管常用在不便直接跨越的地方,如过江有压涵管、埋设在铁(公)路下的输水涵管等。

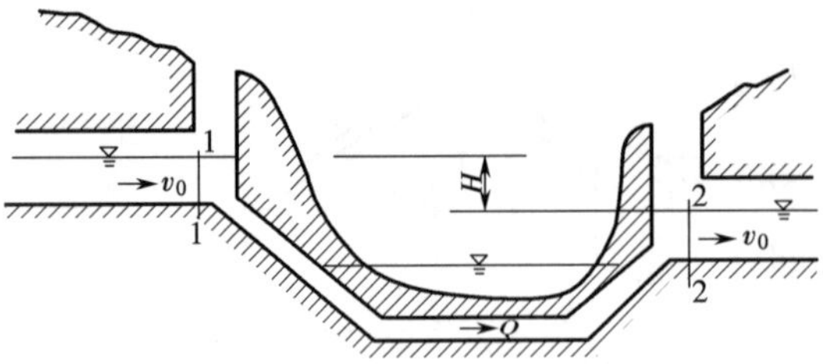


图 6.4-6

【例 6.4-4】 如图 6.4-6 所示下水道穿过河流时采用倒虹管。已知污水流量 $Q=0.10\ m^3/s$，管长 $l=50$ m，管道沿程阻力系数 $\lambda=0.03$，进口局部阻力系数 $\xi_e=0.6$，弯道局部阻力系数 $\xi_b=0.05$。为避免污物在管中沉积，管中流速要求大于 1.2 m/s。倒虹管进、出口流速 $v_0=0.8$ m/s，试确定倒虹管管径 $d$ 及倒虹管上下游水位差 $H$。

**解：**据题意 $\dfrac{Q}{\frac{\pi}{4}d^2}>1.2$ 得

$$d<\sqrt{\frac{4\times0.1}{\pi\times1.2}}=0.326\ \text{m}$$

取标准管径 $d=300$ mm，则倒虹管中流速为

$$v=\frac{4Q}{\pi d^2}=\frac{4\times0.1}{\pi\times0.3^2}=1.42\ \text{m/s}$$

取下游水面为基准面，在 1—1 断面与 2—2 断面间建立能量方程，得

$$H+0+\frac{\alpha_1 v_0^2}{2g}=0+0+\frac{\alpha_2 v_0^2}{2g}+h_W$$

式中
$$h_W=\lambda\frac{l}{d}\frac{v^2}{2g}+\xi_e\frac{v^2}{2g}+2\xi_b\frac{v^2}{2g}+\frac{(v-v_0)^2}{2g}$$

$$=\left(0.03\times\frac{50}{0.30}+0.6+2\times0.05\right)\times\frac{1.42^2}{2\times9.80}+\frac{(1.42-0.8)^2}{2\times9.80}=0.61\ \text{m}$$

$$\alpha_1=\alpha_2=1.0$$

故
$$H=h_W=0.61\ \text{m}$$

**2. 长管水力计算**

流速水头和局部水头损失的总和与沿程水头损失相比可忽略不计的管路（通常在 $\dfrac{l}{d}>1\ 000$ 条件下），称为长管。在长管水力计算中，根据管道系统的组合情况，又可分为简单管路、串联管路和并联管路等。

（1）简单管路

沿程直径不变、流量不变的管路称为简单管路。简单管路的计算是一切复杂管路水力计算的基础。

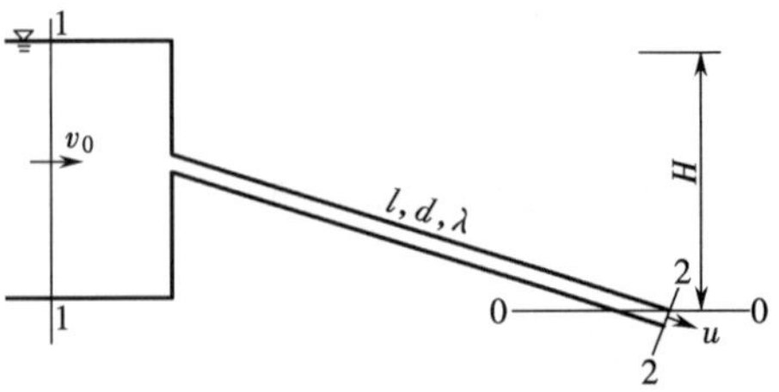


图 6.4-7

对于图 6.4-7 所示简单长管，取 0—0 基准面，对断面 1—1 和断面 2—2 建立能量方程，得

$$H+0+0=0+0+0+h_f$$

则
$$H=h_f=\lambda\frac{l}{d}\frac{v^2}{2g}$$

将 $v=\dfrac{Q}{\frac{\pi}{4}d^2}$ 代入上式，得

$$H=SlQ^2 \tag{6.4-5}$$

$$S=\frac{8\lambda}{g\pi^2 d^5} \tag{6.4-6}$$

$S$ 称为比阻，即单位流量通过单位长度管道所需的水头。

**【例 6.4-5】** 如图 6.4-7 所示简单管路，已知 $l=300$ m，$d=200$ mm，$\lambda=0.025$，$H=5$ m，试求管中流量 $Q$。

**解：**因 $\frac{l}{d}=\frac{300}{0.20}=1\ 500>1\ 000$，可按长管计算。由式(6.4-6)得比阻

$$S=\frac{8\times 0.025}{9.80\times 3.14^2\times 0.20^5}=6.468\ 4\ \mathrm{s^2/m^6}$$

由式(6.4-5)，得

$$Q=\sqrt{\frac{H}{Sl}}=\sqrt{\frac{5}{6.468\ 4\times 300}}=0.050\ 8\ \mathrm{m^3/s}=50.8\ \mathrm{L/s}$$

(2)串联管路

由直径不同的管段顺次连接而成的管路，称为串联管路。串联管路各管段通过的流量可以不相同，如图 6.4-8 所示。

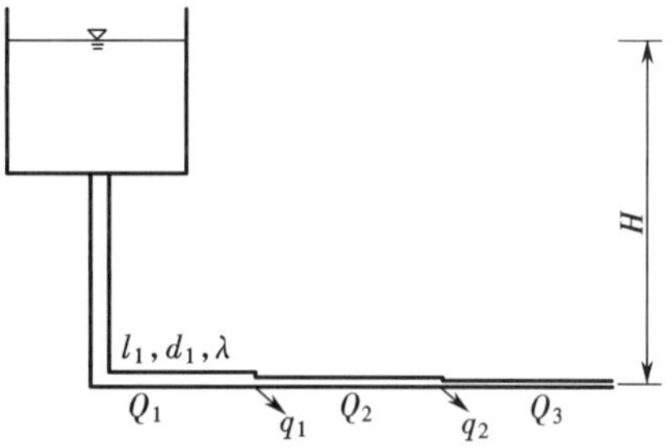

图 6.4-8

串联管路计算原理仍是能量方程和连续性方程，其水力关系为

$$H=\sum h_{f_i}=\sum S_i l_i Q_i^2 \tag{6.4-7}$$

$$Q_i=Q_{i+1}+q_i \tag{6.4-8}$$

(3)并联管路

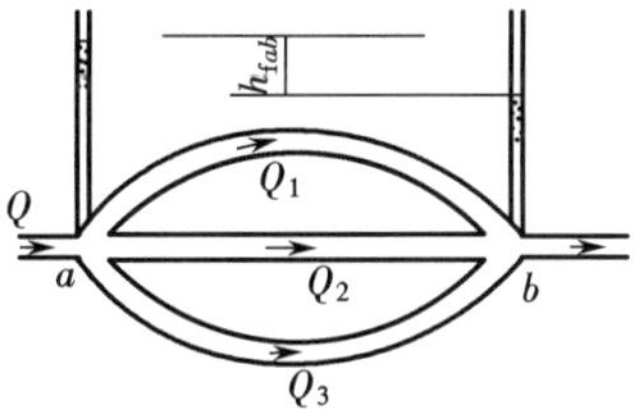

图 6.4-9

在两节点之间并设两条以上管道的管路系统，称为并联管路，如图 6.4-9 所示。并联管路各支管的管径、管长、管材及流量等可不相同。

并联管路计算原理仍是能量方程和连续性方程，其水力关系为

$$h_{f_1}=h_{f_2}=\cdots=h_{f_n}=h_{f_{ab}} \tag{6.4-9}$$

即并联管路总的能量损失等于各支管的能量损失。

$$Q=Q_1+Q_2+\cdots+Q_n=\sum Q_i \tag{6.4-10}$$

即总管流量等于各支管流量之和。

**【例 6.4-6】** 图 6.4-10 所示并联管路，已知两支管的比阻比 $\frac{S_1}{S_2}=1$，管长比 $\frac{l_1}{l_2}=\frac{1}{2}$，试求两支管的流量比 $\frac{Q_1}{Q_2}$。

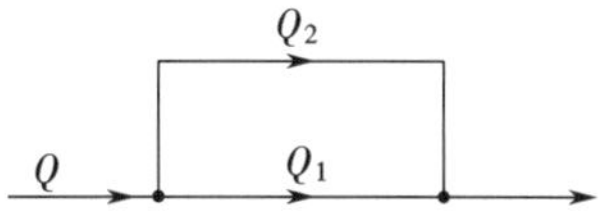

图 6.4-10

**解：**由式(6.4-9)，有

$$S_1 l_1 Q_1^2=S_2 l_2 Q_2^2$$

故

$$\frac{Q_1}{Q_2}=\sqrt{\frac{S_2}{S_1}\cdot\frac{l_2}{l_1}}=\sqrt{2}=1.414$$

【例 6.4-7】 如图 6.4-11 所示水面差为 $H$ 的两水箱间并设两根直长管。已知 $\lambda_1=\lambda_2$，$l_1=l_2$，若要求两支管流量比 $\frac{Q_1}{Q_2}=5.66$，试确定两支管管径比 $\frac{d_1}{d_2}$。

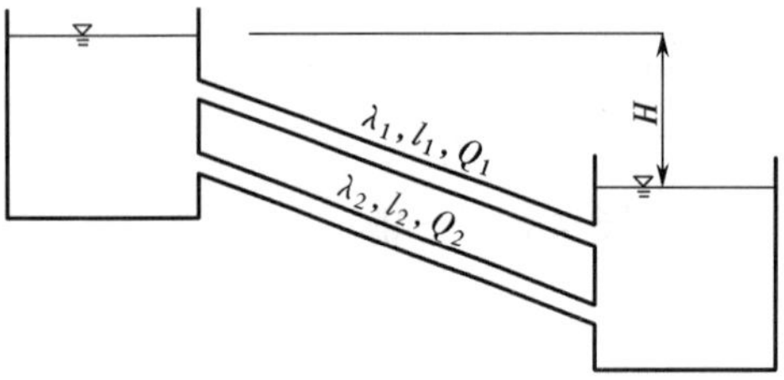


图 6.4-11

**解**：由式(6.4-9)有

$$\lambda_1\frac{l_1}{d_1}\frac{v_1^2}{2g}=\lambda_2\frac{l_2}{d_2}\frac{v_2^2}{2g}$$

将 $v_1=\frac{Q_1}{\frac{\pi}{4}d_1^2}$，$v_2=\frac{Q_2}{\frac{\pi}{4}d_2^2}$ 代入上式，整理得

$$\frac{d_1}{d_2}=\sqrt[5]{\frac{\lambda_1}{\lambda_2}\cdot\frac{l_1}{l_2}\cdot\frac{Q_1^2}{Q_2^2}}=2$$

## 6.5 明渠恒定流

要求：了解明渠的分类；理解明渠均匀流的产生条件及水力特征；理解明渠水力最优断面及允许流速概念；掌握明渠均匀流水力计算；了解明渠恒定非均匀流的流动状态。

### 6.5.1 概述

明渠流是一种具有自由液面的流动，液面上相对压强为零，故明渠流又称为无压流动。天然河道和人工渠道中的流动是典型的明渠流。当液体不能充满管道时，如交通土建工程中的无压涵管、市政工程中的污水管道中的流动，也属于明渠流。

明渠流根据运动要素是否随时间变化可分为恒定流和非恒定流；在明渠恒定流中，又根据运动要素是否沿程变化可分为均匀流和非均匀流。本节重点讨论明渠恒定均匀流的水力计算。

明渠流在渠道中流动，受到渠道断面和底坡的影响。渠道断面的形状及尺寸沿程不变的长直渠道称为棱柱形渠道。棱柱形渠道的过水面积仅随水深变化，即 $A=f(h)$，否则称为非棱柱形渠道。渠底高程沿水流方向的变化可用渠底坡度 $i$ 表示。如图 6.5-1 所示

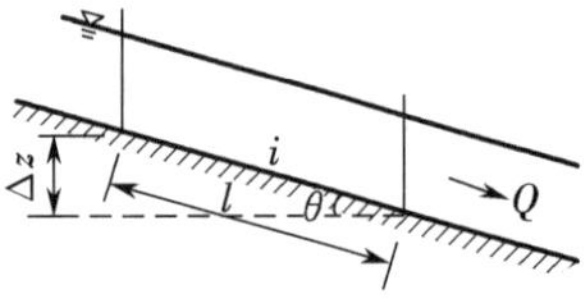


图 6.5-1

$$i=\frac{\Delta z}{l}=\sin\theta \tag{6.5-1}$$

通常 $\theta$ 角很小，习惯上常用两断面间的水平距离代替 $l$，则

$$i=\tan\theta \tag{6.5-2}$$

同样，因渠道底坡 $i$ 很小，在实际应用上常以铅垂断面代替实际过流断面，用铅垂水深 $h$ 代替过流断面水深。

根据渠底坡度可将渠道分成顺坡渠道（$i>0$）、平坡渠道（$i=0$）和逆坡渠道（$i<0$），如图 6.5-2所示。

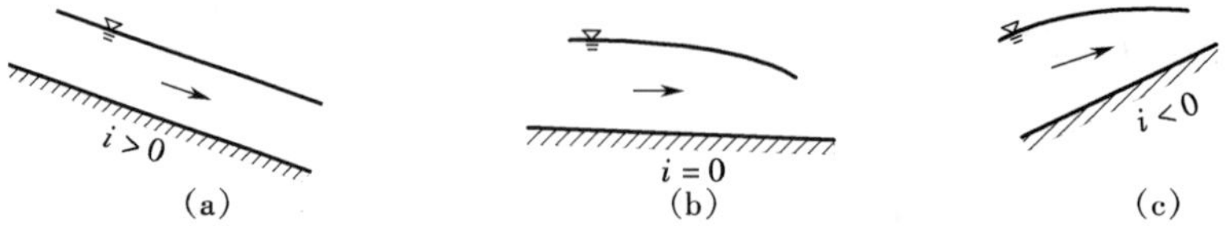


图 6.5-2

### 6.5.2 明渠均匀流的形成条件和水力特征

明渠水流一般情况下常以非均匀流出现，只有在特殊情况下，才会出现均匀流。形成明渠均匀流的条件为：长而直的棱柱形渠道；底坡 $i>0$，且沿程保持不变；渠道的粗糙情况沿程没有变化；渠中水流为恒定流，且沿程流量保持不变。只有全部满足上述条件，才会形成明渠均匀流。

明渠均匀流流线为平行直线，过水断面的形状、水深、断面平均流速等均沿程不发生变化，故总水头线、水面线和渠底线三线平行，也就是说，明渠均匀流的水力坡度 $J$、测压管坡度 $J_P$ 和渠道底坡 $i$ 彼此相等，即

$$J=J_P=i \tag{6.5-3}$$

### 6.5.3 明渠均匀流的水力计算

明渠水流一般属于紊流粗糙区，其流速通常采用谢才公式(6.3-20)，因明渠均匀流中，$J=i$，故

$$v=C\sqrt{Ri} \tag{6.5-4}$$

则流量

$$Q=Av=AC\sqrt{Ri} \tag{6.5-5}$$

式(6.5-4)和式(6.5-5)为明渠均匀流基本公式，其中谢才系数 $C$ 可按曼宁公式(6.3-22)或巴甫洛夫斯基公式(6.3-23)确定。

**【例 6.5-1】** 有一梯形断面的顺直小河，已知边坡系数 $m=1.5$（见图 6.5-3），渠底宽度 $b=3$ m，底坡 $i=0.005$，粗糙系数 $n=0.030$，水深 $h=0.8$ m，试求通过的流量 $Q$。

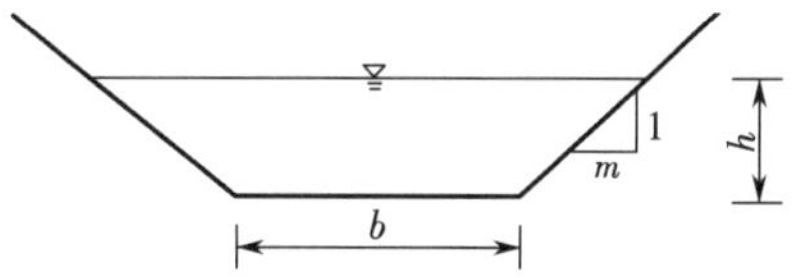

图 6.5-3

**解：** 过水断面面积 $A=(b+mh)h=(3+1.5\times0.8)\times0.8=3.36\ \text{m}^2$

湿周 $\chi=b+2\sqrt{1+m^2}h=3+2\sqrt{1+1.5^2}\times0.8=5.88$ m

水力半径 $R=\dfrac{A}{\chi}=\dfrac{3.36}{5.88}=0.57$ m

流量 $Q=AC\sqrt{Ri}=\dfrac{1}{n}AR^{\frac{2}{3}}i^{\frac{1}{2}}=\dfrac{1}{0.030}\times3.36\times0.57^{\frac{2}{3}}\times0.005^{\frac{1}{2}}=5.44\ \text{m}^3/\text{s}$

明渠均匀流水力计算通常有求流量($Q$)、底坡($i$)、断面尺寸($b$ 和 $h$)几种类型。其中求断面尺寸问题，因有 $b$ 和 $h$ 两个未知量，尚需补充条件才能得到确定解。补充的途径一般有指定 $b$ 求 $h$ 或指定 $h$ 求 $b$，这两种情况因为超越方程，均需计算求解；再就是按水力最优概念补充条件。

### 6.5.4 水力最优断面

将曼宁公式 $C=\dfrac{1}{n}R^{\frac{1}{6}}$ 代入式(6.5-5)得

$$Q=\frac{1}{n}AR^{\frac{2}{3}}i^{\frac{1}{2}}=\frac{A^{\frac{5}{3}}i^{\frac{1}{2}}}{n\chi^{\frac{2}{3}}}$$

通常底坡 $i$ 由地形条件确定，粗糙系数 $n$ 取决于渠壁材料，故在此情况下渠道的输水能力 $Q$ 只取决于断面的形状和尺寸。从设计角度考虑希望在 $A$、$i$、$n$ 一定条件下，使设计出来的渠道通过能力 $Q=Q_{max}$，相应的渠道断面称为水力最优断面。由上式可以看出，满足上述条件的渠

道，必有其湿周$\chi=\chi_{min}$。故对于梯形断面渠道，由$A=(b+mh)h$和$\chi=b+2\sqrt{1+m^2}h$联立，可得优化目标函数

$$\chi=\frac{A}{h}-mh+2\sqrt{1+m^2}h$$

令
$$\frac{d\chi}{dh}=-\frac{A}{h^2}-m+2\sqrt{1+m^2}=0$$

可得水力最优梯形断面渠道的宽深比

$$\beta_h=\frac{b}{h}=2(\sqrt{1+m^2}-m) \tag{6.5-6}$$

不难导得

$$R_h=\frac{h}{2} \tag{6.5-7}$$

即水力最优断面的水力半径等于水深的一半，且与边坡系数无关。

对于矩形断面，以$m=0$代入式(6.5-6)得$\beta_h=2$，即$b=2h$，水力最优矩形断面的底宽为水深的两倍。

水力最优断面概念仅是从流体力学的角度提出的，故水力最优并不完全等同于“技术经济最优”。

**【例6.5-2】** 试按水力最优条件设计一梯形断面渠道的尺寸。已知设计流量$Q=3.5\ m^3/s$，底坡$i=0.005$，边坡系数$m=1.5$，渠壁粗糙系数$n=0.025$。

**解：**$\beta_h=2(\sqrt{1+1.5^2}-1.5)=0.61$

即
$$b=0.61h$$
$$A=(b+mh)h=(0.61h+1.5h)h=2.11h^2$$

又
$$R=R_h=0.5h$$

将$Q$、$A$、$R$、$n$、$i$代入流量公式$Q=\frac{1}{n}AR^{\frac{2}{3}}i^{\frac{1}{2}}$得

$$h=0.97\ m$$
$$b=0.61\times0.97=0.59\ m$$

### 6.5.5 无压圆管均匀流的水力计算

无压圆管是指不满流的圆管，在城市排水工程中被广泛使用。对于$i>0$的长直无压圆管，当粗糙系数$n$沿程保持不变时，管中水流可以认为是明渠均匀流。

无压圆管均匀流的过流断面如图6.5-4所示。其水力要素间的关系如下：

$$\left.\begin{aligned}&\text{过水面积}\quad A=\frac{d^2}{8}(\theta-\sin\theta)\\&\text{湿周}\quad \chi=\frac{1}{2}\theta d\\&\text{水力半径}\quad R=\frac{d}{4}\left(1-\frac{\sin\theta}{\theta}\right)\\&\text{充满度}\quad \alpha=\frac{h}{d}=\sin^2\frac{\theta}{4}\end{aligned}\right\} \tag{6.5-8}$$

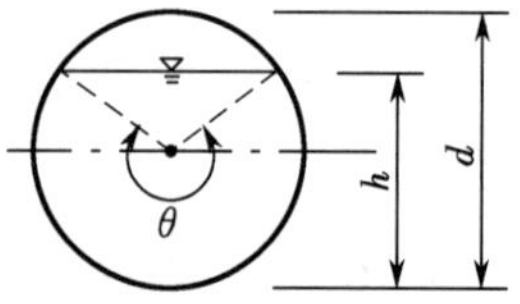

图6.5-4

无压圆管均匀流基本公式仍为式(6.5-4)和式(6.5-5)。

实际工程中,在进行无压管道的水力计算时,还要符合国家建设部颁发的《室外排水设计规范》(GB 50014—2006)中的有关规定。对于污水管道,为避免因管道承压使污水涌出排污口而污染环境,应按不满流计算,其最大充满度按表 6.5-1 采用;对于雨水管道和合流管道,允许短时承压,应按满流计算。为防止排水管道发生冲刷和淤积,对最大流速和最小流速也做了规定。

**表 6.5-1 最大设计充满度**

| 管径 $d$/mm 或暗渠深 $H$/mm | 最大设计充满度 $\alpha(h/d$ 或 $h/H)$ |
|---|---|
| 200 ~ 300 | 0.55 |
| 350 ~ 450 | 0.65 |
| 500 ~ 900 | 0.70 |
| ≥1 000 | 0.75 |

**【例 6.5-3】** 已知某圆形污水管管径 $d=800$ mm,粗糙系数 $n=0.014$,底坡 $i=0.0024$,试求最大设计充满度时的流量 $Q$。

**解:**由表 6.5-1 查得 $d=800$ mm 时的最大设计充满度为 $\alpha=0.70$,代入 $\alpha=\sin^2\dfrac{\theta}{4}$ 得 $\theta=227.16°$。则由式(6.5-8)得

$$A=0.3758\ \text{m}^2, \chi=1.586\ \text{m}, R=0.237\ \text{m}$$

故

$$Q=\frac{1}{n}AR^{\frac{2}{3}}i^{\frac{1}{2}}=\frac{1}{0.014}\times 0.3758\times 0.237^{\frac{2}{3}}\times 0.0024^{\frac{1}{2}}=0.504\ \text{m}^3/\text{s}$$

### 6.5.6 明渠恒定非均匀流的流动状态

明渠均匀流形成的条件非常苛刻,只有在渠道底坡、渠壁粗糙系数沿程不变的长直顺坡棱柱形渠道中,才有可能形成均匀流,否则就是非均匀流。如渠底坡度或渠壁糙率或渠底断面形式沿流变化,渠道中设有桥、涵、堰等建筑物,都是破坏均匀流条件而造成非均匀流的因素。天然河流是典型的非均匀流动。

明渠水流有两种截然不同的流动状态。一种常见于底坡平缓的渠道或枯水季节的平原河流,水流徐缓,若遇暗礁孤石等水下障碍物阻水,障碍物前水面壅高,干扰影响能逆流上传至较远地方;另一种多见于山区和丘陵地区河流,水流湍急,若遇水下障碍物阻水,则水面仅在障碍物附近隆起,障碍物的干扰对上游来流无影响。前者称为缓流,后者称为急流。

明渠水流流动状态的判别有多种方法,但各种方法都是等价的。工程中常用的有临界水深法

$$\begin{cases} h>h_k, \text{缓流} \\ h=h_k, \text{临界流} \\ h<h_k, \text{急流} \end{cases} \tag{6.5-9}$$

和弗劳德数法

$$\begin{cases} Fr<1, \text{缓流} \\ Fr=1, \text{临界流} \\ Fr>1, \text{急流} \end{cases} \tag{6.5-10}$$

式中:$h$、$h_k$ 分别为渠道水深和相应的临界水深;$Fr=\sqrt{\alpha Q^2B/(gA^3)}$ 称为弗劳德数,为无量钢量。

# 6.6 渗流、井和集水廊道

要求:理解渗流模型和达西渗流定律;掌握集水廊道和单井产水量计算。

## 6.6.1 概述

流体在土壤、岩层等多孔介质中的流动称为渗流。渗流理论除了广泛应用于石油、水利、化工、地质、采矿、给水排水等领域外,土木工程中的路基排水、地下工程防水、桥梁及建筑工程的基础施工降水等,也将用到有关渗流知识。

水在土壤或岩石的孔隙中的存在状态有气态水、附着水、薄膜水、毛细水和重力水等。重力水在介质中的运动为重力作用的结果。本节研究重力水在多孔介质中的运动规律。

地下水的运动规律除与水的物理性质有关外,土壤的特性对水的渗透性质有很大的影响。土壤的特性主要取决于土壤的颗粒组成。对于均质各向同性土壤,渗透性质既与渗流空间的位置无关,也与渗流方向无关,本节主要讨论重力水在这种土壤中的恒定流动规律。

## 6.6.2 渗流基本定律

**1. 渗流模型**

自然土壤的颗粒形状和大小相差悬殊,颗粒间的孔隙形状、大小和分布很不规则,具有随机性质。因此,要精细确定水在土壤孔隙中的流动状况是非常困难的,一般也无此必要。工程中所关注的是渗流的宏观平均效果,而不是孔隙内的流动细节。为此,在流体力学中,通常根据工程实际的需要,用着眼于主流方向的连续渗流代替实际复杂的渗流,这种虚拟的渗流,称为渗流模型。

**2. 达西渗流定律**

1856 年法国工程师达西利用图 6.6-1 所示渗流实验装置,对沙质土壤进行了大量实验研究,得到了著名的达西定律:

$$v = k\frac{H}{l} = kJ \tag{6.6-1}$$

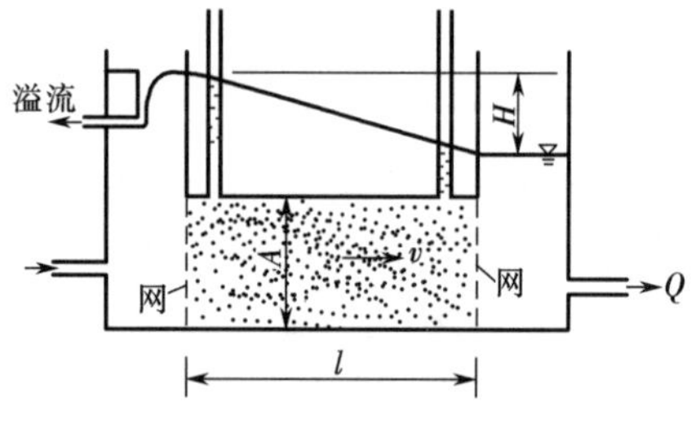

图 6.6-1

式中:$v = \frac{Q}{A}$为渗流的断面平均流速,这里 $Q$ 为渗流流量,$A$ 为与 $v$ 的方向垂直的容器横截面面积;$k$ 为渗流系数,与土壤性质和流体性质等有关,具有流速的量纲;$J = H/l$ 为流程长度 $l$ 范围内的平均测压管坡度,亦即水力坡度,为更具普遍性,可将其写成微商形式 $J = -\frac{\mathrm{d}H}{\mathrm{d}S}$。

实践表明,达西渗流定律适用于雷诺数 $Re < 1 \sim 10$ 的渗流。

**3. 渗流系数**

渗流系数 $k$ 是达西渗流定律中的重要参数。$k$ 值的确定正确与否直接关系到渗流计算结果的精确性。$k$ 值的大小一般与土壤本身的粒径大小、形状、分布情况以及水的温度等有关,因此要准确地确定其数值是比较困难的。常用的确定方法如下。

①经验公式法:根据土壤粒径大小、形状、结构、孔隙率和水温等参数所组成的经验公式估算 $k$ 值。这类公式很多,一般可用作粗略估计。

②实验室方法：在实验室利用类似于图 6.6-1 所示的渗流实验装置，并通过式(6.6-1)计算 $k$。此法简单，但往往因实验土样受到扰动而导致与实际土壤的 $k$ 值有一定差别。

③现场方法：在现场利用钻井或原有井做抽水试验或灌水试验，根据井的产水量公式计算 $k$。

**4. 裘皮幼公式**

达西渗流定律 $v$ 与 $J$ 成线性关系，描述的是均匀渗流运动规律。裘皮幼为解决具有渐变渗流性质的集水井产水量计算问题，假定任一过水渐变渗流断面上各点的水力坡度 $J=-\dfrac{\mathrm{d}H}{\mathrm{d}S}=$ 常数，从而得出同一过水渐变渗流断面上各点流速 $u$ 相等，当然也等于断面平均流速，即

$$v=u=kJ \tag{6.6-2}$$

上式称为裘皮幼公式，它是将达西定律推广到渐变流的渗流公式。

【例 6.6-1】 如图 6.6-2 所示柱形滤水器，已知直径 $d=1.2$ m，滤层高 $l=1.2$ m，滤料渗流系数 $k=0.01$ cm/s，试求 $H=0.6$ m 时的渗流流量 $Q$。

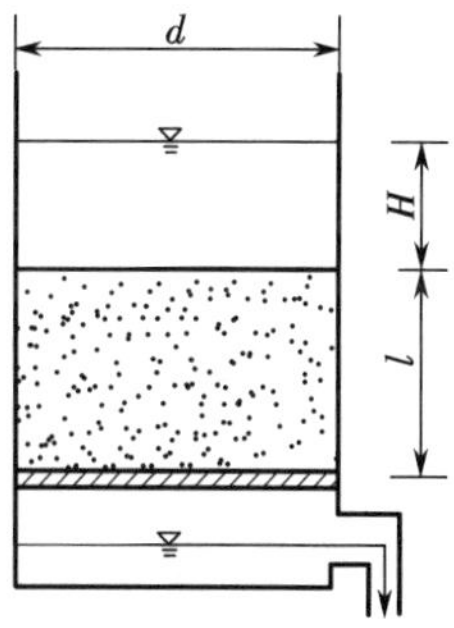


图 6.6-2

**解**：$J=\dfrac{H+l}{l}=\dfrac{0.6+1.2}{1.2}=1.5$

$$Q=Av=\frac{\pi}{4}d^2kJ$$

$$=\frac{\pi}{4}\times1.2^2\times0.01\times10^{-2}\times1.5=1.696\times10^{-4}\quad \mathrm{m^3/s}$$

$$=0.169\ 6\quad \mathrm{L/s}$$

## 6.6.3 集水廊道

设有一矩形断面的集水廊道，如图 6.6-3 所示，廊道底位于水平不透水层上。将裘皮幼公式代入连续性方程得

$$Q=Av=-bzk\frac{\mathrm{d}z}{\mathrm{d}s}$$

设 $q=\dfrac{Q}{b}$ 为集水廊道单位长度上自一侧渗入的单宽流量，并考虑到在 $xOz$ 坐标系中，流向 $s$ 与 $x$ 坐标相反，则上式可以写成

$$q=kz\frac{\mathrm{d}z}{\mathrm{d}x}$$

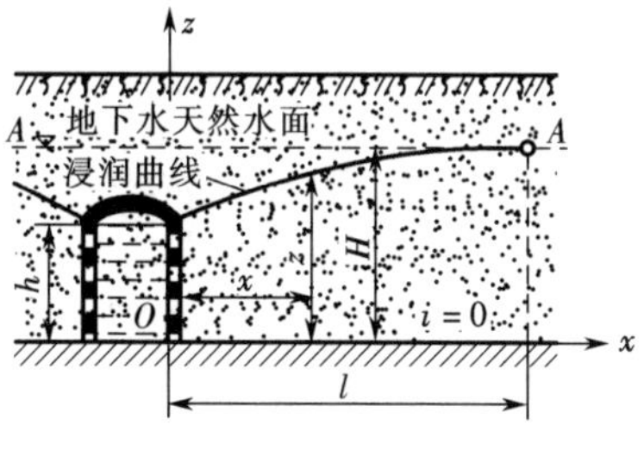


图 6.6-3

将上式分离变量并积分

$$q\int_0^l \mathrm{d}x = k\int_h^H z\mathrm{d}z$$

得集水廊道单侧单宽渗流量为

$$q=\frac{k(H^2-h^2)}{2l} \tag{6.6-3}$$

式中：$l$ 称为影响范围，在 $x\geqslant l$ 的地区天然地下水位不受廊道的影响；$H$ 为天然地下水位，即含水层厚度；$h$ 为廊道中水深。

## 6.6.4 单井

**1. 潜水井**

在具有自由水面的无压含水层中修建的井称为潜水井,可以用来汲取无压地下水。若井底深达不透水层,如图 6.6-4 所示,称为完全井,否则称为不完全井。

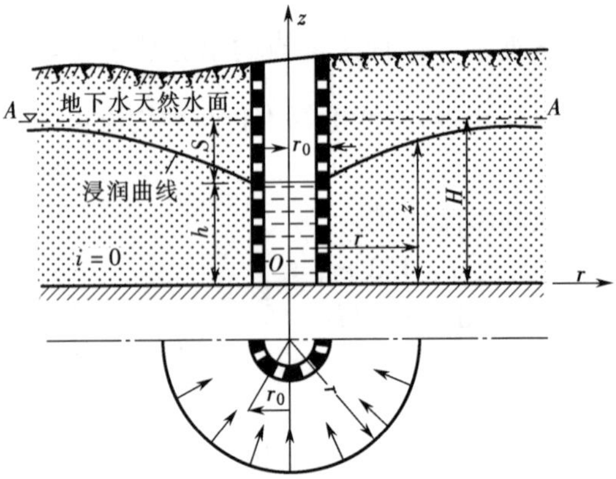


图 6.6-4

设潜水完全井的含水层厚度为 $H$,井的半径为 $r_0$。因抽水时,地下水从井周轴向对称地流入井中,建立图示 $rOz$ 坐标系较为方便。过流断面为圆柱面,$A=2\pi rz$,流速 $v=kJ=k\dfrac{\mathrm{d}z}{\mathrm{d}r}$,故流量 $Q=Av=2\pi rz\cdot k\dfrac{\mathrm{d}z}{\mathrm{d}r}$,分离变量并积分

$$Q\int_{r_0}^{R}\frac{\mathrm{d}r}{r}=2\pi k\int_{h}^{H}z\mathrm{d}z$$

得潜水完全井产水量公式

$$Q=\pi k\frac{H^2-h^2}{\ln\dfrac{R}{r_0}} \tag{6.6-4}$$

式中:$R$ 称为井的影响半径,可由抽水试验测定,近似计算时可用经验公式

$$R=3\,000S\sqrt{k} \tag{6.6-5}$$

估算,式中 $S=H-h$ 为井中水位降深,以 m 计;渗流系数 $k$ 以 m/s 计。

**【例 6.6-2】** 有一潜水完全井,已知含水层厚度 $H=8$ m,渗流系数 $k=0.001\,5$ m/s,井的半径 $r_0=0.5$ m,抽水时井中水深 $h=5$ m,试估算井的产水量 $Q$。

**解:**井中水位降深 $S=H-h=8-5=3$ m,代入式(6.6-5)得井的影响半径

$$R=3\,000\times3\times\sqrt{0.001\,5}=348.6\ \mathrm{m}$$

取 $R=350$ m,由式(6.6-4)求得井的产水量为

$$Q=\pi\times0.001\,5\times\frac{8^2-5^2}{\ln\dfrac{350}{0.5}}=0.028\ \mathrm{m^3/s}$$

**2. 自流井**

含水层位于两不透水层之间,其中渗流所受的压强大于大气压强,这样的含水层称为自流层,由自流层供水的井称为自流井,如图 6.6-5 所示。

设含水层厚度为 $t$,凿井穿过覆盖在含水层上的不透水层时,地下水位将升到高度 $H$。抽水时,过流断面面积 $A=2\pi rt$,断面上各点的水力坡度 $J=\dfrac{\mathrm{d}z}{\mathrm{d}r}$,故流量 $Q=Av=2\pi rtk\dfrac{\mathrm{d}z}{\mathrm{d}r}$,分离变量并积分

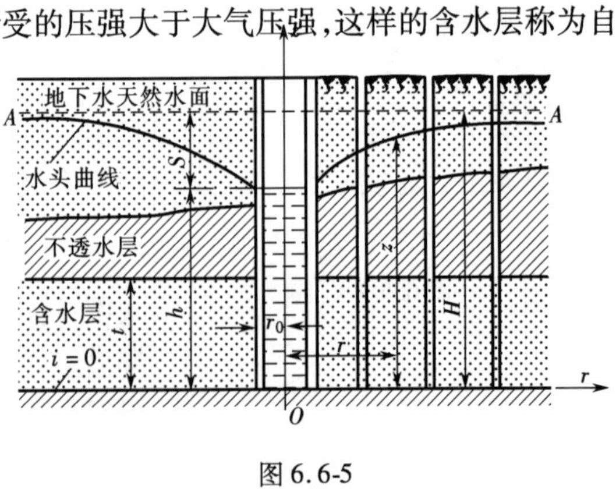


图 6.6-5

$$Q\int_{r_0}^{R}\frac{\mathrm{d}r}{r} = 2\pi tk\int_{h}^{H}\mathrm{d}z$$

得自流完全井产水量公式

$$Q = \frac{2\pi kt(H-h)}{\ln\frac{R}{r_0}} \tag{6.6-6}$$

**3. 大口井与基坑排水**

大口井是井径较大、井深较小的集水井，一般用于集取浅层地下水，且为产水量来自井壁和井底的不完全井。基坑排水的性质与大口井相似，计算方法基本相同。

关于大口井的渗流形式有两种假定，一种是假定过流断面为半球面(见图 6.6-6(a))，另一种是假定为椭球面(见图 6.6-6(b))。前者适用于含水层厚度较大的情况，实践证明当$\frac{H}{r_0}>$ 8～10 时，比较接近于实际。后一种假定适用于含水层厚度较小的情况。

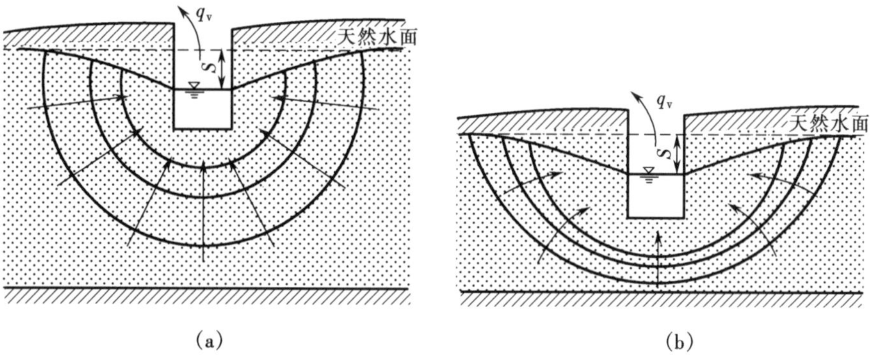


图 6.6-6

当渗流过流断面为半球面时，其产水量公式为

$$Q = 2\pi kr_0S \tag{6.6-7}$$

当过流断面为椭球面时，其产水量公式为

$$Q = 4kr_0S \tag{6.6-8}$$

## 6.7 相似原理和量纲分析

要求：理解相似原理和量纲分析有关基本概念；掌握 $\pi$ 定理量纲分析方法；掌握模型实验设计方法。

实际工程中的许多流体力学问题，由于其固有的复杂性，若仅用理论分析方法求解，一般很难得到完整的结果。实验分析方法是研究流体力学的重要方法之一。由于工程中实物原型的尺寸一般较大(尤其是土建工程中的建筑物)，直接进行实验会耗费大量的人力和物力，因此人们往往采用模型进行实验研究。

要进行模型实验，就会遇到诸如如何更有效地设计和组织实验，如何正确处理实验数据以及如何将模型实验结果推广到原型等一系列问题。本节阐述的相似原理和量纲分析知识就是为这些问题的解决提供理论依据。

## 6.7.1 流动相似的基本概念

流动相似概念是几何学中的几何相似概念的推广。要使模型和原型的流动相似，除要求两者满足几何相似外，还要满足运动相似、动力相似以及定解条件（包括边界条件和初始条件）相似。

为便于理解和掌握相似的基本概念，定义 $\lambda_q=\frac{q_{\mathrm{p}}}{q_{\mathrm{m}}}$ 表示原型（p）与模型（m）对应物理量 $q$ 的比例，称为比尺。

**1. 几何相似**

几何相似即形状相似，要求原型和模型对应的线性尺度成一定的比例。因此，两个几何相似物体的长度（$l$）、面积（$A$）、体积（$V$）比尺可分别表示为

$$\lambda_l=\frac{l_{\mathrm{p}}}{l_{\mathrm{m}}}$$

$$\lambda_A=\frac{A_{\mathrm{p}}}{A_{\mathrm{m}}}=\lambda_l^2$$

$$\lambda_V=\frac{V_{\mathrm{p}}}{V_{\mathrm{m}}}=\lambda_l^3$$

完善的几何相似，要求原型和模型两者的表面粗糙度之比也应等于 $\lambda_l$，实际中有时很难做到。

**2. 运动相似**

运动相似是指流体运动的流速场相似，即要求原型和模型流动各对应点的流速方向相同、大小成一定的比例。因此，两个运动相似物体的流速（$u$ 或 $v$）、加速度（$a$）比尺可分别表示为

$$\lambda_u=\lambda_v=\frac{u_{\mathrm{p}}}{u_{\mathrm{m}}}$$

$$\lambda_a=\frac{a_{\mathrm{p}}}{a_{\mathrm{m}}}=\frac{\lambda_u^2}{\lambda_l^2}$$

**3. 动力相似**

动力相似是指原型和模型所受的同名力方向相同、大小成一定的比例。如图 6.7-1 所示流经飞机机翼流体的流场，假定作用在原型和模型流体质点上的同名力有重力 $F_G$、压力 $F_P$、黏性力 $F_T$、惯性力 $F_I$ 等，则两流动动力相似就要求：

$$\frac{F_{G\mathrm{p}}}{F_{G\mathrm{m}}}=\frac{F_{P\mathrm{p}}}{F_{P\mathrm{m}}}=\frac{F_{T\mathrm{p}}}{F_{T\mathrm{m}}}=\frac{F_{I\mathrm{p}}}{F_{I\mathrm{m}}}$$

或写成比尺形式有

$$\lambda_{F_G}=\lambda_{F_P}=\lambda_{F_T}=\lambda_{F_I}$$

一般说来，几何相似是运动相似和动力相似的前提，动力相似是决定两流动相似的主导因素，运动相似是几何相似和动力相似的表现。因此，在几何相似前提下，要保证流动相似主要看动力相似。

## 6.7.2 相似准则

几何相似、运动相似、动力相似之间是有一定联系的，这种联系就是相似准则。其实流动相似的本质就是原型和模型能被同一物理方程所描述，这种思想可以推广到任意两个物理现

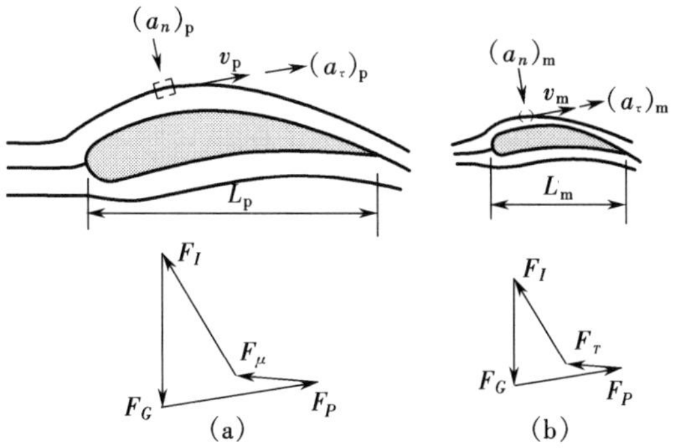


图 6.7-1

象的相似,如水电相似、热电相似等。

推导相似准则可以从牛顿运动定律 $\sum \boldsymbol{F}=m\boldsymbol{a}$ 出发,即把惯性力作为标准,将其与其他作用力进行比较。

为便于相似准则的推导,现将常见作用力的比尺用基本比尺表示:

重力比尺 $$\lambda_{F_G}=\frac{(\rho gV)_p}{(\rho gV)_m}=\lambda_\rho\lambda_g\lambda_l^3 \tag{6.7-1}$$

压力比尺 $$\lambda_{F_P}=\frac{(pA)_p}{(pA)_m}=\lambda_p\lambda_l^2 \tag{6.7-2}$$

黏性力比尺 $$\lambda_{F_T}=\frac{\left(\frac{A\mu \mathrm{d}u}{\mathrm{d}y}\right)_p}{\left(\frac{A\mu \mathrm{d}u}{\mathrm{d}y}\right)_m}=\lambda_\mu\lambda_l\lambda_v \tag{6.7-3}$$

惯性力比尺 $$\lambda_{F_I}=\frac{(\rho Va)_p}{(\rho Va)_m}=\lambda_\rho\lambda_l^3\lambda_a=\lambda_\rho\lambda_l^2\lambda_v^2 \tag{6.7-4}$$

**1. 弗劳德准则——重力相似**

若保证原型与模型任意对应点的重力相似,则由动力相似要求有

$$\lambda_{F_G}=\lambda_{F_I}$$

将式(6.7-1)和式(6.7-4)代入,化简得

$$\frac{\lambda_v}{\sqrt{\lambda_g\lambda_l}}=1 \tag{6.7-5}$$

上式也可写成 $\left(\frac{v}{\sqrt{gl}}\right)_p=\left(\frac{v}{\sqrt{gl}}\right)_m$ 或 $(Fr)_p=(Fr)_m$,即原型和模型的弗劳德数相等,这就是弗劳德准则。

**2. 雷诺准则——黏性力相似**

若保证原型与模型黏性力相似,则由动力相似要求有

$$\lambda_{F_T}=\lambda_{F_I}$$

将式(6.7-3)和式(6.7-4)代入,化简得

$$\frac{\lambda_\rho\lambda_v\lambda_l}{\lambda_\mu}=1 \tag{6.7-6}$$

上式也可写成$\left(\frac{\rho vl}{\mu}\right)_{p}=\left(\frac{\rho vl}{\mu}\right)_{m}$或$(Re)_{p}=(Re)_{m}$,即原型和模型的雷诺数相等,这就是雷诺准则。

**3. 欧拉准则——压力相似**

保证原型与模型压力相似,则由动力相似要求有

$$\lambda_{F_P}=\lambda_{F_I}$$

将式(6.7-2)和式(6.7-4)代入并化简得

$$\frac{\lambda_p}{\lambda_\rho \lambda_v^2}=1 \tag{6.7-7}$$

上式也可写成$\left(\frac{p}{\rho v^2}\right)_{p}=\left(\frac{p}{\rho v^2}\right)_{m}$或$(Eu)_{p}=(Eu)_{m}$,即原型和模型的欧拉数相等,这就是欧拉准则。

### 6.7.3 相似原理的应用

**1. 模型律的选择**

模型设计首先要选择模型律,即确定所要遵循的相似准则。从理论上讲,流动相似应要求所有作用力都相似。

现仅就同时满足黏性力和重力相似进行讨论。由式(6.7-5)和式(6.7-6)得相似条件$\lambda_\nu=\frac{\lambda_\mu}{\lambda_\rho}=\lambda_g^{\frac{1}{2}}\lambda_l^{\frac{3}{2}}=\lambda_l^{\frac{3}{2}}$,也就是说,要保证黏性力和重力同时相似,须按$\lambda_\nu=\lambda_l^{\frac{3}{2}}$选择模型流体的运动黏度,这通常难以实现;假若模型与原型采用同一介质,$\lambda_\nu=1$,则得相似条件$\lambda_l=1$,即模型与原型尺寸相同,失去了模型实验的价值。

由此可见,一般情况下同时满足两个或两个以上作用力相似是很难实现的。实际应用中,通常只保证主要力相似。对于有压管流、潜体绕流等,一般为黏性力起主要作用,相似条件依赖于雷诺准则;对于明渠水流、绕桥墩的水流、自由式孔口出流等,主要受重力影响,相似条件依赖于弗劳德准则。

**2. 模型设计**

通常按试验场地和模型制作条件先定出长度比尺$\lambda_l$,确定模型流动的几何边界;然后选择模型流动的介质和相似准则,并按选定的相似准则确定流速比尺$\lambda_v$和计算模型流量。

**【例6.7-1】** 有一直径$d_p=200$ mm的输油管道,油的运动黏度$\nu_p=4.0\times10^{-5}$ m²/s,管内通过的流量$Q_p=0.12$ m³/s,若用直径$d_m=50$ mm的管道和20℃的空气($\nu_m=14.9\times10^{-6}$ m²/s)作模型试验,试求在流动相似时模型管内的流量$Q_m$。

**解:**长度比尺 $\lambda_l=\frac{d_p}{d_m}=\frac{200}{50}=4$

运动黏度比尺 $\lambda_\nu=\frac{\nu_p}{\nu_m}=\frac{4.0\times10^{-5}}{14.9\times10^{-6}}=2.685$

由雷诺准则确定流速比尺 $\lambda_v=\frac{\lambda_\nu}{\lambda_l}=\frac{2.685}{4}=0.671$

模型管内流量 $Q_m=\frac{Q_p}{\lambda_l^2\lambda_v}=\frac{120}{4^2\times0.671}=11.18$ L/s

### 6.7.4 量纲分析

**1. 量纲和量纲的齐次性**

量纲是物理量的单位种类。同一物理量,可以用不同的单位来度量,但只有唯一的量纲,

如长度可以用米、厘米、英尺、英寸等不同单位度量，但作为物理量的种类，它属于长度量纲 L。其他物理量如时间、速度、密度、力等也各属一种量纲。具有独立性的量纲称为基本量纲。在流体力学中，常用长度量纲 L、时间量纲 T、质量量纲 M 作为基本量纲，其他物理量的量纲都可由 3 个基本量纲来表示，如流速 $\dim v = \mathrm{LT}^{-1}$、力 $\dim F = \mathrm{MLT}^{-2}$。力学上任何有物理意义的方程式或关系式，各项的量纲必须相同，如流体静力学基本方程 $z+\dfrac{p}{\rho g}=C$，各项量纲均为 L，物理方程的这种性质称为量纲齐次性规律。一个量纲齐次性方程，可以化为无量纲方程，只要用方程中任一项除以其他各项即可，化为无量纲方程后，方程的函数关系并不改变。

**2. 量纲分析法**

量纲分析法的基本思想是首先假定一个未知的函数关系，然后运用物理方程量纲齐次性规律确定这个函数关系。下面介绍量纲分析通用的方法——布金汉 $\pi$ 定理。

布金汉 $\pi$ 定理指出：对于某个物理现象，如果存在 $n$ 个变量互为函数关系，即 $F(q_1,q_2,\cdots,q_n)=0$，其中含有 $m$ 个基本量，则可将 $n$ 个变量组合成 $(n-m)$ 个无量纲数的函数关系，即

$$\varphi(\pi_1,\pi_2,\cdots,\pi_{n-m})=0$$

式中：$\pi_1,\pi_2\cdots,\pi_{n-m}$ 等称为 $\pi$ 数，即无量纲数。

基本量必须彼此互相独立，在流体力学中通常选 3 个。

**【例 6.7-2】** 已知在黏性流体中运动的球形物体所受阻力 $F_{\mathrm{P}}$ 与球体的直径 $d$ 和运动速度 $v$、流体的密度 $\rho$ 和黏度 $\mu$ 有关，试用 $\pi$ 定理建立 $F_{\mathrm{P}}$ 的公式。

**解**：将函数关系设为

$$F(v,d,\rho,\mu,F_{\mathrm{P}})=0$$

其中变量 $n=5$，选取 $v$、$d$、$\rho$ 为基本量，根据 $\pi$ 定理，上式可变为

$$\varphi(\pi_1,\pi_2)=0$$

其中 $\pi_1=v^{\alpha_1}\cdot d^{\beta_1}\cdot\rho^{\gamma_1}\cdot\mu$，$\pi_2=v^{\alpha_2}\cdot d^{\beta_2}\cdot\rho^{\gamma_2}\cdot F_{\mathrm{P}}$。

为了确定指数 $\alpha$、$\beta$、$\gamma$，将 $\pi_1$、$\pi_2$ 写成量纲方程。对于 $\pi_1$ 有

$$\mathrm{M}^0\mathrm{L}^0\mathrm{T}^0=(\mathrm{LT}^{-1})^{\alpha_1}\cdot\mathrm{L}^{\beta_1}\cdot(\mathrm{ML}^{-3})^{\gamma_1}\cdot(\mathrm{ML}^{-1}\mathrm{T}^{-1})$$

比较等式两边的同名量纲，有

$$\mathrm{M}:0=\gamma_1+1$$

$$\mathrm{L}:0=\alpha_1+\beta_1-3\gamma_1-1$$

$$\mathrm{T}:0=-\alpha_1-1$$

解得 $\alpha_1=-1,\beta_1=-1,\gamma_1=-1$，即 $\pi_1=\dfrac{\mu}{\rho vd}=\dfrac{1}{Re}$，同理可得

$$\pi_2=\frac{F_{\mathrm{P}}}{\rho d^2v^2}$$

将 $\pi_1=\dfrac{1}{Re}$、$\pi_2=\dfrac{F_{\mathrm{P}}}{\rho d^2v^2}$ 代入 $\varphi(\pi_1,\pi_2)=0$，并将 $F_{\mathrm{P}}$ 解出，得

$$F_{\mathrm{P}}=f(Re)\rho d^2v^2$$

式中：$f(Re)$ 为与雷诺数有关的系数，可通过实验确定。

## 仿真习题

### 6.1 流体的主要物性与流体静力学

6-1 人工湖水面下 2 m 处水体所受的单位质量力大小为(    )。

(A)117.6 kPa　(B)19.6 kPa　(C)9.8 $m/s^2$　(D)9.8 kPa

6-2 下面关于流体黏性的说法中,正确的是(    )。

(A)流体的黏性随温度的升高而减小

(B)流体的黏性随温度的升高而增大

(C)液体的黏性随温度的升高而增大,而气体的黏性随温度的升高而减小

(D)液体的黏性随温度的升高而减小,而气体的黏性随温度的升高而增大

6-3 已知某流体的密度 $\rho=1\,000\ kg/m^3$,动力黏度 $\mu=0.1\ Pa\cdot s$,则该流体的运动黏度 $\nu=$(    )。

(A)$0.1\times10^{-3}\ m^2/s$　(B)$0.1\times10^{3}\ m^2/s$

(C)$0.1\times10^{-3}\ s/m^2$　(D)$0.1\times10^{3}\ s/m^2$

6-4 已知某液体的密度变化率 $\frac{d\rho}{\rho}=1.0\%$,则该液体的体积变化率 $\frac{dV}{V}=$(    )。

(A)1.0%　(B)-1.0%　(C)1.0‰　(D)-1.0‰

6-5 已知某流体的黏性切应力 $\tau=5.0\ N/m^2$,动力黏度 $\mu=0.1\ Pa\cdot s$,则该流体的剪切变形速率 $\frac{du}{dy}=$(    )。

(A)5.0/s　(B)50/s　(C)5.0 m/s　(D)50 m/s

6-6 相对压强的起量点为(    )。

(A)绝对真空　(B)标准大气压　(C)当地大气压　(D)液面压强

6-7 重力作用下的流体静压强微分方程为 $dp=$(    )。

(A)$-\rho g dz$　(B)$\rho g dz$　(C)$-\rho dz$　(D)$\rho dz$

6-8 图示封闭盛水容器壁上装有一 U 形水银测压计,若 $x$—$x$ 为水平面,则 1、2、3 点压强关系为(    )。

(A)$p_1<p_2<p_3$　(B)$p_1=p_2=p_3$　(C)$p_1>p_2>p_3$　(D)$p_2<p_1<p_3$

6-9 图示水箱液面上真空表读数为 19.6 kPa,则水深 2 m 的底面上表面压强为(    )。

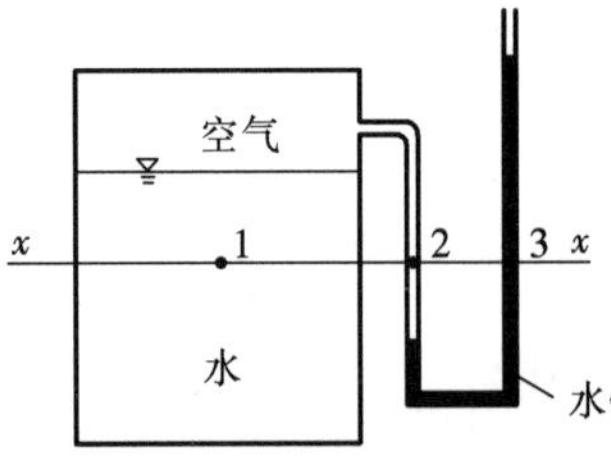


题 6-8 图

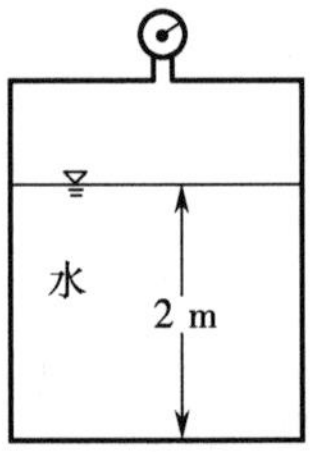


题 6-9 图

(A)39.2 kPa　(B)19.6 kPa　(C)9.8 kPa　(D)0

6-10 图示封闭盛水容器的水面绝对压强$p_0' = 85$ kPa，中间玻璃管两端开口，试问当既无空气通过玻璃管进入容器又无水进入玻璃管时，玻璃管应伸入水中的深度 $h =$(　　)m。

(A)0.85　　(B)1.33　　(C)8.5　　(D)13.3

6-11 一铅直矩形闸门如图所示，已知 $h_1 = 1$ m，$h_2 = 2$ m，$b = 1.5$ m，则作用在闸门上的静水总压力 $P =$(　　)kN。

(A)98.8　　(B)78.8　　(C)68.8　　(D)58.8

6-12 图示矩形闸门，已知 $a$ 及 $h$，当(　　)时，闸门可绕 $O$ 轴自动打开。

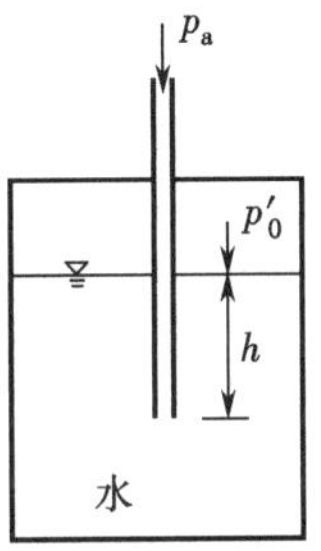


题 6-10 图

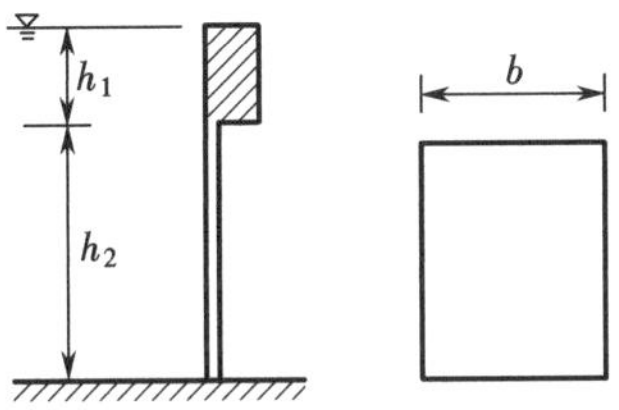


题 6-11 图

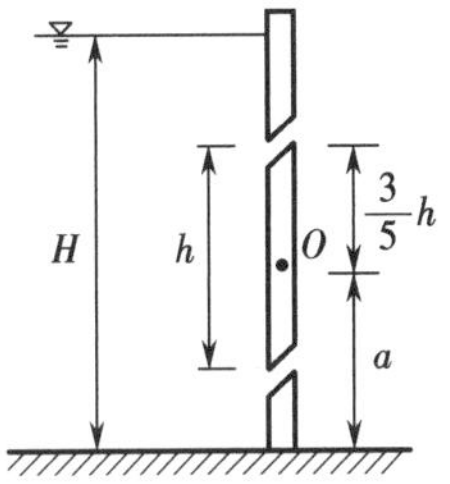


题 6-12 图

(A)$H > a + \frac{14}{15}h$　　(B)$H < a + \frac{14}{15}h$　　(C)$H > a + \frac{15}{14}h$　　(D)$H < a + \frac{15}{14}h$

6-13 如图所示，垂直放置的矩形挡水平板，水深为 3 m，静水总压力为 $P$ 的作用点到水面的距离 $y_D$ 为(　　) m。

(A)1.25　　(B)1.5　　(C)2.0　　(D)2.5

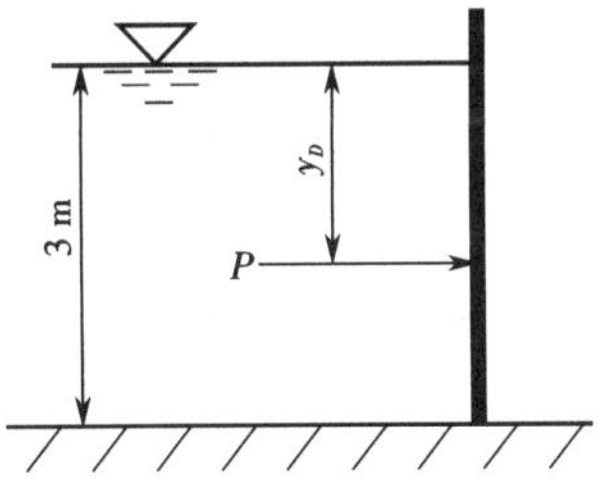


题 6-13 图

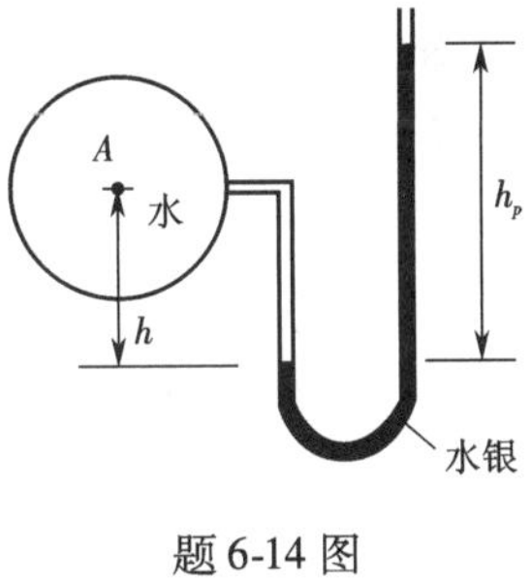


题 6-14 图

6-14 用图示 U 形水银测压计测 $A$ 点压强，已知 $h_p = 500$ mm，$h = 300$ mm，则 $A$ 点的相对压强为(　　)N/m$^2$。

(A)6 500　　(B)63 700　　(C)35 084　　(D)1 960

## 6.2 流体动力学基础

6-15 过流断面是指与(　　)的断面。

(A)流线平行　　(B)流线斜交　　(C)流线正交　　(D)迹线正交

6-16 渐变流过流断面上各点的(　　)近似等于常数。

(A)$p$　　(B)$z + \frac{p}{\rho g}$　　(C)$\frac{p}{\rho g} + \frac{u^2}{2g}$　　(D)$z + \frac{p}{\rho g} + \frac{u^2}{2g}$

6-17 图示等径长直管流，$x$—$x$ 为水平面，$y$—$y$ 过流断面，则有（　　）。

（A）$p_1=p_2$　　（B）$p_3=p_4$

（C）$z_3+\frac{p_3}{\rho g}>z_4+\frac{p_4}{\rho g}$　　（D）$z_3+\frac{p_3}{\rho g}=z_4+\frac{p_4}{\rho g}$

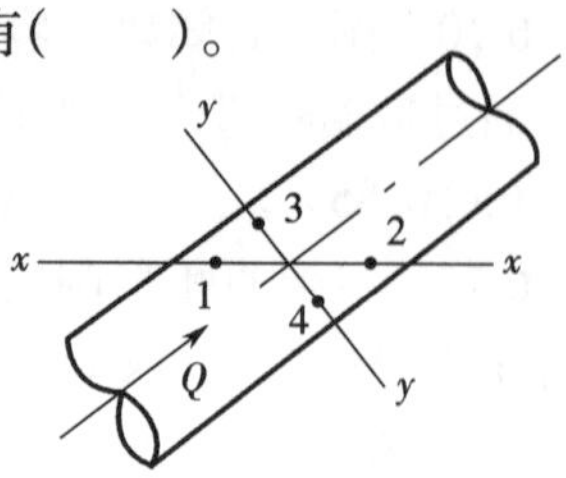

题 6-17 图

6-18 已知突扩前后管段的管径之比$\frac{d_1}{d_2}=0.5$，则突扩前后断面平均流速之比$\frac{v_1}{v_2}$=（　　）。

（A）4　　（B）2　　（C）1　　（D）0.5

6-19 如图所示四通管流，已知 $Q_1=20$ L/s、$Q_2=10$ L/s、$Q_3=15$ L/s、$Q_4=25$ L/s，则该管流的流动方向为（　　）。

（A）$\left.\begin{matrix}1—1\\2—2\end{matrix}\right\}\rightarrow\left\{\begin{matrix}3—3\\4—4\end{matrix}\right.$　　（B）$\left.\begin{matrix}1—1\\3—3\end{matrix}\right\}\rightarrow\left\{\begin{matrix}2—2\\4—4\end{matrix}\right.$

（C）$\left.\begin{matrix}1—1\\4—4\end{matrix}\right\}\rightarrow\left\{\begin{matrix}2—2\\3—3\end{matrix}\right.$　　（D）$\left.\begin{matrix}1—1\\2—2\\3—3\end{matrix}\right\}\rightarrow 4—4$

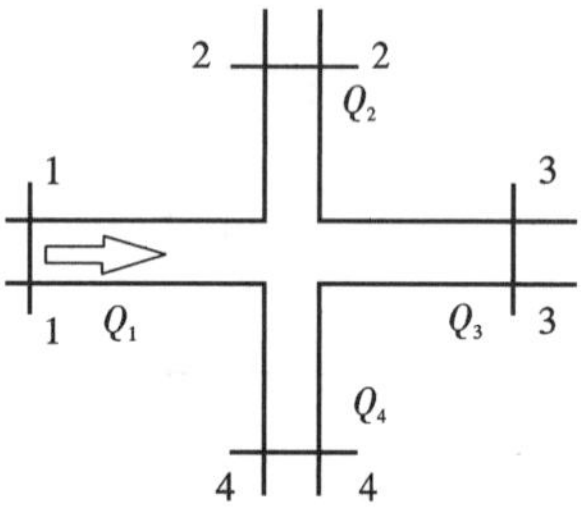

题 6-19

6-20 关于水流流向的说法，正确是（　　）。

（A）水一定是从高处向低处流

（B）水一定是从流速大处向流速小处流

（C）水一定是从压强大处向压强小处流

（D）水一定是从机械能大处向机械能小处流

6-21 已知三通管来流流量 $Q_1=140$ L/s，两支管的直径 $d_2=150$ mm 和 $d_3=200$ mm，且两管断面平均流速相等（$v_2=v_3$），则两支管流量（　　）。

（A）$Q_2=40$ L/s，$Q_3=100$ L/s　　（B）$Q_2=50.3$ L/s，$Q_3=89.7$ L/s

（C）$Q_2=60$ L/s，$Q_3=80$ L/s　　（D）$Q_2=Q_3=70$ L/s

6-22 图示输气管在喉道处用一玻璃管与盛水容器相连，已知玻璃管内水上升高度为 $h$，则输气管喉道断面的相对压强 $p$=（　　）。

（A）$\rho_{水}gh$　　（B）$\rho_{气}gh$

（C）$-\rho_{水}gh$　　（D）$-\rho_{气}gh$

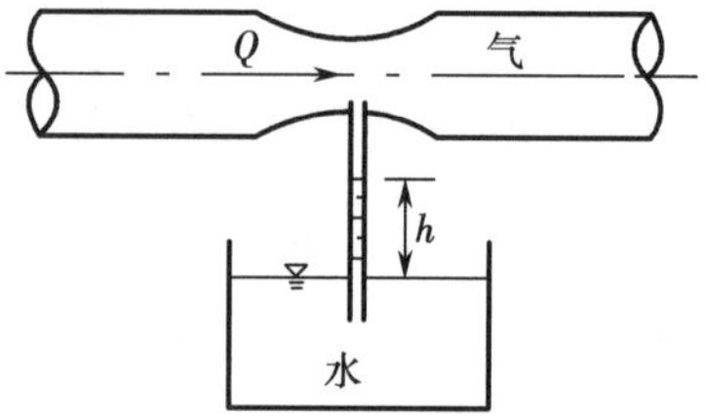

题 6-22 图

6-23 在应用恒定总流的动量方程 $\sum \boldsymbol{F}=\rho Q(\beta_2\boldsymbol{v}_2-\beta_1\boldsymbol{v}_1)$ 解题时，$\sum \boldsymbol{F}$ 中不应包括（　　）。

（A）重力　　（B）压力

（C）阻力　　（D）惯性力

6-24 如图所示，水由喷嘴水平射出，冲击在固定的光滑平板上，已知喷出速度 $v=50$ m/s，喷射流量 $Q=400$ L/s，若不计空气及平板对射流的阻力，则射流对平板的冲击力为（　　）kN。

（A）20　　（B）40　　（C）65　　（D）120

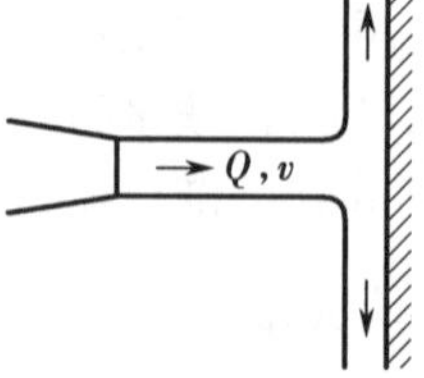

题 6-24 图

6-25 如图所示文丘里管，已知管道直径 $d_1=100$ mm，喉道直径 $d_2=50$ mm，文丘里流量计流量系数 $\mu=0.94$，水银差压计读数 $h_p=25$ cm，则管道通过的水流量 $Q=($ $)\mathrm{m^2/s}$。

(A)0.030 (B)0.025

(C)0.020 (D)0.015

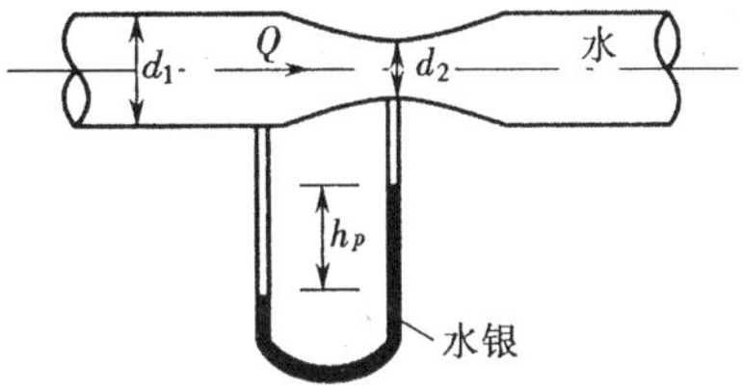


题 6-25 图

## 6.3 流动阻力与能量损失

6-26 有压管流的管径 $d$ 与水力半径 $R$ 之比 $\frac{d}{R}=($ $)$。

(A)4 (B)2 (C)1 (D)0.5

6-27 图示矩形明渠断面的水力半径 $R=($ $)$。

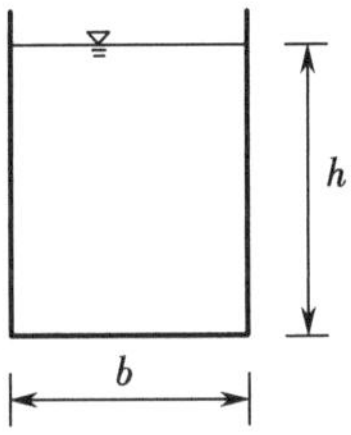


题 6-27 图

(A)$\frac{b+2h}{bh}$ (B)$\frac{bh}{b+2h}$

(C)$\frac{2(b+h)}{bh}$ (D)$\frac{bh}{2(b+h)}$

6-28 已知有压管路中突扩前后管段管径之比 $\frac{d_1}{d_2}=0.5$，则雷诺数之比 $\frac{Re_1}{Re_2}=($ $)$。

(A)0.25 (B)0.5 (C)1.0 (D)2.0

6-29 圆管层流中断面最大流速 $u_{max}$ 与平均流速 $v$ 之比 $\frac{u_{max}}{v}=($ $)$。

(A)0.5 (B)1.0 (C)2.0 (D)4.0

6-30 若在同一长直等径管道中用不同液体进行实验，当流速相等时，其沿程水头损失 $h_f$ 在(  )是相同的。

(A)层流区 (B)紊流光滑区

(C)紊流过渡区 (D)紊流粗糙区

6-31 在图示等径直管流动中，相距 $l$ 的两断面间的水头损失 $h_W=$ (  )。

(A)$h$ (B)$h-l$

(C)$h+l$ (D)$l$

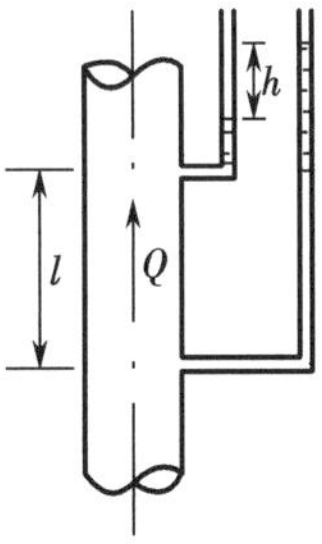


题 6-31 图

6-32 已知某圆管水流的雷诺数 $Re=2\ 000$，则该管的沿程阻力系数 $\lambda=($ $)$。

(A)0.028 (B)0.032 (C)0.064 (D)31.25

6-33 已知混凝土排水管($n=0.014$)的水力半径 $R=0.5$ m，水均匀流动 1 000 m 的沿程水头损失为 1 m，则该管的断面平均流速 $v=($ $)$ m/s。

(A)1.22 (B)1.32 (C)1.42 (D)1.52

6-34 突然扩大管段的局部水头损失 $h_j=($ $)$。

(A)$\frac{v_1-v_2}{2g}$ (B)$\frac{(v_1-v_2)^2}{2g}$ (C)$\frac{v_1^2+v_2^2}{2g}$ (D)$\frac{v_1^2-v_2^2}{2g}$

6-35 下列有关于流体流动减阻措施的说法中，不正确的是(　　)。

(A)采用刚性边壁　(B)采用柔性边壁

(C)减小管壁粗糙度　(D)投加极少量添加剂

## 6.4 孔口、管嘴、管道流动

6-36 当孔口、管嘴出流的作用水头 $H$ 和管(孔)径 $d$ 分别相等时，则必有(　　)。

(A)$Q_{孔口} > Q_{管嘴}, v_{孔口} > v_{管嘴}$　(B)$Q_{孔口} < Q_{管嘴}, v_{孔口} > v_{管嘴}$

(C)$Q_{孔口} > Q_{管嘴}, v_{孔口} < v_{管嘴}$　(D)$Q_{孔口} < Q_{管嘴}, v_{孔口} < v_{管嘴}$

6-37 水泵的吸水管装置如图所示，已知流量 $Q = 76\ m^3/h$，允许真空度 $[h_V] = 6.2\ mH_2O$，吸水管长 $l = 10$ m，管径 $d = 150$ mm，沿程阻力系数 $\lambda = 0.04$，局部阻力系数 $\xi_{底阀} = 5.5$，$\xi_{弯头} = 0.25$，则水泵允许安装高度 $H_S$ = (　　)m。

(A)7.20　(B)6.20　(C)5.52　(D)5.12

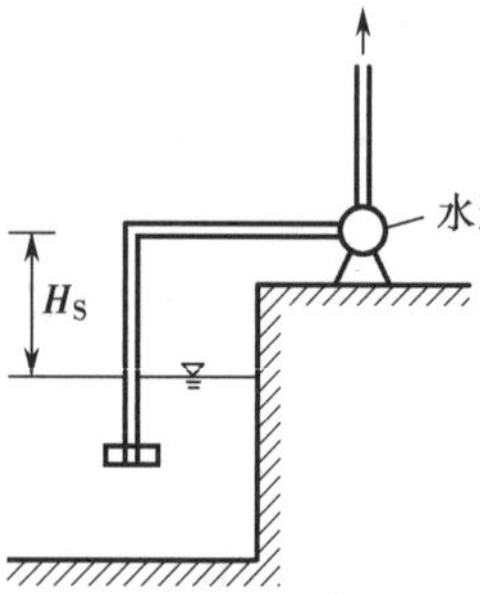


题 6-37 图

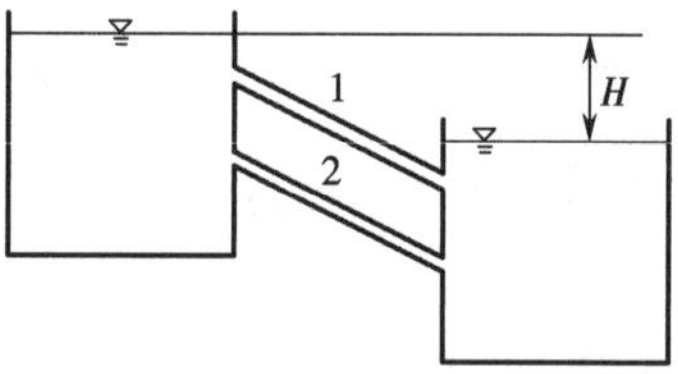


题 6-38 图

6-38 图示水面差为 $H$ 的两水箱间并设两根等径等长的长直管，则两管的流量关系为(　　)。

(A)$\frac{Q_1}{Q_2} = 1$　(B)$\frac{Q_1}{Q_2} > 1$　(C)$\frac{Q_1}{Q_2} < 1$　(D)$\frac{Q_1}{Q_2} < 0$

6-39 图示并联管路，已知两支管的比阻比 $\frac{S_1}{S_2} = 1$，管长比 $\frac{l_1}{l_2} = \frac{1}{2}$，则两支管的流量比 $\frac{Q_1}{Q_2}$ = (　　)。

(A)$\frac{1}{2}$　(B)$\frac{\sqrt{2}}{2}$　(C)$\sqrt{2}$　(D)2

6-40 图示压力供水箱水位恒定，顶部压力表读数 $p_M$ = 19 600 Pa，水深 $H$ = 2 m，水平供水管长 $l$ = 100 m，管径 $d$ = 200 mm，沿程阻力系数 $\lambda = 0.02$，若忽略局部水头损失，则管道通过的流量 $Q$ = (　　)L/s。

(A)47.4　(B)59.3　(C)83.8　(D)196.5

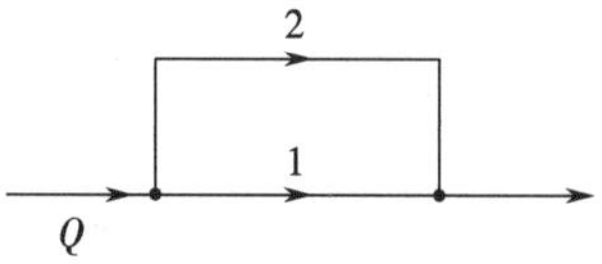


题 6-39 图

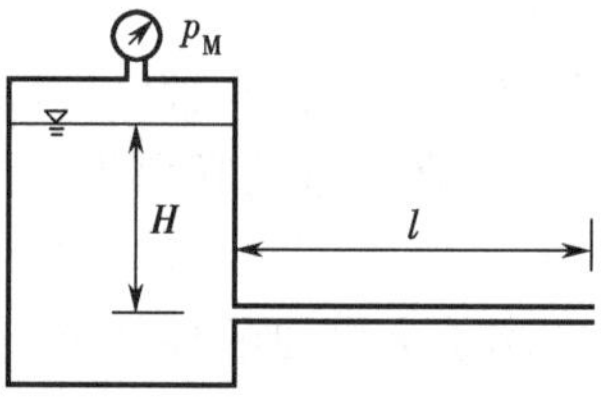


题 6-40 图

## 6.5 明渠恒定流

6-41 下列渠道中，可能产生均匀流的是(　　)。

(A)平坡棱柱形渠道　　(B)逆坡棱柱形渠道

(C)正坡棱柱形渠道　　(D)正坡非棱柱形渠道

6-42 欲使水力最优梯形断面渠道的水深和底宽相等，则渠道的边坡系数 $m$ 应为(　　)。

(A)1　　(B)$\frac{3}{4}$　　(C)$\frac{1}{2}$　　(D)$\frac{1}{4}$

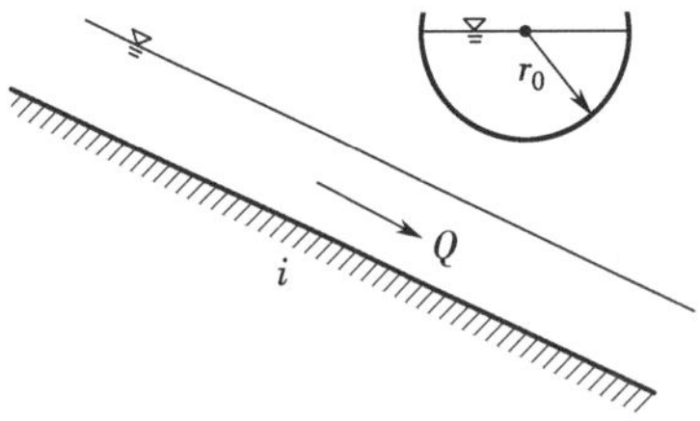

题 6-43 图

6-43 图示半圆形断面长直渠道，半径 $r_0=2$ m，底坡 $i=0.000\ 4$，渠壁粗糙系数 $n=0.01$，则渠道的断面平均流速为(　　)m/s。

(A)1　　(B)2

(C)2.5　　(D)3

6-44 有一条养护良好的矩形断面长直渠道，底坡 $i=0.000\ 8$，底宽 $b=1.0$ m，均匀流动水深 $h=0.5$ m，粗糙系数 $n=0.025$，则渠道通过的流量 $Q=$(　　)$m^3/s$。

(A)0.10　　(B)0.15　　(C)0.28　　(D)0.35

6-45 矩形断面长直渠道通过流量 $Q=5\ m^3/s$，渠壁粗糙系数 $n=0.016$，底坡 $i=0.001$，按水力最优断面设计，渠道底宽 $b$ 应为(　　)m。

(A)2.60　　(B)3.60　　(C)4.60　　(D)5.60

## 6.6 渗流、井和集水廊道

6-46 渗流是指流体在(　　)中的流动。

(A)集水廊道　　(B)地下河道　　(C)盲沟　　(D)多孔介质

6-47 达西渗流定律的适用条件为雷诺数 $Re=\frac{vd}{\nu}<$(　　)。

(A)2 300　　(B)1 000　　(C)100　　(D)10

6-48 图示柱形滤水器直径为 $d$，滤层高为 $h$，渗流系数为 $k$，当滤层上水深为 $H$ 时，渗流流量 $Q$ 为(　　)。

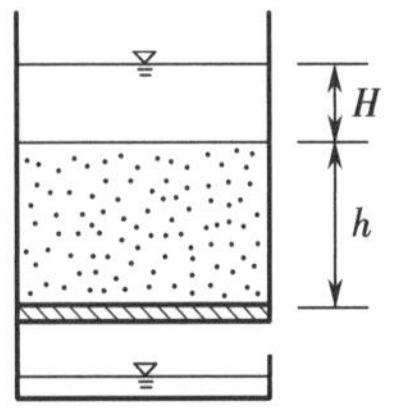

题 6-48 图

(A)$\frac{\pi}{4}d^2k\frac{H}{h}$　　(B)$\frac{\pi}{4}d^2k\frac{H+\frac{h}{2}}{h}$

(C)$\frac{\pi}{4}d^2k\frac{H+h}{h}$　　(D)$\frac{\pi}{4}d^2k\frac{\frac{H}{2}+h}{h}$

6-49 潜水完全井的产水量的大小与(　　)成正比。

(A)井的半径　　(B)井的影响半径

(C)含水层厚度　　(D)土壤渗流系数

6-50 自流完全井的产水量的大小与(　　)成正比。

(A)井的半径　　(B)井的影响半径

(C)含水层厚度　　(D)土壤渗流系数的平方

### 6.7 相似原理和量纲分析

6-51 在进行水力模型试验时,要实验明渠水流的动力相似,一般应选择(  )。

(A)弗劳德准则 (B)雷诺准则 (C)欧拉准则 (D)马赫准则

6-52 在进行水力模型试验时,要实现有压管流的动力相似,一般应选择(  )。

(A)弗劳德准则 (B)雷诺准则 (C)欧拉准则 (D)马赫准则

6-53 当水力模型按重力准则设计时,其流量比尺 $\lambda_Q=$(  )。

(A)$\lambda_l\lambda_v$ (B)$\lambda_l\lambda_g$ (C)$\lambda_l^{2.5}\lambda_g^{0.5}$ (D)$\lambda_l$

6-54 液体的弹性模量 $E$、密度 $\rho$ 和流速 $v$ 可组成的无量纲数为(  )。

(A)$\frac{Ev}{\rho}$ (B)$\frac{Ev^2}{\rho}$ (C)$\frac{\rho v}{E}$ (D)$\frac{\rho v^2}{E}$

6-55 一建筑物模型在风速为 8 m/s 时,迎风面压强为 45 Pa,背风面压强为 -27 Pa,若气温不变,风速增至 12 m/s,则建筑物迎风面和背风面的压强分别为(  )。

(A)55. 1 Pa 和 -33. 1 Pa (B)67. 5 Pa 和 -40. 5 Pa

(C)82. 7 Pa 和 -49. 6 Pa (D)101. 3 Pa 和 -60. 8 Pa

## 习题答案

| | | | | | |
|---|---|---|---|---|---|
| 6-1 (C) | 6-2 (D) | 6-3 (A) | 6-4 (B) | 6-5 (B) | 6-6 (C) |
| 6-7 (A) | 6-8 (C) | 6-9 (D) | 6-10 (B) | 6-11 (D) | 6-12 (A) |
| 6-13 (C) | 6-14 (B) | 6-15 (C) | 6-16 (B) | 6-17 (D) | 6-18 (A) |
| 6-19 (B) | 6-20 (D) | 6-21 (B) | 6-22 (C) | 6-23 (D) | 6-24 (A) |
| 6-25 (D) | 6-26 (A) | 6-27 (B) | 6-28 (D) | 6-29 (C) | 6-30 (D) |
| 6-31 (A) | 6-32 (B) | 6-33 (C) | 6-34 (B) | 6-35 (A) | 6-36 (B) |
| 6-37 (C) | 6-38 (A) | 6-39 (C) | 6-40 (C) | 6-41 (C) | 6-42 (B) |
| 6-43 (B) | 6-44 (C) | 6-45 (A) | 6-46 (D) | 6-47 (D) | 6-48 (C) |
| 6-49 (D) | 6-50 (C) | 6-51 (A) | 6-52 (B) | 6-53 (C) | 6-54 (D) |
| 6-55 (D) | | | | | |

# 工程技术基础

# 7 电工电子技术

## 考试大纲

7.1　电磁学概念

电荷与电场;库仑定律;高斯定律;电流与磁场;安培环路定律;电磁感应定律;洛伦兹力。

7.2　电路知识

电路组成;电路的基本物理过程;理想电路元件及其约束关系;电路模型;欧姆定律;基尔霍夫定律;支路电流法;等效电源定理;叠加原理;正弦电路稳态分析的相量法;交流电路功率;功率因数;三相配电电路及用电安全;电路暂态;*RL*、*RC* 电路暂态特性;电路频率特性;*RL*、*RC* 电路频率特性。

7.3　电动机与变压器

理想变压器;变压器的电压变换、电流变换和阻抗变换原理;三相异步电动机接线、启动、反转及调速方法;三相异步电动机运行特性;简单继电—接触控制电路。

7.4　模拟电子技术

晶体二极管;双极型晶体三极管;共射极放大电路;输入阻抗与输出阻抗;射极跟随器与阻抗变换;运算放大器;反相运算放大电路;同相运算放大电路;基于运算放大电路的比较器电路;二极管单相半波整流电路;二极管单相桥式整流电路。

7.5　数字电子技术

“与”“或”“非”门的逻辑功能;简单组合逻辑电路;D 触发器;JK 触发器;数字寄存器;脉冲计数器。

## 复习指导

掌握电工电子技术中所涉及的基本理论、基本知识和基本技能,了解电工电子技术的应用和发展。复习内容要点如下。

(1)电场和磁场中的库仑定律、高斯定理、安培环路定律、电磁感应定律和洛伦兹力是电磁场理论中的基本内容,了解它们所描述的物理现象及其相关物理量的计算(注意应用条件)。

(2)电路中的元件约束和基尔霍夫定律(基尔霍夫电流定律 KCL 和电压定律 KVL)是分

析、计算电路的基础;支路电流法、等效电源定理(戴维南定理和电源等效互换)及叠加原理是分析、计算电路的主要方法,必须熟练掌握。正弦交流电路中电源的时域描述涉及幅值、频率、相位(称正弦量的三要素)。由于相位差的存在,在进行交流电路分析、计算时必须借助相量或相量图完成。交流电路的分析、计算包括有效值、(复数)阻抗、功率和功率因数等。三相电路问题分析,主要针对三相对称电源情况下的对称负载电压、电流的计算。对于三相电路的安全用电需要掌握电源不同线制下的设备安全运行保护方式。由 $RC$ 和 $RL$ 电路的暂态过程分析掌握一阶电路三要素分析方法,理解三要素的内涵。$RL$、$RC$ 电路的频率特性包括幅频特性和相频特性,学会通过电路的传递函数分析电路的作用。

(3)电动机与变压器是电工技术的应用内容,重点掌握变压器的电压变换、电流变换和阻抗变换,三相异步电动机的接线、启动、反转、调速方法以及运行特性;同时学会继电器—接触器控制电路的分析。

(4)了解晶体二极管和双极型三极管的工作特性,即晶体二极管的单向导电性,双极型三极管的电流放大作用和开关特性。利用二极管的单向导电性,可以组成半波和全波(桥式)整流电路。双极型三极管单管放大电路分析,包括静态工作点分析和动态分析,其中动态分析是根据小信号模型,利用电路中的定律完成电压放大倍数、输入电阻及输出电阻的计算。对于射极跟随器,除了掌握上述放大电路分析内容外,还要了解它的阻抗变换作用。

(5)运算放大器是一个多级放大电路,其工作特性具有线性区域和非线性区域。理想运算放大器具有放大倍数无穷大、输入电阻无穷大和输出电阻为零的特点。利用理想运算放大器的线性特性可以组成各种运算电路,如比例、加法、减法、积分和微分运算等,利用理想运算放大器的非线性特性可以组成比较器电路。

(6)门电路和触发器是数字电子电路中的基本部件。门电路的输出、输入之间存在一定的逻辑关系,如基本“与”门、“或”门、“非”门分别具有“与”“或”“非”(取反)逻辑关系,通过它们的组合可以组成复合逻辑门,如“与非”门、“或非”门、“异或”门等,可以掌握由这些门搭建的组合逻辑电路分析问题。触发器的输出不但和输入有关,而且和触发器原来的状态有关,各种触发器在系统触发脉冲 CP 的作用下,具有不同的功能,如“复 0”“置 1”功能,JK 触发器具有“复 0”“置 1”“计数”和“保存”功能,而 D 触发器只具有“存储”功能。这部分内容需要掌握由 JK 触发器和 D 触发器搭建的寄存器、计数器电路的分析。

# 复习内容

## 7.1 电磁学概念

### 7.1.1 电荷与电场

摩擦起电,使物体带有电荷,其中包括正电荷和负电荷。电荷所带电荷量为 $e = 1.6 \times 10^{-19}$ C(库仑)。

电荷周围存在电场,静止电荷周围的电场为静电场,处在电场中的任何电荷都要受力,这个力称为电场力。

### 7.1.2 库仑定律

**1. 库仑定律**

库仑定律的具体描述:真空中两个静止点电荷之间的相互作用力,与它们的电荷量的乘积

成正比,与它们的距离的平方成反比,作用力的方向在它们的连线上。库仑定律的数学描述式为

$$F = K\frac{q_1 q_2}{r^2} \tag{7.1-1}$$

其中,静电力常数 $K = \frac{1}{4\pi\varepsilon_0} = 9.0\times10^9\ \mathrm{N\cdot m^2/C^2}$ 与真空中的介电常数 $\varepsilon_0 = 8.85\times10^{-12}/\mathrm{N\cdot m^2}$ 有关。

值得注意的是:两个点电荷之间的作用力不因第三个点电荷的存在而受影响。

**【例7.1-1】** 如图7.1-1真空中的三个点电荷,它们在边长为10 cm的等边三角形的三个顶点上,每个点电荷的电量为 $2\times10^{-6}$ C,它们所受的库仑力各为多少?

**解:**点电荷 $q_2$ 与 $q_1$、$q_3$ 间的库仑力均为吸力,分别用 $F_1$、$F_2$ 表示,由于它们所带电量相同,相互距离为10 cm,所以 $q_1$、$q_3$ 所受的库仑力为

$$F_1 = F_2 = K\frac{q^2}{r^2} = 3.6\ \mathrm{N}$$

$q_1$ 所受库仑力为 $F_1$、$F_2$ 的合力,即 $F = 2F_1\cos30° = 6.24$ N。

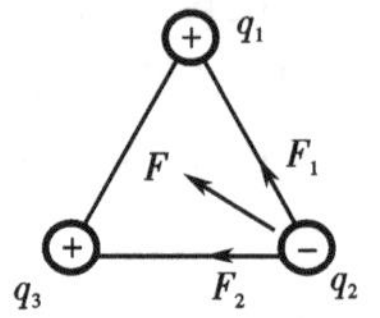


图7.1-1 例7.1-1图

**2. 电场强度**

静止电荷产生的电场为静电场,它对电场中的其他电荷具有作用力。

电场的强弱以电场强度来度量,计算式如下:

$$E = \frac{F}{q} \tag{7.1-2}$$

式中:电场力 $F$ 由库仑定律确定,而电量 $q$ 是在该点做测试用的带电体所带正电荷的电量。电场中某点电场强度的大小等于单位正电荷在该点所受电场力的大小,它的方向与正电荷的受力方向相同。

电场强度的单位是N/C,即牛顿/库仑,通常还采用伏特/米,即V /m为单位,两者具有相同的量纲。

电场中各点电场强度的大小和方向用电场线描述。一个孤立点电荷周围的电场线在空间呈辐射状分布。对于正点电荷,其电场起始于正电荷,终止于无限远处;对于负点电荷,其电场起始于无限远处,终止于负电荷。一对正负电荷周围的电场分布起始于正电荷,终止于负电荷。电场线在电场中不相交。

## 7.1.3 高斯定律

高斯定律从另一种角度给出了电荷与电场的关系,即静电场对任意封闭曲面的电通量只与被包围曲面内的电量有关。高斯定律的数学表述形式为

$$\boldsymbol{\Phi} = \oint\!\!\oint_s \boldsymbol{E}\cdot \mathrm{d}\boldsymbol{S} = \frac{1}{\varepsilon_0}\sum_{i=1}^{n} q_i \tag{7.1-3}$$

式中:$\oint\!\!\oint_s \boldsymbol{E}\cdot\mathrm{d}\boldsymbol{S}$ 为通过任意闭合曲面 $\boldsymbol{S}$ 的电通量,用 $\boldsymbol{\Phi}$ 表示,它等于该闭合曲面所包围的所有电荷的代数和 $\sum_{i=1}^{n} q_i$ 与真空中介电常数 $\varepsilon_0$ 的比。

应用高斯定律需要注意两点:①定律中的场强 $E$ 是由全部电荷产生的;②通过闭合曲面

的电通量只决定于它所包含的电荷,闭合曲面外的电荷对电通量无贡献。

电通量的引入是高斯的重要贡献,它是电场、磁场、电磁场以及其他场问题研究中的一个重要概念。

**【例 7.1-2】** 电场中有个闭合球面,球面所包围的电荷电量为 $+q_1$,球面外电荷的电量为 $-q_2$,则通过该球面的电通量(　　)。

(A)$\Phi=\frac{1}{\varepsilon_0}(q_1+q_2)$　(B)$\Phi=\frac{1}{\varepsilon_0}(q_1-q_2)$　(C)$\Phi=\frac{1}{\varepsilon_0}q_1$　(D)$\Phi=-\frac{1}{\varepsilon_0}q_2$

**解:**答案为选项(C)。

根据高斯定理

$$\Phi=\oint\!\!\!\oint_s \boldsymbol{E}\cdot \mathrm{d}\boldsymbol{S}=\frac{1}{\varepsilon_0}\sum_{i=1}^{n}q_i$$

可知,通过球面的电通量等于它所包围电量的代数和与真空介电常数的商,而与球面外的电荷无关。所以答案(C)正确。

### 7.1.4 电流与磁场

**1. 电流**

由于电场的作用,导体中的电荷作定向运动,电荷的这种定向流动形成电流。电学中,电流的方向规定为正电荷流动的方向,电流的强弱用电流强度度量,简称电流,通常用符号 $I$ 来表示,数学描述式为

$$I=\frac{q}{t} \tag{7.1-4}$$

电流强度的单位是安培(A), 1 A = 1 C/s。

**2. 磁场**

运动的电荷(电流)产生磁场,磁场中的磁针会因受力而发生偏转,这种力称为磁力。同名磁极相互排斥,异名磁极相互吸引。

磁场的强弱用磁感应强度度量,用 $B$ 来表示,它的单位是特斯拉(T),1 T = 1 N/(A · m)。磁感应强度也用高斯(G)作单位,1 T = $10^4$ G。电学中,将小磁针静止时 N 极所指的方向规定为该电流的磁感应强度的方向。

磁场与电流有关。对于直线电流的磁场方向可以通过安培定则(右手定则)确定,即右手握住导线,伸直的拇指与电流方向一致,则弯曲的四指指向即为磁场的方向,如图 7.1-2(a)所示,磁感应强度为

$$B=\frac{\mu I}{2\pi r} \tag{7.1-5}$$

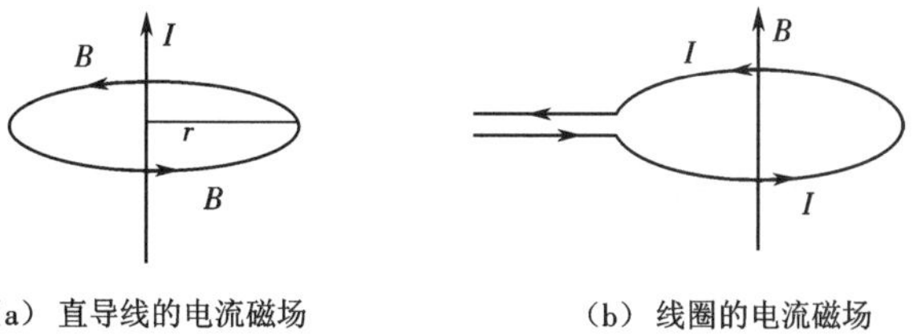


(a) 直导线的电流磁场　　(b) 线圈的电流磁场

图 7.1-2 电流与磁场的方向关系

对于环形电流,如线圈(如图 7.1-2(b)),让右手弯曲的四指与环形电流方向一致,则伸开的拇指所指方向就是磁场的方向。

**【例 7.1-3】** 如图 7.1-3 所示,$MO = ON$,若 $I_1 = I_2$,则原点 $O$ 处的磁感应强度为(　　)。

(A)$B = \frac{2\mu_0}{2\pi r} \cdot I$　　(B)$B = 2\pi r \cdot \mu_0 I$

(C)$B = \frac{\mu_0}{2\pi r} \cdot I$　　(D)$B = 0$

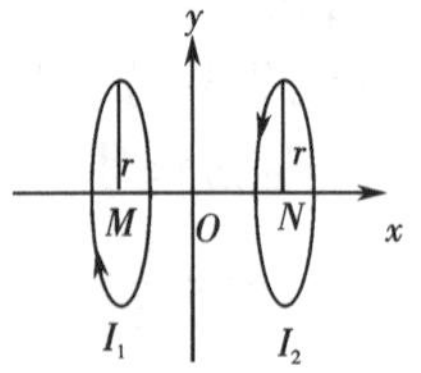

图 7.1-3　例 7.1-3 图

**解:**答案为选项(D)。

由于 $I_1 = I_2$,所以根据式(7.1-5)可知:它们所产生的磁感应强度大小相等、方向相反($I_1$ 电流产生的磁感应强度方向与 $x$ 轴方向相反,$I_2$ 电流产生的磁感应强度方向与 $x$ 轴方向相同),因此原点 $O$ 处的磁感应强度 $B = 0$。

### 7.1.5 安培环路定律

安培环路定律给出了磁场中磁场强度 $\boldsymbol{H}$ 和电流 $I$ 的关系。它的表述形式为

$$\oint_l \boldsymbol{H} \cdot d\boldsymbol{l} = \sum I \tag{7.1-6}$$

它说明,磁场强度 $\boldsymbol{H}$ 沿磁场中任意一个闭合曲线的线积分等于穿过闭合曲线所围面积各个电流的代数和,与闭合曲线的位置及形状无关。

磁场方向与积分路径方向符合右手定则关系的电流取正号,不符合右手定则关系的电流取负号。

### 7.1.6 电磁感应定律

电磁感应定律:通过回路面积的磁通量 $\Phi$ 发生变化时,在回路中产生感应电动势 $e$,其大小与磁通量对时间的变化率成正比,方向与磁通量 $\Phi$ 符合右手定则。

$$e = -K\frac{d\Phi}{dt} \tag{7.1-7}$$

式中:$\Phi$ 的单位用韦伯(Wb),时间 $t$ 的单位用秒(s),$e$ 的单位用伏特(V)时,比例系数 $K = 1$。

所以,电磁感应定律通常写成

$$e = -\frac{d\Phi}{dt} \tag{7.1-8}$$

当磁通量减小时,$\frac{d\Phi}{dt} < 0$,$e$ 为正;当磁通量增加时,$\frac{d\Phi}{dt} > 0$,$e$ 为负。

对于 $N$ 匝线圈,导体回路的磁通量为 $N\Phi$(称为磁通链,用 $\Psi$ 表示),于是线圈上的电磁感应关系通常表述为

$$e = -\frac{d\Psi}{dt} = -N\frac{d\Phi}{dt} \tag{7.1-9}$$

若导体回路闭合,则导体中就有电流 $I_i$ 流通,$I_i$ 称为感应电流。

### 7.1.7 洛伦兹力

**1. 洛伦兹力**

运动电荷在磁场中所受到的力称为洛伦兹力。

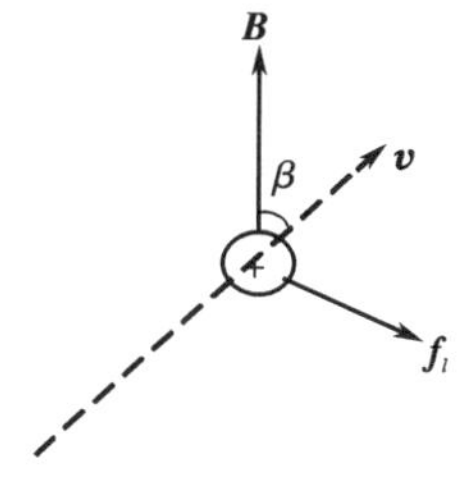


图 7.1-4 洛仑兹力

运动电荷在磁场中所受的洛伦兹力方向与运动方向和磁感应强度的方向都垂直，它们的方向可以根据左手定则判定，如图 7.1-4 所示。运动电荷所受的洛伦兹力与电荷的运动速度 $\boldsymbol{v}$ 以及所处位置上的磁感应强度 $\boldsymbol{B}$ 的大小和方向有关。设电荷运动方向与磁场方向夹角为 $\beta$，运动电荷在磁场中某点所受到的洛伦兹力的大小为

$$f_l = qvB\sin\beta \tag{7.1-10}$$

其中 $q$ 为电荷量。

**2. 洛伦兹力与感应电动势**

当导体在磁场中受力作切割磁场运动时，在导体的内部就会产生电动势。在感应电动势的作用下，导体的一端带负电，另一端则带正电，两端的正负电荷在导体中建立起电场而形成电压。如果这一段导体与外接电路相连，则它在这个电压作用下就会有电流流通，电路最终处于稳定工作状态。通常的发电机就是基于这个简单的原理设计的。

图 7.1-5 表示一段导体在均匀磁场（磁场强度 $\boldsymbol{B}$）中作垂直切割磁场运动时导体内部感应电动势形成及电荷移动的情况。导体 $l$ 沿纸面向右运动（$\boldsymbol{v}$），根据左手定则，可以判断出自由电子所受的洛伦兹力的方向沿纸面向下。显然，导体内部电动势 $\boldsymbol{\varepsilon}$ 方向沿纸面向上，它的大小为

$$\varepsilon = Blv \tag{7.1-11}$$

它的单位是伏特（V），1 V = 1 T·m²/s。

**3. 磁场中载流导体受力**

载流导体在磁场中要受到力的作用，如图 7.1-6 所示。一段垂直于均匀磁场的导体，当它通以电流 $I$ 时，其所受力为

$$F = BlI \tag{7.1-12}$$

其中，$l$ 为导体的长度，$B$ 为磁感应强度。受力方向根据左手定则判定。

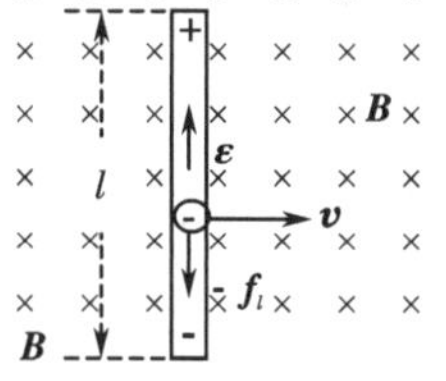


图 7.1-5 运动导体的感生电动势

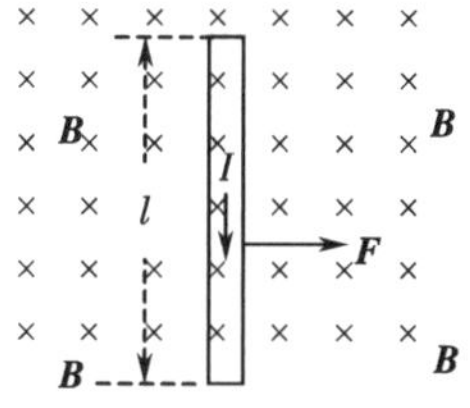


图 7.1-6 载流导体在磁场中受力

**【例 7.1-4】** 在图 7.1-7 所示（a）电路中，开关 K 闭合后，导线环 S（　　）。

（A）向远离 N 方向摆动　　（B）向 N 方向摆动

（C）不动　　（D）无法判断

**解：**答案为选项（A）。

开关 K 闭合，在螺线管内电流 $I$ 的作用下导磁材料产生磁场，导线环 S 内的磁能量增强，导线环 S 中产生感应电流，根据左手定则可判断导线环 S 的受力方向。磁场、感应电流及受力方向如图 7.1-7（b）所示。所以选（A）。

另解思路：开关 K 闭合，导线环 S 必然向磁场弱的方向运动，这是因为感应电流的效果总是要反抗引起感应电流的原因。

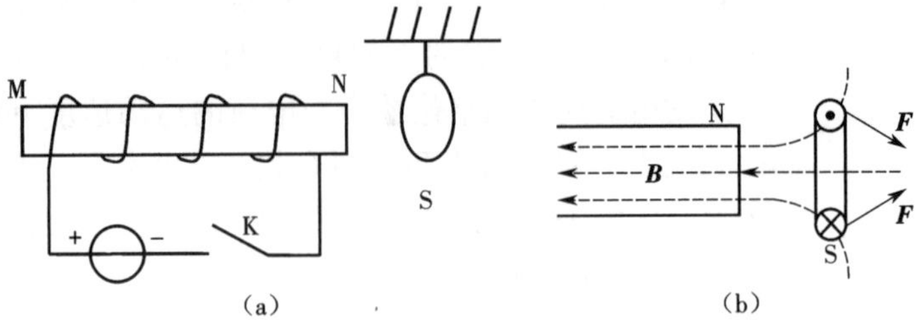


图 7.1-7　例 7.1-4 图

# 7.2　电路知识

## 7.2.1　电路组成

为了实现一定目的,将元件、器件及设备按照一定方式连接在一起就形成了电路,因此,用电目的不同,组建出的电路结构形式就不同。根据电路的连接目的和功能,电路可分为力能电路和信号电路两大类,但它们均包含电源、功能部件和连接导线三个组成部分。其中,电源为驱动电路工作的激励能源,特指那些将非电能转换为电能的装置;功能部件是指实现电气装置功能所必需的元器件,包括电阻器、电容器、电感器、晶体管、集成电路芯片、控制开关以及其他电热的、电动的、光电的转换器件等;连接导线用于确保电路电能量或电信号的传输。

## 7.2.2　电路的基本物理过程

应用目的不同,电路的结构规模也各不相同,但无论何种电路,它们工作时总是伴随着三种基本的物理想象:

①电荷定向运动形成电流,电荷流动过程中在导电材料内部发生碰撞,摩擦起热,产生热效应,当热量被其他介质吸收后,出现电能量的消耗;

②电荷流动产生磁场效应,出现电能量向磁场能的转换现象;

③正负电荷之间产生电场效应,即电路中的电能量转换为电场能储存起来。

## 7.2.3　理想电路元件及其约束关系

为了便于对实际电路进行分析,引入若干理想电路元件,每个理想元件仅与一种基本物理现象对应。

**1. 电阻 *R***

(1)元件约束

电阻元件消耗电能量,元件参数用 $R$ 表示,其元件符号如图 7.2-1 所示。流过电阻 $R$ 的电流 $i$ 和两端的电压 $u$ 的关系满足欧姆定律:

$$u = \pm Ri \tag{7.2-1}$$

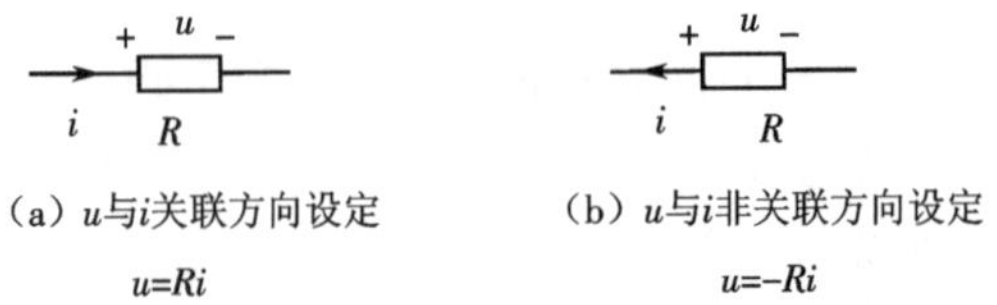


图 7.2-1　电阻元件符号及元件约束

(2)电阻 $R$ 消耗的功率

若电压、电流按关联方向设定，则 $P = ui$；若电压、电流按非关联方向设定，$P = -ui$，但均可由

$$P = i^2R = u^2/R \tag{7.2-2}$$

计算。

**2. 电感 $L$**

(1)元件约束

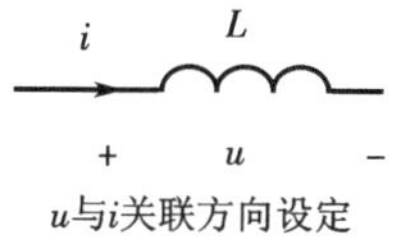


图 7.2-2 电感元件符号

电感是一种可以将电能转换为磁场能(储能)而不消耗能量的电路元件，其参数用 $L$ 表示。流过电感的电流 $i$ 和两端的电压 $u$ 的方向按关联方向设定时(如图 7.2-2)，它们具有约束关系：

$$u = L\frac{di}{dt} \tag{7.2-3}$$

若电压、电流按非关联方向设定，则具有约束关系：

$$u = -L\frac{di}{dt}$$

(2)电感 $L$ 储存的能量

当电流 $i$ 通过电感元件时，可存储 $W_L$ 磁场能，其计算式为

$$W_L = \frac{1}{2}Li^2 \tag{7.2-4}$$

$W_L$ 与电感 $L$ 和流过其的电流 $i$ 有关。

电感在直流电路中，$u = L\frac{di}{dt} = 0$，相当于短路。

**3. 电容**

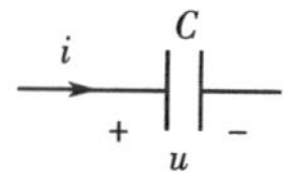


图 7.2-3 电容元件符号

(1)元件约束

电容是一种可以将电能转换为电场能(储能)而不消耗能量的电路元件，其参数用 $C$ 表示，元件符号如图 7.2-3 所示，其元件约束关系为

$$i = \begin{cases} C\frac{du}{dt} & u \text{ 与 } i \text{ 关联方向设定} \\ -C\frac{du}{dt} & u \text{ 与 } i \text{ 非关联方向设定} \end{cases} \tag{7.2-5}$$

(2)电容 $C$ 储存的能量

当电容元件两端存在电压 $u$ 时，可存储 $W_C$ 电场能，其计算式为

$$W_C = \frac{1}{2}Cu^2 \tag{7.2-6}$$

$W_C$ 与电容参数 $C$ 和其两端的电压 $u$ 有关。

电容在直流电路中，$i = C\frac{du}{dt} = 0$，相当于开路。

**4. 电源**

电源可分为独立源和受控源。

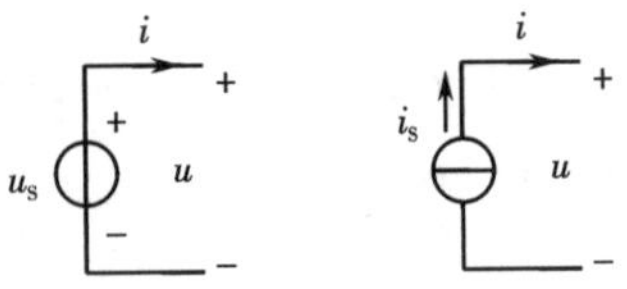

(a) 电压源　(b) 电流源

图 7.2-4　独立源元件符号

独立源是能够单独对电路产生激励作用的电源，产生电压激励的电源为电压源，其符号如图 7.2-4(a) 所示，其两端电压 $u$ 与通过的电流 $i$ 无关，元件约束为 $u \equiv u_S$；产生电流激励的电源为电流源，其符号如图 7.2-4(b) 所示，其通过的电流 $i$ 与两端电压 $u$ 无关，元件约束为 $i \equiv i_S$。

必须在电路其他部分的电压或电流的控制下才能对电路产生激励作用的电源称为受控源，共有 4 种形式，如图 7.2-5 所示。

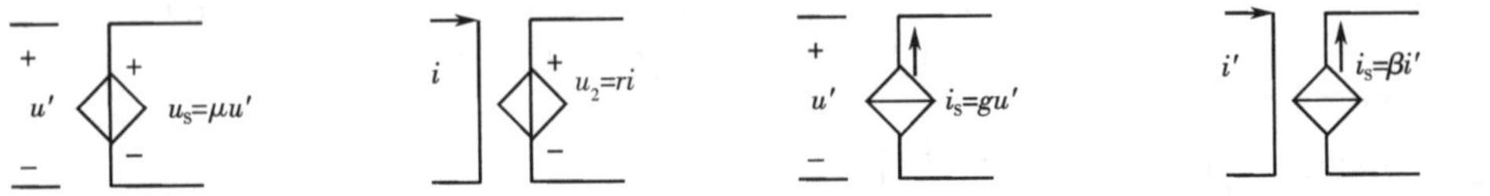

(a) 电压控制的电压源 VCVS　(b) 电流控制的电压源 CCVS　(c) 电压控制的电流源 VCCS　(d) 电流控制的电流源 CCCS

图 7.2-5　独立源元件符号

**【例 7.2-1】**　通过线性电阻元件 $R$ 的电流及其端电压的参考方向如图 7.2-6 所示，图中同时给出了电压与电流之间的描述，其中表达式正确的是(　　)。

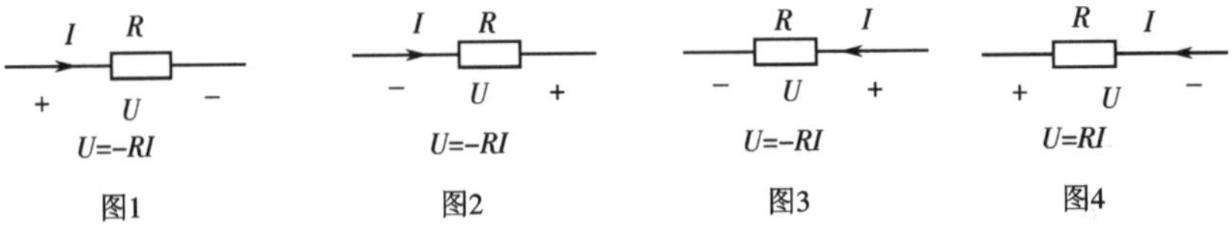


图 7.2-6　例 7.2-1 题图

(A) 图 1　(B) 图 2　(C) 图 3　(D) 图 4

**解：** 选(B)。

这是一个元件约束问题，元件约束表达式与物理量参考方向有关。

### 7.2.4　电路模型

由电路元件模型组成的电路称为电路模型。

**1. 实际电路部件的电路模型**

对于实际电源，可以由独立源与电阻组合表示，如图 7.2-7 所示。

功能部件中：

①单纯耗能的设备，可通过电阻 $R$ 元件描述；

②电感线圈工作于低频交流电情况下，既有较强的磁场效应，又有热效应产生，可由电感元件 $L$ 与电阻元件 $R$ 串联表示，如图 7.2-8 所示；

③电容器工作时主要体现电场效应，可由电容元件 $C$ 描述；

④连接导线则可用 $R=0$ 的导线表示。

**2. 元件的串并联连接**

几个元件按首尾相连原则一个接一个顺序连接称为元件的串联，这些元件流过同一个电流，各个元件电压之和等于总电压。几个元件均连接在两个结点之间称为元件的并联，这些元件承受同一个电压，流过各元件电流之和等于并联电路总电流。

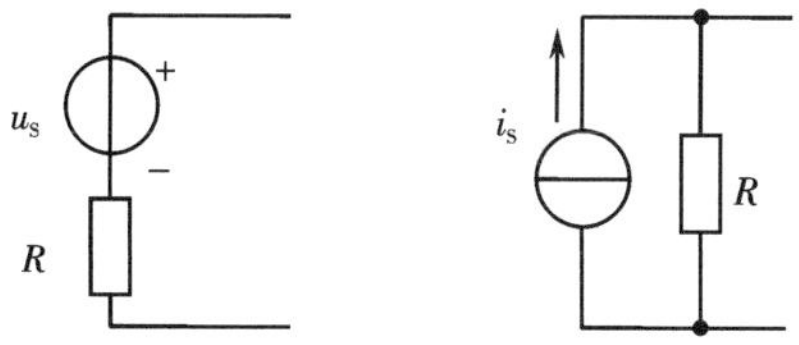


(a) 电压源　　(b) 电流源

图 7.2-7　实际电源的电路模型

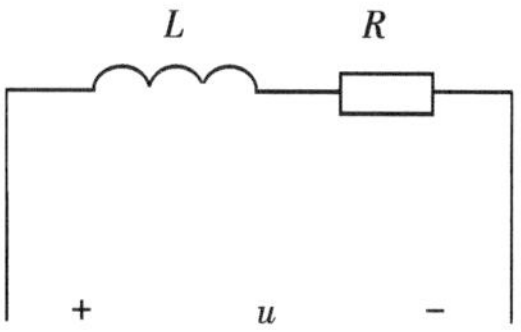


图 7.2-8　电感线圈的电路模型

(1)电阻元件的串并联

电阻串联电路的总电阻等于各个电阻之和,电阻并联电路总电阻的倒数(电导)等于各个电阻倒数(电导)之和。

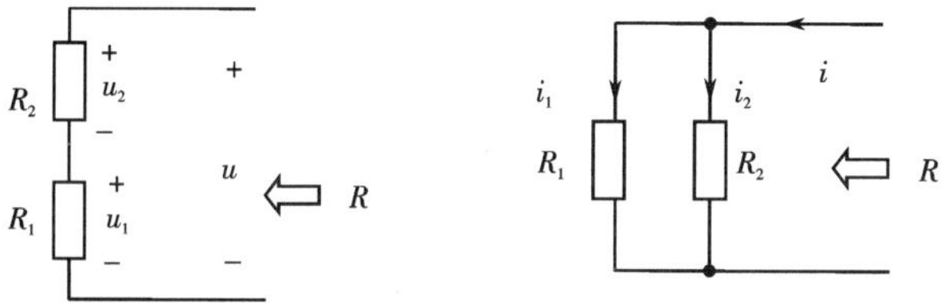


(a) 电阻串联　　(b) 电阻并联

图 7.2-9　电阻的串并联

图 7.2-9(a)所示电路为两个电阻元件的串联,等效电阻 $R=R_1+R_2$,每个电阻上的电压根据分压公式可得

$$u_1=\frac{R_1}{R_1+R_2}u, u_2=\frac{R_2}{R_1+R_2}u$$

图 7.2-9(b)所示电路为两个电阻元件的并联,等效电阻满足 $\frac{1}{R}=\frac{1}{R_1}+\frac{1}{R_2}$,$R=\frac{R_1R_2}{R_1+R_2}$,根据分流公式可得每个电阻中通过的电流,即 $i_1=\frac{R_2}{R_1+R_2}i$,$i_2=\frac{R_1}{R_1+R_2}i$。

(2)电感元件的串并联

电感串联电路的等效电感等于各个电感之和,电感并联电路等效电感的倒数等于各个电感倒数之和,即

$n$ 个电感串联的等效电感　$L=L_1+L_2+\cdots+L_n$

$n$ 个电感并联的等效电感　$\frac{1}{L}=\frac{1}{L_1}+\frac{1}{L_2}+\cdots+\frac{1}{L_n}$

(3)电容元件的串并联

电容串联电路的等效电容的倒数等于各个电容倒数(电导)之和,电容并联电路的等效电容等于各个电容之和,即

$n$ 个电容串联的等效电容　$\frac{1}{C}=\frac{1}{C_1}+\frac{1}{C_2}+\cdots+\frac{1}{C_n}$

$n$ 个电容并联的等效电容　$C=C_1+C_2+\cdots+C_n$

## 7.2.5　基尔霍夫定律

基尔霍夫定律包括基尔霍夫电流定律和基尔霍夫电压定律,它们是分析、计算电路的基本定律。

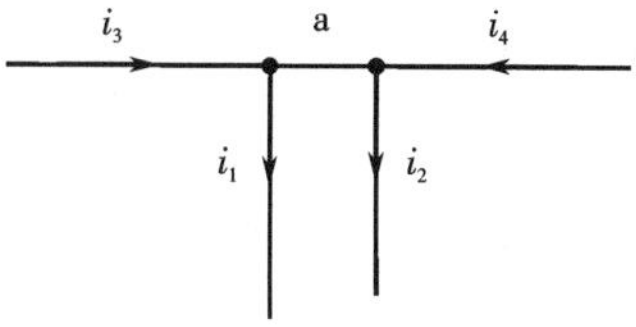


图 7.2-10　电路中的结点

**1. 基尔霍夫电流定律(KCL)**

对任一结点,流入结点的各支路电流的总和等于流出结点的各支路电流的总和。对于图 7.2-10 所示结点 a 的

KCL，有 $i_1 + i_2 = i_3 + i_4$。

若设定流入结点的电流取正号，流出结点的电流取负号，则图 7.2-10 所示节点 a 的 KCL，又可描述为

$$(i_3 + i_4) - (i_1 + i_2) = 0$$

所以，基尔霍夫电流定律可描述为

$$\sum i_{流入} = \sum i_{流出} \quad 或 \quad \sum i = 0 \tag{7.2-7}$$

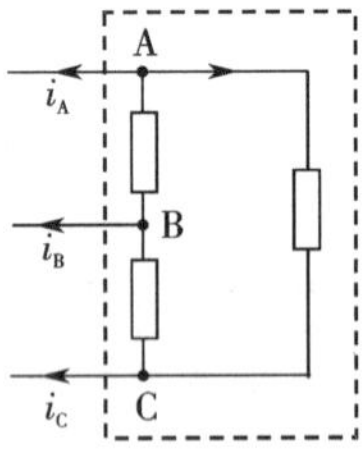


图 7.2-11　广义结点

KCL 不仅适用于电路中的任一结点，它也适用于包围某一部分电路的封闭平面，这个封闭平面可视为广义结点。在图 7.2-11 所示电路中，虚线圈起来的部分电路可视为广义结点，则

$$i_A + i_B + i_C = 0$$

**2. 基尔霍夫电压定律(KVL)**

对于任一回路(闭合或开口)，循行一周，电压降落的总和等于电压上升的总和，即

$$\sum U_{电压升} = \sum U_{电压降} \tag{7.2-8}$$

当规定回路中电压参考方向与循行方向一致者取正号、相反者取负号时，基尔霍夫电压定律可描述为任一回路(闭合或开口)，循行一周，各部分电压的代数和等于零，即

$$\sum U = 0 \tag{7.2-9}$$

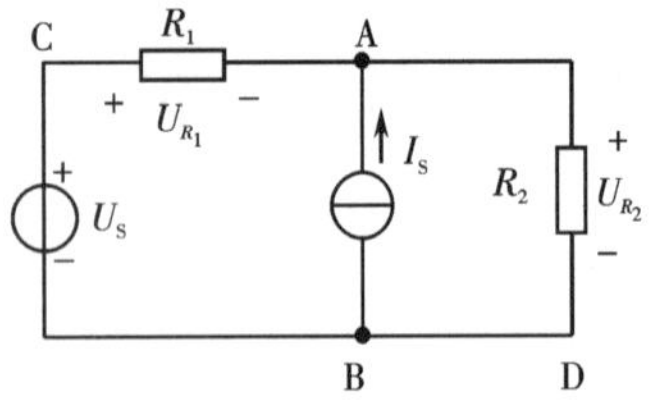


图 7.2-12　电路中的回路

图 7.2-12 所示电路中，ADBCA 回路的 KVL 方程：

$$U_{R_2} + U_{R_1} = U_S \quad 或 \quad U_{R_2} - U_S + U_{R_1} = 0$$

## 7.2.6　支路电流法

支路电流法是以支路电流为变量，直接应用基尔霍夫定律列写方程求解的方法。对于任一个电路，只要确定了其各个支路的电流，该电路中各元件的电压及功率就可完全确定。

**1. 一般方法**

对于含有 $n$ 个结点、$l$ 条支路和 $N$ 个网孔的电路，若 $l$ 条支路的电流均未知，则需列写 $l$ 个独立方程，其具体步骤：

①设定各支路电流的参考方向和各网孔的循回方向；

②应用 KCL 列写独立的 $n-1$ 个结点电流方程；

③应用 KVL 列写独立的 $N$ 个回路(网孔)电压方程。

由此，共列写 $l = (n-1) + N$ 个独立方程。以图 7.2-13 为例，具体说明支路电流法。

(1)图 7.2-13 所示电路共有 3 条支路，所以需要求解 3 个支路电流。首先设定 3 条支路电流参考方向，如图 $i_1$、$i_2$和 $i_3$。

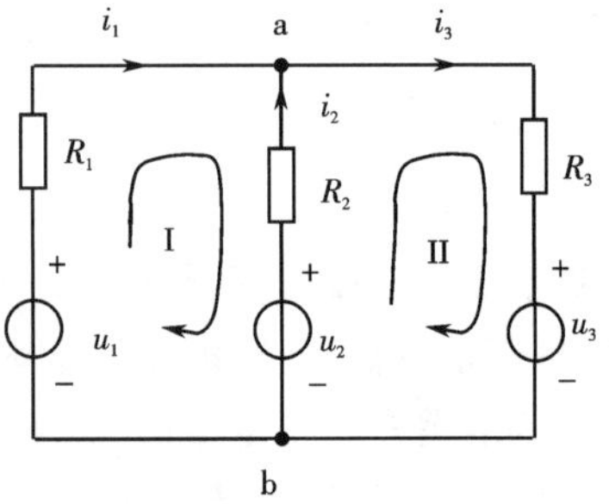


图 7.2-13　支路电流法

(2)电路共有 2 个结点(结点 a 和结点 b)，需列写

1 个 KCL 方程,对于结点 a:

$$i_1+i_2-i_3=0 \tag{7.2-10}$$

(3)根据 KVL 列写 3 - 1 个独立的回路电压方程。设两个网孔的循行方向均为顺时针,如图所示。

$$\left.\begin{array}{l}\text{对于网孔Ⅰ}:-u_1+i_1R_1-i_2R_2+u_2=0\\ \text{对于网孔Ⅱ}:-u_2+i_2R_2+i_3R_3+u_3=0\end{array}\right\} \tag{7.2-11}$$

整理方程组(7.2-11),并与方程(7.2-10)联立,获取求解图 7.2-13 所示电路关于 3 个未知支路电流的方程组,即

$$\begin{cases}i_1+i_2-i_3=0\\ i_1R_1-i_2R_2=u_1-u_2\\ i_2R_2+i_3R_3=u_2-u_3\end{cases} \tag{7.2-12}$$

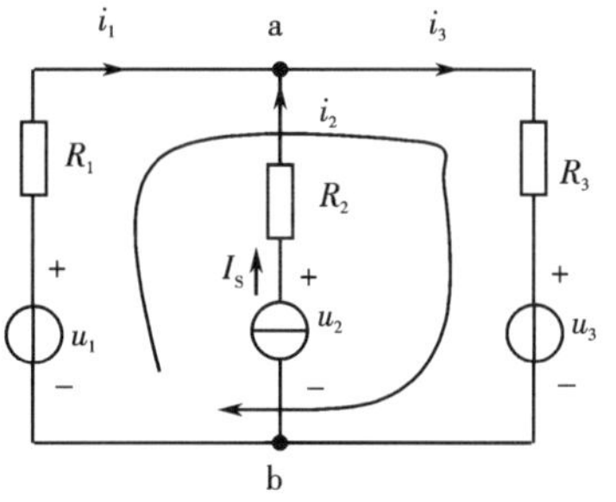


图 7.2-14 支路电流法

**2. 含理想电流源电路的支路电流法**

如图 7.2-14 所示电路含有电流源,由于电流源的电流已知,所以电流源所在支路的电流也就已知,支路电流个数减少为 $l'=2$ 个。但是电流源的端电压未知,若采用一般方法求解,势必造成求解问题的复杂化,因此在这种情况下所采取的求解策略是:

①设定各支路电流的参考方向和各网孔的循回方向;

②应用 KCL 列写独立的 $n-1$ 个结点电流方程;

③应用 KVL 列写独立的 $l'-(n-1)$ 个回路电压方程。

值得注意的是:选择不包含电流源的回路作为列写电压方程的对象。如图 7.2-14 所示电路所需列写的独立方程组为

$$\begin{cases}i_1+i_2-i_3=0\\ R_1i_1+R_3i_3=u_1-u_3\end{cases}$$

**【例 7.2-2】** 设图 7.1-15 所示电路中的元件参数已知,若采用支路电流法求解各支路电流,则需列写的最少独立方程个数为(  )。

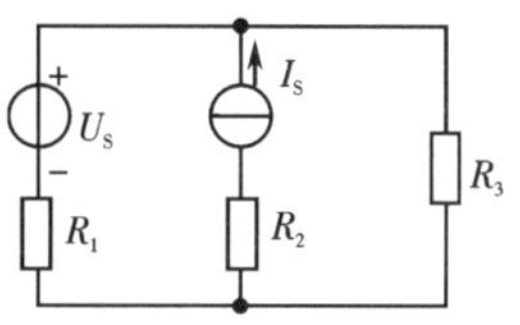


图 7.1-15 例 7.2-2 图

(A)4　　(B)3

(C)2　　(D)1

**解:**答案选(C)。

根据已知电路有:$n=2$ 个节点、$N=2$ 个网孔和 $l=3$ 条支路,$k=1$ 个电流源,所以本题所需最少的独立方程数为 2 个,分别为(2 - 1)个 KCL 方程、(2 - 1)个 KVL 方程。

## 7.2.7 电压源与电流源模型的等效互换

一个实际的独立电源可以用两种模型来表述,即电压源模型和电流源模型。当用这两种模型表述同一个电源时,它们之间是可以等效互换的,这两个互换的电源模型具有完全相同的外部特性。图 7.2-16 中电压源模型(a)图和电流源模型(b)图分别为实际电源(c)图的等效模型。

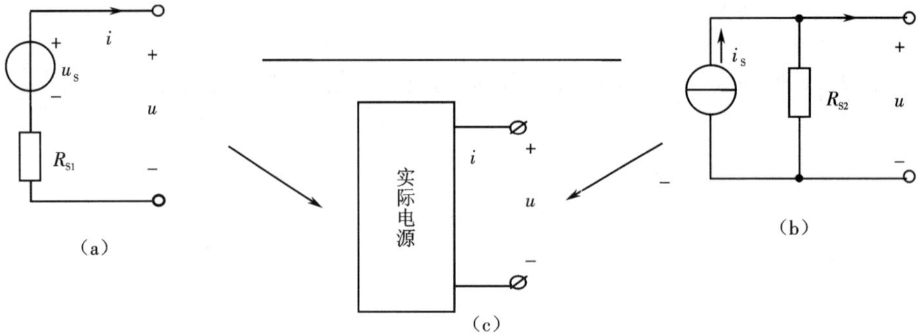


图 7.2-16　实际电源的两种等效电源模型

图 7.2-16(a)所示电路,根据基尔霍夫电压定律可列出电压源端口的伏安特性:

$$u = u_S - R_{S1} i \tag{7.2-13}$$

图 7.2-16(b)所示电路,根据基尔霍夫电流定律可列出电流源端口的伏安特性:

$$i_S = i + \frac{u}{R_{S2}}$$

经整理可得

$$u = R_{S2} i_S - R_{S2} i \tag{7.2-14}$$

由式(7.2-13)和式(7.2-14)推出电压源模型和电流源模型等效互换的条件为

$$\left.\begin{aligned} &R_{S1} = R_{S2} = R_S \\ &u_S = i_S R_S, i_S = \frac{u_S}{R_S} \end{aligned}\right\} \tag{7.2-15}$$

值得注意的是:电压源电压的方向和电流源电流的流出方向的对应关系。

**【例 7.2-3】**　利用电压源与电流源等效互换的方法求解图 7.2-17 所示电路中的电压 $U_X$ 的正确过程是(　　)。

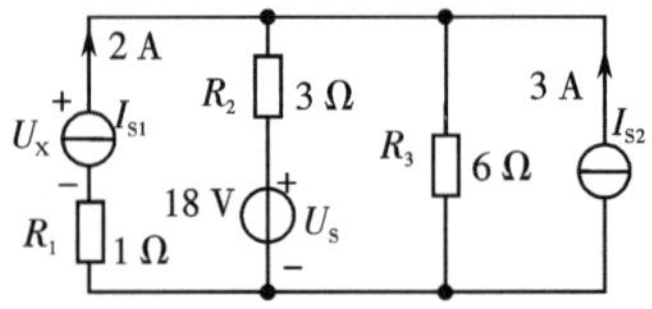


图 7.2-17　例 7.2-3 图

(A)题图 ⇨

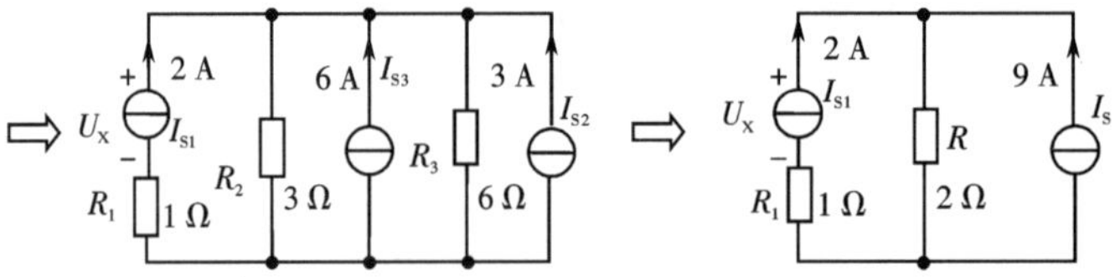


(B)题图 ⇨

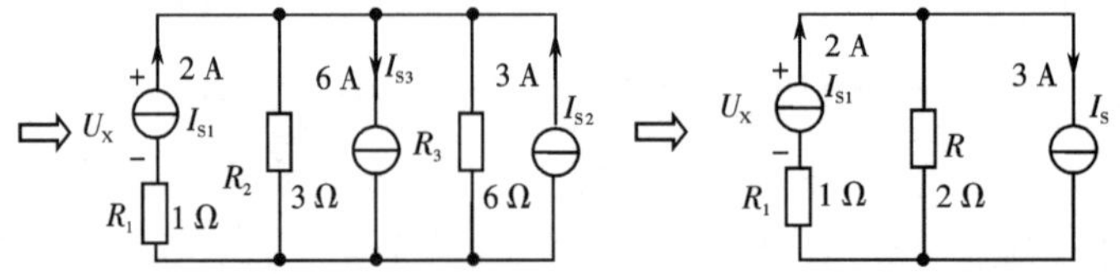

(C)题图 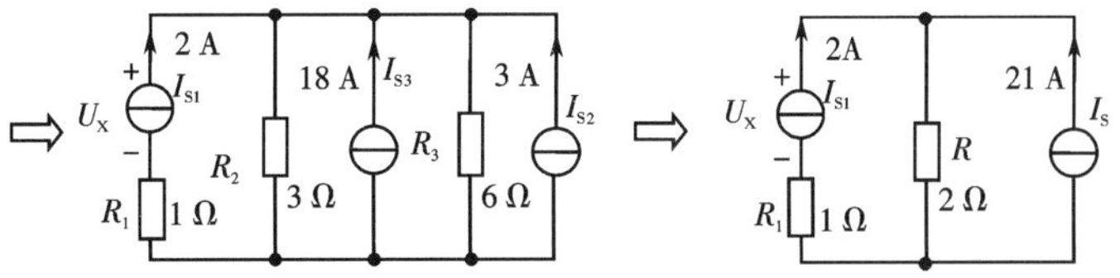


(D)题图 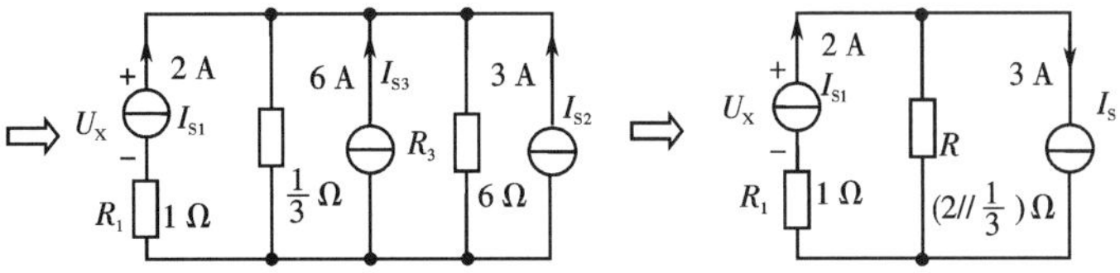


**解:**答案选(A)。

选项(B)的问题:在将电压源模型等效转换为电流源模型时,电流源的电流方向反了。

选项(C)和选项(D)的问题:在将电压源模型等效转换为电流源模型时,电流源电流、等效电阻值不满足等效条件。

## 7.2.8 等效电源定理

等效电源定理是保证等效替换的一种有效方法。等效电源定理包括等效电压源定理和等效电流源定理。现重点讨论一下等效电压源定理,即戴维南定理。

戴维南定理的具体描述:一个有源线性二端网络可以等效为一个理想电压源 $U_S$ 和一个电阻 $R_S$ 串联的电路。理想电压源 $U_S$ 的电压等于有源线性二端网络开路时的端口电压,串联电阻 $R_S$ 的值等于有源线性二端网络除源后的无源网络的端口等效电阻,如图 7.2-18 所示。

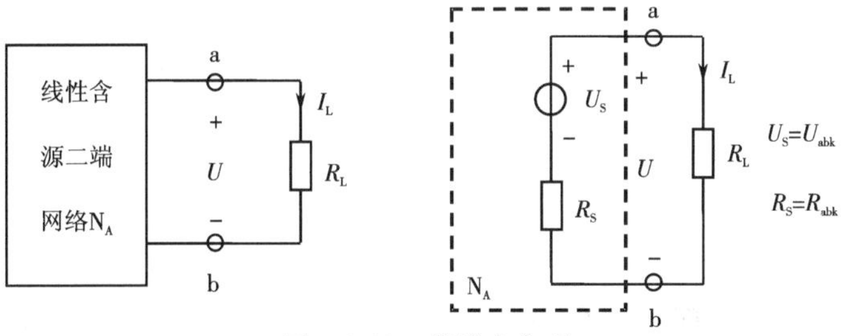


图 7.2-18 戴维南定理

有源线性二端网络变为无源网络涉及除源原则,即除去有源线性二端网络中电源的作用。对于理想电压源供出电压为零,可将其视为"短路";对于理想电流源供出电流为零,可将其视为"开路",如图 7.2-19 所示。

(a) 理想电压源视为"短路"　　(b) 理想电流源视为"开路"

图 7.2-19 戴维南定理

**【例 7.2-4】** 图 7.2-20 所示电路的戴维南等效模型为(　　)。

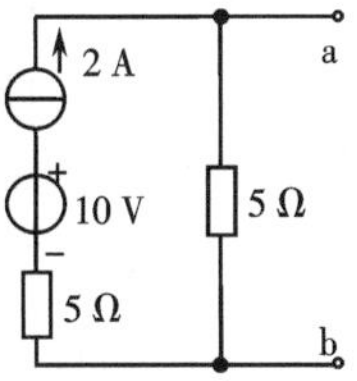


图 7.2-20 例 7.2-4 图

(A) 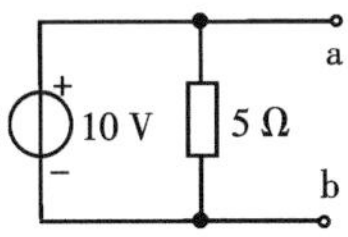


(B) 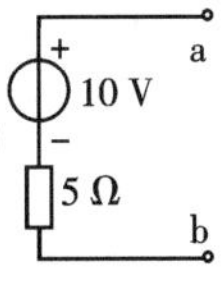

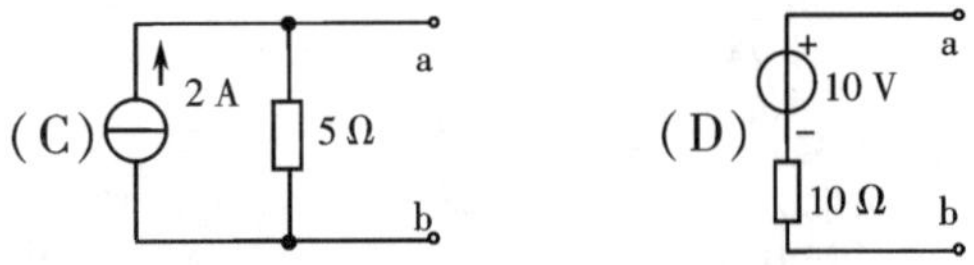


**解:**答案选(B)。

戴维南等效模型为理想电压源与电阻串联,所以选项(A)和(C)错。选项D错在无源网络的获取。

**【例7.2-5】** 某一有源二端线性网络如图7.2-21(a)所示。该网络的戴维南等效电路如图7.2-21(b)所示,其中$U_S$和$R_S$取值为(　　)。

(A)6 V,6 Ω　　(B)6 V,2 Ω

(C)12 V,6 Ω　　(D)12 V,2 Ω

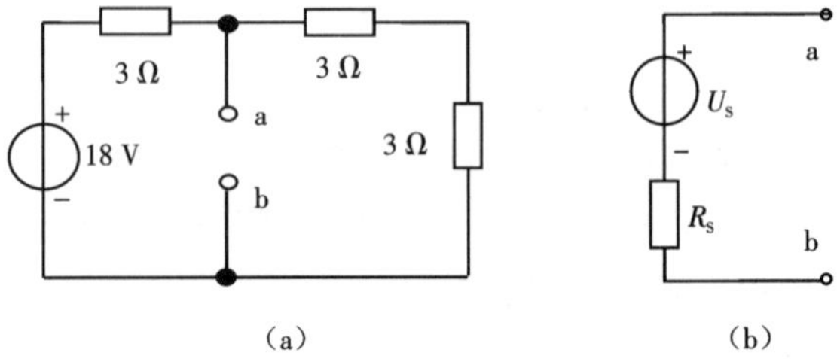


图7.2-21　例7.2-5图

**解:**答案选(D)。

戴维南等效模型中$U_S$为二端网络的开路电压,本题根据分压公式可得

$$U_S=\frac{3+3}{3+3+3}\times 18=12\ \text{V}$$

$R_S$为除源后无源网络的等效电阻,电压源视为短路,所以

$$R_S=(3+3)//3=2\ \Omega$$

## 7.2.9　叠加原理

叠加原理是线性电路的叠加性的一种描述形式。其核心:线性电路中,如果有多个电源共同作用,电路中各电流(电压)等于各个电源单独作用时产生电流(电压)的代数和。如图7.2-22所示,图(a)为两个电源共同作用的电路,电阻$R_3$上的电压$U$等于图(b)电压源$U_S$单独作用产生的电压$U'$和图(c)电流源$I_S$单独作用产生的电压$U''$的代数和,即

$$U=U'-U'' \tag{7.2-16}$$

除源原则与等效电源定理中的除源原则相同。

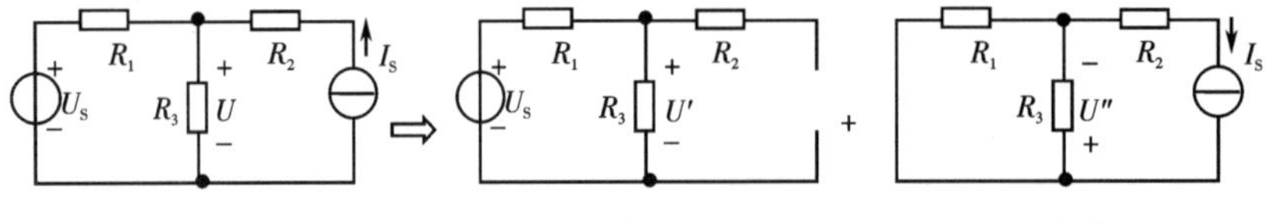


图7.2-22　叠加原理求解电路

采用叠加原理求解电路是一个将具有$n$个独立电源的电路分析问题转化为$n$个单电源的电路问题来求解。结合图7.2-22说明应用叠加原理求解问题的具体步骤。

**1. 求解每个单电源电路作用下的响应分量**

由图7.2-22(b)可得,当电压源单独作用于电路时的分量为

$$U'=\frac{R_3}{R_1+R_3}U_S$$

由图7.2-22(c)可得,当电流源单独作用于电路时的分量为

$$U''=\frac{R_1R_3}{R_1+R_3}I_S$$

**2. 由叠加分量获取总量**

由分量叠加总量时，需要注意的是：当分量的参考方向与总量的参考方向相同时取正号，当分量的参考方向与总量的参考方向相反时取负号。因此，图 7.2-22(a)中所求电压 $U$ 的计算式为

$$U=U'-U''$$

叠加原理分析问题的适用条件：

①仅用于线性电路；

②仅用于分析线性电路的电压、电流，不能用于功率的求取；

③仅考虑独立电源单独作用下的响应量，受控电源的作用不遵循叠加原理。

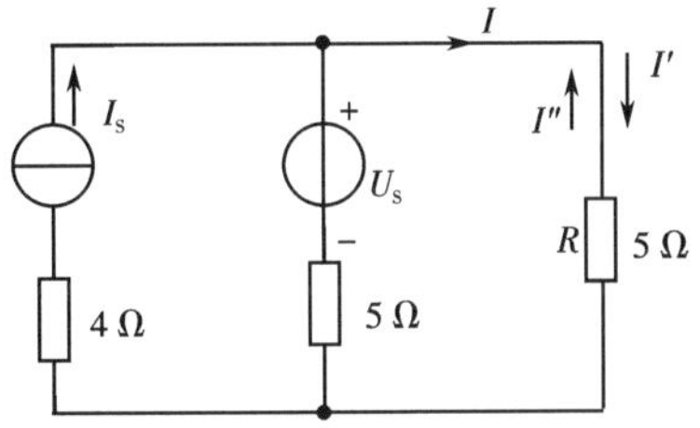


图 7.2-23　例 7.2-6 图

**【例 7.2-6】** 图示 7.2-23 电路中，$U_S$单独作用时，$I'=1$ A，电阻 $R$ 消耗的功率 $P'=5$ W；$I_S$单独作用时，$I''=-1$ A，电阻 $R$ 消耗的功率 $P''=5$ W，那么 $U_S$、$I_S$共同作用时，电阻 $R$ 消耗的功率为(　　)。

(A)$P'+P''=10$ W

(B)$(I'-I'')^2R=20$ W

(C)$(I'+I'')^2R=0$ W

(D)因 $U_S$、$I_S$未知，无法计算

**解**：求解电路中某些元件的功率问题不能采用叠加原理。所以，选项 A 错。电阻 $R$ 的消耗功率 $P=I^2R$，由于 $I'$与 $I$ 的参考方向相同，$I''$与 $I$ 的参考方向相反，所以电阻 $R$ 中的电流 $I=I'-I''=2$ A，所以 $P=20$ W，选项(B)对，选项(C)错。

## 7.2.10 正弦交流电的时间函数描述

正弦交流电是指按照正弦规律变化的电压或电流，是基本的周期函数。它们的时间函数的描述形式为

$$i(t)=I_m\sin(\omega t-\psi_i)\quad 或\quad i(t)=\sqrt{2}I\sin(\omega t-\psi_i) \tag{7.2-17}$$

$$u(t)=U_m\sin(\omega t+\psi_u)\quad 或\quad u(t)=\sqrt{2}U\sin(\omega t+\psi_u) \tag{7.2-18}$$

相应的波形如图 7.2-24 所示。

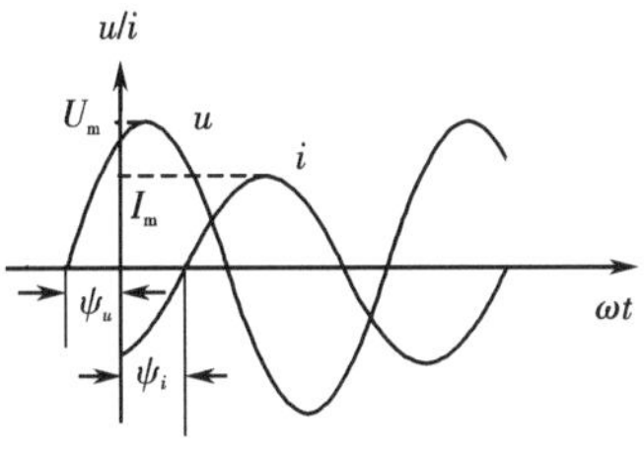


图 7.2-24　正弦交流电波形

式(7.2-17)、式(7.2-18)和图 7.2-24 中的 $U_m$和 $I_m$为交流电压和交流电流的最大值或幅值，$U$ 和 $I$ 为电压、电流的有效值，$\omega$ 为角频率，$\psi_u$(或 $\psi_i$)为初相角。幅值(或有效值)、角频率、初相角为正弦交流电的三要素。

**1. 正弦交流电的最大值与有效值的关系**

$$I_m=\sqrt{2}I\quad 或\quad U_m=\sqrt{2}U \tag{7.2-19}$$

**2. 周期 $T$、频率 $f$ 和角频率 $\omega$ 的关系**

$$\omega=2\pi f=\frac{2\pi}{T} \tag{7.2-20}$$

**3. 初相角和相位差**

正弦交流电 $i(t)=I_m\sin(\omega t+\psi_i)$ 中的 $(\omega t+\psi_i)$ 为相位，$t=0$ 时的相位为初相角 $\psi_i$，约定初相角取值范围为 $(-180°,180°)$。

设两个同频的正弦交流电 $i_1=I_{m1}\sin(\omega t+\psi_1)$ 和 $i_2=I_{m2}\sin(\omega t+\psi_2)$，则两者的相位之差 $\varphi=\psi_1-\psi_2$ 为初相位差：

①若 $\varphi=0°$，即 $\psi_1=\psi_2$，则 $i_1$ 与 $i_2$ 呈同相位关系，称 $i_1$ 与 $i_2$ 同相；

②若 $\varphi=180°$，则 $i_1$ 与 $i_2$ 呈反相位关系，称 $i_1$ 与 $i_2$ 反相；

③若 $0°<\varphi<180°$，则称 $i_1$ 超前 $i_2$（$\varphi$ 角），或 $i_2$ 滞后 $i_1$（$\varphi$ 角）。

**【例 7.2-7】** 已知某激励信号 $u(t)=1.732\sin(314t+30°)$ V，由此可知该信号的有效值、频率及初相角分别为（　　）。

(A) 1 V, 314 rad/s, 30°　　(B) 1.732 V, 0.02 s, 30°

(C) 1.225 V, 50 Hz, 30°　　(D) 1.732 V, 314 rad/s, 30°

**解：**根据已知正弦函数可得 $U_m=1.732$ V，$\omega=314$ rad/s，$\psi_i=30°$，所以

$$U=1.732/\sqrt{2}=1.225\text{ V},\ T=0.02\text{ s},\ f=50\text{ Hz},\ \psi_i=30°$$

因此，答案为(C)。

## 7.2.11 正弦交流电的相量表示

**1. 相量**

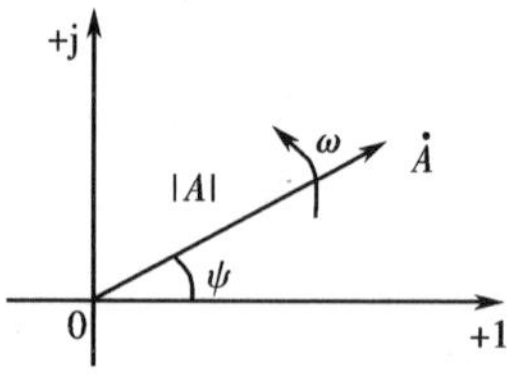


图 7.2-25　旋转的矢量表示相量

在电路分析中，将按逆时针方向以均匀角速度旋转的矢量，称为相量。用大写英文字母上加“·”来表示。如图 7.2-25 所示相量 $\dot{A}$，利用复数可描述为：

①代数形式 $\dot{A}=|A|\cos(\omega t+\psi)+\mathrm{j}|A|\sin(\omega t+\psi)$；

②极坐标形式 $\dot{A}=|A|\angle(\omega t+\psi)$；

③指数形式 $\dot{A}=|A|e^{\mathrm{j}(\omega t+\psi)}$。

$|A|$ 为相量的模，$\omega$ 为旋转角速度，$\psi$ 为相量的起始角度。

**2. 正弦交流电的相量形式**

图 7.2-26 反映了正弦交流电与相量间的映射关系，即正弦量的有效值或幅值、角频率和初相角分别与相量的模值、起始角、旋转角速度一一对应，这样实现了正弦量从时间域到相量域的映射。

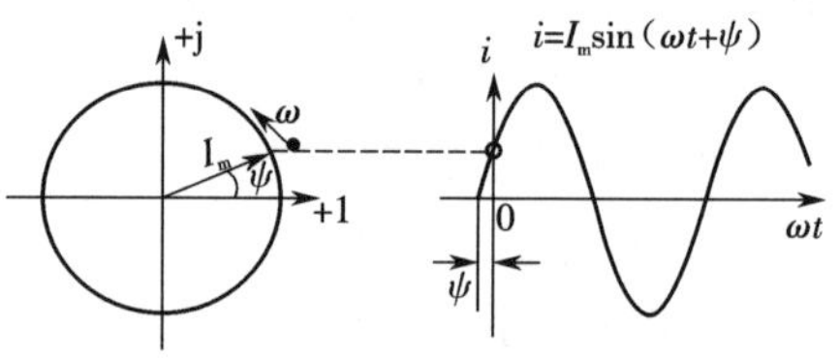


图 7.2-26　正弦量与相量的映射

正弦量的时域形式　　　正弦量的相量形式

$$i=\sqrt{2}I\sin(\omega t+\psi)\quad\Leftrightarrow\quad\dot{I}=I\angle(\omega t+\psi)$$

由组成线性电路的无源元件约束关系

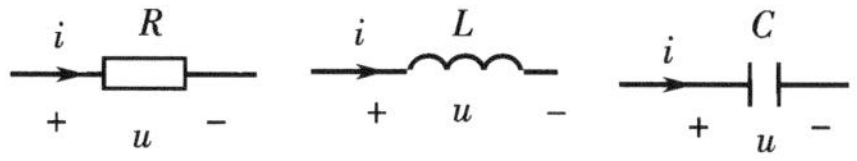


$$u = Ri \qquad u = L\frac{\mathrm{d}i}{\mathrm{d}t} \qquad i = C\frac{\mathrm{d}u}{\mathrm{d}t}$$

决定了交流电路中的激励和响应是同频率的交流电，在交流电路稳态分析中只涉及同频率正弦交流电的分析与计算问题。因此，正弦量的相量只保留最大值和初相位两个要素，于是相量简记为 $\dot{I} = I\angle\psi$、$\dot{I} = I(\cos\psi + \mathrm{j}\sin\psi)$ 和 $\dot{I} = I\mathrm{e}^{\mathrm{j}\psi}$。另外，在不特意说明的情况下，正弦量的相量是指有效值相量，即用正弦量的有效值与相量的模相对应，如果将正弦量的幅值与相量的模相对应，则称最大值相量，并加下标“m”进行标记。

值得注意的是：正弦交流电与相量之间仅仅是映射关系，不是相等关系。

$$\left.\begin{aligned} i = \sqrt{2}I\sin(\omega t + \psi) \neq \dot{I} = I\angle\psi \\ i = \sqrt{2}I\sin(\omega t + \psi) \Leftrightarrow \dot{I} = I\angle\psi \end{aligned}\right\} \tag{7.2-21}$$

**3. 相量图**

在复平面上画出同频率的电压、电流相量，可直观地表示这些电压、电流的大小和相位关系，这种几何表达方式称为相量图。如图 7.2-27 所示相量图，反映了 $i$ 与 $u$ 的相位关系是电流 $i$ 超前于电压 $u$。

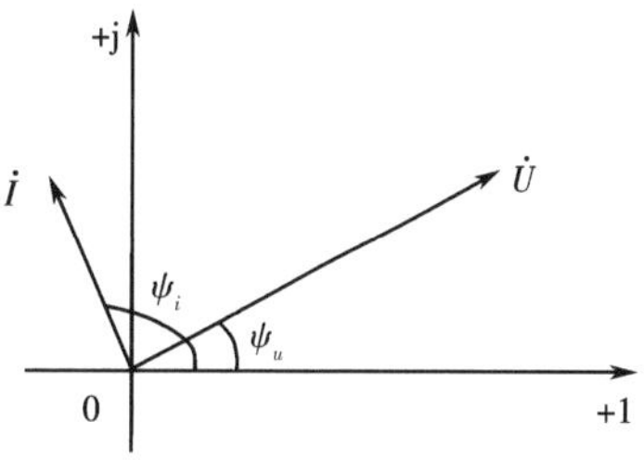


图 7.2-27　$u$ 与 $i$ 相量

**【例 7.2-8】** 已知某二端网络 N 的端口电压 $u(t) = 100\sin(\omega t + 60°)$ V，则不正确的描述形式为(　　)。

(A) $\dot{U} = 50\sqrt{2}\angle 60°$ V　　(B) $\dot{U}_{\mathrm{m}} = 100\angle 60°$ V

(C) $\dot{U} = 100\angle 60°$ V

(D) $\dot{U} = 50\sqrt{2}(\cos 60° + \mathrm{j}\sin 60°)$ V

**解：**答案为选项(C)。

根据已知正弦量的时域描述可知：$U_{\mathrm{m}} = 100$ V，$U = 50\sqrt{2}$ V，$\psi_u = 60°$，所以

$$\dot{U} = 50\sqrt{2}\angle 60° = 50\sqrt{2}\cos 60° + 50\sqrt{2}\sin 60° \text{ V}$$

$$\dot{U}_{\mathrm{m}} = 100\angle 60° \text{ V}$$

## 7.2.12　复阻抗及阻抗

**1. 复阻抗及阻抗的定义**

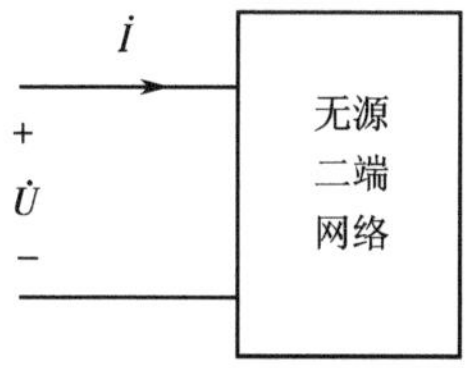


图 7.2-28　无源二端网络

对任意一个无源二端网络端口上的电压、电流的相量之比称为该无源二端网络的复阻抗 $Z$，如图 7.2-28 所示无源二端网络的复阻抗为

$$Z = \frac{\dot{U}}{\dot{I}} = \frac{U\angle\psi_u}{I\angle\psi_i} = \frac{U}{I}\angle(\psi_u - \psi_i) = z\angle\varphi \tag{7.2-22}$$

其中：$z = \dfrac{U}{I} = |Z|$ 为阻抗，等于端口电压与端口电流有效值之比，也是复阻抗的模；$\varphi = \psi_u - \psi_i$，为阻抗角。

**2. $RLC$ 无源元件的复阻抗**

流过无源元件 $R$、$L$、$C$ 的电流 $i$ 和其两端的电压 $u$ 参考方向按关

联参考方向设定，而且电流 $i$、电压 $u$ 可以用相量形式描述时，根据元件的时域约束形式，推得约束的相量形式和相量域模型分别为

相量域模型：

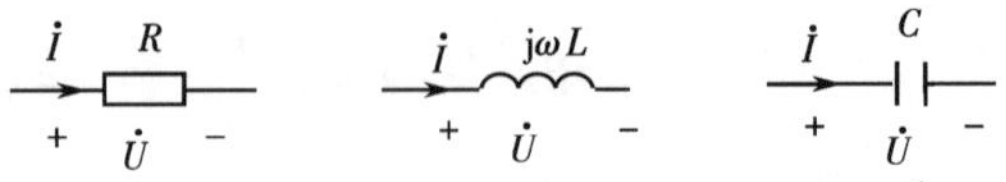


元件约束的相理形式：　$\dot{U}=R\dot{I}$　　$\dot{U}=\mathrm{j}\omega L\dot{I}$　　$\dot{U}=\dfrac{1}{\mathrm{j}\omega C}\dot{I}$

根据复阻抗的定义，可得：

①电阻元件的复阻抗 $Z=R$；

②电感元件的复阻抗 $Z=\mathrm{j}\omega L=\mathrm{j}X_L$，$X_L$为电感抗，与频率成正比；

③电容元件的复阻抗 $Z=\dfrac{1}{\mathrm{j}\omega C}=-\mathrm{j}X_C$，$X_C$为电容抗，与频率成反比。

**【例 7.2-9】** $RLC$ 并联电路如图 7.2-29 所示，在正弦电压 $u$ 的激励下，各支路电流有效值 $I_1=I_2=I_3=10$ A，当电压频率增加一倍而保持其有效值不变时，各电流有效值应变为（　　）。

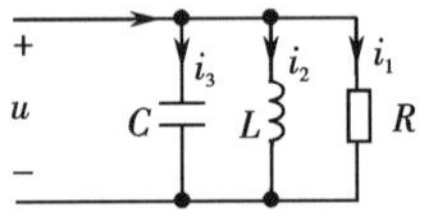


图 7.2-29　例 7.2-9 图

(A) $I_1=20$ A，$I_2=20$ A，$I_3=20$ A

(B) $I_1=10$ A，$I_2=20$ A，$I_3=5$ A

(C) $I_1=10$ A，$I_2=5$ A，$I_3=20$ A

(D) $I_1=5$ A，$I_2=5$ A，$I_3=5$ A

**解：**答案选(C)。当端电压频率增加一倍时，电容抗 $X_C$减小一半，电感抗 $X_L$增大一倍，所以当端电压有效值保持不变时，电容、电感支路的电流相应地增大一倍和减小一半，变为

$$I_2=5\ \text{A}\quad I_3=20\ \text{A}$$

由于电阻参数与频率无关，所以 $I_1=10$ A。

**3. 无源二端网络的复阻抗**

复阻抗串联和并联的等效阻抗的计算方法和直流电路中电阻串联和并联的计算方法相同，即

$n$ 个复阻抗串联，总复阻抗与各个复阻抗的关系为

$$Z=Z_1+Z_2+\cdots+Z_n \tag{7.2-23}$$

$n$ 个复阻抗并联，总复阻抗与各个复阻抗的关系为

$$\frac{1}{Z}=\frac{1}{Z_1}+\frac{1}{Z_2}+\cdots+\frac{1}{Z_n} \tag{7.2-24}$$

**【例 7.2-10】** 求图 7.2-30 所示无源二端网络的复阻抗 $Z$。

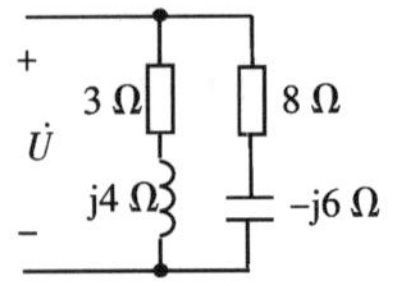


图 7.2-30　例 7.2-10 图

**解：**设电阻与电感串联的复阻抗为 $Z_1$，电阻与电容串联的复阻抗为 $Z_2$。根据已知参数可得

$$Z_1=3+\mathrm{j}4=5\angle 53.1^\circ\ \Omega,\ Z_2=8-\mathrm{j}6=10\angle -36.9^\circ\ \Omega$$

$$Z=\frac{Z_1\cdot Z_2}{Z_1+Z_2}=4.47\angle 26.5^\circ\ \Omega=(4+\mathrm{j}2)\,\Omega$$

**4. 复阻抗 $Z$ 反映无源二端网络的性质**

由例 7.2-10 不难看出，任意一个无源二端网络总能等效为一个复阻抗 $Z=|Z|\angle\varphi=R+\mathrm{j}X$。

当阻抗角 $\varphi>0$ 或复阻抗的虚部 $X>0$ 时，该无源二端网络呈感性，可通过一个阻值为 $R$

的电阻和一个电感抗 $X_L=X$ 的电感元件的串联组合表示，如图 7.2-31(a)所示。

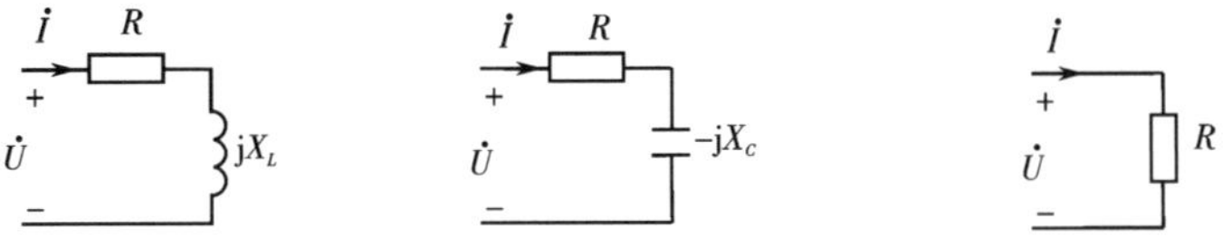


(a) 感性电路 $X_L=X>0$ $\varphi>0$　　(b) 容性电路 $X_C=X<0$ $\varphi<0$　　(c) 阻性电路 $X=0$ $\varphi=0$

图 7.2-31　复阻抗 $Z=R+\mathrm{j}X$

当阻抗角 $\varphi<0$ 或复阻抗的虚部 $X<0$ 时，该无源二端网络呈容性，可由一个阻值为 $R$ 的电阻和一个电容抗 $X_C=X$ 的电容元件串联表示，如图 7.2-31(b)所示。

当阻抗角 $\varphi=0$ 或复阻抗的虚部 $X=0$ 时，该无源二端网络呈阻性，如图 7.2-31(c)所示，此时电路处于谐振。

由 $Z=|Z|\angle\varphi=R+\mathrm{j}X$ 可知：

$$Z=\sqrt{R^2+X^2} \tag{7.2-25}$$

$$\varphi=\arctan\frac{X}{R}=\arccos\frac{R}{|Z|}=\arcsin\frac{X}{|Z|} \tag{7.2-26}$$

$|Z|$、$R$ 及 $X$ 构成直角三角形，称为阻抗三角形，如图 7.2-32 所示。

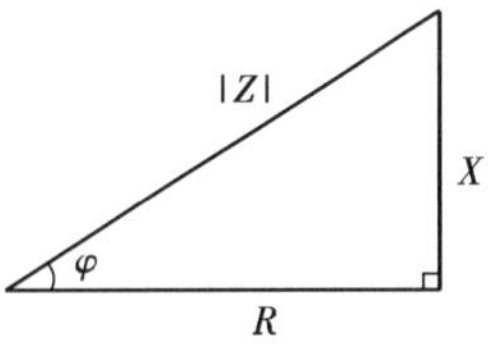


图 7.2-32　阻抗三角形

**【例 7.2-11】** $RLC$ 串联电路如图 7.2-33(a)所示，在正弦电压 $u(t)=U_{\mathrm{m}}\sin(\omega t+\varphi)$ 的激励下，其等效复阻抗等于(　　)。

(a)　例 7.2-11 图　　(b)　(a)图的相量域模型

图 7.2-33

(A) $R+\mathrm{j}X_L-\mathrm{j}X_C$　　(B) $R+\mathrm{j}X_L+\mathrm{j}X_C$

(C) $R-\mathrm{j}X_L+\mathrm{j}X_C$　　(D) $R+X_L+X_C$

**解：** 根据例图的相量域模型(图 7.2-33(b))可知电路的等效复阻抗：

$$Z=R+\mathrm{j}\omega L+1/\mathrm{j}\omega C$$

其中：$\omega L=X_L$，$1/\omega C=X_C$。

所以，$Z=R+\mathrm{j}X_L+X_C/\mathrm{j}=R+\mathrm{j}X_L-\mathrm{j}X_C$。答案为选项(A)。

在计算元件串并联等效复阻抗时，代入公式的参数应是复阻抗，而不是阻抗，所以选项(D)错。

## 7.2.13　交流电路功率及功率因数

### 1. 交流电路功率

从电路的功能关系看，正弦交流电路包括以下三个功率的计算。

①视在功率 $S$ 是电源供出的总电压和总电流的有效值的乘积，即

$$S=UI \tag{7.2-27}$$

它表示负载工作时所占用的电源容量，单位为"V · A"。

②有功功率 $P$ 是负载消耗的电能量，它的计算式为

$$P=UI\cos\varphi \tag{7.2-28}$$

这部分能量转变为电路对外部所做的有用功，单位为"W"。

③无功功率 $Q$ 用于负载与电源之间的能量交换，有

$$Q=UI\sin\varphi \tag{7.2-29}$$

该功率并不转换为有用功，但要占用电源的容量，单位为"Var"。

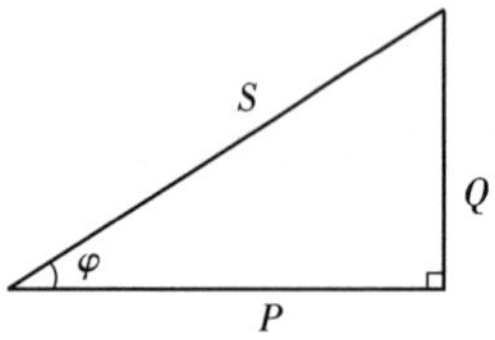

图 7.2-34　功率三角形

三个功率构成直角三角形，称为功率三角形，如图 7.2-34，三者满足关系式

$$S=IU=\sqrt{P^2+Q^2}$$

④功率与 $R$、$L$、$C$ 各元件功率的关系。

对于电阻元件，只消耗电能量，不存在与电源间的能量交互，所以

$$P_R=U_RI_R=RI_R^2=U_R^2/R,Q_R=0 \tag{7.2-30}$$

对于电感元件，不断地吸收电能量和放出磁场能，它和电源之间只形成等量的能量交换，并不消耗能量，所以

$$P_L=0,\ Q_L=U_LI_L=X_LI_L^2=U_L^2/X_L \tag{7.2-31}$$

对于电容元件，不断地吸收和放出电能量，它和电源之间只形成等量的能量交换，并不消耗能量，所以

$$P_C=0,\ Q_C=U_CI_C=X_CI_C^2=U_C^2/X_C \tag{7.2-32}$$

电路的总有功功率（平均功率）等于 $R$、$L$、$C$ 各元件有功功率之和，即

$$P=\sum P_R+\sum P_L+\sum P_C=\sum P_R \tag{7.2-33}$$

电路的总无功功率为

$$Q=\sum Q_L-\sum Q_C \tag{7.2-34}$$

**2. 功率因数**

式(7.2-28)中的"$\cos\varphi$"称为交流电路的功率因数。它表示交流电路中实际消耗的有用功在整个电源容量中所占的比例，代表了交流电路中电能有效利用的程度。功率因数 $\cos\varphi$ 的计算式如下：

$$\cos\varphi=\frac{P}{UI} \tag{7.2-35}$$

式中的 $\varphi$ 为阻抗角，功率因数 $\cos\varphi$ 还可根据式(7.2-26)计算，即

$$\cos\varphi=\cos(\psi_u-\psi_i)=\cos\left(\arctan\frac{X}{R}\right)=\cos\left(\arcsin\frac{X}{|Z|}\right)=\cos\left(\arccos\frac{R}{|Z|}\right) \tag{7.2-36}$$

由此不难看出，功率因数 $\cos\varphi$ 是由电路参数所决定的固有性质。

**3. 提高功率因数及过补偿问题**

对于力能电路而言，不允许低效率的电路（低功率因数的交流电路）存在。由于力能电路

中的电感性质的负荷比重很大，因此提高功率因数的有效办法之一是在感性负载两端并联一个适当的电容，如图 7. 2-35 所示。

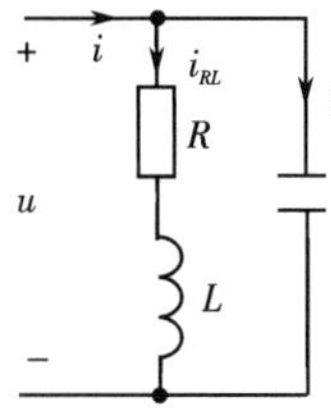


图 7. 2-35　提高功率因数措施

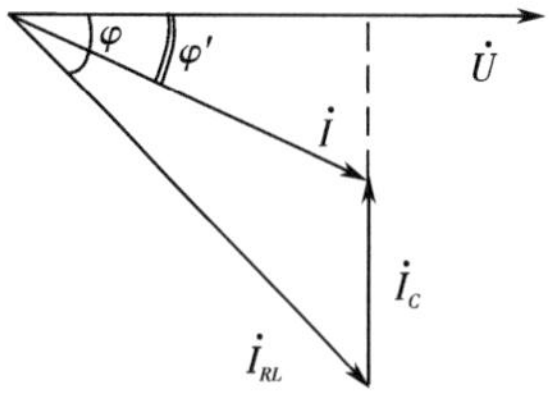


图 7. 2-36　图 7. 2-35 的相量图

图 7. 2-35 的相量图如图 7. 2-36 所示。由此图可容易看出，感性负载并联电容后，电路电压与电流间的相位差从 $\varphi$ 变到了 $\varphi'$，因为 $\varphi'<\varphi$，所以 $\cos\varphi'>\cos\varphi$，功率因数得到了提高。功率因数一旦得到提高，电源的利用率以及电路的传输率也随之得到提高。

当外加电源电压一定时，电容值越大，电容电流则越大$\left(I_C=\dfrac{U_C}{X_C}=U_C\cdot\omega C\right)$，这会使 $\varphi'$ 随电容的增大逐渐变小，$\varphi'$ 过 0°后，如果继续增大电容，会因电流 $I_C$ 继续增大，使 $\varphi'$ 从 0°逐渐变负（绝对值变大），此后电容值越大，功率因数反而越小，称为过补偿，应避免过补偿。

**【例 7. 2-12】**　如图 7. 2-37（a）所示电路中，电容 $C$ 可调，若感性负载的功率因数为 $\cos\varphi$，并接电容后，电路的功率因数为 $\cos\varphi'$，电路的端口电流 $i$ 的有效值 $I$ 和电容 $C$ 的关系如图 7. 2-37（b）所示，则下列说法不正确的是（　　）。

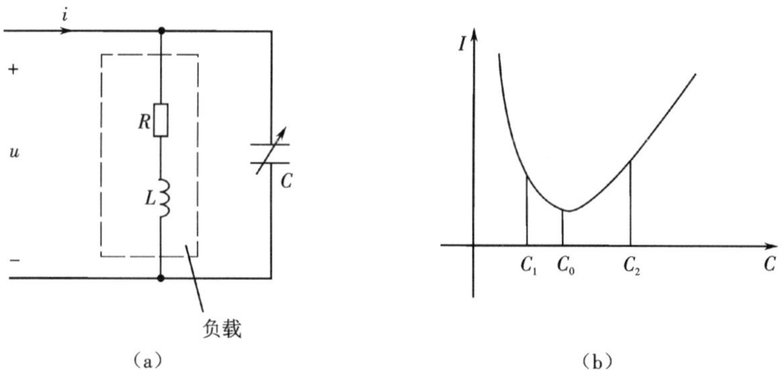


图 7. 2-37　例 7. 2-12 图

（A）当 $C=C_0$ 时，电路的功率因数最大

（B）当 $C<C_0$ 时，$\cos\varphi'>\cos\varphi$

（C）当电路出现过补偿时，$C>C_0$

（D）当 $C>C_0$ 时，$\cos\varphi'>\cos\varphi$

**解：**答案为（D）。

当外加电源电压一定时，电容值越大，电容电流则越大，当 $C=C_0$ 时，电流最小，$\varphi'=0$，$\cos\varphi'=1$，电路效率最高，如果继续增大电容，使 $C>C_0$，会因电流 $I_C$ 继续增大，使 $\varphi'$ 的绝对值变大，此后电容值越大，功率因数反而下降，出现过补偿现象，应避免过补偿。因此选项（A）、选项（B）及选项（C）的说法都是正确的。

## 7.2.14 正弦交流电路相量分析

### 1. 基尔霍夫电压定律的相量形式

$$\text{KVL}: \sum \dot{U} = 0 \tag{7.2-37}$$

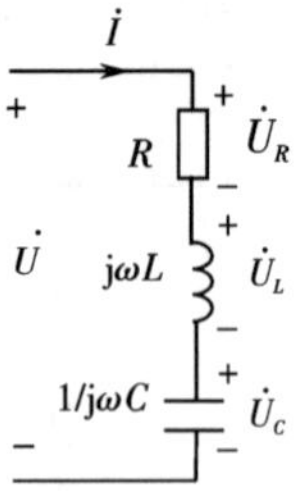

图 7.2-38 *RLC* 串联电路

对于图 7.2-38 所示的 *RLC* 串联电路，由基尔霍夫电压定律的相量形式，可得

$$\dot{U} = \dot{U}_R + \dot{U}_L + \dot{U}_C$$

将元件约束的相量形式代入，有

$$\begin{aligned}\dot{U} &= RI\angle\psi_i + \mathrm{j}\omega LI\angle\psi_i + \frac{1}{\mathrm{j}\omega C}I\angle\psi_i \\ &= U_R\angle\psi_i + \mathrm{j}U_L\angle\psi_i - \mathrm{j}U_C\angle\psi_i \\ &= (U_R + \mathrm{j}U_L - \mathrm{j}U_C)\angle\psi_i \\ &= \sqrt{U_R^{\ 2} + (U_L - U_C)^2}\angle\left(\psi_i + \arctan\frac{X_L - X_C}{R}\right)\end{aligned}$$

即总电压有效值

$$U = \sqrt{U_R^{\ 2} + (U_L - U_C)^2} \tag{7.2-38}$$

而 $\quad U \neq U_R + U_L + U_C$

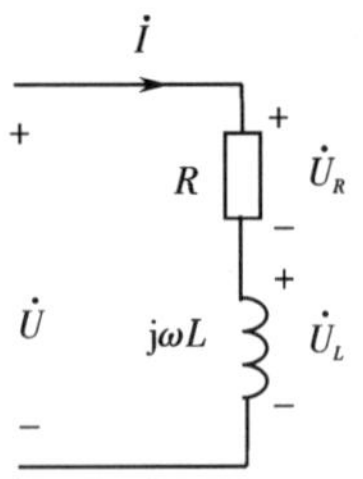

图 7.2-39

【例 7.2-13】 如图 7.2-39 所示电路，已知 $U_R = 60\ \text{V}$，$U = 100\ \text{V}$，求 $U_L$。

**解**：由已知电路图知 $u_R$ 与电流 $i$ 同相，$u_L$ 超前电流 $i$ 90°，所以 $U_R$、$U_L$ 与总电压 $U$ 构成直角三角形，有

$$U_L = \sqrt{U^2 - U_R^{\ 2}} = 80\ \text{V}$$

### 2. 基尔霍夫电流定律的相量形式

$$\text{KCL}: \sum \dot{I} = 0 \tag{7.2-39}$$

如图 7.2-40 所示 *RLC* 并联交流电路，设电流 $\dot{U} = U\angle\psi_u$，根据基尔霍夫电流定律，有

$$\dot{I} = \dot{I}_R + \dot{I}_L + \dot{I}_C$$

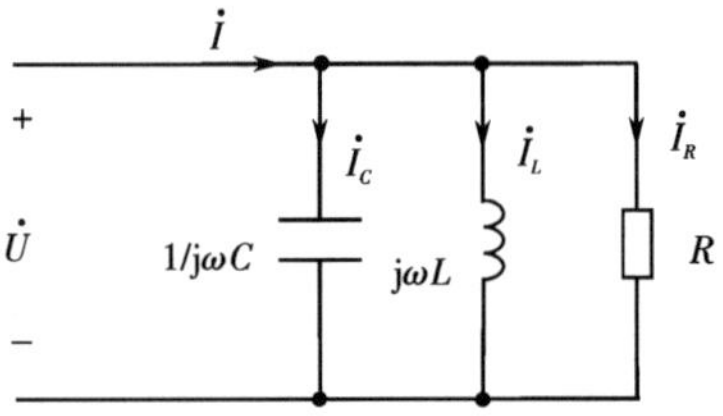

图 7.2-40 *RLC* 并联电路

代入 *R*、*L*、*C* 元件约束的相量形式，可得 *RLC* 并联电路总电流有效值和各支路电流有效值之间的特殊关系：

$$I = \sqrt{I_R^{\ 2} + (I_L - I_C)^2} \tag{7.2-40}$$

【例 7.2-14】 如图 7.2-41 所示正弦交流电路，已知 $X_L = 5\ \Omega$，$R = 10\ \Omega$，$X_C = 4\ \Omega$，$U = 100\ \text{V}$，求端口电压表的读数。

**解**：图示电路中，*LC* 并联环节端电压的有效值为

$$5 \times 4 = 20\ \text{V}$$

因此，电容中的电流有效值为 $20/X_C = 5\ \text{A}$。

因为电容中的电流与电感中的电流相位差为 180°，所以根据基尔霍夫电流定律算得电阻中的电流有效值为

$$I = |I_L - I_C| = 1\ \text{A}$$

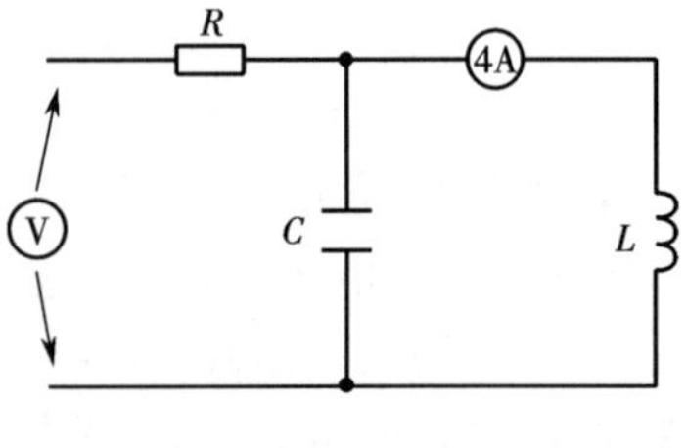

图 7.2-41 例 7.2-14 图

电阻电压有效值为 $\quad 1 \times 10 = 10\ \text{V}$

根据基尔霍夫电压定律，有

$$U=\sqrt{10^2+20^2}=22.4\ \text{V}$$

端口电压表的读数为 22.4 V。

**3. 相量分析方法**

正弦交流电路由正弦交流电源激励其工作，当使用相量来描述电路中的电压及电流后，电路中电阻、电感和电容便以复数阻抗的形式（$R$、$\text{j}X_L$、$-\text{j}X_C$）出现在电路模型中，正弦交流电路稳态分析的相量法就是在这样的电路模型中进行的。下面通过例 7.2-15 说明正弦交流电路相量分析方法。

**【例 7.2-15】** 如图 7.2-42 所示正弦交流电路的相量域模型，求电感元件中的电流 $\dot{I}_X$。

**解：**(1)采用支路电流法。设电流 $\dot{I}_1$ 参考方向如图所示。首先列写 KCL 独立方程：

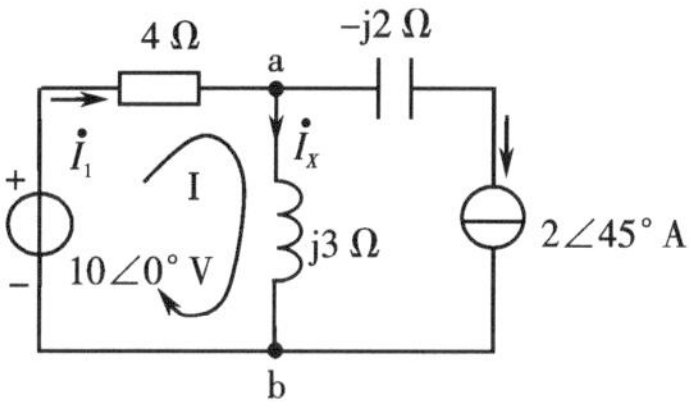


图 7.2-42 例 7.2-15 图

$$\dot{I}_1=\dot{I}_X+2\angle45°$$

然后根据网孔 I 可得 KVL 方程

$$4\dot{I}_1+\text{j}3\cdot\dot{I}_X=10\angle0°$$

联立两个方程，求得

$$\dot{I}_X=\frac{-8\angle45°+10}{4+\text{j}3}=1.43\angle-89.4°\quad\text{A}$$

(2)采用网孔电流法。设网孔电流参考方向如图所示，根据网孔电流方程列写网孔 I 的 KVL 方程，有

$$(4+\text{j}3)\dot{I}_1-\text{j}3\times2\angle45°=10\angle0°$$

求解得

$$\dot{I}_1=\frac{\text{j}3\times2\angle45°+10}{4+\text{j}3}\ \text{A}$$

根据 KCL 定律得

$$\dot{I}_X=\dot{I}_1-2\angle45°=0.02-\text{j}1.4\ \text{A}=1.43\angle-89.4°\ \text{A}$$

(3)采用结点电压法。首先设定参考点及结点电压 $\dot{U}_\text{a}$，如图 7.2-43 所示。

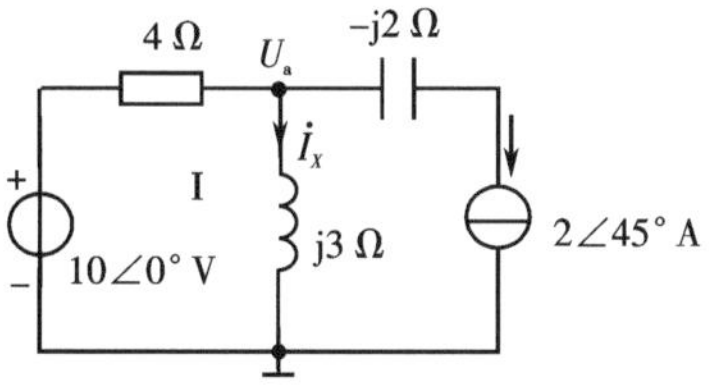


图 7.2-43 图 7.2-42 结点电压法

根据结点电压方程列写结点 a 方程：

$$\dot{U}_\text{a}\left(\frac{1}{4}+\frac{1}{\text{j}3}\right)=\frac{10\angle0°}{4}-2\angle45°$$

求解得

$$\dot{U}_\text{a}=\frac{2.5-2\angle45°}{(4+\text{j}3)/\text{j}12}$$

继而得

$$\dot{I}_X=\frac{\dot{U}_\text{a}}{\text{j}3}=1.43\angle-89.4°\ \text{A}$$

(4)采用戴维南定理。如图 7.2-44 所示戴维南等效模型，其中 $\dot{U}_\text{S}$ 为 ab 端口的开路电压

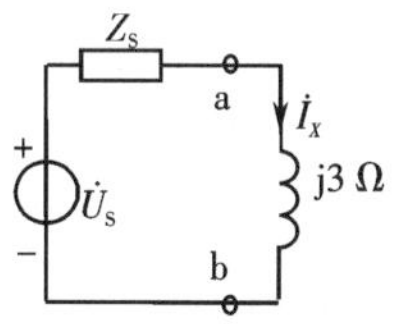


图 7.2-44 图 7.2-42 的戴维南等效模型

$$\dot{U}_\text{S}=\dot{U}_\text{abK}=10\angle0°-4\times2\angle45°\ \text{V}$$

$Z_\text{S}$ 为除源后 ab 端口的等效复阻抗 $Z_\text{S}=Z_\text{abK}=4\quad\Omega$

利用等效电路计算电流 $\dot{I}_X=\dfrac{\dot{U}_S}{Z_S+\text{j}3}=1.43\angle-89.4°\quad \text{A}$

(5)采用叠加原理。运用叠加原理将原电路图7.2-42分解为图7.2-45(a)和(b)。

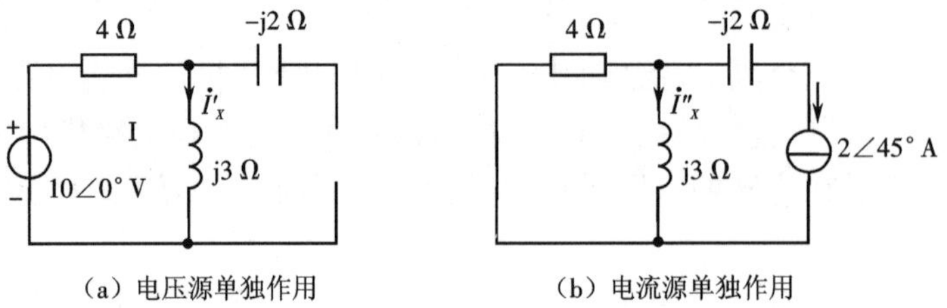


图7.2-45　图7.2-41的单电源作用电路

根据图(a)可得：$\dot{I}'_X=\dfrac{10\angle0°}{4+\text{j}3}=2\angle-36.87°=1.6-\text{j}1.2\quad \text{A}$

根据图(b)可得：$\dot{I}''_X=\dfrac{-2\angle45°}{4+\text{j}3}\times4=-1.6\angle8.13°=-1.58-\text{j}0.226\quad \text{A}$

运用叠加原理计算得：$\dot{I}_X=\dot{I}'_X+\dot{I}''_X=0.02-\text{j}1.43\quad \text{A}$

无论用上述哪种方法得到的 $\dot{I}_X$，均可写出其时域表达式为

$$i_X=1.43\sqrt{2}\sin(\omega t-89.4°)\quad \text{A}$$

## 7.2.15　三相电路及用电安全

三相电路是一种特殊的正弦交流电路，其特殊性表现在电源以及负载和电源的连接上。

**1. 三相电源**

三相电源是由三个频率相同、大小相同、相位相差120°的单相电源按照星形或三角形连接后形成的，如图7.2-46所示。图中的A、B、C称为端线或火线，N称为中线，端线与中线之间的电压为相电压，端线与端线之间的电压为线电压。

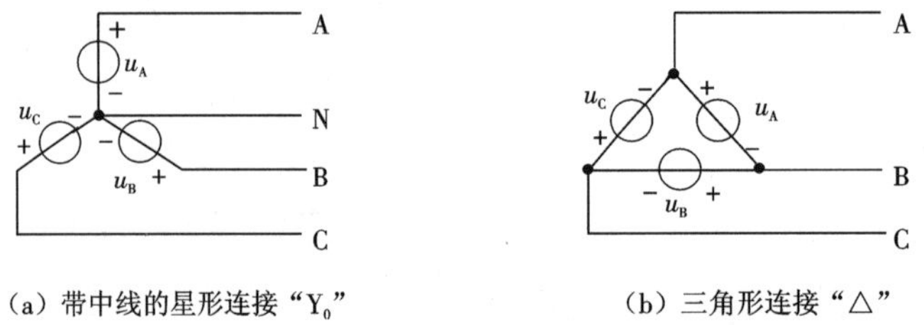


图7.2-46　三相电源

设三个频率相同、大小相同、相位相差120°的单相电源时域表达式分别为

$$u_A=\sqrt{2}U_p\sin\omega t,u_B=\sqrt{2}U_p\sin(\omega t-120°),u_C=\sqrt{2}U_p\sin(\omega t+120°)$$

则它们的相量域形式分别为

$$\dot{U}_A=U_p\angle0°,\dot{U}_B=U_p\angle-120°,\dot{U}_C=U_p\angle120°$$

对于星形接法的三相电源，无论是有中线的星形接法($Y_0$)或三相四线制接法，还是无中线的星形接法(Y)，利用KVL和三相相电压推出线电压的描述式如下。

时间域：$u_{AB}=\sqrt{2}U_l\sin(\omega t+30°),u_{BC}=\sqrt{2}U_l\sin(\omega t-90°),u_{CA}=\sqrt{2}U_l\sin(\omega t+150°)$

相量域：$\dot{U}_{AB}=U_l\angle30°,\dot{U}_{BC}=U_l\angle-90°,\dot{U}_{CA}=U_l\angle150°$

且线电压有效值和相电压有效值的关系为

$$U_l=\sqrt{3}U_p \tag{7.2-41}$$

在我国低压供电系统中，三相电源相电压有效值 $U_p=220$ V，线电压有效值 $U_l=380$ V。

由于三相电源的所有输出电压具有严格的对应关系，所以已知其一，必可推出其他5个电压。

**【例7.2-16】** 已知某三相四线制电路的线电压 $\dot{U}_{AB}=380\angle 15°$ V，则相电压 $\dot{U}_B=$ (　　)。

(A)$220\angle -135°$ V　(B)$380\angle -15°$ V　(C)$220\angle -15°$ V　(D)$380\angle -135°$ V

**解：**答案为选项(A)。

$\dot{U}_{AB}$为线电压，其有效值 $U_{AB}=U_l=\sqrt{3}U_p=\sqrt{3}\times 220=380$ V；因为线电压 $\dot{U}_{AB}$的初相位 $\varphi_{AB}=15°$，所以 $\dot{U}_A$ 的初相位 $\varphi_A=15°-30°=-15°$，线电压 $\dot{U}_B$ 的初相位 $\varphi_B=\varphi_A-120°=-135°$，故选项(A)正确。

**【例7.2-17】** 已知某三相电源的相电压 $\dot{U}_A=220\angle 15°$ V，当 $t=12$ s时，三个线电压之和为(　　)。

(A)380 V　(B)0 V　(C)$380\sqrt{2}$ V　(D)无法计算

**解：**由于三相电源为外界提供的三个相电压是对称的，所以该电源为外界提供的三个线电压也是对称的，所以任意时刻三个对称电源之和均为0。

答案选(B)。

**2. 三相对称负载及电路分析**

由三相电源为三相负载供电的电路称为三相电路。三相负载有星形连接和三角形连接两种。

(1)对称负载星形连接

负载星形连接的电路如图7.2-47所示，如果

$$Z_A=Z_B=Z_C=Z=|Z|\angle\varphi$$

则称该三相电路为三相对称的电路。在此情况下，负载中的电流(称为相电流)为对称的电流，各相电流与相应的线电流相等，它们的有效值为

$$I_p=U_p/|Z|$$

根据KCL可得

$$\dot{I}_N=\dot{I}_A+\dot{I}_B+\dot{I}_C=0$$

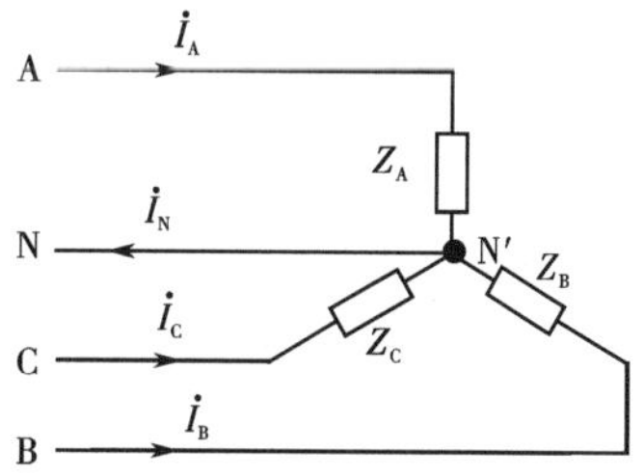


图7.2-47　三相负载的星形连接

可见，“对称负载星形连接电路的中线可以去掉”。

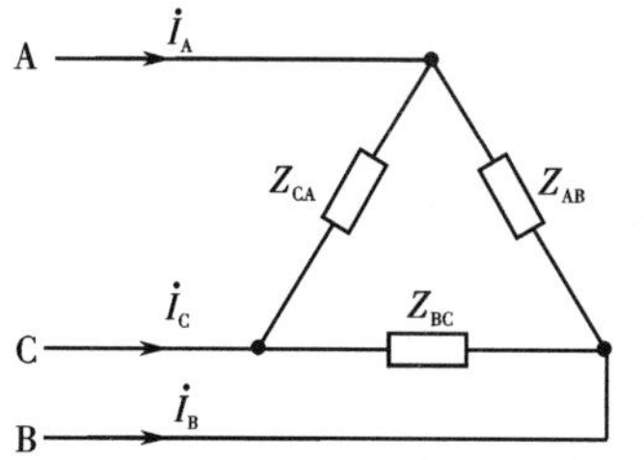


图7.2-48　三相负载的三角形连接

(2)对称负载三角形连接

负载三角形连接的电路如图7.2-48所示，如果

$$Z_{AB}=Z_{BC}=Z_{CA}=Z=|Z|\angle\varphi$$

则三相对称的电路负载中的电流(相电流)也是对称的，相电流与线电流的有效值关系为

$$I_l=\sqrt{3}I_p=\sqrt{3}\cdot\frac{U_l}{|Z|} \tag{7.2-42}$$

(3)对称三相电路的功率

三相电路总功率等于各相功率之和,对于对称负载电路(无论是星形连接还是三角形连接)的总功率 $S$、$P$、$Q$ 与电路的线电压 $U_1$、线电流 $I_1$之间的关系:

$$\begin{aligned}&\text{视在功率}\quad S=3U_pI_p=\sqrt{3}U_1I_1\\&\text{有功功率}\quad P=3U_pI_p\cos\varphi=\sqrt{3}U_1I_1\cos\varphi\\&\text{无功功率}\quad Q=3U_pI_p\sin\varphi=\sqrt{3}U_1I_1\sin\varphi\end{aligned}\tag{7.2-43}$$

值得注意的是:式(7.2-43)中的 $\varphi$ 是单相负载的阻抗角,或相电压和相电流的相位差。

**【例 7.2-18】** 有一星形连接的对称负载接于线电压为 380 V 的三相四线制电源上,如图 7.2-49 所示。当在 M 点断开时,$U_1$为(　　)。

(A)190 V　　(B)220 V

(C)311 V　　(D)380 V

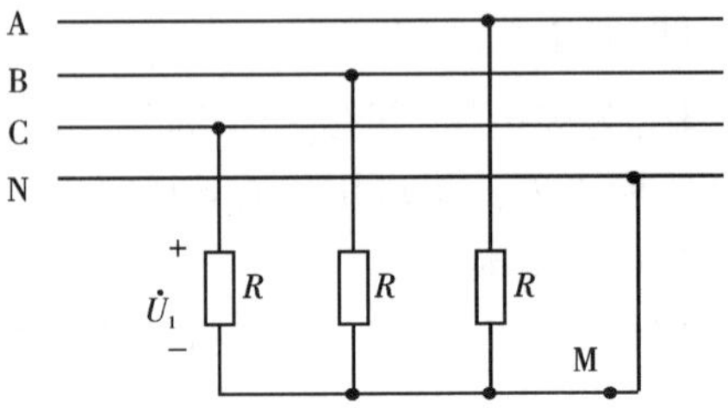


图 7.2-49　例 7.2-18 图

**解:**由于负载是对称的,中线存在与否对每相负载所承受的电压没有影响,始终等于电源的相电压。根据式(7.2-41)可得 $U_p=\dfrac{U_1}{\sqrt{3}}=220$ V,答案为(B)选项。

**3. 不对称三相电路中的中线作用**

三相不对称星接电路中,构成三相负载的各单相负载不再相同,即 $Z_A\neq Z_B\neq Z_C$。当电路接有中线时,各单相负载依然能够获得额定的相电压,可以保证负载正常工作。但是,如果去掉中线,电源中点 N 与负载中点 N′间会出现电压(可通过节点电压法推出),根据基尔霍夫电压定律,可以推知,此时各单相负载上的电压有效值会大于或小于电源相电压有效值,从而造成负载因超压或欠压而不能正常工作,甚至造成负载的损坏。

**4. 安全用电**

大多数的用电设备均采用三相电源供电,正常情况下,用电设备外壳(导电材料制成)是不带电的,但是一旦它们出现漏电问题,就会存在安全隐患,当使用者触及漏电设备的外壳时,会发生触电事故。为此,必须采取安全防范措施。根据电源接线模式的不同,采取不同的保护措施。

(1)三相三线制下的保护接地

保护接地是将电气设备外壳(正常情况下是不带电的)通过良好的接地体与地相接,如图 7.2-50 所示,这种保护措施用于三相三线制中点不接地系统中。当设备外壳出现带电现象时,可通过良好接地体将电流及时引入大地,避免接触者触电。

(2)三相四线制下的保护接中(或保护接零)

保护接中就是将电气设备的金属外壳接到中线(或零线),适用于三相四线制系统(TN-C 系统),如图 7.2-51 所示。当设备外壳出现带电现象时,可通过 A 相熔断器短路熔断切断电流通路,起到保护作用。

需要注意的是:三相四线供电系统下,不允许进行保护接地。如图 7.2-52 所示,当设备 b 的外壳因 A 相造成漏电时,造成原本正常运行着的、处于"保护接中"的设备 a 带电,这是很危险的。b 设备的接入是错误的。

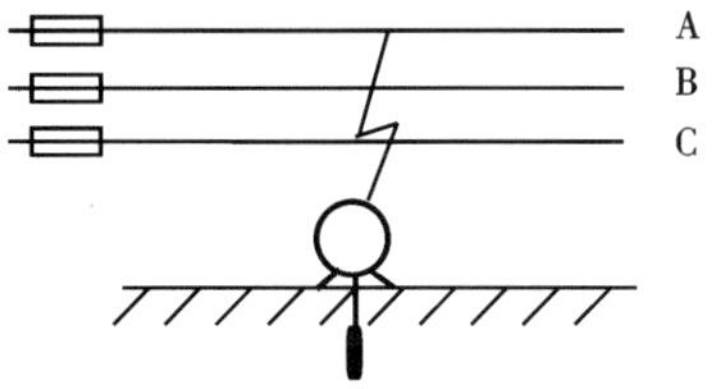


图 7.2-50 三相三线制下保护接地措施

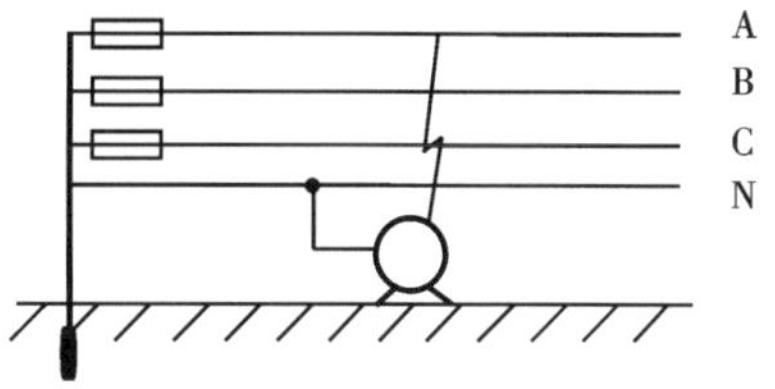


图 7.2-51 三相四线制下保护接中措施

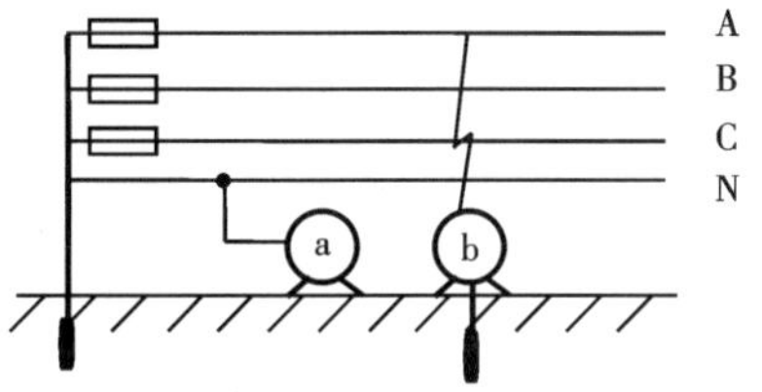


图 7.2-52 三相四线制下错误的保护措施

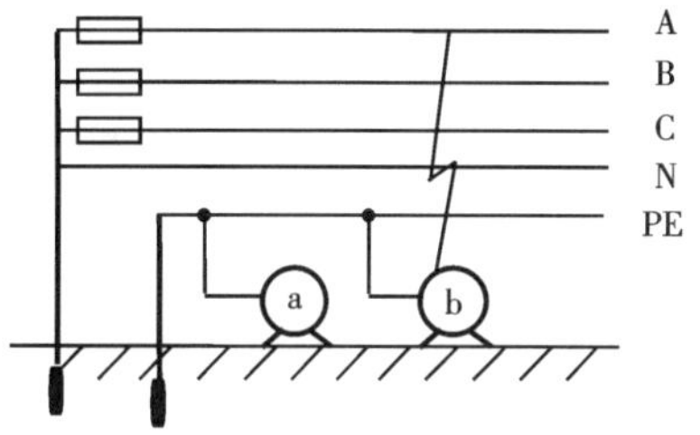


图 7.2-53 三相五线制下的保护措施

(3)三线五线制下的保护措施

三线五线制系统(TN-S 系统),特点是中线(或零线)N 与保护 PE 线分别接地,如图 7.2-53 所示。该系统下的保护措施是将电气设备的金属外壳直接与保护 PE 线相接,一旦设备出现漏电现象,也不会造成其他设备外壳带电。

## 7.2.16 电路暂态及一阶电路暂态分析

**1. 电路暂态**

电路的工作状态分稳态和暂态,如图 7.2-54 所示。当各支路电流和各元件电压取值恒定或随时间按周期规律变化时,电路处于稳态,否则电路处于暂态。从一个稳定状态到另一个稳定状态过渡的过程,称为过渡过程或暂态过程。

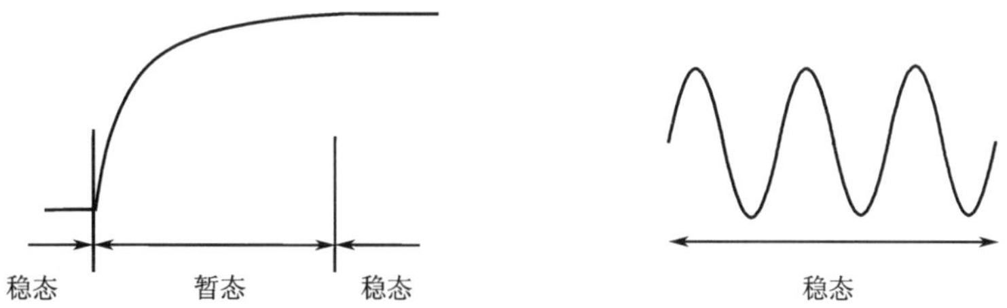


图 7.2-54 电路的稳态与暂态

电路的状态与组成电路的元件和激励有关。电路出现暂态的条件:

①电路必须含有电感、电容惯性元件,即储能元件;

②电路发生换路(即电路中激励、电路结构或参数发生突变)。设电路 $t=0$ 时刻发生换路,$t=0_-$ 为换路前瞬间,$t=0_+$ 为换路后瞬间,换路后电路在 $t\to\infty$ 达到稳定状态。电路出现暂态所具有的条件是:

$$i_L(0_-)\neq i_L(\infty),u_C(0_-)\neq u_C(\infty)$$

**2. 换路定律**

惯性元件中的能量是不能发生突变的,所以电容元件 $C$ 两端的电压 $u_C$ 和流过电感元件 $L$

的电流 $i_L$不能发生突变，电路严格受换路定律约束，即

$$\left.\begin{aligned} i_L(0_+) &= i_L(0_-) \\ u_C(0_+) &= u_C(0_-) \end{aligned}\right\} \tag{7.2-44}$$

**【例 7.2-19】** 判断图 7.2-55 所示电路是否存在暂态？

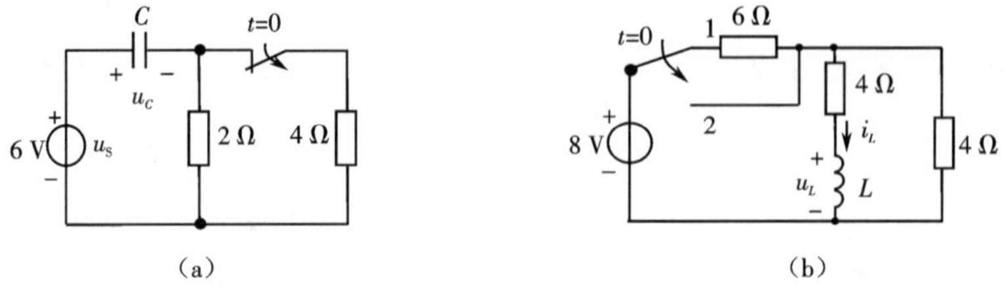


图 7.2-55 例 7.2-19 图

**解**：两个电路均含有惯性元件，而且均存在换路。

对于图(a)，换路前电容两端的电压 $u_C(0_-)=U_S$，换路后电路再次达到稳定状态时电容两端的电压 $u_C(\infty)=U_S$，由于 $u_C(0_-)=u_C(\infty)$，所以图(a)不存在暂态。

对于图(b)，换路前电感中的电流 $i_L(0_-)=0.5$ A，换路后电路再次达到稳定状态时电感中的电流 $i_L(\infty)=2$ A，由于 $i_L(0_-)\neq i_L(\infty)$，所以图(b)存在暂态。

**【例 7.2-20】** 电容端电压和电感电流不能突变的原因是(　　)。

(A)元件的端电压和电流不能突变

(B)电场能量和磁场能量的变化率均为有限值

(C)电容端电压和电感电流都是有限值

(D)电容端电压和电感电流都受换路定律制约

**解**：储能元件是惯性元件，其能量是不能发生突变的。由于电容元件和电感元件中的储能分别为 $W_C=\frac{1}{2}Cu_C^2$和 $W_L=\frac{1}{2}Li_L^2$，所以电容元件 $C$ 两端的电压 $u_C$和流过电感元件 $L$ 的电流 $i_L$都是不能发生突变的。答案选(B)。

**3. 一阶电路的暂态分析**

1) 一阶电路

只含有一个(或等效为一个)储能元件的线性电路称为一阶电路，如图 7.2-56 所示。

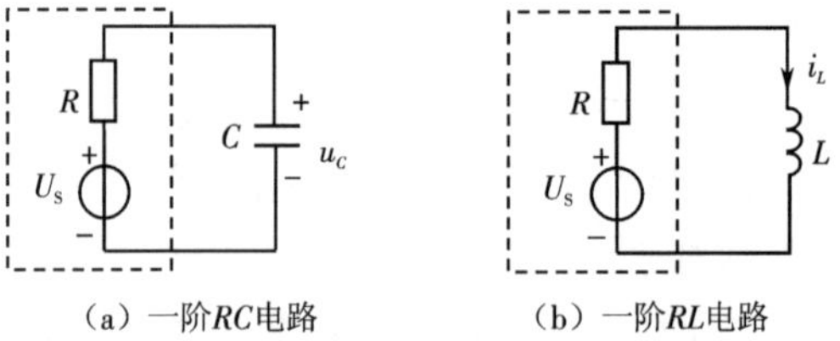


图 7.2-56 一阶电路

2) 一阶电路暂态分析法——三要素法

暂态分析是指含储能元件电路发生换路后，从一个稳态向另一个稳态过渡过程中各物理量所遵循的规律。设电路在 $t=0$ 时刻发生换路，某响应 $f(t)$ 换路后瞬间取值为 $f(0_+)$、换路后的稳态值为 $f(\infty)$，则 $f(t)$ 在暂态过程中的变化规律：

$$f(t)=f(\infty)+[f(0_+)-f(\infty)]e^{-\frac{t}{\tau}}(t\geq 0) \quad (7.2\text{-}45)$$

式(7.2-45)中的$f(0_+)$初值、$f(\infty)$稳态值、$\tau$时间常数为$f(t)$在暂态过程中的三要素。$\tau$的大小与电路结构有关,对于图7.2-56所示电路,时间常数分别为

$$\tau=RC \quad 或 \quad \tau=\frac{L}{R} \quad (7.2\text{-}46)$$

$\tau$决定了暂态进程的快慢,$\tau$越大,进程越慢;反之则快。

3)三要素法求解步骤

(1)计算初值

①由$t=0_-$电路求$i_L(0_-)$、$u_C(0_-)$。

②根据式(7.2-44)换路定律求$i_L(0_+)$、$u_C(0_+)$。

③由$t=0_+$电路,在$i_L(0_+)$、$u_C(0_+)$的条件下,根据KVL、KCL、欧姆定律求其他的电压和电流的初值。

**【例7.2-21】** 如图7.2-57所示,已知$R_1=R_2=10\ \Omega$,$L=20\ \text{mH}$,$I_S=1\ \text{A}$,且开关闭合前电感中无电流,求$i_L(0_+)$、$u_L(0_+)$。

**解:**电路换路前已处于稳定状态,$i_L(0_-)=0\ \text{A}$。

根据换路定律$i_L(0_+)=i_L(0_-)$得:$i_L(0_+)=0\ \text{A}$。

根据换路后电路(图7.2-58)可知:由于开关闭合后电感中仍无电流,所以$R_1i_L(0_+)=0\ \text{V}$。

由KCL得:$i_2(0_+)=I_S+i_L(0_+)=1\ \text{A}$

根据欧姆定律得$R_2$两端电压:$R_2i_2(0_+)=10\ \text{V}$

由KVL得:$u_L(0_+)=R_2i_2(0_+)-R_1i_L(0_+)=10\ \text{V}$

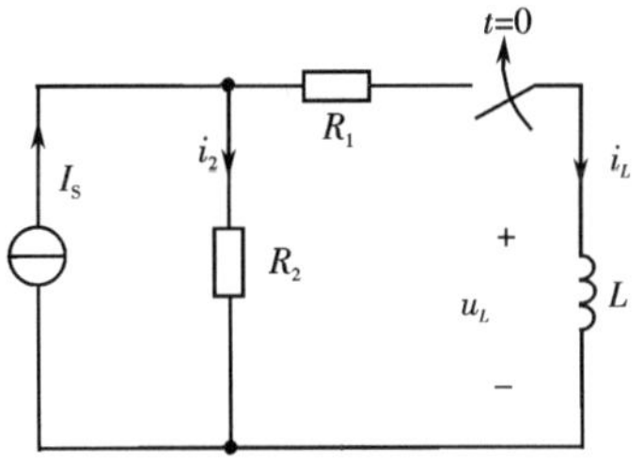


图7.2-57 例7.2-21图

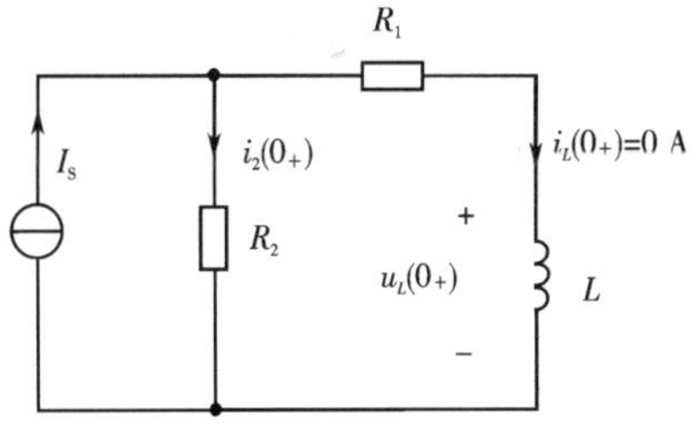


图7.2-58 图7.2-57换路后电路图

(2)由换路后电路计算稳态值(或终值)

设定电路激励为恒定直流量,所以$t\to\infty$电路中的电感视为短路,电容视为开路。

**【例7.2-22】** 计算例7.2-21图换路后达到稳定状态下的$i_L(\infty)$、$u_L(\infty)$。

**解:**$t\to\infty$时电路达到稳态,电感相当于短路,如图7.2-59所示,所以

$$u_L(\infty)=0$$

根据分流公式得:$i_L(\infty)=\dfrac{R_2}{R_1+R_2}I_S=0.5\ \text{A}$

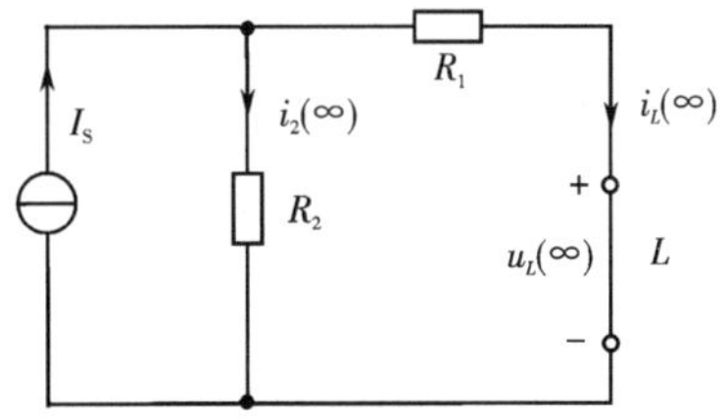


图7.2-59 $t\to\infty$电路图

(3)计算时间常数

针对换路后的电路,拿走电容或电感元件,将电路

的剩余部分视为二端网络,求出该二端网络的无源网络等效电阻 $R$,则

一阶 $RC$ 电路的时间常数:$\tau = RC$

一阶 $RL$ 电路的时间常数:$\tau = L/R$

**【例 7.2-23】** 计算例 7.2-21 电路的时间常数 $\tau$。

**解:**由图 7.2-60 所示电路图可得 $R = R_1 + R_2 = 20\ \Omega$,所以

$$\tau = L/R = 20/20\ \text{ms} = 1\ \text{ms}$$

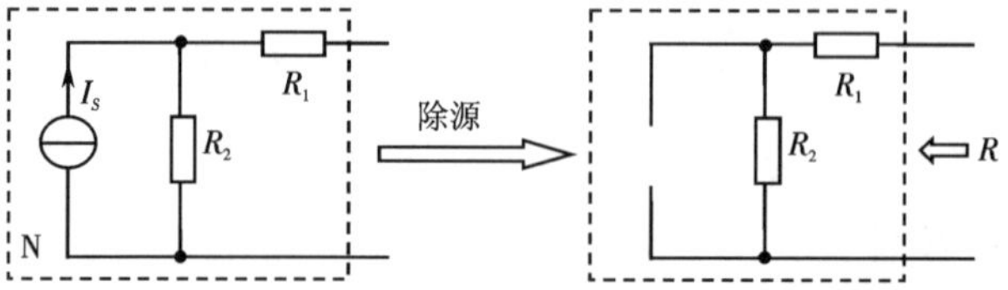


(a)去掉电感后二端网络 N　　(b)二端网络 N 的无源网络

图 7.2-60

(4)将三要素带入式(7.2-45)中,获取 $f(t)$

$$i_L(t) = i_L(\infty) + [i_L(0_+) - i_L(\infty)]e^{-\frac{t}{\tau}}$$

$$= 0.5 + [0 - 0.5]e^{-\frac{t}{1}\times 1\,000} = 0.5(1 - e^{-1\,000t})\text{A}(t \geqslant 0)$$

$$u_L(t) = u_L(\infty) + [u_L(0_+) - u_L(\infty)]e^{-\frac{t}{\tau}} = 0 + [10 - 0]e^{-\frac{t}{1}\times 1\,000} = 10e^{-1\,000t}(t \geqslant 0)$$

## 7.2.17 电路频率特性

在交流电路中,电感和电容的阻抗为频率的函数,设信号的频率为 $\omega$,则电感抗 $X_L = \omega L$,电容抗 $X_C = 1/\omega C$,因此电路的等效复阻抗也是频率的函数,即

$$Z = f(j\omega)$$

因此,即使电路参数和电路结构不变,对于不同频率的信号,电路也会做出不同的响应。这种现象取决于电源本身对外加信号频率的敏感性。

电路在不同频率的信号作用下所表现出的特性称为电路的频率特性。

对交流电路的频率特性进行分析,通常用传递函数加以描述。

**1. 双口网络及其传递函数**

双端口网络如图 7.2-61 所示,激励源(电压源或电流源)作用端为输入口,信号送出端(响应端)为输出口。

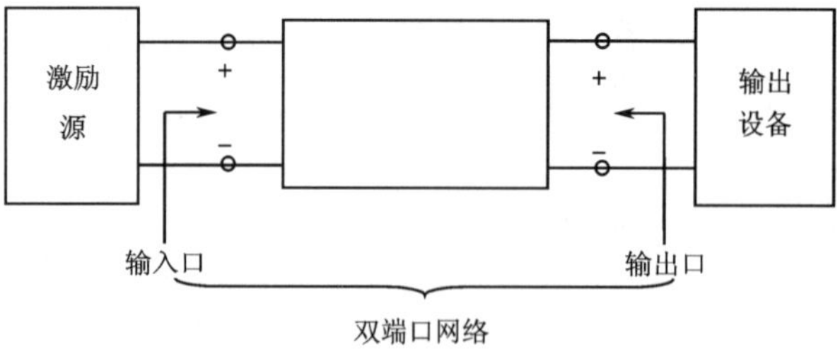


图 7.2-61　双端口网络

激励源借助双端口网络将信号传送到输出口设备上,所以一般用传递函数来表示双端口网络传输处理信号的性能。设双端口网络的响应相量为 $\dot{R}$,激励相量为 $\dot{E}$,则响应与激励的关系为

$$\dot{R}=\dot{E}\cdot H(j\omega)$$

$H(j\omega)$反映双端口网络对激励$\dot{E}$的处理和传递能力，完全取决于双端口网络的结构和参数。

网络的传递函数定义为

$$H(j\omega)=\frac{\dot{R}}{\dot{E}} \tag{7.2-47}$$

式(7.2-47)表述的定义中包含如下几个含义：

①传递函数是复数，是复数域里频率的函数，所以也称它为复频域函数；

②激励量和响应量既可以是电压相量，也可以是电流相量，所以传递函数既可以是无量纲的电压比或电流比(称为电压放大倍数或电流放大倍数)，也可能是有量纲的电压与电流之比或电流与电压之比(因为是两个端口之间的电压、电流关系，所以称之为跨阻或跨导)。

**【例7.2-24】** 求图7.2-62示网络的传递函数$H(j\omega)$。

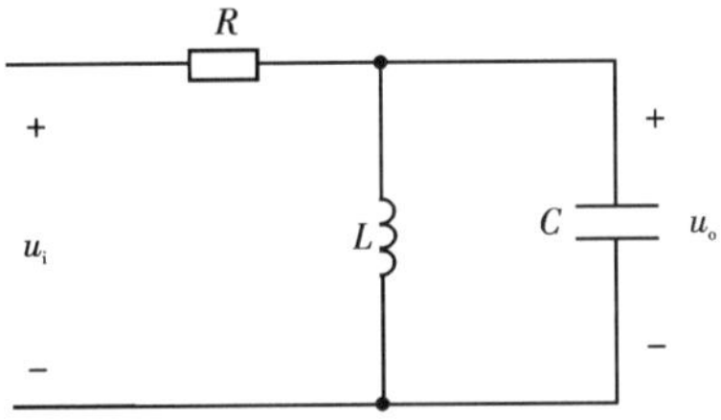


图7.2-62 例7.2-24图

**解：**根据分压公式可得

$$\dot{U}_o=\frac{j\omega L//\frac{1}{j\omega C}}{R+j\omega L//\frac{1}{j\omega C}}\dot{U}_i$$

所以该网络的传递函数为

$$H(j\omega)=\frac{\dot{U}_o}{\dot{U}_i}=\frac{j\omega L//\frac{1}{j\omega C}}{R+j\omega L//\frac{1}{j\omega C}}$$

整理后得

$$H(j\omega)=\frac{j\omega/RC}{(j\omega)^2+j\omega/RC+1/LC}=\frac{2\alpha(j\omega)}{(j\omega)^2+2\alpha(j\omega)+\omega_0^2}$$

其中：$\alpha=\frac{1}{2RC}$，$\omega_0=\frac{1}{\sqrt{LC}}$。

**2. 电路的频率特性分析**

频率特性分为幅频特性和相频特性。

传递函数是一个复数，可以将其写成

$$H(j\omega)=|H(j\omega)|\angle\theta(\omega)$$

称$|H(j\omega)|$为幅频特性，$\theta(\omega)$为相频特性。幅频特性和相频特性均是角频率$\omega$的实函数。根据例7.2-24电路的传递函数可得

幅频特性 $$\left|\frac{\dot{U}_o}{\dot{U}_i}\right|=\frac{2\alpha\omega}{\sqrt{(\omega_0^2-\omega^2)^2+(2\alpha\omega)^2}}$$

相频特性 $$\theta(\omega)=\arctan 2\alpha\omega-\arctan\frac{2\alpha\omega}{\omega_0^2-\omega^2}$$

**3. 由幅频特性界定的典型滤波器**

从传递函数的幅频特性可以看出，双口网络对输入端口送入信号的传递实际上具有选择性，有一些频率的信号会被滤掉，通常称这样的网络为滤波器，典型的滤波器有低通、高通、带通和带阻几种类型。

(1)低通滤波器

图 7.2-63(a)所示 $RC$ 电路是一个低通滤波器，传递函数如下：

$$H(\mathrm{j}\omega)=\frac{1/\mathrm{j}\omega C}{R+1/\mathrm{j}\omega C}=\frac{1}{1+\mathrm{j}\omega RC}=\frac{1}{1+\mathrm{j}\dfrac{\omega}{\omega_0}} \tag{7.2-48}$$

其中，$\omega_0=\dfrac{1}{RC}$，它的幅频特性为

$$H(\omega)=\frac{1}{\sqrt{1+(\omega/\omega_0)^2}} \tag{7.2-49}$$

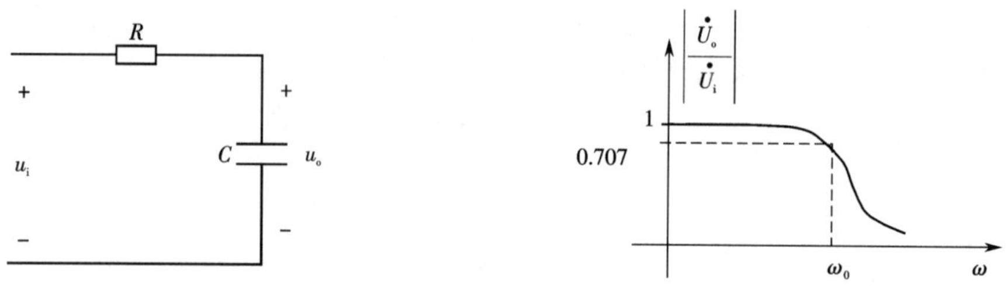


(a) 低通滤波电路　　(b) 幅频特性

图 7.2-63　低通滤波器

由此不难分析出，$\omega=0$ 时，$|H(\mathrm{j}\omega)|=1$，$U_o=U_i$；$\omega=\omega_0$时，$|H(\mathrm{j}\omega)|=0.707$，$U_o=0.707U_i$；$\omega\to\infty$ 时，$|H(\mathrm{j}\omega)|=0$。可见，该电路选择低频信号进行传递，同时拒绝掉高频信号，因此具有“通低阻高”的频率特性，通频带为 $0\sim\omega_0$。该低通滤波器的幅频特性如图 7.2-63(b)所示。

(2)高通滤波器

图 7.2-64(a)所示 $RC$ 电路是一个高通滤波器，其传递函数和幅频特性如下：

$$H(\mathrm{j}\omega)=\frac{R}{R+1/\mathrm{j}\omega C}=\frac{\mathrm{j}\omega RC}{1+\mathrm{j}\omega RC}=\frac{\mathrm{j}\dfrac{\omega}{\omega_0}}{1+\mathrm{j}\dfrac{\omega}{\omega_0}},\ \omega_0=\frac{1}{RC} \tag{7.2-50}$$

$$|H(\mathrm{j}\omega)|=\frac{\dfrac{\omega}{\omega_0}}{\sqrt{1+\left(\dfrac{\omega}{\omega_0}\right)^2}} \tag{7.2-51}$$

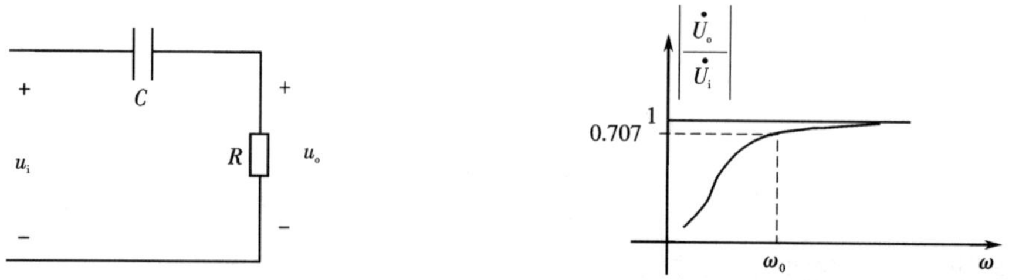


(a) 高通滤波电路　　(b) 幅频特性

图 7.2-64　高通滤波器

从图 7.2-64(b)所示的幅频特性曲线可以看出,高通滤波器的频率特性是“通高阻低”,通频带为 $\omega_0 \sim \infty$ 。

(3)带通滤波器和带阻滤波器

带通滤波器和带阻滤波器的幅频特性如图 7.2-65 所示(实现电路略)。可以看出,带通滤波电路只会传递落入通频带的信号,而带阻滤波器将阻断落入阻带的信号。

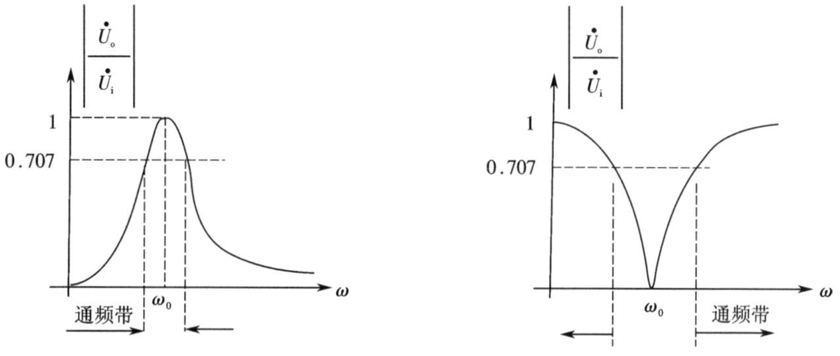


(a)带通　　(b)带阻

图 7.2-65　带通和带阻滤波器的幅频特性

了解交流电路的频率特性,对正确地使用它们具有指导意义。首先,通过恰当地选择电路参数将 $\omega_0$ 调整到适当的位置,以防范功能电路在传递、加工、处理激励信号的时候产生信号变形(失真);其次,根据有用信号和噪声信号的频率关系,选择低通或高通或其他滤波器,将噪声信号滤除。

**【例 7.2-25】** 如图 7.2-66 所示电路的传递函数及幅频特性曲线是(　　)。




图 7.2-66　例 7.2-25 图

(A)$H(\omega)=\dfrac{R}{\sqrt{R^2+(\omega L)^2}}$

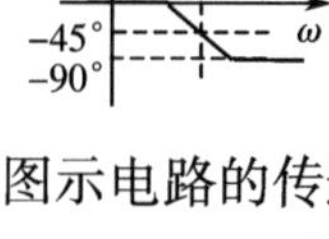


(B)$|H(\mathrm{j}\omega)|=\dfrac{R}{\sqrt{R^2+(\omega L)^2}}$

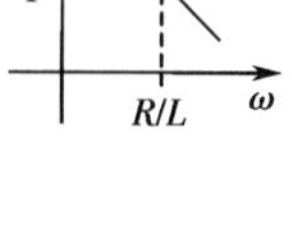


(C)$\theta(\omega)=-\arctan\dfrac{\omega L}{R}$

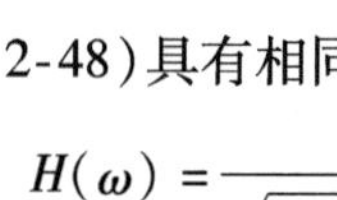


(D)$H(\mathrm{j}\omega)=\dfrac{R}{R+\mathrm{j}\omega L}$

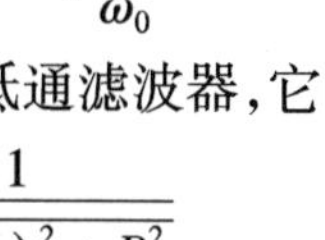


**解:**图示电路的传递函数

$$H(\mathrm{j}\omega)=\frac{R}{R+\mathrm{j}\omega L}=\frac{1}{1+\mathrm{j}\omega L/R}=\frac{1}{1+\mathrm{j}\dfrac{\omega}{\omega_0}},\omega_0=\frac{R}{L}$$

与式(7.2-48)具有相同的形式,因此是低通滤波器,它的幅频特性为

$$H(\omega)=\frac{1}{\sqrt{1+(\omega/\omega_0)^2}}=\frac{1}{\sqrt{(\omega L)^2+R^2}}$$

所以,答案为选项(D)。对于选项(B)中的表达式为例 7.2-25 电路的幅频特性,不符合题目要求,选项(C)为相频特性曲线,也不符合题目要求,选项(A)的幅频特性曲线为高通滤波特性

曲线,所以选项(A)、(B)、(C)均错。

## 7.3 电动机与变压器

### 7.3.1 理想变压器

变压器由一个铁芯和绕在铁芯上的两个或多个匝数不等的线圈(绕组)组成,其中一个(或一组)线圈与交流电源相接,称为一次绕组;另一个(或一组)线圈与负载相接,称为二次绕组。两个绕组中没有电气的连接。

将变压器接于电源和负载之间后,线圈中便有电流流通,在其作用下,铁芯中有较强的磁场产生,由此一定有线圈电阻和铁芯对电功率的损耗现象出现,不过与变压器的输入功率和输出功率相比,这一损耗所占的比例很小(例如2%)。因此,在对变压器电路的分析中,通常将它们忽略掉。忽略线圈电阻和铁芯损耗以及很小的空载励磁电流的变压器称为理想变压器。

### 7.3.2 变压器的电压变换、电流变换和阻抗变换原理

变压器的电路模型如图7.3-1所示。

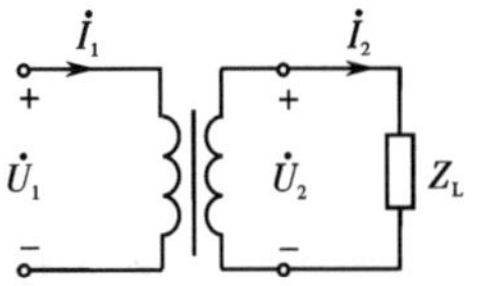


图7.3-1 变压器电路

设变压器的一次绕组的匝数为 $N_1$,二次绕组的匝数为 $N_2$,则

$$k=\frac{N_1}{N_2}$$

称 $k$ 为变压器的变比。变压器的变比决定了变压器的电压变换、电流变换以及阻抗变换能力。

**1. 电压变换**

$$\frac{U_1}{U_2}=\frac{N_1}{N_2}=k \tag{7.3-1}$$

该式说明:电源端电压 $\dot{U}_1$ 通过变比为 $k$ 的变压器将 $\dot{U}_2$ 送入负载 $Z_L$。

**2. 电流变换**

由于理想变压器自身没有损耗,所以输出功率等于输入功率,所以

$$U_1I_1=U_2I_2$$

根据式(7.3-1)得

$$\frac{I_1}{I_2}=\frac{1}{k}\quad 或\ I_2=kI_1 \tag{7.3-2}$$

**3. 阻抗变换**

将变压器和变压器的负载整体看作一个二端网络,该二端网络的等效阻抗设为 $Z_L^*$,如图7.3-2所示。利用变压器的电压变换式(7.3-1)和电流变换式(7.3-2)可以推出 $Z_L$ 与 $Z_L^*$ 大小之间的关系:

$$Z_L^*=\frac{\dot{U}_1}{\dot{I}_1}=\frac{-\dot{U}_2\cdot\dfrac{N_1}{N_2}}{-\dot{I}_2\cdot\dfrac{N_2}{N_1}}=\left(\frac{N_1}{N_2}\right)^2\cdot\frac{\dot{U}_2}{\dot{I}_2}=k^2Z_L \tag{7.3-3}$$

利用阻抗匹配可以使电路的电源输出最大功率,或者说使电源的负载获得最大功率。

例如:一个正弦信号源的电压 $U_S=50\ \text{V}$,$R_S=1\ 000\ \Omega$,负载电阻 $R_L=40\ \Omega$,$P=0.8\ \text{W}$。

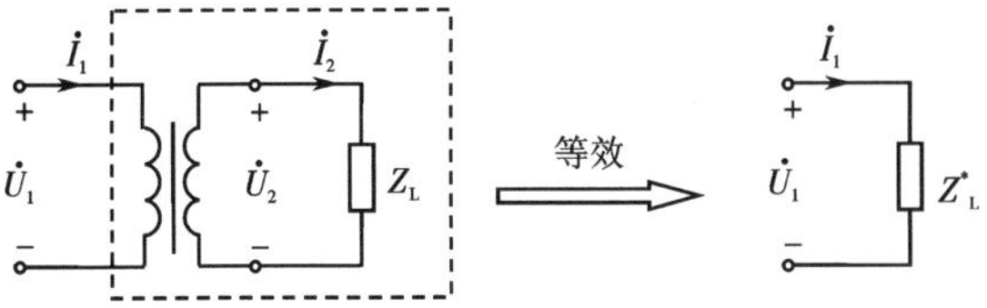


图 7.3-2 变压器的阻抗变换

若电源与负载直接相连，如图 7.3-3(a)所示，则

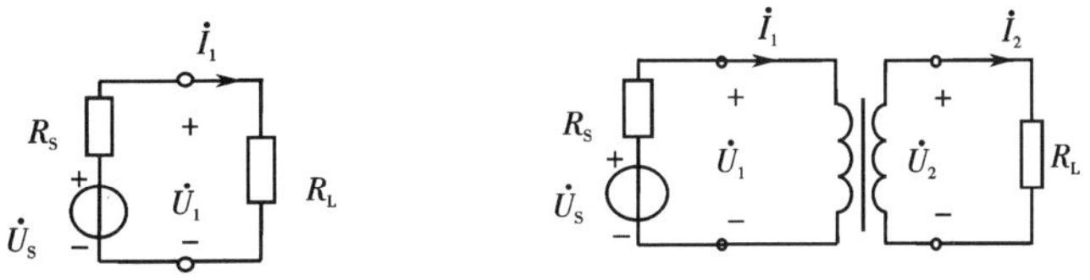

（a）电源与负载直接相连　　（b）电源与负载通过变压器相连

图 7.3-3 变压器的阻抗匹配作用

$$I_1=\frac{U_S}{R_L+R_S}$$

负载消耗功率 $P=R_LI_1^2=0.092\ 5\ \text{W}$。也就是说，负载仅能从电源获得 0.092 5 W 的电能量。若电源通过变压器与负载相连，如图 7.3-3(b)所示，则根据理想变压器的特点($P_1=P_2$)，并利用阻抗变换表达式($R_L^*=k^2R_L$)，可得负载的消耗功率为

$$P=I_2^2R_L=I_1^2R_L^*=I_1^2(k^2R_L)$$

当 $R_L^*=R_S$ 时，$R_L^*$ 可从电源处获得最大的功率，也就是 $R_L$ 从电源处获得最大的功率，所以当变压器变比 $k=\sqrt{\dfrac{R_S}{R_L}}=5$ 时，负载 $R_L$ 可获得的最大功率，即 $P_{max}=0.625\ \text{W}$。

**【例 7.3-1】** 在图 7.3-4 所示电路中，负载 $R_L$ 的消耗功率为 72 W，若变压器的变压比 $k=5$，则变压器原边电压有效值 $U_1$ (　　)。

(A)等于 120 V　　(B)等于 4.8 V

(C)等于 0.6 V　　(D)无法计算

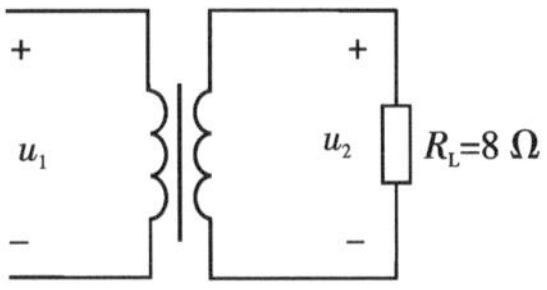


图 7.3-4 例 7.3-1 图

**解：**根据负载的消耗功率和电阻值，可得副边电压有效值满足：$\dfrac{U_2^2}{R_L}=P=72\ \text{W}$，$U_2=24\ \text{V}$。根据变压器的电压变比 $k=\dfrac{U_1}{U_2}$ 可得 $U_1=120\ \text{V}$，所以选项(A)正确。(B)选项错误地认为 $U_2=kU_1$。

**【例 7.3-2】** 如图 7.3-5 所示理想变压器，试确定输出电阻 $R_L$ 获得最大功率时的匝数比。

**解：**首先对变压器一次绕组左侧的有源二端网络进行戴维南等效，即用一个电压源模型等效代替，其内阻 $R_S=R_1//R_2=\dfrac{R_1R_2}{R_1+R_2}$。

然后利用阻抗变换将输出电阻变换至一次绕组侧，即 $R_L^*=k^2R_L$，等效电路如图所示。

最后根据最大功率原理知：$R_L^*=R_S$ 时，$R_L^*$ 获得最大功率，即 $R_L$ 获得最大功率，由此得匝

数比 $k=\sqrt{\dfrac{R_S}{R_L}}=\sqrt{\dfrac{1}{R_L}\cdot\dfrac{R_1R_2}{R_1+R_2}}$

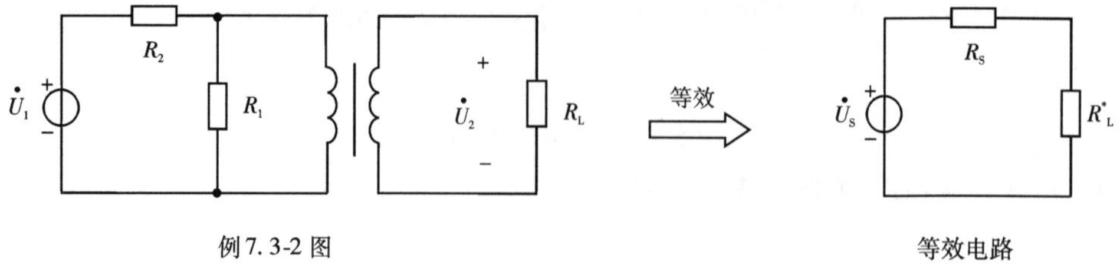


图7.3-5

## 7.3.3 三相异步电动机转矩

电动机靠电磁转矩 $T$ 拖动机械负荷工作。三相异步电动机的转矩公式为

$$T=C_T\frac{sR_2}{R_2^2+(sX_{20})^2}\cdot U_l^2 \tag{7.3-4}$$

式中：$C_T$ 是电动机机械参数的综合系数，体现电动机转子的尺寸、气隙大小等对转矩的影响；$R_2$、$X_{20}$是电动机转子绕组的等效电阻和静止状态下的感抗；$U_l$是三相电源的线电压；$s$ 是电动机的转差率，是电动机转子的转速 $n$ 与内部磁场的同步转速 $n_1$的相对差，即

$$s=\frac{n_1-n}{n_1} \tag{7.3-5}$$

其中 $$n_1=\frac{60f}{p} \tag{7.3-6}$$

$p$ 为电动机的磁极对数，与定子绕组的结构有关。

电磁转矩与转差率的关系如图7.3-6所示。

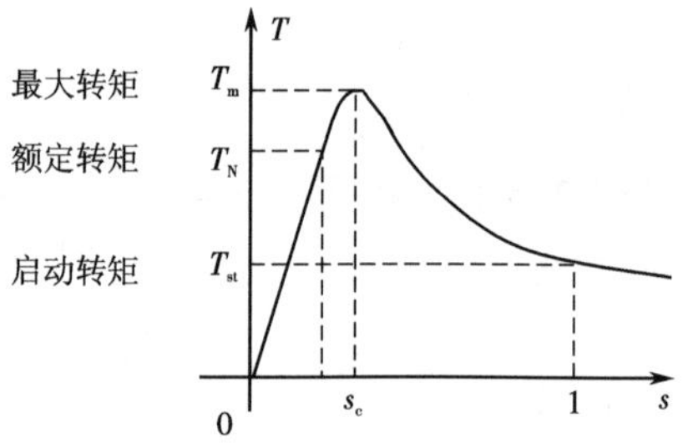


图7.3-6 三相异步电动机的转矩特性

**1. 三相异步电动机的电磁转矩**

$T$ 与电源线电压 $U_l^2$成正比，即 $T\propto U_l^2$。电源电压下降导致电动机带载能力下降，当电动机处于欠压状态运行时，可能会造成电动机的最大转矩低于负载转矩，使电动机的转速不断减小，导致最后停止运转，由于此时电动机与电源相连，因此电动机又会因过热而烧毁。

**2. 三相异步电动机的启动转矩**

电动机在启动瞬间，$n=0$，$s=1$，转子的漏电抗 $X_2$达到最大值 $X_{20}$，而转子电阻 $R_2$通常很小，使 $X_{20}\gg R_2$，于是启动转矩

$$T_{st}=C_T\frac{R_2}{X_{20}^2}\cdot U_l^2 \tag{7.3-7}$$

也就是说，启动转矩几乎和转子绕组电阻成正比，所以加大转子绕组的电阻可以提高电动机的启动能力。

值得注意的是，当电网电压下降时就会导致电动机的启动转矩小于负载转矩，导致电动机因无法启动而被烧毁。

**3. 三相异步电动机的额定转矩**

电动机的额定转矩 $T_N$ 是指其工作在额定状态下产生的转矩，计算公式如下：

$$T_N=\frac{P_N}{\frac{2\pi n_N}{60}}=9\ 550\frac{P_N}{n_N} \tag{7.3-8}$$

其中：$P_N$为额定功率（kW）；$n_N$为额定转速（r/min）。

**4. 三相异步电动机的运行转矩**

电动机在运行期间，$n$ 接近 $n_1$，转差率 $s$ 很小，使式中的 $sX_{20} \ll R_2$，此时转矩公式

$$T=C_T\frac{s}{R_2}\cdot U_l^2 \tag{7.3-9}$$

也就是说，在转矩不变的情况下，加大转子绕组的电阻会同时加大电动机的转差率。

## 7.3.4 三相异步电动机接线、启动、反转及调速方法

在使用三相异步电动机时，要根据电动机额定电压和供电电源电压的不同，对定子绕组进行正确的接线，使其能够正常工作。另外，电动机启动和运行还涉及启动方法、反转运行及调速等问题。

**1. 三相异步电动机的接线**

电动机作为三相电源的三相负载，必然存在三个完全相同的定子绕组的接线方式，即三相定子绕组如何连接成星接或角接以及如何决定三相定子绕组的接法。

三相异步电动机的工作电源是三相电源，为了便于接线，分别将三相定子绕组的 6 个端子引到电动机机壳上的接线盒中，6 个端子的布局如图 7.3-7(a)所示。$U_1$、$V_1$、$W_1$表示三个绕组的首端，$U_2$、$V_2$、$W_2$表示三个绕组的末端。

如果将三相电源从三个首端引入，并将三个尾端相接，则实现了电动机的星形连接，如图 7.3-7(b)所示；如果将三相电源从三个首端引入，并将三个绕组的首尾端顺次相接，则实现了电动机的三角形连接，如图 7.3-7(c)所示。

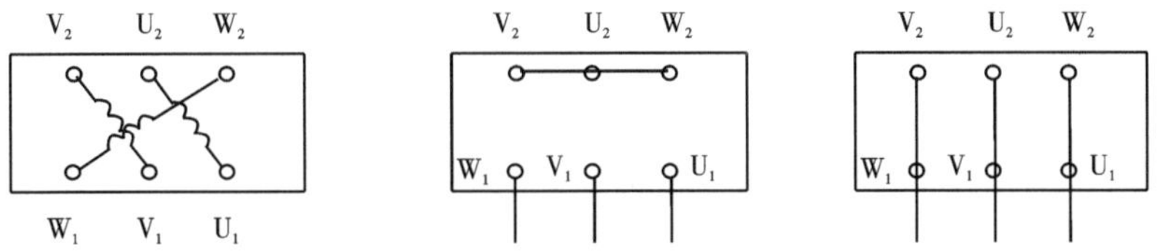


(a) 接线盒布局　(b) 星形连接("Y"接)　(c) 三角形连接("△"接)

图 7.3-7 三相异步电动机的两种接线模式

至于三个绕组是作星形连接还是作三角形连接能使电动机处于额定工作状态，则取决于电源电压和电动机的额定电压。

**2. 三相异步电动机的启动**

1）全压启动

电动机从静止状态合闸启动到稳定运行的过程称为启动过程。当外加电动机的额定电压启动时，称为全压启动，也称为直接启动。这种方案是最简单的启动方案。一般来讲，全压启动的启动电流是电动机额定运行时的工作电流的 4～7 倍，会造成电网电压的下降，严重时会影响电网上其他用电设备的正常工作。因此，这种启动方法只适用于不频繁启动的小容量的

异步机。

对于大容量的频繁启动的异步电动机必须采用以下特定的启动措施。

2)降压启动

当负载阻抗一定时,负载电流有效值与外加电压有效值成正比,因此降压启动是降低启动电流的有效方案,具体分为 Y-△降压启动和自耦降压启动。

(1)Y-△降压启动

Y-△降压启动是指三相异步电动机三个定子绕组在正常运行时采用三角形连接方式,在启动时为星接方式连接。

设三相异步电动机的定子绕组阻抗为$|Z|$,电源相电压为$U_p$、线电压为$U_l$、线电流为$I_l$。

当绕组星形连接时,则线电流

$$I_{lY}=I_p=\frac{U_p}{|Z|}$$

当绕组三角形连接时,则线电流

$$I_{l\triangle}=\sqrt{3}I_p=\sqrt{3}\frac{U_l}{|Z|}=\sqrt{3}\frac{\sqrt{3}\ U_p}{|Z|}=3I_{lY} \tag{7.3-10}$$

这样,星形连接方式下的启动电流只是三角形连接启动时的1/3。

Y-△降压启动方法广泛应用于额定状态下定子绕组为△接法的鼠笼式异步电动机的启动,不适用于额定电压下定子绕组以星形连接的电动机。

(2)自耦降压启动

自耦降压启动是借助专用的变压器——自耦调压器实现对电动机的降压启动。启动期间,调压器的一次线圈与电源相接,电压为$U_1$,二次线圈与定子绕组相接,电压为$U_2$,$U_1$与$U_2$满足关系:$U_2=kU_1$,$k<1$。启动结束,定子绕组直接接入电源。

设全压启动时的线电流为$I_l$,自耦降压启动时的电源线电流和负载线电流分别为$I'_{l1}$和$I'_{l2}$,则根据变压器一次侧电流和二次侧电流的关系,可知

$$I'_{l1}=kI'_{l2}=k\cdot\frac{kU_p}{|Z|}=k^2I_l \tag{7.3-11}$$

可见,采用自耦降压启动的启动电流是全压启动时启动电流的$k^2$倍。

由于三相异步电动机的电磁转矩$T$与电源线电压$U_l^2$成正比,所以三相异步电动机的启动转矩会随着启动电压的减小而降低,因此降压启动只适用于轻载甚至空载启动的场合。

例如 Y-△降压启动方法的启动转矩仅为全压启动转矩的1/3。

(3)转子绕组串电阻启动

这种启动方式是绕线式三相异步电动机的启动方式。绕线式异步电动机应用于重载启动场合,通过采用增加转子绕组电阻以增大电动机的启动转矩。

**【例7.3-3】** 采用适当措施降低三相鼠笼式电动机的启动电流是为了(　　)。

(A)避免电动机烧毁　　(B)避免电动机瞬时过载

(C)避免熔断器烧断　　(D)减小启动电流所引起的电网电压波动

**解:**答案为选项(D)。

一般来讲,全压启动的启动电流是电动机额定运行时的工作电流的4~7倍,会造成电网电压的下降,严重时会影响电网上其他用电设备的正常工作。

**【例 7.3-4】** 有一台 6 kW 的三相异步电动机，其额定运行转速为 1 480 r/min，额定电压为 380 V，全压启动转矩是额定运行转矩的 1.2 倍，现采用 Y – △降压启动以降低其启动电流，此时的启动转矩为(　　)。

(A)15.48 N·m　　(B)26.82 N·m　　(C)38.7 N·m　　(D)46.44 N·m

**解**：答案为选项(A)。

设 Y – △启动转矩为 $T'_{st}$，全压启动转矩为 $T_{st}$，二者关系：$T'_{st}=\frac{1}{3}T_{st}$。

因为 $T_{st}=1.2T_N$，而 $T_N=9\ 550\frac{P_N}{n_N}=38.72\ \text{N}\cdot\text{m}$，所以

$$T'_{st}=\frac{1}{3}T_{st}=0.4T_N=15.48\ \text{N}\cdot\text{m}$$

**3. 三相异步电动机的反转与调速**

三相异步电动机定子绕组连接正确，外加合适的电源电压，电动机会旋转，其旋转方向与电源的相序有关。

1)电源的正相序和逆相序

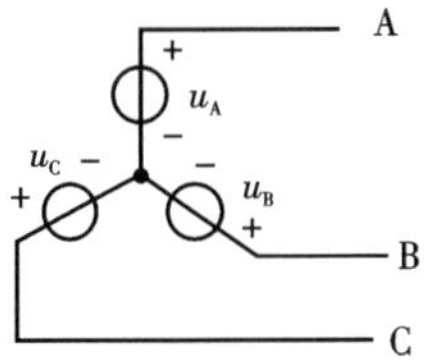


图 7.3-8　三相电源

如图 7.3-8 所示三相对称电源，若 $u_B$ 相电压滞后 $u_A$ 相电压 120°、$u_B$ 相电压滞后 $u_C$ 相电压 120°，则记 A-B-C-A 为正相序、A-C-B-A 为逆相序。

2)电动机的正转和反转

三相电动机的三个定子绕组正确连接后，三个定子绕组的首端 $U_1$、$V_1$、$W_1$ 与三相电源的三个火线相接，电动机旋转。如果电源按正相序与电动机相连，电动机正向旋转，如图 7.3-9(a)所示；如果按逆相序接入，电动机反向旋转，如图 7.3-9(b)所示。

实际上，若将电动机的旋转从一个方向改变到另一个方向，只需将接入三相电源的三个线圈首端 $U_1$、$V_1$、$W_1$ 中的任意两个对调一次即可，如图 7.3-9(b)所示。

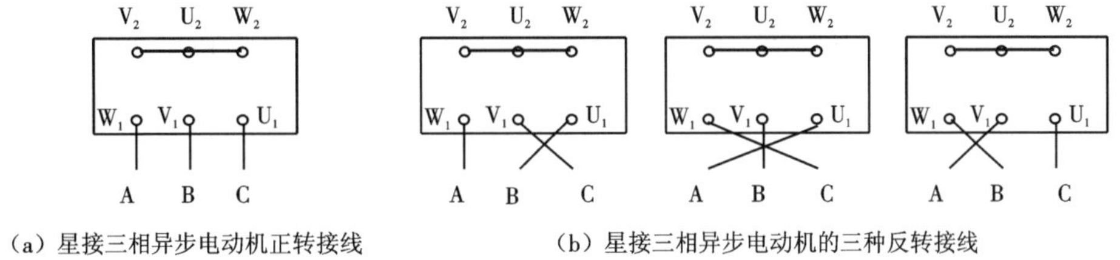


图 7.3-9　改变三相异步电动机旋转方向的接线方案

3)三相异步电动机的调速

三相异步电动机的调速是指在一定的负载条件下，人为地改变电动机转子的转速。因为

$$n=60\frac{f}{p}(1-s) \tag{7.3-12}$$

所以，改变异步电动机转速的方法有改变转差率 $s$(调转差率调速)、改变电动机的磁极对数 $p$(调磁极对数调速)和改变工作电源的频率 $f$(调频调速)，下面分别讨论。

(1)调转差率调速

改变定子绕组电压，或改变绕线式电动机转子绕组的电阻，均可使同一转矩下的转差率发

生变化，达到调速的目的。

(2)调磁极对数调速

三相异步电动机的磁极对数与定子绕组的结构有关，其取值为有限的正整数。因此，调磁极对数调速方法属于有级调速，即电动机转子旋转速度不是平滑调节。

(3)调频调速

调频调速采用改变鼠笼式电动机定子绕组的供电频率$f_1$来改变同步转速$n_1$，从而实现调速。供电频率的调整需要专用的变频器，它可以实现频率的平滑调节，可围绕50 Hz工频上下调节，从而使电动机的转速$n > n_N (f > 50\ Hz)$或$n < n_N (f < 50\ Hz)$。

**【例7.3-5】** 如果称平滑调速为连续(无级)调速，那么属于连续调速的方法是(　　)。

(A)调磁极对数调速　　(B)调转差率调速

(C)调频调速　　(D)调磁极对数调速、调转差率调速、调频调速

**解:**答案选(C)。调磁极对数调速为有级调速，所以选项(A)和选项(B)错。

## 7.3.5 三相异步电动机运行特性

运行特性是指与电动机经济运行有关的特性，包括转矩、转速、功率因数、运行效率与输出机械功率$P_2$的关系，下面讨论功率因数和运行效率。

**1. 功率因数**

三相异步电动机定子电路的功率因数与输出功率的关系如图7.3-10所示。

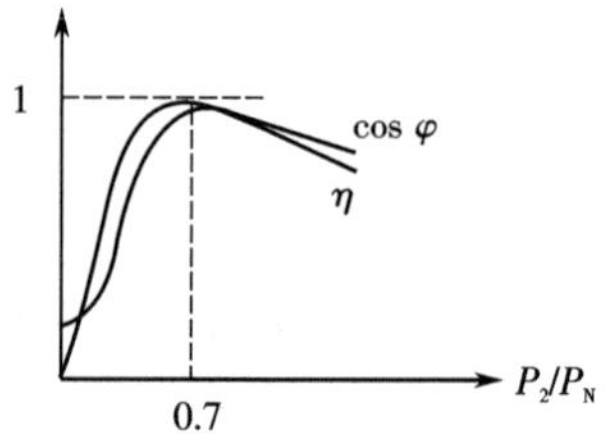


图7.3-10 三相异步电动机运行特性

异步电动机空载运行时功率因数很低，仅为0.2左右。随着负载$P_2$的增大，电动机的有功功率迅速上升，无功功率不变，功率因数也随之增大。在额定负载(80%～100%)范围内的某一点达到最大值。当负载大于额定负载后，由于转差率的增加，会使转子电路的漏电抗$sX_{20}$增大，从而导致电动机电路的功率因数升高到一定程度后转而下降。

**2. 运行效率**

三相异步电动机的工作效率与输出功率的关系如图7.3-10所示。电动机的效率为

$$\eta = \frac{P_2}{P_1} \tag{7.3-13}$$

式中：$P_1$为电动机的输入功率，计算式为

$$P_1 = \sqrt{3} U_1 I_1 \cos\varphi_1 \tag{7.3-14}$$

由于电动机在实现能量转换的过程中伴随着各种内部的损耗，所以根据功率平衡关系有如下等式存在：

$$P_1 = \sum P_{损耗} + P_2$$

将此等式代入式(7.3-13)可得

$$\eta = \frac{P_2}{P_1} = 1 - \frac{\sum P_{损耗}}{P_1}$$

常用的中小型异步电动机，最高效率一般设计在$(0.7 \sim 1.1)P_N$范围内，并且在该范围内效率变化不大。

综上,异步电动机的功率因数和工作效率都是在额定负载附近达到最大值,因此选用电动机时,应尽量使电动机在额定负载附近运行,以提高经济效益。

## 7.3.6 简单继电—接触控制电路

继电—接触控制通过低压控制电器实现对被控对象——三相异步电动机的运行状态(如电动机的启动、电动机的正转和反转以及电动机的停止等)的控制,通常需要组织专门的控制电路。按钮和交流接触器是对电动机实施各种控制时必不可少的控制电器,而在需要对电动机实施时间控制时,则要增加时间继电器;在需要对电动机实施位置控制时,需要增加行程开关。

**1. 常见低压电器**

(1)按钮

按钮是一种手动主令电器,如图 7.3-11 所示。图中,SB 是按钮的文字符号,常闭触点为按钮动作时(称为常态)触点处于闭合状态;常开触点为按钮处于常态下,触点处于断开状态。按下按钮,常开触点闭合、常闭触点断开,因此常开触点又称作动合触点,常闭触点又称作动断触点。图中虚线表示该按钮的两个相关触点联动,即按动按钮, a-a′ 间断开,b-b′ 间连通。

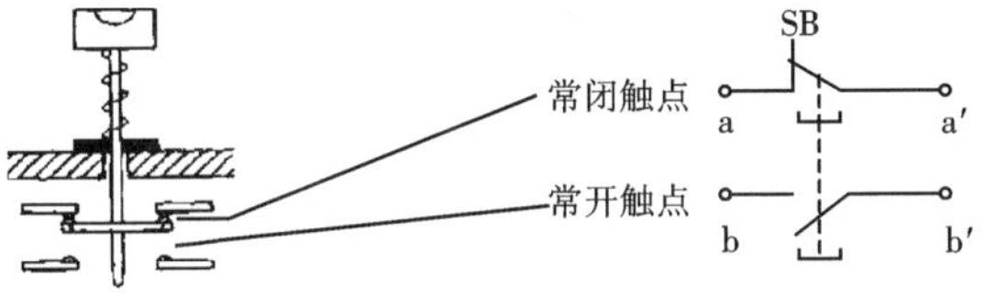


(a) 按钮的结构示意　　(b) 按钮触点的图形符号及其文字符号

图 7.3-11　按钮触点

(2)交流接触器

交流接触器是一种电磁式自动电器,它的最核心的电器部分包括励磁线圈、三对常开主触点及若干对常开、常闭辅助触点。主触点可以通过较大电流,设有隔离和灭弧装置,串接在主电路中,位于三相电源刀闸(也可以是空气开关)与三相异步电动机的定子绕组之间,而辅助触点流过的电流较小,它和励磁线圈均在控制电路中。交流接触器的图形符号及文字符号如图 7.3-12 所示,KM 是交流接触器的文字符号。

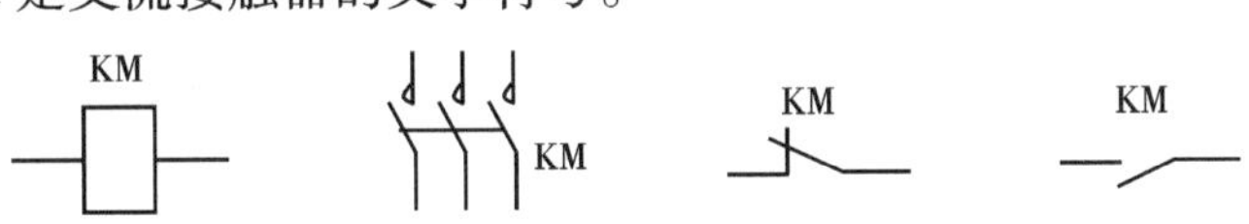


(a) 励磁线圈　　(b) 主触点　　(c) 辅助常闭触点　(d) 辅助常开触点

图 7.3-12　交流接触器电器部分的图形符号及文字符号

值得注意的是:同一电器内的不同电器部分借助文字符号的下标来体现。

交流接触器的工作过程大致为:励磁线圈中一旦有足够强度的电流通过就产生磁力,在电磁力的作用下,使器件中的所有常开触点立即闭合,所有常闭触点立即断开,线圈失电或电流强度不够时,所有触点立即恢复常态。

**2. 基本控制电路**

1)电动机连续运行——自锁控制

通过自锁控制电路(图 7.3-13)实现电动机的连续运行控制。其中,电动机的供电电路称为主电路。当按下 2SB 启动按钮后,接触器线圈 KM 得电,与 2SB 并联的常开辅助触点 $KM_4$闭合,主电路中的常开主触点 $KM_{1-3}$闭合,电动机旋转运行,由于 $KM_4$触点与 2SB 并联,因此 2SB

抬起后，通过 1SB 按钮—$KM_4$触点—KM 线圈电流通路，使 KM 线圈能继续得电，电动机继续工作。当需要电动机停止工作，只需按下 1SB 停止按钮，切断 KM 线圈的电流通路，$KM_{1-3}$恢复常态即可。

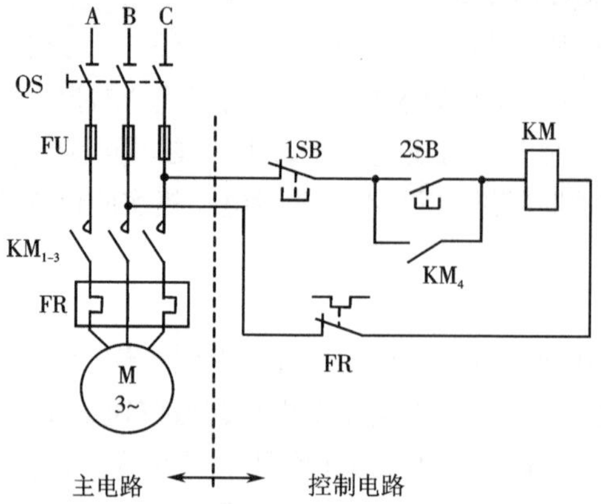


图 7.3-13　电动机启动、连续运行和停止的控制电路

由于 $KM_4$触点与 2SB 并联，所以电动机一旦启动正常工作，2SB 的状态再不会影响电动机的工作，因此 2SB 上并接 $KM_4$触点是电动机连续运行的关键，称此环节为自锁环节。由此实现的连续运行控制为自锁控制。

2）电动机正反转控制——互锁控制

三相异步电动机正反转运行的控制电路如图 7.3-14 所示，该电路有两个交流接触器。设交流接触器 1KM 和 2KM 分别控制电动机的正转和反转。因此，不允许 $1KM_{1-3}$触点和 $2KM_{1-3}$触点同时接通，否则将出现电源短路事故。为此，在正转控制回路中串入反转接触器 2KM 的常闭触点 $2KM_5$，在反转控制回路中串入正转接触器 1KM 的常闭触点 $1KM_5$。显然，电动机正转运行时，因接触器线圈 1KM 得电而使其常闭触点 $1KM_5$断开，造成接触器线圈 2KM 的通路处于断开状态，即使按下本支路的启动按钮 3SB 也无济于事。同样，电动机反转运行时，由于常闭触点 $2KM_5$的存在，正转接触器线圈通路无法接通。$1KM_5$和 $2KM_5$构成互锁环节，包含互锁环节的控制方案通常称为互锁控制。

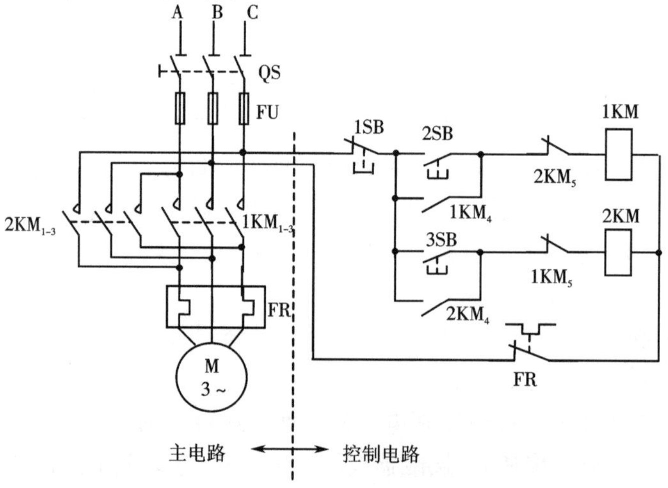


图 7.3-14　电动机正反转控制电路

图 7.3-14 电路中，$1KM_4$和 $2KM_4$为两个自锁环节，保证电动机在正、反两个方向上均能连续运行，1SB 为停止按钮，它的动作确保电动机停止工作。

3) 多台电动机顺序控制——联锁控制

在生产过程中往往需要多台电动机配合工作，根据工艺流程要求，需要它们按照预计的顺序投入工作，再按照预计的顺序停止工作。例如，现有两台电动机(油泵电动机和主轴电动机)，要求：油泵电动机启动后，主轴电动机才能启动；油泵电动机停止后，主轴电动机也必须立即停止。

(1) 主电路设计

两台电动机各自需要用一台交流接触器主触点的通与断来控制电动机的运行，接线方案如图 7.3-15 所示。

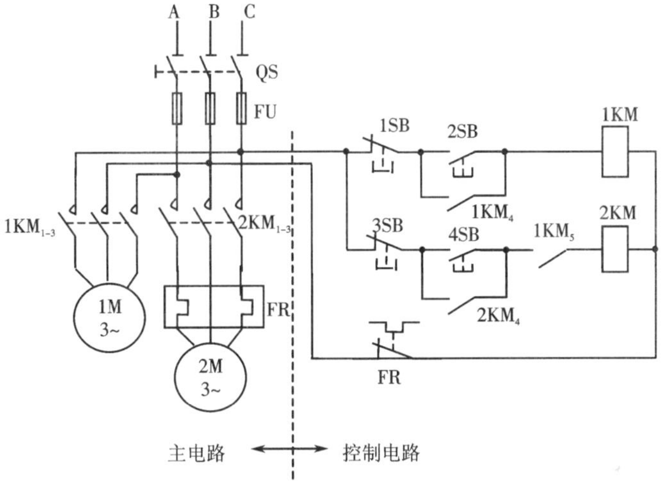


图 7.3-15 电动机顺序控制电路

(2) 控制电路设计

交流接触器 1KM 控制油泵电动机，交流接触器 2KM 控制主轴电动机。无论是油泵电动机还是主轴电动机，它们的运行状态都是连续运行，因此需要搭建各自的自锁控制电路。由于要求 2KM 支路的导通以 1KM 支路先导通为条件，因此用 1KM 的常开辅助触点 $1KM_5$与交流线圈 2KM 串联，这样保证了只有线圈 1KM 得电，油泵电动机启动运行，$1KM_5$才闭合，当按下 4SB 按钮(主轴电动机启动按钮)后，控制主轴电动机的接触器 2KM 才能得电，主轴电动机得以运转，实现了两台电动机顺序启动的要求；在两台电动机均处于运行状态时，按下 1SB，则会立即切断线圈 1KM 的通路，油泵电动机停止运行，与此同时，由于 $1KM_5$触点的断开，造成 2KM 线圈失电，主轴电动机停止运行。

这种用一台交流接触器的触点去制约其他交流接触器线圈的通与断的控制方法称为联锁控制，它与自锁控制、互锁控制构成电动机的三种基本控制方式。

**3. 继电—接触控制的常规保护**

(1) 短路保护

电源下方的熔断器 QS 用于实现对电源的短路保护。

(2) 过载保护

三相异步电动机的过载保护通常借助热继电器 FR 来完成。它的主要电器部分是过载检测元件(也称为热元件)和过载动作触点。热继电器的热元件串联在电动机的主电路中,常闭触点则串联在控制电路的干路上。正常情况下,常闭触点处于闭合状态,当电动机过载到一定程度时,热元件中的电流形成热量积累,就会在规定的时间内动作,诱发常闭触点动作(常闭触点断开),切断控制电路电源,使交流接触器失电,主触点打开,电动机停止工作。

(3)欠压(失压)保护

电网电压的下降会造成电动机因电磁转矩下降而停止工作,这时需要切断电源,避免电动机因通电状态而造成的烧毁,通过欠压保护即可实现。

失压保护是指在电网电压断电后主动切断电源,避免停止工作的电动机主动运行。

这两种保护均由自锁环节完成。

(4)行程保护

利用位置检测使运行中的电动机及时停转的控制称为行程保护。行程开关是实现对电动机的行程保护的重要电器,具体方法略。

# 7.4 模拟电子技术

## 7.4.1 晶体二极管

晶体二极管由 PN 结组成,是一种半导体器件,具有单向导电性,即当二极管加正向电压(阳极电位高于阴极电位),二极管导通,管压降近乎为 0($u_D \approx 0$),理想情况相当于短路;当二极管加反向电压,电流几乎消失($i_D \approx 0$),二极管像是断开,因此晶体二极管通常做“电子开关”使用。

晶体二极管的电路符号及伏安特性如图 7.4-1 所示,图中 $U_F$为死区电压(锗管为 0.1 ~ 0.3 V,硅管为 0.5 ~0.7 V),$U_B$为击穿电压。

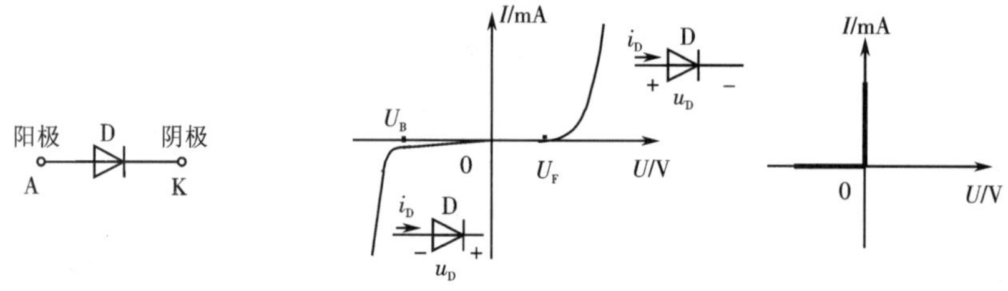


(a) 晶体二极管的电路符号 (b) 晶体二极管的伏安特性 (c) 理想二极管伏安特性

图 7.4-1 晶体二级管的电路符号及伏安特性

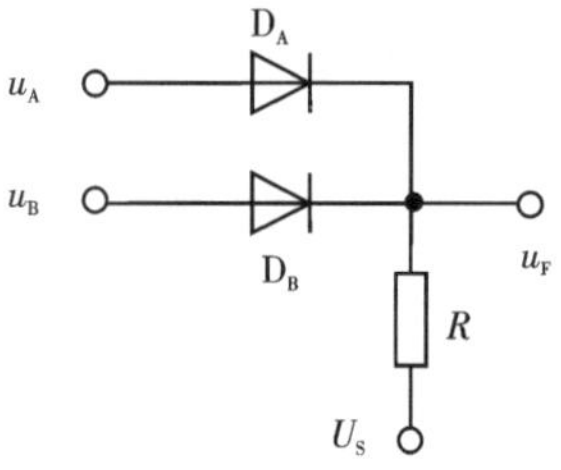


图 7.4-2

**【例 7.4-1】** 如图 7.4-2 所示电路,$D_A$、$D_B$为理想二极管。已知 $U_S = -5$ V,$u_A = 3$ V,$u_B = 0$ V,试确定输出端电压 $u_F$。

**解:**二极管加正向电压后导通,因为 $U_S < u_A$、$U_S < u_B$,两个二极管均加正向电压,但因 $u_A > u_B$,所以 $D_A$优先导通,$u_F = u_A =$ 3 V,此时 $D_A$的导通造成 $D_B$被加反向电压,因此 $D_B$处于截止断开状态。

该电路中的二极管 $D_A$将输出端电压限定在 3 V,即

$$u_F = 3 \text{ V}$$

### 7.4.2 二极管单相整流电路

整流电路是指将交流电转换成直流电的电路。整流电路的类型很多，按输出波形可分为半波整流和全波整流，按输入电源的相数可分为单相整流和多相整流电路，按元件的特性又可分为不可控整流和可控整流。下面重点讨论单相半波和单相全波整流电路。

为了便于分析，设整流电路图中二极管为理想器件，$u_i$ 为输入电压，$u_o$ 为输出电压。

**1. 单相半波整流电路**

简单的单相整流电路如图 7.4-3(a)所示。

$$u_i=\sqrt{2}U\sin\omega t$$

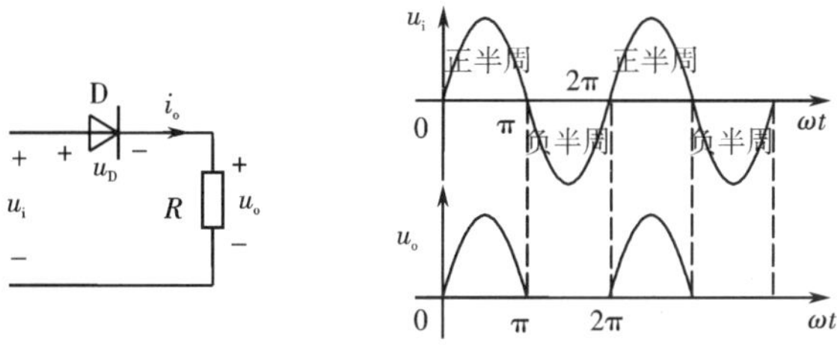


(a) 单相半波整流电路　　(b) 单相半波整流电路$u_i$与$u_o$的波形

图 7.4-3　单相半波整流

当 $u_i$ 为正半周时，二极管 D 处于正向导通状态，$u_o=u_i$；而当 $u_i$ 为负半周时，二极管 D 则处于反向截止状态，负载电阻上无电流流通，使 $u_o=0$。由此得输出波形如图 7.4-3(b)所示。$u_o$ 的平均值 $U_o$ 与 $u_i$ 的有效值 $U_i$ 具有以下关系：

$$U_o=0.45U_i \tag{7.4-1}$$

该电路实现了交流变直流，但由于在每一个周期中，只有 $u_i$ 的正半周期得到利用，所以称图 7.4-3(a)电路为“半波整流”电路。

**2. 单相桥式(全波)整流电路**

半波整流电路只利用了输入电压的半个周期，所得整流电压的脉动较大。为了克服这些问题，采用四个二极管组成图 7.4-4(a)所示的全波整流电路。该电路在 $u_i$ 为正半周，二极管 $D_1$、$D_4$ 处于正向导通状态，$D_2$、$D_3$ 处于反向截止状态，a→$D_1$→$R_L$→$D_4$→b 形成电流 $i_o$ 通路，负载电阻两端电压 $u_o=u_i$；而在 $u_i$ 为负半周，二极管 $D_2$、$D_3$ 处于正向导通状态，$D_1$、$D_4$ 处于反向截止状态，b→$D_3$→$R_L$→$D_2$→a 形成电流 $i_o$ 通路，于是负载电阻上电压 $u_o=-u_i$。由此得输出波形如图 7.4-4(b)所示。

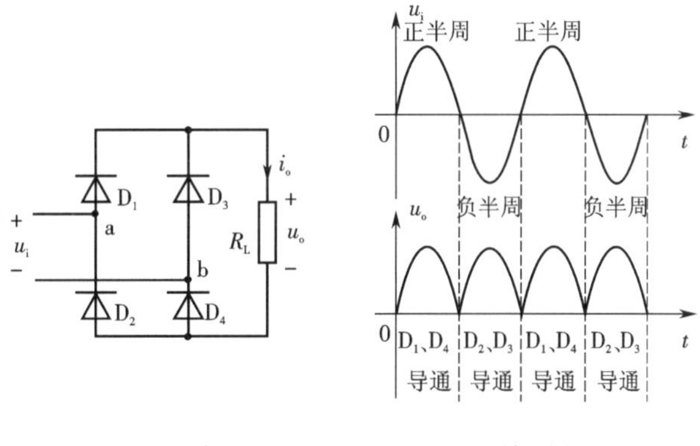


(a) 电路图　　(b) 波形图

图 7.4-4　全波整流电路

显然，输出电压的平均值与输入电压的有效值具有以下关系：

$$U_o=0.9U_i \tag{7.4-2}$$

【例 7.4-2】 如图 7.4-5 所示整流电路，设其非故障状态下的输出电压 $u_o$ 的平均值 $U_o=18\ \mathrm{V}$，若二极管 $D_1$ 因损坏而断开，则输出电压 $u_o$ 的波形及其平均值 $U_o$ 为(　　)。

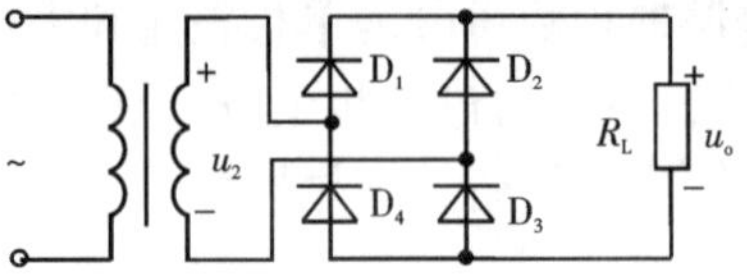


图 7.4-5　例 7.4-2 图(1)

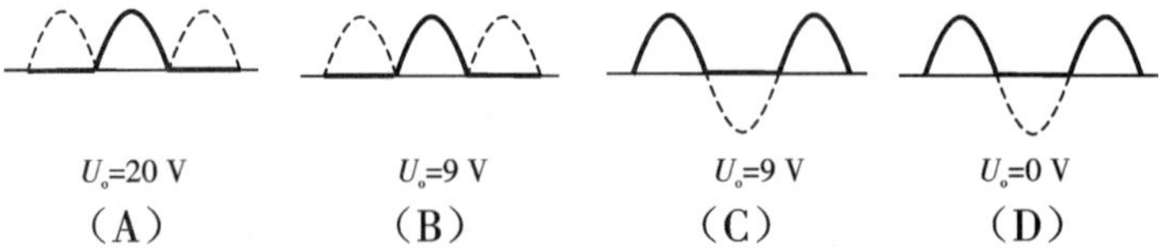


**解：**答案为选项(C)。

图示电路在非故障状态下具有全波整流作用，输出波形如图 7.4-6(a)所示，输出电压 $U_o$ 的平均值与 $u_2$ 有效值之间存在关系式 $U_o=0.9U_2$，根据已知 $U_o=18\ \mathrm{V}$ 可得 $U_2=20\ \mathrm{V}$。当 $D_1$ 损坏而断开后，电路变为半波整流电路，其输出波形如图 7.4-6(b)所示，半波整流电路输出电压 $U_o$ 的平均值与 $u_2$ 有效值之间存在关系式 $U_o=0.45U_2$，所以 $U_2=9\ \mathrm{V}$。故选项(C)正确。

图 7.4-6　例 7.4-2 图(2)

## 7.4.3　双极型晶体三极管

### 1. 基本结构和符号

双极型晶体三极管又称三极管，通常简称晶体管。晶体管根据组成材料分为 NPN 型晶体管和 PNP 型晶体管，它们的图形符号如图 7.4-7 所示。由于两种材料的晶体管的工作特性类似，下面围绕 NPN 型晶体管讨论。

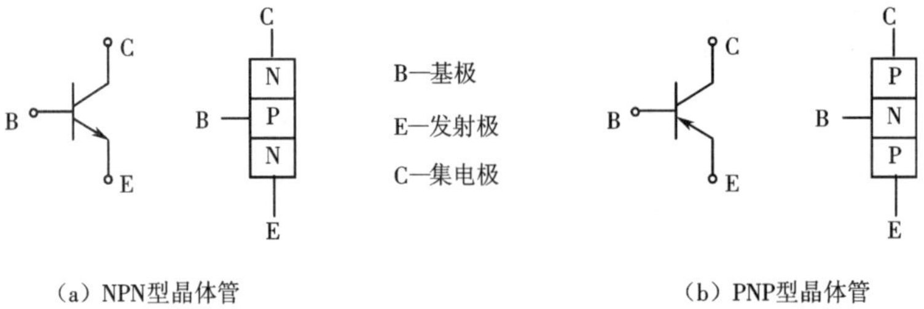


图 7.4-7　晶体管结构示意图及电路符号

### 2. 晶体管的工作区

晶体管的工作区域如图 7.4-8 所示，共分为三个工作区，即截止区、放大区和饱和区，由其外部条件决定。

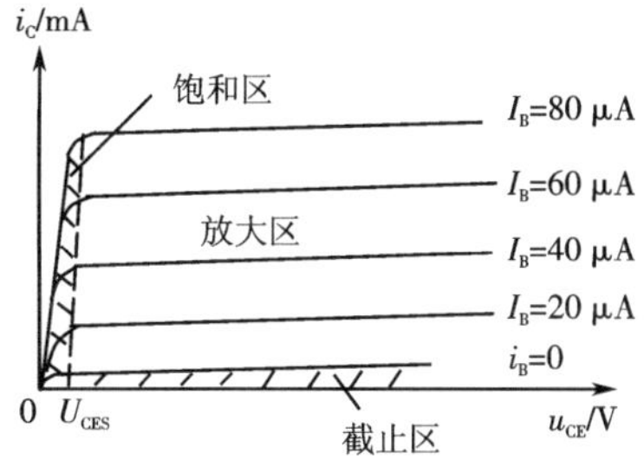


图 7.4-8 晶体管的工作区域

(1)截止区

当晶体管的基—射极之间的电压 $U_{BE} < U_T$(死区电压)时,基—射极之间电流为 0($i_B = 0$),这造成集—射极间电流也几乎为 0($i_C \approx 0$),晶体管处于截止区,集—射极之间如同断开。

(2)饱和区

若晶体管的基—射极间及基—集极间均加正向电压,则其集—射极间几乎无电压($u_{CE} \approx 0$),晶体管处于饱和区,集—射极之间好似短路。

(3)放大区

若晶体管的基—射极间加正向电压、基—集极间加反向电压,晶体管处于放大区。处于放大区的晶体管,$I_C = \beta I_B$($\beta$ 为晶体管的电流放大系数),因此放大区也称线性区。此时,对于 NPN 型晶体管,存在以下关系:

$$U_{BE} \approx 0.7\ \text{V}, u_{CE} > U_{CES}, i_C < I_{CS}$$

晶体管三个工作区所对应的工作条件如图 7.4-9 所示。

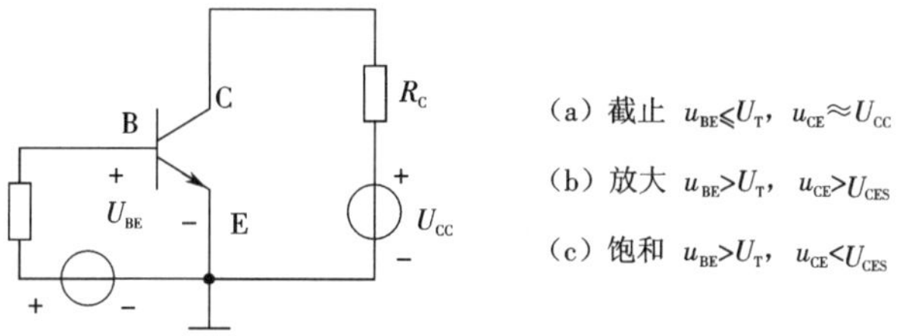


图 7.4-9 晶体管放大电路及其工作状态

以上描述电路电压、电流用的文字符号的含义:大写英文字母表示恒定量,小写英文字母表示随时间变化的量,大写英文角标表示直流量,小写英文角标表示交流量。例如 $U_{CE}$ 表示该电压固定不变,$u_{CE}$ 表示该电压的大小随时间变化但方向不变,$u_{ce}$ 则表示该电压是交变的。

**3. 晶体管的开关状态和放大状态**

晶体管有两种工作状态,即开关状态和放大状态。

晶体管处于截止区,集—射极之间如同断开,可用开关的断开状态表示;晶体管处于饱和区,集—射极之间好似短路,相当于开关的闭合状态。这两种状态合称为开关状态,数字电子电路中晶体管就是处于开关状态。

晶体管工作于放大区时,晶体管的状态为放大状态。模拟电子电路中,晶体管工作于放大状态。

**4. 晶体管处于放大状态时的小信号模型**

晶体管放大电路的主要目的是对小信号(微弱信号)进行无失真放大,当晶体管工作于放大区时,可将晶体管用一个等效模型——小信号模型表示,如图 7.4-10 所示。

图中电阻 $r_{be}$ 可按下式估算:

$$r_{be} = (200 + 26)(\text{mV}) / I_B(\text{mA}) \tag{7.4-3}$$

**【例 7.4-3】** 晶体管共集电极放大电路如图 7.4-11 所示,设 $U_{BE} = 0.7\ \text{V}, \beta = 100$。

(1)求晶体管静态工作点($I_B, I_E, U_{CE}$),并判断晶体管的工作状态;

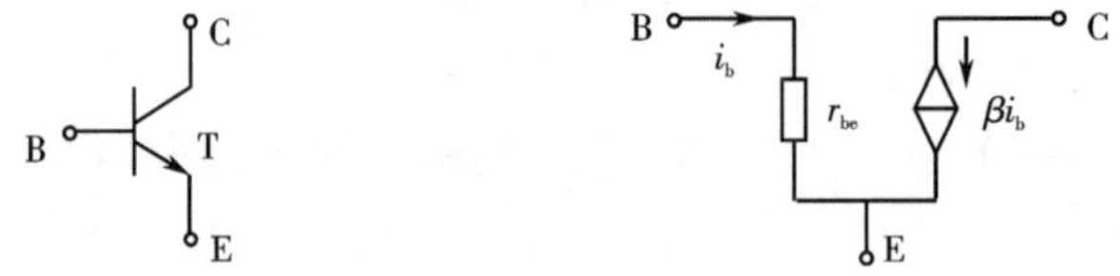


（a）NPN型晶体管　　（b）放大状态下的小信号模型

图 7.4-10　晶体管小信号模型

(2)设 $R_B$ 为可调电阻,当希望进一步调高静态工作点时,应如何调节 $R_B$。

**解:**(1)设 $I_B \approx 0$,则 $U_E \approx 2.5 - 0.7 = 1.8$ V,$U_{CE} = 13.2$ V,所以,晶体管工作在放大区;

因为　$2.5 = I_B R_B + U_{BE} + (1+\beta) I_B R_E$

所以　$I_B = 25.46$ μA　　$I_C = \beta I_B = 2.546$ mA

$U_{CE} = 15 - I_E R_E = 13.23$ V　　$[I_E = (1+\beta) I_B = 2.57$ mA$]$

(2)因为调高静态工作点,所以 $I_C^{\uparrow} \to I_B^{\uparrow} \to R_B^{\downarrow}$,即调小 $R_B$ 阻值。

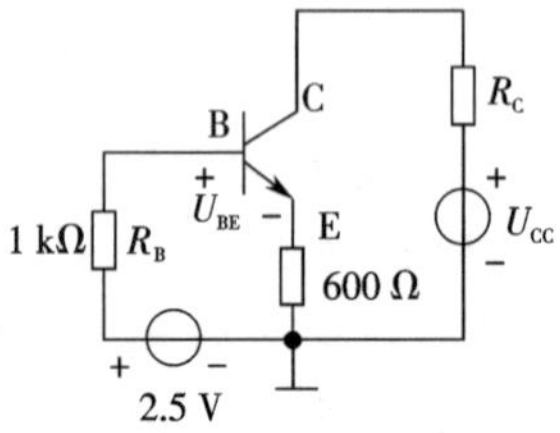


图 7.4-11　例 7.4-3 图

## 7.4.4　共射极放大电路

为保证晶体管处于放大状态,即放大电路的静态工作点处在放大区,晶体管放大电路必须包含直流偏置电路。直流偏置电路的任务是使晶体管获得一个适当的静态工作点,直流偏置电路不同,放大电路的动态性能也不同。

输入回路和输出回路共同包含发射极的电路称为共射极放大电路。

**1. 固定偏置放大电路**

固定偏置放大电路如图 7.4-12(a)所示,$R_B$ 为基极电阻,$R_C$ 为集电极电阻,$C_1$、$C_2$ 为耦合电容,$R_L$ 为输出端的负载电阻,$u_i$ 为输入电压,$u_o$ 为输出电压。假设 $\beta$ 值已知,且 $U_{BE} \approx 0.7$ V。

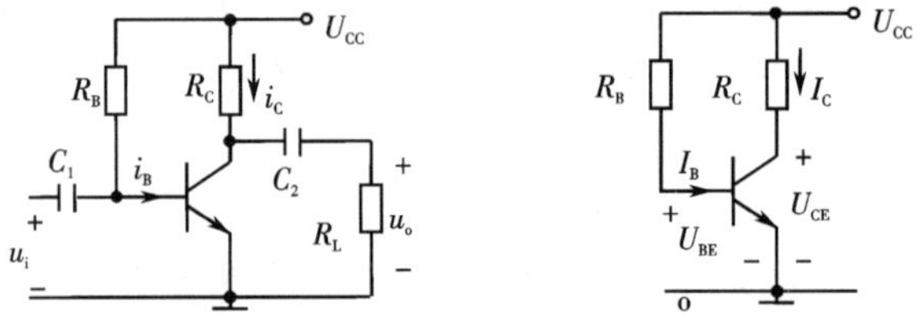


（a）放大电路　　（b）固定偏置电路

图 7.4-12　共射极固定偏置放大电路

1)静态工作点的计算

根据图 7.4-12(b)所示固定偏置电路可得静态工作点的三个计算量,即

$$\begin{cases} I_B = (U_{CC} - U_{BE})/R_B \approx (U_{CC} - 0.7\ \text{V})/R_B \\ I_C = \beta I_B \\ U_{CE} = U_{CC} - I_C R_C \end{cases} \tag{7.4-4}$$

2)动态问题计算——电压放大倍数、输入电阻和输出电阻

在输入信号 $u_i \neq 0$ 时,对放大电路进行动态性能分析,包括电压放大倍数、输入电阻、输出电阻。

动态分析相当于分析在输入信号 $u_i$单独作用时放大电路的情况，具体步骤如下。

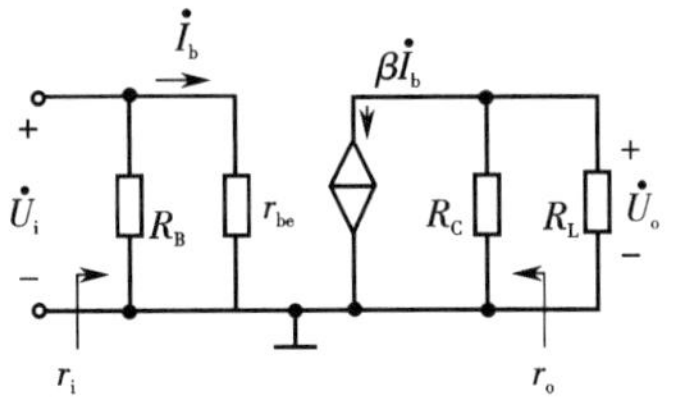


图 7.4-13 图 7.4-9 放大电路的小信号模型

(1) 画小信号模型

首先令放大电路中的直流电源 $U_{CC}=0$(将直流电源短路)，在交流信号频率足够高的情况下电容可视为短路；然后在输入电压 $u_i$为小信号情况下，用晶体管的小信号模型替换晶体管，图 7.4-13 为共射极固定偏置放大电路的小信号模型。

(2) 计算电压放大倍数

由图 7.4-13 可知，$\dot{U}_i=\dot{I}_b r_{be}$，$\dot{U}_o=-\beta\dot{I}_b(R_C//R_L)$，因此该电路的电压放大倍数为

$$A_u=\frac{\dot{U}_o}{\dot{U}_i}=\frac{-\beta\dot{I}_b(R_C//R_L)}{\dot{I}_b r_{be}}=-\frac{\beta(R_C//R_L)}{r_{be}} \tag{7.4-5}$$

显然，电压放大倍数与负载 $R_L$有关，$R_L$越大，电压放大倍数越大，当输出端开路时，电压放大倍数最大，其计算式为

$$A_u=\frac{\dot{U}_o}{\dot{U}_i}=\frac{-\beta\dot{I}_b R_C}{\dot{I}_b r_{be}}=-\frac{\beta R_C}{r_{be}} \tag{7.4-6}$$

(3) 输入电阻

从输入端口看放大电路等效电阻，对于图 7.4-13，输入电阻

$$r_i=R_B//r_{be} \tag{7.4-7}$$

输入电阻越大，信号源供给放大电路的电压越大，因而输入电阻越大越好。

(4) 输出电阻

去掉放大电路电源(输入端短路)后，断开负载电阻，从输出端看放大电路的等效电阻

$$r_o=R_C \tag{7.4-8}$$

把放大电路作为下级放大电路的信号源，输出电阻相当于信号源的内阻，因而输出电阻越小越好。

**2. 分压式偏置放大电路**

图 7.4-12(a)放大电路，静态工作点不稳定，为了克服这个问题，引入反馈电阻 $R_E$，形成静态工作点稳定的分压式偏置放大电路，如图 7.4-14 所示。依然设定 $u_i$为输入电压，$u_o$为输出电压，假设$\beta$值已知，且 $U_{BE}\approx0.7$ V。

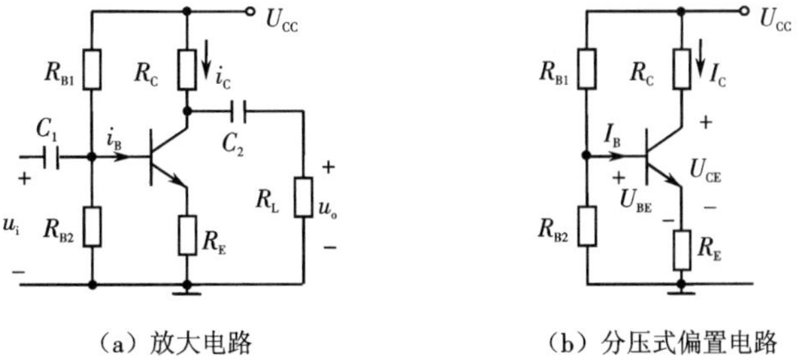


图 7.4-14 分压式偏置放大电路

1)静态工作点的计算

根据图 7.4-14(b)所示固定偏置电路可得

$$V_B=\frac{R_{B2}}{R_{B1}+R_{B2}}U_{CC}, V_E=U_{BE}-V_B=0.7-\frac{R_{B2}}{R_{B1}+R_{B2}}U_{CC}, I_E=\frac{V_E}{R_E}$$

通过 $I_E$ 的计算,即可获取静态工作点的三个计算量:

$$\begin{cases} I_B=I_E/(1+\beta) \\ I_C=\beta I_B \\ U_{CE}=U_{CC}-I_CR_C \end{cases} \tag{7.4-9}$$

2)动态问题计算——电压放大倍数、输入电阻和输出电阻

为了获取分压式偏置放大电路的电压放大倍数、输入电阻和输出电阻,需作如下工作。

(1)画小信号模型

将放大电路中的直流电源短路,电容视为短路,用晶体管的小信号模型替换晶体管,得图 7.4-15 所示共射极固定偏置放大电路的小信号模型,模型中 $R_B=R_{B1}//R_{B2}$。

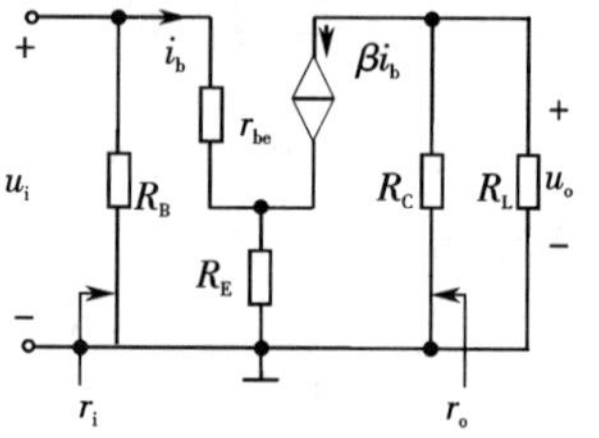


图 7.4-15　分压式偏置放大电路的小信号模型

(2)计算电压放大倍数

由图 7.4-15 可知,

$$\dot{U}_i=\dot{I}_br_{be}+(1+\beta)\dot{I}_bR_E$$

$$\dot{U}_o=-\beta\dot{I}_b(R_C//R_L)$$

因此,该电路的电压放大倍数为

$$A_u=\frac{\dot{U}_o}{\dot{U}_i}=\frac{-\beta\dot{I}_b(R_C//R_L)}{\dot{I}_b[r_{be}+(1+\beta)R_E]}=-\frac{\beta(R_C//R_L)}{r_{be}+(1+\beta)R_E} \tag{7.4-10}$$

显然,当输出端开路时,电压放大倍数最大,其计算式

$$A_u=\frac{\dot{U}_o}{\dot{U}_i}=\frac{-\beta\dot{I}_bR_C}{\dot{I}_b[r_{be}+(1+\beta)R_E]}=-\frac{\beta R_C}{r_{be}+(1+\beta)R_E} \tag{7.4-11}$$

(3)输入电阻

对于图 7.4-15,输入电阻

$$r_i=R_B//[r_{be}+(1+\beta)R_E] \tag{7.4-12}$$

(4)输出电阻

将输入端短路,断开负载电阻,从输出端看放大电路的等效电阻

$$r_o=R_C \tag{7.4-13}$$

**【例 7.4-4】**　图 7.4-16 所示固定偏置的晶体管放大电路中,晶体管工作于放大区,试求该电路的电压放大倍数 $A_u$、输入电阻 $r_i$ 和输出电阻 $r_o$。

**解:**由于电容 $C_E$ 的存在,可视为短路,所以电阻 $R_E$ 不出现在放大电路的小信号模型中,该放大电路的小信号模型如图 7.4-17 所示,由此可得

$$\dot{U}_i=\dot{I}_br_{be}$$

$$\dot{U}_o=-\beta\dot{I}_bR_C$$

所以

$$A_u=\frac{\dot{U}_o}{\dot{U}_i}=\frac{-\beta\dot{I}_bR_C}{\dot{I}_br_{be}}=-\frac{\beta R_C}{r_{be}}$$

$$r_i = R_{B1}//R_{B2}//r_{be}$$

$$r_o = R_C$$

该电路既具有稳定工作点的作用，又具有较大的电压放大倍数，但输入电阻较小。

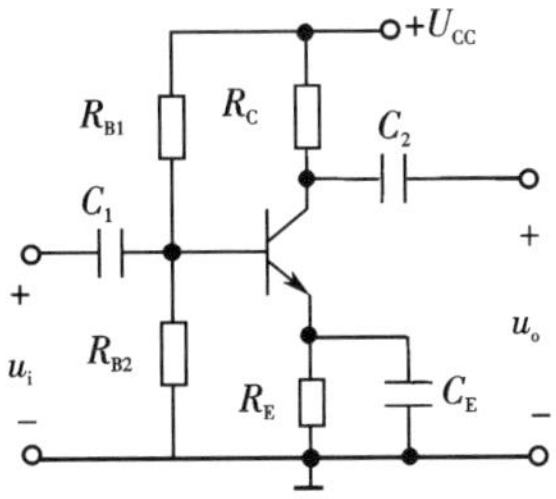


图 7.4-16 例 7.4-4 图

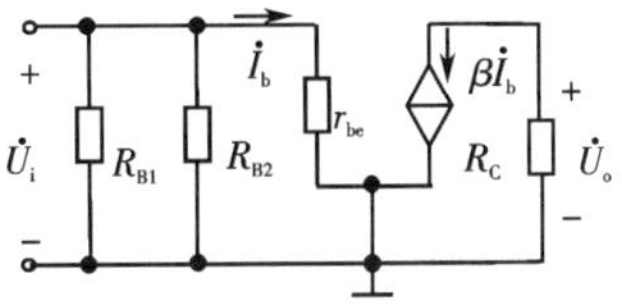


图 7.4-17 图 7.4-16 电路的小信号模型

**【例 7.4-5】** 图 7.4-18 所示固定偏置的晶体管放大电路中，晶体管工作于放大区，则该电路的电压放大倍数 $A_u$ 及输入电阻 $r_i$ 分别为（ ）。

(A) $A_u = -\beta \dfrac{R_C}{r_{be} + (1+\beta)R_{E1}}$，$r_i = R_{B1}//R_{B2}//(r_{be} + R_{E1})$

(B) $A_u = -\beta \dfrac{R_C}{r_{be} + (1+\beta)(R_{E1} + R_{E2})}$，$r_i = R_{B1}//R_{B2}//r_{be}$

(C) $A_u = -\beta \dfrac{R_C//R_L}{r_{be} + (1+\beta)(R_{E1} + R_{E2})}$，$r_i = R_{B1}//R_{B2}//(r_{be} + R_{E1} + R_{E2})$

(D) $A_u = -\beta \dfrac{R_C//R_L}{r_{be} + (1+\beta)R_{E1}}$，$r_i = R_{B1}//R_{B2}//[r_{be} + (1+\beta)R_{E1}]$

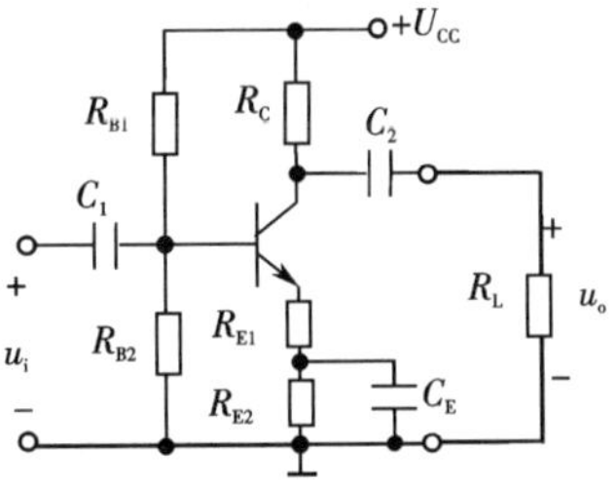


图 7.4-18 例 7.4-5 图

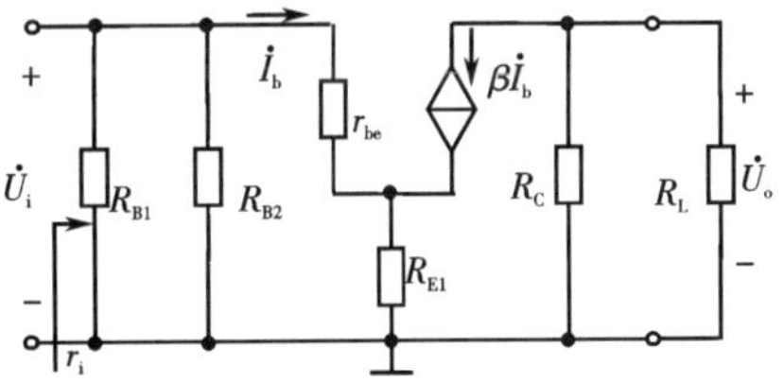


图 7.4-19 图 7.4-18 电路的小信号模型

**解：** 答案为选项（D）。

本题放大电路存在负载 $R_L$，$A_u$ 与 $R_L$ 有关，所以选项（A）和选项（B）不正确。根据本题晶体管放大电路的小信号模型（如图 7.4-19 所示）可得

$$\dot{U}_i = \dot{I}_b r_{be} + (1+\beta)\dot{I}_b R_{E1}$$

$$\dot{U}_o = -\beta\dot{I}_b(R_C//R_L)$$

所以 $$A_u = \frac{\dot{U}_o}{\dot{U}_i} = \frac{-\beta\dot{I}_b(R_C//R_L)}{\dot{I}_b r_{be} + (1+\beta)\dot{I}_b R_{E1}} = -\frac{\beta(R_C//R_L)}{r_{be} + (1+\beta)R_{E1}}$$

$$r_i = R_{B1}//R_{B2}//[r_{be} + (1+\beta)R_{E1}]$$

选项（C）错，选项（D）对。

### 7.4.5 射极跟随器与阻抗变换

射极跟随器也称射极输出器，如图 7.4-20 所示。因为直流电源 $U_{CC}$ 对交流信号相当于短路，因此集电极成为输入与输出的公共端，所以该电路是共集电极放大电路。对射极跟随器的分析包括静态分析和动态分析。

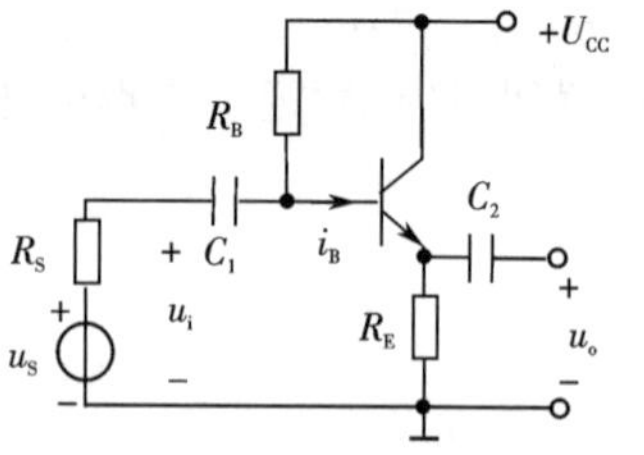

图 7.4-20 射极距随器

**1. 静态分析**

$$\begin{cases} I_B = \dfrac{U_{CC} - 0.7}{R_B + (1+\beta)R_E} \\ I_C = \beta I_B \\ U_{CE} = U_{CC} - I_E R_E \approx U_{CC} - I_C R_E \end{cases} \tag{7.4-14}$$

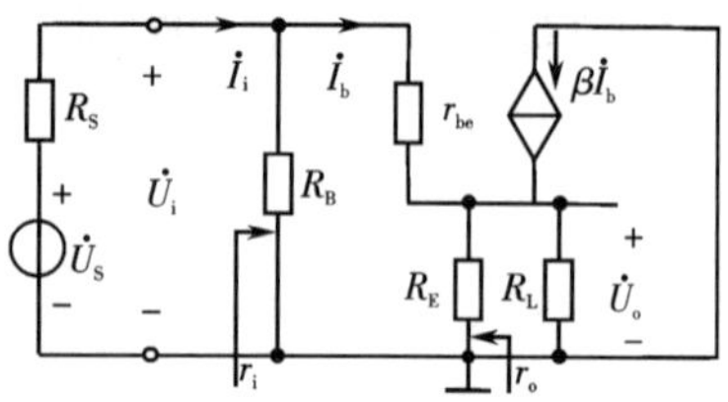

图 7.4-21 射极距随器的小信号模型

**2. 动态分析**

1）电压放大倍数

首先画出该放大电路的小信号模型（如图 7.4-21 所示），然后根据小信号模型就不难求出射极跟随器的电压放大倍数

$$\dot{U}_i \approx \dot{I}_b[r_{be} + (1+\beta)(R_E//R_L)]$$

$$\dot{U}_o \approx \dot{I}_b[(1+\beta)(R_E//R_L)]$$

$$A_u = \frac{\dot{U}_o}{\dot{U}_i} = \frac{(1+\beta)(R_E//R_L)}{r_{be} + (1+\beta)(R_E//R_L)} \tag{7.4-15}$$

由式(7.4-15)可以看出，射极跟随器的电压放大倍数总是小于 1，但由于 $(1+\beta)(R_E//R_L) >> r_{be}$，即电压放大倍数接近于 1，有 $\dot{U}_o \approx \dot{U}_i$，因而输出电压总是跟随着输入电压变化，所以该电路称为射极跟随器。

显然，射极跟随器没有电压放大能力，它的特点主要体现在输入电阻和输出电阻方面。

2）射极跟随器的输入电阻和输出电阻

与共射极放大电路相同，同样可通过小信号模型求出。

(1)输入电阻

图 7.4-21 中，$\dot{I}_i = \dot{I}_b + \dot{U}_i/R_B$，$\dot{U}_i = \dot{I}_b r_{be} + (1+\beta)\dot{I}_b(R_E//R_L)$，使

$$\dot{I}_i = \dot{U}_i/[r_{be} + (1+\beta)(R_E//R_L)] + \dot{U}_i/R_B$$

于是，输入电阻

$$r_i = \frac{\dot{U}_i}{\dot{I}_i} = R_B//[r_{be} + (1+\beta)(R_E//R_L)] \tag{7.4-16}$$

可知射极跟随器的输入电阻与负载情况有关。

通常，电阻 $R_B$ 的阻值很大，一般取到 $10^5\ \Omega$ 以上，$r_{be}$、$R_E$ 数量级为 $10^3$，$\beta$ 的数量级为 $10^2$，因此射极跟随器的输入电阻很高，可达几十千欧到上百千欧。

(2)输出电阻

输出电阻 $r_o$ 可由图 7.4-21 所示的小信号模型求取。

将信号源短路，保留内阻 $R_S$，输出端去掉负载电阻 $R_L$，加上一交流电压 $\dot{U}$，由此产生电流 $\dot{I}$，则射极跟随器的输出电阻为

$$r_o=\frac{\dot U}{\dot I}=\frac{(r_{be}+R'_S)}{1+\beta}//R_E \tag{7.4-17}$$

其中：$R'_S=R_S//R_B$。因为电阻 $r_{be}$、$R_S$和 $R_E$的数量级为 $10^3$，$\beta$ 的数量级为 $10^2$，所以

$$r_o=\frac{\dot U}{\dot I}\approx\frac{r_{be}+R'_S}{1+\beta} \tag{7.4-18}$$

射极跟随器的输出电阻通常很小，仅有几十欧姆，甚至十几欧姆。

例如，$\beta=40$，$r_{be}=0.8\ \text{k}\Omega$，$R_S=50\ \Omega$，$R_B=120\ \text{k}\Omega$。由此得

$$R'_S=R_S//R_B=50//(120\times10^3)\approx50\ \Omega$$

$$r_o=\frac{r_{be}+R'_S}{\beta}=\frac{800+50}{41}\approx20.7\ \Omega$$

下面对射极跟随器做一总结：尽管射极跟随器无电压放大能力，但与具有较高电压放大倍数的共射极放大电路相比，其输入电阻较高、输出电阻较低。

组织射极跟随器的主要目的是利用其输入电阻较高、输出电阻较低的特点实现放大电路阻抗的变换。

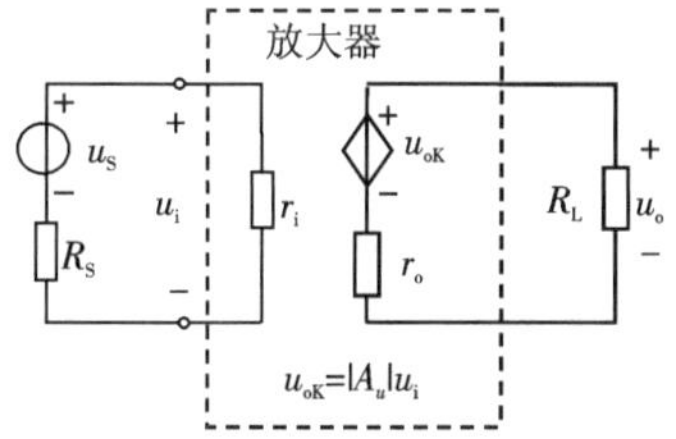


图 7.4-22　放大器示意图

3）射极跟随器的阻抗变换

任意一个放大器，相对信号源而言是负载，其大小为放大器的输入电阻，而放大器相对负载而言相当于等效电源，为负载提供电压，如图 7.4-22 所示。等效电源的内阻为放大器的输出电阻，电压源的电压为输出端的开路电压 $U_{oK}$，其大小与输入端电压有关，即

$$U_{oK}=|A_u|U_i$$

由图可知：输入电阻 $r_i$越大，放大器从信号源处获取的电压 $U_i$越大；输出电阻越小，从负载电阻上获得的输出电压越大，输出电压 $U_o$与信号源电压 $U_S$之间的关系如下：

$$U_o=\frac{R_L}{r_o+R_L}U_{oK}=\frac{R_L}{r_o+R_L}|A_u|U_i=|A_u|\cdot\frac{R_L}{r_o+R_L}\cdot\frac{r_i}{r_i+R_S}U_S \tag{7.4-19}$$

**【例 7.4-6】** 图 7.4-23 所示放大电路中，已知 $u_S=10\sqrt{2}\sin 1\,000t$ mV，$R_S=1\ \text{k}\Omega$；射极跟随器的 $r_{i1}=20\ \text{k}\Omega$，开路电压放大倍数 $A_{u1}\approx1$，$r_{o1}=50\ \Omega$；共射极放大器的 $r_{i2}=1\ \text{k}\Omega$，开路电压放大倍数 $A_{u2}=-100$，$r_{o2}=1\ \text{k}\Omega$；负载 $R_L=1\ \text{k}\Omega$。求输出电压 $U_o$。

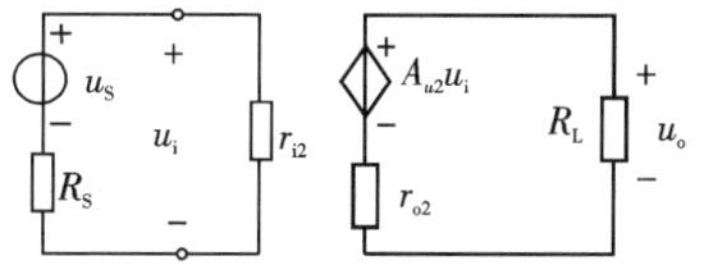


（a）共射极放大电路

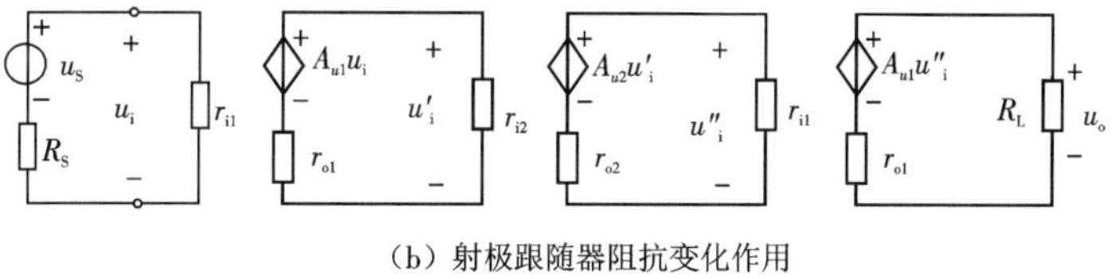


（b）射极跟随器阻抗变化作用

图 7.4-23　例 7.4-6 图

**解**:(1)信号源、负载与共射极放大器直接相接,如图 7.4-23(a)所示,根据式(7.4-19)可知负载获得电压为

$$U_o = |A_{u2}|\frac{R_L}{r_{o2}+R_L}\frac{r_{i2}}{r_{i2}+R_S}U_S = 100\times\frac{1}{1+1}\times\frac{1}{1+1}\times U_S = 25U_S = 0.25\ \text{V}$$

(2)在信号源与放大器及放大器与负载之间插入射极跟随器形成三级放大器,根据图 7.4-23(b)所示三级放大器可计算出

输入电阻 $r_i = r_{i1} = 20\ \text{k}\Omega$

输出电阻 $r_o = r_{o1} = 50\ \Omega$

负载获得电压:

$$\begin{aligned}U_o &= \frac{R_L}{R_L+r_{o1}}(A_{u1}U_i'') = \frac{R_L}{R_L+r_{o1}}|A_{u1}|\cdot\frac{r_{i1}}{r_{o2}+r_{i1}}(|A_{u2}|U_i')\\ &= \frac{R_L}{R_L+r_{o1}}|A_{u1}|\cdot\frac{r_{i1}}{r_{o2}+r_{i1}}|A_{u2}|\cdot\frac{r_{i2}}{r_{o1}+r_{i2}}|A_{u1}|\cdot\frac{r_{i1}}{R_S+r_{i1}}U_S\\ &= \frac{1}{1+0.05}\times1\times\frac{20}{1+20}\times(100)\times\frac{1}{0.05+1}\times1\times\frac{20}{1+20}\times U_S = 82.3U_S\\ &= 0.82\ \text{V}\end{aligned}$$

可见,插入两个射极跟随器之后:①放大电路输出电压相对信号源的电压放大倍数变大了,从 25 倍变为 82.3 倍,由此放大电路的输出电压由 0.25 V 变为 0.82 V;②增大了放大电路的输入电阻(1 kΩ→20 kΩ);③减小了放大电路的输出电阻(1 kΩ→50 Ω)。所以,插入两个射极跟随器之后,在电压放大倍数下降有限的前提下,输入电阻被变大、输出电阻变小,这就是射极跟随器的阻抗变换作用。

## 7.4.6 运算放大器

运算放大器是一个内含多级放大电路的电子集成电路,其输入级是差分放大电路,具有高输入电阻和抑制零点漂移能力;中间级主要进行电压放大,具有高电压放大倍数,一般由共射极放大电路构成;输出极与负载相连,具有带载能力强、输出电阻低等特点。运算放大器的应用非常广泛。

**1. 运算放大器的图形符号**

运算放大器的图形符号如图 7.4-24 所示,图中符号描述了信号流的流向(▷),电压放大倍数($A_o$)。运算放大器的主要外部引线端功能:

①$U_{CC}$和 $-U_{CC}$接入运算放大器正、负两个直流工作电源,通常为 ±12 V 或 ±15 V;

②$V_+$ 为同相输入端,$V_-$ 为反相输入端;

③$u_o$ 为输出端。

习惯上以简化符号(如图 7.4-25)出现在各种应用电路的电路模型中。

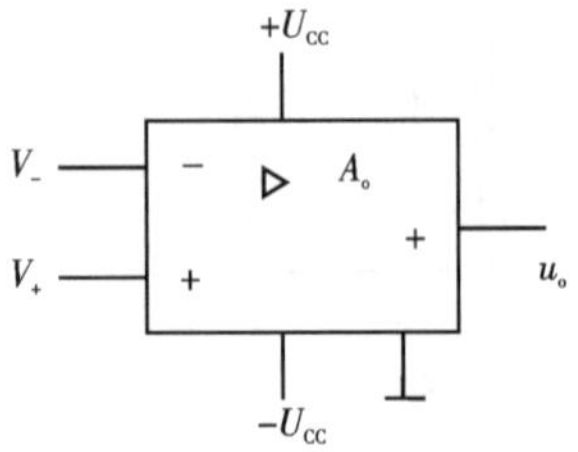


图 7.4-24 运算放大器图形符号

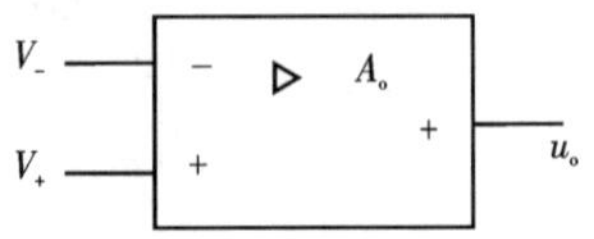


图 7.4-25 运算放大器简化符号

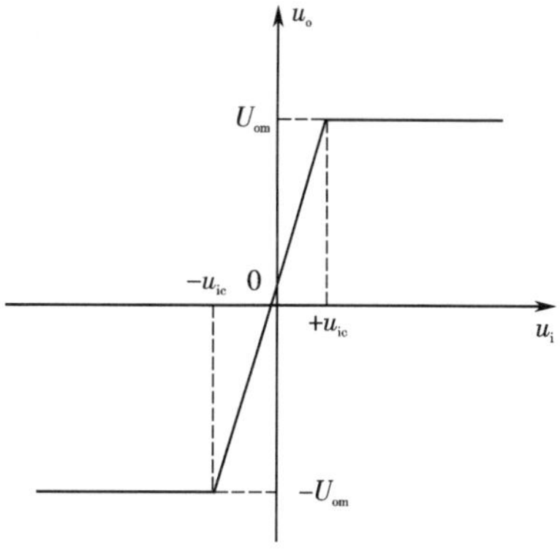


图 7.4-26 运算放大器电压转移特性

**2. 运算放大器的电压转移特性**

运算放大器输出电压 $u_o$ 与输入电压 $u_i=V_+-V_-$ 的关系曲线称为电压转移特性，如图 7.4-26 所示。该特性可分为三个区域：$u_i>+u_{ic}$，正向饱和区；$u_i<-u_{ic}$，负向饱和区，这两个区域统称为非线性区；$-u_{ic}<u_i<+u_{ic}$ 为线性区，$u_o=A_o u_i$，$A_o$越大，$u_{ic}$越小，运算放大器的线性工作区则越窄。图中 $U_{om}$为输出饱和电压。

**3. 理想运算放大器**

所谓理想运算放大器，是一种理想的电路元件，它的主要参数为理想值，即

输入电阻 $r_i\to\infty$；

输出电阻 $r_o\approx 0$；

电压放大倍数 $A_o\to\infty$。

运算放大器的电路模型同样可以用放大器的电路描述，如图 7.4-27 所示。在应用电路中，理想运算放大器以图 7.4-28 所示的符号出现，并简称“运放”。

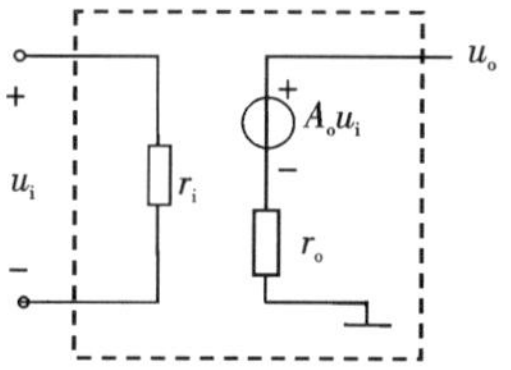


图 7.4-27 运算放大器电路模型

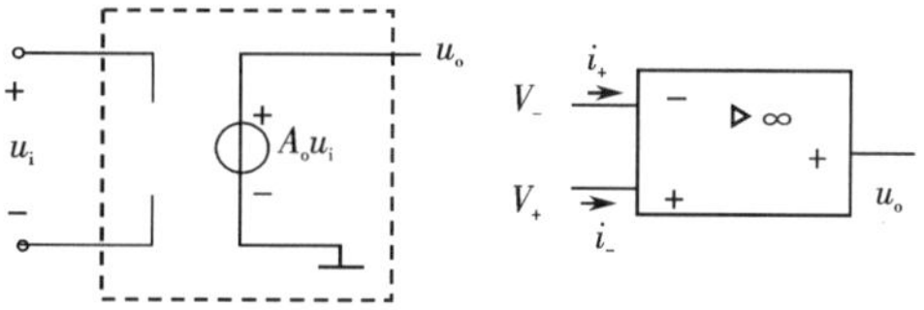


图 7.4-28 理想运算放大器电路模型及符号

由于运算放大器的输出电压与输入电压满足关系式：

$$u_o=A_o u_i=A_o(V_+-V_-)$$

所以，就理想运算放大器而言：

①$A_o\to\infty$，又因输出 $u_o$为有限值，所以

$$V_+-V_-\to 0,\ V_+\approx V_- \tag{7.4-20}$$

②$r_i\to\infty$，使

$$i_+\approx 0,\ i_-\approx 0 \tag{7.4-21}$$

这两个式子是分析运放线性应用电路（反相运算放大器和同相运算放大器）的重要依据。

## 7.4.7 反相运算放大电路

反相运算放大器的基本结构：信号送入运算放大器的反相输入端，并将反相输入端与输出端通过元件相连，对于同相输入端则与“地”相连。典型的反相运算放大器有反相比例运算、反相加法运算、反相积分运算、反相微分运算等。

**1. 反相比例运算**

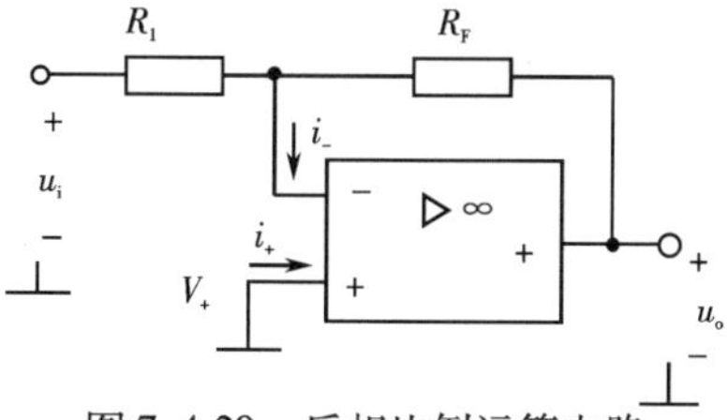


图 7.4-29 反相比例运算电路

反相比例运算电路如图 7.4-29 所示。图中，因 $u_+=0$，有 $u_-\approx u_+=0$，然而 $i_-\approx 0$，即电路中的反相输入端电位为 0，但又未与“地”相接，故称此点为“虚地”点，借此容易做出以下分析：

因为 $i_- \approx 0$，有流通电阻 $R_1$ 与电阻 $R_F$ 的电流相同，又因 $V_+ = V_- = 0$，有 $\frac{u_i}{R_1} = -\frac{u_o}{R_F}$，于是

$$u_o = -\frac{R_F}{R_1}u_i \tag{7.4-22}$$

式中，"$-$"表示电路的输出与输入呈反相关系，比例值可通过电阻值进行调节。

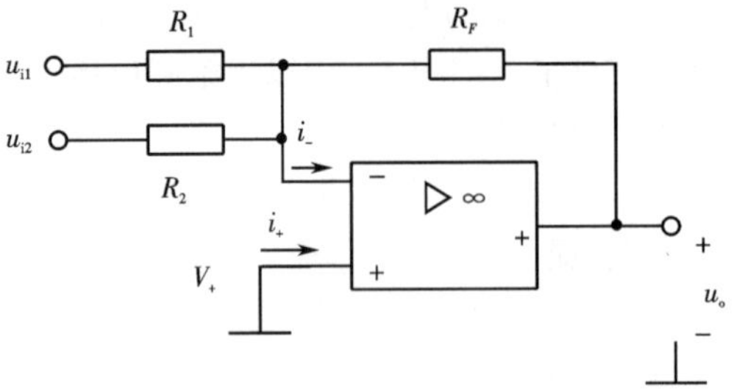


图 7.4-30　反相加法运算电路

**2. 反相加法运算**

反相加法运算电路至少为两信号的加法运算，因此实现电路至少比反相比例运算电路多一条或多条输入支路，如图 7.4-30 所示。

利用叠加原理分析如下：

令 $u_{i1}$ 单独作用，即 $u_{i2} = 0$ 得

$$u_o' = -\frac{R_F}{R_1}u_{i1}$$

令 $u_{i2}$ 单独作用，即 $u_{i1} = 0$，得

$$u_o'' = -\frac{R_F}{R_2}u_{i2}$$

当 $u_{i1}$，$u_{i2}$ 共同作用时，

$$u_o = u_o' + u_o'' = -\left(\frac{R_F}{R_1}u_{i1} + \frac{R_F}{R_2}u_{i2}\right) \tag{7.4-23}$$

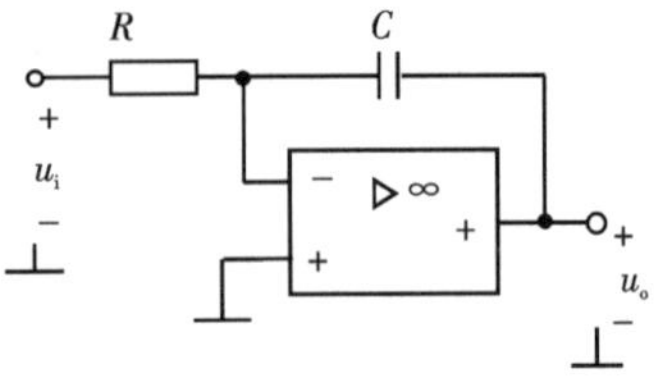


图 7.4-31　反相积分运算电路

**3. 反相积分运算**

把反相比例运算电路中的电阻 $R_F$ 换成电容，即可实现对输入信号的积分运算，如图 7.4-31 所示。利用虚地点和反相输入端电流为 0，容易导出（推导略）：

$$u_o = -\frac{1}{RC}\int u_i \mathrm{d}t \tag{7.4-24}$$

**4. 反相微分运算**

将反相积分运算电路中的电阻、电容对调位置，即可得到对信号的反相微分运算电路，如图 7.4-32 所示。

利用虚地点的概念和反相输入端电流为 0 的事实，可得电容电流为

$$i_i = C\frac{\mathrm{d}u_i}{\mathrm{d}t}$$

该电流同样流过电阻 $R$，因此又有

$$i_i = -\frac{u_o}{R}$$

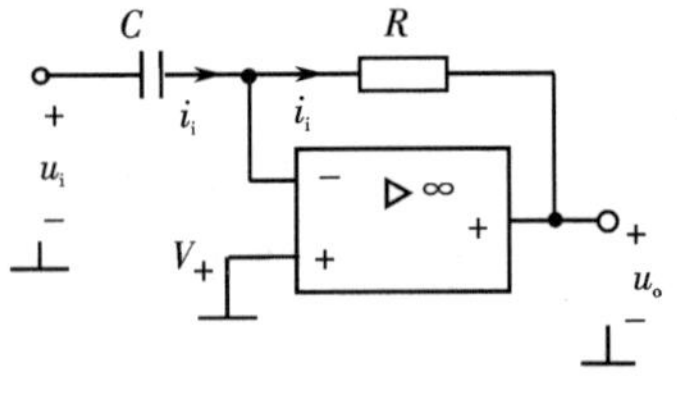


图 7.4-32　反相微分运算电路

于是　　$u_o = -RC\frac{\mathrm{d}u_i}{\mathrm{d}t}$　　(7.4-25)

**【例 7.4-7】**　图 7.4-33 所示运算放大电路，输出 $u_o$ 与输入 $u_i$ 的关系式是(　　)。

(A) $u_o = -(\frac{R_F}{R}u_i + \frac{1}{RC}\int u_i \mathrm{d}t)$

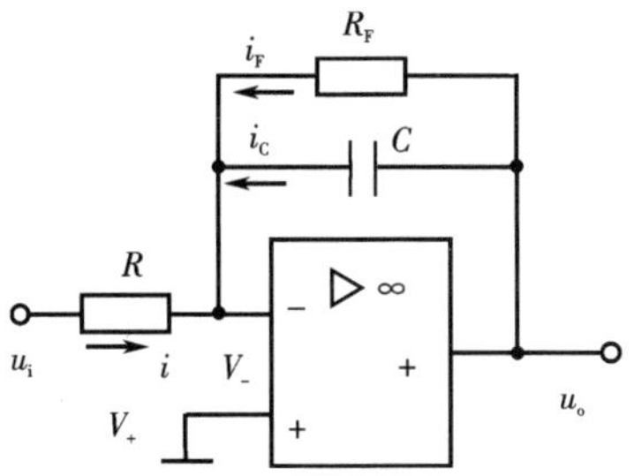

图 7.4-33 例 7.4-7 图

(B) $u_o=-(\frac{R_F}{R}u_i+\frac{u_i}{RC}t)$

(C) $u_o=-(\frac{R_F}{R}u_i+RC\int u_i\mathrm{d}t)$

(D) $C\frac{\mathrm{d}u_o}{\mathrm{d}t}+\frac{u_o}{R_F}+\frac{u_i}{R}=0$

**解:**答案为选项(D)。

设定电流参考方向,如图所示。因为 $V_+=0$,所以有 $V_-\approx V_+=0$,根据 KCL 可得反相端的结点电流方程:

$$i+i_F+i_C=0$$

因 $u_-=0$,有 $i=\frac{u_i}{R}, i_F=\frac{u_o}{R_F}, i_C=C\frac{\mathrm{d}u_o}{\mathrm{d}t}$,于是

$$\frac{u_i}{R}+\frac{u_o}{R_F}+C\frac{\mathrm{d}u_o}{\mathrm{d}t}=0$$

选项(D)正确。对于其他三个选项,则与积分电路混淆了。

## 7.4.8 同相运算放大电路

同相运算放大电路通常包括同相比例运算放大电路和同相加法运算放大电路,这种电路的输出与输入之间呈现同相关系。同相运算放大电路中的输入信号从运算放大器的同相输入端送入。

值得注意的是,在由运算放大器组成的同相运算电路中,因同相输入端不再接地,其反相输入端也就不再是虚地点,但仍有 $V_-\approx V_+, i_-\approx 0, i_+\approx 0$。

**1. 同相比例运算**

同相比例运算放大器如图 7.4-34(a)所示,由于 $i_-\approx 0$,因此反相输入端的电压

$$V_-=\frac{R_1}{R_1+R_F}u_o$$

再利用 $V_-\approx V_+$,得

$$u_i=V_+=V_-=\frac{R_1}{R_1+R_F}u_o$$

所以,同相运算关系

$$u_o=\left(1+\frac{R_F}{R_1}\right)u_i \tag{7.4-26}$$

当 $R_F=0, R_1\to\infty$ 时,$1+\frac{R_F}{R_1}=1$,所以

$$u_o=u_i$$

称此时的同相比例运算电路为电压跟随器,或称缓冲器,电路如图 7.4-35 所示。

**2. 同相求和运算**

同相求和运算电路如图 7.4-34(b)所示,该电路有两个激励,利用叠加原理分析如下:

令 $u_{i2}=0$ 得

$$V'_+=\frac{R_2}{R_1+R_2}u_{i1}, u'_o=\left(1+\frac{R_4}{R_3}\right)V'_+=\frac{R_2}{R_1+R_2}\left(1+\frac{R_4}{R_3}\right)u_{i1}$$

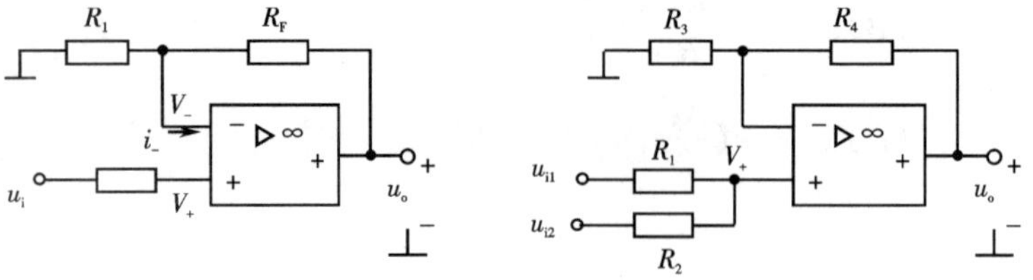


(a) 同相比例运算放大器　　(b) 同相加法运算放大器

图 7.4-34　同相运算放大器

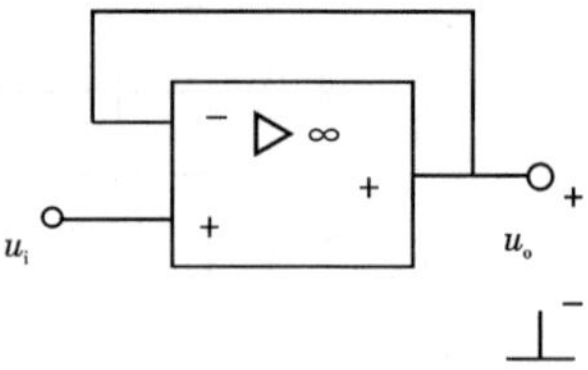


图 7.4-35　电压跟随器

令 $u_{i1}=0$ 得

$$V''_{+}=\frac{R_1}{R_1+R_2}u_{i2},u''_o=\left(1+\frac{R_4}{R_3}\right)V''_{+}=\frac{R_1}{R_1+R_2}\left(1+\frac{R_4}{R_3}\right)u_{i2}$$

当 $u_{i1}$、$u_{i2}$共同作用时,

$$u_o=u'_o+u''_o=\left(1+\frac{R_4}{R_3}\right)\left(\frac{R_2}{R_1+R_2}u_{i1}+\frac{R_1}{R_1+R_2}u_{i2}\right) \tag{7.4-27}$$

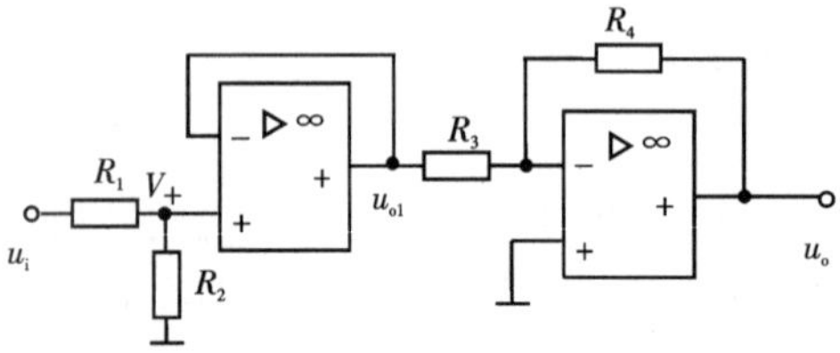


图 7.4-36　例 7.4-8 图

**【例 7.4-8】**在图 7.4-36 所示运算放大器应用电路中,电路参数已知,那么在输入信号 $u_i$的作用下,输出 $u_o$等于(　　)。

(A) $-\frac{R_4}{R_3}\cdot u_i$　　(B) $-\frac{R_2}{R_1+R_2}\cdot\frac{R_4}{R_3}\cdot u_i$

(C) $\frac{R_2}{R_1+R_2}\left(1+\frac{R_4}{R_3}\right)\cdot u_i$　　(D) $\frac{R_4}{R_3}\cdot u_i$

**解:**答案为选项(B)。本题为两级放大电路。设第一级放大电路的输出电压为 $u_{o1}$,它的同相端为 $V_+$,对于第一级为电压跟随器,其输出 $u_{o1}=V_+$,而

$$V_+=\frac{R_2}{R_1+R_2}u_i$$

所以,$u_{o1}=\frac{R_2}{R_1+R_2}u_i$。

第二级为反相比例放大电路,$u_o=-\frac{R_4}{R_3}u_{o1}$,因此 $u_o=-\frac{R_2}{R_1+R_2}\cdot\frac{R_4}{R_3}u_i$,答案为(B)。

### 7.4.9　运算放大电路的非线性应用——电压比较器

电压比较器的作用是比较输入电压和参考电压。就运算放大器本身来讲就可用于信号的“比较”运算。如图 7.4-37(a)所示电路的输出为输入信号 $u_i$与 $U_R$的比较结果。

因为运算放大器的输出电压与输入电压满足以下关系:

$$u_o=A_o(U_R-u_i)$$

所以,根据两输入信号的差值,$u_o$应有三种输出,即

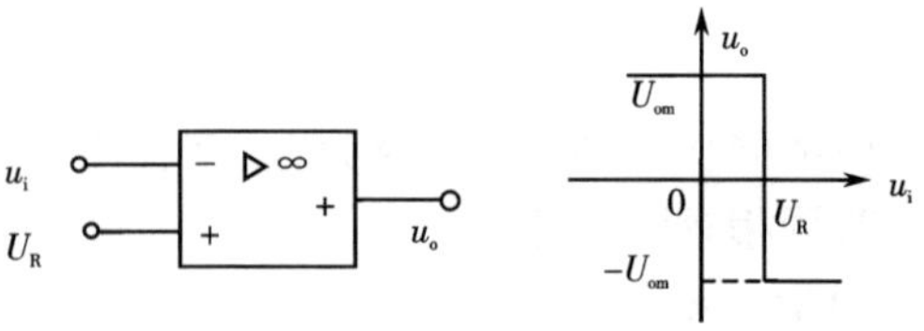


(a) 电路　　(b) 传输特性

图 7.4-37　电压比较器

$$u_o=\begin{cases}-U_{om} & u_i>U_R\\ 0 & u_i=U_R\\ +U_{om} & u_i<U_R\end{cases}$$

图 7.4-37(a)所示电路的传输特性如图 7.4-37(b)所示。

当 $U_R=0$ 时,称为过零比较器,常用于输入信号的极性鉴别和波形变换。

**【例 7.4-9】** 运算放大器应用电路如图 7.4-38 所示,设其输出饱和电压为 ±11 V,输入电压 $u_i$为正弦信号,则输出电压 $u_o$的波形为(　　)。

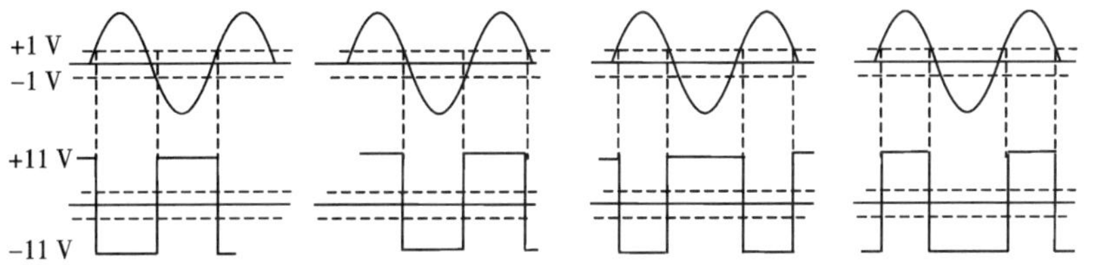


(A)　　(B)　　(C)　　(D)

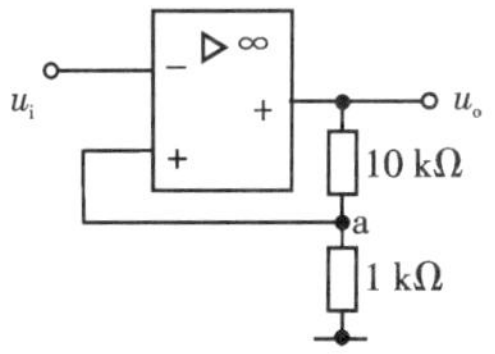


图 7.4-38　例 7.4-9 图

**解:**答案为选项(A)。

本例题电路为电压比较器。比较电压为 $V_+=U_a=\frac{1}{1+10}u_o=\frac{1}{11}u_o$。当 $u_o=+11$ V 时,$U_a=V_+=1$ V,在 $u_i>V_+$瞬间,输出电压 $u_o$转变为 $-U_{om}$,即 $u_o=-U_{om}$;当 $u_o=-11$ V 时,$U_a=V_+=-1$ V,在 $u_i<V_+$瞬间,输出电压 $u_o$转变为 $+U_{om}$,即,$u_o=+U_{om}$。

# 7.5　数字电子技术

数字电子电路中的输入和输出限于高、低电平两种可能,电平是一种特定的电压范围,有国际标准和工程规范。通常记高电平信号为"1"、低电平信号为"0"。

## 7.5.1　逻辑门及逻辑功能

逻辑门是实现逻辑运算的电路总称,它的输入和输出之间存在着一定的因果关系,即逻辑关系。逻辑门除了有"与""或""非"基本逻辑门外,还有"与非"门、"或非"门、"异或"门等。

**1. 基本逻辑门**

基本的逻辑门有"与"门、"或"门和"非(反)"门,见表 7.5-1。

**表 7.5-1　基本逻辑门及逻辑**

| 名　称 | 图形符号 | 逻辑功能 | 功能说明 |
|---|---|---|---|
| "与"门 | A, B —[&]— F | $F=AB$ | 输入全 1,输出为 1<br>输入有 0,输出为 0 |
| "或"门 | A, B —[≥1]— F | $F=A+B$ | 输入有 1,输出为 1<br>输入全 0,输出为 0 |
| "非"门 | A —[1]o— F | $F=\bar{A}$ | 输入为 1,输出为 0<br>输入为 0,输出为 1 |

**2. 基本逻辑门的组合——复合门**

用基本逻辑门可组合出多种复合门,包括"与非"门、"或非"门、"异或"门等,见表 7.5-2。

表 7.5-2　基本逻辑门的组合逻辑

| 名　称 | 图形符号 | 逻辑功能 | 功能说明 |
|---|---|---|---|
| “与非”门 | 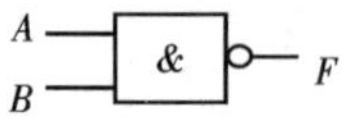 | $F=\overline{AB}$ | 输入全 1,输出为 0<br>输入有 0,输出为 1 |
| “或非”门 | 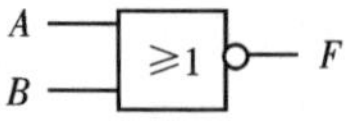 | $F=\overline{A+B}$ | 输入有 1,输出为 0<br>输入全 0,输出为 1 |
| “异或”门 | 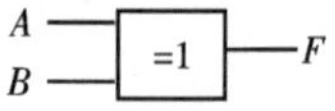 | $F=A\bar{B}+\bar{A}B=A\oplus B$ | 输入相异,输出为 1<br>输入相同,输出为 0 |

表中,除“非”门为单输入,“异或”门为两输入外,其他门的输入均可以多于两个。

例如图 7.5-1 所示的“同或”逻辑门,其逻辑功能:输入相同时,输出为 1,输入不同时,输出为 0,与“异或”逻辑关系相反,逻辑表达式为

$$F=\overline{A\bar{B}+\bar{A}B}=\overline{A\oplus B}=AB+\bar{A}\bar{B}$$

再如图 7.5-2 所示逻辑门,输出与输入的关系为“与非”逻辑关系,输入有 0,则输出为 0,根据已知输入,可得 $F=0$。

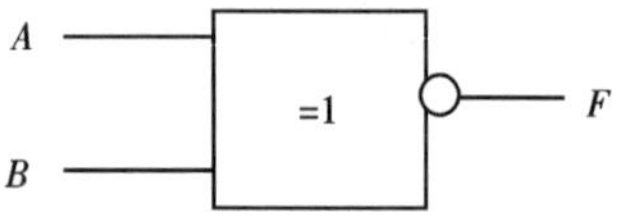


图 7.5-1　“同或”逻辑门

图 7.5-2　“与非”逻辑门

**【例 7.5-1】**　给出图 7.5-3(a)所示数字信号 $A$ 和 $B$ 的下述逻辑运算的结果:$A\cdot B$,$A+B$,$\bar{A}+B$,$A\cdot\bar{B}$,$\overline{A+B}$。

**解:**将输入信号分段,然后利用逻辑功能,逐段做出输出逻辑值的判断,如图 7.5-3(b)所示。

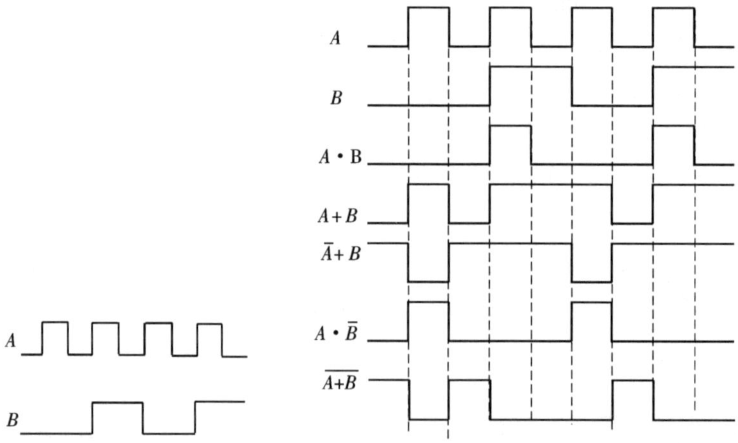


(a)　(b)

图 7.5-3　例 7.5-1 图

### 7.5.2　简单组合逻辑电路

组合逻辑电路是指输出状态仅与当前的输入状态有关的电路,是由逻辑门器件组成的。常见的组合逻辑电路有全加器、数值比较器、译码器、编码器、数据选择器和数据分配器等。

**1. 组合逻辑电路功能表述**

组合逻辑功能的常见表述方式有：经简化处理的逻辑表达式或真值表。

例如：逻辑表达式 $F=A\overline{B}+C$ 的真值表如表 7.5-3 所示。

表 7.5-3 $F=A\overline{B}+C$ 真值表

| $A$ | $B$ | $C$ | $\overline{B}$ | $A\overline{B}$ | $F$ |
|---|---|---|---|---|---|
| 0 | 0 | 0 | 1 | 0 | 0 |
| 0 | 0 | 1 | 1 | 0 | 1 |
| 0 | 1 | 0 | 0 | 0 | 0 |
| 0 | 1 | 1 | 0 | 0 | 1 |
| 1 | 0 | 0 | 1 | 1 | 1 |
| 1 | 0 | 1 | 1 | 1 | 1 |
| 1 | 1 | 0 | 0 | 0 | 0 |
| 1 | 1 | 1 | 0 | 0 | 1 |

**2. 组合逻辑电路表达式的获取**

组合逻辑电路是由逻辑门器件组成的，从输入到输出，逐级写出各门的输出，即可得到该组合逻辑电路的逻辑表达式。例如，图 7.5-4 所示组合逻辑电路的逻辑表达式为

$$F=\overline{\overline{\overline{A}B}\cdot\overline{A\overline{B}}}=\overline{A}B+A\overline{B}$$

**3. 分析组合电路的逻辑功能**

根据上一步的逻辑表达式可知：图 7.5-4 所示组合逻辑电路具有“异或”逻辑功能。

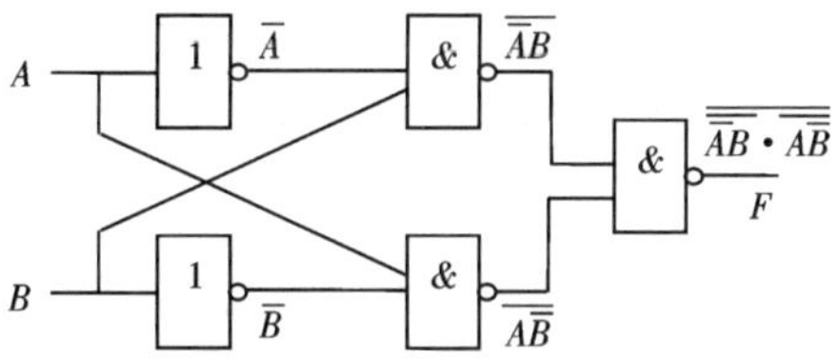


图 7.5-4 组合逻辑电路

**【例 7.5-2】** 已知逻辑电路如图 7.5-5 所示，经分析可知，输出 $F$ 与输入信号 $X$、$Y$ 之间的逻辑表达式为（　　）。

(A) $F=\overline{XY+\overline{X}\,\overline{Y}}$

(B) $F=\overline{XY\oplus\overline{X}\,\overline{Y}}$

(C) $F=\overline{XY}+\overline{\overline{X}\,\overline{Y}}$

(D) $F=\overline{(X+Y)\cdot(\overline{X}+\overline{Y})}$

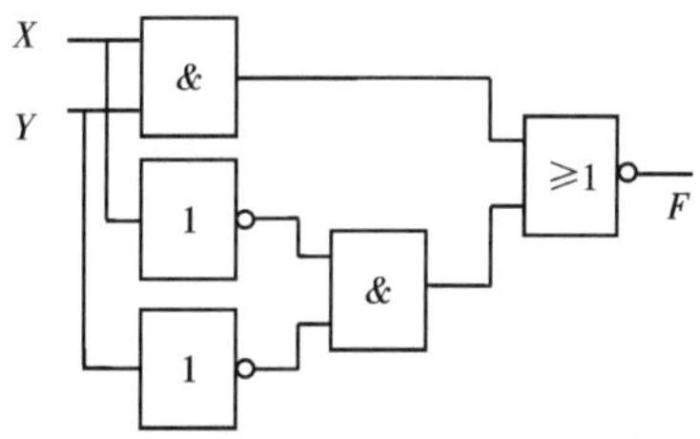


图 7.5-5 例 7.5-2 图

**解：**答案为选项(A)。

选项(B)将“或”逻辑门符号(≥1)误认为“异或”逻辑门符号(=1)；选项(C)误将“与”逻辑门看成“与非”逻辑门；选项(D)误将“与”逻辑门看成“或”逻辑门，将“或”逻辑门看成

"与"逻辑门。

## 7.5.3 触发器

触发器是一种组成时序逻辑电路的基本单元，是一种受控的多端逻辑器件，它的输入和输出之间的逻辑关系受控制端信号的控制。触发器的控制信号称为触发信号，也称为时钟脉冲CP信号(CP-clock pulse)，它可以是单个的数字脉冲信号，也可以是一种等间距的节拍脉冲信号。在输入端逻辑状态确定的情况下，触发器输出端的逻辑状态在CP脉冲的触发下按既定的规律变化。

常用的触发器有D触发器、JK触发器等。

**1. D触发器的图形符号**

D触发器的电路符号如图7.5-6所示，$Q$和$\overline{Q}$为两个逻辑状态相反的输出端；$D$和$CP$为两个输入端，对于图7.5-6(a)，符号"∧"表示$CP$脉冲的前沿(上升沿)产生触发作用(触发有效)，只有在$CP$脉冲有效时，输入端$D$才起作用；对于图7.5-6(b)，$CP$处有"○"符号表示$CP$脉冲后沿(下降沿)产生触发作用(触发有效)。

(a) 上升沿触发　　(b) 下降沿触发

图7.5-6　D触发器符号

D触发器的逻辑状态表如表7.5-4所示。$Q_{n+1}$表示触发后的状态，不管触发前$Q$(即$Q_n$)处于何种状态，触发后的状态由输入信号$D$的状态决定，与D触发器的当前状态无关。

**表7.5-4　D触发器的逻辑状态表**

| $D$ | $Q_{n+1}$ |
|---|---|
| 0 | 0 |
| 1 | 1 |

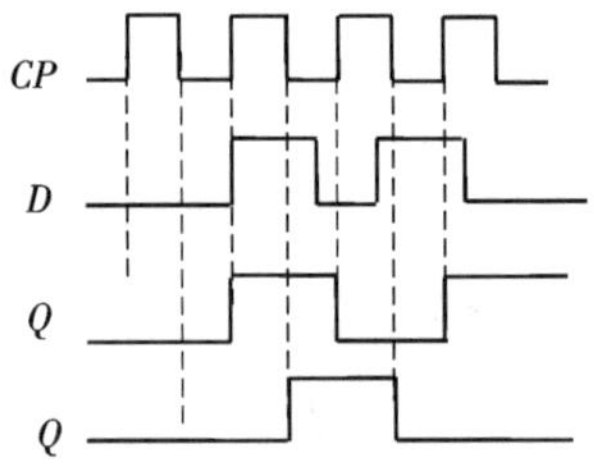


(a) 上升沿触发的输出波形

(b) 下降沿触发的输出波形

**【例7.5-3】** 已知逻辑电路如图7.5-7所示，当$X$ ="0"时，脉冲$CP$到来后，D触发器(　　)。

(A)具有计数功能

(B)保持原有状态

(C)置"0"

(D)置"1"

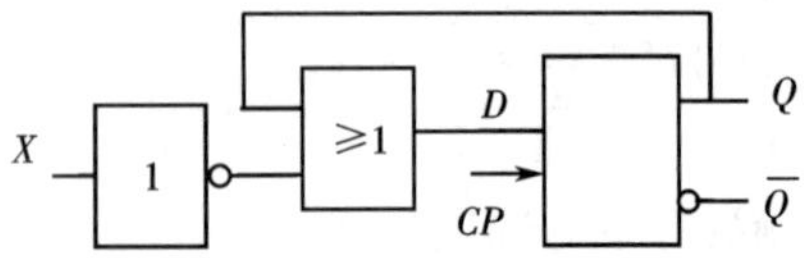


图7.5-7　例7.5-7图

**解：**答案为选项(D)。

根据已知电路可知：数据端$D$与输入$X$、输出$Q$的关系是$D=\overline{X}+Q$，当$X$="0"时，$\overline{X}$=

"1",D 触发器的数据端为"1",所以当 $CP$ 脉冲到来后,$Q$ = "1"。

**2. JK 触发器的图形符号**

JK 触发器具有 $J$ 和 $K$ 两个信号输入端,它的电路符号如图 7.5-8 所示,它的逻辑功能如表 7.5-5 所示。

**表 7.5-5　JK 触发器的逻辑状态表**

| $J$ | $K$ | $Q_{n+1}$ | 功能 |
|---|---|---|---|
| 0 | 0 | $Q_n$ | 保持 |
| 0 | 1 | $J$ | 置 0 |
| 1 | 0 | | 置 1 |
| 1 | 1 | $\overline{Q}_n$ | 计数 |

由表 7.5-5 可以看出:JK 触发器是具有置 0 、置 1 、计数和保持功能的触发器。图 7.5-8(a)是 $CP$ 脉冲下降沿触发有效,而图 7.5-8(b)则是 $CP$ 脉冲上升沿触发有效,只有在 $CP$ 脉冲有效时,输入端 $J$、$K$ 才起作用,否则其他时间输入端 $J$、$K$ 不起作用,输出口的状态不发生变化。

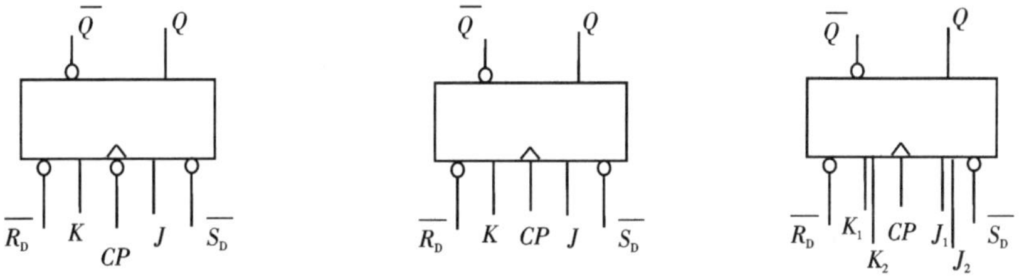


(a) 下降沿触发的JK触发器　(b) 上升沿触发的JK触发器　(c) 多输入端的上升沿触发的JK触发器

图 7.5-8　JK 触发器

JK 触发器可以实现逻辑变量的组合处理。如图 7.5-8(c)所示,JK 触发器的 $J$ 端和 $K$ 端与 $J_1$、$J_2$、$K_1$ 和 $K_2$ 的关系分别为 $J = J_1J_2$,$K = K_1K_2$,这进一步扩充了它的逻辑组合处理的能力。因此,JK 触发器是时序逻辑系统中使用最为灵活、应用最为广泛的一种逻辑器件。

无论是 D 触发器,还是 JK 触发器,它们都有如下输入:$S_D$(Set)和 $R_D$(Reset)分别为直接置"1"输入端和直接置"0"输入端,又称为"置位"端和"复位"端,它们的作用是设置触发器的初始输出状态。$\overline{S}_D$ 和 $\overline{R}_D$ 的意思是"低电平有效",即当 $\overline{S}_D = 0$ 时触发器置位,输出 $Q = 1$;当 $\overline{R}_D = 0$ 时,触发器复位,即 $Q = 0$。

**【例 7.5-4】**　将 JK 触发器的 $J$、$K$ 端连接起来(如图 7.5-9 所示),若 $CP$ 脉冲信号、置位端、复位端和数据 $X$ 端信号如图所示,则输出 $Q$ 的波形为(　　)。

**解:** 答案为选项(A)。

当置位和复位信号均为高电平时,触发器的输出将取决于触发脉冲触发时刻的输入值,所以选项(B)和(D)错。由题图可知,该触发器为下降沿触发的 JK 触发器,所以选项(A)对,选项(C)误认为该触发器为上升沿触发的 JK 触发器。

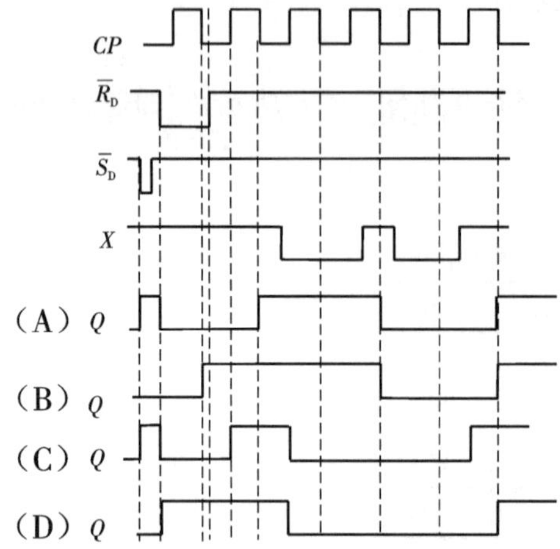


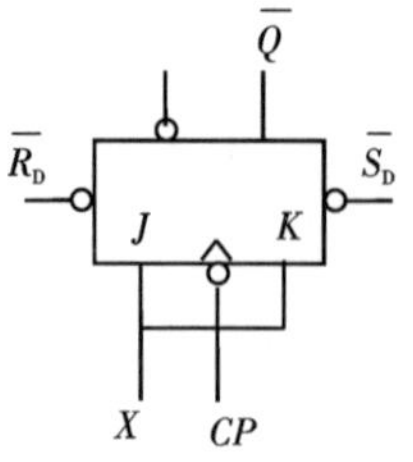


图 7.5-9　例 7.5-4 图

## 7.5.4　数字寄存器

所谓寄存器，是指能把二进制数据或代码暂时存储起来的电路。图 7.5-10 是由 D 触发器组成的 3 位数据寄存器。

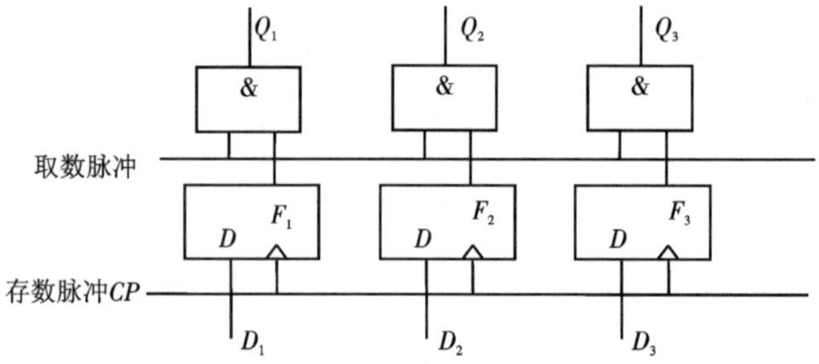


图 7.5-10　3 位数据寄存器

该寄存器有存数和取数两个基本操作。

①存数过程：将输入的 3 位数据 $D_3 \sim D_1$ 同时加在触发器 $F_3 \sim F_1$ 的 $D$ 输入端，在存数脉冲 $CP$ 上升沿到来后，触发器被触发，使得 3 个 D 触发器的输出端状态保持为 $D_3D_2D_1$，完成了 3 位数据的寄存。

②取数过程：用 3 个"与"门来控制，取数脉冲到来之前，"与"门的输出 $Q_3Q_2Q_1 = 000$；取数脉冲到来时，各个"与"门将触发器的输出与"1"进行"与"运算，寄存在寄存器中的数据就被取出，即 $Q_3Q_2Q_1 = D_3D_2D_1$。

## 7.5.5　数字移位寄存器

移位寄存器是指既有存储数码的功能，又有移位功能的电路。所谓"移位"，是指数据的二进制代码向左或向右逐位平移的操作。图 7.5-11 是一个 4 位移位寄存器。

图 7.5-11 所示电路随从触发器的最低位输入串行数码 $D_{SL}$ 的最高位，经过 4 个脉冲后，串行数码 $D_{SL}$ 的数据按高位到低位反映在 $Q_3 \sim Q_0$ 端，实现了串行输入并行输出；再经过 4 个脉冲，又可在 $Q_3$ 端得到和 $D_{SL}$ 一样的信号，从而实现了串行输入、串行输出。该移位寄存器的状态表如表 7.5-6 所示。

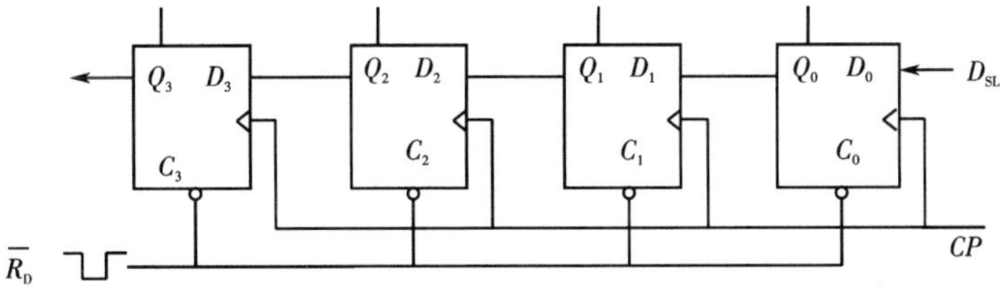


图 7.5-11 4 位右移寄存器

**表 7.5-6 4 位数字移位寄存器状态表**

| CP顺序 | 寄存器中的数码 | | | | 串行输入数码$D_{SL}$ |
|---|---|---|---|---|---|
| | $Q_3$ | $Q_2$ | $Q_1$ | $Q_0$ | |
| 0 | 0 | 0 | 0 | 0 | 1 |
| 1 | 0 | 0 | 0 | 1 | 1 |
| 2 | 0 | 0 | 1 | 1 | 0 |
| 3 | 0 | 1 | 1 | 0 | 1 |
| 4 | 1 | 1 | 0 | 1 | 0 |
| 5 | 1 | 0 | 1 | 0 | 0 |
| 6 | 0 | 1 | 0 | 0 | 0 |
| 7 | 1 | 0 | 0 | 0 | 0 |

串行输入

并行输出

由此实现了输入串行数码 $D_{SL}$ 的数据由低位按位移到高位,这种移位寄存器称为左移移位寄存器。

在实际的数字系统中,通常使用集成电路的通用移位寄存器器件。

**【例 7.5-5】** 已知某电路在脉冲信号作用下,各触发器的状态如表 7.5-7 所示,经分析知,该电路是(　　)。

(A)右移寄存器　　(B)左移寄存器

(C)并行数据寄存器　　(D)串行数据寄存器

**解:**答案为选项(A)。

由题表不难得到 $D_2$、$Q_2$、$Q_1$、$Q_0$ 在 $CP$ 脉冲的作用下状态的变化规律,如表 7.5-8 所示,数据是从高位向低位移动,所以该电路应为右移寄存器,应选(A)。

**表 7.5-7**

| $CP$ | $D_2$ | $Q_2$ | $Q_1$ | $Q_0$ | |
|---|---|---|---|---|---|
| 0 | 1 | 0 | 0 | 0 | |
| 1 | 1 | 1 | 0 | 0 | |
| 2 | 1 | 1 | 1 | 0 | |
| 3 | 0 | 1 | 1 | 1 | |
| 4 | 0 | 0 | 1 | 1 | |
| 5 | 1 | 0 | 0 | 1 | |
| 6 | 1 | 1 | 0 | 0 | |

**表7.5-8**

| $CP$ | $D_2$ | $Q_2$ | $Q_1$ | $Q_0$ |
|---|---|---|---|---|
| 0 | 1 | 0 | 0 | 0 |
| 1 | 1 | 1 | 0 | 0 |
| 2 | 1 | 1 | 1 | 0 |
| 3 | 0 | 1 | 1 | 1 |
| 4 | 0 | 0 | 1 | 1 |
| 5 | 1 | 0 | 0 | 1 |
| 6 | 1 | 1 | 0 | 0 |

## 7.5.6 脉冲计数器

脉冲计数器也是一种由触发器构成的数字电路，是组成数字逻辑电路的基本部件。它能累计输入脉冲的个数并以代码的形式表示这个数目。脉冲计数器可以进行加法计数、减法计数等。

**1. 异步二进制计数器**

图 7.5-12 所示电路是一种由 3 个 JK 触发器组成的脉冲计数器的实现电路，设 3 个触发器的初始状态为 0，各个触发器所接收的脉冲信号不是同一个，造成各个触发器状态的变化有先有后，是异步的，所以称该电路为异步计数器。

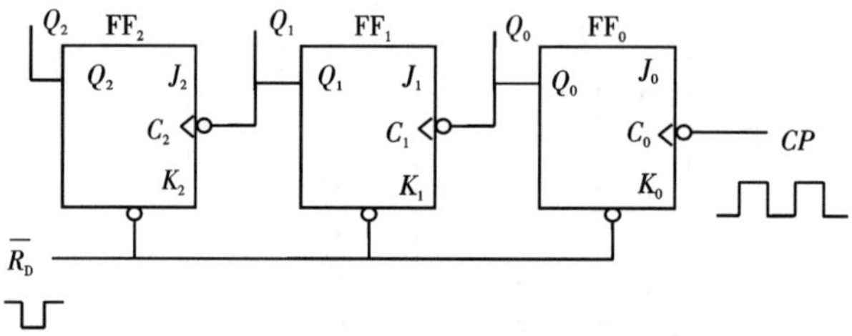


图 7.5-12 异步二进制计数器

分析计数器计数过程的步骤如下：

①写出各触发器的驱动方程，即触发器输入端变量的表达式；

$$J_0 = K_0 = 1, J_1 = K_1 = 1, J_2 = K_2 = 1$$

注意：触发器的 $J$、$K$ 端悬空，处于高电位状态。

②填写状态转换表；

因为各触发器的 $J$、$K$ 输入端均为高电平，所以每当触发脉冲的下降沿到来时，$Q_0$翻转，即由 1 变为 0，或由 0 变为 1；每当 $Q_0$由 1 变为 0 时，$Q_1$翻转；当 $Q_1$由 1 变为 0 时，$Q_2$翻转。由此，得表 7.5-9。

**表 7.5-9 分析计数器所用的状态转换表**

| $CP$ | $Q_2$ | $Q_1$ | $Q_0$ | $J_2$ | $K_2$ | $J_1$ | $K_1$ | $J_0$ | $K_0$ |
|---|---|---|---|---|---|---|---|---|---|
| 0 | 0 | 0 | 0 | 1 | 1 | 1 | 1 | 1 | 1 |
| 1 | 0 | 0 | 1 | 1 | 1 | 1 | 1 | 1 | 1 |
| 2 | 0 | 1 | 0 | 1 | 1 | 1 | 1 | 1 | 1 |
| 3 | 0 | 1 | 1 | 1 | 1 | 1 | 1 | 1 | 1 |
| 4 | 1 | 0 | 0 | 1 | 1 | 1 | 1 | 1 | 1 |
| 5 | 1 | 0 | 1 | 1 | 1 | 1 | 1 | 1 | 1 |
| 6 | 1 | 1 | 0 | 1 | 1 | 1 | 1 | 1 | 1 |
| 7 | 1 | 1 | 1 | 1 | 1 | 1 | 1 | 1 | 1 |
| 8 | 0 | 0 | 0 | 1 | 1 | 1 | 1 | 1 | 1 |

③图示电路中的各触发器均为下降沿触发，其工作波形如图 7.5-13 所示；

④根据状态转换表和波形图，得出适当的结论。

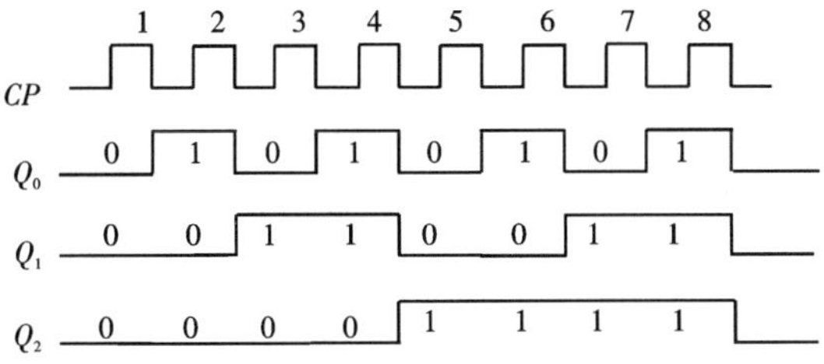


图 7.5-13 图 7.5-12 所示电路的工作波形

该计数器是一种异步的 4 位二进制加法计数器。

从信号处理的角度看，$Q_0$输出 4 个脉冲，是 8 个 $CP$ 脉冲的 1/2，所以 $Q_0$ 为二分频输出端，同理可知，$Q_1$和 $Q_2$分别构成 4 分频和 8 分频。所以，二进制脉冲计数器也用来作为数字信号的分频器使用。

确定计数器进制数的方法还有一种，即根据计数器所能计的最大脉冲个数作为进制数，例如图 7.5-12 所示计数器最多能计 8 个脉冲，因此它又是一个异步的 1 位 8 进制计数器。

**【例 7.5-6】** 设图 7.5-14 所示电路的 2 个 D 触发器的初始状态为“0”，则该电路是(　　)。

(A)异步二进制计数器

(B)同步三进制计数器

(C)异步四进制计数器

(D)同步五进制计数器

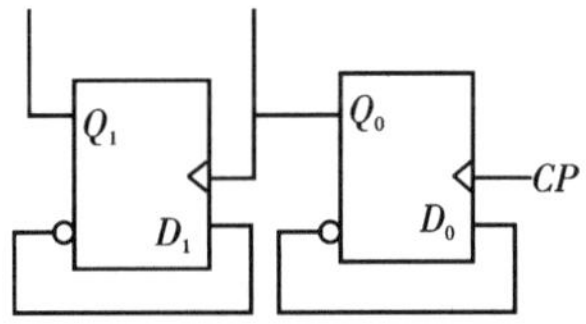


图 7.5-14 例 7.5-6 图

**解：**答案为选项(C)。

根据已知电路图可知，该电路 2 个 D 触发器的 $CP$ 来自不同信号，而且是上升沿触发，所以图示电路为上升沿触发的异步计数器。

触发器的驱动方程：$D_0=\overline{Q}_0, D_1=\overline{Q}Q_1$。

根据驱动方程和 D 触发器的逻辑功能状态表，可得计数器的输出状态如下：

| $CP$ | $Q_1$ | $Q_0$ | $D_1$ | $D_0$ |
|---|---|---|---|---|
| 0 | 0 | 0 | 1 | 1 |
| 1 | 1 | 1 | 0 | 0 |
| 2 | 1 | 0 | 0 | 1 |
| 3 | 0 | 1 | 1 | 0 |
| 4 | 0 | 0 | 1 | 1 |

从整体来看计数电路，由于是 4 个状态一循环，所以该计数器为四进制计数器。

综上所述，(C)选项为本题答案。

**2. 同步二进制计数器**

所谓“同步”，是指计数器中各个触发器的脉冲来自同一个信号，致使触发器的输出状态同步变化。以例 7.5-7 说明同步计数器的工作。

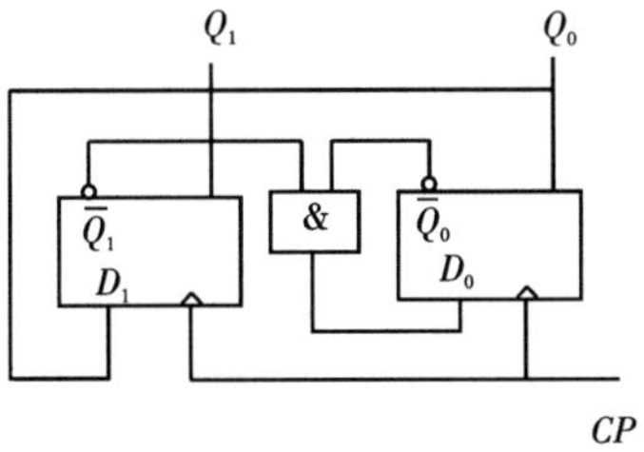


图 7.5-15 例 7.5-7 图

**【例 7.5-7】** 分析图 7.5-15 所示逻辑电路的逻辑功能，并用输入/输出逻辑信号波形图加以说明。

**解**:电路中各触发器的驱动方程:$D_0 = \overline{Q_0} \cdot \overline{Q_1}, D_1 = Q_0$。

该电路各触发器的状态如表 7.5-10 所示。

**表 7.5-10 各触发器的状态转换**

| $CP$ | $Q_1$ | $Q_0$ | $D_0$ | $D_1$ |
|---|---|---|---|---|
| 0 | 0 | 0 | 1 | 0 |
| 1 | 0 | 1 | 0 | 1 |
| 2 | 1 | 0 | 0 | 0 |
| 3 | 0 | 0 | 1 | 0 |

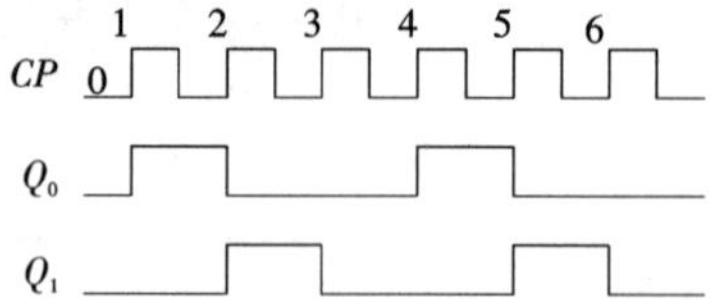

图 7.5-16 图 7.5-15 电路的工作波形

综上可知:电路为三进制同步计数器(上升沿触发)。

# 仿真习题

## 7.1 电磁学概念

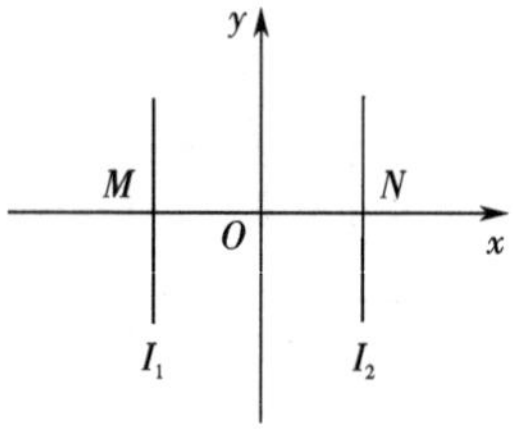

题 7-1 图

7-1 如图所示,$MO = ON$,若原点 $O$ 处的磁感应强度为 0,则 $I_1$ 与 $I_2$ 的关系为(  )。

(A)大小相等,方向相反

(B)大小相等,方向相同

(C)大小无关,方向相反

(D)大小无关,方向相同

7-2 如图所示,$M$、$N$ 为电量相等的正电荷,$XY$ 为 $MN$ 的垂直平分线,$O$ 为 $MN$ 的中点。某重力不计的正电荷 $Q$ 位于 $O$ 点,将 $Q$ 向上移动很小距离后释放,电荷 $Q$ 的受力方向为(  )。

(A)垂直向下  (B)垂直向上

(C)左上方  (D)右上方

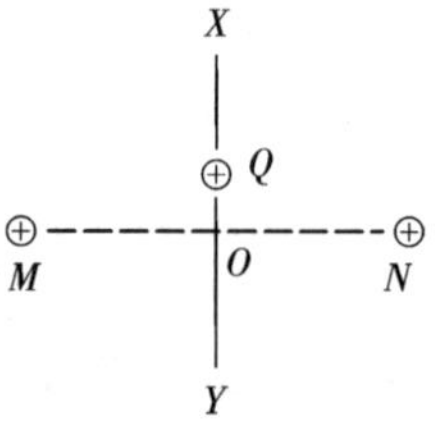

题 7-2 图

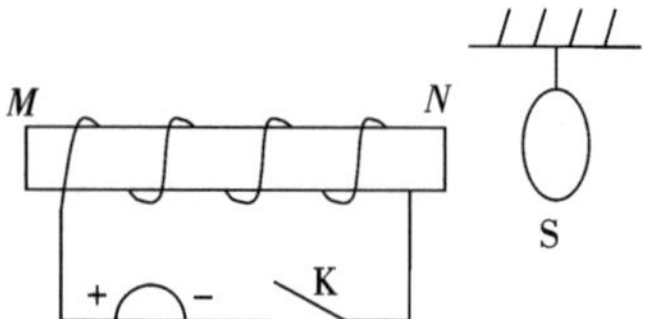

题 7-3 图

7-3 在图示电路中,开关 K 闭合后,导线环 S (  )。

(A)向远离 $N$ 方向摆动

(B)向 $N$ 方向摆动

(C)不动

(D)无法判断

7-4 如图所示,$MO = ON$,若 $I_1 = I_2$,则原点 $O$ 处的磁感应强度(  )。

(A)$B = \dfrac{2\mu_0}{2\pi r} \cdot I$  (B)$B = 2\pi r \cdot \mu_0 I$

(C)$B = \dfrac{\mu_0}{2\pi r} \cdot I$  (D)$B = 0$

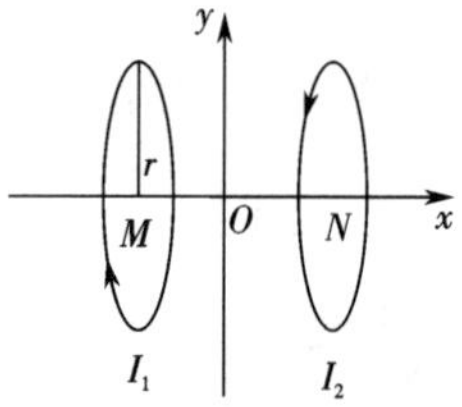

题 7-4 图

7-5 如图所示,$M$、$N$ 为电量相等的正电荷,$XY$ 为 $MN$ 的垂直平分线,$O$ 为 $MN$ 的中点。某重力不计的正电荷 $Q$ 位于 $O$ 点,将 $Q$ 向上移动很小距离后释放,电荷 $Q$ 将沿 $YX$ 直线运动,它在运动过程中,(  )。

(A)加速度逐渐变小

(B)电场强度逐渐变小

(C)所受电场力逐渐变大

(D)电场强度先变大,后变小

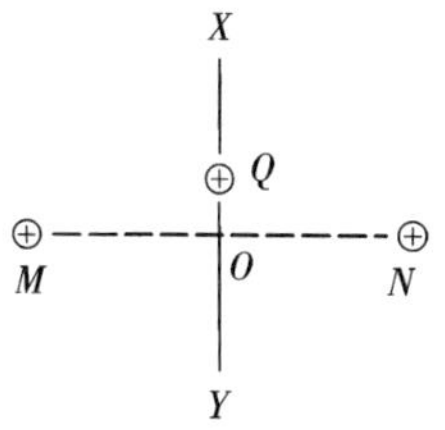


题 7-5 图

## 7.2 电路知识

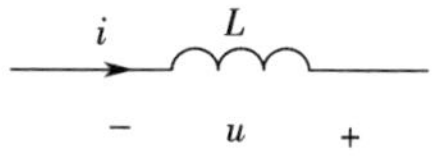


题 7-6 图

7-6 电感元件上的电压 $u$ 及电流 $i$ 的参考方向如图所示,描述 $u$ 与 $i$ 关系的表达式应该是(  )。

(A)$u=L\dfrac{\mathrm{d}i}{\mathrm{d}t}$  (B)$u=-L\dfrac{\mathrm{d}i}{\mathrm{d}t}$

(C)$i=L\dfrac{\mathrm{d}u}{\mathrm{d}t}$  (D)$u=Li$

7-7 设图示电路中的元件参数为已知,若采用支路电流法求解各支路电流,则需列写的最少独立方程个数为(  )。

(A)4  (B)3

(C)2  (D)1

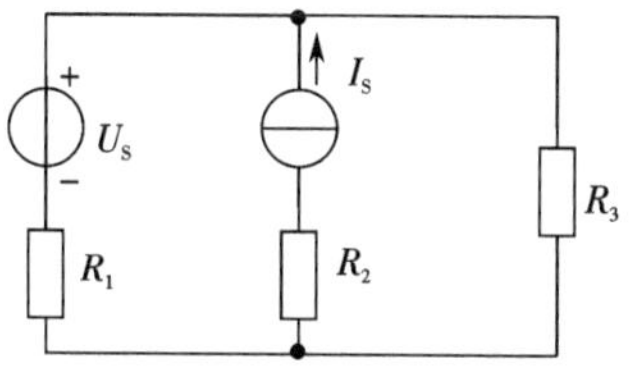


题 7-7 图

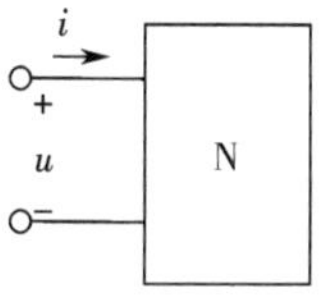


题 7-8 图

7-8 已知二端网络 N 的端口电压 $u(t)=10\sin(\omega t+60°)$ V,端口电流 $i(t)=4\sin(\omega t+20°)$ A,则二端网络 N 的等效阻抗为(  )。

(A)2.5 Ω

(B)$2.5\angle 40$ Ω

(C)$2.5\angle 80$ Ω

(D)$40\angle 80$ Ω

7-9 如图所示电路的传递函数及幅频特性曲线是(  )。

(A)

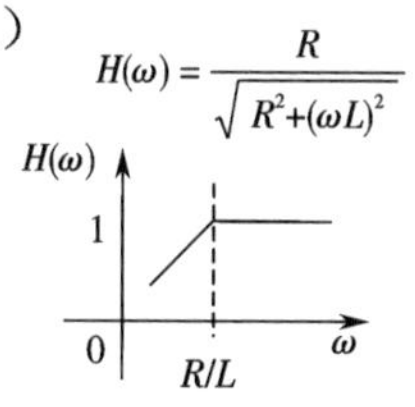


(B)

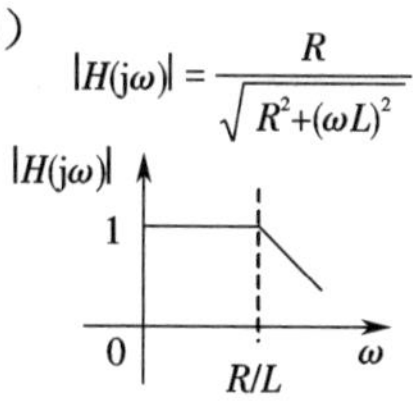


(C)

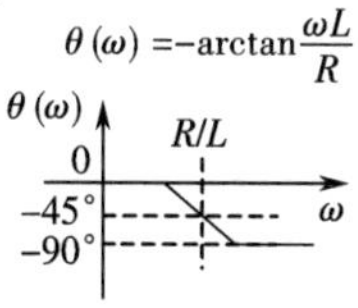


(D)

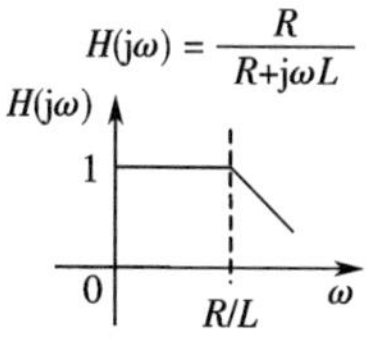


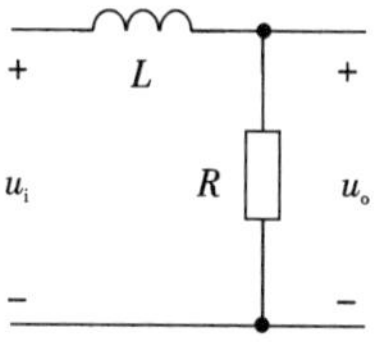


题 7-9 图

7-10　已知电路如图所示，其中电流 $I$ 等于（　　）。

（A）5.5 A　　（B）2.5 A　　（C）0 A　　（D）3.25 A

7-11　在图示电路中，电压 $U$ 等于（　　）。

（A）0 V　　（B）2 V　　（C）6 V　　（D）10 V

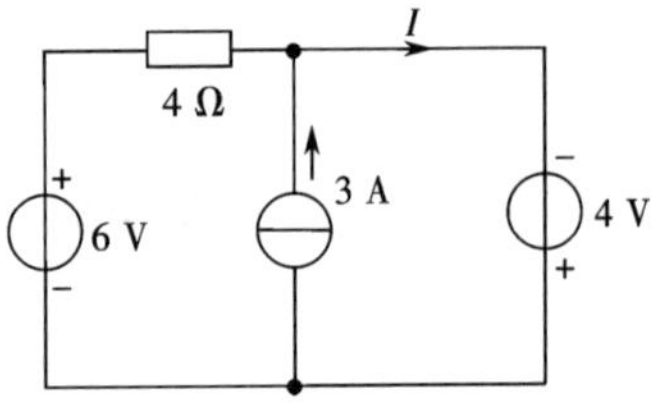


题 7-10 图

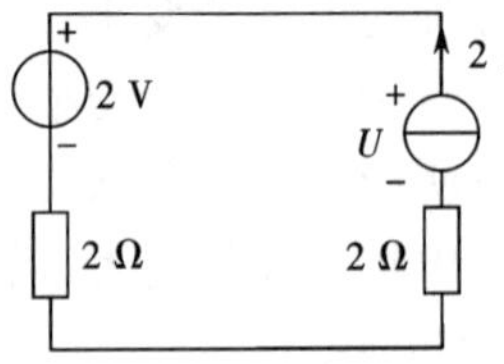


题 7-11 图

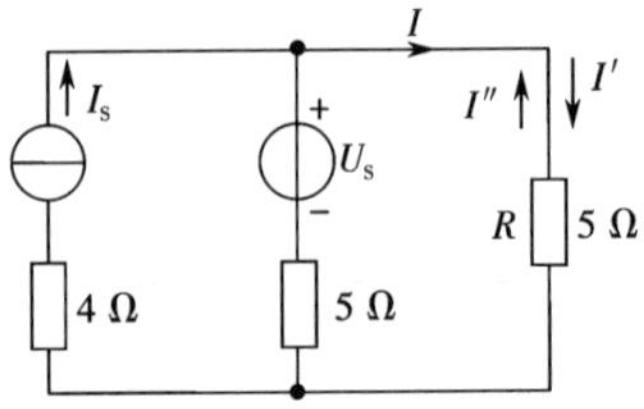


题 7-12 图

7-12　在图示电路中，若 $U_S$单独作用时，$I' = 1$ A；$I_S$单独作用时，$I'' = -1$ A，那么 $U_S$、$I_S$共同作用时，电阻 $R$ 中的电流 $I$ 为（　　）。

（A）2 A

（B）0 A

（C）−2 A

（D）因 $U_S$、$I_S$未知无法计算

7-13　已知某二端网络 N 的端口电压 $u(t) = 100\sin(\omega t + 60°)$ V，则不正确描述该电压的相量形式为（　　）。

（A）$\dot{U} = 50\sqrt{2}\angle 60°$ V　　（B）$\dot{U}_m = 100\angle 60°$ V

（C）$\dot{U} = 100\angle 60°$ V　　（D）$\dot{U} = 50\sqrt{2}(\cos 60° + j\sin 60°)$ V

7-14　在图示电路中，若 $t = 0$ 时刻开关 S 从 1→2，则下列说法不正确的是（　　）。

（A）电路出现暂态过程

（B）电路不出现暂态过程

（C）电路发生换路

（D）$u_C(0_+) = u_C(\infty)$

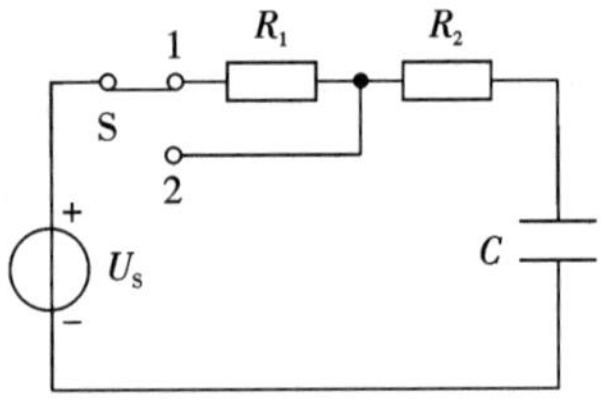


题 7-14 图

7-15　在如图所示电路中，理想电流源中的电流及其功率状态分别为（　　）。

（A）4 A，供出功率

（B）4 A，吸收功率

（C）−4 A，吸收功率

（D）−4 A，供出功率

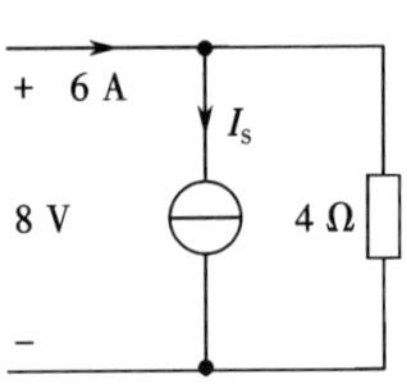


题 7-15 图

7-16 如图(a)电路中,电容 $C$ 可调,若感性负载的功率因数为 $\cos\varphi$,并接电容后,电路的功率因数为 $\cos\varphi'$,电路的端口电流 $i$ 的有效值 $I$ 和电容 $C$ 的关系如图(b)所示,则下列说法不正确的是(　　)。

(A)当 $C=C_0$ 时,电路的功率因数最大

(B)当 $C<C_0$ 时,$\cos\varphi'>\cos\varphi$

(C)当 $C>C_0$ 时,电路出现过补偿

(D)当 $C>C_0$ 时,$\cos\varphi'>\cos\varphi$

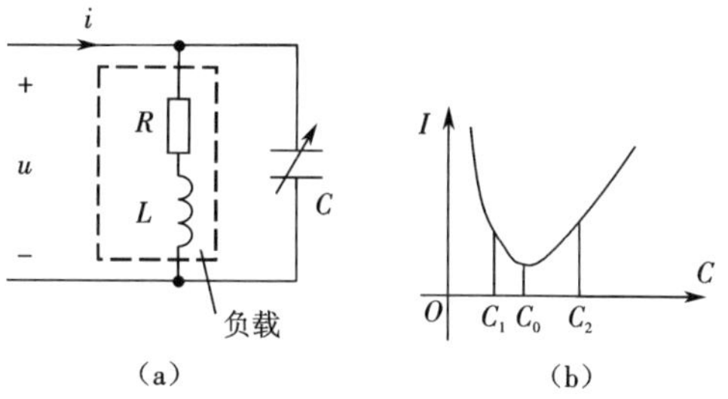


题 7-16 图

7-17 图示电路在 $t=0$ s 时刻和 $t=2$ s 时刻出现两次换路,那么如下描绘电感电流 $i_L$ 变化规律的波形是(　　)。

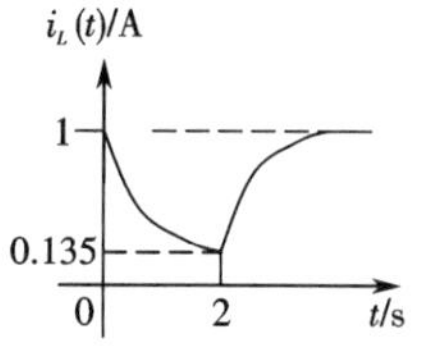


(A)

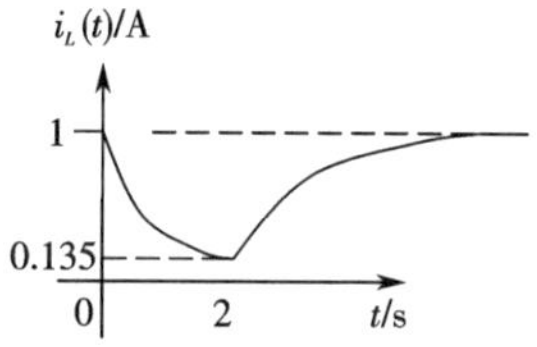


(B)

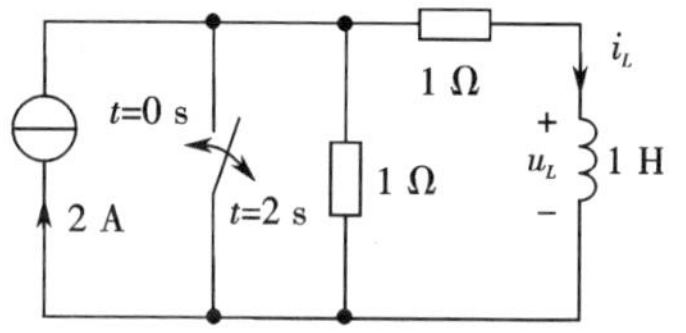


题 7-17 图

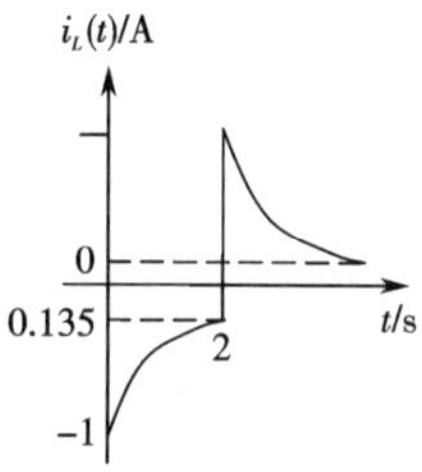


(C)

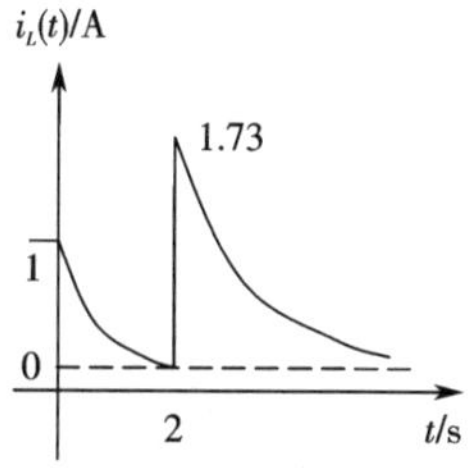


(D)

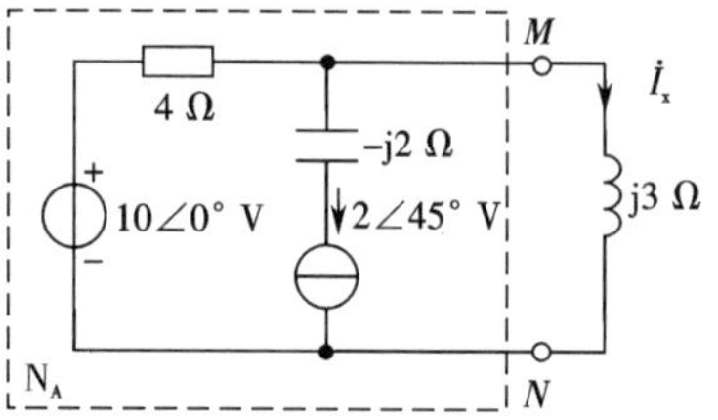


题 7-18 图

7-18 已知电路如图所示,若用端电压为 $\dot{U}_S$ 电压源元件和复阻抗 $Z_S$ 的串联组合对有源二端网络 $N_A$ 进行等效,则(　　)。

(A)$\dot{U}_S=(10+8\angle45°)$ V,$Z_S=4\ \Omega$

(B)$\dot{U}_S=(-j2\times2\angle45°)$ V,$Z_S=4//(-j2)\ \Omega$

(C)$\dot{U}_S=(10-8\angle45°)$ V,$Z_S=4\ \Omega$

(D)$\dot{U}_S=4\angle-45°$ V,$Z_S=(4-j2)\ \Omega$

7-19 已知三相对称电源的 A 相电压 $u_A=\sqrt{2}U_p\sin\omega t$ V,则线电压 $u_{AB}=$(　　)。

(A)$\sqrt{3}U_p\sin(\omega t+30°)$ V　　(B)$\sqrt{6}U_p\sin(\omega t+30°)$ V

(C)$\sqrt{3}U_p\sin(\omega t-30°)$ V　　(D)$\sqrt{6}U_p\sin(\omega t-30°)$ V

7-20　图(a)所示二端口网络 $N_A$ 的外特性如图(b)所示，$N_A$ 的等效电源模型为(　　)。

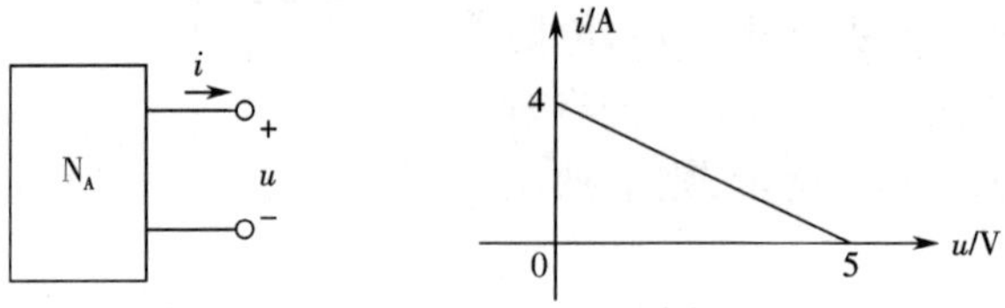


(a)　　　　(b)

题 7-20 图

(A)

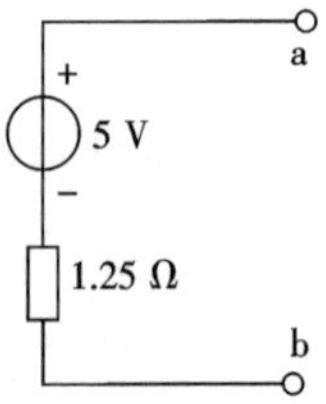


(B)

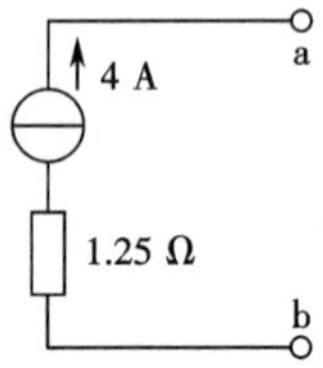


(C)

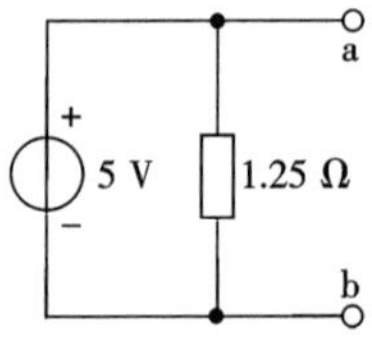


(D)

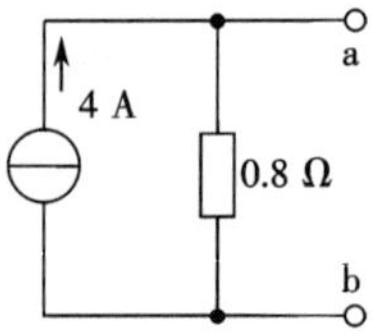


7-21　已知某激励信号 $u(t)=1.732\sin(314t+30°)$ V，由此可知该信号的有效值、频率及初相角分别为(　　)。

(A)1 V,314 rad/s,30°　　　　(B)1.732 V,0.02 s,30°

(C)1.225 V,50 Hz,30°　　　　(D)1.732 V,314 rad/s,30°

7-22　某三相异步电动机运行于中心点接地的三相四线制交流电源上，为保证电动机的安全运行，该电动机的金属外壳应与(　　)。

(A)大地连接　　　　(B)电源中线连接

(C)电动机绕组的任一端连接　　　　(D)外界无任何连接

7-23　如图所示电路是一个(　　)。

(A)带通滤波器

(B)高通滤波器

(C)低通滤波器

(D)带阻滤波器

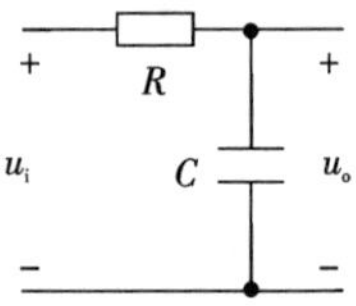


题 7-23 图

7-24　利用电压源与电流源等效互换的方法求解图示电路中的电压 $U_x$ 的正确过程是(　　)。

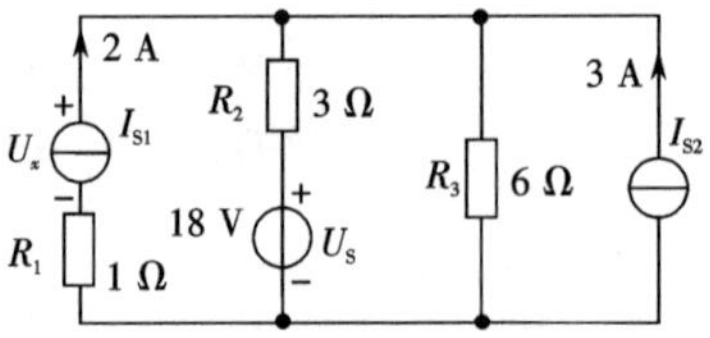


题 7-24 图

（A） 题 图 ⇨ 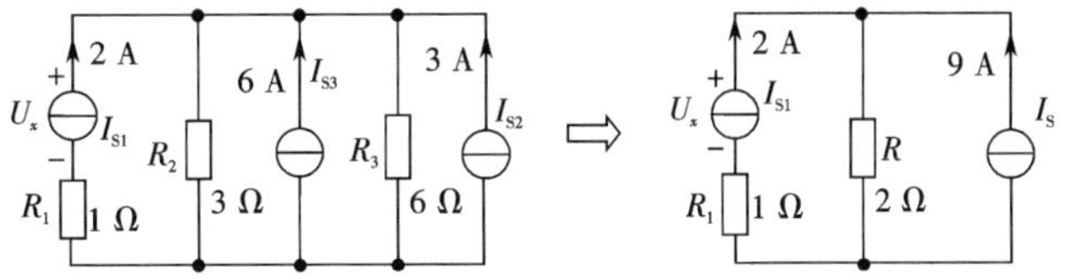


（B） 题 图 ⇨ 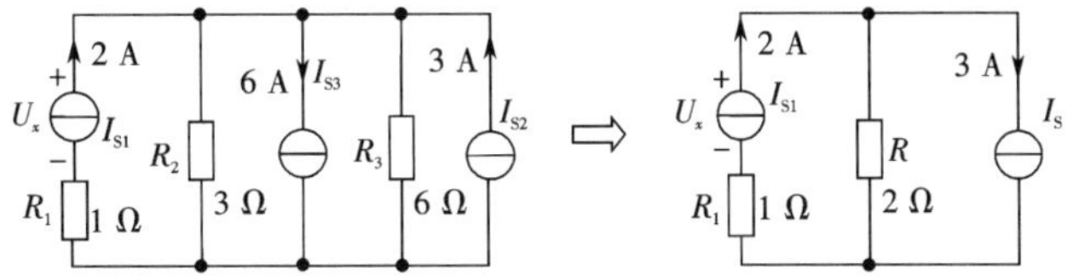


（C） 题 图 ⇨ 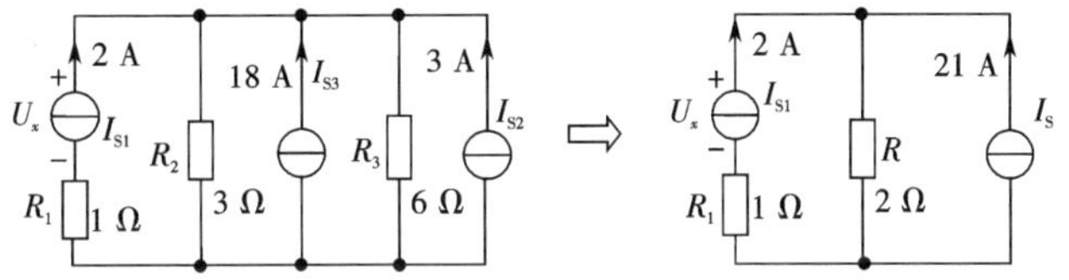


（D） 题 图 ⇨ 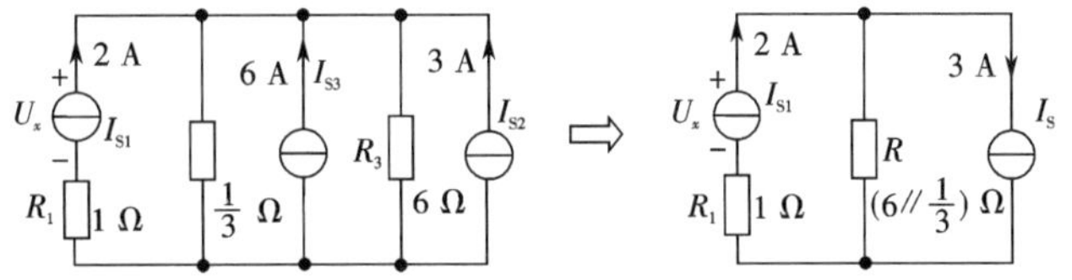


7-25　在图示电路中，$U_S$单独作用时，$I'=1$ A，电阻 $R$ 消耗的功率 $P'=5$ W；$I_S$单独作用时，$I''=-1$ A，电阻 $R$ 消耗的功率 $P''=5$ W，那么 $U_S$、$I_S$共同作用时，电阻 $R$ 消耗的功率为(　　)。

(A) $P'+P''=10$ W

(B) $(I'-I'')^2R=20$ W

(C) $(I+I'')^2R=0$ W

(D) 因 $U_S$、$I_S$未知，无法计算

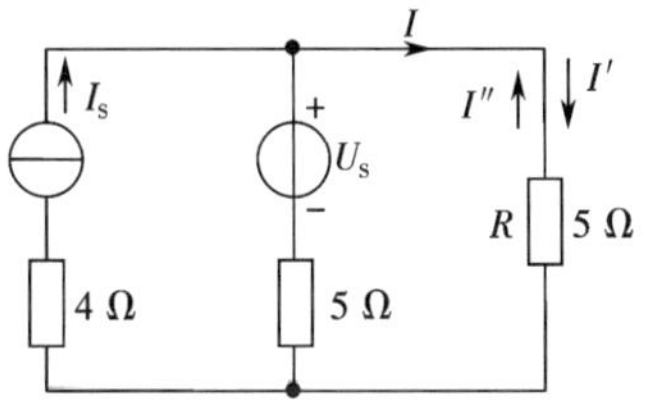


题 7-25 图

7-26　如图所示电路的戴维南等效模型为(　　)。

(A)
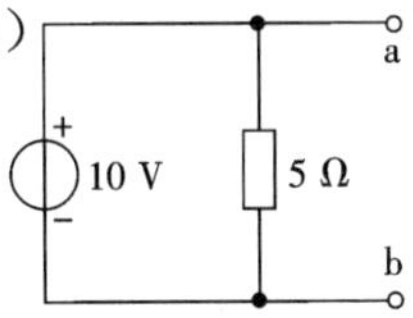


(B)
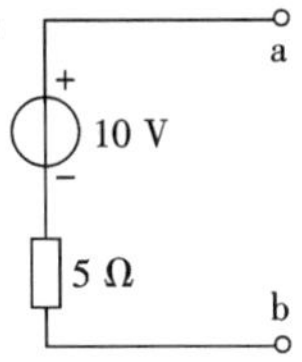


(C)
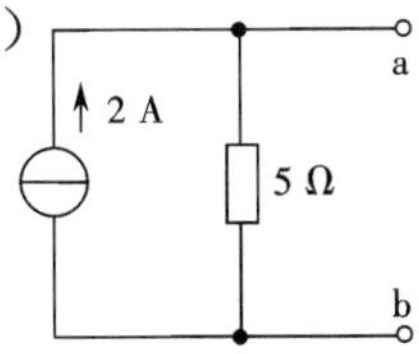


(D)
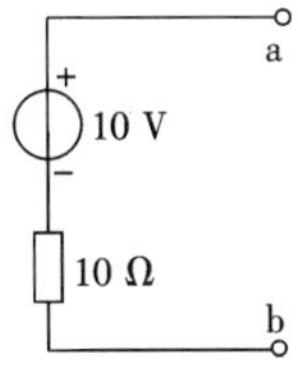


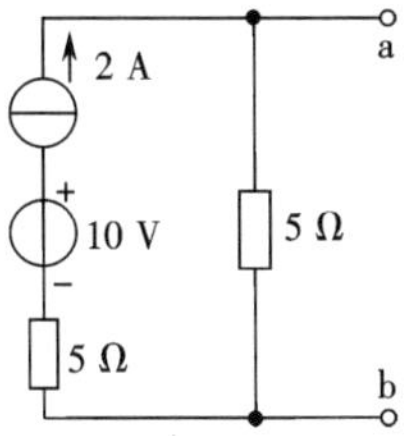


题 7-26 图

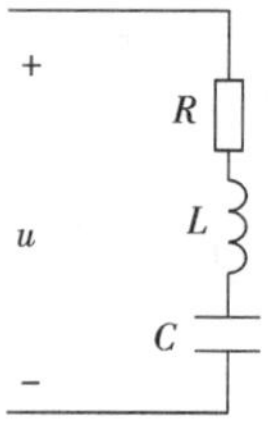


题 7-27 图

7-27 *RLC* 串联电路如图所示，在正弦电压 $u(t)=U_m\sin(\omega t+\varphi)$ 的激励下，其等效复阻抗等于(　　)。

(A) $R+jX_L-jX_C$

(B) $R+jX_L+jX_C$

(C) $R-jX_L-+jX_C$

(D) $R+X_L+X_C$

7-28 无源二端网络 $N_P$ 如图所示，设 $u(t)=100\sin(\omega t+60°)$ V，$i(t)=10\sin\omega t$ A，则该网络的有功功率和无功功率分别为(　　)。

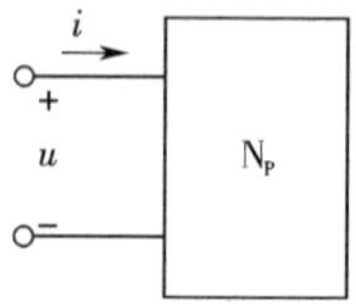


题 7-28 图

(A) $P=100\times10\times\cos 60°=500$ W，$Q=100\times10\times\sin 60°=866$ Var

(B) $P=\frac{100}{\sqrt{2}}\times\frac{10}{\sqrt{2}}\times\cos 60°=250$ W，$Q=\frac{100}{\sqrt{2}}\times\frac{10}{\sqrt{2}}\times\sin 60°=433$ Var

(C) $P=866$ W，$Q=500$ Var

(D) $P=433$ W，$Q=250$ Var

## 7.3 电动机与变压器

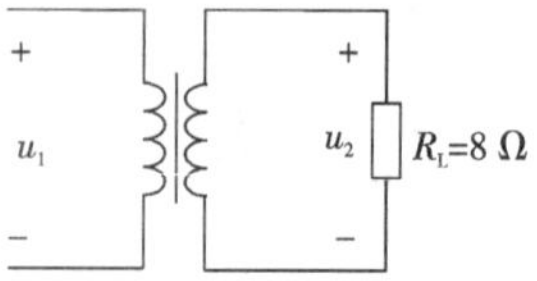


题 7-29 图

7-29 在图示电路中，负载 $R_L$ 的消耗功率为 72 W，若变压器的变压比 $k=5$，则变压器原边电压有效值 $U_1$(　　)。

(A) 等于 120 V　　(B) 等于 4.8 V

(C) 等于 0.6 V　　(D) 无法计算

7-30 采用适当措施降低三相鼠笼式电动机的启动电流是为了(　　)。

(A) 避免电动机烧毁　　(B) 避免电动机瞬时过载

(C) 避免熔断器烧断　　(D) 减小启动电流所引起的电网电压波动

7-31 继电—接触控制电路如图所示，实现电动机连续运行的环节是(　　)。

(A) QS 电器

(B) FU 电器

(C) $KM_4$ 触点构成的自锁环节

(D) $KM_{1-3}$ 触点构成的环节

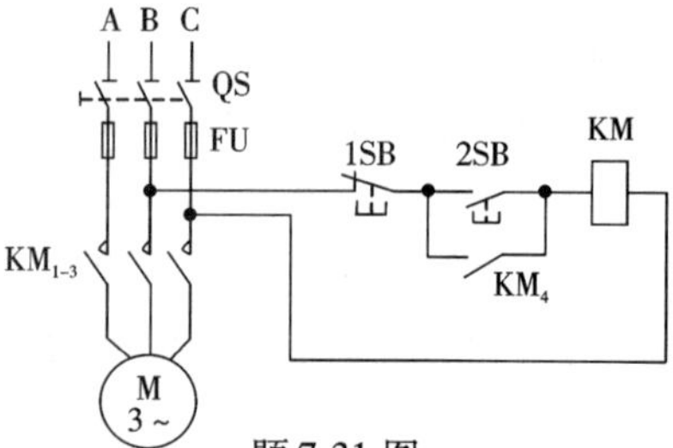


题 7-31 图

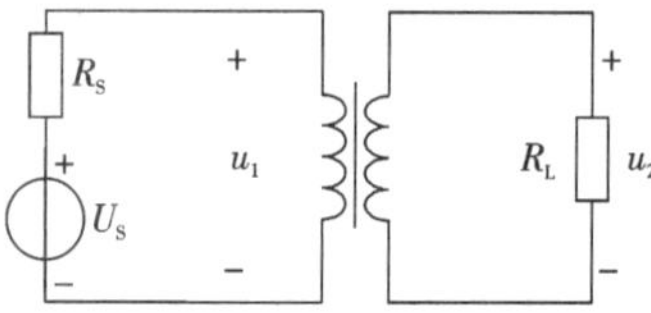


题 7-32 图

7-32 在图示电路中，信号源与理想变压器的原边相连，负载与变压器的副边相连，若信号源的电压 $U_S=12$ V，$R_S=72$ Ω，则负载 $R_L=8$ Ω 获得最大功率时的端电压有效值 $U_2$ 为(　　)。

(A) 36 V　　(B) 18 V

(C) 4 V　　(D) 2 V

7-33 一台理想单相变压器,额定容量为 10 kV · A,电压为 3 300 V/220 V,变压器在额定状态下运行时,原副边电流分别为(  )。

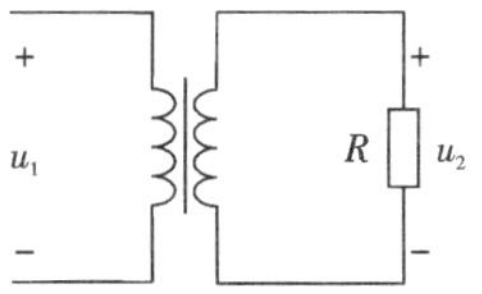


题 7-33 图

(A)3.03 A, 45.45 A

(B)45.45 A, 3.03 A

(C)4.29 A, 64.28 A

(D)64.28 A, 4.29 A

7-34 下面四个继电—接触控制主电路中,不能实现电动机正反转控制的是(  )。

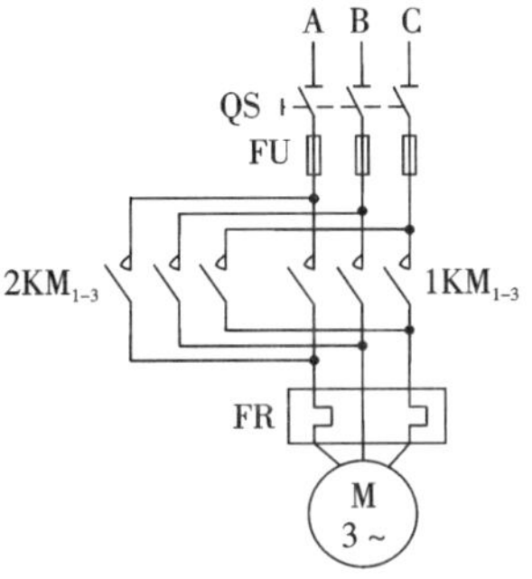


(A)

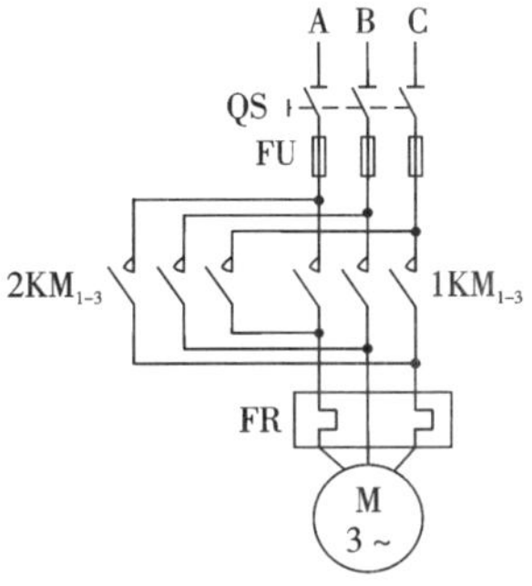


(B)

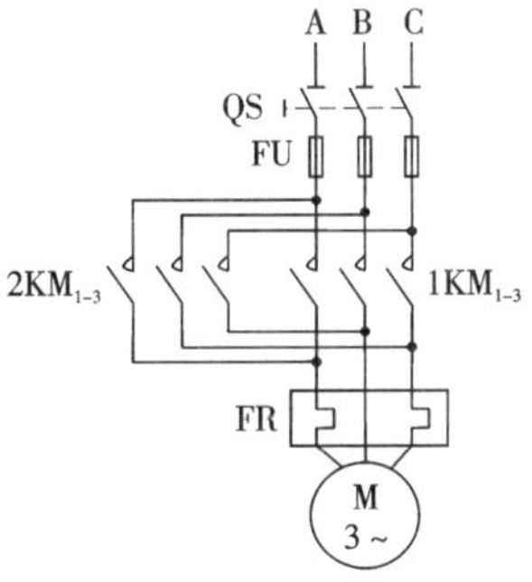


(C)

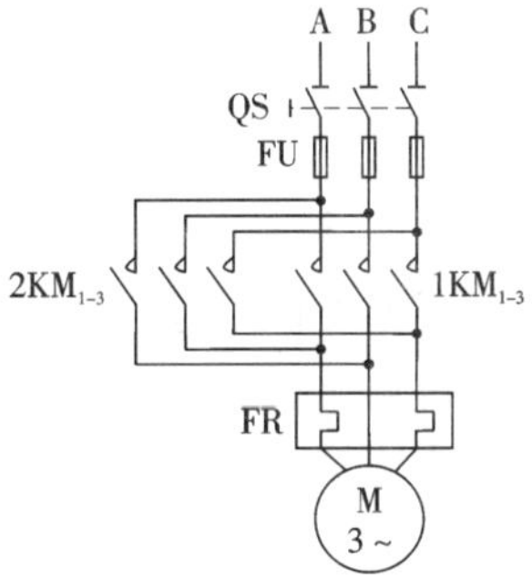


(D)

7-35 实现两台电动机顺序控制的主电路和控制电路如图所示,根据主电路和控制电路的控制原理,它所实现的控制逻辑是(  )。

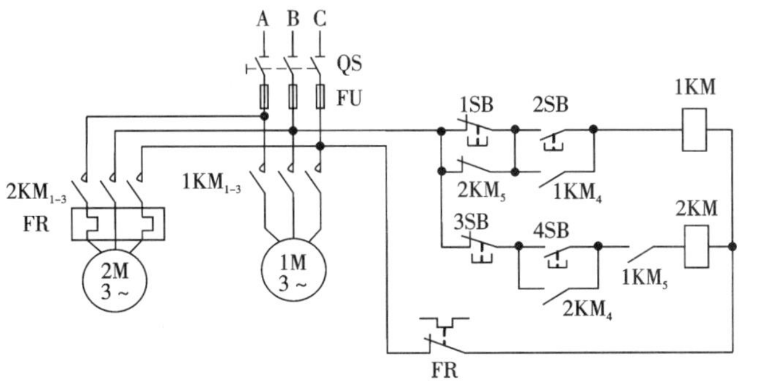


题 7-35 图

(A)1M 启动后,2M 才能启动;1M 停转后,2M 才能停转

(B)1M 启动后,2M 才能启动;2M 停转后,1M 才能停转

(C)2M 启动后,1M 才能启动;1M 停转后,2M 才能停转

(D)2M 启动后,1M 才能启动;2M 停转后,1M 才能停转

7-36　某三相异步电动机的额定电压为 380/220 V,若电源电压为 380 V,则下面 4 个图中能使电动机处于额定状态工作的是(　　)。

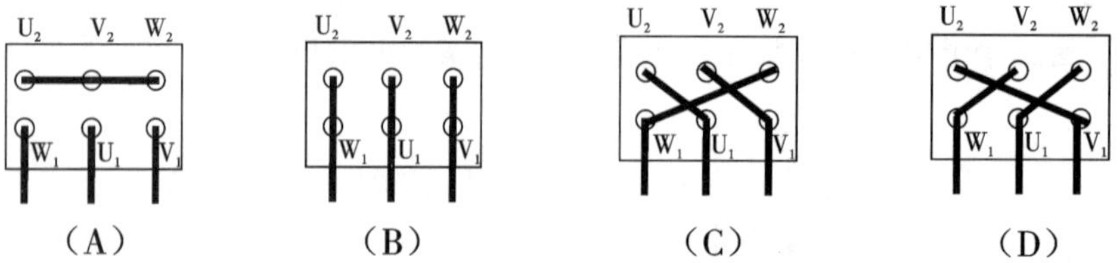


7-37　继电—接触控制电路如图所示,如下说法中不正确的是(　　)。

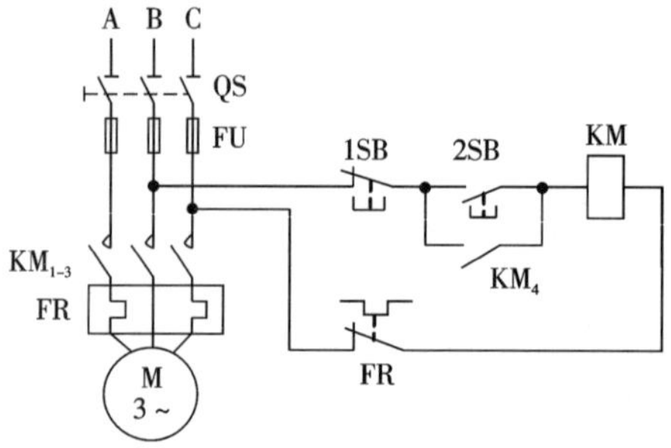


题 7-37 图

(A)该电路具有短路保护、过载保护和欠压保护

(B)该电路具有短路保护、过载保护和零压保护

(C)该电路具有短路保护、过载保护、零压保护和欠压保护

(D)该电路具有短路保护、过载保护和行程保护

7-38　如果称平滑调速为连续(无级)调速,那么属于连续调速的方法是(　　)。

(A)变磁极对数调速　　(B)变转差率调速

(C)变频调速　　(D)变磁极对数调速、变转差率调速、变频调速

## 7.4　模拟电子技术

7-39　整流电路如图所示,设其非故障状态下的输出电压 $u_o$ 的平均值 $U_o=18$ V,若二极管 $D_1$ 因损坏而断开,则输出电压 $u_o$ 的波形及其平均值 $U_o$ 为(　　)。

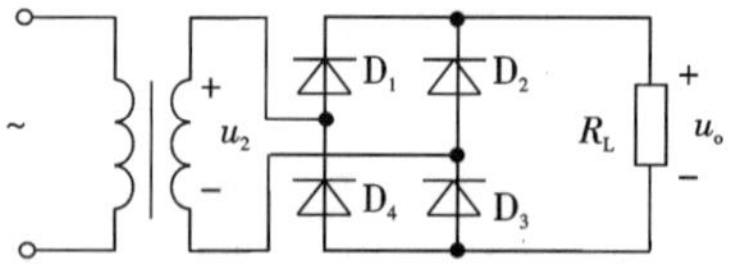


题 7-39 图

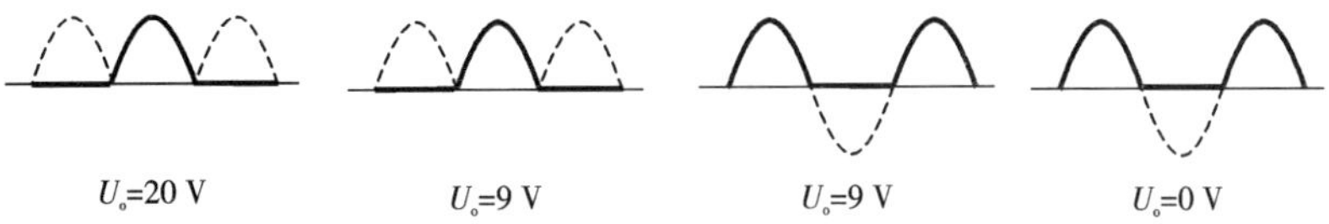


（A）　（B）　（C）　（D）

7-40　图示运算放大器应用电路的输出 $u_o$ 与输入 $u_{i1}$、$u_{i2}$ 的关系式是(　　)。

(A) $u_o = 10u_{i1}$

(B) $u_o = 11u_{i2} + 10u_{i1}$

(C) $u_o = 11u_{i2} - 10u_{i1}$

(D) $u_o = 10u_{i2} + 10u_{i1}$

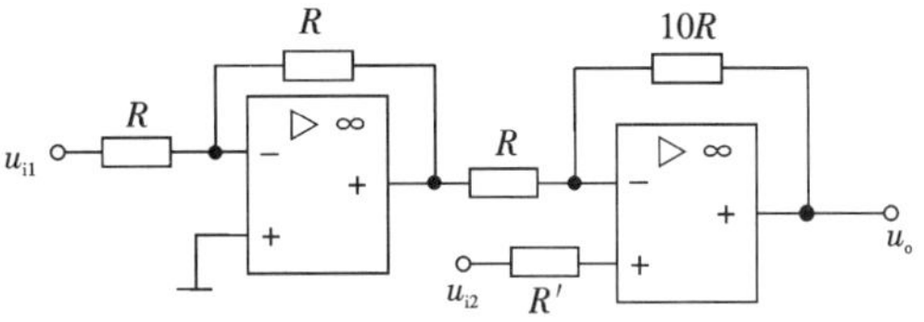


题 7-40 图

7-41　对于双极型晶体三极管(简称晶体管),如下不正确的描述是(　　)。

(A)晶体管的工作状态可分为截止状态、放大状态和饱和状态

(B)晶体管的工作区域可分为线性区和非线性区

(C)晶体管工作状态可由开关接通与断开的电路模型表示

(D)晶体管存在开关状态和放大状态两种工作状态

7-42　运算放大器应用电路如图所示,设其输出饱和电压为 ±11 V,输入电压 $u_i$ 为正弦信号,则输出电压 $u_o$ 的波形为(　　)。

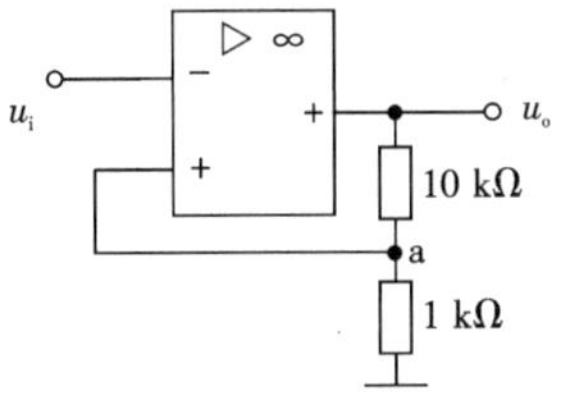


题 7-42 图

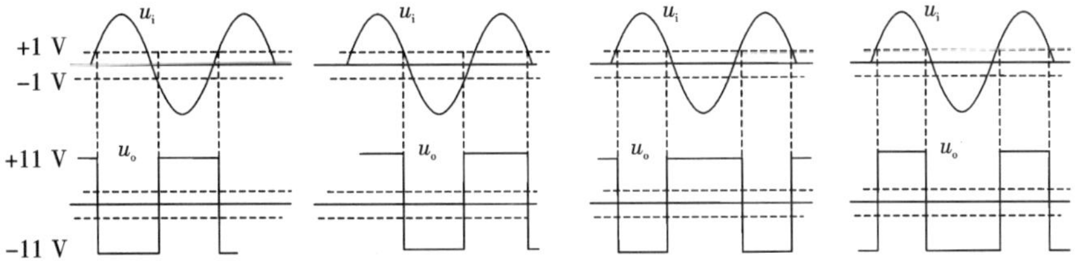


（A）　（B）　（C）　（D）

7-43　在如图所示电路中,晶体管工作于放大区,设各电路元件参数已知,若晶体管的电流放大倍数为 $\beta$,则该电路的电压放大倍数和输出电阻分别为(　　)。

(A) $A_u = -\beta \dfrac{R_C /\!/ R_L}{r_{be}}, r_o = R_C /\!/ R_L$

(B) $A_u = -\beta \dfrac{R_C /\!/ R_L}{r_{be}}, r_o = R_C$

(C) $A_u = -\beta \dfrac{R_C /\!/ R_L}{r_{be} + (1+\beta)R_E}, r_o = R_C /\!/ R_L /\!/ R_E$

(D) $A_u = -\beta \dfrac{R_C}{r_{be} + (1+\beta)R_E}, r_o = R_C /\!/ R_E$

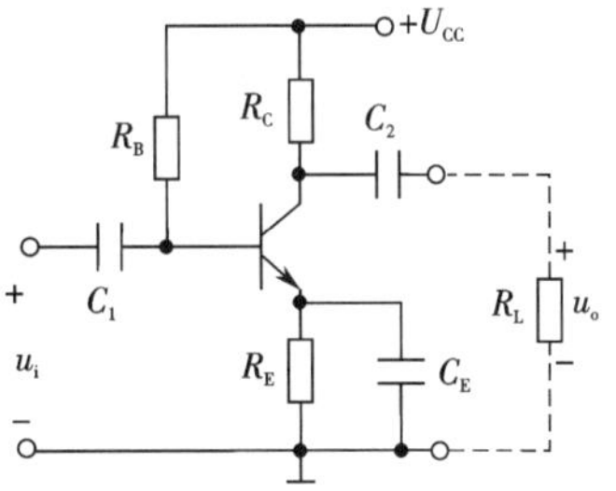


题 7-43 图

7-44　如图所示运算放大电路，输出 $u_o$ 与输入 $u_i$ 的关系式是(　　)。

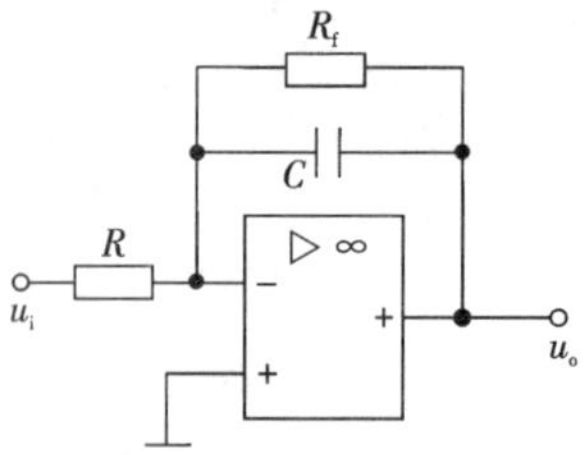


题 7-44 图

(A) $u_o=-\left(\dfrac{R_f}{R}u_i+\dfrac{1}{RC}\int u_i\mathrm{d}t\right)$

(B) $u_o=-\left(\dfrac{R_f}{R}u_i+\dfrac{u_i}{RC}t\right)$

(C) $u_o=-\left(\dfrac{R_f}{R}u_i+RC\int u_i\mathrm{d}t\right)$

(D) $C\dfrac{\mathrm{d}u_o}{\mathrm{d}t}+\dfrac{u_o}{R_f}+\dfrac{u_i}{R}=0$

7-45　如图所示，在固定偏置的晶体管放大电路中，晶体管工作于放大区，则该电路的电压放大倍数 $A_u$ 及输入电阻 $r_i$ 分别为(　　)。

(A) $A_u=-\beta\dfrac{R_C}{r_{be}+(1+\beta)R_{E1}}$，$r_i=R_{B1}/\!/R_{B2}/\!/(r_{be}+R_{E1})$

(B) $A_u=-\beta\dfrac{R_C}{r_{be}+(1+\beta)(R_{E1}+R_{E2})}$，$r_i=R_{B1}/\!/R_{B2}/\!/r_{be}$

(C) $A_u=-\beta\dfrac{R_C/\!/R_L}{r_{be}+(1+\beta)(R_{E1}+R_{E2})}$，

$r_i=R_{B1}/\!/R_{B2}/\!/(r_{be}+R_{E1}+R_{E2})$

(D) $A_u=-\beta\dfrac{R_C/\!/R_L}{r_{be}+(1+\beta)R_{E1}}$，

$r_i=R_{B1}/\!/R_{B2}/\!/[r_{be}+(1+\beta)R_{E1}]$

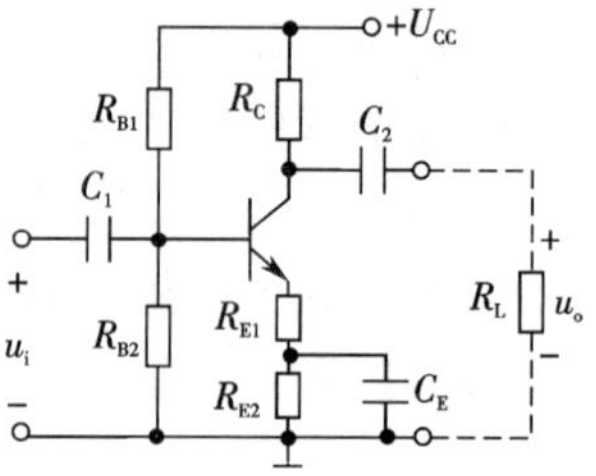


题 7-45 图

7-46　在图示运算放大器应用电路中，电路参数已知，那么在输入信号 $u_i$ 的作用下，输出 $u_o$ 等于(　　)。

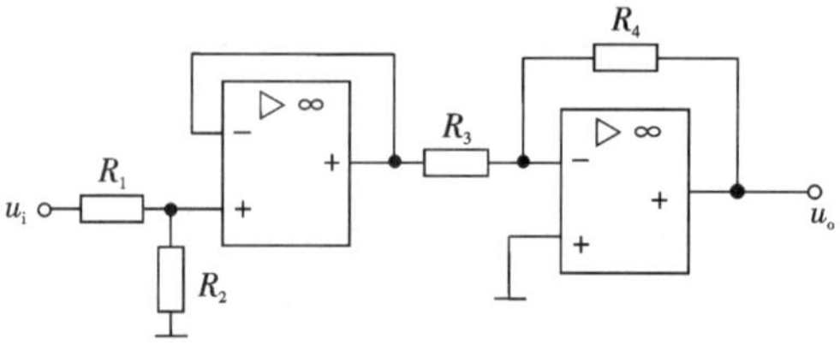


题 7-46 图

(A) $-\dfrac{R_4}{R_3}\cdot u_i$

(B) $-\dfrac{R_2}{R_1+R_2}\cdot\dfrac{R_4}{R_3}\cdot u_i$

(C) $\dfrac{R_2}{R_1+R_2}\left(1+\dfrac{R_4}{R_3}\right)\cdot u_i$

(D) $\dfrac{R_4}{R_3}\cdot u_i$

7-47　图示双极型晶体管(简称晶体管)的小信号模型为(　　)。

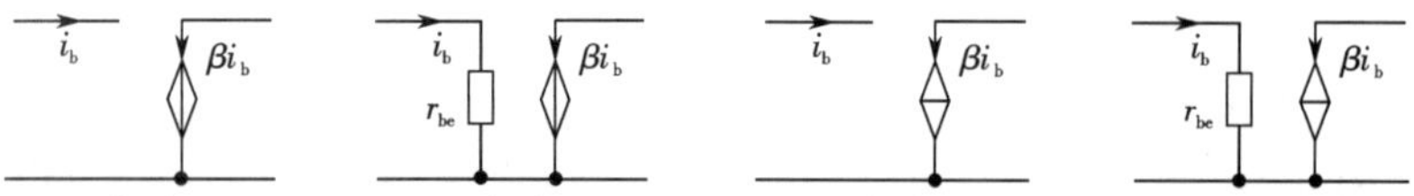


(A)　(B)　(C)　(D)

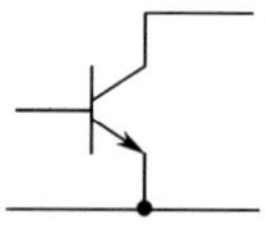

题 7-47 图

7-48 图 1～图 3 为三个不同的晶体管放大电路，下列说法正确的是(  )。

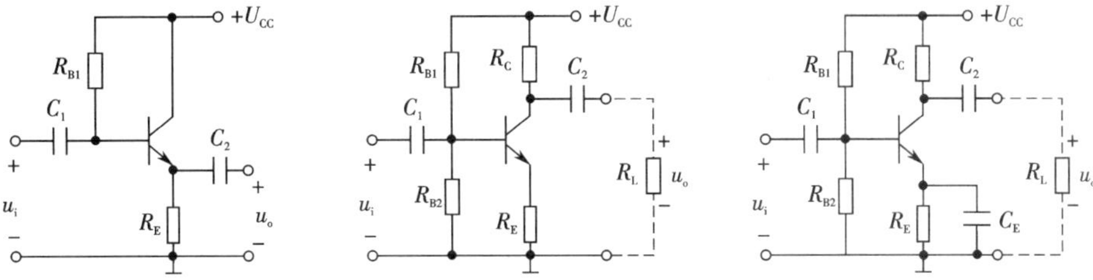


图 1　　图 2　　图 3

题 7-48 图

(A)图 1～图 3 均具有稳定的静态工作点，但只有图 1 不具有电压放大能力

(B)若图 2 和图 3 电路中各元件型号及参数相同，则它们具有相同的电压放大能力

(C)它们的输入电阻均与负载有关

(D)以上三种说法均不正确

7-49 若图(a)电路中的输入电压如图(b)所示，则输出电压 $u_o$的波形为(  )。

题 7-49 图

## 7.5 数字电子技术

7-50 逻辑电路和输入信号 $X$、$Y$ 的波形如图所示，由此可知，输出 $F$ 为“1”的时刻是(  )。

(A)$t_1$　　(B)$t_2$

(C)$t_3$　　(D)$t_4$

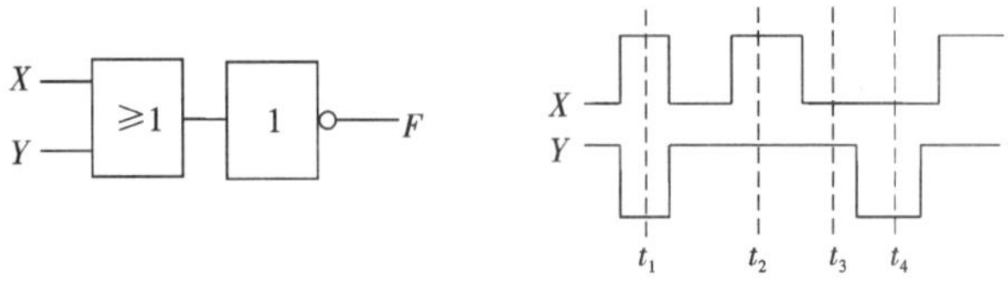


题 7-50 图

7-51 在图示电路中，各触发器的初始状态均为“0”，该电路的状态表如表所示，经分析知，该电路是(  )。

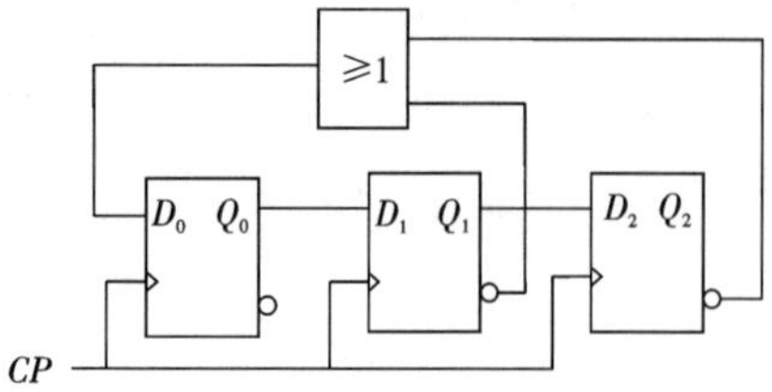


题 7-51 图

**题 7-51 表**

| CP | $D_0$ | $Q_0$ | $Q_1$ | $Q_2$ |
|---|---|---|---|---|
| 0 | 1 | 0 | 0 | 0 |
| 1 | 1 | 1 | 0 | 0 |
| 2 | 1 | 1 | 1 | 0 |
| 3 | 0 | 1 | 1 | 1 |
| 4 | 0 | 0 | 1 | 1 |
| 5 | 1 | 0 | 0 | 1 |
| 6 | 1 | 1 | 0 | 0 |

(A)右移寄存器　　(B)左移寄存器

(C)并行数据寄存器　　(D)串行数据寄存器

7-52　逻辑电路和输入信号 $X$、$Y$ 的波形如图所示，由此可知，输出 $F$ 为“0”的时刻是(　　)。

(A)$t_1$

(B)$t_2$

(C)$t_3$

(D)$t_4$

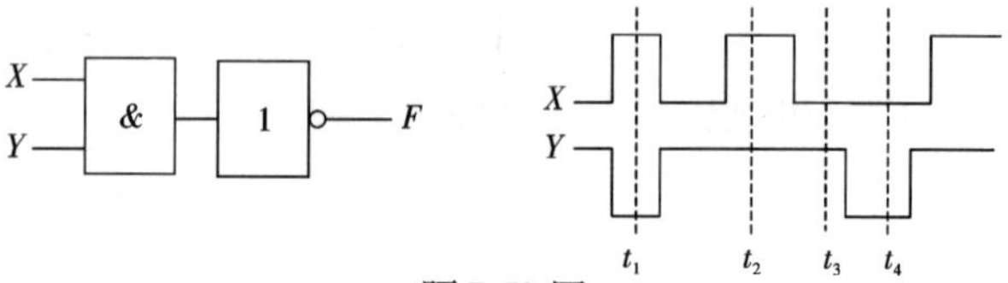


题 7-52 图

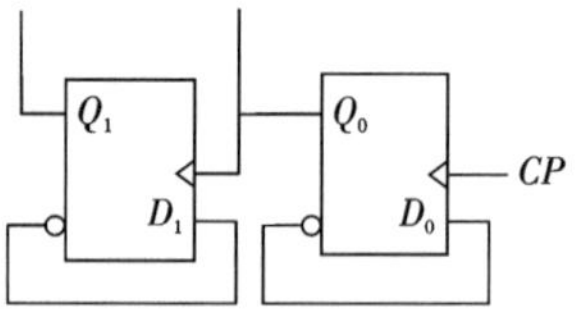


题 7-53 图

7-53　设图示电路的 2 个 D 触发器的初始状态为“0”，则该电路是(　　)。

(A)异步二进制计数器

(B)同步三进制计数器

(C)异步四进制计数器

(D)同步五进制计数器

7-54　已知逻辑电路如图所示，经分析可知，输出 $F$ 与输入信号 $X$、$Y$ 之间的逻辑表达式为(　　)。

(A)$F=\overline{XY+\overline{X}\overline{Y}}$　　(B)$F=XY\oplus\overline{X}\overline{Y}$

(C)$F=\overline{XY}+\overline{\overline{X}\overline{Y}}$　　(D)$F=\overline{(X+Y)\cdot(\overline{X}+\overline{Y})}$

7-55　如图所示电路，设 $Q_1$、$Q_0$ 的原状态为“00”，送入一个 $CP$ 脉冲后的新状态为(　　)。

(A)11　　(B)10　　(C)01　　(D)00

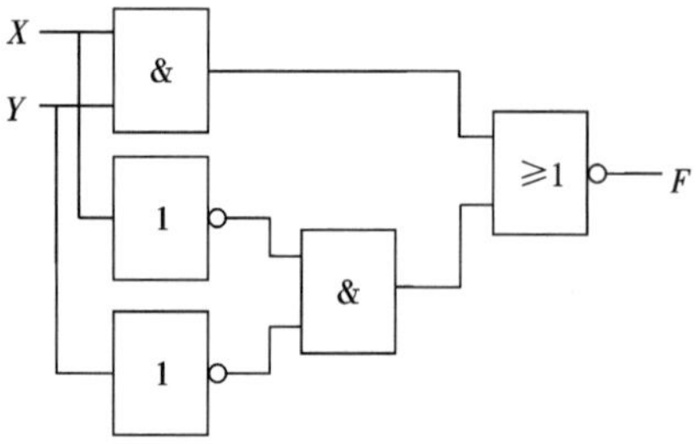


题 7-54 图

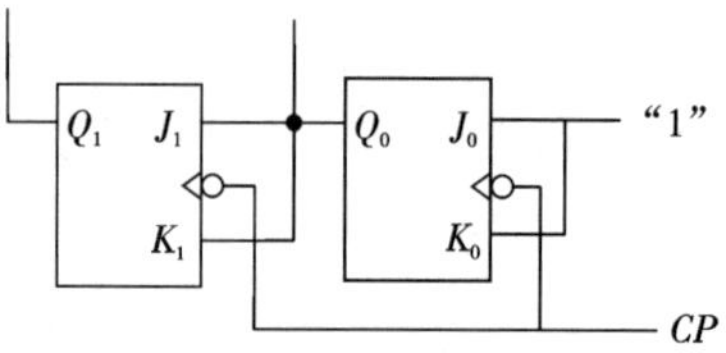


题 7-55 图

7-56 已知逻辑电路如图所示，经分析可知，输出 $F$ 与输入信号 $X$、$Y$ 之间的逻辑表达式为(　　)。

(A) $F = XY + \bar{X}\bar{Y}$

(B) $F = \overline{XY + \bar{X}\bar{Y}}$

(C) $F = (X \oplus Y) \cdot (\bar{X} \oplus \bar{Y})$

(D) $F = X\bar{Y} + \bar{X}Y$

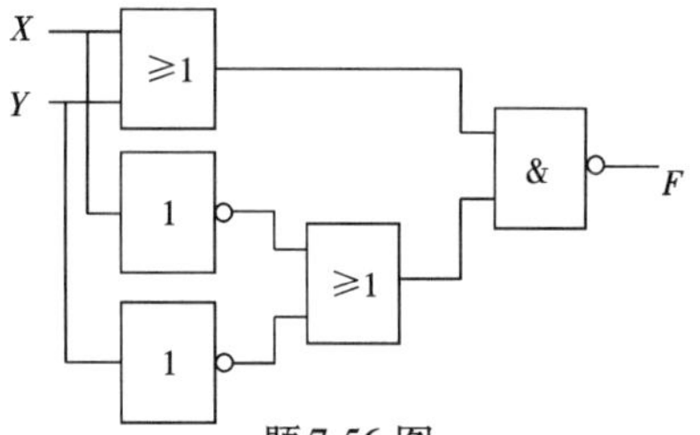


题 7-56 图

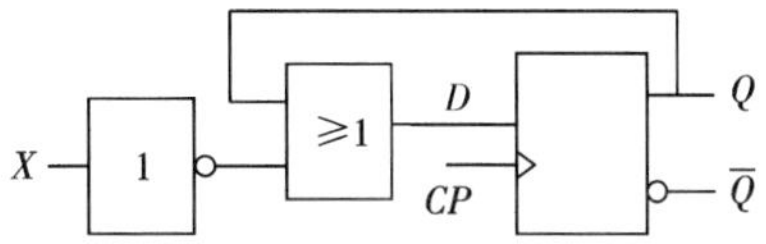


题 7-57 图

7-57 已知逻辑电路如图所示，当 $X$ = "0"时，脉冲 $CP$ 到来后，D 触发器(　　)。

(A)具有计数功能　　(B)保持原有状态

(C)置"0"　　(D)置"1"

7-58 将 JK 触发器的 $J$、$K$ 端连接起来(如图所示)，若脉冲信号、置位端、复位端和数据 $X$ 端信号如图所示，则输出 $Q$ 的波形为(　　)。

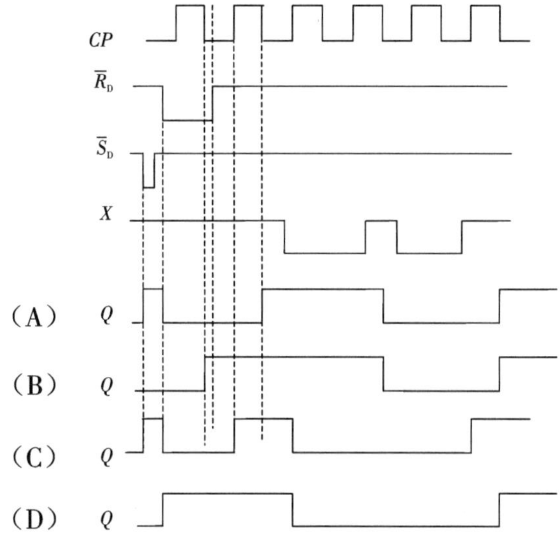


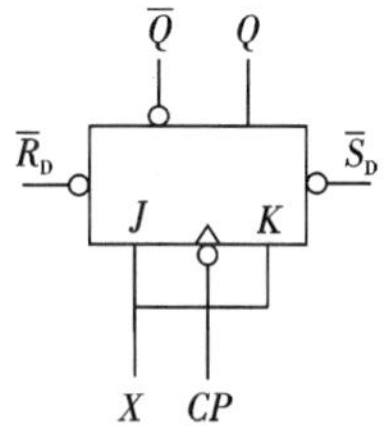


题 7-58 图

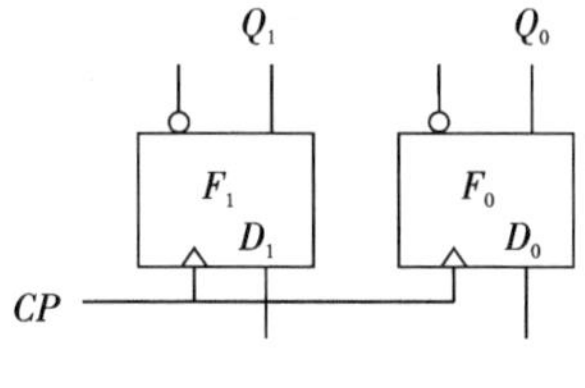


题 7-59 图

7-59 由 D 触发器组成的电路如图所示，该电路是(　　)。

(A)左移寄存器

(B)右移寄存器

(C)具有取数功能的数据存储器

(D)具有存数功能的数据存储器

## 习题答案

7-1 (B)　7-2 (B)

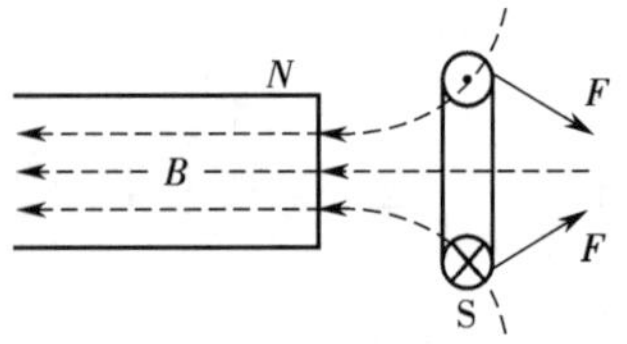

题 7-3 解图

7-3 (A)。解题思路:开关 K 闭合,在螺线管内电流 $I$ 的作用下导磁材料产生磁场,导线环 S 内的磁能量增强,导线环 S 中产生感应电流,根据左手定则可判断导线环 S 的受力方向。磁场、感应电流及受力方向如图所示。所以选(A)。

另解思路:开关 K 闭合,导线环 S 必然向磁场弱的方向运动,这是因为感应电流的效果总是要反抗引起感应电流的原因。

7-4 (D)

7-5 (D)。解题思路:$Q$ 在 $MN$ 中点,合成电场强度为 0;$Q$ 沿 $YX$ 至无限远处,合成电场依然为 0,所以电场强度先变大,后变小。故选项(D)正确,(B)错。

因为 $E=\dfrac{F}{q}$,所以 $Q$ 的受力先大后小,而加速度 $a=\dfrac{F}{m}$,所以选项(A)、(C)错。

7-6 (B)

7-7 (C)。解题思路:分析电路结构,电路具有 $n$ 个节点、$m$ 个网孔和 $l$ 条支路,利用支路电流法列写这 $l$ 个独立方程的具体步骤如下:

①设定各支路电流的参考方向和各网孔的循回方向;

②利用基尔霍夫电流定律(KCL)列写出 $n-1$ 个节点的电流方程;

③利用基尔霍夫电压定律(KVL)列写出 $m$ 个回路的电压方程。

这 $l$ 个方程相互独立。

如果电路中含有 $k$ 个电流源,则回路电压方程的个数将减少 $k$ 个,所需列写的 $(m-k)$ 个电压方程应选择那些不包含电流源的回路。

已知电路有 $n=2$ 个节点、$m=2$ 个网孔和 $l=3$ 条支路,$k=1$ 个电流源,所以本题所需最少的独立方程数为 2 个,分别为 $(2-1)$ 个 KCL 方程、$(2-1)$ 个 KVL 方程。

7-8 (A) 7-9 (D)

7-10 (A)。解题思路:本题是基尔霍夫电压定律(KVL)、基尔霍夫电流定律(KCL)和欧姆定律的应用。该题正确的求解如下。

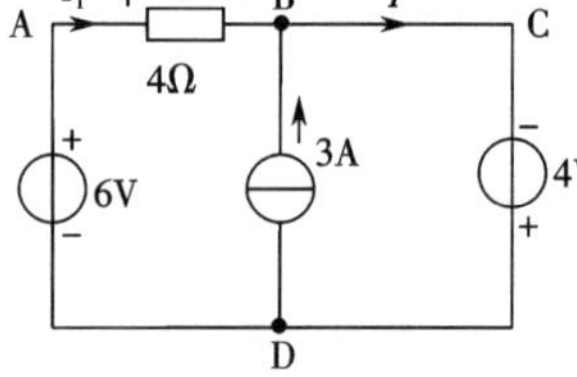

题 7-10 解图

由 ABCDA 回路,根据 KVL,$U=6+4=10$ V

根据欧姆定律,$I_1=\dfrac{U}{4}=2.5$ A

根据 KCL,$I=I_1+3=5.5$ A

所以,选择(A)。

对于选项(B),应用 KVL 计算 $U$ 时出现错误,即 $U=6-4=2$ V。

对于选项(C),错误地认为理想电压源中的电流为 0 A。理想电压源的端电压恒定,其通过的电流任意,由其外电路决定。

对于选项(D),错误地认为理想电流源的端电压为 0 V,导致电压 $U$ 的计算错误,即由 AB-DA 回路,根据 KVL,得 $U=6-0=6$ V。理想电流源的输出电流恒定,其端电压任意,由其外电路决定。

7-11 (D)。解题思路:选项(A)错在认为恒流源的端电压等于 0;

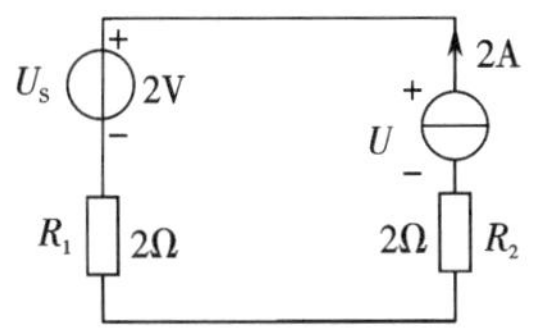

题 7-11 解图

选项(B)将电阻 $R_2$ 上的电压方向误看成上" + "下" - ",由此导致 $U = U_S + 2 \times R_1 - 2 \times R_2 = 2$ V；

选项(C)误去掉了电阻 $R_2$对电压的影响，使得

$$U = U_S + 2 \times R_1 = 6 \text{ V}$$

本题的正确计算：根据 KVL 列写方程 $U = U_S + 2 \times (R_1 + R_2) = 10$ V，所以选(D)项。

7-12 (A) 7-13 (C) 7-14 (A)

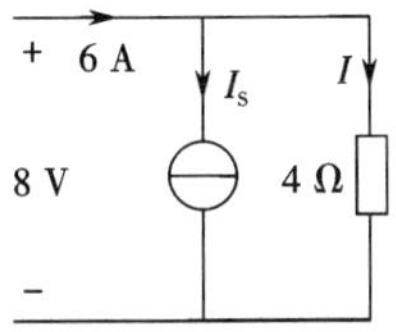

题 7-15 解图

7-15 (B)。解题思路：根据欧姆定律，可得 $I = \frac{8\text{ V}}{4\ \Omega} = 2$ A，根据KCL，可得$I_S = 6 - I = 4$ A。

由于理想电流源的端电压与电流 $I_S$方向一致，所以理想电流源的功率状态为消耗(或吸收)功率。因此，选(B)项。

7-16 (D)

7-17 (A)。解题思路：本题所讨论的问题为电感中电流 $i_L$的变化规律，根据换路定则(换路瞬间电感中的电流不能突变，电容两端的电压不能突变)可判断选项(C)和选项(D)错误。

当 $t = 0$ s 电路第一次换路时，$i_L(0_+) = 1$ A，$\tau_1 = \frac{L}{R} = 1$ s，$i_L(\infty) = 0$ A，由三要素法确定 $i_L$ 的变化规律为

$$i_L(t) = i_L(\infty) + [i_L(0_+) - i_L(\infty)]e^{-\frac{t}{\tau_1}} = e^{-t}(\text{A}) \qquad (t \geqslant 0 \text{ s})$$

当 $t = 2$ s 电路第二次换路时，$i_L(2_+) = i_L(2_-) = e^{-2} = 0.135$ A，$\tau_2 = \frac{L}{R + R} = 0.5$ s，$i_L(\infty) = 1$ A 由于 $\tau_2 < \tau_1$，说明第二次暂态过程的响应速度快于第一次暂态过程的响应速度，所以选(A)项。

7-18 (C) 7-19 (B)

7-20 (A)。解题思路：外特性在横轴和纵轴上的截距分别为端口的开路电压和短路电流，所以：

电压源模型中理想电压源的电压值为 5 V，内阻 $= \frac{\text{开路电压}}{\text{短路电流}} = 1.25\ \Omega$，二者串联；

电流源模型中理想电流源的电流值为 4 A，内阻 $= \frac{\text{开路电压}}{\text{短路电流}} = 1.25\ \Omega$，二者并联。

7-21 (C) 7-22 (B) 7-23 (C)

7-24 (A)。解题思路：针对同一设备，为其提供电源的电路模型可以是电压源模型，也可以是电流源模型，如下图所示，当 $R_{S1} = R_{S2} = R_S$，$U_S = I_S R_S$ 时，它们的端口电压电流关系(即伏安特性)一定完全相同，两者可以等效互换。值得注意的是：两个理想电源电压电流的参考方向。

选项(B)的问题：在将电压源模型($U_S R_2$串联)等效转换为电流源模型($I_{S3} R_2$并联)时，电流源的电流方向反了。

选项(C)和选项(D)问题：在将电压源模型等效转换为电流源模型时，电流源电流、等效电阻值不满足等效条件。

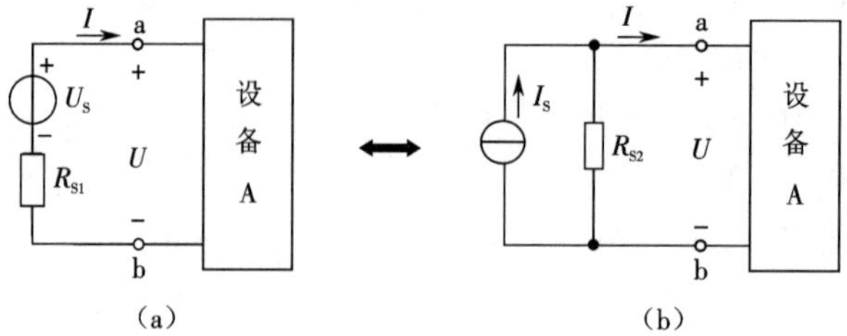

(a)　　(b)

题 7-24 解图

7-25　(B)。解题思路:叠加原理是线性系统叠加性的表现形式。对于存在多个激励源同时作用的线性电路来讲,电路中的某两点间电压或某条支路电流为总响应(总量),它等于各个激励源单独作用于电路时,相应的电压或电流的代数和。求解电路中某些元件的功率问题不能采用叠加原理。因此,选项(A)错。

电阻 $R$ 的消耗功率 $P=I^2R$,由于 $I'$ 与 $I$ 的参考方向相同,$I''$ 与 $I$ 的参考方向相反,所以电阻 $R$ 中的电流 $I=I'-I''=2$ A,因此,$P=20$ W,选项(B)对,选项(C)错。

7-26　(B)。解题思路:戴维南等效模型为理想电压源与电阻串联,如图(a)所示,所以选项(A)和(C)错。等效模型中:$U_S$ 为 ab 端口的开路电压,$R_S$ 为 ab 端口的除源后的等效电阻。

本题 ab 端口的开路电压 $=2\times5=10$ V;根据除源原则,理想电压源视为短路,理想电流源视为开路,可得无源电路,如图(b)所示,其等效电阻 $=5\ \Omega$,所以答案为选项(B)。

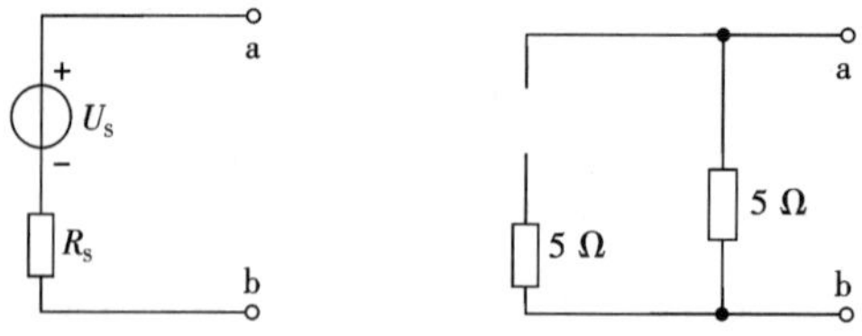

(a)　　(b)

题 7-26 解图

7-27　(A)　7-28　(B)

7-29　(A)。解题思路:根据负载的消耗功率和电阻值,可得副边电压有效值,$\dfrac{U_2^2}{R_L}=P=72$ W,$U_2=24$ V,再根据变压器的电压变比 $k=\dfrac{U_1}{U_2}$,可得 $U_1=120$ V,所以选项(A)正确。(B)选项错误地认为 $U_2=kU_1$。

7-30　(D)　7-31　(C)

7-32　(D)。解题思路:本题的正确解答如下。

若 $R_L$ 获得最大功率,则根据最大功率原理和阻抗匹配变换,有 $k^2R_L=R_S$,所以 $k=3$。因为 $U_1=\dfrac{1}{2}U_S=6$ V,所以由电压变换得 $U_2=\dfrac{U_1}{k}=2$ V。选(D)正确。选项(C)对电压变比理解错误,认为 $k=\dfrac{U_S}{U_2}$;选项(B)的错误在于 $U_2=kU_1=18$ V;选项(A)误认为 $U_1=kU_S=36$ V。

7-33　(A)　7-34　(A)

7-35 (B)。解题思路:由于$1KM_5$的存在,使得1M启动后,2M才能启动;由于$2KM_5$的存在,使得1M必须在2M停转后才能停转,所以(B)正确。

7-36 (A) 7-37 (D) 7-38 (C)

7-39 (C)。解题思路:图示电路在非故障状态下具有全波整流作用,输出波形如图(a)所示,输出电压$U_o$的平均值与$u_2$有效值之间存在关系式$U_o=0.9U_2$,根据已知$U_o=18$ V,可得$U_2=20$ V。当$D_4$损坏而断开后,电路变为半波整流电路,其输出波形如图(b)所示,半波整流电路输出电压$U_o$的平均值与$u_2$有效值之间存在关系式$U_o=0.45U_2$,所以$U_o=9$ V。故选项(C)正确。

(a) (b)

图 7-39 解图

7-40 (B)。解题思路:本题为两级放大电路。前级运算放大器为反相比例放大器,其输出为$u_{o1}$,$u_{o1}$与$u_{i1}$关系为

$$u_{o1}=\frac{R}{R}u_{i1}=-u_{i1}$$

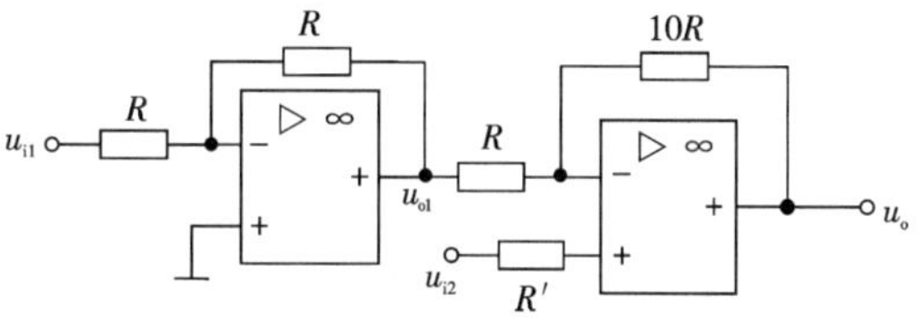


题 7-40 解图

后级运算放大器为加法器。应用叠加原理$u_o=u'_o+u''_o$,其中:$u_{o1}$单独作用时,$u'_o$与$u_{o1}$为反相比例放大,$u'_o=-10u_{o1}=10u_{i1}$;$u_{i2}$单独作用时,$u''_o$与$u_{i2}$为同相比例放大,$u''_o=(1+10)u_{i2}=11u_{i2}$,所以$u_o=u'_o+u''_o=11u_{i2}+10u_{i1}$,选项(B)正确。

7-41 (C)。解题思路:晶体管的工作区域分为线性区和非线性区,其相应区域的工作状态及等效模型如下。

**题 7-41 解表**

| 工作区域 | 线性区 | 非线性区 | |
|---|---|---|---|
| 工作状态 | 放大状态 | 截止状态 | 饱和状态 |
| 等效模型 | 小信号模型 | 开关断开 | 开关闭合 |

所以,选(C)项。

7-42 (A)。解题思路:本题是运算放大器非线性特性知识的应用。

当$u_o=+11$ V时,$V_a=V_+=1$ V,$u_i>V_+$时,$u_o=-U_{om}$;当$u_o=-11$ V时,$V_a=V_+=-1$ V,$u_i<V_+$,$u_o=-U_{om}$。

7-43 (B)。解题思路:本题讨论共射极电路的动态问题。由于电容$C_E$的存在,使$R_E$电阻仅起到稳定静态工作点的作用,不影响动态问题,因此选项(C)和选项(D)错误。由于输出电阻$r_o$与负载无关,因此选项(B)正确。

7-44 (D)。解题思路:图中,因为$u_+=0$,所以有$u_-\approx u_+=0$,由于$i_-\approx0$,根据KCL可得反向端的节点电流方程:

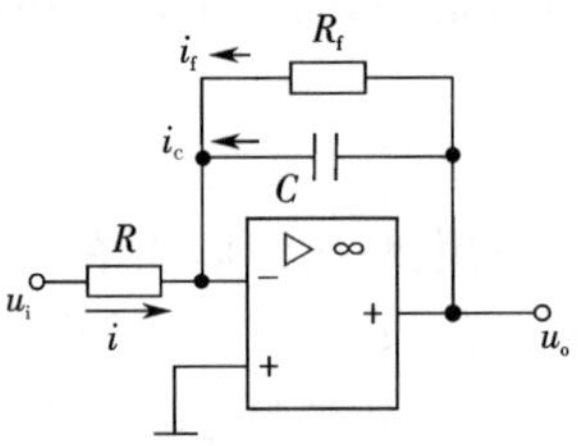


题 7-44 解图

$$i+i_f+i_c=0$$

因 $u_-=0$，有 $i=\dfrac{u_i}{R}$，$i_f=\dfrac{u_o}{R_f}$，$i_c=C\dfrac{du_o}{dt}$于是

$$\frac{u_i}{R}+\frac{u_o}{R_f}+C\frac{du_o}{dt}=0$$

选项(D)正确。

对于其他三个选项与积分电路混淆了。

7-45　(D)。解题思路：本题放大电路存在负载，所以选项(A)和选项(B)不正确。

本题晶体管放大电路的小信号模型如图所示，由此可得：

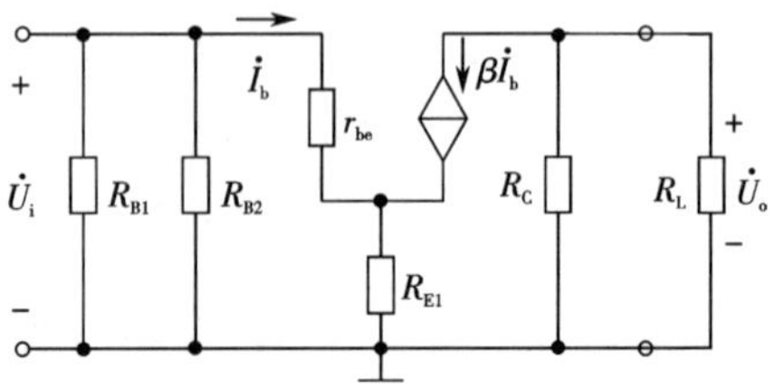


题 7-45 解图

$$\dot{U}_i=\dot{I}_b r_{be}+(1+\beta)\dot{I}_b R_{E1}$$

$$\dot{U}_o=-\beta\dot{I}_b R_C /\!/ R_L$$

所以　$$A_u=\frac{\dot{U}_o}{\dot{U}_i}=\frac{-\beta\dot{I}_b R_C}{\dot{I}_b r_{be}+(1+\beta)\dot{I}_b R_{E1}}=-\frac{\beta(R_C /\!/ R_L)}{r_{be}+(1+\beta)R_{E1}}$$

$$r_i=R_{B1}/\!/R_{B2}/\!/[r_{be}+(1+\beta)R_{E1}]$$

选项(C)错，选项(D)对。

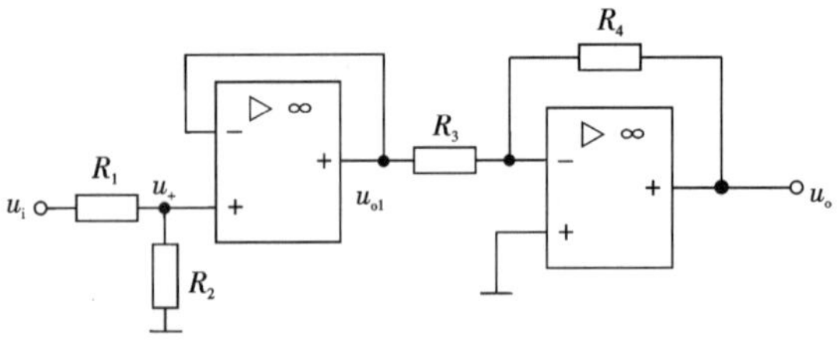


题 7-46 解图

7-46　(B)。解题思路：本题为两级放大电路，第一级为电压跟随器，其输出 $u_{o1}=u_+$，而

$$u_+=\frac{R_2}{R_1+R_2}u_i$$

所以　$$u_{o1}=\frac{R_2}{R_1+R_2}u_i$$

第二级为反相比例放大电路，$u_o=-\dfrac{R_4}{R_3}u_{o1}$，因此，$u_o=-\dfrac{R_2}{R_1+R_2}\cdot\dfrac{R_4}{R_3}u_i$，答案为(B)。

7-47　(D)　7-48　(A)

7-49　(C)。解题思路：该电路是积分运算电路，输出与输入满足关系式 $u_o=-\dfrac{1}{RC}\int u_i dt$，当 $u_i$为常量 $U_i$时，关系式演变为

$$u_o=-\frac{U_i}{RC}t \tag{1}$$

$u_o$与 $t$ 为线性关系，因此选项(A)和(B)错。当 $U_i>0$ 时，式(1)的斜率小于0；当 $U_i<0$ 时，式(1)的斜率大于0，所以选项(C)正确。

7-50　(D)。解题思路：图示逻辑电路具有“或非”逻辑功能，有1则0，全0则1。$t_1\sim t_4$ 4个时刻的输入与输出状态如下表所示。

题 7-50 解表

| | $t_1$ | $t_2$ | $t_3$ | $t_4$ |
|---|---|---|---|---|
| $X$ | 1 | 1 | 0 | 0 |
| $Y$ | 0 | 1 | 1 | 0 |
| $F$ | 0 | 0 | 0 | 1 |

所以，选择(D)。

7-51 (A)。解题思路：由下表不难得到 $D_0$、$Q_0$、$Q_1$、$Q_2$ 在 $CP$ 脉冲的作用下状态的变化规律，由于数据是从低位向高位移动，所以应选(A)。

题 7-51 解表

| $CP$ | $D_0$ | $Q_0$ | $Q_1$ | $Q_2$ |
|---|---|---|---|---|
| 0 | 1 | 0 | 0 | 0 |
| 1 | 1 | 1 | 0 | 0 |
| 2 | 1 | 1 | 1 | 0 |
| 3 | 0 | 1 | 1 | 1 |
| 4 | 0 | 0 | 1 | 1 |
| 5 | 1 | 0 | 0 | 1 |
| 6 | 1 | 1 | 0 | 0 |

7-52 (B)

7-53 (C)。解题思路：根据已知电路图可知，该电路 2 个 D 触发器的 $CP$ 来自不同信号，所以为上升沿触发的异步计数器，触发器的输出状态如表表示：4 个状态一循环，所以为四进制计数器。综上所述，(C)选项为本题答案。

题 7-53 解表

| $CP$ | $Q_1$ | $Q_0$ |
|---|---|---|
| 0 | 0 | 0 |
| 1 | 1 | 1 |
| 2 | 1 | 0 |
| 3 | 0 | 1 |
| 4 | 0 | 0 |

7-54 (A)。解题思路：选项(B)误将“或”逻辑门符号(≥1)认为“异或”逻辑门符号(=1)；

选项(C)误将“与”逻辑门看成“与非”逻辑门；

选项(D)误将“与”逻辑门看成“或”逻辑门，将“或”逻辑门看成“与”逻辑门。

7-55 (C)

7-56 (A)。解题思路：本题组合逻辑电路中各个门逻辑的输出如图所示，根据逻辑化简公式可得：

$$
\begin{aligned}
F &= \overline{(X+Y)(\bar{X}+\bar{Y})} \\
&= \overline{X\cdot\bar{X}+Y\cdot\bar{X}+X\cdot\bar{Y}+Y\cdot\bar{X}} \\
&= \overline{Y\cdot\bar{X}+X\cdot\bar{Y}} = XY+\bar{X}\bar{Y}
\end{aligned}
$$

所以，选项(A)正确，该电路具有“同或”逻辑关系，与“异或”逻辑关系相反。

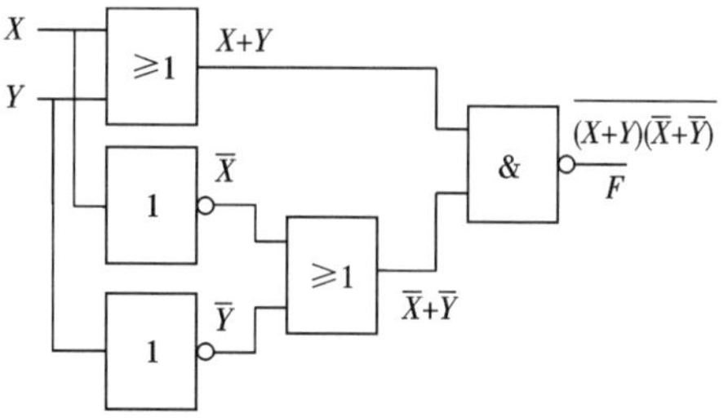

题 7-56 解图

选项(B)将“或”逻辑门符号误认为“与”逻辑门。

选项(C)将“与”逻辑门符号误认为“或”逻辑门，将“或”逻辑门误认为“异或”逻辑门。

选项(D)所描述输入输出逻辑关系是“异或”逻辑。

7-57 (D)。解题思路:根据已知电路可知:数据端 $D$ 与输入 $X$、输出 $Q$ 的关系是 $D=\bar{X}+Q$,当 $X=0$ 时,$\bar{X}=1$,D 触发器的数据端为 1,所以当 $CP$ 脉冲到来后,$Q=1$。

7-58 (A)。解题思路:触发器 $\bar{R}_D$、$\bar{S}_D$ 的含义:$\bar{R}_D$ 为直接复位端,低电平有效,即 $\bar{R}_D=0$ 时,$Q=0$;$\bar{S}_D$ 为直接置位端,低电平有效,即 $\bar{S}_D=0$ 时,$Q=1$;置位和复位信号均为高电平时,触发器的输出将取决于触发脉冲触发时刻的输入值。所以,选项(B)和(D)错。由题图可知,该触发器为下降沿触发的 JK 触发器,所以,选项(A)对。选项(C)误认为该触发器为上升沿触发的 JK 触发器。

7-59 (D)。解题思路:该电路为 2 个 D 触发器组成的电路,其工作过程为二位输入数据 $D_1D_0$并行加在触发器 $F_1F_0$的 $D$ 输入端,然后在 $CP$ 脉冲信号作用下,触发器被触发后使得 2 个 D 触发器的 $Q$ 端状态为 $D_1D_0$,完成了二位输入数据 $D_1D_0$的寄存,所以答案选(D)。

# 8 信号与信息技术

## 考试大纲

**信号;信息;信号的分类;模拟信号与信息;模拟信号描述方法;模拟信号的频谱;模拟信号增强;模拟信号滤波;模拟信号变换;数字信号与信息;数字信号的逻辑编码与逻辑演算;数字信号的数值编码与数值运算。**

## 复习指导

理解信号与信息的关系;能区分不同类型的信号;了解模拟信号的描述方法,掌握模拟信号的频谱特性;理解放大器对模拟信号的增强、滤波和变换作用以及由此带来的失真问题(包括非线性失真、频率失真);对于数字信号可以描述数值信息、符号信息及逻辑信息,掌握它们的编码方式及其相应的运算。

## 复习内容

### 8.1 信号与信息

一般而言,信号就是指物理信号,它是可以被观测到的物理现象。如通常所说的光的、热的、声的、机械振动等现象,都是物理信号。

数据是抽象的符号,用来表示或描述信息。只有数据按照确定的编码规则给予约定后才形成信息,因此信息是具有特定含义的数据。

信息是抽象的,信号是具体的、客观的。

信息隐含于信号之中,必须对信号进行必要的分析和处理才能从中提取出所需要的信息。信号是信息的表现形式。

信号是信息的载体,它借助物理媒介传送信息。

从信号中获取信息的渠道有以下两条。

①直接观测对象——借助被测对象发出的真实信号直接获取信息。例如,通过观测化学反应器中的温度、压力、流量等随时间变化的信号可以获取化工过程的信息;通过观测机械零件和建筑结构中的应力、变形等信号可以获取机械和建筑物的状态信息等。

②通过人与人之间的交流——用符号对信息进行编码,然后以信号的形式传送出去,人们在收到这种编码信号并对它进行必要的处理(译码)之后间接获取信息。例如书籍、报刊用的是文字符号编码,交谈、演讲用的是语音信号编码,数字系统中使用的是数字信号编码等,它们传递的是预先编制好的信息。

【例 8.1-1】 如下说法不正确的是(　　)。

(A)可以通过数字信号来表示、存储、处理、传递信息

(B)信息是具有特定含义的数据

(C)书籍、报刊上的文字符号是信息,而不是信号

(D)化学反应器中的温度是原始的物理信号

**解:**答案为选项(C)。

当符号按照确定的编码规则编码,被用来表示特定信息时,才称其为数据。报刊、书籍上的符号仅仅是文字符号的编码,其描述内容只有理解了才反映信息。温度仅是信号,其温度的高低描述了问题的实质。所以答案为(C)。

【例 8.1-2】 如下说法不正确的是(　　)。

(A)信号是具体的,信息是抽象的　　(B)信息隐含于信号之中

(C)信息是可以直接观测到的　　(D)信号是信息的表现形式

**解:**答案为选项(C)。

信号是指物理对象上可被观测到的现象。从对象本身发出并直接为人们感受到的信号,它包含对象的原始信息,所以说"信号是信息的表现形式"。信号是具体的,信息是抽象的。信息必须以信号为载体,才能通过物理媒体进行传输和处理。所以答案为(C)。

## 8.2 信号的分类

根据信号自身的形态及其传送信息的方式,可将其分为多种类型。信号类型不同,描述、分析、处理及应用方式也有所不同。例如原始的物理信号、模拟信号、采样信号、数字信号以及确定性信号和不确定性信号等。

图 8.2-1(a)所示的压力是由观测对象直接发出的信号,属于原始的物理信号。

### 8.2.1 模拟信号与数字信号

模拟信号是由观测对象直接发出的原始形态的信号转换而来的电信号,如电压信号或电流信号。模拟信号在时间上和数值上都是连续取值的信号,如图 8.2-1(b)所示模拟信号 $u$ 是模拟压力信号 $p$ 的电压信号。

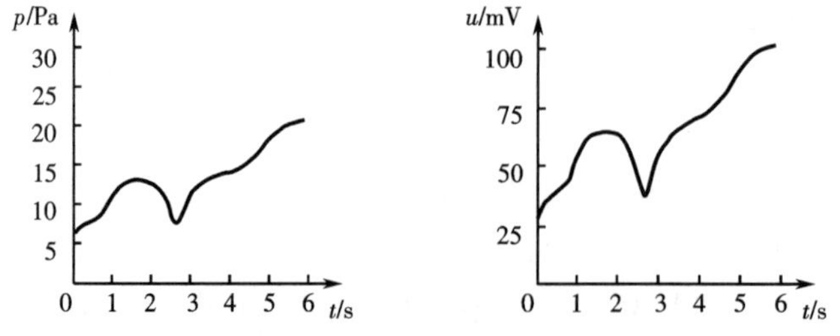


(a) 原始压力信号　　(b) 压力的模拟信号

图 8.2-1　原始信号和模拟信号

这两个信号数值大小不同、量纲不同,但它们随时间变化的规律相同,所以模拟信号 $u$ 所携带和传送的信息和原始信号 $p$ 是相同的。

如图 8.2-2 所示数字信号是指在时间上和数值上都是离散取值的信号,它是经过人工处理后以数字编码形式出现的离散电脉冲序列,属于代码信号。

模拟信号具体、直观,便于人的理解和运用,而数字信号便于计算机处理,所以在实际应用中经常将两者互相转换,以发挥各自的优点。

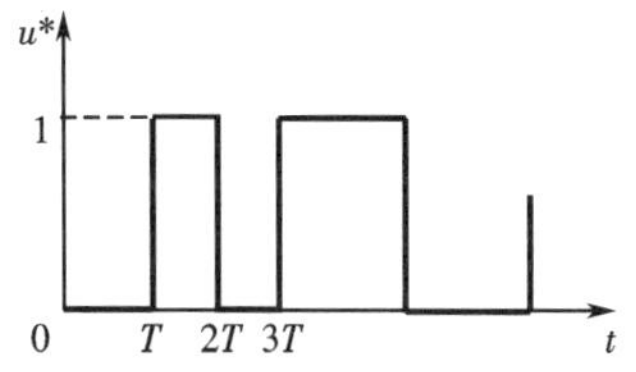


图 8.2-2 数字信号

## 8.2.2 连续信号与离散信号

时间和数值都连续取值的信号称为连续信号;而时间或数值离散取值,或两者都离散取值的信号称为离散信号。连续信号可以用连续的时间函数曲线描述,例如图 8.2-1 的模拟信号,就是连续的时间信号,可用

$$u=f(t)$$

描述;如图 8.2-2 所示信号属于离散信号,它只能用离散的时间序列表示,即

$$u^*=[f(0),f(T),f(2T),\cdots,f(nT),\cdots]$$

## 8.2.3 采样信号与采样保持信号

通过采用等时间间隔(称为采样周期)读取连续信号瞬时值方法所获取的信号为采样信号。它是连续信号的离散化形式。

如图 8.2-3 所示采样信号是时间离散、幅值连续的离散信号,$T$ 为采样周期。

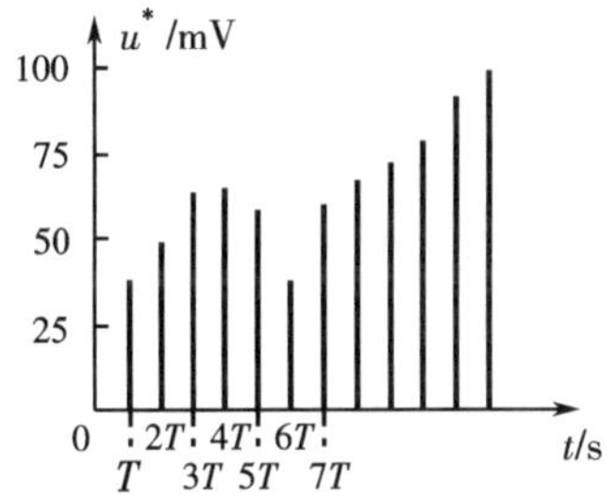


图 8.2-3 采样信号

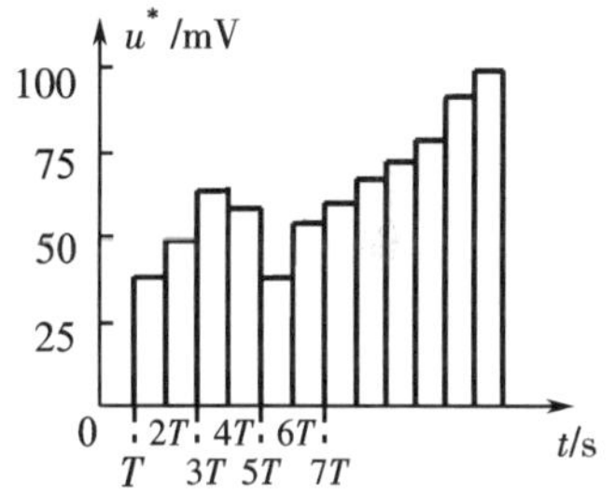


图 8.2-4 采样保持信号

将采样得到的每一个瞬时值在其采样周期内保持不变所形成的信号称为采样保持信号,如图 8.2-4 所示。

## 8.2.4 确定性信号与不确定性信号

在任何指定的时刻都可以确定相应数值的信号是确定性信号,否则为不确定性信号或随机信号。确定性信号可以用一个确定的连续时间函数加以描述,例如正弦函数所描述的交流电信号,阶跃函数所描述的阶跃信号等;由于随机信号在指定的时刻无法确定它的准确数值,所以不能用确定的时间函数描述,只能给出它在指定时刻取某一数值的概率值,如电力系统中负荷变化信号以及气象领域中气温变化的信号均属于随机信号。

一般而言,确定性信号来自确定性对象,随机信号则源自不确定性对象。

【**例 8.2-1**】 如下说法不正确的是(　　)。

(A)模拟信号是电信号

(B)模拟信号的变化规律与原始信号必须相同

(C)数字信号与采样信号都是离散信号

(D)数字信号与模拟信号都是连续信号

**解:**答案为选项(D)。

信号是具体的,可以对它进行加工、处理和传输;信息和数据都是抽象的,它们都必须借助信号才能得以加工、处理和传送。

模拟信号是由原始时间信号转换而来的电信号。时间离散或数值离散或时间及数值都离散的信号称为离散信号,时间和数值都连续的信号称为连续信号。因此,数字信号仅是时间连续信号,模拟信号是连续信号。所以,本题答案为选项(D)。

**【例 8.2-2】** 如下说法不正确的是(　　)。

(A)模拟信号中仅含有一种信息　　(B)模拟信号中含有多种信息

(C)模拟信息中含有有用信息和无用信息　　(D)模拟信号中的信息是微弱的

**解:**答案为选项(A)。

从对象发出的信号是原始物理形态各异的信号,而模拟信号是用以模拟原始信号变化规律的信号。原始信号必须转换为统一的模拟信号,才便于对模拟信号中含有的多种信息实现信号的放大、变换、滤波等处理,即保留所需要的有用信息,并对其进行必要的放大、变换,同时滤掉无用信息。所以,选项(A)的描述是不正确的。

## 8.3 模拟信号与信息

模拟信号是由观测对象直接发出的原始形态的信号转换而来的电信号,它提供观测对象原始形态的信息,是"信息的表现形式"。

模拟信号是连续的时间信号,可以用连续的时间函数描述,也可以用时间函数的曲线形式表述。模拟信号借助时间函数的变化规律来反映被测对象的变化规律,某一时刻的数值表示了被测对象的状态。

模拟信号在频域里可以借助不同频率、不同相位和不同幅值的信号(谐波分量)的叠加表示。模拟信号不同,分解的谐波分量不同。因此,从频域角度看,信息载于模拟信号的谐波分量中。通过频域分析可以从中提取更加丰富、更加细微的信息。

## 8.4 模拟信号描述方法

模拟信号可以用连续的时间函数描述,也可以通过谐波分量来表示,下面讨论它们的具体形式。

### 8.4.1 模拟信号的时域描述

模拟信号按时间函数的描述形式可分为周期信号和非周期信号。周期信号随时间周期性地重复变化,如正弦交流电信号;非周期信号则不具有周期性,如阶跃信号。

**1. 周期信号的时域描述**

(1)正弦周期信号

正弦周期信号是最基本的周期信号,如图 8.4-1 所示,信号随时间按正弦规律变化,其时域描述形式为

$$u(t)=U_m\sin(\omega t+\psi)=\sqrt{2}U\sin(\omega t+\psi) \tag{8.4-1}$$

其中：$U_m$为最大值或幅值，$U$ 为有效值，二者满足 $U_m=\sqrt{2}U$；$\omega$ 为角频率，与周期 $T$ 或频率 $f$ 的关系满足 $\omega=2\pi f=\frac{2\pi}{T}$；$\psi$ 为初相角。

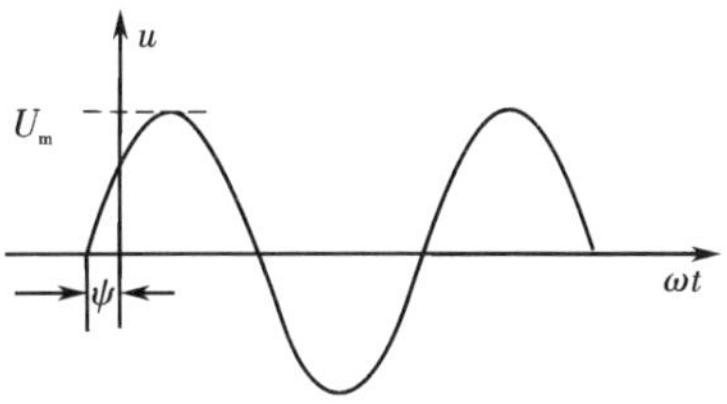


图 8.4-1　正弦周期信号

(2)非正弦周期信号

任何满足狄里赫利条件(函数在一个周期内包含有限个第一类间断点和有限个极大值和极小值)的非正弦周期信号都可以利用傅里叶级数分解为无穷多个谐波分量的叠加，即

$$f(t)=f(t+nT)=a_0+\sum_{k=1}^{\infty}(a_k\cos k\omega t+b_k\sin k\omega t)=a_0+\sum_{k=1}^{\infty}A_{km}\sin(k\omega t+\psi_k) \tag{8.4-2}$$

其中：直流分量 $a_0=\frac{1}{T}\int_0^T f(t)\mathrm{d}t$，也称恒定分量；

谐波分量 $\sum_{k}^{\infty}A_{km}\sin(k\omega t+\psi_k),k=1,2,\cdots,\infty$；　(8.4-3)

$\omega=\frac{2\pi}{T}$；

$a_k=\frac{2}{T}\int_0^T f(t)\cos(k\omega t)\mathrm{d}t=f(k\omega)$；$b_k=\frac{2}{T}\int_0^T f(t)\sin(k\omega t)\mathrm{d}t=f(k\omega)$；

谐波分量的幅值 $A_{km}=\sqrt{a_k^2+b_k^2}$；　(8.4-4)

谐波分量的初相位 $\psi_k=\arctan\frac{a_k}{b_k}$。　(8.4-5)

由式(8.4-3)可知：谐波分量形式都是正弦周期函数形式，各次谐波的频率是周期信号频率的整数倍($k\omega,k=1,2,\cdots,\infty$)。$k=1$ 为一次谐波(也称为基波)，$k=2$ 为二次谐波，…… 周期函数的直流分量 $a_0$也称为零次谐波。

不同的周期函数具有不同的谐波分量。

**2. 非周期信号的时域描述**

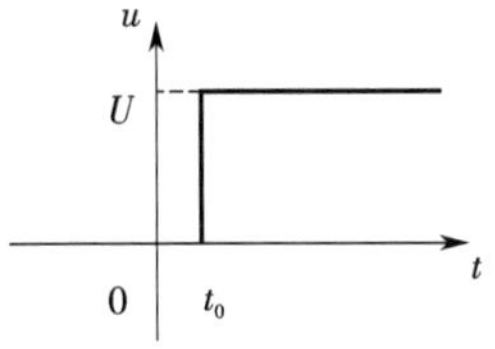


图 8.4-2　阶跃信号

图 8.4-2 所示阶跃信号为非周期信号，它可以用单位阶跃函数来表示。单位阶跃函数的描述为

$$1(t)=\begin{cases}1 & 当\ t>0\\0 & 当\ t<0\end{cases} \tag{8.4-6}$$

所以，图 8.4-2 所示信号的描述为

$$u(t)=U\cdot 1(t-t_0)$$

**【例 8.4-1】**　写出图 8.4-3(a)所示阶跃信号的函数表达形式。

**解：**对于图(a)所示阶跃信号，可通过图(b)和图(c)两个信号的叠加描述，即

$$u(t)=u_1(t)+u_2(t)$$

图(b)信号　$u_1(t)=10\cdot 1(t-1)$

图(c)信号 $u_2(t) = -5 \cdot 1(t-3)$

所以,$u(t) = [10 \cdot 1(t-1) - 5 \cdot 1(t-3)]$V。

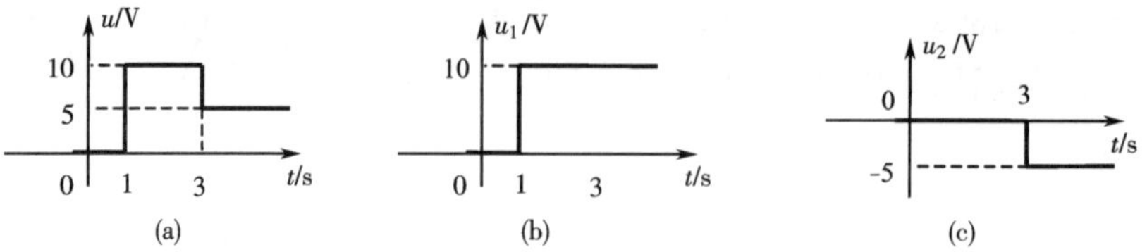


图 8.4-3

## 8.4.2 模拟信号的频域描述与频谱

### 1. 周期信号的频谱

前面已经谈到,任何满足狄里赫利条件的非正弦周期信号都可以通过傅里叶级数表示,即

$$f(t) = f(t+nT) = a_0 + \sum_{k=1}^{\infty}(a_k\cos k\omega t + b_k\sin k\omega t)$$

$$= a_0 + \sum_{k=1}^{\infty} A_{km}\sin(k\omega t + \psi_k)$$

对于图 8.4-4 所示的两个非正弦周期信号的时域描述分别为

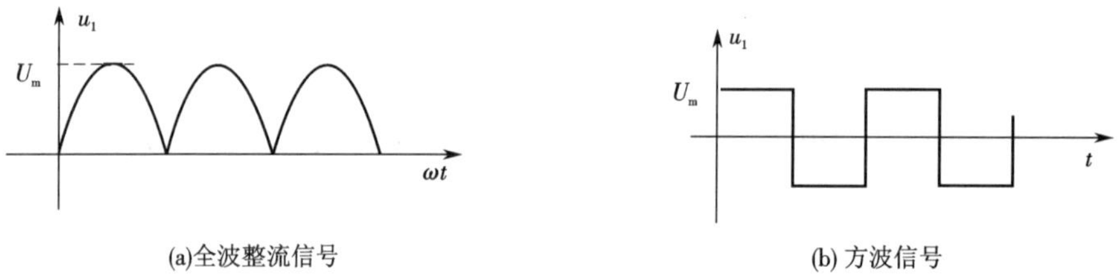


图 8.4-4 非正弦周期信号

$$u_1(t) = \frac{4U_m}{\pi}\left(\frac{1}{2} - \frac{1}{3}\cos 2\omega t - \frac{1}{15}\cos 4\omega t - \frac{1}{35}\cos 6\omega t - \cdots\right) \tag{8.4-7}$$

$$u_2(t) = \frac{4U_m}{\pi}\left(\sin \omega t + \frac{1}{3}\sin 3\omega t + \frac{1}{5}\sin 5\omega t + \cdots\right) \tag{8.4-8}$$

以角频率 $\omega$ 为横坐标,分别以谐波的幅值或初相位为纵坐标,在平面上画出的谐波分布图称为幅值频谱或相位频谱,幅值频谱和相位频谱统称为频谱。根据式(8.4-7)和式(8.4-8)可分别画出图 8.4-4 所示的两个信号的频谱,如图 8.4-5 所示,图中的每一条谱线的长度代表该谐波分量的幅值或相位。

从图 8.4-5 可知:

①周期信号的频谱是离散频谱,其谱线只能出现在周期信号频率 $\omega$ 的整数倍上;

②随着信号周期的加长,各次谐波之间的距离在减小,谱线变密;

③各条幅值谱线的高度随谐波次数的增大而减小;

④任何周期信号都有自己的离散形式的频谱,不同的周期信号,它们的频谱分布也不同。

### 2. 非周期信号的频谱

信号一旦成为非周期信号,其周期 $T\to\infty$,频谱中各次谐波之间的距离趋于消失,因此信号的频谱也从离散频谱变成了连续频谱。由于频谱是连续的,所以用它的包络线(谱线顶点

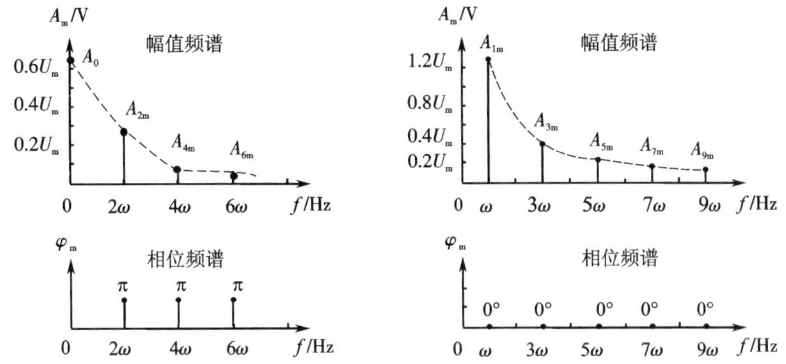


(a) 全波整流信号频谱　　(b) 方波信号频谱

图 8.4-5　非正弦周期信号频谱

的连线)来表示非周期信号的频谱。图 8.4-6 给出了非周期矩形脉冲信号和非周期指数信号的幅值频谱分布形状。

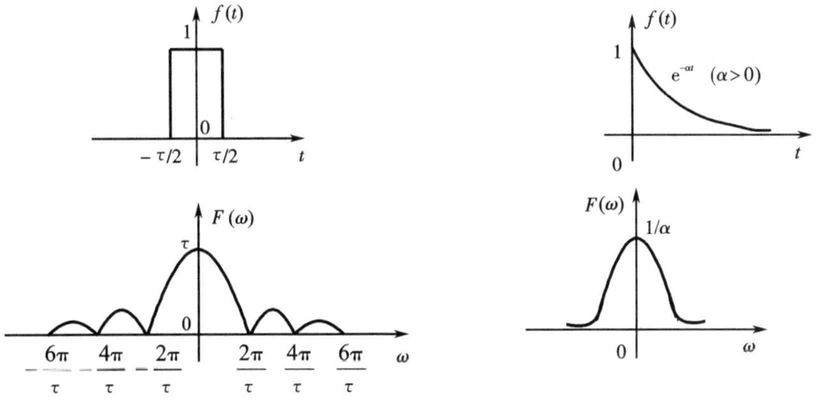


(a) 矩形脉冲信号　　(b) 指数信号

图 8.4-6　非周期信号的频谱

由于非周期信号的周期趋于无穷大,$f(t)$的描述形式由傅里叶级数求和形式转化为傅里叶积分形式,即

$$f(t) = \frac{1}{2\pi}\int_{-\infty}^{+\infty} F(j\omega)e^{j\omega t}d\omega \tag{8.4-9}$$

所以,经过反变换可得

$$F(j\omega) = \int_{-\infty}^{+\infty} f(t)e^{-j\omega t}dt \tag{8.4-10}$$

$F(j\omega)$是一个复数,它的模 $F(\omega)$和幅角 $\varphi(\omega)$都是频率的连续函数。

**3. 模拟信号的频域描述**

①经过傅里叶级数分解式(8.4-2)得到了周期信号的谐波分量描述形式,即若干个不同频率正弦函数离散序列形式。虽然这种描述形式仍然是时域的描述形式,但由于它与频率有关,

所以傅里叶级数形式也是周期信号的频域描述形式。

傅里叶变换式(8.4-10)进一步将模拟信号的时域描述形式变换为频域描述形式。

②频域是一个复数域,而时域是实数域。在实数域中,模拟信号可描述为时间函数;在复数域中,模拟信号可描述为频率的函数。因此说模拟信号既是时间的函数又是频率的函数。

【例 8.4-2】 如下不正确的描述是(　　)。

(A)满足狄里赫利条件的周期信号可描述为傅里叶级数形式

(B)满足狄里赫利条件的周期信号可分解为一系列谐波分量

(C)满足狄里赫利条件的周期信号的频谱是离散的频谱

(D)满足狄里赫利条件的周期信号的谱线密度与周期信号的周期无关

**解:**答案为选项(D)。

满足狄里赫利条件的周期信号可描述为傅里叶级数形式,即一系列谐波分量,各谐波分量的幅度随着谐波次数的增高而迅速减小;周期信号频谱是离散频谱,其谱线只出现在周期信号频率 $\omega$ 整数倍的地方,所以随着信号周期的加长,各次谐波之间的距离在缩短,它的谱线也变得越加密集。因此,选项(D)是错误的描述。

# 8.5 模拟信号处理

模拟信号中含有多种信息。对信号的处理,如信号放大、信号变换及信号滤波等都必须服从于信息处理需要,以此实现增强、识别和提取信息。

## 8.5.1 模拟信号滤波

滤波就是从模拟信号中滤除部分谐波信号,它是实现从模拟信号中剔除无用信息、提取有用信息的一种重要技术手段。滤波有低通滤波、高通滤波和带通滤波三种类型。

**1. 低通滤波**

低通滤波是从模拟信号中滤除所有频率高于某一特定值频率($f_H$)的谐波信号。模拟信号低通滤波由低通滤波器(参见 7.2.63(a))实现,图 8.5-1(b)给出了低通滤波的幅频特性的波特图形式,图 8.5-1(a)为原理框图。

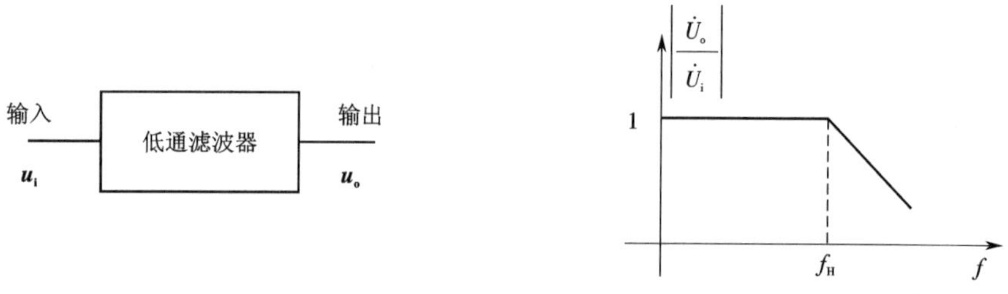


(a) 原理框图　　(b) 幅频特性

图 8.5-1　低通滤波

$\left|\dfrac{\dot{U}_o}{\dot{U}_i}\right|$表示不同频率谐波信号通过低通滤波器的能力,由幅频特性不难看出,凡是低于 $f_H$ 频率的信号都能通过这个滤波器,而高于 $f_H$ 频率的信号会被这个滤波器不同程度的阻拦,难于通过滤波器。称 $f_H$ 为转折频率或界限频率,频率范围$(0,f_H)$称为通频带。

**2. 高通滤波**

高通滤波的原理框图与幅频特性如图 8. 5-2 所示，高通滤波效果与低通滤波效果截然相反。凡是高于$f_L$频率的信号都能通过这个滤波器，而低于$f_L$频率的信号都会被这个滤波器不同程度的阻拦，难于通过滤波器。称$f_L$为转折频率或界限频率，频率范围($f_L$，∞ )称为通频带。

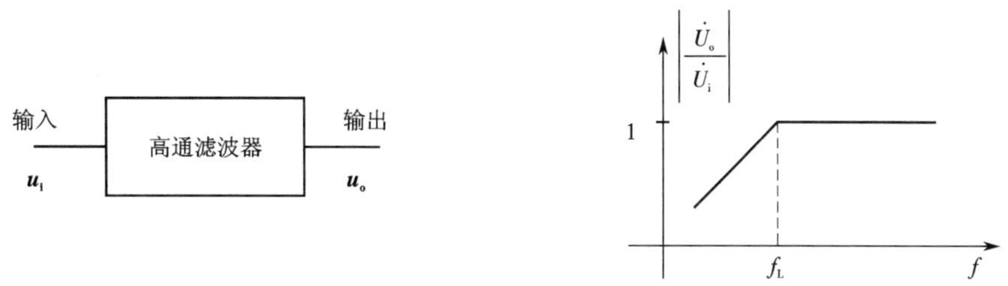


(a) 原理框图　　(b) 幅频特性

图 8. 5-2　高通滤波

**3. 带通滤波**

带通滤波的原理框图与幅频特性如图 8. 5-3 所示，它只允许某一段频率的信号通过滤波器。由图 8. 5-3(b)不难看出：在低频段只允许高于$f_L$的高频信号通过，抑制低频信号，频率越低，输出越小，抑制效果就越好；在高频段只允许低于$f_H$的低频信号通过，抑制高频信号，频率越高，抑制效果越好，输出就越小。频率范围($f_L$，$f_H$)称为通频带，称$f_L$为下限频率，$f_H$为上限频率。

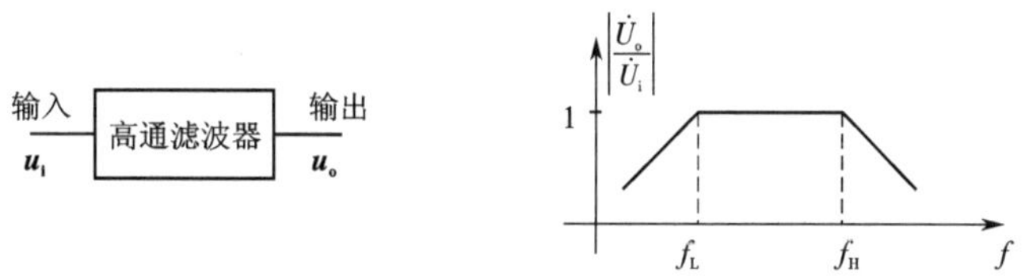


(a) 原理框图　　(b) 幅频特性

图 8. 5-3　带通滤波

例如收音机天线可以接收不同频段的信号，通过带通滤波将广播电台和电视台发射的不同频率的节目提取出来进行收听和观看；再如信号在传输和处理过程中会有干扰信号出现，干扰信号的谐波与有用信号的谐波往往分布在频谱不同的频段上，所以通过滤波手段可以排除或削弱干扰信号。因此，利用滤波可以实现信号的识别、提取等，是模拟信号处理的一项核心技术。

## 8. 5. 2　模拟信号增强

将微弱的信号放大到足以被识别和利用是模拟信号最基本的一种处理方式。信号放大包括电压放大和功率放大，可通过放大器实现。

从放大器的外部来看，放大器是一个二端口网络，从输出端口看，放大器输出电信号和电能量，对于负载相当于一个电源；从输入端口看，输入电信号控制放大器的工作，使放大器输出放大后的信号，相对信号源来说，放大器相当于负载，所以二端口网络内部可以用一个受控的电源模型来描述，如图 8. 5-4 所示。

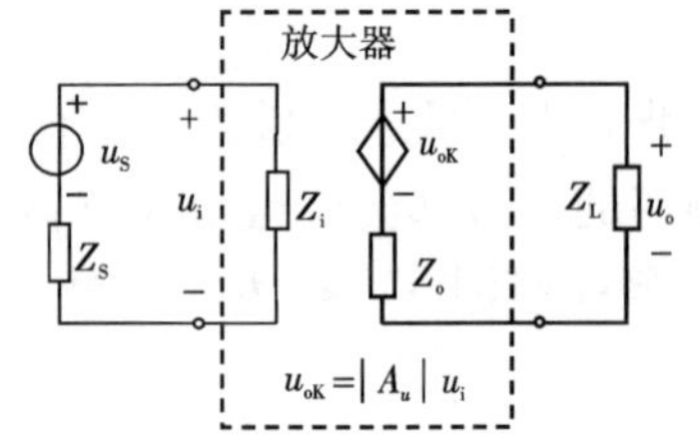


图 8.5-4　放大器示意图

图 8.5-4 中的 $u_i$ 为输入电压信号，$u_o$ 为输出电压信号；$Z_i$ 称为放大器的输入阻抗，$Z_o$ 称为放大器的输出阻抗；$A_u$ 为放大器的电压放大系数。由于

$$\frac{u_o}{u_i}=\frac{Z_L}{Z_o+Z_L}\cdot |A_u| \tag{8.5-1}$$

$$\frac{u_i}{u_S}=\frac{Z_i}{Z_S+Z_i} \tag{8.5-2}$$

所以，放大器放大能力 $A$ 的描述为

$$A=\frac{u_o}{u_S}=\frac{u_o}{u_i}\cdot\frac{u_i}{u_S}=\frac{Z_L}{Z_o+Z_L}\cdot\frac{Z_i}{Z_S+Z_i}\cdot |A_u| \tag{8.5-3}$$

值得注意的是：模拟信号放大必须保证放大前后的信号是同一个信号，即经过放大处理，信号的波形或频谱保持不变，这样才能确保信号所携带的信息保持不变。

**【例 8.5-1】**　模拟信号放大环节的输出 $u_o$ 与输入 $u_i$ 的关系如图 8.5-5(a)所示，若输入信号为 $u_i=0.1\sin\omega t$ V，如图(b)所示，则如下选项中正确的是(　　)。

(A)
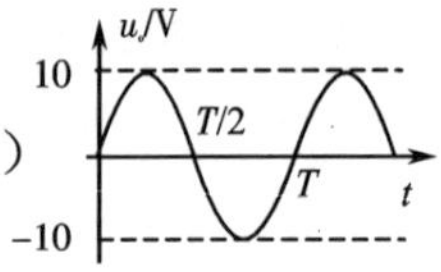


(B)
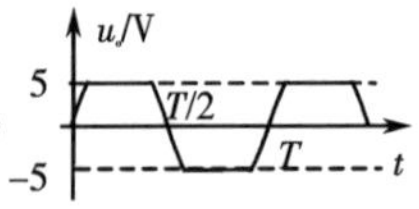


(C)
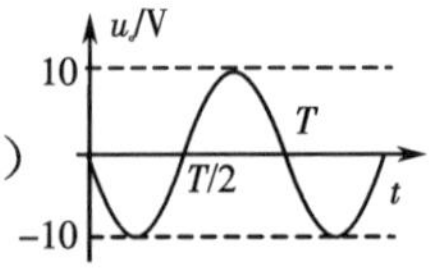


(D)
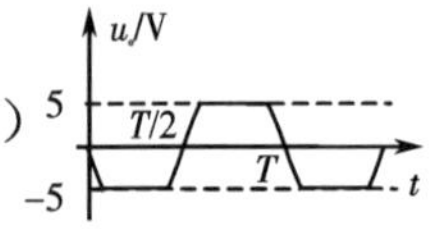


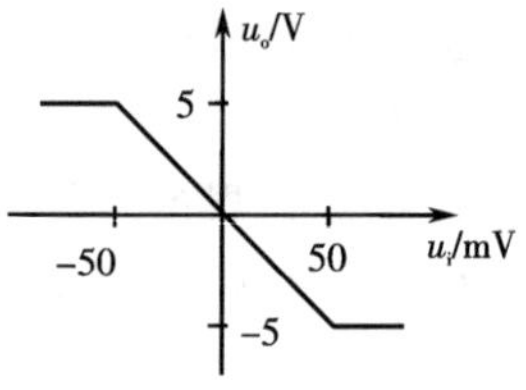


(a)

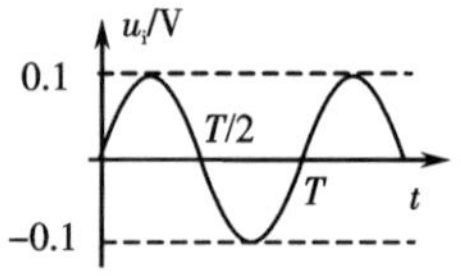


(b)

图 8.5-5

**解：**答案为选项(D)。

将微弱的信号放大到足以被识别和利用是模拟信号最基本的处理方式，这种处理涉及电压放大和功率放大等信号本身能量的增强，所以信号的放大过程可以理解为把小能量的信号转换为大能量信号的过程。

由图 8.5-5 可知：本题讨论的电压放大器具有非线性特性，即线性放大区域 $\frac{u_o}{u_i}=-100$，电压放大倍数 $\left|\frac{U_o}{U_i}\right|=100$，$u_o$ 与 $u_i$ 的相位互差 180°，最大输出为 5 V，所以信号在放大的同时可能会出现失真现象。对于已知输入信号 $u_i=0.1\sin\omega t$ V，经该放大器后的信号为 $u_o=10\sin(\omega t+180°)$ V，因此大于 5 V 的信号被削掉，选项(D)正确。

造成例 8.5-1 放大器输出波形失真的原因是由于构成放大环节的电子器件特性是非线性的(参见 7.4)。由于这种特性无法保证放大环节的输出信号与输入信号是线性变换，因此也就导致了输入信号经放大环节之后可能出现失真,称这种失真为放大器的非线性失真。

造成放大器输出波形的另一种失真为频率失真。所谓频率失真,是指输出信号和输入信号的频谱结构不同所形成的波形畸变。以例 8.5-2 为例说明频率失真。

**【例 8.5-2】** 放大器的传递特性曲线及频率特性分别如图 8.5-6(a)和(b)所示。若方波信号 $u_i$ 如图 8.5-6(c)作为放大器的输入信号,则输出波形(　　)。

(A)仍为方波信号　(B)出现非线性失真　(C)出现频率失真　(D)出现两种失真

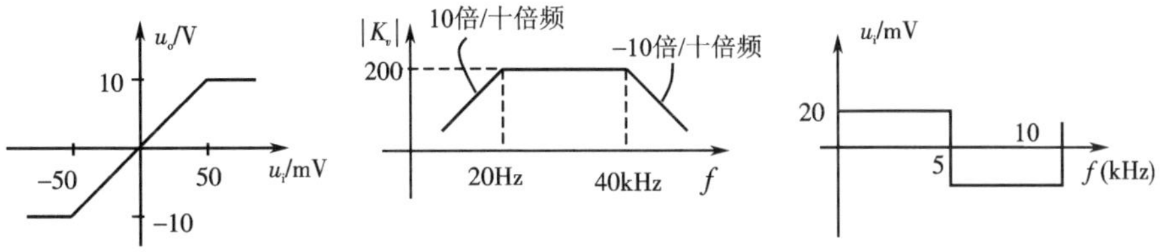


(a) 传递特性　(b) 幅频特性　(c) 方波信号

图 8.5-6

**解:**答案为选项(C)。

根据已知条件可知:放大器线性放大区域所对应的输入信号为[-50 mV,50 mV],通频带范围为[20 Hz,40 kHz]。

根据式(8.4-8)可得图 8.5-6(c)所示方波信号的傅氏级数描述形式为

$$u_i(t)=25.5\sin(2\pi ft)+8.49\sin(3\times 2\pi ft)+5.1\sin(5\times 2\pi ft)+\cdots$$

一次谐波的频率 $f_1=10$ kHz,$U_{1m}=25.5$ mV;三次谐波的频率 $f_3=30$ kHz,$U_{3m}=8.49$ mV;五次谐波的频率 $f_5=50$ kHz,$U_{5m}=5.1$ mV;…

根据非周期信号的傅氏级数描述可知:只有各次谐波同时被放大 $A$ 倍后,才能保证经过放大器后的信号与原有信号的频谱结构相同,即原信号的频率函数:

$$f(t)=f(t+nT)=a_0+\sum_{k=1}^{\infty}A_{km}\sin(k\omega t+\psi_k)$$

放大后信号的频率函数:

$$f'(t)=Aa_0+\sum_{k=1}^{\infty}A\cdot A_{km}\sin(k\omega t+\psi_k)=A[a_0+\sum_{k=1}^{\infty}A_{km}\sin(k\omega t+\psi_k)]=Af(t)$$

所以说,只有输入信号的各次谐波得到同样的放大,才能保证输出信号不失真,也就保证了信号所携带的信息不变。

对于本题来说,一次谐波和三次谐波的频率均在通频带范围内,所以这两个谐波的放大倍数相同,均为 200,而五次谐波的频率为 50 kHz,大于通频带的上限频率 40 kHz,所以五次谐波乃至更高次谐波的放大倍数均小于 200,这就意味着已知输入信号 $u_i$ 的各次谐波不能得到相同的放大,所以输出信号出现频率失真。

通过例 8.5-1 和例 8.5-2 两个例子的分析,说明了模拟信号在增强过程中会出现非线性失真和频率失真,对于单频率信号而言,只可能出现非线性失真,不会出现频率失真。

如何有效地解决放大的失真问题也是信号放大技术所要处理的主要问题。

## 8.5.3 模拟信号变换

将一种信号变换为另一种信号是模拟信号处理的一项主要内容。在模拟系统中,常见的信号变换有单信号的积分和微分、多信号的相加和相减。

【例 8.5-3】 如图 8.5-7 所示积分电路,正确描述输出 $u_o$与输入 $u_i$的波形是(    )。

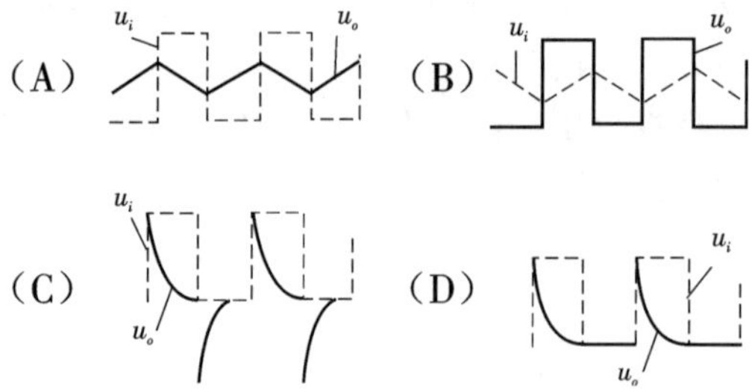


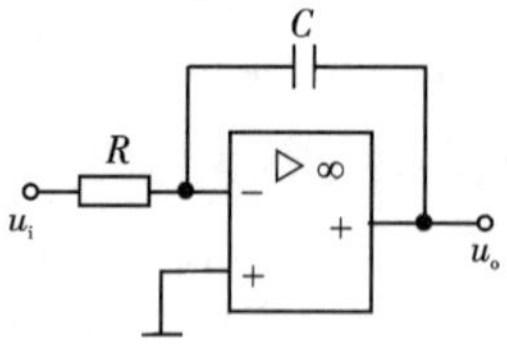


图 8.5-7

**解**:答案为选项(A)。

图中给出的电路是一个积分电路,输出信号 $u_o$与输入信号 $u_i$满足积分关系:

$$u_o = -\frac{1}{RC}\int u_i(t)\,dt$$

因此,输入信号 $u_i$为方波信号,经过积分电路后将被变换为一个三角波信号 $u_o$。反之,一个三角波信号经过积分变换后被变换为一个方波信号,积分电路实现了方波信号与三角波信号间的变换,因此选项(C)和选项(D)错。对于选项(B),三角波信号的时间变化率错了。

# 8.6 数字信号与信息

数字信号具有极强的表达能力,有着广泛的应用,如计算机内部使用的信号是数字信号,互联网上传送的信号是数字信号,现代通信及高清晰的广播、电视信号都是数字信号。所以说,数字信号是现代信息技术中最常用的一种信号。

通常使用的数字信号是取值为 0 V 和 5 V 的电压信号,而 0 V 和 5 V 分别用"0"和"1"两个抽象的符号或代码表示,所以在后面的讨论中,更多地使用"0""1"代码来描述数字信号。

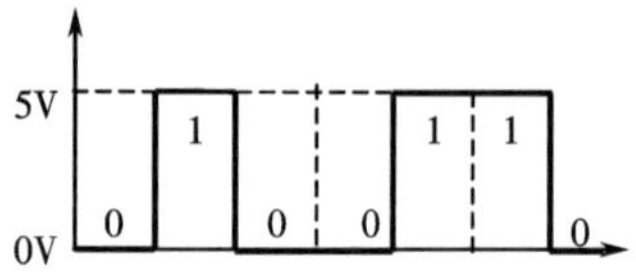


图 8.6-1 数字信号

如图 8.6-1 所示数字信号的代码描述形式是 0100110。

数字信号可以用来对"数"进行编码,实现数值信息的表示、运算、传送和处理;数字信号可以用来对符号进行编码,实现符号信息的表达、传送和处理;数字信号可以用来表示逻辑关系,实现逻辑演算、逻辑控制等。下面对这些内容进行简要介绍。

**1. 数字信号与数值信息**

数字信号是二值信号,用它来表示数并进行数的运算,就必须采取二进制形式,并按照二进制数的运算法则进行数的运算。

二进制数用符号"0"和"1"两个数字、采取逢二进一的原则来表示。二进制数的位按从右向左的次序排列,分别记为第 0 位、第 1 位、第 2 位、……每一位称为一个比特(bit),最左边的位为最高位,记为 MSB;最右边的位为最低位,记为 LSB。二进制数基数是 2,以 $2^n$表示各个位的权值。例如,二进制数 101 表示的数是

$$101 = 1 \times 2^2 + 0 \times 2^1 + 1 \times 2^0$$

二进制数的每一位对应于数字信号的一个脉冲位置,所以一个 $n$bit 的二进制数可以用一个 $n$bit 的数字信号来表示。图 8.6-1 是用一个 7bit 的数字信号表示一个 7bit 二进制数的例子。

由于二进制数经常是位数很多，不便书写和记忆，因此在数字系统中，通常以 4bit 代码为基本单元来编码数，基本单元组可以表示 $2^4=16$ 个数，多个基本单元组合起来可以表示更大的数，例如 8bit、16bit、32bit、64bit 数等。

从技术的角度看，由于4bit 基本单元表示 16 个数(0,1,2,…,15)，所以，以 16 为基数按十六进制来表示数则更为合理。因此，在计算机技术中使用十六进制数或十六进制代码进行数的运算和信息的处理。十六进制与二进制之间的转换比较方便，每四位二进制数对应于一位十六进制数。表 8.6-1 列出了十进制、二进制和十六进制数的对照表。在十六进制中，十以上的数用大写英文字母 A、B、C、D、E、F 表示。为了便于区分，在十六进制数代码后面加上一个字母 H 作为标记。

**表 8.6-1 十、二、十六进制数对照表**

| 十进制数 | 二进制数 | 十六进制数 | 十进制数 | 二进制数 | 十六进制数 |
|---|---|---|---|---|---|
| 0 | 0000 | 0H | 8 | 1000 | 8H |
| 1 | 0001 | 1H | 9 | 1001 | 9H |
| 2 | 0010 | 2H | 10 | 1010 | AH |
| 3 | 0011 | 3H | 11 | 1011 | BH |
| 4 | 0100 | 4H | 12 | 1100 | CH |
| 5 | 0101 | 5H | 13 | 1101 | DH |
| 6 | 0110 | 6H | 14 | 1110 | EH |
| 7 | 0111 | 7H | 15 | 1111 | FH |

**【例 8.6-1】** 图 8.6-2 所示数字信号所表示的二进制数和十进制数分别为(  )。

(A)010110 和 22　　(B)011010 和 26

(C)11010 和 26　　(D)10110 和 22

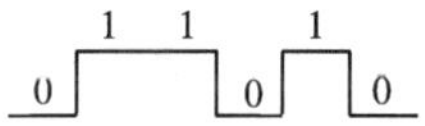

图 8.6-2

**解：**答案为选项(B)。描述数字信号的 0 或 1 都有其特定的含义，不能缺少，所以选项(C)和(D)错。已知数字信号所描述的二进制数为 011010，左高右低，其十进制数为 26，故选(B)。

进一步分析：本题数字信号的二进制数 011010 从右向左按 4bit 为单元分为两个单元组 01、1010，其中 $01_2=1H$，$1010_2=AH$，所以二进制数 011010 转化为十六进制数代码形式是 1AH。

**2. 数字信号与符号信息**

用"0"和"1"代码对包括文字在内的任何其他符号进行编码，并以数字信号的形式进行信息的传输和处理。

对于一些国际通用符号(如键盘上的字母、符号和数字)，为了便于信息的交流和应用，有国际通用的符号标准编码，即 ASCII(American Standard Code for Information Interchange)。除了国际标准外，还有国家标准、行业标准。按照这些标准进行编码的信息都可以用数字信号来描述，从而可以实现诸如文字信息、图像信息、语音信息等复杂的数字处理，并且可以在世界范围内自由地通信和交流。

**3. 数字信号与逻辑信息**

逻辑是人类思维方式的一种形式化描述体系，它以命题为基本演算单元。所谓命题，是指可以精确判定真伪的一段简单的事实描述，如“今天下雨了”“张三喜欢打篮球”等都是逻辑命题。

由于开关的“闭合”或“断开”、电路的“接通”或“断开”以及灯的“亮”或“灭”两种情况可以通过逻辑命题的状态“真”或“假”描述，而逻辑命题的“真”“假”两个状态正好可以用数字信号的符号代码“0”和“1”来表示。因此，逻辑信息可以借助数字信号表示，并通过数字信号的处理方法进行逻辑命题的演算和推理。

## 8.7 数字信号的逻辑编码与逻辑演算

**1. 数字信号的逻辑编码**

数字逻辑是用数字信号表示并采用数字信号处理方法实现演算的逻辑体系，它是二值的，对应于逻辑学中的命题逻辑体系。

在应用中采用由布尔(Boole)所建立的数字逻辑体系来描述数字逻辑及其演算法则。由于采用了布尔代数描述逻辑关系，所以也称之为逻辑代数或布尔代数。

下面就逻辑代数体系中所涉及的符号体系、论域及论域中逻辑函数表达式及基本运算法则等内容作简要介绍。

(1)符号

逻辑变量：用大写英文字母($A,B,C,\cdots,X,Y,Z$)表示。

数值：0、1 表示逻辑变量的取值，0 表示“假”(F)，1 表示“真”(T)。

运算符：“+”“·”分别表示逻辑“或”和逻辑“与”运算，称为逻辑“加”和逻辑“乘”；逻辑求反运算用变量上方加一横杆表示，如$\bar{A}$、$\bar{B}$ 等。与代数运算一样，逻辑乘运算符“·”通常可以忽略。

逻辑代数符号和命题逻辑符号的对应关系见表 8.7-1 中。

**表 8.7-1 布尔代数符号**

| 命题逻辑符号 | 逻辑代数符号 |
|---|---|
| T | 1 |
| F | 0 |
| $A \wedge B$ | $AB$ |
| $A \vee B$ | $A+B$ |
| $\neg A$ | $\bar{A}$ |

(2)逻辑函数表达式

逻辑函数表达式是由逻辑变量和运算符组成，表述变量之间的逻辑关系，例如 $Y=A+BC$、$Y=A+\bar{A}B+ABC$ 等。

逻辑函数表达式的右侧涉及的变量($A$、$B$、$C$)表示基本命题(原子命题)，这些基本命题通过运算符的连接构成复合命题，用描述变量 $Y$ 表示，$Y$ 出现在逻辑函数表达式的左侧。因此，逻辑函数表达式约束了复合命题取值和构成这个复合命题的原子命题取值之间的逻辑关系。

由于逻辑变量有多个，每个变量的真值是二值的，所以可以用真值表(逻辑状态表)描述各变量状态所形成的不同组合。

例如：复合命题“开关 $A$ 和开关 $B$ 都闭合，电路 $Y$ 接通”的真值表描述如表 8.7-2 所示。

表 8.7-2 "开关 $A$ 和开关 $B$ 都闭合，电路 $Y$ 接通"的真值表

| 原子命题 $A$ | 原子命题 $B$ | 复合命题 $Y$ | 开关 $A$、$B$ 状态<br>1——闭合<br>0——断开<br>电路 $Y$ 状态<br>0——不通，1——接通 |
|---|---|---|---|
| 0 | 0 | 0 | |
| 0 | 1 | 0 | |
| 1 | 0 | 0 | |
| 1 | 1 | 1 | |

逻辑函数表达式可以借助原子命题 $A$、$B$ 和复合命题 $Y$ 间的逻辑蕴涵关系来建立。所谓逻辑蕴涵关系，是逻辑命题之间的一种演绎推理关系，即自然语言中"如果(前提)则(结论)"所表述的关系。在逻辑函数表达式中，等式右边为结论，等式左边为前提。

下面以 2 个一位二进制数的加法为例，说明获取逻辑函数表达式的方法。

①根据命题描述，列写真值表。将"加数"(原子命题 $A$)与"被加数"(原子命题 $B$)作为前提，"和"(复合命题 $S$)及"进位"(复合命题 $C$)作为结论，根据二进制数加法原则，可得二进制数加法真值表，如表 8.7-3 所示。

表 8.7-3 二进制数加法真值表

| 变量 | 前提(原因、条件) | | 结论(结果) | |
|---|---|---|---|---|
| | 加数 $A$ | 被加数 $B$ | 和 $S$ | 进位 $C$ |
| 状态 1 | 0 | 0 | 0 | 0 |
| 状态 2 | 0 | 1 | 1 | 0 |
| 状态 3 | 1 | 0 | 1 | 0 |
| 状态 4 | 1 | 1 | 0 | 1 |

②逻辑蕴涵是充分条件下的推理，所以只考虑前提和结论都为真的状态。从真值表 8.7-3 不难看出：对于输出命题 $S$ 只有两个状态为"1"的情况需考虑，即状态 2 和状态 3；对输出命题 $C$ 则只考虑状态 4 即可。

③在每个被考虑的状态中，输入命题变量取"与"组合(因为前提必须全为"真")，构成复合前提。其中，取"真"的变量保留原命题；取"假"的变量则用其反命题加以替换，以保证前提变量都为"真"。

对状态 2，有 $\bar{A}B$

对状态 3，有 $A\bar{B}$

对状态 4，有 $AB$

④ 将各个被考虑状态按逻辑"或"组成逻辑函数表达式。对上述的半加运算有：

$$S = \bar{A}B + A\bar{B}$$

$$C = AB \tag{8.7-1}$$

半加运算是指不考虑从低位进位的 1 位二进制数加法。

**2. 基本运算法则**

逻辑函数和普通代数一样虽然用字母($A$、$B$、$C$、…)表示变量，但变量的取值只有逻辑 0 和

逻辑 1,它们只代表两种相反的逻辑状态。逻辑函数中只有与运算、或运算和非运算(求反运算)三种基本运算。根据这三种基本运算可以推导出逻辑运算的一些法则,这些法则表述的是一些逻辑等价关系,即相互等价的逻辑命题或表达式具有完全相同的两个真值表。

常用的基本运算法则(等价关系)如下。

交换率: $A+B=B+A$ $AB=BA$ (8.7-2)

结合率: $(A+B)+C=A+(B+C)$ $A(BC)=(AB)C$ (8.7-3)

分配率: $A+BC=(A+B)(A+C)$ $A(B+C)=AB+AC$ (8.7-4)

自等率: $A+0=A$ $A\times 1=A$ (8.7-5)

0—1 率: $A+1=1$ $A\times 0=0$ (8.7-6)

互补率: $A+\bar{A}=1$ $A\bar{A}=0$ (8.7-7)

重叠率: $A+A=A$ $AA=A$ (8.7-8)

吸收率: $A+\bar{A}B=A+B$ $A(A+B)=A$ $A+AB=A$ (8.7-9)

还原率: $\bar{\bar{A}}=A$ (8.7-10)

反演率: $\overline{AB}=\bar{A}+\bar{B}$ $\overline{A+B}=\bar{A}\bar{B}$ (8.7-11)

反演率也称为摩根定理。

以上这些基本运算法则都可以用逻辑函数真值表来证明。表 8.7-4 给出摩根定律式(8.7-11)的证明。

**表 8.7-4 摩根定理的真值表**

| $A$ | $B$ | $\bar{A}$ | $\bar{B}$ | $\overline{AB}$ | $\bar{A}+\bar{B}$ | $\overline{A+B}$ | $\bar{A}\bar{B}$ |
|---|---|---|---|---|---|---|---|
| 0 | 0 | 1 | 1 | 1 | 1 | 1 | 1 |
| 0 | 1 | 1 | 0 | 1 | 1 | 0 | 0 |
| 1 | 0 | 0 | 1 | 1 | 1 | 0 | 0 |
| 1 | 1 | 0 | 0 | 0 | 0 | 0 | 0 |

**3. 逻辑函数化简**

根据真值表写出的逻辑函数表达式以及由此画出的组合逻辑图,往往比较复杂,需要加以简化处理。简化后的逻辑表达式能清晰反映出逻辑变量内在的逻辑关系,同时减少了组合逻辑电路的组成器件,提高了电路的可靠性。

利用式(8.7-2)至式(8.7-11)逻辑代数的运算法则对逻辑函数表达式进行化简。由于比较常见的逻辑表达式是"与或"形式,因此本文所讲的逻辑函数化简是指逻辑表达式为最简的"与或"表达式,即逻辑函数"与或"表达式中所含"或"项的数目最少,每个"与"项中变量的个数最少。

**【例 8.7-1】** 运用逻辑代数运算法则化简下列逻辑函数:

(1)$F=AC+\bar{A}B+\bar{A}BCD$ (2)$F=ABC+A\bar{B}C+\bar{A}BC+AB\bar{C}$

**解:**(1)因为

$\bar{A}B+\bar{A}BCD$

$=\bar{A}B(1+CD)$ 分配率

$=\bar{A}B$ 0—1 率及自等率

所以 $F=AC+\bar{A}B+\bar{A}BCD=AC+\bar{A}B$

$(2)F=ABC+A\bar{B}C+\bar{A}BC+AB\bar{C}$

$=AC(B+\bar{B})+\bar{A}BC+AB\bar{C}$ 分配率

$=AC+\bar{A}BC+AB\bar{C}$ 互补率

$=C(A+\bar{A}B)+AB\bar{C}$ 分配率

$=BC+A(C+B\bar{C})$ 吸收率

$=BC+A(C+B)$ 吸收率

$=AB+BC+CA$ 分配率

【例 8.7-2】 逻辑函数 $F=X(\bar{X}+Y)+Y(Y+Z)+Y$ 的化简结果为（ ）。

(A) $F=XY+Y$ (B) $F=Y$

(C) $F=XY+YZ+Y$ (D) $F=XY+Y^2+YZ+Y$

**解:**答案为选项(B)。

逻辑运算有别于数学运算。逻辑运算中,只存在“与”“或”“非”等基本逻辑运算,不存在平方、减法、除法等数学运算,运算过程遵循逻辑运算法则,所以选项(D)错。

选项(A)仅是化简结果的中间步,可继续化简,即 $F=XY+Y=(X+1)Y=Y$。

选项(C)也仅是化简结果的中间步,可继续化简,即 $F=XY+YZ+Y=(X+Z+1)Y=Y$。

**4. 数字信号的逻辑演算**

数字信号的逻辑运算是按位进行的。信号中的高位(5 V)和低位(0 V)分别表示命题的取值真(1)和假(0)。图 8.7-1 表示数字信号 $A$ 和 $B$ 之间进行“与”“或”“非”基本逻辑运算的结果。

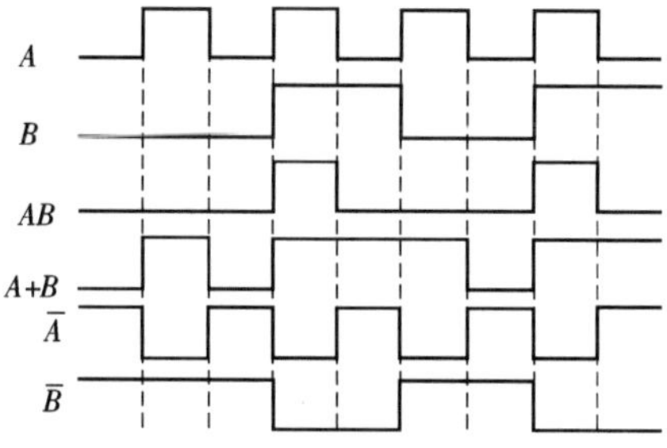


图 8.7-1 数字信号 $A$ 和 $B$ 之间进行“与”“或”“非”基本逻辑运算

数字信号逻辑关系以及任意复杂的逻辑函数演算可通过基本逻辑门搭建满足要求的组合逻辑电路来实现。有关具体实现参见 7.5 相关内容。

# 8.8 数字信号的数值编码与数值运算

在 8.6 中谈到,通过数字信号可以描述数值信息,数字信号是二值(0 V－5 V)信号,可以采用一定位数的二进制数码来表示,因此可以按照二进制数的运算法则,以数字信号处理的方法实现数值运算。

二进制数的数值运算除了进位规则不同外,二进制数的运算法则和十进制数的相同。下面采用竖式表示相应的法则。

(1)加法运算

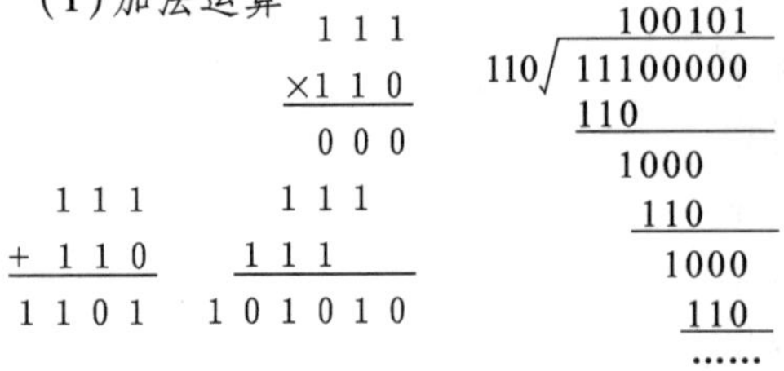


(a) 加法　(b) 乘法　(c) 除法

图 8.8-1　二进制数的数值运算实例

与十进制数加法一样，二进制数加法也是从最低位开始逐位完成两数相加和进位操作，如图 8.8-1(a)所示。

二进制数加法的进位原则是逢二进一。

(2)减法运算

在二进制数运算中采用补码的形式表示负数，从而将减法运算转化为被减数代码和减数补码之间的加法运算。

以 1110 - 1010 为例说明二进制数减法运算过程。

①求被减数 1010 的补码。一个二进制数的补码等于这个数的反码加 1，而反码是一个二进制数按位取逻辑“反”(即 0 变 1，1 变 0)后的代码。例如，0101 是数 1010 的反码，由此可得数 1010 的补码是 0110，即 0101(反码) +1 =0110(补码)。

②计算 1110 - 1010 如下：

$$
\begin{aligned}
1110-1010 &= 1110+(-1010)\\
&= 1110+0110\\
&= (1)0100
\end{aligned}
$$

舍去括号中的进位后，正好就是“1111 - 1010”的差 0100。

**【例 8.8-1】**　如图 8.8-2 所示 $X$、$Y$ 信号，如下选项中完成 $F=X-Y$ 数值运算的是(　　)。

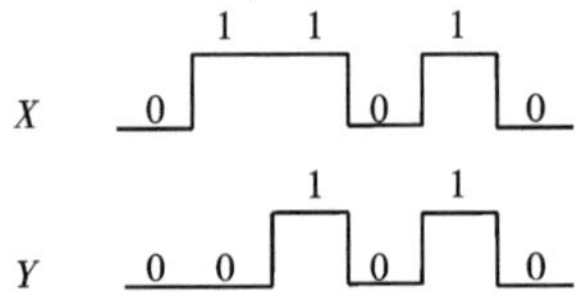


图 8.8-2　例 8.8-1 图

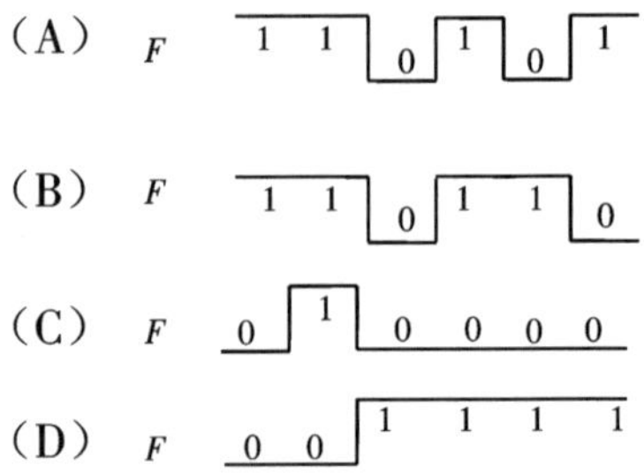


**解：**答案为选项(C)。

本题为数字信号的数值运算问题，数值运算包括加法(+)、减法(-)、乘法(×或·)、除法(/)运算。值得注意的是：由于加法(+)、乘法(×)的运算符号分别同逻辑运算中(或)逻辑符号(+)、(与)逻辑符号(×或·)相同，因此二者不能混淆。

进一步讨论：$F=X+Y$ 的数值运算结果如图 8.8-3 所示。

加法运算是最基本的数值运算，减法运算为“被减数求补——加法”运算，而求补运算等价于求反加 1。

选项(A)为被减数 $Y$ 的“求反”运算；选项(B)为被减数的“求补”运算，所以 $X-Y=X+(-Y)$ 运算相当于本题的选项(B)信号与 $X$ 信号相加，结果为选项(C)，选项(D)为“$X+\bar{Y}$”运算。

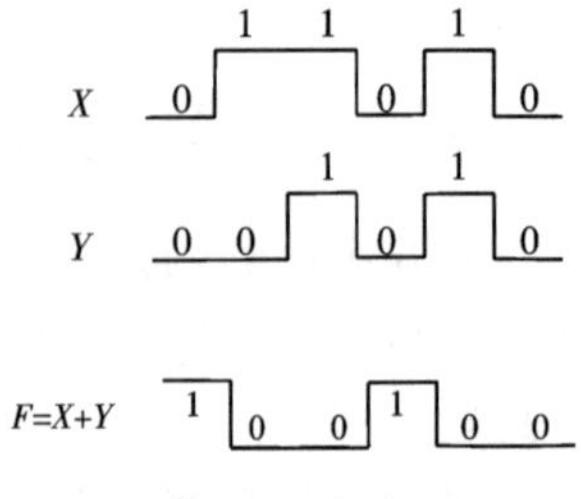


图 8.8-3　例 8.8-1 解图

(3)乘法运算

二进制数的乘法运算是从右向左操作的,其运算过程可以总结为一系列的"左移—相加"操作,即被乘数逐步左移并逐步相加即可完成乘法运算。值得注意的是:在进行左移操作过程中,被乘数左移的位数与乘数中取值"1"所处的位数相同。

二进制数乘法所依据的法则为0·0=0,0·1=0,1·0=1,1·1=1,所以如果乘数位为"0",则不进行任何操作。有关二进制数乘法运算示例如图8.8-1(b)所示。

(4)除法运算

二进制数的除法运算是从左向右操作的,其运算过程可以总结为一系列"右移—相减"操作,即以被除数逐步右移并逐步和被除数(或余数)相减的方式完成除法运算。二进制数除法运算示例如图8.8-1(c)所示。

有关其他运算方法在此不作讨论。

从上述分析可知,二进制数的运算都可以用它的编码"移位"和"相加"(相减也转换为补码相加)两种操作来实现,这为用数字信号处理来实现数值信息处理提供了方便。关于二进制数的加法操作可通过加法器完成,二进制数的移位操作可通过数字移位寄存器实现(参见7.5.5内容)。

## 8.9 数字信号的显示编码

在数字系统内部,数字、文字符号都是以二进制代码的形式存在和运用的。但是,人类通常是以十进制数来表示和运用数,所以当数字系统把内部处理结果提供给人阅读和识别时,就要将二进制数代码转换为十进制数代码,并以0,1,2,…,9的形式显示出来。因此,涉及二进制数/十进制数代码转换和十进制数/数字显示器代码转换。下面首先讨论二进制数/十进制数代码转换问题。

### 8.9.1 二—十进制编码(BCD码)

所谓的二—十进制码(BCD码),就是用4位二进制编码来表示十进制编码中的0~9十个数码,即BCD码采用4bit单元组来表示0~9等十个数字。例如:二进制码0101所表示的十进制数为$0\times2^3+1\times2^2+0\times2^1+1\times2^0=5$,因此这种BCD码称为8421BCD码。

8421BCD码是4位二进制数的0000(0)~1111(15)十六种组合中的前十种组合,当二进制码计到1010($10_{10}$)时就进位,然后再从头0000开始计数。例如:10的代码是0001 0000,87的代码是1000 0111。

【**例8.9-1**】 十进制数7的8421BCD码是(　　)。

(A)0111　　(B)1110　　(C)0110　　(D)111

**解**:答案为选项(A)。

所谓的BCD码,就是用四位二进制编码转换为十进制编码。选项(D)错在了将十进制数用三位二进制码表示。

8421代表四位二进制码从高位至低位的权值,所以

选项(A)的十进制数:$(0111)_2=8\times0+4\times1+2\times1+1\times1=(7)_{10}$

选项(B)的十进制数:$(1110)_2=8\times1+4\times1+2\times1+1\times0=(14)_{10}$

选项(C)的十进制数:$(0110)_2 = 8 \times 0 + 4 \times 1 + 2 \times 1 + 1 \times 0 = (6)_{10}$

因此,选项(A)正确。

## 8.9.2 二进制—十进制译码(七段数码显示器)

为了便于人们用十进制数直接识别二进制数,可以采用七段数码显示器(二进制—十进制译码)解决。

七段数码显示器及其端线如图 8.9-1 所示,a ~ g 为七个数码管,通过控制不同管的亮与不亮(5 V 数码管亮,0 V 数码管不亮),可显示不同的数字。如图中显示的数字“3”七个数码管上的电压分布为 5 V、5 V、5 V、5 V、0 V、0 V、5 V,相应的代码为 1111001。

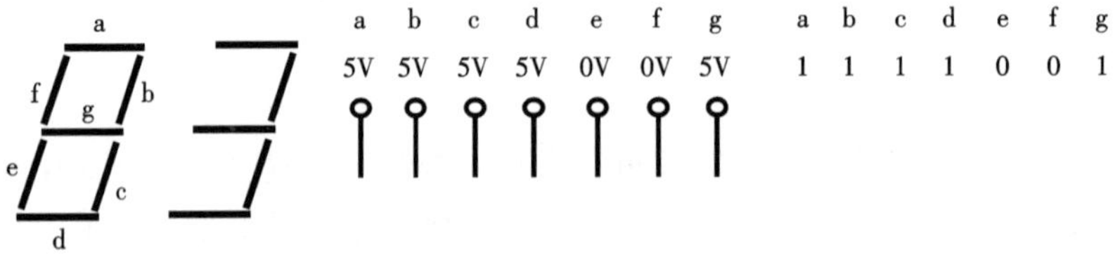


图 8.9-1 七段数码管结构和端线布局

值得注意的是:显示数字“3”的代码(1111001)并不是二进制数的代码(0000011)。七段数码管也可以用来显示一些简单的字符,如 A、B、C、D、E、F 等,显示这些符号代码时需要使用专用的代码转换器。

图 8.9-2 表示一个数字直流电压表的系统组成,它以数字形式显示电压的数值。其中模数变换器(A/D 转换器)将被测量通过变换为二进制码,BCD 变换器实现二进制码到 BCD 码的变换,BCD 七段显示编码转换器完成从 BCD 码到七段显示码的转换。

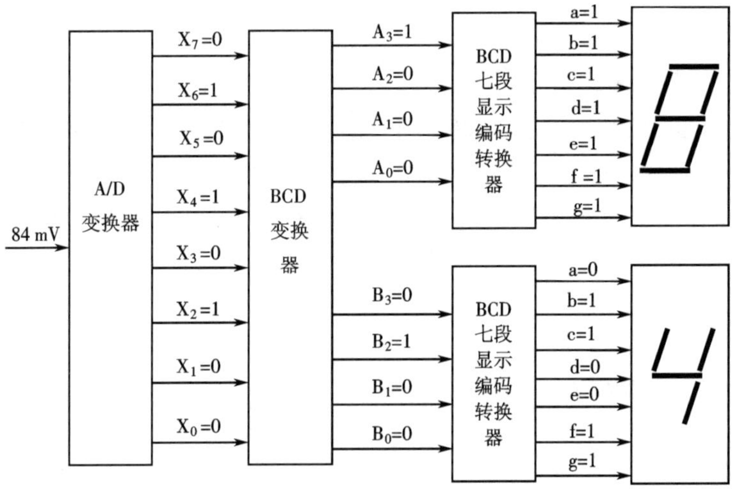


图 8.9-2 直流数字电压表组成

表 8.9-1 给出了 BCD 码、七段显示代码以及显示数码之间的对应关系。

表 8.9-1 数码显示与七段显示代码

| 显示 | BCD 码 | | | | 七段显示码 | | | | | | |
|---|---|---|---|---|---|---|---|---|---|---|---|
| | | | | | a | b | c | d | e | f | g |
| 0 | 0 | 0 | 0 | 0 | 1 | 1 | 1 | 1 | 1 | 1 | 0 |
| 1 | 0 | 0 | 0 | 1 | 0 | 1 | 1 | 0 | 0 | 0 | 0 |
| 2 | 0 | 0 | 1 | 0 | 1 | 1 | 0 | 1 | 1 | 0 | 1 |
| 3 | 0 | 0 | 1 | 1 | 1 | 1 | 1 | 1 | 0 | 0 | 1 |
| 4 | 0 | 1 | 0 | 0 | 0 | 1 | 1 | 0 | 0 | 1 | 1 |
| 5 | 0 | 1 | 0 | 1 | 1 | 0 | 1 | 1 | 0 | 1 | 1 |
| 6 | 0 | 1 | 1 | 0 | 1 | 0 | 1 | 1 | 1 | 1 | 1 |
| 7 | 0 | 1 | 1 | 1 | 1 | 1 | 1 | 0 | 0 | 0 | 0 |
| 8 | 1 | 0 | 0 | 0 | 1 | 1 | 1 | 1 | 1 | 1 | 1 |
| 9 | 1 | 0 | 0 | 1 | 1 | 1 | 1 | 0 | 0 | 1 | 1 |

## 仿真习题

8-1 如下说法不正确的是(　　)。

(A)物理媒体是传送信号的介质　　(B)信号借助物理媒体传送信息

(C)信息是信号的载体　　(D)信号是信息的载体

8-2 下列信号属于模拟信号的是(　　)。

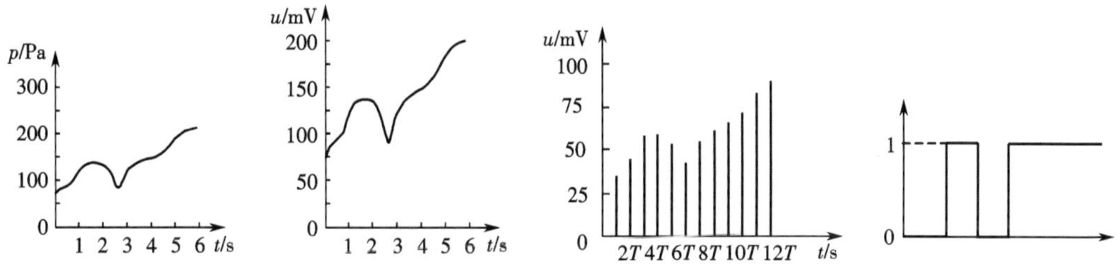


(A)　(B)　(C)　(D)

8-3 如下不正确的描述是(　　)。

(A)满足狄里赫利条件的周期信号可描述为傅里叶级数形式

(B)满足狄里赫利条件的周期信号可分解为一系列谐波分量

(C)满足狄里赫利条件的周期信号的频谱是离散的频谱

(D)满足狄里赫利条件的周期信号的谱线密度与周期信号的周期无关

8-4 图示电路具有(　　)。

(A)低通滤波特性　(B)高通滤波特性

(C)带通滤波特性　(D)带阻滤波特性

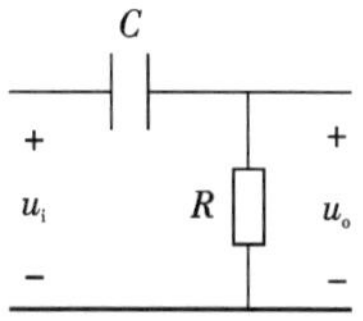


题 8-4 图

8-5 二进制数的乘法运算需要两种操作实现,即(　　)。

(A)“右移—加法”操作

(B)“右移—减法”操作

(C)“左移—减法”操作

(D)“左移—加法”操作

8-6　逻辑变量 $X$、$Y$ 的波形如图所示，$F=X+Y$ 的波形是(　　)。

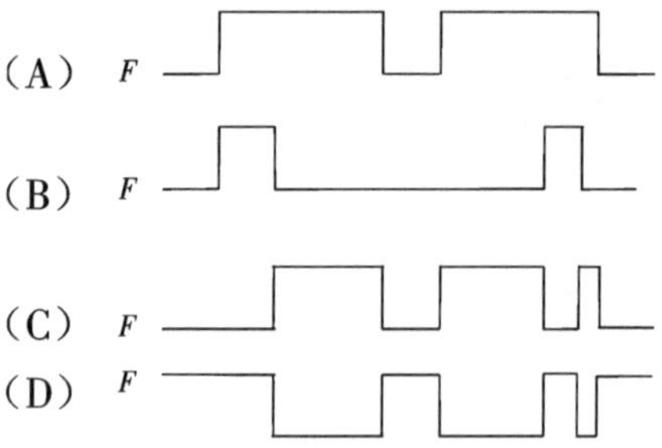


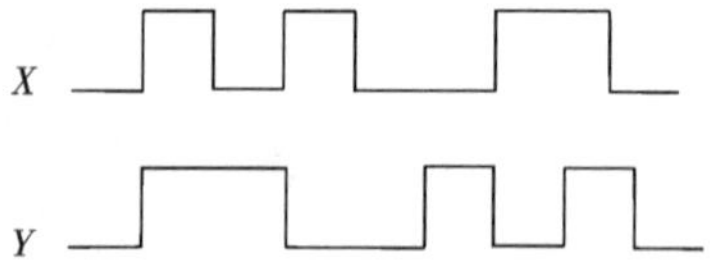


题 8-6 图

8-7　如下说法不正确的是(　　)。

(A)信号是具体的，信息是抽象的　　(B)信号是信息的载体

(C)信息是可以直接观测到的　　(D)信息是具有特定含义的数据

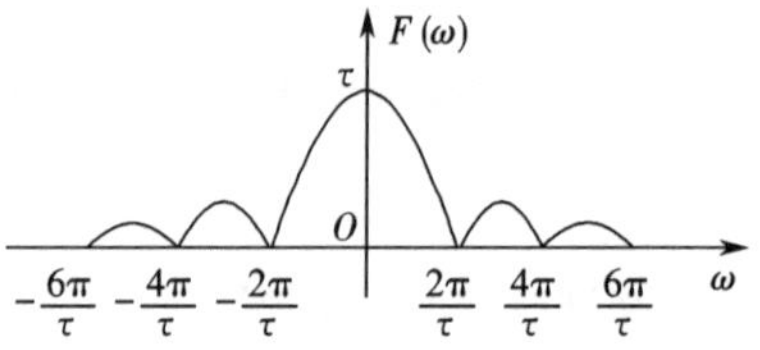


题 8-8 图

8-8　图示曲线描述的是(　　)。

(A)某非周期信号的幅值频谱

(B)某周期信号的幅值频谱

(C)某非周期信号的频谱

(D)某周期信号的频谱

8-9　图(a)所示电路的滤波特性如图(b)所示，由此可知，该电路具有(　　)。

(A)低通滤波特性　(B)高通滤波特性　(C)带阻滤波特性　(D)带通滤波特性

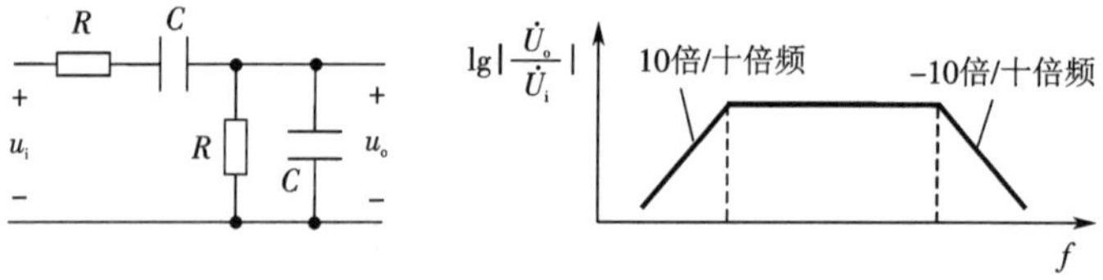


(a)　　(b)

题 8-9 图

8-10　逻辑信息借助数字信号来描述，其形式为(　　)。

(A)ASCII 编码形式　　(B)"0"或"1"

(C)由"0""1"构成的符号串　　(D)BCD 编码形式

8-11　如图所示电路，运算放大器的输出极限值为 ±12 V。若 $u_i=5\sin\omega t$ V，$3RC<\frac{T}{2}$，$T$ 为 $u_i$ 信号的周期，则 $u_o$ 的波形为(　　)。

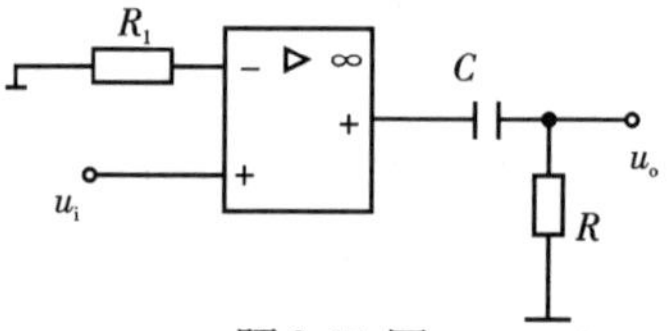


题 8-11 图

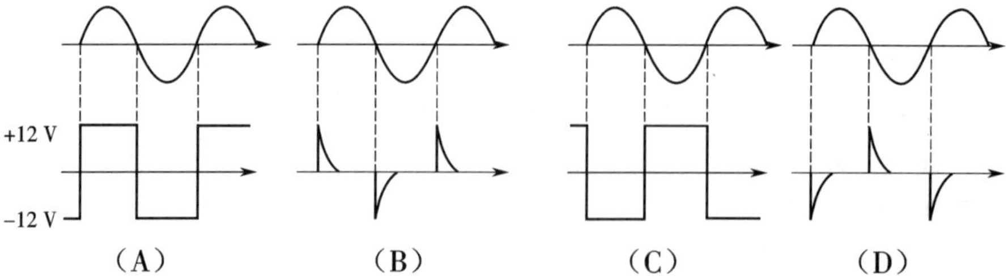

8-12　若逻辑函数 $F = X\overline{Y} + XZ = 1$，则（　　）。

（A）$XYZ = 001$　　（B）$XYZ = 110$

（C）$XYZ = 100$　　（D）$XYZ = 011$

8-13　图示信号属于（　　）。

（A）物理信号

（B）模拟信号

（C）离散信号

（D）连续信号

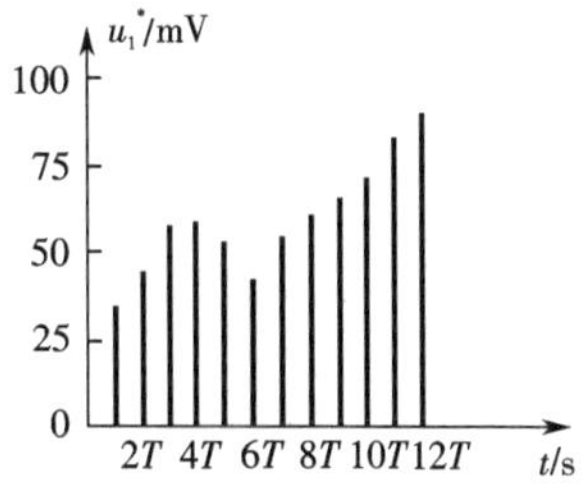


题 8-13 图

8-14　如下说法不正确的是（　　）。

（A）模拟信号是电信号

（B）模拟信号与原始信号的变化规律相同

（C）数字信号与采样信号都是离散信号

（D）数字信号与模拟信号都是连续信号

8-15　下面不正确的描述是（　　）。

（A）不论是周期的还是非周期的模拟信号，它们的频谱都可表示为频率的连续函数

（B）周期模拟信号的频谱是离散的

（C）非周期模拟信号的频谱是连续的

（D）周期模拟信号的谱线高度随谐波次数的增大而减小

8-16　下面 4 个幅频特性中，具有带阻特性的是（　　）。

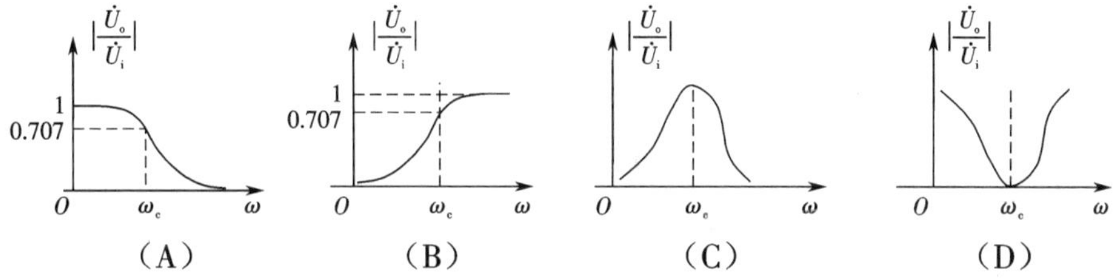


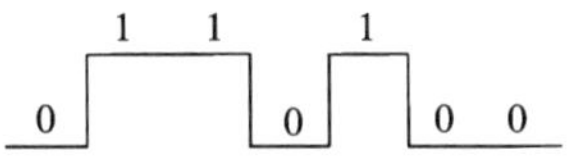


题 8-17 图

8-17　图示数字信号所表示的二进制数和十进制数分别为（　　）。

（A）0010110 和 22　　（B）0110100 和 52

（C）110100 和 52　　（D）10110 和 22

8-18　十进制数 9 的 8421BCD 码是（　　）。

（A）1001　　（B）0110　　（C）1100　　（D）0011

8-19　如下说法不正确的是（　　）。

（A）模拟信号中仅能含有一种信息

（B）模拟信号中可以含有多种信息

（C）借助模拟信号的频率函数描述形式可以进行信息的识别

（D）模拟信号中的信息往往是微弱的

8-20　如下选项中不正确的描述是（　　）。

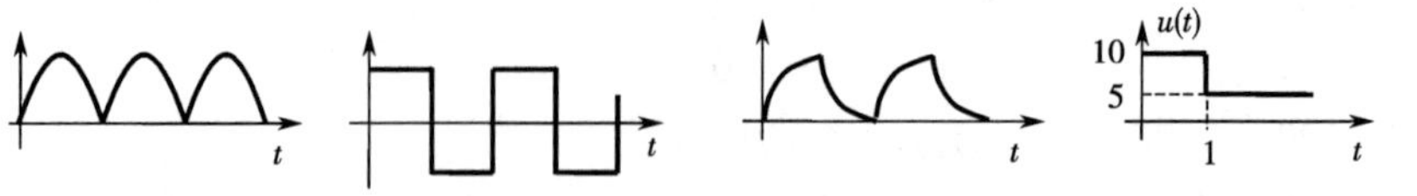


周期信号　　周期信号　　非周期信号　　$u(t)=10\cdot 1(t)-5\cdot 1(t-1)$

（A）　　（B）　　（C）　　（D）

8-21　模拟信号放大环节的输出 $u_o$ 与输入 $u_i$ 的关系如图(a)所示,若输入信号为 $u_i = 0.1\sin\omega t(\mathrm{V})$,且如图(b)所示,则如下选项中正确的是(　　)。

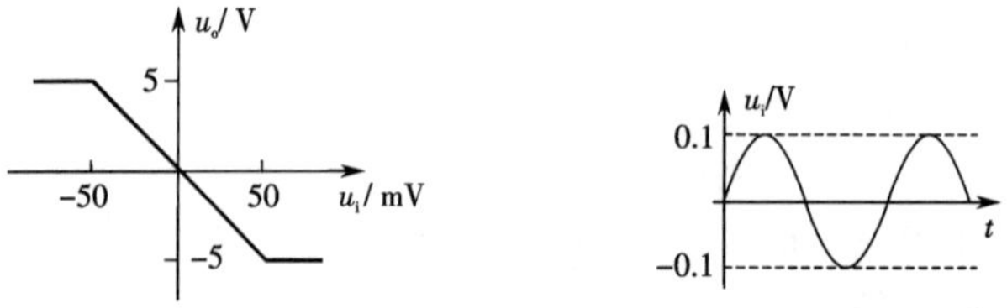


(a)　　(b)

题 8-21 图

（A）

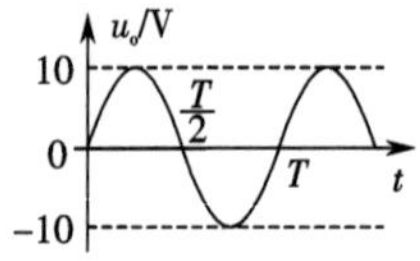


（B）

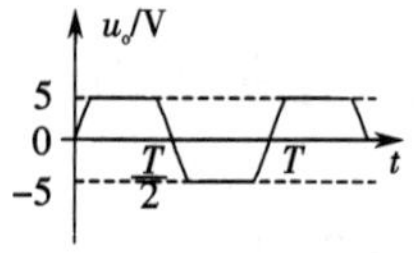


（C）

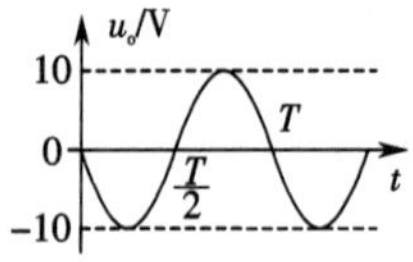


（D）

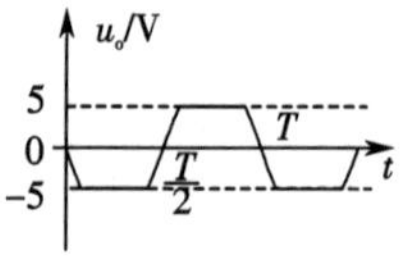


8-22　图(a)所示电路的滤波特性如图(b)所示,由此可知,该电路具有(　　)。

(A)高通滤波特性　　(B)低通滤波特性　　(C)带通滤波特性　　(D)带阻滤波特性

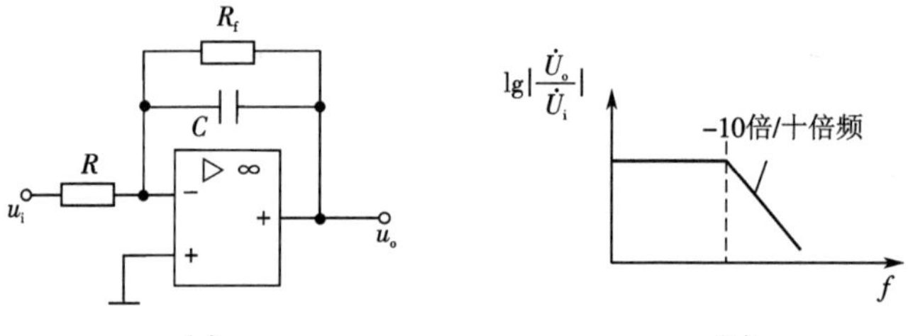


(a)　　(b)

题 8-22 图

8-23　逻辑变量 $X$、$Y$ 的波形如图所示,$F = X\bar{Y} + \bar{X}Y$ 的波形是(　　)。

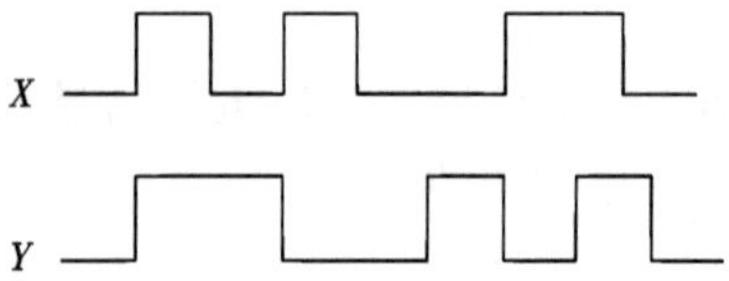


题 8-23 图

(A) 

(B) 

(C) 

(D) 

8-24　二进制数的减法运算可以转化为(　　)。

(A)两个数的比较操作　　(B)"求补—加法"操作

(C)"左移—加法"操作　　(D)"右移—减法"操作

8-25　如下说法不正确的是(　　)。

(A)可以通过数字信号来表示、存储、处理、传送信息

(B)信息是具有特定含义的数据

(C)书籍、报刊上的文字符号是信息,而不是信号

(D)化学反应器中的温度是原始的物理信号

8-26　下面正确的描述是(　　)。

(A)模拟信号的频谱一定是连续的

(B)模拟信号的频谱是离散的

(C)不同的模拟信号可能具有相同的频谱

(D)不同的模拟信号具有不同的频谱,二者一一对应

8-27　逻辑表达式 $F=(X+Y)Z+\bar{X}Z+XY$ 的化简结果是(　　)。

(A) $F=XY+Z$

(B) $F=Z(X+\bar{X})+Y(X+Z)=Z+YZ+XY$

(C) $F=XZ+\bar{X}Z+YZ+XY=Y(X+Z)$

(D) $F=X(Y+Z)+Z(\bar{X}+Y)$

8-28　十六进制数 B9H 对应的二进制数为(　　)。

(A)11001001　　(B)10111001　　(C)10111000　　(D)11001000

8-29　模拟信号放大环节的输出 $u_o$ 与输入 $u_i$ 的关系如图(a)所示,若输入信号为 $u_i=0.1\sin\omega t$(V),且如图(b)所示,则如下选项中正确的是(　　)。

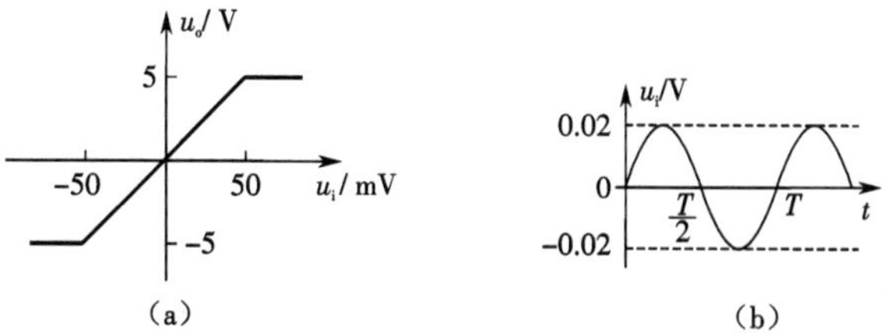


题 8-29 图

(A) 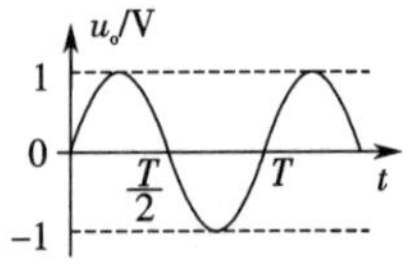


(B) 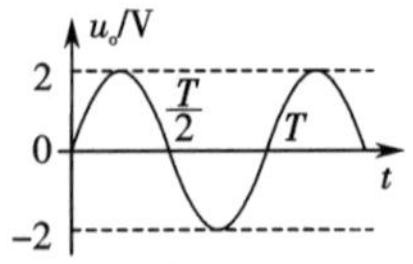


(C) 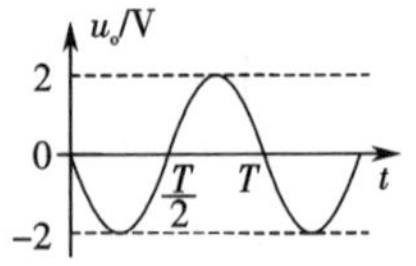


(D) 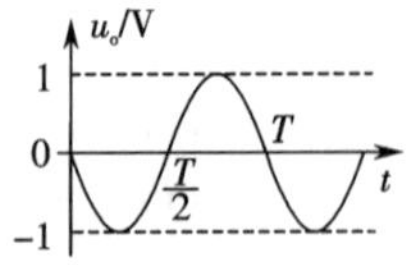


8-30　如图所示 $X$、$Y$ 信号，如下选项中完成 $F=X-Y$ 数值运算的是(　　)。

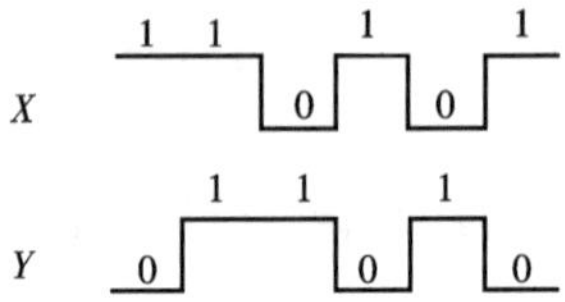


题 8-30 图

(A) 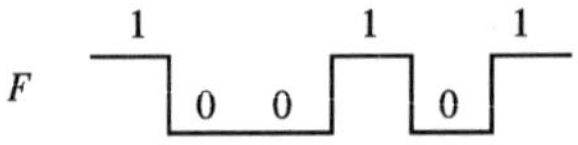


(B) 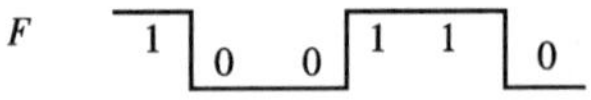


(C) 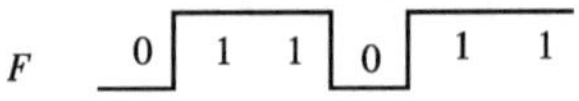


(D) 

## 习题答案

8-1　(C)

8-2　(B)。解题思路：选项(A)为原始物理信号，是可直接被观测到的信号。

选项(B)为模拟信号，是由原始时间信号转换而来的电信号，它与原始信号的变化规律相同，属于连续信号。

选项(C)是采样信号，它是按等距离时间间隔读取连续信号的瞬间值。采样信号是连续信号的离散化形式，它属于离散信号。

选项(D)为数字信号。

故本题答案为(B)。

8-3　(D)。解题思路：满足狄里赫利条件的周期信号可描述为傅里叶级数形式，即一系列谐波分量，各谐波分量的幅度随着谐波次数的增高而迅速减小；周期信号频谱是离散的频谱，其谱线只出现在周期信号频率 $\omega$ 整数倍的地方，所以随着信号周期的加长，各次谐波之间的距离在缩短，它的谱线也变得越加密集。因此，选项(D)是错误的描述。

8-4　(B)　8-5　(D)

8-6 (A)。解题思路:本题讨论逻辑信号 $X$ 和 $Y$ 的“或”逻辑运算。“或”逻辑运算原则:有1则1,全0为0。根据 $X$、$Y$,可得到“或”逻辑运算的波形,如选项(A)。选项(B)为 $X$ 和 $Y$ 的“与”逻辑运算,即 $F = XY$。

选项(C)为 $X$ 和 $Y$ 的“异或”逻辑运算,即同为0,异为1,逻辑关系式为 $F = X \oplus Y = X\bar{Y} + \bar{X}Y$。

选项(D)为 $X$ 和 $Y$ 的“同或”逻辑运算,即同为1,异为0,逻辑关系式为 $F = \overline{X \oplus Y} = XY + \bar{X}\bar{Y}$。

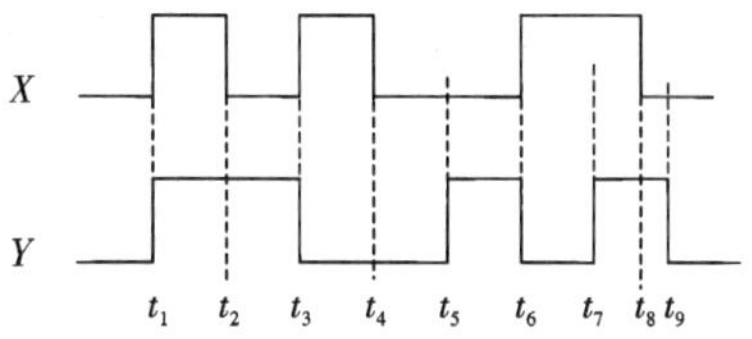


题 8-6 解图

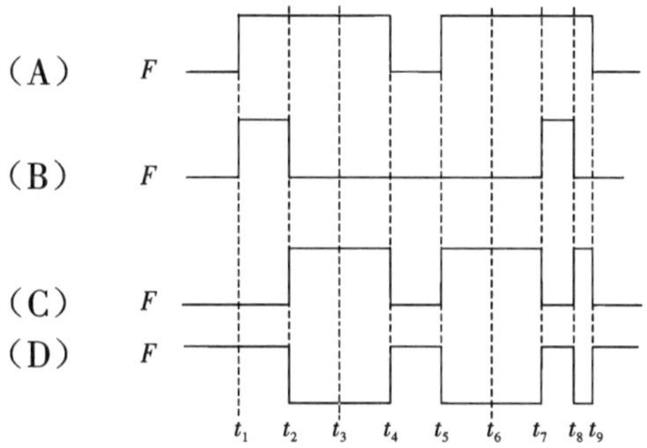


8-7 (C)。解题思路:信号是指物理对象上可被观测到的现象,从对象本身发出并直接为人们所感受到的信号包含对象的原始信息,所以说“信号是信息的表现形式”。信息是抽象的,信号是具体的。信息必须以信号为载体,才能通过物理媒体进行传输和处理。所以答案为(C)。

8-8 (A) 8-9 (D)

8-10 (B)。解题思路:ASCII 编码用于描述符号信息;

由“0”“1”构成符号串描述数值信息;

BCD 码将二进制编码转换为十进制编码,采用 4bit 单元组,表示 0、1、…、9 十个数字;

逻辑命题的“真”和“假”两个状态取值用“1”和“0”代码表示。

所以,应选(B)。

8-11 (B)。解题思路:$u_i$ 为正弦信号,运算放大器构成过零比较器,信号从同相输入端输入,其输出波形为矩形波,如选项(A);$RC$ 组成的电路,由于 $3RC < \frac{T}{2}$,所以在矩形波信号作用下,迅速完成充放电过程,即当矩形波为 +12 V 时,迅速充电,充电电流在电阻上得到一个正尖脉冲;当矩形波为 -12 V 时,迅速放电,放电电流在电阻上得到一个负尖脉冲。因此,答案(B)正确。

8-12 (C)。解题思路:若逻辑函数 $F = X(\bar{Y} + Z) = 1$,则 $X = 1$,且 $\bar{Y} + Z = 1$。所以选项(C)正确。

8-13 (C)

8-14 (D)。解题思路：信号是具体的，可以对它进行加工、处理和传输；信息和数据都是抽象的，它们都必须借助信号才得以加工、处理和传送。

模拟信号是由原始时间信号转换而来的电信号。时间离散或数值离散或时间及数值都离散的信号称为离散信号；时间和数值都连续的信号称为连续信号，因此数字信号仅是时间连续信号，模拟信号是连续信号。周期模拟信号的频谱是离散的频谱，其幅度随着谐波次数的增高而减小；非周期模拟信号的频谱是连续的。所以，本题答案为选项(D)。

8-15 (A) 8-16 (D)

8-17 (B)。解题思路：描述数字信号的 0 或 1 都有其特定的含义，不能缺少，所以选项(C)和(D)错。

已知数字信号所描述的二进制数为 0110100，左高右低，其十进制数为 52，故选(B)。

8-18 (A)。解题思路：所谓的 BCD 码，就是将二进制编码转换为十进制编码，采用 4 bit 单元组来表示 0、…、9 等十个数字。8421 代表四位二进制数从高位至低位的权值。

选项(A)的十进制数：$(1001)_2=8\times1+4\times0+2\times0+1\times1=(9)_{10}$

选项(B)的十进制数：$(0110)_2=8\times0+4\times1+2\times1+1\times0=(6)_{10}$

选项(C)的十进制数：$(1100)_2=8\times1+4\times1+2\times0+1\times0=(12)_{10}$

选项(D)的十进制数：$(0011)_2=8\times0+4\times0+2\times1+1\times1=(13)_{10}$

8-19 (A)。解题思路：从对象发出的信号是原始的物理形态各异的信号，模拟信号是用以模拟原始信号变化规律的信号。原始信号必须转换为模拟信号，才能实现信号的放大、变换、滤波等处理。因此，模拟信号中可能含有多种信息，包含有用信息和无用信息，同时需要放大、变换、滤波等处理。所以，选项(A)的描述是不正确的。

8-20 (C)

8-21 (D)。解题思路：将微弱的信号放大到足以被识别和利用是模拟信号最基本的处理方式，这种处理涉及电压放大和功率放大等信号本身能量的增强，所以信号的放大过程可以理解为把小能量的信号转换为大能量信号的过程。

本题讨论的电压放大器具有非线性特性，线性区特性为$\frac{u_o}{u_i}=-100$，电压放大倍数$\left|\frac{U_o}{U_i}\right|$，$u_o$与 $u_i$的相位互差 180°，最大输出为 5 V，所以信号在放大的同时可能会出现失真现象。对于输入信号 $u_i=0.1\sin\omega t$ V，经放大器放大后，大于 5 V 的信号被削掉，因此选项(D)正确。

8-22 (B)

8-23 (C)。解题思路：本题属于数字信号的逻辑运算问题。$F=X\bar{Y}+\bar{X}Y$ 的实质是“异或”逻辑关系，“异或”逻辑关系还可描述为 $F=X\oplus Y$，异为 1，同为 0，即当 $X$、$Y$ 的状态不同时，$F$=“1”，当 $X$、$Y$ 的状态相同时，$F$=“0”。因此，选项(C)正确。

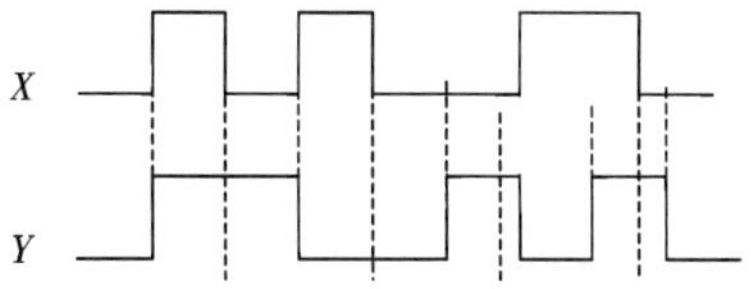


题 8-23 解图

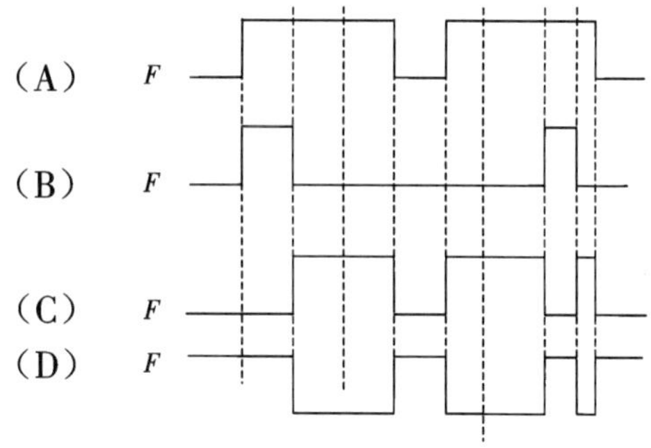


选项(A)描述为“或”逻辑关系，$F = X + Y$。

选项(B)描述为“与”逻辑关系，$F = XY$。

选项(D)描述为“同或”逻辑关系，$F = \overline{X \oplus Y} = XY + \overline{X}\overline{Y}$。

8-24 (B)

8-25 (C)。解题思路：任何符号本身都不具有特定的含义，只有当它们按照确定的编码规则被用来表示特定的信息时才可以称为数据。因此说“信息是具有特定含义的数据”。

除了人的大脑，任何物理系统都不能直接处理抽象的信息或数据，因此在以计算机为核心的信息系统中以数字信号来表示、存储、处理、传送信息或数据。从这个意义上讲，数字信号是信息的物理代码，亦可称为代码信号。

从信号获取信息可以通过两个渠道实现：一个是借助对象发出的真实信号直接获取信息，如温度、压力、流量等；另一个则用符号对信息进行编码后再以信号的形式传送出去，然后对它进行必要的翻译处理(译码)之后间接获取信息，如书籍、报刊用的文字符号等。

所以，本题答案为选项(C)。

8-26 (D)。解题思路：模拟信号是连续时间信号，分周期信号和非周期信号两个类型。模拟信号又可以描述为频率函数的形式，所以模拟信号又是频率信号，由一系列不同频率的谐波信号叠加而成，可利用频谱描述模拟信号，所以选项(C)描述错，(D)正确。周期信号的频谱是离散的，非周期信号的频谱是连续的，因此选项(A)和(B)的描述均错。

8-27 (A) 8-28 (B) 8-29 (B)

8-30 (C)。解题思路：本题讨论的问题为数字信号的数值运算问题，数值运算包括加法“+”、减法“-”、乘法“×”或“·”、除法“/”运算。值得注意的是：由于加法“+”、乘法“×”的运算符号分别同逻辑运算中“或”逻辑符号“+”、“与”逻辑符号或“·”相同，因此二者不能混淆。

加法运算是最基本的数值运算，减法运算为“求补—加法”运算，乘法运算为“左移—加法”运算，除法运算为“右移—减法”运算，而减法中的求补运算等价于求反加 1。

选项(A)为“求反”运算，选项(B)为“求补”运算，选项(C)为“$X - Y$”运算，选项(D)为“$X + \overline{Y}$”运算。

# 9 计算机技术

## 考试大纲

9.1 计算机系统

**计算机系统组成；计算机的发展；计算机的分类；计算机系统特点；计算机硬件系统组成；CPU；存储器；输入/输出设备及控制系统；总线；数模/模数转换；计算机软件系统组成；系统软件；操作系统；操作系统定义；操作系统特征；操作系统功能；操作系统分类；支撑软件；应用软件；计算机程序设计语言。**

9.2 信息表示

**信息在计算机内的表示；二进制编码；数据单位；计算机内数值数据的表示；计算机内非数值数据的表示；信息及其主要特征。**

9.3 常用操作系统

**Windows 发展；进程和处理器管理；存储管理；文件管理；输入/输出管理；设备管理；网络服务。**

9.4 计算机网络

**计算机与计算机网络；网络概念；网络功能；网络组成；网络分类；局域网；广域网；因特网；网络管理；网络安全；Windows 系统中的网络应用；信息安全；信息保密。**

## 复习指导

全国勘察设计注册工程师公共基础考试中，计算机技术部分共 10 题，题型均为四选一。

复习时，可将计算机发展趋势、计算机特点、多媒体数据在计算机内的表示、实数（浮点数）的表示、Windows 操作系统的发展、网络的管理、网络管理协议作一般性了解；其次是了解计算机的发展、数据库、数模转换、数值数据在计算机中的表示、二进制数的运算方法、作业管理、Windows 中的网络应用、计算机的分类等。将重点放在计算机系统组成、操作系统的一般概念、数值转换、计算机语言、ASCII 码、存储器的容量单位、计算机病毒、信息安全、网络的分类、计算机网络体系结构与协议。难点在数值转换、机器数、安全知识、操作系统分类中的概念，学习这些概念时要结合例题加深对概念的认识。

# 复习内容

## 9.1 计算机系统

要求：了解计算机的发展、计算机发展趋势、计算机特点、计算机的分类和数模转换，重点应放在计算机系统组成、操作系统分类中的概念，如批处理操作系统、分时操作系统、实时操作系统等。

### 9.1.1 计算机的发展

从1946年2月诞生世界第一台电子计算机ENIAC，电子数字计算机的发展主要经历了四代历程，如表9.1-1所示。

**表9.1-1 计算机发展的四个时代**

| 时代 | 时间 | 基本电子元件 | 技术特点 |
|---|---|---|---|
| 第一代 | 1946—1956年 | 电子管、磁鼓、磁芯 | 每秒几千次至几万次、机器和汇编语言 |
| 第二代 | 1956—1962年 | 晶体管、磁芯、磁盘 | 每秒几十万次至几百万次、高级编程语言 |
| 第三代 | 1965—1970年 | 中小规模集成电路、半导体存储器 | 每秒几百万次至千万次、操作系统成熟 |
| 第四代 | 1971年至今 | 大规模、超大规模集成电路 | 可达每秒几万亿次至亿亿次、进入网络时代 |

【**例**9.1-1】 计算机发展过程按使用的电子器件可划分为四代，其中第四代计算机使用的器件是(　　)。

(A)晶体管　　(B)超大规模集成电路

(C)小规模集成电路　　(D)电子管

**答案**：(B)。

### 9.1.2 未来计算机的发展趋势

计算机的发展趋势主要表现在以下方面。

①高性能：运算速度快，可靠性高，进一步提高字长和寻址空间，能多指令发送，具有并行操作技术等。除了发展半导体技术外，新技术很受科学家重视，已产生了光计算机、量子计算机、生物计算机。

②人性化：易学、易用，使计算机做到“使用傻瓜化”。

③网络化：利用计算机和通信技术达到数据传输和资源共享。

④多级化：充分发挥巨、大、中、小、微型计算机的特色，共同形成一个多级计算机世界。

⑤多媒体化：用计算机处理文本、图形、图像、声音、视频等多种媒体信息。

⑥智能化：使计算机能模拟人的思维，具有推理、联想、学习能力，能看、能说。

【**例**9.1-2】 计算机今后的发展趋势是(　　)。

(A)高性能、网络化、智能化、人性化、多级化、多媒体化

(B)数字化、网络化、智能化、人性化、多级化、多媒体化

(C)微型化、一体化、智能化、人性化、多级化、多媒体化

(D)微型化、网络化、自动化、人性化、多级化、多媒体化

**答案:**(A)。

### 9.1.3 计算机的分类

计算机种类很多,可以从不同的角度对计算机进行分类。

①按所处理的量值,分模拟计算机和数字计算机。

②按适用范围,分专用计算机和通用计算机。

③按规模,分巨型计算机、大型计算机、中型计算机、小型计算机、微型计算机、单板机和单片机。

④按内部逻辑结构,分复杂指令系统计算机、精简指令系统计算机。

⑤按计算机字长,分8位机、16位机、32位机、64位机。

**【例9.1-3】** 将计算机分为巨型机、大型机、小型机、微型机,划分依据是(　　)。

(A)结构　　(B)功能　　(C)用途　　(D)规模

**答案:**(D)。

### 9.1.4 计算机的特点

计算机能在程序控制下自动连续地高速运算。由于采用存储程序控制的方式,因此一旦输入编制好的程序,启动计算机后,就能自动地执行下去直至完成任务,主要表现如下。

①计算能力:计算精度高,运算速度快。

②判断能力:拥有逻辑判断和选择能力,可用于管理、控制、决策、推理等方面。

③存储能力:计算机具有记忆功能,拥有巨大的存储空间。

④快速操作能力:计算机依次进行操作所需时间小到纳秒(ns),反应速度快。

⑤通用性:方便实现不同的应用目的。

⑥联网功能:借助通信技术达到数据传输和资源共享。

**【例9.1-4】** 电子数字计算机最主要的工作特点是(　　)。

(A)高速度　　(B)高精度

(C)记忆力强　　(D)存储程序与自动控制

**答案:**(D)。

### 9.1.5 计算机的组成

美籍匈牙利数学家冯·诺依曼提出计算机基本结构和工作方式的设想,为计算机的诞生和发展提供了理论基础,冯·诺依曼理论的要点如下。

①数字计算机的数制采用二进制。

②计算机硬件设备由存储器、运算器、控制器、输入设备和输出设备5部分组成。

③存储程序思想:把计算过程描述为由许多指令按一定顺序组成的程序,然后把程序和数据一起输入计算机,执行程序完成计算,输出结果。

直至今日,尽管计算机软硬件技术飞速发展,但计算机本身的体系结构并没有明显的突破,当今的计算机仍属于冯·诺依曼架构。一个完整的计算机系统是由计算机硬件系统和软件系统组成,如图9.1-1所示。

**【例9.1-5】** 下列关于计算机系统硬件的说法中,正确的是(　　)。

(A)键盘是计算机输入数据的唯一手段　　(B)显示器和打印机都是输出设备

(C)计算机硬件由中央处理器和存储器组成　　(D)内存可以长期保存信息

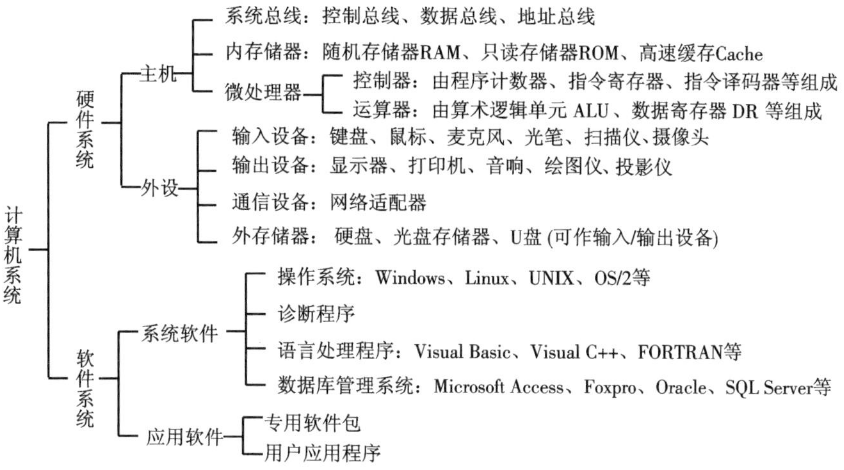


图 9.1-1　计算机系统组成

**答案：**(B)。

【**例 9.1-6**】　一个完整的计算机系统应该指的是(　　)。

(A)硬件系统和软件系统　　(B)主机与外部设备

(C)运算器、控制器和寄存器　　(D)操作系统与应用程序系统

**答案：**(A)。

【**例 9.1-7**】　CPU 即中央处理器,包括(　　)。

(A)控制器和存储器　(B)内存和外存　(C)运算器和存储器　(D)运算器和控制器

**答案：**(D)。

## 9.1.6　计算机硬件系统

计算机硬件系统由主机和外设组成,主要部件可分为总线、内存、处理器、输入设备、输出设备等。

**1. 总线**

在计算机中有三种信息(数据信息、地址信息和控制信息),它们分别在被称为数据总线、地址总线和控制总线的线路上流动。总线由一组导线和相关的控制、驱动电路组成。在计算机系统中,总线被视为一个独立部件。

①数据总线:用于传送程序和数据信息,计算机数据总线所包含的二进制位数称为字长。

②地址总线:专门用来传送地址,由 CPU 传向存储器的为地址码,传向 I/O 接口的为设备码。

③控制总线:用来传送控制信号。

【**例 9.1-8**】　总线中的地址总线传输的是(　　)。

(A)程序和数据　　(B)主存储器的地址码或外围设备码

(C)控制信息　　(D)计算机的系统命令

**答案：**(B)。

**2. 中央处理器(在微机中称微处理器)**

中央处理器由控制器和运算器组成,控制器是分析和执行指令的部件,运算器是完成算术

运算和逻辑运算的部件。

①控制器:由程序计数器、指令寄存器、指令译码器、地址寄存器及控制部件等组成。

②运算器:由算术逻辑单元(ALU)数据寄存器等组成。

③程序计数器 PC:用来存放下一条要执行的指令地址。

④指令寄存器 IR:用来保存当前正在执行的一条指令。

⑤指令译码器:负责对指令的指令码部分进行译码,产生该指令所需要的一系列微操作信号。

⑥地址寄存器:用来保存当前 CPU 所访问的内存单元的地址,当 CPU 向内存存/取数据时,或者 CPU 从内存中读出指令时,都要使用地址寄存器。有些系统中把外围设备像内存单元一样编号,这些编号称为设备地址,那么当 CPU 和外围设备交换信息时,同样使用地址寄存器保存设备地址。

⑦控制部件:按微操作信号控制计算机中的所有部件。

⑧算术逻辑单元 ALU:主要完成算术运算和各种逻辑运算。

⑨数据寄存器:用来存放操作数、运算结果和运算的中间结果,以减少访问存储器的次数。

**【例 9.1-9】** 程序计数器的作用是存放(　　)。

(A)下一条要执行的指令地址　　(B)当前正在执行的指令地址

(C)当前正在执行的一条指令　　(D)下一条要执行的指令

**答案:**(A)。

**解释:**指令寄存器存放当前正在执行的指令,程序计数器(PC)为取下一条要执行的指令做好准备,因此存放下一条要执行的指令地址。

**3. 存储器**

存储器(Memory)是计算机系统中的记忆设备,用来存放程序和数据。计算机中的全部信息,包括输入的原始数据、计算机程序、中间运行结果和最终运行结果都保存在存储器中。

按用途存储器可分为主存储器(内存)和辅助存储器(外存)。外存通常是磁性介质或光盘、U 盘等,能长期保存信息。内存半导体存储器,用来存放当前正在执行的程序和数据,但仅用于暂时存放程序和数据,关闭电源或断电,数据就会丢失。

为了解决 CPU 与内存储器之间速度不匹配问题,引进了高速缓冲存储器(Cache)。

一个存储器包含许多存储单元,每个存储单元可存放一个字节(微机按字节编址)。每个存储单元的位置都有一个编号,即存储地址。一个存储器中所有存储单元可存放数据的总和称为它的存储容量。

存储器根据控制器指定的位置(地址寄存器)存入(写)和取出(读)信息。

一般内存容量小、速度快、价格贵,外存容量大、速度慢、价格低。

**【例 9.1-10】** 计算机存储器中的每一个存储单元都配置一个唯一的编号,这个编号就是(　　)。

(A)一种寄存标志　　(B)寄存器地址

(C)存储器的地址　　(D)输入/输出地址

**答案:**(C)。

**4. 输入设备**

输入设备是计算机输入程序和数据的设备。如键盘、鼠标、摄像头、扫描仪、光笔、手写输入板、游戏杆、麦克等都属于输入设备。

**5. 输出设备**

输出设备是人与计算机交互的一种部件,用于数据的输出。它把各种计算结果数据或信息以数字、字符、图像、声音等形式表示出来。常见的输出设备有显示器、打印机、绘图仪、影像输出系统、语音输出系统等。

## 9.1.7 计算机软件系统

**1. 软件系统的组成**

软件系统由系统软件、支撑软件和应用软件组成。

**2. 系统软件**

系统软件主要指控制和协调计算机及外部设备工作的软件。其通常指操作系统,如 Windows、Linux、Dos、UNIX 等。

**3. 支撑软件**

支撑软件是支撑各种软件的开发与维护的软件,又称为软件开发环境。它主要包括环境数据库、语言处理程序等,如数据库、汇编语言汇编器、语言编译、连接器等,微软公司的 Visual Studio. NET 是目前微机普遍应用的支撑软件。

**4. 应用软件**

应用软件是使用各种程序设计语言编制的应用程序,分为通用应用软件和专用应用软件。

**5. 软件系统的划分问题**

人们常把上述系统软件和支撑软件合在一起,称为系统软件。这样可以把计算机软件系统看成是由系统软件和应用软件组成。

**【例 9.1-11】** 计算机高级语言的编译系统属于(　　)。

(A)应用软件　　(B)操作系统　　(C)系统软件　　(D)数据库管理系统

**答案:**(C)。

**解释:**计算机高级语言的编译系统按软件分类来看属于支撑软件,而系统软件又可以分为操作系统和支撑软件,这样计算机高级语言的编译系统也属于系统软件,就是说答案应为选项(C)。

## 9.1.8 操作系统

只有硬件部分,未安装任何软件系统的电脑称为裸机。操作系统是系统软件中最内层的软件,是计算机系统的内核与基石。

**1. 操作系统及特征**

操作系统的功能是控制和管理计算机系统内各种硬件和软件资源,合理有效地组织计算机系统的工作,为其他应用软件提供支持,控制程序运行,为用户提供方便的、有效的、友善的服务界面。

现代的操作系统具有 3 个基本特征:并发性、共享性、随机性。

①并发性:指很多个程序或者作业在同一段时间内运行,宏观上看程序或者作业在同一操作系统的控制下并行向前推进。

②共享性:指在操作系统的控制下,操作系统和多个运行的用户程序一起共享计算机的资源。

③随机性:指操作系统控制下的多道作业执行顺序和每个作业的执行时间是不确定的。

【例9.1-12】 操作系统作为一种系统软件,存在的与其他软件明显不同的三个特征是(　　)。

(A)可操作性、可视性、公用性　　(B)并发性、共享性、随机性

(C)随机性、公用性、不可预测性　　(D)并发性、可操作性、脆弱性

**答案:**(B)。

**2. 操作系统的作用**

在计算机系统中引入操作系统有两方面的目的:最大限度地提高计算机系统资源的使用效率和方便用户使用计算机。

①资源管理:系统资源既包括CPU、内存、外围设备等硬件资源,也包括程序和数据等软件资源。其功能包括监视资源,确定资源分配策略,按照资源分配策略决定资源的分配和回收,合理地组织计算机的工作流程,使这些软件、硬件资源被多个用户共享。

②提供友好的用户界面:一个好的操作系统应给用户使用计算机提供一个良好的界面,使用户不必了解硬件和系统软件的细节就可方便地使用计算机。这里的"用户"是一个广义的概念,不仅包括系统的一般用户、系统管理员,还应包括系统实用软件的设计者。

【例9.1-13】 下面所列各种软件中,最靠近硬件一层的是(　　)。

(A)高级语言程序　　(B)操作系统

(C)用户低级语言程序　　(D)服务性程序

**答案:**(B)。

**3. 操作系统的分类**

操作系统种类很多,也具有不同的特征,对操作系统的分类,可以基于不同的观点。

①根据所支持的用户数目,可分为单用户(MS DOS、OS/2、Windows2000/XP)、多用户(UNIX、XENIX)。

②根据同时执行的任务数目,可分为单任务(早期的MS DOS)、多任务(UNIX、Windows XP)。

③根据硬件结构和配置,可分为多机配置和单机配置的操作系统,多机配置的有网络操作系统(Netware、Windows NT、OS/2 warp)、分布式系统(Amoeba),单机配置的有多媒体系统(Amiga)、大型机操作系统、小型机操作系统和微型机操作系统。

④根据操作系统的功能、使用环境和作业处理方式,可分为批处理系统(MVX)、分时系统(Linux、UNIX、XENIX)、实时系统(iEMX、VRTX)。

【例9.1-14】 Windows有许多特点,但(　　)不是它的特点。

(A)友好的图形用户界面　　(B)支持虚拟存储管理

(C)单任务　　(D)支持的文件系统格式有FAT、FAT32、NTFS

**答案:**(C)。

**解释:**Windows是一种多任务操作系统。

(1) 批处理操作系统

把用户要求计算机系统进行处理的一个计算问题称为一个"作业"。用户为作业准备好程序和数据后,需要写一份控制作业执行的说明书;然后把作业说明书、相应的程序和数据一起交给操作员;操作员将收到的一批作业的有关信息输入到计算机系统中等待处理,由操作系统选择作业,并按其作业说明书的要求自动控制作业的执行。采用这种批量化处理作业的操

作系统称为“批处理操作系统”。批处理操作系统按照预先写好的作业说明书控制作业的执行。因此,执行作业时无须人为干预(不允许用户和作业交互)。

批处理操作系统可分为单道批处理系统和多道批处理系统。

①单道批处理系统。“单道”是指一次只有一个作业装入计算机主存中运行,因而它也是一个单用户操作系统。这种系统的主要目标是一批作业能自动、顺序地运行,即当一个作业执行结束后,操作系统自动控制转入下一个作业运行,以节省人工操作时间,提高系统效率。

②多道批处理系统。“多道”是指在主存中同时存放若干个用户作业,这些作业在操作系统控制下,轮流在中央处理机上运行,各个作业可以同时使用各自所需的外部设备,从而极大地提高计算机系统的工作效率。

批处理操作系统自动控制作业的运行,提高了计算机系统的工作效率,但在作业运行时用户不能直接干预作业的执行。当程序出现错误时,用户也不能及时加以控制,只能由操作系统输出信息,再由操作员通知用户重新修改程序,然后再次提交给系统重新装入执行。

**【例 9.1-15】** 多道程序执行方式的特点是(　　)。

(A)宏观上并行,微观上串行　　(B)宏观上串行,微观上并行

(C)宏观上并行,微观上并行　　(D)宏观上串行,微观上串行

**答案:**(A)。

**解释:**多道程序执行时宏观上都在执行(并行),微观上轮流占有中央处理机(串行)。

(2)分时操作系统

将一台计算机连接多个终端,用户通过各自的终端把作业输入计算机,计算机又通过终端向用户报告其作业的运行情况。这种计算机能轮流地为各终端用户服务并能及时地对用户请求予以响应,这就是分时系统。分时操作系统将 CPU 的时间划分成若干个片段,称为时间片。操作系统以时间片为单位,轮流为每个终端用户服务。每个用户轮流使用一个时间片而使每个用户并不感到有别的用户存在。支持这种系统运行方式的操作系统称为“分时操作系统”。

分时操作系统的基本特征如下。

①同时性:若干个用户同时使用一台计算机,微观上看是各用户轮流使用计算机,宏观上看是各用户在并行工作。

②交互性:用户可根据系统对请求的响应结果,进一步向系统提出新的请求。这种能使用户与系统进行人—机对话的工作方式,明显地有别于批处理系统,因而分时系统又称为交互式系统。

③独立性:用户之间可以相互独立操作,互不干涉,互不影响,系统保证各用户程序运行的完整性,不会发生相互混淆和破坏现象。

分时操作系统能及时对用户的输入作出响应,这也是分时操作系统性能的主要指标之一。目前广为流行的 UNIX 操作系统是一个分时操作系统。

**【例 9.1-16】** 分时操作系统的主要特点是(　　)。

(A)个人独占计算机资源　　(B)自动控制作业运行

(C)高可靠性和安全性　　(D)多个用户同时使用一台计算机资源

**答案:**(D)。

**解释:**分时操作系统的主要特点是多个用户同时使用一台计算机资源,在学习中要注意比较,如分时操作系统可以交互,但批处理不允许交互。

(3)实时操作系统

能使计算机系统接收到外部信号后及时进行处理,并且在严格的规定时间内结束处理,再给出反馈信号的操作系统称为“实时操作系统”。

实时操作系统设计的目标是实现实时响应及处理的能力和高可靠性。实时系统对系统资源的利用率要求不高,甚至为保证高可靠性而在硬件上采用冗余措施,且仅要求有限的交互能力。实时系统一般都是专用系统,为专门的应用而设计。

实时操作系统主要追求的目标是:①对外部请求在严格时间范围内作出反应;②有高可靠性和安全性。

**【例 9.1-17】** 实时操作系统必须考虑的是(　　)。

(A)高效率　　(B)及时响应和高可靠性及安全性

(C)有很强的交互会话功能　　(D)可移植性和使用方便

**答案:**(B)。

批处理系统、分时系统和实时系统是操作系统的三种基本类型。如果一个操作系统兼有三者或其中两者的功能,就形成了通用操作系统。在通用操作系统中,往往把批处理作业作为后台作业,而需要及时响应的用户作业作为前台作业。前、后台作业的区别在于:只有前台作业不需要使用处理机时,后台作业才能得到处理机的控制权;一旦前台作业可以开始工作,后台作业要立即让出处理机。

衡量一个操作系统性能时,常采用如下一些指标:①系统的 RAS(RAS 是可靠性、可维护性和可用性三者的总称);②系统的吞吐率;③系统的响应时间;④系统资源利用率;⑤系统可移植性,即把一个操作系统从一种硬件环境移植到另一种硬件环境所需要的工作量。

(4)网络操作系统

网络操作系统除了具有通常单机操作系统所具有的功能外,还具有网络支持功能,如提供高效可靠的网络通信能力,提供多种网络服务等。网络操作系统是按网络体系结构协议标准开发的操作系统,其目标是可以实现相互通信及资源共享。网络操作系统应具有以下功能:高效、可靠的网络通信;对网络中共享资源的有效管理;提供电子邮件、文件传输、远程登录等服务;网络安全管理;提供交互操作能力。

**【例 9.1-18】** 目前,微机使用的主流操作系统属于(　　)。

(A)批处理操作系统　(B)分时操作系统　(C)实时操作系统　(D)网络操作系统

**答案:**(D)。

(5)分布式操作系统

分布式操作系统是配置在分布式计算机系统上的操作系统。

分布式计算机系统是由多台计算机组成的一种特殊的计算机系统。该系统中的各台计算机没有主次之分,系统中任意两台计算机可以通过通信交换信息,整个系统中的资源供各用户共享。

分布式系统是以计算机网络为基础的,它能使系统中若干台计算机相互协作完成一个共同的任务。把一个计算问题分成若干个可以并行执行的子问题,让每个子问题在系统中的各计算机上并行执行,充分利用各计算机的优势。这样,一个程序就被分布在几台计算机上并行执行,相互协作得到结果。在分布式操作系统控制下,系统中的各台计算机组成了一个完整的、功能强大的计算机系统。分布式操作系统的特征如下。

①统一性:系统是一个统一的操作系统。

②共享性:资源实现进一步共享。

③透明性:在用户看来整个系统好像是一台计算机,分布式系统的网络资源调度对用户透明。

④自治性:分布式系统的多个主机处于平等地位。

网络和分布式操作系统的区别:①分布式系统具有各个计算机间相互通信、无主从关系的特点,而网络有主从关系;②分布式系统资源被所有用户共享,而网络为有限制地共享;③分布式系统中若干个计算机可相互协作共同完成一项任务。

(6)单用户操作系统

针对单用户使用的个人计算机的操作系统,计算机在某一时间内为单用户服务,其追求目标是界面友好、使用方便,主要用于事务处理和个人娱乐,效率不必很高。

(7)嵌入式操作系统

嵌入式系统使用非常广泛的操作系统(如 VxWorks、eCos 等)以及某些功能缩减版本的 Linux 或者其他操作系统。在机器人、掌上电脑(PDA)、车载系统、家用电器、手机等通信设备上,都需要一个支持多道程序设计的环境,提供这种环境的操作系统称为嵌入式操作系统。嵌入式操作系统具有微小、实时、专业、可靠、易裁减等优点。

### 9.1.9 支撑软件和计算机语言

支撑软件是介于系统软件和应用软件之间的一个中间件,是支撑各种软件的开发与维护的软件,又称为软件开发环境。其包括一系列基本的工具,比如编译器、数据库管理等。

计算机语言(Computer Language)指用于人与计算机之间通信的语言。计算机语言是人与计算机之间传递信息的媒介。

**1. 计算机语言分类**

计算机语言主要分为以下类别。

(1)机器语言

电子计算机所使用的是由“0”和“1”组成的二进制数,二进制是计算机语言的基础。计算机发明之初,人们只能写出一串串由“0”和“1”组成的指令序列交由计算机执行,这种语言就是机器语言。由于每台计算机的指令系统往往各不相同,所以在一台计算机上执行的程序,要想在另一台计算机上执行,必须另编程序,造成工作重复。编制和修改机器语言程序都是非常困难的。但由于使用的是针对特定型号计算机的语言,故而运算效率是所有语言中最高的。机器语言是第一代计算机语言。

(2)汇编语言

可用一些简洁的英文字母、符号串来替代一个特定指令的二进制串,比如用“ADD”代表加法,“MOV”代表数据传递等。这样一来,人们很容易读懂并理解程序在干什么,纠错及维护都变得方便,这种程序设计语言就称为汇编语言,即第二代计算机语言。然而计算机是不认识这些符号的,这就需要一个专门的程序,负责将这些符号翻译成二进制数的机器语言,这种翻译程序被称为汇编程序。

汇编语言同样十分依赖于机器硬件,移植性不好,但效率仍十分高,针对计算机特定硬件而编制的汇编语言程序,能比较充分地发挥计算机硬件的功能和特长,程序精练而且质量高,所以至今仍是一种强有力的软件开发工具。

(3)高级语言

高级语言接近于数学语言或人的自然语言,同时又不依赖于计算机硬件,编出的程序能在所有机器上通用。经过努力,1954 年,第一个完全脱离机器硬件的高级语言——FORTRAN 问世了。60 多年来,共有几百种高级语言问世,影响较大的有几十种,如 FORTRAN、ALGOL、COBOL、BASIC、LISP、PL/1、Pascal、C、PROLOG、Ada、C++、VC、VB、Delphi、JAVA 等。高级语言直观、易于理解、通用性强,编写和修改源程序容易,因此得到了广泛使用。高级语言也被称为第三代计算机语言。

同样,计算机不能直接识别高级语言源程序,需要经过翻译把高级语言源程序翻译成计算机可以识别的机器语言程序,常见的翻译有编译程序和解释程序。

(4)面向问题的语言

前面三代计算机语言都需要编程指出怎么做(运行步骤),第四代计算机语言在一定程度上只需要说明做什么(目的),不需要写出怎么做的过程。

第四代计算机语言的代表是 SQL,其全称是“结构化查询语言(Structured Query Language)”。SQL 语言结构简洁、功能强大、简单易学,因而得到了广泛的应用。

(5)第五代语言

第五代计算机语言除具有第四代计算机语言的基本特征外,还具有更多的特点,比如人工智能和更接近日常生活所用的语言。因为 LISP 和 PROLOG 具有人工智能的特点,也被一些计算机人士视为第五代计算机语言,当然其“与自然语言接近”还不能被认同。

**2. 语言处理程序**

语言处理程序是将用程序设计语言编写的源程序转换成机器语言的形式,以便计算机能够运行,这一转换是由翻译程序来完成的。翻译程序除了要完成语言间的转换外,还要进行语法、语义等方面的检查。翻译程序统称为语言处理程序,共有三种:汇编程序、编译程序和解释程序。

①汇编程序:将用汇编语言编写的程序(源程序)翻译成机器语言程序(目标程序),这一翻译过程称为汇编。

②编译程序:将用高级语言编写的程序(源程序)翻译成机器语言程序(目标程序),这一翻译过程称为编译。

③解释程序:边扫描边翻译边执行的翻译程序。

编译器和汇编程序都经常依赖于连接程序,连接程序把不同的目标程序和标准库函数收集或装配到一个可直接执行的文件中。

**【例 9.1-19】** 以下说法中,错误的是(　　)。

(A)高级语言编写的源程序计算机可直接执行

(B)编译程序把高级语言源程序全部转换成机器指令并产生目标程序

(C)解释程序以解释方式分析源程序代码,不形成目标程序

(D)各种高级语言有其专用的编译或解释程序

**答案:**(A)。

**解释:**高级语言编写的源程序不能直接执行,它必须经过编译程序或解释程序加工,编译过程产生目标程序(可装配为可执行程序),解释过程不产生目标程序(边解释边执行),语言不同使用的编译程序或解释程序也不同。

【例 9.1-20】 解释程序的功能是(　　)。

(A)将高级语言程序转换为目标程序　　(B)将汇编语言程序转换为目标程序

(C)解释执行高级语言程序　　(D)解释执行汇编语言程序

**答案:**(C)。

**解释:**解释程序将源程序语句一句一句读入,对每个语句进行分析和解释执行。

**3. 常用计算机程序设计语言**

目前,常用的编程语言特点和用途见表 9.1-2。

**表 9.1-2　常用的编程语言特点和用途**

| 语言名称 | 主要特点和用途 |
|---|---|
| FORTRAN | 编写科学计算、工程计算程序 |
| LISP | 编写人工智能、专家系统程序 |
| Pascal | 编写教学程序,非常适宜学生学习编程思想 |
| BASIC | 语法相对简单,易学、易用,编写一般实用程序 |
| Visual Basic | Visual Basic(VB) 继承了 BASIC 的特点,可视化程序设计语言 |
| C | 功能丰富、表达能力强、应用面广、目标程序效率高、可移植性好的程序设计语言 |
| C++ | 继承了 C 的特点,面向对象的程序设计语言 |
| JAVA | 当今最有活力、发展最快、最具有网络优势的编程语言 |

【例 9.1-21】 下面选项中,属于面向对象的程序设计语言是(　　)。

(A)LISP　　(B)C++　　(C)C　　(D)BASIC

**答案:**(B)。

**4. 数据库**

(1)数据库

数据库是按照数据结构来组织、存储和管理数据的仓库。

数据库的特点主要有:数据结构化、共享性高、独立性强、冗余度低、易扩充。

(2)数据库管理系统

数据库管理系统(Database Management System)是一种操纵和管理数据库的软件,用于建立、使用和维护数据库,简称 DBMS。它对数据库进行统一的管理和控制,以保证数据库的安全性和完整性。用户通过 DBMS 访问数据库中的数据,数据库管理员也通过 DBMS 进行数据库的维护工作。

【例 9.1-22】 数据库的特点主要有(　　)。

(A) 数据结构化、共享性高、独立性弱、冗余度低

(B) 数据结构化、共享性高、独立性强、冗余度低

(C) 数据结构化、共享性高、独立性弱、冗余度高

(D) 数据结构化、共享性高、独立性强、冗余度高

**答案:**(B)。

【例 9.1-23】 数据库管理系统(DBMS)属于(　　)。

(A) 应用软件　　(B) 编辑软件　　(C) 会话软件　　(D) 系统软件

**答案:**(D)。

### 9.1.10　数模转换和模数转换

随着数字技术特别是计算机技术的飞速发展与普及,在现代控制、通信及检测等领域,为了提高系统的性能指标,对信号的处理广泛采用了数字计算机技术。由于系统的实际对象往往都是一些模拟量(如温度、压力、声音、图像等),要使计算机能识别、处理这些信号,必须首先将这些模拟信号转换成数字信号;而经计算机分析、处理后输出的数字量也往往需要将其转换为相应模拟信号才能为执行机构所接收。这样,就需要一种能在模拟信号与数字信号之间起桥梁作用的电路:模数和数模转换器。

将模拟信号转换成数字信号,称为模数转换(简称 A/D 转换);将数字信号转换为模拟信号称为数模转换(简称 D/A 转换);A/D 转换器和 D/A 转换器已成为计算机系统中不可缺少的接口电路。

A/D 转换和 D/A 转换在多媒体计算机中得到广泛应用,在数控加工技术的发展过程中,CAD/CAM(计算机辅助设计/计算机辅助制造)也发挥着重要的作用。

**练习题**

1. 计算机能直接识别的语言是(　　)。

(A)机器语言　　(B)汇编语言　　(C)高级语言　　(D)数据库查询语言

2. 下列选项中,不属于外存储器的是(　　)。

(A)硬盘　　(B)磁带　　(C)ROM　　(D)光盘

3. 与外存储器相比,内存储器(　　)。

(A)存储量大,处理速度较快　　(B)存储量小,处理速度较快

(C)存储量大,处理速度较慢　　(D)存储量小,处理速度较慢

4. 用于解决某种实际问题的程序系统及相应的技术文档资料称为(　　)。

(A)汇编语言　　(B)机器语言　　(C)系统软件　　(D)应用软件

5. 计算机系统正常运行必不可少的软件是(　　)。

(A)系统软件　　(B)应用软件　　(C)字处理软件　　(D)程序设计语言

6. 计算机体系结构的设计思想的设计人是(　　)。

(A)图灵　　(B)冯·诺依曼　　(C)肖特　　(D)比尔·盖茨

7. Visual Basic(VB)语言是一种(　　)。

(A)机器语言　　(B)汇编语言　　(C)高级语言　　(D)符号语言

8. 总线中的控制总线传输的是(　　)。

(A)程序和数据　　(B)主存储器的地址码

(C)控制信息　　(D)用户输入的数据

9. 在 CPU 中运算器的组成部件有(　　)。

(A)ALU 和数据寄存器　　(B)ALU 和专用寄存器

(C) ALU、通用寄存器和 PC　　(D)ALU 和控制部件

10. 目前,人们常用的文字处理软件有(　　)。

(A)Microsoft Word 和国产字处理软件 WPS

(B)Microsoft Excel 和 Auto CAD

(C) Microsoft Access 和 Visual FoxPro

(D) Visual Basic 和 Visual C++

**参考答案:**

1.(A) 2.(C) 3.(B) 4.(D) 5.(A) 6.(B)
7.(C) 8.(C) 9.(A) 10.(A)

## 9.2 信息表示

要求:了解多媒体数据在计算机内的表示、实数(浮点数)的表示以及机器数、二进制数的运算方法、信息安全和计算机病毒,重点应放在不同进制的数字转换、ASCII 码、BCD 码和存储器的容量单位。

### 9.2.1 不同计数制及相互的转换

**1. 数制**

数制也称进制,是指用一组固定的符号和统一的规则表示数值的方法。按进位的方法进行计数,称为进位计数制,简称"进制"。

计算机采用二进制,人习惯采用十进制,为了人和计算机交互方便还引入了八进制和十六进制,这样可以避免直接使用二进制(数字位数过多)容易出错。

对于任何无符号任何进制数$(a_n \cdots a_1 a_0 a_{-1} \cdots a_{-m})_r$可以表示成如下形式:

$$a_n \times r^n + \cdots + a_1 \times r^1 + a_0 \times r^0 + a_{-1} \times r^{-1} + \cdots + a_{-m} \times r^{-m}$$

其中,$a_i$表示各数位上的数码,取值范围为 $0 \sim r-1$,$r$ 称为基数,$r^k$称为权。

(1)十进制数具有的特点

①有十个不同的数码符号 0 ~ 9,基数为 10。

②每一个数码符号根据它在一个数中所处的位置(权),按"逢十进一"原则决定其实际代表的数值。

(2)二进制数具有的特点

①有两个不同的数码符号 0 和 1,基数为 2。

②每个数码符号根据它在一个数中所处的位置(权),按"逢二进一"原则决定其实际代表的数值。

(3)八进制数具有的特点

①有八个不同的数码符号 0 ~ 7,基数为 8。

②每个数码符号根据它在一个数中所处的位置(权),按"逢八进一"原则决定其实际代表的数值。

(4)十六进制数具有的特点

①有 16 个不同的数码符号 0 ~ 9 和 A、B、C、D、E、F(由于数字只有 0 ~ 9 十个,而十六进制要用 16 个数码,所以用 A ~ F 六个英文字母分别表示 10 ~ 15),基数为 16。

②每个数码符号根据它在一个数中所处的位置(权),按"逢十六进一"原则决定其实际的数值。

几种常用进位计数制数如表 9.2-1 所示。

表 9.2-1 几种常用进位计数制数

| 十进制(D) | 二进制(B) | 八进制(O) | 十六进制(H) | 十进制((D) | 二进制((B) | 八进制(O) | 十六进制(H) |
|---|---|---|---|---|---|---|---|
| 0 | 0 | 0 | 0 | 8 | 1000 | 10 | 8 |
| 1 | 1 | 1 | 1 | 9 | 1001 | 11 | 9 |
| 2 | 10 | 2 | 2 | 10 | 1010 | 12 | A |
| 3 | 11 | 3 | 3 | 11 | 1011 | 13 | B |
| 4 | 100 | 4 | 4 | 12 | 1100 | 14 | C |
| 5 | 101 | 5 | 5 | 13 | 1101 | 15 | D |
| 6 | 110 | 6 | 6 | 14 | 1110 | 16 | E |
| 7 | 111 | 7 | 7 | 15 | 1111 | 17 | F |

**2. 数制之间的转换**

(1)十进制数转换成二进制数

整数部分除 2 取余,小数部分乘 2 取整。

**【例 9.2-1】** 将十进制数 29.625 转换成二进制数,结果是(　　)。

(A)11100.101　　(B)11101.101　　(C)11110.101　　(D)11101.11

**答案:**(B)。

**解释:**

整数部分

$29 \div 2 = 14$ ……余数为 1 ↑

$14 \div 2 = 7$ ……余数为 0

$7 \div 2 = 3$ ……余数为 1

$3 \div 2 = 1$ ……余数为 1

$1 \div 2 = 0$ ……余数为 1

小数部分

$0.625 \times 2 = 1.25$ ……整数为 1

$0.25 \times 2 = 0.5$ ……整数为 0

$0.5 \times 2 = 1.0$ ……整数为 1 ↓

$(29.625)_{10} = (11101.101)_2$

(2)二进制数转换成十进制数

将各位上的数字与它的位权相乘的积相加。例

$$(1101.11)_2 = (1\times2^3 + 1\times2^2 + 0\times2^1 + 1\times2^0 + 1\times2^{-1} + 1\times2^{-2})_{10} = (13.75)_{10}$$

(3)八进制数和二进制数相互转换

八进制数转换成二进制数,以小数点为界,向左或向右的每一位八进制数用三位二进制数取代,不足三位补零;二进制数转换成八进制数,以小数点为界,向左或向右的每三位二进制数用相应的一位八进制数取代。

**【例 9.2-2】** 将$(714.431)_8$转换成二进制数,结果是(　　)。

(A)111001100.100011001　　(B)111001100.10001101

(C)111001100.100011011　　(D)111001100.10001111

**答案:**(A)。

**解释:**

7　1　4　.　4　3　1

| | | | | | | |
|---|---|---|---|---|---|---|
| 111 | 001 | 100 | . | 100 | 011 | 001 |

即$(714.431)_8=(111001100.100011001)_2$。

**【例 9.2-3】** 将$(11101110.00101011)_2$转换成八进制数，结果是(　　)。

(A)356.123　　(B)356.126　　(C)353.126　　(D)353.123

**答案：**(B)。

**解释：**

| | | | | | | |
|---|---|---|---|---|---|---|
| 011 | 101 | 110 | . | 001 | 010 | 110 |
| 3 | 5 | 6 | . | 1 | 2 | 6 |

即$(11101110.00101011)_2=(356.126)_8$。

(4)十六进制数与二进制数的相互转换

十六进制数转换成二进制数，以小数点为界，向左或向右的每一位十六进制数用相应的四位二进制数取代，不足四位补零；二进制数转换成十六进制数，以小数点为界，向左或向右的每四位二进制数用相应的一位十六进制数取代。

**【例 9.2-4】** 将$(1AC0.6D)_{16}$转换成二进制数，结果是(　　)。

(A)1101011000000.0110101　　(B)1101011000000.01101111

(C)1101011000000.0110111　　(D)1101011000000.01101101

**答案：**(D)。

**解释：**

| | | | | | | |
|---|---|---|---|---|---|---|
| 1 | A | C | 0 | . | 6 | D |
| 0001 | 1010 | 1100 | 0000 | . | 0110 | 1101 |

即$(1AC0.6D)_{16}=(1101011000000.01101101)_2$。

**【例 9.2-5】** 将$(10111100101.00011001101)_2$转换为十六进制数，结果是(　　)。

(A)5E5.19A　　(B)5E5.195　　(C)5D5.19A　　(D)5D5.195

**答案：**(A)。

**解释：**

| | | | | | | |
|---|---|---|---|---|---|---|
| 0101 | 1110 | 0101 | . | 0001 | 1001 | 1010 |
| 5 | E | 5 | . | 1 | 9 | A |

即$(10111100101.00011001101)_2=(5E5.19A)_{16}$

八进制数和十六进制数的基数分别是 2 的整数次幂，因此八进制数和十六进制数可以非常方便地和二进制数互相转换，且八进制数和十六进制数阅读和书写简单。实际上，计算机采用二进制，人习惯采用十进制，而八进制和十六进制是人们为了避免直接使用二进制容易出错采用的。当需要把十进制数转换成八进制数和十六进制数时，可借助二进制数。归纳转换方法如图 9.2-1 所示。

**【例 9.2-6】** 下列各数值中最大的是(　　)。

(A)$(327)_8$　　(B)$(214)_{10}$　　(C)$(11010101)_2$　　(D)$(D8)_{16}$

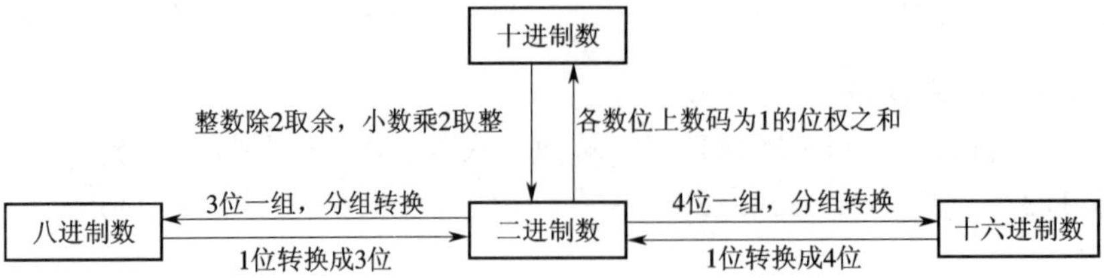


图 9.2-1　数值转换方法归纳

**答案:**(D)。

**解释:**都化成二进制。(A) $(327)_8 = 11010111$,(B) $(214)_{10} = 11010110$,(D) $(D8)_{16} = 11011000$。

比较 4 个二进制数即可。

**3. 二进制数操作的优点及运算方法**

1)二进制数操作的优点

①技术上容易实现。

②运算规则简单。

③方便逻辑运算。

④机器可靠性高。

⑤通用性强。

2)二进制数运算方法

(1)二进制数的算术运算

二进制数的算术运算与十进制数的算术运算一样,也有加、减、乘、除四则运算,只是运算规则更简单。

①二进制数加法的运算规则为

$0+0=0, 0+1=1, 1+0=1, 1+1=10$

【例 9.2-7】　计算 1001 + 11 = ? 和 1011.01 + 1.101 = ?

**解**

$$\begin{array}{r} 1001 \\ +)\quad 11 \\ \hline 1100 \end{array} \qquad \begin{array}{r} 1011.01 \\ +)\quad 1.101 \\ \hline 1100.111 \end{array}$$

1001 + 11 = 1100,　　1011.01 + 1.101 = 1100.111

②二进制数减法的运算规则为

$0-0=0, 1-0=1, 1-1=0, 10-1=1$

【例 9.2-8】　计算 1101 − 111 = ? 和 1011.101 − 10.11 = ?

**解**

$$\begin{array}{r} 1101 \\ -)\quad 111 \\ \hline 110 \end{array} \qquad \begin{array}{r} 1011.101 \\ -)\quad 10.11 \\ \hline 1000.111 \end{array}$$

1101 − 111 = 110,　　1011.101 − 10.11 = 1000.111

③二进制数乘法的运算规则为

$$0\times 0=0,0\times 1=0,1\times 0=0,1\times 1=1$$

【例 9.2-9】 计算 $110\times 101=?$ 和 $1101.1\times 10.1=?$

**解**

$$\begin{array}{rr} & 110 \\ \times) & 101 \\ \hline & 110 \\ & 000\phantom{0} \\ +) & 110\phantom{00} \\ \hline & 11110 \end{array} \qquad \begin{array}{rr} & 1101.1 \\ \times) & 10.1 \\ \hline & 11011 \\ & 00000\phantom{0} \\ +) & 11011\phantom{00} \\ \hline & 100001.11 \end{array}$$

$$110\times 101=11110,\qquad 1101.1\times 10.1=100001.11$$

④二进制数除法的运算规则为

$$0\div 1=0,1\div 1=1$$

【例 9.2-10】 计算 $110010\div 101=?$ 和 $1101.11\div 101.1=?$

**解**

$$\begin{array}{r} 1010 \\ 101\,\overline{)\,110010} \\ 101\phantom{000} \\ \hline 101\phantom{0} \\ 101\phantom{0} \\ \hline 0\phantom{0} \end{array} \qquad \begin{array}{r} 10.1 \\ 1011\,\overline{)\,11011.1} \\ 1011\phantom{00} \\ \hline 101\;1 \\ 101\;1 \\ \hline 0 \end{array}$$

$$110010\div 101=1010,\qquad 1101.11\div 101.1=10.1$$

(2)二进制数的逻辑运算

二进制逻辑运算有“与”“或”“非”“异或”。

①“与”运算(AND)的运算符用“·”表示,运算规则为

$$0\cdot 0=0,0\cdot 1=0,1\cdot 0=0,1\cdot 1=1$$

【例 9.2-11】 计算 $11011001\cdot 11110000=?$

**解**

$$\begin{array}{rr} & 11011001 \\ \text{AND}) & 11110000 \\ \hline & 11010000 \end{array}$$

$$11011001\cdot 11110000=11010000$$

②“或”运算(OR)的运算符用“+”表示,运算规则为

$$0+0=0,0+1=1,1+0=1,1+1=1$$

【例 9.2-12】 计算 $11011001+00001111=?$

解

$$
\begin{array}{r}
1\,1\,0\,1\,1\,0\,0\,1 \\
\text{OR)}\ 0\,0\,0\,0\,1\,1\,1\,1 \\
\hline
1\,1\,0\,1\,1\,1\,1\,1
\end{array}
$$

11011001 + 00001111 = 11011111

③"非"运算(NOT) 的运算符用"—"表示,运算规则为

$\overline{0}=1,\overline{1}=0$

【例 9.2-13】 计算$\overline{1011}$ = ?

解 $\overline{1011}=0100$

④"异或"运算(XOR)的运算符用"⊕"表示,运算规则为

$0\oplus0=0,0\oplus1=1,1\oplus0=1,1\oplus1=0$

【例 9.2-14】 计算 $11011000\oplus10111000$ = ?

解

$$
\begin{array}{r}
1\,1\,0\,1\,1\,0\,0\,0 \\
\text{XOR)}\ 1\,0\,1\,1\,1\,0\,0\,0 \\
\hline
0\,1\,1\,0\,0\,0\,0\,0
\end{array}
$$

$11011000\oplus10111000=01100000$

**注意**:逻辑运算,只是本位数的运算,没有进位和借位的问题,不影响高位和低位。

### 9.2.2 数值数据在计算机中的表示

一个用于计算的数据在计算机内的表示形式,称为机器数。

**1. 整数的表示**

1)无符号整数

所有二进制代码都用来表示数值,有 8 位、16 位、32 位和 64 位。

8 位二进制代码表示范围为 00000000 到 11111111,对应十进制数 0 到 255($2^8-1$)。

2)有符号整数

在计算机中只能用数字表示数的正、负,并规定用"0"表示正号,用"1"表示负号。例如,当用一个字节存储整数时,形式为 $D_7$ $D_6$ $D_5$ $D_4$ $D_3$ $D_2$ $D_1$ $D_0$。其中 $D_7$ 是符号位,如$(01011010)_2$应为十进制整数 +90,而$(11011010)_2$则应为 -90。这样数字和符号都用二进制代码表示,这种表示数的方法称为编码,常用的编码有原码、反码和补码。

(1)原码

原码是机器数的最简单表示方法。其符号位为 0 表示正数,为 1 表示负数,其他位是数的绝对值。设有数为 X,则原码记作$[X]_{原}$。例如:

$X_1=+1100110$,则$[X_1]_{原}=01100110$

$X_2=-1100110$,则$[X_2]_{原}=11100110$

(2)反码

机器数的反码可由原码得到。正数的反码与原码相同,负数的反码为原码除符号位外将其余各位按位求反,即 1 变为 0、0 变为 1。例如:

$X_1=+1010110,[X_1]_{原}=01010110,[X_1]_{反}=01010110$

$X_2=-1001010,[X_2]_{原}=11001010,[X_2]_{反}=10110101$

(3)补码

正数的补码与原码相同,负数的补码等于其反码在最低位加 1。例如:

$[X_1]_{原}=01100110$,$[X_1]_{反}=01100110$,$[X_1]_{补}=01100110$

$[X_2]_{原}=11100110$,$[X_2]_{反}=10011001$,$[X_2]_{补}=10011010$

**【例 9.2-15】** 已知$[X]_{原}=10100110$,求$[X]_{补}=($ $)$。

(A)10100110 (B)01011001 (C)11011001 (D)11011010

**答案:**(D)。

原码和反码都有两个零,分别是正零和负零。补码只有一个零,同样的字长用补码比原码和反码表示的数值范围大,它能多表示一个数。例如,字长 8 位表示的数值范围如下:

原码 $-127,-126,\cdots,-1,-0,0,1,\cdots,127$

反码 $-127,-126,\cdots,-1,-0,0,1,\cdots,127$

补码 $-128,-127,-126,\cdots,-1,0,1,\cdots,127$

假定机器字长为 16 位,符号占 1 位,数值部分占 15 位,则采用原码的机器数,其表示范围是 $-32767\sim+32767(2^{15}-1)$;采用补码的机器数,其表示范围是 $-32768\sim+32767(2^{15}-1)$。

(4)BCD 码

BCD 码又称二—十进制编码(Binary-Coded Decimal)。

计算机采用二进制,但是二进制不直观,计算机的输入和输出通常用十进制。这样的十进制,可以用二进制编码来表示,BCD 码是一种非常直观的编码。

这种编码是把十进制数的每一位分别表示成四位二进制数形式的编码。

例如,十进制数 10 的 BCD 码为 00010000,825 的 BCD 码为 100000100101。

**【例 9.2-16】** 十进制数 9761 的 BCD 码是( )。

(A)1001011101101 (B)10010111011001

(C)100101110110001 (D)1001011101100001

**答案:**(D)。

**2. 实数(浮点数)的表示**

在科学计算中多采用浮点数。

任何一个浮点数都可以表示为一个纯小数和一个乘幂之积。如:

$$38.815=10^2\times(0.38815)$$

$$-255.123=10^3\times(-0.255123)$$

$$0.00123=10^{-2}\times(0.123)$$

二进制也是这样。如:

$$1010.01=2^{100}\times(0.101001)$$

$$-0.00011001=2^{-011}\times(-0.11001)$$

浮点数由两部分组成:一部分是阶码,表示指数;另一部分是尾数,表示有效数字。

浮点数在机器中的形式为

| 阶符 | 阶码 | 数符 | 尾数 |
|---|---|---|---|

↑

隐含的小数点

由尾数部分隐含的小数点位置可知，尾数总是小于 1 的数字，它给出该浮点数的有效数字。数符指示该浮点数的正负。阶码总是整数，它确定小数点浮动的位数。若阶符为正，则向右移动；若阶符为负，则向左移动。浮点数要求尾数中第 1 位数不能为零（靠修改阶码保证），这样的数称为规格化浮点数。

### 9.2.3 ASCII 码和汉字编码

**1. ASCII 码**

文本字符普遍采用 ASCII 码（American Standard Code for Information Interchange，即美国信息交换用标准代码）。它原为美国国家标准，后被 ISO 和 CCITT 等国际组织采用。

7 位版本的 ASCII 码有 128 个元素，用 7 个二进制位，共有 128（$2^7$）个编码。在 7 位版本的 ASCII 编码中一个字节的最高位存 0，编码数值范围$(0000000 \sim 0111111)_2$，用 16 进制表示编码数值范围$(0 \sim 7F)_{16}$，用 10 进制表示编码数值范围$(0 \sim 127)_{10}$，这些编码也简称 ASCII 码或 ASCII 值。在编码对应的 128 个字符中有通用控制字符 33 个，阿拉伯数字 10 个，大小写英文字母 52 个，标点符号和运算符号 33 个。其特点如下。

①大写字母 A ~ Z 的 ASCII 码是 01000001 ~ 01011010，写成十六进制为 41H ~ 5AH，写成十进制为 65 ~ 90。

②小写字母 a ~ z 的 ASCII 码是 01100001 ~ 01111010，写成十六进制为 61H ~ 7AH，写成十进制为 97 ~ 122。

③数字字符 0 ~ 9 的 ASCII 码是 00110000 ~ 00111001，写成十六进制为 30H ~ 39H，写成十进制为 48 ~ 57。

④常用 ASCII 码的大小规则：0 ~ 9 < A ~ Z < a ~ z。

**【例 9.2-17】** 下列字符中，ASCII 码值最小的是（　　）。

（A）A　　（B）a　　（C）Z　　（D）x

**答案：**（A）。

**【例 9.2-18】** 已知英文字母 a 的 ASCII 码是十六进制数 61H，那么字母 d 的 ASCII 码是（　　）。

（A）34H　　（B）54H　　（C）24H　　（D）64H

**答案：**（D）。

**解释：**这里 H 表示 16 进整数，在 ASCII 码中字母有序，字母 d 比字母 a 大 3，可计算出字母 d 的 ASCII 码是 64H。

**【例 9.2-19】** 计算机中，用 4 个二进制位给字符编码，最大值是（　　）。

（A）32　　（B）31　　（C）16　　（D）15

**答案：**（D）。

**解释：**4 位字符编码的位样式从 0000 到 1111，从 0 到 15（$2^4-1$），最小值是 0，最大值是 15，最多可以给 16（$2^4$）个字符编码。

**2. 汉字编码**

解决汉字的输入、输出以及汉字处理等问题的关键是解决汉字编码问题。由于汉字是象形文字，数目很大，再加上汉字的形状和笔画多少差异极大，因此不可能用少数几个确定的符号将汉字完全表达出来，或像英文那样拼写出来。汉字必须有自己独特的编码。汉字编码包括汉字输入码、汉字内部码、汉字交换码、汉字字形码等。

(1)汉字输入码

汉字输入码也称外码,是为将汉字输入到计算机设计的代码。汉字输入码种类较多,选择不同的输入码方案,则输入的方法及按键次数、输入速度均有所不同。综合起来,汉字输入码可分为流水码、拼音类输入法、拼形类输入法和音形结合类输入法等几大类。

(2)汉字内部码

汉字内部码又称汉字机内码或汉字内码,是计算机内部汉字的存储、加工处理和传输使用的统一代码。计算机接收到外码后,要转换成内码进行处理和传送。1 个汉字的内码用两个字节表示,且为了和西文符号区分,在两个字节的最高位分别置为"1"。内码通常用汉字在字库中的物理位置表示,即内码是汉字在字库中的序号或存储位置。

(3)汉字交换码

汉字交换码是国家规定的用于汉字处理及传送使用的代码。此代码标准为 GB 2312—1980,即《信息交换用汉字编码字符集 · 基本集》,又称国标码。此标准规定了信息交换用的 7 445 个图形字符,其中有 6 763 个汉字符号和 682 个非汉字符号(包括几种外文字母、数字和符号)的代码。

国标码规定,每个汉字用两个字节表示,每个字节仅用低 7 位,最高位为 0。汉字的国标码和内码有一一对应的关系,即将最高位加 1,国标码就变为内码。

(4)汉字字形码

汉字字形码用于汉字的显示和打印,又称输出码。汉字字形原来是指铅字排版汉字的大小和形状,在计算机中指组成汉字的点阵,即以点阵方式形成汉字。尽管汉字字形有多种,笔画多少不一,但都是方块字,都可以写在同样的方块中。把一个方块看成 $m$ 行 $n$ 列矩阵,共有 $m \times n$ 个点,称为汉字点阵。如 16 × 16 点阵的汉字,共有 256 个点。

### 9.2.4 多媒体数据在计算机内的表示

多媒体的数据类型可以分为文本、图形、图像、动画、视频、声音等。

**1. 多媒体**

所谓"多媒体"(Multi-media),可简单地理解为一种以交互方式将文本、图形、图像、音频、视频等多种媒体信息,经过计算机设备的获取、操作、编辑、存储等综合处理后,以单独或合成的形态表现出来的技术和方法。特别是,它将图形、图像和声音结合起来表达客观事物,在方式上非常生动、直观,易被人们接受。

人们熟悉的报纸、杂志、电影、电视、广播等,都是以它们各自的媒体进行信息传播。有些是以文字作媒体,有些是以声音作媒体,有些是以图像作媒体,有些是以图、文、声、像作媒体。以电视为例,虽然它也是以图、文、声、像作媒体,但它与多媒体系统存在明显的区别:第一,电视观赏的全过程均是被动的,而多媒体系统为用户提供了交互特性,极大地调动了人的积极性和主动性;第二,人们过去熟悉的图、文、声、像等媒体几乎都是以模拟量进行存储和传播的,而多媒体是以数字量的形式进行存储和传播的。

多媒体具有集成性、交互性和多样化三个关键特性。

**2. 多媒体的关键技术**

多媒体计算机系统要求具有综合处理声、图、文信息的能力。为了达到满意的效果,要求实时地处理大量数字化视频、音频信息,如一幅 640 × 480 图像,单色显示(黑白)需要 640 × 480 bit 的存储空间(每个像素用 1 个二进制位存储,对应一个亮点),占 37.5 KB。如果 1 个像素要有 4 种颜色,那么就需要 2 个二进制位存储(图像的颜色用多少位二进制数表示称为图像的颜色深度或像素颜色的深度),如果用 1 个字节表示 1 个像素最多可以有 256 种颜色。这时,一幅 640×480 的彩色图像数据量每帧为 300 KB,如果是运动图像,要以每秒 30 帧的速度播放时,则视频信号传输速率约为 8.8 MB/s。如果把这样差的视频存放在 600 MB 的光盘中,大约播放 1 min。对于音频信号,以激光唱片 CD-DA 声音数据为例,如果采样频率为 44.1 kHz(每秒取样 44 100 次),采样点量化为 16 bit(16 位是常用的采样精度,即每次取样用 2 个字节存储)双通道(2 个声道的信息)立体声,1.44 MB 的软磁盘只能存放 8 s 的数据。综上所述,视频和音频信号数据量大,同时传输速度要求高。考虑到目前微机无法满足以上的要求,因此对多媒体信息必须进行实时的压缩和解压缩。

**【例 9.2-20】** 在多媒体计算机系统中,图像的颜色用多少位二进制数表示称为图像的(　　)。

(A)颜色亮度　　(B)颜色灰度　　(C)颜色深度　　(D)颜色质量

**答案:**(C)。

目前主要有三大编码及压缩标准。

(1)JPEG(Joint Photographic Experts Group)标准

JPEG 制定于 1986 年,是第一个图像压缩国际标准,主要针对静止图像(静态图像压缩标准)。该标准制定了有损和无损两种压缩编码方案,广泛应用于多媒体 CD-ROM(只读光盘)、彩色图像等方面。JPEG 对单色和彩色图像的压缩比通常分别为 10:1和 15:1。

(2)MPEG(Moving Picture Experts Group)标准

MPEG 标准实际上是数字电视标准(动态图像压缩标准),它包括三个部分:MPEG-Video、MPEG-Audio 及 MPEG-System。MPEG 是针对 CD-ROM 式有线电视(Cable-TV)传播的全动态影像,它严格规定了分辨率、数据传输速率和格式,MPEG 的平均压缩比为 50:1。MPEG-1 的传输速率约为 1.5 Mb/s。MPEG-2 的设计目标是在一条线路上传输更多的有线电视信号,它采用更高的数据传输速率,以求达到更好的图像质量。MPEG-System 是处理音频和视频的复合和同步。MPEG-1 的适用范围很广泛,如多媒体 CD-ROM、硬盘、可读写光盘、局域网和其他通信通道。

(3)H.261 标准

H.261 标准是 CCITT 关于视像和声音的双向传输标准。这个标准又称为 P×64 标准。P×64 表示 P×64 Kb/s,P 是一个可变的参数,其中 P 的值为 1～30。P=1 或 P=2,适用于可视电话,P≥6 适用于电视会议。可见,该标准是以 64 Kb/s 的整数倍作为传输速率的。

**3. 声音**

声音数字化:声音(空气振动)→模拟音频(麦克、电路)→数字音频(采样、模数转换、编码)。

数字化声音还原:数字音频(编码)→模拟音频(数模转换、软件、电路)→声音(喇叭)。

(1)采样频率和编码

采样频率指单位时间内的采样次数。根据采样定理,语音信号的采样频率是语音所必需的频率宽度(最高频率)的 2 倍以上。人耳可听到的频率为 20 Hz～22 kHz 的声音,所以对声频卡来讲,其采样频率为最高频率 22 kHz 的 2 倍以上,即采样频率应在 44 kHz 以上。目前的声频卡的采样频率一般采用 44.1 kHz、48 kHz 或更高。

采样值的编码位数指记录每次采样值使用的二进制编码位数。而二进制编码位数直接影响还原声音的质量。当前声频卡有 8 位、16 位和 32 位三种，声频卡的采样值的编码位数越长，声音还原的质量越好。

(2)声频卡的关键技术

声频卡的关键技术包括：数字音频、音乐合成、MIDI 与音效。

①数字音频必须具有大于或等于 44.1 kHz 的采样频率、16 位的分辨率录制和播放信号的基本功能。这是衡量声频卡性能的主要标准。数字音频还要具有压缩声音信号的能力。最常用的压缩方法是自适应脉冲代码调制(ADPCM)法，另外也有不少声频卡采用 DSP + ADC 方案(数字信号处理芯片 + A/D 转换器)。

②音乐合成主要有两种合成技术：FM 合成和波形表合成。FM 合成是通过硬件产生正弦信号，再经过处理合成音乐。而波形表的合成原理，是在 ROM 中已存储各种实际乐器的声音样本，样本越多合成质量越高。

③MIDI 是数字音乐的国际标准，几乎所有的多媒体计算机都遵循这个标准。MIDI(Musical Instrument Digital Interface)也称电子乐器数字接口，它规定了不同厂家的电子乐器与计算机连接的方案和设备间数据传输的协议。

④音效是最近 IC 工业中数字声音信号处理技术的结晶。已经有不少的声频卡采用了音效芯片，从硬件上实现了回声、混响、和声等，使声频卡更为完美。

**【例 9.2-21】** 通常，将模拟信号的声音信息称为(　　)。

(A)音频　　(B)模拟音频　　(C)数字音频　　(D)声音

**答案：**(B)。

**【例 9.2-22】** 在数字音频信息获取过程中，正确的顺序是(　　)。

(A)模数转换、采样、编码　　(B)采样、编码、模数转换

(C)采样、模数转换、编码　　(D)采样、数模转换、编码

**答案：**(C)。

## 9.2.5 存储器的容量单位

存储器可容纳的二进制信息量称为存储容量，一个二进制位(bit)只有两种状态，它是构成存储器的最小单位。实际上，存储器是由二进制位的线性排列构成的。为了存取指定位置的数据，通常将每 8 位二进制位组成一个存储单元，称为字节(Byte)，字节是存储器的基本单位。

字是由多个字节组成，在微机中，将 1 个字规定为 2 个字节，在 16 位微机中采用 16 位的字进行运算，双字是 2 个字，在 32 位微机中采用 32 位的双字进行运算，四字是 2 个双字。机器字长是计算机的硬件指标，指同时传输和运算的二进制位数。

常用的存储容量单位还有：KB(千字节)、MB(兆字节)、GB(千兆字节)和 TB(万亿字节)等，它们之间的关系为

1B = 1 字节 (Byte) = 8 个二进制位(bit)

$1KB = 2^{10}B = 1024B$

$1MB = 2^{20}B = 2^{10}\ KB = 1024\ KB$

$1GB = 2^{30}B = 2^{10}\ MB = 1024\ MB$

$1TB = 2^{40}B = 2^{10}GB = 1024GB$

$1PB = 2^{50}B = 2^{10}TB = 1024TB$

$1EB = 2^{60}B = 2^{10}PB = 1024PB$

$1ZB = 2^{70}B = 2^{10}EB = 1024EB$

$1YB = 2^{80}B = 2^{10}ZB = 1024ZB$

**【例 9.2-23】** 计算机中数据存储的最小单位是(　　)。

(A) bit　　(B) Byte　　(C) Word　　(D) Char

**答案:**(A)。

## 9.2.6 计算机病毒

计算机病毒实际上是一组具有特殊性质的程序代码,计算机运行了这样的程序代码后,或是出现一个小的恶作剧,或是产生一些恶意的结果,如破坏系统文件,造成系统无法运行,删除用户的数据,非法侵入内部数据库,偷窃或篡改数据等。

**1. 计算机病毒的概念**

随着计算机病毒的一次一次泛滥,世界各国对计算机领域里出现的这一"恶魔"非常重视,纷纷从立法的角度对计算机病毒这一概念作出明确的界定。在《中华人民共和国计算机信息系统安全保护条例》中指出:计算机病毒是在计算机程序中插入的破坏计算机功能或者破坏数据,影响计算机使用并且能够自我复制的一组计算机指令或者程序代码。从事计算机技术的专业人员,往往从计算机病毒程序的特点去界定计算机病毒。

**2. 计算机病毒的特征**

目前,世界上出现的计算机病毒有近万种之多,尽管发作时现象不相同,但是它们都有共同的特点。

①非授权执行性:隐藏在合法的程序和数据中,伺机取得系统的控制权,为非授权执行。

②传染性:计算机病毒的自我复制,被人们形象地称为"传染"。传染性是计算机病毒的一个重要标识,也是确定一个程序是否为计算机病毒的首要条件。

③寄生性:病毒程序一般不独立以文件形式存在,而是寄生在磁盘系统区或文件中(依附)。

④潜伏性:侵入计算机的病毒程序可以潜伏在合法文件中,在条件不具备时,它在系统中没有明显特征。

⑤破坏性:不同类型的计算机病毒,它的破坏性也各不相同,有的计算机病毒仅干扰软件的运行,有的无限制地侵占系统资源,有的可以毁掉部分数据或程序甚至使整个系统瘫痪。

⑥可触发性:潜伏下来的计算机病毒,一旦满足一定的触发条件便表现出破坏作用。

**【例 9.2-24】** 下列关于计算机病毒的说法正确的是(　　)。

(A)计算机病毒不能发现　　(B)计算机病毒能自我复制

(C)计算机病毒会感染计算机用户　　(D)计算机病毒是危害计算机的生物病毒

**答案:**(B)。

**3. 计算机病毒的分类**

①引导型计算机病毒:会感染启动盘的引导区,先于操作系统加载。

②文件型计算机病毒:传染的对象主要是 COM 和 EXE 文件。

③混合型计算机病毒:具有引导型病毒和文件型病毒寄生方式的计算机病毒。

④宏病毒:一种寄存在文档或模板的宏中的计算机病毒。

⑤特洛伊木马病毒:名称取自希腊神话,是一种可以实现远程控制的黑客工具。

⑥时间炸弹和逻辑炸弹:当满足条件时破坏数据和应用程序的病毒。

⑦蠕虫病毒:利用 Internet 网络的缺点,可以自动地进入网络中的各个计算机,并迅速地复制自己,使网络堵塞和瘫痪。

**【例 9.2-25】** 下列能感染 EXE 或 COM 等类可执行文件的病毒是(　　)。

(A)引导型计算机病毒　　(B)网络病毒

(C)宏病毒　　(D)文件型病毒

**答案:**(D)。

**4. 计算机病毒的防治**

预防计算机病毒,最有效的方法是把住"病从口入"关。这里的"病"是计算机病毒,这里的"口"是"软盘驱动器口""光盘驱动器口""网络端口""USB 口"等一切计算机输入端口。

(1)不用盗版软件

一般认为,盗版软件是计算机病毒的主要携带者,使用盗版软件极易遭受计算机病毒的侵入。

(2)注意对 Internet 网络病毒的防范

对经常需要上网的计算机,可以安装网络实时监控杀毒软件,动态监视软盘、硬盘、网络以及 Email 中可能出现的病毒。

(3)注意 U 盘、软盘的使用

U 盘是目前使用较多的一种移动存储设备,应增加防范病毒的意识,在装有重要数据的计算机系统中,使用前应该对 U 盘进行查杀病毒的工作,对来历不明的 U 盘尽量不使用。

软盘是计算机之间交换信息时使用的一种载体,一般情况下,只要不是向软盘写数据,都要使软盘处于写保护状态,这样做可以最大限度地避免计算机病毒的交叉感染。

**5. 消除计算机病毒**

现在的计算机病毒的藏身之术非常狡猾,甚至到了防不胜防的地步。计算机系统一旦感染了病毒也绝非不可就药。反病毒机构研制了大量的杀毒软件,如瑞星、诺顿、卡巴斯基、KV、KILL 等,可以消除计算机病毒。应当指出的是,如果把计算机感染上病毒比喻为计算机"得病",那么杀毒软件就可以比喻为治病的"药"。出现一种新的病,就要研制一种新的药,"药"总是滞后于"病"。从这个道理上讲,计算机病毒的防范工作应该采取"以防为主,以治为辅"的原则。

**【例 9.2-26】** 为了防止计算机病毒的传染,应该做到(　　)。

(A)干净的 U 盘不要与来历不明的 U 盘放在一起

(B)不要复制来历不明的 U 盘上的程序

(C)长时间不用的 U 盘要经常格式化

(D)对 U 盘上的文件要经常重新复制

**答案:**(B)。

## 9.2.7 信息安全

**1. 信息安全概念**

信息安全是指网络的硬件、软件及其系统中的数据受到保护,不因偶然的或者恶意的原因而遭到破坏、更改、泄露,系统能连续、可靠、正常地运行,信息服务不被中断。

信息不安全的原因有:操作错误、供电不正常、硬件失效和计算机病毒。

①操作错误:比如错误删除有用数据,格式化有用磁盘等。

②供电不正常:突然断电、电压不稳、雷电入侵计算机等。

③硬件失效:电子器件老化、硬盘划盘等。

这样就要求用户养成好的计算机使用习惯,谨慎操作计算机。计算机工作时不要震动计算机,防止划盘。微机通电以后,除了 USB 设备外,不可插、拔其余任何系统部件(如插拔显示器等的电源插头及信号连接线),防止造成主机器件的损坏。不要带电开箱检修,以免造成不必要的器件损坏。目前,微机内部都配有开关式稳压电源,但在电网波动较大的地区,最好还是要使用外接的交流稳压器。

**2. 信息保密**

信息保密常采用加密和解密技术。

早期的加密方法(也称传统加密技术)有替换密码和换位密码。

替换密码是用密文字母替换明文字母。

换位密码是明文的字母保持相同,但顺序被打乱了。

现实的加密技术有以下几种。

①对称加密技术。在对称加密算法中,数据发送方将明文(原始数据)和加密密钥一起经过特殊加密算法处理后,使其变成复杂的加密密文发送出去。接收数据方收到密文后,需要使用加密过的密钥及相同算法的逆算法对密文进行解密,才能使其恢复成可读明文。在对称加密算法中,使用的密钥只有一个。

②密钥加密技术。在公共密钥机制中,每个用户产生两个相关的密钥。一个由用户私下保存,另一个放于公共区。数据发送方将明文用公开密钥对信息进行加密,再发送加密后的密文,接收数据方收到信息后,可以用私存的密钥对信息进行解密。

③数字签名:采用双重加密的方法来实现,作用是接收者能够核实发送者的签名,发送者不能对签名进行抵赖,接收者不能伪造发送者的签名,可以实现防伪、防赖。

**3. 计算机犯罪**

计算机犯罪,就是在信息活动领域中,利用计算机信息系统或计算机信息知识作为手段,或者针对计算机信息系统,对国家、团体或个人造成危害,依据法律规定,应当予以刑罚处罚的行为。

**【例 9.2-27】** 在下面有关信息加密技术的论述中,不正确的是(　　)。

(A)信息加密技术是为提高信息系统及数据的安全和保密性的技术

(B)信息加密技术是防止数据信息被别人破译而采用的技术

(C)信息加密技术是网络安全的重要技术之一

(D)信息加密技术是为清除计算机病毒而采用的技术

**答案:**(D)。

**解释:**信息加密技术是为提高信息系统及数据的安全性和保密性而采用的技术,防止被别人破译,也是保证网络安全的重要技术。

**4. 信息化的主要技术支柱**

信息化的主要技术支柱是计算机技术、通信技术和网络技术。

**练习题**

1. ASCII 码用于表示(　　)。

(A)模拟　(B)字符　(C)数字　(D)数模

2. 计算机病毒所没有的特点是(　　)。

(A)隐藏性　(B)潜伏性　(C)传染性　(D)广泛性

3. 将十进制数 139 转换成二进制数,结果是(　　)。

(A)10001010　(B)10001111　(C)10001011　(D)10001100

4. 在下面四个二进制数中,与十六进制数 AE 等值的是(　　)。

(A)10100111　(B)10101110　(C)10010111　(D)11101010

5. 计算机中数据存储的基本单位是(　　)。

(A)Bit　(B)Byte　(C)Word　(D)Char

6. 十六进制的基符共有(　　)。

(A)16 个　(B)10 个　(C)2 个　(D)8 个

7. 将$(1110111.11)_2$表示成十六进制数,结果是(　　)。

(A)77. C　(B)77. 3　(C)E7. C　(D)E7. 3

8. 在下面列出的四种码中,不能用于表示机器数的一种是(　　)。

(A)原码　(B)ASCII 码　(C)反码　(D)补码

9. 计算机内部使用的数是(　　)。

(A)十进制数　(B)二进制数　(C)八进制数　(D)十六进制数

10. 计算机如果按字节编址,则一个存储单元占(　　)。

(A)8 个字节　(C)1 个字节　(B)16 个二进制位　(D)32 个二进制位

**参考答案**

1. (B)　2. (D)　3. (C)　4. (B)　5. (B)　6. (A)
7. (A)　8. (B)　9. (B)　10. (B)

# 9.3 常用操作系统

要求:了解 Windows 操作系统的发展、作业管理、Windows XP 中的网络应用,重点应放在进程管理、存储管理、设备管理和文件管理,注意理解其中的概念,结合例题加深对概念的认识。

## 9.3.1 Windows 操作系统的发展

Microsoft Windows 是一个强大的图形界面操作环境,它的推出使计算机的操作方式发生了革命性的变化。利用它,用户可以更简单、更灵活、更方便地使用计算机。其发展历程如表 9.3-1 所示。

表 9.3-1　Windows 操作系统的发展

| 年份 | 版本 |
|---|---|
| 1985 年 | Windows 1.0 |
| 1987 年 | Windows 2.0 |

续表

| 年份 | 版本 |
|---|---|
| 1990 年 | Windows 3.0 |
| 1992 年 | Windows 3.1 |
| 1993 年 | Windows NT 3.1 |
| 1994 年 | Windows 3.11,Windows NT 3.5 |
| 1995 年 | Windows 95,Windows NT 3.51 |
| 1996 年 | Windows NT 4.0 |
| 1998 年 | Windows 98 |
| 2000 年 | Windows 2000,Windows Me |
| 2001 年 | Windows XP |
| 2006 年 | Windows Vista |

操作系统(Operating System,OS)是一个庞大的管理控制程序,包括 5 个方面的管理功能:进程与处理机管理、存储管理、设备管理、文件管理、作业管理。

## 9.3.2 进程与处理机管理

进程管理主要是对处理机(CPU)进行管理。CPU 是计算机系统中最宝贵的硬件资源。为了提高它的利用率,现代操作系统都采用了多道程序技术。如果一个程序因等待某一条件而不能运行,就把处理机占用权转交给另一个可运行的程序;或者出现了一个比当前运行的程序更重要的可运行的程序,后者应能抢占 CPU,这一切都由进程管理来完成。

【例 9.3-1】 在操作系统中,进程管理的主要目的是(　　)。

(A)实现程序的安装、卸载　　(B)提高主存的利用率

(C)为外部设备安装驱动程序　　(D)提高 CPU 的利用率

**答案:**(D)。

**1. 进程的四个基本特征**

根据一定的策略将处理器交替地分配给系统内等待运行的程序。其具有动态性、并发性、独立性和异步性四个基本特征。

①动态性:进程实体的一次执行过程,具有生命期,而程序是有序指令的集合,是静态的。

②并发性:多个进程同时存于内存,在一段时间内同时运行。

③独立性:进程实体是一个能独立运行、独立分配资源和独立接受调度的基本单位。

④异步性:进程按各自独立的、不可预知的速度向前推进。

**2. 线程**

线程是为提高资源利用率和系统吞吐量,减少并发执行时付出的时间开销而引入的。线程的属性如下。

①相应速度快,线程基本不拥有资源(进程是资源分配的单位,进程有自己的资源),除了能保证独立运行的资源。

②共享进程资源。

③线程是比进程更小的能独立运行的基本单位,创建和调度更为方便。

④可并发执行。

线程分为用户线程和内核线程。

**【例 9.3-2】** 在操作系统的进程与处理机管理中,能够获得系统资源的是(　　)。

(A)进程　　(B)程序　　(C)作业　　(D)线程

**答案:**(A)。

## 9.3.3 存储管理

存储管理是对计算机中的主存储器(RAM)以及高速缓存和外存的管理。采用多道程序设计技术,就要在主存中同时存放几道程序。这就要求操作系统中的存储管理完成内存的分配与回收、地址变换、存储保护以及内存扩充。操作系统的存储管理技术主要有:分段存储管理、分页存储管理、分段分页存储管理和虚拟存储管理等。

**【例 9.3-3】** 在操作系统中,存储管理主要管理的对象是(　　)。

(A)硬盘　　(B)光盘　　(C)主存　　(D)U 盘

**答案:**(C)。

**【例 9.3-4】** 以下不属于存储管理的是(　　)。

(A)存储单元的释放　　(B)存储分配

(C)地址变换　　(D)存储保护与存储扩充

**答案:**(A)。

**解释:**存储回收是操作系统将程序执行后被释放的存储单元回收,存储单元的释放是运行中的应用程序自己的事(这里存储管理只监视内存使用情况)。

**1. 分段存储管理**

分段的概念是建立在结构化程序模块的基础上的。当一个程序被编译后,段就根据程序的结构模块建立起来,各段有独立的地址空间。分段特点:用户自己划分、数据共享、段大小不相同。

**2. 分页存储管理**

存储空间分成大小相等的区域叫块,用户作业地址也被分成若干与块尺寸相同的区域叫页,按顺序把作业中的页装入存储空间的块中。作业的最后一页常装不满存储空间的一个块,形成不能利用的存储区域,称为页的碎片。分页特点:系统划分、数据不共享、大小一样。

**3. 分段分页存储管理**

首先把作业按模块分成若干个段,再把段细分成若干页。这样的组织形式可以取分段和分页存储管理的长处,避免两者的不足。

**4. 虚拟存储管理**

所谓虚拟存储,就是把内存与外存有机地结合起来使用,从而得到一个容量很大的"内存",这就称为虚拟存储。

程序的执行总是呈现局部性,即在一个较短的时间段内,程序的执行仅限于某个部分,它所访问的存储空间也局限于某个区域。因此,只要保护进程执行所需的部分程序和数据驻留在内存,一段时间内进程都能顺利执行。利用该特点,仅需要将一部分页面或段装入内存,便可启动运行,其余部分暂时保存在磁盘上,如果其所需要访问的页面(段)尚未装入内存,则发生缺页中断,此时系统启动请求调页(段)功能,将进程所需的页(段)装入内存,如果当前内存已满,无法装入新的页(段),则还需要用页(段)置换功能,将内存中暂时不用的页交换到磁盘上,以腾出足够内存。

【例 9.3-5】 在操作系统中,采用虚拟存储技术主要是为了实现存储管理的(　　)。

(A)存储分配　　(B)地址变换　　(C)存储保护　　(D)存储扩充

**答案:**(D)。

【例 9.3-6】 操作系统中采用虚拟存储技术,实际上是为了实现(　　)。

(A)在一个较小内存空间上,运行一个较小的程序

(B)在一个较小内存空间上,运行一个较大的程序

(C)在一个较大内存空间上,运行一个较小的程序

(D)在一个较大内存空间上,运行一个较大的程序

**答案:**(B)。

### 9.3.4 设备管理

设备管理负责分配和回收外部设备以及控制外部设备按用户程序的要求进行操作。外部设备的种类繁多、功能差异很大。除了进行实际 I/O 操作的设备外,还包括设备控制器、DMA 控制器、通道等。这样,设备管理的首要任务是为这些设备提供驱动程序或控制程序,以使用户不必详细了解设备及接口的技术细节,就可方便地对这些设备进行操作。另一任务就是利用中断技术、DMA 技术和通道技术,使外围设备尽可能与 CPU 并行工作,以提高设备的使用效率,并提高整个系统的运行速度。

常见的设备分类方法如下。

①按设备的从属关系可分为系统设备和用户设备。

②按设备分配属性可分为独享设备、共享设备和虚拟设备。

③按设备的工作特性可分为存储设备、输入输出设备。

Windows 的设备管理:支持即插即用,支持动态加载驱动程序,利用高速缓存解决速度不匹配问题,支持设备安装与卸载。

【例 9.3-7】 在操作系统中,设备管理主要是管理(　　)。

(A)CPU　　(B)主存储器

(C)计算机系统中的所有外部设备　　(D)计算机系统中的所有硬件设备

**答案:**(C)。

**解释:**设备管理不能管理 CPU 和主存储器,它们分别是进程管理和存储管理的任务,也不能管理计算机系统中的所有硬件设备,因为它包括了 CPU 和主存储器。

### 9.3.5 文件管理

文件管理负责管理计算机中的所有文件,向用户提供创建文件、撤消文件、读写文件、打开和关闭文件等功能。

【例 9.3-8】 在操作系统中,文件管理负责管理(　　)。

(A)程序文件　　(B)数据文件

(C)系统文件　　(D)计算机中的所有文件

**答案:**(D)。

**1. 文件与文件名**

文件是一些信息的集合。用户可以把信息以文件形式存储在外存储器中。为便于存取和

管理文件,每个文件必须有一个名字,即文件名,以实现文件的“按名存取”。

**【例 9.3-9】** 操作系统中的文件管理功能使用户实现了对文件的(　　)。

(A)按名存取　　(B)按内容存取　　(C)按物理位置存取　(D)以上都对

**答案:**(A)。

**2. 文件的分类**

①按性质和用途可分为系统文件、库文件和用户文件。

②按保存属性可分为临时文件、永久文件和档案文件。

③按保护属性可分为只读文件、读写文件、可执行文件和无保护文件。

④按逻辑结构可分为流式文件和记录文件。

⑤按物理结构可分为顺序文件、链接文件、索引文件等。

⑥按存取方式可分为顺序文件和随机文件。

**3. 文件的属性**

通常文件的属性有读、写、执行、所有者、创建日期、修改日期、文件大小等。在 Windows 中文件扩展名标示出文件是否是可执行文件或是哪个应用程序的文档等性质。

**【例 9.3-10】** 在计算机系统中,可执行程序是(　　)。

(A)源代码　　(B)汇编语言代码　　(C)机器语言代码　　(D)ASCII 码

**答案:**(C)。

**4. 文件的逻辑结构与文件系统**

文件的逻辑结构有字符流式和记录式。

Windows 支持的文件系统有 FAT、FAT32 和 NTFS。

Windows 支持光盘存储媒介的文件系统 CDFS。

FAT32:该格式目录结构无序,不能快速查找文件,不能自动压缩文件,安全性差,可用在容量为 512MB 到 2TB 的驱动器上。支持这种格式的操作系统有 Windows 95、Windows 98、Windows Me、Windows 2000 和 Windows XP。如果要设置双重引导配置,可以使用 FAT32 文件系统。

NTFS:该格式比 FAT32 有更高的安全级别、更好的权限设置,容错性及访问速度都有提高,支持大磁盘,容量可达 2TB。NTFS 文件系统非常适于 Windows XP。

**【例 9.3-11】** 下面选项中,关于 Windows XP 操作系统支持文件系统格式说法正确的是(　　)。

(A)Windows XP 操作系统只支持文件系统格式 FAT

(B)Windows XP 操作系统支持的文件系统格式有 FAT 和 FAT32

(C)Windows XP 操作系统只支持文件系统格式 NTFS

(D)Windows XP 操作系统支持的文件系统格式有 FAT、FAT32 和 NTFS

**答案:**(D)。

**解释:**Windows 3. X 和 MS-DOS 一直使用的是 FAT 系统,随着 Windows 的发展,Windows XP 的最好安装环境是 NTFS,但也支持 FAT 和 FAT32。

## 9.3.6 作业管理

操作系统的作业(也可称为“任务”)管理实现作业调度和控制作业的执行。作业调度就是根据一定的调度算法,从输入到系统中的一批作业中选出若干个作业,给它们分配必要的资源,如主存空间、外部设备等,并建立相应的用户作业进程,然后将进程交给进程调度程序去调度执行。作业控制是指在操作系统支持下,用户如何组织它的作业并控制作业的运行。作业控制方式有两种。

①脱机作业控制,也称为作业的自动控制方式,它是为脱机用户提供的。这种控制方式要使用操作系统提供的作业控制语言(JCB)编写作业说明书,然后操作系统执行作业说明书中的控制语句控制作业的执行。

②联机作业控制,也称为作业的直接控制方式,它是为联机用户或终端用户提供的。这种控制方式可通过命令、菜单或窗口对作业进行控制。

**【例 9.3-12】** 用户要求计算机处理的一个计算问题称为(  )。

(A)进程 (B)程序 (C)作业 (D)系统调用

**答案:**(C)。

**解释:**作业也可称为“任务”,是用户要求计算机处理的一个计算问题。

**练习题**

1. 微机的重要特点之一是微处理器(也称“CPU”),一块芯片集成了(  )。

(A)控制器和存储器 (B)控制器和运算器

(C)运算器和存储器 (D)运算器、控制器和存储器

2. 在操作系统中,进程管理主要管理的是(  )。

(A)输入设备 (B)输出设备 (C)处理机(CPU) (D)存储器

3. 可以这样来认识进程,进程是(  )。

(A)一段执行中的程序 (B)一个名义上的系统软件

(C)与程序等效的一个概念 (D)一个存放在 ROM 中的程序

4. 操作系统所管理的文件保存在(  )。

(A)主存储器中 (B)外存储器中 (C)内存储器中 (D)存储器中

5. 下面选项中,不属于分时系统的基本特征的是(  )。

(A)同时性 (B)独立性 (C)实时性 (D)交互性

**参考答案**

1.(B) 2.(C) 3.(A) 4.(B) 5.(C)

## 9.4 计算机网络

要求:了解网络的管理、网络管理协议、计算机的分类和数模转换以及网络安全、Windows XP 中的网络应用,重点应放在网络的分类、计算机网络体系的结构与协议,如 IP 地址类型、OSI 参考模型、TCP/IP、Internet 提供的服务等。

### 9.4.1 计算机网络的概念

计算机网络是指将地理位置不同的具有独立功能的多台计算机及其外部设备,通过通信线路连接起来。在网络操作系统、网络管理软件及网络通信协议的管理和协调下,实现资源共享和信息传递。

### 9.4.2 计算机网络功能

**1. 数据通信**

计算机网络使分散在不同单位、不同部门甚至不同省份、不同国家的计算机与计算机之间

可以进行通信,互相传送数据,方便地进行信息交换。例如,使用电子邮件进行通信,在网上召开视频会议等。

**2. 资源共享**

资源共享是计算机网络最有吸引力的功能。在网络范围内,用户可以共享软件、硬件、数据等资源,而不必考虑用户及资源所在的地理位置。当然,资源共享必须经过授权才可进行。

**3. 提高计算机系统的可靠性**

网络中的计算机可以方便地把重要信息存放到不同计算机系统中,一旦某台计算机出现故障,它的任务可由网络中其他计算机完成。

**4. 增强系统的处理功能**

当网给中某些计算机负荷过重时,网络可将新任务分配给较空闲的计算机完成,从而提高了整个系统的处理功能。特别是分布式数据库管理系统,它使分散存储在网络中的不同系统中的数据在使用时就好像集中存储和集中管理那样方便。

### 9.4.3 计算机网络分类

**1. 按作用范围分类**

按作用范围可将计算机网络分为局域网、城域网、广域网。

(1)局域网

局域网(LAN)一般分布在几十米到几千米范围内。传统上,局域网与广域网使用不同的技术,广域网使用交换技术,局域网使用广播技术,这是二者的根本区别。但从万兆以太网开始,这种区别就已经消除了。

(2)城域网

城域网(MAN)一般分布在一个城区,一般使用广域网的技术,可以看成是一个较小的广域网。

(3)广域网

广域网(WAN)一般分布在数十千米以上的区域。

**2. 按网络的使用范围分类**

根据组建和管理网络的部门和单位不同,常将计算机网络分为公用网和专用网。

(1)公用网

公用网由电信部门或其他提供通信服务的经营部门组建、管理和控制,网络内的传输和转接装置可供任何部门和个人使用,常用于广域网的构造,支持用户的远程通信,如我国的电信网、广电网、联通网等。

(2)专用网

专用网是由用户部门组建经营的网络,不容许其他用户和部门使用。由于投资的因素,专用网常为局域网或者是通过租借电信部门的线路而组建的广域网,如由学校组建的校园网,由企业组建的企业网等。

**3. 按交换技术分类**

按交换技术可将网络分为电路交换网络、报文交换网络和分组交换网络等类型。

(1)电路交换网络

电路交换网络是在源节点和目的节点之间建立一条专用的通路用于数据传送,包括建立连接、传输数据、断开连接三个阶段。最典型的电路交换网络就是电话网络。该类网络的优点是数据直接传送延迟小;缺点是线路利用率低,不能充分利用线路容量,不便于进行差错控制。

(2)报文交换网络

报文交换网络是将用户数据加上源地址、目的地址、长度、校验码等辅助信息封装成报文,发送给下个节点。下个节点收到后先暂存报文,待输出线路空闲时再转发给下个节点,重复这一过程直到到达目的节点。

(3)分组交换网络

分组交换网络也称包交换网络,其原理是将数据分成较短的固定长度的数据块,在每个数据块中加上目的地址、源地址等辅助信息组成分组(包),按存储转发方式传输。分组交换网络具备很多优点,现在的主流网络基本上都可以看成是分组交换网络。

**4. 其他分类方法**

按传输介质可分为双绞线网、同轴电缆网、光纤网和无线网等;根据网络传输技术可分为广播式和点—点式;按传输方式可分为基带网和宽带网。

### 9.4.4 计算机网络的组成

计算机网络由网络硬件系统和网络软件系统组成,包括计算机、网络设备、传输介质和网络操作系统。

在广域网中,从系统功能的角度看,计算机网络主要由资源子网和通信子网两大部分组成。资源子网包括计算机、外部设备、网络协议、网络软件和数据库等;通信子网包括通信线路、网络连接设备、通信协议和通信控制软件等。对局域网来讲,没有资源子网和通信子网之分。

### 9.4.5 计算机网络体系结构与协议

**1. 网络协议**

计算机网络协议是有关计算机网络通信的一整套规则,或者说是为完成计算机网络通信而制定的规则、约定和标准。网络协议由语法、语义和同步(定时)三大要素组成。

①语法:通信数据和控制信息的结构与格式。

②语义:对具体事件应发出何种控制信息,完成何种动作以及做出何种应答。

③同步:对事件实现顺序的详细说明。

**【例9.4-1】** 管理计算机通信的规则称为(　　)。

(A)协议　　(B)介质　　(C)服务　　(D)网络操作系统

**答案:**(A)。

**解释:**计算机通信有一整套规则,这些规则称为计算机网络协议。

**2. 分层原则**

计算机网络是非常复杂的,为了简化设计复杂程度,将网络功能划分为小一些、简单一些的功能,这样方便开发、设计和故障排除。分层的原则如下。

①每个层实现特定的功能。

②各个层之间有清晰的边界,层间接口清晰,便于理解。

③层的数目适中,便于实施。

④每层都使用下层的服务,并为上层提供服务。

⑤在层中可以再设置子层,当不需要时可绕过子层。

**3. 网络体系结构模型**

OSI 参考模型如图 9.4-1 所示。

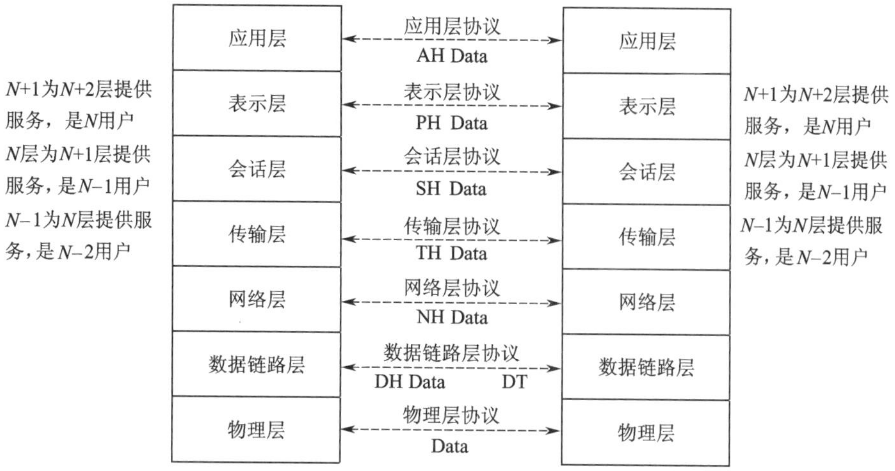


图 9.4-1 OSI 参考模型

物理层间传输二进制比特流，除物理层外，同层为虚通信，$N$ 层将从 $N+1$ 层接收的信息增加了一个头，$N-1$ 层将从 $N$ 层接收的信息（包括 $N$ 层增加的头）又增加了一个头，如此纵向传输，物理层是横向传输（点到点），到达目标后，数据链路层从物理层接收信息，并去掉自己层的包装将信息传给网络层，网络层去掉自己层的包装将信息传给传输层，如此向上传输。

**【例 9.4-2】** 在 OSI 模型中，第 $N$ 层和其上的 $N+1$ 层的关系是（　　）。

(A) $N$ 层为 $N+1$ 层服务

(B) $N+1$ 层将从 $N$ 层接收的信息增加了一个头

(C) $N$ 层利用 $N+1$ 层提供的服务

(D) $N$ 层对 $N+1$ 层没有任何作用

**答案：**(A)。

**解释：**每层都使用下层的服务，为上层提供服务，$N$ 层为 $N+1$ 层提供服务，使用 $N-1$ 的服务。

**4. 开放系统互连参考模型 OSI/RM**

所谓“开放”，即只要是遵循 OSI 标准的系统，就可以与位于世界上任何地方的，也遵循这同一标准的其他任何系统进行通信。

OSI 参考模型包括三级抽象：体系结构、七层模型、服务定义。

各层所提供的服务：层与层间的抽象接口；层与层间交互用的服务原语。

协议规范：精确地定义了应当发送何种控制信息及何种过程来解释该控制信息。

**【例 9.4-3】** OSI 参考模型将网络协议分为（　　）。

(A) 4 层　　(B) 5 层　　(C) 6 层　　(D) 7 层

**答案：**(D)。

OSI 参考模型共分为 7 层，各层名称及主要功能如表 9.4-1 所示。

表 9.4-1 OSI 参考模型 7 层的名称及主要功能

| 层 | 名称 | 主要功能 |
|---|---|---|
| 7 | 应用层(application layer) | 提供各种应用和服务:文件传输、电子邮件、万维网等 |
| 6 | 表示层(presentation layer) | 数据转换、压缩与解压缩、加密与解密 |
| 5 | 会话层(session layer) | 建立传输规则、传输约定,不同主机进程间进行通信(会话) |
| 4 | 传输层(transport layer) | 分组、流量控制、查错与错误处理 |
| 3 | 网络层(network layer) | 确定传送地址、选择传输路径 |
| 2 | 数据链路层(data link layer) | 信号同步、查错校验(CRC)、流向控制 |
| 1 | 物理层(physical layer) | 传输信息的介质,将数据以实体呈现并规定传输的规格,接插件的规格。负责传输比特流 |

【例 9.4-4】 以下哪一个选项按顺序包括了 OSI 模型的各个层次(  )。

(A)物理层,数据链路层,网络层,传输层,系统层,表示层和应用层

(B)物理层,数据链路层,网络层,传输层,会话层,表示层和应用层

(C)物理层,数据链路层,网络层,交换层,会话层,表示层和应用层

(D)表示层,数据链路层,网络层,传输层,会话层,物理层和应用层

**答案:**(B)。

**5. TCP/IP**

TCP/IP 的全称是传输控制协议(TCP,Transmission Control Protocol)和因特网协议(IP,Internet Protocol),一般是指一系列协议,其中 TCP、IP 协议是最基本、最重要的。

目前的国际互联网采用的体系结构是 TCP/IP 体系结构。

TCP/IP 体系结构是一个四层结构,分别是应用层、传输层、互联层和主机-网络层(网络接口层),与 OSI 体系结构比较如图 9.4-2 所示。

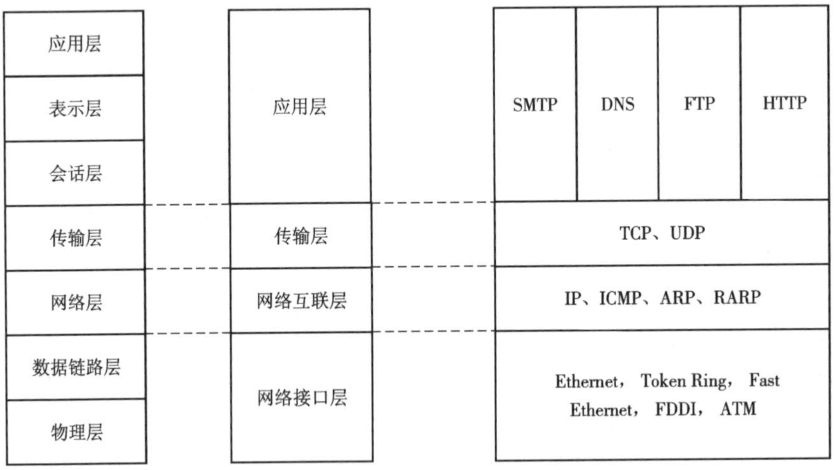


图 9.4-2 OSI 与 TCP/IP 体系结构比较

【例 9.4-5】 Internet 中的各种计算机系统之间能够进行通信,是由于采用了(  )。

(A)HTTP 协议  (B)TELNET 协议  (C)IPX 协议  (D)TCP/IP 协议

**答案:**(D)。

### 9.4.6 局域网

局域网是指在某一区域内由多台计算机互联成的计算机组，一般是方圆几千米以内。局域网可以实现文件管理、应用软件共享、打印机共享、工作组内的日程安排、电子邮件和传真通信服务等功能。局域网是封闭型的，可以由办公室内的两台计算机组成，也可以由一个公司内的上千台计算机组成。

IEEE（国际电子电气工程师协会）推动了局域网技术的标准化，制定了 IEEE 802 系列标准。遵循该标准在建设局域网时可以选用不同厂家的设备，并能保证其兼容性，可以使用双绞线、同轴电缆、光纤和无线等多种传输媒介连网。随着新技术的不断出现，这一系列标准仍在不断地更新变化之中。

以太网（IEEE 802.3 标准）是最常用的局域网组网方式。以太网使用双绞线作为传输媒介（网络设备主要用网卡、集线器或交换机）。在没有中继的情况下，最远可以覆盖 200 m 的范围。最普及的以太网类型，数据传输速率为 100 Mb/s，更新的标准则支持 1 000 Mb/s 和 1 Gb/s 的速率。

随着 IEEE 802.11 标准的制定，无线局域网的应用大为普及，数据传输速度可以达到 11 Mb/s 和 54 Mb/s，覆盖范围为 100 m。

**【例 9.4-6】** 将一个实验室内的若干台计算机通过网卡、集线器和双绞线连成的网络属于（　　）。

（A）局域网　　（B）广域网　　（C）城域网　　（D）网际网

**答案：**（A）。

### 9.4.7 广域网

广域网覆盖的范围从几十 km 到几千 km，它能连接多个城市或国家，或横跨几个洲，并能提供远距离通信，形成国际性的远程网络。广域网的通信子网可以利用公用分组交换网、卫星通信网和无线分组交换网，它将分布在不同地区的局域网或计算机系统互连起来，达到资源共享的目的。

通常广域网的数据传输速率比局域网低，典型速率是从 56 kb/s 到 155 Mb/s，现在已有 622 Mb/s（b/s 为每秒传输的二进制位数）、2.4 Gb/s 甚至更高速率的广域网。

**1. 网络互连的介质与设备**

常用的传输介质有双绞线、同轴电缆、光缆、无线传输介质、卫星线路等。

组建局域网时常用的传输介质是双绞线，通过 RJ-45 连接器（俗称水晶头）将各种网络设备连接起来。局域网的计算机主要通过网卡与其他计算机进行通信。

网卡的工作是双重的：一方面负责接收网络上传过来的数据包，解包后，将数据通过主板上的总线传输给计算机；另一方面将本地计算机上的数据打包后送到网络上。

**2. 网络互连的设备和作用**

网络互连中间的网络设备和作用如表 9.4-2 所示。

**表 9.4-2　常用网络设备**

| 设备名称 | 作　用 |
| --- | --- |
| 中继器 | 在 OSI 模型的物理层上实现信号放大和再生 |

续表

| 设备名称 | 作　用 |
| --- | --- |
| 网桥 | 在OSI模型的数据链路层上实现互连 |
| 路由器 | 在OSI模型的网络层上实现互连 |
| 交换机 | 交换发生在OSI参考模型的数据链路层 |
| 网关 | 在OSI模型的传输层上实现互连 |
| 调制解调器 | 接入设备,通过公用电话网(PSTN)连接到计算机,用于调制或解调,56 kb/s |
| ADSL | 非对称数字用户线,新型接入设备,类似调制解调器,上行640 kb/s,下行8 Mb/s,允许边打电话边上网 |

**【例9.4-7】** 下列叙述中正确的是(　　)。

(A)将数字信号变换成便于在模拟通信线路中传输的信号称为调制

(B)以原封不动的形式将来自终端的信息送入通信线路称为调制解调

(C)在计算机网络中,一种传输介质不能传送多路信号

(D)在计算机局域网中,只能共享软件资源,而不能共享硬件资源

**答案:**(A)。

**解释:**调制是把计算机的数字信号调制成可在电话线上传输的模拟信号,解调线路上传来的模拟信号转换成数字信号送给计算机,一种传输介质能传输多路信号,多路复用。在计算机局域网中,能够实现软件和硬件资源的共享。

**【例9.4-8】** 广域网,又称远程网,它所覆盖的地理范围一般(　　)。

(A)从几十米到几百米　　(B)从几百米到几千米

(C)从几千米到几百千米　　(D)从几十千米到几千千米

**答案:**(D)。

## 9.4.8 因特网(Internet)

因特网(Internet)是由许多小的网络(子网)互联而成的一个网络,每个子网中连接着若干台计算机(主机)。Internet遵循共同的协议(TCP/IP),Internet上开发了许多应用系统,供接入网上的用户使用,网上的用户可以方便地交换信息、共享资源。Internet是世界上最大的计算机互联网。

**1. IP地址**

所谓IP地址,就是给每个连接在Internet上的主机分配一个32 bit地址,每台网络上的主机必须有一个唯一的IP地址。为了方便人们的使用,IP地址经常被写成十进制的形式,中间使用符号“.”分开不同的字节。

**【例9.4-9】** 下面的IP地址中,合法的是(　　)。

(A)200.200.200.300　(B)200,200,200,1　(C)200.200.200.1　(D)200:200:200:1

**答案:**(C)。

**【例9.4-10】** 下面有关IP地址的说法中,错误的是(　　)。

(A) IP地址占四个字节　　(B) 一般用十进制数表示

(C) 每个字节对应一个 -128 ~ +127 的数　　(D) 字节之间用圆点分隔

**答案：**(C)。

**解释：**在 IPV4 中，IP 地址占四个字节(32bit)，一般用十进制数表示，每个字节对应 1 个无符号十进制数，最大范围应为 0 到 255，数字之间用圆点分隔。

为了便于寻址以及层次化构造网络，每个 IP 地址包括网络号和主机号。同一个物理网络上的所有主机都使用同一个网络号，网络上的一个主机都有一个与其他主机不同的主机号。IP 地址根据网络号的不同分为 5 种类型，即 A 类地址、B 类地址、C 类地址、D 类地址和 E 类地址。

(1)A 类地址

①A 类地址第 1 字节为网络地址，其他 3 个字节为主机地址。

②A 类地址范围：1. 0. 0. 1 ~ 126. 255. 255. 254。

③A 类地址中的私有地址和保留地址如下：

Ⅰ. 10. X. X. X 是私有地址(所谓的私有地址，就是在互联网上不使用，而被用在局域网中的地址)，范围为 10. 0. 0. 0 ~ 10. 255. 255. 255；

Ⅱ. 127. X. X. X 是保留地址，用作循环测试用。

(2)B 类地址

①B 类地址第 1 字节和第 2 字节为网络地址，其他 2 个字节为主机地址。

②B 类地址范围：128. 0. 0. 1 ~ 191. 255. 255. 254。

③B 类地址的私有地址和保留地址如下：

Ⅰ. 172. 16. 0. 0 ~ 172. 31. 255. 255 是私有地址；

Ⅱ. 169. 254. X. X 是保留地址。

(3)C 类地址

①C 类地址第 1 字节、第 2 字节和第 3 字节为网络地址，第 4 字节为主机地址，且第 1 字节的前三位固定为 110。

②C 类地址范围：192. 0. 0. 1 ~ 223. 255. 255. 254。

③C 类地址中的私有地址：192. 168. X. X 是私有地址，范围为 192. 168. 0. 0 ~ 192. 168. 255. 255。

(4)D 类地址

①D 类地址不分网络地址和主机地址，它的第 1 字节的前四位固定为 1110。

②D 类地址范围：224. 0. 0. 1 ~ 239. 255. 255. 254。

(5)E 类地址

①E 类地址不分网络地址和主机地址，它的第 1 字节的前五位固定为 11110。

②E 类地址范围：240. 0. 0. 1 ~ 255. 255. 255. 254。

**【例 9. 4-11】** 以下 IP 地址中，为 B 类地址的是(　　)。

(A)112. 213. 12. 23　(B)210. 123. 23. 12　(C)23. 123. 213. 23　(D)156. 123. 32. 12

**答案：**(D)。

**解释：**检查第 1 个数，B 类为 128 ~ 191。

**2. 子网掩码**

子网掩码的作用是将某个 IP 地址划分成网络地址和主机地址两部分。

子网掩码是一个 32 位的二进制数，其对应网络地址的所有位都置为 1，对应主机地址的所有位都置为0。由此可知,A类网络的默认子网掩码是255.0.0.0,B类网络的默认子网掩码是255.255.0.0,C类网络的默认子网掩码是255.255.255.0。将子网掩码和IP地址按位进行逻辑"与"运算,得到IP地址的网络地址,剩下的部分就是主机地址,从而区分出任意IP地址中的网络地址和主机地址。

为解决IP地址难以记忆的问题,引入域名服务系统DNS(Domain Name System)。域名(Domain Name)是由一串用点分隔的名字组成,例如www.tju.edu.cn对应的IP地址为202.113.13.66。DNS就是进行域名解析的服务器,通过域名解析系统计算出相对应的IP地址。

域名简单地说就是Internet上主机的名字,它采用层次结构,每一层构成一个子域名,子域名之间用圆点隔开,自左至右分别为计算机名、网络名、机构名、最高域名。Internet每个"域名"或"中文域名"只对应一个"IP地址"。

【例9.4-12】 下面关于域名的说法中,错误的是(　　)。

(A)域名是为解决IP地址难于记忆而提出的

(B)使用域名需要DNS的支持

(C)域名服务器发生故障时无法访问Internet

(D)域名用于标识Internet网中的主机

**答案:**(C)。

**解释:**域名服务系统DNS的作用是将域名翻译成IP地址,域名服务器发生故障时可以用IP地址访问Internet。

**3. Internet提供的服务**

(1)收发EMAIL(电子邮件服务)

基于电子信箱,能传送文本、声音以及图像等多种类型的信息。电子邮件地址为用户名@邮件服务器的主机名。

(2)远程登录服务(Telnet)

用户可以通过远程登录使自己所用计算机成为远程计算机的终端,然后在远程计算机上面运行程序,或者使用远程计算机的软件和硬件资源。当然,首先要成为远程计算机的合法用户并拥有相应的账户和口令,用户才能使用它的资源。

(3)文件传输服务(FTP)

Internet上有许多公用的免费软件,允许用户无偿转让、复制、使用和修改。要获取这些软件可以使用文件传输,在授权的情况下还可以上传文件。

(4)WWW(World Wide Web)服务

当用户浏览一篇WWW页面时,可以从当前浏览页随意跳转到其他页面。用户不需要遵循一定的层次顺序,就可以在WWW的海洋中随意"冲浪",提供WWW资源的称为WWW服务器或WEB站点。

WWW页面使用超文本语言HTML,定位使用世界范围内信息资源的统一定位符URL(URL也称为URL地址或Web地址,俗称"网址")。

【例9.4-13】 用户在浏览器的地址栏中输入的内容是http://cfd.tju.edu.cn/index.html,其中的index.html表示的是(　　)。

(A)资源类型　　(B)主机地址　　(C)资源路径　　(D)资源文件

**答案**:(D)。

**解释**:URL 由三部分组成,即协议类型、主机名、路径及文件名。可以通过 URL 指定的主要有以下几种:http、ftp、gopher、telnet 等,访问 WEB 服务器的协议类型是 http,随后是主机名,最后的 index. html 是路径及文件名,这里只有文件名。

**【例 9.4-14】** 电子邮件是(　　)。

(A)网络信息检索服务　(B)通过 WEB 网页发布的公告信息

(C)通过网络实时交互的信息传递方式　(D)一种利用网络交换信息的非交互式服务

**答案**:(D)。

**【例 9.4-15】** 浏览 WWW 网页时,使用的协议是(　　)。

(A)FTP 协议　(B)TELNET 协议　(C)HTTP 协议　(D)Gopher 协议

**答案**:(C)。

(5)信息搜索服务

Internet 上的信息资源非常丰富,使用搜索引擎如 baidu、Google、yahoo、sohu 等提供的综合性搜索服务,可以大大减少网上搜索的时间,提高信息查询服务的准确性和专业性。

**【例 9.4-16】** WEB 站点指的是(　　)。

(A)WWW 服务器　(B)FTP 服务器　(C)邮件服务器　(D)Telnet 服务器

**答案**:(A)。

**解释**:提供服务的称为服务器,提供 WWW 服务的称为 WEB 服务器,也称为 WEB 站点。

## 9.4.9 网络的管理

**1. 网络管理的概念**

所有与网络的管理、故障排除以及网络安全等有关的事情都属于网络管理范畴。

ISO 在 ISO/IEC 7498—4 文档中定义了网络管理的五大功能,并被广泛接受。这五大功能如下。

①故障管理:故障监测、故障修复、故障分析、故障记录等。

②性能管理:性能监控、性能分析、可视化的性能报告、实时性能监控等。

③配置管理:配置信息的自动获取、自动配置、配置参数设置等。

④安全管理:授权机制、访问控制、加密和加密关键字的管理,另外还要维护和检查安全日志等。

⑤计费管理:计费数据采集、数据分析与费用计算等。

**2. 网络管理协议**

随着网络的不断发展,规模增大,复杂性增加,简单的网络管理技术已不能适应网络迅速发展的要求。研究开发者们迅速展开了对网络管理的研究,并提出了多种网络管理方案(协议),如 SNMP、CMIS/CMIP 等。

①SNMP,即简单网络管理协议,其前身是 1987 年发布的简单网关监控协议(SGMP)。SGMP 给出了监控网关(OSI 第三层路由器)的直接手段,SNMP 则是在其基础上发展而来。最初,SNMP 只能提供最小网络管理功能。

②CMIS/CMIP,即公共管理信息服务/公共管理信息协议,是 OSI 提供的网络管理协议簇。CMIS 定义了每个网络组成部分,提供了网络管理和服务,CMIP 是实现 CMIS 服务的协议。

## 9.4.10 网络安全

网络安全是指网络系统的硬件、软件及其系统中的数据受到保护，不因偶然的或者恶意的原因而遭受到破坏、更改、泄露，确保系统连续、可靠、正常地运行，网络服务不被中断。网络安全从其本质上来讲就是网络上的信息安全。

**1. 计算机安全、网络安全和信息安全**

实际上，计算机安全、网络安全和信息安全，三者不可分割。

**2. 网络安全面临的主要威胁**

①人为的无意失误：用户安全意识不强，如口令太弱、账号泄露等。

②人为的恶意攻击：分为主动攻击和被动攻击，主动攻击是有选择地破坏信息的有效性和完整性，被动攻击是截获、窃取、破译等。

③网络软件的漏洞和后门：网络软件的漏洞是黑客攻击的首选目标，网络软件后门主要是为了自己方便，一旦被别人发现会造成严重不良后果。

**3. 网络安全要求**

①保密性：信息不泄露给非授权用户。

②完整性：数据未经授权不能进行改变的特性，即信息在存储或传输过程中保持不被修改、不被破坏和丢失的特性。

③可用性：可被授权实体访问并按需求使用的特性，即当需要时能否存取所需的信息。

④真实性：用户的身份、网络中的信息等都应是真实可信的。

⑤可控性：对信息的传播及内容具有控制能力。

**4. 网络安全的对策**

①数据加密：采用密码技术，通过对数据进行加密处理，将重要信息由明文变为密文，加大保密强度。

②数字签名：采用不对称加密技术，是网络通信和网络信息安全的一种特殊的密码认证形式，包括身份认证、数据完整性、不可否认性以及匿名性等方面的内容。

③鉴别：包括用户鉴别和信息鉴别，用户鉴别是一种为防止非授权用户进入系统的常规技术措施；信息鉴别是检查信息的完整性、可用性等。

④访问控制：即限制对信息系统的访问和接触，以便保障信息系统的安全，主要包括限制对网络系统的物理接触、用户鉴别和设置用户权限。

⑤防火墙：指一个由软件和硬件设备组合而成，在内部网和外部网之间、专用网与公共网之间的层面上构造的保护屏障。

## 9.4.11 Windows 中的网络应用

**1. 信息浏览**

通过万维网（WWW）技术，Internet 以 WEB 网页形式实现信息浏览，实现了全球网页的连通。Windows XP 中使用 Internet Explorer 浏览器，实现信息浏览。

**【例 9.4-17】** 要想浏览 WWW 信息，必须在用户的计算机上安装的软件是（　　）。

（A）Internet 浏览器　（B）Word　（C）Excel　（D）FrontPage

**答案：**（A）。

（1）Internet Explorer 的浏览方法

①在地址栏输入要访问主页的地址。

②打开对话框输入要访问主页的地址。

③利用“前进”和“后退”访问曾经浏览过的主页。

④利用“历史”访问最近(前几天或几周)曾经浏览过的主页。

⑤利用超级链接访问链接到的主页。

(2)Internet Explorer 的保存方法

①利用菜单命令可以保存网页文件。

②利用快捷菜单命令可以保存图片。

(3)Internet Explorer 的配置方法(利用 IE 的属性)

①设置起始主页。

②设置历史记录保留天数和存放临时文件的空间以及删除临时文件。

③设置安全特性。

④设置分级审查系统。

⑤设置打印、多媒体等高级选项。

(4)Internet Explorer 收藏夹使用

①添加到收藏夹(把正在浏览网页的地址存在收藏夹,以便以后访问)。

②浏览收藏夹保存的网页。

③整理收藏夹。

(5)Internet Explorer 脱机浏览

①设置允许脱机浏览。

②使用脱机浏览。

**2. 文件传输**

文件传输(FTP)是用户获得因特网资源的重要方法之一。文件传输有上传和下载,用户通过因特网将本地计算机上的文件传送到特定的远程计算机上的过程称为上传(Upload);反之,将远程计算机上的文件传送到本地计算机中保存的过程称为下载(Download)。

①利用 Internet Explorer 地址栏输入 FTP 服务器地址。

②使用 Internet Explorer 超级链接下载文件。

**【例 9.4-18】** 用户在浏览器的地址栏中输入的内容是 ftp://202.113.13.223/教师,说明用户在使用 Internet 的(　　)。

(A)电子邮件　　(B)文件传输　　(C)WWW 信息浏览　(D)远程登录

**答案:**(B)。

**解释:**由协议 FTP 确定是文件传输。

**练习题**

1. 计算机网络按通信距离和作用范围划分为(　　)。

(A)局域网,城域网,广域网　　(B)广域网,有线网,无限网

(C)X.25 网,ATM 网　　(D)环形网,星形网,树形网,混合网

2. 计算机网络的广泛应用的最大好处是(　　)。

(A)存储容量增大　　(B)计算机运行速度加快

(C)节省人力　　(D)实现资源共享

3. 在 OSI 模型中,在物理媒介上传输比特流的层是(　　)。

(A)物理层　(B)数据链路层　(C)网络层　(D)传输层

4. 在OSI模型中,控制用户间的对话的层是(　　)层。

(A)传输　(B)会话　(C)表示　(D)应用

5. IP地址192.0.0.3的类型是(　　)。

(A)A类　(B)B类　(C)C类　(D)非法的

6. IP地址用前8位表示网络号,用后24位表示主机号,该IP地址属于(　　)。

(A)A类　(B)B类　(C)C类　(D)非法的

7. 域名服务器的作用是(　　)。

(A)为连入Internet网的主机分配域名　(B)为连入Internet网的主机分配IP地址

(C)将主机域名转换为IP地址　(D)将主机的IP地址转换为域名

8. 下列选项中,不正确的是(　　)。

(A)网络中的计算机可以独立使用

(B)网络中的计算机必须配备具有通信功能的专用设备

(C)网络中的计算机必须配备多媒体设备

(D)网络中的计算机必须安装支持网络通信的软件

9. 在计算机网络中,服务器是指(　　)。

(A)硬件性能最高的计算机

(B)提供共享资源或其他服务功能的计算机系统

(C)接受服务或需要访问共享资源的计算机

(D)安装的软件最多的计算机

10. 通常将计算机网络中实现网络通信功能的设备和软件称为(　　)。

(A)资源子网　(B)通信子网　(C)局域网　(D)广域网

**参考答案**

1. (A)　2. (D)　3. (A)　4. (B)　5. (C)　6. (A)

7. (C)　8. (C)　9. (B)　10. (B)

## 仿真习题

### 9.1 计算机系统

9-1 用二进制数表示的计算机语言称为(　　)。

(A)高级语言　(B)汇编语言　(C)机器语言　(D)程序信息

9-2 鼠标器是一种(　　)。

(A)存储器　(B)输入设备　(C)输出设备　(D)运算控制单元

9-3 一个完整的计算机系统包括(　　)。

(A)计算机及其外部设备　(B)主机、键盘、显示器

(C)系统软件和应用软件　(D)硬件系统和软件系统

9-4 计算机的主存储器是指(　　)。

(A)RAM和C磁盘　(B)ROM　(C)ROM和RAM　(D)硬盘和控制器

9-5 操作系统是计算机系统的一种(　　)。

(A)应用软件　(B)通用软件　(C)系统软件　(D)工具软件

9-6 高级语言源程序必须翻译成目标程序后才能执行,完成这种翻译过程的程序是(　　)。

(A)汇编程序　(B)编辑程序　(C)解释程序　(D)编译程序

9-7 具有多媒体功能的微机系统常用 CD-ROM 作为外存储器,CD-ROM 是(　　)。

(A)只读存储器　(B)只读硬盘　(C)只读大容量软盘　(D)只读光盘

9-8 下列选项中,两个软件都属于系统软件的是(　　)。

(A)Windows 和 Word　(B)Windows 和 Photoshop

(C)UNIX 和 WPS　(D)Windows 和 UNIX

9-9 下列关于机器语言的说法中,错误的是(　　)。

(A)机器语言是机器指令的集合

(B)机器语言由二进制代码组成

(C)机器语言是计算机能直接识别的语言

(D)机器语言是用“助记符”说明操作码

9-10 下面关于解释程序和编译程序的叙述,其中正确的一条是(　　)。

(A)编译程序、解释程序均能产生目标程序

(B)编译程序、解释程序均不能产生目标程序

(C)编译程序能产生目标程序,解释程序不能产生目标程序

(D)编译程序不能产生目标程序,而解释程序能产生目标程序

9-11 在 CPU 中控制部件的主要作用是(　　)。

(A)按微操作信号控制计算机中的所有部件按指令操作

(B)实现指令所指定的各种算术和逻辑运算操作

(C)存放指令、指令地址、操作数及运算结果等

(D)连接 CPU 内部各部件,为信息传送提供通路

## 9.2 信息表示

9-12 下面说法中正确的是(　　)。

(A)计算机地址总线所包含的二进制位数称为字长

(B)计算机数据总线所包含的二进制位数称为字长

(C)计算机控制总线所包含的二进制位数称为字长

(D)计算机内存所包含的二进制位数称为字长

9-13 十进制数 256.625 用十六进制表示则是(　　)。

(A)100.B　(B)200.C　(C)100.A　(D)96.D

9-14 计算机内的数字信息、文字信息、图像信息、视频信息、音频信息,都是用(　　)。

(A)不同位数的八进制数来表示的　(B)不同位数的十进制数来表示的

(C)不同位数的二进制数来表示的　(D)不同位数的十六进制数来表示的

9-15 MIDI(Music Instrument Digital Interface)是(　　)的国际标准。

(A) 数字音乐　(B) CD　(C) 多媒体　(D) DVD

9-16 对模拟声音信号的采样频率越高,声音的保真度越好。根据采样定理,在对模拟声音信号采集时,采样频率不应低于声音信号最高频率的(　　)倍。

(A)1　(B)2　(C)3　(D)4

9-17 若在一个非零无符号二进制整数的右边加两个零形成一个新的数，则新数的值是原数值的(　　)。

(A)四倍　(B)二倍　(C)四分之一　(D)二分之一

9-18 下列无符号整数中，数值最小的是(　　)。

(A)$(10010010)_2$　(B)$(221)_8$　(C)$(147)_{10}$　(D)$(94)_{16}$

9-19 一台彩显的分辨率是 1 280 × 1 024，像素颜色深度为 24 位，则显示存储器容量至少应有(　　)。

(A)1 MB　(B)2 MB　(C)4 MB　(D)6 MB

9-20 CRT 的分辨率是 1 024 × 1 024，像素颜色数是 256，则显示存储器的容量至少应有(　　)。

(A)512 KB　(B)1 MB　(C)256 KB　(D)2 MB

9-21 十进制数 102 转换为二进制数是(　　)。

(A)1100111　(B)1100110　(C)1100001　(D)1011110

9-22 4B 的位数是(　　)。

(A)4 位　(B)8 位　(C)16 位　(D)32 位

9-23 配置高速缓冲存储器(Cache)是为了解决(　　)。

(A)内存与辅助存储器之间速度不匹配问题

(B)CPU 与辅助存储器之间速度不匹配问题

(C)CPU 与内存储器之间速度不匹配问题

(D)主机与外设之间速度不匹配问题

9-24 常用的信息加密技术有多种，下面不正确的是(　　)。

(A)传统加密技术、数字签名技术　(B)对称加密技术

(C)密钥加密技术　(D)专用 ASCII 码加密技术

9-25 下面存储容量单位之间换算关系正确的是(　　)。

(A)1 GB = 1 024 B　(B)1 GB = 1 024 KB　(C)1 GB = 1 024 MB　(D)1 GB = 1 024 TB

## 9.3 常用操作系统

9-26 在各类计算机操作系统中，分时系统是一种(　　)。

(A)单用户批处理操作系统　(B)多用户批处理操作系统

(C)单用户交互式操作系统　(D)多用户交互式操作系统

9-27 允许多个用户以交互方式使用计算机的操作系统是(　　)。

(A)批处理单道系统　(B)分时操作系统　(C)实时操作系统　(D)批处理多道系统

9-28 在批处理兼分时的系统中，对(　　)应及时响应。

(A)批量作业　(B)前台作业　(C)后台作业　(D)网络通信

9-29 分布式操作系统与网络操作系统本质上的区别在于(　　)。

(A)实现各台计算机之间的通信

(B)共享网络中的资源

(C)满足较大规模的应用

(D)系统中若干台计算机相互协作共同完成同一任务

9-30 (　　)为用户分配主存空间，保护主存中的程序和数据不被破坏，提高主存空间的

利用率。

(A)处理器管理　(B)存储管理　(C)文件管理　(D)作业管理

9-31　操作系统中的进程是(　　)。

(A)一个系统软件　(B)与程序概念等效

(C)存放在主存中的程序　(D)执行中的程序

9-32　操作系统是一个庞大的管理系统控制程序,它由五大管理系统组成,下面不属于这五大管理系统的是(　　)。

(A)作业管理,存储管理　(B)设备管理,文件管理

(C)进程管理,存储管理　(D)中断管理,电源管理

9-33　在下面四条有关进程特征的叙述中,正确的是(　　)。

(A)静态性、并发性、共享性、同步性　(B)动态性、并发性、共享性、异步性

(C)静态性、并发性、独立性、同步性　(D)动态性、并发性、独立性、异步性

### 9.4　计算机网络

9-34　下面选项中,有效的 IP 地址是(　　)。

(A) 202. 280. 130. 45　(B) 130. 192. 290. 45

(C) 192. 202. 130. 45　(D) 280. 192. 33. 45

9-35　一个典型的计算机网络系统主要是由(　　)。

(A)网络硬件系统和网络软件系统组成　(B)主机和网络软件系统组成

(C)网络操作系统和若干计算机组成　(D)网络协议和网络操作系统组成

9-36　联网中的每台计算机(　　)。

(A)在联网之前有自己独立的操作系统,联网以后是网络中的某一个节点

(B)在联网之前有自己独立的操作系统,联网以后它自己的操作系统被屏蔽

(C)在联网之前没有自己独立的操作系统,联网以后使用网络操作系统

(D)联网中的每台计算机有可以同时使用的多套操作系统

9-37　OSI 模型有(　　)层。

(A)5　(B)6　(C)7　(D)8

9-38　OSI 模型中的(　　)层网络用户可以使用邮件服务、文件传输等。

(A)数据链路　(B)会话　(C)传输　(D)应用

9-39　用于传输文件协议的是(　　)。

(A)FTP　(B)SMTP　(C)TELNET　(D)HTTP

9-40　采用(　　)可以准确定位一个 WEB 页在 Internet 中的地址。

(A)URL 地址　(B)E-mail 地址　(C)IP 地址　(D)域名

## 习题答案

9-1　(C)　9-2　(B)　9-3　(D)　9-4　(C)　9-5　(C)　9-6　(D)　9-7　(D)

9-8　(D)

9-9　(D)。解题思路:机器语言是机器指令的集合,位样式是二进制代码,计算机能直接识别机器语言,“助记符”说明操作码是汇编语言。

9-10　(C)。解题思路:编译程序能产生目标程序,解释程序不能产生目标程序。

9-11 (A)。解题思路:指令寄存器存指令，指令译码器进行译码,产生一系列微操作信号,控制部件用微操作信号控制计算机中的其他部件。

9-12 (B)。解题思路:计算机地址总线所包含的二进制位数确定了寻址范围,数据总线所包含的二进制位数称为字长。

9-13 (C) 9-14 (C) 9-15 (A)

9-16 (B)。解题思路:根据采样定理,在对模拟声音信号进行采集时,采样频率不应低于声音信号最高频率的 2 倍。

9-17 (A)。解题思路:可用非零无符号二进制整数 1,1 右边加两个零形成一个新的二进制数 100,新数的值是原数值的 4 倍。

9-18 (B)。解题思路:都化成二进制无符号整数。

(A)$(10010010)_2$,(B)$(221)_8=(10010001)_2$,(C)$(147)_{10}=(10010011)_2$,(D)$(94)_{16}=(10010100)_2$,可见最小的是(B)。

9-19 (C)。解题思路:一台彩显的分辨率是 $1\ 280\times1\ 024$,像素是 $1\ 280\times1\ 024$,像素颜色深度为 24 位,需要 $1\ 280\times1\ 024\times24$ 个二进制位存储,显示存储器容量用 MB,需要至少应有 $1\ 280\times1\ 024\times24\div8\div1\ 024^2$(3.75 MB),因此至少要 4 MB 显示存储器容量。

9-20 (B)。解题思路:像素颜色数是 256,则像素颜色深度为 8 位($2^8=256$),CRT 的分辨率是 $1\ 024\times1\ 024$,需要 $1\ 024\times1\ 024\times8$ 个二进制位存储,显示存储器容量用 MB,需要至少应有 $1\ 024\times1\ 024\times8\div8\div1\ 024^2$(1 MB),因此至少要 1 MB 显示存储器容量。

9-21 (B) 9-22 (D)

9-23 (C)。解题思路:目前微机在 CPU 和主板上都配有高速缓冲存储器(Cache),解决 CPU 与内存储器之间速度不匹配问题。

9-24 (D) 9-25 (C) 9-26 (D) 9-27 (B)

9-28 (B)。解题思路:在批处理兼分时的系统时,后台作业是批处理投入的作业,交互方式的分时是前台作业,前台作业优先,系统及时响应前台作业。

9-29 (D) 9-30 (B)

9-31 (D)。解题思路:操作系统中的进程与程序不同。程序是静态的,进程是动态的,程序是指令集合,进程是程序运行的轨迹。进程还具有并发性、独立性和异步性。

9-32 (D) 9-33 (D)

9-34 (C)。解题思路:用 4 个十进制数表示 IP 地址,每个十进制数,最大范围应为 0 到 255,数字之间用圆点分隔,除选项(C)外,其他 3 个选项中,都存在超过 255 的数。

9-35 (A) 9-36 (A) 9-37 (C)

9-38 (D)。解题思路:OSI 模型中的应用层是最高层,为网络用户提供环境和手段,如邮件服务、文件传输等。

9-39 (A) 9-40 (A)

# 工程管理基础

# 10 工程经济

## 考试大纲

10.1 资金的时间价值

资金时间价值的概念；利息及计算；实际利率和名义利率；现金流量及现金流量图；资金等值计算的常用公式及应用；复利系数表的应用。

10.2 财务效益与费用估算

项目的分类；项目计算期；财务效益与费用；营业收入；补贴收入；建设投资；建设期利息；流动资金；总成本费用；经营成本；项目评价涉及的税费；总投资形成的资产。

10.3 资金来源与融资方案

资金筹措的主要方式；资金成本；债务偿还的主要方式。

10.4 财务分析

财务评价的内容；盈利能力分析（财务净现值、财务内部收益率、项目投资回收期、总投资收益率、项目资本金净利润率）；偿债能力分析（利息备付率、偿债备付率、资产负债率）；财务生存能力分析；财务分析报表（项目投资现金流量表、项目资本金现金流量表、利润与利润分配表、财务计划现金流量表）；基准收益率。

10.5 经济费用效益分析

经济费用和效益；社会折现率；影子价格；影子汇率；影子工资；经济净现值；经济内部收益率；经济效益费用比。

10.6 不确定性分析

盈亏平衡分析（盈亏平衡点、盈亏平衡分析图）；敏感性分析（敏感度系数、临界点、敏感性分析图）。

10.7 方案经济比选

方案比选的类型；方案经济比选的方法（效益比选法、费用比选法、最低价格法）；计算期不同的互斥方案的比选。

10.8 改扩建项目经济评价特点

改扩建项目经济评价特点。

10.9 价值工程

**价值工程原理；实施步骤。**

## 复习指导

勘查设计注册工程师执业资格考试公共基础考试的工程经济部分包括资金时间价值、财务效益与费用估算等9节内容，考试题量为8题。内容虽然很广泛，但均围绕着一个主线，即如何从经济角度评价建设项目。

“10.1 资金的时间价值”涉及了进行项目经济评价的基础知识，项目经济评价应以动态分析为主，主要评价指标都要考虑资金的时间价值；10.2至10.4是有关项目财务评价的内容，“10.2 财务效益与费用估算”和“10.3 资金来源与融资方案”是进行项目财务现金流量分析的基础，“10.4 财务分析”涉及了项目财务评价过程和内容；“10.5 经济费用效益分析”涉及了如何从资源合理配置角度，分析项目投资的经济效率和对社会福利做出的贡献；“10.6 不确定性分析”涉及了如何分析不确定性因素对项目经济评价结果的影响；“10.7 方案经济比选”涉及了不同类型方案组的比较方法；“10.8 改扩建项目经济评价特点”涉及了改扩建项目经济评价的具体方法；“10.9 价值工程”涉及了价值工程这一常用的技术经济分析方法的原理和步骤。

“工程经济”大纲涉及的内容虽然很广泛，但考核的内容主要是基本概念、基本理论、基本方法及运算三个方面，复习时应按考试大纲要求，掌握好这些“基本”内容，这是备考的基本条件。

“工程经济”试题形式虽然均为“四选一”形式的单项选择题，但试题的考核方式分为三种：一是直接考核基本概念和原理；二是考核根据基本原理和方法进行分析判断的能力；三是考核计算分析能力。其中，后两种考核方式需要灵活运用所学知识，掌握一些解题技巧。下面用例题具体说明。

**【例10-1】** 在下述各项中，属于价值工程核心的是（　　）。

(A)对象选择　(B)功能评价　(C)方案评价　(D)功能分析

**答案：**(D)

**分析：**本题主要考核价值工程的基本概念和原理，需要有一定的工程经济知识面，但深度要求不高。

**【例10-2】** 某常规投资项目，当折现率取15%时，净现值为10万元，则该项目的内部收益率会（　　）。

(A)小于15%　(B)大于15%

(C)等于15%　(D)等于15%与基准收益率的差

**答案：**(B)

**分析：**本题不需要计算，仅需要根据内部收益率和净现值的关系进行判断分析。对于常规项目而言，随着折现率的提高，项目的净现值会单调递减，因此要想使净现值等于零，使用的折现率（即内部收益率）肯定大于15%。本题解题的关键是对原理有一定深入的理解。

**【例10-3】** 现有一笔10万元的债务，若要求每年年末偿还3万元，年利率为10%，则该债务可在（　　）年还清。已知：$(A/P,10\%,4)=0.3155$，$(A/P,10\%,5)=0.2634$，$(A/P,10\%,6)=0.2296$，$(A/P,10\%,7)=0.2054$，$(A/P,10\%,8)=0.1874$。

(A)4~5　(B)5~6　(C)6~7　(D)7~8

**答案:**(A)

**分析:**本题需要先计算,再根据结果进行分析。用每年年末偿还额3万除以给出的5个资金回收系数,可以发现4年末无法还清债务,而5年末已经还清债务。因此,债务可在4~5年间还清。本题解题关键是要灵活运用学过的公式,解决各种实际问题。

# 复习内容

## 10.1 资金的时间价值

要求:熟悉资金时间价值的概念;了解利息及单利、复利的计算方式;熟练掌握实际利率和名义利率的计算方法;了解现金流量的概念及现金流量图的含义;熟练掌握资金等值计算的常用公式,能够进行简单应用;学会使用复利系数表。

### 10.1.1 资金时间价值的概念

资金时间价值是工程经济学的基础概念之一。在工程经济计算中,无论是工程完成后所发挥的经济效益还是工程建造中所消耗的人力、物力和资源,最后都是以价值形态,即资金的形式表现出来。在资金运动过程中,新创造的价值形成资金增值,即资金的时间价值。

由于资金存在时间价值,致使不同时点发生的资金流量不能直接进行比较。资金必须与时间结合,才能表现出其真正的价值。

资金时间价值的表现形式是利息和利润。对于储蓄投资来说,表现形式为利息,即放弃使用资金所获的报酬。因为对于投资者由于出借资金,因而就不能用于消费或其他投资,因此它的福利损失或其他投资损失就要用利息来补偿;对项目投资来说,表现形式为利润。由于项目投资存在着风险和机会成本,因此只有当未来项目的收益能显著超过目前的投资时,人们才会将其用于增加资金的支出,即投资该项目,而这种由于时间所产生的价值就是投资的利润。

利息和利润是衡量资金时间价值的绝对尺度,其多少和投资额有关,所以在项目技术经济分析中往往用利率作为衡量资金时间价值的相对尺度。在实践中,社会平均的资金收益率通常用作资金时间价值的衡量尺度,用$R$表示且$R=R_1+R_2+R_3$,其中$R_1$是考虑时间因素补偿的收益率;$R_2$是考虑通货膨胀因素补偿的收益率;$R_3$是考虑风险因素补偿的收益率。

### 10.1.2 利息及其计算

利息是占用资金所付代价或放弃使用资金所获报酬,它是资金时间价值的一种体现,它是资金在某一固定时间间隔后(一般为一年)所得到的增值。

当一项经济活动的计息周期在一个以上时,利息的计算方式有两种,即单利和复利。

**1. 单利的计息方式**

单利是指在计算利息时,仅对投入的本金计算利息,上一个计息周期产生的利息在下一个计息周期不再计息,即不考虑利息的时间价值。其利息的计算公式如下:

$$I=P\times i \tag{10.1-1}$$

而$n$期末单利计息方式的本利和等于本金加上利息,即

$$F=P(1+i\cdot n) \tag{10.1-2}$$

式中:$n$为计息次数。

在利用上述公式计算本利和 $F$ 时,要注意式中 $i$ 的计息周期和 $n$ 的时间单位应一致。此外,单利法的隐含假设是每年的盈利不再投入到社会再生产中,这不符合资金运动的实际情况。故在工程经济分析中要采用复利的方法计算利息。

**2. 复利的计息方式**

为了使借款及投资活动中所有的货币都按同样标准产生时间价值,对尚未支付的利息也应当以同样的利率计算利息,即"利生利""利滚利",这种计算方法就是复利。其计算公式为

$$I_t = I \times F_{t-1} \tag{10.1-3}$$

式中:$I_t$为第 $t$ 个计息周期的利息;$F_{t-1}$为第$(t-1)$期期末的本利和。

而 $n$ 期末复利计息方式的本利和 $F$ 为

$$F = P(1+i)^n \tag{10.1-4}$$

### 10.1.3 名义利率和实际利率

利率的一定时间通常以年为单位,它可以与计息周期相同也可以不同。在工程经济中由于采用复利的计息方式,当利率的时间单位和计息周期不一致时,就出现了名义利率和实际利率。

**1. 名义利率**

名义利率是指计息周期利率 $i$ 与利率的时间单位内的计息周期数 $m$ 的乘积。名义利率为年利率,用 $r$ 表示。

$$r = i \times m \tag{10.1-5}$$

若月利率为 1% ,则年名义利率为 12% 。很显然,计算名义利率时忽略了前面各期利息再生利息的因素,这与单利的计算相同。

**2. 实际利率**

实际利率是将利率时间单位内的利息再生因素考虑在内计算出的利率,即用利率时间单位内产生的总体利息与本金之比,也称为有效利率,用 $i$ 表示。根据利率的概念,即可推导出名义利率和实际利率的关系。

若利率的时间单位为年,在一年内计息 $m$ 次,则年名义利率为 $r$,计息周期利率为 $i=r/m$。设年初有本金 $P$,根据复利的计算公式,一年后的本利和为

$$F = P(1+\frac{r}{m})^m \tag{10.1-6}$$

根据利息的定义,一年内的利息(利率时间单位内产生的总体利息)$I$ 为

$$I = F - P = P(1+\frac{r}{m})^m - P = P\left[\left(1+\frac{r}{m}\right)^m - 1\right] \tag{10.1-7}$$

再根据实际利率的定义可得实际利率 $i$ 为

$$i = \frac{I}{P} = \left(1+\frac{r}{m}\right)^m - 1 \tag{10.1-8}$$

**【例 10.1-1】** 若银行贷款年名义利率为 6% ,按月计息,求该贷款年实际利率。

**解:**按照式(10.1-8),该贷款的年实际利率为

$$i = \left(1+\frac{6\%}{12}\right)^{12} - 1 = 6.17\%$$

可见,名义利率与实际利率在数值上是不相等的。除年计息一次时名义利率等于实际利

率之外,实际利率一般大于名义利率。

### 10.1.4 现金流量及现金流量图

**1. 现金流量**

设备投资的目的是为了将来获得更大回报,因此投资的定义可以是为期望取得利润而支付出去的资金。所以,在设备建造过程中存在着复杂的资金运动,这种不断运动的资金流就成为现金流量。流入这个过程的资金称为现金流入,流出这个过程的资金称为现金流出,现金流入用 *CI* 表示,现金流出用 *CO* 表示,同一时点现金流入与现金流出的差额称为净现金流量,用 *NCF* 表示。

$$NCF_t = (CI - CO)_t \tag{10.1-9}$$

**2. 现金流量图**

把现金流量作为时间的函数,用一个二维的图形表示,称为现金流量图,见图 10.1-1。运用现金流量图,就可以全面、形象、直观地表达出设备工程形成过程中经济系统的资金运动状态。现金流量图的做法如下。

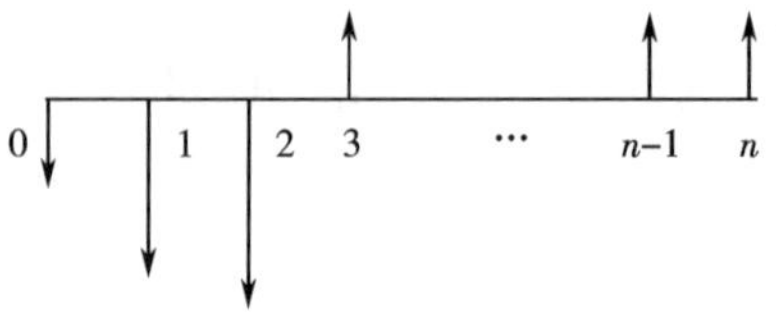


图 10.1-1　现金流量图

①横轴表示时间轴,将横轴分为 $n$ 等份,注意第 $n-1$ 期终点和第 $n$ 期的始点是重合的。每一等份代表一个时间单位,可以是年、半年、季、月或天。

②与横轴垂直向下的箭头代表现金流出,与横轴垂直向上的箭头代表现金流入,箭头的长短与金额的大小成比例。

③代表现金流量的箭头与时间轴的交点即表示该现金流量发生的时间。

由此可知,要正确绘制现金流量图,必须把握好现金流量的三要素,即现金流量的大小、方向和时间点。

现金流量图与立脚点有关,从借款人角度出发和从贷款人角度出发所绘现金流量图不同。例如,某人向银行借款 5 万元,年利率 4%,5 年后一次归还本利和为 $5(1+4\%)^5 = 6.0833$ 万元,从借款人角度和从贷款人角度所绘现金流量图分别见图 10.1-2 和图 10.1-3。项目经济评价是从贷款人角度对项目进行分析,即先有支出,后有收入。

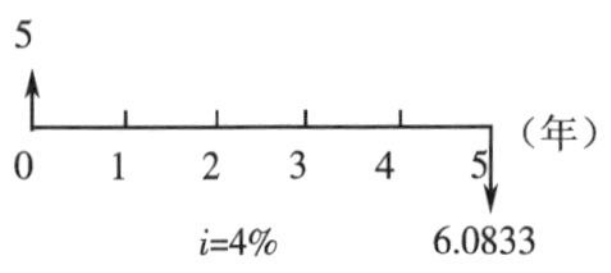


图 10.1-2　借款人角度

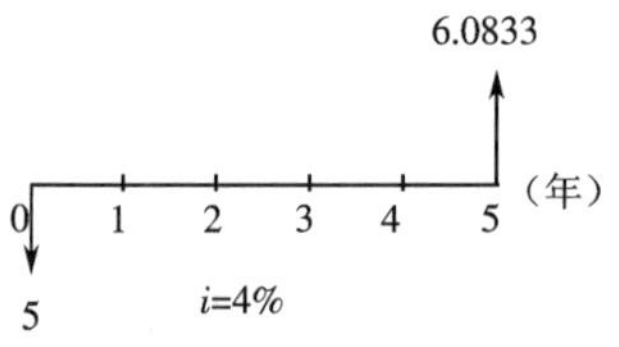


图 10.1-3　贷款人角度

### 10.1.5 资金等值计算的公式及应用

**1. 资金等值**

由于资金具有时间价值,使得在不同时点上绝对数值不等的资金可能具有相等的价值。在特定利率下,不同时点上绝对数额不等而经济价值相等的若干资金被称为资金等值。影响资金等值的因素有三个,即资金额的大小、计息期数、利率的大小。

由于资金时间价值的存在,致使不同时间点上发生的现金流量不能直接进行比较。因此,在对项目进行经济分析时，首先应对其收益和费用进行时间价值的等值变换，即将不同时间点上的资金价值转换为相同时点（一个或多个）上的价值，使其具有时间上的可比性。

**2. 有关资金等值计算的几个概念**

（1）现值

现值（记为 $P$），即资金发生在（或折算为）某一特定时间序列始点的价值。在利息计算中，它一般代表本金；在经济评价和方案比较中，它一般代表现金流量图中位于 0 点的一笔投资，或是整个项目折算到 0 点的价值。

（2）终值

终值（记为 $F$），即资金发生在（或折算为）某一特定时间序列终点的价值。在利息计算中，它一般指本金经过 $n$ 期利息计算以后所具有的终值，也称为本利和。在经济分析和方案比较中，它一般是指相对于现值的以后某一时间的价值。

（3）等额年金

等额年金（记为 $A$），即指发生在（或折算为）某一特定时间序列各计算期末（不包括零期）的等额资金序列的价值。如在图 10.1-4 中，1 至 $n$ 期期末的资金流量都相等，即为等额年金。

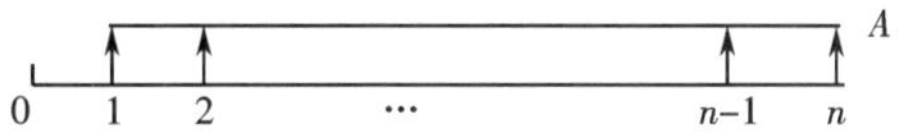


图 10.1-4　等额年金

（4）计息期数

计息期数（记为 $n$），计息期可以取年、半年、季或月等。在项目经济评价中，一般计息期设为年。

（5）折现率

折现率或计算期利息（记为 $i$）指用于等值计算的资金收益率。

**3. 等值变换公式**

资金等值在工程经济中是很重要的一个概念，在分析一项投资活动是否值得进行的时候，就是要看该活动流入的价值是否大于流出的价值，而由于通常的经济活动投资在先、收益在后，所以就要想办法找出它们的资金等值，所利用的公式就称为资金等值变换公式。

资金等值变换包括现值与终值的相互变换、等额年金与现值的相互变换、等额年金与终值的相互变换，计算方法与复利计息的方法完全相同。

（1）现值到终值的等值变换——一次支付复利公式

即已知 $P$、$i$、$n$，求 $F$。计算公式为

$$F = P(1+i)^n \tag{10.1-10}$$

式中：$(1+i)^n$被称为一次支付复利系数，或称为终值系数，记为（$F/P,i,n$）。如（$F/P$,5%,6）表示已知现值求终值，利率为 5%，计息期为 6 期。

（2）终值到现值的等值变换——一次支付现值公式

即已知 $F$、$i$、$n$，求 $P$。计算公式为

$$P = F(1+i)^{-n} \tag{10.1-11}$$

式中：$(1+i)^{-n}$被称为现值系数，记为（$P/F,i,n$）。如（$P/F$,5%,5）表示已知终值求现值，利率为 5%，计息期为 5 期。

(3) 等额年金向终值的等值变换——等额年金终值公式

等额年金向终值的等值变换如图 10.1-5 所示。如果利率为 $i$,则年金 $A$ 与 $n$ 期末的终值 $F$ 之间的变换关系为

$$F=A\frac{(1+i)^n-1}{i} \tag{10.1-12}$$

式中:$\frac{(1+i)^n-1}{i}$被称为年金终值系数,记为$(F/A,i,n)$。

式(10.1-12)推导如下:

$$F=A(1+i)^{n-1}+A(1+i)^{n-2}+\cdots+A(1+i)+A \quad ①$$

①式两边同乘$(1+i)$得

$$F(1+i)=A(1+i)^n+A(1+i)^{n-1}+\cdots+A(1+i)^2+A(1+i) \quad ②$$

② - ①得

$$F\cdot i=A(1+i)^n-A$$

$$F=A\frac{(1+i)^n-1}{i}$$

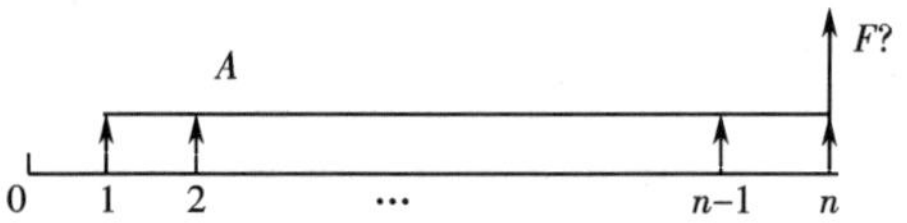


图 10.1-5　等额年金向终值的等值变换

(4) 终值向等额年金的等值变换——等额存储偿债基金公式

将终值 $F$ 变换为 $n$ 期内等额年金 $A$ 的公式为

$$A=F\frac{i}{(1+i)^n-1} \tag{10.1-13}$$

式中:$\frac{i}{(1+i)^n-1}$被称为偿债基金系数,记为$(A/F,i,n)$。

(5) 等额年金向现值的等值变换——等额年金现值公式

等额年金向现值的等值变换如图 10.1-6 所示。将 $n$ 期内等额年金 $A$ 变换为现值 $P$ 的公式为

$$P=A\frac{(1+i)^n-1}{i(1+i)^n} \tag{10.1-14}$$

式中:$\frac{(1+i)^n-1}{i(1+i)^n}$被称为年金现值系数,记为$(P/A,i,n)$。当 $n\to\infty$ 时,$P\to\frac{A}{i}$。

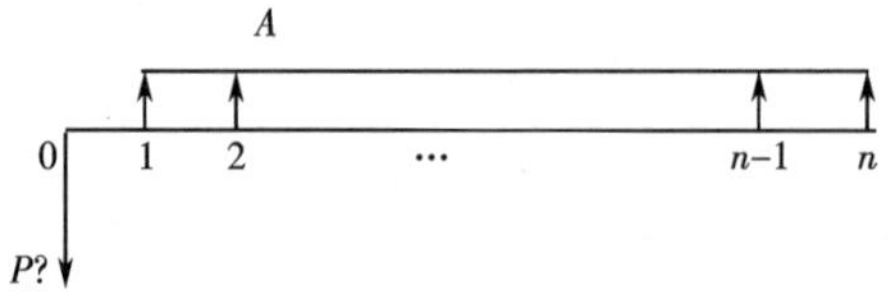


图 10.1-6　等额年金向现值的等值变换

(6)现值向等额年金的等值变换——等额资金回收公式

$$A = P\frac{i(1+i)^n}{(1+i)^n - 1} \tag{10.1-15}$$

式中：$\frac{i(1+i)^n}{(1+i)^n - 1}$称为资金回收系数，记为$(A/P,i,n)$。当 $n$ 足够大时，资金回收系数等于 $i$。

**4. 资金等值计算的应用**

**【例 10.1-2】** 某设备准备在 5 年后大修，需大修费用 50 万元，$i = 7\%$，问从现在起每年应存入多少钱以备将来大修所需？

**解：**这是一个已知终值 $F$，求等额年金 $A$ 的问题。根据等额存储偿债基金公式，有

$$A = F\frac{i}{(1+i)^n - 1} = \frac{50 \times 7\%}{(1+7\%)^5 - 1} = 8.7(\text{万元})$$

即从现在起每年应存入 8.7 万元。

**【例 10.1-3】** 某企业从银行贷款 100 万元，用于购买某设备，若偿还期为 8 年，每年末偿还相等的金额，货款利率为 7.2%，每年末应偿还多少？

**解：**这是一个已知现值 $P$，求等额年金 $A$ 的问题。根据等额资金回收公式，有

$$A = P\frac{i(1+i)^n}{(1+i)^n - 1} = 100 \times \frac{7.2\% \times (1+0.072)^8}{(1+0.072)^8 - 1} = 16.88(\text{万元})$$

即每年应偿还 16.88 万元贷款。

## 10.1.6 复利系数表的应用

如前所述，在应用资金等值变换公式进行资金时间价值计算时，需使用各种复利系数。为了计算方便，可以利用复利系数表查出对应的复利系数。复利系数表一般有两种显示方式：一种是根据系数的种类(如复利终值系数、年金终值系数)分别列表；另一种是按不同的利率(如 1%、2%、…)计算各种系数分别列表。本书介绍的是第一种复利系数表。

表 10.1-1 是复利终值系数表(因篇幅所限，只选取了部分数据)。系数查找方式为：在“复利终值系数表”第一行中找到要查找的利率，再在第一列中找到要查找的期(年)数，对应的行与列交叉点即为该利率下的复利终值系数。如查复利终值系数$(F/P, 6\%, 7)$，在表中对应的系数为 1.504。其他复利系数表的使用方法与表 10.1-1 相同。

**表 10.1-1 复利终值系数表(部分)**

| $n$ \ $i(\%)$ | 1 | 2 | 3 | 4 | 5 | 6 | 7 | 8 | 9 |
|---|---|---|---|---|---|---|---|---|---|
| 1 | 1.010 | 1.020 | 1.030 | 1.040 | 1.050 | 1.060 | 1.070 | 1.080 | 1.090 |
| 2 | 1.020 | 1.040 | 1.061 | 1.082 | 1.103 | 1.124 | 1.145 | 1.166 | 1.188 |
| 3 | 1.030 | 1.061 | 1.093 | 1.125 | 1.158 | 1.191 | 1.225 | 1.260 | 1.295 |
| 4 | 1.041 | 1.082 | 1.125 | 1.170 | 1.216 | 1.262 | 1.311 | 1.360 | 1.412 |
| 5 | 1.051 | 1.104 | 1.158 | 1.217 | 1.276 | 1.338 | 1.403 | 1.469 | 1.539 |
| 6 | 1.062 | 1.126 | 1.191 | 1.265 | 1.340 | 1.419 | 1.501 | 1.587 | 1.677 |
| 7 | 1.072 | 1.149 | 1.225 | 1.316 | 1.407 | 1.504 | 1.606 | 1.714 | 1.828 |
| 8 | 1.083 | 1.172 | 1.260 | 1.369 | 1.477 | 1.594 | 1.718 | 1.851 | 1.993 |
| 9 | 1.094 | 1.195 | 1.295 | 1.423 | 1.551 | 1.689 | 1.838 | 1.999 | 2.172 |

【例 10.1-4】 某公司向金融机构贷款 1 000 万元,年复利率为 6%,试问 5 年后该公司连本带利需偿还多少?

**解:**这是一个已知现值 $P$,求终值 $F$ 的问题。根据一次支付终值公式,有

$$F = P(1+i)^n = P(F/P, 6\%, 5)$$

查表 10.1-1 得 $(F/P, 6\%, 5) = 1.338$,代入式中,得

$$F = 1\ 000 \times 1.338 = 1\ 338(\text{万元})$$

## 10.2 项目经济评价中的财务效益费用估算

要求:了解项目的分类和项目计算期;熟悉财务效益与费用的内容;掌握营业收入、补贴收入、建设投资、建设期利息、流动资金、总成本费用以及经营成本的概念、内容和估算方法;熟悉项目评价涉及的各种税费;了解总投资形成的各项资产。

### 10.2.1 项目经济评价概述

**1. 项目的分类**

建设项目可以从不同角度进行分类:①按项目的目标不同,可分为经营性项目和非经营性项目;②按项目的产出属性(产品或服务)不同,可分为公共项目和非公共项目;③按项目的投资管理形式不同,可分为政府投资项目和企业投资项目;④按项目与企业原有资产的关系不同,可分为新建项目和改扩建项目;⑤按项目的融资主体不同,可分为新设法人项目和既有法人项目。

**2. 项目经济评价的含义和内容**

项目经济评价是项目前期研究工作的重要内容,它是根据国民经济和社会发展以及行业、地区发展规划的要求,在项目初步方案的基础上,采用科学、规范的分析方法,对拟建项目建设期、生产期内的诸多影响投入产出的经济因素进行调查、预测、研究、计算和验证,对其财务可行性和经济合理性进行分析论证,做出全面评价,为项目的科学决策提供经济方面的依据。

项目经济评价的内容及侧重点,应根据项目性质、项目目标、项目投资者、项目财务主体以及项目对经济与社会的影响程度等具体情况选择、确定。

(1)财务评价

财务评价是在国家现行财税制度和价格体系的前提下,从项目的角度出发,计算项目范围内的财务效益和费用,编制财务分析报表,分析项目的盈利能力和清偿能力,评价项目在财务上的可行性。

对于一般项目,财务分析的结果将对其决策、实施和运营产生重大影响,因此财务分析是项目经济评价必不可少的组成部分。对于费用效益计算比较简单、建设期和运行期比较短、不涉及进出口平衡等的一般项目,如果财务评价的结论能够满足投资决策需要,可不进行经济费用效益分析。

(2)经济费用效益分析

对于那些关系到国家安全、国土开发且市场不能有效配置的资源等具有较明显外部效果的项目(一般为政府审批或核准的项目),需要从国家经济整体利益角度来考察项目,并以能反映资源真实价值的影子价格来计算项目的经济效益和费用,通过经济评价指标的计算和分析,得出项目是否对整个社会经济有益的结论。

对于特别重大的建设项目,除进行财务分析与经济费用效益分析外,还应专门对区域经济

或宏观经济进行研究和分析。

**3. 项目计算期**

项目的计算期是指经济评价中为进行动态分析所设定的期限,包括建设期和运营期。建设期是指从项目资金正式投入开始到项目建成投产为止所需要的时间,可按合理工期或预计的建设进度确定。运营期分为投产期和达产期两个阶段。投产期是指项目投入生产,但生产能力尚未完全达到设计能力时的过渡时期;达产期是指生产运营达到设计预期水平后的时间。运营期一般应以项目主要设备的经济寿命期确定。

计算期较长的项目多以年为计算单位。

### 10.2.2 财务效益与费用估算

财务效益与费用估算是财务分析重要的基础工作,正确的财务评价结论必须在全面、准确的相关数据支持下才能做出。

**1. 财务效益的估算**

项目的财务效益是指项目实施后所获得的营业收入。对于适用增值税的经营性项目,除营业收入外,其可得到的增值税返还也应作为补贴收入计入财务收益;对于非经营性项目,财务效益应包括可能获得的各种补贴收入。

(1)营业收入

营业收入是财务分析的重要数据,是指经营性项目在运营期通过销售产品或者提供服务所获得的收入,是现金流量表中现金流入的主体,也是利润表的主要项目。在对工业项目进行经济评价时,一般需假设当期的产出当期全部销售。

营业收入估算的基础数据包括产品或服务的数量和价格。在估算营业收入时应对市场预测的相关结果以及建设规模、产品或服务方案进行概括的描述或确认,特别应对采用价格的合理性进行说明。

分年运营量可根据经验确定负荷率后计算或通过制定销售(运营)计划确定。

(2)补贴收入

某些项目还应按有关规定估算企业可能得到的补贴收入,补贴收入包括如下内容。

①先征后返的增值税。对于国家鼓励发展的经营性项目,可以获得增值税的优惠,先征后返的增值税应记作补贴收入,作为财务效益进行核算。

②按销量或工作量等依据国家规定的补贴定额计算并按期给予的定额补贴。

③属于财政扶持而给予的其他形式的补贴。

**2. 财务费用的估算**

财务费用则包括项目投资、成本费用和税金等支出。其中,项目总投资包含建设投资、建设期利息和流动资产投资三部分。在确定项目融资方案前,可先对项目投资(不含建设期贷款利息)、营业收入和经营成本进行估计。当需要继续进行融资后财务分析时,可在初步融资方案的基础上再进行建设期利息的估算,通过还本付息计算求得运营期各年的利息。

1)建设投资

建设投资由工程费用(建筑工程费、设备购置费、安装工程费)、工程建设其他费用和预备费(基本预备费和涨价预备费)组成,可按概算法或形成资产法分类。

按照概算法分类,建设投资由工程费用、工程建设其他费用和预备费三部分构成。其中,工程费用由设备工器具购置费、建筑与安装工程费构成;工程建设其他费用是指未纳入工程费用的、由项目投资支付的、为保证工程建设顺利完成和交付使用后能够正常发挥效用而发生的各项费用的总和，一般可分为三类，即土地使用费、与项目建设有关的其他费用和与未来企业生产经营有关的其他费用；预备费包括基本预备费和涨价预备费两部分。

按照形成资产法分类，建设投资由形成固定资产的费用、形成无形资产的费用、形成其他资产的费用和预备费四部分组成。固定资产费用是指项目投资时将直接形成固定资产的建设投资，包括工程费用和工程建设其他费用中按规定将形成固定资产的费用，后者被称为固定资产其他费用，主要包括建设单位管理费、可行性研究费、研究试验费、勘察设计费、环境影响评价费、场地准备和临时设施费、引进技术和引进设备其他费、工程保险费、联合试运转费等。无形资产费用是指将直接形成无形资产的建设投资，主要是专利权、非专利技术、商标权和商标等。其他资产费用是指建设投资中除形成固定资产和无形资产以外的部分，如生产准备及开办费等。

对于土地使用权可按如下规定处理：在尚未开发或建造自用项目前，土地使用权作为无形资产核算；房地产开发企业开发商品房时，将其账面价值转入开发成本；企业建造自用项目时，将其账面价值转入在建工程成本。为了与以后的折旧和摊销相协调，在建设投资估算表中通常可将土地使用权直接列入固定资产其他费用中。

2）*流动资金*

项目总投资中的流动资金是运营期内长期占用并周转使用的营运资金，是指在生产经营性项目投产后，为进行正常生产运营，用于购买原材料、燃料，支付工资及其他经营费用等所需的周转资金，即投产后形成的流动资产和流动负债的差额。

按行业或前期研究阶段的不同，流动资金估算可选用分项详细估算法或扩大指标估算法。分项详细估算法是根据资金周转额和周转速度之间的关系，对构成流动资金的各项流动资产和流动负债分别进行估算。在可行性研究中，为了简化计算，仅对存货、现金、应收账款和应付账款四项内容进行估算。扩大指标估算法是根据现有同类企业的实际资料，求得各种流动资金率指标，亦可依据行业或部门给定的参考值或经验确定比率。一般常用的基数有销售收入、经营成本、总成本费用和固定资产投资等。该方法简便易行，但准确度不高。

3）*建设期利息*

建设期利息是指项目筹措的债务资金在建设期内发生并按规定允许在投产后计入固定资产原值的利息，即资本化利息。建设期利息包括银行借款和其他债务资金的利息以及其他融资费用。其他融资费用是指某些债务融资中发生的手续费、承诺费、管理费、信贷保险费等融资费用，一般情况下应将其单独计算并计入建设期利息。

当建设期用自有资金按期支付利息时，可直接采用名义利率按照单利计算建设期利息。

在考虑资金时间价值的前提下，建设期利息实行复利计息。为了简化计算，通常假定贷款均在每年的年中支用，借款当年按照半年计息，公式为

$$q_j = (p_{j-1} + \frac{1}{2}A_j) \times i \qquad (10.2\text{-}1)$$

式中：$q_j$为建设期第$j$年应计利息；$p_{j-1}$为建设期第$j-1$年末贷款余额，它由第$j-1$年末贷款累计再加上此时贷款利息累计；$A_j$为建设期第$j$年支用贷款；$i$为有效年利率。

**【例 10.2-1】** 某建设项目的建设期为 3 年，第一年贷款额为 400 万元，第二年贷款额为 800 万元，第三年贷款额为 500 万元，贷款年利率为 5%，计算建设期贷款利息。

**解**:各年利息计算如下

$$q_1=(p_0+\frac{1}{2}A_1)\times i=(0+\frac{1}{2}\times 400)\times 5\%=10(\text{万元})$$

$$q_2=(p_1+\frac{1}{2}A_2)\times i=(400+10+\frac{1}{2}\times 800)\times 5\%=40.5(\text{万元})$$

$$q_3=(p_2+\frac{1}{2}A_3)\times i=(410+800+40.5+\frac{1}{2}\times 500)\times 5\%=75.025(\text{万元})$$

$$q=q_1+q_2+q_3=10+40.5+75.025=125.525(\text{万元})$$

所以,建设期贷款利息为125.525万元。

4)成本费用的估算

按财务评价的特定要求,成本费用有总成本费用和经营成本之分。

(1)经营成本

经营成本是财务分析中对现金流量分析时所使用的特定概念,是项目现金流量表中运营期现金流出的主体部分。经营成本是指总成本费用扣除固定资产折旧费、摊销费、财务费用后的成本费用。其构成如下:

经营成本=外购原材料、燃料和动力费+工资及福利费+修理费+其他费用　　(10.2-2)

式中:其他费用是指从制造费用、管理费用和营业费用中扣除了折旧费、摊销费、修理费、工资及福利费以后的其他部分。

(2)总成本费用

总成本费用是指在运营期内的一定时期(项目评价中一般指一年)为生产和销售产品提供劳务发生的全部费用,等于经营成本、摊销费和财务费用之和。在项目评价中,总成本费用的估算方式有如下两种。

①生产成本加期间费用估算法,即

总成本费用=生产成本+期间费用　　(10.2-3)

式中:

生产成本=直接材料费+直接燃料和动力费+直接工资+其他直接支出+制造费用　　(10.2-4)

期间费用=管理费用+营业费用+财务费用　　(10.2-5)

采用这种方法估算总成本费用时,需要先将各类生产费用分配给各种产品,然后再估算管理费用、营业费用和财务费用,并相加。

②生产要素估算法,即

总成本费用=外购原材料、燃料和动力费+工资及福利费+折旧费+摊销费+修理费+财务费用+其他费用　　(10.2-6)

这种方法是从估算各种生产要素费用入手,汇总总成本费用,不需要将各种要素费用分配给各种产品,也不必计算各生产环节之间的成本转移,较容易计算可变成本和固定成本。

**3. 总投资形成的资产**

项目评价中的总投资是指项目建设和投入运营所需的全部投资,包括建设投资、建设期利息和全部流动资金。项目评价中应按有关规定将建设投资中的各分项分别形成固定资产原值、无形资产原值和其他资产原值。形成的固定资产原值可用于计算折旧费,形成的无形资产和其他资产可用于计算摊销费。建设期利息应计入固定资产原值。

总投资中的流动资金与流动负债共同形成流动资产。

(1)固定资产

固定资产是指为生产商品、提供劳务、出租或经营管理而持有的,并使用寿命超过一个会计年度的有形资产。在总投资中形成固定资产、构成固定资产原值的费用包括:①工程费用,即建筑工程费、设备购置费和安装工程费;②工程建设其他费用;③预备费(包括基本预备费和涨价预备费);④建设期利息。

(2)无形资产

无形资产是指企业为生产商品、提供劳务、出租给他人或管理目的而持有的,没有实物形态的非货币性长期资产。在总投资中形成无形资产、构成无形资产原值的费用主要包括技术转让费或技术使用费(含专利权和非专利技术)、商标权和商誉等。

(3)其他资产

其他资产是指除流动资产、长期投资、固定资产、无形资产以外的其他资产。如长期待摊费用,除购置和建造固定资产以外,所有筹建期间发生的费用,先在长期待摊费用中归集,待企业开始生产经营起计入当期的损益。在总投资中形成其他资产、构成其他资产原值的费用主要包括生产准备费、开办费、出国人员费、来华人员费、图纸资料翻译复制费、样品样机购置费和农业开荒费等。

**4. 项目评价涉及的税费**

项目评价涉及的税费主要包括以下内容。

1)关税

关税是以进出口的应税货物为纳税对象的税种。项目评价中涉及引进设备、技术和进口原材料时,可能需要估算进口关税。我国仅对少数货物征收出口关税。若项目的出口产品属征税货物,应按规定估算出口关税。

2)增值税

增值税是以商品生产流通或劳务服务各个环节的增值额为征税对象征收的一种流转税。在我国,增值税当前的基本税率为13%。纳税人提供交通运输、邮政、基础电信、建筑、不动产租赁服务,销售不动产,转让土地使用权,当前税率为9%。纳税人销售货物或者提供应税劳务,应纳税额为当期销项税额抵扣当期进项税额后的余额,应纳税额计算公式为

$$应纳税额 = 当期销项税额 - 当期进项税额$$

增值税在零售环节实行价内税(营业收入中包括增值税),零售前的其他环节实行价外税(在营业收入中不包括增值税)。在财务分析中可采用含增值税价格,也可采用不含增值税价格,并明确说明采取的计价方式。当采用含增值税价格计算销售收入和原材料、燃料、动力成本时,利润表和利润分配表以及现金流量表中应单列增值税项目;采用不含增值税价格计算时,利润表和利润分配表以及现金流量表中不包括增值税项目。

3)消费税

消费税是对一些特定消费品和消费行为征收的一种流转税。财务评价中对于适用消费税的产品,应按税法规定计算消费税。

4)城市维护建设税

城市维护建设税是为筹集城市维护和建设资金而开征的一种地方附加税,以实际缴纳的流转税额(包括增值税、消费税)为计税依据,与流转税同时缴纳。城乡维护建设税根据纳税人所在地的不同,分别规定不同的比例税率。纳税人所在地在市区的,税率为7%;纳税人所在地在县城或乡镇的,税率为5%;纳税人所在地不在市区、县城或乡镇的,税率为1%。

5)教育费附加

教育费附加是为了发展地方教育事业,扩大地方教育经费来源而由地方收取的专项费用。教育费附加计征依据也是流转税额,税率由地方确定。

6)土地增值税

土地增值税以转让房地产所取得的增值额为征税对象。房地产开发项目应按规定计算土地增值税。

7)资源税

资源税是国家对在我国境内开采应税矿产品和生产盐的单位和个人,就其应税数量征收的一种税,通常按照矿产的产量计征。

8)企业所得税

企业所得税是以企业在一定时期内的纯收入额为征税对象的税种。我国一般企业的所得税率为25%。在财务分析中,应根据税法有关规定正确计算应纳税所得额,并采取适宜的税率计算企业所得税。

## 10.3 资金来源与融资方案

要求:了解资金筹措的主要方式;熟悉资金成本的含义,能够进行简单计算;熟悉债务偿还的主要方式。

### 10.3.1 项目资金筹措的主要方式

**1. 融资主体**

在项目融资过程中,首先应明确融资主体,由融资主体进行融资活动,并承担融资责任和风险。项目融资主体的组织形式主要有既有项目法人融资和新设项目法人融资两种。既有项目法人融资形式是指依托现有法人进行的融资活动。新设项目法人融资形式是指新组建项目法人进行的融资活动。采用既有法人融资方式,项目所需资金来源于既有法人内部融资、新增资本金和新增债务资金;采用新设法人融资方式,项目所需资金来源于项目公司股东投资的资本金和项目公司承担的债务资金。

**2. 项目资本金的来源渠道和筹措方式**

项目资本金是指在项目总投资中,由投资者认缴的出资额,对项目来说是非债务性资金,也是获得债务资金的基础。在投资项目的总投资中,除项目法人从银行或资金市场筹措的债务性资金外,还必须拥有一定比例的资本金。项目法人不承担这部分资金的任何利息和债务。投资者可按其出资的比例依法享有所有者权益,也可转让其投资,但一般不得以任何方式抽回。对作为资本金的实物、工业产权、非专利技术、土地使用权,必须经过有资格的资产评估机构依照法律、法规进行评估作价。

1)项目资本金的来源渠道

新设项目法人的资本金是项目发起人和投资者为拟建项目所投入的资金。项目资本金来源主要有:政府财政性资金;国家授权投资机构入股的资金;国内外企业入股的资金;社会团体、个人入股的资金;受赠予的资金。

既有项目法人项目资本金的来源主要有:项目法人可用于项目的现金,即库存现金和银行存款等可用于项目投资的资金;资产变现的资金,即变卖现有资产获得的资金;发行股票筹集的资金,原有股东增资扩股资金,吸收新股东的资金;政府财政性资金;国内外企业法人入股资金;受赠予的资金。

2)项目资本金的筹措方式

(1)股东直接投资

股东直接投资包括政府授权投资机构入股的资金、国内外企业入股的资金、社会团体和个人入股的资金以及基金投资公司入股的资金,分别构成国家资本金、法人资本金、个人资本金和外商资本金。

(2)股票融资

股票融资按发行方式可分为公开间接发行和不公开直接发行两类。公开间接发行指通过中介机构,公开向社会发行股票;不公开直接发行指不公开对外发行股票,只向少数特定的对象直接发行,不需中介机构承销。

与其他筹资方式相比,以股票融资(普通股)具有如下优点。

①以股票融资是一种有弹性的融资方式,股利的支付与否及支付多少,可根据公司财务情况而定。当公司经营不佳或现金短缺时,董事会有权决定不发股息和红利,因而公司的融资风险较低。

②发行普通股筹措的资本无到期日,其投资属永久性质,公司不需为偿还资金而担心。

③发行普通股筹措的资本是公司最基本的资金来源,可降低公司负债比率,提高公司的财务信用,增加公司今后的融资能力。

但是股票融资也有以下一些缺点。

①资金成本较高。首先,从投资者角度来看,购买股票承担的风险比购买债券高,投资者只有在股票的投资报酬高于债券的利息收入时,才愿意购买;其次,对于股份有限公司而言,普通股的股息和红利需从税后利润中支付,不像债券利息那样作为费用从税前支付,因而不具有抵税的作用。此外,普通股的发行费用一般也高于其他证券。

②增发普通股会增加新股东,使原有股东的控制权降低。

(3)政府投资

政府投资包括各级政府财政预算内资金、国家批准的各种专项建设基金、统借国外贷款、土地批租收入、地方政府按规定收取的各种费用及其他预算外资金。政府投资主要用于关系国家安全和市场不能有效配置资源的经济和社会领域,包括加强公益性和公共基础设施建设、保护和改善生态环境、促进欠发达地区的经济和社会发展、推进科技进步和高新技术产业化。

对投入的政府投资资金,应根据资金投入的不同情况进行处理:①全部使用政府直接投资的项目,一般为非营利性项目,不需要进行融资方案分析;②以资本金注入方式投入的政府投资资金,应视为权益资金;③以投资补贴、贷款贴息等方式投入的政府投资资金,在项目评价中应视为一般现金流入(补贴收入);④以转贷方式投入的政府投资资金(统借国外贷款),在项目评价中应视为债务资金。

**3. 项目债务资金的来源渠道和筹措方式**

1)项目债务资金的特点

债务资金是项目中除资本金外,需要从金融市场借入的资金。项目债务资金具有以下特点:到期必须偿还,并按期支付利息,增大了融资风险;利息可以作为费用列支,可以降低所得税,因此资金成本一般低于权益资金;不会分散投资者对企业的控制权。

2)债务资金的来源渠道和筹措方式

(1)信贷融资

信贷融资是利用信用筹措所需资金的一种方式,主要包括如下形式。

①商业银行贷款,指在金融市场上,由国内外商业银行提供的贷款。

②政策性银行贷款,是为配合国家产业政策等实施,对有关的政策性项目提供的贷款,一般期限较长、利率较低。我国政策性银行有国家开发银行、中国进出口银行和中国农业发展银行。

③外国政府贷款,是一国政府向另一国政府提供的具有一定援助或部分赠予性质的低息优惠贷款。

④国际金融组织贷款,指利用国际货币基金组织、世界银行集团、亚洲开发银行等国际金融组织贷款筹集的债务资金。

⑤出口信贷,是各国为促进和扩大本国产品及设备出口而设立的,分为卖方信贷和买方信贷。卖方信贷是指外国银行将资金贷给本国出口商,以使买方赊销购入产品和设备;买方信贷则是外国银行将资金贷给进口商或进口国银行,约定购买本国出口商的产品和设备,从而达到融通资金的目的。

⑥银团贷款,是由一家银行牵头、多家银行参加的,按照一定的分工和出资比例组成的结构严谨的金融集团,由其集中资金向某一借款人(或以工程项目)提供的金额较大的中长期贷款。银团贷款是我国利用国外商业贷款融资中的一种比较典型、普遍的方式。

⑦信托投资公司等非银行金融机构提供的贷款。

(2)债券融资

债券融资是指项目法人以自身的财务状况和信用条件为基础,通过发行企业债券筹集资金,用于项目建设的融资方式。债券融资的利息允许在所得税前支付,且可发挥财务杠杆作用,提高自有资金收益率;但债券融资也具有发行限制条件较多和还本付息负担较重的问题。

(3)融资租赁

融资租赁是指由出租人按承租人要求,融通资金购买设备,租给承租人使用,由承租人支付租金获取设备使用权的一种方式。采用这种方式,一般是由承租人选定设备,由出租人购置后租给承租人使用,承租人按期交付租金。租赁期满后,出租人可以将设备作价售让给承租人。这种融资方式实际上是通过租赁设备融通到所需资金,从而形成债务资金。

**4. 既有法人内部融资**

既有法人资产也是项目建设资金的来源之一,在企业资产负债表中表现为企业的现金资产和非现金资产。既有法人内部融资的渠道和方式包括:可用于项目建设的货币资金;资产变现的资金;资产经营权变现的资金;直接使用非现金资产。

**5. 准股本资金**

准股本资金是指具有资本金和债务资金双重性质的资金,主要包括优先股和可转换债券。

1)优先股

优先股是一种介于股本资金和负债之间的融资方式,其优先特征是相对于普通股而言的,较普通股具有某些优先的权利,主要包括先于普通股分配股利和清算时剩余财产的优先分配权,具体的优先条件须有公司章程予以明确规定。但正因为如此,它在其他方面的权利上又受到了很多限制。优先股股东不参与公司经营管理,没有公司控制权,只支付固定的股息,一般不参加公司的红利分配。由于优先股先于普通股股东受偿,但后于其他债权人,所以可以视为是一种准股本资金。由于优先股股东没有表决权,发行优先股可以避免股权分散,保证原股东的控制权,同时有利于巩固股权资本的基础,增强举债能力。

相对于其他债务融资方式,优先股通常处于较后的受偿顺序,且股息在税后利润中支付。在项目评价中,优先股股票应视为项目资本金。

2)可转换债券

可转换债券是公司债券的一种,即这种债券的持有者可根据自己的意愿,在一定的时候按规定的价格转换公司发行的股票。它是一种享有转换特权的公司债券,在转换前是纯粹的公司债,转换后便脱离了公司债的形式,相当于新发行了股票。

可转换债券具有债权和股权双重性质。

可转换债券的债权性,主要体现在它具有定期领收息票和债券本金的偿还上。投资者购买了可转换债券后,若在转换期间未将其转换成股票,则发债公司到期必须无条件还本付息。

可转换债券的股权性与其期权性相联系,由于可转换债券是股权衍生出来的产品,它赋予了投资者按一定价格买入一定数量股票的权利。只要投资者愿意,可随时将手中的可转换债券(假设为美式可转换债券)转换为股票,成为股权投资者。

## 10.3.2 资金成本

**1.资金成本的含义**

资金成本就是企业在筹集资金和使用资金时所支付的一定代价,即付出筹资费和使用费。筹资费是指企业在筹集资金过程中发生的各种费用,如委托金融机构代理发行股票、债券而支付的注册费和代理费等,向银行借款而支付的手续费等。使用费是指企业因使用资金而向资金提供者支付的报酬,如采用发行股票方式筹集的资金,要向股东们支付利息、红利;采用发行债券和银行贷款方式借入的资金,要向债权人支付利息;使用租入的资产,要向出租人支付租金,等等。由于在不同情况下筹集资金的总额不同,为了便于比较,资金成本通常以相对数来表示,即用资金成本率来表示。

资金成本一般用下式来计算:

$$K=\frac{D}{P-F}$$

或
$$K=\frac{D}{P(1-f)} \tag{10.3-1}$$

式中:$K$ 为资金成本率(一般通称为资金成本);$P$ 为筹集资金总额;$D$ 为使用费;$F$ 为筹资费;$f$ 为筹资费率,即筹资费占筹集资金总额的比率。

资金成本是选择资金来源、拟定筹资方案的主要依据,是评价投资项目可行性的主要经济标准,也可作为评价企业财务经营成果的依据。

**2. 债务资金成本的计算**

考虑货币的时间价值,可采用计算现金流量的方法确定税后债务资金成本。含筹资费用的税后债务资金成本的表达式为

$$P_0(1-f) = \sum_{t=1}^{m} \frac{I_t}{(1+K_d)^t} + \sum_{t=m+1}^{n} \frac{P_t + I_t(1-T)}{(1+K_d)} \tag{10.3-2}$$

式中:$P_0$为债券发行额或长期借款金额,即债务现值;$f$为债务资金筹集费率;$I_t$为第$t$期付息额;$P_t$为第$t$期末偿还债务本金;$K_d$为所得税后债务资金成本;$T$为所得税率;$m$为建设期;$n$为计算期。

在式(10.3-2)中,等号左边是债务人的实际现金流入,等号右边是债务引起的未来现金流出的现值。由于项目债务资金的还本付息方式多样,因此在实际计算时,可按照式(10.3-2)的计算思路,依据债务具体的还本付息方式对公式进行一定的调整。

对于银行借款或按面值发行的债券而言,若采用一次还本、分期等额付息的方式,且筹资费用相对不高时,可采用简化的资金成本的计算公式:

$$K_d = \frac{I(1-T)}{P_0(1-f)} \tag{10.3-3}$$

式中:$I$为每年付息额,其他符号含义同式(10.3-2)。

**3. 权益资金成本的计算**

1)普通股的资金成本

普通股股东收益一般不固定,它随投资项目的经营状况而改变。普通股股东拥有的财富等于他将来从投资项目预期得到的收益按股东的必要收益率进行贴现而得到的总现值,即股东愿意投资的最低限度必须获得的收益率。低于这个收益率,投资者会把资金投向别处,这个收益率就是普通股的资金成本。普通股成本测算方法一般有以下三种。

(1)股利折现模型

$$P_0(1-f) = \sum_{t=1}^{\infty} \frac{D_t}{(1+K_s)^t} \tag{10.3-4}$$

式中:$P_0$为普通股筹资额;$D_t$为普通股第$t$年的股息;$K_s$为普通股股东要求的收益率;$f$为普通股筹资费率。

根据股利折现模型测算普通股资金成本,因实行的股利政策而有所不同。

①如果公司采用固定股利政策,即每年分配现金股利$D$元,则其资金成本计算公式为

$$K_s = \frac{D}{P_0(1-f)} \tag{10.3-5}$$

②如果公司采用固定增长股利,股利固定增长比率为$G$,则其资金成本为

$$K_s = \frac{D_1}{P_0(1-f)} + G \tag{10.3-6}$$

式中:$D_1$为第一年股利。

式(10.3-6)被称为鼓励增长模型法。

**【例 10.3-1】** 某项目公司发行普通股筹资 5 000 万元,筹资费率为 4%,第一年股利率为 12%,以后每年增长 5%。普通股股本为

$$\frac{5\,000 \times 12\%}{5\,000 \times (1-4\%)} + 5\% = 17.5\%$$

(2)资本资产定价(CAPM)模型

资本资产定价模型为普通股投资的必要报酬率等于无风险报酬率加上风险报酬率。按照CAPM模型,普通股资金成本计算公式如下:

$$K_s = R_f + \beta(R_m - R_f) \tag{10.3-7}$$

式中:$(R_m - R_f)$为市场风险溢价,其中$R_f$为无风险报酬率,$R_m$为市场投资组合报酬率;$\beta$为股票的贝塔系数。

**【例10.3-2】** 已知无风险利率为6%,市场回报率为8%,某普通股的$\beta$系数为1.5。求该股票的资金成本。

**解:**根据式(10.3-7),该股票的资金成本为

$$K_s = 6\% + 1.5(8\% - 6\%) = 9\%$$

(3)税前债务成本加风险溢价法

从投资者的角度,股票投资的风险高于债券。因此,普通股的资金成本可以在债务成本的基础上再加上股票投资高于债务投资的风险报酬率。

2)优先股的资金成本

优先股资金成本率可按下式计算:

$$K_P = \frac{D_P}{P_0(1-f)} = \frac{P_0 i}{P_0(1-f)} = \frac{i}{1-f} \tag{10.3-8}$$

式中:$K_P$为优先股成本率;$D_P$为优先股每年股息;$P_0$为优先股票面值;$i$为股息率;$f$为筹资费率。

优先股票的股息是以所得税后的净利支付,不减少公司的应缴所得税。

**【例10.3-3】** 某项目公司发行优先股股票,票面额按正常市价计算为200万元,筹资费率为4%,股息年率为14%,求其资金成本率。

**解:**$K_P = \frac{i}{1-f} = \frac{14\%}{1-4\%} = 14.58\%$

**4. 综合资金成本**

由于种种条件的制约,项目不可能只从某种资金成本较低的来源筹集资金,而是各种筹资方式的有机组合。这样,为了进行筹资决策和投资决策,就需要计算全部资金来源的综合资金成本率。它通常是用加权平均来计算的,其计算公式如下:

$$K_w = \sum_{i=1}^{n} W_i K_i \tag{10.3-9}$$

式中:$K_w$为综合资金成本率;$W_i$为第$i$种资金来源占全部资金的比重;$K_i$为第$i$种资金来源的资金成本率。

## 10.3.3 债务偿还的主要方式

项目债务融资一般属于长期债务。长期债务的偿还方式不一,包括:定期支付利息、到期一次性偿还本金;定期等额偿还;平时逐期偿还小额本金和利息、期末偿还余下大额部分。第一种偿还方式会加大债务到期时的还款压力,而定期等额偿还又会提高债务的实际利率。

定期等额偿还方式又可分为等额还本付息法和等额还本利息照付方式。项目评价中可以选择等额还本付息方式或者等额还本利息照付方式来计算长期借款利息。

**1. 等额还本付息方式**

$$A = I_c \times \frac{i(1+i)^n}{(1+i)^n - 1} \tag{10.3-10}$$

式中:$A$ 为每年还本付息额(等额年金);$I_c$为还款起始年年初的借款余额(含未支付的建设期利息);$i$ 为年利率;$n$ 为预定的还款期;$\frac{i(1+i)^n}{i(1+i)^n-1}$为资金回收系数,可以自行计算或查复利系数表。

其中:每年支付利息 = 年初借款余额 × 年利率

每年偿还本金 = $A$ - 每年支付利息

年初借款余额 = $I_c$ - 本年以前各年偿还的借款累计

**2. 等额还本利息照付方式**

设 $A_t$为第 $t$ 年的还本付息额,则有

$$A_t = \frac{I_c}{n} + I_c \times \left(1 - \frac{t-1}{n}\right) \times i \tag{10.3-11}$$

其中:每年支付利息 = 年初借款余额 × 年利率,即

第 $t$ 年支付的利息 $= I_c \times \left(1 - \frac{t-1}{n}\right) \times i$

每年偿还本金 $= \frac{I_c}{n}$

## 10.4 财务分析

要求:了解财务评价的内容;熟练掌握盈利能力分析指标(财务净现值、财务内部收益率、项目投资回收期、总投资收益率、项目资本金净利润率)和偿债能力分析指标(利息备付率、偿债备付率、资产负债率),并能进行相应的计算;了解财务生存能力分析方法;熟悉财务分析报表(项目投资现金流量表、项目资本金现金流量表、利润与利润分配表、财务计划现金流量表)的内容与格式;熟悉基准收益率的概念和用途。

财务分析是项目经济评价的重要组成部分。对于经营性项目而言,财务分析是在项目财务效益与费用估算的基础上进行,编制财务分析报表,计算财务指标,分析项目的盈利能力、偿债能力和财务生存能力,判断项目的财务可行性,明确项目对财务主体的价值以及对投资者的贡献,为投资决策、融资决策以及银行审贷提供依据。对于非经营性项目,财务分析应主要分析项目的财务生存能力。

### 10.4.1 财务分析的内容

项目决策可分为投资决策和融资决策两个层次。投资决策主要考察项目净现金流的价值是否大于其投资成本,融资决策主要考察资金筹集方案能否满足要求。根据投资决策和融资决策的不同需要,财务分析可分为融资前分析和融资后分析。财务分析一般应先进行融资前分析,即在不考虑债务融资条件下进行的财务分析。在融资前分析结论满足要求的情况下,初步设定融资方案,再进行融资后分析,即在设定的融资方案基础上进行财务分析。在项目初期研究阶段,也可只进行融资前分析。

**1. 融资前财务分析**

融资前分析一般只需进行盈利能力分析,应以动态分析(折现现金流量分析)为主,静态分析(非折现现金流量分析)为辅,针对总项目投资现金流量(不区分资金来源,见表10.4-1),计算项目投资内部收益率、净现值,也可计算投资回收期指标。

融资前分析排除了融资方案变化的影响,从项目投资总获利能力角度考察项目方案设计的合理性。融资前分析计算的相关指标,应作为初步投资决策与融资方案研究的依据和基础。

**2. 融资后财务分析**

融资后财务分析应以融资前分析和初步融资方案为基础,主要针对项目资本金现金流量和投资各方现金流量进行分析,考察项目在拟定融资条件下的盈利能力、偿债能力和财务生存能力等内容。融资后分析是比选融资方案,确定项目融资决策和投资者最终做出出资决策的依据。

融资后的盈利能力分析也应包括动态分析和静态分析两个方面。其中,动态分析包括两个层次,即项目资本金现金流量分析和投资各方现金流量分析;静态分析包括依据利润与利润分配表计算项目资本金利润率(*ROE*)和总投资收益率(*ROI*)指标等。

## 10.4.2 基本财务分析报表的编制

财务分析需编制一系列报表,以此为基础计算各种评价指标。按照《建设项目经济评价方法与参数(第3版)》的规定,用于财务评价的基本报表包括各类现金流量表、利润与利润分配表、财务计划现金流量表、资产负债表和借款还本付息估算表等。

**1. 现金流量表**

在某一时点流入或流出项目的资金称为项目的现金流量。在同一时点上的现金流入量和现金流出量的代数和称为净现金流量,记为 *NCF*。

建设项目的现金流量表就是将项目计算期内各年的现金流入和现金流出按照各自发生的时点顺序排列,用表格的形式反映,用以计算各项财务评价指标,并进行项目财务盈利能力分析。

财务分析中使用的现金流量表包括如下三类。

(1)项目投资现金流量表

项目投资现金流量表(表10.4-1)是融资前现金流量分析使用的报表。在进行融资前项目投资现金流量分析时,现金流量应主要包括营业收入、建设投资、流动资金、经营成本、营业税及附加和所得税。由于融资前财务分析的现金流量应与融资方案无关,因此应剔除利息的影响,采用不含利息的经营成本而不是总成本费用作为现金流出。

融资前现金流量分析是以全部投资为计算基础的,考察的是项目全部投资的盈利能力。因此,融资前现金流量分析又称全部投资现金流量分析。

**表10.4-1 项目投资现金流量表** 单位:万元

| 序号 | 项目 | 合计 | 计算期 | | | | | |
|---|---|---|---|---|---|---|---|---|
| | | | 1 | 2 | 3 | 4 | … | $n$ |
| 1 | 现金流入 | | | | | | | |
| 1.1 | 营业收入 | | | | | | | |

续表

| 序号 | 项目 | 合计 | 计 算 期 | | | | | |
|---|---|---|---|---|---|---|---|---|
| | | | 1 | 2 | 3 | 4 | … | n |
| 1.2 | 补贴收入 | | | | | | | |
| 1.3 | 回收固定资产余额 | | | | | | | |
| 1.4 | 回收流动资金 | | | | | | | |
| 2 | 现金流出 | | | | | | | |
| 2.1 | 建设投资 | | | | | | | |
| 2.2 | 流动资金 | | | | | | | |
| 2.3 | 经营成本 | | | | | | | |
| 2.4 | 营业税金及附加 | | | | | | | |
| 2.5 | 维持营运投资 | | | | | | | |
| 3 | 所得税前净现金流量(1-2) | | | | | | | |
| 4 | 累计所得税前净现金流量 | | | | | | | |
| 5 | 调整所得税 | | | | | | | |
| 6 | 所得税后净现金流量(3-5) | | | | | | | |
| 7 | 累计所得税后净现金流量 | | | | | | | |

资料来源:《建设项目经济评价方法与参数(第3版)》。

(2)项目资本金现金流量表

项目资本金现金流量表(表10.4-2)是在项目融资后,从项目权益投资者的整体角度编制的现金流量表,用以考察项目给权益投资者带来的收益水平。表中将各年投入项目的资本金作为现金流出,各年还本付息也作为现金流出。依据该表可计算项目资本金盈利能力指标。

**表10.4-2　项目资本金现金流量表**　　单位:万元

| 序号 | 项目 | 合计 | 计 算 期 | | | | | |
|---|---|---|---|---|---|---|---|---|
| | | | 1 | 2 | 3 | 4 | … | n |
| 1 | 现金流入 | | | | | | | |
| 1.1 | 营业收入 | | | | | | | |
| 1.2 | 补贴收入 | | | | | | | |
| 1.3 | 回收固定资产余额 | | | | | | | |
| 1.4 | 回收流动资金 | | | | | | | |
| 2 | 现金流出 | | | | | | | |
| 2.1 | 项目资本金 | | | | | | | |
| 2.2 | 借款本金偿还 | | | | | | | |
| 2.3 | 借款利息偿还 | | | | | | | |

续表

| 序号 | 项目 | 合计 | 计 算 期 | | | | | |
|---|---|---|---|---|---|---|---|---|
| | | | 1 | 2 | 3 | 4 | … | $n$ |
| 2.4 | 经营成本 | | | | | | | |
| 2.5 | 营业税金及附加 | | | | | | | |
| 2.6 | 所得税 | | | | | | | |
| 2.7 | 维持营运投资 | | | | | | | |
| 3 | 净现金流量 | | | | | | | |

资料来源:《建设项目经济评价方法与参数(第3版)》。

(3)投资各方现金流量表

投资各方现金流量表是从投资者的不同角度分别编制的现金流量表,考察项目给投资者带来的收益水平。一般情况下,若投资各方利益分配是按股本比例分配利润、亏损及风险的,则投资各方的收益水平是相同,因此没有必要分别计算各方的内部收益率。

**2. 利润与利润分配表**

利润分配表是反映项目计算期内各年营业收入、总成本费用、利润总额等情况以及所得税后利润的分配,主要用于计算项目盈利能力指标。

利润与利润分配表的格式见表10.4-3。

**表10.4-3 利润与利润分配表** 单位:万元

| 序号 | 项目 | 合计 | 计 算 期 | | | | | |
|---|---|---|---|---|---|---|---|---|
| | | | 1 | 2 | 3 | 4 | … | $n$ |
| 1 | 营业收入 | | | | | | | |
| 2 | 营业税金及附加 | | | | | | | |
| 3 | 总成本费用 | | | | | | | |
| 4 | 补贴收入 | | | | | | | |
| 5 | 利润总额(1-2-3+4) | | | | | | | |
| 6 | 弥补以前年度亏损 | | | | | | | |
| 7 | 应纳税所得额(5-6) | | | | | | | |
| 8 | 所得税 | | | | | | | |
| 9 | 净利润(5-6) | | | | | | | |
| 10 | 期初未分配利润 | | | | | | | |
| 11 | 可供分配利润(9+10) | | | | | | | |
| 12 | 提取法定盈余公积金 | | | | | | | |
| 13 | 可供投资者分配的利润(11-12) | | | | | | | |
| 14 | 应付优先股股利 | | | | | | | |
| 15 | 提取任意盈余公积金 | | | | | | | |

续表

| 序号 | 项目 | 合计 | 计算期 | | | | | |
|---|---|---|---|---|---|---|---|---|
| | | | 1 | 2 | 3 | 4 | … | $n$ |
| 16 | 应付普通股股利 | | | | | | | |
| 17 | 各方投资利润分配 | | | | | | | |
| | 其中:××方 | | | | | | | |
| | ××方 | | | | | | | |
| 18 | 未分配利润 | | | | | | | |
| 19 | 息税前利润<br>(利润总额+利息支出) | | | | | | | |
| 20 | 息税折旧摊销前利润(息税前利润+折旧+摊销) | | | | | | | |

资料来源:《建设项目经济评价方法与参数(第3版)》。

### 3. 财务计划现金流量表

财务计划现金流量表反映项目计算期内各年的投资、融资及经营活动的现金流入和现金流出,用于计算累计盈余资金,分析项目的财务生存能力。财务计划现金流量表的格式见表10.4-4。

表10.4-4　财务计划现金流量表　　单位:万元

| 序号 | 项目 | 合计 | 计算期 | | | | | |
|---|---|---|---|---|---|---|---|---|
| | | | 1 | 2 | 3 | 4 | … | $n$ |
| 1 | 经营活动净现金流量(1.1-1.2) | | | | | | | |
| 1.1 | 现金流入 | | | | | | | |
| 1.1.1 | 营业收入 | | | | | | | |
| 1.1.2 | 增值税销项税额 | | | | | | | |
| 1.1.3 | 补贴收入 | | | | | | | |
| 1.1.4 | 其他收入 | | | | | | | |
| 1.2 | 现金流出 | | | | | | | |
| 1.2.1 | 经营成本 | | | | | | | |
| 1.2.2 | 增值税进项税额 | | | | | | | |
| 1.2.3 | 营业税金及附加 | | | | | | | |
| 1.2.4 | 增值税 | | | | | | | |
| 1.2.5 | 所得税 | | | | | | | |
| 1.2.6 | 其他流出 | | | | | | | |
| 2 | 投资活动净现金流量(2.1-2.2) | | | | | | | |
| 2.1 | 现金流入 | | | | | | | |
| 2.2 | 现金流出 | | | | | | | |

续表

| 序号 | 项目 | 合计 | 计算期 | | | | | |
|---|---|---|---|---|---|---|---|---|
| | | | 1 | 2 | 3 | 4 | … | $n$ |
| 2.2.1 | 建设投资 | | | | | | | |
| 2.2.2 | 维持运营投资 | | | | | | | |
| 2.2.3 | 流动资金 | | | | | | | |
| 2.2.4 | 其他流出 | | | | | | | |
| 3 | 筹资活动净现金流量(3.1－3.2) | | | | | | | |
| 3.1 | 现金流入 | | | | | | | |
| 3.1.1 | 项目资本金投入 | | | | | | | |
| 3.1.2 | 建设投资借款 | | | | | | | |
| 3.1.3 | 流动资金借款 | | | | | | | |
| 3.1.4 | 债券 | | | | | | | |
| 3.1.5 | 短期借款 | | | | | | | |
| 3.1.6 | 其他流入 | | | | | | | |
| 3.2 | 现金流出 | | | | | | | |
| 3.2.1 | 各种利息支出 | | | | | | | |
| 3.2.2 | 偿还债务本金 | | | | | | | |
| 3.2.3 | 应付利润(股利分配) | | | | | | | |
| 3.2.4 | 其他流出 | | | | | | | |
| 4 | 净现金流量(1＋2＋3) | | | | | | | |
| 5 | 累计盈余资金 | | | | | | | |

资料来源:《建设项目经济评价方法与参数(第3版)》。

**4. 资产负债表**

资产负债表综合反映项目计算期内各年末资产、负债和所有者权益的增减变化及对应关系,用以考察项目资产、负债、所有者权益的结构是否合理,并进行清偿能力分析。资产负债表的编制依据是“资产＝负债＋所有者权益”。

**5. 借款还本付息计划表**

借款还本付息计划表是反映项目计算期内各年借款本金偿还和利息支付情况,用于计算偿债能力指标。

### 10.4.3 盈利能力分析

依照国家发展改革委和建设部发布的《建设项目经济评价方法与参数(第3版)》中的要求,项目财务盈利能力分析的主要指标包括财务净现值、财务内部收益率、投资回收期、总投资收益率、项目资本金利润率等指标。在进行财务分析时,可根据项目的特点和分析目的进行指标选用。

**1. 财务净现值(*FNPV*)**

财务净现值是指按指定的折现率 $i_c$ 计算的项目计算期内各年净现金流量的现值之和,用以反映项目在满足按设定折现率要求的盈利之外,获得的超额盈利的现值。财务净现值可按下式计算:

$$FNPV = \sum_{t=1}^{n}(CI - CO)_t(1 + i_c)^{-t} \tag{10.4-1}$$

根据定义，$FNPV=0$ 表示项目刚好达到所预定的收益率水平；$FNPV>0$ 意味着除保证项目可实现预定的收益外，尚可获得更高的收益；$FNPV<0$ 仅表示项目未能达到所预定的收益率水平，但不能确定项目已亏损。因此，财务净现值法的评价标准：$FNPV\geqslant 0$，表明项目的盈利能力达到或超过按设定的折现率计算的盈利水平，在财务上可考虑接受项目方案；$FNPV<0$，考虑拒绝该项目。

**【例 10.4-1】** 某项目预计投资 8 000 万元，可能产生的现金流见表 10.4-5。假定公司期望的收益率为 10%，试计算该项目的财务净现值，并据此判断该项目的财务可行性。

**表 10.4-5 某项目各年净现金流量表**

| 年 末 | 0 | 1 | 2 | 3 | 4～10 | 11 |
|---|---|---|---|---|---|---|
| 净现金流量 | -3 000 | -5 000 | 1 200 | 1 600 | 2 000 | 2 500 |

**解：**根据公式（10.4-1）有

$$FNPV(10\%) = -3\,000 - \frac{5\,000}{(1+10\%)} + \frac{1\,200}{(1+10\%)^2} + \frac{1\,600}{(1+10\%)^3} + 2\,000 \times \frac{(1+10\%)^7 - 1}{(1+10\%)^{10} \times 10\%} + \frac{2\,500}{(1+10\%)^{11}}$$

$$= 2\,840.05（万元）>0$$

故能够达到公司期望的收益水平，该项目在财务上可行。

**2. 财务内部收益率（*FIRR*）**

（1）财务内部收益率的含义和判别方法

财务内部收益率（*FIRR*）是指项目在整个计算期内各年净现金流量现值累计等于零时的折现率，用以反映项目所占用资金的盈利率，是考察项目盈利能力的主要动态指标。其表达式为

$$\sum_{t=1}^{n}(CI - CO)_t(1 + FIRR)^{-t} = 0 \tag{10.4-2}$$

式中：$CI$ 为现金流入量；$CO$ 为现金流出量；$(CI-CO)_t$ 为第 $t$ 年的净现金流量；$n$ 为计算期。

项目投资财务内部收益率、项目资本金财务内部收益率和投资各方财务内部收益率都可依据上式计算，但所用的现金流入和现金流出有所不同。

将财务内部收益率与设定的判别基准 $i_c$（即基准收益率）进行比较，当 $FIRR\geqslant i_c$ 时，项目财务上可以考虑接受该项目。项目投资财务内部收益率、项目资本金财务内部收益率和投资各方财务内部收益率可有不同的判别基准。

（2）插值法计算内部收益率

内部收益率是一个未知的折现率，由公式（10.4-2）可知，求方程式中的折现率需解高次方程，不宜求解。在实际工作中，一般通过计算机计算，手算时可采用插值法确定内部收益率。方法如下：分别找到两个折现率 $i_1$、$i_2$，代入公式（10.4-1），使得 $FNPV_1>0$，$FNPV_2<0$，代入插值公式

$$FIRR = i_1 + (i_2 - i_1)\frac{FNPV_1}{FNPV_1 - FNPV_2} \tag{10.4-3}$$

【例 10.4-2】 某项目预计产生的净现金流量如表 10.4-6 所示。试求该项目的财务内部收益率。

表 10.4-6 净现金流量

| 年　末 | 0 | 1 | 2 | 3 | 4 | 5 |
|---|---|---|---|---|---|---|
| 净现金流量 | -1 000 | -800 | 500 | 500 | 500 | 1 200 |

**解:**根据公式(10.4-1)有

$$FNPV = -1\,000 - 800(1+i)^{-1} + 500(1+i)^{-2} + 500(1+i)^{-3} + 500(1+i)^{-4} + 1\,200(1+i)^{-5}$$

当 $FNPV = 0$ 时,$i^* = FIRR$。

利用插值法,任取 $i_0 = 10\%$,$FNPV_0 = 148.22 > 0$;取 $i_1 = 12\%$,$FNPV_1 = 38.87 > 0$;$i_2 = 13\%$,$FNPV_2 = -11.89 < 0$。则

$$FIRR = i_1 + (i_2 - i_1)\frac{FNPV_1}{FNPV_1 - FNPV_2}$$

$$= 12\% + (13\% - 12\%) \times \frac{38.87}{38.87 + 11.89} = 12.77\%$$

**3. 投资回收期($P_t$)**

投资回收期是指以项目的净收益偿还项目全部投资所需要的时间。在财务评价中,投资回收期指标一般可按静态计算,并从项目建设起始年算起。若从项目投产年算起,应予以特别注明。投资回收期表达式为

$$\sum_{t=1}^{P_t}(CI - CO)_t = 0 \tag{10.4-4}$$

投资回收期越短,表明项目的盈利能力和抗风险能力越好。投资回收期的判别标准是基准投资回收期,其取值可根据行业水平或者投资者的要求设定。

$P_t$可用项目财务现金流量表累计净现金流量求出,公式如下:

$$P_t = [\text{累计净现金流量开始出现正值的年份数}] - 1 + \frac{\text{上年累计净现金流量的绝对值}}{\text{当年净现金流量}} \tag{10.4-5}$$

【例 10.4-3】 某项目投资的现金流量如图 10.4-1 所示,$i_c = 10\%$。试计算该项目的投资回收期。

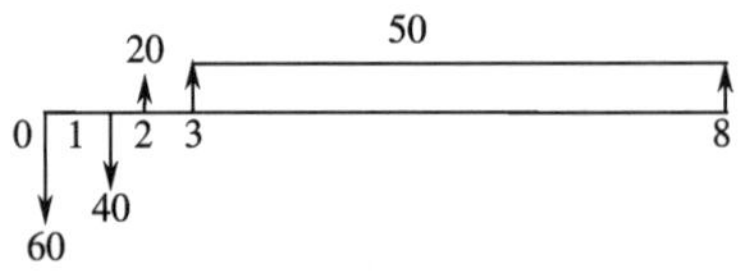


图 10.4-1 某项目现金流量图

**解:**各年累计净现金流量如表 10.4-7 所示。

表 10.4-7 各年累计净现金流量

| 年份 | 0 | 1 | 2 | 3 | 4 | 5 | 6 | 7 | 8 |
|---|---|---|---|---|---|---|---|---|---|
| 累计净现金流量 | -60 | -100 | -80 | -30 | 20 | 70 | 120 | 170 | 220 |

累计净现金流量开始出现正值的年份数为4,依照公式(10.4-5)有

$$P_t = 4 - 1 + \frac{30}{50} = 3.6(\text{年})$$

以上投资回收期的计算过程中没有考虑资金时间价值,因此被称为静态投资回收期。若考虑资金时间价值,计算出的以项目净收益抵偿全部投资所需要的时间,被称为动态投资回收期($P'_t$),计算公式为

$$\sum_{t=0}^{P'_t} (CI - CO)_t (1 + i)^{-t} = 0 \tag{10.4-6}$$

**4. 总投资收益率($ROI$)**

总投资收益率是指项目达到设计能力后正常年份的年息税前利润或经营期内年平均息税前利润与项目总投资的比率,它表示项目总投资的盈利水平。其计算公式如下:

$$ROI = \frac{EBIT}{TI} \times 100\% \tag{10.4-7}$$

式中:$EBIT$为项目正常年份的年息税前利润或经营期内年平均息税前利润;$TI$为项目总投资。

由于项目总投资是权益投资和负债投资之和,与其对应的收益并不是利润总额或净利润,而应是不受融资方式影响的息税前利润。息税前利润的计算公式为

$$EBIT = \text{利润总额} + \text{计入总成本费用的利息费用} \tag{10.4-8}$$

可将总投资收益率指标与同行业收益率指标进行对比,判断项目总投资的获利能力和水平。

**5. 项目资本金利润率($ROE$)**

项目资本金利润率是指项目达到设计能力后正常年份的年净利润或运营期内年平均净利润与项目资本金的比率,用于反映项目资本金的盈利水平。从项目资本金角度分析,其对应的收益应扣去债权人应得利息和上缴的所得税,因此用净利润计算本指标比较恰当。项目资本金利润率的计算公式为

$$ROE = \frac{NP}{EC} \times 100\% \tag{10.4-9}$$

式中:$NP$为项目正常年份的年净利润或经营期内年平均净利润;$EC$为项目资本金。

与总投资收益率指标类似,项目资本金利润率指标可与同行业收益率指标进行对比,判断项目资本金的获利能力和水平。

### 10.4.4 偿债能力分析

依照《建设项目经济评价方法与参数(第3版)》中的要求,项目偿债能力分析的主要指标包括利息备付率($ICR$)、偿债备付率($DSCR$)和资产负债率($LOAR$)等指标。

**1. 利息备付率($ICR$)**

利息备付率是指在项目借款偿还期内,各年用于支付利息的息税前利润与当期应付利息费用的比值,它从付息资金来源的充足性角度反映项目偿付债务利息的保障程度。其计算公式

为

$$ICR = \frac{EBIT}{PI} \times 100\% \qquad (10.4\text{-}10)$$

式中：$EBIT$ 为息税前利润；$PI$ 为计入总成本费用的应付利息。

利息备付率一般可按年计算。利息备付率较高，即表明利息偿付的保障程度高。对于正常运营的企业，利息备付率起码应大于 1，否则表示付息能力保障程度不足。具体的衡量标准应结合债权人的要求确定。

**2. 偿债备付率（$DSCR$）**

偿债备付率是指在项目借款偿还期内，用于计算还本付息的资金与还本付息金额的比值，用以表示可用于还本付息的资金偿还借款本息的保障程度。其计算公式为

$$DSCR = \frac{EBITAD - T_{AX}}{PD} \qquad (10.4\text{-}11)$$

式中：$EBITAD$ 为息税前利润加折旧和摊销；$T_{AX}$ 为企业所得税；$PD$ 为当期应还本付息金额。

可用于还本付息的资金还可以表示为税后净利润加上折旧、摊销和计入总成本费用中的利息；当期应还本付息金额包括当期应还贷款本金和计入总成本费用的全部利息。

偿还备付率一般可按年计算，该指标较高，表明可用于还本付息的资金保障程度较高。在正常情况下，偿债备付率应当大于 1。当指标小于 1 时，表示当年资金来源不足以偿付当期债务，需要通过短期借款偿付已到期债务。

**3. 资产负债率（$LOAR$）**

资产负债率是指各期末负债总额同资产总额的比率，其计算公式为

$$LOAR = \frac{TL}{TA} \times 100\% \qquad (10.4\text{-}12)$$

式中：$TL$ 为期末负债总额；$TA$ 为期末资产总额。

该指标反映项目总体偿债能力。该比率越低，则项目的偿债能力越强。

值得注意的是，从项目债权人的立场上看，他们最关心的是其贷款的安全程度，因此他们希望债务比例越低越好，项目的偿债能力越强越好。然而，从项目的权益投资者立场上看，当总投资收益率高于借款利息率时，负债比例增大会提高资本金利润率。总的来看，项目适度的负债可以兼顾权益投资者和债权人的利益。

### 10.4.5 财务生存能力分析

项目财务生存能力分析亦称资金平衡分析。项目在运营期间，能够持续生存的必要条件是确保得到足够的净现金流量。在财务分析中应编制财务计划现金流量表（见表 10.4-4），综合考察项目计算期内各年的投资活动、融资活动和经营活动所产生的各项现金流入和流出，计算净现金流量和累计盈余资金，分析项目是否有足够的净现金流量维持正常运营。若项目具有较大的经营净现金流量，说明项目实现自身资金平衡的可能性较大，不会过分依赖短期融资来维持运营。反之，若项目不能产生足够的经营净现金流量，或经营净现金流量为负值，说明维持项目正常运行会遇到财务上的困难，可能无法实现自身的资金平衡，有可能要靠短期融资来维持经营。

保证项目具有财务生存能力的必要条件是各年累计盈余资金不出现负值。在整个运营期间，若个别年份的净现金流量出现负值是可以允许的，但不能允许任一年份的累计盈余资金出

现负值。一旦出现负值就应适当地进行短期融资。

### 10.4.6 财务基准收益率

财务基准收益率是财务评价中最关键的判据参数,它是计算财务净现值时使用的折现率,也是项目财务内部收益率指标的基准与判据,它反映了投资者对相应项目占用资金的时间价值的判断,是项目在财务上是否可行的最低要求。

财务基准收益率可采用资本资产定价模型法(CAPM)、加权平均资金成本法(WACC)、典型项目模拟法、德尔菲法(Delphi)、专家调查法等方法进行测定,也可同时采用多种方法进行测算,将不同方法的测算结果互相验证,经协调后确定。

财务基准收益率选用应遵循以下原则。

① 政府投资项目的财务评价必须采用国家行政主管部门发布的行业财务基准收益率。

② 企业投资等其他各类项目的财务评价中采用的行业基准收益率,既可选用国家或行业主管部门发布的行业财务基准收益率,也可以使用由投资者自行测定的项目最低可接受财务收益率。若本行业没有发布行业基准收益率,评价人员应在分析一定时期国家和行业发展战略、发展规划、产业政策、资源供给、资金时间价值、项目目标等情况的基础上,结合行业特点、资本构成等因素综合测定。

## 10.5 经济费用效益分析

要求:了解经济费用和效益;熟悉社会折现率、影子价格、影子汇率、影子工资的含义和用途;熟悉经济净现值、经济内部收益率、经济效益费用比的计算方法。

经济费用效益分析应从资源合理配置的角度,分析项目投资的经济效率和对社会福利做出的贡献,评价项目的经济合理性。在市场经济条件下,大部分项目通过财务评价可以满足投资决策的要求。但是由于财务价格扭曲,有些项目的财务现金流量不能全面真实地反映其经济价值,财务成本不能包括项目对资源的全部耗费,财务效益不能包含项目产出的全部经济效果,因此需要进行经济费用效益分析,将经济费用效益分析的结论作为项目决策的主要依据之一。概括而言,以下类型项目应做经济费用效益分析:① 具有垄断特征的项目,如电力、电信、交通运输等行业的项目;② 产出具有公共产品特征的项目;③ 外部效果显著的项目;④ 资源开发项目;⑤ 涉及国家经济安全的项目;⑥ 受过度行政干预的项目。

### 10.5.1 经济费用效益

**1. 经济费用效益的识别和计算**

在经济费用效益分析中,应尽可能全面识别项目的经济效益和费用,对项目涉及的所有社会成员的有关费用和效益进行识别和计算,全面分析项目投资及运营活动耗用资源的真实价值以及项目为社会成员福利的实际增加所做出的贡献。

费用和效益的识别应遵循以下原则。

① 增量分析原则。项目经济费用效益分析应按照“有无对比”增量分析原则,建立在增量效益和增量费用识别与计算的基础上,不考虑沉没成本和已实现的效益。

② 考虑关联效果原则。应考虑项目投资可能产生的其他关联效应。

③ 以本国居民作为分析对象的原则。对于跨越国界,对本国之外的其他社会成员产生影响的项目,应重点分析对本国居民新增的效益和费用。

④ 剔除转移支付的原则。转移支付代表购买力的转移行为，接受转移支付的一方所获得的效益和付出方所产生的费用相等，转移支付行为本身没有导致新增资源的发生。在经济费用效益分析中，税赋、补贴、借款和利息属于转移支付，一般不得再计算转移支付的影响。

经济效益的计算应遵循支付意愿原则和(或)接受补偿意愿原则；经济费用的计算应遵循机会成本原则。

经济效益、经济费用可直接识别，也可通过调整财务效益和财务费用得到。经济效益和经济费用应采用影子价格计算。

**2. 影子价格**

经济费用效益分析中投入物或产出物使用的计算价格被称为“影子价格”。影子价格是指依据一定原则制定的能够反映投入物和产出物真实经济价值、市场供求状况、资源稀缺程度，从而使资源得到合理配置的价格。

1) 市场定价货物的影子价格

若货物或服务处于竞争性市场环境中，市场价格能反映支付意愿或机会成本，应采用市场价格作为计算项目投入物或产出物影子价格的依据。

(1) 外贸货物的影子价格

外贸货物是指其生产或使用将直接或间接影响国家进出口的货物。外贸货物包括：项目产出物中直接出口、间接出口和替代出口者；项目投入物中直接进口、间接进口或减少出口者。外贸货物的影子价格应以可能发生的口岸价格为基础确定，计算公式为

$$\text{出口产出物的影子价格(出厂价)} = \text{离岸价}(FOB) \times \text{影子汇率} - \text{出口费用} \tag{10.5-1}$$

$$\text{进口投入物的影子价格(到厂价)} = \text{到岸价}(CIF) \times \text{影子汇率} + \text{进口费用} \tag{10.5-2}$$

式中：进口或出口费用是指货物进出口环节在国内所发生的所有相关费用，包括运输、储运、装卸、运输保险等各种费用支出及物流环节的各种损失、损耗等；影子汇率是用于外贸货物和服务进行经济费用效益分析的外汇的经济价格，即单位外汇的经济价值，代表外汇的影子价格。在经济费用效益分析中使用影子汇率，是为了正确计算外汇的真实经济价值。若存在明显的迹象表明本国货币对外币的比价存在扭曲现象，在将外币折算成本币时，应采用影子汇率。影子汇率应由国家统一测定发布，并定期调整。影子汇率的发布有两种形式：一是直接发布影子汇率；二是将影子汇率与国家外汇牌价挂钩，计算公式为

$$\text{影子汇率} = \text{外汇牌价} \times \text{影子汇率折算系数} \tag{10.5-3}$$

(2) 非外贸货物的影子价格

非外贸货物是指其生产或使用将不影响国家进出口的货物。非外贸货物的影子价格以国内市场价格为基础测定。计算公式为

$$\text{投入物影子价格(到厂价)} = \text{市场价格} + \text{国内运杂费} \tag{10.5-4}$$

$$\text{产出物影子价格(出厂价)} = \text{市场价格} - \text{国内运杂费} \tag{10.5-5}$$

2) 非市场定价货物的影子价格

当项目的产出效果不具有市场价格，或市场价格难以真实反映其经济价值时，应遵循消费者支付意愿和(或)接受补偿意愿的原则，对项目的产品或服务的影子价格进行重新测算。

①采用“显示偏好”的方法，按照消费者支付意愿原则，通过其他相关市场价格信号，寻找

解释这些影响的隐含价值,对其效果进行间接估算。

② 利用"陈述偏好"的意愿调查法,分析被调查对象的支付意愿或接受补偿意愿,推断出项目造成外部影响的影子价格。

3) 特殊投入物的影子价格

项目的特殊投入物主要包括项目在建设和运营中使用的的劳动力、土地和自然资源等。这些特殊投入物影子价格的确定方法如下。

(1) 劳动力的影子价格 —— 影子工资

影子工资是指为经济项目使用的劳动力所付出的真实代价,由劳动力机会成本和劳动力转移而引起的新增资源耗费两部分构成。劳动力机会成本是指若劳动力不就业于该项目,而从事其他生产经营活动所创造的最大效益;新增资源耗费是指项目使用的劳动力由于就业或迁移而增加的城市管理费和城市交通等基础设施投资费用。

(2) 土地的影子价格

土地用于某拟建项目后,就不能再用于其他用途。土地的影子价格就是指由于土地不能用于其他用途而放弃的经济效益以及为其增加的资源消耗。值得注意的是,项目占用的土地不论是否支付费用,均应计算影子价格。项目占用的农业、林业、牧业、渔业以及其他生产性用地,其影子价格应按照其未来对社会可提供的消费产品的支付意愿及改变土地用途而发生的新增资源消耗进行计算;项目所占用的住宅、休闲用地等非生产性用地,若市场完善,应根据市场交易价格估算其影子价格,无市场交易价格或市场机制不完善的,应根据支付意愿价格估算其影子价格。

(3) 自然资源的影子价格

项目使用的矿产资源、水资源、森林资源等都是对国家资源的占用和消耗。项目投入的自然资源,无论在财务上是否付费,在经济费用效益分析中都必须测算其经济费用,即影子价格。矿产等不可再生资源的影子价格按资源的机会成本计算,水和森林等可再生资源的影子价格按资源再生费用计算。

### 10.5.2 经济评价报表和评价指标

如果项目的经济费用效益能够进行货币化,则应在费用效益识别和计算的基础上,编制经济费用效益流量表,计算经济费用效益分析指标,分析项目投资的经济效率。经济费用效益分析指标包括经济净现值、经济内部效益率和经济效益费用比。

**1. 经济净现值($ENPV$)**

经济净现值是指按照社会折现率将计算期内各年的经济净效益流量折现到建设期初的现值之和。其计算公式为

$$ENPV = \sum_{t=1}^{n} (B - C)_t (1 + i_s)^{-t} \tag{10.5-6}$$

式中:$B$ 为经济效益流量;$C$ 为经济费用流量;$(B - C)_t$为第 $t$ 年的经济净效益流量;$i_s$为社会折现率;$n$ 为计算期。

社会折现率是用以衡量资金时间经济价值的重要参数,代表资金占用的机会成本,并且用作不同年份之间资金价值转换的折现率。在经济费用效益分析中,应以国家公布的社会折现率作为对未来经济费用效益流量进行折现的折现率。社会折现率应根据经济发展实际情况、投资效益水平、资金供求状况、资金机会成本、社会成员的费用效益时间偏好以及国家宏观调

控目标取向等因素进行综合分析测定。

在经济费用效益分析中，若项目的经济净现值大于或等于零，表明项目可以达到符合社会折现率的效率水平，认为该项目从经济资源配置的角度来说是可以被接受的。具体来说，*ENPV* 等于零，表示国家为项目付出的代价可以得到符合社会折现率要求的社会盈余；*ENPV* 大于零，表明项目除了可得到符合社会折现率要求的社会盈余之外，还可以得到以现值计算的超额社会盈余。

**2. 经济内部收益率(*EIRR*)**

经济内部收益率是指项目在计算期内净效益流量的现值累计等于零时的折现率，它表示项目占用资金所获得的动态收益率。其表达式为

$$\sum_{t=1}^{n}(B-C)_t(1+EIRR)^{-t}=0 \tag{10.5-7}$$

如果经济内部收益率等于或大于社会折现率，表明项目资源配置的经济效率达到了可以被接受的水平。

**3. 经济效益费用比($R_{BC}$)**

经济效益费用比是指在计算期内效益流量的现值与费用流量的现值的比率，是国民经济费用效益分析的辅助评价指标。其计算公式为

$$R_{BC}=\frac{\sum_{t=1}^{n}B_t(1+i_s)^{-t}}{\sum_{t=1}^{n}C_t(1+i_s)^{-t}} \tag{10.5-8}$$

式中：$R_{BC}$为效益费用比；$B_t$为第 $t$ 期的经济效益；$C_t$为第 $t$ 期的经济费用。

若效益费用比大于 1，说明从国民经济角度分析，该项目的资源配置效率达到了可接受的水平。

## 10.6 不确定性分析

要求：熟悉盈亏平衡分析方法，熟练掌握盈亏平衡点的计算方法，理解盈亏平衡分析图的含义；熟悉敏感性分析方法，理解敏感度系数、临界点和敏感性分析图的含义。

项目不确定性分析就是考察项目投资、产品销售价格、销售量、经营成本和项目计算期等因素变化时，对项目经济评价指标产生的影响。通过对拟建项目具有较大影响的不确定性因素进行分析，计算基本变量的增减变化引起项目财务或经济效益指标的变化，找出最敏感的因素及其临界点，使项目的投资决策建立在较为稳妥的基础上。

不确定性分析主要包括盈亏平衡分析、敏感性分析和概率分析方法，其中盈亏平衡分析只用于财务评价，而敏感性分析同时适用于财务评价和经济费用效益分析。

### 10.6.1 盈亏平衡分析

**1. 盈亏平衡分析的含义及分类**

盈亏平衡分析是指项目从经营保本的角度来分析投资不确定性的方法。进行这种分析时，首先要将成本划分为固定成本和变化成本，将产量或者销售量作为不确定因素，假定产销量一致，根据产量、成本、售价和利润相互间的函数关系，计算盈亏平衡时所对应的产量或销售量。盈亏平衡点越低，表示项目适应市场变化的能力越强，抗风险能力也越强。

根据设定的变量不同,盈亏平衡点即项目盈利与亏损的临界点的表达形式有多种,其中以产量和生产能力利用率表示的盈亏平衡点应用最为广泛。根据成本、收益与产量之间是否呈线性关系,盈亏平衡分析可分为线性和非线性盈亏平衡分析;根据是否考虑资金时间价值,分为静态和动态盈亏平衡分析。

**2. 线性盈亏平衡分析**

在不考虑资金时间价值,且成本、收益与产量之间呈线性关系时,盈亏平衡分析称为静态线性盈亏平衡分析。线性盈亏平衡分析有如下四个假设条件:①产量等于销售量,即当年生产的产品在当年全部销售出去;②产量变化时,单位可变成本保持不变,从而总成本费用是产量的线性函数;③产量变化时,产品售价保持不变,从而销售收入是销售量的线性函数;④按单一产品计算,当生产多种产品时,应换算为单一产品,不同产品之间的销售比例保持不变。

在项目经济评价中一般仅进行线性盈亏平衡分析。盈亏平衡点应按项目投产后的正常年份计算,而不能按计算期内的平均值计算。项目评价中常使用盈亏平衡分析图表示分析结果。

(1)以产量表示的盈亏平衡点

首先将总成本分为固定成本和可变成本。以 $C_T$表示年总成本,$C_F$表示年总固定成本,$C_V$表示年总可变成本,$C_N$表示单位产品的可变成本和销售税金及附加、单位产品增值税之和,$N$表示年总产量,则企业产品的成本函数为

$$C_T = C_F + C_V = C_F + C_N \times N \tag{10.6-1}$$

其次,以 $S$ 表示销售收入,$P$ 表示单位产品售价,则销售收入函数为

$$S = PN \tag{10.6-2}$$

当盈亏平衡时,销售收入等于总成本,即

$$C_F + C_N \times N^* = PN^*$$

$$BEP(\text{产量}) = N^* = \frac{C_F}{P - C_N} \tag{10.6-3}$$

式中:$BEP$ 为盈亏平衡点。

**【例 10.6-1】** 某拟建生产企业设计年产 3 万吨化工原料,生产成本为 1 352.18 万元,其中固定成本为 112.94 万元,单位可变成本、销售税金和单位产品增值税之和为 413.08 元,单位产品售价为 579.82 元/吨。销售收入和成本费用均采用含税价格表示。求项目投产后的盈亏平衡点。

**解:**$C_F = 112.94$ 万元,$P = 579.82$ 元/吨,$C_N = 413.08$ 元

$$BEP(\text{产量}) = \frac{112.94}{579.82 - 413.08} = 0.68(\text{万吨})$$

从计算中可以看出,项目投产后用户订购量由 3 万吨降至 0.68 万吨,该企业仍可以保本经营,在市场销售量大幅度降低情况下有较强的抗风险能力,盈亏平衡图如图 10.6-1 所示。

(2)以生产能力利用率表示的盈亏平衡点

以生产能力利用率表示的盈亏平衡点是指项目不发生亏损时所必须达到设计生产能力的百分比。若以 $N_0$表示项目设计生产能力,则

$$BEP(\text{生产能力利用率}) = \frac{N^*}{N_0} = \frac{C_F}{N_0(P - C_N)} \times 100\% \tag{10.6-4}$$

以例 10.6-1 为例,得

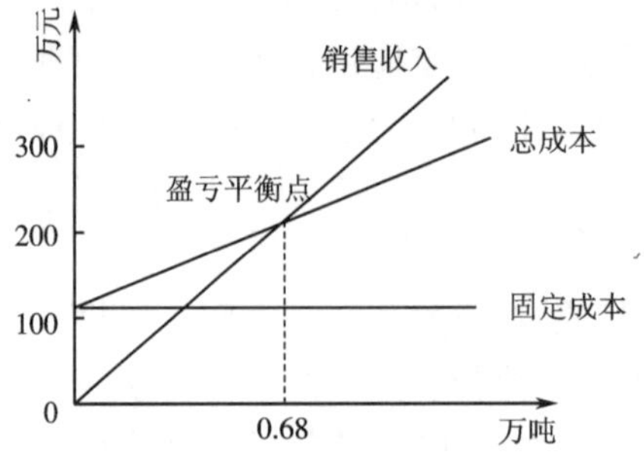


图 10.6-1　盈亏平衡分析图

$$BEP(\text{生产能力利用率}) = \frac{112.94}{3 \times (579.82 - 413.08)} \times 100\% = 22.6\%$$

即项目开工率只要达到设计生产能力的 22.6%，企业可以保本，说明项目在投产后生产条件发生意外变化时，有较强的抗风险能力。

**3. 盈亏平衡分析的优缺点**

盈亏平衡分析是对投资项目进行不确定性分析的一种较好的方法，具有易于理解、便于投资者进行方案比较的优点。此外，它还有利于确定企业合理的生产规模和降低企业固定成本。但盈亏平衡分析方法也有其不足之处，它不是全寿命分析，且通常进行的线性分析是建立在产销平衡和线性关系假设基础上，不太符合实际。

### 10.6.2　敏感性分析

**1. 敏感性分析的概念**

敏感性分析是投资建设项目评价中应用十分广泛的一种技术。当某个项目的有关参数不确定，其变化的概率也不能确知，只知道其变化的范围时，就需要进行敏感性分析。它是通过分析及预测工程建设项目主要变量因素（投资、成本、价格、建设工期等）发生变化时，对经济效果评价指标（如净现值、内部收益率、还款期等）的影响，从中找到敏感因素，并确定其影响程度，采取措施限制敏感因素的变动范围，以达到降低风险的目的。当主要变量因素发生微小变动时，经济评价指标发生很大幅度的变动，则认为该因素是敏感的；反之，当主要变量因素发生很大变动时，经济评价指标才会有所变动，则认为该因素是不敏感的。

敏感性分析有单因素敏感性分析和多因素敏感性分析两种。单因素敏感性分析是对单一不确定因素变化的影响进行分析，即假设各不确定性因素之间相互独立，每次只考察一个因素，其他因素保持不变，以分析这个可变因素对经济评价指标的影响程度和敏感程度，是敏感性分析的基本方法。多因素敏感性分析是在两个或两个以上互相独立的不确定因素同时变化时，分析这些变化的因素对经济评价的影响程度和敏感程度。通常情况下，经济评价中只要求进行单因素敏感性分析。

**2. 单因素敏感性分析的步骤**

单因素敏感性分析一般按以下步骤进行。

1）确定分析指标

项目经济评价有一整套指标体系，敏感性分析可选定其中一个或几个主要指标进行分析。分析指标的确定，一般是根据项目特点、不同的研究阶段、实际需求情况和指标的重要程度来选择,与进行分析的目标和任务有关。

如果主要分析方案状态和参数变化对方案投资回收快慢的影响,则可以选用投资回收期作为分析指标;如果主要分析产品价格波动对方案超额净收益的影响,则可选用净现值作为分析指标;如果主要分析投资大小对方案资金回收能力的影响,则可选用内部收益率指标等。

2) 选择需要分析的不确定性因素

影响项目经济评价指标的不确定性因素很多,严格说来,影响方案经济效果的因素都在某种程度上带有不确定性。但事实上没有必要对所有不确定性因素都进行敏感性分析,而往往是选择一些主要的影响因素。选择需要分析的敏感性因素时主要考虑以下两条原则:①预计这些因素在其可能变动的范围内对经济评价指标的影响较大;②对在确定性经济分析中采用的该因素的数据准确性不大。

对于一般投资项目来说,通常从以下几个方面选择项目敏感性分析中的影响因素:①项目投资;②项目寿命年限;③经营成本;④产品价格;⑤产销量;⑥项目建设年限;⑦基准折现率;⑧项目寿命期末的资产残值。

3)分析每个不确定性因素的波动程度及其对分析指标可能带来的增减变化情况

首先,对所选定的不确定性因素,应根据实际情况设定这些因素的变动幅度,其他因素固定不变。敏感性因素一般选择的不确定性因素变化的百分率为 ±5%、±10%、±15%、±20%等。对于不便用百分率表示的因素,例如建设工期,可采用延长一段时间表示,如延长一年。

其次,计算不确定性因素每次变动对经济评价指标的影响。

对每一个因素的每一变动,均重复以上计算,然后将因素变动及相应指标变动结果用表或图的形式表示出来,以便于测定敏感性因素。

敏感性分析图如图 10.6-2 所示(以内部收益率指标为例)。图中每一条斜线的斜率反映内部收益率对该不确定性因素的敏感程度,斜率越大,敏感度越高。一张图可以同时反映多个因素的敏感性分析结果。每条斜线与基准收益率线的相交点所对应的不确定性因素变化率(即图中的 $C_1$、$C_2$、$C_3$、$C_4$等)即为该因素的临界点。

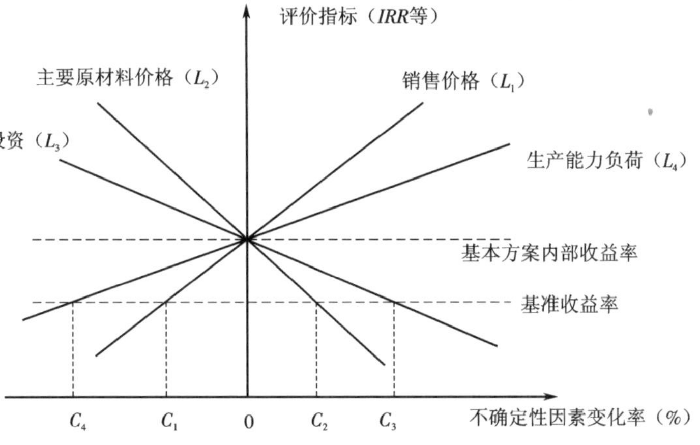


图 10.6-2 敏感性分析图

4)计算敏感性系数和临界点,确定敏感性因素

由于各因素的变化都会引起经济指标的一定变化,但其影响程度却各不相同。有些因素可能仅发生小幅度的变化就能引起经济评价指标发生大的变动,而另一些因素即使发生了较

大幅度变化，对经济评价指标的影响也不是太大。我们将前一类因素称为敏感性因素，后一类因素称为非敏感性因素。

(1)敏感性系数的计算

反映敏感程度的指标是敏感因素(又称灵敏度)，是衡量变量因素敏感程度的一个指标，其数学表达式为

$$S_{AF}=\frac{\Delta A/A}{\Delta F/F} \tag{10.6-5}$$

式中：$S_{AF}$为评价指标 $A$ 对于不确定性因素 $F$ 的敏感系数；$\Delta F/F$ 为不确定性因素 $F$ 的变化率；$\Delta A/A$ 为不确定性因素 $F$ 发生 $\Delta F$ 变化率时，评价指标 $A$ 相应的变化率。

$S_{AF}>0$，表示评价指标与不确定性因素同方向变化；$S_{AF}<0$，表示评价指标与不确定性因素反方向变化；$|S_{AF}|$较大者，敏感性系数越高。

根据不同因素相对变化对经济评价指标影响的大小，可以得到各个因素的敏感性程度排序，据此可以找出哪些因素是最关键的因素。

**【例 10.6-2】** 某项目进行方案的敏感性分析，其基础数据如表 10.6-1 所示。试就项目年度费用、寿命期和折现率对净现指标进行单因素敏感性分析。

**表 10.6-1 敏感性分析基础数据**

| 项目 | 投资 $I$ | 寿命期 $n$ | 年度收入 $R$ | 年度费用 $C$ | 残值 $S$ | 折现率 $i$ |
|---|---|---|---|---|---|---|
| 数据 | 200 万元 | 10 年 | 80 万元 | 40 万元 | 20 万元 | 10% |

**解：**首先计算基本方案的 $NPV$，即

$$NPV=-200+(80-40)(P/A,10\%,10)+20(P/F,10\%,10)=53.49(\text{万元})$$

设各因素变化均按 ±10%、±20% 变动，可得计算结果如表 10.6-2 所示，并可绘制敏感性分析图如图 10.6-3 所示。由图表可知，净现值对三个主要因素的敏感性排序为：年度费用 > 寿命期 > 折现率。

**表 10.6-2 敏感性分析计算表**

| 变化因素 | 年度费用 $C$ | | | | 寿命期 $n$ | | | | 折现率 $i$ | | | |
|---|---|---|---|---|---|---|---|---|---|---|---|---|
| 变动幅度 | +20% | +10% | -10% | -20% | +20% | +10% | -10% | -20% | +20% | +10% | -10% | -20% |
| $NPV$(万元) | 4.34 | 28.92 | 78.07 | 102.65 | 78.92 | 66.81 | 38.84 | 22.73 | 32.45 | 42.61 | 65.16 | 77.67 |

(2)临界点的计算

临界点是指项目允许不确定性因素向不利方向变化的极限值。超过极限，项目的效益指标将不可行。例如，当产品价格下降到某值时，净现值刚好等于零，或内部收益率刚好等于基准收益率，此点称为产品价格下降的临界点。当不确定性因素的变化超过了临界点所表示的不确定性因素的极限变化时，项目将由可行变为不可行。临界点可用专用软件的财务函数计算，也可由敏感性分析图直接求得近似值，如图 10.6-2 中 $C_1$、$C_2$、$C_3$、$C_4$所示。

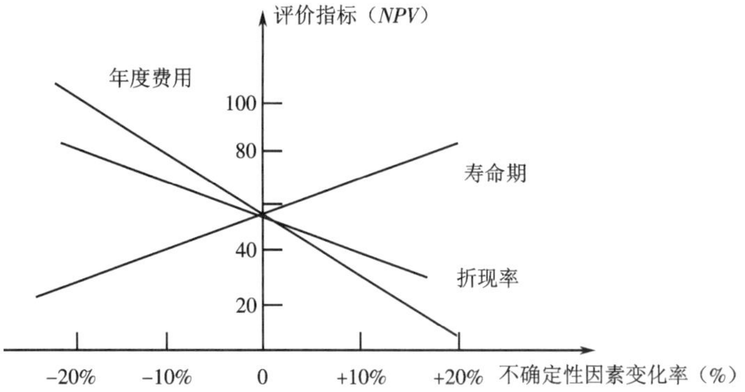


图 10.6-3 敏感性分析图

# 10.7 方案经济比选

要求：了解方案比选的类型；熟练掌握方案经济比选的方法（效益比选法、费用比选法、最低价格法）；熟练掌握计算期不同的互斥方案的比选。

方案经济比选是项目评价的重要内容，是寻求合理的经济和技术方案的必要手段。在项目可行性研究和投资决策过程中，对涉及的各决策要素和研究方面，都应从技术和经济相结合的角度进行多方案分析论证。因此，在进行项目评价时，往往面临的是一组项目方案，而投资所追求的目标是项目整体最优化。因而，在项目方案组选优时，首先必须分析各项目方案之间的相互关系，同时选择正确的评价指标，进行方案经济比选。

## 10.7.1 方案比选的类型

**1. 方案之间的三种关系**

项目之间存在多种关系，最常见的是互斥、独立和相关三种关系。

(1)互斥关系

互斥关系是指各个方案之间存在着互不相容、互相排斥的关系。即在若干个方案中，选择其中的任何一个方案，则其他方案就必然被排斥。例如，某房地产公司欲在同一个确定地点进行住宅、商店、宾馆等的方案选择，由于此时只要选择其中任何一个方案，则其他方案就无法实施，即它们之间具有排他性，因而这些方案间的关系就是互斥的。

(2)独立关系

独立关系是指各个方案的现金流量是独立的，不具相关性，其中任一方案的采用与否与其自己的可行性有关，但与其他方案是否被采用无关。根据独立项目的特点，独立方案在经济上是否可接受，取决于方案自身的经济性，即方案的经济效果是否达到或超过了投资者预期的评价标准或水平。欲知这一点，只需要通过计算方案的经济效果指标，并按照指标的判别准则加以检验就可做到。从这一点来看，独立方案的选择就是单一方案的选择。但在项目实际投资决策中，若可行的方案很多，可能没有足够的资金或资源满足所有可行方案的需要，就出现了有资源约束情况下的独立方案选择。独立方案选择有很多方法，但最有效的方法是将独立方案转化为互斥方案组，按照互斥方案比选的方法进行分析。

(3)相关关系

相关关系是指在各个方案之间，某一方案的采用与否会对其他方案的现金流量带来一定的影响,进而影响其他方案的采用或拒绝。相关关系有正相关和负相关。当一个项目(方案)的执行虽然不排斥其他项目(方案),但可以使其效益减少时,项目之间具有负相关关系,项目(方案)比选时可以转化为互斥关系;反之则具有正相关关系,可以采用独立方案比选方法。

由于独立项目可以转化为互斥项目组,故本节只介绍互斥方案经济比选的方法。

**2. 局部比选和整体比选**

按比选范围分,项目方案比选可分为局部比选和整体比选。整体比选是按各备选方案所含的因素(相同因素和不同因素)进行定量和定性的全面对比;局部比选仅就所备选方案的不同因素或部分重要因素进行局部对比。

**3. 综合比选和专项比选**

按比选目的分,项目方案比选可分为综合比选和专项比选。方案比选贯穿于可行性研究全过程中,一般项目方案比选是选择两个或三个备选方案进行整体综合比选。而在实际过程中,根据项目的具体情况,有必要进行局部的专项方案比选,如产品规模的确定、技术路线的选择和厂址比较等。

**4. 定性比选和定量比选**

按比选内容分,项目方案比选可分为定性比选和定量比选。定性比选较适合于方案比选的初级阶段,在一些比选因素较为直观且不复杂的情况下,定性分析简单易操作。在较为复杂的系统方案比选工作中,一般先进行定性分析,若很难判断方案优劣,再通过定量分析,论证其经济效益的大小,据以判断方案的优劣。

## 10.7.2 方案比选的经济方法

方案经济比选可采用以下三种方法。

**1. 效益比选法**

效益比选法包括净现值比较法、净年值比较法、差额内部收益率法或差额净现值比较法等。

(1)净现值比较法

净现值比较法是比较备选方案的财务净现值或经济净现值,以净现值大的方案为优。

(2)净年值比较法

净年值是将项目各年的净现金流量以基准折现率 $i_c$ 为中介折算成与其等值的各年年末为等额的净现金流量。其计算公式为

$$NAV(i_c) = \sum_{t=0}^{n}(CI - CO)_t(1 + i_c)^{-t}(A/P, i_c, n) = NPV(i_c)(A/P, i_c, n) \quad (10.7\text{-}1)$$

$NAV$ 与 $NPV$ 只相差一个系数,故评价标准相同。$NAV \geqslant 0$,考虑接受该项目;$NAV < 0$,考虑拒绝该项目。$NAV$ 在用于寿命期不等的互斥方案比较时比用 $NPV$ 指标更方便。

(3)差额内部收益率法

差额内部收益率法也称为增量内部收益率法。在不能确切知道基准折现率 $i_c$ 情况下,可以通过计算差额内部收益率 $\Delta IRR$ 来选择,即用投资大的方案减去投资小的方案,若差额方案的内部收益率 $\Delta IRR > i_c$,说明两方案之间的差额投资所带来的收益能够满足基准收益率的要求,故应选择投资大的方案为最优方案。

计算差额内部收差率 $\Delta IRR$ 的步骤如下。

①项目按投资额由小到大排序,如 A、B、C、D……。

②用投资大的 B 方案减去投资小的 A 方案，形成差额方案（B－A）。

③计算（B－A）方案的内部收益率，得到 $\Delta IRR_{B-A}$。

④若 $\Delta IRR > i_c$，则投资大的 B 方案入选，即在 A 的基础上追加投资合算；反之则投资小的 A 方案入选。

⑤循环进行第三、第四步，直至选出最优方案。

差额内部收益率法的表达式为

$$\sum_{t=1}^{n}[(CI-CO)_{大}-(CI-CO)_{小}](1+\Delta IRR)^{-t}=0 \tag{10.7-2}$$

（4）差额净现值法

差额净现值法亦称增量净现值法，即用投资大的方案减去投资小的方案，计算差额方案的净现值。若差额方案的净现值 $\Delta NPV>0$，就选择投资大的方案为最优方案。若 $\Delta NPV<0$，就选择投资小的方案为最优方案。若 $\Delta NPV=0$，则两方案优劣相同。其计算过程类似于增量内部收益率的计算，表达式为

$$\Delta NPV=\sum_{t=1}^{n}[(CI-CO)_{大}-(CI-CO)_{小}](1+i_c)^{-t} \tag{10.7-3}$$

**2. 费用比选法**

当各方案效益相同或基本相同时，可采用费用比较法，选择费用最小的方案。费用比选法包括费用现值比较法和费用年值比较法。

（1）费用现值比较法

费用现值比较法是将不同设计方案的投资现值与年运行成本现值相加，比较其现值之和大小，费用现值和最小的方案为最佳方案。这种方法适用于具有相同寿命期的设计方案比较。费用现值的计算公式为

$$PC=\sum_{t=0}^{n}(C_t+V_t)(1+i)^{-t}-S\times(1+i)^{-n} \tag{10.7-4}$$

式中：$PC$ 为方案的费用现值；$C_t$为第 $t$ 年的投资；$V_t$为第 $t$ 年的运行费用；$S$ 为项目残值；$i$ 为基准收益率；$n$ 为项目计算期。

**【例 10.7-1】** 某设备工程在进行工艺管道设计时提出两种方案：A 方案的投资额为 1 000 万元，年运行成本为 400 万元，预计残值为 200 万元；B 方案的投资额为 1 500 万元，年运行成本为 300 万元，预计残值为 100 万元。两种设计方案下，设备工程的寿命期相同，均为 8 年，项目的基准收益率为 10%。两方案的费用现值计算如下：

$$PC_A=1\,000+400\times(P/A,10\%,8)-200\times(P/F,10\%,8)$$
$$=1\,000+400\times5.334\,9-200\times0.466\,5=3\,040.66(万元)$$
$$PC_B=1\,500+300\times(P/A,10\%,8)-100\times(P/F,10\%,8)$$
$$=1\,500+300\times5.334\,9-100\times0.466\,5=3\,053.82(万元)$$

A 方案的费用现值较低，故应选择 A 方案。

（2）费用年值比较法

费用年值比较法是将不同设计方案的投资与年运行成本折算成与其等值的各年年末等额成本，费用年值最低的设计方案为最佳方案。无论项目寿命期是否相同，都可以使用这种方法。该方法的计算公式为

$$AC = \left(\sum_{t=0}^{n}(C_t + V_t)(1+i)^{-t} - S \times (1+i)^{-n}\right)(A/P,i,n) \quad (10.7\text{-}5)$$

式中:$AC$ 为方案的费用年值。

**【例 10.7-2】** 某设备工程有两个设计方案,甲方案投资为 1 800 万元,寿命期为 6 年,年运行成本为 550 万元,预计残值为 200 万元;乙方案投资为 2 600 万元,寿命期为 10 年,年运行成本为 400 万元,预计残值为 300 万元。项目的基准收益率为 15%。两方案的费用年值计算如下:

$$AC_{甲} = [1\,800 + 550 \times (P/A,15\%,6) - 200 \times (P/F,15\%,6)] \times (A/P,15\%,6)$$

$$= (1\,800 + 550 \times 3.784 - 200 \times 0.432) \times \frac{1}{3.784}$$

$$= 1\,002.85(万元)$$

$$AC_{乙} = [2\,600 + 400 \times (P/A,15\%,10) - 300 \times (P/F,15\%,10)] \times (A/P,15\%,10)$$

$$= (2\,600 + 400 \times 5.019 - 300 \times 0.247) \times \frac{1}{5.019}$$

$$= 903.27(万元)$$

乙方案的费用年值较低,故应选择乙方案。

**3. 最低价格法**

最低价格法也称服务收费标准比较法。在相同产品方案比选中,以净现值为零推算备选方案的产品最低价格($P_{min}$),应以最低产品价格较低的方案为优。

## 10.7.3 计算期与互斥方案比选

**1. 计算期相等的互斥方案比选**

寿命期相等的互斥方案可采用净现值法(或费用现值法)、差额内部收益率法和差额净现值法进行比选。必须指出的是,即使各方案计算期相等,也不能直接用内部收益率指标进行方案比选。

**【例 10.7-3】** 某项目建设有 A、B、C、D 四个拟建方案,其现金流量见表 10.7-1。不同方案的计算期均为 7 年,行业的基准收益率为 8%,试对这四个方案进行比选。

**表 10.7-1 互斥方案的现金流量** 单位:万元

| 方案<br>现金流量 | A | B | C | D |
|---|---|---|---|---|
| 投资 | 2 000 | 3 000 | 4 000 | 5 000 |
| 年收入 | 500 | 900 | 1 100 | 1 380 |

**解:**(1)直接用净现值指标比选。各方案的净现值分别为

$$NPV_A = -2\,000 + 500(P/A,8\%,7) = 603(万元)$$

$$NPV_B = -3\,000 + 900(P/A,8\%,7) = 1\,685(万元)$$

$$NPV_C = -4\,000 + 1\,100(P/A,8\%,7) = 1\,727(万元)$$

$$NPV_D = -5\,000 + 1\,380(P/A,8\%,7) = 2\,184(万元)$$

因为 $NPV_D$最大,故 D 方案为最优方案。

(2)用差额内部收益率($\Delta IRR$)指标比选。将方案按照投资额由小到大排序,结果为 A、B、C、D。用插值法求解方案 A 的内部收益率 $NPV_A=-2\ 000+500(P/A,IRR_A,7)=0$,得

$$IRR_A=16.4\%>i_c$$

故 A 方案为临时最优方案。

以 A 方案为临时最优方案,计算 B 方案对 A 方案的增量内部收益率 $\Delta IRR_{B-A}$。

$$\Delta NPV_{B-A}=-1\ 000+400(P/A,\Delta IRR_{B-A},7)=0$$

插值法求解,$\Delta IRR_{B-A}=35.25\%>i_c$,故 B 方案为临时最优方案。

以 B 方案为临时最优方案,计算 C 方案对 B 方案的增量内部收益率 $\Delta IRR_{C-B}$。

$$\Delta NPV_{C-B}=-1\ 000+200(P/A,\Delta IRR_{C-B},7)=0$$

插值法求解,$\Delta IRR_{C-B}=9.28\%>i_c$,故 C 方案为临时最优方案。

以 C 方案为临时最优方案,计算 D 方案对 C 方案的增量内部收益率 $\Delta IRR_{D-C}$。

$$\Delta NPV_{D-C}=-1\ 000+280(P/A,\Delta IRR_{D-C},7)=0$$

插值法求解,$\Delta IRR_{D-C}=20.38\%>i_c$,故 D 方案为最优方案。

(3)用差额净现值($\Delta NPV$)指标比选。计算 B 方案对 A 方案的增量净现值 $\Delta NPV_{B-A}$。

$$\Delta NPV_{B-A}=-1\ 000+400(P/A,8\%,7)=1\ 082(\text{万元})>0$$

即方案 B 优于方案 A。

$$\Delta NPV_{C-B}=-1\ 000+200(P/A,8\%,7)=42(\text{万元})>0$$

即方案 C 优于方案 A。

$$\Delta NPV_{D-C}=-1\ 000+280(P/A,8\%,7)=457(\text{万元})>0$$

即方案 D 优于方案 C,故选择方案 D。

可以看出,三种方法的选择结果是一致的。

**2. 计算期不等的互斥方案比选**

当被选的互斥型方案的计算期不等时,不能直接进行比较,必须把计算期由不等变成相等。为了保证其经济性不变,通常选择最小公倍数法、年值法和研究期法进行比较,以保证时间可比性。

(1)最小公倍数法

最小公倍数法是在假设方案可以重复若干次的前提下,将被比较的方案重复至最小公倍数年数,用 NPV 进行比选。此方法的缺点是若最小公倍数很大,如 7 年和 9 年的最小公倍数为 63,则必须将 7 年的方案重复 8 次,9 年的方案重复 6 次至最小公倍数年数,计算起来很烦琐;而且它更大的缺点在于由于技术进步,项目不可能原样重复,这种假设脱离实际。

(2)年值法

年值法即计算方案的净年值 NAV,取大者为最优方案。

(3)研究期法

由于被选方案的计算期不能向后延续,所以根据被选方案,人为选取一个相等的时期作为计算期,称其为研究期,对研究期内的现金流量计算净现值,取大者(分为考虑未使用价值和不考虑未使用价值两种)。

**【例 10.7-4】** 某项目有甲、乙两个备选方案,其投资及收益的现金流见表 10.7-2。若项目最低投资收益率要求为 10%,试进行方案经济比选。

表 10.7-2　计算期不等的互斥型方案

| 设 备 | 投资 $I$/万元 | 每年净收益 $B_j$/万元 | 寿命/年 |
| --- | --- | --- | --- |
| 甲 | 6 | 4.8 | 2 |
| 乙 | 15 | 7.0 | 3 |

**解：**(1)用最小公倍数法。假设方案可以完全重复，两方案计算期的最小公倍数为6，由图10.7-1可知：

$$NPV_{甲}(10\%) = 4.8(P/A, 10, 6) - 6[1 + (P/F,10,2) + (P/F,10,4)] = 5.99(万元)$$

$$NPV_{乙}(10\%) = 7.0(P/A, 10, 6) - 15[1 + (P/F,10,3)] = 4.2(万元)$$

因为 $NPV_{甲}(10\%) > NPV_{乙}(10\%)$，所以选择甲更为有利。

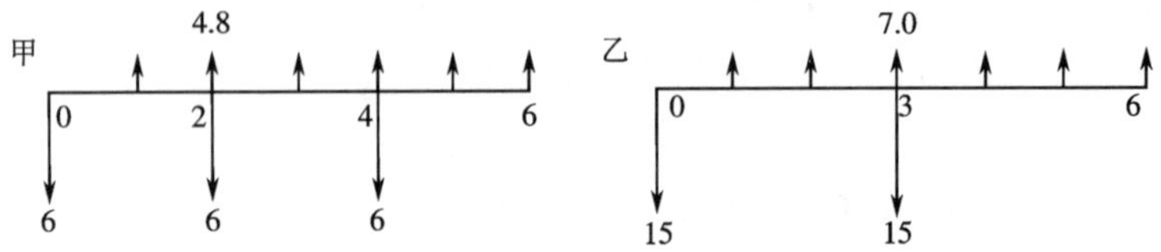


图 10.7-1　最小公倍数法现金流量图

(2)年值法。

$$NAV_{甲}(10\%) = 4.8 - 6(A/P, 10, 2) = 1.34(万元)$$

$$NAV_{乙}(10\%) = 7.0 - 15(A/P, 10, 3) = 0.97(万元)$$

因为 $NAV_{甲}(10\%) > NAV_{乙}(10\%)$，所以选择甲更为有利。

(3)研究期法。

①可取设备甲的寿命2年为研究期。

$$NPV_{甲}(10\%) = -6 + 4.8(P/A, 10, 2) = 2.33(万元)$$

$$NPV_{乙}(10\%) = -15 + 7.0(P/A, 10, 2) = -2.85(万元)$$

此方法不利于寿命期长的项目。

②考虑将乙设备投资15万元分摊在其3年寿命期内，再取2年为研究期进行比选。

$$NPV_{甲}(10\%) = -6 + 4.8(P/A, 10, 2) = 2.33(万元)$$

$$NPV_{乙}(10\%) = [-15(A/P, 10, 3) + 7.0](P/A, 10, 2) = 1.68(万元)$$

因为 $NPV_{甲}(10\%) > NPV_{乙}(10\%)$，故选择设备甲较为有利。

## 10.8　改扩建项目经济评价特点

要求：了解改扩建项目经济评价特点。

改扩建项目系指既有企业利用原有资产与资源，投资形成新的生产(服务)设施，扩大或完善原有生产(服务)系统的活动，包括改建、扩建、迁建和停产复建。改扩建项目是既有企业的有机组成部分，同时项目的活动与企业的活动在一定程度上是有区别的。项目的融资主体和还款主体都是既有企业。项目一般要利用既有企业部分或全部资产与资源，且不发生资产与资源的产权转移。

改扩建项目经济评价与一般项目的基本原理和分析指标相同，所用表格可参照财务分析表格和经济费用效益分析表格。一般情况下,财务(经济)效益与费用宜分别单列“有项目”与“无项目”的流入和流出表格。

**1. 改扩建项目效益和费用范围**

在财务分析中,效益和费用的范围指项目活动的直接影响范围。局部改扩建项目范围只包括既有企业的一部分,整体改扩建项目范围包含整个既有企业。

在经济费用效益分析中,效益和费用范围指项目活动的直接和间接影响的范围。

在保证不影响分析结果的情况下尽可能缩小项目的范围。

**2. 改扩建项目的财务分析**

改扩建项目与既有企业既有联系又有区别,一般应进行以下两个层次的分析。

(1)项目层次分析

①盈利能力分析。应遵循“有无对比”原则,利用“有项目”与“无项目”的效益与费用计算增量效益和增量费用,分析项目的增量盈利能力,并作为项目决策的主要依据之一。符合简化条件是项目层次可直接用“增量”数据和相关指标进行分析。

②清偿能力分析。应分析“有项目”的偿债能力,若“有项目”还款资金不足,应分析“有项目”还款资金的缺口,即既有企业应为项目额外提供的还款资金数额。

③财务生存能力分析。应分析“有项目”的财务生存能力。

(2)企业层次分析

分析既有企业以往的财务状况与今后可能的财务状况,了解企业生产与经营情况、资产负债结构、发展战略、资源利用优化的必要性、企业信用等。应特别关注企业为项目融资的能力、企业自身的资金成本或项目有关的资金机会成本。

改扩建项目财务分析过程中应注意分析项目对既有企业的贡献。

**3. 改扩建项目经济评价简化的条件**

符合下列特定条件之一的改扩建项目,可按一般项目经济评价的方法简化处理。

①项目的投入和产出与既有企业的生产经营活动相对独立。

②以增加产出为目的的项目,增量产出占既有企业产出比例较小。

③利用既有企业的资产、资源量与新增量相比较小。

④效益和费用的增量流量较容易确定。

⑤其他特定情况。

## 10.9 价值工程

要求:熟悉价值工程原理;了解实施步骤,熟悉各步骤的主要实施方法。

### 10.9.1 价值工程的概念

价值工程(VE,Value Engineering)又称价值分析(VA,Value Analsis),是以产品或作业的功能分析为核心,以提高产品或作业的价值为目的,寻求以现时最低的寿命周期成本实现产品或作业的必要功能的一项有组织的创造性活动。

根据定义,价值工程涉及价值、功能和寿命周期成本三个基本要素。

**1. 价值**

价值是指产品或作业(价值分析的对象)具有的功能与获取该功能的寿命周期成本的比值,即

$$价值(V) = \frac{产品或作业具有的功能(F)}{获取该功能的寿命周期成本(C)} \tag{10.9-1}$$

公式中不仅反映出产品或作业价值与产品或作业的功能和获取此功能所耗成本之间的关系，而且也为提高价值提供了有效途径。提高价值的五种途径如下。

①$F\uparrow$，$C\rightarrow$，成本不变，功能提高。

②$F\rightarrow$，$C\downarrow$，功能不变，成本下降。

③$F\downarrow$，$C\downarrow\downarrow$，功能下降，但成本下降超出功能下降。

④$F\uparrow\uparrow$，$C\uparrow$，成本上升，但功能提高超出成本上升。

⑤$C\downarrow$，$F\uparrow$，成本下降，功能提高（这是提高价值最为理想的途径）。

**2. 功能**

功能是指产品或作业所具有的性能或属性。对产品或作业进行功能分析是价值工程的核心。用户购买任何产品或作业，不是购买产品或作业的形态，而是购买其功能。例如，用户买煤是买其发热的功能，只要具有相应的功能，就能满足用户的需要，煤气和石油液化气都可以发热，因而可以取代煤而供给居民。具有相同功能而成分或结构不同的产品，其成本一般是不相同的。价值工程就是通过对实现功能的不同手段的比较，抓住功能这一实质，寻找最经济合理的途径，达到保证功能、降低成本、提高价值的目的。

功能的确定主要考虑三方面因素：功能本身必须适合用户的某种需求；功能必须符合用户的条件和环境；功能必须适合用户的承受能力。依据功能的特性，可将功能分成以下几类。

①功能按其重要程度，可分为基本功能和辅助功能。基本功能体现消费者购买产品目的的那些功能，是必不可少的功能；辅助功能是为有效完成基本功能所引起的那些功能，属于次要功能。

②功能按照其实用性，可分为实用功能和非实用功能。实用功能必须承担产品或作业所要求实现的效用，非实用功能则是指使供需双方愉悦（更多的是顾客愉快）的效用。需要注意的是，把成本用在实用功能、基本功能方面和用在非实用功能、辅助功能上相比，不一定回报更高。

③从功能性质角度进行分类，可分为使用功能和美学功能。使用功能是从功能的内涵上反映其使用属性，是一种动态功能；美学功能是从产品外观反映功能的艺术属性，是一种静态的外观属性。

④从用户需求的角度进行分类，产品或作业的功能可分为必要功能和不必要功能。必要功能是用户要求的功能；不必要功能是指不符合用户要求的功能，又包括三类，即一是多余功能，二是重复功能，三是过剩功能。

**3. 寿命周期成本**

寿命周期成本是指产品或作业在寿命期内发生的全部费用，包括从研制、生产到销售、使用的全过程，即

$$C = C_1 + C_2 \tag{10.9-2}$$

式中：$C_1$为研制、生产费用；$C_2$为使用费用（扣除净残值）。

在一定范围内，产品或作业的研制、生产费用和使用费用存在此消彼长的关系。随着产品或作业的功能水平提高，产品或作业的研制、生产费用$C_1$增加，使用费用$C_2$降低；反之，产品或作业的功能水平降低，其研制、生产费用$C_1$降低，但使用费用$C_2$会增加。因此，当功能水平逐

步提高时,寿命周期成本 $C=C_1+C_2$,呈 U 形变化,如图 10.9-1 所示。价值工程的目的是在满足功能的前提下,寻求最低的寿命周期成本,即 $C$ 为最小值 $C_{min}$,此时所对应的功能 $F^*$ 为最适宜的功能水平。

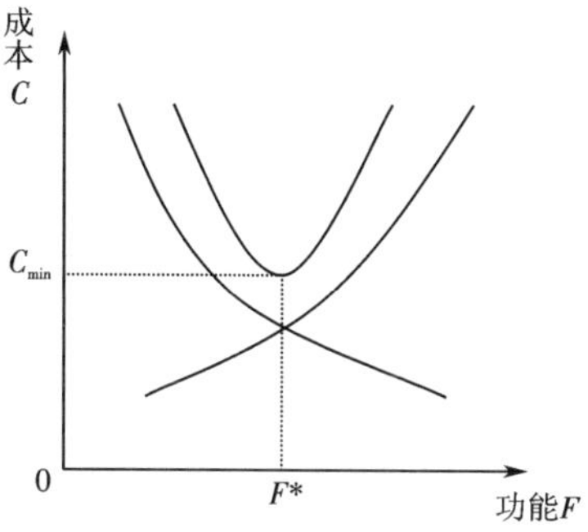


图 10.9-1 寿命周期成本曲线

## 10.9.2 价值工程的实施步骤

### 1. 价值工程的一般工作程序

价值工程的一般工作程序,见表 10.9-1。在开展价值工程活动时,一般需按照表中划分的 4 个阶段进行。细分的 12 个步骤则可针对企业和对象的实际情况灵活执行,可以适当调整。下面对价值工程工作过程中的一些关键步骤进行详细介绍。

表 10.9-1 价值工程的一般工作程序

| 阶段 | 步骤 |
|---|---|
| 准备阶段 | 1. 对象选择 |
| | 2. 组成价值工程工作小组 |
| | 3. 制订工作计划 |
| 分析阶段 | 4. 收集整理信息资料 |
| | 5. 功能系统分析 |
| | 6. 功能评价 |
| 创新阶段 | 7. 方案创新 |
| | 8. 方案评价 |
| | 9. 提案编写 |
| 实施阶段 | 10. 审批 |
| | 11. 实施与检查 |
| | 12. 成果鉴定 |

### 2. 价值工程对象选择

价值工程是就某个具体对象开展的有针对性的分析评价和改进,有了对象才有分析的具体内容和目标。一种产品往往是由很多零件(或要素、环节)组成,因此不可能对它们的功能都进行分析,必须有选择地进行。价值工程的对象选择过程就是逐步收缩研究范围、寻找目标、确定主攻方向的过程。能否正确地选择价值工程对象,是决定价值工程活动收效大小的关键。

价值工程的目的在于提高产品价值,研究对象的选择要从市场需要出发,结合本企业实力,系统考虑。一般说来,对象选择的原则是:在设计方面,应选择结构复杂,体积、重量大,性能差,技术落后,能源消耗高,原材料消耗大或是稀有、贵重的奇缺产品;在生产制造方面,应选择产量大、工序烦琐、工艺复杂、工装落后、返修率高、废品率高、质量难于保证的产品;在销售方面,应选择用户意见大、退货索赔多、竞争力差、销售量下降或市场占有率低的产品;在成本方面,应选择成本高、利润低的产品或在成本构成中比重大的产品。总之,应以产量大、质量差、成本高、消耗大、结构复杂、项目重要的工程或部件作为价值工程活动的对象。

价值工程对象选择往往要兼顾定性分析和定量分析,因此对象选择的方法很多,每种方法又各有一定的特点和适应性。应根据实际情况选用适当的方法,以取得较好的效果。下面介绍几种常用的方法。

(1)经验分析法

经验分析法亦称因素分析法。它是一种定性分析的方法,即凭借开展价值工程活动人员的经验和智慧,根据对象选择应考虑的因素,通过定性分析选择对象的方法。此法的优点是能综合、全面地考虑问题且简便易行,不需特殊训练,特别是在时间紧迫或企业不具备资料的情况下,利用此法较为方便;缺点是缺乏定量依据,分析质量受工作人员的工作态度和知识及经验水平的影响较大。因此,在使用时可与其他定量方法相结合,这样能取得较好的效果。

(2)百分比法

百分比法,即按某种费用或某种资源在不同产品中所占的比重大小来选择价值工程对象的方法。

(3)ABC 分析法

ABC 分析法,即重点分析法。这是一种运用数理统计分析原理,按照局部成本在总成本中比重的大小来选择价值工程对象的方法。一般说来,企业产品的成本往往集中在少数关键零(部)件上。在选择对象产品或零件时,为了便于抓住重点,把产品(或零件)种类按成本大小顺序分为 A、B、C 三类。计算出成本占 70% ~80%、零部件种类数量占 10% ~15% 的产品作为 A 类;成本占 10% ~20%、零部件种类数量占 15% ~20% 的作为 B 类;成本占 5% ~10%、零部件种类数量占 60% ~80% 的作为 C 类。

A 类零部件种类少而成本比重大,是对产品成本举足轻重的关键零部件类,应列为价值工程对象;B 类零部件是次要零部件类,一般可不考虑为价值工程对象,但有时亦可选 A + B 类作为价值工程对象;C 类零部件虽然数量多,但对整体成本影响不大,暂可不做专门研究。

(4)强制确定法

强制确定法又称 FD 法。在选择价值工程的对象、进行功能评价和方案评价中都可以使用。在对象选择中,它的做法是通过对每个零件的功能重要程度进行打分,用功能评价系数计量零件的价值,进而确定价值工程的对象。用强制确定法选择对象时要求出 3 个系数,即零件功能系数(又叫功能重要性系数)、成本系数和价值系数。

用强制确定法确定零件功能评价系数时,先把零件排列成矩阵,再按零件功能的重要程度,一对一地比较,重要的得 1 分,不重要的得 0 分(或者功能重要的零件打 4 分,另一个相对不重要的得 0 分,功能比较重要的打 3 分,另一个功能比较次要的打 1 分,两个功能同样重要的零件各得 2 分)；然后，把某零件的得分累计起来，除以全部零件的得分总数，其值即为该零件功能评价系数：

$$零件功能评价系数=\frac{某零件功能得分值}{全部零件功能得分合计} \tag{10.9-3}$$

功能评价系数定量地说明每一个零件在全部零件中的功能重要程度。评分由熟悉产品(零件)的行家参加，各自独立打分，不讨论，不干扰。如表 10.9-2 是对某产品几种零件功能的评价结果。

表 10.9-2　功能评价系数表(第一位评分者)

| 零件名称 | A | B | C | D | E | F | G | H | 零件得分 |
|---|---|---|---|---|---|---|---|---|---|
| A | × | 1 | 1 | 0 | 1 | 1 | 1 | 1 | 6 |
| B | 0 | × | 1 | 0 | 1 | 1 | 1 | 1 | 5 |
| C | 0 | 0 | × | 0 | 1 | 1 | 1 | 0 | 3 |
| D | 1 | 1 | 1 | × | 1 | 1 | 1 | 1 | 7 |
| E | 0 | 0 | 0 | 0 | × | 0 | 1 | 0 | 1 |
| F | 0 | 0 | 0 | 0 | 1 | × | 1 | 0 | 2 |
| G | 0 | 0 | 0 | 0 | 0 | 0 | × | 0 | 0 |
| H | 0 | 0 | 1 | 0 | 1 | 1 | 1 | × | 4 |
| 合计 | | | | | | | | | 28 |

零件成本系数的确定方法：首先，查各零件的目前成本，将各零件成本相加得出总成本；然后，再将各零件成本除以总成本，即得出各零件的零件成本系数。即

$$零件成本系数=\frac{该零件目前成本}{全部零件成本} \tag{10.9-4}$$

各零件的零件功能评价系数和零件成本系数求出后，再求价值系数。即

$$价值系数=\frac{零件功能评价系数}{零件成本系数} \tag{10.9-5}$$

表 10.9-3 是根据表 10.9-2 计算的零件价值系数计算表。由表 10.9-3 可见，零件价值系数有的等于 1，有的大于 1，有的小于 1。按照“多能多得”原则，一般情况下，零件成本比重应与其功能水平相平衡协调，即价值系数应等于 1 或接近 1。若价值系数小于 1，即功能评价系数低于成本系数，说明该零件功能重要性较小，而所占成本较高，存在降低成本的潜力。在开展价值工程活动时，应选为分析研究的对象，如表 10.9-3 中的零件 B、C、E、F。若价值系数大于 1，说明功能过高或成本过低，应剔除过剩功能或在重要功能上适当增加成本。

表 10.9-3　零件价值系数计算表

| 零件名称 | 功能得分 | 功能系数 | 目前成本(元) | 成本系数 | 价值系数 | 选择 |
|---|---|---|---|---|---|---|
| A | 6 | 0.214 | 100 | 0.156 | 1.372 | |
| B | 5 | 0.179 | 150 | 0.234 | 0.765 | √ |

续表

| 零件名称 | 功能得分 | 功能系数 | 目前成本(元) | 成本系数 | 价值系数 | 选择 |
|---|---|---|---|---|---|---|
| C | 3 | 0.107 | 80 | 0.125 | 0.856 | √ |
| D | 7 | 0.250 | 120 | 0.188 | 1.329 | |
| E | 1 | 0.036 | 40 | 0.063 | 0.571 | √ |
| F | 2 | 0.071 | 70 | 0.109 | 0.651 | √ |
| G | 0 | 0 | 30 | 0.047 | 0 | |
| H | 4 | 0.143 | 50 | 0.078 | 1.833 | |
| 合计 | 28 | 1.000 | 640 | 1.000 | | |

若价值系数等于1或接近1,就意味着功能的重要性与成本比重相当,这种情况一般不作为价值工程对象。

(5)最合适区域法

最合适区域法也称田中法,是一种在价值系数法的基础上利用一个最合适区域来精选价值工程对象和选择价值工程改进对象的方法。最合适区域法在选择价值工程对象时,不仅仅考虑价值系数大于1或小于1的情况,而且还要考察功能系数和成本系数绝对值的大小,从而对各对象加以区别对待。例如,某产品中,A部件和B部件的功能重要性系数分别为9%和0.9%,总成本为1 000元。A成本为100元,成本系数为10%;B成本为10元,成本系数为1%。由此可知,A和B的价值系数都是0.9。假定重要性系数不变,若想将A的价值系数提高0.1,则A的成本需降低10元;若想将B的价值系数提高0.1,则B的成本只需降低1元。因此,在零部件价值系数相同的情况下,如果功能系数和成本系数的绝对值不同,那么它们对经济效果的影响也不同。所以,不能简单地以价值系数来选择价值工程对象,还应考虑各对象的功能系数和成本系数,对两者较大的应作重点考虑,对两系数较小的可不作重点考虑或不考虑。

**3. 功能系统分析与功能评价**

1)功能系统分析

从功能入手系统地研究、分析产品及劳务,这是价值工程的主要特征和方法的核心。通过功能系统分析,加深对分析对象的理解,明确对象功能的性质和相互关系,从而调整功能结构,使功能结构平衡,功能水平合理。价值工程的主要目的,就是要在功能系统分析的基础上,探索功能要求,通过创新获得以最低成本可靠地实现这些功能的手段和方法,提高对象的价值。在此阶段,需要通过功能整理,用系统的观点将已经定义的功能系统化,找出各局部功能相互之间的逻辑关系,并用图表形式明确产品的功能系统。图10.9-2是功能系统图的一般模式。

2)功能评价

功能评价的目的是探讨功能的价值,找出低价值功能区域,以明确需要改进的具体功能范围。它是在明确功能系统图的基础上,确定功能的现实成本、目标成本、目标成本和现实成本的比值,并计算功能的价值系数。其过程如下。

(1)确定功能的现实成本

功能的现实成本是将评价对象的实际成本分配到功能成本上去。

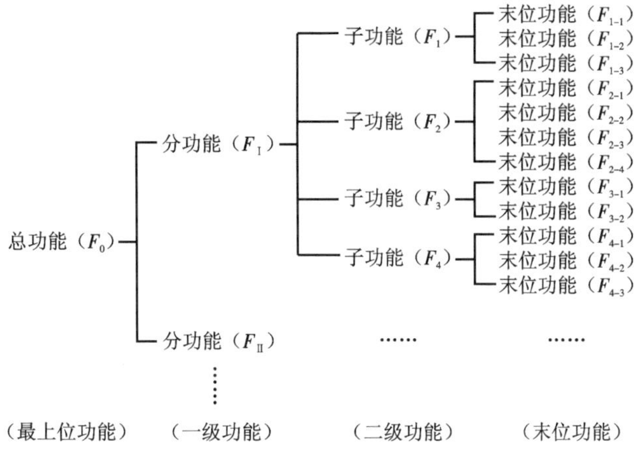


图 10.9-2　功能系统图的一般模式

(2) 确定评价对象的目标成本

评价对象的目标成本是指可靠地实现所需功能的最低成本，通过把评价对象的功能成本与能保证完成同样功能的类似的外部项目的成本作创造性的比较而确定。功能目标成本是功能价值的衡量标准，若该值小于功能实现成本，则功能价值低；反之则高。

(3) 计算功能价值系数

功能价值系数的计算有以下两种方法。

①绝对值计量法计算功能价值系数：

$$\text{功能价值系数 } V = \frac{\text{功能评价值 } F}{\text{功能实现成本 } C} \tag{10.9-6}$$

②相对值计量法计算功能价值系数：

$$\text{功能价值系数 } V_i = \frac{\text{功能评价系数 } F_i}{\text{功能成本系数 } C_i} \tag{10.9-7}$$

功能价值系数是把功能 $F$ 和成本 $C$ 都按所占比重的大小进行定量评价，再进行比较。前面谈到的强制确定法亦可用于功能价值系数的确定。

求出价值系数后，即可进行功能评价。若价值系数等于 1，说明评价对象的功能重要程度与成本比重相匹配，可以认为功能目前的成本是合理的。若价值系数小于 1，则表明目前成本偏高，应将评价对象列为改进对象，改进目标主要是降低成本。若价值系数大于 1，其原因可能有三种：一是目前成本偏低，不能满足评价对象实现其应有功能的要求，这时改进方向是增加成本；二是存在功能过剩的问题，改进方向是降低功能水平；三是客观上存在功能重要而成本消耗较少的情况，从而无须改进。

(4) 功能成本改进的期望值

当确定了评价对象的目标成本和功能评价系数之后，即可计算功能成本改进期望值。例如，若整体功能的目标成本为 5 000 元，而功能 $F^*$ 的功能评价系数为 0.2，则功能 $F^*$ 的目标成本即为 5 000 × 0.2 = 1 000（元）；若 $F^*$ 的现实成本为 1 500 元，则其成本改进期望值为 1 000 − 1 500 = −500（元）。

**4. 方案评价**

在方案创新阶段提出的方案是多种多样的，能否付诸实施，就必须对各个方案进行评价。

方案评价就是评定方案的优劣。衡量优劣的标准自然是价值的高低,而不仅仅是功能或成本的高低,即应以功能与成本的比率作为最终的评价标准。因此,方案评价就是从众多的备选方案中,选出价值最高的可行方案。

方案评价可分为概略评价与详细评价。不论概略评价还是详细评价,都包括技术评价、经济评价和社会评价 3 个方面的内容,把这三个方面联系起来进行权衡,则称为综合评价。

技术评价是对方案的功能的必要性及必要程度和实施的可能性进行分析评价;经济评价则是对方案实施的经济效果进行分析评价;而社会评价则是对方案给国家和社会带来的影响或后果进行分析评价;综合评价又称为价值评价,是根据以上三个方面的评价内容,对方案价值大小所做的综合评定。

## 仿真习题

### 10.1 资金的时间价值

10-1 某企业发行债券融资,在年名义利率相同的情况下,对投资者比较有利的复利计息期是(　　)。

(A)1 年　(B)半年　(C)1 季　(D)1 月

10-2 某项目向银行借贷一笔资金,按月计息,月利率为 1.2%,则年名义利率和年实际利率分别为(　　)。

(A)13.53% 和 14.40%　(B)13.53% 和 15.39%

(C)14.40% 和 15.39%　(D)14.40% 和 15.62%

10-3 要想使现在的 1 000 元与 10 年后的 2 000 元成为等值,复利年利率为(　　)。

(A)7.34%　(B)7.18%　(C)7.45%　(D)7.67%

10-4 某人现年 40 岁,现有 2 万元存款,因为他将在 60 岁时退休,退休时他想有 10 万元存款,以保证生活水平不至于降低。假设退休时单位可以支付 1 万元退休金,从现在开始每年年末他将均等地存入银行一笔钱,那么为达到退休时有 10 万元的积蓄,则每年年末应存款(　　)元。已知:$(F/P,5\%,20)=2.653$,$(F/A,5\%,20)=33.066$。

(A)2 456.4　(B)1 117.2　(C)3 256.7　(D)1 846.7

10-5 年利率为 6%,设每季度复利一次,若 10 年内每季度都能得到 1 000 元,则现在应存款(　　)元。已知:$(P/A,6\%,40)=15.046$。

(A)7 523　(B)13 469　(C)14 958　(D)15 046

10-6 某人现在存款 1 000 元,单利年利率为 2.25%,则 5 年年末本利和为(　　)元。

(A)1 191　(B)1 112.5　(C)1 146　(D)1 025

10-7 某人从现在开始每年年末均等地存入银行 1 000 元,年利率为 6%,则 4 年年末复本利和应为(　　)元。已知:$(F/A,6\%,4)=4.375$

(A)4 672　(B)4 375　(C)4 782　(D)4 267

10-8 如现在投资 10 万元,预计年利率为 10%,分 5 年等额回收,每年可回收(　　)万元。已知:$(A/P,10\%,5)=0.263\ 80$。

(A)2.638　(B)2.138　(C)2.100　(D)2.771

10-9 某项目建设期为 2 年,建设期内每年年初分别贷款 600 万元和 900 万元,年利率为 10%。若在运营期前 5 年内于每年年末等额偿还贷款本利,则每年应偿还(　　)万元。

(A)343.20 (B)395.70 (C)411.52 (D)452.68

## 10.2 项目经济评价中的财务效益费用估算

10-10 在进行项目全部投资现金流量分析时,经营成本中应包括的项目是( )。

(A)利息支出 (B)固定资产折旧 (C)无形资产摊销 (D)原材料费用

10-11 项目建设投资中,为获得土地使用权而支付的土地使用权出让金,按规定应列入( )。

(A)建筑安装工程费 (B)设备工器具费用 (C)工程建设其他费用 (D)预备费

10-12 某建设项目期初贷款为1 000万元,建设期为3年,按8%复利计息,则建设期贷款利息为( )万元。

(A)213.06 (B)240 (C)259.71 (D)268.61

10-13 在进行项目现金流量分析时,现金流入中不应包括的项目是( )。

(A)产品销售收入 (B)固定资产折旧

(C)回收固定资产余值 (D)回收流动资金

## 10.3 资金来源与融资方案

10-14 某项目发行股票融资1 000万元,筹资费率为5%,第一年股利率预计为9%,以后每年增长率为3%,所得税率为25%,则普通股的资金成本率$K_C$为( )。

(A)6.34% (B)9.3% (C)9.47% (D)12.47%

10-15 以下各项中,属于建设项目筹集权益资金方式的是( )。

(A)发行债券筹集的资金 (B)国内外企业入股的资金

(C)商业银行贷款 (D)出口信贷

10-16 某企业发行债券筹资,则企业支付债券的利息( )。

(A)可列入成本费用 (B)只能从税后利润中支付

(C)应列入营业外支出 (D)应列入投资损失

## 10.4 财务分析

10-17 下列财务评价指标中反映项目偿债能力的指标是( )。

(A)投资回收期 (B)偿债备付率 (C)财务净现值 (D)总投资收益率

10-18 对于常规型投资项目(指在项目初期有一次或若干次投资支出,其后净现金流量为正的投资项目)而言,以下说法中正确的是( )。

(A)财务净现值曲线单调递减 (B)财务净现值曲线单调递增

(C)当$FIRR \geqslant i_c$时,$FNPV \leqslant 0$ (D)财务内部收益率不唯一

10-19 在进行项目经济评价时使用的基准收益率是指( )。

(A)投资要求达到的最高收益率 (B)投资要求达到的最低收益率

(C)投资要求达到的适中收益率 (D)投资要求达到的标准收益率

10-20 有某投资项目,其现金流量图如图所示,基准收益率为10%。则从项目开始建设年份算起,静态投资回收期为( )年。

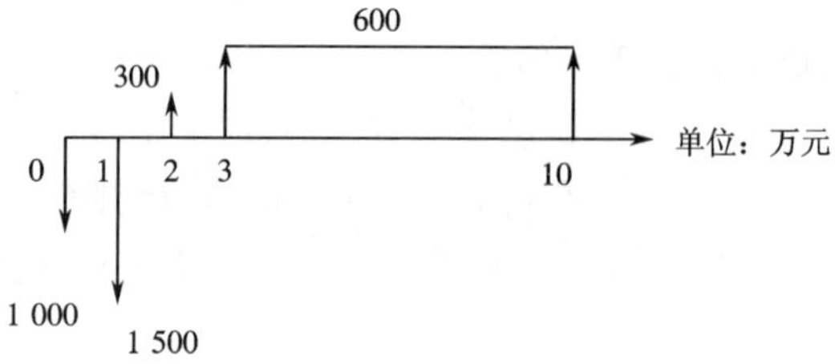


题 10-20 图

(A)5.67　(B)3.67　(C)4.55　(D)6.78

10-21　某项目投资中有部分为银行贷款,在整个项目期等额偿还本息。其预计年总成本费用为 4 000 万元,年折旧费和摊销费为 1 000 万元,则该项目的现金流量表中的年经营成本应为(　　)。

(A)5 000 万元　(B)小于 3 000 万元　(C)等于 3 000 万元　(D)大于 3 000 万元

10-22　资产负债率是反映项目(　　)的评价指标。

(A)偿债能力　(B)盈利能力　(C)营运能力　(D)资产管理效率

10-23　若项目的财务净现值小于零,则意味着(　　)。

(A)该项目亏损,不可行　(B)该项目未达到预定收益水平,但可行

(C)该项目未达到预定收益水平,不可行　(D)该项目利润较低

10-24　某常规项目(*IRR* 唯一),当 $i_1=12\%$ 时,净现值为 860 万元;当 $i_2=18\%$ 时,净现值为 −600 万元。基准收益率为 10%,则该项目的财务内部收益率应(　　)。

(A)在 12% 和 10% 之间　(B)小于 12%

(C)在 12% 和 18% 之间　(D)大于 18%

10-25　某项目总投资为 6 000 万元,其中自有资金为 3 000 万元,借款年利率为 9%,若项目的全投资财务内部收益率为 12%,则该项目自有资金财务内部收益率将(　　)。

(A)大于 9%　(B)等于 9%　(C)大于 12%　(D)等于 12%

10-26　某常规投资项目寿命期为 10 年,当基准折现率取 10% 时,财务净现值等于零,若基准投资回收期为 12 年,则该项目的动态投资回收期(　　)。

(A)小于 10 年　(B)等于 10 年　(C)大于 12 年　(D)等于 12 年

10-27　某项目投资 1 000 万元,此后从第一年年末开始每年将有相等的净收益,方案的运营期为 10 年,寿命期结束时的净残值为零。若基准收益率为 12%,则该项目的年净收益为(　　)时,净现值为零。已知:$(P/A,12\%,10)=5.650$。

(A)168 万元　(B)169 万元　(C)177 万元　(D)198 万元

10-28　在计算某投资项目的财务内部收益率时,得到如下结果:当用 18% 试算时,净现值为 −499 万元;当用 16% 试算时,净现值为 9 万元。则该项目的财务内部收益率约为(　　)。

(A)17.80%　(B)16.20%　(C)17.04%　(D)16.04%

## 10.5　经济费用效益分析

10-29　项目经济效益与费用分析所使用的价格是(　　)。

(A)货物的影子价格　(B)货物的实际市场价格

(C)货物的成本价　(D)货物的出厂价格

10-30 影子价格是商品或生产要素的任何边际变化对国家的基本社会经济目标所做贡献的价值,因而影子价格是(　　)。

(A)市场价格　　(B)反映市场供求状况和资源稀缺程度的价格

(C)计划价格　　(D)理论价格

10-31 若项目的经济净现值大于或等于零,表明(　　)。

(A)项目从财务上是可以被接受的

(B)项目从会计角度是盈利的

(C)项目符合财务基准折现率的要求

(D)项目从经济资源配置的角度来说是可以被接受的

## 10.6 不确定性分析

10-32 在对项目进行盈亏平衡分析时,各方案的盈亏平衡点生产能力利用率如下,则抗风险能力较强的是(　　)。

(A)45%　　(B)60%　　(C)80%　　(D)90%

10-33 某投资项目预计建成后的年固定成本为 46 万元,每件产品估计售价为 56 元,单位变动成本(含销售税金和附加)为 25 元,则该项目的盈亏平衡产量为(　　)万件。

(A)0. 82　　(B)1. 48　　(C)1. 84　　(D)2. 67

## 10.7 方案经济比选

10-34 有甲、乙两个计算期相同的互斥项目,其中乙项目投资大于甲项目,$IRR_{甲}=25\%$,$IRR_{乙}=20\%$,$\Delta IRR_{乙-甲}=18\%$,基准收益率为 15%,以下说法中正确的是(　　)。

(A)甲项目优于乙项目　　(B)乙项目优于甲项目

(C)甲、乙两个项目均可接受　　(D)无法判断

10-35 若从两个项目方案中选择一个方案进行建设,而两个方案的设计寿命期不相等,可应用的技术经济评价指标是(　　)。

(A)*NPV*　　(B)*NAV*　　(C)*IRR*　　(D)$\Delta IRR$

10-36 现有甲、乙、丙三个互相独立的投资方案,假设无资金筹集的数量限制,基准收益率为 12%,三个方案的内部收益率分别为 10%、15% 和 12%,则所有可接受的方案是(　　)。

(A)甲方案　　(B)乙方案

(C)乙方案和丙方案　　(D)甲、乙、丙三个方案

## 10.8 改扩建项目经济评价特点

10-37 扩建项目进行项目层次盈利能力分析时,应遵循的原则是(　　)。

(A)以项目生存能力分析为主的原则　　(B)以项目清偿能力分析为主的原则

(C)"有无对比"原则　　(D)企业与项目对比原则

## 10.9 价值工程

10-38 价值工程的核心是(　　)。

(A)产品分析　　(B)功能分析　　(C)成本分析　　(D)价值分析

10-39 某产品由 A、B、C、D 四个零部件组成,进行价值工程对象选择时,它们的价值指数如下所示,则不应作为价值工程分析对象的是(　　)。

(A)1. 803 2　　(B)1. 424 6　　(C)1. 000 0　　(D)0. 641 9

10-40 按照价值工程原理,"价值"是指(　　)。

(A)产品消耗的必要劳动时间　　(B)功能的实现程度

(C)成本与功能的比值　　(D)功能与实现这种功能所耗费用的比值

10-41　在下述各项中,提高产品价值最理想的途径是(　　)。

(A)提高功能、成本不变　　(B)功能不变、成本降低

(C)提高功能、降低成本　　(D)成本稍有增加、功能大幅度提高

## 习题答案

10-1　(D)。解题思路:根据名义利率($r$)和实际利率($i$)的关系 $i=\left(1+\frac{r}{m}\right)^m-1$(其中 $m$ 是年复利计息次数),在年名义利率相同情况下,复利计息期越短(即每年复利计息次数越多),年实际利率越高。

10-2　(C)。解题思路:根据名义年利率和实际年利率的定义,有

名义年利率 $r=1.2\%\times12=14.4\%$

实际年利率 $=\left[\left(1+\frac{r}{m}\right)^m-1\right]=(1+1.2\%)^{12}-1=15.39\%$

10-3　(B)。解题思路:设年复利为 $i$,按照资金等值变换公式,要想使现在的 1 000 元和 10 年后的 2 000 元等值,有下式成立:

$1\ 000=2\ 000\times(1+i)^{-10}$

求解得　$i=7.18\%$

10-4　(B)。解题思路:$\frac{10-1-2\times2.653}{33.066}=1\ 117.2$ 元。

10-5　(D)　　10-6　(B)　　10-7　(B)　　10-8　(A)

10-9　(D)。解题思路:首先应根据题意确定各年的现金流量,如下图。由于运营期是从第三年年初开始,到第三年年底才需偿还贷款本利,所以第二年年末没有现金流发生。根据时间价值等值变化公式计算如下:

$$等额偿还本金=[600\times(1+10\%)^2+900\times(1+10\%)]\times\left[\frac{10\%}{1-(1+10\%)^{-5}}\right]$$

$$=452.68(万元)$$

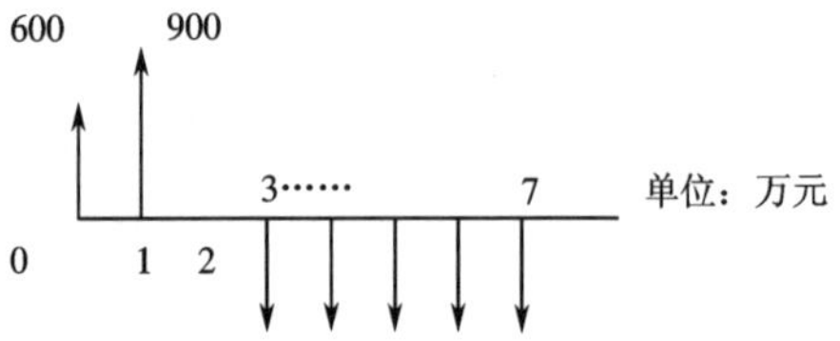


题 10-9 解图

10-10　(D)。解题思路:经营成本 = 总成本费用 - 折旧费 - 摊销费 - 利息支出。全部投资现金流量表不考虑投资来源,从项目整体出发分析现金流量。利息支付并未流出项目系统,故应从总成本费用中扣除。固定资产折旧和无形资产摊销均属于非付现成本,并未形成现金流出。在选项中,只有原材料费用对整个项目形成了现金流出。

10-11　(C)

10-12 (C)。解题思路：$1\ 000\times(1+1.08)^3=259.71$。

10-13 (B) 10-14 (D) 10-15 (B) 10-16 (A) 10-17 (B)

10-18 (A)。解题思路：对于常规性投资项目，随着折现率的提高，项目的财务净现值会单调递减，且与横轴仅有一个交点，即项目的财务内部收益率是唯一的，如图所示。

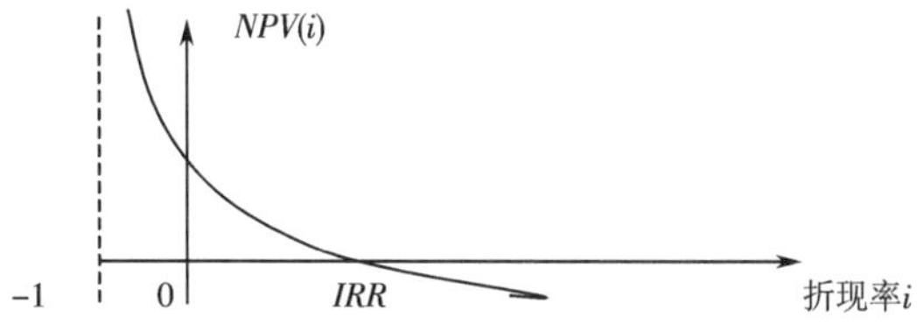


题 10-18 解图

10-19 (B)

10-20 (A)。解题思路：静态投资回收期的计算公式为

$$P_t=[\text{累计净现金流量开始出现正值的年份数}]-1+\frac{\text{上年累计净现金流量的绝对值}}{\text{当年净现金流量}}$$

经计算可得，累计净现金流量开始出现正值的年份数为第 6 年，第 5 年累计净现金流量的绝对值为 400，得到

$$P_t=6-1+400/600=5.67(\text{年})$$

10-21 (B)。解题思路：经营成本 = 总成本费用 − 折旧费 − 摊销费 − 利息支出 = 4 000 − 1 000 − 利息支出。

因题设中指出该项目有部分银行贷款，故存在一定的利息支出。故经营成本应小于 3 000 万元。

10-22 (A) 10-23 (C)

10-24 (C)。解题思路：由于两次计算得出的 *FNPV* 为一正一负，根据常规项目现金流曲线可以得出内部收益率在 $i_1$ 和 $i_2$ 之间。

10-25 (C)。解题思路：首先要搞清楚自有资金现金流量和全部投资现金流量的差异在于总投资和借款本息偿还的处理上：自有资金现金流量的投资仅为 3 000 万元；全部投资现金流量不将借款本息偿还作为现金流出，而自有资金现金流量将借款本息偿还作为现金流出。由于借款利率为 9%，自有资金现金流量中的借款本息偿还部分的按 12% 折现的现值小于 3 000 万元（即两种现金流量投资部分的差 6 000 万元 − 3 000 万元），所以按 12% 折现自有资金现金流量时，*FNPV* 大于零，因此其内部收益率应大于 12% 。

10-26 (B)。解题思路：动态投资回收期是指在考虑资金时间价值条件下，以项目净收益抵偿全部投资所需要的时间，计算公式为

$$\sum_{t=0}^{P_t'}(CI-CO)_t(1+i)^{-t}=0$$

该常规项目的净现值为零，说明在项目寿命期间（10 年）内，项目折现净现金流刚好抵偿全部投资，即动态投资回收期为 10 年。

10-27 (B) 10-28 (D) 10-29 (A) 10-30 (B) 10-31 (D) 10-32 (A)

10-33 (B)。解题思路：盈亏平衡点（产量）的计算公式为

$$BEP=\frac{\text{固定成本}}{\text{单价}-\text{单位变动成本}-\text{单位产品销售税金及附加}}=\frac{46}{56-25}=1.48$$

10-34 （B）。解题思路：互斥方案比选时，无论寿命期是否相同，均不能用内部收益率作为评判标准，可用差额内部收益率进行分析。由于基准收益率为15%，$\Delta IRR_{乙-甲}=18\%>15\%$，说明投资大的乙方案超出的投资可得到足够的回报，所以乙方案优于甲方案。

10-35 （B）。解题思路：这是一个互斥方案优选问题，两方案寿命期相等时，可用 *NPV* 或 $\Delta IRR$ 方法进行比选。但寿命期不等时，上面两个方法不能使用，可用比较方案的净年值（*NAV*），选择 *NAV* 大的方案。值得注意的是，无论方案寿命期是否相等，都不能直接用 *IRR* 进行互斥方案比选。

10-36 （C）。解题思路：由于三个项目之间相互独立，且无资金约束，则可独立用内部收益率指标判别项目的可行性。根据题设，方案乙和方案丙的内部收益率大于或等于基准收益率，故可以接受。

10-37 （C） 10-38 （B） 10-39 （C） 10-40 （D） 10-41 （C）

# 11

# 法律法规

## 考试大纲

1.中华人民共和国建筑法

总则;建筑许可;建筑工程发包与承包;建筑工程监理;建筑安全生产管理;建筑工程质量管理;法律责任。

2.中华人民共和国安全生产法

总则;生产经营单位的安全生产保障;从业人员的权利和义务;安全生产的监督管理;生产安全事故的应急救援与调查处理。

3.中华人民共和国招标投标法

总则;招标;投标;开标;评标和中标;法律责任。

4.中华人民共和国合同法

一般规定;合同的订立;合同的效力;合同的履行;合同的变更和转让;合同的权利义务终止;违约责任;其他规定。

5.中华人民共和国行政许可法

总则;行政许可的设定;行政许可的实施机关;行政许可的实施程序;行政许可的费用。

6.中华人民共和国节约能源法

总则;节能管理;合理使用与节约能源;节能技术进步;激励措施;法律责任。

7.中华人民共和国环境保护法

总则;环境监督管理;保护和改善环境;防治环境污染和其他公害;法律责任。

8.建设工程勘察设计管理条例

总则;资质资格管理;建设工程勘察设计发包与承包;建设工程勘察设计文件的编制与实施;监督管理。

9.建设工程质量管理条例

总则;建设单位的质量责任和义务;勘察设计单位的质量责任和义务;施工单位的质量责任和义务;工程监理单位的质量责任和义务;建设工程质量保修。

10.建设工程安全生产管理条例

总则;建设单位的安全责任;勘察设计工程监理及其他有关单位的安全责任;施工单位的安全责任;监督管理;生产安全事故的应急救援和调查处理。

## 复习指导

随着我国市场经济体制的发展和完善,逐渐将工程建设纳入到社会主义法制轨道,这就要求工程技术人员应当熟知有关法律法规的规定,以适应市场经济建设的需要。

本章根据考试大纲要求,将建筑法、安全生产法、招标投标法、合同法、行政许可法、节约能源法、环境保护法、建设工程勘察设计管理条例、建设工程质量管理条例以及建设工程安全生产管理条例中与勘察设计活动较为相关的规定进行了梳理,分为10节。

法律法规的考试内容文字性强,各个法律法规自成体系,学员在复习中往往因法律法规的条款繁杂,难以记忆。在此,建议学员以法律法规中的概念性、权义性规定作为复习重点,兼顾行政监督管理的内容。至于考试大纲涉及的十个法律法规,相对于勘察设计活动来说,建筑法、建筑工程勘察设计管理条例是最为重要的,应放在复习首位,其次是招标投标法、合同法;再次是安全生产法、质量管理条例和安全生产管理条例,最后是节约能源法、环境保护法和行政许可法。

为了巩固记忆,学员应将阅读、识记与习题练习结合起来,每复习完一个法律法规,即做相应的习题。通过做题既可检验理解识记相关内容的程度,也可发现复习遗漏,起到拾遗补缺的作用。

## 复习内容

# 11.1 中华人民共和国建筑法

要求:理解和掌握建筑工程施工许可和建筑活动从业许可的基本规定,掌握建筑工程承包的主要规定,了解建筑工程发包的方式和模式;熟悉建筑工程监理的依据以及工程监理人员的职责,了解工程监理单位的行为准则;掌握勘察设计单位的质量责任。

### 11.1.1 建筑许可

**1. 建筑工程施工许可**

(1)建筑工程施工许可证的申请与颁发

建筑工程开工前,建设单位应当按照国家有关规定向工程所在地县级以上人民政府建设行政主管部门申请施工许可证。建设行政主管部门应当自收到申请之日起15日内,对符合条件的申请颁发施工许可证。

(2)申请施工许可证应当具备的条件

①已经办理该建筑工程用地批准手续。

②在城市规划区的建筑工程,已经取得规划许可证。

③需要拆迁的,其拆迁进度符合施工要求。

④已经确定建筑施工企业。

⑤有满足施工需要的施工图纸及技术资料。

⑥有保证工程质量和安全的具体措施。

⑦建设资金已经落实。

⑧法律、行政法规规定的其他条件。

(3)施工许可证的有效期限(时效)

①建设单位应当自领取施工许可证之日起3个月内开工。因故不能按期开工的,应当在期满前向发证机关申请延期;延期以两次为限,每次不超过三个月。既不开工又不申请延期或者超过延期次数、时限的,施工许可证自行废止。

②在建的建筑工程因故中止施工的,建设单位应当自中止施工之日起1个月内,向发证机关报告,并按照规定做好建筑工程的维护管理工作。

建筑工程恢复施工时,应当向发证机关报告;中止施工满一年的工程恢复施工前,建设单位应当报发证机关核验施工许可证。

**2. 建筑活动从业许可**

①从事建筑活动的建筑施工企业、勘察单位、设计单位和工程监理单位,按照其拥有的注册资本、专业技术人员、技术装备和已完成的建筑工程业绩等资质条件,划分为不同的资质等级,经资质审查合格,取得相应等级的资质证书后,方可在其资质等级许可的范围内从事建筑活动。

②从事建筑活动的专业技术人员,应当在各自的专业范围内经考核认定或考试合格,依法取得相应的执业资格证书,经注册后方可在执业资格证书许可的范围内从事建筑活动。

### 11.1.2 建筑工程发包与承包

**1. 建筑工程发包**

①建筑工程依法实行招标发包,对不适于招标发包的可以直接发包。

②《建筑法》提倡对建筑工程实行总承包。建筑工程的发包单位可以将建筑工程的勘察、设计、施工、设备采购一并发包给一个工程总承包单位,也可以将建筑工程勘察、设计、施工、设备采购的一项或者多项发包给一个工程总承包单位。法律禁止将建筑工程肢解发包。

③按照合同约定,建筑材料、建筑构配件和设备由工程承包单位采购的,发包单位不得指定承包单位购入用于工程的建筑材料、建筑构配件和设备或者指定生产厂、供应商。

**2. 建筑工程承包**

①我国对建筑工程承包单位实行资质等级制度。承包建筑工程的勘察、设计、施工企业应当持有依法取得的资质证书,并在资质等级许可的业务范围内承揽工程。

②大型建筑工程或者结构复杂的建筑工程,可以由两个以上的承包单位联合共同承包。共同承包的各方对承包合同的履行承担连带责任。两个以上不同资质等级的单位实行联合共同承包的,应当按照资质等级低的单位的业务许可范围承揽工程。

③建筑工程总承包单位可以将承包工程中的部分工程发包给具有相应资质条件的分包单位;但是,除总承包合同中约定的分包外,必须经建设单位认可。建筑工程主体结构的施工必须由总承包单位自行完成。

建筑工程总承包单位按照总承包合同的约定对建设单位负责;分包单位按照分包合同的约定对总承包单位负责。总承包单位和分包单位就分包工程对建设单位承担连带责任。

禁止总承包单位将工程分包给不具备相应资质条件的单位。

禁止分包单位将其承包的工程再分包。

④禁止承包单位将其承包的全部建筑工程转包给他人,禁止承包单位将其承包的全部建筑工程肢解以后以分包的名义分别转包给他人。

### 11.1.3 建筑工程监理

**1. 工程监理的依据**

建筑工程监理应当依照法律、行政法规以及有关的技术标准、设计文件和建筑工程承包合同,对承包单位在施工质量、建设工期和建设资金使用等方面,代表建设单位实施监督。

**2. 工程监理人员的职责(权限)**

工程监理人员认为工程施工不符合工程设计要求、施工技术标准和合同约定的,有权要求建筑施工企业改正。工程监理人员发现工程设计不符合建筑工程质量标准或者合同约定的质量要求的,应当报告建设单位要求设计单位改正。

**3. 工程监理单位的行为准则**

①工程监理单位应当在其资质等级许可的监理范围内,承揽工程监理业务。

②工程监理单位应当根据建设单位的委托,客观、公正地执行监理业务。

③工程监理单位与被监理工程的承包单位以及建筑材料、建筑构配件和设备供应单位不得有隶属关系或者其他利害关系。

④工程监理单位不得转让工程监理业务。

**4. 监理单位的赔偿责任**

工程监理单位不按照委托监理合同的约定履行监理义务,对应当检查的项目不检查或者不按规定检查,给建设单位造成损失的,应当承担相应的赔偿责任。

工程监理单位与承包单位串通,为承包单位谋取非法利益,给建设单位造成损失的,应当与承包单位承担连带赔偿责任。

### 11.1.4 建筑工程安全生产管理

建筑工程安全生产管理必须坚持安全第一、预防为主的方针,建立健全安全生产的责任制度和群防群治制度。

### 11.1.5 建筑工程质量管理

勘察设计单位的质量责任包括:

①建筑工程的勘察、设计单位必须对勘察、设计的质量负责;

②建筑设计单位对设计选用的建筑材料、建筑构配件和设备,不得指定生产厂、供应商。

### 11.1.6 法律责任

建筑设计单位不按照建筑工程质量、安全标准进行设计的,责令改正,处以罚款;造成工程质量事故的,责令停业整顿,降低资质等级或者吊销资质证书,没收违法所得,并处罚款;造成损失的,承担赔偿责任;构成犯罪的,依法追究刑事责任。

**【例 11.1-1】** 根据《建筑法》的规定,划分勘察设计单位资质等级的条件,不包括(　　)。

(A)注册资本　　(B)技术装备　　(C)专业技术人员　　(D)技术保障措施

**解:**该题主要考核学员对从事建筑活动的相关单位经营资质许可制度的理解。根据《建筑法》规定,勘察设计单位的资质条件包括:注册资本、专业技术人员、技术装备和已完成的建筑工程业绩等,本题要求选择“不包括的条件”,因此(D)符合题意。

**【例 11.1-2】** 根据《建筑法》的规定,建筑设计单位不按照建筑工程质量、安全标准进行设计,造成工程质量事故的,可对其进行的行政处罚是(　　)。

(A)赔偿损失　　(B)吊销营业执照　　(C)没收违法所得　　(D)判处有期徒刑

**解:**该题主要考核学员对《建筑法》的法律责任规定的理解。赔偿责任属于民事责任,故(A)不符合题意。判处有期徒刑,属于刑事责任,故(D)不符合题意。吊销营业执照和没收违法所得虽然都属于行政处罚,但根据《建筑法》的规定,由建设行政主管部门进行的行政处罚不包括吊销营业执照,故(B)也不符合题意。因此,本题最符合题意的选项为(C)。

## 11.2 中华人民共和国安全生产法

要求:理解和熟悉生产经营单位的安全生产保障,掌握从业人员安全生产中的权利和义务;熟悉安全生产的监督管理,掌握生产安全事故的应急救援体系,熟悉安全生产责任事故报告。

### 11.2.1 生产经营单位的安全生产保障

**1. 单位负责人的职责**

①建立、健全本单位安全生产责任制。

②组织制定本单位安全生产规章制度和操作规程。

③保证本单位安全生产投入的有效实施。

④督促、检查本单位的安全生产工作,及时消除生产安全事故隐患。

⑤组织制定并实施本单位的生产安全事故应急救援预案。

⑥及时、如实报告生产安全事故。

**2. 资金投入**

生产经营单位应当具备安全生产条件所必需的资金投入,并对由于安全生产所需的资金投入不足导致的后果承担责任。

**3. 安全管理机构和人员配备**

矿山、建筑施工单位和危险物品的生产、经营、储存单位,应当设置安全生产管理机构或者配备专职安全生产管理人员。

**4. 从业人员安全教育和培训**

生产经营单位应当对从业人员进行安全生产教育和培训,保证从业人员具备必要的安全生产知识,熟悉有关的安全生产规章制度和安全操作规程,掌握本岗位的安全操作技能。未经安全生产教育和培训不合格的从业人员,不得上岗作业。

**5. 特种作业人员持证上岗**

特种作业人员必须经专门的安全作业培训,取得特种作业操作资格证书,方可上岗作业。

**6. 建设项目安全设施**

生产经营单位新建、改建、扩建工程项目的安全设施,必须与主体工程同时设计、同时施工、同时投入生产和使用。

**7. 安全警示标志**

生产经营单位应当在有较大危险因素的生产经营场所和有关设施、设备上,设置明显的安全警示标志。

**8. 安全设备标准及保养、检测**

生产经营单位使用的涉及生命安全、危险性较大的特种设备以及危险物品的容器、运输工具,必须按照国家有关规定,由专业生产单位生产,并经取得专业资质的检测、检验机构检测、检验合格,取得安全使用证或者安全标志,方可投入使用。检测、检验机构对检测、检验结果负责。

### 11.2.2 从业人员的权利和义务

**1. 安全生产中从业人员的权利**

①劳动合同的安全条款。生产经营单位不得以任何形式与从业人员订立协议,免除或者减轻其对从业人员因生产安全事故伤亡依法应承担的责任。

②知情权、建议权。

③批评、检举、控告权。

④紧急情况处置权。

⑤获得赔偿权。

**2. 安全生产中从业人员的义务**

①服从安全管理的义务。

②接受安全生产教育和培训的义务。

③不安全因素报告义务。从业人员发现事故隐患或者其他不安全因素,应当立即向现场安全生产管理人员或者本单位负责人报告;接到报告的人员应当及时予以处理。

### 11.2.3 安全生产的监督管理

**1. 安全生产事项的审批**

安全生产监督管理部门,依照有关规定,对涉及安全生产的事项需要审查批准或验收的,必须严格依照有关法律、法规和国家标准或者行业标准规定的安全生产条件和程序进行审查;不符合有关法律、法规和国家标准或者行业标准规定的安全生产条件的,不得批准或者验收通过。

**2. 监督检查**

负有安全生产监督管理职责的部门,依法对生产经营单位执行有关安全生产的法律、法规和国家标准或者行业标准的情况进行安全监督检查时,有权采取相应的措施。

### 11.2.4 生产安全事故的应急救援与调查处理

**1. 生产安全事故的应急救援体系**

①县级以上人民政府应当组织制定本行政区域内特大生产安全事故应急救援预案,建立应急救援体系。

②危险物品的生产、经营、储存单位以及矿山、建筑施工单位应当建立应急救援组织;可以不建立应急救援组织的,应当指定兼职的应急救援人员。

③危险物品的生产、经营、存储单位以及矿山、建筑施工单位应当配备必要的应急救援器材、设备,并保证正常运转。

**2. 安全生产责任事故报告**

①生产经营单位发生生产安全事故后,事故现场有关人员应立即报告本单位负责人。

单位负责人接到事故报告后,应当迅速采取有效措施,组织抢救,防止事故扩大,并立即如实报告当地负有安全生产监督管理职责的部门,不得隐瞒不报、谎报或者拖延不报,不得破坏事故现场、毁灭有关证据。

实行工程总承包的建设工程,由总承包单位负责上报事故。

②负有安全生产监督管理职责的部门接到事故报告后，应当立即按照国家有关规定上报事故情况，不得隐瞒不报、谎报或者拖延不报。

**【例 11.2-1】** 根据《安全生产法》的规定，生产经营单位应当对从业人员进行安全生产教育和培训的内容不包括(　　)。

(A)安全生产知识　　(B)安全操作技能

(C)安全生产规章制度和安全操作规程　　(D)特种作业操作技能

**解**：该题主要考核学员对《安全生产法》有关生产经营单位的安全生产保障中对从业人员安全教育、培训和特种作业人员持证上岗规定的理解。根据《安全生产法》规定，生产经营单位的特种作业人员必须按照国家有关规定经专门的安全作业培训，并非生产经营单位的培训范围内，因此(D)符合题意。

**【例 11.2-2】** 根据《安全生产法》有关生产安全事故的应急救援与调查处理的规定，建筑施工企业应当(　　)。

(A)指定专职的应急救援人员

(B)一律建立应急救援组织

(C)配备全部的应急救援器材、设备

(D)对应急救援器材、设备进行经常性维护、保养

**解**：该题主要考核学员对《安全生产法》中有关生产安全事故应急救援体系规定的理解。题中(A)、(B)和(C)均不符合题意，只有(D)符合题意。

## 11.3 中华人民共和国招标投标法

要求：理解和熟悉招标投标活动应遵循的原则；掌握必须招标的项目范围；了解招标方式及招标文件；掌握投标人的主体资格和投标文件的规定；熟悉对不当投标行为的禁止规定；掌握开标的时间及程序规定；掌握评标委员会的组建与评标程序；熟悉中标的条件与通知；了解招标人和中标人签订合同的规定。

### 11.3.1 总则

**1. 基本原则**

招标投标活动应当遵循公开、公平、公正和诚实信用的原则。

**2. 必须招标的项目范围**

《招标投标法》明确规定：在中华人民共和国境内进行下列工程建设项目，包括项目的勘察、设计、施工、监理以及与工程建设有关的重要设备、材料等的采购，必须进行招标：

①大型基础设施、公用事业等关系社会公共利益、公共安全的项目；

②全部或者部分使用国有资金投资或者国家融资的项目；

③使用国际组织或者外国政府贷款、援助资金的项目。

《招标投标法》还规定：涉及国家安全、国家秘密、抢险救灾或者属于利用扶贫资金实行以工代赈、需要使用农民工等特殊情况，不适宜进行招标的项目，按照国家有关规定可以不进行招标。

### 11.3.2 招标

**1. 招标方式**

《招标投标法》规定：招标分为公开招标和邀请招标。

公开招标是指招标人以招标公告的方式邀请不特定的法人或者其他组织投标。

邀请招标是指招标人以投标邀请书的方式邀请特定的法人或者其他组织投标。《招标投标法》规定：招标人采用邀请招标方式的，应当向 3 个以上的具备承担招标项目的能力、资信良好的特定法人或者其他组织发出投标邀请书。

**2. 招标代理机构**

招标代理机构是依法设立、从事招标代理业务并提供相关服务的社会中介组织。

招标代理机构与行政机关和其他国家机关不得存在隶属关系或者其他利益关系。

招标代理机构应当具备下列条件：

①有从事招标代理业务的营业场所和相应资金；

②有能够编制招标文件和组织评标的相应专业力量；

③有可以作为评标委员会成员人选的技术、经济等方面的专家库。

招标代理机构应当在招标人委托的范围内办理招标事宜。

**3. 潜在投标人**

招标人应当根据招标项目本身的要求，在招标公告或投标邀请书中，要求潜在投标人提供有关资质证明文件和业绩情况，并对潜在投标人进行资格审查；国家对投标人的资格条件有规定的，依照其规定。

招标人不得以不合理的条件限制或者排斥潜在投标人，不得对潜在投标人实行歧视待遇。

**4. 招标文件的内容**

招标文件应当包括招标项目的技术要求、对投标人资格审查的标准、投标报价要求和评标标准等所有实质性要求和条件以及拟签订合同的主要条款。

招标项目需要划分标段、确定工期的，招标人应当合理划分标段、确定工期，并在招标文件中载明。

**5. 招标文件的澄清或修改**

招标人对已发出的招标文件进行必要的澄清或者修改的，应当在招标文件要求提交投标文件截止时间至少 15 日前，以书面形式通知所有招标文件收受人。该澄清或者修改的内容为招标文件的组成部分。

**6. 招标文件的内容应体现公平**

招标文件不得要求或者标明特定的生产供应者以及含有倾向或者排斥潜在投标人的其他内容。招标人应当确定投标人编制投标文件的合理时间，依法必须进行招标的项目，自招标文件开始发出之日起至投标人提交投标文件截止之日止，最短不得少于 20 日。

招标人设有标底的，标底必须保密。

### 11.3.3 投标

**1. 投标人**

投标人是响应招标、参加投标竞争的法人或者其他组织。

**2. 投标文件的编制**

投标人应当按照招标文件的要求编制投标文件。投标文件应当对招标文件提出的实质性要求和条件作出响应。

**3. 投标文件的送达**

《招标投标法》规定：投标人应当在招标文件要求提交投标文件的截止时间前，将投标文件送达投标地点。招标人收到投标文件后,应当签收保存,在开标前任何单位和个人不得开启投标文件。

**4. 投标文件的补充、修改或者撤回**

投标人在招标文件要求提交投标文件的截止时间前,可以补充、修改或者撤回已提交的投标文件,并书面通知招标人。该补充、修改的内容为投标文件的组成部分。

**5. 投标文件被拒绝**

投标文件有下列情形之一的,招标人不予受理:

①逾期送达的或者未送达指定地点的;

②未按招标文件要求密封的。

**6. 重新招标**

提交投标文件的投标人少于 3 个的,招标人应当依法重新招标。

**7. 共同投标**

联合体共同投标的,联合体各方均应当具备承担招标项目的相应能力;国家有关规定或者招标文件对投标人资格条件有规定的,联合体各方均应当具备规定的相应资格条件。由同一专业的单位组成的联合体,按照资质等级较低的单位确定资质等级。

联合体各方应当签订共同投标协议,明确约定各方拟承担的工作和责任,并将共同投标协议连同投标文件一并提交招标人。联合体中标的,联合体各方应当共同与招标人签订合同,就中标项目向招标人承担连带责任。

**8. 禁止投标人实施不正当的投标行为**

①投标人相互串通投标报价。

②投标人与招标人串通投标。

③以向招标人或者评委会成员行贿的手段谋取中标。

④以低于成本的报价竞标。

⑤以他人名义投标或以其他方式弄虚作假,骗取中标。

### 11.3.4 开标、评标和中标

**1. 开标**

开标应当在招标文件确定的提交投标文件截止时间的同一时间公开进行。开标地点应当为招标文件中预先确定的地点。开标由招标人主持,邀请所有投标人参加。

开标时,由投标人或者其推选的代表检查投标文件的密封情况,也可由招标人委托的公证机构检查并公证;经确认无误后,由工作人员当众拆封,宣读投标人名称、投标价格和投标文件的其他主要内容。

开标过程应当记录,并存档备查。

**2. 评标**

(1)组建评标委员会

《招标投标法》规定:评标由招标人依法组建的评标委员会负责。依法必须进行招标的项目,其评标委员会由招标人的代表和有关技术、经济等方面的专家组成,成员人数为 5 人以上单数,其中技术、经济等方面的专家不得少于成员总数的 2/3。

(2)评标程序

评标委员会要依据招标文件确定的评标标准和方法对投标文件进行评审和比较,招标人设有标底的,标底在评标中应当作为参考,但不得作为评标的唯一依据。

评标委员会经评审,认为所有投标都不符合招标文件要求的,可以否决所有投标。

评标委员会完成对投标文件的评标后,应当编制书面的评标报告并推荐中标候选人。

**3. 定标**

招标人应当根据评标委员会提出的书面评标报告和推荐的中标候选人确定中标人。招标人如果认为有必要,也可以授权给评标委员会确定中标人。

**4. 中标通知**

中标人确定后,招标人应当向中标人发出中标通知书,并同时将中标结果通知所有未中标的投标人。

中标通知书对招标人和中标人具有法律效力。中标通知书发出后,招标人改变中标结果的,或者中标人放弃中标项目的,应当依法承担法律责任。

**5. 招标人与中标人签订合同**

招标人和中标人应当自中标通知书发出之日起30日内,按照招标文件和中标人的投标文件订立书面合同。招标人和中标人不得再行订立背离合同实质性内容的其他协议。

招标文件要求中标人提交履约保证金的,中标人应当提交。

**6. 招标合同的履行**

中标人应当按照合同约定履行义务,完成中标项目。中标人不得向他人转让中标项目,也不得将中标项目肢解后分别向他人转让。

中标人按照约定或者经招标人同意,可以将中标项目的部分非主体、非关键性工作分包给他人完成。接受分包的人应当具备相应的资格条件,并不得再次分包。中标人应当就分包项目向招标人负责,接受分包的人就分包项目承担连带责任。

### 11.3.5 法律责任

《招标投标法》对招标人、投标人、招标代理机构、评标委员、中标人以及监督部门违反法律规定应承担的行政责任、民事责任和刑事责任,分别作出了相应规定。

**【例11.3-1】** 一高速公路项目依法进行招标,按《招标投标法》的规定,开标后允许(　　)。

(A)投标人更改投标书的内容和报价

(B)投标人再增加优惠条件

(C)评标委员会要求投标人澄清问题

(D)评标委员会更改招标文件中说明的评标定标办法

**解:**该题主要考核学员对《招标投标法》中有关评标规定的理解。题中(A)和(B)构成"超出投标文件的范围或者改变投标文件的实质内容",故不符合题意;(D)违反"评标委员会应当按照招标文件确定的评标标准和方法",不符合题意。因此,(C)符合题意。

## 11.4 中华人民共和国合同法

要求:理解和掌握合同的概念以及《合同法》的基本原则;熟悉有关订立合同的方式规定;掌握无效合同、可变更或可撤销合同的种类与法律后果;了解合同履行原则,熟悉合同约定不明确及执行政府定价合同的履行;掌握履行抗辩权、代位权和撤销权;了解合同终止的情形;掌握合同解除;掌握违约责任的规定,了解合同争议的解决。

## 11.4.1 一般规定

**1. 合同的概念**

《合同法》所称合同是平等主体的自然人、法人、其他组织之间设立、变更、终止民事权利义务关系的协议。

婚姻、收养、监护等有关身份关系的协议,适用其他法律规定。

**2. 基本原则**

①合同当事人的法律地位平等,一方不得将自己的意志强加给对方。

②当事人依法享有自愿订立合同的权利,任何单位和个人不得非法干预。

③当事人应当遵循公平原则确定各方的权利和义务。

④当事人行使权利、履行义务应当遵循诚实信用原则。

⑤当事人订立、履行合同,应当遵守法律、行政法规,尊重社会公德,不得扰乱社会经济秩序,损害社会公共利益。

## 11.4.2 合同的订立

**1. 合同的内容**

合同的内容由当事人约定。当事人可以参照各类合同的示范文本订立合同。

**2. 订立合同的方式**

当事人订立合同采取要约、承诺方式。

(1)要约的概念

要约是希望和他人订立合同的意思表示,该意思表示应当符合下列规定:

①内容具体确定;

②表明经受要约人承诺,要约人即受该意思表示约束。

(2)要约邀请

要约邀请是希望他人向自己发出要约的意思表示。寄送价目表、拍卖公告、招股说明书、商业广告等为要约邀请。商业广告的内容符合要约规定的,视为要约。

(3)要约的生效时间

要约到达受要约人时生效。

(4)要约的撤回

要约可以撤回。撤回要约的通知应当在要约到达受要约人之前或者与要约同时到达受要约人。

(5)要约的撤销

要约可以撤销。撤销要约的通知应当在受要约人发出承诺通知之前到达受要约人。

有下列情形之一的,要约不得撤销:

①要约人确定了承诺期限或者以其他形式明示要约不可撤销;

②受要约人有理由认为要约是不可撤销的,并已经为履行合同做了准备工作。

(6)要约失效的情形

①拒绝要约的通知到达要约人。

②要约人依法撤销要约。

③承诺期限届满,受要约人未作出承诺。

④受要约人对要约的内容作出实质性变更。

(7)承诺的概念

承诺是受要约人同意要约的意思表示。

(8)承诺的生效时间

承诺通知到达要约人时生效。承诺不需要通知的,根据交易习惯或者要约的要求作出承诺的行为时生效。

(9)承诺的撤回

承诺可以撤回。撤回承诺的通知应当在承诺通知到达要约人之前或者与承诺通知同时到达要约人。

(10)承诺的迟到与延误

受要约人超过承诺期限发出承诺的,除要约人及时通知受要约人该承诺有效的以外,为新要约。

受要约人在承诺期限内发出承诺,按照通常情形能够及时到达要约人,但因其他原因承诺到达要约人时超过期限的,除要约人及时通知受要约人因承诺超过期限不接受该承诺的以外,该承诺有效。

(11)承诺的内容

承诺内容应当与要约内容一致。受要约人对要约的内容作出实质性变更的,为新要约。对要约内容的实质性变更,是指有关合同标的、数量、质量、价款或者报酬、履行期限、履行地点和方式、违约责任和解决争议方法等的变更。

承诺对要约的内容作出非实质性变更的,除要约人及时表示反对或者要约表明承诺不得对要约的内容作出任何变更的以外,该承诺有效,合同的内容以承诺的内容为准。

**3. 合同的成立**

承诺生效时合同成立。

### 11.4.3 合同的效力

**1. 合同生效时间**

依法成立的合同,自成立时生效。

法律、行政法规规定应当办理批准、登记手续生效的,依照其规定。

**2. 无效合同**

根据《合同法》的规定,以下五种合同为无效合同:

①一方以欺诈、胁迫手段订立合同,损害国家利益;

②恶意串通,损害国家、集体或者第三人利益。

③以合法形式掩盖非法目的;

④损害社会公共利益;

⑤违反法律、行政法规的强制性规定。

此外,《合同法》还规定了两种免责条款为无效条款:一是造成对方人身伤害的;二是因故意或者重大过失造成对方财产损失的。

**3. 可变更或者可撤销合同**

(1)可变更或者可撤销合同的种类

下列合同,当事人一方有权请求人民法院或者仲裁机构变更或者撤销:

①因重大误解订立的;

②在订立合同时显失公平的。

一方以欺诈、胁迫的手段或者乘人之危,使对方在违背真实意思的情况下订立的合同,受损害方有权请求人民法院或者仲裁机构变更或者撤销。

当事人请求变更的,人民法院或者仲裁机构不得撤销。

(2)当事人的撤销权消灭的情形

①具有撤销权的当事人自知道或者应当知道撤销事由之日起一年内没有行使撤销权。

②具有撤销权的当事人知道撤销事由后明确表示或者以自己的行为放弃撤销权。

**4. 合同无效或被撤销的法律后果**

无效合同或者被撤销合同自始没有法律约束力。

合同无效、被撤销或者终止的,不影响合同中独立存在的有关解决争议方法的条款的效力。

合同无效或被撤销后,因该合同取得的财产,应当予以返还;不能返还的或者没有必要返还的,应当折价补偿。有过错的一方应当赔偿对方因此而受到的损失;双方都有过错的,应当根据过错的大小各自承担相应的责任。

### 11.4.4 合同的履行

**1. 履行原则**

当事人应当按照约定全面履行自己的义务。

当事人应当遵循诚实信用原则,根据合同的性质、目的和交易习惯履行通知、协助、保密等义务。

**2. 合同约定不明确的处理**

合同生效后,当事人就质量、价款或者报酬、履行地点等内容约定不明确或者没有约定,可以协议补充;当事人不能达成补充协议的,按照合同有关条款或者交易习惯确定。如果按此规定仍然不能确定的,则按照《合同法》规定作如下处理。

①质量要求不明确的,按照国家标准、行业标准履行;没有国家标准、行业标准的,按照通常标准或者符合合同目的的特定标准履行。

②价款或者酬金不明确的,按照订立合同时履行地的市场价格履行;依法应当执行政府定价或者政府指导价的,按照规定履行。

③履行地点不明确,给付货币的,在接受货币一方所在地履行;交付不动产的,在不动产所在地履行;其他标的,在履行义务一方所在地履行。

④履行期限不明确的,债务人可以随时履行,债权人也可以随时要求履行,但应当给对方必要的准备时间。

⑤履行方式不明确的,按照有利于实现合同目的的方式履行。

⑥履行费用的负担不明确的,由履行义务一方负担。

**3. 执行政府定价或者政府指导价合同的履行**

执行政府定价或者政府指导价的,在合同约定的交付期限内政府价格调整时,按照交付时的价格计价。逾期交付标的物的,遇价格上涨时,按照原价格执行;价格下降时,按照新价格执行。逾期提取标的物或者逾期付款的,遇价格上涨时,按照新价格执行;价格下降时,按照原价格执行。

**4. 债务人的履行抗辩权**

(1)同时履行抗辩权

当事人互负债务,没有先后履行顺序的,应当同时履行。一方在对方履行之前有权拒绝其履行要求。一方在对方履行债务不符合约定时,有权拒绝其相应的履行要求。

(2)先履行抗辩权

当事人互负债务,有先后履行顺序,先履行一方未履行的,后履行一方有权拒绝其履行要求。先履行一方履行债务不符合约定的,后履行一方有权拒绝其相应的履行要求。

(3)不安抗辩权

应当先履行债务的当事人,有确切证据证明对方有下列情形之一的,可以中止履行:

①经营状况严重恶化;

②转移财产、抽逃资金,以逃避债务;

③丧失商业信誉;

④有丧失或者可能丧失履行债务能力的其他情形。

当事人依法中止履行的,应当及时通知对方。对方提供担保时,应当恢复履行。中止合同后,对方在合理期限内未恢复履行合同能力并且未提供适当担保的,中止履行的一方可以解除合同。

**5. 债权人的代位权**

因债务人怠于行使其到期债权,对债权人造成损害的,债权人可以向人民法院请求以自己的名义代位行使债务人的债权,但该债权专属于债务人自身的除外。代位权的行使范围应当以债权人的债权为限。

**6. 债权人的撤销权**

因债务人放弃其到期债权或者无偿转让财产,对债权人造成损害的,债权人可以请求人民法院撤销债务人的行为。债务人以明显不合理的低价转让财产,对债权人造成损害,并且受让人知道该情形的,债权人也可以请求人民法院撤销债务人的行为。

撤销权自债权人知道或者应当知道撤销事由之日起一年内行使。自债务人的行为发生之日起五年内没有行使撤销权的,该撤销权消灭。

### 11.4.5 合同权利义务的终止

**1. 合同终止的情形**

有下列情形之一的,合同的权利义务终止:

①债务已经按照约定履行;

②合同解除;

③债务相互抵销;

④债务人依法将标的物提存;

⑤债权人免除债务;

⑥债权债务同归一人;

⑦法律规定或者当事人约定终止的其他情形。

**2. 合同终止后的义务**

合同的权利义务终止后,当事人应当遵守诚实信用原则,根据交易习惯履行通知、协助、保密等义务。

合同的权利义务终止,不影响合同中结算和清理条款的效力。

**3. 合同解除**

有下列情形之一的,当事人可以依法解除合同:

①因不可抗力致使不能实现合同目的;

②在履行期限届满之前,当事人一方明确表示或者以自己的行为表明不履行主要债务;

③当事人一方迟延履行主要债务,经催告后在合理期限内仍未履行;

④当事人一方迟延履行债务或者有其他违约行为致使不能实现合同目的;

⑤法律规定的其他情形。

合同解除后,尚未履行的,终止履行;已经履行的,根据履行情况和合同性质,当事人可以要求恢复原状和采取其他补救措施,并有权要求赔偿损失。

### 11.4.6 违约责任

**1. 违约责任的一般性规定**

《合同法》规定:"当事人一方不履行合同义务或者履行合同义务不符合约定的,应当承担继续履行、采取补救措施或者赔偿损失等违约责任。"

**2. 预期违约**

当事人一方明确表示或者以自己的行为表明不履行合同义务的,对方可以在履行期限届满之前要求其承担违约责任。

**3. 赔偿损失**

当事人一方不履行合同义务或者履行合同义务不符合约定的,在履行义务或者采取补救措施后,对方还有其他损失的,应当赔偿损失。

当事人一方不履行合同义务或者履行合同义务不符合约定,给对方造成损失的,损失赔偿额应当相当于因违约所造成的损失,包括合同履行后可以获得的利益,但不得超过违反合同一方订立合同时预见到或者应当预见到的因违反合同可能造成的损失。

**4. 违约金与定金**

(1)违约金

当事人可以约定一方违约时应当根据违约情况向对方支付一定数额的违约金,也可以约定因违约产生的损失赔偿额的计算方法。

约定的违约金低于造成的损失的,当事人可以请求人民法院或者仲裁机构予以增加;约定的违约金过分高于造成的损失的,当事人可以请求人民法院或者仲裁机构予以适当减少。

(2)定金

当事人可以依照《中华人民共和国担保法》约定一方向对方给付定金作为债权的担保。债务人履行合同后,定金应当抵作价款或者收回。给付定金的一方不履行约定的债务的,无权要求返还定金;收受定金的一方不履行约定的债务的,应当双倍返还定金。

当事人既约定违约金,又约定定金的,一方违约时,对方可以选择适用违约金或者定金条款。

### 11.4.7 合同争议的解决

发生合同争议后,当事人可以通过和解或者调解解决争议。

当事人不愿和解、调解或者和解、调解不成的,可以根据仲裁协议向仲裁机构申请仲裁。

涉外合同的当事人可以根据仲裁协议向中国仲裁机构或者其他仲裁机构申请仲裁。当事人没有订立仲裁协议或者仲裁协议无效的,可以向人民法院起诉。当事人应当履行发生法律效力的判决、仲裁裁决、调解书;拒不履行的,对方可以请求人民法院执行。

**【例 11.4-1】** 当事人订立(　　),应当适用《合同法》的规定。

(A)劳动合同　(B)建设工程合同　(C)婚姻协议　(D)收养合同

**解:**该题主要考核学员对《合同法》适用范围规定的理解。《合同法》所称合同是平等主体的自然人、法人、其他组织之间设立、变更、终止民事权利义务关系的协议。婚姻、收养、监护等有关身份的协议,适用其他法律的规定,故(C)、(D)不符合题意;劳动合同应当适用《劳动合同法》,故(A)也不符合题意。因此,本题应选(B)。

**【例 11.4-2】** 当事人在订立合同过程中,因提供虚假情况给对方造成损失,应当承担(　　)。

(A)损害赔偿责任　(B)违约责任　(C)返还财产责任　(D)折价补偿责任

**解:**该题主要考核学员对《合同法》有关合同无效或者被撤销的法律后果规定、违约责任规定的理解。返还财产责任、折价补偿责任是对无效合同、被撤销合同承担责任的方式,而违约责任则是合同依法生效后,当事人违反合同应当承担的法律责任,均是订立合同后对当事人合同行为的责任追究,本题是对当事人在订立合同过程中,违反诚实信用原则行为的责任选择,因此应将(B)、(C)、(D)排除,只有(A)符合题意。

**【例 11.4-3】** 2008 年 5 月 15 日甲、乙双方订立一份买卖合同,2008 年 8 月 15 日甲方以"对合同标的存在误解"为由请求人民法院撤销该合同,2008 年 10 月 15 日人民法院开庭审理了此案,2008 年 10 月 30 日依法判决撤销该合同。甲、乙双方订立的买卖合同自(　　)没有法律约束力。

(A)2008 年 5 月 15 日　(B)2008 年 8 月 15 日

(C)2008 年 10 月 15 日　(D)2008 年 10 月 30 日

解:该题主要考核学员对《合同法》有关合同无效或者被撤销的法律后果规定的理解。《合同法》规定,无效的合同或者被撤销的合同自始没有法律约束力。甲、乙双方 2008 年 5 月 15 日订立一份买卖合同,后被法院撤销,该买卖合同自订立之日即属无效,因此(A)符合题意。

## 11.5 中华人民共和国行政许可法

要求:了解行政许可法的基本原则,掌握行政许可的设定;熟悉授权和委托实施行政许可;了解行政许可的实施程序;熟悉行政许可的费用。

### 11.5.1 总则

**1. 基本原则**

①合法原则。设定和实施行政许可,应当依照法定的权限、范围、条件和程序。

②公开、公平、公正原则。

③便民原则。

④信赖保护原则。

⑤公民、法人或者其他组织享有陈述权、申辩权和救济权。

**2. 行政许可的转让**

依法取得的行政许可，除法律、法规规定依照法定条件和程序可以转让的外，不得转让。

## 11.5.2 行政许可的设定

**1. 可以设定行政许可的事项**

①直接涉及国家安全、公共安全、经济宏观调控、生态环境保护以及直接关系人身健康、生命财产安全等特定活动，需要按照法定条件予以批准的事项。

②有限资源开发利用、公共资源配置以及直接关系公共利益的特定行业的市场准入等，需要赋予特定权利的事项。

③提供公共服务并且直接关系公共利益的职业、行业，需要确定具备特殊信誉、特殊条件或者特殊技能等资格、资质的事项。

④直接关系公共安全、人身健康、生命财产安全的重要设备、设施、产品、物品，需要按照技术标准、技术规范，通过检验、检测、检疫等方式进行审定的事项。

⑤企业或者其他组织的设立等，需要确定主体资格的事项。

⑥法律、行政法规规定可以设定行政许可的其他事项。

**2. 可以不设定行政许可的事项**

通过下列方式能够予以规范的，可以不设定行政许可：

①公民、法人或者其他组织能够自主决定的；

②市场竞争机制能够有效调节的；

③行业组织或者中介机构能够自律管理的；

④行政机关采用事后监督等其他行政管理方式能够解决的。

## 11.5.3 行政许可的实施

**1. 授权和委托实施行政许可**

法律、法规授权的具有公共管理事务职能的组织，在法定授权范围内，以自己的名义实施行政许可。

行政机关在其法定职权范围内，依照法律、法规、规章的规定，可以委托其他行政机关实施行政许可。委托机关应当将受委托行政机关和受委托实施行政许可的内容予以公告。

受委托行政机关在委托范围内，以委托行政机关名义实施行政许可；不得再委托其他组织或者个人实施行政许可。

**2. 授权专业技术组织实施行政许可**

对直接关系公共安全、人身健康、生命财产安全的设备、设施、产品、物品的检验、检测、检疫，除法律、行政法规规定由行政机关实施的外，应当逐步由符合法定条件的专业技术组织实施。专业技术组织及其有关人员对所实施的检验、检测、检疫结论承担法律责任。

## 11.5.4 行政许可的实施程序

**1. 申请与受理**

(1)申请

公民、法人或者其他组织从事特定活动，依法需要取得行政许可的，应当向行政机关提出申请。

(2)许可公示

行政机关应当将法律、法规、规章规定的有关行政许可的事项、依据、条件、数量、程序、期限以及需要提交的全部资料的目录和申请书示范文本等在办公场所公示。

(3)对行政许可申请的处理

行政机关对申请人提出的行政许可申请,应当根据下列情况分别作出处理:

①申请事项不需要取得行政许可的,应当即时告知申请人不受理;

②申请事项依法不属于本行政机关职权范围的,应当即时作出不予受理的决定,并告知申请人向有关行政机关申请;

③申请材料存在可以当场更正的错误的,应当允许申请人当场更正;

④申请材料不齐全或者不符合法定形式的,应当当场或者在5日内一次告知申请人需要补正的全部内容,逾期不告知的,自收到申请材料之日起即为受理;

⑤申请事项属于本行政机关职权范围,申请材料齐全、符合法定形式,或者申请人按照本行政机关的要求提交全部补正申请材料的,应当受理行政许可申请。

**2. 审查与决定**

行政机关应当对申请人提交的申请材料进行审查。

申请人提交的申请材料齐全、符合法定形式,行政机关能够当场作出决定的,应当当场作出书面的行政许可决定。除此之外,应当在法定期限内按照规定程序作出书面的行政许可决定。

**3. 听证**

法律、法规、规章规定实施行政许可应当听证的事项,或者行政机关认为需要听证的其他涉及公共利益的重大行政许可事项,行政机关应当向社会公告,并举行听证。

申请人、利害关系人不承担行政机关组织听证的费用。

听证应当公开进行;听证应当制作笔录;行政机关应当根据听证笔录,作出行政许可决定。

### 11.5.5 行政许可的费用

**1. 依法收费**

行政机关实施行政许可,依照法律、行政法规收取费用的,应当按照公布的法定项目和标准收费。

**2. 禁止违规收费**

行政机关实施行政许可和对行政许可事项进行监督检查,不得收取任何费用。

**【例11.5-1】** 对有限资源开发利用、公共资源配置以及直接关系公共利益的特定行业的市场准入等,需要赋予特定权利的事项,设定行政许可的方式是(　　)。

(A)特许许可　　(B)认可许可　　(C)核准许可　　(D)登记许可

**解:**该题主要考核学员对《行政许可法》中有关行政许可的实施程序规定的理解。按照《行政许可法》的规定,有限自然资源开发利用、公共资源配置以及直接关系公共利益的特定行业的市场准入等需要赋予特定权利的事项,行政机关应当通过招标、拍卖等公平竞争的方式作出决定。因此,(A)符合题意。

## 11.6 中华人民共和国节约能源法

要求:理解能源和节约能源的基本含义,熟悉节能的战备地位、组织措施和产业政策;掌握节能管理；熟悉合理使用与节约能源；了解节能技术进步；掌握节能的激励措施；了解法律责任。

## 11.6.1 总则

**1. 能源和节约能源的含义**

(1) 能源

能源是指煤炭、石油、天然气、生物质能和电力、热力以及其他直接或者通过加工、转换而取得有用能的各种资源。

(2) 节约能源

节约能源(简称节能)是指加强用能管理，采取技术上可行、经济上合理以及环境和社会可以承受的措施，减少从能源生产到消费各个环节中的损失和浪费，更加有效、合理地利用能源。

**2. 节能的战略地位与组织措施**

①节约资源是我国的基本国策。

②国务院和县级以上的地方各级人民政府应当将节能工作纳入国民经济和社会发展规划、年度计划，并组织编制和实施节能中长期专项规划、年度节能计划。

③国家实行节能目标责任制和节能考核评价制度，将节能目标完成情况作为对地方人民政府及其负责人考核评价内容。

**3. 节能的产业政策**

①国家实行有利于节能和环境保护的产业政策，限制发展高能耗、高污染行业，发展节能环保行业。

②国务院和省、自治区、直辖市人民政府应当加强节能工作，合理调整产业结构、企业结构、产品结构和能源消费结构，推动企业降低产值能耗和单位产品能耗，淘汰落后生产能力，改进能源的开发、加工、转换、输送、储存和供应，提高能源利用效率。

③国家鼓励、支持开发和利用新能源、可再生能源。国家鼓励、支持节能科学技术的研究、开发、示范和推广，促进节能技术创新与进步。

## 11.6.2 节能管理

**1. 固定资产投资项目节能评估和审查制度**

不符合强制节能标准的项目，依法负责项目审批或者核准的机关不得批准或者核准；建设单位不得开工建设；已经建成的，不得投入生产、使用。

**2. 淘汰制度和高能耗产品的限制**

禁止生产、进口、销售国家明令淘汰或者不符合强制性能源效率标准的用能产品、设备；禁止使用国家明令淘汰的用能设备、生产工艺。

对高能耗的特种设备，按照国务院的规定实行节能审查和监管。

**3. 能源效率标识管理**

国家对家用电器等使用面广、耗能量大的用能产品，实行能源效率标识管理。

禁止销售应当标注而未标注能源效率标识的产品。

禁止伪造、冒用能源效率标识或者利用能源效率标识进行虚假宣传。

### 11.6.3 合理使用与节约能源

**1. 一般规定**

能源生产经营单位不得向本单位职工无偿提供能源。任何单位不得对能源消费实行包费制。

**2. 建筑节能**

①国务院建设行政主管部门负责全国建筑节能的监督管理工作。

②建筑工程的建设、设计、施工和监理单位应当遵守建筑节能标准。不符合建筑节能标准的建筑工程,建设主管部门不得批准开工建设;已经开工建设的,应当责令停止施工、限期改正;已经建成的,不得销售或者使用。

③国家采取措施,对实行集中供热的建筑分步骤实行供热分户计量、按照用热量收费制度。新建建筑或者对既有建筑进行节能改造,应当按照规定安装用热计量装置、室内温度调控装置和供热系统调控装置。

④国家鼓励在新建建筑和既有建筑节能改造中使用新型墙体材料等节能建筑材料和节能设备,安装和使用太阳能等可再生能源利用系统。

**3. 重点用能单位节能**

重点用能单位包括两种:一是年综合能源消费总量 10 000 吨标准煤以上用能单位,二是国务院有关部门及省级管理节能工作的部门指定的年综合能源消费总量 5 000 吨以上不满 10 000 吨标准煤的用能单位。

### 11.6.4 节能技术进步

①国务院管理节能工作的部门会同国务院科技主管部门发布节能技术政策大纲。

②县级以上各级人民政府应当把节能技术研究开发作为政府科技投入的重点领域。

③国务院管理节能工作的部门会同国务院有关部门组织实施重大节能科研项目、节能示范项目、重点节能工程。

### 11.6.5 激励措施

①中央财政和省级地方财政安排节能专项资金,支持节能工作。

②国家对需要支持的节能技术、节能产品,实行税收优惠等扶持政策。国家通过财政补贴支持节能照明器具等节能产品的推广和使用。

③国家实行有利于节约能源资源的税收政策,健全能源矿产资源有偿使用制度,促进能源资源的节约及其开采利用水平。

④国家运用税收等政策,鼓励先进节能技术、设备的进口,控制在生产过程中耗能高、污染重的产品的出口。

⑤政府采购监督管理部门会同有关部门制定节能产品、设备政府采购名录,应当优先列入取得节能产品认证证书的产品、设备。

⑥国家引导金融机构增加对节能项目的信贷支持,为符合条件的节能技术研究开发、节能产品生产以及节能技术改造等项目提供优惠贷款。

⑦国家实行峰谷分时电价、季节性电价、可中断负荷电价制度,鼓励电力用户合理调整用电负荷;对钢铁、有色金属、建材、化工和其他主要耗能行业的企业,分淘汰、限制、允许和鼓励类实行差别电价政策。

### 11.6.6 法律责任

《节约能源法》对固定资产投资项目的审批机关及建设单位、用能产品和设备的经营单位、生产单位、用能单位、建筑工程建设单位、设计单位、施工单位、监理单位以及公共机构等违反有关节能规定的法律责任均作出了规定。

其中,对设计单位、施工单位、监理单位违反建筑节能标准的法律责任,规定为:由建设主管部门责令改正,处10万元以上50万元以下罚款;情节严重的,由颁发资质证书的部门降低资质等级或者吊销资质证书;造成损失的,依法承担赔偿责任。

**【例11.6-1】** 根据《节约能源法》的规定,对于国家有关节能的激励措施,下面说法正确的是(　　)。

(A)国家运用税收等政策,鼓励在生产过程中耗能高、污染重的产品的进口

(B)国家实行能源矿产资源有偿转让制度

(C)国家实行峰谷分时电价、季节性电价、可中断负荷电价制度

(D)国家增加对符合条件的节能技术研究开发、节能产品生产以及节能技术改造等项目提供优惠贷款

**解:**该题主要考核学员对《节约能源法》中有关激励措施规定的理解。根据《节约能源法》的规定,有关节能激励措施包括安排专项资金、实行扶持政策、税收优惠、节能产品和设备优先列入政府采购名录、信贷支持、价格政策等。其中,价格政策措施主要是国家实行峰谷分时电价、季节性电价、可中断负荷电价制度,鼓励电力用户合理调整用电负荷;对钢铁、有色金属、建材、化工和其他主要耗能行业的企业,分淘汰、限制、允许和鼓励类实行差别电价政策,因此(C)符合题意。

## 11.7 中华人民共和国环境保护法

要求:了解环境质量标准和排污标准制定权限;掌握建设项目环境影响评价;熟悉防治环境污染和其他公害的制度措施和技术措施;了解保护和改善环境的主要内容以及法律责任。

### 11.7.1 环境监督管理

**1. 环境质量标准制定权限**

国务院环境保护行政主管部门制定国家环境质量标准。省级人民政府对国家环境质量标准中未规定的项目,可以制定地方环境质量标准,并报国务院环境保护行政主管部门备案。

**2. 排污标准制定权限**

国务院环境保护行政主管部门根据国家环境质量标准和国家经济、技术条件,制定国家污染物排放标准。

省级人民政府对国家污染物排放标准中未规定的项目,可以制定地方污染物排放标准;对国家污染物排放标准中已规定的项目,可以制定严于国家污染物排放标准的地方污染物排放标准。地方污染物排放标准须报国务院环境保护行政主管部门备案。

凡是向已有地方污染物排放标准的区域排放污染物的,应当执行地方污染物排放标准。

**3. 建设项目环境影响评价**

建设项目的环境影响报告书,必须对建设项目产生的污染和对环境的影响作出评价,规定防治措施,经项目主管部门预审并依照规定的程序报环境保护行政主管部门批准。环境影响

报告书经批准后,计划部门方可批准建设项目设计任务书。

### 11.7.2 保护和改善环境

**1. 环境质量负责制**

地方各级人民政府,应当对本辖区的环境质量负责,采取措施改善环境质量。

**2. 生态、遗迹保护**

各级人民政府在生态、遗迹保护方面负有责任,应当采取措施加以保护,严禁破坏。

**3. 保护区环境保护**

在国务院、国务院有关部门和省级人民政府规定的风景名胜区、自然保护区和其他需要特别保护的区域内,不得建设污染环境的工业生产设施;建设其他设施,其污染物排放不得超过规定的排放标准。已经建成的设施,其污染物排放超过规定排放标准的,限期治理。

**4. 城乡建设环境保护**

城乡建设应当结合当地自然环境的特点,保护植被、水域和自然景观,加强城市园林、绿地和风景名胜区的建设。

### 11.7.3 防治环境污染和其他公害

**1. 制度措施**

(1)建设项目防治污染设施"三同时"制度

建设项目防治污染的设施,必须与主体工程同时设计、同时施工、同时投产使用。防治污染的设施必须经原审批环境影响报告书的环境保护行政主管部门验收合格后,该建设项目方可投入生产或使用。

防治污染的设施不得擅自拆除或者闲置,确有必要拆除或者闲置的,必须征得所在地的环境保护行政主管部门的同意。

(2)限期治理制度

对造成环境严重污染的企业事业单位,限期治理。

被限期治理的企业事业单位必须如期完成治理任务。

**2. 技术措施**

禁止引进不符合我国环境保护规定要求的技术和设备。

### 11.7.4 法律责任

《环境保护法》对企业事业单位违反规定,擅自拆除或闲置防治污染的设施,造成环境污染事故、逾期未完成治理任务以及违反监管规定等违法行为,规定了应当承担的行政责任,明确了环境污染危害的赔偿责任。

**【例 11.7-1】** 建设项目中防治污染的设施,必须与主体工程(　　)。

(A)同时规划、同时审批、同时建设　　(B)同时审批、同时设计、同时建设

(C)同时设计、同时施工、同时投产使用　　(D)同时设计、同时开工、同时竣工

**解:**该题主要考核学员对《环境保护法》中规定的建设项目防治污染设施的"三同时"制度的理解。《环境保护法》规定,建设项目防治污染的设施,必须与主体工程同时设计、同时施工、同时投产使用,因此(C)符合题意。

## 11.8 建设工程勘察设计管理条例

要求:理解《条例》的适用范围及基本原则;掌握建设工程勘察设计的资质资格管理;掌握

勘察设计发包与承包；熟悉勘察设计文件的编制依据和深度；掌握材料设备选用要求和文件修改程序及权限；了解采用新技术的管理、交底和施工服务；熟悉建设工程勘察、设计的监督管理。

### 11.8.1 总则

**1. 适用范围**

①从事建设工程勘察、设计活动，必须遵守《条例》。

②抢险救灾及其他临时性建筑和农民自建两层以下住宅的勘察、设计活动，不适用《条例》。军事建设工程勘察、设计的管理，按照中央军事委员会的有关规定执行。

③建设工程勘察是指根据建设工程的要求，查明、分析、评价建设场地的地质地理环境特征和岩土工程条件，编制建设工程勘察文件的活动。

④建设工程设计是指根据建设工程的要求，对建设工程所需的技术、经济、资源、环境等条件进行综合分析、论证，编制建设工程设计文件的活动。

**2. 基本原则**

①从事建设工程勘察、设计活动，应当坚持先勘察、后设计、再施工的原则。

②建设工程勘察、设计单位必须依法进行建设工程勘察、设计，严格执行工程建设强制性标准，并对建设工程勘察、设计的质量负责。

③建设工程勘察、设计应当与社会、经济发展水平相适应，做到经济效益、社会效益和环境效益相统一。

### 11.8.2 资质资格管理

**1. 资质管理制度**

国家对从事建设工程勘察、设计活动的单位，实行资质管理制度，要求其在资质许可范围内承揽业务。

**2. 执业资格制度**

①国家对从事建设工程勘察、设计活动的专业技术人员，实行执业资格注册管理制度。未经注册的建设工程勘察、设计人员，不得以注册执业人员的名义从事建设工程勘察、设计活动。

②建设工程勘察、设计注册执业人员和其他专业技术人员只能受聘于一个建设工程勘察、设计单位；未受聘于建设工程勘察、设计单位的，不得从事建设工程的勘察、设计活动。

### 11.8.3 勘察设计发包与承包

**1. 发包方式**

建设工程勘察、设计实行招标发包或者直接发包。

下列建设工程的勘察、设计，经有关部门批准可以直接发包：

①采用特定的专利或者专有技术的；

②建筑艺术造型有特殊要求的；

③国务院规定的其他建设工程的勘察、设计。

**2. 承发包模式**

①发包方可以将整个建设工程的勘察、设计发包给一个勘察、设计单位，也可将建设工程的勘察、设计分别发包给几个勘察、设计单位。

②除建设工程主体部分的勘察、设计外，经发包方同意，承包方可以将建设工程其他部分的勘察、设计再分包给其他具有相应资质等级的建设工程勘察、设计单位。

③建设工程勘察、设计单位不得将所承揽的建设工程勘察、设计转包。

### 11.8.4 勘察设计文件的编制与实施

**1. 编制依据**

编制建设工程勘察、设计文件应当以下列规定为依据：

①项目审批文件；

②城市规划；

③工程建设强制性标准；

④国家规定的建设工程勘察、设计深度要求。

铁路、交通、水利等专业建设工程，还应当以专业规划的要求为依据。

**2. 编制深度**

①编制建设工程勘察文件，应当真实、准确，满足建设工程规划、选址、设计、岩土治理和施工的需要。

②编制方案设计文件，应当满足编制初步设计文件和控制概算的需要。

③编制初步设计文件，应当满足编制施工招标文件、主要设备材料订货和编制施工图设计文件的需要。

④编制施工图设计文件，应当满足设备材料采购、非标准设备制作和施工需要，并注明建设工程合理使用年限。

**3. 材料设备选用要求**

设计文件中选用的材料、构配件和设备，应当注明其规格、型号、性能等技术指标，其质量要求必须符合国家规定的标准。

除有特殊要求的建筑材料、专用设备、工艺生产线等外，设计单位不得指定生产厂、供应商。

**4. 文件修改程序和权限**

①建设单位、施工单位、监理单位不得修改建设工程勘察、设计文件；确需修改建设工程勘察、设计文件的，应当由原建设工程勘察、设计单位修改。

②经原建设工程勘察、设计单位书面同意，建设单位也可以委托其他具有相应资质的建设工程勘察、设计单位修改，修改单位对修改部分承担相应责任。

③施工单位、监理单位发现建设工程勘察、设计文件不符合工程建设强制性标准、合同约定的质量要求的，应当报告建设单位，建设单位有权要求建设工程勘察、设计单位对建设工程勘察、设计文件进行补充、修改。

④建设工程勘察、设计文件内容需要作重大修改的，建设单位应当报经原审批机关批准后，方可修改。

### 11.8.5 监督管理

国务院建设行政主管部门对全国的建设工程勘察、设计活动实行统一监督管理。

县级以上人民政府建设行政主管部门或者交通、水利等有关部门应当对施工图设计文件中涉及公共利益、公众安全、工程建设强制性标准的内容进行审查。施工图设计文件未经审查批准的，不得使用。

**【例 11.8-1】** 根据《建设工程勘察设计管理条例》的规定，(　　)未经审查批准的，不得使用。

(A)勘察文件　(B)方案设计文件　(C)施工组织设计文件　(D)施工图设计文件

**解**:该题主要考核学员对《建设工程勘察设计管理条例》中有关施工图设计文件审查批准规定的理解。施工图设计文件未经审查批准的,不得使用。因此,(D)符合题意。

## 11.9 建设工程质量管理条例

要求:熟悉建设单位的质量责任和义务;掌握勘察、设计单位的质量责任和义务;熟悉施工单位的质量责任和义务;掌握监理单位的质量责任和义务;了解建设工程质量保修。

### 11.9.1 建设单位的质量责任和义务

①建设单位应当将工程发包给具有相应资质等级的单位,建设单位不得将建设工程肢解发包。

②建设单位应当依法对工程建设项目的勘察、设计、施工、监理以及与工程建设有关的重要设备、材料等的采购进行招标。

③建设单位必须向有关的勘察、设计、施工、工程监理等单位提供与建设工程有关的原始资料,原始资料必须真实、准确、齐全。

④建设工程发包单位不得迫使承包方以低于成本的价格竞标,不得任意压缩合理工期。建设单位不得明示或者暗示设计单位或者施工单位违反工程建设强制性标准,降低建设工程质量。

⑤建设单位应当将施工图设计文件报县级以上人民政府建设行政主管部门或者其他有关部门审查。施工图设计文件审查的具体办法,由国务院建设行政主管部门会同国务院其他有关部门制定。施工图设计文件未经审查批准的,不得使用。

⑥实行监理的建设工程,建设单位应当委托具有相应资质等级的工程监理单位进行监理,也可以委托具有工程监理相应资质等级并与被监理工程的施工承包单位没有隶属关系或者其他利害关系的该工程的设计单位进行监理。

《质量条例》明确规定了以下建设工程必须实行监理:国家重点建设工程;大中型公用事业工程;成片开发建设的住宅小区工程;利用外国政府或者国际组织贷款、援助资金的工程;国家规定必须实行监理的其他工程,此类工程具体包括两类,一是指项目总投资额在3 000万元以上,且关系社会公共利益、公共安全的基础设施项目,二是学校、影剧院、体育场馆项目。

⑦建设单位在领取施工许可证或者开工报告前,应当按照国家有关规定办理工程质量监督手续。

⑧按照合同约定,由建设单位采购建筑材料、建筑构配件和设备的,建设单位应当保证建筑材料、建筑构配件和设备符合设计文件和合同要求。建设单位不得明示或者暗示施工单位使用不合格的建筑材料、建筑构配件和设备。

⑨涉及建筑主体和承重结构变动的装修工程,建设单位应当在施工前委托原设计单位或者具有相应资质等级的设计单位提出设计方案;没有设计方案的,不得施工。房屋建筑使用者在装修过程中,不得擅自变动房屋建筑主体和承重结构。

⑩建设单位收到建设工程竣工报告后,应当组织设计、施工、工程监理等有关单位进行竣工验收。建设工程竣工验收应当具备下列条件:完成建设工程设计和合同约定的各项内容;有完整的技术档案和施工管理资料;有工程使用的主要建筑材料、建筑构配件和设备的进场

试验报告；有勘察、设计、施工、工程监理等单位分别签署的质量合格文件；有施工单位签署的工程保修书。建设工程经验收合格的，方可交付使用。

⑪建设单位应当严格按照国家有关档案管理的规定，及时收集、整理建设项目各环节的文件资料，建立、健全建设项目档案，并在建设工程竣工验收后，及时向建设行政主管部门或者其他有关部门移交建设项目档案。

## 11.9.2 勘察、设计单位的质量责任和义务

①从事建设工程勘察、设计的单位应当依法取得相应等级的资质证书，并在其资质等级许可的范围内承揽工程。禁止勘察、设计单位超越其资质等级许可的范围或者以其他勘察、设计单位的名义承揽工程。禁止勘察、设计单位允许其他单位或者个人以本单位的名义承揽工程。勘察、设计单位不得转包或者违法分包所承揽的工程。

②勘察、设计单位必须按照工程建设强制性标准进行勘察、设计，并对其勘察、设计的质量负责。注册建筑师、注册结构工程师等注册执业人员应当在设计文件上签字，对设计文件负责。

③勘察单位提供的地质、测量、水文等勘察成果必须真实、准确。

④设计单位应当根据勘察成果文件进行建设工程设计。

⑤设计文件应当符合国家规定的设计深度要求，注明工程合理使用年限。

⑥设计单位在设计文件中选用的建筑材料、建筑构配件和设备，应当注明规格、型号、性能等技术指标，其质量要求必须符合国家规定的标准。除有特殊要求的建筑材料、专用设备、工艺生产线等外，设计单位不得指定生产厂、供应商。

⑦设计单位应当就审查合格的施工图设计文件向施工单位作出详细说明。

⑧设计单位应当参与建设工程质量事故分析，并对因设计造成的质量事故，提出相应的技术处理方案。

## 11.9.3 施工单位的质量责任和义务

①施工单位应当依法取得相应等级的资质证书，并在其资质等级许可的范围内承揽工程。

②施工单位对建设工程的施工质量负责。

③建设工程实行总承包的，总承包单位应当对全部建设工程质量负责；建设工程勘察、设计、施工、设备采购的一项或者多项实行总承包的，总承包单位应当对其承包的建设工程或者采购的设备的质量负责。

④施工单位必须按照工程设计图纸和施工技术标准施工，不得擅自修改工程设计，不得偷工减料。施工单位在施工过程中发现设计文件和图纸有差错的，应当及时提出意见和建议。

⑤施工单位必须按照工程设计要求、施工技术标准和合同约定，对建筑材料、建筑构配件、设备和商品混凝土进行检验，检验应当有书面记录和专人签字；未经检验或者检验不合格的，不得使用。

⑥施工单位必须建立、健全施工质量的检验制度，严格工序管理，作好隐蔽工程的质量检查和记录。隐蔽工程在隐蔽前，施工单位应当通知建设单位和建设工程质量监督机构。

⑦施工人员对涉及结构安全的试块、试件以及有关材料，应当在建设单位或者工程监理单位监督下现场取样，并送具有相应资质等级的质量检测单位进行检测。

⑧施工单位对施工中出现质量问题的建设工程或者竣工验收不合格的建设工程，应当负

责返修。

⑨施工单位应当建立、健全教育培训制度,加强对职工的教育培训;未经教育培训或者考核不合格的人员,不得上岗作业。

### 11.9.4 工程监理单位的质量责任和义务

①工程监理单位应当依法取得相应等级的资质证书,并在其资质等级许可的范围内承担工程监理业务。工程监理单位与被监理工程的施工承包单位以及建筑材料、建筑构配件和设备供应单位有隶属关系或者其他利害关系的,不得承担该项建设工程的监理业务。

②工程监理单位应当依照法律、法规以及有关技术标准、设计文件和建设工程承包合同,代表建设单位对施工质量实施监理,并对施工质量承担监理责任。监理工程师应当按照工程监理规范的要求,采取旁站、巡视和平行检验等形式,对建设工程实施监理。

③工程监理单位应当选派具备相应资格的总监理工程师和监理工程师进驻施工现场。未经监理工程师签字,建筑材料、建筑构配件和设备不得在工程上使用或者安装,施工单位不得进行下一道工序的施工。未经总监理工程师签字,建设单位不拨付工程款,不进行竣工验收。

### 11.9.5 建设工程质量保修

**1. 质量保修制度**

建设工程承包单位在向建设单位提交工程竣工验收报告时,应当向建设单位出具质量保修书。质量保修书中应当明确建设工程的保修范围、保修期限和保修责任等。

**2. 最低保修期限**

在正常使用条件下,建设工程的最低保修期限为:

①基础设施工程、房屋建筑的地基基础工程和主体结构工程,为设计文件规定的该工程的合理使用年限;

②屋面防水工程、有防水要求的卫生间、房间和外墙面的防渗漏,为 5 年;

③供热与供冷系统,为 2 个采暖期、供冷期;

④电气管线、给排水管道、设备安装和装修工程,为 2 年。

其他项目的保修期限由发包方与承包方约定。

建设工程的保修期,自竣工验收合格之日起计算。

**【例 11.9-1】** 建设工程的保修期自(　　)之日起计算。

(A)施工期满　　(B)竣工验收合格

(C)完成全部施工任务　　(D)工程移交

**解:**该题主要考核学员对《质量条例》中有关建设工程保修期限规定的理解。《质量条例》规定:建设工程的保修期,自竣工验收合格之日起计算。因此,(B)符合题意。

**【例 11.9-2】** 供热、供冷系统的最低保修期限为(　　)。

(A)设计文件规定的合理使用年限　　(B)5 年

(C)2 个采暖期、供冷期　　(D)2 年

**解:**该题主要考核学员对《质量条例》中有关建设工程保修期限规定的理解。根据《质量条例》规定,供热与供冷系统的最低保修期限为 2 个采暖期、供冷期。因此,(C)符合题意。

## 11.10 建设工程安全生产管理条例

要求:理解建设工程安全生产管理的方针;熟悉建设单位的安全责任;掌握勘察单位、设计

单位的安全责任;熟悉监理单位的安全责任;了解施工单位的安全责任;熟悉生产安全事故应急救援;了解生产安全事故的报告和调查处理。

### 11.10.1 管理方针

建设工程安全生产管理,坚持安全第一、预防为主的方针。

### 11.10.2 建设单位的安全责任

①建设单位应当向施工单位提供施工现场及毗邻区域内供水、排水、供电、供气、供热、通信、广播电视等地下管线资料,气象和水文观测资料,相邻建筑物和构筑物、地下工程的有关资料,并保证资料的真实、准确、完整。

②建设单位不得对勘察、设计、施工、工程监理等单位提出不符合建设工程安全生产法律、法规和强制性标准规定的要求,不得压缩合同约定的工期。

③建设单位在编制工程概算时,应当确定建设工程安全作业环境及安全施工措施所需费用。

④建设单位不得明示或者暗示施工单位购买、租赁、使用不符合安全施工要求的安全防护用具、机械设备、施工机具及配件、消防设施和器材。

⑤建设单位在申请领取施工许可证时,应当提供建设工程有关安全施工措施的资料。依法批准开工报告的建设工程,建设单位应当自开工报告批准之日起 15 日内,将保证安全施工的措施报送建设工程所在地的县级以上地方人民政府建设行政主管部门或者其他有关部门备案。

⑥建设单位应当将拆除工程发包给具有相应资质等级的施工单位,并应在拆除工程施工 15 日前,向建设工程所在地的县级以上地方人民政府建设行政主管部门或者其他有关部门办理备案。备案时应提交以下资料:施工单位资质等级证明;拟拆除建筑物、构筑物及可能危及毗邻建筑的说明;拆除施工组织方案;堆放、清除废弃物的措施。实施爆破作业的,应当遵守国家有关民用爆炸物品管理的规定。

### 11.10.3 勘察、设计、监理及其他有关单位的安全责任

**1. 勘察单位**

勘察单位应当按照法律、法规和工程建设强制性标准进行勘察,提供的勘察文件应当真实、准确,满足建设工程安全生产的需要。

勘察单位在勘察作业时,应当严格执行操作规程,采取措施保证各类管线、设施和周边建筑物、构筑物的安全。

**2. 设计单位**

设计单位应当按照法律、法规和工程建设强制性标准进行设计,防止因设计不合理导致生产安全事故的发生。

设计单位和注册建筑师等注册执业人员应当对其设计负责。

设计单位应当考虑施工安全操作和防护的需要,对涉及施工安全的重点部位和环节在设计文件中注明,并对防范生产安全事故提出指导意见。

对于采用新结构、新材料、新工艺的建设工程和特殊结构的建设工程,设计单位应当在设计中提出保障施工作业人员安全和预防生产安全事故的措施建议。

**3. 监理单位**

工程监理单位和监理工程师应当按照法律法规和工程建设强制性标准实施监理，并对建设工程安全生产承担监理责任。

工程监理单位应当审查施工组织设计中的安全技术措施或者专项施工方案是否符合工程建设强制性标准。

工程监理单位在实施监理过程中，发现存在安全事故隐患的，应当要求施工单位整改；情况严重的，应当要求施工单位暂时停止施工，并及时报告建设单位。施工单位拒不整改或者不停止施工的，工程监理单位应当及时向有关主管部门报告。

### 11.10.4 施工单位的安全责任

①施工单位主要负责人依法对本单位的安全生产工作全面负责。施工单位的项目负责人应当由取得相应执业资格的人员担任，对建设工程项目的安全施工负责。

②施工单位对于列入建设工程概算的安全作业环境及安全施工措施所需费用，应当用于施工安全防护用具及设施的采购和更新、安全施工措施的落实、安全生产条件的改善，不得挪作他用。

③建设工程实行施工总承包的，由总承包单位对施工现场的安全生产负总责。

④垂直运输机械作业人员、安装拆卸工、爆破作业人员、起重信号工、登高架设作业人员等特种作业人员，必须按照国家有关规定经过专门的安全作业培训，并取得特种作业操作资格证书后，方可上岗作业。

⑤施工单位应当在施工组织设计中编制安全技术措施和施工现场临时用电方案，对下列达到一定规模的危险性较大的分部分项工程编制专项施工方案，并附具安全验算结果，经施工单位技术负责人、总监理工程师签字后实施，由专职安全生产管理人员进行现场监督：基坑支护与降水工程、土方开挖工程、模板工程、起重吊装工程、脚手架工程、拆除、爆破工程以及国务院建设行政主管部门或者其他有关部门规定的其他危险性较大的工程。对以上所列工程中涉及深基坑、地下暗挖工程、高大模板工程的专项施工方案，施工单位还应当组织专家进行论证、审查。

⑥建设工程施工前，施工单位负责项目管理的技术人员应当对有关安全施工的技术要求向施工作业班组、作业人员作出详细说明，并由双方签字确认。

⑦施工单位应当在施工现场入口处、施工起重机械、临时用电设施、脚手架、出入通道口、楼梯口、电梯井口、孔洞口、桥梁口、隧道口、基坑边沿、爆破物及有害危险气体和液体存放处等危险部位，设置明显的安全警示标志。安全警示标志必须符合国家标准。

⑧施工单位应当将施工现场的办公、生活区与作业区分开设置，并保持安全距离，办公、生活区的选址应当符合安全性要求。职工的膳食、饮水、休息场所等应当符合卫生标准。施工单位不得在尚未竣工的建筑物内设置员工集体宿舍。施工现场临时搭建的建筑物应当符合安全使用要求。施工现场使用的装配式活动房屋应当具有产品合格证。

⑨施工单位对因建设工程施工可能造成损害的毗邻建筑物、构筑物和地下管线等，应当采取专项防护措施。

⑩施工单位应当向作业人员提供安全防护用具和安全防护服装，并书面告知危险岗位的操作规程和违章操作的危害。作业人员有权对施工现场的作业条件、作业程序和作业方式中存在的安全问题提出批评、检举和控告，有权拒绝违章指挥和强令冒险作业。

⑪施工单位采购、租赁的安全防护用具、机械设备、施工机具及配件，应当具有生产（制造）许可证、产品合格证，并在进入施工现场前进行查验。施工单位在使用施工起重机械和整体提升脚手架、模板等自升式架设设施前，应当组织有关单位进行验收，也可以委托具有相应资质的检验、检测机构进行验收；使用承租的机械设备和施工机具及配件的，由施工总承包单位、分包单位、出租单位和安装单位共同进行验收。验收合格的方可使用。

⑫施工单位的主要负责人、项目负责人、专职安全生产管理人员应当经建设行政主管部门或者其他有关部门考核合格后方可任职。

⑬施工单位应当对管理人员和作业人员每年至少进行一次安全生产教育培训，其教育培训情况记入个人工作档案。安全生产教育培训考核不合格的人员，不得上岗。作业人员进入新的岗位或者新的施工现场前，应当接受安全生产教育培训。未经教育培训或者教育培训考核不合格的人员，不得上岗作业。施工单位在采用新技术、新工艺、新设备、新材料时，应当对作业人员进行相应的安全生产教育培训。

## 11.10.5 生产安全事故的应急救援和调查处理

**1. 应急救援预案**

①县级以上地方人民政府建设行政主管部门应当根据本级人民政府的要求，制定本行政区域内建设工程特大生产安全事故应急救援预案。

②施工单位应当制定本单位生产安全事故应急救援预案，建立应急救援组织或者配备应急救援人员，配备必要的应急救援器材、设备，并定期组织演练。

③施工单位应当根据建设工程（项目）施工的特点、范围，对施工现场易发生重大事故的部位、环节进行监控，制定施工现场生产安全事故应急救援预案。实行施工总承包的，由施工总承包统一组织编制建设工程生产安全事故应急救援预案，工程总承包单位和分包单位按照应急救援预案，各自建立应急救援组织或配备应急救援人员，配备救援器材、设备，并定期组织演练。

**2. 生产安全事故报告**

①施工单位发生生产安全事故，应当按照国家有关伤亡事故报告和调查处理的规定，及时、如实地向负责安全生产监督管理的部门、建设行政主管部门或者其他有关部门报告；特种设备发生事故的，还应当向特种设备安全监督管理部门报告。

②实行施工总承包的建设工程，由总承包单位负责上报事故。

③接到报告的部门应当按照国家有关规定，如实上报。

**3. 调查处理**

建设工程生产安全事故的调查、对事故责任单位和责任人的处罚与处理，按照法律、法规规定执行。

**【例 11.10-1】** 依照《建设工程安全生产管理条例》的规定，施工单位的安全责任中，要求施工单位（　　）。

（A）建设工程施工前，组织设计单位与施工班组进行技术交底

（B）不得在尚未竣工的建筑物内设置员工集体宿舍

（C）实施爆破作业前，向公安机关申请领取《爆破物品使用许可证》

（D）审查施工组织设计中的安全技术措施或者专项施工方案是否符合工程建设强制性标准

**解：**该题主要考核学员对《建设工程安全生产管理条例》中有关单位的安全责任规定的理

解。根据规定，建设工程施工前，施工单位与施工班组进行技术交底，因此(A)不符合题意；实施爆破作业前，建设单位向公安机关申请领取《爆破物品使用许可证》，因此(C)不符合题意；工程监理单位应当审查施工组织设计中的安全技术措施或者专项施工方案是否符合工程建设强制性标准，因此(D)不符合题意；施工单位不得在尚未竣工的建筑物内设置员工集体宿舍，因此(B)符合题意。

# 仿真习题

## 11.1 中华人民共和国建筑法

11-1 根据《建筑法》的规定，(　　)，建设单位应当依法向工程所在地县级以上人民政府建设行政主管部门申请领取施工许可证。

(A)建筑工程发包前　　(B)建筑工程开工前

(C)建筑工程招标后　　(D)建筑工程批准立项后

11-2 根据《建筑法》的规定，以下有关建筑工程发包、承包的说法，不正确的是(　　)。

(A)两个以上的承包单位联合共同承包的，共同承包的各方对承包合同的履行承担连带责任

(B)提倡对建筑工程实行总承包

(C)禁止承包单位将其承包的全部建筑工程转包给他人

(D)禁止承包单位将其承包的建筑工程中的部分工程分包

11-3 根据《建筑法》的规定，工程监理人员发现工程设计不符合建筑工程质量标准或者合同约定的质量要求的，应当(　　)。

(A)要求建筑施工企业改正　　(B)及时停工并修改设计

(C)报告建设单位要求设计单位改正　　(D)要求设计单位改正

11-4 根据《建筑法》的规定，建筑工程施工过程中，工程设计的修改由(　　)负责。

(A)建设单位　　(B)原设计单位　　(C)施工企业　　(D)监理人

11-5 某施工项目，建设单位 2007 年 2 月 1 日领取了施工许可证。由于某种原因，工程不能按期开工，故向发证机关申请延期。根据《建筑法》的规定，申请延期应在(　　)前进行。

(A)2007 年 3 月 1 日 (B)2007 年 4 月 1 日 (C)2007 年 5 月 1 日 (D)2007 年 6 月 1 日

## 11.2 中华人民共和国安全生产法

11-6 生产经营单位新建、改建、扩建工程项目的安全设施，必须与主体工程(　　)。

(A)同时勘察、同时设计、同时施工

(B)同时设计、同时施工、同时投入生产和使用

(C)同时设计、同时施工、同时竣工验收

(D)同时开工、同时竣工、同时投入生产和使用

11-7 从业人员发现事故隐患或者其他不安全因素，应当立即向(　　)报告；接到报告的人员应当及时予以处理。

(A)现场安全生产管理人员或者本单位负责人

(B)安全生产监督管理部门负责人

(C)现场监理人员或者安全生产管理人员

(D)安全生产管理人员或者应急救援人员

11-8　负有安全生产监督管理职责的部门对涉及安全生产的事项进行审查、验收、监督检查，不得(　　)。

(A)调阅有关生产经营单位技术秘密的资料

(B)要求接受审查、验收的单位购买其指定生产单位的安全设备

(C)对发现的事故隐患，责令立即排除

(D)扣押经证实不符合保障安全生产的国家标准的设施

11-9　生产经营单位发生生产安全事故后，事故现场有关人员应当立即报告(　　)。

(A)安全生产监督管理部门负责人　　(B)总监理工程师

(C)有关地方人民政府负责人　　(D)本单位负责人

11-10　根据《安全生产法》的规定，从业人员发现直接危及人身安全的紧急情况时，(　　)。

(A)应当坚守岗位

(B)应当立即停止作业并撤离作业场所

(C)有权向负有安全监督检查职责的部门报告

(D)有权在采取可能的应急措施后撤离作业场所

## 11.3　中华人民共和国招标投标法

11-11　以下有关招标的说法，不符合《招标投标法》规定的是(　　)。

(A)依法必须进行招标的项目，招标人自行办理招标事宜的，应当办理备案手续

(B)招标分为公开招标和邀请招标

(C)招标项目不得分段招标、确定工期

(D)招标代理机构不得与行政机关存在隶属关系

11-12　以下有关投标文件的说法，不符合《招标投标法》规定的是(　　)。

(A)投标文件的编制应当符合招标文件的要求

(B)投标人应当在招标文件确定的提交投标文件的截止时间前送达投标文件

(C)投标文件送达招标人后，不得修改、补充或者撤回

(D)投标人不得以低于成本的报价竞标，但可以与其他投标人组成一个联合体，以一个投标人的身份投标

11-13　以下有关评标委员会的组建的说法，符合《招标投标法》规定的是(　　)。

(A)评标委员会应当由有关行政监督部门负责组建

(B)评标委员一律从招标代理机构的专家库内的专家名单中随机抽取

(C)评标委员会成员总数应当为5人以上，技术、经济等方面的专家不得少于成员总数的2/3

(D)评标委员会成员的名单在中标结果确定前应当保密

11-14　中标通知书对(　　)具有法律效力。

(A)招标人和招标代理机构　　(B)招标人和投标人

(C)招标人和中标人　　(D)招标代理机构和中标人

11-15　根据《招标投标法》的规定，招标人或者投标人的行为影响中标结果的，中标无效的情形不包括(　　)。

(A)招标人以不合理的条件限制或者排挤潜在投标人的

(B)投标人相互串通投标的

(C)投标人与招标人串通投标的

(D)投标人以他人名义投标或者以其他方式弄虚作假

## 11.4 中华人民共和国合同法

11-16 合同被确认为无效时,不影响(　　)的效力。

(A)清理条款　　(B)解决争议方法的条款

(C)违约责任条款　　(D)结算条款

11-17 根据《合同法》的规定,当事人订立合同,应当具有(　　)。

(A)法人资格　　(B)企业营业执照

(C)相应的民事权利能力和民事行为能力　　(D)完全的民事权利能力和民事行为能力

11-18 根据《合同法》的规定,当事人订立合同,采取(　　)方式。

(A)要约、承诺　　(B)要约邀请、要约、承诺

(C)要约、承诺、批准或者登记　　(D)要约、承诺、公证

11-19 根据《合同法》规定,要约人撤回要约应当满足(　　)要求。

(A)撤回要约的通知应当在要约发出之前到达受要约人

(B)撤回要约的通知应当在要约到达受要约人后及时发出

(C)撤回要约的通知应当在受要约人发出承诺之前或者与要约同时到达受要约人

(D)撤回要约的通知应当在要约到达受要约人之前或者与要约同时到达受要约人

11-20 《合同法》规定,当事人在合同中既约定违约金,又约定定金的,一方违约时,对方(　　)。

(A)可以选择适用违约金或者定金　　(B)可以同时适用违约金和定金

(C)只可适用违约金　　(D)只可适用定金

11-21 《合同法》规定,当事人一方不履行金钱债务时,对方可以要求(　　)。

(A)继续履行　　(B)单倍支付定金　　(C)交付替代物　　(D)采取补救措施

11-22 根据《合同法》的规定,以下属于可撤销合同的是(　　)。

(A)一方以欺诈手段订立合同,损害国家利益

(B)一方因误解订立的合同

(C)在订立合同时显失公平的合同

(D)在履行合同时显失公平的合同

11-23 因债务人怠于行使到期债权,对债权人造成损害的,债权人可以依法行使(　　)。

(A)撤销权　　(B)代位权　　(C)不安抗辩权　　(D)先履行抗辩权

11-24 依据《合同法》的规定,当事人可以解除合同的情形是(　　)。

(A)债务人依法将标的物提存　　(B)债权人免除债务

(C)因不可抗力致使不能实现合同目的　　(D)债务相互抵销

11-25 某建设工程设计合同订立后,业主依约支付了定金20万元后,设计单位由于机构调整提出终止合同,此时业主有权要求设计单位返还(　　)。

(A)20万元　　(B)20万元及其利息　　(C)40万元　　(D)40万元及其利息

11-26 某工程签订的钢材采购合同,由于条款内未约定交货地点,故运费未予明确,则供货商备齐钢材后,应(　　)。

(A)将钢材送到施工现场　　(B)将钢材送到发包人的办公所在地
(C)将钢材送到发包人的仓库　　(D)通知发包人自提

11-27　某一建设工程合同纠纷,经仲裁机构依法裁决后,当事人拒不履行仲裁裁决,则对方可以请求(　　)执行该裁决。

(A)人民法院　　(B)仲裁机构
(C)工商行政管理机关　　(D)建设行政主管部门

## 11.5　中华人民共和国行政许可法

11-28　《行政许可法》规定,设定和实施行政许可,应当遵循(　　)的原则。

(A)平等、自愿、公正　　(B)公开、公正、诚实信用
(C)公开、公平、公正　　(D)公平、自愿、诚实信用

11-29　依据《行政许可法》的规定,可以不设行政许可的事项是(　　)。

(A)直接关系公共利益的特定行业的市场准入,需要赋予特定权利的
(B)企业的设立,需要确定主体资格的
(C)直接关系人身健康,需要按照法定条件予以批准的
(D)行业组织或者中介机构能够自律管理的

11-30　由省、自治区、直辖市人民政府设定的临时性行政许可,实施满一年需要继续实施的,应当提请(　　)。

(A)本级人民代表大会及其常务委员会制定地方性法规
(B)本级人民政府设定行政许可
(C)国务院批准延期
(D)国务院制定行政法规

11-31　行政机关对公民、法人或者其他组织从事行政许可事项的活动应当行使(　　)。

(A)陈述权　　(B)申辩权　　(C)监督权　　(D)救济权

## 11.6　中华人民共和国节约能源法

11-32　依据《节约能源法》的规定,国家对固定资产投资项目实行(　　)制度。

(A)用能评估和核准　　(B)节能评估和登记
(C)用能审查和登记　　(D)节能评估和审查

11-33　根据《节约能源法》的规定,对建筑节能,以下说法不正确的是(　　)。

(A)不符合建筑节能标准的建筑工程,已经建成的可以销售或使用
(B)国务院建设行政主管部门负责全国建筑节能的监督管理工作
(C)使用空调采暖、制冷的公共建筑应当实行室内温度控制制度
(D)新建建筑应当按照规定安装用热计量装置、室内温度调控装置和供热系统调控装置

11-34　国务院管理节能工作的部门会同国务院(　　)发布节能技术政策大纲,指导节能技术研究、开发和推广应用。

(A)发展改革委员会　　(B)建设行政主管部门
(C)科技主管部门　　(D)环境行政主管部门

## 11.7　中华人民共和国环境保护法

11-35　依据《环境保护法》的规定,凡是向已有地方污染物排放标准的区域排放污染物的,应当执行(　　)标准。

(A)国家环境质量 (B)国家污染物排放 (C)地方环境质量 (D)地方污染物排放

11-36 建设项目的环境影响报告书经批准后,计划部门方可批准( )。

(A)建设项目可行性研究报告 (B)建设项目设计任务书

(C)建设项目初步设计 (D)建设项目施工图设计

11-37 ( ),应当对本辖区的环境质量负责,采取措施改善环境质量。

(A)建设行政主管部门 (B)环境保护行政主管部门

(C)地方各级人民政府 (D)省、自治区、直辖市级人民政府

11-38 建设项目中防治污染的设施,必须经( )验收合格后,该建设项目方可投入生产和使用。

(A)原审批环境影响报告书的环境保护行政主管部门

(B)建设项目所在地的环境保护行政主管部门

(C)原审批建设项目可行性研究报告书的计划部门

(D)建设项目所在地的建设行政主管部门

## 11.8 建筑工程勘察设计管理条例

11-39 从事建设工程勘察、设计活动,应当坚持( )的原则。

(A)先立项、后勘察、再设计 (B)先勘察、后设计、再招标

(C)先勘察、后设计、再施工 (D)先勘察、后设计、再审查

11-40 国家对从事建设工程勘察、设计活动的专业技术人员,实行( )制度。

(A)职业资格注册管理 (B)职业资格考试、考核

(C)执业资格注册管理 (D)执业资格审查登记

11-41 建设工程勘察、设计注册执业人员未受聘于( )的,不得从事建设工程的勘察、设计活动。

(A)建设工程承包单位 (B)建设工程勘察、设计单位

(C)建设工程科研院所单位 (D)建设工程勘察、设计、施工单位

11-42 经有关主管部门审查,以下建设工程的勘察、设计,应当招标发包的是( )。

(A)采用特定的专利技术的 (B)采用特定的专有技术的

(C)建筑艺术造型有特殊要求的 (D)采用新型节能材料的

11-43 除建设工程主体部分的勘察、设计外,经( ),承包方可以将建设工程其他部分的勘察、设计进行分包。

(A)建设行政主管部门批准 (B)发包方书面同意

(C)监理工程师书面批准 (D)发包方或者总监工程师书面同意

11-44 编制建设工程勘察、设计文件应当依据( )的规定。

(A)城市规划 (B)可行性研究报告

(C)建设工程勘察、设计合同 (D)建设工程委托监理合同

11-45 《建设工程勘察设计管理条例》对编制施工图设计文件的要求是,应当( )。

(A)满足施工招标、主要设备材料订货的需要,并注明建设工程合理使用年限

(B)满足设备材料采购、非标准设备制作和施工的需要,并注明选用材料的生产厂、供应商

(C)满足设备材料采购、非标准设备制作和施工的需要,并注明建设工程合理使用年限

(D)满足施工招标、主要设备材料订货的需要,并注明选用材料的生产厂、供应商

11-46 根据《建设工程勘察设计管理条例》的规定,确需修改建设工程设计文件的,应当由(　　)修改。

(A)建设单位、施工单位　　(B)原建设工程勘察、设计单位

(C)监理单位、设计单位　　(D)原设计单位

11-47 建设单位经有关当事人书面同意,委托具有相应资质的建设工程设计单位修改建设工程设计的,(　　)对修改的设计文件承担责任。

(A)建设单位、修改单位　　(B)原设计单位、修改单位

(C)修改单位　　(D)原设计单位

11-48 根据《建设工程勘察设计管理条例》的规定,对全国的建设工程勘察、设计活动实施统一监督管理的部门是(　　)。

(A)国务院发展计划部门　　(B)国务院建设行政主管部门

(C)国务院以及各级人民政府　　(D)各级人民政府建设行政主管机关

## 11.9 建设工程质量管理条例

11-49 《建设工程质量管理条例》规定,建设单位、勘察单位、设计单位、施工单位、工程监理单位依法对(　　)负责。

(A)建设工程安全　　(B)建设工程质量

(C)建设工程质量监督　　(D)执行工程建设强制性标准

11-50 《建设工程质量管理条例》规定,建设单位不得明示或者暗示(　　)违反工程建设强制性标准,降低建设工程质量。

(A)勘察单位或者设计单位　　(B)设计单位或者监理单位

(C)设计单位或者施工单位　　(D)施工单位或者监理单位

11-51 《建设工程质量管理条例》规定,(　　)等注册执业人员应当在设计文件上签字,对设计文件负责。

(A)高级工程师或者总工程师　　(B)注册建造师或者注册建筑师

(C)注册建筑师或者注册结构工程师　　(D)注册建造师或者注册结构工程师

11-52 (　　)应当就审查合格的施工图设计文件向施工单位作出详细说明。

(A)建设单位　　(B)设计单位　　(C)监理人员　　(D)设计人员

## 11.10 建设工程安全生产管理条例

11-53 《建设工程安全生产管理条例》规定,勘察单位应当按照法律、法规和工程建设强制性标准进行勘察,提供的勘察文件应当(　　),满足建设工程安全生产的需要。

(A)真实、准确　　(B)真实、完整　　(C)完整、准确　　(D)完整、正确

11-54 《建设工程安全生产管理条例》规定,采用新结构、新材料、新工艺的建设工程和特殊结构的建设工程,设计单位应当在设计文件中(　　)。

(A)对施工的重点部位和环节加以注明,并对防范生产安全事故提出指导意见

(B)提出保障施工作业人员安全和预防生产安全事故的指导意见

(C)对涉及施工的重点部位和环节加以注明,并对防范生产安全事故提出措施建议

(D)提出保障施工作业人员安全和预防生产安全事故的措施建议

11-55 《建设工程安全生产管理条例》规定,设计单位和(　　)等注册执业人员应当对

其设计负责。

(A)注册结构工程师 (B)注册监理工程师

(C)注册建筑师 (D)勘察设计注册工程师

11-56 工程监理单位应当审查( )是否符合工程建设强制性标准。

(A)施工图设计文件中的安全技术措施或者专项施工方案

(B)施工组织设计中的安全技术措施或者专项施工方案

(C)施工图设计文件中的预防生产安全事故的措施及其救援预案

(D)施工组织设计中的安全技术措施和安全事故应急救援预案

## 习题答案

11-1 (B)。解题思路:根据《建筑法》规定,建筑工程开工前,建设单位应当按照国家有关规定向工程所在地县级以上人民政府建设行政主管部门申请施工许可证。因此,(B)符合题意。

11-2 (D)。

11-3 (C)。解题思路:《建筑法》规定,工程监理人员发现工程设计不符合建筑工程质量标准或者合同约定的质量要求的,应当报告建设单位要求设计单位改正。因此,(C)符合题意。

11-4 (B)。

11-5 (C)。解题思路:《建筑法》规定,建设单位应当自领取施工许可证之日起3个月内开工。因故不能按期开工的,应当在期满前向发证机关申请延期。本题中,建设单位领取施工许可证的日期为2007年2月1日,3个月的期满日期为2007年4月30日,因此,(C)符合题意。

11-6 (B)。解题思路:《安全生产法》规定,生产经营单位新建、改建、扩建工程项目的安全设施,必须与主体工程同时设计、同时施工、同时投入生产和使用。因此,(B)符合题意。

11-7 (A)。解题思路:《安全生产法》规定,从业人员发现事故隐患或者其他不安全因素,应当立即向现场安全生产管理人员或者本单位负责人报告。因此,(A)符合题意。

11-8 (B)。

11-9 (D)。解题思路:根据《安全生产法》规定,生产经营单位发生生产安全事故后,事故现场有关人员应立即报告本单位负责人。因此,(D)符合题意。

11-10 (D)。解题思路:根据《安全生产法》规定,从业人员享有紧急情况处置权,具体内容是从业人员发现直接危及人身安全的紧急情况时,有权停止作业或者在采取可能的应急措施后撤离作业场所。因此,(D)符合题意。

11-11 (C) 11-12 (C) 11-13 (D)

11-14 (C)。解题思路:《招标投标法》规定,中标通知书对招标人和中标人具有法律效力。因此,(C)符合题意。

11-15 (A)。

11-16 (B)。解题思路:《合同法》规定,合同无效、被撤销或者终止的,不影响合同中独立存在的有关解决争议方法的条款的效力。因此,(B)符合题意。

11-17 (C)。解题思路:《合同法》规定,当事人订立合同,应当具有相应的民事权利能力和民事行为能力。因此,(C)符合题意。

11-18 (A)。

11-19 (D)。解题思路:《合同法》规定,撤回要约的通知应当在要约到达受要约人之前或者与要约同时到达受要约人。因此,(D)符合题意。

11-20 (A)。

11-21 (A)。解题思路:《合同法》规定,当事人一方未支付价款或者报酬的,对方可以要求其支付价款或者报酬。因此,(A)符合题意。

11-22 (C)。

11-23 (B)。解题思路:《合同法》规定,因债务人怠于行使其到期债权,对债权人造成损害的,债权人可以向人民法院请求以自己的名义代位行使债务人的债权,但该债权专属于债务人自身的除外。代位权的行使范围应当以债权人的债权为限。因此,(B)符合题意。

11-24 (C)。

11-25 (C)。解题思路:《合同法》规定,当事人可以依照《中华人民共和国担保法》约定一方向对方给付定金作为债权的担保。债务人履行合同后,定金应当抵作价款或者收回。给付定金的一方不履行约定的债务的,无权要求返还定金;收受定金的一方不履行约定的债务的,应当双倍返还定金。本题中业主支付了定金20万元,设计单位违约,业主有权要求双倍返还定金40万元。因此,(C)符合题意。

11-26 (D) 11-27 (A)

11-28 (C)。解题思路:根据《行政许可法》的规定,设定和实施行政许可,应当遵循的原则有合法原则,公开、公平、公正原则,便民原则,信赖保护原则等。因此,(C)符合题意。

11-29 (D) 11-30 (A) 11-31 (C)

11-32 (D)。解题思路:根据《节约能源法》的规定,国家实行固定资产投资项目节能评估和审查制度。因此,(D)符合题意。

11-33 (A)。

11-34 (C)。解题思路:《节约能源法》规定,国务院管理节能工作的部门会同国务院科技主管部门发布节能技术政策大纲。因此,(C)符合题意。

11-35 (D)。

11-36 (B)。解题思路:《环境保护法》规定,环境影响报告书经批准后,计划部门方可批准建设项目设计任务书。因此,(B)符合题意。

11-37 (C) 11-38 (A)

11-39 (C)。解题思路:《建筑工程勘察设计管理条例》规定,从事建设工程勘察、设计活动,应当坚持先勘察、后设计、再施工的原则。因此,(C)符合题意。

11-40 (C) 11-41 (B) 11-42 (D) 11-43 (B)

11-44 (A)。解题思路:根据《建筑工程勘察设计管理条例》的规定,编制建设工程勘察、设计文件的依据包括项目审批文件、城市规划、工程建设强制性标准、国家规定的建设工程勘察、设计深度要求等。铁路、交通、水利等专业建设工程,还应当以专业规划的要求为依据。因此,(A)符合题意。

11-45 (C)。

11-46 (D)。解题思路:《建筑工程勘察设计管理条例》规定,建设单位、施工单位、监理单位不得修改建设工程勘察、设计文件;确需修改建设工程勘察、设计文件的,应当由原建设工程勘察、设计单位修改。因此,(D)符合题意。

11-47 (C)。

11-48 (B)。解题思路:《建筑工程勘察设计管理条例》规定,国务院建设行政主管部门对全国的建设工程勘察、设计活动实行统一监督管理。因此,(B)符合题意。

11-49 (B)。

11-50 (C)。解题思路:《建设工程质量管理条例》规定,建设单位不得明示或者暗示设计单位或者施工单位违反工程建设强制性标准,降低建设工程质量。因此,(C)符合题意。

11-51 (C)。解题思路:《建设工程质量管理条例》规定,注册建筑师、注册结构工程师等注册执业人员应当在设计文件上签字,对设计文件负责。因此,(C)符合题意。

11-52 (B)。解题思路:《建设工程质量管理条例》规定,设计单位应当就审查合格的施工图设计文件向施工单位作出详细说明。因此,(B)符合题意。

11-53 (A)。

11-54 (D)。解题思路:《建设工程安全生产管理条例》规定,对于采用新结构、新材料、新工艺的建设工程和特殊结构的建设工程,设计单位应当在设计中提出保障施工作业人员安全和预防生产安全事故的措施和建议。因此,(D)符合题意。

11-55 (C)。解题思路:《建设工程安全生产管理条例》规定,设计单位和注册建筑师等注册执业人员应当对其设计负责。因此,(C)符合题意。

11-56 (B)。解题思路:《建设工程安全生产管理条例》规定,工程监理单位应当审查施工组织设计中的安全技术措施或者专项施工方案是否符合工程建设强制性标准。因此,(B)符合题意。

全国勘察设计注册工程师基础考试专家推荐用书

# 注册化工工程师执业资格考试公共基础考试复习教程

（第3版）

油俊伟 主编

◎ 注册考试　备考必读

◎ 助考20年　广受好评

天津大学出版社
TIANJIN UNIVERSITY PRESS

## 内容提要

本书完全、严格按照注册化工工程师执业资格考试基础考试大纲编写，覆盖了公共基础考试的全部内容，即包括数学、物理学、化学、理论力学、材料力学、流体力学、电工电子技术、信号与信息技术、计算机技术、工程经济、法律法规11门课程。对每门课程，书中均设有考试大纲、复习指导、复习内容、仿真习题和习题答案。

本书适用于参加注册化工工程师执业资格考试基础考试的应试人员，同时也是相关人员日常工作的一部重要参考书。

**图书在版编目(CIP)数据**

注册化工工程师执业资格考试公共基础考试复习教程/油俊伟主编. —3版. —天津：天津大学出版社，2020.5(2025.8 重印)

ISBN 978-7-5618-6666-5

Ⅰ.①注… Ⅱ.①油… Ⅲ.①化学工程-资格考试-自学参考资料 Ⅳ.①TQ02

中国版本图书馆CIP数据核字(2020)第067826号

| | |
|---|---|
| **出版发行** | 天津大学出版社 |
| **地　　址** | 天津市卫津路92号天津大学内(邮编:300072) |
| **电　　话** | 发行部:022-27403647 |
| **网　　址** | www.tjupress.com.cn |
| **印　　刷** | 天津泰宇印务有限公司 |
| **经　　销** | 全国各地新华书店 |
| **开　　本** | 185mm×260mm |
| **印　　张** | 45.5 |
| **字　　数** | 1136千 |
| **版　　次** | 2010年6月第1版　2020年5月第3版 |
| **印　　次** | 2025年8月第8次 |
| **定　　价** | 136.00元 |